普通高等教育“十三五”规划教材

土木工程施工

王作文　等编著

化学工业出版社
·北京·

本书分两篇，共16章，涵盖了建筑工程、道路工程、桥梁工程以及地下工程等专业领域。全面系统地介绍了土木类工程中常用的施工技术和施工组织知识。第1篇为土木工程施工技术，包括土方工程、桩基础工程、砌体工程、钢筋混凝土工程、预应力混凝土工程、结构安装工程、防水工程、装饰工程、道路工程、桥梁工程和地下工程；第2篇为土木工程施工组织，包括施工组织概论、流水施工原理、网络计划技术、单位工程施工组织设计和施工组织总设计。每章均有学习内容和要求、在线随堂测试、工程案例可扫二维码获取，同时附课程设计任务书与指导书（扫码获取）。

本书可作为高等学校土木工程、工程管理、工程造价、城市地下空间工程等相关专业或专业方向的本科教材，也可作为从事土建工程研究、设计、施工、管理、房地产开发、建设监理等工程技术和管理人员等的参考用书。

图书在版编目（CIP）数据

土木工程施工/王作文等编著．—北京：化学工业出版社，2020.1（2024.6重印）
ISBN 978-7-122-35437-2

Ⅰ.①土… Ⅱ.①王… Ⅲ.①土木工程-工程施工-高等学校-教材 Ⅳ.①TU7

中国版本图书馆CIP数据核字（2019）第244287号

责任编辑：刘丽菲　　文字编辑：汲永臻
责任校对：宋　玮　　装帧设计：史利平

出版发行：化学工业出版社（北京市东城区青年湖南街13号　邮政编码100011）
印　　装：北京七彩京通数码快印有限公司
787mm×1092mm　1/16　印张29½　字数793千字　2024年6月北京第1版第4次印刷

购书咨询：010-64518888　　售后服务：010-64518899
网　　址：http://www.cip.com.cn
凡购买本书，如有缺损质量问题，本社销售中心负责调换。

定　　价：79.00元

《土木工程施工》编著团队

王作文　潘海泽　胡启军

杜立群　邱恩喜　张　羽

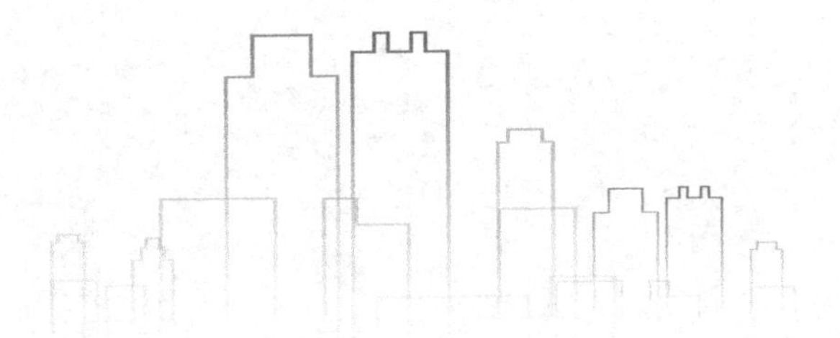

前言

土木工程施工是土木类专业的一门专业必修核心课程，主要研究土木工程施工的基本理论、基本原理和基本方法。土木工程施工涉及面宽、实践性强、社会性广、综合性大且发展迅速。

本书全面阐述了土木工程施工基础理论知识和各专业方向的土木工程施工技术以及土木工程施工组织等相关内容。

本书尽力求新、求精、求实，精心组合，形象生动，注重知识和运用能力的培养，具有时代性、前瞻性和专业性。既注重知识的理论性、系统性、完整性和创新性，又有理论深度和实用性，紧贴实际应用，重点突出其应用性，综合运用土木学科的基础理论和知识，着重培养工程实际中分析问题、解决问题的创新应用能力及动手实践能力，以满足新时期人才培养的需要。

本书在内容上，力求体现国内外土木类学科最新动态和先进的土木工程施工方法，突出现代土木工程施工的新理论、新概念、新技术、新工艺、新材料、新结构、新方法和新成果的应用，注重理论知识与实践能力的结合，以培养学生在实际工程中分析和解决土木工程施工的能力为目的。

本书结构完整，知识宽泛、翔实丰富，概念准确、语言精练，插图直观、形象，图表清晰、直观明了，重点突出、难易恰当，深入浅出、通俗易懂。为帮助老师教学和学生自学，书的每章均有学习内容和要求、在线随堂测试、工程案例或设计案例（可扫封二二维码获取）以及复习思考题，同时附有课程设计任务书与指导书（扫封二码下载），以利于巩固所学的知识和技能。

本书分2篇，共16章，全面系统地介绍了土木类工程中常用的施工技术和施工组织知识。第1篇为土木工程施工技术，包括土方工程、桩基础工程、砌体工程、钢筋混凝土工程、预应力混凝土工程、结构安装工程、防水工程、装饰工程、道路工程、桥梁工程和地下工程；第2篇为土木工程施工组织，包括施工组织概论、流水施工原理、网络计划技术、单位工程施工组织设计和施工组织总设计。

本书由西南石油大学王作文、潘海泽、胡启军、杜立群、邱恩喜、张羽编著。全书由王作文教授统稿。

本书编著过程中参考和借鉴了国内外著名学者编写的著作，在此表示衷心的感谢，也对西南石油大学教务处和化学工业出版社编辑的大力支持与帮助表示诚挚的谢意。由于水平所限，书中难免存在不足和疏漏之处，望各位读者斧正并提出宝贵意见，以期再版时修订、完善。

编著者

2019年11月

目录

第1篇 土木工程施工技术 1

第2篇 土木工程施工组织

335

第 1 篇

土木工程施工技术

1 土方工程

扫码获取本书学习资源
在线测试
拓展阅读
章节速览
「获取说明详见本书封二」

学习内容和要求

掌握	• 场地平整设计标高的确定、土方工程量的计算与调配	1.2节
	• 基坑（槽）土方开挖的施工工艺	1.3.2节
	• 土方回填的要求、填土压实方法、影响填土压实的因素及压实的质量控制与检验	1.4节
	• 软土地基加固方法及施工要点	1.5.2节
	• 边坡稳定及支护的方法	1.3.2.5节
熟悉	• 土的工程性质及其对土方工程施工的影响	1.1.3节
	• 基坑降水的方法、降水原理及降水施工工艺与要求	1.3.3节
	• 常用土方工程施工机械作业特点及适用范围	1.3.4节
	• 验槽的主要内容	1.3.2.7节
了解	• 土方工程的种类、特点及分类	1.1.1节
	• 边坡稳定影响因素	1.3.2.3节
	• 局部地基处理方法	1.5.1节

1.1 土方工程的内容

土方工程是建筑工程施工中的主要工程，土方工程施工往往具有工程量大、劳动繁重、施工条件复杂等特点，最常见的土方工程内容有：场地平整、土方开挖和土方填筑等主要施工过程，以及降水、排水、土壁支撑等辅助工作。

1.1.1 土方工程的种类和特点

（1）场地平整　场地平整是将天然地面改造成所要求的设计平面所进行的土方施工过程。土方工程受气候、水文、地质等因素影响，往往具有面广量大、工期长、施工条件复杂的特点。在组织现场平整之前，应进行现场调查，详细分析各项技术资料，结合现有的施工条件，制订出经济合理的施工方案。

（2）基坑（槽）及管沟开挖　基坑（槽）及管沟开挖指在地面以下开挖底面积在 $20m^2$ 以内的或开挖宽度在3m以内的基槽的土方工程，是为浅基础、桩承台及地下管道等施工而进行的土方开挖。其特点是要求开挖的断面、标高、位置准确，受气候影响较大。因此，施工前必须做好施工准备，制订合理的施工方案。

（3）地下大型土方开挖　地下大型土方开挖指在地面以下为大型建筑物的地下室、人防工程、深基础及大型设备基础等而进行的地下大型土方开挖。在施工过程中还要考虑地下水位影响、边坡稳定性、邻近建筑物的安全等问题，在进行施工之前，应结合工程特点及各项技术资料，制订出科学可行的技术方案。

（4）土方填筑　土方填筑是将低洼处用土方分层填平。大型土方填筑一般与场地平整一起进行，基坑、基槽、管沟回填一般在地下工程施工完毕后进行。土方填筑时，选用符合规范要求的土料，尽量采用分层填筑法，并分层压实。

1.1.2 土的工程分类

土的分类方法很多，根据土的开挖难易程度，将土分为八类，其中前四类为土，后四类为石（表1-1），以便确定施工方法及消耗量，为套用定额计算土方量提供依据。

1.1.3 土的工程性质

影响土方工程施工的工程性质有：土的质量密度、土的可松性、土的含水量和土的渗透性等。

（1）土的质量密度　土的质量密度分天然密度和干密度。土的天然密度指土在天然状态下单位体积的质量，它影响土的承载力、土的压力及边坡稳定性。土的干密度指单位体积土中固体颗粒的含量，是检验土的压实质量的控制指标。

表1-1　土的工程分类

类别	土的名称	土的密度/(kg/m³)	开挖难易鉴定方法	可松性系数	
				K_S	K'_S
一类土（松软土）	砂，粉土，冲积砂土层，种植土，泥炭（淤泥）	600～1500	用锹、锄头挖掘	1.08～1.17	1.01～1.03
二类土（普通土）	粉质黏土，潮湿的黄土，夹有碎石、卵石的砂，种植土，填筑土和粉土	1100～1600	能用锹、镐头挖掘	1.14～1.28	1.02～1.05
三类土（坚土）	软及中等密实黏土，重粉质黏土，粗砾石，干黄土及含碎石、卵石的黄土，粉质黏土，压实的填土	1750～1900	主要用镐，少许用锹、锄头挖掘，部分用撬棍	1.24～1.30	1.04～1.07
四类土（砂砾坚土）	重黏土及含碎石、卵石的黏土，粗卵石，密实的黄土，天然级配砂石，软泥灰岩及蛋白石	1900	主要用镐，少许用锄头、撬棍挖掘	1.26～1.37	1.06～1.15
五类土（软石）	硬石炭纪黏土，中等密实的页岩、泥灰岩、白垩土，胶结不紧的砾岩，软的石灰岩	1100～2700	用镐、撬棍挖掘	1.30～1.45	1.10～1.20
六类土（次坚石）	泥岩，砂岩，砾岩，坚实的页岩、泥灰岩，密实的石灰岩，风化花岗岩，片麻岩及正长岩	2200～2900	用爆破方法	1.33～1.45	1.10～1.20
七类土（坚石）	大理石，辉绿岩，玢岩，粗、中粒花岗岩，坚实的白云岩、砂岩、砾岩、片麻岩、石灰岩，微风化安山岩，玄武岩	2500～3100		1.30～1.45	1.10～1.20
八类土（特坚石）	安山岩，玄武岩，花岗片麻岩，坚实的细粒花岗岩、闪长岩、石英岩、辉长岩、辉绿岩、玢岩、角闪岩	2700～3300		1.45～1.50	1.20～1.30

(2) 土的可松性　土的可松性是指自然状态下的土（原土）经开挖后，其体积因松散而增加，以后虽经回填夯实，仍不能恢复到原状土体积的性质。土的可松性程度可用可松性系数表示如下：

$$K_S=\frac{V_2}{V_1} \tag{1-1}$$

$$K'_S=\frac{V_3}{V_1} \tag{1-2}$$

式中，K_S 为土的最初可松性系数；K'_S为土的最终可松性系数；V_1 为土在天然状态下的体积，m^3；V_2 为土经开挖后的松散体积，m^3；V_3 为土经填筑压实后的体积，m^3。

土的可松性对土方的调配，计算土方的运输量、填方量及运输工具数量等都有影响，各类土的可松性系数可参见表 1-1。

(3) 土的含水量　土的含水量是指土中所含的水与土的固体颗粒之间的质量比，以百分数表示：

$$\omega=\frac{m_w}{m_s}\times100\% \tag{1-3}$$

式中，m_w 为土中水的质量，kg；m_s 为土中固体颗粒的质量，kg。

土的含水量对土方边坡的稳定性和填土压实质量均有影响。土方回填时则需要有最优含水量（最佳含水量）方能夯压密实，获得最佳干密度。

(4) 土的渗透性　土的渗透性是水在土孔隙中渗透流动的性能。影响砂性土渗透性的主要因素为渗透流体和土的颗粒大小、形状、级配以及密度。

地下水在土中的渗流速度一般可按达西定律计算：

$$V=Ki \tag{1-4}$$

式中，V 为水在土中的渗流速度，m/d；i 为水力坡度，即两点水头差与其水平距离的比值；K 为土的渗透系数，m/d。

渗透系数 K 值反映出土的透水性强弱，土中的水受水位差和应力的影响而流动，砂土渗流基本服从达西定律。黏性土因为结合水的黏滞阻力，只有水力梯度增大到起始水力梯度，克服了结合水黏滞阻力后，水才能在土中渗透流动，黏性土渗流不符合达西定律。一般土的渗透系数见表 1-2。

表 1-2　一般土的渗透系数

土的种类	土的渗透系数 K/(m/d)	土的种类	土的渗透系数 K/(m/d)
黏土	<0.005	粗砂	20～50
粉质黏土	0.005～0.1	均质粗砂	60～75
粉土	0.1～0.5	圆砾	50～100
黄土	0.25～0.5	卵石	100～500
粉砂	0.5～1.0	无充填物卵石	500～1000
细砂	1.0～5	稍有裂隙的岩石	20～60
中砂	5～20	裂隙多的岩石	>60

1.2 土方工程量计算与调配

讨论
1. 场地设计标高调整需考虑的因素。
2. 如何用最小二乘法求设计最佳平面的准则方程？
3. 试比较三角棱柱体和四方棱柱体的体积计算方法的特点。
4. 零线的确定步骤。

1.2.1 基坑、基槽土方量的计算

(1) 基坑土方量的计算　基坑土方量的计算可近似按立体几何中的拟柱体（由两个平行的平面做底的一种多面体）体积公式计算（图 1-1），即：

$$V=\frac{H}{6}(A_1+4A_0+A_2) \tag{1-5}$$

式中，H 为基坑深度，m；A_1、A_2 为基坑上下两底的底面面积，m^2；A_0 为基坑中截面面积，m^2。

(2) 基槽土方量的计算　基槽、管沟和路堤的土方量可以沿长度方向分段后，再用同样的方法计算（图 1-2），即：

$$V_1=\frac{L_1}{6}(A_1+4A_0+A_2) \tag{1-6}$$

式中，V_1 为第一段的土方量，m^3；L_1 为第一段的长度，m；其他符号与上式含义相同。

将各段土方量相加可得总土方量：

$$V=V_1+V_2+\cdots+V_n \tag{1-7}$$

式中，V_1、V_2、…、V_n 为各分段的土方量，m^3。

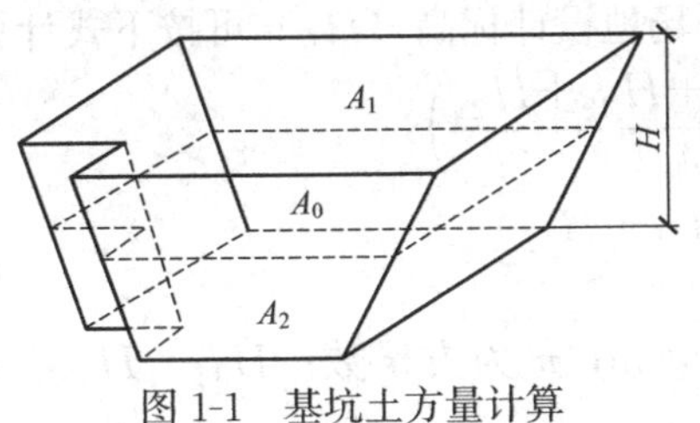

图 1-1　基坑土方量计算

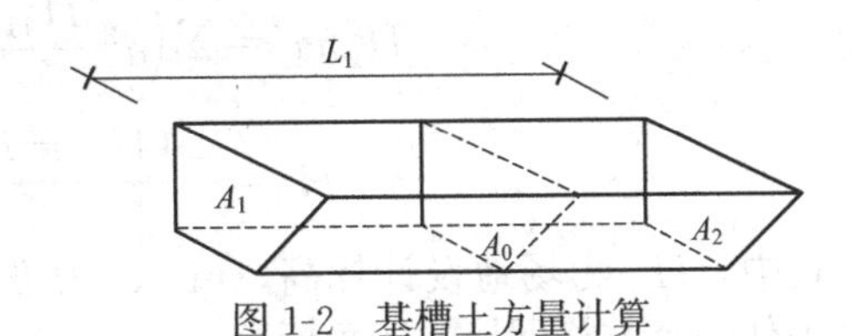

图 1-2　基槽土方量计算

1.2.2 场地平整土方量计算

建筑场地平整的平面位置和标高，一般是由设计单位在总平面布置图竖向设计中确定的。计算场地平整土方量，首先确定出场地的设计标高，根据设计标高与地面天然标高的差值，从而确定场地各点的挖填高度，以此才可以计算出场地平整的填方与挖方工程量。

1.2.2.1　场地设计标高确定

进行场地平整土方量计算时，以场地设计标高为依据（图 1-3），当场地设计标高为 H_0 时，填挖方基本平衡，可将土方移挖作填，就地处理；当设计标高为 H_1 时，填方大大超过挖方，则需从场地外大量取土回填；当设计标高为 H_2 时，挖方大大超过填方，则要向场外

大量弃土。因此，在确定场地设计标高时，应结合现场的具体条件，反复进行技术经济比较，选择其中最优方案。

选择设计标高的影响因素：①满足生产工艺和运输的要求；②尽量利用地形，使场内挖填平衡，减少土方量运输的费用；③要有一定的泄水坡度（≥2‰），满足排水要求；④考虑最高洪水位的影响。

1.2.2.2 初步确定场地设计标高

首先将场地的地形图根据要求的精度划分成边长为10m的方格网（图1-4）。在各方格左上角逐一标出其角点的编号，然后求出各方格角点的地面标高，标于各方格的左下角。各方格角点的地面标高，当地形平坦时，可根据地形图上相邻两等高线的标高，用插入法求得。当地形起伏较大或无地形图时，可在地面用木桩打好方格网，用仪器直接测出。

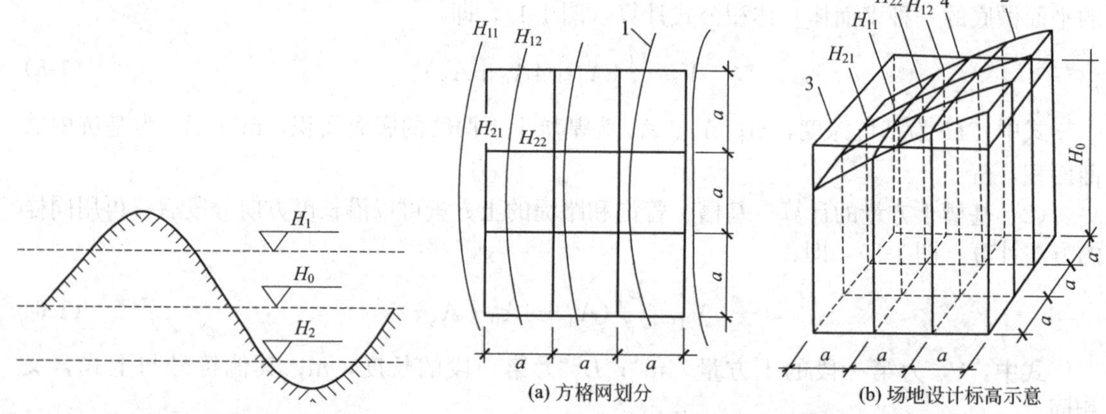

图1-3 场地不同设计标高比较

图1-4 场地设计标高计算示意

1—等高线；2—自然地面标高；3—设计地面标高；4—自然地面与设计标高平面的交线（零线）

按照场地内土方在平整前及平整后相等的原则，场地设计标高（H_0）可按下式计算：

$$H_0 n a^2=\sum\left(a^2\frac{H_{11}+H_{12}+H_{21}+H_{22}}{4}\right) \tag{1-8}$$

$$H_0=\frac{\sum(H_{11}+H_{12}+H_{21}+H_{22})}{4n} \tag{1-9}$$

式中，H_0 为场地设计标高，m；a 为方格边长，m；n 为方格数；H_{11}、H_{12}、H_{21}、H_{22} 为任一个方格网格的四角标高，m。

由图1-4可以看出，H_{11} 为一个方格的角点标高，H_{12} 和 H_{21} 为两个方格公共角点标高，H_{22} 为四个方格公共角点标高。如果将所有方格的四个角点标高相加，则 H_{12} 的角点标高需要加两次，H_{22} 的角点标高需要加四次，以此类推，为方便计算，上式可改写成如下的形式：

$$H_0=\frac{\sum H_1+2\sum H_2+3\sum H_3+4\sum H_4}{4n} \tag{1-10}$$

式中，H_1 为一个方格独有的角点标高，m；H_2 为两个方格独有的角点标高，m；H_3 为三个方格独有的角点标高，m；H_4 为四个方格独有的角点标高，m。

1.2.2.3 场地设计标高的调整

按照公式（1-10）计算的标高，纯系初步计算值，实际上还需考虑以下因素进行进一步调整。

(1) 土的可松性影响　由于土的可松性，会造成填土的多余，需相应对标高进行调整(图 1-5)。

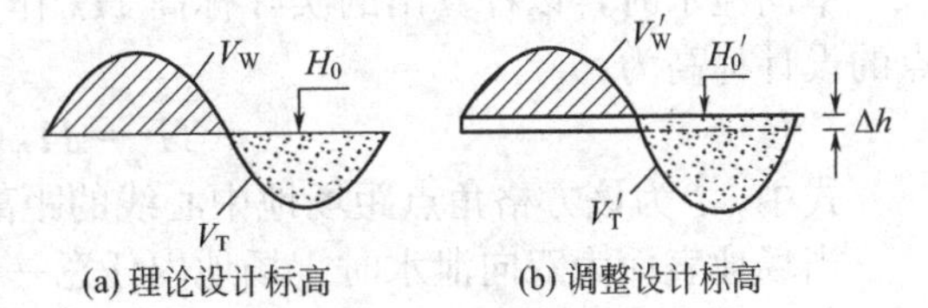

(a) 理论设计标高　(b) 调整设计标高

图 1-5　设计标高调整计算示意

假设 Δh 为受土的可松性影响引起的标高增加值，那么设计标高调整后的总挖方体积 V'_W 为

$$V'_W = V_W - F_W \Delta h \tag{1-11}$$

总填方体积为

$$V'_T = V_T + F_T \Delta h \tag{1-12}$$

由于

$$V'_T = V'_W K'_S \tag{1-13}$$

故

$$V_T + F_T \Delta h = (V_W - F_W \Delta h) K'_S \tag{1-14}$$

移项整理可以得到

$$\Delta h = \frac{V_W K'_S - V_T}{F_T + F_W K'_S} \tag{1-15}$$

当 $V_W = V_T$ 时，可以继续化简为

$$\Delta h = \frac{V_W (K'_S - 1)}{F_T + F_W K'_S} \tag{1-16}$$

考虑土的可松性后，场地设计标高调整为：

$$H'_0 = H_0 + \Delta h \tag{1-17}$$

式中，V_W、V_T 为按初定场地设计标高计算得到的总挖方、总填方体积，m^3；F_W、F_T 为按初定场地设计标高计算得到的挖方区、填方区面积，m^2；K'_S为土的最后可松性系数。

(2) 借土或弃土的影响　由于受设计标高以下的各种填方工程的填土量或设计标高以上的各种挖方工程的挖土量的影响，以及经过经济比较而将部分挖方就近弃土于场外（弃土），或部分填方就近从场外取土（借土）都会导致设计标高的降低或提高，因此必要时亦需重新调整设计标高。

(3) 泄水坡度的影响　由于排水的要求，场地表面需要有一定的泄水坡度，其大小应符合设计规定。因此，在计算 H_0（或经调整后 H'_0）的基础上，要根据场地要求的泄水坡度(单向泄水或双向泄水，图 1-6)，最后计算出场地内各方格角点实际施工时的设计标高。

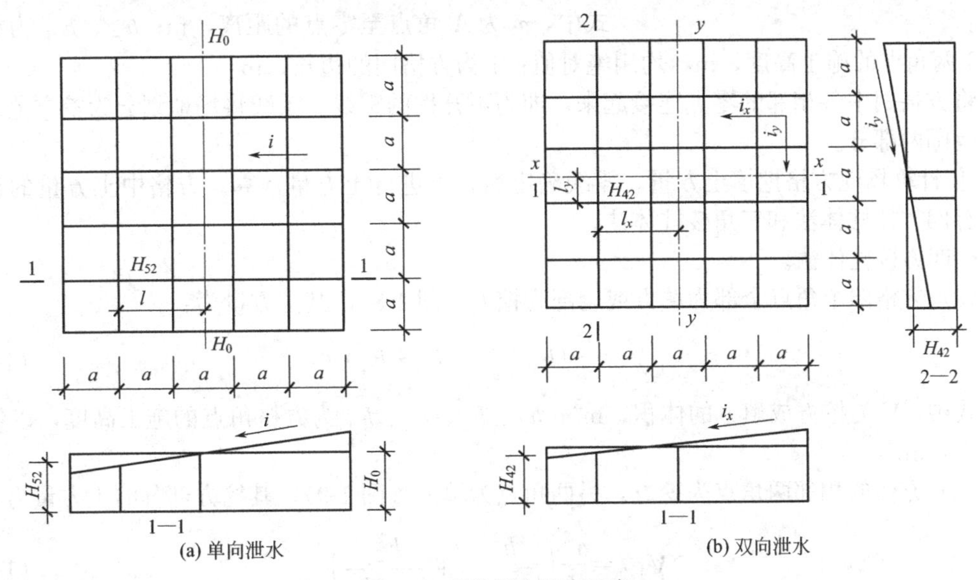

(a) 单向泄水　(b) 双向泄水

图 1-6　场地泄水坡度示意

单向泄水时，以计算出的实际标高 H_0 作为场地中心线的标高。场地内任意一个方格角点的设计标高为：

$$H_n=H_0(H_0')\pm li \tag{1-18}$$

式中，l 为该方格角点距场地中心线的距离，m；i 为场地泄水坡度。

当场地表面为双向泄水时，场地内任意一个角点的设计标高为：

$$H_n=H_0(H_0')\pm l_x i_x \pm l_y i_y \tag{1-19}$$

式中，l_x、l_y 为该点在 x-x，y-y 方向上距场地中心线的距离，m；i_x、i_y 为场地在 x-x、y-y 方向上的泄水坡度。

1.2.2.4 场地平整土方工程量的计算方法

场地平整土方量的计算方法，通常有方格网法和断面法两种。当场地地形较为平坦时宜采用方格网法；当场地地形起伏较大、断面不规则时，宜采用断面法。

（1）方格网法 方格边长一般取 10m、20m、30m、40m 等。根据每个方格角点的自然地面标高和设计标高，算出相应的角点挖填高度，然后计算出每一个方格的土方量，并算出场地边坡的土方量，这样即可求得整个场地的填、挖土方量。其具体步骤如下。

① 计算场地各方格角点的施工高度 各方格角点的施工高度（挖或填的高度），可按下式计算：

$$h_n=H_n-H \tag{1-20}$$

式中，h_n 为角点的挖填高度，m，“+”为填，“−”为挖；H_n 为角点的设计标高，m；H 为角点的自然地面标高，m。

② 确定零线。当同一方格的四个角点的施工高度同号时，该方格内的土方则全部为挖方或填方，如果同一方格中一部分角点的施工高度为“+”，而另一部分为“−”时，则此方格中的土方一部分为填方，另一部分为挖方。挖、填方的分界线，称为零线，零线上的点不填不挖，称之为不开挖点或零点（图 1-7）。确定零线时，要先确定方格边线上的零点，位置可按下式计算：

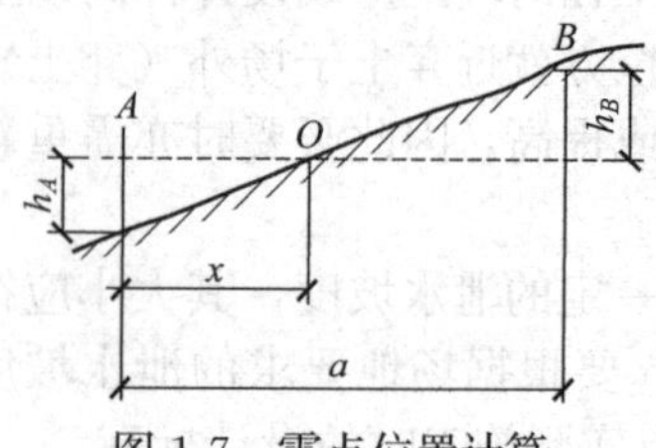

图 1-7 零点位置计算

$$x=\frac{ah_A}{h_A+h_B} \tag{1-21}$$

式中，x 为 A 角点至零点的距离，m；h_A、h_B 为相邻 A、B 两角点的施工高度，m，均用绝对值；a 为方格网的边长，m。

将方格网中各相邻的零点连接起来，即为不开挖的零线。零线将场地划分为挖方范围和填方范围两部分。

③ 计算场地方格挖填土方量。零线确定后，可进行土方量计算。方格中土方量的计算方法有四方棱柱体法和三角棱柱体法。

a. 四方棱柱体法。

（a）方格四个角点全部为填方或全部为挖方（图 1-8），其土方量为：

$$V=\frac{a^2}{4}(h_1+h_2+h_3+h_4) \tag{1-22}$$

式中，V 为挖方或填方的体积，m^3；h_1、h_2、h_3、h_4 为方格角点的施工高度，以绝对值代入，m。

（b）方格的相邻两角点为挖方，另两角点为填方（图 1-9），其挖方部分的土方量为：

$$V_{1,2}=\frac{a^2}{4}\left(\frac{h_1^2}{h_1+h_4}+\frac{h_2^2}{h_2+h_3}\right) \tag{1-23}$$

填方部分的土方量为：

$$V_{3,4}=\frac{a^2}{4}\left(\frac{h_4^2}{h_1+h_4}+\frac{h_3^2}{h_2+h_3}\right) \tag{1-24}$$

（c）方格的三个角点为挖方，另一个角点为填方（图 1-10），或者相反时，其填方部分土方量为：

$$V_4=\frac{a^2}{6}\frac{h_4^3}{(h_3+h_4)(h_4+h_1)} \tag{1-25}$$

挖方部分土方量为：

$$V_{1,2,3}=\frac{a^2}{6}(2h_1+h_2+2h_3-h_4)+V_4 \tag{1-26}$$

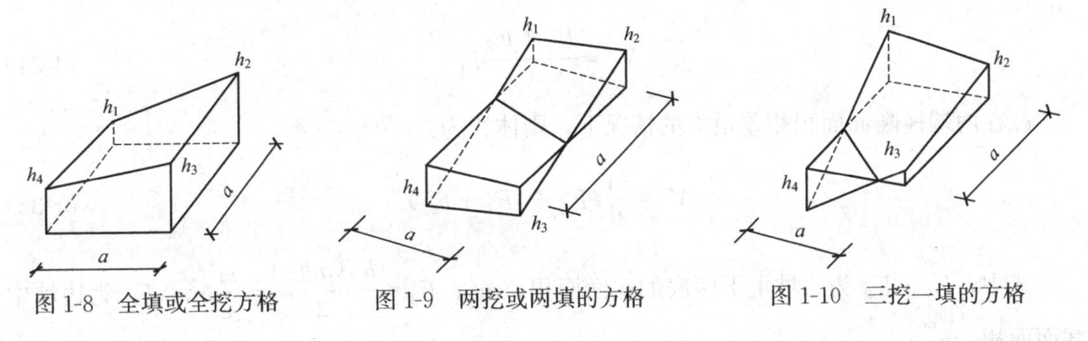

图 1-8　全填或全挖方格　　图 1-9　两挖或两填的方格　　图 1-10　三挖一填的方格

b. 三角棱柱体法。用三角棱柱体法计算场地土方量，是将每一方格顺地形的等高线沿对角线划分为两个三角形，然后分别计算每个三角棱柱（锥）体的土方量。

（a）当三角形三个角点全部为挖或全部为填时（图 1-11）：

$$V=\frac{a^2}{6}(h_1+h_2+h_3) \tag{1-27}$$

式中，a 为方格边长，m；h_1、h_2、h_3 为三角形各角点的施工高度，以绝对值代入，m。

（b）当三角形有挖有填时（图 1-12），则其零线将三角形分为两部分，一个是底面为三角形的锥体，一个是底面为四边形的楔体。

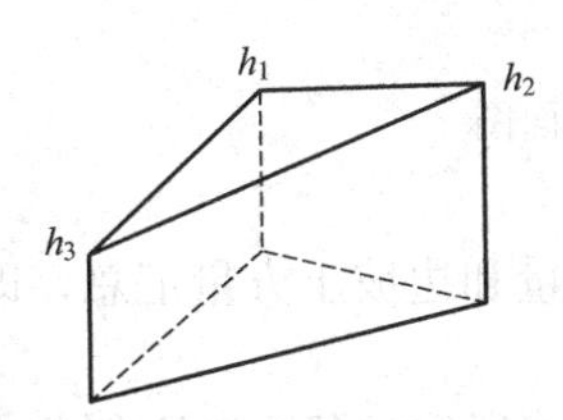

图 1-11　全填或全挖三角棱柱体

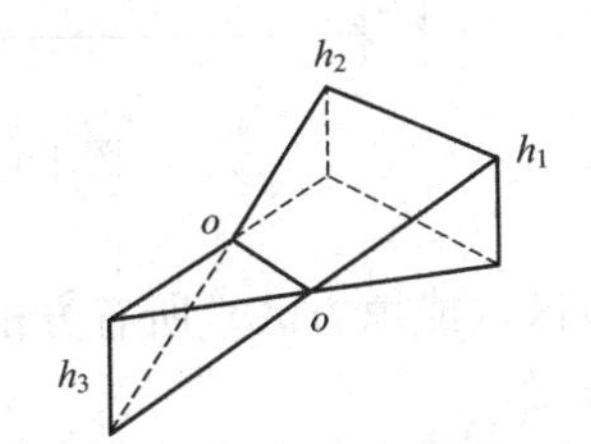

图 1-12　有挖有填三角棱柱体

三角形锥体部分土方量为：

$$V_{锥}=\frac{a^2}{6}\frac{h_3^3}{(h_1+h_3)(h_2+h_3)} \tag{1-28}$$

楔体部分土方量为：

$$V_{楔}=\frac{a^2}{6}\left[\frac{h_3^3}{(h_1+h_3)(h_2+h_3)}-h_3+h_2+h_1\right] \tag{1-29}$$

式中，h_1、h_2、h_3 为三角形各角点的施工高度，以绝对值代入，其中 h_3 为锥体顶点施工高度，m。

④ 计算场地边坡土方量。在场地平整施工中，沿着场地四周都需要做成边坡，以保持土体稳定，保证施工和使用的安全。边坡土方量的计算，可先把挖方区和填方区的边坡画出来，然后将边坡划分为两种近似的几何形体，如三角棱柱体或三角棱锥体，分别计算其体积，求出边坡土方的挖、填方土方量。

a. 棱锥体边坡体积。图 1-13 中①的体积为：

$$V_1=\frac{1}{3}F_1l_1 \tag{1-30}$$

b. 三角棱柱体边坡体积。图 1-13 中④的体积为：

$$V_4=\frac{F_1+F_2}{2}l_4 \tag{1-31}$$

c. 在两端横断面面积相差很大的情况下，则体积为：

$$V_4=\frac{l_4}{6}(F_1+4F_0+F_2) \tag{1-32}$$

式中，F_1、F_2 为边坡上下两底的底面面积，m^2；$F_1=\frac{h_2(mh_2)}{2}=\frac{m}{2}h_2^2$；$F_0$ 为边坡中截面面积，m^2。

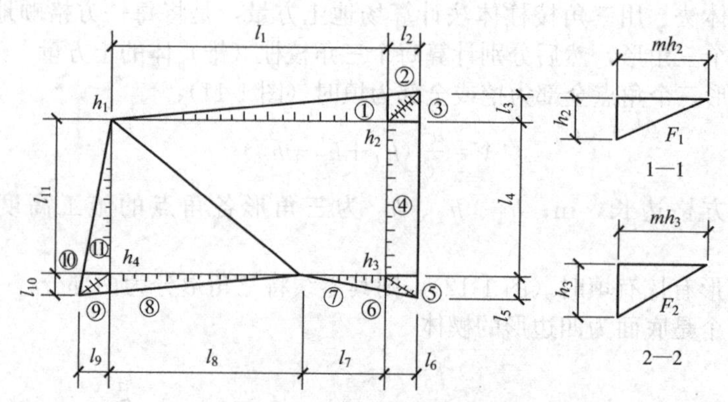

图 1-13　场地边坡平面图

最后将挖方区（或填方区）所有方格计算的土方量和边坡土方量汇总，即得该场地挖方和填方的总土方量。

（2）断面法　沿场地取若干个相互平行的断面，将所取的每个断面划分为若干个三角形和梯形（图 1-14），则面积为：$f_1=\frac{h_1d_1}{2}$，$f_2=\frac{(h_1+h_2)d_2}{2}$，…

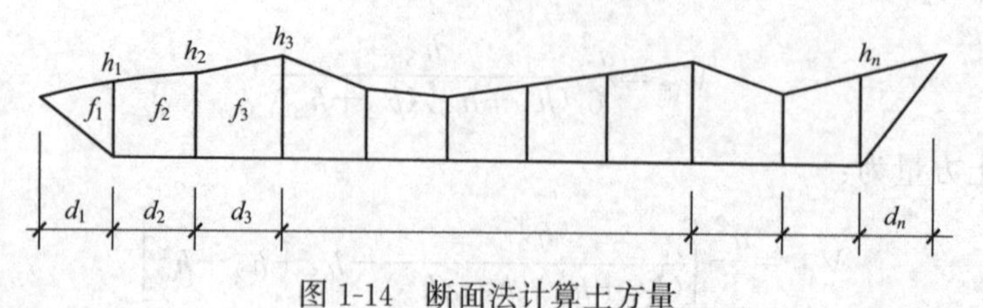

图 1-14　断面法计算土方量

某一断面面积为：$F_i=f_1+f_2+\cdots+f_n$

若 $$d_1=d_2=d_3=\cdots=d_n=d$$

则 $$F_i=d(h_1+h_2+\cdots+h_n)$$

设各断面面积分别为 F_1，F_2，…，F_n，相邻两断面间的距离依次为 L_1，L_2，…，L_n，则所求土方量为：

$$V=\frac{F_1+F_2}{2}L_1+\frac{F_2+F_3}{2}L_2+\cdots+\frac{F_{n-1}+F_n}{2}L_{n-1} \tag{1-33}$$

用断面法计算土方量时，边坡土方量已包括在内。

1.2.3 土方调配

土方调配是场地平整施工设计的一个重要内容，其目的是在土方运输量最小或土方运输费用最小的条件下，确定挖填方区土方的调配方向、数量及平均运距，从而达到缩短工期和降低成本的目的。

土方调配工作的内容主要包括：划分调配区，计算土方调配区之间的平均运距，选择最优的调配方案及绘制土方调配图表。

（1）平衡与调配原则

① 应该使土方总运输费用最小。

② 分区调配应与全场调配相协调。避免只顾局部平衡导致任意挖填而破坏全局平衡。

③ 便于机具调配、机械施工。土方工程施工应选择恰当的调配方向与运输路线，土方运输无对流和乱流现象，使土方机械和运输车辆的功效得到充分发挥。

④ 调配区划分应尽可能与大型地下建筑物的施工相结合，以避免土方重复开挖。

⑤ 遵循近期施工与后期利用相结合的原则。当工程分批施工时，先期工程的土方余额应结合后期工程的需要而考虑其利用数量和堆放位置，以便就近调配。堆放位置应尽可能为后期工程创造条件，避免重复挖运。先期工程有土方欠额时，也可由后期工程地点挖取。

（2）调配的程序

① 划分调配区。在场地平面图上先画出挖、填方区的分界线（即零线），再在挖、填方区适当画出若干调配区。考虑就近借土或就近弃土，这时一个借土区和一个弃土区都可作为一个独立的调配区。

② 计算各调配区的土方量，并标明在调配图上。

③ 计算各挖、填方调配区之间的平均运距。运距的计算一般是指挖方区重心到填方区重心之间的距离，再加上施工机械前进、后退和转弯必需的最短距离。

④ 确定土方调配的初始方案。以挖方区与填方区土方调配保持平衡为原则，采用“最小元素法”来确定土方调配的初始方案。

⑤ 确定土方调配的最优方案。利用“最小元素法”确定的初始方案优先考虑就近调配，所以求得的总运输量是较小的，但这并不能保证其总运输量是最小的。因此，还需确定最优调配方案。一般采用的是“闭回路法”或“位势法”。最后确定最优方案。

⑥ 绘出土方调配图。确定土方调配的最优方案后，即可绘出土方调配图以指导土方工程施工。

总之，进行土方调配，必须根据现场具体情况、有关技术资料、进度要求、土方施工方法，综合考虑上述原则和要求，并经过计算比较，选择出经济合理的调配方案。

1.3 土方工程开挖与机械化施工

讨论

1. 土壁失稳的主要原因是什么？
2. 基坑（槽）立壁支护的主要方法有哪几种？
3. 单锚固板桩的设计步骤。
4. 用图来表明深层搅拌桩二次搅拌工艺流程。
5. 土方工程施工机械的种类有哪些？并试述其作业特点和适用范围。
6. 如何确定铲运机的开行路线？

1.3.1 施工准备工作

(1) 现场踏勘　摸清工程现场情况，收集施工需要的各种资料，包括地形、地貌、水文、地质、河流、气象、运输道路、邻近建筑物、地下埋设物、地面障碍物以及水电供应、通信设施等，以便研究、制订施工方案和绘制总平面图。

(2) 清理场地　清理场地包括拆除施工区域内的房屋、古墓，拆除或改建通信和电力设备、上下水管道及其他建筑物，迁移树木及含有大量有机物的草皮、耕植土、河塘淤泥等。

(3) 排除地面水　为了不影响施工，应及时排走地面水或雨水。排除地面水一般采用排水沟、截水沟、挡水土坝等，临时性排水设施应尽量与永久性排水设施相结合。排水沟的设置应利用自然地形特征，使水直接排至场外或流向低洼处再用水泵抽走。主排水沟最好设置在施工区域的边缘或道路的两旁，其横断面和纵向坡度应根据当地气象资料，按照施工期内最大流量确定。但排水沟的横断面不应小于0.5m×0.5m，纵坡不应小于0.2%。出水口处应设置在远离建筑物或者构筑物的低洼地点，并应保证排水畅通，排水暗沟的出水口处应防止冻结。

(4) 修筑临时设施　修筑临时性生产和生活设施，修筑临时道路及供水、供电等临时设施。

(5) 设置测量控制网　根据国家永久性控制坐标和水准点，按建筑物总平面要求，引测到施工现场，设置区域测量控制网。控制网要避开建筑物、构筑物、机械操作面以及运输线路，并设保护标志。

1.3.2 基坑（槽）土方开挖

1.3.2.1 建筑物定位

建筑物定位是在基础施工前根据建筑总平面图设计要求，将拟建房屋的平面位置和零点标高在地面上固定下来。定位一般用经纬仪、水准仪、钢尺等根据轴线控制点将外墙轴线的四个角点用木桩标设在地面上。在建筑物四角距基坑（槽）上口边线1.5～2.0m处设龙门板，在龙门板上标出±0.000标高，并将轴线引测至龙门板上，作为施工放线的依据（图1-15）。外墙轴线测出后，就可以根据建筑平面图将内墙轴线、门窗洞口位置测出。

1.3.2.2 放线

建筑物定位后，根据基础的宽度、土质情况、基础埋深及施工方法，计算基槽的上口挖土宽度，拉线后用石灰在地面上画出基坑（槽）开挖的边线即为放线（图1-16）。

1.3.2.3 基坑（槽）土方放坡

当基坑所处的场地较大，而周边环境较简单时，基坑开挖可采用放坡的形式，这样比较

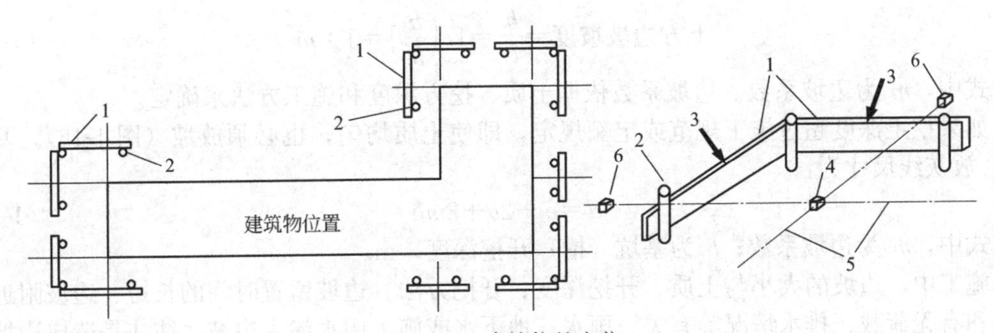

图 1-15 建筑物的定位

1—龙门板；2—龙门桩；3—轴线钉；4—轴线桩（角桩）；5—轴线；6—控制桩

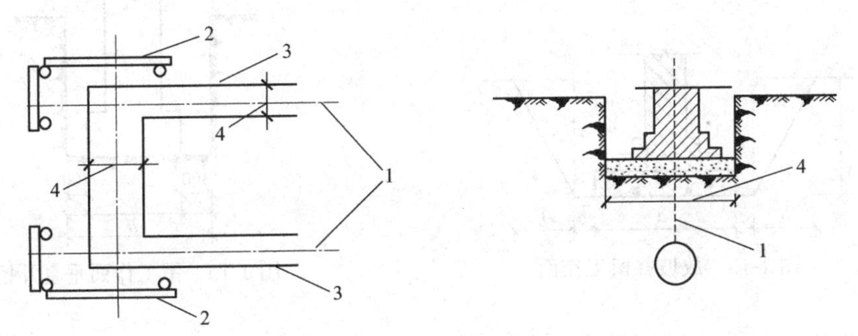

图 1-16 放线示意

1—墙（柱）轴线；2—龙门板；3—白灰线（基槽）边线；4—基槽宽度

经济，施工也比较简单。

当开挖基坑（槽）时，地质条件良好、土质均匀且地下水位低于基坑（槽）或管沟底面标高时，挖方边坡可以做成直立的形状，但是深度不得超过以下不放坡的最大挖方深度：

① 密实、中密的砂土和碎石类土（充填物为砂土），不超过 1.0m；

② 硬塑、可塑的轻亚黏土及亚黏土，不超过 1.25m；

③ 硬塑、可塑的黏土和碎石类土（充填物为黏性土），不超过 1.5m；

④ 坚硬的黏土，不超过 2m。

挖土高度超过以上规定时，应考虑放坡，按不同土层或不同放坡系数放坡。

土方边坡的坡度是指为保持土体施工阶段的稳定性而放坡的程度。土方开挖或填筑的边坡可以做成直线形、折线形及阶梯形（图 1-17），以挖方深度 h（或填方深度）与底宽 b 之比表示。即：

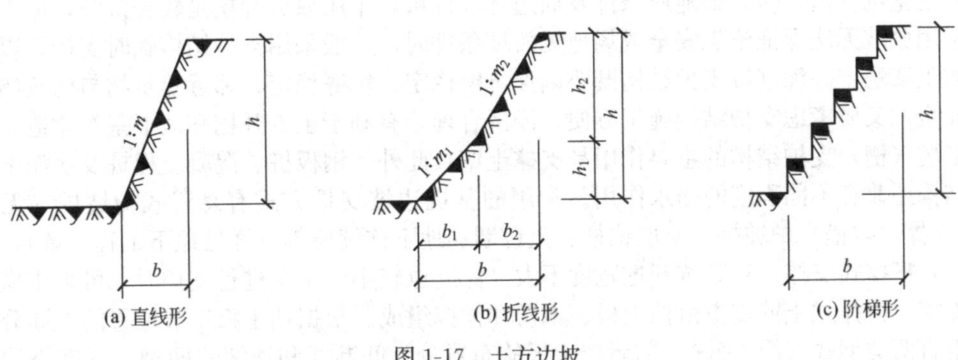

图 1-17 土方边坡

$$土方边坡坡度=\frac{h}{b}=1/\left(\frac{b}{h}\right)=1:m \tag{1-34}$$

式中，m 为边坡系数。边坡系数依据土质、挖方深度和施工方法来确定。

如果挖土深度超过施工规范或定额规定，即使土质均匀，也必须放坡（图 1-18）。基坑（槽）放灰线尺寸为：

$$d=a+2c+2mh \tag{1-35}$$

式中，m 为边坡系数；h 为基坑（槽）开挖深度，m。

施工中，边坡的大小与土质、开挖深度、开挖方法、边坡留置时间的长短、边坡附近的振动和有无荷载、排水情况等有关。雨水、地下水或施工用水渗入边坡，往往是造成边坡塌方的主要原因。

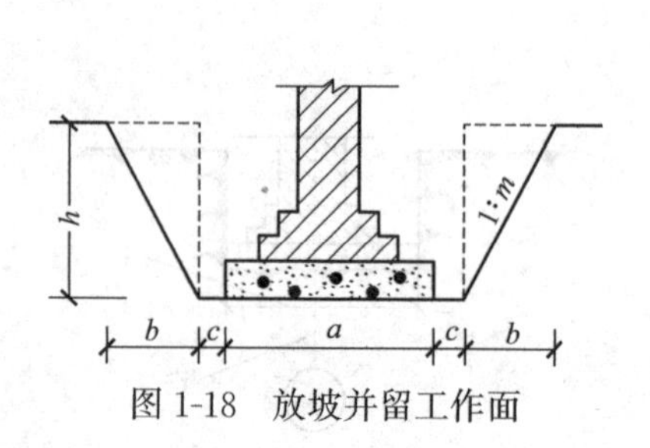

图 1-18 放坡并留工作面

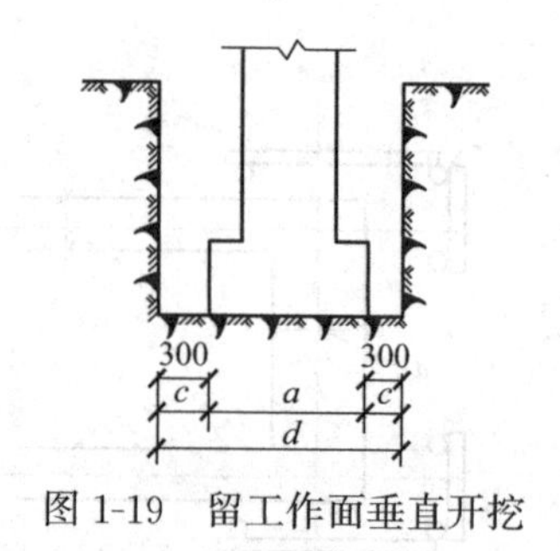

图 1-19 留工作面垂直开挖

1.3.2.4 基坑（槽）上下开挖宽度的计算

(1) 不放坡，不加挡土支撑

当土质均匀，且挖土深度没有超过施工规范的有关规定或定额计算的规定时，开挖时可不放坡也不加支撑，垂直开挖，但要加基础施工的工作面宽度（图 1-19），基坑（槽）放灰线尺寸为：

$$d=a+2c \tag{1-36}$$

式中，d 为基础放线宽度，mm；a 为基础宽度，mm；c 为工作面宽度，mm。

(2) 留工作面并加支撑

当基础埋置较深，场地狭小不能放坡时，为防止孔壁坍塌，必须设置支撑。此时放线宽度除考虑基础底宽、工作面外，还要考虑支撑所需尺寸（一般为 100mm）。基坑（槽）放灰线尺寸为：

$$d=a+2c+200 \tag{1-37}$$

1.3.2.5 基坑（槽）支护

开挖基坑（槽）时，如地质条件及周边环境许可，采用放坡开挖是较经济的，但当基坑开挖采用放坡无法保证施工安全或场地无放坡条件时，一般采用支护结构临时支挡，以保证基坑的土壁稳定。深基坑支护结构既要确保坑壁稳定、坑底稳定、邻近建筑物与构筑物和管线的安全，又要考虑支护结构施工方便、经济合理，有利于土方开挖和地下室的建造。

基坑（槽）支护结构的主要作用是支撑土壁，此外，钢板桩、混凝土板桩及水泥土搅拌桩等结构还兼有不同程度的隔水作用。常用的基坑边坡支护方式有悬臂式护坡桩（无锚板桩）、支撑（拉锚）护坡桩、土层锚杆、土钉墙和地下连续墙等（详见地下工程一章）。

(1) 横撑式支撑　对基坑开挖宽度不大、深度也较小的土壁进行支护时，可采用横撑式土壁支撑。横撑式土壁支撑由挡土板、木楞和横撑组成。根据挡土板所放位置的不同分为水平和垂直两类型式（图 1-20）。前者挡土板的布置分为间断式和连续式两种。湿度小的黏性土挖土深度小于3m时，可用间断式水平挡土板支撑；对松散、湿度大的土可用连续式水平挡土板支撑，挖土深度可达到5m；对松散和湿度很高的土可用垂直挡土板式支撑，其挖土深度不限。

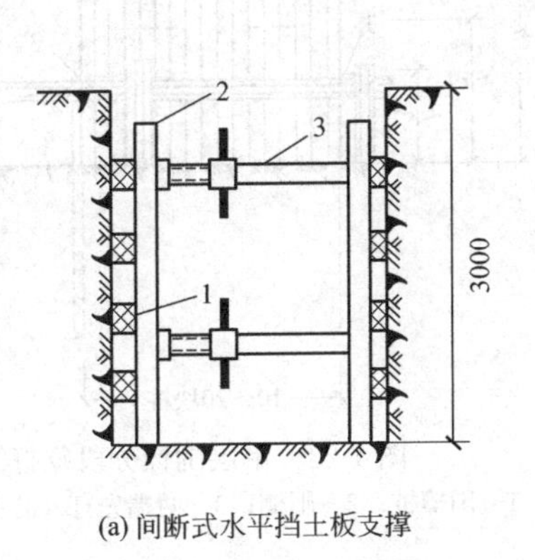

(a) 间断式水平挡土板支撑

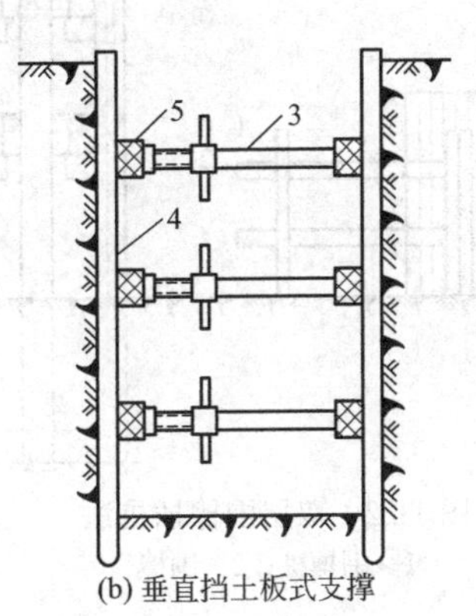

(b) 垂直挡土板式支撑

图1-20 横撑式支撑

1—水平挡土板；2—竖木楞；3—工具式横撑；4—竖直挡土板；5—横木楞

(2) 钢板桩支撑 钢板桩支撑是在基坑开挖前先在周围用打桩机将钢板桩打入地下要求的深度，形成封闭的钢板支护结构，在封闭的结构内进行基础施工。

板桩支撑切断地下水的流向，减小了动水压力，从而可预防流砂的产生，板桩支撑既挡土又防水，特别适于开挖较深、地下水位较高的大型基坑。

钢板桩可分平板桩和波浪式板桩两类。前者防水和承受轴向力的性能良好，易打入地下，后者的防水和抗弯性能好且应用广泛（图1-21）。板桩施工要正确选择打桩方法、打桩机械，流水段划分板桩位置必须在板桩的轴线上，板壁面垂直，封闭式板桩墙要求封闭合拢，埋置要达到规定深度要求，有足够的抗弯强度和良好的防水性能。

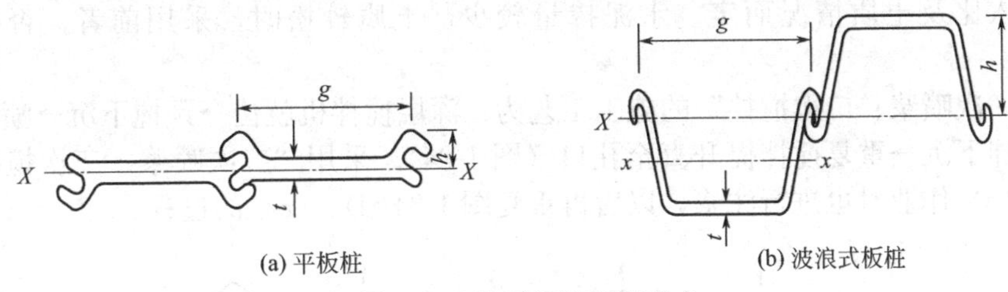

(a) 平板桩　(b) 波浪式板桩

图1-21 常用的钢板桩形式

钢板桩打入时一般有单打法、围檩插桩法和分段复打法。

a. 单打法。单打法一般从基坑外侧的板桩轴线上插入板桩，然后打桩到设计要求的深度。沿板桩轴线按顺时针或逆时针方向进行板桩间的锁口咬合，打入一块，咬合一块，直至板桩封闭合拢。其优点是打桩简捷、速度快，但由于单块打入，桩板的垂直度不易控制，适用于桩长小于10m且施工精度要求不高的情况。

b. 围檩插桩法。围檩插桩法是用围檩为钢板桩定位，在桩的轴线两侧先安装围檩（即一定高度的钢制栅栏），将钢板桩依次锁口咬合并全部插入两侧围檩间（图1-22）。其作用一是插入钢板桩时起垂直支撑作用，保证平面位置准确；二是施打过程中起导向作用，保证板桩的垂直度。先对四个角板桩施打，封闭合拢后，再逐块将板桩打到设计标高要求。其优点是板桩安装质量高，但施工速度较慢，费用也较高。

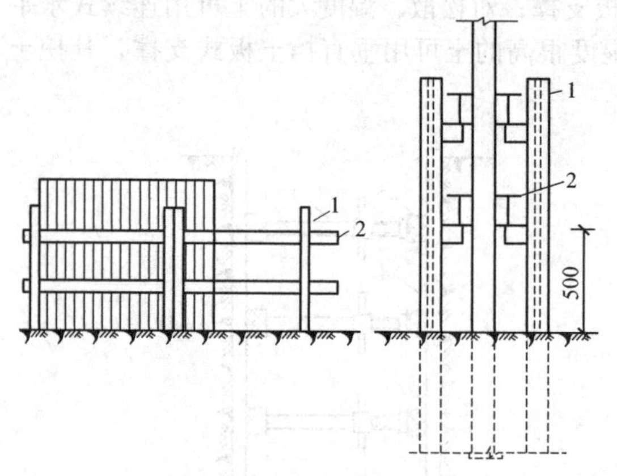

图 1-22 双层围檩插桩法
1—围檩桩；2—围檩

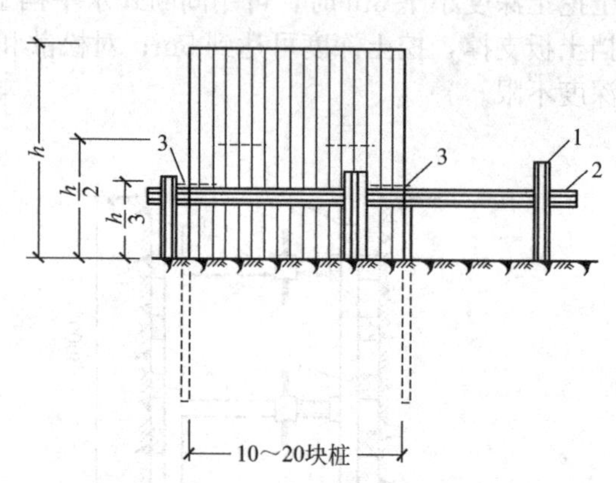

图 1-23 单层围檩分段复打法
1—围檩桩；2—围檩；3—两端先打入的定位钢板桩

c. 分段复打法。分段复打法安装一侧围檩，先将两端钢板桩打入土中，在保证位置、方向和垂直度后，用电焊固定在围檩上，起样板和导向作用；然后将其他板桩按顺序以 1/2 或 1/3 板桩高度逐块打入（图 1-23）。此法可以防止板桩过大地倾斜和扭转，防止误差累积，有利于实现封闭合拢，且分段打桩不会影响临近板桩施工。

地下工程施工结束后，钢板桩一般要拔除，以便重复利用。由于板桩拔出时带土，往往会引起土体变形，对周围环境造成危害，故拔除时要选择正确的拔除方法和拔除顺序，必要时采用注浆填充的方法。

（3）水泥土搅拌桩支护　在边坡土体需要加固的范围内，将软土与水泥浆强制拌和，使软土硬结成整体并具有足够强度的水泥加固土，称为水泥土搅拌桩。它适用于淤泥、粉土和含水量较高且地基承载力不大的黏性土等软土层，作为基坑截水和较浅基坑的支护。

搅拌桩成桩工艺可采用“一次喷浆、二次搅拌”或“二次喷浆、三次搅拌”工艺，主要依据水泥掺入比及土质情况而定。水泥掺量较少，土质较松时，采用前者，否则，可用后者。

采用“一次喷浆、二次搅拌”的施工工艺为：深层搅拌机就位→预搅下沉→喷浆搅拌提升→重复搅拌下沉→重复搅拌提升直至孔口（图 1-24）。采用“二次喷浆、三次搅拌”工艺是在图 1-24(e) 作业时也进行注浆，以后再重复图 1-24(d)、(e) 的过程。

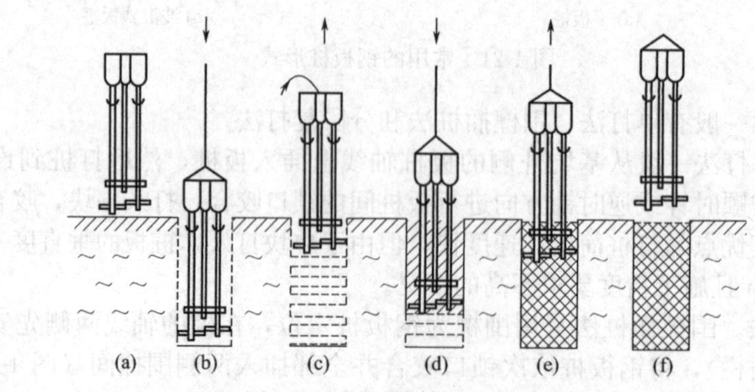

图 1-24 深层搅拌法施工工艺

水泥土搅拌桩法挡土效果好，但是挡水较差。如果在水泥土搅拌桩完成后、凝固前及时插钢筋或插入 H 型钢进行加固，变成劲性水泥土墙，则能起到既挡土又挡水的双重作用。

(4) 悬臂式护坡桩(无锚板桩) 对于黏土、砂土及地下水位较低的地基,用桩锤将工字钢桩打入土中,嵌入土层足够的深度以保持稳定,其顶端设有支撑或锚杆,开挖时在桩间加插横板以挡土。

(5) 支撑(拉锚)护坡桩

a. 水平拉锚护坡桩。基坑开挖较深施工时,在基坑附近的土体稳定区内先打设锚桩,然后在开挖基坑1m左右处装上横撑(围檩),在护坡桩背面挖沟槽拉上锚杆,其一端与挡土桩上的围檩(墙)连接,另一端与锚桩(锚梁)连接,用花篮螺栓连接并拉紧固定在锚桩上,基坑则可继续挖土至设计深度[图1-25(a)]。

b. 支护护坡桩。基坑附近无法拉锚时,或在地质较差、不宜采用锚杆支护的软土地区,可在基坑内进行支撑,支撑一般采用型钢或钢管制成。支撑主要支顶挡土结构,以克服水土所产生的侧压力。支撑形式可分为水平支撑[图1-25(b)]和斜向支撑[图1-25(c)]。

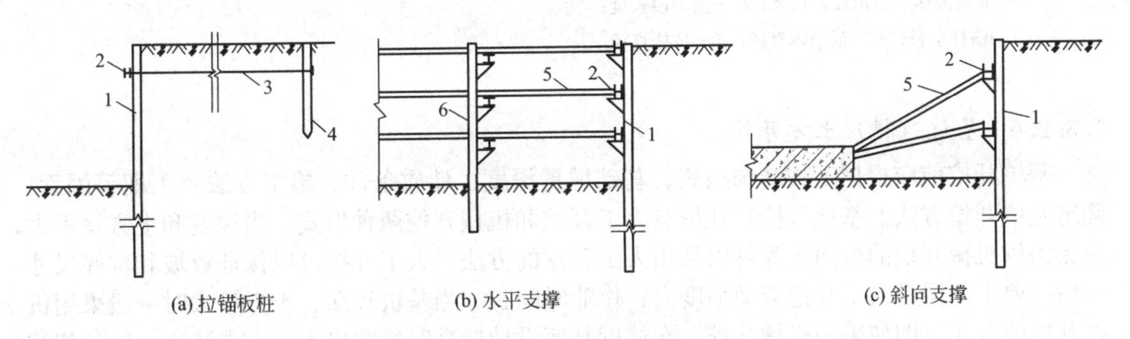

图1-25 支撑(拉锚)护坡桩

1—护坡桩;2—围檩;3—拉锚杆;4—锚碇桩;5—支撑;6—中间支撑桩

(6) 土层锚杆支护 土层锚杆支护由钢绞线或钢筋与注浆体组成。钢绞线或钢筋一端与支护结构相连,另一端伸入稳定土层中承受由土压力产生的拉力,维持支护结构稳定。

锚杆由锚头、拉杆和锚固体组成。锚头由锚具、横梁等组成;拉杆采用钢筋、钢绞线制成;锚固体是用水泥砂浆将拉杆与土体连成一体的抗拔构件(图1-26)。

锚杆以土的主动滑动面为界,分为非锚固段(自由段)和锚固段。非锚固段处在可能滑动的不稳定土层中,可以自由伸缩,作用是将锚头所承受的荷载传到主动滑动面外的锚固段。锚固段处在稳定的土层中,与周围土层牢固结合,将荷载分散到稳定土体中。非锚固段不宜小于5m,锚固段长度由计算确定。

锚杆施工工艺:定位→钻孔→安放拉杆→注浆→张拉锚固。锚杆的埋置深度要使上层锚杆的覆土厚度不小于4m,以避免地面出现隆起现象。锚杆的层数由基坑深度和土压力大小确定,其垂直和水平间距不小于1.5~2m,避免产生群锚效应而降低单根锚杆的承载力。锚杆的倾角不宜超过45°。在允许的倾角范围内根据地层结构,应使锚杆的锚固体置于较好的土层中。

(7) 土钉墙 土钉墙是以土钉作为主要受力构件的坑外边坡支护技术。它由密集的土钉群、被加固的原位土体、喷射的混凝土面层和必要的防水系统组成喷射的混凝土、垫板(图1-27)。

土钉墙施工工艺:定位→钻机就位→成孔→插钢筋→注浆→喷射混凝土。土钉墙具有施工设备和操作方法简单、材料用量和工程量小、施工速度快、经济效益好等特点,主要适用于地下水位以上或经过降水措施后的砂土、粉土、黏土中。

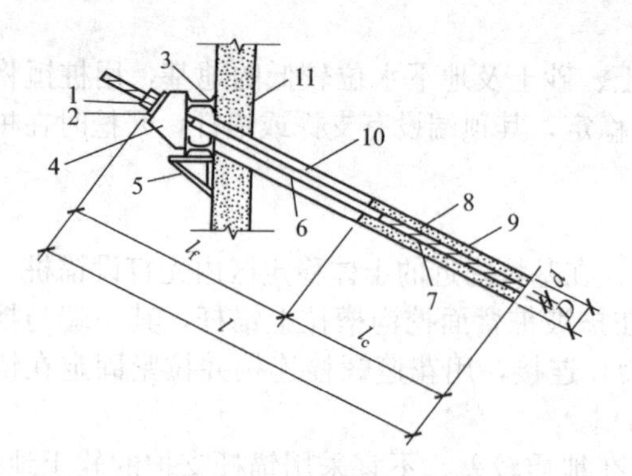

图 1-26 土层锚杆构造

1—锚具；2—承压板；3—横梁；4—台座；5—承托支架；6—套管；7—钢拉杆；8—砂浆；9—锚固体；10—钻孔；11—挡墙；l_f—非锚固体（自由段）长度；l_c—锚固段长度；l—锚杆全长；D—锚固体直径；d—拉杆直径

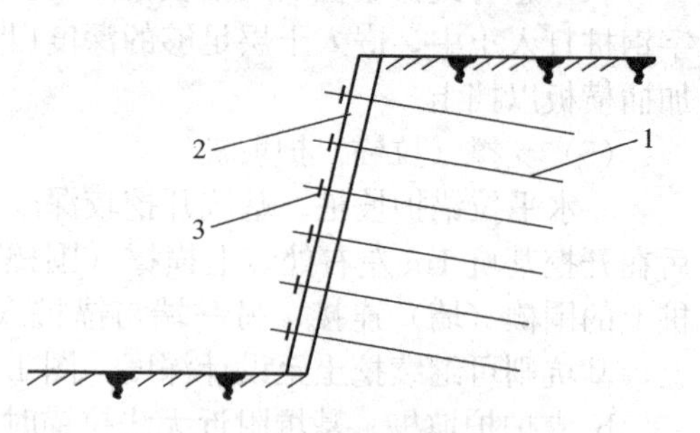

图 1-27 土钉墙支护

1—土钉；2—喷射混凝土面层；3—垫板

1.3.2.6 基坑（槽）土方开挖

基坑开挖前应根据工程结构型式、基础埋置深度、地质条件、施工方法及工期等因素，确定基坑开挖方法。基坑（槽）开挖有人工开挖和机械开挖两种形式。当深度和土方量不大或无法用机械开挖的桩间土等可以采用人工开挖的方法。人工开挖可以保证放坡和坑底尺寸的精度要求，但是人工开挖劳动强度大，作业时间长。当基坑较深、土方量大时一般采用机械开挖的方式。即使采用机械开挖，在接近基底设计标高时通常也用人工来清底，以免超挖和机械扰动基底。

开挖较深基坑时，土方施工必须遵循“开槽支撑，先撑后挖，严禁超挖，分层开挖”的原则。

① 基坑开挖深度控制。当基坑（槽）挖到离坑底 0.5m 左右时，根据龙门板的标高及时用水准仪进行抄平，在土壁上打水平桩，作为控制开挖深度的依据。挖至设计标高后，应对槽（坑）底进行保护，防止雨水浸蚀和阳光曝晒，经验槽合格后，立即进行基底施工。

② 及时弃土。在施工过程中，基坑边、管沟边的堆土不应超过设计荷载。回填土距坑边要大于 1m，弃土及时运走，既有利于施工又防止过多的堆土造成土壁的坍塌。

③ 加强监测。在施工中或雨后，应对支护结构、周围环境进行检查和监测，出现异常及时处理，避免出现事故。

根据不同的放坡系数及边坡支护形式，选择合适的开挖方法与程序。

(1) 无支护结构的开挖 采用无支护结构开挖的基坑，设计和施工必须十分谨慎，并要备有后续对策方案。在地下水位以上的黏性土层中开挖基坑时，可考虑垂直挖土或采用放坡；其他情况应进行边坡稳定验算。较深的基坑应分层开挖，分层厚度依土质情况而定，不宜太深，以防止卸载过快、有效应力减少、抗剪强度降低而引起边坡失稳。

当遇有上层滞水、土质较差且为施工的基坑边坡，必须对边坡予以加固。可采用机械开挖时，需保持坑底土体原状结构，因此应在基坑底及坑壁留 150～300mm 厚的土层，由人工挖掘修整。若出现超挖情况，应加厚混凝土垫层或用砂石回填夯实，同时要设集水坑，及时用泵排除坑底积水。

必须在基坑外侧地面设置排水系统，进行有组织排水，严禁地表水或基坑排出的水倒流或渗入坑周边土体内。

基坑开挖时，应对平面控制桩、水准点、基坑平面位置、水平标高、边坡坡度等经常复测检查。

基坑挖好后，应尽量减少暴露时间，及时清边验底，浇好混凝土垫层封闭基坑；垫层要做到基坑满封闭，以改善其受力状态。

(2) 有支护结构的基坑开挖　基坑开挖前，应熟悉支护结构支撑系统的设计图纸，掌握支撑设置方法、支撑的刚度、第一道支撑的位置、预加应力的大小、围檩设置等设计要求。

基坑开挖必须遵守“由上到下，先撑后挖”的原则，支撑与挖土密切配合，严禁超挖，每次开挖深度不得超过支撑位置以下500mm，避免立柱及支撑出现失稳的危险。在必要时，应分段（≤25m)、分层（≤5m)、分小段（≤6m）快挖快撑（开挖后8h内)，充分利用土体结构的空间作用，减少支护后的墙体变形。在挖土和支撑过程中，对支撑系统的稳定性由专人检查、观测，并做好记录；发生异常应立即查清原因，采取针对性技术措施。

开挖过程中，对支护墙体出现的水土流失现象应及时进行封堵，同时留出泄水通道，严防地面大量沉陷、支护结构失稳等灾害性事故的发生。严格限制坑顶周围堆土等地面超载，适当限制与隔离坑顶周围振动荷载作用，应做好机械上下基坑坡道部位的支护。

基坑深度较大时应分层开挖，以防开挖面的坡度过陡，引起土体位移、坑地面隆起、桩基侧移等异常现象。

基坑挖土时，挖土机械、车辆的通道布置，挖土的顺序及周围堆土位置安排都应计为对周围环境的影响因素。严禁在开挖过程中碰撞支护结构体系和工程桩，严禁损坏防渗帷幕。开挖过程中，应定时检查井点降水深度。

1.3.2.7　钎探与验槽

基槽（坑）开挖完毕并清理好后，在垫层施工以前，施工单位应会同勘察单位、设计单位、监理单位、建设单位、监督部门一起进行现场检查并验收基槽，通常称为验槽。经处理合格后签证，再进行基础工程施工。这是确保工程质量的关键程序之一。验槽目的在于检查地基是否与勘察设计资料相符合。

一般设计依据的地质勘察资料取自建筑物基础有限的几个点，无法反映钻孔之间的土质变化，只有在开挖后才能确切地了解。如果实际土质与设计地基土不符，则应由结构设计人员提出地基处理方案，处理后经有关单位签署后归档备查。

验槽主要以施工经验观察为主，而对于基底以下的土层不可见部位，要辅以钎探、夯探配合共同完成。

(1) 观察　主要观察基槽基底和侧壁土质情况，土层构成及其走向是否有异常现象，以判断是否达到设计要求的土层。地基土开挖后的情况复杂、变化多样，观察的主要项目和内容如下。

观察槽壁土层，看土层分布情况及其走向是否正确；柱基、墙角、承重墙下及其他受力较大的重点部位，是否符合设计要求；整个槽底土质是否挖到老土层上（地基持力层），土的颜色是否均匀一致，有无异常，是否过干或过湿，土的软硬是否一致，有无振颤、空穴声音等虚实现象。

若有上述与设计不相符的地质情况，应会同勘察、设计等有关部门制订相应的处理方案。

(2) 钎探　钎探是一种土层探测施工工艺，将标志刻度的标准直径钢钎，采用机械或人工的方式，使用标定重量的击锤，垂直击打进入地基土层，根据钢钎进入待探测地基土层所需的击锤数，探测土层内隐蔽构造情况或粗略估算土层的容许承载力。

钎探常用的主要机具为：10kg的穿心锤，尖锥头，直径20～50mm、长1.5～3.0m的钢钎，铅丝，手推车，夹具，撬棍（拔钢钎用)，钢卷尺等。

钎探操作工艺流程为：确定打钎顺序（放钎点线)→就位打钎→记录锤击数→整理记

录→拔钎盖孔→检查孔深（合格后）→灌砂。

首先根据平面布置图分区放线，用白灰放出分区控制线，孔位要撒上白灰点。接着将触探杆尖对准孔位，再把穿心锤套在钎杆上，使穿心锤自由下落，锤落距50cm，把钎杆垂直打入土层中。将钎杆每打入土层30cm，在《地基钎探记录》上记录一次锤击数。最后将钎杆拔出，注意拔钎时防止钎杆变形。拔出后用砖盖孔，并用粉笔在砖上注明编号，以备验槽时使用。操作结束后，将触探杆搬到下一个孔位，以便继续打钎。

打完的钎孔，首先经过质检人员和工长检查孔深与记录无误后，然后再经过验槽合格后，方可进行灌砂。灌砂时每填入30cm左右，须用钢筋捣实一次。

按孔顺序编号，将锤击数填入统一表格内，字迹清楚，经过监理单位、单位工程技术负责人、质检员、资料员签字后归档。归档钎探记录表必须使用黑色签字笔填写，字迹要工整，不可有改动迹象。

(3) 夯探　夯探较之钎探方法更为简便，不用复杂的设备而是用铁夯或蛙式打夯机对基槽进行夯击，凭夯击时的声响来判断下卧层的强弱或有否土洞或暗墓。

(4) 验槽　验槽的主要内容和方法如下：

① 核对基槽（坑）的位置、平面尺寸、坑底标高。

② 核对基槽（坑）的土质情况和地下水情况。

③ 检查地基下面有无地质资料未曾提供的硬（或软）的下卧层（凡持力层以下各土层称为下卧层）及土洞、暗墓等异常情况，一般采用钎探方法。

④ 对整个基槽（坑）底进行全面观察，检查土的颜色是否一致，土的硬度是否一样，局部含水量是否有异常现象。

验槽的重点应选择在桩基、柱基础、承重墙基础或其他受力较大的部位。验槽后应填写验槽记录或报告。

1.3.3 基坑（槽、沟）降水

在开挖基坑（槽）时，土壤的含水层常被切断，地下水将不断渗入坑内。雨期施工时，雨水会积攒在基坑。如果未采取降水措施或未及时排走流入坑内的水，不但会使施工条件恶化，更会引发边坡塌方和地基承载力下降。降水方法可分为重力降水（如集水井、明渠等）和强制降水（如轻型井点、深井点、电渗井点等）。常采用的措施有集水井降水法和井点降水法。

1.3.3.1 集水井降水法（明排水法）

(1) 基本原理及施工要点

在开挖坑（槽）过程中，遇到地下水或地表水时，在基础范围以外，地下水的上游，沿坑底的周围或中央开挖排水沟，设置集水井，使水由排水沟流入集水井，然后用水泵将水抽出坑外（图1-28）。

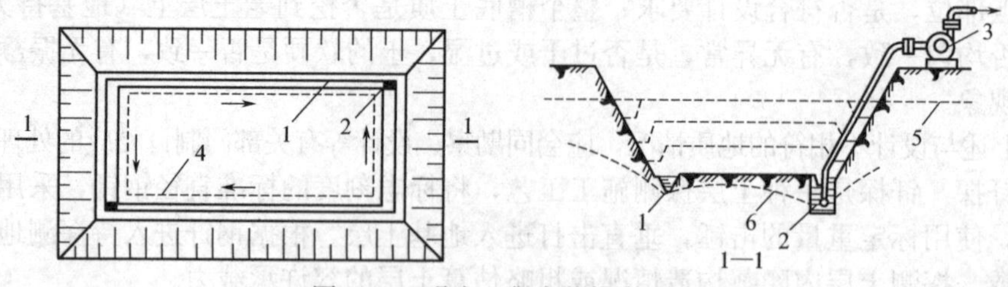

图1-28　明沟、集水井排水方法

1—排水明沟；2—集水井；3—离心式水泵；4—设备基础或建筑物基础边线；5—原地下水位线；6—降低后地下水位线

如果基坑较深，可采用分层明沟排水法（图1-29），一层一层地加深排水沟和集水井，逐步达到设计要求的基坑断面和坑底标高。

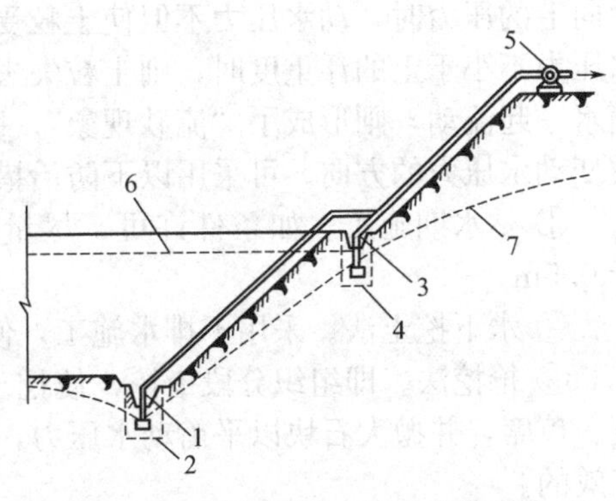

图 1-29 分层明沟、集水井排水法

1—底层排水沟；2—底层集水井；3—二层排水沟；4—二层集水井；5—水泵；6—原地下水位线；7—降低后地下水位线

排水沟的截面尺寸和集水井的个数是根据坑底涌水量的大小、基础的形状和水泵的抽水能力来确定的。排水沟沟底一般低于挖土面 0.4～0.5m，向集水井方向保持一定纵向坡度。集水井应设置在基础范围之外的边角处、地下水走向的上游，每间隔 20～40m 设置一个集水井，其直径或宽度为 0.6～0.8m，集水井深度随挖土深度增加而加深，始终低于挖土面 0.7～1.0m。井壁可用竹木等简易加固。当基坑底挖至设计标高后，集水井底应低于坑底 1～2m，并铺设碎石滤水层，以免由于抽水时间较长而将泥砂抽出，并防止井底的土被搅动。

聚集到集水井中的水，采用水泵抽取。水泵的种类很多，在建筑上最常用的有离心水泵（图 1-30）和潜水泵（图 1-31）、软轴水泵等。其主要性能包括：流量、扬程和功率等。水泵的流量和扬程应满足基坑涌水量和坑底降水深度要求。通常情况下水泵的抽水量应大于集水井的涌水量，否则坑内水会越积越多，将基坑土泡软。

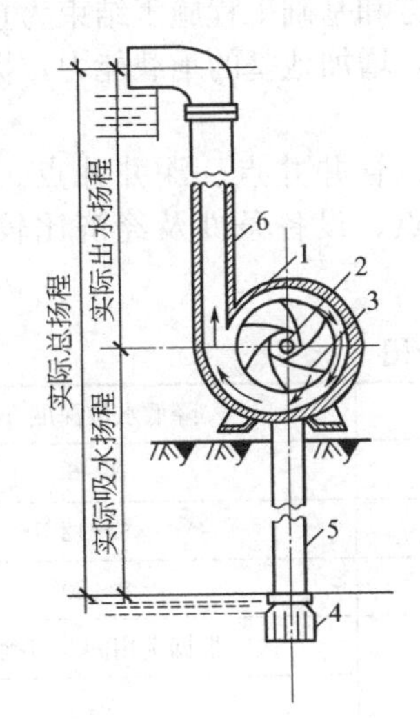

图 1-30 离心水泵工作示意

1—泵壳；2—泵轴；3—叶轮；4—底阀及滤网；5—吸水管；6—出水管

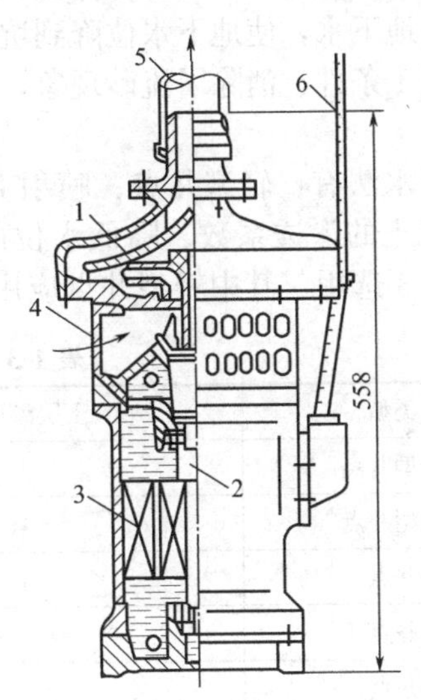

图 1-31 潜水泵构造及工作原理简图

1—叶轮；2—轴；3—电动机；4—进水口；5—出水胶管；6—电缆

集水井降水法适用于水流较大的粗粒土层的排水、降水，也可用于渗水量较小的黏性土层降水，但不适宜于细砂土和粉砂土层，因为地下水渗出并用水泵抽水时会带走细土颗粒而发生流砂现象。

(2) 流砂的防治　采用集水井法进行降水，当开挖到地下水位以下，若土质为细砂或者粉砂，坑底下的土会成流动状态，随地下水一起涌进坑内，这种现象称为流砂。发生流砂时，土完全丧失承载力，施工条件恶化。流砂严重时会引起基坑倒塌，附近建筑物会因地基被流空而下沉、倾斜，甚至倒塌。

发生流砂现象与动水压力的大小与方向密切相关。当水流在水位差的作用下对土颗粒产生向上的压力时，动水压力不但使土粒受到水的浮力，而且还受到向上动水压力作用，当动水压力不小于土的浮重度时，则土粒失去自重，处于悬浮状态，土的抗剪强度为零，土粒能随水一起流动，则形成了“流砂现象”。防治流砂的主要途径是减小或平衡动水压力，或者改变动水压力的方向。可采用以下防治措施进行流砂的防治。

① 枯水期施工。如条件许可，尽量安排在枯水期施工，使最高地下水位距坑底不小于0.5m。

② 水下挖土法。采用不排水施工，使坑内水压与地下水压平衡，从而防止流砂产生。

③ 抢挖法。即组织分段抢挖，使挖土的速度大于冒砂速度，挖到设计标高后立即铺竹筏、芦席，并抛大石块以平衡动水压力，压住流砂。此法用以解决局部或轻微的流砂现象是有效的。

④ 地下连续墙法。此法是在基坑周围先灌筑一道混凝土或钢筋混凝土的连续墙，以支承土壁，截水并防止流砂产生。

⑤ 冻结法。在含有大量地下水的土层或沼泽地区施工时，采用冻结土的方法防止流砂产生。

⑥ 井点降水法对防止流砂产生也是很有效的方法之一。

1.3.3.2 井点降水法

井点降水法是基坑开挖前，在基坑四周预先埋设一定数量的滤水管（井），利用抽水设备不断抽出地下水，使地下水位降到坑底以下，直至土方和基础工程施工结束为止。其优点是改善了施工条件，消除了流砂现象，还能使土层密实，增加地基的承载能力，提高边坡的稳定性。

井点降水法有：轻型井点、喷射井点、电渗井点、管井井点、深井井点。各种方法的选用，视土的渗透系数、降低水位的深度、工程特点、设备条件及经济比较等具体条件参照表1-3选用。其中轻型井点应用较多。

表1-3 各种井点的适用范围

井点类型	土层渗透系数/(cm/s)	降低水位深度/m
一级轻型井点	$10^{-2}\sim10^{-5}$	3～6
二级轻型井点	$10^{-2}\sim10^{-5}$	6～12
喷射井点	$10^{-3}\sim10^{-6}$	8～20
电渗井点	$<10^{-6}$	根据选用的井点确定
深井井点	$\geqslant10^{-5}$	>10

（1）轻型井点降水　轻型井点降低地下水位，是沿基坑周围或一侧以一定的间距埋入井点管（下端为滤管），在地面上用集水总管将各井点管连接起来，并在一定位置设置抽水设备，利用真空泵和离心泵的真空吸力作用，使地下水经滤管进入井管，然后经总管排出，从而将地下水位降到坑底以下的降水设备。

轻型井点对于含有大量细砂和粉砂的土层降水效果较好，可以防止流砂现象并增加边坡稳定性。

① 轻型井点设备　轻型井点设备由管路系统和抽水设备组成（图1-32）。管路系统由滤管、井点管、弯联管及总管等组成。

滤管（图1-33）通常采用长1.0～1.5m、外径为38～50mm的无缝钢管，管壁上钻有直径为12～19mm的滤孔，骨架管外面包括两层孔径不同的滤网，内层为细滤网，外层为粗滤网。为使水流畅通，骨架管与滤网之间用塑料管或铁丝绕成螺旋形隔开，滤网外面再绕一层粗铁丝保护，滤管下端为一铸铁塞头。滤管上端与井点管连接。

井点管用直径 38～55mm、长 5～7m 的无缝钢管或焊接钢管制成。集水总管为直径 100～127mm 的无缝钢管，每节长 4m，各节间用橡皮套管联结，并用钢箍拉紧，防止漏水。总管上装有与井点管联结的短接头，间距为 0.8m 或 1.2m。

抽水设备根据水泵及动力设备不同，有干式真空泵、射流泵及隔膜泵等，其抽吸深度与负荷总管的长度各异。常用 W5、W6 型干式真空泵的抽吸深度为 5～7m，最大负荷长度分别为 100m 和 120m。

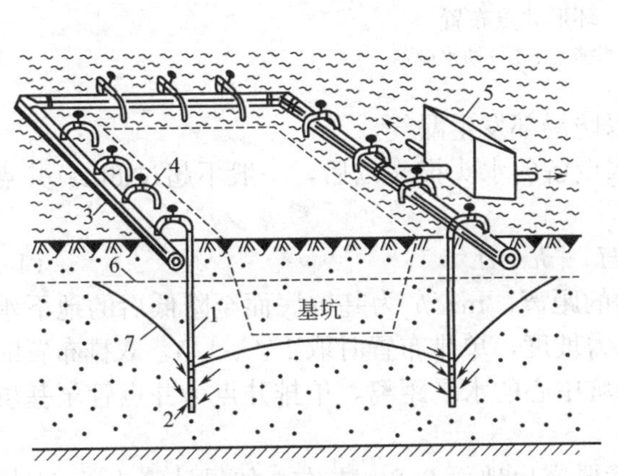

图 1-32　轻型井点系统降低地下水位示意

1—井点管；2—滤管；3—总管；4—弯联管；5—水泵房；6—原地下水位；7—降低后地下水位

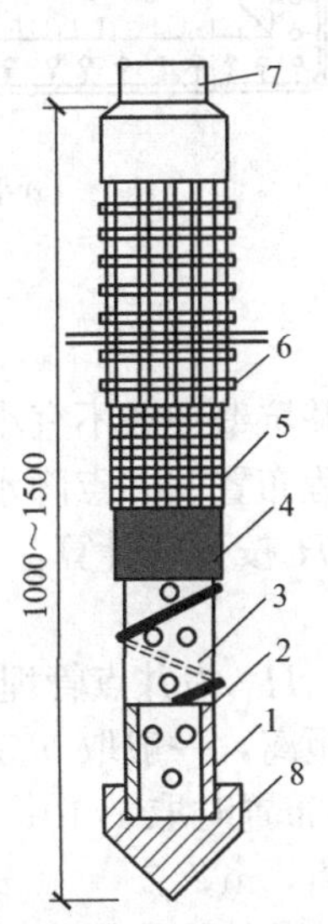

图 1-33　滤管构造

1—钢管；2—管壁上小孔；3—缠绕的铁丝；4—细滤网；5—粗滤网；6—粗铁丝保护网；7—井点管；8—铸铁头

② 轻型井点的布置　轻型井点的布置，应根据基坑大小与深度、土质、地下水位高低与流向、降水深度要求等而定。

a. 平面布置。当基坑或沟槽宽度小于 6m，水位降低深度不超过 5m 时，可用单排线状井点布置在地下水流的上游一侧，两端延伸长度一般不小于沟槽宽度（图 1-34）。如基坑或沟槽宽度大于 6m 或土质不稳定、渗透系数较大时，宜用双排井点，面积较大的基坑宜用环状井点（图 1-35）。为便于挖土机械和运输车辆出入坑，井点可不封闭，布置为 U 形环状。

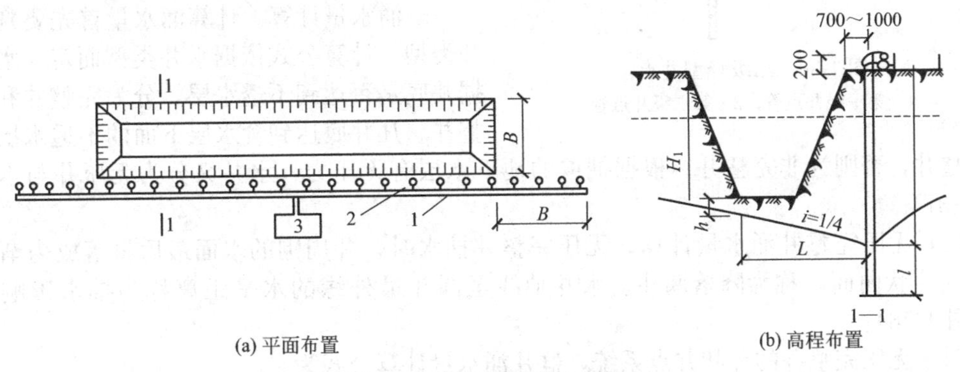

图 1-34　单排线状井点布置

1—总管；2—井点管；3—抽水设备

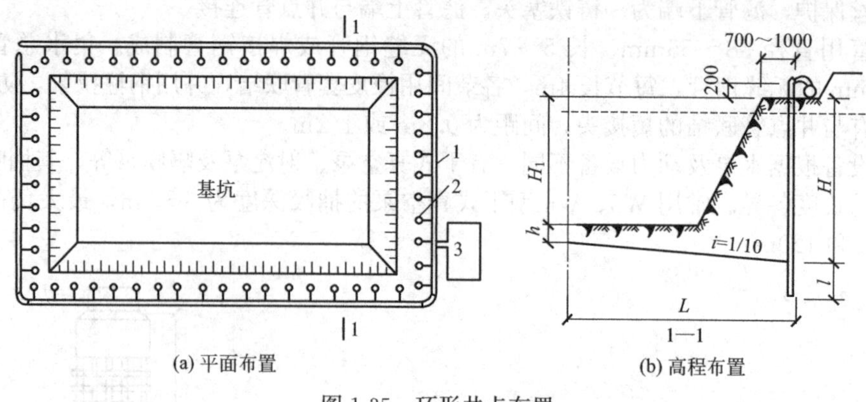

(a) 平面布置　　(b) 高程布置

图 1-35　环形井点布置

1—总管；2—井点管；3—抽水设备

井点距离基坑壁一般不宜小于 1～1.5m，以防局部发生漏气。

b. 高程布置。井点降水深度，考虑抽水设备的水头损失以后，一般不超过 6m。井点管埋设深度 H 按下式计算：

$$H \geqslant H_1 + h + iL \tag{1-38}$$

式中，H_1 为井点管埋设面至基坑底面的距离，m；h 为基坑底面至降低后的地下水位线的最小距离，一般取 0.5～1.0m；i 为水力坡度，单排布置时取 1/4～1/5，双排布置时取 1/7，环形布置时取 1/10；L 为井点管至基坑中心的水平距离，单排井点为井点管至基坑另一边的距离，m。

确定井点管埋设深度，还要考虑井点管要露出地面 0.2m 左右。如果计算出的 H 值大于 6m，则应降低井点管抽水设备的埋置面，以适应降水深度的要求。任何情况下，滤管必须埋设在蓄水层内。

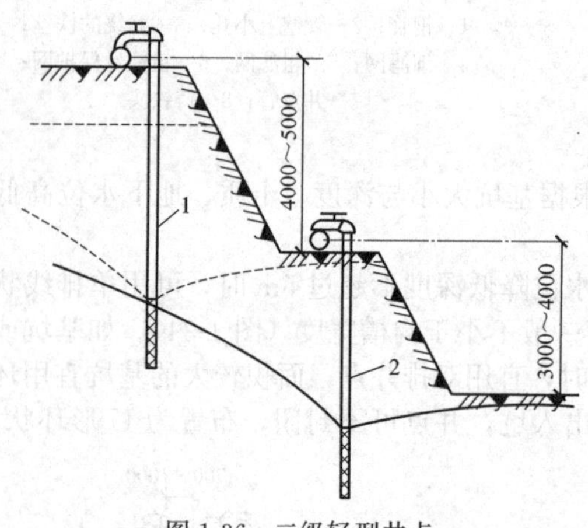

图 1-36　二级轻型井点

1—第一级井点管；2—第二级井点管

当一级井点达不到降水深度的要求时，可视土质情况，采用其他方法（如先用明排法挖去一层土再布置井点系统）或采用二级井点（即先挖去一级井点所疏干的土，然后再布置二级井点）使降水深度增加（图 1-36）。

③ 轻型井点的计算　轻型井点的计算包括：涌水量计算，井点管数量与井距确定等。

a. 涌水量计算。计算涌水量首先要判断水井类型，计算公式依据水井类型而定。水井根据井底是否达到不透水层，分为完整井和非完整井。凡井底达到含水层下面的不透水层的井为完整井，否则为非完整井。根据抽取的地下水层有无压力，水井又分为无压井与承压井（图 1-37）。

(a) 无压完整井涌水量计算。无压完整井抽水时，井周围的水面最后将落成为渐趋稳定的漏斗状曲面，称为降落漏斗。水井轴线至漏斗最外缘的水平距离称为抽水影响半径 R（图 1-38）。

对于无压完整井的环状井点系统，群井涌水量计算公式为：

$$Q=1.366K\frac{(2H-S)S}{\lg R-\lg x_0} \tag{1-39}$$

式中，Q 为涌水量，m^3；K 为渗透系数，m/d；H 为含水层厚度，m；R 为抽水影响半径，m；可用 $R=1.95S\sqrt{HK}$ 确定；S 为水位降低值，m；x_0 为环形井点系统的假象半径，m，可用 $x_0=\sqrt{\frac{F}{\pi}}$（F 为基坑周围井点所包围的面积）确定。

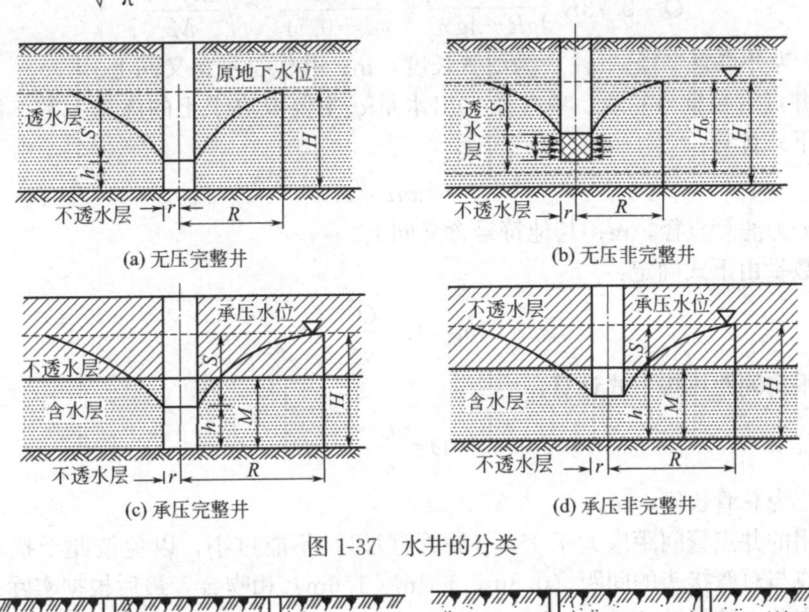

(a) 无压完整井　(b) 无压非完整井

(c) 承压完整井　(d) 承压非完整井

图 1-37　水井的分类

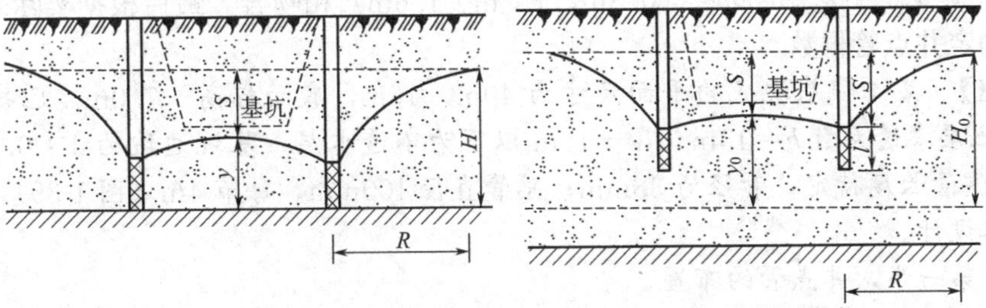

(a) 无压完整井　(b) 无压非完整井

图 1-38　环形井点涌水量计算简图

当矩形基坑的长宽比大于 5，或基坑宽度大于抽水影响半径的两倍时，需将基坑分块，分别计算涌水量后再相加得到总涌水量。

(b) 无压非完整井涌水量计算。无压非完整井涌水量计算较为复杂，为了简化计算，仍可采用完整井公式计算，但需将含水层厚度 H 换成有效深度 H_0。

$$Q=1.366K\frac{(2H_0-S)S}{\lg R-\lg x_0} \tag{1-40}$$

$$R=1.95S\sqrt{H_0K} \tag{1-41}$$

其中有效深度 H_0 为经验数值，可通过查表得到（表 1-4）。

表 1-4　有效深度 H_0 值

$S/(S'+l)$	0.2	0.3	0.5	0.8
H_0	$1.3(S'+l)$	$1.5(S'+l)$	$1.7(S'+l)$	$1.85(S'+l)$

注：表中 S' 为井管内水位降低深度，l 为滤管长度。

(c) 承压完整井涌水量计算。承压完整井环形井点涌水量计算公式为：

$$Q=2.73K\frac{MS}{\lg R-\lg x_{0}} \tag{1-42}$$

式中，M 为承压含水层厚度，m；其他符号含义同上。

(d) 承压非完整井涌水量计算。承压非完整环状井点系统的涌水量计算公式为：

$$Q=2.73K\frac{MS}{\lg R-\lg x_{0}}\times\sqrt{\frac{M}{l+0.5r}}\times\sqrt{\frac{2M-l}{M}} \tag{1-43}$$

式中，r 为井点管半径，m；l 为滤管长度，m；其他符号含义同上。

b. 确定井点管数量与井距。单井最大出水量 q 主要取决于土的渗透系数、滤管的构造与尺寸，按下式计算：

$$q=65\pi dl\sqrt[3]{K} \tag{1-44}$$

式中，d 为滤管直径，m；其他符号含义同上。

井点管数量由下式确定：

$$n=1.1\frac{Q}{q} \tag{1-45}$$

井点管平均间距可按下式计算：

$$D=\frac{L}{n} \tag{1-46}$$

式中，L 为总管长度，m。

实际采用的井点管间距应大于 $15d$（滤管直径），不能过小，以免彼此干扰，影响出水量，并且还应与总管接头的间距（0.8m、1.2m、1.6m）相吻合。最后根据实际采用的井点管间距，确定井点管根数。

【例 1-1】 某工程基坑底的平面尺寸为 40m×16m，底面标高－7.0m。已知地下水位－3.0m，土层渗透系数 k＝15m/d，－15m 以下为不透水层，基坑边坡为 1∶0.5，井点管长度 6m，滤管长度待定，管径为 38mm；总管直径 100mm，每节 4m（图 1-39）。试进行轻型井点降水设计。

【解】 第一步，井点管的布置。

平面布置：基坑宽 16m，面积较大，布置成环形。

高程布置：

基坑上口宽　　　　　$16+2\times7\times0.5=23(\text{m})$

井点管埋深　　　　　$H=7+0.5+(23/2+1)\times1/10=8.75(\text{m})$

井点管长度　$H+0.2=8.95\text{m}>6\text{m}$，不能满足要求，因此要将基坑先开挖至－2.9m 再埋设井点管。此时井点管需要长度为：

$$H_{1}=0.2+(3.0-2.9)+4.5+(8+4.1\times0.5+1)\times1/10=5.9\text{m}\approx6(\text{m})$$

满足要求，高程布置（图 1-40）。

第二步，涌水量计算。

判断水井类型，取滤管长 1.4m，则滤管到达的深度为：

$2.9+(6-0.2)+1.4=10.1(\text{m})<15(\text{m})$，未到达透水层，为无压非完整井。

计算抽水有效影响深度：$s'=6-0.2-0.1=5.7(\text{m})$

$$s'/(s'+l)=5.7/(5.7+1.4)=0.8(\text{m})$$

查表得 $H_{0}=1.85(s'+l)=1.85(5.7+1.4)=13.14(\text{m})>15-3=12(\text{m})$（含水层厚度），所以按实际情况取 12m。

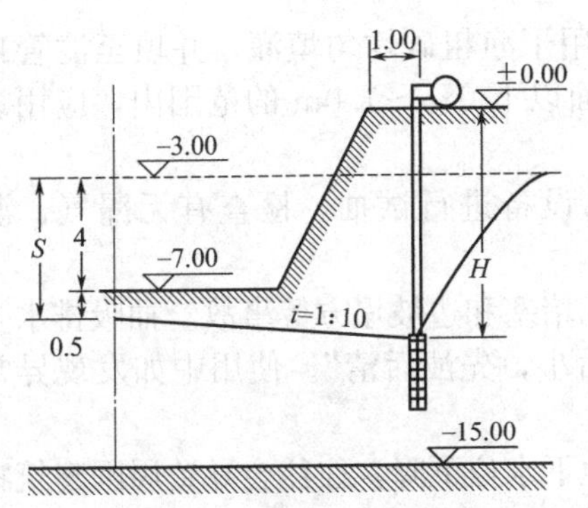

图 1-39 井点管高程布置

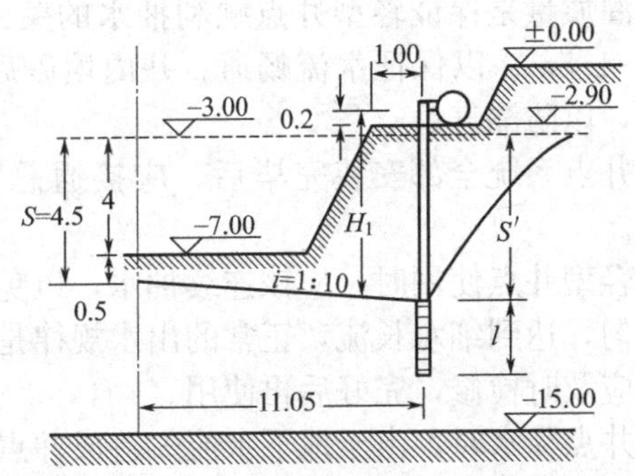

图 1-40 降低埋设面后的井点管高程布置

计算井点系统的假想半径，井点管包围面积：

$$F=(20+4.1\times0.5+1)\times2\times11.05\times2=46.1\times22.1=1018.8(\text{m}^2)$$

$$x_0=\sqrt{\frac{F}{\pi}}=\sqrt{\frac{1018.8}{3.14}}=18(\text{m})$$

$$R=1.95s\sqrt{H_0K}=1.95\times4.5\sqrt{12\times15}=117.7(\text{m})$$

计算涌水量：

$$Q=1.366K\frac{(2H_0-s)s}{\lg R-\lg x_0}=1.366\times15\times\frac{(2\times12-4.5)\times4.5}{\lg117.7-\lg18}=2204.8(\text{m}^3/\text{天})$$

第三步，确定井点管的数量及井距。

单个井点管的出水量：

$$q=65\pi dl\sqrt[3]{K}=65\pi\times0.038\times1.4\times\sqrt[3]{15}=26.8(\text{m}^3/\text{天})$$

井点管数量：

$$n=1.1\times\frac{Q}{q}=1.1\times\frac{2204.8}{26.8}=90.5(\text{根})$$

井距：井点管包围的周长 $L=(46.1+22.1)\times2=136.4(\text{m})$

井点管间距 $D=L/n=136.4/90.5=1.51(\text{m})$，取 1.5m。

则实际井点管数 $n=136.4/1.5=90.93(\text{根})\approx91$ 根。

④ 轻型井点的安装与使用　井点系统的安装顺序是：挖井点沟槽、敷设集水总管→冲孔、沉设井点管、灌填砂滤料→用弯联管将井点管与集水总管连接→安装抽水设备→试抽。

井点管的埋设利用水冲法进行，可分为冲孔与埋管两个过程（图 1-41）。

冲孔时，先用起重设备将冲管吊起并插在井点的位置上，然后开动高压水泵，利用高压水由冲孔头部的喷水小孔，以极速的射流冲刷土，同时使冲孔管上、下、左、右转动，将土冲松，冲管则边冲边沉，逐渐在土中形成孔洞。冲孔直径一般为 300mm，冲孔深度宜比滤管底深 0.5m 左右，以防冲管拔出时，部分土颗粒沉于底部。

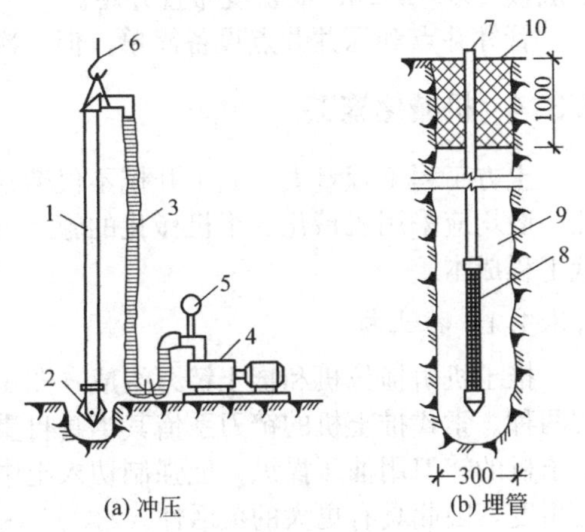

图 1-41 冲水管冲孔法沉设井点管

1—冲管；2—冲嘴；3—胶皮管；4—高压水泵；5—压力表；6—起重机吊钩；7—井点管；8—滤管；9—填砂；10—黏土封口

井孔形成后，随即拔出冲孔管，插入井点管并及时在井点管与孔壁之间填灌砂滤层，砂滤层的填灌质量是保证轻型井点顺利抽水的关键。宜先用干净粗砂均匀填灌，并填至滤管顶上1.0～1.5m，以保证水流畅通。井内填砂后，在地面以下0.5～1.0m的范围内，应用黏土封口，以防漏气。

井点系统全部安装完毕后，应接通总管与抽水设备进行试抽，检查有无漏气、漏水现象。

轻型井点使用时，应该连续抽水，以免引起滤孔堵塞和边坡塌方等事故。抽吸排水要保持均匀，达到细水长流，正常的出水规律是“先大后小，先浊后清”。使用中如发现异常情况，应及时检修，完好后再使用。

井点降水时，由于地下水流失造成井点周围的地下水位下降，往往会导致周围建筑物基础下沉或房屋开裂，要消除地面沉降可采用回灌井点法，在井点直线外4～5m处，以间距3～5m插入注水管，将井点中抽取的水经过沉淀后用压力注入管内，形成一道水墙。

（2）喷射井点降水　通常在降水深度超过6m时，可采用喷射井点。

喷射井点按其工作时喷射的介质不同，可分为喷气井点与喷水井点，常用喷水井点。

喷射井点的平面布置：当基坑宽度小于10m时，井点可作单排布置；当基坑宽度大于10m时，可作双排布置；当基坑面积较大时，宜用环形布置，井点间距一般取2～3m。涌水量计算与井点埋设和轻型井点相同。

（3）电渗井点降水　在深基坑施工中有时会遇到渗透系数小于0.1m/d的土质，这类土含水量大，压缩性高，稳定性差。由于土料间微小毛细孔隙的作用，将水保持在孔隙内，采用真空吸力降水的方法效果不好，此时采用电渗井点降水。在饱和黏土中插入两根电极，通入直流电，黏土粒即能沿力线向阳极移动，称为电泳；水分子向阴极移动为电渗。

电渗井点就是利用上述现象，将一般轻型井点或喷射井点的井管作为阴极，并在其内侧相距约1.2m处加设垂直的阳极。阳极可用钢筋或其他金属材料插入，通电后土层中的水分子即迅速渗到井管周围，方便抽出排水。

（4）管井井点和深井井点降水　在土的渗透系数更大（20～200m/d）、地下水含量丰富的土层中降水，宜采用管井井点或深井井点。管井井点就是在基坑的四周每隔10～50m钻孔成井，然后放入钢筋混凝土管或钢管，底部设滤水管。每个井管用一台水泵抽水，以使水位降低。

深井井点与管井井点基本相同，只是井较深，用深井泵抽水。深井泵的扬程可达100m，当要求降水深度很大，用管井井点降水不能满足要求时，使用深井井点。深井井点一般按200～250m^2的密度布置井距。

管井井点和深井井点设备简单，但一次投资大。

1.3.4 机械化施工

土方工程工程量大，人工开挖不仅劳动繁重，而且劳动生产率低、工期长、成本高。因此一般均应采用机械化、半机械化的施工方法，以减轻繁重的体力劳动，加快施工进度，降低工程成本。

1.3.4.1 推土机

推土机由拖拉机和推土铲刀组成（图1-42）。按铲刀的操纵机构不同可分为索式和液压式两种。索式推土机的铲刀系借其半身自重切入土中，因此在硬土中切土深度较小。液压式推土机的铲刀用油压操纵，能强制切入土中，切土深度较大，并且可以调升铲刀和调整铲刀的角度，因此具有更大的灵活性。

推土机能单独进行挖土、运土、卸土等工作，操纵灵活，运转方便，所需工作面较小，行驶速度快，易于转移，因此应用范围较广。

推土机可用于场地清理和平整，铲土作业中一般采用下坡推土、并列推土、槽形推土、多铲集运等方法提高生产效率。推土机一般用于开挖深度 1.5m 以内的基坑，填平沟坑，以及配合铲运机、挖土机工作等。此外，在推土机后面可安装松土装置，破松硬土和冻土，也可拖挂羊足碾进行土方压实工作。

推土机可以推挖一～三类土，经济运距 100m 以内，最为有效运距为 30～60m。

1.3.4.2 铲运机

铲运机（图 1-43）是由牵引机械和铲斗组成，能独立完成铲土、装土、运土、卸土和整平。按行走方式分为自行式铲运机和牵引式铲运机。在土方工程中常应用于大面积场地平整、开挖大型基坑、填筑堤坝和路基等，最宜于开挖含水量不超过 27%的一～三类土，对于硬土需用松土机预松后才能开挖。

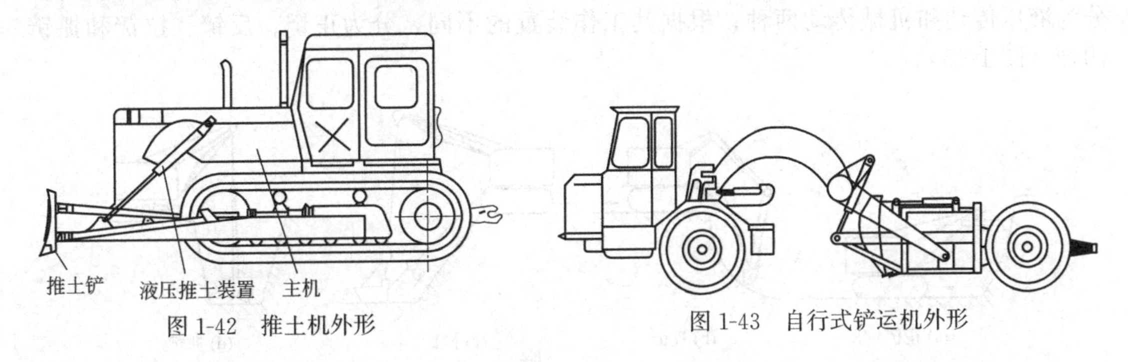

图 1-42 推土机外形

图 1-43 自行式铲运机外形

铲运机的工作装置是铲斗，铲斗前方有一个能自动开启的斗门，铲斗前设有切土刀片。切土时，铲斗门打开，铲斗下降，刀片切入土中。铲运机前进时，被切下的土挤入铲斗；铲斗装满土后，提起铲斗，放下斗门，将土运至卸土地点。

铲运机对行驶的道路要求较低，操纵灵活，行驶速度快，生产率高且费用低。为提高铲运机的生产效率，可采用下坡铲运法、推土机助铲法、跨铲法等方法，以缩短装土时间，使铲斗土装得更满。自行式铲运机主要适用于运距 800～3500m 的大型土方工程施工，以运距在 800～1500m 的范围内生产效率最高。牵引式铲运机适用于运距在 80～800m 的土方工程施工，而运距在 200～350m 时，效率最高。

铲运机运行路线应根据填方、挖方区的分布情况和当地具体条件进行合理选择。一般有环形路线和“8”字形路线两种形式。

（1）环形路线　对于地形起伏不大，施工地段较短和填方不高的路堤、基坑及场地平整，多采用环形路线［图 1-44(a)、(b)］，环形路线每一循环只完成一次铲土和卸土，挖土和填土交替；挖填之间距离较短时，则可采用大循环路线［图 1-44(c)］，一个循环能完成多次铲土和卸土，这样可减少铲运机的转弯次数，提高工作效率。采用环形路线时，为了防止机械单侧磨损，应每隔一定时间按顺、逆时针方向交替行驶，避免仅向一侧转

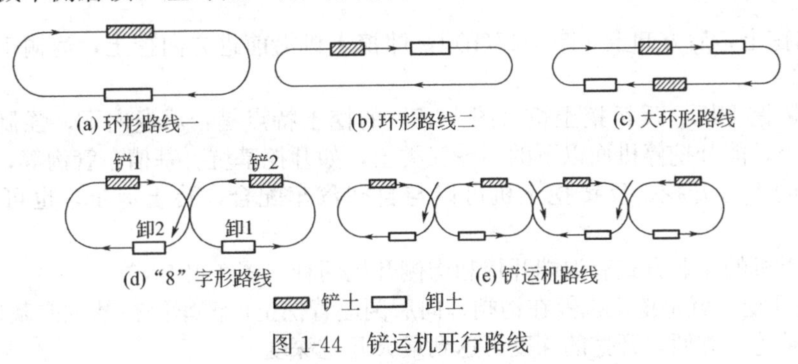

图 1-44 铲运机开行路线

弯［图 1-44(e)］。

（2）"8"字形路线　施工地段较长或地形起伏较大时，多采用"8"字形开行路线［图 1-44(d)］。这种开行路线，铲运机在上下坡时是斜向行驶，每一循环完成两次作业（两次铲土和卸土），比环形路线运行时间短，减少了转弯和空驶距离。

1.3.4.3　单斗挖土机

单斗挖土机是大型基坑开挖中最常用的一种土方机械。在建筑工程中，单斗挖土机可挖掘基坑、沟槽，清理和平整场地，更换工作装置后还可以进行装卸、起重、打桩等工作，是建筑工程土方施工中不可缺少的机械设备。

单斗挖土机按其行走装置不同，可分为履带式和轮胎式两种；根据传动方式不同，分为液压传动和机械传动两种；根据其工作装置的不同，分为正铲、反铲、拉铲和抓铲四种（图 1-45）。

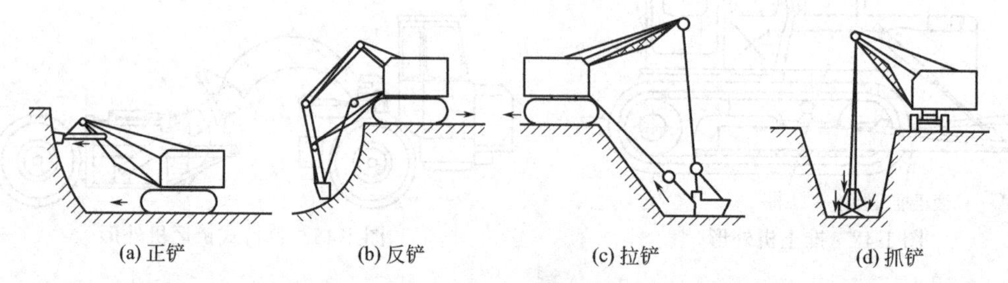

图 1-45　挖掘机工作简图

（1）正铲挖土机　正铲挖土机的挖土特点是：前进向上，强制切土，挖掘力大，生产效率高，一般用于开挖停机面以上一～四类土。正铲挖土机（图 1-46）需与汽车配合完成整个挖运任务。开挖大型基坑时需要设置坡道，正铲挖土机在基坑内作业，适用于开挖高度在 3m 以上的无地下水的干燥基坑。

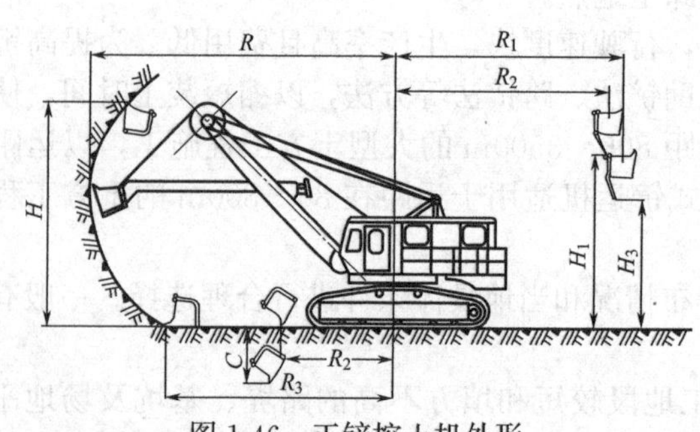

图 1-46　正铲挖土机外形

挖土机的生产效率主要取决于每斗装土量和每斗作业的循环延续时间，为了提高挖土机生产率，除了工作面高度必须满足满土斗的要求外，还要考虑开挖方式和运土机械配合问题，尽量减少回转角度，缩短每个循环的延续时间。

正铲挖土机的作用方式，根据开挖路线与运输工具的相对位置不同，正铲挖土和卸土方式有两种：

① 正向挖土，侧向卸土［图 1-47(a)］，即挖土机沿前进方向挖土，运输工具停在挖土机侧面装土。

② 正向挖土，后方卸土［图 1-47(b)］，即挖土机沿前进方向挖土，运输工具停在挖土机后方装土。

（2）反铲挖土机　反铲挖土机（图 1-48）的挖土特点是：后退向下，强制切土。其挖掘力比正铲小，能开挖停机面以下的一～三类土，如开挖基坑、基槽、管沟等，亦可用于地下水位较高的土方开挖。反铲挖土机可以与自卸汽车配合，装土运走，也可弃土于坑槽附近。

反铲挖土机的作业方式有沟端开挖和沟侧开挖两种（图 1-49）。

① 沟端开挖，就是挖土机停在沟端，向后倒退着挖土，汽车停在基坑或基槽两旁装土，此法的优点是挖土方便，开挖的深度可达到最大开挖深度。

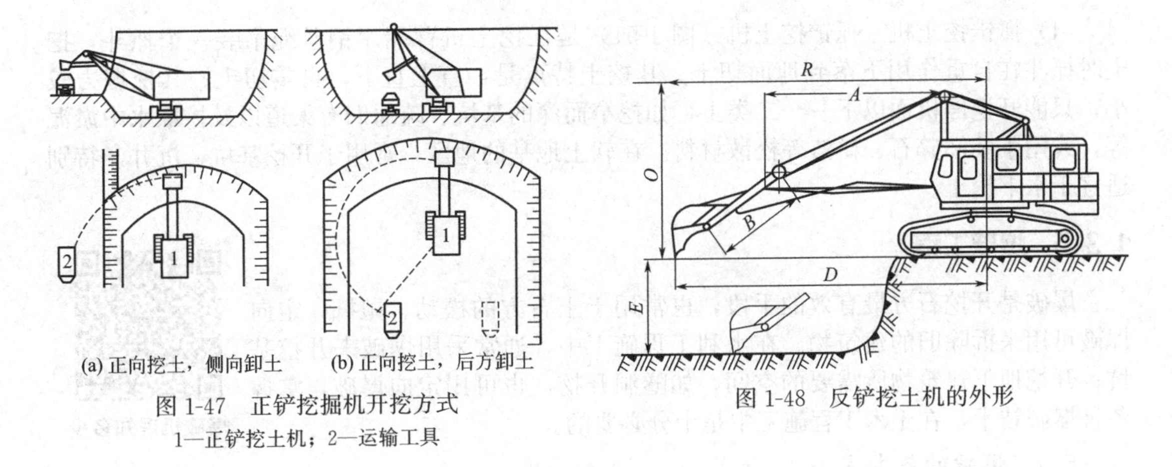

(a) 正向挖土，侧向卸土　(b) 正向挖土，后方卸土

图 1-47　正铲挖掘机开挖方式

1—正铲挖土机；2—运输工具

图 1-48　反铲挖土机的外形

② 沟侧开挖，就是挖土机沿沟槽一侧直线移动，边走边挖。此法挖土宽度和深度较小，边坡不易控制。由于机身停在沟边工作，边坡稳定性差。因此在无法采用沟端开挖方式时或挖出的土不需要运走时采用。

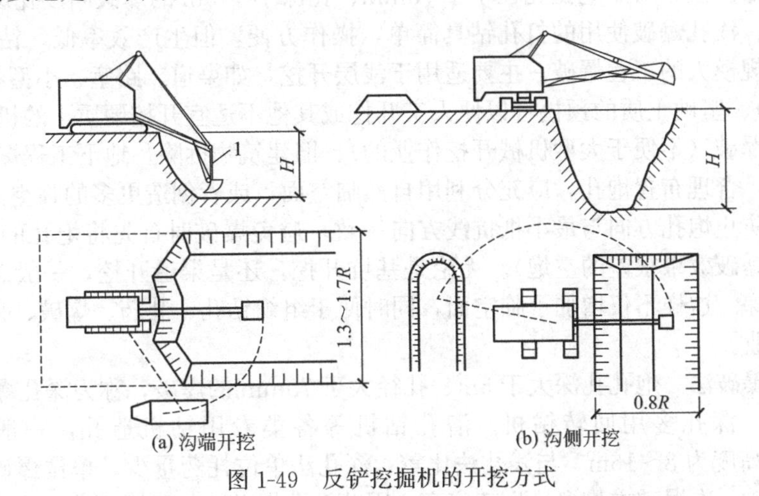

(a) 沟端开挖　(b) 沟侧开挖

图 1-49　反铲挖掘机的开挖方式

(3) 拉铲挖土机　拉铲挖土机（图 1-50）的土斗用钢丝绳挂在挖土机长臂上，挖土时土斗在自重作用下落到地面切入土中。

其挖土特点是：后退向下，自重切土。其挖土深度和挖土半径均较大，能开挖停机面以下的一～二类土，但不如反铲动作灵活准确，适用于开挖大型基坑及在进行水下挖土、填筑路基、修筑堤坝等时使用。

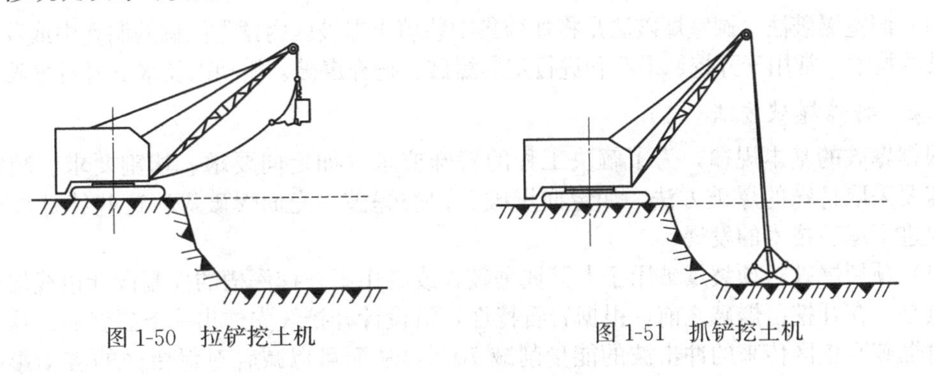
图 1-50　拉铲挖土机　　图 1-51　抓铲挖土机

（4）抓铲挖土机　抓铲挖土机（图 1-51）是在挖土机臂端用钢丝绳吊装一个抓斗，挖土时抓斗在自重作用下落到地面切土。其挖土特点是：直上直下，自重切土。其挖掘力较小，只能开挖停机面以下一～二类土，如挖窄而深的基坑、疏通旧有渠道以及挖取水中淤泥等，或用于装卸碎石、矿渣等松散材料。在软土地基的地区，常用于开挖基坑、沉井，特别适宜于水下挖土。

1.3.5　爆破工程

爆破机理知多少

爆破是开挖石方最有效的手段，也常用于土石方的松动、抛掷，定向爆破可用来拆除旧的建筑物。在水利工程施工中，通常采用爆破来开挖基坑；开挖地下建筑物所需要的空间，如隧洞开挖，也可用定向爆破，掌握各种爆破技术，在土木工程施工中是十分必要的。

1.3.5.1　爆破的基本方法

爆破工程采用的爆破基本方法有：浅孔爆破法、深孔爆破法、药壶爆破法、洞室爆破法等。

（1）浅孔爆破法　对于炮孔孔径小于 75mm、孔深小于 5m 的爆破叫浅孔爆破。

适用条件：浅孔爆破使用的打孔钻具简单，操作方便，但生产效率低，钻孔工作量大，因此，不适合规模大的工程爆破。主要适用于浅层开挖（如渠道、路堑、小型料场、基坑的保护层开挖等）、坚硬土质的预松（以便人工开挖或其他不适宜开挖硬质土的机械开挖）、复杂地形的石方爆破（不便于大型机械开挖作业的）、旧建筑物拆除、地下工程爆破开挖等。

炮孔布置：合理布置炮孔，应充分利用自然临空面，或者创造更多的临空面以提高爆破效果。要尽量防止炮孔方向与最小抵抗线方向一致，避免爆破时首先将炮孔的堵塞物冲出，形成冲天炮（爆破效果很差的空炮）。无论是基坑开挖，还是渠道开挖，一般总是先开出先锋槽，形成阶梯。这样不仅增加了临空面，同时便于组织钻孔、装药、爆破、出渣各道工序的平行流水作业。

（2）深孔爆破法　炮孔孔深大于 5m、孔径大于 75mm 的爆破，称为深孔爆破。

适用条件：深孔多用回转钻机、潜孔钻机等各类专用钻机造孔，一般孔径 150～225mm，阶梯高度为 8～16m。与浅孔法比较，深孔法单位耗药量少，单位爆破落岩体所耗钻孔工作量小，一次爆破方量多，生产率高。因此深孔爆破法主要适用于：大型工程的深基坑开挖、大型采石场的松动爆破、大型劈坡开挖等。

（3）药壶爆破法　药壶爆破法是指钻好深孔或浅眼，在其底部或某一部位，用少量炸药进行多次爆破，使底部扩大形成壶状，再装入大量炸药进行爆破的方法。用集中药包装药量进行爆破设计和计算参数，对于极坚固或松软岩石及节理发育的岩石，以及井下和水下爆破均不宜采用。

（4）洞室爆破法　洞室爆破法是将炸药集中装填于爆破区内预先挖掘的洞室中或巷道内进行爆破的技术。常用于开挖、采石和进行定向爆破、扬弃爆破、松动以及水下岩石爆破等。

1.3.5.2　特殊爆破方法

根据爆破的基本规律，为了解决工程的特殊要求（如定向要求、切割要求、减震要求等）需要采取特殊的爆破方法，如定向爆破、预裂爆破、光面爆破等。这些特殊爆破的应用，促进了爆破技术的发展。

（1）预裂爆破　预裂爆破用于大劈坡爆破，或者用于开挖深槽的控制设计边线爆破。它的特点是，在开挖区爆破之前，根据岩石特性，沿设计开挖线先炸出一条裂缝面。这个裂缝面可将爆破开挖区传来的冲击波的能量削减 70%，从而可以减轻对保留区的震动影响，以切断爆破区裂缝向保留区的扩展，保证设计边坡的平整性和稳定性。

基本机理：预裂爆破是一种不耦合装药结构，其特征是在爆破孔的孔壁与药包之间，存有环状的间隙。这个存在的间隙有两个作用：一是可削减爆压峰值；二是为炮孔的孔与孔之间提供了聚能空穴。大家知道，岩石的抗压强度远大于抗拉强度，所以，削减后的爆压峰值，不会使炮孔孔壁产生明显的压缩破坏，只有产生的切向拉力使炮孔四周形成径向裂纹。切向拉力和孔与孔之间的聚能作用一起，在孔与孔之间的连线上产生应力集中，首先使孔间连线（包括连线上的裂纹）上的拉力强化，从而使裂缝发展，而后的高压气体进一步使这一裂缝开展，形成“气刃劈裂作用”，使这一连线上的裂纹全部贯通，这就称为预裂爆破。

(2) 光面爆破　光面爆破是一种用于洞挖作业的控制爆破。

施工方法是：沿着设计开挖线布置小孔径、密间距的周边炮孔，进行减弱的不耦合线装药，先爆破主体部位的岩石，再同时起爆光面孔药包，将主爆破孔与光面孔之间留下的保护层（也叫光爆层）炸掉，从而形成一个比较平整的周边表面，即光面。它的作用和预裂爆破的成缝机理颇为相似。

光面爆破的起爆程序：光面爆破用于隧洞开挖时，起爆程序是先掏槽，次崩落，后周边。

光面爆破的起爆材料：为了确保光面能够同时起爆，光面孔一般采用段毫秒雷管起爆。

光面爆破的特点：与常规爆破方法比较，光面爆破的钻孔长度和炸药用量都较大，但由于减少了超欠开挖量，围岩的稳定性好，减少了临时支护、灌浆、衬砌工程量，从而使隧洞工程的总投资大为减少。

1.3.5.3 *爆破安全技术措施*

爆破是一种危险程度较高的工程施工作业，作业时要认真贯彻执行爆破安全规程及有关规定，做好爆破作业前后各施工工艺的操作检查与处理，杜绝各种安全事故发生。

(1) 爆破材料的管理　储存爆破材料的仓库必须干燥、通风，库内温度应保持在15℃以内，清除库房周围一切树木、草皮，库内应有消防设施。炸药和雷管必须分开储存，两者的安全距离应满足一定的要求；不同性质的炸药亦应分别储存。库区内严禁点火、吸烟，任何人不准携带火柴、打火机等任何引火物品进入库区。爆破器材必须储存在仓库内，在特殊情况下，经主管部门审核并报当地公安部门批准后，方可在库外储存。

爆破器材在单一库房内的存放量不得超过规范允许的最大存放量。

爆破材料仓库与住宅区、工厂、桥梁、公路主干线、铁路等建筑物或构筑物的安全距离不得小于规范的相关规定。

爆破材料的装、卸均应轻拿轻放，堆放时应平衡整齐，硝铵类炸药不得与黑火药同车运输，且两类炸药也不准与雷管、导爆索同车运输。运输车辆应遮盖捆架，在雨雪天运输时，应采取防雨、防滑措施。

车辆在运输爆破材料时，彼此之间应相隔一定的距离。

(2) 爆破作业安全距离　爆破震动对建筑物有一定的影响，在实施爆破时，爆破点与被保护的建筑物或构筑物之间应有一个安全距离，该距离与装药量和所需爆破的介质有关。

在进行露天爆破时，一次爆破的炸药量不得大于20kg，并应计算确定空气冲击波对掩体内工作人员的影响。

爆破时，尚应考虑个别飞散物对人员、车船等的安全距离。

1.4 土方填筑与压实

讨论

1. 填方土料应符合哪些要求？
2. 影响土方压实质量的主要因素及作用机理是什么？
3. 怎样取样检查填土的压实程度？

1.4.1 土料的选用与填筑要求

（1）土料的选用　填土的土料应符合设计要求。如设计无要求可按下列规定。

① 级配良好的碎石类土、砂土和爆破石渣可作表层以下填料，但其最大粒径不得超过每层铺垫厚度的2/3。

② 含水量符合压实要求的黏性土，可用作各层填料。

③ 以砾石、卵石或块石作填料时，分层夯实最大料径不宜大于400mm，分层压实不得大于200mm，尽量选用同类土填筑。

④ 碎块草皮类土，仅用于无压实要求的填方。

不能作为填土的土料：含有大量有机物、石膏和水溶性硫酸盐（含量大于5%）的土以及淤泥、冻土、膨胀土等；含水量大的黏土也不宜作填土用。

（2）填筑要求

土方填筑前，要对填方的基底进行处理，使之符合设计要求。如设计无要求，应符合下列规定。

① 基底上的树墩及主根应清除，坑穴应清除积水、淤泥和杂物等，并分层回填夯实。基底为杂填土或有软弱土层时，应按设计要求加固地基，并妥善处理基底的空洞、旧基、暗塘等。

② 如填方厚度小于0.5m，还应清除基底的草皮和垃圾。当填方基底为耕植土或松土时，应将基底碾压密实。

③ 在水田、沟渠或池塘填方前，应根据具体情况采用排水疏干，挖出淤泥，抛填石块、砂砾等方法处理后，再进行填土。

应根据工程特点、填料种类、压实系数、施工条件等合理选择压实机具，并确定填料含水量的控制范围、铺土厚度和压实遍数等参数。

填土应分层进行，并尽量采用同类土填筑。当选用不同类别的土料时，上层宜填筑透水性较小的填料，下层宜填筑透水性较大的土料。不能将各类土混杂使用，以免形成水囊。压实填土的施工缝应错开搭接，在施工缝的搭接处应适当增加压实遍数。

当填方位于倾斜的地面时，应先将基底斜坡挖成阶梯状，阶梯宽不小于1m，然后分层回填，以防填土侧向移动。

填方土层应接近水平地分层压实。在测定压实后土的干密度，并检验其压实系数和压实范围符合设计要求后，才能填筑上层。由于土的可松性，回填高度应预留一定的下沉高度，以备行车碾压和自然因素作用下，土体逐渐沉落密实。其预留下沉高度（以填方高度为基数）：砂土为1.5%，亚黏土为3%～3.5%。

如果回填土湿度大，又不能采用其他土换填，可以将湿土翻晒晾干、均匀掺入干土后再回填。

冬雨季进行填土施工时，应采取防雨、防冻措施，防止填料（粉质黏土、粉土）受雨水淋湿或冻结，并防止出现“橡皮土”。

1.4.2 填土压实方法

填土压实的方法一般有碾压、夯实、振动压实等几种。

（1）碾压法　碾压机械有平碾（压路机）、羊足碾、振动碾等（图 1-52）。砂类土和黏性土用平碾的压实效果好；羊足碾只适宜压实黏性土；振动碾是一种振动和碾压同时作用的高效能压实机械，适用于碾压爆破石碴、碎石类土等。

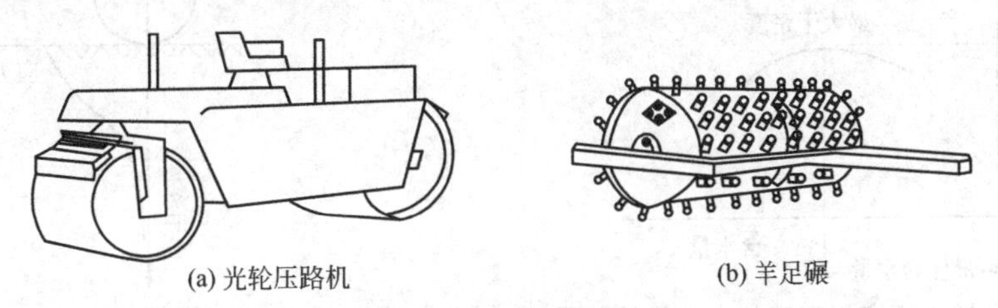

图 1-52　碾压机械

用碾压机械进行大面积填方碾压时，宜采用“薄填、低速、多遍”的方法。碾压应从填土两侧逐渐压向中心，并应至少有 15～20cm 的重叠宽度。为了保证填土压实均匀和保证密实度，提高碾压效率，宜先用轻型机械碾压，使其表面平整后，再用重型机械碾压。

（2）夯实法　夯实法是用夯锤自由下落的冲击力来夯实土壤，主要用于小面积回填土。其优点是可以夯实较厚的黏性土层和非黏性土层，使地基原土的承载力加强。方法有人工夯实和机械夯实两种。常用于夯实黏性土、砂砾土、杂填土及分层填土施工等。

蛙式打夯机轻巧灵活、构造简单、操作方便，在小型土方工程中应用最广（图 1-53）。夯打遍数依据填土的类别和含水量确定。

（3）振动压实法　振动压实法借助振动机构令压实机振动，使土颗粒发生相对位移而达到密实状态。振动压路机是一种振动和碾压同时作用的高效能压实机械，比一般压路机提高功效 1～2 倍。这种方法更适用于填方为爆破石碴、碎石类土、杂填土等。

1.4.3 影响填土压实的因素

填土压实的影响因素为压实功、土的含水量及每层铺土厚度。

（1）压实功的影响　填土压实后的重度与压实机械在其上所施加的功有一定的关系。土的重度与压实功的关系见图 1-54。

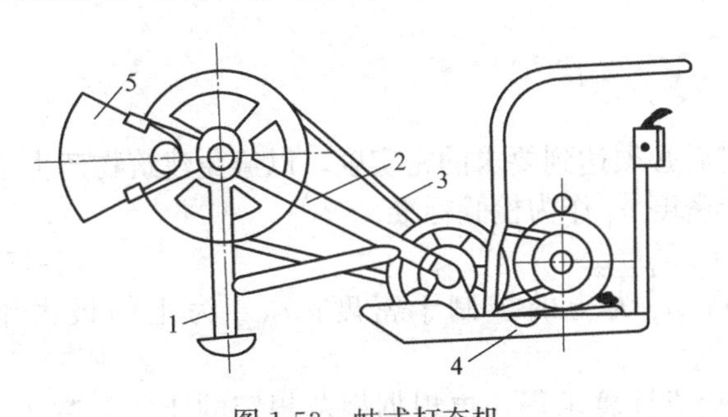

图 1-53　蛙式打夯机

1—夯头；2—夯架；3—三角胶带；4—拖盘；5—偏心块

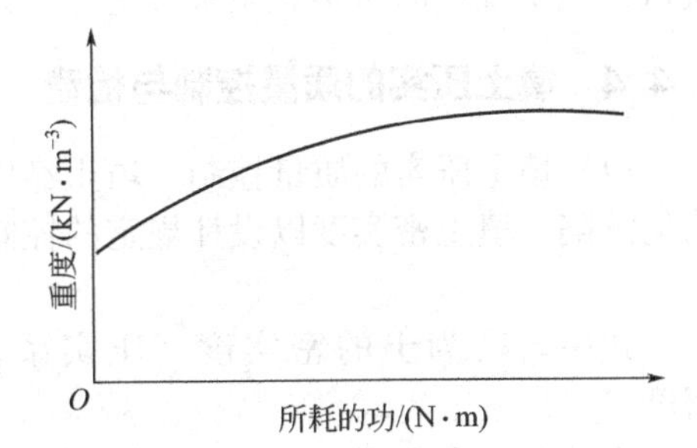

图 1-54　土的重度与压实功的关系示意

当土的含水量一定，在开始压实时，土的重度急剧增加，待到接近土的最大重度时，压实功虽然增加许多，但土的重度则变化甚小。实际施工中，对于砂土只需碾压或夯实 2～3

遍，对粉砂土只需3～4遍，对粉质黏土或黏土只需5～6遍。

(2) 含水量的影响　填土含水量的大小直接影响碾压（或夯实）遍数和质量。

较为干燥的土，由于摩阻力较大，而不易压实。当土具有适当含水量时，土的颗粒之间因水的润滑作用使摩阻力减小，在同样压实功作用下，得到最大的干密度，这时土的含水量称作最佳含水量（图1-55）。

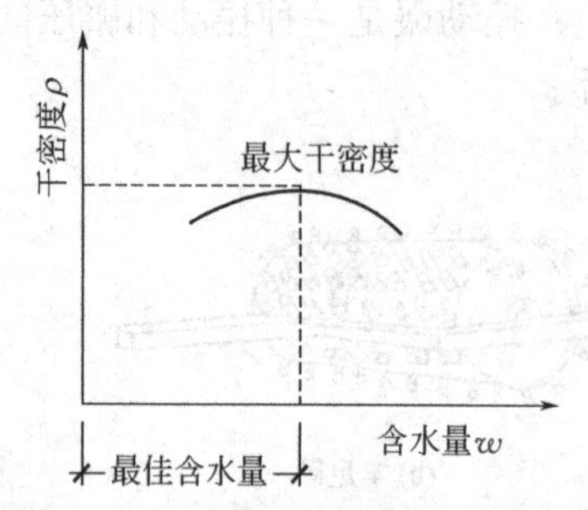

图1-55　填土压实干密度与含水量的关系

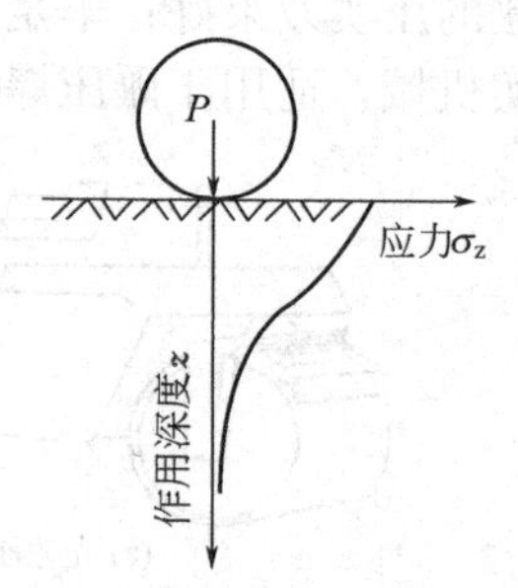

图1-56　压实作用对填土厚度的影响曲线

为了保证填土在压实过程中具有最佳含水量，土的含水量偏高时，可采取翻松、晾晒、掺干土等措施；如含水量偏低，可采用预先洒水湿润、增加压实遍数等措施。

各种土的最佳含水量和所能获得的最大干密度，可由试验确定，也可参考表1-5选定。

表1-5　土的最佳含水量与最大干密度参考值

项次	土的种类	变动的范围		项次	土的种类	变动范围	
		最佳含水量（质量比）/%	最大干密度 /(g/cm³)			最佳含水量（质量比）/%	最大干密度 /(g/cm³)
1	砂土	8～12	1.80～1.88	3	粉质黏土	12～15	1.85～1.95
2	黏土	19～23	1.58～1.70	4	粉土	16～22	1.61～1.80

(3) 铺土厚度的影响　在压实功作用下，土中的应力随深度增加而逐渐减小（图1-56）。其影响深度与压实机械、土的性质及含水量有关。铺土厚度应小于压实机械的有效作用深度。铺得过厚，要增加压实遍数才能达到规定的密实度；铺得过薄，机械的总压实遍数也要增加。恰当的铺土厚度能使土方压实而机械的耗能最少。

对于重要填方工程，达到规定密实度所需要的压实遍数、铺土厚度等应根据土质和压实机械在施工现场的压实试验来决定。

1.4.4　填土压实的质量控制与检查

(1) 填土压实的质量控制　填土经压实后必须达到要求的密实度，以避免建筑物产生不均匀沉陷。填土密实度以设计规定的控制干密度ρ_d作为检验标准。

$$\lambda_c=\rho_d/\rho_{max} \tag{1-47}$$

式中，λ_c为土的密实度（压实系数）；ρ_d为土的控制干密度；ρ_{max}为土的最大干密度。

土的最大干密度ρ_{max}由实验室击实试验或计算求得，再根据规范规定的压实系数λ_c，即可算出填土控制干密度值。

在填土施工时，土的实际干密度ρ_d'大于或等于控制干密度ρ_d时，即：

$$\rho_d' \geqslant \rho_d=\lambda_c\rho_{max} \tag{1-48}$$

则符合质量要求；反之则不符合质量要求。

（2）填土压实的质量检验

① 填土施工过程中应检查排水措施、每层填筑厚度、含水量控制和压实程序。

② 填土经夯实或压实后，要对每层回填土的质量进行检验，一般采用环刀法（或灌砂法）取样测定土的干密度，符合要求后才能填筑上层。

③ 按填土对象不同，规定了不同的抽取标准：基坑回填，每 100～500m^2 取样一组（每个基坑不少于一组）；基槽或管沟，每层按长度 20～50m 取样一组；室内填土，每层按 100～500m^2 取样一组；场地平整填方每层按 400～900m^2 取样一组。取样部位在每层压实后的下半部，用灌砂法取样应为每层压实后的全部深度。

④ 每项抽检的实际干密度应有 90%以上符合设计要求，其余 10%的最低值与设计值的差不得大于 0.08g/cm^3，且应分散，不得集中。

⑤ 填土施工结束后应检查标高、边坡坡高、压实程度等，均应符合规范标准。

1.5 地基处理

建筑物的地基主要包括强度及稳定性问题，压缩及不均匀沉降问题，地下水流失及潜蚀和管涌问题，动力荷载作用下的液化、失稳和震陷等问题。当天然地基发生上述情况时，需要采用适当的地基处理。地基处理的目的是改善地基的性质，提高承载力，达到满足建筑物对地基稳定性和变形的要求。

地基处理方法，主要视地基土的具体情况及上部结构类型要求不同而异，归纳为“挖、填、换、夯、压、挤、拌”七个字，有排水固结、振密挤密、夯实、置换及拌入、灌浆、加筋、冷热处理法等，包括局部地基处理与软土地基加固两部分。

1.5.1 局部地基的处理

在基坑开挖施工中，有空洞、墓穴、枯井、暗沟等存在时，就应该进行局部处理，以保证上部建设物各部位沉降尽量趋于一致。

局部地基处理

1.5.2 软土地基的加固

当工程结构荷载较大，地基土质又较软弱（强度不足或压缩性大），不能作为天然地基时，可针对不同情况采取不同的加固方法。常用的有换填法、灰土挤密桩法、振冲法、深层搅拌法、高压喷射注浆法等。

1.5.2.1 换填法

换填法是将基础底面以下一定范围内的软弱层挖去，然后回填强度较高、压缩性较低、并且没有侵蚀性的材料，如砂、砂石、灰土等；再分层夯实至要求的密实度，作为地基的持力层。换填法适用于淤泥、淤泥质土、湿陷性黄土、素填土、杂填土等浅层的地基处理。

（1）材料要求　砂石应级配良好，不含植物残体、垃圾等杂质。灰土体积配合比宜为 2∶8 或 3∶7。

（2）施工要点　施工前应先验槽，清除松土，并打底夯两遍；要求平整干净，如有积水、淤泥应晾干。灰土垫层土料的施工含水量宜控制在最优含水量的范围内。对砂石垫层要求垫层底宜设在同一标高上，如深度不同，基坑底土面应挖成阶梯或斜坡搭接，并按先深后浅的顺序进行垫层施工，搭接处应夯压密实。垫层宽度确定，视材料不同按计算取用。

冬期施工，必须在垫层不冻的状态下进行，冻土及夹有冻块的土料不得使用，当日拌和灰土应当日铺填夯完，表面应用塑料薄膜覆盖，以防受冻。垫层竣工后，应及时进行基础施工与基坑回填。

（3）质量要求　施工过程中应检查分层铺设的厚度，分段施工时上下两层的搭接长度，夯实时的加水量、夯压遍数和压实系数。对灰土和砂垫层可用贯入仪检验垫层质量，并均应通过现场试验，以控制压实系数对应的贯入度为合格标准。压实系数的检验可采用环刀法或其他方法。

垫层的质量检验必须分层进行，每夯实完一层，应检验该层的平均压实系数，当压实系数符合设计要求后，才能铺填上层。当采用环刀法取样时，取样点应位于每层的2/3的深度处。

施工结束后，应检查灰土或石地基的承载力。灰土、砂及砂石地基质量检验的主控项目（地基承载力、配合比、压实系数）和一般项目（石灰粒径、涂料有机质含量、土颗粒粒径、含水量、分层厚度偏差）应符合规定。

1.5.2.2　*灰土挤密桩法*

灰土挤密桩法是在基础底面形成若干个桩孔，然后将灰土填入并分层夯实，以提高地基的承载力或水稳性。灰土挤密桩法适用于处理地下水位以上的湿陷性黄土、素填土和杂填土等地基，处理深度宜为5～15m。

（1）材料要求　土料宜用黏性土及塑性指数大于4的粉土，粒径不大于15mm。石灰宜用新鲜的生石灰，其颗粒不得大于5mm。

（2）构造要求　灰土挤密桩处理地基的宽度应大于基础的宽度。桩孔直径宜为300～600mm，并可根据所选用的成孔设备或成孔方法确定，桩孔宜按等边三角形布置。灰土的体积配合比宜为2∶8或3∶7，压实系数λ_c不应小于0.97。

（3）施工要点　灰土挤密桩的施工，应按设计要求和现场条件选用沉管（振动、锤击）、冲击或爆扩等方法进行成孔，使土向孔的周围挤密。成孔施工时地基土宜接近最优含水量，当含水量低于12%时，宜加水增湿至最优含水量。桩孔中心点的偏差不应超过桩距设计值的5%，桩孔垂直度偏差不应大于1.5%。

向孔内填料前，孔底必须夯实，然后用素土或灰土在最优水量状态下分层回填夯实，每层回填厚度为250～400mm，其压实系数及填料质量应符合有关规范要求。基础地面以上应预留200～300mm厚的土层，待施工结束后，将表层挤松的土挖除或分层夯压密实。冬雨季施工，应采取防冻、防雨措施，防止灰土冻结或受雨水淋湿。

（4）质量要求　施工结束后，对灰土挤密桩处理地基的质量，应及时进行抽样检验，对一般工程，主要应检查桩和桩间土的干密度、承载力和施工记录，对重要或大型工程，除应检测上述内容外，尚应进行荷载试验或其他原位测试。抽样检查的数量不应少于桩孔总数的2%，不合格处应采取加桩或其他补救措施。

灰土挤密桩地基质量检验的主控项目（桩体及桩间干密度、桩长、地基承载力、桩径）和一般项目（土料有机质含量、石灰粒径、桩位偏差、垂直度、桩径）应符合规定。

1.5.2.3　振冲法

振冲法是利用振动和水冲加固土体的方法。振冲法又分为振冲置换法和振冲密实法两大类。振冲置换法适用于处理不排水抗剪强度不小于20kPa的黏性土、粉土、饱和黄土和人工填土等地基。振冲密实法适用于处理砂土和粉土等地基。

（1）材料要求　填料宜用碎石、卵石、角砾、圆砾、砾砂、粗砂、中砂等硬质材料，材料的最大粒径不宜大于80mm，对于碎石常用的粒径为20～50mm。

（2）构造要求

① 振冲置换法　处理范围应根据建筑物的重要性和场地条件确定，通常都大于基底面积，对一般地基，在基础外缘宜扩大1～2排桩；对可液化地基，在基础外缘应扩大2～4排

桩。桩位布置，对于大面积满堂处理，宜用等边三角形布置；对独立或条形基础，宜用正方形、矩形或等腰三角形布置。

桩的间距应根据荷载大小或原土的抗剪强度确定，可用 1.5～2.5m，对荷载大或原土强度低，或桩末端达相对硬层的短桩宜取小值，反之宜取较大的间距。桩长的确定，当相对硬层的埋藏深度不大时，应按相对硬层埋藏深度确定；当相对硬层的埋藏深度较大时，应按建筑物地基的变形允许值确定。桩长不宜短于 4m。在可液化的地基中，桩长应按要求的抗震处理深度确定。桩顶应铺设一层 200～500mm 厚的碎石垫层。桩的直径可按每根桩所用的填料计算，一般为 0.8～1.2m。

② 振冲密实法　处理范围应大于建筑物基础范围，在基础外缘每边放宽不得少于 5m。当可液化土层不厚时，振冲深度应穿透整个可液化土层；当可液化土层较厚时，振冲深度应按要求的抗震处理深度确定。

振冲点宜按等边三角形或正方形布置。间距与土的颗粒组成、要求达到的密实程度、地下水位、振冲器功率、水量等有关，应通过现场试验确定，可取 1.8～2.5m。

（3）施工要点

① 振冲置换法　振冲施工通常可用功率为 30kW 的振冲器。在既有建筑物邻近施工时，宜用功率较小的振冲器。

施工工艺：定位→成孔→清孔→填料→振实。

在施工场地上应事先开设排泥水沟系，将成桩过程中产生的泥水集中引入沉淀池。定期将沉淀池底部的厚泥浆挖出运送至预先安排的存放地点，沉淀池上部较清的水可重复使用。施工完毕后，应将桩顶部的松散桩体挖除，或用碾压等方法使之密实，随后铺设并压实垫层。

② 振冲密实法　振冲施工可用功率为 30kW 的振冲器，有条件时也可用较大功率的振冲器。升降振冲器的机具同振冲置换法。

施工工艺：定位→成孔→边振边上提→振密。

填料与振料方法：一般采取成孔后，将振冲器提出少许，从孔口往下填料，填料从孔壁间隙下落，边填边振，直至该段振实；然后将振冲器提升 0.5m，再从孔口往下填料，逐段施工。加固区的振冲桩施工完毕，在振冲最上层 1m 左右时，由于土覆压力小，桩的密实度难以保证，故宜予挖除，另加碎石垫层，用振动碾压机进行碾压密实处理。

（4）质量要求　振冲施工结束后，除砂土地基外，应间隔一定时间方可进行质量检验。对黏性土地基，间隔时间可取 21～28d。对粉土地基，可取 15～21d。振冲桩的施工质量检验可用单桩荷载试验，试验用圆形压板的直径与桩的直径相等，可按每 200～400 根桩随机抽取 1 根进行检验，但总数不得少于 3 根。对砂土或粉土层中的振冲桩，除用单桩荷载试验检验外，尚可用标准贯入、静力触探等试验对桩间土进行处理前后的对比检验。

振冲地基质量检验的主控项目（填料粒径、密实电流、地基承载力）和一般项目（填料含泥量、振冲器喷水中心与孔径中心偏差、成孔中心与设计孔中心偏差、桩体直径、孔深）应符合规定。

1.5.2.4　*深层搅拌法*

深层搅拌法是利用水泥、石灰等材料作为固化剂，通过特制的搅拌机械，在地基深处就地将软土和固化剂（浆液或粉体）强制搅拌的方法。它能使软土硬结成具有整体性、水稳定性和一定强度的水泥（石灰）加固土，从而提高地基强度。根据施工方法不同，水泥土搅拌法分为水泥浆搅拌和粉体喷射搅拌两种。它适用于处理淤泥、淤泥质土、粉土和含水量较高且地基承载力标准值不大于 120kPa 的黏性土等地基。

（1）构造要求　深层搅拌桩平面布置可根据上部建筑对变形的要求，采用柱状、壁状、格栅状、块状等处理形式，可只在基础范围内布桩，柱状处理可采用正方形或等边三角形布桩形式，其桩数根据设计计算确定。

(2) 施工要点 深层搅拌法施工的场地应事先平整，清除桩位处地上、地下一切障碍物(包括大块石、树根和生活垃圾等)。场地低洼时应回填黏性土料，不得回填杂填土。基础底面以上宜预留 500mm 厚的土层，搅拌桩施工到地面，开挖基坑时，应将上部质量较差桩段挖去。

施工工艺：深层搅拌机定位→预搅下沉→制配水泥浆（或砂浆)→喷浆搅拌、提升→重复搅拌下沉→重复搅拌提升直至孔口→关闭搅拌机、清洗→移至下根桩→重复以上工序。

施工前应标定深层搅拌机械的灰浆泵输浆量、灰浆经输浆管到达搅拌机喷浆口的时间和起吊设备提升速度等施工参数，并根据设计要求通过成桩试验，确定搅拌桩的配比和施工工艺。

应保证起吊设备的平整度和导向架的垂直度，搅拌桩的垂直度偏差不得超过 1.5%，桩位偏差不得大于 50mm。搅拌机预搅下沉时不宜冲水，当遇到较硬土层下沉太慢时，方可适量冲水，但应考虑冲水成桩对桩身强度的影响。

(3) 质量要求 施工前应检查水泥及外加剂的质量、桩位、搅拌机工作性能及各种计量设备完好程度。施工中应检查机头提升速度、水泥浆或水泥注入量，搅拌桩的长度及标高，并应随时检查施工记录，并对每根桩进行质量评定，对不合格的桩应根据其位置和数量等具体情况，分别采取补桩或加强邻桩等措施。

搅拌桩应在成桩后 7d 内用轻便触探器钻取桩身加固土样，观察搅拌均匀程度，同时根据轻便触探击数用对比法判断桩身强度。检验桩的数量不少于已完成桩的 2%。基槽开挖后，应检验桩位、桩数与桩顶质量，如不符合规定要求，应采取有效补救措施。

水泥土搅拌桩地基质量检验的主控项目（水泥及外掺剂质量、水泥用量、桩体强度、地基承载力）和一般项目（桩头提升速度、桩底与桩顶的标高、桩位偏差、桩径、垂直度、搭接）应符合规定。

1.5.2.5 高压喷射注浆法

高压喷射注浆法是用钻机钻到预定深度，然后用高压泵把浆液通过钻杆端头的特殊喷嘴，以高压水平喷入土层。喷嘴在喷射浆液时，一面缓慢旋转，一面徐徐提升，借助高压浆液的水平射流不断切削土层并与切削下来的土充分搅拌混合，胶体硬化后即在地基中形成直径比较均匀、具有一定强度的圆柱体即旋喷桩，从而使地基得到加固。

高压喷射注浆法的注浆形式包括旋喷注浆、定喷注浆和摆喷注浆等三种类型。

(1) 材料要求 高压喷射注浆的主要材料为水泥，宜采用 32.5MPa 或 42.5MPa 普通硅酸盐水泥，根据需要可加入适量的速凝、悬浮或防冻等外加剂及掺合料。

(2) 构造要求 用旋喷桩处理的地基，宜按复合地基设计。当用作挡土结构或桩基时，可按加固独立承担荷载计算。

(3) 施工要点 施工前先进行场地平整，挖好排浆沟，做好钻机定位。要求钻机安放保持水平，钻杆保持垂直，其倾斜度不得大于 1.5%。

施工工艺：钻机就位→钻孔→插管→喷射注浆→拔管及冲洗。

钻机与高压注浆泵的距离不宜过远。当注浆管贯入土中，喷嘴达到设计标高时，即可喷射注浆。在喷射注浆参数达到规定值后，随即分别按旋喷、定喷或摆喷的工艺要求，提升注浆管，由上而下喷射注浆。当高压喷射注浆完毕，应迅速拔出注浆管。为防止浆液凝固收缩影响桩顶高程，必要时可在原孔位采用冒浆回灌或第二次注浆等措施。

(4) 质量要求 施工前应检查水泥、外加剂的质量、桩位、压力表、流量表的精度和灵敏度、高压喷射设备的性能等。高压喷射注浆可采用开挖检查、钻孔取芯、标准贯入、荷载试验或压水试验等方法进行检验。

检验点应布置在下列部位：建筑荷载大的部位，帷幕中心线上，施工中出现异常情况的部位，地质情况复杂、可能对高压喷射注浆质量产生影响的部位。检验点的数量为施工注浆孔数的2%～5%，对不足20孔的工程，至少应检验2个点，不合格者应进行补喷。质量检验应在高压喷射注浆结束28d后进行。

高压喷射注浆地基质量检验的主控项目（水泥及外掺剂质量、水泥用量、桩体抗压强度或完整性检验、地基承载力）和一般项目（钻孔位置、垂直度、钻深、注浆压力）应符合规定。

1.5.2.6 水泥粉煤灰碎石桩复合地基

水泥粉煤灰碎石桩（CFG桩）复合地基是用水泥、粉煤灰、碎石加水拌和后，用各种成桩机械制成的具有可变黏结强度的桩。CFG桩复合地基多采用长螺旋机成孔，泵压混合材料成桩的施工工艺，实质上是素混凝土桩。

（1）构造要求 CFG桩、桩间土和褥垫层一起构成CFG桩复合地基，CFG桩既可适用于条形基础、独立基础，也可用于筏形基础和箱形基础。褥垫层技术是CFG桩的核心技术，复合地基的许多特性都与褥垫层有关，褥垫层不是基础施工经常做的10cm厚的素混凝土垫层，而是由碎石、级配砂石、粗砂、中砂组成的三体垫层。褥垫层厚度一般取10～30cm为宜。复合地基模量大、沉降量小，是CFG桩复合地基重要的特点之一，建筑物沉降量一般在2～4cm。

（2）施工要点 施工工艺：平整场地→布置桩位→桩机就位→钻孔（沉管）→边提钻（拔管）边投料→压灌（灌注）混合料→养护→凿桩头及清理桩间土→检测验槽→铺设褥垫层。

桩机进入现场，根据设计桩长、钻杆入土深度确定机架高度和钻杆长度，并进行设备组装。移动桩机，使桩机钻头与桩位对正，调整液压支腿，保证垂直度偏差不大于1%。

启动动力头，开始成孔，钻进速度控制在1.5～2.5m/min，达到设计深度后，在原处空转清土，以清除孔底和叶片上的土，防止孔底虚土过厚。成孔后立即用高压混凝土输送泵把搅拌好的混凝土通过导管和钻杆输送到孔底，同时启动主卷扬机提升钻杆，至桩体完成，提升速度一般为2.0～3.0m/min。钻具提升过程中，施工人员应及时清除钻具上的泥渣土，防止钻具上的泥块掉入钻孔内，并便于下根桩的施工。

施工过程中，抽样做混合料试块，一般一个台班做一组（3块），试块尺寸为15cm×15cm×15cm，测定28d抗压强度，现场抽测混凝土坍落度。桩体施工完成后进行自然养护。

（3）质量要求 施工现场事先应予以平整，必须清除地上和地下的一切障碍物。对桩位防线进行检查，桩位放点精度：水平偏移≤2cm。在施工过程中，为控制钻孔深度，应在钻架画标记以便观察记录，并对孔径、孔深、桩（孔）垂直度、桩位偏差、原材料配比、提升速度、成桩长度及桩径等参数进行检查，保证各项指标均符合设计和规范要求。

CFG桩成桩质量要求如下：垂直度<1%、孔径偏差≤±10mm、桩长偏差≤±100mm、桩位偏差≤0.25D（条形基础，D为桩径）、0.4D（满堂布桩基础）、60mm（单排布桩）。

施工结束，一般28天后，进行单桩静荷载试验来测定桩的承载力，试验数量为总桩数的1%，且不少于3根，且抽取不少于总桩数的10%的桩做低应变动力试验，用来检测桩身完整性。

复习思考题

1-1 土方工程种类有哪些？它们各自的特点是什么？

1-2 影响场地设计标高的因素有哪些？

1-3 试述按照挖填平衡确定场地平整设计标高的步骤及方法。

1-4 在什么情况下应对场地设计标高进行调整？如何进行调整？

1-5 土方调配的基本程序是什么？

1-6 土方开挖前需要做哪些准备工作？

1-7 简述流砂产生的机理与防治措施。

1-8 基坑排水、降水的方法有哪些？各有什么特点？

1-9 轻型井点系统由哪几部分组成？高程与平面布置有何要求？

1-10 单斗挖土机有哪几种类型？各自的特点与使用范围是什么？

1-11 验槽的主要内容是什么？

1-12 土方回填对土料的选择有何要求？

1-13 填土压实的主要方法有哪些？影响填土压实质量的因素是什么？

1-14 某基坑底平面尺寸（图 1-57），坑深 5.5m，四边均按 1∶0.4 的坡度放坡，土的可松性系数 $K_s=1.30$，$K_s'=1.12$，坑深范围内箱形基础的体积为 $2000m^3$。试求：基坑开挖的土方量和需预留回填土的松散体积。

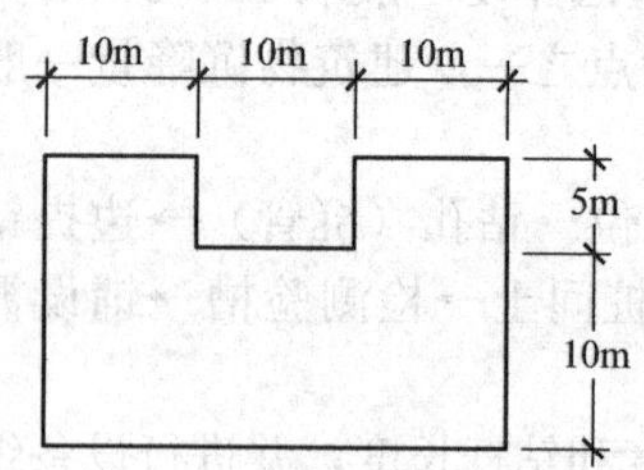

图 1-57 基坑底面布置图

1-15 某工程地下室，基坑底的平面尺寸为 40m×16m，底面标高−7.0m（地面标高为±0.000）。已知地下水位面为−3m，土层渗透系数 $K=15m/d$，−15m 以下为不透水层，基坑边坡需为 1∶0.5。拟用射流泵轻型井点降水，其井管长度为 6m，滤管长度待定，管径为 38mm；总管直径 100mm，每节长 4m，与井点管接口的间距为 1m。试进行降水设计。

2 桩基础工程

扫码获取本书学习资源

在线测试

拓展阅读

章节速览

「获取说明详见本书封二」

学习内容和要求

掌握	• 锤击法施工的全过程和施工要点，包括打桩设备、打桩顺序、打桩方法和质量控制 • 干作业成孔灌注桩和泥浆护壁成孔灌注桩的施工要点	2.1.2、2.1.3节 2.2.1、2.2.2节
了解	• 钢筋混凝土预制桩的预制、起吊、运输及堆放方法 • 套管成孔灌注桩和爆扩桩的施工工艺	2.1.1节 2.2.3、2.2.5节

基础是将结构承受的各种作用力传递到地基上的结构组成部分，应根据场地地形、地质、上部结构以及功能使用要求、材料等情况对基础进行合理选型。根据基础的埋置深度可以分为浅基础和深基础。埋置深度不大于5m，经过开挖、简单排水等施工工序就可以对基础进行施工的称为浅基础。如果浅层土质不良，必须将基础的埋置深度加大时，需借助于特殊的施工方法称为深基础，如桩基础、沉井基础和地下连续墙等。

当建筑场地浅层地基土质不能满足建筑物对地基承载力的要求，也不宜采用地基处理等措施时，往往需要以地基深层坚实土层或岩石层作为地基持力层，常采用深基础方案，埋置深度也超过5m。深基础主要有桩基础、沉井基础、墩基础和地下连续墙等几种类型，其中桩基础的历史最悠久，应用最广泛。

深入土层的柱形构件称为基桩，由基桩和连接桩顶的承台共同组成桩基础，简称桩基。如果桩身全部埋入土中，承台底面与土壤表面接触，称为低承台桩基础；如果桩身上部露出土壤表面而且承台底面位于土壤表面以上时，称为高承台桩基础。通常建筑物的桩基础以低承台桩基础为主。

桩基础的主要作用是将上部结构的荷载传递到深部较为坚硬、压缩性小的土层或岩层中。桩基础因具有承载力高、稳定性好、沉降量小而均匀，能承受竖向力、水平力、上拔力、振动力等，便于机械化施工、适应性强、抗震性强、施工速度快、质量好等突出特点而在建筑业中得到广泛的使用。

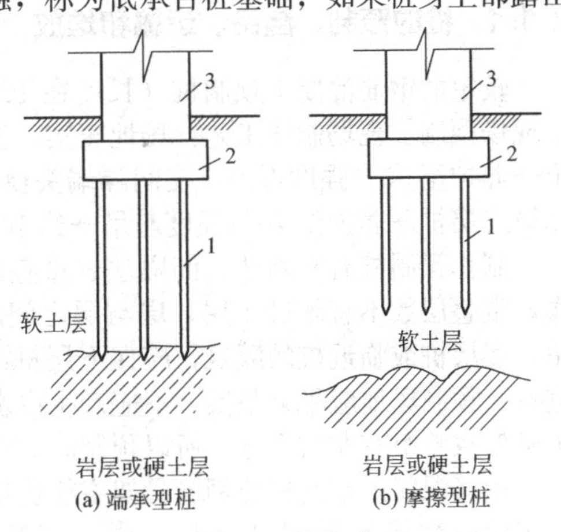

图 2-1 桩基础

1—桩；2—承台；3—上部结构（柱、墙等）

按桩的承载性可分为：摩擦型桩、端承型桩（图 2-1）和复合受荷载桩。根据桩侧阻力分担荷载的比例，摩擦型桩又分为：摩擦桩和端承摩擦桩两类。根据桩端阻力分担荷载的比例，又可分为端承桩和摩擦端承桩两类。

按施工方法不同，主要可分为预制桩和灌注桩两大类。预制桩按材料的不同可分为木桩、钢桩或钢筋混凝土桩等；按施工方法不同可分为锤击沉桩、静力压桩、振动沉桩和水冲沉桩等。灌注桩按施工方法不同通常可分为沉管（或套管）灌注桩、钻（冲）孔灌注桩和挖孔桩三类。

桩的设置方法不同，桩周围土所受的排挤作用也不同。排挤作用将会使土的天然结构、应力状态和性质发生很大的变化，从而影响桩的承载力和变形性。这些影响统称为桩的设置效应。按桩的设置效应可分为非挤土桩、部分挤土桩和挤土桩。

按桩径大小可分为小直径桩（$d \leqslant 250$mm）、普通中等直径桩（250mm$< d <$800mm）和大直径桩（$d \geqslant 800$mm）。小直径桩是近年来发展较快的桩型，具有施工方便，空间要求小，对原有建筑物影响小，可以在各种土质中成桩等特点，在建筑工程中得到广泛的应用，现如今多层住宅工程的基础也得到广泛的应用。

2.1 钢筋混凝土预制桩施工

讨论

1. 钢筋混凝土预制桩的起吊、运输及堆放应注意哪些问题？
2. 预制桩的沉桩方法及原理？
3. 打桩工程质量评定的主要项目有哪些？
4. 打桩顺序一般应如何确定？
5. 桩锤有哪些种类？各适用于什么范围？

钢筋混凝土预制桩具有坚固耐久、桩身质量便于控制、施工速度快、承载力加大、机械普及、不受地下水位以及泥浆排放问题影响等特点。随着科学技术的不断发展，技术设备的不断更新，其能够保证低碳式施工、文明施工，使得钢筋混凝土预制桩成为桩基工程中主要的桩型之一。

钢筋混凝土预制桩分为实心桩和离心管桩两种。为了方便预制，实心桩一般做成方形断面，断面边长一般为250～550mm。单根桩的最大长度，根据打桩机架体的高度而定，一般在27m以内，必要时可以做到30m。管桩直径一般为400～500mm的空心圆柱形截面，它与实心桩相比，可以大大减轻桩自重。

2.1.1 桩的预制、起吊、运输和堆放

较短的钢筋混凝土预制桩（长度在10m以下）一般在预制厂制作，较长的桩一般在施工现场预制。现场制作工艺：场地压实、整平→场地地坪浇筑→支模→绑扎钢筋→浇筑混凝土→养护至30%强度拆模→支间隔端头模板、刷隔离剂、绑钢筋→浇筑间隔桩混凝土→制作第二层桩→养护至70%强度起吊→达100%强度后运输、堆放。

制作预制桩有并列法、间隔法、重叠法、翻模法等。施工现场预制桩多采用重叠法制作，重叠层数不宜超过4层，层与层之间应涂刷隔离剂，以防接触面黏结及拆模时损坏棱角，上层桩或临近桩的灌筑，应在下层桩或邻桩混凝土达到设计强度等级的30%以后方可进行。预制场地应平整坚实，不应产生浸水湿陷和不均匀沉陷。对于两个吊点以上的桩，由于桩架滑轮组有左右之分，所以预制时应根据打桩顺序、行走路线来确定桩尖方向。

钢筋混凝土预制桩的钢筋骨架主筋连接宜采用对焊连接，主筋接头位置应相互错开，同一截面内数量不得超过50%，同一钢筋两个接头间应大于35倍钢筋直径，且不小于500mm。桩尖一般采用钢板制作，在绑扎钢筋骨架时就把钢板桩尖焊好。钢筋骨架的偏差

应符合相关规定。预制桩的混凝土宜采用机械搅拌，机械振捣。由桩顶部向桩尖连续浇筑，一次完成，严禁中断。制作完成后应洒水养护不得少于7天。桩顶及桩身表面应平整坚实，掉角深度不应超过10mm，且局部蜂窝麻面和掉角缺损总面积不得超过全部表面积的0.5%，不得集中。混凝土收缩产生的裂缝深度不得大于20mm，宽度不得大于0.25mm。

当桩的混凝土达到设计强度等级70%方可起吊，达到100%方可运输和打桩。如提前起吊，必须做强度和抗裂度验算。桩在起吊和搬运时，必须平稳，不得损坏。吊点应符合设计要求，满足吊桩弯矩最小的原则（图2-2）。

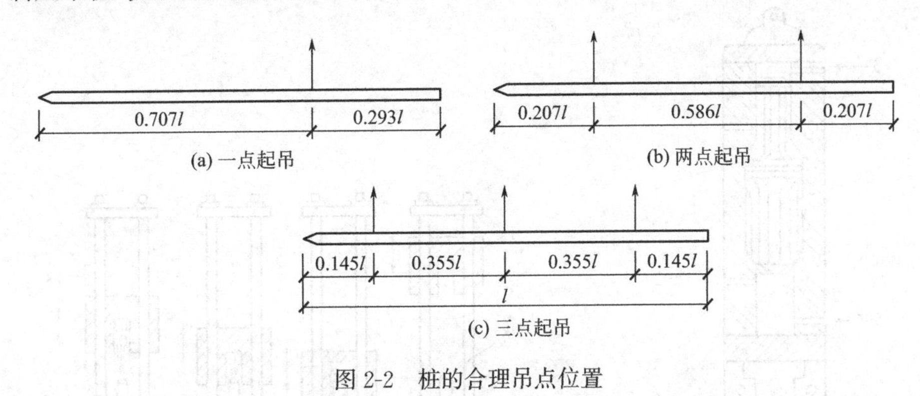

图2-2 桩的合理吊点位置

打桩前桩应运到现场或桩架处，宜随打随运，以避免二次搬运。桩的运输方式，在运输距离不大时，可用起重机吊运或在桩下垫以滚筒，并用卷扬机拖拉；当运输距离较大时，可采用轻便式轨道小平台车运输。

桩在堆放和运输中，垫木位置应与吊点位置相同，保持在同一平面上，上下对齐。堆放场地必须平整坚实，堆放层数一般不宜超过4层，不同规格的桩应分别堆放。

2.1.2 锤击法打桩设备

打桩设备包括桩锤、桩架和动力装置。

(1) 桩锤　桩锤是对桩施加冲击，把桩打入土中的主要机具。桩锤主要有落锤、汽锤、柴油锤、液压锤和振动锤等，目前我国应用最多的是柴油锤。

落锤为一铸铁块，重0.5～2.0t，构造简单，使用方便，能调整落距，但是锤击速度过慢，灌入力低，效率低且对桩的损伤较大。

汽锤是利用蒸汽或压缩空气为动力进行锤击。根据工作性质可以分为单动汽锤和双动汽锤（图2-3与图2-4）。单动汽锤重1～15t，当蒸汽或压缩空气进入汽缸内活塞上部空间时，由于活塞杆不动，迫使汽缸上升到一定高度，停止供气同时排出缸内气体使汽缸自由下落击桩。这种桩锤落差距离短，打桩速度及冲击力大，效率较高，适用于各种类型的桩。双动汽锤重1～7t，锤固定在桩头上不动，当气体进入和排出汽缸时，迫使活塞杆来回上下工作，带动冲击部分进行打桩工作。这种桩锤冲击次数多、冲击力大、效率高，不仅适用于一般打桩工程，而且还适用于斜桩、水下桩和拔桩。

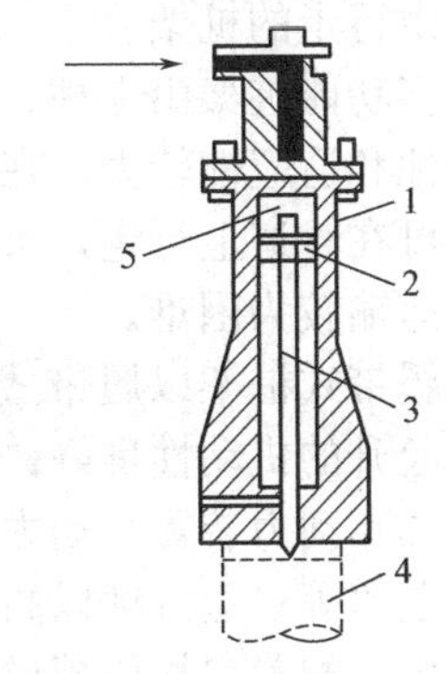

图2-3 单动汽锤
1—汽缸；2—活塞；3—活塞杆；4—桩；5—活塞上部空间

柴油锤一般分筒式和导杆式两种，重0.3～10t，其工作原理是利用燃油爆炸产生的力推动活塞上下反复运动进行锤击打桩。柴油锤的冲击部分是沿导杆或缸体上下运动的活塞。先利用机械将活塞提升到一定高度，然后自由垂直下落，使燃烧室内压力增大、产生高温，使燃油燃烧爆炸，其作用力使活塞上抛，反作用力将桩沉入土中，活塞不断地上抛、下落，循环进行，将桩打入土中（图 2-5）。柴油锤本身附有桩架及动力等设备，不需要外部能源，机架轻便，打桩迅速，常用于木桩、钢板桩和长度在 12m 以内的钢筋混凝土桩。但是它不适用于在过硬土层和松软土中打桩，由于贯入度过小和过大，使桩锤反跳高度过大和过小，并且由于噪声、振动和空气污染等问题，在城市施工时受到很大的限制。

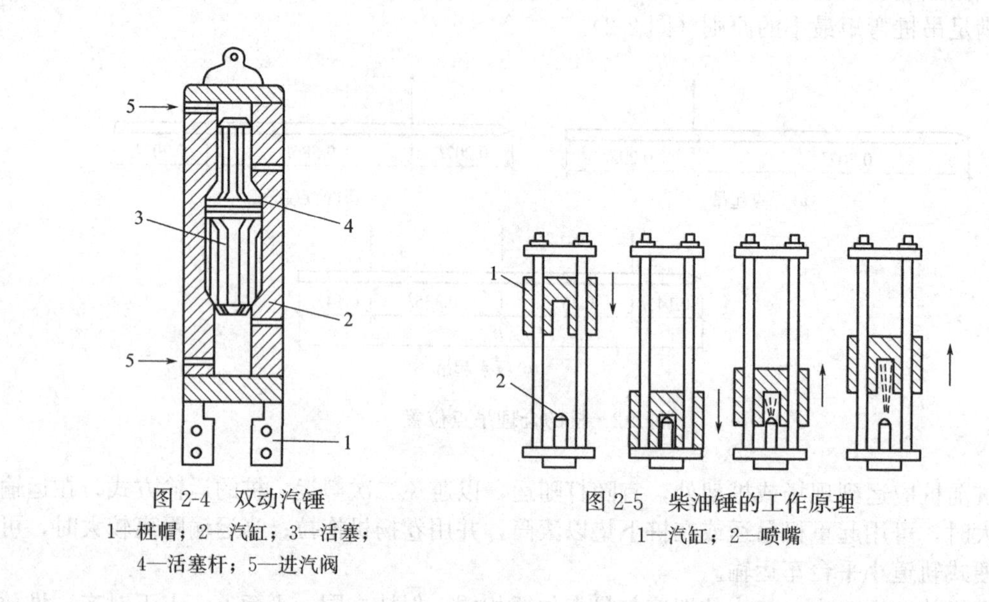

图 2-4 双动汽锤

1—桩帽；2—汽缸；3—活塞；4—活塞杆；5—进汽阀

图 2-5 柴油锤的工作原理

1—汽缸；2—喷嘴

液压锤的冲击缸体通过液压油提升与降落，冲击缸体下部充满氮气。当冲击缸体下落时，首先是冲击头对桩施加压力，接着是通过压缩的氮气对桩施加压力，使冲击缸体对桩施加压力的过程延长，因此，每一击能够获得更大的贯入度。液压锤不排出任何废气，无噪声，冲击率高，适用于水下打桩，但构造复杂，造价较高。

用锤击法打桩时，选择桩锤是关键。桩锤的选择应先根据施工现场情况、机具设备条件及工作方式和工作效率进行选择；然后根据工程地质条件、桩的类型和结构、密集程度及施工条件来选择桩锤。

（2）桩架　桩架是支持桩身和桩锤在打桩时引导桩的方向使桩不至于偏移。桩架的形式多种多样，常用桩架一种为沿轨道或滚杠行走移动的多功能桩架，另一种为在履带式底盘上可自由行走的桩架。

多功能桩架由立柱、斜撑、回转工作台、底盘及传动机构组成（图 2-6）。这种桩架的机动性和适应性较大，在水平方向可做 360°回转，立柱可伸缩和前后倾斜。底盘下装有铁轮，可在轨道上行走，可适应各种预制桩及灌注桩施工。其缺点是机构庞大，现场组装、拆卸、运输较为困难。

履带式桩架以履带式起重机为底盘，增加立柱与斜撑用以打桩（图 2-7），其行走、回转、起升的机动性良好，使用方便，适用于各种预制桩及灌注桩施工。

（3）动力装置　动力装置由所选择的桩锤而定。落锤以电源为动力，配置卷扬机、变压器、电缆等；蒸汽锤以高压饱和蒸汽为动力，配置蒸汽锅炉、卷扬机等；气锤以压缩空气为动力源，配置空气压缩机、内燃机等；柴油锤以柴油为能源，桩锤自身有燃烧室，不需要外部动力设备。

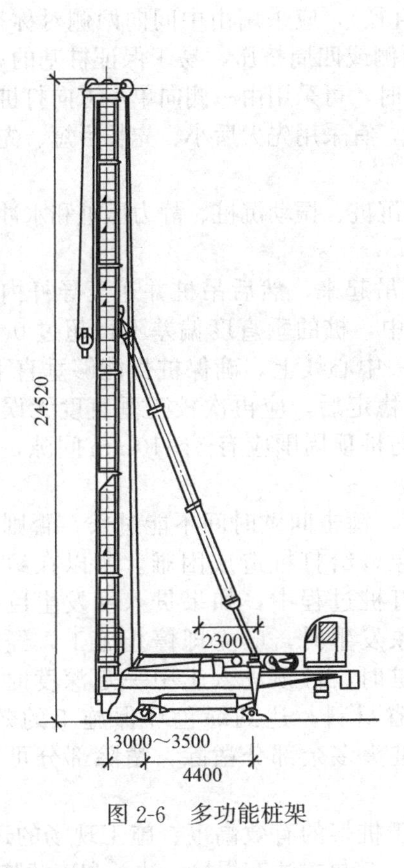

图 2-6 多功能桩架

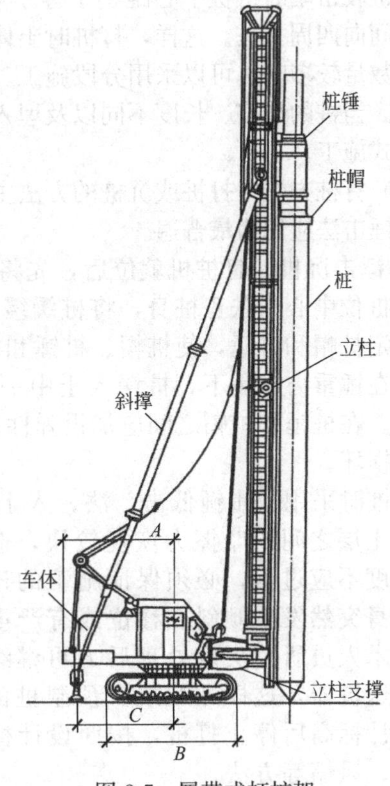

图 2-7 履带式打桩架

2.1.3 打桩施工

打桩施工工艺：场地准备→确定桩位→桩机就位→吊起桩锤和桩帽→吊桩和对位→校正桩垂直度→自重插桩入土→固定桩帽和桩锤→校正垂直度→打桩→接桩→送桩→截桩等。

打桩前应做好各项准备工作：清除高空及地面障碍物，平整施工场地，定位放线，设置供水、电系统，打桩设备安装等。

桩基轴线的定位点应设置在不受打桩影响的地点，打桩区域附近需设置不少于 3 个的水准点。在施工过程中可以据此检查桩位的偏差及桩的标高。

打桩时应注意下列问题。

(1) 打桩顺序　打桩顺序一般分为：由一侧向单一方向打、由中间向两个方向对称打、由中间向四周打（图 2-8）。打桩顺序直接影响打桩速度和桩基础质量。因此，结合地基土壤的挤压情况、桩距的大小、桩机性能、工程特点及工期要求，综合考虑予以确定，以确保桩基础的质量，减少损耗，方便施工，加快打桩速度。

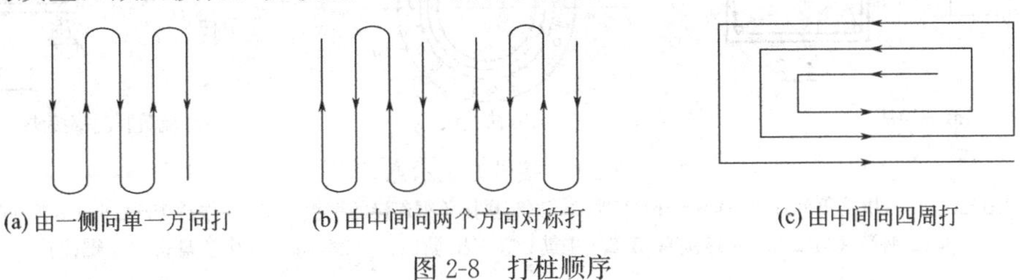

图 2-8 打桩顺序

当桩较密集时（桩中心距小于等于4倍边长或直径），应采用由中间向两侧对称打桩，或由中间向四周打桩。这样，打桩时土体由中间向两侧或四周挤压，易于保证桩基的质量。如果桩数量较多时，可以采用分段施工。当桩较稀疏时，可采用由一侧向单一方向打桩的方式施工。当桩的规格、长度不同以及埋入深度不同时，宜采用先大后小、先长后短、先深后浅的方式施工。

（2）打桩方法　打桩或沉桩的方法主要包括锤击沉桩、振动沉桩、静力压桩和水冲沉桩等。以锤击法应用为最普遍。

① 锤击沉桩。打桩机就位后，先将桩锤和桩帽吊起来，然后吊桩并送至导杆内，垂直对准桩位中心，扶正桩身，将桩缓缓送下插入土中，桩的垂直度偏差不得超过0.5%，然后固定桩帽和桩锤，使桩帽、桩锤和桩身位于同一中心线上，确保桩身能够垂直下沉。此时，在锤重力作用下，桩深入土中一定深度达到稳定后，应再次校正垂直度无误后方可施工。在桩锤和桩帽之间应加设弹性衬垫，桩帽与桩顶周围应有5～10mm间隙，防止桩顶的损坏。

打桩时采用“重锤低击”法，入土速度应均匀，锤击间歇时间不能过长，否则会使桩身与土层之间的摩擦力恢复较快，造成固结现象，给打桩造成困难。所以在组织施工时速度不应过慢，必须保证施工的连续性。在打桩过程中，如果贯入度发生巨大变化，桩身突然发生倾斜、移位或有严重回弹等现象发生时，应立即停止施工，经施工现场技术人员研究决定处理后方可继续施工。打桩时，桩顶进入土中一定深度时，可以采用送桩器，这样可以减少预制桩的长度，节省材料，达到绿色环保施工的效果。达到设计标高后停止打桩，按照设计标高，应将桩头多余部分凿除，凿除部分可以采用人工、风镐等方法。

预制桩按设计要求有时长达30～40m。但是由于桩架的有效高度、施工现场的运输、吊桩能力等限制，桩必须分节制作、逐个打桩及接桩。接桩方法有焊接、法兰和硫黄胶泥锚接三种方法（图2-9），前两种方法适用于各类土层，而后者只适用于软弱土层。

打桩工程属于隐蔽工程，为确保工程质量，应对每根桩的施工过程进行记录，作为验收时的重要依据。

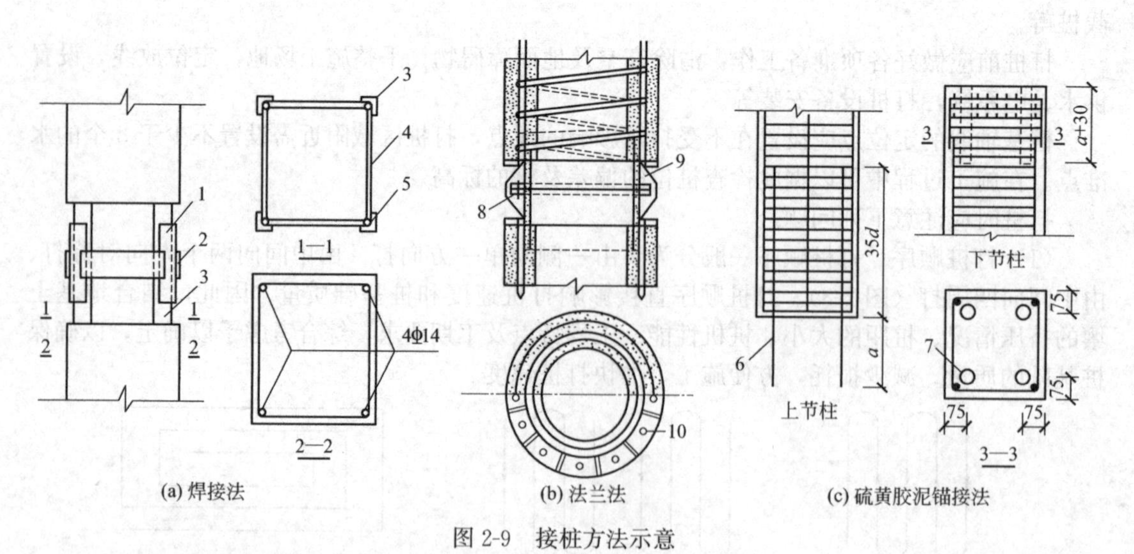

图2-9　接桩方法示意

1—4根长200 ∟50×5（拼接角钢）；2—4块━100×300×8（与拼接角钢连接的钢板）；3—4根长150 ∟63×8（与立筋焊接）；4—Φ12钢筋（与∟63×8焊接）；5、6—主筋；7—锚筋孔；8—螺栓；9—法兰盘；10—螺栓孔

② 振动沉桩。振动沉桩的原理是借助固定于桩头上的振动沉桩机所产生的振动力，以减小桩与土壤颗粒之间的摩擦力，使桩在自重与机械力的作用下沉入土中。

振动沉桩机由电动机、弹簧支承、偏心振动块和桩帽组成。

主要原理：偏心块→力传桩→桩传土→土松→桩沉入。

③ 静力压桩。静力压桩法是在软土地基上，利用静力压桩机或液压压桩机用无振动的静压力，将预制桩压入土中的一种沉桩工艺，可以消除噪声和振动的公害。

静力压桩机有顶压式、箍压式和前压式三种类型。

施工工艺：场地清理→测量定位→尖桩就位（包括对中和调直）→压桩→接桩→再压桩→截桩等。其中最重要的是测量定位、尖桩就位、压桩和接桩四大施工过程，这是保证压桩质量的关键。

④ 水冲沉桩（射水沉桩）。用高压水冲刷桩尖部土壤，减小桩下沉阻力。

（3）打桩的质量控制　打桩常见问题主要有桩顶、桩身破坏，打歪，滞桩，浮桩等。

打桩的质量就是针对桩被打入后的偏差是否在误差范围之内，是否满足设计要求，桩顶、桩身是否被破坏及对周边环境是否造成严重危害而言的。

打桩的质量控制主要有两个方面：一是桩的位置偏差能否满足要求；二是贯入度及标高或入土深度能否满足要求。

桩的垂直偏差应控制在1%之内；平面位置偏差应满足，单排桩不大于100mm，多排桩一般为一个或半个桩的直径或边长。

承受轴向荷载的摩擦桩的入土深度控制应以标高为主，而贯入度则作为参考；端承桩的入土深度则与摩擦桩相反。

在打桩过程中，如果桩顶、桩身严重破裂，应立即停止施工，必须及时采取相应的技术措施，问题解决后方可施工。

（4）预制桩质量要求

① 顶制桩施工结束后，由于施工偏差、打桩时挤土对桩位移的影响等，应对桩位进行验收，其桩位允许偏差应符合要求。

② 钢筋混凝土预制桩在现场预制时，应对原材料、钢筋骨架、混凝土强度进行验收。采用工厂生产的成品桩时，要有产品合格证书，桩进场后应进行外观及尺寸检查。

③ 施工中应对桩体垂直度、沉桩情况、桩顶完整状况、接桩质量等进行检查，对电焊接桩，重要工程应做10%的焊缝探伤检查。

④ 施工结束后，应按《建筑基桩检测技术规范》（JGJ 106—2014）要求，对桩的承载力及桩体质量进行检验。

⑤ 预制桩的静荷载试验根数应不少于总桩数的1%，且不少于3根；当总桩数少于50根时，试验数应不少于2根；当施工区域地质条件单一，又有足够的实际经验时，可根据实际情况由设计人员酌情而定。

⑥ 预制桩的桩体质量检验数量不应少于总桩数的10%，且不得少于10根。每个柱子承台下不得少于1根。

⑦ 对长桩或总锤击数超过500击的锤击桩，应符合桩体强度及28d龄期的两项条件才能锤击。

⑧ 钢筋混凝土预制桩质量检验的主控项目（桩体质量、桩位偏差、承载力）和一般项目（原材料质量、混凝土配合比及强度、成品桩的外形、裂缝、尺寸和接桩方法、桩顶标高、停锤标准）应符合规定。

钢筋混凝土预制桩施工常见质量通病及预控措施见表2-1。

表 2-1 钢筋混凝土预制桩施工常见质量通病及预控措施

序号	常见质量通病	预控措施
1	桩身断裂	(1)桩身强度低,不能承受锤击力。因此,强度必须达到100%后方可施工,施工区域地下障碍物必须清理干净,防止桩尖位移 (2)桩的堆放、运输、起吊过程中产生的断裂,施工时未发现,受力后导致断裂。因此施工前必须严格检查桩身外观质量
2	桩顶碎裂	(1)根据施工条件及地质勘探报告等条件,确定桩的断面尺寸,合理选择桩锤 (2)桩顶平面是否与桩轴线垂直,不符合要求不得使用,经修复后方可使用 (3)及时检查桩帽与桩接触面是否平整,发现问题应及时处理,方可施工 (4)沉桩时一定保证垂直度,经检查合格后方可施工
3	桩顶位移	(1)同"桩身断裂"对策 (2)采用井点降水或其他措施 (3)沉桩期间不得同时开挖基坑,施工完成后经过一定时间方可开挖
4	桩身倾斜	(1)施工作业区域必须平整 (2)桩机就位后,必须平稳 (3)桩尖与桩身必须保持在同一轴线上,如遇到硬物时必须及时清理,方可施工
5	接桩脱裂	(1)连接处表面应保持干净,连接时必须保持平整,焊接区域质量必须符合相关技术规定 (2)接桩时应严格控制上下桩的轴线,必须保持在同一轴线上
6	沉桩达不到设计要求	施工前必须熟悉施工区域的地质情况,根据地质条件等,合理选用施工机械及方法

2.2 灌注桩施工

讨论

1. 混凝土与钢筋混凝土灌注桩的成孔方法有哪几种？各适用于什么范围？
2. 试述泥浆护壁成孔灌注桩的施工工艺流程及埋设护筒的注意事项。
3. 桩基工程验收应提交哪些资料？
4. 套管成孔灌注桩的施工工艺。
5. 套管成孔灌注桩施工常见问题及其处理方法。

灌注桩是直接在桩位上就地成孔，在孔内安放绑扎成型的钢筋骨架，然后在孔内灌筑混凝土成桩。按照施工工艺的不同，可分为干作业成孔灌注桩、泥浆护壁成孔灌注桩、套管成孔灌注桩、爆扩成孔灌注桩和挖孔灌注桩等。与预制桩相比，具有桩长和桩径变化自如、节约钢材、节省模板、施工方便、工期短、造价成本低，而且施工时无噪声、无振动等特点。但是其施工工艺较为复杂，成桩质量与施工水平密切相关，出现问题时不易观测，需要一定的养护期，不能立即承受荷载。

2.2.1 干作业成孔灌注桩

干作业成孔灌注桩首先用螺旋钻机（长螺旋或短螺旋）钻孔，然后在孔内安放绑扎成型的钢筋骨架，再浇筑混凝土成桩。干作业成孔灌注桩适用于地下水位较低的各种土质，如填土、黏性土、粉土、砂土、粒径不大的砾砂和风化岩层等。我国目前使用最多的是螺旋钻机成孔，其施工工艺：确定桩位→桩机就位→钻孔、清孔→放钢筋笼→浇混凝土。

螺旋钻机是利用动力旋转钻杆，钻杆带动钻头上的螺旋叶片旋转来切削土层，削下的土块沿着螺旋叶片上升排出孔外（图 2-10)。全叶片螺旋钻机成孔直径一般为 300～600mm，钻孔深度 8～12m。钻头的类型主要有锥式钻头、平底钻头和耙式钻头等。锥式钻头适用于黏性土；平底钻头适用于松散土层，耙式钻头适用于杂填土，其钻头边镶有硬质合金刀头，能将碎砖等硬块削成小颗粒。

在软塑土层含水量较大时，可用疏纹叶片钻杆，方便施工；在可塑或硬塑的黏土中或在含水量较小的砂土中成孔，采用密纹叶片钻杆，应缓慢均匀钻孔施工。一节钻杆钻入后，应停止钻孔，接上第二节，继续钻到要求的深度，操作时钻杆要求垂直，如发现钻杆摇晃、移动、偏斜或难以钻进时，可能是遇到石块等异物，应立即停止钻孔，仔细检查，妥善处理，否则会导致桩孔偏斜或者钻杆扭断等现象。

在钻孔过程中，应随时清理孔口积土并及时运走，遇到坍塌、缩孔等现象时，应及时由现场技术人员研究决定后方可施工。钻孔偏移时，可以在孔中局部进行回填至偏孔处 50mm 左右时重新钻孔。

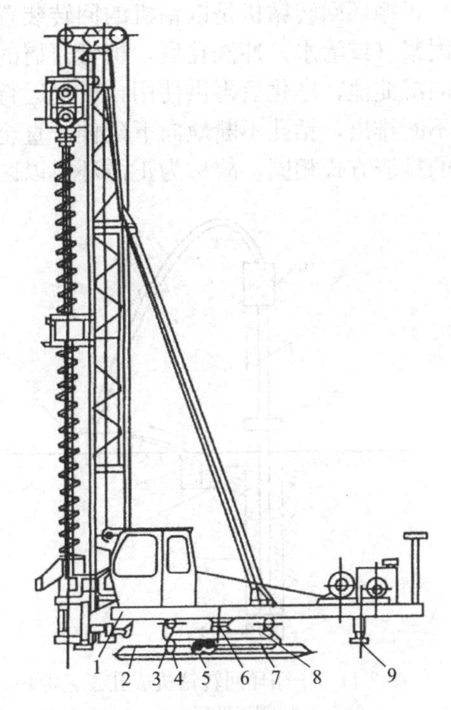

图 2-10 步履式螺旋钻机

1—上盘；2—下盘；3—回转滚轮；4—行走滚轮；5—钢丝滑轮；6—回转中心轴；7—行车油缸；8—中盘；9—支承盘

钢筋骨架应一次性绑扎好，整体吊放，如过长也可以分段进行施工，将钢筋骨架放入孔内之前应先将孔底的余土夯实，夯实后将钢筋骨架缓慢地沉入到孔内，严防碰撞孔壁四周。验收合格后，应及时浇筑混凝土，每层浇筑混凝土的高度不得超过 1.5m，振捣混凝土时也应分层进行振捣，时间不宜过长，但是浇筑下层混凝土必须在混凝土的初凝之前完成（初凝时间一般为 30min，气温低的时候要根据实际情况来延长时间）。

2.2.2 泥浆护壁成孔灌注桩

泥浆护壁成孔是用泥浆保护孔壁、防止塌孔和排除余土而成孔，对于地下水位高或低的土层都可适用。但在施工前，先在施工现场测量放线桩位点，砌筑泥浆池、安装导管、导架等设施。其施工工艺：测定桩位→埋设护筒→桩机就位→泥浆制备→成孔→清孔→安放钢筋笼骨架→浇筑混凝土。

(1) 埋设护筒　护筒是大直径泥浆护壁成孔灌注桩特有的一种装置，是用 3~5mm 钢板制成的圆筒。其内径比钻头直径大 100～200mm。护筒中心与桩位中心的偏差不得大于 50mm，护筒与坑壁之间用黏土填实，以防漏水。护筒的埋设深度，在黏土中不宜小于 1.0m，在砂土中不宜小于 1.5m，护筒顶面应高于地面 0.5m 左右，并应保持孔内泥浆面高出地下水位 1～2mm。其上部宜开设 1～2 个溢浆孔。护筒的作用是固定桩孔位置，防止地面水流入，保护孔口，增高桩孔内水压力，防止塌孔。

(2) 泥浆制备　泥浆是此种施工方法不可缺少的材料，泥浆具有护壁、携渣、冷却、润滑和防止塌孔的作用。

(3) 成孔　成孔的机械有回转钻机、潜水钻机、冲击钻等，我国以回转钻机应用广泛。

① 回转钻机成孔。回转钻机是由动力装置带动钻机回转装置转动，从而带动有钻头的钻杆转动，由钻头切削土壤。回转钻机用于泥浆护壁成孔的灌注桩，成孔方式为旋转成孔。根据泥浆循环方式不同，分为正循环回转钻机和反循环回转钻机。

正循环回转钻机是以钻机的回转装置带动钻具旋转切削岩土，同时利用泥浆泵向钻杆输送泥浆（或清水）冲洗孔底，携带岩屑的冲洗液沿钻杆与孔壁之间的环状空间上升，从孔口流向沉淀池，净化后再供使用，反复运行，由此形成正循环排渣系统（图 2-11）；随着钻渣的不断排出，钻孔不断地向下延伸，直至达到预定的孔深。由于这种排渣方式与地质勘探钻孔的排渣方式相同，故称为正循环，以区别于后来出现的反循环排渣方式。

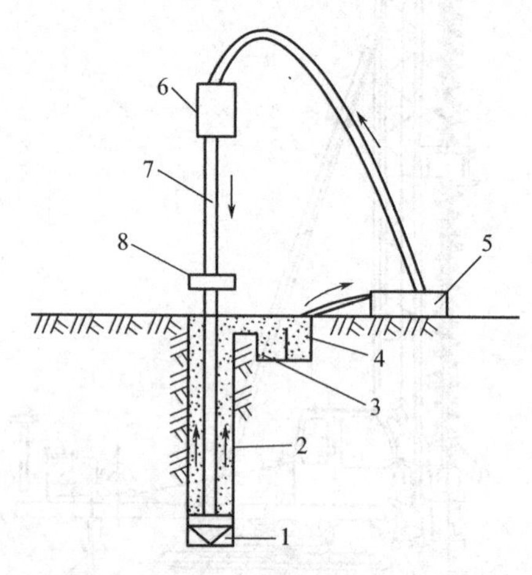

图 2-11　正循环回转钻机成孔工艺原理

1—钻头；2—泥浆循环方向；3—沉淀池；4—泥浆池；5—泥浆泵；6—水龙头；7—钻杆；8—钻机回转装置

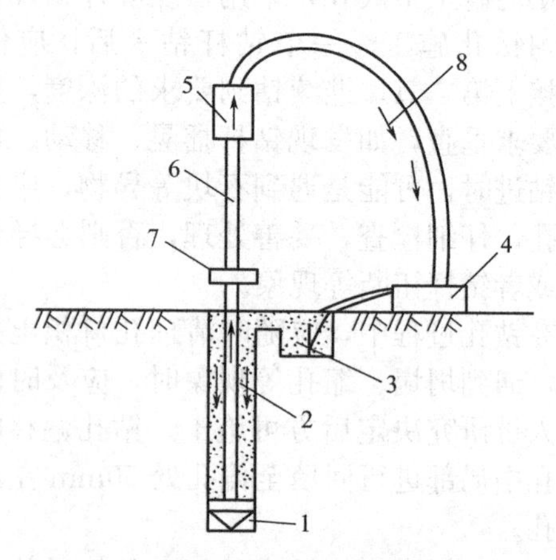

图 2-12　反循环回转钻机成孔工艺原理

1—钻头；2—新泥浆流向；3—沉淀池；4—砂石泵；5—水龙头；6—钻杆；7—钻杆回转装置；8—混合液流向

反循环回转钻机成孔是由钻机回转装置带动钻杆和钻头回转切削破碎岩土，利用泵吸、气举、喷射等措施抽吸循环护壁泥浆，挟带钻渣从钻杆内腔吸出孔外的成孔方法（图 2-12）。根据抽吸原理不同可分为泵吸反循环、气举反循环和喷射（射流）反循环三种施工工艺。泵吸反循环是直接利用砂石泵的抽吸作用使钻杆内的水流上升而形成反循环；喷射反循环是利用射流泵射出的高速水流产生负压使钻杆内的水流上升而形成反循环；气举反循环是利用送入的压缩空气使水循环，钻杆内水流上升速度与钻杆内外液体重度差有关，随孔深增大效率增加。当孔深小于 50m 时，宜选用泵吸或射流反循环；当孔深大于 50m 时，宜采用气举反循环。

钻孔达到设计要求的深度后，测量沉渣的厚度，并及时进行清孔。清孔可用射水法，此时钻具只转不进，待泥浆相对密度降到 1.1 左右时即清孔完成；注入制备泥浆的钻孔，采用换浆法进行清孔，直至换出泥浆的相对密度小于 1.15 时即清孔完成。

清孔后应尽快将钢筋骨架放入孔内，并及时进行水下灌筑混凝土施工。灌筑混凝土至桩顶时，应适当地高出桩顶设计标高，以保证在凿除浮浆层后，桩顶标高符合设计及规范要求。

施工完成后的灌注桩应确保没有夹渣、夹层、断桩等严重的质量问题，其垂直度以及平面位置都要满足规范要求。

② 潜水钻机成孔。潜水钻机是一种旋转式钻孔机，其防水电机变速机构和钻头密封在一起，由桩架及钻杆定位后可潜入水、泥浆中钻孔。注入泥浆后通过正循环或反循环排渣法将孔内切削土粒、石渣排至孔外。潜水钻机成孔排渣有正循环排渣和泵举反循环排渣两种方式。正循环排渣法：在钻孔过程中，旋转的钻头将碎泥渣切削成浆状后，利用泥浆泵输送高压泥浆，经钻机中心管、分叉管送入到钻头底部强力喷出，与切削成浆状的碎泥渣混合，携

带泥土沿孔壁向上运动，从护筒的溢流孔排出。泵举反循环排渣法：砂石泵随主机一起潜入孔内，直接将切削碎泥渣随泥浆抽排出孔外。

③ 冲击钻成孔。冲击钻成孔灌注桩系用冲击式钻机或卷扬机悬吊冲击钻头（又称冲锤）上下往复冲击，将硬质土或岩层破碎成孔，部分碎渣和泥浆挤入孔壁中，大部分成为泥渣，用掏渣筒掏出成孔，然后再灌注混凝土成桩。冲击钻成孔灌注桩的特点是：设备构造简单，适用范围广，操作方便，所成孔壁较坚实、稳定，塌孔少，不受施工场地限制，无噪声和振动影响等，因此被广泛采用，适用于工业与民用建筑中的黄土、黏性土或粉质黏土和人工杂填土以及含有孤石的砂砾石层、漂石层、坚硬土层、岩层地基采用冲击成孔灌注桩的工程。

(4) 清孔　当钻孔达到设计深度后，应进行验孔和清孔，清孔的目的是清除孔底的沉渣和淤泥，以减少桩基的沉降量，从而提高承载能力。

(5) 安放钢筋笼骨架　桩孔清孔符合要求后，应立即吊放钢筋笼骨架。钢筋笼制作应分段进行，接头宜采用焊接，主筋一般不设弯钩，加劲箍筋设在主筋外侧，钢筋笼的外形尺寸，应严格控制在比孔径小 110～120mm 以内。

(6) 浇筑混凝土　钢筋骨架固定之后，在 4h 之内必须浇筑混凝土。混凝土选用的粗骨料粒径，不宜大于 30mm，并不宜大于钢筋间最小净距的 1/3，坍落度为 160～220mm，含砂率宜为 40%～50%，细骨料宜采用中砂。

混凝土浇筑，通常采用导管法（详见钢筋混凝土工程一章）。水下浇筑的混凝土要求流动性好，坍落度控制在 160～220mm，用掺加木钙、糖蜜、加气剂等外加剂，改善其和易性和延长初凝时间。水泥用量一般达 350kg/m 以上，水灰比 0.50～0.60。

浇筑混凝土前，先将导管吊入桩孔内，导管顶部高于泥浆面 3～4mm 并连接漏斗，底部距桩孔底 0.3～0.5m，导管内设隔水栓，用细钢丝悬吊在导管下口，隔水栓可用预制混凝土四周加橡皮封圈、橡胶球胆或软木球制成。

浇筑混凝土时，先在漏斗内灌入足够量的混凝土，保证下落后能将导管下端埋入混凝土 0.6～1m，然后剪断铁丝，隔水栓下落，混凝土在自重的作用下，随隔水栓冲出导管下口（用橡胶球胆或木球做的隔水栓浮出水面回收重复使用）并把导管底部埋入混凝土内，然后连续浇筑混凝土，当导管埋入混凝土达 2～2.5m 时，即可提升导管；提升速度不宜过快，应保持导管埋在混凝土内 1m 以上，这样连续浇筑，直到桩顶为止。浇筑混凝土时，应注意混凝土的浇筑量（用混凝土充盈系数表示，即指灌注桩施工时，混凝土的实际浇筑量与理论计算浇筑量的比值）。

(7) 泥浆护壁成孔灌注桩常遇到的质量问题及处理方法

① 坍孔　指孔壁坍塌造成桩身的局部直径大于设计直径的现象。

原因：护筒埋置太浅或不严密而漏水，孔内泥浆密度不够或泥浆面低于孔外水位，进尺或转速太快等。

处理方法：护筒周围用黏土封实；钻进中及时填补泥浆，使其高于孔外水位；遇松散土层时，应适当加大泥浆密度，进尺不能太快，应低速钻进。

② 吊脚桩　指桩底部有较厚的泥砂等杂物而形成松软层的现象。

原因：清渣不干净，残渣过厚；清孔后泥浆密度过小，孔壁坍塌或孔底进入泥砂或未立即浇筑混凝土；吊放钢筋笼、导管等时，碰撞孔壁使泥土坍塌落底。

处理方法：做好及时清孔、清渣工作；注意泥浆密度，混凝土应及时浇筑；保护好孔壁，不让重物碰撞孔壁。

③ 断桩　指泥夹层等造成桩体混凝土不连续的现象。

原因：混凝土浇筑不成功，在浇筑上层时出现泥夹层；孔壁坍塌卡住导管，拔出时泥水混入混凝土内；导管接头不良进入泥水。

处理方法：混凝土浇筑应一次成功；选密度较大、黏度和胶体率好的泥浆护壁；控制钻速，保持孔壁稳定；导管接头应使用螺纹连接，用橡皮圈密缝。

2.2.3 套管成孔灌注桩

套管成孔灌注桩（即沉管灌注桩）也称打拔管灌注桩，系采用与桩的设计尺寸相适应的钢管（即套管），在端部套上桩尖后沉入土中，在套管内吊放钢筋骨架，然后边浇注混凝土边振动或锤击拔管，利用拔管时的振动捣实混凝土，形成所需要的灌注桩。这种施工方法适用于有地下水、流砂、淤泥的情况。根据沉管方法和拔管时振动的不同，套管成孔灌注桩可分为锤击沉管灌注桩、振动沉管灌注桩。另外，还有静压沉管灌注桩和沉管夯扩灌注桩等。其施工工艺：钢套管就位→沉钢套管→放钢筋笼→浇注混凝土→拔钢套管。

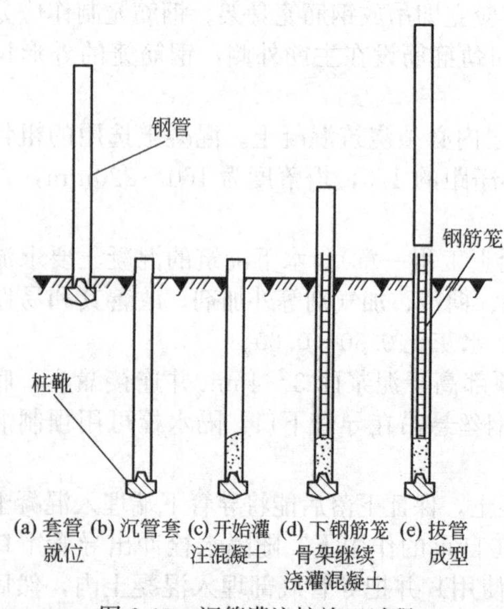

图 2-13 沉管灌注桩施工过程

(1) 锤击沉管灌注桩 锤击沉管灌注桩是利用锤击沉桩设备将管桩打入土中成孔。桩尖常用预制混凝土桩尖，此方法适用于一般黏性土、淤泥土、砂土和人工填土的地基。

锤击灌注桩施工时，先用桩架吊起钢套管，对准预先设在桩位处的预制钢筋混凝土桩靴，然后缓慢放下套管、套入桩靴，套管与桩靴连接紧密后，施加锤击力将桩管压入土中。施工时桩管上部应扣上桩帽，并时刻检查、控制桩管的垂直度（图 2-13）。

当桩管沉至设计标高后，检查管内无泥浆或渗水，应立即灌注混凝土。灌注时套管内混凝土应尽量灌满，然后开始拔管。拔管时速度要均匀，第一次拔管高度控制在能容纳第二次所需的混凝土灌量为限，不宜拔管过高。拔管时应保持低密度锤击不停，并控制拔出速度，对一般土层以不大于 1m/min 为宜，在软弱土层级软硬土层交界处应控制在 0.8m/min 以内。当桩身配备钢筋笼时，第一次浇筑混凝土应先灌到笼底标高，然后放置钢筋笼，再浇筑混凝土至桩顶标高。

施工完成后，为了提高桩的质量或使桩径扩大，提高桩的承载力，如果怀疑或发现缩颈、断桩等缺陷时，可以局部复打或全长复打。

复打是在第一次灌注桩施工完毕（单打）、拔出套管后，及时清除管外壁上的污泥和桩孔周围地面的浮土，立即在原桩位安好桩尖或预制桩靴和第二次锤击沉入的套管，进行复打，使未凝固的混凝土向四周挤压、扩大桩径，然后再灌注第二次混凝土。进行复打时，要求两次沉管的轴线应一致，必须在第一次灌注的混凝土初凝之前全部完成。可用吊砣检查管内有无泥浆或渗水，并测孔深，用测锤或浮标检查混凝土的下降。

(2) 振动沉管灌注桩 振动沉管灌注桩是采用激振器或振动冲击锤沉管施工（图 2-14)。施工时，首先安装好桩机，将桩管下活瓣合起来，对准桩位，缓慢放下套管，压入土中，此时必须保证垂直度，方可开动激振器沉管。桩管到达设计标高后，边向桩管内浇筑混凝土，边振边拔出桩管而形成灌注桩。此方法适用于一般黏性土、淤泥质土、砂土、人工填土和稍密以及中密的砂土或碎石土地基。

振动沉管灌注桩可采用单打法、反插法、复打法施工。

单打法施工时，在套管内灌满混凝土后，开动激振器，再振动 5～10s，开始拔管，边振边拔。每拔0.5～1m，停止拔管，再振动5～10s，如此反复，一直到套管全部拔出，目前在我国该方法较为常用，能够确保工程质量。

反插法施工时，在套管内灌满混凝土后，先振动再开始拔管，每次拔管高度控制在0.5～1m，向下反插深度控制在0.3～0.5m。如此反复进行并保持振动状态，直到套管全部拔出。在拔管过程中，应分段添加混凝土，保持管内混凝土面高于地面或地下水位1.0～1.5m，拔管速度应小于0.5m/min。反插法能使桩的截面增大，提高桩的承载能力，该方法在较差的软土地基上应用，但不适用于淤泥中。

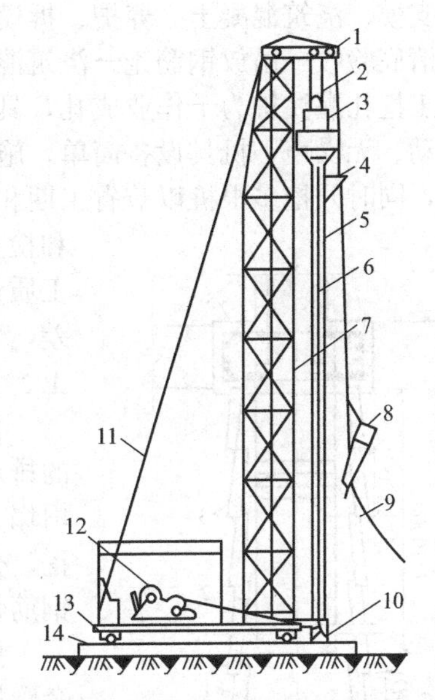

图2-14 振动沉管设备示意

1—导向滑轮；2—滑轮组；3—激振器；4—混凝土漏斗；5—桩管；6—加压钢丝绳；7—桩架；8—混凝土吊斗；9—回绳；10—活瓣桩靴；11—缆风绳；12—卷扬机；13—行驶用钢管；14—枕木

复打法施工与锤击灌注桩相同。

(3) 套管成孔灌注桩易产生的质量问题及处理方法

① 缩颈。指桩身的局部直径小于设计要求的现象，又称瓶颈桩。

原因：在含水量大的黏土中沉管时，土体受到强烈挠动和挤压，产生很高的孔隙水压力，桩管拔出后，这种水压力便作用到新灌注的混凝土桩上，使桩身发生不同程度的颈缩现象；拔管过快，混凝土量少，或和易性差，使混凝土出管时扩散差等。

处理方法：拔管时应保持管内混凝土面高于地面，使之具有足够的扩散压力，混凝土坍落度应控制在50～70mm。拔管时应采用复打法施工，并严格控制拔管速度。

② 断桩。指桩身局部分离或断裂，较为严重是一段桩身没有混凝土的现象。

原因：桩距离太近，相邻桩施工时混凝土还未具备足够的强度，已形成的桩受挤压而断裂。

处理方法：施工时，应控制中心距离不得小于3.5倍桩径；确定打桩顺序和行进路线，减少对新浇筑混凝土桩的影响。采用跳打法或控制时间方式以减少对临桩的影响。

③ 吊脚桩。指桩底部混凝土隔空，或混凝土中含有泥砂等杂物而形成松软层的现象。

原因：桩靴强度不足，沉管时被破坏变形，水或泥砂进入桩管、活瓣未及时打开等原因。

处理方法：将桩管拔出，纠正桩靴或将砂回填到桩孔后重新沉管。

④ 套管进水进泥。指套管内涌入水或进入泥土的现象。

原因：在地下水位高或淤泥或粉砂土中，活瓣闭合不严或变形或混凝土桩靴被打坏。

处理方法：拔出套管，清除泥砂，修整活瓣或桩靴，用砂回填后重打；当地下水位高时，可在套管沉至地下水位时先灌入厚0.5m的水泥砂浆封底，再灌入高1m的混凝土增压，然后再沉管。

2.2.4 人工挖孔灌注桩

人工挖孔灌注桩是指在桩位采用人工挖掘方法成孔，然后安放钢筋笼，灌注混凝土而成为桩基。其施工工艺：测量放线、确定桩位→分段挖土（每段1m)→分段构筑护壁（绑扎钢筋、支模、浇筑混凝土、养护、拆模板)→重复分段挖土、构筑护壁至设计深度→孔底扩大头→清底验收→吊放钢筋笼→浇筑混凝土成桩。

人工挖孔灌注桩为干作业成孔，具有成孔方法简便，成孔直径大，单桩承载力高，施工时无振动、无噪声，机具设备简单，施工方便，对周边建筑物的影响小等特点，可以全面开展施工，同时开挖多根桩以节省工期和节约施工成本，可直接观察土层变化情况，便于清孔和检查孔底及孔壁，可较清楚地确定持力层的承载力，施工质量可靠，因此在我国得到了广泛应用。但其劳动条件差，劳动力消耗大，适用于土质较好、地下水位较低的黏土、亚黏土、含少量砂卵石的黏土层等。

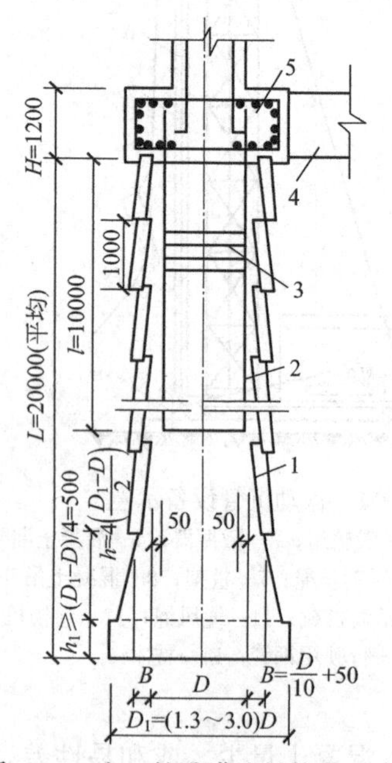

图 2-15 人工挖孔灌注桩构造示意
1—护壁；2—主筋；3—箍筋；4—地梁；5—桩帽

为了确保人工挖孔桩施工过程的安全，必须设有可靠的排水、通风、照明设施，考虑土壁支护措施，还要预防坍塌、流砂等现象的发生。在施工过程中应采用分段开挖，分段浇筑护圈混凝土的方法，达到设计深度后，再将钢筋骨架放入孔内进行浇筑混凝土施工。

护壁可以采用现浇混凝土护壁、喷射混凝土护壁、钢套管护壁、沉井护壁、型钢护壁、波纹钢模板工具式护壁等。当采用现浇混凝土护壁时，人工挖孔灌注桩的构造见图 2-15，图中 D 为桩径。人工挖孔灌注桩的桩身直径除了能满足设计承载力的要求外，还应考虑施工操作的要求，故挖孔桩直径不宜小于 800mm，一般为 800～2000mm；桩长一般为 20m 左右，最深可达 40m。

桩端可采用扩底或不扩底两种方法，扩底方法有人工挖孔扩底、反循环钻孔扩底、爆破法扩底等。施工机具主要有电动机、潜水泵、提土桶、鼓风机、输风管、挖掘工具、爆破材料、照明灯、对讲机、电铃等。

2.2.5 爆扩成孔灌注桩

爆扩成孔灌注桩是钻孔或挖孔后爆扩成孔，在孔底放入炸药，再灌入适量混凝土后进行引爆，使孔底形成一个扩大区域（扩大头），清孔完后将钢筋骨架放入孔内、浇筑混凝土而形成的桩（图 2-16）。其施工工艺：挖孔（钻孔）→确定炸药用量→安放炸药包→浇灌压爆混凝土及引爆→吊放钢筋笼→插入混凝土导管→浇筑混凝土。

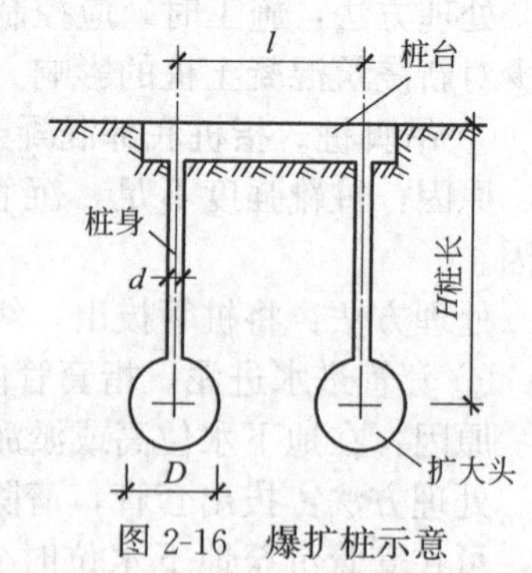

图 2-16 爆扩桩示意

爆扩桩适用于地下水位很少的黏性土、砂质土、碎石、风化岩石层等。在黏性土层中效果较为良好，但是在软土层或砂土层中不易成型，桩长一般为 3～6m，桩底扩大头直径一般为 2.5～3.5d（d 为桩径）。这种桩施工简单、节约施工成本，但其质量要求严格，对于施工质量的检查极其不便。

2.2.6 灌注桩质量要求

① 灌注桩桩顶标高至少要比设计标高高出 0.5m。

② 当以摩擦桩为主时，沉渣厚度不得大于 150mm；当以端承力为主时，不得大于

50mm，套管成孔的灌注桩不得有沉渣。

③ 每灌注 $50m^3$ 应有一组试块，小于 $50m^3$ 的桩应每根桩有一组试块。

④ 在施工中，应对成孔、清孔、放置钢筋笼、灌注混凝土等进行全过程检查，人工挖孔桩尚应复验孔底持力层土（岩）性。嵌岩桩必须有桩端持力层的岩性报告。

⑤ 灌注桩应对原材料、钢筋骨架、混凝土强度进行验收。

⑥ 施工结束后，应按《建筑基桩检测技术规范》(JGJ 106—2014）要求，对桩的承载力及桩体质量进行检验。

⑦ 对于地基基础设计等级为甲级或地质条件复杂、成桩质量可靠性低的灌注桩，应采用静荷载试验的方法进行检验，检验桩数不应少于总数的 1%，且不应少于 3 根，当总桩数不少于 50 根时，检验桩数不应少于 2 根。

⑧ 对于地基基础设计等级为甲级或地质条件复杂、成桩质量可靠性低的灌注桩，桩身质量检验抽检数量应不少于总数的 30%，且不应少于 20 根；其他桩基工程的抽检数量不应少于总数的 20%，且不应少于 10 根；对地下水位以上且终孔后经过核验的灌注桩，检验数量不应少于总桩数的 10%，且不得少于 10 根，每个柱子承台下不得少于 1 根。

钢筋混凝土灌注桩施工常见质量通病及预控措施见表 2-2。

表 2-2 钢筋混凝土灌注桩施工常见质量通病及预控措施

序号	常见质量通病	预控措施
1	孔底覆土多	(1)钻孔完成后，应及时浇筑混凝土，或将孔口处覆盖，禁止在覆盖面上过车、走人 (2)钻孔时应及时清理虚土，提钻时应先把孔口处积土清理干净，必要时可以重复进行
2	塌孔	(1)注意土质变化，遇到流砂、淤泥或卵石时，不采用钻孔方法成孔 (2)上层滞水渗漏应立即采取降水措施，在砂层遇到地下水时，钻孔不应超过初见水位，防止坍塌
3	钻杆跳动	施工过程中发现钻杆跳动、架体摇晃等，应立即停止施工，排除故障
4	缩颈	(1)熟悉地质勘查报告、地下水位等情况，做出可靠的施工方案 (2)严格控制拔管速度，如发现问题应及时处理
5	钢筋骨架变形	钢筋骨架在制作、运输、堆放、起吊、入孔等过程中，应严格按照规定进行施工
6	钢筋下沉	将钢筋骨架放入桩孔后，应该采取相应措施将钢筋骨架进行固定，防止下沉
7	不符合要求	(1)仔细分析工程地质条件，预先采取措施，对障碍物进行清理 (2)选择合适的施工机械及方法
8	桩顶标高不符合设计要求	混凝土灌注时，测量人员应随时进行测量，严格控制桩顶标高，以免过多截桩，加大施工成本

复习思考题

2-1 叙述钢筋混凝土预制桩的制作、起吊、运输、堆放等环节的主要工艺要求。

2-2 打桩设备包括哪些？打桩顺序有哪几种？

2-3 分析打桩顺序、土壤挤压与桩距的关系。

2-4 对打桩施工的质量要求有哪些？

2-5 灌注桩成孔方法有哪几种？各种方法的特点及适用范围是什么？

2-6 套管成孔灌注桩易产生的质量问题及处理方法是什么？

2-7 人工挖孔桩有哪些特点？

3 砌体工程

扫码获取本书学习资源

在线测试

拓展阅读

章节速览

「获取说明详见本书封二」

学习内容和要求

掌握	• 砖、砌块砌体的施工工艺、施工要点、质量要求和冬期施工方法	3.3、3.4节
了解	• 砌筑前的准备工作、砌筑工程脚手架和垂直运输设备	3.2节

砌体工程是由砌筑砂浆（水、水泥、石灰、砂子等）和各类砖、石、砌块等块材砌筑而成的砌体结构，具有一定的保温、隔热、抗冻、防潮和耐火等性能，其承载能力主要取决于材料强度、砌体组砌方式和施工质量。

砌体工程包括材料准备与运输、砂浆制备、脚手架搭设与拆除、砌体砌筑等施工过程。

3.1 砌体材料

砌体工程的材料主要是块材和砌筑砂浆，还有少量的钢筋或钢筋网片。应禁止使用国家责令淘汰的材料，所用的材料应有产品合格证书及产品性能检测报告。对块材、水泥、钢筋和外加剂等主材还应有材料主要性能指标的进场复检报告。本部分在土木工程材料课程中已有讲述，请扫二维码回顾。

砌体材料

3.2 脚手架与垂直运输设备

讨论

1. 多立杆式外脚手架是由哪几部分组成？
2. 扣件式钢管外脚手架的搭设要求是什么？
3. 脚手架的主要安全防护措施有哪些？
4. 碗扣式钢管脚手架的基本构造与搭设要求？
5. 互升式脚手架的构造及升降机理？
6. 砌筑工程的垂直运输机具有哪几种？

3.2.1 脚手架

脚手架是施工中为工人操作、堆放料具、安全防护和高空运输而临时搭设的架子平台或作业通道，一般搭设脚手架高度在 1.2m 左右，称为“一步架高度”，又称为墙体的可砌高度。

脚手架按材料分为木、竹和金属脚手架；按用途分为结构用、装修用、防护用和支撑用脚手架；按搭设位置分为里脚手架和外脚手架；按构造形式分为多立杆式（有扣件式、碗扣式、直插式、插接式、盘销式、键连接式等，分单排、双排和满堂脚手架）、框组式（门式）、桥式、塔式、悬挑式、悬吊式、悬挂式、移动式、落地式、工具式及附着升降式（自升降式、互升降式、整体升降式）等脚手架。常用的为扣件式和碗扣式钢管脚手架。

脚手架应满足使用方便、安全和经济的基本要求，具有适当的宽度、步架高度、离墙距离，足够的强度、刚度和稳定性，构造简单，装拆搬运方便，便于周转使用，因地制宜，就地取材，尽量节省用料。

(1) 扣件式钢管脚手架　扣件式钢管脚手架由钢管杆件用扣件连接而成，具有工作可靠、装拆方便和通用性强等特点，是我国目前使用最普遍的一种多立杆式脚手架，有单排、双排布置两种。

扣件式钢管外脚手架由钢管杆件、扣件、底座、脚手板和安全网等组成（图 3-1）。

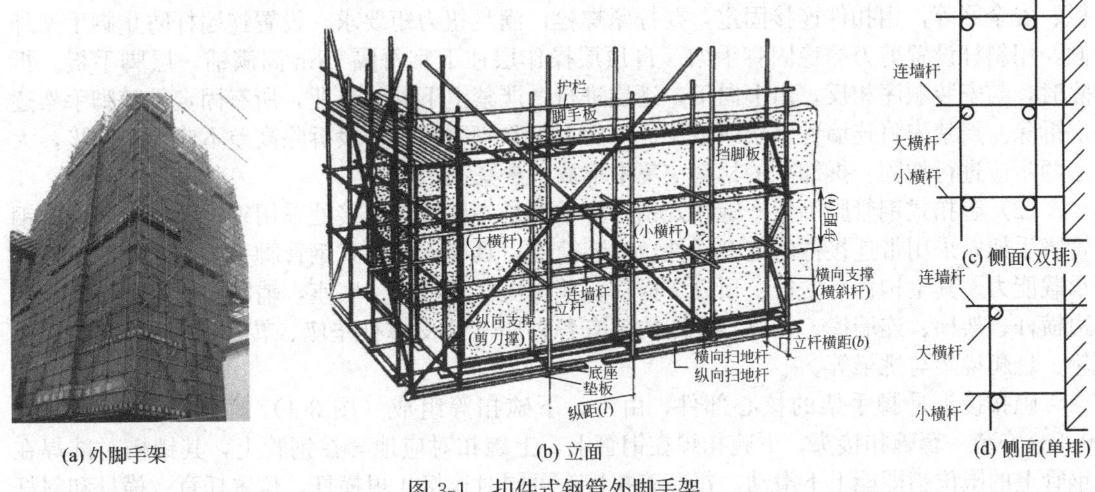

图 3-1　扣件式钢管外脚手架

钢管杆件包括立杆、大横杆、小横杆、护栏、连墙杆、剪刀撑（斜杆）、纵向扫地杆、横向扫地杆和抛撑（在脚手架立面之外设置的斜撑）等。钢管杆件材料一般采用外径48mm、壁厚 3.5mm 的焊接钢管或无缝钢管，也有用外径 50～51mm，壁厚 3～4mm 的焊接钢管或其他钢管。立杆、大横杆、剪刀撑和斜杆的钢管最大长度宜为 4～6.5m。小横杆的钢管长度宜在 1.8～2.2m。立杆横距为 1.2～1.5m，纵距为 1.2～2.0m，大横杆步距为 1.2～1.8m。相邻步架的大横杆宜布置在立杆的内侧，使里、外排立杆的偏心距产生变形对称。剪刀撑每隔 12～15m 设一道，斜杆与地面夹角为 45°～60°。在脚手板的操作层上设 2 道护栏，上栏杆高度 0.8～1.0m，下栏杆距脚手板面 0.2～0.4m。连墙杆应设置在框架梁、柱或楼板等具有可靠连接的结构部位，采用刚性连接，其垂直间距不大于 4m、水平间距不大于 6m。

扣件为杆件的连接件，有可锻铸铁铸造和钢板压制两种。扣件的基本形式有直角、旋转和对接（图 3-2）三种。直角扣件（十字扣）用于连接两根垂直交叉的钢管；旋转扣件（回转扣）用于连接两根呈任意角度相交叉的钢管；对接扣件（一字扣）用于两根钢管的对接接长。

底座是设于立杆底部的垫座，用于承受脚手架立柱传递下来的荷载，可内插也可外套。一般用钢管套筒和钢板焊接而成（图 3-3），也可用可锻铸铁铸成。

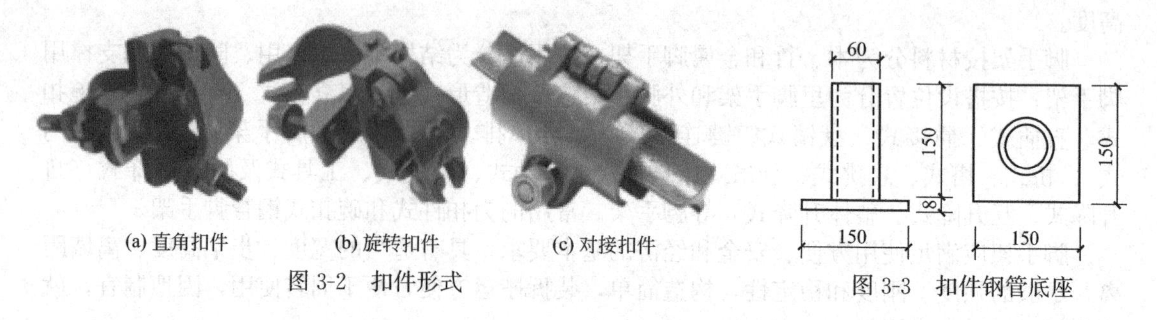

(a) 直角扣件 (b) 旋转扣件 (c) 对接扣件

图 3-2 扣件形式

图 3-3 扣件钢管底座

脚手板一般用2mm厚的钢板压制而成，长度2～4m，宽250mm，表面应有防滑措施。也可采用厚度不小于50mm的杉木板或松木板，长度3～6m，宽200～250mm，或者采用竹脚手板（有竹笆板和竹片板两种）。

扣件式钢管脚手架搭设时，垫板、底座均应准确地放在定位的平整、坚硬地表面上，依次安装立杆、纵向扫地杆、横向扫地杆、大横杆、小横杆、连墙杆、剪刀撑、脚手板、护栏、安全网等，用扣件连接固定，要拧紧螺栓，满足扭力矩要求。设置连墙杆防止脚手架外倾，用斜杆设置剪刀撑稳固脚手架。自顶层操作层往下宜每隔12m高满铺一层脚手板。拆除时，与安装顺序相反，由上向下，逐层进行，严禁上下同时作业，所有固定件随脚手架逐层拆除。严禁先将连墙件整层或数层拆除后再拆除脚手架。分段拆除高差不应大于两步，大于两步应进行加固。拆卸下的材料应集中堆放，严禁乱扔。

（2）碗扣式钢管脚手架 碗扣式钢管脚手架是一种杆件连接处采用碗扣承插锁固式的钢管脚手架，采用带连接件的定型杆件，组装简便，具有比扣件式钢管脚手架更强的稳定性和承载能力。其主构件有立杆、顶杆、横杆、单排横杆、斜杆、底座，辅助构件有间横杆、搭边横杆、架梯、连墙撑、托撑，专用构件有各种座（如支撑柱垫座、转角座、可调座）、滑轮、悬爬挑架与挑梁等。

碗扣接头是脚手架的核心部件，由上、下碗扣等组成（图3-4）。立杆和顶杆上每隔0.6m安装一套碗扣接头，下碗扣焊在钢管上，上碗扣对应地套在钢管上，其销槽对准焊在钢管上的限位销即能上下滑动，每套碗扣接头可同时连接4根横杆，位置任意。横杆和斜杆是两端分别焊有横杆接头和可转动接头的钢管杆件。底座分可调和不可调两种。

安装横杆时，将上碗扣缺口对准限位销，即可将上碗扣沿立杆上下移动，把横杆接头插入下碗扣圆槽内，随后将上碗扣沿限位销滑下，并顺时针旋转，靠上碗扣螺旋面使之与限位销顶紧（可用锤子敲打扣紧）以扣紧横杆接头，从而将横杆与立杆牢固地连接在一起，形成框架结构，设置斜杆稳固框架，及时设置连墙件，再安装辅助构配件或专用构配件。

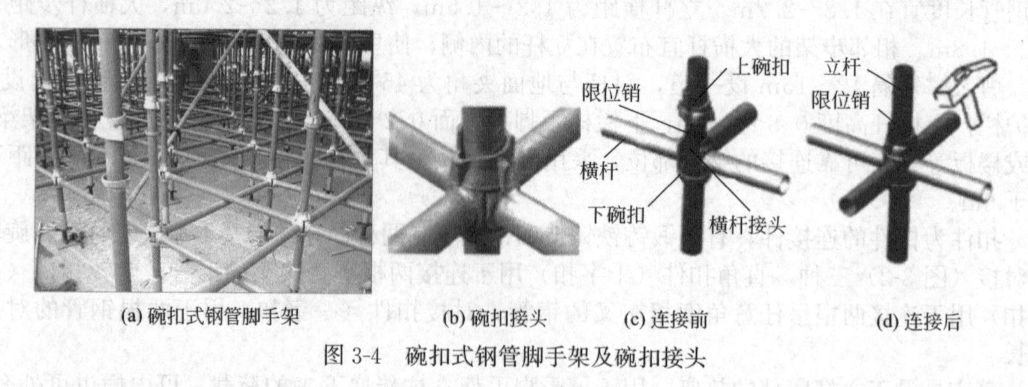

(a) 碗扣式钢管脚手架 (b) 碗扣接头 (c) 连接前 (d) 连接后

图 3-4 碗扣式钢管脚手架及碗扣接头

碗扣式钢管脚手架搭设时，依次安装底座、竖立杆（顶杆）、横杆、斜杆、接头锁紧、连墙撑、剪刀撑、脚手板、护栏、安全网等。根据建筑物结构、脚手架搭设高度及作业荷载等具体要求确定单排或双排搭设。搭设与拆除的要求同扣件式脚手架。

(3) 其他新型钢管脚手架

① 直插式双自锁型多功能钢管（ZSDJ）脚手架。ZSDJ 脚手架作为一种新型的脚手架，其特点是把传统的摩擦连接或铰连接改为承插式锁紧连接；把互锁式连接改为自锁式连接(同一节点上多根横杆与立杆的连接)；把节点处性质不明确、不可靠的锁紧力改为在一个平面内明确、可靠的锁紧，即两个自由度（双自锁）；把依靠人工锁紧改为靠设计结构保证锁紧（横杆与立杆的连接），把可活动的零配件全部去掉（如扣件式的各种扣件、门式的拉杆与连接棒、碗扣式的上碗扣等）。其搭拆速度是扣件式脚手架的 8～10 倍，是碗扣式脚手架的 2 倍以上。

ZSDJ 脚手架由立杆和横杆两种构件组成（图 3-5)。立杆上每隔 0.6m 焊接一个轮盘(也称锁扣)，立杆尾部焊接一个套筒，横杆两端各焊接一个插头。把立杆尾部的套筒套接在另一个立杆的顶部就可接高立杆，把横杆上的插头插入立杆上轮盘的锥形长孔内，再用锤敲击横杆插头即可锁紧。每个轮盘上可同时连接 4 根横杆，横杆可互成 90°，当某一根横杆与立杆锁紧失效，另外三根横杆与立杆锁紧仍可靠有效（自锁型)。

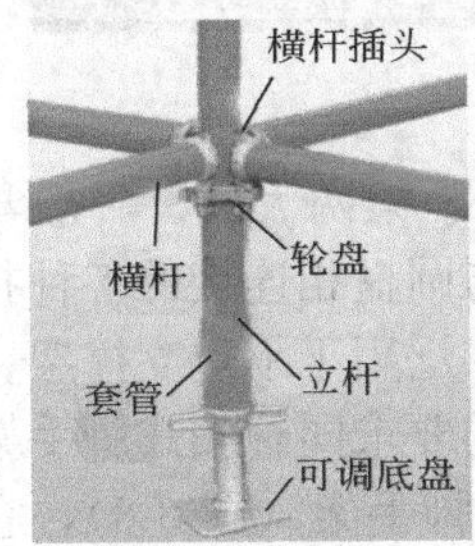

图 3-5 直插式双自锁型多功能钢管（ZSDJ）脚手架

ZSDJ 脚手架能与可调底座、可调顶托、双可调早拆支撑、双可调螺杆、挑梁、挑架等配合使用，也可与多种钢管脚手架相互配合使用，可实现模板早拆、支护等各种功能。搭设与拆除仅需一把铁锤即可完成装拆，其要求同碗扣式脚手架。

② 插接式（也称插销式）钢管脚手架。插接式钢管脚手架是立杆上的插座与横杆上的插头，采用楔形插销连接的一种新型脚手架，主要由基本组件（立杆、横杆、斜杆、底座、顶托）和连接配件（锁销、销子、螺栓）组成（图 3-6)。其中插座、插头和插销的种类很多。

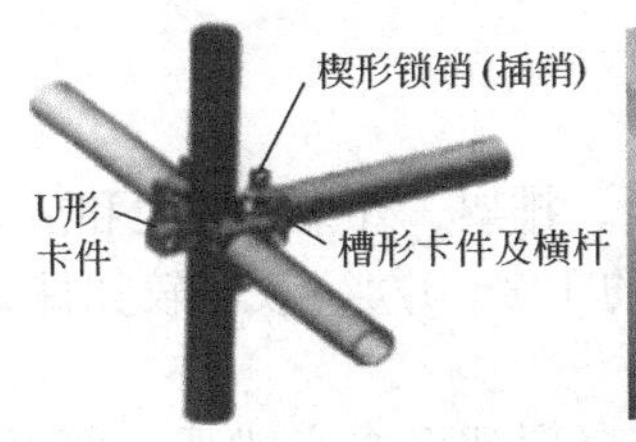

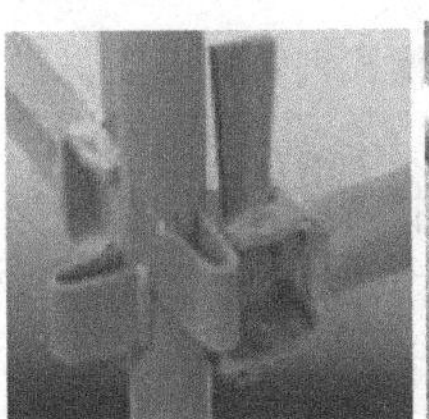

图 3-6 插接式钢管脚手架

立杆与横杆或斜杆之间的连接，可采用每隔 0.6m 而预先焊接于立杆外壁圆周方向上的四个均匀分布的 U 形卡件插接耳组（即插座）与焊接于横杆两端或斜杆端部的横向槽形卡(有的称 C 形卡或 V 形卡，即插头)，以楔形锁销（即插销，受力时锁销始终处于自锁状态）穿插相扣（可用锤子敲紧楔形锁销)，形成可靠的节点连接。与斜杆之间也可采用斜杆端部

（两端压成扁状并开孔）的销轴与立杆上的U形卡侧面的插孔相连接。上下立杆之间可采用内插或外套连接。可调顶托、底座由钢板（顶托为U形钢板）、管式螺杆、铸铁螺母组成。

插接式钢管脚手架适应性强，适用范围广，可广泛用于各种工程的脚手架、支撑系统、临时设施支承结构等。搭设与拆除要求同碗扣式脚手架。

③ 盘销式（也称盘扣式）钢管脚手架。盘销式钢管脚手架是一种在立杆（其底部带连接套）上每隔0.6m焊有一个扣盘（也称插盘），横杆、斜拉杆（水平和竖向）的两端焊有带插销口的插头，通过敲击楔形插销（销子）将焊接在横杆、斜拉杆的插头与焊接在立杆的扣盘锁紧（图3-7）的新型脚手架。其连接用一把铁锤敲击楔形插销即可完成搭设与拆除。

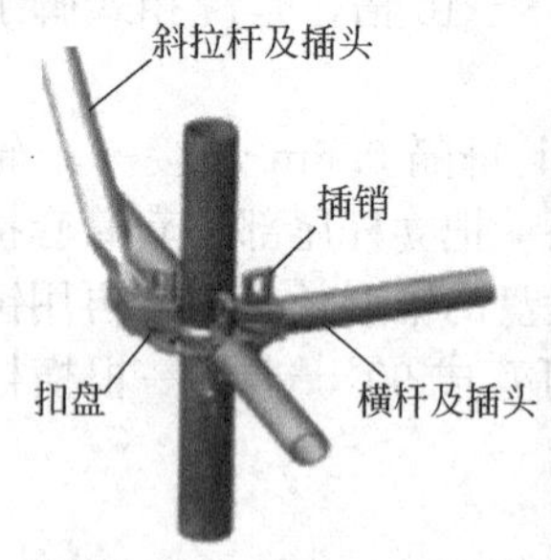

图3-7　盘销式钢管脚手架

盘销式钢管脚手架分为ϕ60系列重型支撑架和ϕ48系列轻型脚手架两大类。一般与可调底座及顶托、连墙撑、脚手板、梯子、跨梁、挑梁、活动圆盘、与圆盘相连接的各种扣件等辅助件配套使用。其接头传力安全可靠、搭拆快、适应性强，可广泛用于承重支撑架、脚手架、舞台架、灯光架、临时看台、临时过街天桥等。搭设与拆除的要求同碗扣式脚手架。

④ 键槽式钢管脚手架。键槽式钢管脚手架是一种采用键连脚的脚手架（图3-8），它是将ϕ48的钢管与键式插头、插座分别焊接成横杆和立杆，再将横杆与立杆通过键式承销锁（即插头和插座）锁紧，从而形成结构尺寸精度高、坚固耐用、稳定性能好、装卸灵活便捷的新型脚手架。

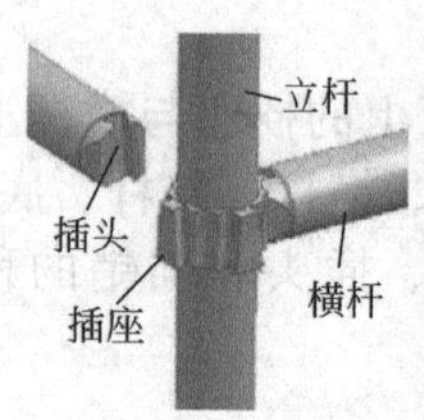

图3-8　键槽式钢管脚手架

键槽式钢管脚手架适用于各类工程的支撑架、早拆支撑架、排架、外架、棚架和活动架等。安装时仅需一把铁锤就可完成装拆，装拆时间是碗扣式的1/2～1/4，效率较扣件式提高20倍。搭设与拆除的要求也同碗扣式脚手架。

（4）门式钢管脚手架　门式钢管脚手架由基本单元部件（门架、水平梁架、剪刀撑，其中门架有标准型框架和梯型框架），底座和托架即托撑（分可调和不可调）部件，其他部件（锁臂、连接棒、连墙杆或扣墙器、脚手板、栏杆、梯子）等构成（图3-9）。特点是尺寸标准、结构合理、承载力高、安全可靠、装拆容易并可调节高度，使用周期短、频繁周转。

搭设顺序为：铺放垫木（板）→拉线、放底座→自一端起立门架（门式框架）并装剪刀撑（交叉拉杆）→装水平梁架（或脚手板）→装梯子→需要时装加强用通长大横杆→装连墙杆→插上连接棒、安上一步门架、装上锁臂→逐层向上安装→装加强整体刚度的长剪刀撑→装设顶部栏杆。

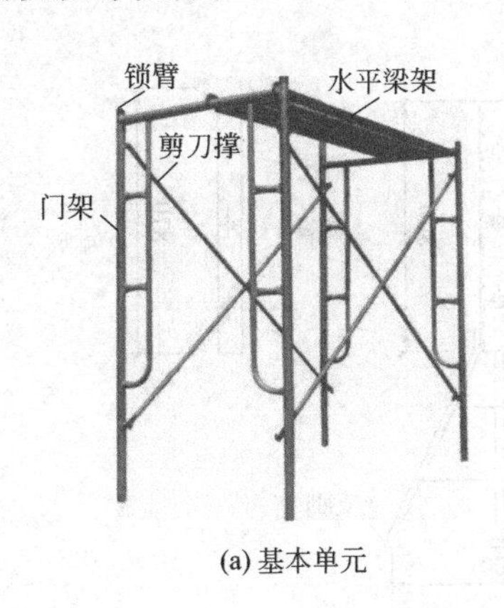

(a) 基本单元

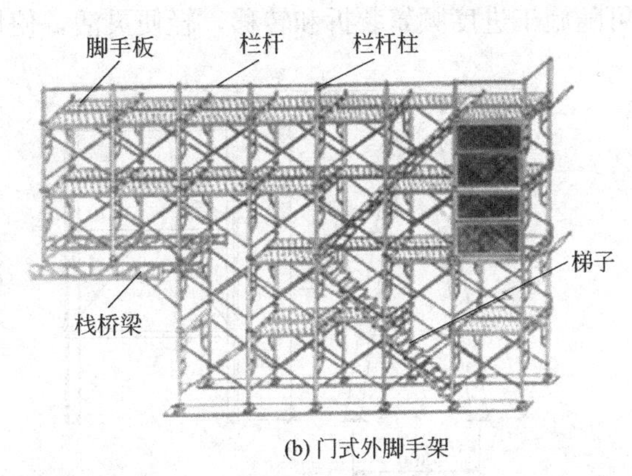

(b) 门式外脚手架

图 3-9 门式脚手架

(5) 塔式钢管脚手架 塔式钢管脚手架有方塔式钢管脚手架和三角框塔式钢管脚手架（图 3-10）。方塔式钢管脚手架主要由标准架、交叉撑杆、连接棒、可调底座（或带行走轮）和可调顶托、脚手板、钢梯等构件组成；三角框塔式钢管脚手架由三角框架、端头连接杆、水平对角拉杆等主要构件组成。

塔式钢管脚手架搭设时，先安放底座，装配框架并装交叉斜撑（或端头接杆）形成单层塔架，然后层层叠放塔架，上层塔架的框面与下层塔架的框面应错开组装，再配上顶托完成单塔搭设。多塔搭设时，需用钢管及扣件组成加固管。

(6) 附着升降式脚手架 附着升降式脚手架（也称爬架）是指采用各种形式的架体结构及附着支承结构，依靠架体上或工程结构上的专用升降设备实现升降，主要有套框式、导轨式、导座式、挑轨式、套轨式、吊套式、吊轨式、互爬式等。其特点是整体性好、升降快捷方便、机械化程度高、经济效益显著，适用于高层、超高层建筑物或高耸构筑物，同时，还可以携带施工模板。

导轨式附着升降式脚手架由架体、附着支承、提升机构和设备、安全装置和控制系统组成（图 3-11）。其爬升机构包括导轨、导轮组、提升滑轮组、提升挂座、连墙支杆、连墙支座、连墙挂板、限位锁、限位锁挡块及斜拉钢丝绳等定型构件。提升系统可采用手拉葫芦或电动葫芦。

(a) 方塔式钢管脚手架

(b) 三角框塔式钢管脚手架

图 3-10 塔式钢管脚手架

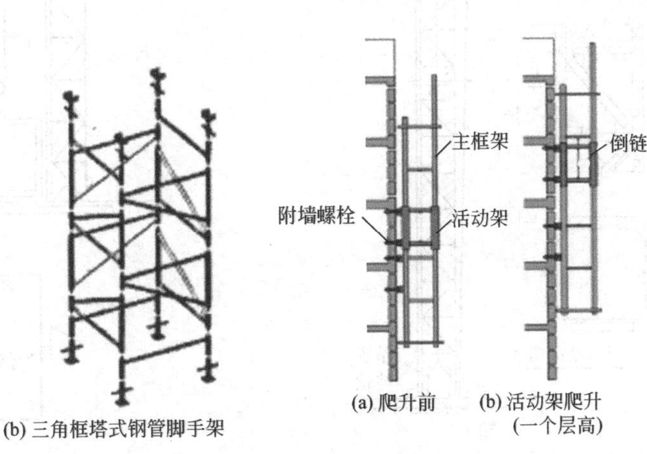

(a) 爬升前 (b) 活动架爬升（一个层高） (c) 主框架爬升（一个层高）

图 3-11 导轨式附着升降式脚手架爬升示意

(7) 里脚手架　里脚手架是搭设在建筑内部的一种脚手架（图 3-12），主要用在楼地层上砌筑或装饰装修等时。里脚手架主要有折叠式、支柱式、马凳式、梯式、门架式、平台架等，可用角钢或钢管制作，连接形式有套管式和承插式，是常用的工具式里脚手架。其特点是可随施工进度频繁装拆和转移，轻便灵活，使用方便。

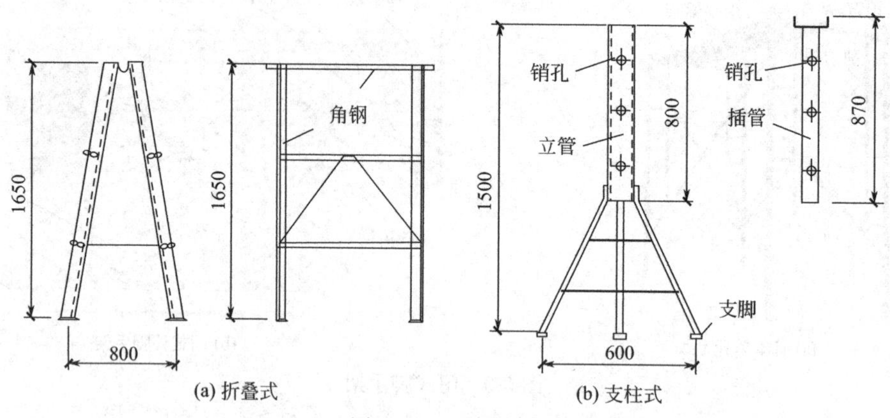

图 3-12　里脚手架

3.2.2 垂直运输设备

垂直运输设备是担负运输施工材料、设备和人员上下的提升机械设备。常用的有井架（图 3-13）、龙门架（图 3-14）、塔式起重机（图 3-15）和施工电梯（升降机，图 3-16）等。

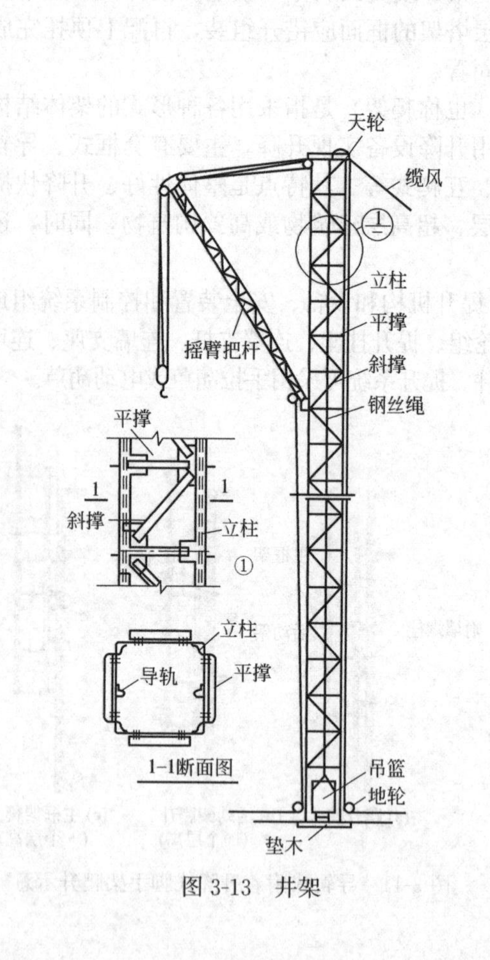

图 3-13　井架

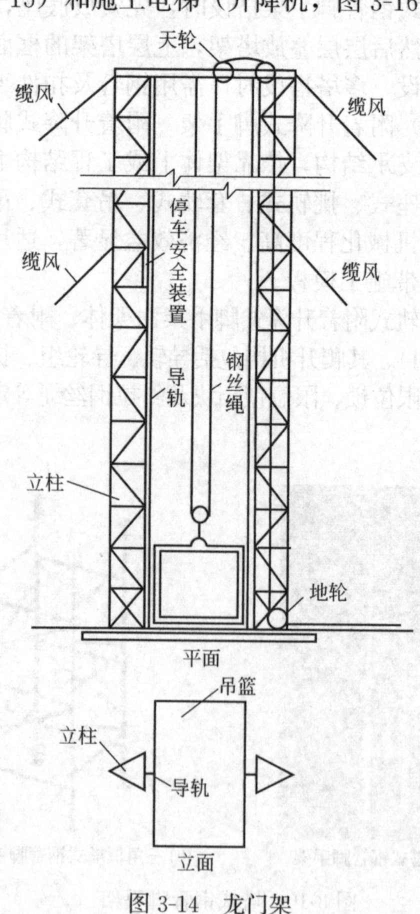

图 3-14　龙门架

井架、龙门架采用卷扬机提升，吊盘有可靠的安全装置，以防发生事故，广泛用于一般建筑工程。井架用型钢或钢管制作，也可用扣件式钢管搭设。龙门架由两根立柱及天轮梁（横梁）构成门式架。塔式起重机具有提升、回转和水平输送等功能，满足垂直和水平运输要求，有固定式、移动式和自升式（附着式和内爬式），多用于大型、高层和结构安装工程。施工电梯是高层建筑中的垂直运输设备，附着在建筑物外墙或结构部位上，架设高度可达200m以上，可解决施工人员上下和材料垂直运输问题，广泛用于高层及超高层建筑中。

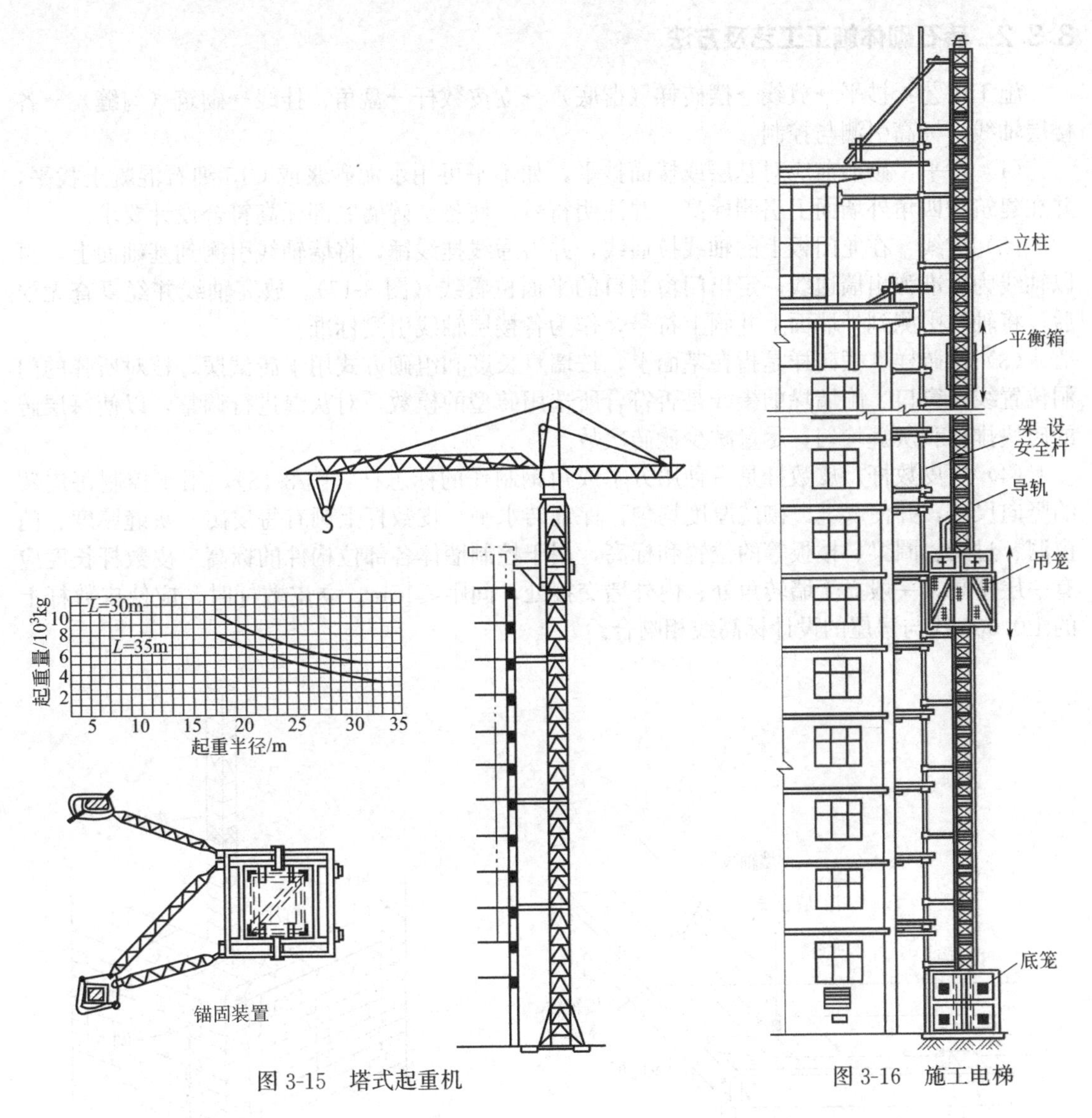

图 3-15 塔式起重机

图 3-16 施工电梯

3.3 砖石砌体工程

讨论

1. 简述砖墙砌筑的施工过程。
2. 标准砖的组砌形式有哪几种？

3.3.1 材料准备工作

砖的品种、龄期、强度应满足要求。一般应提前1～2d将砖堆浇水润湿，以免因砖吸收砂浆中的水分，影响砂浆黏结力和强度。普通砖、多孔砖含水率宜为10%～15%，灰砂砖、粉煤灰砖含水率宜为8%～10%。其他砌筑材料均应有产品合格证书、产品性能检测报告。

石材最好规整方正（如料石等），尺寸在200～400mm以上，强度≥MU20。

3.3.2 砖石砌体施工工艺及方法

施工工艺：抄平→放线→摆砖样（撂底）→立皮数杆→盘角、挂线→砌筑（勾缝）→各楼层轴线、标高引测与控制。

（1）抄平　砌墙前应对基层或楼面抄平，如不平可用水泥砂浆或C15细石混凝土找平，并在建筑物四角外墙面上引测标高，并注明符号，使各层砖墙底部标高符合设计要求。

（2）放线　在龙门板上的轴线拉通线，并沿通线挂线锤，将墙轴线引测到基础面上，再以轴线为标准弹出墙边线，定出门窗洞口的平面位置线（图3-17）。放完轴线并经复查无误后，将轴线引测到外墙面上并画上符号，作为各楼层轴线引测标准。

（3）摆砖样　摆砖样是指在基面上，按墙身长度和组砌方式用干砖试摆，核对所弹的门洞位置线及窗口、附墙垛的墨线是否符合所选用砖型的模数，对灰缝进行调整，以使每层砖的砖块排列和灰缝均匀，尽量减少砍砖次数。

（4）立皮数杆　皮数杆是一种用方木或角钢制作的标志杆（图3-18），用于控制每皮砖的竖向尺寸，并使灰缝、砌砖厚度均匀，保证砖水平。皮数杆上画有每皮砖、灰缝厚度、门窗洞、过梁、圈梁、楼板等的位置和标高，用于控制墙体各部位构件的标高。皮数杆长度应有一层楼高，一般立于墙转角处、内外墙交接处，间距≤15m。立皮数杆时，应使皮数杆上的±0.000线与房屋的设计标高线相吻合。

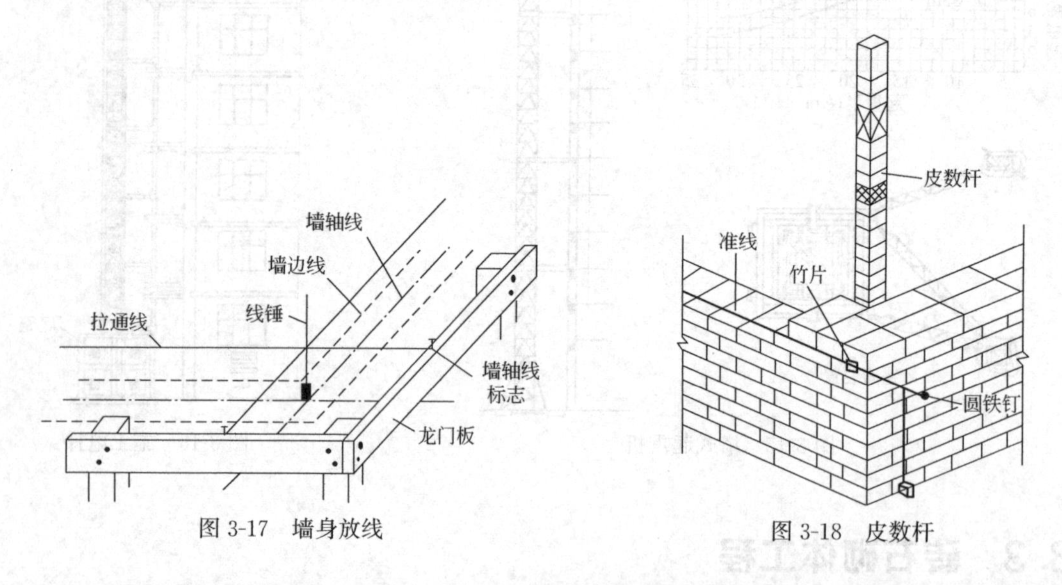

图3-17　墙身放线

图3-18　皮数杆

（5）盘角、挂线　砌墙前应先盘角，即对照皮数杆的砖层和标高，先砌墙角，保证转角垂直、平整。每次盘角不超过5皮，并应及时进行吊靠，发现偏差及时修整。然后将准线挂在墙侧面，每砌1皮，准线向上移动一次（图3-18）。砌筑一砖半厚及以上者，必须双面挂通线，并以双面挂线为准，其余可单面挂线。每皮砖都要拉线看平，使水平缝均匀一致，平直通顺。

（6）砌筑　砖砌体的组砌形式一般采用一顺一丁或三顺一丁、梅花丁（十字丁）形式（图 3-19），各种组砌上下皮砖的竖缝应相互错开 1/4 砖长，多孔砖应错开 1/2 或 1/4 砖长。240mm 厚承重墙的最上 1 皮砖或各挑出层，均应丁砌。填充墙、隔墙应采取措施与周边构件可靠连接，最上皮也用丁砌挤紧。

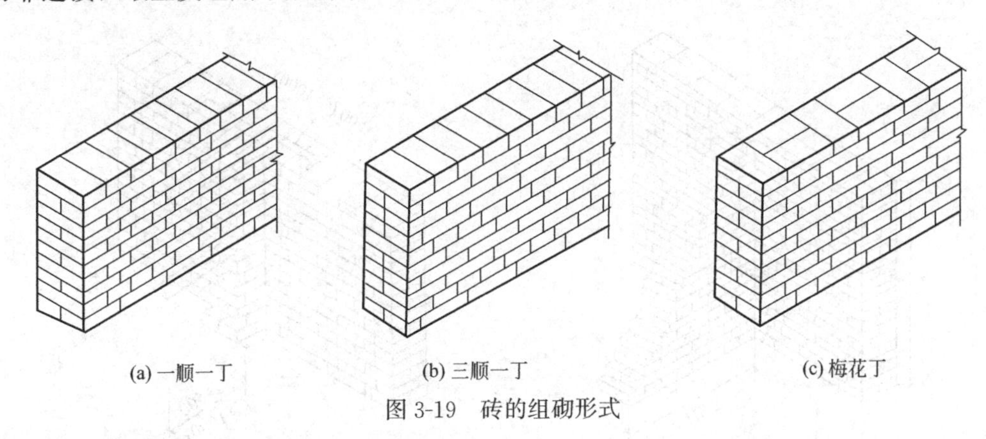

图 3-19　砖的组砌形式

砖砌体砌筑方法宜优先采用“三一”砌砖法，其次是铺浆法。“三一”砌砖法，即一铲灰、一块砖、一揉压的砌筑方法，对抗震有利。砌砖时应上下错缝、内外搭砌。当采用铺浆法砌筑时，铺浆长度不得超过 750mm，施工期间气温超过 30℃时，铺浆长度不得超过 500mm。砖墙每天砌筑高度以不超过 1.8m 为宜。砖墙分段砌筑时，分段位置宜设在变形缝、构造柱或门窗洞口处；相邻工作段的砌筑高度不得超过一个楼层高度，也不宜大于 4m。如需勾缝，可采用原浆勾缝或加浆勾缝。石砌体用铺浆法砌筑，采用 M5 水泥砂浆，稠度 50～70mm，灰缝为 20～30mm，日砌筑高度 1.2m，不得采用包心或填心砌法。

（7）各楼层轴线、标高引测与控制　当墙砌筑到各楼层时，可根据设在底层的轴线和标高引测点，利用经纬仪或线垂，把控制轴线和标高引测到各楼层外墙上，弹 500mm 水平线，俗称“50”线（“+0.500”标高线）。以控制各层的过梁、圈梁和楼板的位置。

3.3.3 砖石砌体质量要求与保证措施

（1）砖砌体质量要求　砖砌体质量的基本要求是：横平竖直、砂浆饱满、组砌得当（错缝搭接）、接槎可靠。

① 横平竖直。要求砖砌体水平灰缝平直、厚薄均匀，缝厚宜为 10mm，不应小于 8mm，也不应大于 12mm。竖缝应垂直对齐，否则为游丁走缝。依靠挂线施工，勤吊勤靠（3 皮 1 吊，5 皮 1 靠）。

② 砂浆饱满。水平灰缝的可用百格网检查，砂浆饱满度应≥80%，以满足砌体抗压强度要求，保证砌体传力均匀和使砌体间联结可靠。竖缝不得出现透明缝、瞎缝和假缝等，以免影响砌体的抗剪强度。因此，应选择和易性好的混合砂浆，避免干砖上墙，采用“三一”砌筑法。

③ 组砌得当（错缝搭接）。为保证砌体材料能均匀地传递荷载，提高砌体的整体性、稳定性和承载能力，必须上下错缝、内外搭砌，避免搭接长度小于 25mm 的通缝。不得采用包心砌法，应采用适宜的组砌形式。

④ 接槎可靠。相邻砌体不能同时砌筑时而应留设接槎，砖砌体的转角处和交接处应同时砌筑，严禁无可靠连接措施的内外墙分砌施工。对不能同时砌筑而又必须留置的临时间断处应砌成斜槎，斜槎水平投影长度不应小于高度的 2/3（图 3-20）。

非抗震设防及抗震设防烈度为6度、7度地区的临时间断处，除转角处外，不能留斜槎时可留直槎，但必须做成凸槎（图3-21），且应加设拉结钢筋，其数量为每120mm墙厚放置1根Φ6拉结钢筋，间距沿墙高不应超过500mm，埋入长度从留槎处算起每边均不应小于500mm。抗震设防烈度6度、7度的地区，不应小于1000mm，末端应有90°弯钩。

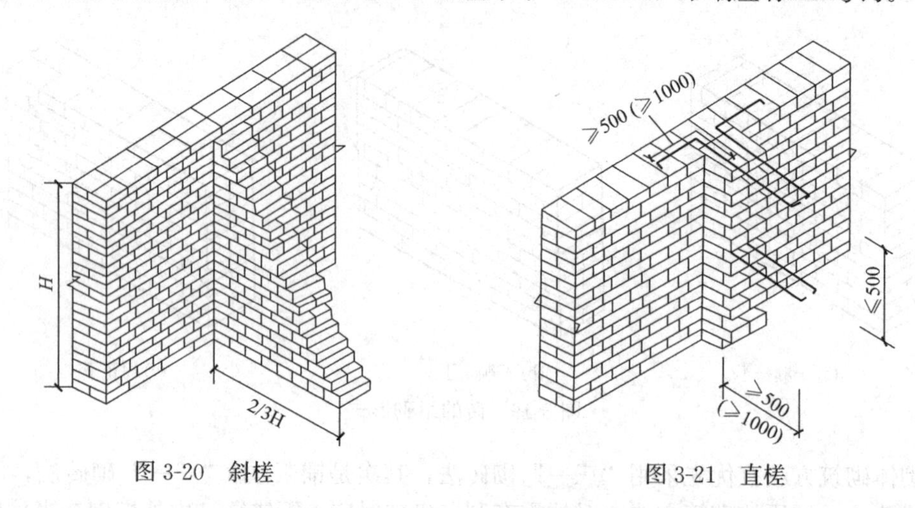

图3-20 斜槎　　图3-21 直槎

砖强度等级、砂浆强度等级、斜槎留置、直槎拉结钢筋及接槎处理、砂浆饱满度、轴线位移、垂直度等主控项目和组砌方法、水平灰缝厚度、顶（楼）面标高、表面平整度、门窗洞口、窗口偏移、水平灰缝垂直度、清水墙游丁走缝等一般项目应满足要求。

（2）砖砌体质量的保证措施　砖砌体除满足上述质量要求外，设置构造柱和圈梁是提高多层砖砌体抗震能力的一项重要措施和可靠保证（图3-22）。

砌体中的钢筋混凝土构造柱砌成马牙槎形式，能大幅度提高结构极限变形能力和抵抗水平地震作用能力。构造柱与圈梁连接起来，形成约束边框，也可阻止裂缝发展，限制开裂后块体的错位，使墙体竖向承载力不致大幅度下降，从而防止墙体坍塌或失稳倒塌。

马牙槎采用先退后进、五退五进的砌筑方法，截面尺寸应≥240mm×180mm，纵向钢筋为4Φ12～4Φ14，箍筋为Φ6@200～250mm，沿墙高每500mm设置2Φ6水平拉结筋，每边深入墙内应≥1m，混凝土强度等级为C15，坍落度为50～70mm。构造柱应设置在墙体转角、内外墙交接处、门厅、楼梯间墙的端部。

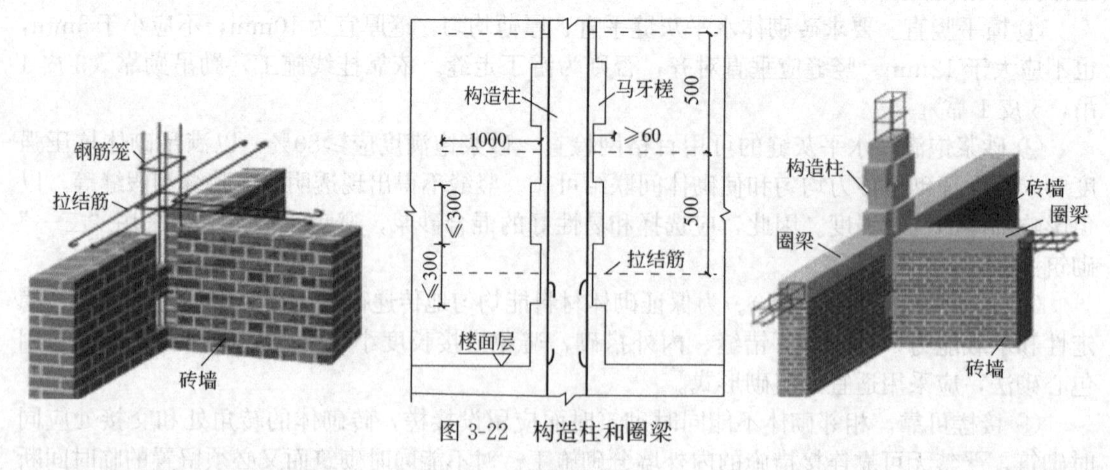

图3-22 构造柱和圈梁

层层设置的圈梁能提高结构的整体稳定性和抗震性，减少地基不均匀沉降引起的墙身开裂。施工时高度应≥120mm，宽度同墙厚，配置≥4Φ8的纵向钢筋，接头的搭接长度按受拉钢筋考虑，箍筋为Φ6@≤300mm，应形成封闭状。当洞口有断开处时，应在洞口上部或下部设置不小于圈梁截面的附加圈梁，其搭接长度 L 不小于 1m，并应大于两梁高差 H 的两倍，即≥$2H$ 且 L≥1m。

(3) 石砌体质量要求与保证措施　石砌体应注意内外搭砌，上下错缝，而拉结石和丁砌石宜交错设置。毛石基础同皮内每 2m 设置一块拉结石，毛石墙每 0.7m^2 墙面设置一块拉结石。

3.4 砌块砌体工程

讨论
1. 砌块砌筑的施工工艺流程及基本原则各是什么？
2. 砌块施工的操作要点。

3.4.1 材料准备工作

施工时准备好各种砌块、砂浆、钢筋或钢筋网片，所用的砌块产品龄期不应小于 28d。砌筑时应清除表面污物和芯柱及砌块孔洞底部的毛边。普通混凝土小型空心砌块饱和吸水率低、吸水速度迟缓，一般可不浇水，炎热时可适当洒水湿润。轻骨料混凝土小型空心砌块吸水率较大，宜提前浇水湿润。砌块表面有浮水时不得施工。底层室内地面以下或防潮层以下的砌体，应采用强度等级不低于 C20 的混凝土灌实小砌块的孔洞。其他同砖砌体工程。

3.4.2 普通混凝土小型空心砌块砌体施工

普通混凝土小型空心砌块主要用于承重墙体，其施工工艺：摆底→立皮数杆→盘角、挂线→砌筑→楼层轴线标高控制。

砌筑时，应采取立皮数杆、挂线砌筑、随时吊线和用直尺检查与校正。尽量采用主规格砌块砌筑，墙体应对孔错缝搭砌，搭接长度应≥90mm。墙体个别部位不能满足上述要求时，应在灰缝中设置拉结钢筋（2Φ6）或钢筋网片（2Φ4@≤200mm），每边深入墙内应≥300mm，但竖向通缝仍不得超过两皮砌块（图 3-23）。

砌块墙体转角处和纵横交接处应相互搭接同时砌筑，并沿墙高每隔 400mm 在水平缝内设置拉结钢筋或钢筋网片。临时间断处应砌成斜槎，斜槎水平投影长度不应小于高度的 2/3。若留直槎，从墙面伸出 200mm 凸槎，沿墙高每 600mm（约 3 皮砌块）设拉结筋或钢筋网片，每边深入墙内应≥600mm。

转角和交接处应设置构造柱或芯柱。芯柱是在砌块的 3～7 个孔洞内插入钢筋并浇筑混凝土构成（图 3-24）。宜选用专用的砌块灌孔混凝土浇筑芯柱，当采用普通混凝土时，其坍落度应≥90mm。砌筑砂浆强度大于 1MPa 时，方可浇灌芯柱混凝土。浇灌时清除孔洞内的砂浆等杂物，并用水冲洗。先注入适量与芯柱混凝土相同的去石水泥砂浆，再浇灌混凝土。

砌块砌体的灰缝应横平竖直、灰浆饱满、错缝搭接、接槎可靠，水平灰缝应平直、表面平整，竖向灰缝应垂直。水平灰缝厚度和竖向灰缝宽度宜为 10mm，一般为 8～12mm。水平灰缝的砂浆饱满度，按净面积计算应≥90%，竖向灰缝饱满度应≥80%，竖缝凹槽部位宜采用加浆措施用砌筑砂浆填实，不得出现瞎缝、透明缝和假缝等。其他的同砖砌体施工。

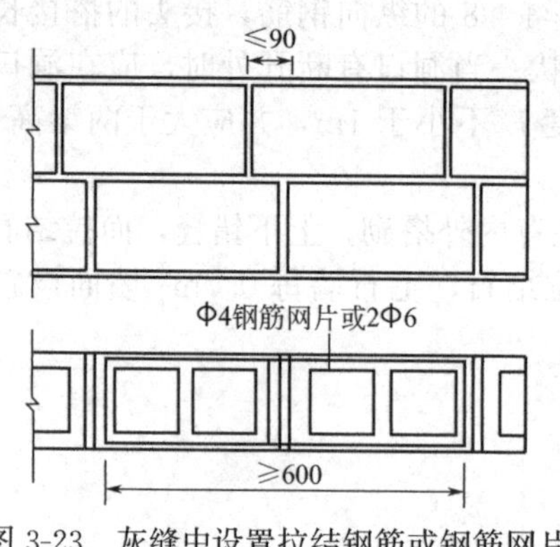

图 3-23 灰缝中设置拉结钢筋或钢筋网片

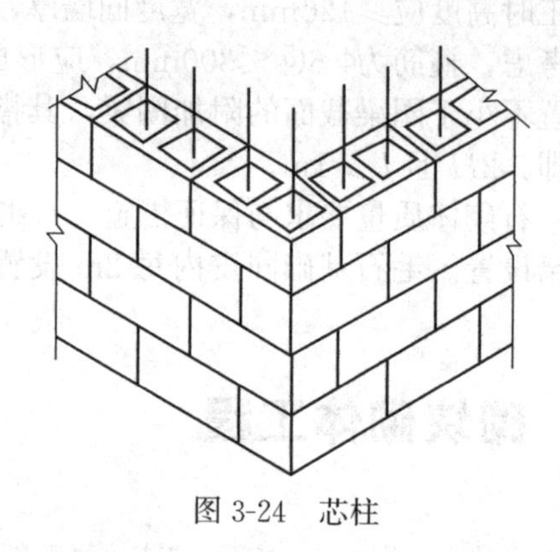
图 3-24 芯柱

3.4.3 填充墙砌体施工

框架结构的围护墙和隔墙常采用蒸压加气混凝土砌块、粉煤灰砌块、轻骨料混凝土小型空心砌块和烧结空心砖等轻质材料砌筑，因此也称为填充墙砌体。

施工工艺：筑坎台→排块撂底→立皮数杆→挂线砌筑→塞缝、收尾。

砌筑前，应根据施工图纸的平、立面图以及门窗洞口的大小、楼层标高、构造要求等条件，绘制出各墙体的砌块排列图。砌块排列图应按每片纵横墙分别绘制，并标出楼板、大梁、过梁、楼梯、孔洞等位置，在纵横墙上绘出水平灰缝线，再按砌块错缝搭砌的构造要求和竖缝大小进行排列。

在弹好线的地面或楼面上的墙底部先浇筑细石混凝土带，制作高在 200mm 以上（或至少 3 皮以上的烧结普通砖）的坎台，待混凝土强度达到 70%以上时，才能撂底和砌筑。在墙体转角即墙头角（十字形、T 形、L 形墙等）处设置皮数杆，皮数杆上应画出每皮砌块高度、灰缝厚度及门窗洞高、过梁、楼板、梁底等标高位置，并挂通线砌筑，墙头角砌成形，作为上部砌体砌筑的控制标准。

粉煤灰砌块的砌筑面应适量浇水，可采用铺浆法铺设，即先用瓦刀在已砌砖面的周肋上满铺灰浆（长度约为 2～3m），再在待砌的砌块端头抹头灰，然后双手搬运砌块进行挤浆砌筑。砌块上下皮的竖向灰缝应相互错开，错开长度应不小于砌块长度的 1/3，满足不了上述要求时，应在灰缝中设置拉结钢筋或钢筋网片。每一楼层内的砌块墙应连续砌完，尽量不留接槎。墙砌到接近上层楼板底时，应在 7d 后用烧结普通砖斜砌挤紧，以保证结合紧密。

砌筑时墙的灰缝应横平竖直，砂浆饱满密实，严禁用水冲浆灌缝。砌块水平灰缝厚度、竖向灰缝宽度宜为 15mm 和 20mm。水平灰缝砂浆饱满度应≥80%，竖向灰缝砂浆饱满度不应小于 80%。砌块墙体如需勾缝，应采用原浆随砌随勾缝的施工法，先勾水平缝，再勾竖向缝。所勾灰缝与砌块面要平整、密实，不得有丢缝、开裂和黏结不牢等疵病，以避免墙面渗水和开裂，不利于墙面粉刷和装饰。其余的同砖砌体和普通混凝土小型空心砌块砌体施工。

3.5 砌体工程冬期施工

3.5.1 冬期施工规定

当室外日平均气温连续 5d 稳定低于 5℃时，砌体工程应采取冬期施工措施。或当日最低气温低于 0℃时，也应按冬期施工技术规定进行。

冬期施工总的原则是保证工程质量、节约能源、缩短工期、安全生产、经济合理。

冬期施工应优先采用普通硅酸盐水泥拌制砂浆。石灰膏、黏土膏或电石膏等遭冻结时，应融化后使用。砂中不能含直径大于 10mm 的冻结块或冰块。拌合砂浆的水温度不得超过 80℃，砂的温度不得超过 40℃。砂浆试块的留置，除按常温规定外，还应增留不少于一组与砌体同条件养护的试块，检验 28d 的强度。砌筑前清除表面污物、冰雪等，材料不得遭水浸冻。普通砖、多空砖和空心砖无法浇水润湿时，砂浆稠度较常温宜适当增大，无特殊措施不得砌筑。加气混凝土砌块承重墙体及围护外墙不宜在冬期施工。冬期施工每日砌筑后应及时在砌体表面覆盖保温材料，每日砌筑高度不宜超过 1.2m。

3.5.2 冬期施工方法

冬期施工时，砂浆具有 30%以上设计强度时，即达到了砂浆允许受冻的临界强度值，再遇到负温也不会引起强度的损失。因此，冬期施工宜按“三一”砌砖法进行，必须采取相应的施工方法和保护措施，减少冻害，以确保工程质量。冬期施工常用的方法有氯盐砂浆法、冻结法和暖棚法等。

（1）氯盐砂浆法　氯盐砂浆法是在拌合水中掺入一定数量的氯盐（氯化钠、氯化钙等），以降低冰点，使砂浆中的水分在负温条件下不冻结，强度继续保持增长。

掺入氯盐类的水泥砂浆、水泥混合砂浆或微沫砂浆称为氯盐砂浆，采用这种砂浆砌筑的方法称为氯盐砂浆法。它具有施工简便、费用低、货源充足等特点，一般多采用此种方法。但氯盐砂浆吸湿性大，有析盐现象等，对保温、潮湿（湿度大于 80%）、地下水位变化、配筋、高压电路、绝缘、防腐、装饰等有特殊要求的工程，不得采用氯盐砂浆法，但可采用冻结法或其他施工方法。氯盐砂浆法的砂浆砌筑温度不应低于 5℃。当日最低气温等于或低于 －15℃时，宜将砂浆强度等级提高一级。

（2）冻结法　冻结法是指采用不掺外加剂的砂浆砌筑墙体，允许砂浆遭受一定程度的冻结。当气温回到 0℃以上后，砂浆开始解冻，强度几乎为零，转入正温后强度会不断增长。在冻结、融化、硬化的过程中，其强度以及与砌体的黏结力都有不同程度的下降。

混凝土小型空心砌块、承受侧压力的砌体、解冻期间可能受到振动或动力荷载以及不允许发生沉降的砌体等，不得采用冻结法施工。砂浆的使用温度不应低于 10℃，当日最低气温高于－25℃时，砌筑承重砌体的砂浆强度等级应提高 1 级；当日最低气温等于或低于 －25℃时，应提高 2 级。砌体在解冻期内需进行观测、检查，发现裂缝、不均匀下沉、倾斜等情况时，应采取加固措施。

（3）暖棚法　暖棚法是利用简易结构和廉价的保温材料，将砌筑工作面临时封闭起来，使砌体在正温条件下砌筑和养护。棚内温度不得低于 5℃，需经常采用热风机加热。因此，暖棚法成本高，一般用于较寒冷的地下工程、基础工程和局部性抢修工程的砌筑。

暖棚内砌体的养护时间应根棚内温度而定，以保证拆棚后砂浆强度能达到允许受冻临界强度值。棚内温度为＋5℃时养护时间不少于 6d，＋10℃时不少于 5d，＋15℃时不少于 4d，＋20℃时不少于 3d。

复习思考题

3-1　砌筑砂浆有哪些种类和要求？

3-2　砌筑用脚手架的基本要求是什么？

3-3　常用的脚手架和垂直运输设备有哪些？

3-4　简述砖砌体的砌筑施工工艺。

3-5 砖墙组砌的形式有哪些？
3-6 什么是“三一”砌砖法？
3-7 砖墙临时间断处的接槎方式有哪几种？有何要求？
3-8 砖砌体的质量要求有哪些？
3-9 砌块砌体施工有哪些要求？
3-10 普通混凝土小型空心砌块砌体施工的主要工艺是什么？
3-11 填充墙砌体施工应注意哪些问题？
3-12 砌体冬季施工应注意哪些问题？施工方法有哪些？

4

钢筋混凝土工程

扫码获取本书学习资源

在线测试
拓展阅读
章节速览

「获取说明详见本书封二」

学习内容和要求

	内容	节
掌握	• 现浇混凝土模板安装和拆除的顺序和要求	4.1.4节
	• 模板的设计内容、原则及荷载计算方法	4.1.3节
	• 钢筋的配料计算、代换原则和方法、加工工艺、连接方法及工艺、质量要求	4.2.2~4.2.7节
	• 混凝土的施工配制、搅拌、运输、浇筑、振捣、养护及质量检验等环节的具体内容和要求	4.3.1~4.3.7节 4.3.4.4节
熟悉	• 混凝土工程的施工工序	4.3.4节
	• 混凝土施工缝的留设与处理	4.3.4.3节
	• 混凝土冬期施工的概念、要求和常用的养护方法	4.4节
了解	• 钢筋的种类、检验与存放	4.2.1节
	• 模板工程的作用、基本要求、类型和构造要点	4.1.1、4.1.2节

4.1 模板工程

讨论

1. 模板的作用及对模板系统的基本要求是什么？
2. 试述模板的设计步骤。
3. 模板设计时其荷载应如何考虑？
4. 滑升模板的滑升方法及原理。
5. 大模板的构成。

4.1.1 模板的作用与基本要求

在混凝土结构中，模板是使钢筋混凝土构件成型的模型。已浇筑的混凝土需要在此模板内养护、硬化、增长强度，形成所需求的构件。根据统计，对于现浇混凝土构件而言，模板工程的造价约占整个钢筋混凝土工程造价的30%，总用工量的50%。因此，推广采用先进、适用的模板技术，对于提高工程质量、加快施工速度、提高劳动生产率、降低工程成本和实现文明施工，都具有十分重要的意义。

模板工程包括模板和支架两部分。与混凝土直接接触使混凝土具有构件所要求形状的部分统称为模板。支撑模板，承受模板、构件及施工中各种荷载的作用，并使模板保持所要求的空间位置的临时结构统称为支架或模板支架。模板工程宜预先采用传力直接可靠、再拆快速、周转使用次数多的工具化模板和支架体系。

模板工程的一般规定如下。

① 保证结构和构件各部分形状、尺寸和相互位置的正确性。

② 具有足够的承载能力、刚度和稳定性，能可靠地承受浇筑混凝土的重量、侧压力以及施工荷载。

③ 构造简单，拆装方便，能多次周转使用。

④ 接缝严密，不易漏浆。

模板工程施工前应编制专项施工方案，经过审批之后方可使用。模板工程施工方案一般包括如下内容：①模板及支架的材料要求；②模板及支架的类型；③模板及支架的计算书和施工图；④模板及支架的安装、拆除相关技术措施；⑤施工安全和应急措施（预案）；⑥文明施工、环境保护技术要求。

高大模板工程的专项施工方案应经过专家评审方可使用。现行规范中高大模板工程是指：①搭设高度 8m 以上；②搭设跨度 18m 及以上，施工总荷载 15kN/m^2 及以上；③集中线荷载 20kN/m 以上的模板支架工程。

4.1.2 模板工程类型和构造

选择模板工程材料应遵循的基本原则为：就地取材、积极合理、保护环境与资源。按所用材料不同，模板工程一般包括木模板、钢模板、塑料模板、玻璃钢模板、竹胶板模板、清水混凝土模板、预应力混凝土模板等；按模板的形式及施工工艺不同，模板工程可分为组合式模板（如木模板、组合钢模板）、工具式模板（如大模板、滑模、爬模、台模或飞模、隧道模、模壳等）、胶合板模板和永久性模板；按规格型式不同，模板工程可分为定型模板（即定型组合模板，如小钢模）和非定型模板（散装模板）；另外，还有可变截面柱模等。

模板工程材料的技术指标应符合国家现行有关标准的规定，模板及支架宜选用轻质、高强、耐用的材料。为保证混凝土成型后的观感要求，接触混凝土的模板表面应平整，并应具有良好的耐磨性和硬度。清水混凝土的模板面板材料应保证脱模后所需的饰面效果。为使面板材料与支架材料进行可靠连接，采用标准定型的连接件进行连接。为减小混凝土与模板间的吸附力，将脱模剂涂于模板表面。脱模剂涂于模板表面后，应有一定的成膜强度，且不应影响脱模后混凝土表面的后期装饰效果。

4.1.2.1 组合钢模板

组合钢模板是一种定型模板，是目前使用较广泛的一种通用性组合模板。由一定模数的钢模板、连接件和支撑件组成，用于建筑物的梁、板、柱、墙、基础等构件的施工。组合钢模板具有拆装方便、通用性强、轻便灵活、周转率高等优点，但其一次性投资大。

（1）钢模板　钢模板主要包括平面模板（图 4-1）、转角模板（阳角模板、阴角模板、连接角模板，图 4-2）。钢模板面板厚度为 2.5mm、2.75mm、3.0mm。钢模板采用模数制设计，宽度以 100mm 为基础，按 50mm 为模数进级（宽度超过 600mm，以 150mm 进级）；长度以 450mm 为基础，以 150mm 为模数进级（长度超过 900mm 时，以 300mm 为模数进级，表 4-1）。在现场拼接过程中，对某些特殊部位，当定型钢模板不满足要求时，需要少量木模板填充。

表 4-1 钢模板规格

单位：mm

名 称	代 号	宽 度	长 度	肋 高
平面模板	P	100、150、200、250、300、350、400、450、500、550、600	450、600、750、900、1200、1500、1800	55
阳角模板	Y	50×50、100×100		
阴角模板	E	100×100、150×150		
连接角模板	J	50×50		

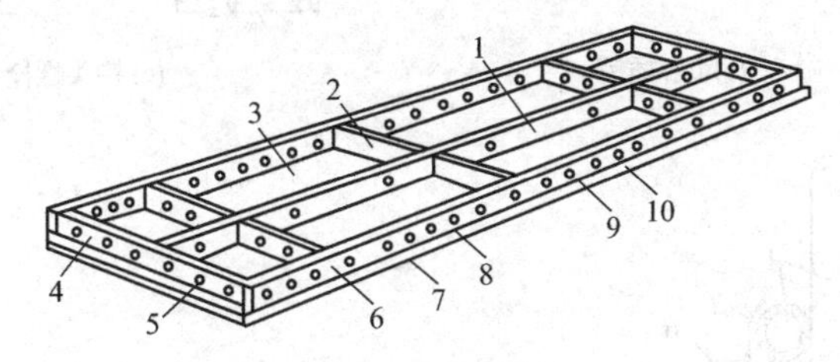

图 4-1 平面模板

1—中纵肋；2—中横肋；3—面板；4—横肋；5—插销孔；6—纵肋；7—凸棱；8—凸鼓；9—U形卡孔；10—钉子孔

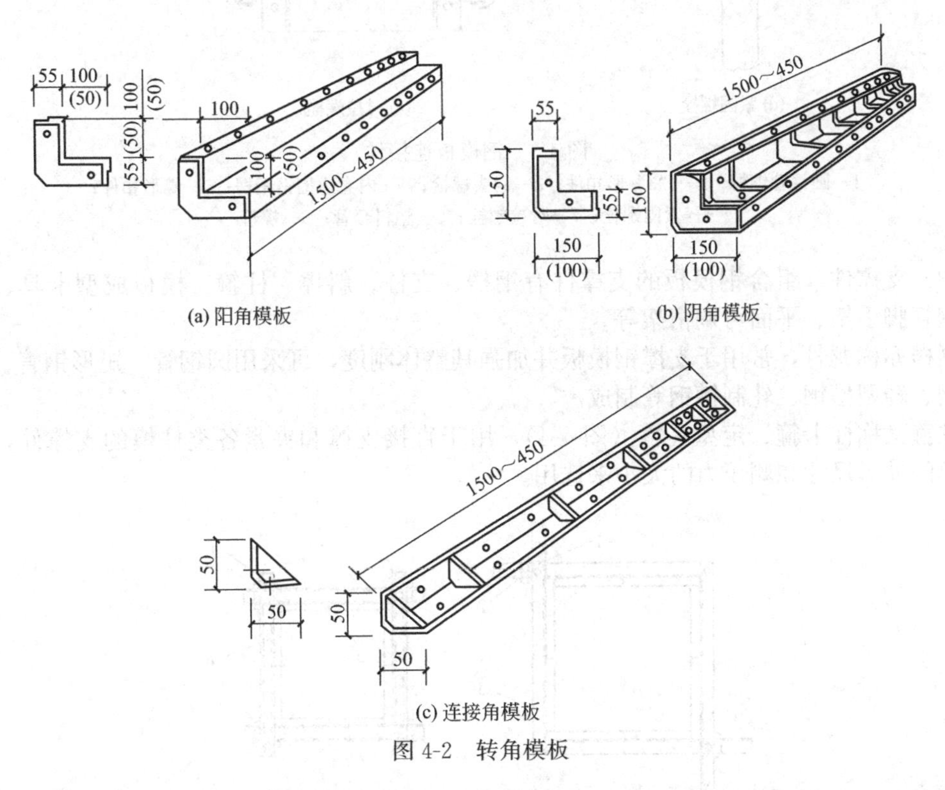

图 4-2 转角模板

（2）连接件 连接件主要包括 U 形卡、L 形插销、钩头螺栓、紧固螺栓、对拉螺栓和扣件等（图 4-3）。

U 形卡主要用于模板横向连接；L 形插销主要用于加强钢模板的纵向拼接强度；钩头螺栓用于钢模板与内、外钢楞间的连接固定；紧固螺栓用于紧固内、外钢楞，增加模板拼装后的整体刚度；对拉螺栓用于连接两侧模板，保持两侧模板的设计间距，并承受混凝土侧压力及其他荷载，确保模板的强度和刚度；扣件是用于固定螺杆和钢管的中间连接零件。

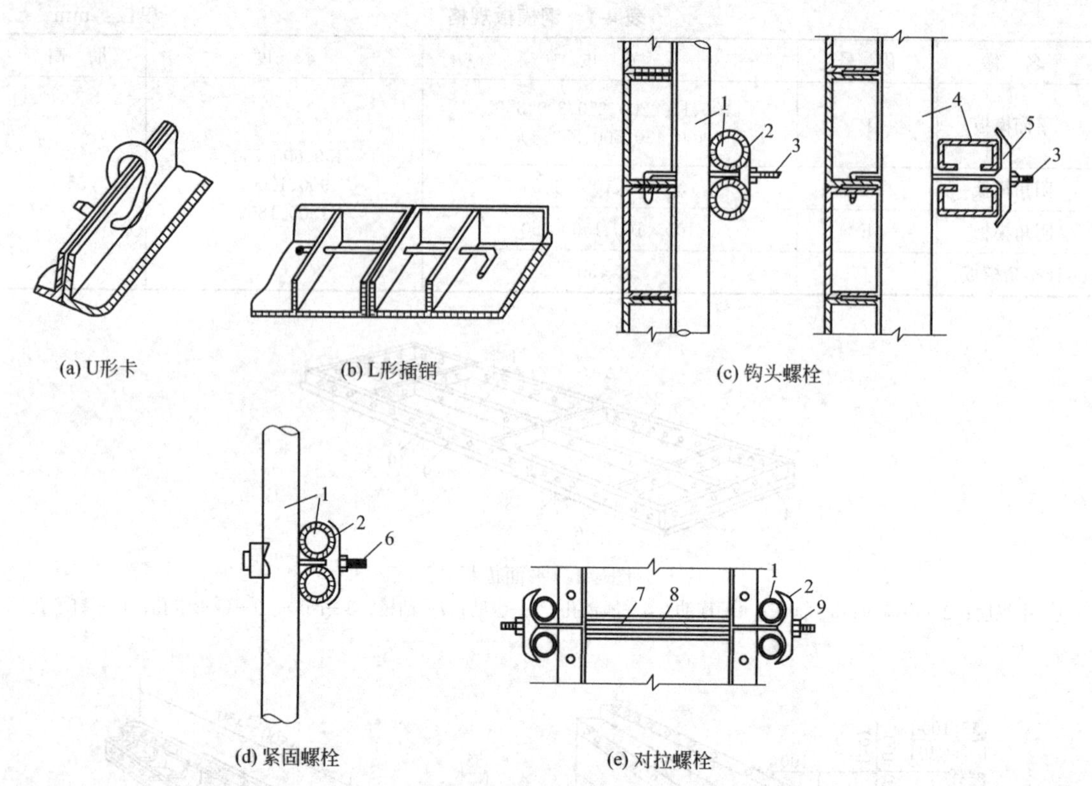

(a) U形卡 (b) L形插销 (c) 钩头螺栓

(d) 紧固螺栓 (e) 对拉螺栓

图 4-3 钢模板连接件

1—圆钢管钢楞；2—“3”形扣件；3—钩头螺栓；4—内卷边槽钢钢楞；5—蝶形扣件；6—紧固螺栓；7—对拉螺栓；8—塑料套管；9—螺母

（3）支撑件 组合钢模板的支撑件有钢楞、支柱、斜撑、柱箍、模板成型卡具、钢管架、钢管脚手架、平面可调桁架等。

钢楞亦称龙骨，常用于支撑钢模板并加强其整体刚度，可采用圆钢管、矩形钢管、内卷边槽钢、轻型槽钢、轧制槽钢等制成。

柱箍又称柱卡箍、定型夹箍（图 4-4），用于直接支撑和夹紧各类柱模的支撑件，可根据柱模的外形尺寸和侧压力的大小来选用。

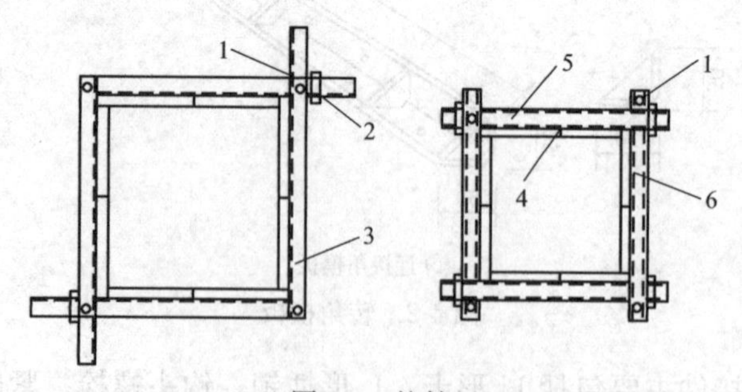

图 4-4 柱箍

1—插销；2—限位器；3—夹板；4—模板；5—角钢；6—槽钢

梁卡具（又称梁托架）用于将大梁、过梁等模板夹紧固定的装置，并承受混凝土的侧压力，可用角钢、槽钢和钢管制作。较为常用的钢管型梁卡具（图 4-5），适用于断面为 700mm×500mm 以内的梁，卡具的高度和宽度均可调节。

钢管架又称为钢支撑（图 4-6），用于承受水平模板传来的竖向力，一般由内外两节钢管组成，可以伸缩调节支柱高度，钢管支架立柱容许荷载见表 4-2。

表 4-2 钢管支架立柱容许荷载

横杆步距 L /m	ϕ48×3 钢管		ϕ48×3.5 钢管	
	对接 N/kN	搭接 N/kN	对接 N/kN	搭接 N/kN
1.0	34.4	12.8	39.1	14.5
1.25	31.7	12.3	36.2	14.0
1.50	28.6	11.8	32.4	13.3
1.80	24.5	10.9	27.6	12.3

桁架是用于支撑梁、板类结构的模板，通常采用角钢、扁钢和圆钢筋制成，可调节长度，以适应不同跨度使用。钢桁架的类型较多，常用的有轻型桁架和组合桁架两种。用它作支撑，可以节省模板支撑及扩大楼层的施工空间。一般以两榀为一组，荷载较大时，可采用多榀组成排放，并在下弦加设水平支撑，使其相互连接固定，增加侧向刚度。

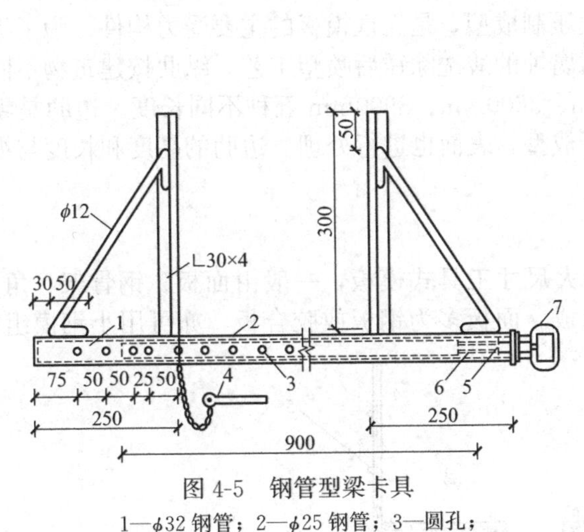

图 4-5 钢管型梁卡具

1—ϕ32 钢管；2—ϕ25 钢管；3—圆孔；4—钢销；5—螺栓；6—螺母；7—钢筋环

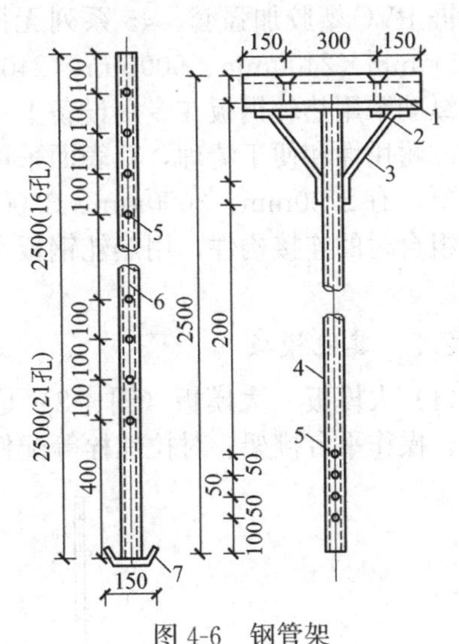

图 4-6 钢管架

1—垫木；2—Φ 12 螺栓；3—Φ 16 钢筋；4—内径管；5—ϕ14 孔；6—ϕ50 钢管；7—150×150 钢板

4.1.2.2 木模板与胶合板模板

木模板具有制作方便、拼装随意的特点，尤其适用于外形复杂和异形的混凝土构件。此外，因其热导率小，对混凝土冬期施工有一定的保温作用。

木模板主要采用材质不低于Ⅲ等、含水率不高的松木和杉木等。木模板、胶合板模板一般为散装散拆式模板，也有的加工成基本元件——拼板（图 4-7），在现场进行拼装。拼板由板条和拼条组成，板条厚度一般为 25～50mm，板条宽度不宜超过 200mm，以保证干缩时缝隙均匀，但梁底板的板条宽度不受限制，

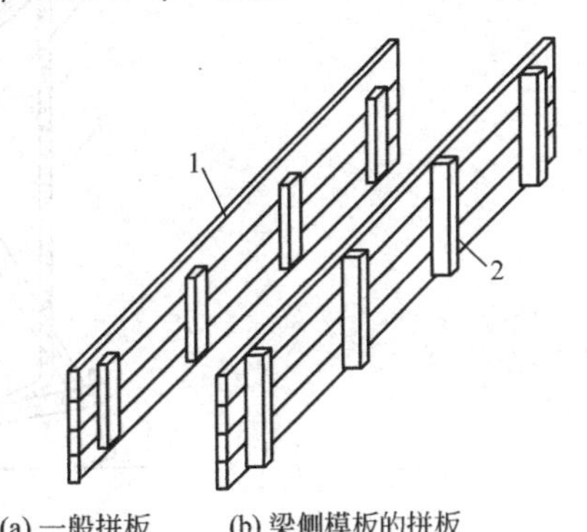

(a) 一般拼板 (b) 梁侧模板的拼板

图 4-7 拼板构造

1—板条；2—拼条

以减少漏浆。拼板的拼条间距取决于新浇混凝土的侧压力以及板条的厚度，一般取 400～500mm。胶合板模板主要有木或竹胶合板，对于胶合板模板，增加周转次数是非常重要的。

4.1.2.3 钢（铝）框木（竹）胶合板模板

钢（铝）框木（竹）胶合板模板是以热轧异型钢或铝型材为框架，以木、竹胶合板等做面板组合成的一种组合式模板。制作时，面板表面应做一定的防水处理，模板面板与边框的连接构造有明框型和暗框型两种。明框型的边框与面板齐平，暗框型的边框位于面板之下，其规格最长为 2400mm，最宽为 1200mm。其特点是自重轻（约为组合钢模板的 2/3），用钢量少（约为组合钢模板的 1/2）；但单块模板面积比相同重量的单块钢模板可增大 40%，故拼装工作量小、可以减少模板的拼缝，有利于提高混凝土机构浇筑后的表面质量；周转率高，板面材料的热导率仅为钢模板的 1/400 左右，有利于冬季施工；模板维修方便，面板损伤后可用修补剂修补；施工效果好，模板钢度大，表面平整光滑，附着力小，支拆方便。

4.1.2.4 无框模板

无框模板主要由面板、纵肋和边肋三种定型构件组成，属于大模板系列，可以灵活组合，适用于各种不同平面和高度的建筑物或构筑物的模板工程。

面板有覆膜胶合板、覆膜高强竹胶合板和复合板三种。基本面板带有固定拉杆孔位置，并镶嵌 PVC 塑胶加强套，45 系列无框大模板，纵肋高度 45mm（承受侧压力 $60kN/m^2$），有 1200mm×2400mm、900mm×2400mm、600mm×2400mm、150mm×2400mm 四种规格。纵肋采用热轧钢板在专用设备上一次压制成型，是无框模板的主要受力构件。为了提高纵肋的耐用性和便于清理，其表面采用耐腐蚀的酸洗除锈后喷塑工艺。纵肋按建筑物不同高层需要，有 2700mm、3000mm、3300mm、3600mm、3900mm 五种不同长度。边肋是无框模板组合时的连接构件，用热轧钢板弯折成型，表面也进行处理。边肋的高度和长度与纵肋相同。

4.1.2.5 其他模板

（1）大模板　大模板（图 4-8）是一大尺寸工具式模板，一般由面板、钢骨架、角模、斜撑、操作平台挑架、对拉螺栓等配件组成。面板多为钢板或胶合板，亦可用小钢模组拼；

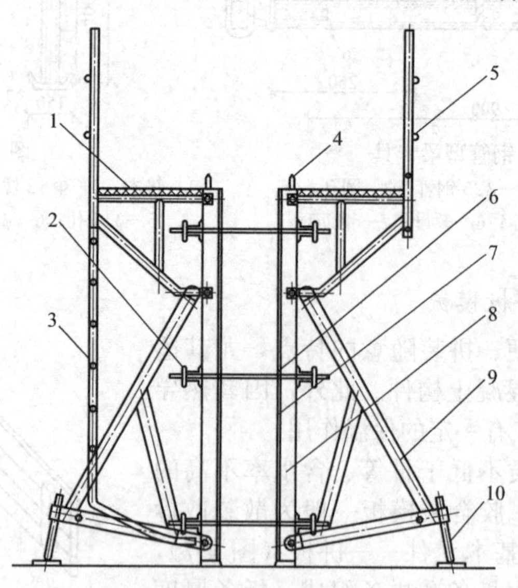

图 4-8 大模板组成示意

1—操作平台挑架；2—背楞；3—爬梯；4—吊钩；5—钢管护栏；6—对拉螺栓；7—面板；8—竖肋；9—斜撑；10—调节丝杠

加劲肋多用槽钢或角钢；支撑桁架用槽钢和角钢组成。

大模板之间的连接主要采取以下形式：内墙相对的两块平模用穿墙螺栓拉紧，顶部用卡具固定。外墙的内外模板，多是在外模板的竖向加劲肋上焊一槽钢横梁，用其将外模板悬挂在内模板上。

① 面板。面板是直接与混凝土接触的部分，可采用胶合板、钢框木（竹）胶合板、木模板、钢模板等制作。

② 加劲肋。加劲肋的作用是固定面板，把混凝土施加于板的侧压力传递给竖楞。加劲肋可做成水平肋或垂直肋，其与金属面板用断续焊焊接固定，与胶合板、木模板则用螺栓固定。

③ 竖楞。竖楞的作用是加强大模板的整体刚度，承受模板传来的混凝土侧压力和垂直力。竖楞通常用槽钢成对放置，两槽钢间留有空隙，以通过穿墙螺栓，间距一般为1000～1200mm。

④ 支撑桁架和稳定机构。支撑桁架用螺栓或焊接与竖楞固连，其作用是承受风荷载等水平力，防止大模板倾覆。桁架上部可搭设操作平台。

稳定机构为大模板两端的桁架底部伸出的支腿上设置的可调节螺旋千斤顶。在模板使用阶段，用以调整模板的垂直度，并把作用力传递到地面或楼面上；在模板堆放时，用来调整模板的倾斜度，以保证模板稳定。

⑤ 操作平台。操作平台是施工人员操作的场所，通常的做法为：将脚手板直接铺在桁架的水平弦杆上，外侧设栏杆，或者在两道横墙之间的大模板的边框上用角钢连接成为搁栅，再在其上铺满脚手板。

(2) 滑升模板　液压滑升模板（滑模）多用于烟囱、水塔、筒仓等筒壁构件以及高层和超高层的民用建筑。滑模由模板系统、操作平台系统和液压提升系统三部分组成，包括模板、围圈、提升架、内操作平台、内外吊脚手架、支撑杆及液压千斤顶等（图 4-9）。其基本施工工艺为：首先按照施工对象的平面尺寸和形状，在地面组装好模板、液压提升设备和操作平台的滑模装置，然后绑扎钢筋、浇筑混凝土，利用液压提升设备不断竖向提升模板，

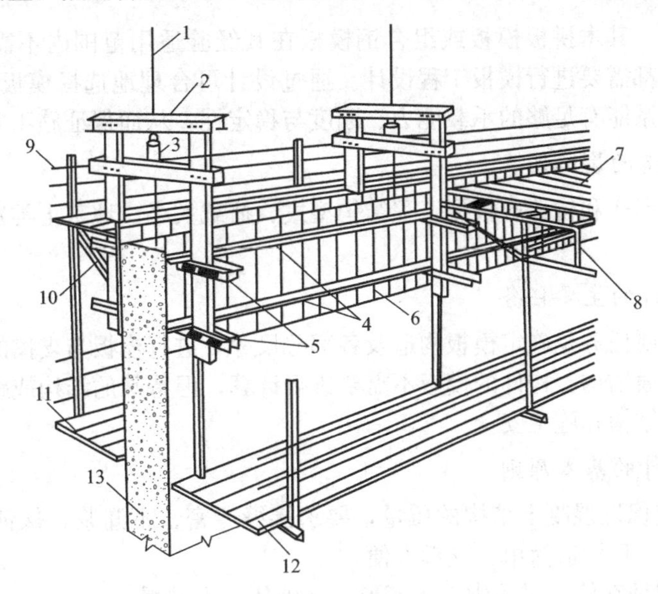

图 4-9　滑升模板组成示意

1—支撑杆；2—提升架；3—液压千斤顶；4—围圈；5—围圈支托；6—模板；7—内操作平台；8—平台桁架；9—栏杆；10—外挑三脚架；11—外吊脚手架；12—内吊脚手架；13—混凝土墙体

完成混凝土构件的施工。

4.1.2.6 早拆模板体系

早拆模板体系（图 4-10）也称为快拆支架体系或保留支柱施工法，是早期拆除梁、板模板的一种支模装置和方法，即“拆板不拆柱”。早拆模板体系竖向支撑主要由可拆柱头（支撑头）、立柱和可调丝杠支座组成。通过支柱保留，将拆模跨度由长跨改为短跨，所需的拆模强度降至设计强度的一定比例，从而加快了承重模板的周转速度。支柱顶部早拆柱头是其核心部件，它既能维持顶托板支撑住混凝土构件的底面，又能将支架梁连带模板块一起降落。快拆支架体系的支架立杆间距不应大于 2m。拆模时，应保留立杆并顶托支撑楼板，拆模时的混凝土强度按构件跨度为 2m 的规定确定。

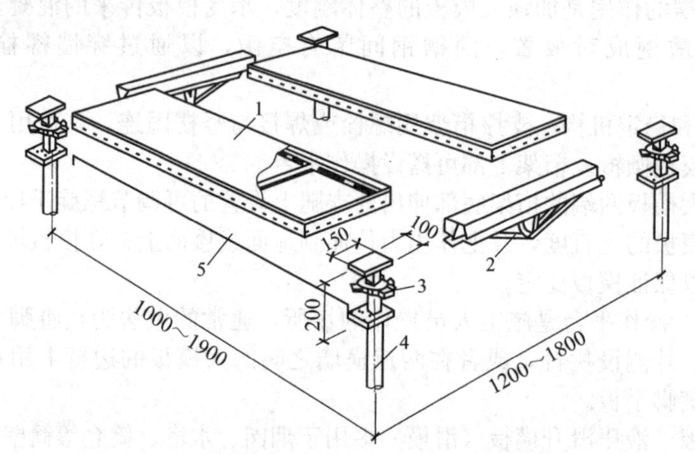

图 4-10 早拆模板体系全貌

1—模板块；2—托梁；3—升降支撑头；4—可调支柱（立柱）；5—跨度定位杆

4.1.3 模板系统设计

除了简单工程，其木拼板模板或组合钢模板在其经验适用范围内不需进行设计验算以外，其他工程一般都需要进行模板工程设计。通过设计可合理地选择模板材料与支撑体系，确保模板及支撑体系能有足够的承载能力、刚度与稳定性，从而保证施工安全，防止浪费。

4.1.3.1 模板构造的影响因素

模板及支架的形式和构造应根据工程结构型式、荷载大小、地基土类别、施工设备和材料供应等条件确定。

4.1.3.2 模板设计的主要任务

模板设计的主要任务是确定模板构造及各部分尺寸，进行模板与支撑的结构计算。一般的工程施工中，普通结构、构件的模板不需要进行计算，但特殊的结构或跨度很大时，则必须进行验算以保证结构和施工安全。

4.1.3.3 模板设计的基本原则

① 实用性。应保证混凝土结构的质量，要求接缝严密、不漏浆，保证构件的形状、尺寸和相互位置正确，且构造简单、支拆方便。

② 安全性。保证在施工过程中，不变形、不破坏、不倒塌。

③ 经济性。针对工程结构具体情况，因地制宜，就地取材；在确保工期的前提下，尽量减少一次性投入，增加模板周转率，减少支拆用工，实现文明施工。

4.1.3.4 模板设计的主要内容

模板及支架设计主要包括选型、选材、荷载计算、结构设计、拟定制作安装与拆除方案、模板施工图绘制等。

4.1.3.5 荷载计算

作用在模板系统上的荷载主要可分为永久荷载与可变荷载。模板及支架设计时应根据实际情况对不同工况下的各种荷载及其组合进行计算。

(1) 模板及支架自重标准值 G_{1k} 根据模板施工图确定有梁楼板及无梁楼板的模板及支架的自重标准值见表 4-3。

表 4-3 模板及支架的自重标准值 单位：kN/m^2

模板构件名称	木模板	定型组合钢模板
无梁楼板的模板及小楞	0.30	0.50
有梁楼板模板(其中包括梁的模板)	0.50	0.75
楼板模板和支架(楼层高度为 4m 以下)	0.75	1.10

(2) 新浇筑混凝土自重标准值 G_{2k} 普通混凝土可取 $24kN/m^3$，其他混凝土可根据实际重力密度确定。

(3) 钢筋自重标准值 G_{3k} 标准值应根据施工图确定。一般梁板结构，楼板的钢筋自重可取 $1.1kN/m^3$，梁的钢筋自重可取 $1.5kN/m^3$。

(4) 新浇筑的混凝土对模板的侧压力标准值 G_{4k} 当采用插入式振捣器且浇筑速度不大于 10m/h、混凝土坍落度不大于 180mm 时，新浇筑的混凝土作用于模板上的最大侧压力，可按下列公式计算，应取其中的较小值：

$$F=0.28\gamma_c t_0 \beta V^{\frac{1}{2}} \tag{4-1}$$

$$F=\gamma_c H \tag{4-2}$$

式中，F 为新浇筑混凝土作用于模板的最大侧压力标准值，kN/m^2，当浇筑速度大于 10m/h、混凝土坍落度大于 180mm 时，按 $F=\gamma_c H$ 计算；γ_c 为混凝土的重力密度，kN/m^3；t_0 为新浇混凝土的初凝时间，h，可按实测确定，当缺乏实验资料时可采用 $t_0=200/(T+15)$ 计算，T 为混凝土的温度，℃；β 为混凝土坍落度影响修正系数，当 $50mm<\beta\leqslant 90mm$ 时，取 0.85，当 $90mm<\beta\leqslant 130mm$ 时，取 0.9，当 $130mm<\beta\leqslant 180mm$ 时，取 1.0；V 为混凝土浇筑速度，取浇筑高度（厚度）与浇筑时间的比值，m/h；H 为混凝土侧压力计算位置处至新浇筑混凝土顶面的总高度，m。

混凝土侧压力的计算分布图形（图 4-11），其中从模板内浇筑面到最大侧压力处的高度称为有效压头高度，$h=F/\gamma_c$(m)。

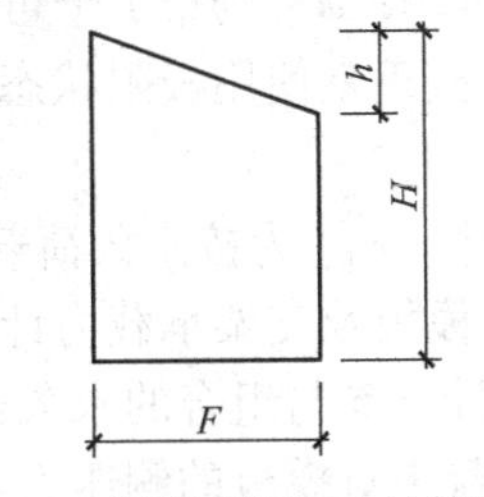

图 4-11 混凝土侧压力计算分布图
h—有效压头高度；H—模板内混凝土总高度；F—最大侧压力

(5) 施工人员及设备荷载标准值 Q_{1k} 根据混凝土浇筑施工时的工况确定，且不应小于 $2.5kN/m^2$。另外，大型混凝土浇筑设备按实际情况计算。混凝土堆集料高度超过 100mm 时，亦按实际工况计算。

(6) 混凝土下料产生的水平荷载标准值 Q_{2k} 混凝土下料产生的水平荷载标准值可按表 4-4 采用，其作用范围可取为新浇筑混凝土侧压力的有效压头高度 h 之内。

表 4-4 混凝土下料产生的水平荷载标准值 单位：kN/m^2

下料方式	水平荷载
溜槽、串筒、导管或泵管下料	2
吊车配备斗容器下料或小车直接倾倒	4

(7) 泵送混凝土或不均匀堆载等因素产生的附加水平荷载的标准值 Q_{3k} 可取计算工况下竖向永久荷载标准值的 2%，并应作用在模板支架上端水平方向。

(8) 风荷载标准值 Q_{4k} 对风压较大地区及受风荷载作用易倾倒的模板，尚须考虑风荷载作用下的抗倾倒稳定性。风荷载标准值可按现行国家标准《建筑结构荷载规范》(GB 50009) 的有关规定确定，此时基本风压可按 10 年一遇的风压取值，但基本风压不应小于 $0.20kN/m^2$。

4.1.3.6 荷载组合

模板系统的支撑结构计算主要包括以下两部分：其一为支撑结构承载能力计算，设计中采用荷载基本组合的效应设计值（荷载标准值乘以荷载分项系数）；其二为支撑结构变形验算，设计中可仅按永久荷载标准值计算。

① 模板及支架结构构件应按短暂设计状况进行承载力计算，承载力计算应符合下式要求：

$$\gamma_0 S \leqslant \frac{R}{\gamma_R} \tag{4-3}$$

式中，γ_0 为结构重要性系数，对重要的模板及支架宜取 $\gamma_0 \geqslant 1.0$，对于一般的模板及支架应取 $\gamma_0 \geqslant 0.9$；S 为荷载基本组合的效应设计值，可按第②条的规定进行计算；R 为模板及支架结构构件的承载力设计值，应按国家现行有关标准计算；γ_R 为承载力设计值调整系数，应根据模板及支架重复使用情况取用，不应小于 1.0。

② 模板及支架的荷载组合的效应设计值，可按下式计算：

$$S = 1.35\alpha \sum_{i \geqslant 1} S_{G_{ik}} + 1.4\psi_{cj} \sum_{j \geqslant 1} S_{Q_{jk}} \tag{4-4}$$

式中，$S_{G_{ik}}$ 为第 i 个永久荷载标准值产生的荷载效应值；$S_{Q_{jk}}$ 为第 j 个可变荷载效应值产生的荷载效应值；α 为模板及支架的类型系数，对侧面模板，取 0.9，对底面模板及支架，取 1.0；ψ_{cj} 为第 j 个可变荷载的组合系数，宜取 $\psi_{cj} \geqslant 0.9$。

③ 按正常使用极限状态进行模板的变形验算时，应符合下列要求：

$$\alpha_{fG} \leqslant \alpha_{f,lim} \tag{4-5}$$

式中，α_{fG} 为按永久荷载标准值计算的构件变形值；$\alpha_{f,lim}$ 为构件变形限值。

④ 模板及支架承载力计算的各项荷载的确定见表 4-5，并应采用最不利的荷载基本组合进行设计。参与组合的永久荷载应包括模板及支架自重、新浇筑混凝土自重、钢筋自重及新浇筑混凝土对模板的侧压力等；参与组合的可变荷载宜包括施工人员及施工设备产生的荷载、混凝土下料产生的水平荷载、泵送混凝土或不均匀堆载等因素产生的附加水平荷载及风荷载等。

表 4-5 模板及支架承载力计算的各项荷载的确定

项目	计算内容	参与荷载项
模板	底面模板的承载力	$G_{1k}+G_{2k}+G_{3k}+Q_{1k}$
	侧面模板的承载力	$G_{4k}+Q_{2k}$

续表

项目	计算内容	参与荷载项
支架	支架水平杆及节点的承载力	$G_{1k}+G_{2k}+G_{3k}+Q_{1k}$
	立杆的承载力	$G_{1k}+G_{2k}+G_{3k}+Q_{1k}+Q_{4k}$
	支架结构的整体稳定	$G_{1k}+G_{2k}+G_{3k}+Q_{1k}+Q_{3k}$ $G_{1k}+G_{2k}+G_{3k}+Q_{1k}+Q_{4k}$

注：表中的“+”仅表示各项荷载参与组合，而不表示代数相加。

4.1.3.7 模板工程计算内容与规定

模板工程属临时性结构，在我国还没有临时性工程设计规范的情况下，模板工程的设计只能按正式结构设计和施工规范的相应规定执行。

模板工程设计中，对属于梁类的模板构件，计算内容主要包括：根据已知模板材料和构造尺寸，验算模板构件的承载能力及变形；或者根据所选用材料的抗力，按承载能力要求决定构造尺寸。对属于竖向支撑或斜撑的模板构件，主要验算其稳定性。

模板及支架的变形限值应根据结构工程要求确定，并且符合以下规定：对结构表面外露的模板，其挠度限值宜取为模板构件计算跨度的1/400；对结构表面隐蔽的模板，其挠度限值宜取为模板构件计算跨度的1/250；支架的轴向压缩变形限值或侧向挠度限值，宜取为计算高度或计算跨度的1/1000。

支架的高宽比不宜大于3；当高宽比大于3时，应加强整体稳固性措施。

支架应按混凝土浇筑前和混凝土浇筑时两种工况进行抗倾覆验算。支架的抗倾覆验算应满足下式要求：

$$\gamma_0 M_0 \leqslant M_r \tag{4-6}$$

式中，M_0为支架的倾覆力矩设计值，按荷载基本组合计算，其中永久的分项系数取1.35，可变荷载的分项系数取1.4；M_r为支架的抗倾覆力矩设计值，按荷载基本组合计算，其中永久的分项系数取0.9，可变荷载的分项系数取0。

支架结构中钢构件的长细比不应超过规定的容许值（表4-6）。

表4-6 模板支架结构钢构件容许长细比

构件类别	容许长细比
受压构件的支架立柱及桁架	180
受压构件的斜撑、剪刀撑	200
受拉构件的钢杆件	350

多层楼板连续支模时，应分析多层楼板间荷载传递对支架和楼板结构的影响。

采用钢管和扣件搭设的支架设计时应符合以下规定：

① 钢管和扣件搭设的支架宜采用中心传力方式；

② 单根立杆的轴力标准值不宜大于12kN，高大模板支架单根立杆的轴力标准值不宜大于10kN；

③ 立杆顶部承受水平杆扣件传递的垂直荷载时，立杆应按不小于50mm的偏心距进行承载力验算，高大模板支架的立杆应按不小于100mm的偏心距进行承载力验算；

④ 支撑模板荷载的顶部水平杆可按受弯构件进行承载力验算；

⑤ 扣件抗滑移承载力验算可按现行行业标准《建筑施工扣件式钢管脚手架安全技术规范》（JGJ 130—2011）的有关规定进行。

采用门式、碗扣式、盘扣式或盘销式等钢管架搭设的支架，应采用支架立柱杆端插入可调托座的中心传力方式，其承载力及刚度可按国家现行有关标准的规定进行验算。

【例 4-1】 求某楼面外露单梁（300mm×600mm）的底模（木模板厚 5cm）的支撑间距（图 4-12）。（木材 $f=1.1\times10^4\text{kN/m}^2$，$f_v=1.2\times10^3\text{kN/m}^2$，$E=9\times10^6\text{kN/m}^2$，木材自重为 0.5kN/m^2）。

注：模板设计中，一般可按三跨连续梁计算，其中 $M_{max}=\frac{1}{10}ql^2$，$u=0.00677\frac{ql^4}{EI}$，$V_{max}=0.6ql$。

【解】 （1）计算简图 如图 4-12 所示

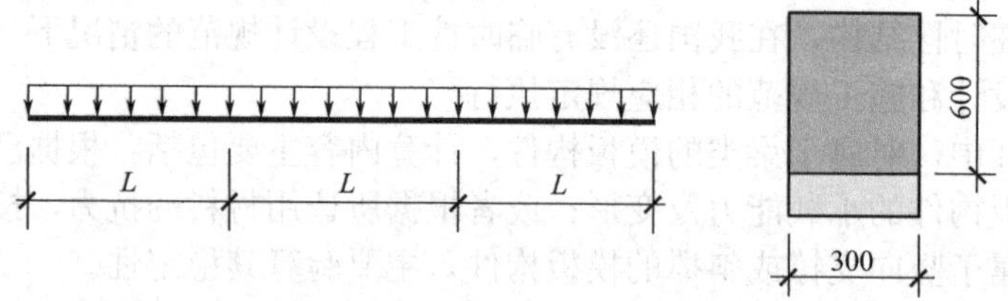

图 4-12 单梁底模计算简图

（2）求荷载 模板及支架自重标准值 G_{1k}：$0.5\text{kN/m}^2\times0.3\text{m}=0.15\text{kN/m}$

新浇混凝土自重 G_{2k}：$24\text{kN/m}^3\times0.6\text{m}\times0.3\text{m}=4.32(\text{kN/m})$

钢筋自重 G_{3k}：$1.5\text{kN/m}^3\times0.6\text{m}\times0.3\text{m}=0.27(\text{kN/m})$

施工人员及设备荷载 Q_{1k}：$3.0\text{kN/m}^2\times0.3\text{m}=0.9(\text{kN/m})$

（3）荷载组合 据公式 $S=1.35\alpha\sum_{i\geqslant1}S_{G_{ik}}+1.4\psi_{cj}\sum_{j\geqslant1}S_{Q_{jk}}$ 计算，取 $\psi_{cj}=1.0$，$\alpha=1.0$。

计算承载力 $G_{1k}+G_{2k}+G_{3k}+Q_{1k}$：

$$q_{1k}=1.35\times1.0\times(0.15+4.32+0.27)+1.4\times1.0\times0.9=7.659(\text{kN/m})$$

验算刚度 $G_{1k}+G_{2k}+G_{3k}$：

$$q_{2k}=0.15+4.32+0.27=4.74(\text{kN/m})$$

（4）承载力验算 取 $\gamma_0=0.9$，$\gamma_R=1.0$，根据公式 $\gamma_0 S\leqslant\frac{R}{\gamma_R}$ 验算。

① 抗弯承载力验算。

计算弯矩：$M=q_{1k}l^2/10=0.7659l^2(\text{kN}\cdot\text{m})$

抵抗弯矩：$M_T=fW=1.1\times10^4\times0.3\times0.05^2/6=1.375(\text{kN}\cdot\text{m})$

取 $\gamma_0 S=\frac{R}{\gamma_R}$，由 $0.9\times0.7659l^2=1.375$，得 $l=1.41\text{m}$，假定施工时暂时取 $l=1.2\text{m}$。

② 抗剪承载力验算。

$$l=1.2\text{m 时}\quad \tau=\frac{VS_0}{Ib}=\frac{0.6q_{1k}l\times\frac{1}{2}\times0.3\times0.05\times\frac{1}{4}\times0.05}{0.3\times\frac{0.05^3}{12}\times0.3}=551.448\text{kN/m}^2\leqslant f_v$$

符合 $\gamma_0 S\leqslant\frac{R}{\gamma_R}$ 的要求。

（5）模板及支架变形验算 据公式 $\alpha_{fG}\leqslant\alpha_{f,lim}$ 验算：

已知 $[u]=\frac{0.00677q_{2k}l^4}{EI}$，且 $[u]\leqslant\frac{l}{250}$，取 $l=1.20\text{m}$

代入数据后满足 $[u]\leqslant\frac{l}{250}$

综合（4）、（5）两步取支撑间距为1.2m可以满足安全使用要求。

【例4-2】 某工程墙体模板设计。某工程墙体模板采用组合钢模板组拼，墙高3m，厚18cm，宽3.3m。

钢模板采用P3015（1500mm×300mm）分两行竖排拼成。内钢楞采用2根$\phi 51\times 3.5$钢管，间距为750mm；外钢楞采用同一规格钢管，间距为900mm。对拉螺栓采用M18，间距为750mm（图4-13）。

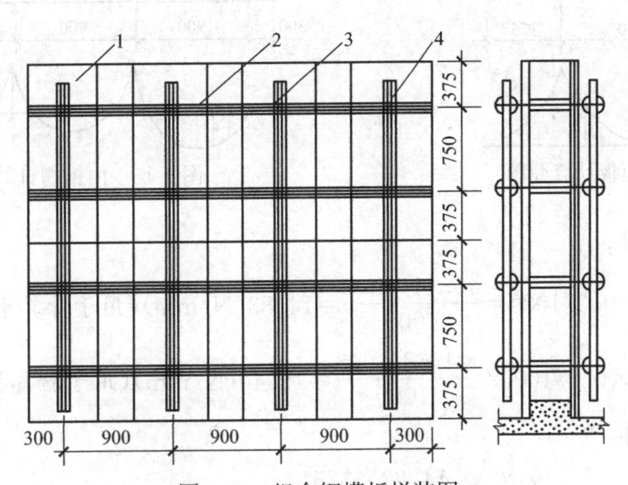

图4-13　组合钢模板拼装图

1—钢模；2—内楞；3—外楞；4—对拉螺栓

混凝土自重（r_c）为24kN/m^3，强度等级C20，坍落度为7cm，采用0.6m^{3}混凝土吊斗卸料，浇筑速度为1.8m/h，混凝土温度为20℃，用插入式振捣器振捣。

钢材抗拉强度设计值：Q235钢为215N/mm^2，普通螺栓为170N/mm^2。钢模的允许挠度：面板为1.5mm，钢楞为3mm。

试验算：钢模板、钢楞和对拉螺栓是否满足设计要求。

【解】（1）荷载设计值

① 混凝土侧压力。

a. 混凝土侧压力标准值计算。

其中初凝时间 $t_0=\dfrac{200}{20+15}=5.71(\text{h})$

$$F_1=F=0.28\gamma_c t_0 \beta V^{\frac{1}{2}}=0.28\times 24\times 5.71\times 0.85\times 1.8^{\frac{1}{2}}=43.8(\text{kN/m}^2)$$

$$F_2=r_c H=24\times 3=72(\text{kN/m}^2)$$

取两者中小值，即$F_1=43.8\text{kN/m}^2$。

b. 混凝土侧压力设计值。

$$F=F_1\times \text{分项系数}\times \text{折减系数}=43.8\times 1.2\times 0.85=44.68(\text{kN/m}^2)$$

② 混凝土下料产生的水平荷载为4kN/m^2。

荷载设计值为$4\times 1.4\times 0.85=4.76$（kN/m^2）

③ 荷载组合。

$$F'=44.68+4.76=49.44(\text{kN/m}^2)$$

（2）验算

① 钢模板验算。

查《建筑施工手册》可知，钢模板（$\delta=2.5\text{mm}$）截面特征，$I_{xj}=26.97\times10^4\text{mm}^4$，$W_{xj}=5.94\times10^3\text{mm}^3$。

a. 计算简图如图 4-14。

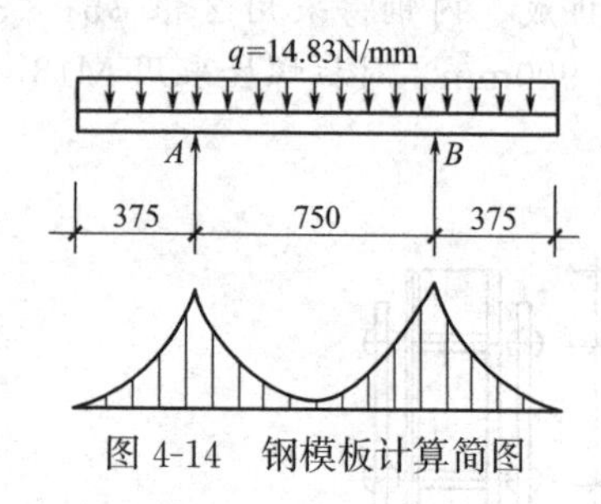

图 4-14 钢模板计算简图

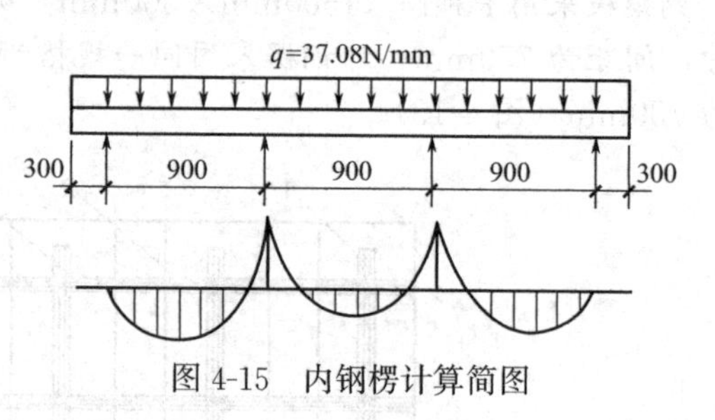

图 4-15 内钢楞计算简图

化为线均布荷载：

$$q_1=F'\times0.3/1000=\frac{49.44\times0.3}{1000}=14.83(\text{N/mm})(\text{用于计算承载力})；$$

$$q_2=F\times0.3/1000=\frac{44.68\times0.3}{1000}=13.40(\text{N/mm})(\text{用于验算挠度})。$$

b. 抗弯强度验算。

$$M=\frac{q_1m^2}{2}=\frac{14.83\times375^2}{2}=104\times10^4(\text{N}\cdot\text{mm})$$

$$\sigma=\frac{M}{W_{xj}}=\frac{104\times10^4}{5.94\times10^3}=175\text{N/mm}^2<f_m=215(\text{N/mm}^2)$$

c. 挠度验算。查《静力计算手册》得：

$$w=\frac{q_2m}{24EI_{xj}}(-l^3+6m^2l+3m^3)$$

$$=\frac{13.40\times375(-750^3+6\times375^2\times750+3\times375^3)}{24\times2.06\times10^5\times26.97\times10^4}$$

$$=1.39(\text{mm})<[w]=1.5\text{mm}(\text{可})$$

② 内钢楞验算。查《金属材料手册》可知 2 根 $\phi51\times3.5$ 钢管的截面特征为：$I=2\times14.81\times10^4\text{mm}^4$，$W=2\times5.81\times10^3\text{mm}^3$。

a. 计算简图如图 4-15 所示。

化为线均布荷载：$q_1=F'\times0.75/1000=\frac{49.44\times0.75}{1000}=37.08(\text{N/mm})$（用于计算承载力）；

$q_2=F\times0.75/1000=\frac{44.68\times0.75}{1000}=33.51(\text{N/mm})$（用于验算挠度）。

b. 抗弯强度验算。

由于内钢楞两端的伸臂长度（300mm）与基本跨度（900mm）之比，$300/900=0.33<0.4$（要求 $a/l=0.4$），则伸臂端头挠度比基本跨度挠度小，故可按近似三跨连续梁计算。

从《静力计算手册》中可得：

$$M=0.10q_1l^2=0.10\times37.08\times900^2=300.35\times10^4(\text{N}\cdot\text{mm})$$

抗弯承载能力：

$$\sigma=\frac{M}{W}=\frac{0.10\times37.08\times900^2}{2\times5.81\times10^3}=258.48(\text{N/mm}^2)>215(\text{N/mm}^2)(\text{不可})$$

改用2根Φ（矩形钢管）60mm×40mm×2.5mm做内钢楞后，查《金属材料手册》可知其截面特征为：$I=2\times21.88\times10^4(\text{mm}^4)$，$W=2\times7.29\times10^3(\text{mm}^3)$，其抗弯承载能力：

$$\sigma=\frac{M}{W}=\frac{0.10\times37.08\times900^2}{2\times7.29\times10^3}=206(\text{N/mm}^2)<215(\text{N/mm}^2)(\text{可})$$

c. 挠度验算。查《静力计算手册》得：

$$w=\frac{0.677\times q_2 l^4}{100EI}\frac{0.677\times33.51\times900^4}{100\times2.06\times10^5\times2\times21.88\times10^4}=1.65(\text{mm})<3.0(\text{mm})(\text{可})$$

③ 对拉螺栓验算。查《金属材料手册》可知M18螺栓净截面面积$A=189\text{mm}^2$。

a. 对拉螺栓的拉力。

$$N=F'\times\text{内楞间距}\times\text{外楞间距}=49.44\times0.75\times0.9=33.37(\text{kN})$$

b. 对拉螺栓的应力。

$$\sigma=\frac{N}{A}=\frac{33.37\times10^3}{189}=176.6(\text{N/mm}^2)\approx170(\text{N/mm}^2)(\text{可，也可改用 M20})$$

4.1.4 模板的安装与拆除

4.1.4.1 模板的制作与安装

模板的加工、制作可在工厂或施工现场按图进行，通用性强的模板宜制作成定型模板。模板面板背楞的截面高度宜统一。模板制作与安装时，应保证板面拼缝严密。有防水要求的墙体，其模板对拉螺栓中部应设止水片，止水片应与对拉螺栓环焊。

与通用钢管支架匹配的专用支架应按图进行加工、制作，搁置于支架顶端可调托座上的主梁，可采用木方、木工字梁或截面对称的型钢制作。支架立柱和竖向模板安装在土层上时，土层应坚实，并应有排水措施；对湿陷性黄土、膨胀土，应有防水措施，对冻胀性土，应有防冻胀措施。在土层上，应设置具有足够强度和支承面积的垫板。对软土地基，必要时可采用堆载预压的方法调整模板面板安装高度。

模板安装时，应进行测量放线，并应采取保证模板位置准确的定位措施。对竖向构件的模板及支架，应根据混凝土浇筑高度和浇筑速度，采取竖向模板抗侧移、抗浮和抗倾覆措施。对水平构件的模板及支架，应结合不同的支架和模板面板形式，采取支架间和模板间的有效拉结措施。对可能承受较大风荷载的模板，应采取防风措施。对跨度不小于4m的梁、板，其模板施工起拱高度宜为梁、板跨度的1/1000～3/1000。起拱不得减少构件的截面高度。

采用扣件式钢管作模板支架时，支架搭设应符合下列规定。

① 模板支架搭设所采用的钢管、扣件规格，应符合设计要求；立杆纵距、立杆横距、支架步距以及构造要求，应符合专项施工方案的要求。

② 立杆纵距、立杆横距不应大于1.5m，支架步距不应大于2.0m；立杆纵距和立杆横距宜设置扫地杆，纵向扫地杆距立杆底部不宜大于200mm，横向扫地杆在纵向扫地杆的下方；立杆底部宜设置底座或垫板。

③ 立杆接头除顶层步距可采用搭接外，其余各层步距接头应采用对接和扣件连接，两个相邻立杆的接头不应设置在同一步距内。

④ 立杆步距的上下两端应设置双向水平杆，水平杆与立杆的交错点应采用扣件连接，双向水平杆与立杆的连接扣件之间的距离不应大于150mm。

⑤ 支架周围应连续设置竖向剪刀撑。支架长度或宽度大于6m时，应设置中部纵向或竖向的竖向剪刀撑，剪刀撑的间距和单幅剪刀撑的宽度均不宜大于8m，剪刀撑与水平杆的

夹角宜为45°～60°；支架高度大于3倍步距时，支架顶部宜设置一道水平剪刀撑，剪刀撑应延伸至周边。

⑥ 立杆、水平杆、剪刀撑的搭接长度，不应小于0.8m，且不应少于2个扣件连接，扣件盖板边缘至杆端不应小于100mm。

⑦ 扣件螺栓的拧紧力矩不应小于40N·m，且不应大于65N·m。

⑧ 支架立杆搭设的垂直偏差不宜大于1/200。

采用扣件式钢管作高大模板支架时，支架搭设除应符合以上规定外，还应符合下列规定。

① 宜在支架立杆顶部插入可调托座。可调托座螺杆外径不应小于36mm，螺杆插入钢管的长度不应小于150mm，螺杆伸出钢管的长度不应大于300mm，可调托座伸出顶层水平杆的悬臂长度不应大于500mm。

② 立杆的纵、横向间距不应大于1.2m，支架步距不应大于1.8m。

③ 立杆顶层步距内采用搭接时，搭接长度不应小于1m，且不应少于3个扣件连接。

④ 立杆纵向和横向应设置扫地杆，纵向扫地杆距立杆底部不宜大于200mm。

⑤ 宜设置中部纵向或横向的竖向剪刀撑，剪刀撑的间距不宜大于5m；沿支架高度方向搭设的水平剪刀撑的间距不宜大于6m。

⑥ 立杆的搭设垂直偏差不宜大于1/200，且不宜大于100mm。

⑦ 应根据周边结构的情况，采取有效的连接措施加强支架整体稳固性。

⑧ 采用满堂支架的高大模板时，在支架中间区域设置少量的用塔吊标准节安装的桁架柱，或用加密的钢管立杆、水平杆及斜杆搭设成等高承载力的临时柱，形成防止模板支架整体坍塌的两道防线，经实践证明是行之有效的。

采用碗扣式、盘扣式或盘销式钢管架作模板支架时，支架搭设应符合下列规定。

① 碗扣式、盘扣式或盘销架的水平杆与立柱的扣接应牢靠，不应滑脱。

② 立杆上的上、下层水平杆间距不应大于1.8m。

③ 插入立杆顶端可调托座伸出顶层水平杆的悬臂长度不应大于650mm，螺杆插入钢管的长度不应小于150mm，其直径应满足与钢管内径间隙不大于6mm的要求。架体最顶层的水平杆步距应比标准步距缩小一个碗扣或者盘扣节点间距，更利于立杆的稳定性。

④ 立柱间应设置专用斜杆或扣件钢管斜杆加强模板支架。

碗扣式钢管架的竖向剪刀撑和水平剪刀撑可采用扣件钢管搭设，一般形成的基本网格为4～6m；盘扣式钢管架的竖向剪刀撑和水平剪刀撑直接采用斜杆，并要求纵横向每5跨每层设置斜杆，竖向每4步设置斜杆。

现浇多层房屋和构筑物，应采取分层分段支模的方法。安装上层模板及其支架应符合下列规定。

① 下层模板应具有承受上层荷载的承载能力或加设支架支撑。

② 上层支架的立柱应对准下层支架的立柱，并铺设垫板。

③ 当采用悬吊模板、桁架支模方法时，其支撑结构的承载能力和刚度必须符合要求。

模板安装后应仔细检查各部构件是否牢固，在浇混凝土过程中要经常检查，如发现变形、松动等现象，要及时修整加固。固定在模板上的预埋件和预留孔洞均不得遗漏，且应安装牢固，位置准确，其允许偏差应符合有关规范规定。对清水混凝土工程及装饰混凝土工程，应使用能达到装饰设计效果的模板。

组合钢模板在浇混凝土前，还应检查下列内容。①扣件规格与对拉螺栓、钢楞的配套和紧固情况；②斜撑、支柱的数量和着力点；③钢楞、对拉螺栓及支柱的间距；④各种预埋件和预留孔洞的规格尺寸、数量、位置及固定情况；⑤模板结构的整体稳定性。

模板经配板设计、构造设计以及强度、刚度验算后即可安装。可在施工现场拼装，也可在地面预拼装成扩大的模板再吊装就位。现浇混凝土结构的模板，一般包括基础模板、柱模板、梁板模板、墙模板和楼梯模板等。

模板安装顺序：基础模板→柱或墙模板→梁、楼板模板。

(1) 基础模板　独立基础支模要保证上、下模板不发生相对位移（图 4-16）。如有杯口，还要在其中放入杯口芯模。当土质良好时，基础的最下一阶可不用模板，进行原槽浇筑。条形基础模板的模板部件主要由侧模和支撑系统的横杠和斜撑组成（图 4-17）。

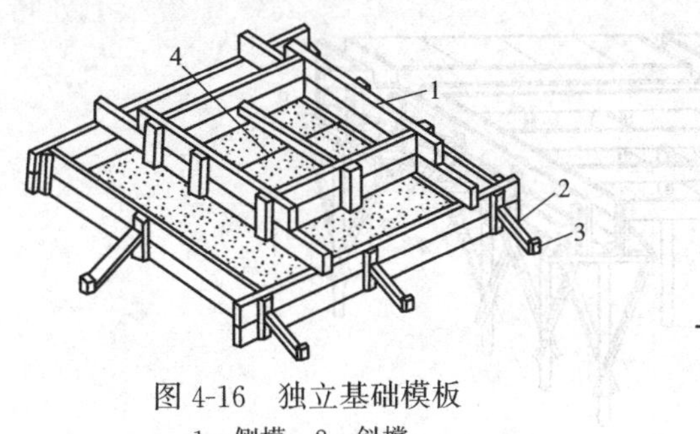

图 4-16　独立基础模板

1—侧模；2—斜撑；3—木桩；4—对拉螺栓

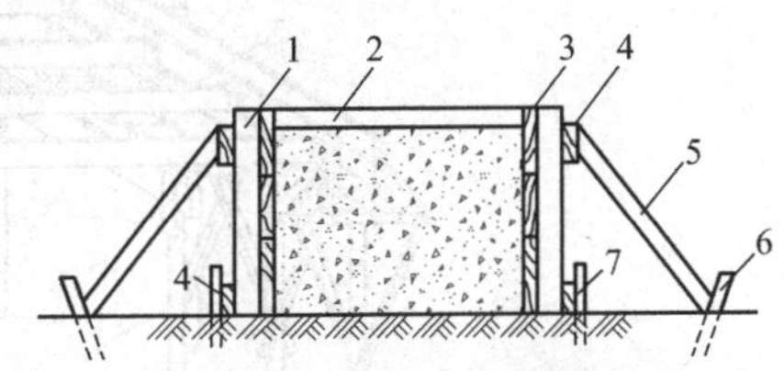

图 4-17　条形基础模板

1—立楞；2—支撑；3—侧模；4—横杠；5—斜撑；6—木桩；7—钢筋头

(2) 柱模板　柱模板由内、外拼板组成，内拼板夹在两片相对的外拼板之内（图 4-18）。柱侧模主要承受柱混凝土的侧压力，并经过柱侧模传给柱箍，由柱箍承受侧压力。柱箍的间距取决于混凝土侧压力的大小和侧模板的厚度，通常上疏下密，间距为 500～700mm。柱模上部开有与梁模板连接的梁口，模板底部设有底框用以固定柱模的水平位置，并在底部开设有清扫口。独立柱支模时，四周应加设支撑。如果是框架柱，则应在柱间拉设水平和斜向拉杆，将柱连为稳定整体。柱模板安装顺序：调安装标高→拼板就位→检查并纠偏→安装柱箍→设置支撑。

(3) 墙模板　钢筋混凝土墙的模板由相对的两片侧模和它的支撑系统组成，两片侧模之间设撑木和螺杆与铅丝（图 4-19）。由于墙侧模较高，应设立楞和横杠，来抵抗墙体混凝土的侧压力。

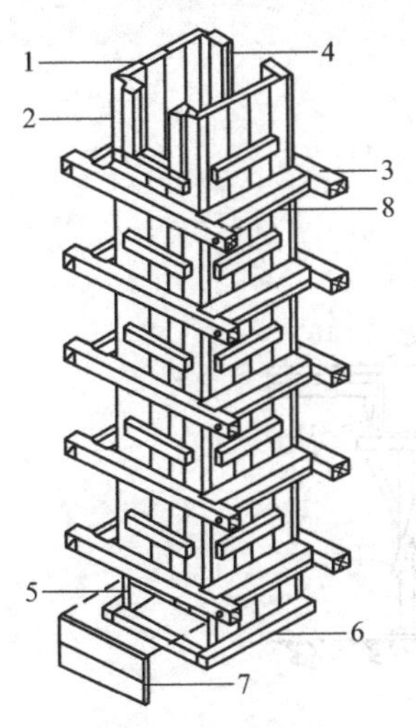

图 4-18　矩形柱模板

1—内拼板；2—外拼板；3—柱箍；4—梁口；5—清扫口；6—拉紧螺栓；7—底框；8—盖板

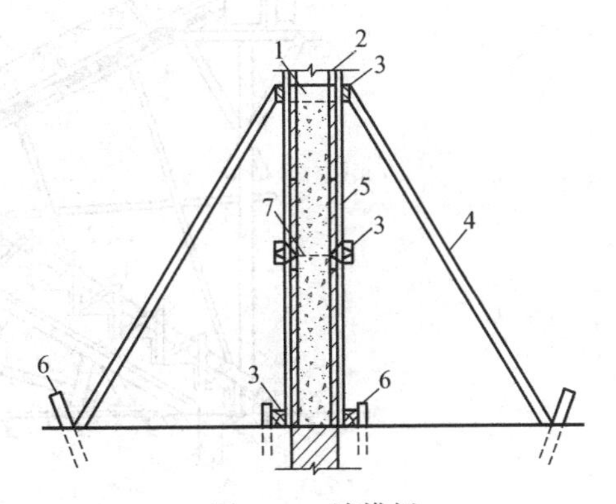

图 4-19　墙模板

1—内支撑木；2—侧模；3—横杠；4—斜撑；5—立楞；6—木桩；7—铅丝

墙模板安装顺序：基底处理→弹出中心线和两边线→模板安装→校正→加撑头或对拉螺栓→固定斜撑。

(4) 梁、楼板模板　梁模板基本与单梁模板相同，而楼板模板由底模和横楞组成，横楞下方由支柱承担上部荷载（图 4-20）。梁模板安装顺序：搭设模板支架→安梁底模板→梁底起拱→安侧模板→检查校正→安装梁口夹具。楼板模板安装顺序：复核板底标高→搭设模板支架→铺设模板。

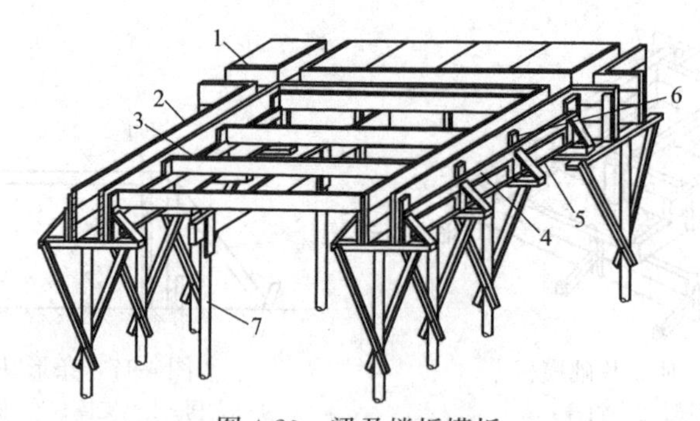

图 4-20　梁及楼板模板

1—楼板模板；2—梁侧模板；3—格栅；4—横楞；5—夹条；6—次肋；7—支撑

梁与楼板支模，一般先支梁模板后支楼板的横楞再依次支设下面的横楞和支柱。在楼板与梁的连接处靠托木支撑，经立挡传至梁下支柱。楼板底模铺在横楞上。

(5) 楼梯模板　楼梯与楼板相似，但又有支撑倾斜、有踏步的特点，因此，楼梯模板与楼板模板既相似又有区别。

楼梯模板安装顺序：安平台梁及基础模板→安楼梯斜梁或梯段底模板→楼梯外帮侧模板→安踏步模板。

楼梯模板施工前应根据实际放样，先安装平台梁及基础模板，再安装楼梯斜梁或楼梯底模，然后安装楼梯外帮侧板。外帮侧板应先在其内侧弹出楼梯底板厚度线，用套板画出踏步侧板位置线，钉好固定踏步侧板的挡木，在现场装钉侧板。楼步高度要均匀一致，特别要注意每层楼梯最下一步及最上一步的高度，必须考虑到楼地面层抹灰厚度，防止由于抹灰面层厚度不同而形成梯步高度不协调（图 4-21）。

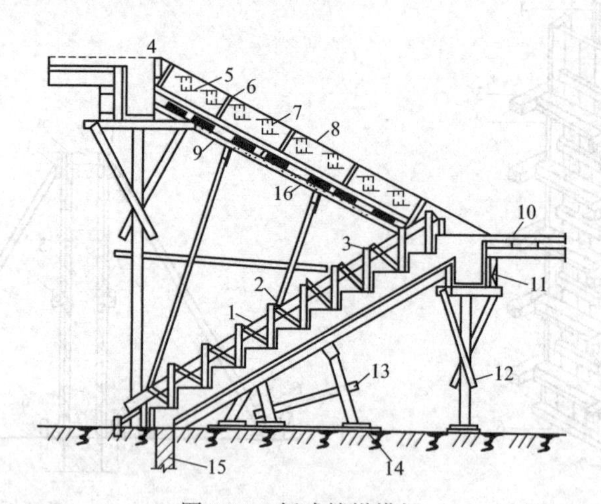

图 4-21　板式楼梯模板

1—反扶梯基；2—斜撑；3—木吊；4—楼面；5—外帮侧板；6—挡板拼条；7—踏步侧板；8—挡木；9—搁栅；10—休息平台；11—托木；12—琵琶撑；13—牵杠撑；14—垫板；15—基础；16—楼梯底模板

4.1.4.2 模板的拆除与维护

现浇结构的模板及其支架拆除时的混凝土强度，应符合设计要求，当设计无要求时，应符合下列规定。

侧面模板：一般在混凝土强度能保证其表面及棱角不因拆除模板而受损坏后，方可拆除。

底面模板及支架：对混凝土的强度要求较严格，应符合设计要求；当设计无具体要求时，混凝土强度在符合表4-7的规定后，方可拆除。

表4-7 底模拆除时的混凝土强度要求

构件类型	构件跨度/m	达到设计的混凝土立方体抗压强度标准值的百分率/%
板	≤2	≥50
	>2,≤8	≥75
	>8	≥100
梁、拱、壳	≤8	≥75
	>8	≥100
悬臂结构	—	≥100

多个楼层间连续支模的底层支架拆除时间，应根据连续支模的楼层间荷载分配和混凝土强度的增长情况确定。

多层、高层建筑施工中，连续2层或3层模板支架的拆除要求与单层模板支架不同，需根据连续支模层间荷载分配计算以及混凝土的增长情况确定底层支架拆除时间。冬期施工高层建筑时，气温低，混凝土强度增长慢，连续模板支架层数一般不少于3层。

后张预应力混凝土结构构件，侧模宜在预应力张拉前拆除；底模支架不应在结构构件建立预应力前拆除。模板拆除后应将其表面清理干净，对变形和损伤部位应进行修复。拆下的模板及支架杆件不得抛掷，应分散堆放在指定地点，并应及时清运。

4.2 钢筋工程

讨论

1. 钢筋冷拉与冷拔的原理，其区别如何？如何施工与控制？
2. 钢筋连接的种类及其各自的施工要求？
3. 钢筋闪光对焊的原理及主要工艺参数？
4. 影响钢筋冷拔的主要因素有哪些？

4.2.1 钢筋的种类和验收

（1）钢筋的种类 钢筋种类很多，通常按化学成分、轧制外形、生产工艺以及在结构中的用途进行分类。

① 按化学成分划分，钢筋通常可分为碳素钢钢筋和普通低合金钢钢筋。碳素钢钢筋按碳量多少，又分为低碳钢钢筋（含碳量低于0.25%，如Ⅰ级钢筋）、中碳钢钢筋（含碳量0.25%～0.7%，如Ⅳ级钢筋）、高碳钢钢筋（含碳量0.70%～1.4%，如碳素钢丝）。碳素钢中除含有铁和碳元素外，还有少量在冶炼过程中带有的硅、锰、磷、硫等杂质。普通低合金钢钢筋是在低碳钢和中碳钢中加入少量合金元素，获得强度高和综合性能好的钢种，在钢筋中常用的合金元素有硅、锰、钒、钛等，普通低合金钢钢筋主要品种有：20MnSi、

40Si2MnV、45SiMnTi 等。

各种化学成分含量的多少，对钢筋机械性能和可焊性的影响极大。一般建筑用钢筋在正常情况下不做化学成分的检验，但在选用钢筋时，仍需注意钢筋的化学成分。下面介绍钢筋中主要的五种元素对其性能的影响。

a. 碳（C）：碳与铁形成化合物渗碳体，材性硬且脆，钢中含碳量增加，渗碳体量就大，钢的硬度和强度也提高，而塑性和韧性则下降，材性变脆，其焊接性也随之变差。

b. 锰（Mn）：它是炼钢时作为脱氧剂加入钢中的，可使钢的塑性及韧性下降，因此含量要合适，一般含量在 1.5%以下。

c. 硅（Si）：它也是作为脱氧剂加入钢中的，可使钢的强度和硬度增加。有时特意加入一些使其含量大于 0.4%，但不能超过 0.6%，因为它含量大时与碳（C）含量大时的作用一样。

d. 硫（S）：它是一种导致钢热脆性、使钢在焊接时出现热裂纹的有害杂质。它在钢中的存在使钢的塑性和韧性下降，一般要求其含量不得超过 0.045%。

e. 磷（P）：它也是一种有害物质。磷使钢容易发生冷脆并恶化钢的焊接性能，尤其在 200℃时，它可使钢材或焊缝出现冷裂纹。一般要求其含量低于 0.045%，即使有些低合金钢也必须控制在 0.050%～0.120%。

② 按轧制外形划分，钢筋可分为光圆钢筋、带肋钢筋等。光圆钢筋轧制为光面圆形截面，供应为盘圆形式。带肋钢筋有螺旋形、人字形和月牙形三种，一般Ⅱ、Ⅲ级钢筋轧制成人字形，Ⅳ级钢筋轧制成螺旋形及月牙形。

③ 按生产工艺划分，混凝土结构当中的普通钢筋种类可分为以下几类：热轧钢筋、冷轧带肋钢筋、冷轧扭钢筋、冷拔螺旋钢筋等。热轧钢筋是经热轧成型并自然冷却的成品钢筋，分为热轧光圆钢筋和热轧带肋钢筋两种。余热处理钢筋作为热轧钢筋的一类，是热轧钢筋经热轧后立即穿水，进行表面控制冷却，然后利用芯部余热自身完成回火处理所得的成品钢筋。冷轧带肋钢筋是热轧圆盘条经冷轧或冷拔减径后在其表面冷轧成三面或两面有肋的钢筋。冷轧带肋钢筋的强度，可分为三种等级：550 级、650 级及 800 级（MPa）。其中，550 级钢筋宜用于钢筋混凝土结构构件中的受力钢筋、架立筋、箍筋及构造钢筋；650 级和 800 级宜用于中小型预应力混凝土构件中的受力主筋。冷轧扭钢筋是用低碳钢钢筋（含碳量低于 0.25%）经冷轧扭工艺制成，其表面呈连续螺旋形。这种钢筋具有较高的强度，而且有足够的塑性，与混凝土黏结性能优异，代替 HPB235 级钢筋可节约钢材约 30%，一般用于预制钢筋混凝土圆孔板、叠合板中预制薄板，以及现浇钢筋混凝土楼板等。冷拔螺旋钢筋是热轧圆盘条经冷拔后在表面形成连续螺旋槽的钢筋。

④ 按在结构中的用途分类，钢筋可分为受压钢筋、受拉钢筋、架立钢筋、分布钢筋、箍筋等。配置在钢筋混凝土结构中的钢筋，按其作用可分为下列几种：

a. 受力钢筋——承受拉、压应力的钢筋。

b. 箍筋——承受一部分斜拉应力，并固定受力筋的位置，多用于梁和柱内。

c. 架立钢筋——用以固定梁内钢箍的位置，构成梁内的钢筋骨架。

d. 分布钢筋——用于屋面板、楼板内，与板的受力筋垂直布置，将承受的重量均匀地传给受力筋，并固定受力筋的位置，以及抵抗热胀冷缩所引起的温度变形。

e. 其他——因构件构造要求或施工安装需要而配置的构造筋，如腰筋、预埋锚固筋等。

(2) 钢筋工程的施工方案与验收　钢筋工程宜采用专业化生产的成型钢筋。钢筋连接方式应根据设计要求和施工条件选用。在施工之前，钢筋工程应做一个施工方案，具体应包括下列内容：

① 钢筋材料选择及进场检查、验收要求；

② 钢筋加工的技术方案及计划；

③ 钢筋连接技术方案及相关配套产品；

④ 钢筋现场施工技术方案及质量控制措施。

在浇筑混凝土之前，应进行钢筋隐蔽工程验收，其内容包括：

① 纵向受力钢筋的品种、规格、数量、位置等；

② 钢筋的连接方式、接头位置、接头数量、接头面积百分率等；

③ 箍筋、横向钢筋的品种、规格、数量、间距等；

④ 预埋件的规格、数量、位置等。

4.2.2 钢筋的配料

钢筋配料是根据结构配筋图，先绘出各种形状和规格的单根钢筋并加以编号，然后分别计算钢筋下料长度和根数，填写配料单，以便进行钢筋的备料和加工。钢筋配料单的编制步骤为：熟悉图纸（构件配筋表）→绘钢筋简图→计算下料长度→编写配料单→填写料牌。

4.2.2.1 钢筋下料长度计算

钢筋因弯曲或弯钩会使其长度变化，在配料中不能直接根据图纸中尺寸下料；必须了解对混凝土保护层、钢筋弯曲、弯钩等规定，再根据图中尺寸计算其下料长度。各种钢筋下料长度计算如下：

直钢筋下料长度＝构件长度－保护层厚度＋弯钩增加长度

弯起钢筋下料长度＝直段长度＋斜段长度－弯曲调整值＋弯钩增加长度

箍筋下料长度＝箍筋周长＋箍筋调整值

上述钢筋需要搭接的话，还应增加钢筋搭接长度。

（1）钢筋下料长度　施工图（钢筋图）中所指的钢筋长度是按钢筋弯曲后的中心线长度来计算的，即钢筋外缘至外缘之间的长度。

（2）钢筋的混凝土保护层厚度　混凝土保护层厚度是指受力钢筋外缘至混凝土表面的距离，其作用是保护钢筋在混凝土中不被锈蚀。在工程中，一般用水泥砂浆垫块或塑料卡垫在钢筋与模板之间进行控制。钢筋的混凝土的保护层厚度见表 4-8。

表 4-8　混凝土保护层的最小厚度 c　　单位：mm

环境类别	板、墙、壳	梁、柱、杆
一	15	20
二 a	20	25
二 b	25	35
三 a	30	40
三 b	40	50

注：混凝土强度等级不大于 C25 时，表中保护层厚度数值应增加 5mm；

钢筋混凝土基础宜设置混凝土垫层，基础中钢筋的混凝土保护层厚度应从垫层顶面算起，且不应小于 40mm。

（3）钢筋接头增加值　由于钢筋直条的供货长度一般为 6～10m，而有的钢筋混凝土结构的尺寸很大，需要对钢筋进行接长。钢筋对焊长度损失值见表 4-9，钢筋搭接焊最小搭接长度见表 4-10。

表 4-9 钢筋对焊长度损失值 单位：mm

钢筋直径	<16	16～25	>25
损失值	20	25	30

表 4-10 钢筋搭接焊最小搭接长度 单位：mm

焊接类型	HPB300 光圆钢筋	HRB335、HRB400 月牙肋钢筋
双面焊	$4d$	$5d$
单面焊	$8d$	$10d$

注：d 为钢筋直径。

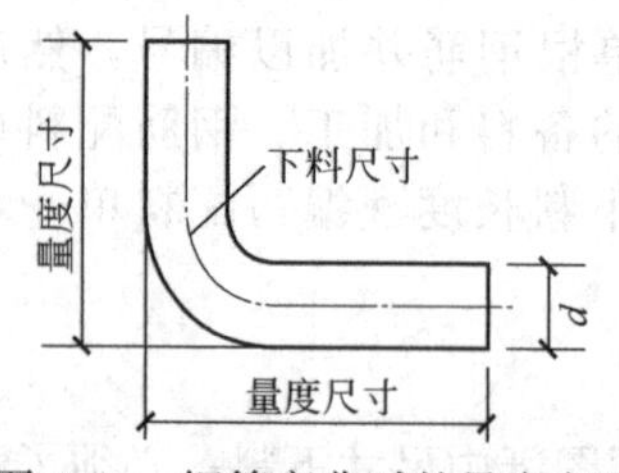

图 4-22 钢筋弯曲时的量度方法

(4) 弯曲调整值 由于结构上的要求，大多数钢筋需将中间进行弯曲，或者在端部做成弯钩。钢筋弯曲后的特点：一是在弯曲处内皮收缩，外皮延伸，轴线长度不变；二是在弯曲处形成圆弧。钢筋的量度方法是沿直线量外包尺寸（图 4-22)，而钢筋是按轴线长度下料的。因此，弯起钢筋的量度尺寸大于下料尺寸，两者之间的差值称为弯曲调整值或弯曲量度差值。弯曲调整值根据理论推算并结合实践经验数值取得（表 4-11)。

表 4-11 钢筋弯曲调整值

钢筋弯曲角度	30°	45°	60°	90°	135°
钢筋弯曲调整值	$0.35d$	$0.5d$	$0.85d$	$2d$	$2.5d$

注：d 为钢筋直径。

(5) 弯钩增加长度 钢筋的弯钩形式有三种：半圆弯钩、直弯钩及斜弯钩。半圆弯钩是最常用的一种弯钩，直弯钩只用在柱钢筋的下部、箍筋和附加钢筋中，斜弯钩只用在直径较小的钢筋中。

光圆钢筋的弯钩增加长度（图 4-23，弯心直径为 $2.5d$，平直部分为 $3d$)，对半圆弯钩为 $6.25d$，对直弯钩为 $3.5d$，对斜弯钩为 $4.9d$。实际应用中，半圆弯钩增长参考值：钢筋直径≤6mm，取 40mm；直径 8～10mm，取 $6d$；直径 12～18mm，取 $5.5d$；直径 20～28mm，取 $5d$；直径 32～36mm，取 $4.5d$。

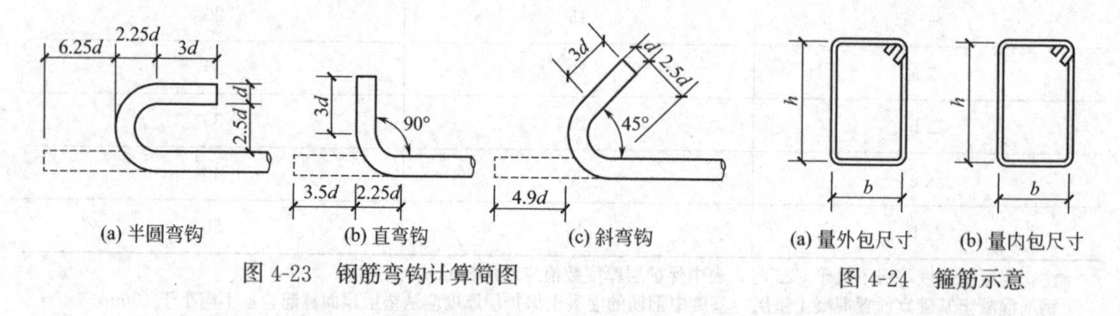

图 4-23 钢筋弯钩计算简图

图 4-24 箍筋示意

(6) 箍筋调整值 即弯钩增加长度和弯曲调整值两项之差或之和，根据箍筋量外包尺寸或内包尺寸（图 4-24）而定，其调整值见表 4-12。

箍筋的下料长度＝内包尺寸＋量内包尺寸相应调整值

箍筋的下料长度=外包尺寸+量外包尺寸相应调整值

表 4-12 箍筋调整值　　单位：mm

箍筋度量方法	箍筋直径			
	4～5	6	8	10～12
量外包尺寸	40	50	60	70
量内包尺寸	80	100	120	150～170

4.2.2.2 配料计算注意事项

① 在设计图纸中，钢筋配置的细节问题没有注明时，一般可按构造要求处理。

② 配料计算时，要考虑钢筋的形状和尺寸在满足设计要求的前提下有利于加工安装。

③ 配料时，还要考虑施工需要的附加钢筋。如：后张预应力构件预留孔道定位用的钢筋井字架，基础双层钢筋网中保证上层钢筋网位置用的钢筋撑脚，墙板双层钢筋网中固定钢筋间距用的钢筋撑铁，柱钢筋骨架增加四面斜筋撑等。

【例 4-3】 某教学楼预制钢筋混凝土梁 L_1，梁长 6m，断面 $b \times h = 250\text{mm} \times 600\text{mm}$，钢筋简图（表 4-13）。试计算梁 L_1 中钢筋的下料长度。

【解】 ① 号钢筋下料长度为：

$$(5950+2\times6.25\times20)\text{mm}=6200\text{mm}$$

② 号钢筋下料长度为：

$$[(250+400+778)\times2+4050-4\times0.5\times20-2\times2\times20+2\times6.25\times20]\text{mm}=7036\text{mm}$$

③ 号钢筋下料长度为：

$$(5950+2\times6.25\times12)\text{mm}=6100\text{mm}$$

④ 号钢筋下料长度为：

$$[(550+200)\times2+100]\text{mm}=1600\text{mm}$$

计算结果填入配料单（表 4-13）。

表 4-13 钢筋配料单

构件名称	钢筋编号	钢筋简图	钢筋符号	直径/mm	下料长度/mm	数量/根
L_1 梁	①	5950	Φ	20	6200	2
	②	250 400 778 4050 778 400 250	Φ	20	7036	2
	③	5950	Φ	12	6100	2
	④	550 200	Φ	6	1600	21

4.2.3 钢筋代换

当施工中遇有钢筋的品种或规格与设计要求不符时，应经设计单位同意，办理设计变更文件。

4.2.3.1 钢筋代换的主要原则

① 钢筋不同牌号、规格、数量的代换，应按钢筋受拉承载力设计值相等的原则进行。

② 当构件受裂缝宽度或挠度控制时，钢筋代换后应进行裂缝宽度或挠度验算。

③ 钢筋代换后，应满足混凝土结构设计规范中配筋构造规定，如钢筋间距、锚固长度、最小直径、根数等要求。

④ 有抗震要求的梁、柱和框架，不宜以强度等级较高的钢筋代换原设计中的钢筋。如必须代换时，其代换的钢筋检验所得的实际强度，应符合抗震钢筋的要求。

⑤ 钢筋代换后应符合现行国家标准《混凝土结构设计规范》的有关钢筋材料及配筋构造要求。

⑥ 不宜用光圆钢筋代换带肋钢筋。

⑦ 钢筋代换后的钢筋加工、钢筋连接要求应符合《混凝土结构设计规范》的有关规定。

4.2.3.2 钢筋代换的方法

（1）等强度代换　当构件受强度控制时，钢筋可按强度相等的原则进行代换。即只要代换钢筋的承载能力值和原设计钢筋的承载能力值相等，就可以代换。如设计图中所用的钢筋设计强度为 f_{y1}，钢筋总面积为 A_{s1}，代换后的钢筋设计强度为 f_{y2}，钢筋总面积为 A_{s2}，则应使：

$$A_{s1}f_{y1}\leqslant A_{s2}f_{y2} \tag{4-7}$$

即：

$$n_1\frac{\pi d_1^2}{4}f_{y1}\leqslant n_2\frac{\pi d_2^2}{4}f_{y2} \tag{4-8}$$

$$n_2\geqslant\frac{n_1 d_1^2 f_{y1}}{d_2^2 f_{y2}} \tag{4-9}$$

式中，n_2、d_2、f_{y2} 分别为代换钢筋根数、直径、抗拉强度设计值；n_1、d_1、f_{y1} 分别为原设计钢筋根数、直径、抗拉强度设计值。

（2）等面积代换　当构件按最小配筋率配筋时，钢筋可按面积相等的原则进行代换。可按下式计算：

$$A_{s2}\geqslant A_{s1} \tag{4-10}$$

即：

$$n_2\geqslant n_1\frac{d_1^2}{d_2^2} \tag{4-11}$$

式中表示含义同上。

钢筋代换后，有时由于受力钢筋直径加大或根数增多而需要增加排数，则构件截面的有效高度 h_0 减少，截面强度降低。通常对这种影响可凭经验适当增加钢筋面积，然后再作截面强度复核。

对矩形截面的受弯构件，可根据弯矩相等，按下式复核截面强度。

$$N_2\left(h_{02}-\frac{N_2}{2f_{cm}b}\right)\geqslant N_1\left(h_{01}-\frac{N_1}{2f_{cm}b}\right) \tag{4-12}$$

式中，N_1、N_2 分别为原设计钢筋拉力，N_1 等于 $A_{s1}f_{y1}$（A_{s1} 为原设计钢筋截面面积，f_{y1} 为原设计钢筋的抗拉强度设计值）和拟代换钢筋拉力，N_2 等于 $A_{s2}f_{y2}$（A_{s2} 为拟代换钢筋截面面积，f_{y2} 为拟代换钢筋抗拉强度设计值）；h_{01}、h_{02} 分别为原设计钢筋和拟代换钢筋的合力点至构件截面受压边缘的距离（截面的有效高度）；f_{cm} 为混凝土的弯曲抗压强度设计值，对 C20 混凝土为 11MPa，对 C30 混凝土为 16.5MPa；b 为构件截面宽度。

（3）钢筋代换的注意事项

① 对某些重要构件或抗裂性要求较高的构件，不宜用光圆钢筋代换变形钢筋，以免裂缝开展过大；

② 钢筋代换后，应满足配筋构造规定，如钢筋的最小直径、间距、根数、锚固长度等，且不宜改变构件中的有效高度，同时，代换后的钢筋用量不宜大于原设计用量的 5%，也不宜低于 2%；

③ 同一截面内，可同时配有不同种类的和不同直径的代换钢筋，但每根钢筋的拉力差不应过大（如同品种钢筋的直径差值一般不大于 5mm），以免构件受力不均；

④ 梁的纵向受力钢筋与弯起钢筋应分别代换，以保证正截面与斜截面强度；

⑤ 偏心受压构件或偏心受拉构件作构件代换时，不取整个截面配筋计算，应按受力（受压或受拉）分别代换；

⑥ 当构件受抗裂、裂缝宽度或挠度控制时，代换后应进行抗裂、裂缝宽度或挠度验算。

4.2.4 钢筋加工

钢筋加工是指对经过检验符合质量标准的钢筋按配料单和料牌进行钢筋的制作。钢筋加工主要包括钢筋除锈、调直、切断、弯折等。

（1）钢筋除锈　加工前应清理表面的油渍、漆污和铁锈。清除钢筋表面的油漆、漆污和铁锈可采用除锈机、风砂枪等机械方法；当钢筋数量较少时，也可采用人工除锈。除锈后钢筋要尽快使用，有颗粒状、片状老锈或有损伤的钢筋性能无法保证，不应在工程中使用。对于锈蚀情况较轻的钢筋，也可根据实际情况直接使用。

（2）钢筋调直　钢筋调直应符合下列规定：

① 钢筋宜采用机械设备进行调直，也可采用冷拉方法调直；

② 当采用机械调直时，调直设备不应具有延伸功能；

③ 当采用冷拉方法调直时，HPB300 光圆钢筋的冷拉率不宜大于 4%；HRB335、HRB400、HRB500、HRBF335、HRBF400、HRBF500 及 RRB400 带肋钢筋的冷拉率，不宜大于 1%；

④ 钢筋调直过程中不应损伤带肋钢筋的横肋；

⑤ 调直后的钢筋应平直，不应有局部弯折。

由于机械调直有利于保证钢筋质量，控制钢筋强度，钢筋调直宜采用机械法。带肋钢筋进行机械调直时，应注意保护钢筋横肋，以免横肋损伤，造成钢筋锚固性能降低。钢筋调直也可采用冷拉法，使用时应控制调直冷拉率，以免影响钢筋的力学性能。

（3）钢筋切断　钢筋下料时须按下料长度切断。钢筋剪切可采用钢筋切断机或手动切断器。钢筋切断机可切断 40mm 的钢筋，由于其机械效率高，操作方便，质量控制好，在大中型建筑施工中提倡采用。手动切断器切断能力有限，一般只用于切断直径小于 16mm 的钢筋；钢筋的下料长度应力求准确，其允许偏差为±10mm。

（4）钢筋弯折　钢筋下料后，根据设计尺寸的要求，按钢筋直径、弯曲角度及弯曲设备特点进行画线，以便弯曲成型。

钢筋弯曲宜采用弯曲机（图 4-25）和弯箍机。弯曲机可弯直径 6～40mm 的钢筋，钢筋弯曲点线与成型轴、心轴的关系见图 4-26。直径小于 25mm 的钢筋，当无弯曲机时也可采用扳钩弯曲。钢筋弯曲成型后，形状、尺寸必须符合设计要求，平面上没有翘曲、不平现象。

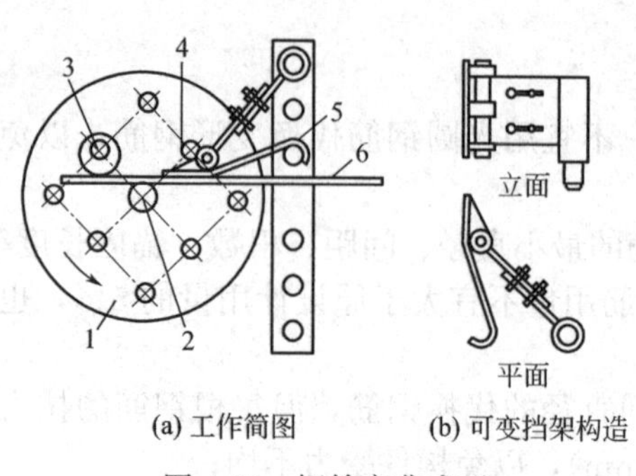

(a) 工作简图　(b) 可变挡架构造

图 4-25　钢筋弯曲成型

1—工作盘；2—心轴；3—成型轴；4—可变挡架；5—插座；6—钢筋

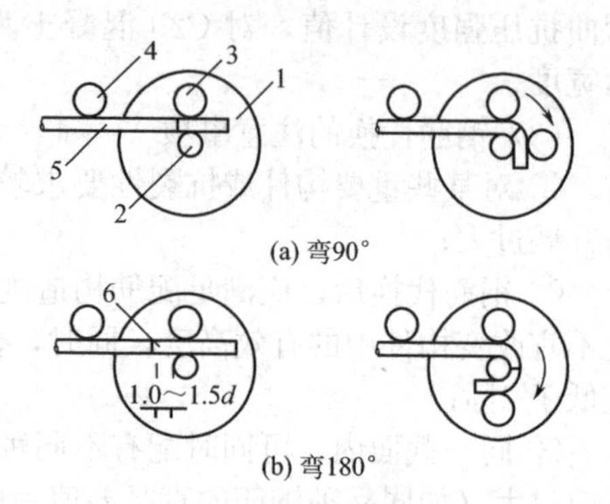

(a) 弯90°

(b) 弯180°

图 4-26　弯曲点线与成型轴、心轴关系

1—工作盘；2—心轴；3—成型轴；4—固定挡铁；5—钢筋；6—弯曲点线

钢筋弯折的弯弧内直径应符合下列规定。

① 光圆钢筋，不应小于钢筋直径的 2.5 倍。

② 335MPa 级、400MPa 级带肋钢筋，不应小于钢筋直径的 4 倍。

③ 500MPa 级带肋钢筋，当直径为 28mm 及以下时不应小于钢筋直径的 6 倍；当直径为 28mm 及以上时，不应小于钢筋直径的 7 倍。

④ 位于框架结构顶层端节点处的梁上部纵向钢筋和柱外侧纵向钢筋，在节点角部弯折处，不宜小于钢筋直径的 12 倍；当钢筋直径为 28mm 及以上时，弯弧内直径不宜小于钢筋直径的 16 倍。

⑤ 钢筋弯折处尚不应小于纵向受力钢筋直径；箍筋弯折处纵向受力钢筋为搭接钢筋或并筋时，应按钢筋实际排布情况确定箍筋弯弧内直径；拉筋弯折处，弯弧内直径尚应考虑拉筋实际勾住钢筋的具体情况。

纵向受力钢筋的弯折后平直段长度应符合设计要求及现行国家标准《混凝土结构设计规范》(以下简称《混规》，GB 50010—2010) 的有关规定。光圆钢筋末端做 180°弯钩时，弯钩弯折后平直段的长度不应小于钢筋直径的 3 倍。

4.2.5 钢筋的连接

钢筋连接方法主要有绑扎连接、焊接连接和机械连接。

4.2.5.1 绑扎连接

钢筋绑扎连接是将两根钢筋相互重叠一定的长度，用铁丝绑扎的连接方法，适用于较小直径钢筋的连接。受连接可靠性的影响，绑扎连接有一定的局限性。

钢筋的绑扎工艺：画线→摆筋→穿箍→绑扎→安装垫块。

当受拉钢筋的直径 $d>25$mm 及受压钢筋直径 $d>28$mm 时候，不宜采用绑扎搭接接头 (2010 版《混规》对这两个数据作出了更严格的要求，旧规范定的是 28mm 和 32mm)。

绑扎连接应符合下列规定：①钢筋的绑扎搭接接头应在接头中心和两端用铁丝扎牢；②墙、柱、梁钢筋骨架中各竖向面钢筋网交叉点应全数绑扎，底部钢筋网除边缘部分外可间隔交错绑扎；③梁、柱的箍筋弯钩及焊接封闭的焊点应沿纵向受力钢筋方向错开设置；④构造柱纵向钢筋宜与承重结构同步绑扎；⑤梁及柱中箍筋、墙中水平分布钢筋、板中钢筋距构件边缘的起始距离宜为 50mm。

采用绑扎连接时，应保证最小搭接长度及接头百分率的基本要求。

（1）最小搭接长度　纵向受力钢筋绑扎搭接接头时，接头的设置应符合下列规定（图 4-28）。

① 同一构件内的接头宜分批错开。各接头的横向净距 s 不应小于钢筋直径，且不应小于 25mm。

② 接头连接区段的长度应为 1.3 倍搭接长度，凡接头中点位于该连接区段长度内的接头均应属于同一连接区段。搭接长度可按相互连接两根钢筋中较小直径计算。纵向受力钢筋的最小搭接长度应符合下列规定。

a. 当纵向受力钢筋的绑扎搭接接头面积百分率不大于 25%时，其最小搭接长度应符合表 4-14 的规定。

表 4-14　纵向受力钢筋的最小搭接长度

钢筋类型		混凝土强度等级								
		C20	C25	C30	C35	C40	C45	C50	C55	≥C60
光圆钢筋	300 级	48d	41d	37d	34d	31d	29d	28d	—	—
带肋钢筋	335 级	46d	40d	36d	33d	30d	29d	27d	26d	25d
	400 级	—	48d	43d	39d	36d	34d	33d	31d	30d
	500 级	—	58d	52d	47d	43d	41d	39d	38d	36d

注：表中 d 为钢筋直径。

b. 当纵向受力钢筋搭接接头面积百分率为 50%时，其最小搭接长度应按表 4-13 中的数值乘以系数 1.15 取用。

c. 当接头面积百分率为 100%时，应按表 4-13 中的数值乘以系数 1.35 取用。

d. 当接头面积百分率为 25%～100%的中间值时，修正系数可按内插取值。

e. 纵向受力钢筋的最小搭接长度根据上述规定确定后，可按下列规定进行修正。但在任何情况下，受拉钢筋的搭接长度不应小于 300mm。

当带肋钢筋的直径大于 25mm 时，其最小搭接长度应按相应数值乘以系数 1.1 取用；对环氧树脂涂层的带肋钢筋，其最小搭接长度应按相应数值乘以系数 1.25 取用；当在混凝土凝固过程中受力钢筋易受扰动时，其最小搭接长度应按相应数值乘以系数 1.1 取用；末端采用弯钩或机械锚固措施的带肋钢筋，其最小搭接长度应按相应数值乘以系数 0.6 取用；当带肋钢筋的混凝土保护层厚度大于搭接钢筋直径的 3 倍且配有箍筋时，其最小搭接长度应可按相应数值乘以系数 0.8 取用；当带肋钢筋的混凝土保护层厚度为搭接钢筋直径的 5 倍且配有箍筋时，其最小搭接长度可按相应数值乘以系数 0.7 取用；当带肋钢筋的混凝土保护层厚度大于搭接钢筋直径 3 倍且小于 5 倍时，修正系数可按内插取值；对有抗震要求的受力钢筋的最小搭接长度，对一、二级抗震等级，应按相应数值乘以系数 1.15 取用；三级抗震等级，应按相应数值乘以系数 1.05 取用。

（2）同一连接区段内　纵向钢筋搭接接头面积百分率为该区段内有搭接接头的纵向受力钢筋截面面积与全部纵向受力钢筋截面面积的比值（图 4-27）。

同一连接区段内，纵向受力钢筋搭接接头面积百分率应符合设计要求，无设计具体要求时，应符合下列规定。

① 对梁类、板类及墙类构件，不宜大于 25%。

② 对柱类构件，不宜大于 50%。

③ 当工程中确有必要增大接头面积百分率时，对梁类构件，不应大于 50%；对其他构件可根据实际情况放宽。

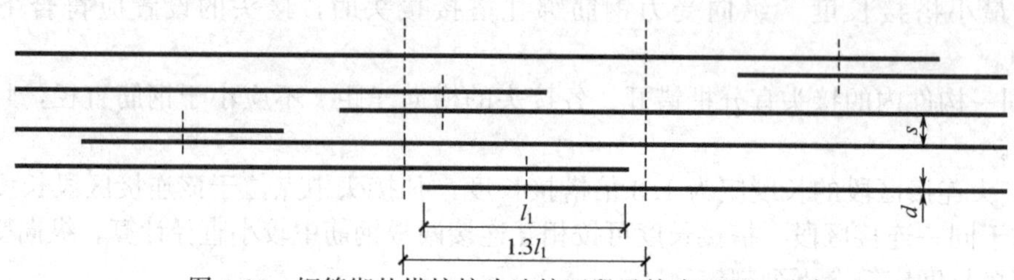

图 4-27 钢筋绑扎搭接接头连接区段及接头面积百分率

注：图中所示搭接接头同一连接区段内的搭接钢筋为两根，各钢筋直径相同时，接头面积百分率为 50%。

4.2.5.2 焊接连接

钢筋焊接可节约钢材、改善结构受力性能、提高工效、降低成本。常用的钢筋焊接方法有：闪光对焊、电阻点焊、气压焊、电弧焊、电渣压力焊等。其中闪光对焊、电阻点焊和气压焊为压焊，电弧焊和电渣压力焊为熔焊。

（1）闪光对焊 闪光对焊是利用钢筋对焊机，将两钢筋安放成对接形式，压紧于两电极之间，通过低电压强电流，把电能转化为热能，使钢筋加热到一定温度后，即施以轴向压力顶锻，产生强烈火花飞溅，形成闪光，使两根钢筋焊合在一起（图 4-28）。

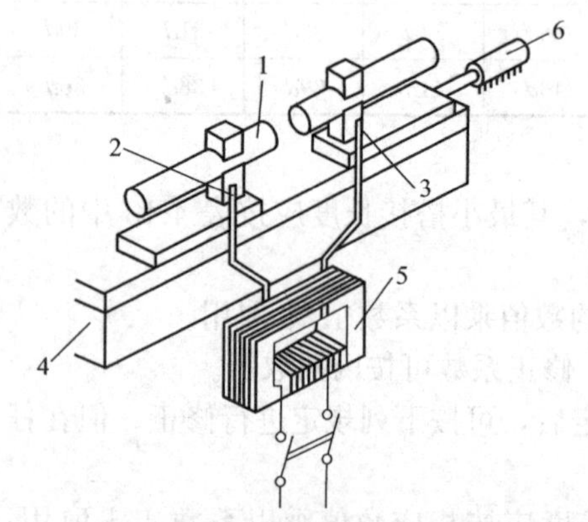

图 4-28 钢筋闪光对焊

1—焊接的钢筋；2—固定电极；3—可动电极；4—机座；5—变压器；6—手动顶压机构

① 对焊工艺。钢筋闪光对焊工艺常用的有连续闪光焊、预热闪光焊和闪光-预热-闪光焊等三种工艺，根据钢筋品种、直径和所用焊机功率大小等选用。

a. 连续闪光焊。当钢筋直径小于 25mm、钢筋级别较低、对焊机容量在 80～160kV·A 的情况下，可采用连续闪光焊。连续闪光焊的工艺过程包括连续闪光和轴向顶锻。

b. 预热闪光焊。对于直径大于 25mm 的钢筋，且端面较平整时，可采用预热闪光焊。此法是在连续闪光焊之前，增加一个预热过程，以扩大焊接端部热影响区。预热闪光焊适用于焊接直径为 20～36mm 的 HPB300 级钢筋，直径为 16～32mm 的 HRB335 级及 HRB400 级钢筋，直径为 12～28mm 的 RRB400 级钢筋。

c. 闪光-预热-闪光焊。此种方法是在预热闪光焊前，再增加一次闪光过程，使钢筋端部预热均匀。对于 RRB400 级钢筋，因碳、锰、硅的含量较高，加上合金元素钛、钒的存在，故对氧化淬火和过热比较敏感，其焊接性能较差，关键在于掌握适当的焊接温度，温度过高或过低都会影响接头的质量。

d. 通电热处理。RRB400 级钢筋对焊时，应采用预热闪光焊或闪光-预热-闪光焊工艺。当接头拉伸试验结果发生脆性断裂或弯曲试验不能达到规范要求时，应在对焊机上进行焊后通电处理，以改善接头金属组织和塑性。通电热处理的方法是：待接头冷却至常温，将两电极钳口调至最大间距，重新夹住钢筋，采用最低的变压器级次，进行脉冲式通电加热，每次脉冲循环，应包括通电时间和间歇时间，一般为 3s；当加热至 750～850℃，钢筋表面呈橘红色时停止通电，随后在环境温度下自然冷却。

② 对焊参数。为获得良好的对焊接头，应选择恰当的焊接参数。连续闪光焊的焊接参

数包括：调伸长度、烧化留量、闪光速度、顶锻留量、顶锻速度、顶锻压力、变压器级数等。当采用预热闪光焊时，除上述参数外，还应包括一次烧化留量、二次烧化留量、预热留量与预热频率等参数。

③ 质量检验。闪光对焊的质量检验主要包括外观检查及力学性能检查。

外观检查要保证焊接头的表面不得有裂缝和明显的烧伤，接缝处应适当镦粗，毛刺均匀；接头处钢筋轴线偏移应不大于 $0.1d$，并不得大于 2mm；当接头处有弯折时，其偏角不得大于 3°。

对焊接头的力学性能检验应按钢筋品种和直径分批进行，每批选取 6 个试件，其中 3 个做拉伸试验，3 个做弯曲试验。试验结果应符合热轧钢筋的力学性能指标或符合冷拉钢筋的力学性能指标。做破坏性试验时，亦不应在焊缝处或热影响区内断裂。

(2) 电阻点焊　钢筋电阻点焊是将两钢筋安放成交叉叠接形式，压紧于两电极之间，利用电阻热熔化母材金属，加压形成焊点的一种压焊方法。电阻点焊主要用于钢筋的交叉连接，如用来焊接钢筋网片、钢筋骨架等，特别适于预制厂大量使用。

① 电阻点焊工艺。点焊过程的工艺过程可分为预压、通电、锻压三个阶段（图 4-29）。通电开始一段时间内，接触点扩大，固态金属因加热膨胀，在焊接压力作用下，焊接处金属产生塑性变形，并挤向工作间缝隙中。继续加热后，开始出现熔化点，并逐渐扩大成所要求的核心尺寸时切断电流。

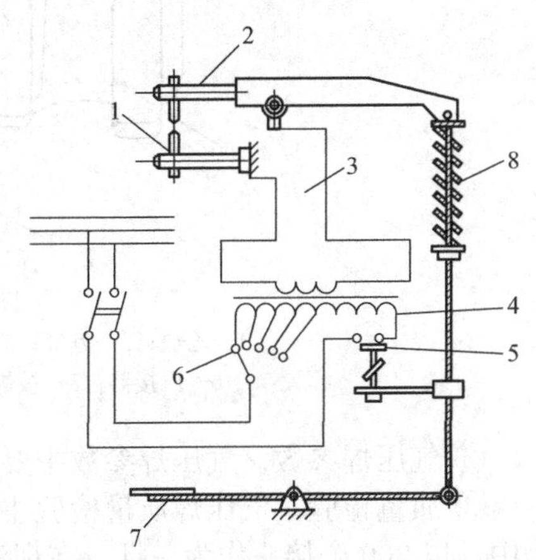

图 4-29　电阻点焊原理

1—电极；2—电极臂；3—变压器的次级线圈；4—变压器的初级线圈；5—断路器；6—变压器的调节开关；7—踏板；8—压紧机构

焊点应有一定的压入深度。电焊热轧钢筋时，压入深度为较小钢筋直径的 25%～45%；电焊冷拔低碳钢丝或冷轧带肋钢筋时，压入深度为较小钢（筋）丝直径的 25%～40%。

② 电阻点焊参数。电阻点焊的工艺参数包括：变压器级数、通电时间和电极压力。通电时间根据钢筋直径和变压器级数而定，电极压力则根据钢筋级别和直径选择。

③ 质量检验。电阻点焊质量检验主要包括外观检验和强度检验。外观要求焊点无脱焊、漏焊、气孔、裂纹和明显烧伤现象，焊点压入深度应符合规定，焊点应饱满。强度检验是指抽样做抗剪能力试验，其抗剪强度应不低于其中细钢筋的抗剪强度。拉伸试验时，不能在焊点处断裂，弯角实验时，不应有裂纹。

(3) 气压焊　气压焊是利用氧气乙炔火焰或其他火焰对两钢筋对接处加热，使其达到塑性状态或熔化状态后，并施一定压力使两根钢筋焊接的一种压焊方法。其具有设备简单轻便、使用灵活、效率高、节省电能、焊接成本低的优点，可进行全方位的焊接；但其对焊工要求较严，焊前对钢筋端部处理要求高。

气压焊主要适用于直径范围 14～20mm 的 HPB300 钢筋，直径 14～40mm 的 HRB335 和 HRB400 钢筋。当两钢筋直径不同时，其两直径之差不得大于 7mm。气压焊接的钢筋要用砂轮切割机断料，要求端面与钢筋轴线垂直。

① 气压焊工艺。气压焊设备主要包括氧、乙炔供气装置，加热器，加压器及焊接夹具等（图 4-30）。焊接前应打磨钢筋端面，清除氧化层和污物，使之现出金属光泽，并立即喷涂一薄层焊接活化剂，保护端面不再氧化。钢筋安装后应加压顶紧，保证两根钢筋的轴线在同一直线上且局部缝隙不得大于 3mm。首先对钢筋施加 10～20MPa 压力进行预压，用强碳化火焰对焊面加热 30～40s，当焊口呈橘黄色时，立即再加 30～40MPa 压力使缝隙闭合，

然后改用中性焰对焊口往复摆动进行宽幅加热。当表面出现黄白色珠光体时，再次顶锻30～40MPa压力，使接缝处膨鼓的直径达到1.4d，变形长度为1.3～1.5d时停止加热。待焊头冷至暗红色，拆除卡头，焊接完成。

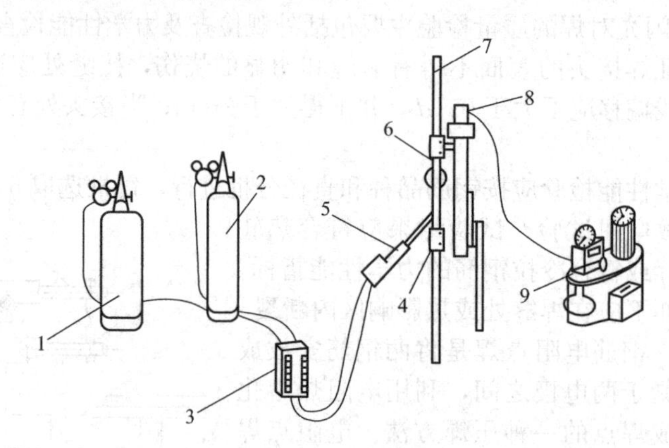

图4-30 气压焊接设备

1—乙炔；2—氧气；3—流量计；4—活动卡具；5—加热器与焊矩；6—压接器；7—被焊接的钢筋；8—加压液压泵；9—固定卡具

② 气压焊参数。气压焊参数主要是加热温度、挤压力、火焰功率等。

③ 质量检验。气压焊质量检验主要包括外观检查、拉伸试验、弯曲试验。在一般构筑物中，以300个接头作为一批，在现浇钢筋混凝土房屋结构中，同一楼层中应以300个接头作为一批，不足300个接头仍应作为一批。

气压焊接头应逐个进行外观检查。当进行力学性能试验时，应从每批接头中随机切取3个接头做拉伸试验；在梁、板的水平钢筋连接中，应另切取3个接头做弯曲试验。

（4）电弧焊　电弧焊是钢筋接头、钢筋骨架焊接，装配式骨架接头的焊接，钢筋与钢板的焊接以及各种钢结构焊接的常用方法。电弧焊的主要设备是弧焊机，有交流和直流两种，常用的是交流弧焊机。电弧焊以焊条作为一极，钢筋为另一极，利用送出的低电压强电流，使焊条与焊件之间产生高温电弧，将焊条与焊件金属熔化，凝固后形成一条焊缝。电弧焊焊接设备简单，价格低廉，维护方便，操作技术要求不高，应用广泛。

① 电弧焊工艺。电弧焊焊接按接头形式分为坡口焊、帮条焊和搭接焊。

a. 坡口焊（图4-31）。坡口焊主要有平焊和立焊两种形式。坡口平焊时，V形坡口角度宜为55°～65°，垫板宽度应为钢筋直径加10mm；钢筋根部间隙宜为4～6mm。采用坡口焊立焊时，坡口角度宜为40°～55°，其中下钢筋宜为0°～10°，上钢筋宜为35°～45°，垫板宽度宜等于钢筋直径，钢筋根部间隙宜为3～5mm，其最大间隙均不宜超过10mm。

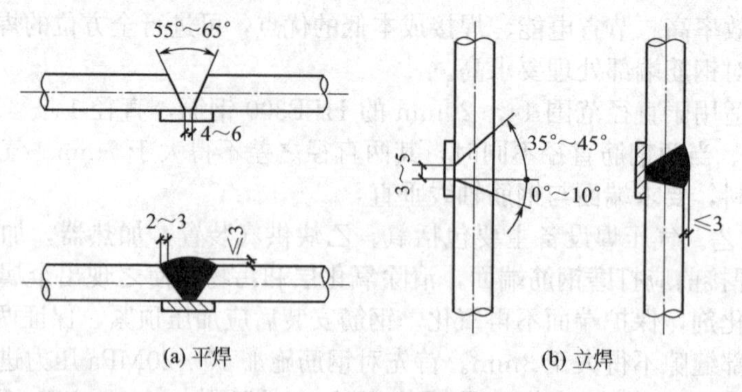

图4-31 钢筋坡口焊接头

焊前应将接头处清除干净，保证坡口面平顺，切口边缘不得有裂纹、钝边和缺棱。钢筋坡口加工宜采用乙炔焰切割或锯割，不得采用电弧切割。施焊时，先进行定位焊，由坡口根部引弧，分层施焊做“之”字形运弧，逐层堆焊，直至略高出钢筋表面，焊缝根部、坡口端面及钢筋与钢垫板之间均应熔合良好，咬边应予补焊，钢筋坡口应采取对称、等速施焊和分层轮流施焊等措施，以减少变形。当发现接头中有弧坑、气孔及咬边等缺陷时，应立即补焊。

b. 帮条焊（图 4-32）。帮条焊焊接时，用两根一定长度的帮条，将受力主筋夹在中间，并采用两端焊点定位，主筋端面之间的间隙应为 2～5mm，然后用双面焊形成焊缝，尽量采用双面焊，当不能进行时，也可采用单面焊。施焊引弧应在帮条内侧开始，将弧坑填满。多层施焊时，第一层焊接电流宜稍大，以增加熔化深度。主焊缝与定位焊缝，特别是在定位焊缝的始端与终端，应熔合良好。

对于帮条总截面面积，HPB300 钢筋不应小于被焊钢筋截面积的 1.2 倍，HRB335、HRB400 钢筋不应小于被焊钢筋截面积的 1.5 倍。帮条宜采用与被焊钢筋同钢种、直径的钢筋，并使两帮条的轴线与被焊钢筋的中心处于同一平面内。当被焊钢筋级别不同时，应按钢筋设计强度进行换算。帮条长度与钢筋级别及焊缝形式有关，HPB300 钢筋，双面焊应大于 4 倍钢筋直径，单面焊应大于 8 倍钢筋直径；HRB335、HRB400 及 RRB400 钢筋，双面焊应大于 5 倍钢筋直径，单面焊应大于 10 倍钢筋直径。

c. 搭接焊（图 4-33）。采用搭接焊时，应先将钢筋预弯，使两钢筋的轴线位于同一直线上，用两点定位焊固定，搭接焊的焊缝厚度、搭接长度、焊缝宽度等要求同帮条焊。搭接焊也应采用双面焊，操作位置不满足要求时才采用单面焊。

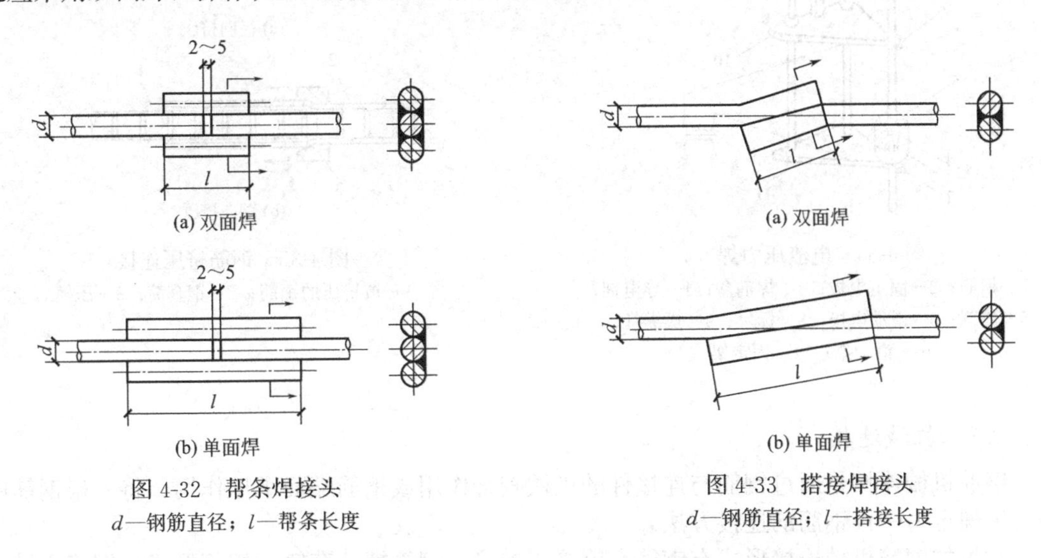

图 4-32 帮条焊接头
d—钢筋直径；l—帮条长度

图 4-33 搭接焊接头
d—钢筋直径；l—搭接长度

② 质量检验。焊接接头质量检查主要包括外观检查和拉伸试验。如对焊接质量有怀疑或发现异常情况，还可进行非破损试验（X 射线、γ 射线、超声波探伤等）。

(5) 电渣压力焊 电渣压力焊（图 4-34）是将两钢筋安放成竖向或斜向（倾斜度在 4∶1 的范围内）对接形式，利用焊接电流通过两钢筋间隙，在焊剂层下形成电弧过程和电渣过程，产生电弧热和电阻热，熔化钢筋，加压完成的一种压焊方法。电渣压力焊易于掌握、功效高、节省钢材、成本低、质量可靠，适用于现浇钢筋混凝土结构中竖向或斜向（倾斜度在 4∶1 范围内）钢筋的连接，特别是对于高层建筑的柱、墙钢筋，应用尤为广泛。

① 焊接工艺。电渣压力焊的焊接过程包括四个阶段：引弧过程、电弧过程、电渣过程

和顶压过程。

焊接开始时，首先在上、下两钢筋端面之间引燃电弧，使电弧周围焊剂熔化形成空穴；随之焊接电弧在两钢筋之间燃烧，电弧热将两钢筋端部熔化，熔化的金属形成熔池，熔融的焊剂形成熔渣（渣池），覆盖于熔池之上，此时，随着电弧的燃烧，上、下两钢筋端部逐渐熔化，将上钢筋不断下送，以保持电弧的稳定，继续电弧过程；随电弧过程的延续，两钢筋端部熔化量增加，熔池和渣池加深，待达到一定深度时，加快上钢筋的下送速度，使其端部直接与渣池接触，这时，电弧熄灭而变电弧过程为电渣过程；待电渣过程产生的电阻热使上、下两钢筋的端部达到全截面均匀加热的时候，迅速将上钢筋向下顶压，挤出全部熔渣和液态金属，随即切断焊接电源，完成了焊接工作。

② 焊接参数。电渣压力焊的工艺参数为焊接电流、焊接电压、通电时间、钢筋熔化量等。根据钢筋直径选择，钢筋直径不同时，根据较小直径的钢筋选择参数。

③ 质量检查。钢筋电渣压力焊的质量检查主要包括外观检查和拉伸试验。采用目测或量测进行外观检查，外观检查不合格的接头应切除重焊或采取补救措施。进行拉伸试验时，在一般构筑物中，以 300 个同钢筋级别接头作为一批。在现浇钢筋混凝土多层结构中，以每一楼层或施工区段的同级别钢筋接头作为一批，不足 300 个接头仍作为一批。从每批接头中随机切取 3 个接头做拉伸试验。

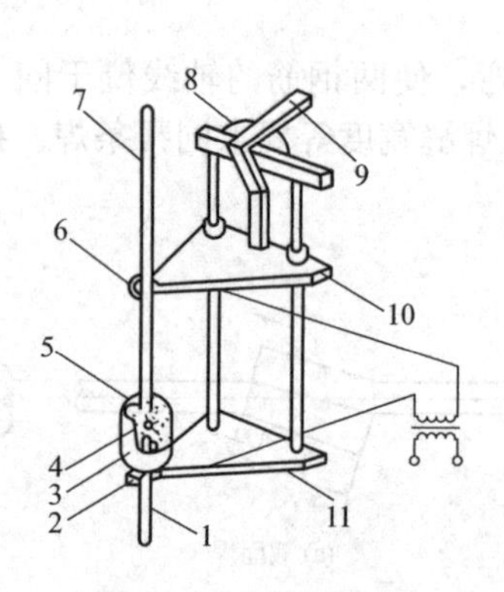

图 4-34 电渣压力焊

1,7—钢筋；2—固定电极；3—焊剂盒；4—导电剂；5—焊剂；6—滑动电极；8—标尺；9—操纵杆；10—滑动架；11—固定架

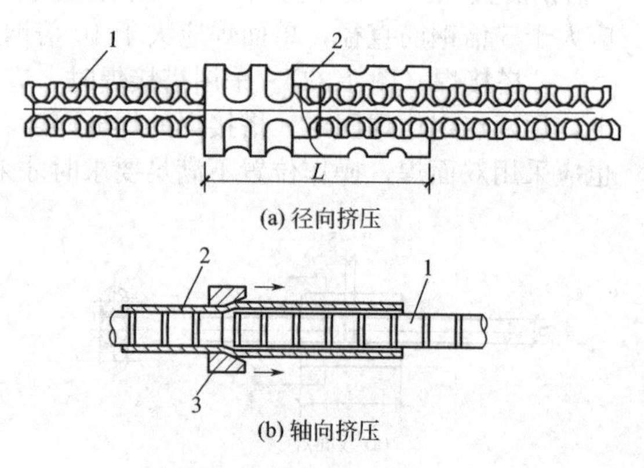

图 4-35 钢筋挤压连接

1—被挤压的钢筋；2—钢套筒；3—压模

4.2.5.3 机械连接

钢筋机械连接是通过钢筋与连接件的机械咬合作用或钢筋端面承压作用，将一根钢筋中的力传递至另一根钢筋的连接方法。

常见的钢筋机械连接形式有钢筋套筒挤压连接、钢筋螺纹套筒连接等形式。钢筋机械连接技术是一项新型钢筋连接工艺，被称为继绑扎、电焊之后的“第三代钢筋接头”，具有接头强度高于钢筋母材、速度比电焊快 5 倍、无污染、节省钢材 20%等优点，适用于钢筋在任何位置与方向的连接，尤其对不能明火作业的施工现场和一些对施工防火有特殊要求的建筑，更加安全可靠。

(1) 钢筋套筒挤压连接　钢筋套筒挤压连接是将两根待接钢筋插入优质钢套筒，用挤压连接设备沿径向或轴向挤压钢套筒，使之产生塑性变形，依靠变形后的钢套筒与被连钢筋纵、横肋产生的机械咬合实现两根钢筋成为一体的方法（图 4-35)，这种连接方法具有操作简单、容易掌握、对中度高、连接速度快、安全可靠、不污染环境、实现文明施工等优点，适用于钢筋的竖向、横向及其他方向的连接。

① 钢筋套筒径向挤压连接。径向挤压连接是采用挤压机，在常温下沿套筒直径方向从套筒中间依次向两端挤压套筒，使之产生塑性变形把插在套筒里的两根钢筋紧固成一体。挤压所用套筒的材料宜选用热轧无缝钢管或由圆钢车削加工而成的强度适中、延性好的普通碳素钢，其设计屈服强度和极限承载力均应比钢筋的标准屈服强度和极限承载力高10%以上。

a. 挤压设备。径向挤压设备主要由挤压机、高压泵、平衡器、吊挂下车及画标志用工具和检查压痕卡等配件组成。

b. 挤压连接工艺。将所需连接的钢筋、套筒进行验收，清除钢套筒及钢筋压接部位的油污、铁锈、砂浆等杂物，将钢筋端部的扭曲、弯折切除或矫正，要求不同直径钢筋的套筒不得串用。然后根据钢筋长度断料，根据套筒套入长度，将钢筋端部画出定位标记并进行标记检查。安装好压接模具，开动液压泵挤压套筒，为保证最大压接面能在钢筋的横肋上，压模运动方向与钢筋两纵肋所在的平面应垂直。挤压钳施压顺序由钢筋套筒中部顺序向端部进行。每次施压时，主要控制压痕深度。最后卸下压接模具并对接头外观检查。

c. 质量检验。对钢筋套筒径向挤压连接主要包括外观质量检验和单向拉伸试验两项。同一施工条件下采用同一批材料的同等级、同型式、同规格接头，以500个接头为一验收批进行检验与验收，不足500个也作为一个验收批。

② 钢筋套筒轴向挤压连接。轴向挤压连接是采用挤压机和压膜，对钢筋套筒和插入的两根对接钢筋，沿轴线方向进行挤压，使套筒咬合到变形钢筋的肋间，结合成一体。钢套筒的材质应为优质碳素结构钢。

a. 挤压设备。轴向挤压连接的挤压设备由挤压机、半挤压机、超高压泵等组成。

b. 挤压连接工艺。首先应清除钢套筒及钢筋压接部位的油污、铁锈、砂浆等杂物，将钢筋端部的扭曲、弯折切除或矫正，钢筋下料断面应与钢筋轴线垂直。

为能够准确地判断钢筋插入钢套筒内的长度，在钢筋两端用标尺画出油漆标记线。按照施工使用的钢筋、套筒、挤压机和压模等，先挤压3根650～700mm套筒接头和3根同样长度的母材钢筋，分别做抗拉试验，满足要求后才能施工。否则，要加倍试验，直到满足要求为止。

c. 质量检验。同钢筋径向挤压连接。

（2）钢筋螺纹套筒连接　钢筋螺纹套筒连接分锥螺纹套筒连接与直螺纹套筒连接两种。它是把钢筋的连接端加工成螺纹（简称丝头），通过螺纹连接套把两根带丝头的钢筋，按规定的力矩值连接成一体的钢筋接头，适用于直径16～40mm的HPB235级、HRB335级带肋钢筋的连接，也可用于异径钢筋的连接。

① 钢筋锥螺纹套筒连接。钢筋锥螺纹套筒连接是利用钢筋端头加工成的锥形螺纹与内壁带有相同内螺纹（锥形）的连接套筒相互拧紧形成一体的一种钢筋连接（图4-36）。

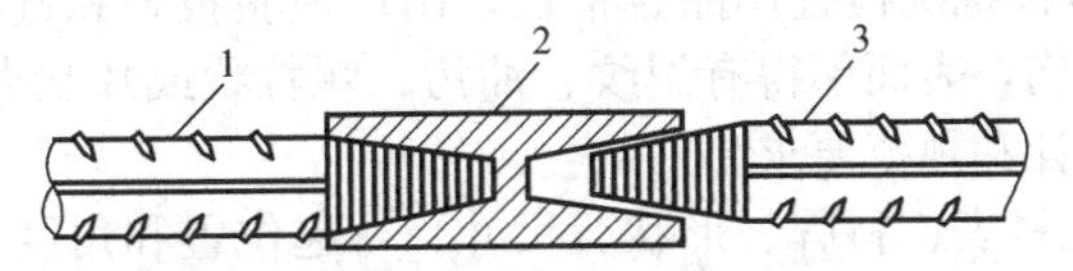

图4-36　钢筋锥螺纹套筒连接

1—已连接的钢筋；2—锥螺纹套筒；3—待连接的钢筋

连接套筒是用专用机床加工而成的定型产品，一般在工厂进行。一般一根钢筋只需一头拧上保护帽，另一头可直接采用扭力扳手，按规定的力矩值将锥螺纹连接套预先拧上，这样既可以保护钢筋丝头又能提高工作效率。待在施工现场连接另一端时，先回收钢筋端部的塑料保护帽和连接套上的密封盖，并再次检查丝头质量。检查合格后，即可将待接钢筋用手拧入一端已拧上钢筋的连接套内，再用扭力扳手按规定的力矩值拧紧钢筋接头，直到扭力扳手在调定的力矩值发出响声为止，并随手画上油漆标记，以防止漏拧。

② 钢筋直螺纹套筒连接。钢筋直螺纹套筒连接是通过对钢筋端部冷镦扩粗、切削螺纹，再用连接套筒对接钢筋（图 4-37）。为充分发挥钢筋母材强度，连接套筒的设计强度应大于等于钢筋抗拉强度标准值的 1.2 倍。这种接头综合了套筒挤压接头和锥螺纹套筒连接接头的优点，具有强度高、接头不受扭紧力矩影响、质量稳定、施工方便、连接速度快、应用范围广、经济、便于管理等优点。

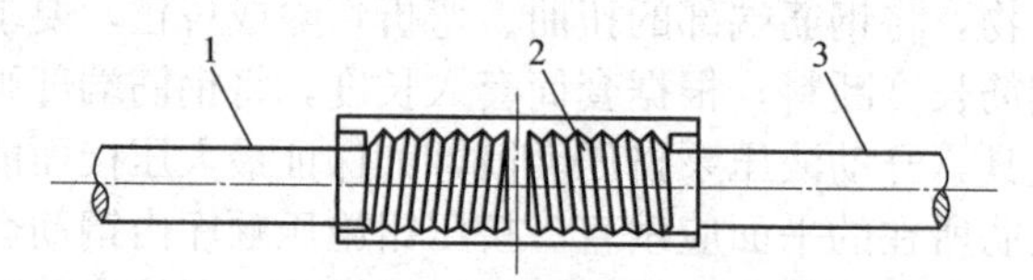

图 4-37 钢筋直螺纹套筒连接

1—已连接的钢筋；2—直螺纹套筒；3—正在拧入的钢筋

钢筋直螺纹套筒连接的制作，首先进行钢筋端部冷镦扩粗，钢筋端部经局部冷镦扩粗后，不仅横截面扩大而且强度也有所提高，再在镦粗段上切削螺纹时，不会造成钢筋母材横截面的削弱，因而能保证充分发挥钢筋母材强度。然后，在镦粗端切削直螺纹，将套筒一端拧入钢筋并用扳手拧紧，再将需连接钢筋丝头拧入套筒另一端，并用普通扳手拧紧，利用两端丝头相互对顶力锁定套筒位置，便完成钢筋的连接。

③ 钢筋螺纹套筒连接接头质量检验。钢筋螺纹套筒连接接头质量检验，主要包括外观检查、单向拉伸试验和接头拧紧值检验三项。同一施工条件下的同一批材料的同等级、同规格接头，以 500 个为一个验收批，不足 500 个也作为一个验收批。

4.2.6 钢筋的植筋施工

为解决工程结构加固及与旧混凝土之间的连接问题，可采用植筋的方法，即在混凝土结构上先钻孔洞，注入胶黏剂，再把钢筋放入洞中，待其固化后完成植筋施工。

植筋施工工艺：钻孔→清孔→注胶黏剂→插入钢筋→凝胶固化。

施工时，孔径与孔深应满足植筋要求，清孔采用吹气泵，不得用水冲洗，注喜利得（Hit-Hy150）胶黏剂时勿将空气封入孔内，胶黏剂凝胶反应时间一般为 15min，插入钢筋固化 1h 后，才能受外力作用。

4.2.7 钢筋的质量检查

① 钢筋进场时，应按批次检查产品合格证、出厂检验报告和进场复验报告，并检查钢筋外表是否平直、无损伤，表面不得有裂纹、油污、颗粒状或片状老锈，按批量取样复试，以确保所用钢筋符合设计和规范要求。

② 钢筋加工时的配料表、料牌、形状、尺寸、弯起位置和角度、弯钩的弯弧直径和弯后平直部分尺寸、钢筋的冷拉调直等应符合设计和规范要求。

③ 钢筋的连接

a. 纵向受力钢筋的连接方式应符合设计要求。钢筋的机械接头、焊接接头应做力学性能试验，其质量应符合规范要求。

b. 钢筋接头宜设置在受力较小处。同一纵向受力钢筋不宜设置两个或两个以上接头。接头末端至钢筋弯起点的距离不应小于钢筋直径的 10 倍。

c.钢筋的搭接长度和同一连接区段内纵向受力钢筋的接头面积百分率应符合设计和规范要求。

④ 钢筋安装时，受力钢筋的品种、级别、规格和数量必须符合设计要求。钢筋安装位置的偏差应符合规范要求。钢筋安装验收合格，并应按有关规定填写“钢筋隐蔽工程检查记录”后方可浇筑混凝土。

4.3 混凝土工程

讨论

1. 混凝土泵送的设备组成及特点是什么？
2. 为提高混凝土的可泵性，对原材料和配合比有哪些要求？
3. 混凝土的振动密实机械及其振动密实原理？
4. 大体积混凝土结构浇筑的方法及原理？
5. 各类构件施工缝的正确留置位置？

混凝土工程施工包括混凝土配制、拌制、运输、浇筑、振捣密实、养护等，各个施工过程相互联系和影响。混凝土工程施工要保证结构具有设计的外形和尺寸，确保混凝土结构的强度、刚度、密实性、整体性满足设计和施工的特殊要求。

4.3.1 混凝土的配制

混凝土的制备就是根据混凝土的配合比，把各种骨料、外加剂和水通过搅拌使其成为均质的混凝土。混凝土的配制，除应保证混凝土设计强度等级的要求外，还要保证混凝土和易性要求，必要时，还应符合抗冻性、抗渗性等要求。混凝土的施工配制强度、混凝土原材料要求在土木工程材料课程中已有讲授在此不再赘述，可扫二维码回顾。本处着重讲解混凝土的施工配合比。

混凝土的配制

(1) 混凝土施工配合比的确定　一般混凝土的配合比是在实验室根据混凝土的施工配制强度经过试配和调整而确定的，称为实验室配合比。实验室配合比所用的砂、石都是不含水分的，但在现场施工中，砂、石一般都露天堆放，一般都含有一定的水分，且含水量随气候而变化。配料时必须把材料的含水率加以考虑，以确保混凝土配合比的准确，从而保证混凝土的质量。根据施工现场砂、石含水率，调整以后的配合比称为施工配合比。

施工配合比可以经过实验室配合比做如下调整得出：

设实验室配合比为：水泥∶砂子∶石子=1∶S∶G，水灰比为W/C，并测定砂子的含水量为W_s，石子的含子量为W_g，则施工配合比应为：水泥∶砂子∶石子∶水=1∶$S(1+W_s)$∶$G(1+W_g)$∶$(W-SW_s-GW_g)$。

【例 4-4】 设混凝土实验室配合比为1∶2.56∶5.50，水灰比为0.64，每$1m^3$混凝土的水泥用量为275kg，测得砂子含水量为4%，石子含子量为2%，试求施工配合比及拌制每立方米混凝土各种材料用量。

【解】 施工配合比为：1∶2.56(1+4%)∶5.50(1+2%)=1∶2.66∶5.61

每立方米混凝土材料用量为：

水泥：275kg（不变）

砂子：$S(1+W_s)=275\times2.56\times(1+4\%)=275\times2.66=731.5(kg)$

石子：$G(1+W_g)=275\times5.50\times(1+2\%)=275\times5.61=1542.8(kg)$

水：$W-SW_s-GW_g=275\times0.64-275\times2.56\times4\%-275\times5.50\times2\%=117.6(\text{kg})$

(2) 施工配料

求出每立方米混凝土材料用量后，还必须根据工地现有搅拌机出料容量确定每次需用几袋水泥，然后按水泥用量来计算砂石每次的拌用量。上例如采用JZ250型搅拌机，出料容量为0.25m^3，则每搅拌一次的装料数量为：

水泥：275×0.25=68.75（kg）（取用一袋半水泥，即75kg）

砂子：$731.5\times\frac{75}{275}=199.5(\text{kg})$

石子：$1542.8\times\frac{75}{275}=420.8(\text{kg})$

水：$117.6\times\frac{75}{275}=32.1(\text{kg})$

4.3.2 混凝土的拌制

混凝土的搅拌是指将各种组成材料进行均匀搅拌，使混凝土满足使用要求。混凝土搅拌方式可分为现场小规模搅拌、现场集中搅拌和预拌混凝土搅拌站搅拌。

4.3.2.1 混凝土搅拌设备

(1) 混凝土搅拌机　混凝土搅拌机按其搅拌原理分为自落式和强制式两类（表4-15）。

自落式搅拌机搅拌筒内壁焊有弧形叶片，当搅拌筒绕水平轴旋转时，弧形叶片不断将物料提高，然后自由落下而互相混合。自落式搅拌机主要采用重力机理及交流掺和机理设计。常用的自落式搅拌机目前只有锥形反转出料式和锥形倾翻出料式两种类型。

表4-15　自落式和强制式混凝土搅拌机类型

<table>
<tr><td colspan="2" rowspan="2">自落式:锥形</td><td colspan="3">强制式:立轴式</td><td colspan="2" rowspan="2">强制式:卧轴式</td></tr>
<tr><td rowspan="2">涡桨式</td><td colspan="2">行星式</td></tr>
<tr><td>反转出料式</td><td>倾翻出料式</td><td>定盘式</td><td>盘转式</td><td>单轴</td><td>双轴</td></tr>
</table>

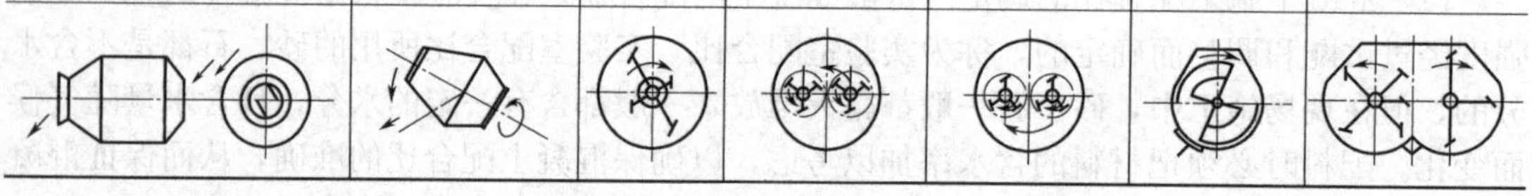

强制式搅拌机是在轴上装上叶片，通过叶片强制搅拌桶中的混合物，使混合料做环向、径向、竖向运动，从而使其拌和均匀。强制式搅拌机主要采用剪切掺和机理进行设计。常用的强制式搅拌机主要为立轴式及卧轴式。

混凝土搅拌机常以其出料容量为150L、250L、350L等。选择搅拌机型号，要根据工程量大小、混凝土的坍落度和骨料尺寸等确定。既要满足技术上的要求，亦要考虑经济效果和节约能源。

(2) 混凝土搅拌站　混凝土搅拌站是用来集中搅拌混凝土的联合装置，又称混凝土预制场。由于它的机械化、自动化程度较高，所以生产率也很高，并能保证混凝土的质量和节省水泥，常用于混凝土工程量大、工期长、工地集中的大、中型水利、电力、桥梁等工程。

混凝土搅拌站是由搅拌主机、物料称量系统、物料输送系统、物料贮存系统、控制系统五大系统和其他附属设施组成的建筑材料制造设备，其工作的主要原理是以水泥为胶结材料，将砂石、石灰、煤渣等原料进行混合搅拌，最后制作成混凝土。搅拌站根据其组成部分在竖向方式的不同分为单阶式和双阶式。在单阶式混凝土搅拌站中，原材料经皮带机、螺旋输送机等运输设备一次提升后经过贮料斗，然后靠自重下落进入称量和搅拌工序。这种工艺流程，原材料从一道工序到下一道工序的时间短，效率高，自动化程序高，搅拌站占地面积小，适用于专门预制厂和供应商品混凝土的大型搅拌站。在双阶式混凝土搅拌站中，原材料第一次提升后，依靠自重进入贮料斗，下落经称量配料后，再经第二次提升进入搅拌机。这种工艺流程的搅拌站的建筑物高度小，运输设备简单，投资少，建设快，但效率和自动化程度相对较低。建筑工地上设置的临时性混凝土搅拌站多属此类。

混凝土搅拌站不仅具有优良的搅拌主机，还具备各种精良配件，如螺旋输送机、计量传感器、气动元件等，这些部件保证了混凝土搅拌站在运转过程中高度的可靠性，精确的计量技能以及超长的使用寿命。同时，混凝土搅拌站各维修保养部位均设有走台或检梯，且具有足够的操纵空间，搅拌主机可配备高压自动清洗系统，具有功能缺油和超温自动报警功能，便于设备维修。

混凝土搅拌站拥有良好的环保机能，在机器运转过程中，粉料操纵均在全封锁系统内进行，粉罐采用高效收尘器/雾喷等方法，大大降低了粉尘对环境的污染，同时混凝土搅拌站对气动系统排气和卸料设备均采用消声装置，有效地降低了噪声污染。

4.3.2.2 *混凝土搅拌制度*

为保证混凝土质量优良，除正确选择搅拌机外，还必须正确确定搅拌制度（进料容量、投料顺序及搅拌时间），搅拌制度将直接影响到混凝土的搅拌质量和搅拌机的工作效率。

（1）进料容量　搅拌机容量主要有进料容量、出料容量和几何容量等形式。进料容量是将搅拌前各种材料的体积累积起来的容量，又称干料容量；出料容量是搅拌机每次从搅拌筒内可卸出的最大混凝土体积；几何容量是指搅拌筒内的几何容积。搅拌机的进料容量一般为其几何容量 0.22～0.40 倍，进料容量为出料容量的 1.4～1.8 倍（通常取 1.5 倍）。进料容量超过规定容量的 10%以上，就会使材料在搅拌筒内无充分的空间进行掺合，影响混凝土拌合物的均匀性；反之，如装料过少，则又不能充分发挥搅拌机的效能。因此，投料量应控制在搅拌机的额定进料容量内。

（2）投料顺序　投料顺序应从提高搅拌质量、减少叶片和衬板的磨损、减少拌合物与搅拌筒的黏结、减少水泥飞扬和改善工作环境等方面综合考虑确定。按原材料投料不同，混凝土的投料方法可分为一次投料法和二次投料法。

一次投料法是将原材料（砂、水泥、石子）同时投入搅拌机内进行搅拌。为了减少水泥飞扬和粘壁现象，对自落式搅拌机要在搅拌筒内先加部分水，投料时砂压住水泥，水泥不致飞扬，且水泥和砂先进入搅拌筒形成水泥砂浆，可缩短包裹石子的时间。对立轴强制式搅拌机，因出料口在下部，不能先加水，应在投入原料的同时，缓慢均匀分散地加水。

一次投料法的主要缺点是水泥同其他粗细骨料夹裹着一同进入拌和机，遇水后很快形成小水泥团粒，水灰比愈小，这种结块愈严重。小水泥团粒附于粗骨料上，粗骨料粒径愈大，小水泥团粒愈不易破碎。在拌和过程中，由于摩擦和撞击作用，处于骨料运动方向背面的小水泥团粒被有效地保护起来，粒径大于小水泥团粒几倍或十几倍的粗骨料成了小水泥团粒的保护屏障，使部分水泥团粒在拌和结束后仍不能破碎，待硬化后，成为水泥块填充骨料的空隙，从而导致混凝土强度降低，甚至造成质量事故的隐患。在拌和中，如发现有小水泥团粒的现象，要将其破碎，拌和物均匀，必须延长拌和时间，其后果一是影响混凝土浇筑进度，二是增加了拌和机的磨损。

二次投料法制备混凝土是在不增加任何机械设备、保证质量的前提下，通过改变投料程序，使水泥颗粒充分分散，加速水化作用，改善混凝土性能，它是制备混凝土拌合物的一种新的工艺。二次投料法包括先拌水泥净浆法、先拌砂浆法、水泥裹砂法或水泥裹砂石法等。先拌砂浆法是指先将水泥、砂和水投入搅拌筒内进行搅拌，成为均匀的水泥砂浆后，再加入石子搅拌成均匀的混凝土；水泥裹砂法是指先将全部砂子投入搅拌机中，并加入总拌合水量70%左右的水（包括砂子的含水量），搅拌10～15s，再投入水泥搅拌30～50s，最后投入全部石子、剩余水及外加剂，再搅拌50～70s后出罐；水泥裹砂石法是指先将全部的石子、砂和70%拌合水投入搅拌机，拌和15s，使骨料湿润，再投入全部水泥搅拌30s左右，然后加入30%拌合水再搅拌60s左右即可。采用二次投料法制备混凝土，混凝土和易性好，便于施工，泌水也相应减少了。

（3）搅拌时间　搅拌时间是指从原材料全部投入搅拌筒时起，到开始卸料时为止所经历的时间。它与搅拌质量密切有关。在一定范围内随搅拌时间的延长而强度有所提高，但过长时间的搅拌，不坚硬的粗骨料在大容器搅拌机中会因脱角、破碎等而影响混凝土的质量，这样不经济也不合理。混凝土搅拌的最短时间见表4-16，当能保证搅拌均匀时可适当缩短搅拌时间。搅拌强度等级C60及以上的混凝土时，搅拌时间应适当延长。

表4-16　混凝土搅拌的最短时间　　　　单位：s

混凝土坍落度/mm	搅拌机类型	搅拌机出料容积/L		
		＜250	250～500	＞500
≤40	自落式	90	120	150
	强制式	60	90	120
＞40且＜100	自落式	90	90	120
	强制式	60	60	90
≥100	自落式	90		
	强制式	60		

注：掺有外加剂时，搅拌时间应适当延长。

4.3.3　混凝土的运输

4.3.3.1　混凝土运输的基本要求

① 采用混凝土搅拌运输车运输混凝土时，应符合下列规定：接料前，搅拌运输车应排净罐内积水；在运输途中及等候卸料时，应保持搅拌运输车罐体正常转速，不得停转；卸料前，搅拌运输车罐体宜快速旋转搅拌20s以上后再卸料。

② 采用搅拌运输车运输混凝土时，施工现场车辆出入口处应设置交通安全指挥人员，施工现场道路应顺畅，有条件时宜设置循环车道；危险区域应设警戒标志；夜间施工时，应有良好的照明。

③ 采用搅拌运输车运送混凝土，当坍落度损失较大不能满足施工要求时，可在运输车罐内加入适量的与原配合比相同成分的减水剂。减水剂加入量应事先由试验确定，并应做出记录。加入减水剂后，搅拌运输车应快速旋转搅拌均匀，并应达到要求的工作性能后再泵送或浇筑。

④ 当采用机动翻斗车运输混凝土时，道路应通畅，路面应平整、坚实，临时坡道或支架应牢固，铺板接头应平顺。

⑤ 在混凝土运输过程中，应控制混凝土运至浇筑地点后，不离析、不分层，组成成分不发生变化，并能保证施工所必需的稠度。运送至浇筑地点，如混凝土拌合物出现离析或分层现象，应进行二次搅拌。

⑥ 运送混凝土的容器和管道，应不吸水、不漏浆，并保证卸料及输送通畅。容器和管道在冬期应有保温措施，夏季最高气温超过40℃时，应有隔热措施。混凝土拌合物运至浇

筑地点时的温度，最高不超过35℃，最低不低于5℃。

⑦ 混凝土运至浇筑地点时，应检测其坍落度，所测值应符合设计和施工要求。其允许偏差应符合表4-17的规定。

表4-17 坍落度允许偏差 单位：mm

坍落度	允许偏差
≤40	±10
50～90	±20
≥100	±30

4.3.3.2 混凝土运输机具

混凝土运输机具的种类很多，常用的运输机械有手推车、机动翻斗车、混凝土搅拌运输车及混凝土泵等，可根据施工条件进行选用。

(1) 手推车 手推车是施工场地内进行混凝土运输的常用机具，它具有操作灵活、运输快捷、适应性强等优点。

(2) 机动翻斗车 机动翻斗车运输能力大于手推车，具有操作方便、速度快、转弯半径小、能自动卸料等特点，适用于短距离的水平运输。

(3) 混凝土搅拌运输车 混凝土搅拌运输车或称搅拌车（图4-38），是用来运送建筑用预拌混凝土的专用卡车，是一种用于长距离输运混凝土的高效能机械。卡车上装有圆筒形搅拌筒用以运载混合后的混凝土，在运输过程中会始终保持搅拌筒转动，以保证所运载的混凝土不会凝固。当进行短距离运输时，可作为运输工具使用，可将拌和好的混凝土接送至浇筑地点，在运输过程中，搅拌筒低速搅动，避免混凝土离析。当运距较长时，也可以将混凝土干料装入筒内，将水注入配水箱。快行驶到目的地时，可启动搅拌筒回转，并向搅拌桶注入定量水进行搅拌，以减少长途输送引起的混凝土坍落度损失。运送完混凝土后，通常都会用水冲洗搅拌筒内部，防止硬化的混凝土占用空间。

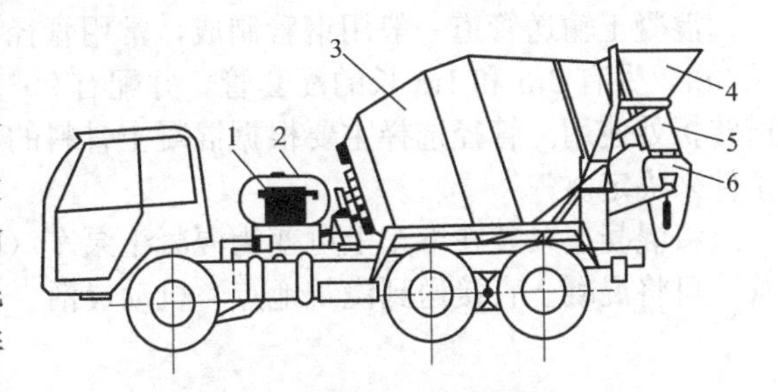

图4-38 混凝土搅拌运输车

1—水箱；2—外加剂箱；3—搅拌筒；4—进料斗；5—固定卸料溜槽；6—活动卸料溜槽

(4) 混凝土泵 又称泵送混凝土，是利用混凝土泵的压力将混凝土通过管道输送到浇筑地点，一次完成水平运输和垂直运输，是发展较快的一种混凝土运输方法，具有可连续浇筑、加快施工速度、保证工程质量、特别适合狭窄施工场所施工、具有较高的技术经济效果等优点。我国在高层、超高层的建筑、桥梁、水塔、烟囱、隧道和大型混凝土结构的施工中已广泛应用。

混凝土泵根据驱动方式主要有气压泵、挤压泵和活塞泵三种，活塞泵用得较多。活塞泵又分为液压式和机械式两种，其中液压式活塞泵是一种较为先进的混凝土泵（图4-39）。

活塞泵工作时，利用活塞的往复运动，将混凝土吸入或压出。将搅拌好的混凝土倒入料斗，分配阀开启、另一分配阀关闭，液压活塞在液压作用下通过活塞杆带动活塞后移，料斗内的混凝土在重力和吸力作用下进入混凝土缸。然后，液压系统中压力油的进出方向相反，活塞右移，同时分配阀关闭，而另一分配阀开启，混凝土缸中的混凝土拌合物被压入输送管，送至浇筑地点。由于有两个缸体交替进料和出料，因而能连续稳定地排料。不同型号的

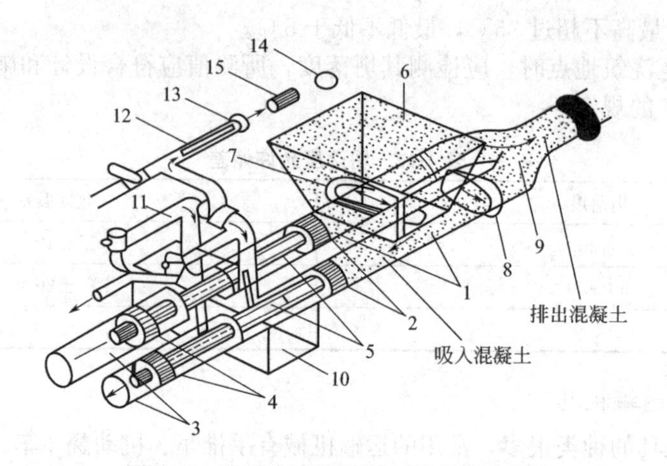

图 4-39 液压式活塞混凝土泵工作原理图

1—混凝土缸；2—混凝土活塞；3—液压缸；4—液压活塞；5—活塞杆；6—料斗；7—吸入端水平片阀；8—排出端竖直片阀；9—Y 形输送管；10—水箱；11—水洗装置换向阀；12—水洗用高压软管；13—水洗法兰；14—海绵球；15—清洗活塞

混凝土泵，其排量不同，水平运距和垂直运距也不同，常用者，混凝土排量 30～90m^3/h，水平运距 200～900m，垂直运距 50～300m。

混凝土输送管道一般用钢管制成，常用管径主要有 100mm、125mm、150mm 等。标管长 3m，另有 2m 和 1m 长的配套管，并配有 90°、45°、30°、15°等不同角度的弯管，以便管道转折处使用。管径选择主要根据混凝土骨料的最大粒径、输送距离、输送高度及其他工程条件来决定。

将混凝土泵装在汽车上可变为混凝土泵车（图 4-40），车上装有布料杆，其端部设置软管，可将混凝土直接送到浇筑地点，机动灵活、使用方便。

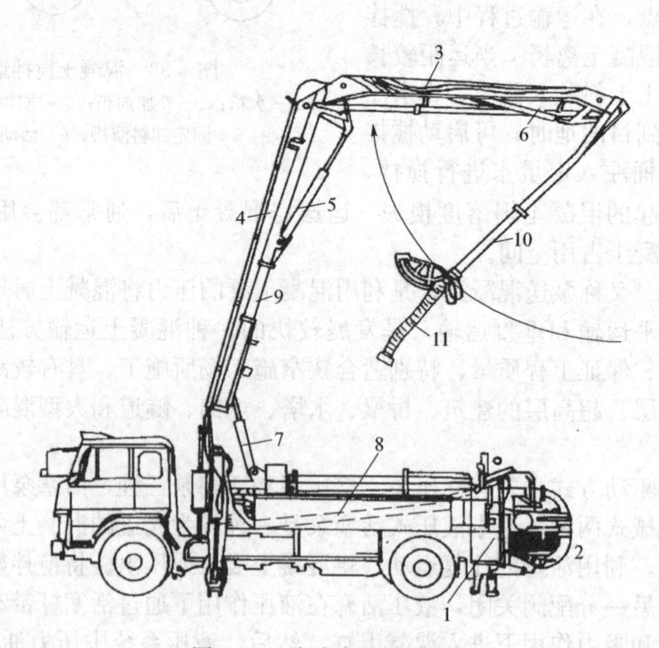

图 4-40 移动式混凝土泵车

1—混凝土泵；2—混凝土输送车；3—布料杆支撑装置；4—布料杆臂杆；5,6,7—油缸；8,9,10—混凝土输送管；11—软管

为避免堵塞，泵送混凝土时，碎石、卵石最大粒径与输送管内径之比应符合表4-18的规定。砂宜用中砂，通过0.315mm筛孔的砂应不少于15%，砂率宜控制在35%～45%，如粗骨料为轻骨料还可适当提高。水泥用量不宜过少，否则泵送阻力增大，最小水泥用量为300kg/m^3。

表4-18 粗骨料最大粒径与输送管径之比

粗骨料品种	泵送高度/m	粗骨料最大粒径与输送管径之比
碎石	＜50	≤1∶3.0
	50～100	≤1∶4.0
	＞100	≤1∶5.0
卵石	＜50	≤1∶2.5
	50～100	≤1∶3.0
	＞100	≤1∶4.0

采用混凝土泵运送混凝土，必须做到：①混凝土泵必须保持连续工作；②输送管道宜直，转弯宜缓，接头应严密；③泵送混凝土之前，应预先用水泥砂浆润滑管道内壁，以防堵塞；④受料斗内应有足够的混凝土，以防止吸入空气阻塞输送管道。

（5）垂直运输设备 施工现场的混凝土垂直运输，可利用塔式起重机、井架、施工升降机（施工电梯）等起重设备。利用塔式起重机，应配备相应的混凝土吊罐式吊斗；利用井架、施工升降机时，可将装载混凝土的手推车直接推入吊盘中，运送到混凝土浇筑面。

4.3.4 混凝土的浇筑

4.3.4.1 浇筑前准备工作

① 混凝土浇筑前，要划分施工层和施工段，施工层一般按结构层划分，施工段要考虑工序数量、技术要求、结构等特点进行划分。一般水平方向以结构平面的伸缩缝分段，垂直方向按结构层次分层。

② 浇筑混凝土前，应清除模板内或垫层上的杂物。表面干燥的地基、垫层、模板上应洒水湿润；现场环境温度高于35℃时宜对金属模板进行洒水降温；洒水后不得留有积水。

③ 浇筑混凝土前，应检查和控制模板、钢筋、保护层和预埋件等的尺寸、规格、数量和位置，其偏差值应符合现行国家标准《混凝土结构工程施工质量验收规范》（GB 50204—2015）的规定。此外，还应检查模板支撑的稳定性以及接缝的密合情况。

④ 模板和隐蔽项目应分别进行预检和隐检验收，符合要求时，方可进行浇筑。

4.3.4.2 混凝土浇筑具体技术要求

① 混凝土浇筑应保证混凝土的均匀性和密实性。混凝土宜一次连续浇筑。

② 混凝土应分层浇筑，分层厚度应符合规定（表4-19），上层混凝土应在下层混凝土初凝之前浇筑完毕。

表4-19 混凝土浇筑层厚度 单位：mm

捣实混凝土的方法		浇筑层的厚度
插入式振捣		振动器作用部分长度的1.25倍
表面振捣		200
人工振捣	在基础、无筋混凝土或配筋稀疏结构中	250
	在梁、板、柱结构中	200
	在配筋密列的结构中	150

③ 为保证混凝土的整体性，浇筑工作应连续进行。当由于技术上或施工组织上的原因必须间歇时，其间歇的时间应尽可能缩短，并保证在前层混凝土初凝之前，将次层混凝土浇筑完毕。其间歇的最长时间，应按所用水泥品种、混凝土强度等级及施工气温确定，且不超过表 4-20 中的规定，当超过时应留置施工缝。

表 4-20 混凝土浇筑允许间歇时间 单位：min

混凝土强度等级	施工气温	
	≤25℃	＞25℃
≤C30	210	180
＞C30	180	150

注：1. 表中的数值包括混凝土的运输和浇筑时间。
2. 当混凝土中掺促凝剂或缓凝剂时，其允许间歇时间由试验确定。

④ 混凝土浇筑的布料点宜接近浇筑位置，应采取减少混凝土下料冲击的措施，并应符合下列规定：宜先浇筑竖向结构构件，后浇筑水平结构构件；浇筑区域结构平面有高差时，宜先浇筑低区部分，再浇筑高区部分。

⑤ 为保证柱、墙模板内的混凝土在浇筑时不发生离析，混凝土的自由倾落高度应符合以下规定：对于竖向结构（柱、墙），粗骨料粒径大于 25mm 时，浇筑混凝土的倾落高度不得大于 3m；粗骨料粒径小于等于 25mm 时，浇筑混凝土的倾落高度不得大于 6m。当不能满足要求时，应加设串筒、溜管、溜槽等装置（图 4-41）。

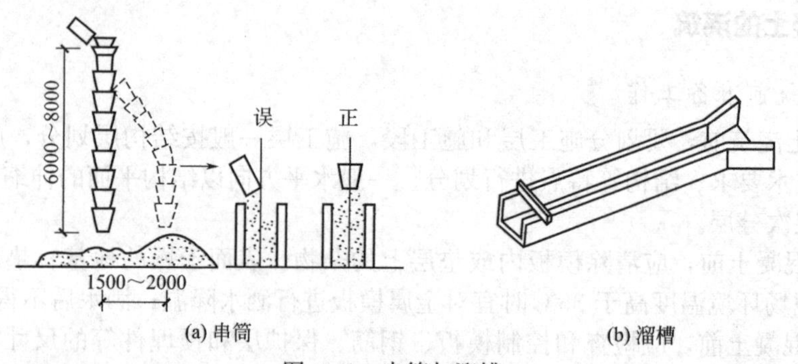

图 4-41 串筒与溜槽

⑥ 混凝土浇筑后，在混凝土初凝前和终凝前，宜分别对混凝土裸露表面进行抹面处理。为避免混凝土浇筑后裸露表面产生塑性收缩裂缝，在初凝、终凝前进行抹面是非常关键的。每次抹面建议采用铁板压光磨平两遍或用木抹子抹平搓毛两遍的工艺方法。对于梁板结构以及易产生裂缝的结构部位应适当增加抹面次数。

⑦ 泵送混凝土浇筑应符合下列规定。

a. 宜根据结构形状及尺寸、混凝土供应、混凝土浇筑设备、场地内外条件等划分每台输送泵浇筑区域及浇筑顺序。

b. 采用输送管浇筑混凝土时，宜由远而近浇筑；采用多根输送管同时浇筑时，其浇筑速度宜保持一致。

c. 润滑输送管的水泥砂浆用于湿润结构施工缝时，水泥砂浆应与混凝土浆液成分相同；接浆厚度不应大于 30mm，多余水泥砂浆应收集后运出。

d. 混凝土泵送浇筑应连续进行；当混凝土不能及时供应时，应采取间歇式泵送方式。所谓间歇式就是在预计后续混凝土不能及时供应的情况下，通过间歇式泵送，控制性地放慢现场现有混凝土的泵送速度，以达到后续混凝土供应后仍能保持混凝土连续浇筑的过程。

e. 混凝土浇筑后，应清洗输送泵和输送管。

4.3.4.3 混凝土施工缝与后浇带

施工缝或后浇带处浇筑混凝土施工缝指的是在混凝土浇筑过程中，因设计要求或施工需要分段浇筑而在先、后浇筑的混凝土之间所形成的接缝。

(1) 施工缝 施工缝并不是一种真实存在的“缝”，它只是因后浇筑混凝土超过初凝时间，而与先浇筑的混凝土之间存在一个结合面，该结合面就称为施工缝。施工缝处新旧混凝土的结合力较差，是构件中的薄弱环节，故宜留置在结构剪力较小且便于施工的部位。柱应留水平缝，梁、板、墙应留垂直缝。

柱子的施工缝宜留在基础的顶面、梁或吊车梁牛腿的下面、吊车梁的上面、无梁楼盖柱帽的下面［图 4-42(a)］。框架结构中，如果梁的负筋向下弯入柱内，施工缝也可设置在这些钢筋的下端，以便于绑扎。和板连成整体的大断面梁，应留在楼板底面以下 20～30mm 处，当板下有梁托时，留在梁托下部；单向平板的施工缝，可留在平行于短边的任何位置处；有主次梁的楼板结构，宜顺着次梁方向浇筑，施工缝应留在次梁跨度中间 1/3 范围内［图 4-42(b)］。楼梯应留在楼梯长度中间 1/3 长度范围内。墙可留在门洞口过梁跨中 1/3 范围内，也可留在纵横墙的交接处。

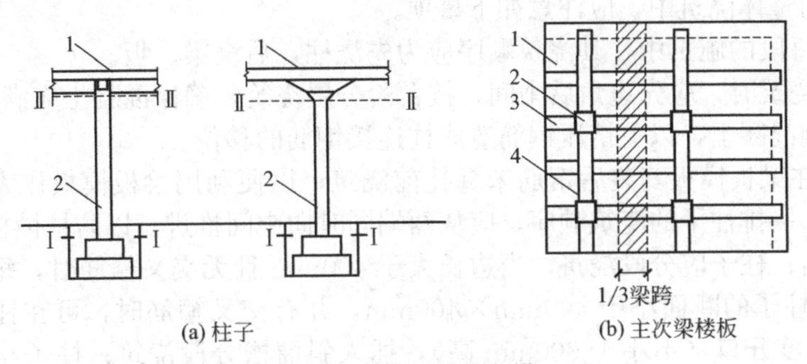

图 4-42 施工缝的留设

1—楼板；2—柱；3—次梁；4—主梁

施工缝的处理可采取以下的方法：①剔除清理，剔除已浇混凝土表面的水泥薄膜、松动的石子和软弱的混凝土层；②冲洗湿润，浇水湿润充分并冲洗干净，且不得积水；③座浆，浇筑时，施工缝处宜先铺水泥浆（水泥∶水＝1∶0.4）或与混凝土成分相同的水泥砂浆一层，厚度为 10～15mm，以保证接缝的质量；④加强振捣，浇筑混凝土时，施工缝处应细致捣实，使其结合紧密；⑤在施工缝处继续浇筑混凝土时，应待混凝土的抗压强度不小于 1.2MPa 时进行，此强度取决于水泥强度、混凝土强度等级、气温等。

(2) 后浇带 后浇带是为在现浇钢筋混凝土结构施工过程中，克服由于温度、收缩而可能产生有害裂缝而设置的临时施工缝。后浇带对避免混凝土结构的温度收缩裂缝等有较大作用，其位置应按设计要求留置，其浇筑时间和处理方法应事先在施工技术方案中确定。

后浇带的设置距离应考虑在有效降低温差和收缩应力条件下，通过计算来确定。在正常的施工条件下，一般规定是：如混凝土置于室内和土中，则为 30m；如露天，则为 20m。

后浇带的保留时间应根据设计确定，若设计无要求时，一般应至少保留 28d 以上。后浇带的设置宽度一般为 700～1000mm，后浇带内的钢筋应完好保存（图 4-43）。

后浇带在浇筑混凝土前，必须将整个混凝土表面按照施工缝的要求进行处理。填充后浇带混凝土可采用微膨胀或无收缩水泥，也可采用普通水泥加入相应的外加剂拌制，但必须要求混凝土的强度等级比原结构强度提高一级，并保持至少 15d 的湿润养护。

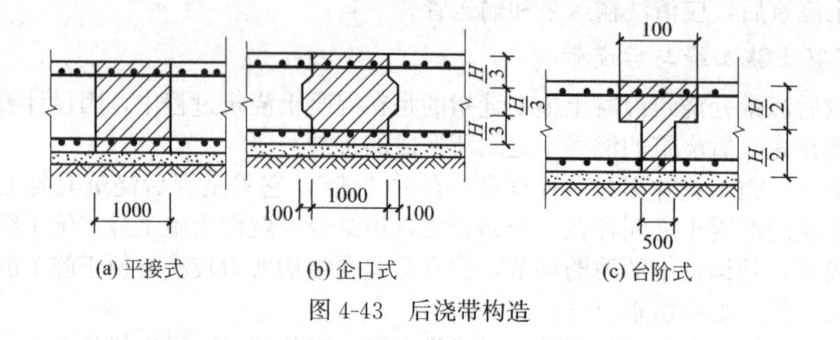

图 4-43 后浇带构造

4.3.4.4 结构整体浇筑

为保证结构的整体性和混凝土浇筑的连续性，应在下一层混凝土初凝之前，将上层混凝土浇筑完毕。整体结构混凝土浇筑的基本要求，不同的结构有所不同。

(1) 框架结构的整体浇筑 框架结构的主要构件包括基础、柱、梁、板等，其中框架梁、板、柱等构件是沿垂直方向重复出现的，因此，一般按结构层分层施工。如果平面面积较大，还应分段进行，以便各工序组织流水作业。

在框架结构整体浇筑中，应注意如下事项。

① 在每层每段的施工中，其浇筑顺序应为先浇柱，后浇梁、板。

② 柱基础浇筑时，应先边角后中间，按台阶分层浇筑，确保混凝土充满模板各个角落，防止从一侧倾倒混凝土，以免挤压钢筋造成柱连接钢筋的移位。

③ 柱子宜在梁板模板安装后钢筋未绑扎前浇筑，以便利用梁板模板作为横向支撑和柱浇筑操作平台；一排柱子的浇筑顺序，应从两端同时向中间推进，以防柱模板在横向推力作用下向一方倾斜；柱子应分段浇筑，当边长大于 400mm 且无交叉箍筋时，每段的高度不应大于 3.5m，当柱子的断面小于 400mm×400mm，并有交叉箍筋时，可在柱模板侧面每段不超过 2m 的高度开口（不小于 300mm 高），插入斜溜槽分段浇筑；柱子与柱基础的接触面，用与混凝土相同成分的水泥砂浆铺底（50～100mm），以免底部产生蜂窝现象；随着柱子浇筑高度的上升，相应递减混凝土的水灰比和坍落度，以免混凝土表面积聚浆水。

④ 在浇筑与柱墙连成整体的梁和板时，应在柱或墙浇筑完毕后 1～1.5h 再继续浇筑，使柱混凝土充分沉实。肋形楼板的梁板应同时浇筑，其顺序是先根据梁高分层浇筑成阶梯形，当达到板底位置时再与板的混凝土一起浇筑；当梁高大于 1m 时，可单独先浇筑梁的混凝土，施工缝可留在板底以下 20～30mm 处；无梁楼板中，板和柱帽应同时浇筑混凝土。

⑤ 当浇筑主梁及主次梁交叉处的混凝土时，一般钢筋较密集，特别是上部负钢筋又粗又多，因此，这一部分可改用细石混凝土进行浇筑，同时，振捣棒头可改用片式并辅以人工捣固配合。

(2) 剪力墙浇筑 剪力墙浇筑应采取长条流水作业，分段浇筑，均匀上升。墙体浇筑混凝土前或新浇混凝土与下层混凝土结合处，应在底面上均匀浇筑 50mm 厚与墙体混凝土成分相同的水泥砂浆或细石混凝土。砂浆或混凝土应用铁锹入模，不应用料斗直接灌入模内，混凝土应分层浇筑振捣，每层浇筑厚度控制在 600mm 左右，浇筑墙体混凝土应连续进行。墙体混凝土的施工缝一般宜设在门窗洞口上，接槎处混凝土应加强振捣，保证接槎严密。

洞口浇筑混凝土时，应使洞口两侧混凝土高度大体一致。振捣时，振捣棒应距洞边 300mm 以上，从两侧同时振捣，以防止洞口变形，大洞口下部模板应开口并补充振捣。构造柱混凝土应分层浇筑，内外墙交接处的构造柱和墙同时浇筑，振捣要密实。

墙体浇筑振捣完毕后，将上口甩出的钢筋加以整理，用木抹子按标高线将墙上表面混凝土找平。

混凝土浇捣过程中，不可随意挪动钢筋，要经常检查钢筋保护层厚度及所有预埋件的牢固程度和位置的准确性。

（3）大体积混凝土浇筑　根据《普通混凝土配合比设计规程》（JGJ 55—2011）规定，大体积混凝土是指体积较大、可能有胶凝材料水化热引起的温度应力导致有害裂缝的结构混凝土。

在工业建筑中多为设备基础，在高层建筑中多为厚大的桩基承台或基础底板等，其上有巨大的荷载，整体性要求较高，往往不允许留设施工缝，要求一次连续浇筑完毕。另外，大体积混凝土结构浇筑后水泥的水化热量大，水化热聚积在内部不易散发，混凝土内部温度显著升高，而表面散热较快，这样形成较大的内外温差，内部产生压应力，表面产生拉应力，如温差过大则易在混凝土表面产生裂纹。当混凝土内部逐渐散热冷却产生收缩时，由于受到基底或已浇筑的混凝土约束，接触处将产生很大的拉应力，当拉应力超出混凝土的极限抗拉强度时，与约束接触处会产生裂缝，甚至会贯穿整个混凝土块体，由此带来严重的危害。

大体积混凝土结构的浇筑方案，一般分为全面分层、分段分层和斜面分层三种（图 4-44）。

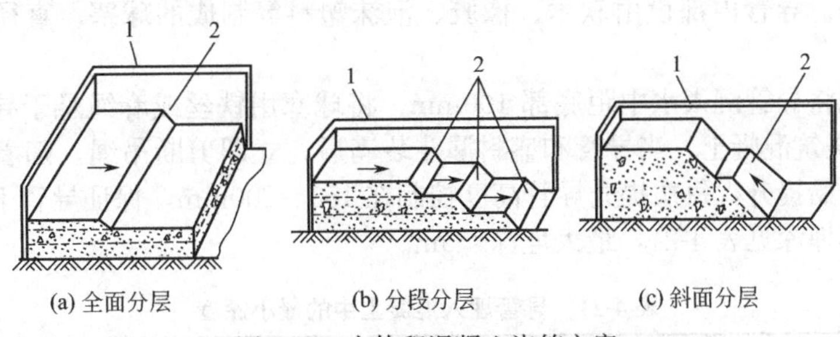

图 4-44　大体积混凝土浇筑方案

1—模板；2—新浇筑的混凝土

全面分层方案一般适用于平面尺寸不大的结构，混凝土浇筑时从短边开始，沿着长边方向进行浇筑，第一层浇筑完毕回头浇筑第二层，浇筑第二层时第一层混凝土还未初凝，如此逐层进行，直至混凝土全部浇筑振捣完毕。

分段分层方案适用于结构厚度不大而面积或长度较大时，浇筑时从底层开始，浇筑一段距离后，再回头浇筑第二层，如此依次浇筑以上各层，要求全部混凝土浇筑完毕，底层混凝土还未产生初凝。

斜面分层方案适用于长度超过厚度 3 倍的结构，振捣工作从浇筑层的下端开始逐渐上移，以保证混凝土的浇筑质量。混凝土浇筑时的分层厚度取决于混凝土供应量的大小、振动器的长短和振动力的大小，一般取 20～30cm。这三种浇筑方案是控制大体积混凝土裂缝的有效技术措施。

要防止大体积混凝土浇筑后产生裂缝，就要降低混凝土的温度应力。为此，在施工中可采取以下措施。

① 大体积混凝土宜采用后期强度作为配合比设计、强度评定及验收依据。基础混凝土，确定混凝土强度时龄期可取为 60d（56d）或 90d；柱墙混凝土强度等级不低于 C80，确定混凝土强度时的龄期可取为 60d（56d）。确定混凝土强度时，当采用大于 28d 的龄期时，龄期应经设计单位确认。

② 大体积混凝土施工配合比设计应符合混凝土配制中的相关规定，并应加强混凝土养护。

③ 混凝土施工时，应对混凝土进行温度控制，并应符合下列规定：混凝土入模温度不宜大于 30℃；混凝土最大绝热温升不宜大于 50℃；在覆盖养护或带模养护阶段，混凝土浇

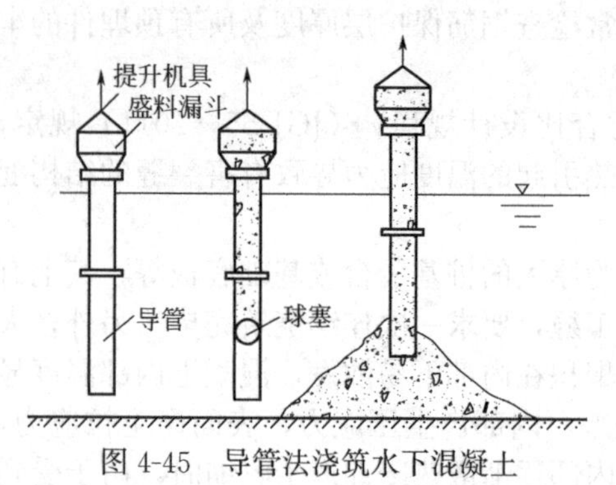

图 4-45 导管法浇筑水下混凝土

筑体表面以内 40～100mm 位置处的温度与混凝土浇筑体表面温度差值不应大于 25℃；结束覆盖养护或拆模后，混凝土浇筑体表面以内 40～100mm 位置处的温度与环境温度差值不应大于 25℃；混凝土浇筑体内部相邻两侧温点的温度差值不应大于 5℃；混凝土降温速率不宜大于 2.0℃/d。当有可靠经验时，降温速率要求可适当放宽。

（4）水下混凝土浇筑 水下混凝土浇筑常采用导管法（图 4-45），并使其与环境水或泥浆隔离，依靠管中混凝土自重，挤压导管下部管口周围的混凝土在已浇筑的混凝土内部流动和扩散，边浇筑边提升导管，直至混凝土浇筑完毕。水下混凝土浇筑的主要设备有金属导管（钢管制成，管径为 200～300mm，每节管长 1.5～2.5m）、盛料漏斗、提升机具（卷扬机、起重机、电动葫芦等）等。导管内部设由软木、橡胶、泡沫塑料等制成的球塞，直径比导管内径小 15～20mm。

施工时，先将导管沉入水中距底部 100mm，将球塞用铁丝或麻绳悬于导管内水位以上 200mm 处，再浇筑混凝土。当导管和盛料漏斗装满后，立即剪断吊绳。随着混凝土的不断上升，导管也开始提升，每次提升导管高度控制在 150～200mm，保证导管下部始终埋在混凝土内，其最小埋深见表 4-21，最大埋深＜5m。

表 4-21 导管埋入混凝土中的最小深度 单位：m

混凝土水下浇筑深度	最小深度	混凝土水下浇筑深度	最小深度
≤10	0.8	15～20	1.3
10～15	1.1	≥20	1.5

为保证混凝土的浇筑质量，导管作用半径应＜4m，多根导管浇筑时，导管间距应＜6m，每根导管建筑面积应＜30m^2，相邻导管下口标高差值不应超过导管间距的 1/20～1/15。浇筑完后，表面的混凝土软弱层应清除掉（清水中浇筑的取 0.2m、泥浆中浇筑的取 0.4m）。

4.3.5 混凝土的振捣密实

为排出存在于混凝土拌合物中的气体，消除空隙，使骨料和水泥浆在模板中得到致密的排列和迅速有效的填充，采用振动机械将一定频率、振幅和激振力的振动能量通过某种方式传递给混凝土拌合物，拌合物中所有的骨料颗粒都受到强迫振动，并使混凝土拌合物之间的黏着力和内摩擦力大大降低，受振混凝土拌合物，在其自重作用下向新的稳定位置沉落，混凝土振捣应能使模板内各个部位混凝土密实。

振捣密实方法主要有人工捣实、机械振捣、离心法、真空抽吸法等，最常用的方法是机械振捣法。常用的混凝土振捣机械有振动棒、附着振动器、平板振动器等（图 4-46）。

（1）振动棒 振动棒又称插入式振动器（图 4-47），是工地用得最多的一种，其工作部分是一棒状空心圆柱体，内部装有偏心振子，在电动机带动下高速转动而产生高频微幅的振动。内部振动器只用一人操作，具有振动密实、效率高、结构简单、使用维修方便的优点，但劳动强度大，主要适用于梁、柱、墙、板和大体积混凝土等结构构件的振捣，当钢筋十分稠密或结构厚度很薄时，其使用会受到一定限制。

(a) 振动棒　(b) 附着振动器　(c) 平板振动器

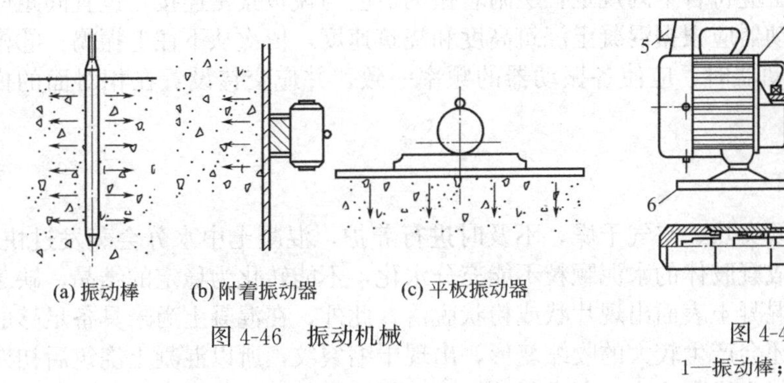

图 4-46　振动机械

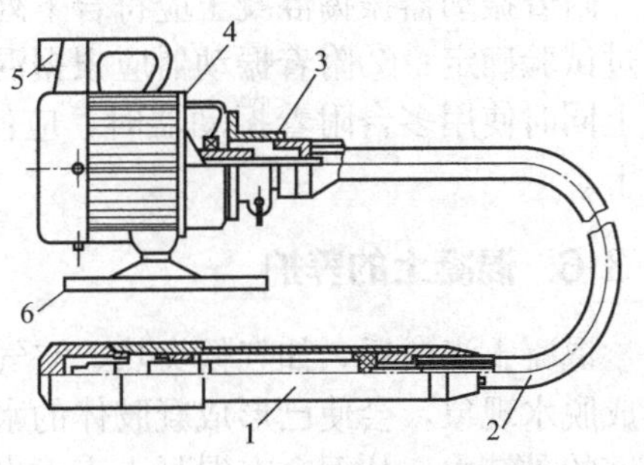

图 4-47　插入式振动器

1—振动棒；2—软轴；3—防逆装置；4—电动机；5—电器开关；6—支座

振动棒振捣混凝土应符合下列规定。

① 应按分层浇筑厚度分别进行振捣，振动棒的前端应插入前一层混凝土中，插入深度不应小于 50mm，以利于上下混凝土的结合（图 4-48）。

② 振动棒应垂直于混凝土表面并快插慢拔，均匀振捣；当混凝土表面无明显塌陷、有水泥浆出现、不再冒气泡时，可结束该部位振捣。

③ 振动棒插点要均匀排列，可采用“行列式”或“交错式”的次序移动，两个插点的间距 S：当“行列式”排列时，$S \leqslant 1.5R$（R 为振动棒的有效作用半径）；当“交错式”排列时，$S \leqslant 1.75R$（图 4-49），防止漏振，保证混凝土的振动密实。

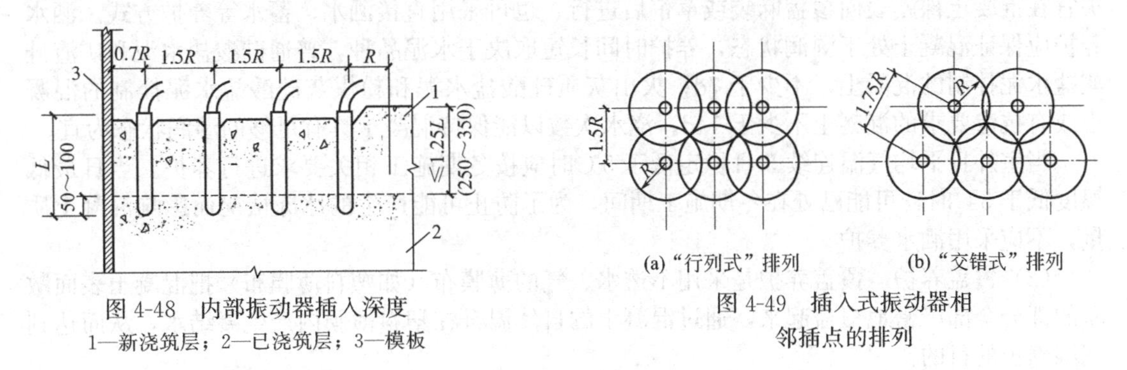

图 4-48　内部振动器插入深度

1—新浇筑层；2—已浇筑层；3—模板

(a)“行列式”排列　(b)“交错式”排列

图 4-49　插入式振动器相邻插点的排列

（2）平板振动器　平板振动器是由带偏心块的电动机和平板（木板或钢板）等组成。振动力通过平板传给混凝土，由于其振动作用较小，仅适用于面积大且平整、厚度小的结构或构件，如楼板、地面、屋面等薄型构件，不适于钢筋稠密、厚度较大的结构构件使用。

平板振动器振捣混凝土应符合下列规定：①平板振动器振捣应覆盖振捣平面边角；②平板振动器移动间距应覆盖已振实部分混凝土边缘；③振捣倾斜表面时，应由低处向高处进行振捣，平板振动器振捣应覆盖振捣平面边角，表面振动器移动间距应覆盖已振实部分混凝土边缘。

（3）附着振动器　附着振动器是通过螺栓或夹钳等固定在模板外部，利用偏心块旋转时产生的振动力，通过模板将振动传给混凝土拌合物，因而模板应有足够的刚度。其振动效果与模板的重量、刚度、面积以及混凝土结构构件的厚度有关，若配置得当，振实效果好。外部振动器体积小，结构简单，操作方便，劳动强度低，但安装固定较为烦琐，适用于钢筋较密、厚度较小、不宜使用插入式振动器的结构构件。

附着振动器振捣混凝土应符合下列规定：①附着振动器应与模板紧密连接，设置间距应通过试验确定；②附着振动器应根据混凝土浇筑高度和浇筑速度，依次从下往上振捣；③模板上同时使用多台附着振动器时，应使各振动器的频率一致，并应交错设置在相对面的模板上。

4.3.6 混凝土的养护

混凝土浇注后，如气候炎热、空气干燥，不及时进行养护，混凝土中水分会蒸发过快，形成脱水现象，会使已形成凝胶体的水泥颗粒不能充分水化，不能转化为稳定的结晶，缺乏足够的黏结力，从而会在混凝土表面出现片状或粉状脱落。此外，在混凝土尚未具备足够的强度时，水分过早地蒸发还会产生较大的收缩变形，出现干缩裂纹，所以混凝土浇筑后初期阶段的养护非常重要，混凝土终凝后应立即进行养护，干硬性混凝土应于浇筑完毕后立即进行养护。

混凝土强度达到1.2MPa之前，不得在其上踩踏、堆放物料、安装模板及支架，同条件养护试件的养护条件应与实体结构部位养护条件相同，并应妥善保管。常见的混凝土养护方法有洒水养护、覆盖养护和喷涂养护剂养护。选择养护方式应根据现场条件、环境温湿度、构件特点、技术要求、施工操作等因素确定。

混凝土养护方法主要有自然养护（洒水、覆盖、喷涂养护剂等）、蒸汽养护、蓄热养护、热拌混凝土热模养护、太阳能养护、远红外线养护等。大部分属于加热养护，其中蓄热养护多用于冬季施工，而蒸汽养护常用于预制构件养护。

（1）洒水养护　对养护环境没有特殊要求的结构构件，可采用洒水养护的方式。洒水养护宜在混凝土裸露表面覆盖麻袋或草帘后进行，也可采用直接洒水、蓄水等养护方式。洒水养护应保证混凝土处于湿润状态，养护时间长短取决于水泥品种，普通硅酸盐水泥和矿渣硅酸盐水泥拌制的混凝土，不少于7d；火山灰质硅酸盐水泥和粉煤灰硅酸盐水泥拌制的混凝土或有抗渗要求的混凝土不少于14d。浇水次数以能保持混凝土具有足够的湿润状态为宜。

当室外日平均气温连续5日稳定低于5℃时应按冬期施工相关要求进行养护。当日最低温度低于5℃时，可能已处在冬期施工期间，为了防止可能产生的冰冻情况而影响混凝土质量，不应采用洒水养护。

（2）覆盖养护　覆盖养护是采用不透水、气的薄膜布（如塑料薄膜布）把混凝土表面敞露的部分全部严密地覆盖起来，通过混凝土的自然温升在塑料薄膜内产生凝结水，从而达到润湿养护的目的。

覆盖养护宜在混凝土裸露表面覆盖塑料薄膜、塑料薄膜加麻袋、塑料薄膜加草帘进行，将塑料薄膜紧贴于混凝土裸露表面，使塑料薄膜内保持有凝结水。覆盖物应严密，要求覆盖物相互搭接不小于100mm，覆盖物的层数应按施工方案确定。

（3）喷涂养护剂养护　喷涂养护剂养护是在混凝土表面喷涂养护剂，使混凝土裸露表面形成致密的薄膜层，薄膜层能封住混凝土表面，阻止混凝土表面水分蒸发，从而达到混凝土养护的目的。喷涂养护剂养护时，养护剂应符合产品说明书的有关要求，均匀喷涂在结构构件表面，不得漏喷。养护剂应具有可靠的保湿效果，保湿效果可通过试验检验。

混凝土的养护时间应符合下列规定：

① 采用硅酸盐水泥、普通硅酸盐水泥或矿渣硅酸盐水泥配制的混凝土，不应少于7d；采用其他品种水泥时，养护时间应根据水泥性能确定；

② 采用缓凝型外加剂、大掺量矿物掺合料配制的混凝土，不应少于14d；

③ 抗渗混凝土、强度等级C60及以上的混凝土，不应少于14d；

④ 后浇带混凝土的养护时间不应少于14d；

⑤ 地下室底层墙、柱和上部结构首层墙、柱，宜适当增加养护时间；

⑥ 大体积混凝土养护时间应根据施工方案确定。

4.3.7 混凝土的质量检验

混凝土质量检验包括施工过程中的质量检验和养护后的质量检验。

（1）施工过程中的质量检验　施工过程中的质量检验是在制备和浇筑过程中对原材料的质量、配合比、坍落度等的检验，每一工作班至少检验一次，遇有特殊情况还应及时进行检验，其中混凝土的搅拌时间应随时检查。

混凝土结构施工过程中，检查项目如下。

① 模板：a. 模板及支架位置、尺寸；b. 模板的变形和密封性；c. 模板涂刷脱模剂及必要的表面湿润；d. 模板内杂物清理。

② 钢筋及预埋件：a. 钢筋的规格、数量；b. 钢筋的位置；c. 钢筋的混凝土保护层厚度；d. 预埋件规格、数量、位置及固定。

③ 混凝土拌合物：a. 坍落度、入模温度等；b. 大体积混凝土的温度测控。

④ 混凝土施工：a. 混凝土输送、浇筑、振捣等；b. 混凝土浇筑时模板的变形、漏浆等；c. 混凝土浇筑时钢筋和预埋件位置；d. 混凝土试件制作；e. 混凝土养护。

（2）养护后的质量检验　养护后的质量检验主要包括混凝土的强度、外观质量和结构构件的轴线、标高、截面尺寸和垂直度的偏差。如设计上有特殊要求时，还需对抗冻性、抗渗性等进行检验。

混凝土养护后的质量检验的主要内容如下。

① 混凝土强度。混凝土强度检验主要是对抗压强度进行测定。混凝土抗压强度为按标准方法制作和养护的边长为150mm的立方体试件，用标准试验方法在28d龄期测得的。当采用非标准尺寸构件时，应将其抗压强度乘以尺寸折算系数，折算成边长为150mm的标准尺寸试件抗压强度。当混凝土强度等级低于C60时，对边长为100mm的立方体试件取0.95，对边长为200mm的立方体试件取1.05；当混凝土强度等级不低于C60时，宜采用标准尺寸试件，使用非标准尺寸试件时，尺寸折算系数由试验确定，其试件数量不应少于30对组。

结构的混凝土强度必须符合设计要求，用于检查结构构件混凝土强度的试件应采取随机抽取的方式在混凝土浇筑地取样，混凝土的取样有如下规定。

a. 混凝土的取样，宜根据《混凝土强度检验评定标准》（GB/T 50107—2010）规定的检验评定方法要求制订检验批的划分方案和相应的取样计划。

b. 试件的取样频率和数量应符合规定：每100盘，但不超过100m^3的同配合比混凝土，取样次数不应少于一次；每一工作班拌制的同配合比混凝土，不足100盘和100m^3时取样次数不应少于一次；当一次连续浇筑的同配合比混凝土超过1000m^3时，每200m^3取样不应少于一次；对房屋建筑，每一楼层、同一配合比的混凝土，取样不应少于一次。

c. 每批混凝土试样应制作的试件总组数，除满足混凝土强度评定所必需的组数外，还应留置为检验结构或构件施工阶段混凝土强度所必需的试件。

混凝土试件每次取样应至少制作一组标准养护试件。同条件养护试件的留置组数根据实际需要确定。每组3个试件应有同一盘或同一车的混凝土中取样制作，并按下面规定确定改组试件的混凝土强度代表值：

a. 取3个试件强度的算术平均值作为每组试件的强度代表值。

b. 当一组试件中强度的最大值或最小值与中间值之差超过中间的15%时，取中间值作为该组试件的强度代表值。

c. 当一组试件中强度的最大值和最小值与中间值之差超过中间值的15%时，该组试件的强度不应作为评定的依据。

② 构件的轴线位置、标高、截面尺寸、表面平整度、垂直度。

③ 预埋构件的数量、位置。

④ 构件的外观缺陷。

⑤ 构件的连接及构造做法。

⑥ 结构的轴线位置、标高、全高垂直度。

4.3.8 混凝土的缺陷修整

混凝土结构缺陷可分为尺寸偏差缺陷和外观缺陷。尺寸偏差缺陷和外观缺陷可分为一般缺陷和严重缺陷。混凝土结构尺寸偏差超出规范规定，但尺寸偏差对结构性能和使用功能未造成影响时，应属于一般缺陷；而尺寸偏差对结构性能和使用功能构成影响时，应属于严重缺陷。外观缺陷分类应符合表4-22的规定。

表 4-22 混凝土结构外观缺陷分类

名 称	现 象	严重缺陷	一般缺陷
露 筋	构件内钢筋未被混凝土包裹而外露	纵向受力钢筋有露筋	其他钢筋有少量露筋
蜂 窝	混凝土表面缺少水泥砂浆而形成石子外露	构件主要受力部位有蜂窝	其他部位有少量蜂窝
孔 洞	混凝土中孔穴深度和长度均超过保护层厚度	构件主要受力部位有孔洞	其他部位有少量孔洞
夹 渣	混凝土中夹有杂物且深度超过保护层厚度	构件主要受力部位有夹渣	其他部位有少量夹渣
疏 松	混凝土局部不密实	构件主要受力部位有疏松	其他部位有少量疏松
裂 缝	缝隙从混凝土表面延伸至混凝土内部	构件主要受力部位有影响结构性能或使用功能的裂缝	其他部位有少量不影响结构性能或使用功能的裂缝
连接部位缺陷	构件连接处混凝土缺陷及连接钢筋、连接件松动	连接部位有影响结构传力性能的缺陷	连接部位有基本不影响结构传力性能的缺陷
外形缺陷	缺棱掉角、棱角不直、翘曲不平、飞边凸肋等	清水混凝土构件有影响使用功能或装饰效果的外形缺陷	其他混凝土构件有不影响使用功能的外形缺陷
外表缺陷	构件表面麻面、掉皮、起砂、沾污等	具有重要装饰效果的清水混凝土构件有外表缺陷	其他混凝土构件有不影响使用功能的外表缺陷

（1）蜂窝　蜂窝现象为混凝土结构局部出现酥散，无强度状态。

蜂窝产生的原因：混凝土配合比不当或砂、石子、水泥材料加水量计量不准，造成砂浆少、石子多；混凝土搅拌时间不够，未拌和均匀，和易性差，振捣不密实；下料不当或下料过高，未设串筒使石子集中，造成石子砂浆离析；混凝土未分层下料，振捣不实，或漏振，或振捣时间不够；模板缝隙未堵严，水泥浆流失；钢筋较密，使用的石子粒径过大或坍落度过小；基础、柱、墙根部未稍加间歇就继续灌上层混凝土。

防治的措施：①认真设计、严格控制混凝土配合比，经常检查，做到计量准确，混凝土拌和均匀，坍落度适合；混凝土下料高度超过 2m 应设串筒或溜槽；浇灌应分层下料，分层振捣，防止漏振；模板缝应堵塞严密，浇灌时，应随时检查模板支撑情况防止漏浆；基础、柱、墙根部应在下部浇完间歇 1～1.5h，沉实后再浇上部混凝土，避免出现“烂脖子”。②小蜂窝，洗刷干净后，用 1∶2 或 1∶2.5 水泥砂浆抹平压实；较大蜂窝，凿去蜂窝处薄弱松散颗粒，刷洗净后，支模用高一级细石混凝土仔细填塞捣实；较深蜂窝，如清除困难，可埋压浆管、排气管，表面抹砂浆或灌筑混凝土封闭后，进行水泥压浆处理。

（2）麻面　混凝土局部表面出现缺浆和许多小凹坑、麻点，形成粗糙面，但无钢筋外露现象为麻面。

麻面产生的原因：模板表面粗糙或粘附水泥浆渣等杂物未清理干净，拆模时混凝土表面被粘坏；模板未浇水湿润或湿润不够，构件表面混凝土的水分被吸去，使混凝土失水过多出现麻面；模板拼缝不严，局部漏浆；模板隔离剂涂刷不匀，或局部漏刷或失效；混凝土表面与模板黏结造成麻面；混凝土振捣不实，气泡未排出，停在模板表面形成麻点。

防治的措施：①模板表面清理干净，不得粘有干硬水泥砂浆等杂物；浇灌混凝土前，模板应浇水充分湿润，模板缝隙应用油毡纸、腻子等堵严；模板隔离剂应选用长效的，涂刷均匀，不得漏刷；混凝土应分层均匀，振捣密实，至排出气泡为止。②表面做粉刷的，可不处理；表面无粉刷的，应在麻面部位浇水充分湿润后，用原混凝土配合比去石子砂浆，将麻面抹平压光。

（3）孔洞　孔洞为混凝土结构内部有尺寸较大的空隙，局部没有混凝土或蜂窝特别大，钢筋局部或全部裸露。

孔洞产生的原因：在钢筋较密的部位或预留孔洞和埋件处，混凝土下料被搁住，未振捣就继续浇筑上层混凝土；混凝土离析，砂浆分离，石子成堆，严重跑浆，又未进行振捣；混凝土一次下料过多、过厚，下料过高，振捣器振动不到，形成松散孔洞；混凝土内掉入工具、木块、泥块等杂物，混凝土被卡住。

防治的措施：①在钢筋密集处及复杂部位，采用细石混凝土浇灌，在模板内充满，认真分层振捣密实；预留孔洞，应两侧同时下料，侧面加开浇灌门，严防漏振；砂石中混有黏土块、模板工具等杂物掉入混凝土内时，应及时清除干净。②将孔洞周围的松散混凝土和软弱浆膜凿除，用压力水冲洗，湿润后用高强度等级细石混凝土仔细浇灌、捣实。

（4）露筋　露筋指混凝土内部主筋、负筋或箍筋局部裸露在结构构件表面。

露筋产生的原因：灌筑混凝土时，钢筋保护层垫块位移或垫块太少或漏放，致使钢筋紧贴模板外露；结构构件截面小，钢筋过密，石子卡在钢筋上，使水泥砂浆不能充满钢筋周围，造成露筋；混凝土配合比不当，产生离析，模板部位缺浆或模板漏浆；混凝土保护层太少或保护层处混凝土漏振或振捣不实，或振捣棒撞击钢筋或踩踏钢筋，使钢筋位移，造成露筋；木模板未浇水湿润，吸水黏结或脱模过早，拆模时缺棱、掉角，导致漏筋。

防治的措施：①浇灌混凝土，应保证钢筋位置和保护层厚度正确，并加强检验检查，钢筋密集时，应选用适当粒径的石子，保证混凝土配合比准确和良好的和易性；浇灌高度超过 2m，应用串筒或溜槽进行下料，以防止离析；模板应充分湿润并认真堵好缝隙；混凝土振捣严禁撞击钢筋，操作时，避免踩踏钢筋，如有踩弯或脱扣等及时调整直正；保护层混凝土要振捣密实；正确掌握脱模时间，防止过早拆模，碰坏棱角。②表面漏筋，刷洗净后，在表面抹 1∶2 或 1∶2.5 水泥砂浆，将充满漏筋部位抹平；漏筋较深的凿去薄弱混凝土和突出颗粒，洗刷干净后，用比原来高一级的细石混凝土填塞压实。

（5）缝隙、夹层　缝隙、夹层是混凝土内存在水平或垂直的松散混凝土夹层。

缝隙、夹层产生的原因：施工缝或变形缝未经接缝处理，未清除表面水泥薄膜和松动石子，未除去软弱混凝土层并充分湿润就灌筑混凝土；施工缝处锯屑、泥土、砖块等杂物未清除或未清除干净；混凝土浇灌高度过大，未设串筒、溜槽，造成混凝土离析；底层交接处未灌接缝砂浆层，接缝处混凝土未很好振捣。

防治的措施：①认真按施工验收规范要求处理施工缝及变形缝表面；接缝处锯屑、泥土、砖块等杂物应清理干净并洗净；混凝土浇灌高度大于2m应设串筒或溜槽，接缝处浇灌前应先浇50～100mm厚原配合比无石子砂浆，以利结合良好，并加强接缝处混凝土的振捣密实。②缝隙夹层不深时，可将松散混凝土凿去，洗刷干净后，用1∶2或1∶2.5水泥砂浆填密实；缝隙夹层较深时，应清除松散部分和内部夹杂物，用压力水冲洗干净后支模，灌细石混凝土或将表面封闭后进行压浆处理。

(6) 缺棱掉角　缺棱掉角是结构或构件边角处混凝土局部掉落，不规则，棱角有缺陷的现象。

缺棱掉角产生的原因：木模板未充分浇水湿润或湿润不够，混凝土浇筑后养护不好，造成脱水，强度低，或模板吸水膨胀将边角拉裂，拆模时，棱角被粘掉；低温施工过早拆除侧面非承重模板；拆模时，边角受外力或重物撞击，或保护不好，棱角被碰掉；模板未涂刷隔离剂，或涂刷不均。

防治的措施：①木模板在浇筑混凝土前应充分湿润，混凝土浇筑后应认真浇水养护，拆除侧面非承重模板时，混凝土应具有1.2MPa以上强度；拆模时注意保护棱角，避免用力过猛过急；吊运模板，防止撞击棱角，运输时，将成品阳角用草袋等保护好，以免碰损。②缺棱掉角，可将该处松散颗粒凿除，冲洗充分湿润后，视破损程度用1∶2或1∶2.5水泥砂浆抹补齐整，或支模用比原来高一级的混凝土捣实补好，认真养护。

(7) 表面不平整　表面不平整是混凝土表面凹凸不平，或板厚薄不一、表面不平的现象。

表面不平整产生的原因：混凝土浇筑后，表面仅用铁锹拍子，未用抹子找平压光，造成表面粗糙不平；模板未支承在坚硬土层上，或支承面不足，或支承松动、泡水，致使新浇灌混凝土早期养护时发生不均匀下沉；混凝土未达到一定强度时，上人操作或运料，使表面出现凹陷不平或印痕。

防治的措施：严格按施工规范操作，灌筑混凝土后，应根据水平控制标志或弹线用抹子找平、压光，终凝后浇水养护；模板应有足够的强度、刚度和稳定性，应支在坚实地基上，有足够的支承面积，并防止浸水，以保证不发生下沉；在浇筑混凝土时，加强检查，凝土强度达到1.2MPa以上，方可在已浇结构上走动。

(8) 强度不够、均质性差　强度不够、均质性差为同批混凝土试块的抗压强度平均值低于设计要求强度等级。

强度不够、均质性差产生的原因：水泥过期或受潮，活性降低；砂、石骨料级配不好，空隙大，含泥量大，杂物多，外加剂使用不当，掺量不准确；混凝土配合比不当，计量不准，施工中随意加水，使水灰比增大；混凝土加料顺序颠倒，搅拌时间不够，拌和不匀；冬期施工，拆模过早或早期受冻；混凝土试块制作未振捣密实，养护管理不善，或养护条件不符合要求，在同条件养护时，早期脱水或受外力被砸坏。

防治的措施：①水泥应有出厂合格证，新鲜无结块，过期水泥经试验合格才用；砂、石子粒径、级配、含泥量等应符合要求，严格控制混凝土配合比，保证计量准确；混凝土应按顺序拌制，保证搅拌时间和搅拌均匀；防止混凝土早期受冻，冬季施工用普通水泥配制的混凝土，强度达到30%以上，矿渣水泥配制的混凝土，强度达到40%以上，才可遭受冻结，按施工规范要求认真制作混凝土试块，并加强对试块的管理和养护。②当混凝土强度偏低，可用非破损方法（如回弹仪法、超声波法）来测定结构混凝土实际强度，如仍不能满足要求，可按实际强度校核结构的安全度，研究处理方案，采取相应加固或补强措施。

4.4 混凝土冬季施工

4.4.1 混凝土冬季施工的基本概念

混凝土之所以能凝结、硬化并获得强度，是由于水泥和水水化作用的结果。水化作用的速度在一定湿度条件下主要取决于温度，温度越高，强度增长也越快，反之则慢。当温度降至0℃以下时，水化作用基本停止，温度再继续降至－2～－4℃，混凝土内的水开始结冰，水结冰后体积膨胀8%～9%，在混凝土内部产生冰晶应力，使强度很低的水泥石结构内部产生微裂纹，同时降低了水泥与砂石和钢筋之间的黏结力，从而使混凝土强度降低。混凝土在受冻前如已具有一定的抗拉强度，混凝土内剩余游离水结冰产生的冰晶应力，如不超过其抗拉强度，则混凝土内就不会产生微裂缝，早期冻害就很轻微。一般把遭冻结后其抗压强度损失在5%以内的预养强度值，定为“混凝土受冻临界强度”。由试验得知，临界强度与水泥品种、混凝土标号有关。为了保证混凝土不因温度降低而使强度受到影响，当室外日平均气温连续5d稳定低于5℃时，必须采用相应的技术措施进行施工，并及时采取气温突然下降的防冻措施，称为混凝土冬季施工。

4.4.2 混凝土冬季施工的基本要求和施工方法

(1) 混凝土冬季施工材料要求

① 冬季施工配制混凝土宜选用硅酸盐水泥或普通硅酸盐水泥。采用蒸汽养护时，宜采用矿渣硅酸盐水泥。

② 用于冬季施工混凝土的粗、细骨料中，不得含有冰、雪冻块及其他易冻裂物质。

③ 冬季施工混凝土用外加剂应符合现行国家标准《混凝土外加剂应用技术规范》(GB 50119—2013)的有关规定。冬季浇筑的混凝土，宜使用无氯盐类防冻剂；采用非加热养护方法时，混凝土中宜掺入引气剂、引气型减水剂或含有引气组分的外加剂，混凝土含气量宜控制在3.0%～5.0%。

④ 冬季施工混凝土配合比应根据施工期间环境气温、原材料、养护方法、混凝土性能要求等经试验确定，并宜选择较小的水胶比和坍落度。

⑤ 冬季施工的混凝土，在拌制前应优先对水进行加热，当水加热仍不能满足要求时，再对骨料进行加热，但水泥不能直接加热，宜在使用前运入暖棚内存放。拌合水与骨料的加热温度可通过热工计算确定，加热温度不应超过表4-23中的规定。

表4-23 拌合水及骨料最高加热温度 单位：℃

水泥强度等级	拌合物	骨料
42.5以下	80	60
42.5、42.5R及以上	60	40

(2) 混凝土冬季施工搅拌与运输要求 在混凝土搅拌前，先用热水或蒸汽冲洗、预热搅拌机，以保证混凝土的出机温度。投料顺序是：当拌合水的温度不高于80℃（或60℃）时，应将水泥和骨料先投入，干拌均匀后，再投入拌合水，直至搅拌均匀为止；当拌合水的温度高于80℃（或60℃）时，应先投入骨料和热水，搅拌到温度低于80℃（或60℃）时，再投入水泥，直至搅拌均匀为止。混凝土的搅拌时间比常温延长50%。

拌制掺用防冻剂的混凝土，当防冻剂为粉剂时，可按要求掺量直接撒在水泥上面和水泥同时投入；当防冻剂为液体时，应先配制成规定浓度溶液，然后再根据使用要求，用规定浓度溶液再配制成施工溶液。各溶液应分别置于明显标志的容器内，不得混淆，每班使用的外加剂溶液应一次配成。由防冻剂溶液带入的水分应从混凝土拌合水中扣除。

混凝土运输车要做保温，保温性能不得低于采用包裹 50mm 厚保温被包裹下的效果，运输时间尽量缩短，以保证混凝土的浇筑温度。

(3) 混凝土的浇筑与养护　混凝土浇筑前，应去除地基、模板和钢筋上的冰雪和污垢，并应进行覆盖保温。混凝土拌合物的出机温度不宜低于 10℃，入模温度不应低于 5℃；对预拌混凝土或需远距离输送的混凝土，混凝土拌合物的出机温度可根据运输和输送距离经热工计算确定，但不宜低于 15℃。大体积混凝土的入模温度可根据实际情况适当降低。

混凝土冬季施工方法常见养护方法有蓄热法、综合蓄热法、暖棚法、蒸汽加热法、负温养护法、电加热法等。

① 蓄热法养护。利用原材料预热的热量及水泥水化热，在混凝土外围用保温材料严密覆盖，使混凝土缓慢冷却，并在冷却过程中逐渐硬化，保证混凝土能在冻结前达到允许受冻临界强度以上。此种方法适用于室外最低温度不低于−15℃的地面以下工程，或表面系数不大于 15 的结构。

蓄热法养护具有施工简单、节省能源、冬季施工费用低等特点，这是混凝土冬季施工首选的方法。只有当确定蓄热法不能满足要求时，才考虑其他的养护方法。

② 蒸汽加热法养护。可分为湿热养护和干热养护两类。湿热养护是让蒸汽与混凝土直接接触，利用蒸汽的湿热作用养护混凝土；干热养护是将蒸汽作为加热载体，通过某种形式的散热器，将热量传导给混凝土，使混凝土升温养护。蒸汽法养护混凝土，按其加热方法分为棚罩法、蒸汽套法、热模法、内部通气法等。

③ 电加热法养护。电加热法是利用电流通过不良导体混凝土（或通过电阻丝）所发出的热量来养护混凝土。其设备简单，施工方便，但耗电量大，施工费用高，应慎重选用。电加热法养护混凝土，分电极法、电热器法和工频涡流加热法三类。

④ 暖棚法养护。在所要养护的建筑结构或构件周围用保温材料搭设暖棚，在棚内以生火炉、热风机供热、蒸汽管供热等形式采暖，使棚内温度保持在 5℃以上，并保持混凝土表面湿润，使混凝土在正温条件下养护到一定强度。暖棚搭设需要大量的材料和人工，保温效果较差，工程费用较大，一般只适用于地下结构工程和混凝土量比较集中的结构工程。

⑤ 外加剂法养护。在混凝土拌制时掺加适量的外加剂，使混凝土强度迅速增长，在冻结前达到要求的临界强度；或者降低水的冰点，使混凝土在负温下能够凝结、硬化。掺加防冻剂混凝土的初期养护温度，不得低于防冻剂的规定温度，达不到应立即采取保温措施。当温度降低到防冻剂的规定温度以下时，其强度不应小于 3.5MPa。当拆模后混凝土的表面温度与环境温度差大于 15℃时，应对混凝土采用保温材料覆盖养护。

复习思考题

4-1　试述模板的作用及其基本要求。

4-2　模板的类型有哪些？分别有什么特点？

4-3　试述组合钢模板的特点及组成。

4-4　模板设计时应考虑的荷载有哪些？

4-5　结合工程实际总结各种模板的类型、构造、支模和拆模的方法。

4-6　在浇筑混凝土之前，钢筋工程隐蔽验收内容有哪些？

4-7　试述钢筋中主要元素对其性能的影响。

4-8　钢筋代换的基本原则和方法是什么？

4-9 钢筋的连接方法有哪些？各有什么特点？

4-10 什么是钢筋机械连接？常见的机械连接方法有哪些？

4-11 对比分析不同钢筋焊接方法的特点、质量验收区别。

4-12 混凝土搅拌时进料容量如何确定？

4-13 混凝土施工配合比如何确定？

4-14 混凝土振捣的方法及要求有哪些？

4-15 混凝土施工缝留设的原则是什么？

4-16 对比分析混凝土养护的方法与使用范围。

4-17 某简支梁配筋见图4-50，试计算各种型号钢筋的下料长度（梁端保护层厚取30mm，③号钢筋弯起角度为45°）。

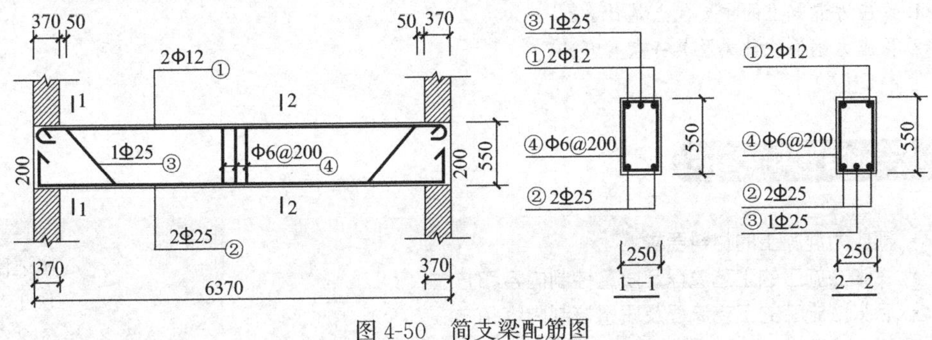

图4-50 简支梁配筋图

4-18 某建筑物的现浇钢筋混凝土柱，断面为600mm×600mm，楼面至上层梁底的高度为3m，混凝土的坍落度为60mm，不掺外加剂。混凝土浇筑速度为2m/h，混凝土入模温度为15℃，试做配板设计。

4-19 某大梁采用C20混凝土，实验室配合比提供的水泥用量为300kg/m³混凝土，砂子为700kg/m³混凝土，石子为1400kg/m³混凝土，$W/C=0.62$，现场实测砂子含水率为4%，石子含水率为2%。试确定该混凝土的施工配合比及每立方米混凝土的用水量。

5 预应力混凝土工程

扫码获取本书学习资源

在线测试

拓展阅读

章节速览

「获取说明详见本书封二」

讨论

1. 预应力混凝土的主要优点是什么？
2. 预应力钢筋的种类及其特点有哪些？

学习内容和要求

	内容	对应章节
掌握	• 预应力混凝土的材料要求 • 先张法施工的工艺流程及质量控制内容和方法 • 后张法施工的工艺流程及质量控制内容和方法 • 无粘结预应力结构的特点、施工工艺，无粘结预应力筋的构造、制作工艺	概述部分 5.1.2节 5.2.2、5.2.3节
熟悉	• 预应力混凝土的概念、工作原理、特点和分类 • 根据预应力筋的类型，正确选择锚（夹）具、张拉机具，制定预应力混凝土的施工方案，分析施工过程中可能产生的应力损失及弥补的方法	概述部分 5.1.1、5.2.1节 5.2.3.1、5.2.3.2、5.2.3.4节

为防止混凝土结构裂缝过早出现，充分利用高强度钢筋及高强度混凝土，设法在混凝土结构或构件承受使用荷载前预先对其在外荷载作用下的受拉区施加预压应力，以改善结构使用性能，这种结构型式称为预应力混凝土结构。施加预压应力的目的是减小或抵消荷载所引起的混凝土拉应力，从而将结构构件的拉应力控制在较小范围，甚至处于受压状态，以推迟混凝土裂缝的出现和开展，从而提高构件的抗裂性能和刚度。

预应力混凝土按预加应力值大小对构件截面裂缝控制程度分为全预应力混凝土、部分预应力混凝土；按预应力筋与混凝土的粘结状态分为无粘结预应力混凝土、有粘结预应力混凝土、缓粘结预应力混凝土；按施工方法分为预制预应力混凝土、现浇预应力混凝土、叠合预应力混凝土；按施加预应力方法与工艺的差别分为先张法预应力混凝土、后张法无粘结预应力混凝土、后张法有粘结预应力混凝土、后张法缓粘结预应力混凝土；按施加预应力的方式分为机械张拉预应力混凝土、电热张拉预应力混凝土；按预应力筋布置在结构截面之内外分体内预应力混凝土、体外预应力混凝土等。

（1）预应力混凝土的现状　近年来，在巨大工程建设任务，特别是重点建设项目和大型工程的带动下，我国的混凝土及预应力混凝土工程技术水平有了很大的提高。目前，我国混凝土的年用量为24亿～30亿立方米，用于房屋建筑和土木工程的水利、交通、市政等所有行业，从结构材料类型方面来讲，混凝土及预应力混凝土结构约占全部工程结构的90%以上。混凝土及预应力混凝土将是现阶段乃至未来二十年内我国主导的工程结构材料。

① 先张预应力技术。目前我国先张预制预应力构件用量逐年减少，先张预应力施工工艺落后，预应力空心板仍使用中低强度预应力筋，没有形成利用高强材料的先张成套技术。但在山东等地，先张预应力技术正在复苏，新技术、新工艺正在开发应用。

② 后张无粘结预应力技术。目前我国已开发并应用了成套无粘结预应力技术，相关标准也已进行了更新，如《无粘结预应力混凝土结构技术规程》《无粘结预应力钢绞线》和《无粘结预应力筋用防腐润滑脂》等。在工程应用中也取得不少成就，如解决超长结构设计、楼板减轻重量、实现双向大柱网等，目前使用该技术的工程已达数千万平方米。特别是近几年对无粘结筋防腐和耐久性的研究和改进，使该技术可用于二、三类工作环境。我国后张无粘结预应力技术总体上达到国际先进水平。

③ 后张有粘结预应力技术。后张有粘结预应力技术目前在我国建筑、桥梁、特种结构等工程中广泛应用。使用该技术的建筑最大柱网达到 42m×34m，最大单体建筑面积达 $65\times10^4m^2$，最高的塔式结构达 450m。目前我国已成功地开发并应用了多种相关技术，如成孔技术、高强材料生产技术、高强材料张拉锚固技术及相关设备、产品等。我国后张有粘结预应力技术总体上达到国际先进水平，当然在施工设备配套系列及施工工艺工法细化方面与国外还有一定差距。

(2) 预应力混凝土的特点

① 抗裂性好，刚度大。由于对构件施加预应力，大大推迟了裂缝的出现，在使用荷载作用下，构件可不出现裂缝，或使裂缝推迟出现，所以提高了构件的刚度，增加了结构的耐久性。

② 节省材料，减小自重。其结构由于必须采用高强度材料，因此可减少钢筋用量和构件截面尺寸，节省钢材和混凝土，降低结构自重，对大跨度和重荷载结构有着明显的优越性。

③ 提高构件的抗剪能力。试验表明，纵向预应力钢筋起着锚栓的作用，阻碍着构件斜裂缝的出现与开展，预应力混凝土梁的曲线钢筋（束）合力的竖向分力又将部分地抵消剪力。

④ 提高受压构件的稳定性。当受压构件长细比较大时，在受到一定的压力后便容易被压弯，以致丧失稳定而被破坏。如果对钢筋混凝土柱施加预应力，使纵向受力钢筋张拉得很紧，不但预应力钢筋本身不容易被压弯，而且可以帮助周围的混凝土提高抵抗压弯的能力。

⑤ 提高构件的耐疲劳性能。因为具有强大预应力的钢筋，在使用阶段因加荷或卸荷所引起的应力变化幅度相对较小，故此可提高抗疲劳强度，这对承受动荷载的结构来说是很有利的。

⑥ 工艺较复杂，对质量要求高，因而需要配备一支技术较熟练的专业队伍。需要有一定的专门设备，如张拉机具、灌浆设备等。

⑦ 预应力混凝土结构的开工费用较大，对构件数量少的工程成本较高。

(3) 预应力混凝土对材料的要求

① 对预应力钢筋的要求。

a. 强度要高。预应力钢筋的张拉应力在构件的整个制作和使用过程中会出现各种应力损失。如果所用的钢筋强度不高，那么张拉时所建立的应力甚至会损失殆尽。

b. 与混凝土要有较好的黏结力。特别在先张法中，预应力钢筋与混凝土之间必须有较高的黏结自锚强度。对一些高强度的光面钢丝就要经过“刻痕”“压波”或“扭结”，使它形成刻痕钢丝、波形钢丝及扭结钢丝，增加黏结力。

c. 要有足够的塑性和良好的加工性能。钢材强度越高，其塑性越低。钢筋塑性太低时，特别当处于低温和冲击荷载条件下时，就有可能发生脆性断裂。良好的加工性能是指焊接性能好，以及采用镦头锚板时，钢筋头部镦粗后不影响原有的力学性能等。

预应力混凝土中，通常的预应力筋由单根或成束的高强钢丝、钢绞线和高强钢筋组成（图 5-1）。预应力筋等材料在运输、存放、加工、安装过程中，应采取防止其损伤、锈蚀或污染的措施，并应符合以下规定：有粘结预应力筋展开后应平顺，不应有弯折，表面不应有裂纹、小刺、机械损伤、氧化铁皮和油污等；预应力筋采用的锚具、夹具、连接器和锚垫板表面应无污物、锈蚀、机械损伤和裂纹；无粘结预应力筋护套应光滑、无裂纹、无明显褶皱；后张预应力用成孔管道内外表面应清洁，无锈蚀，不应有油污、孔洞和不规则的褶皱，咬口不应有开裂和脱落。

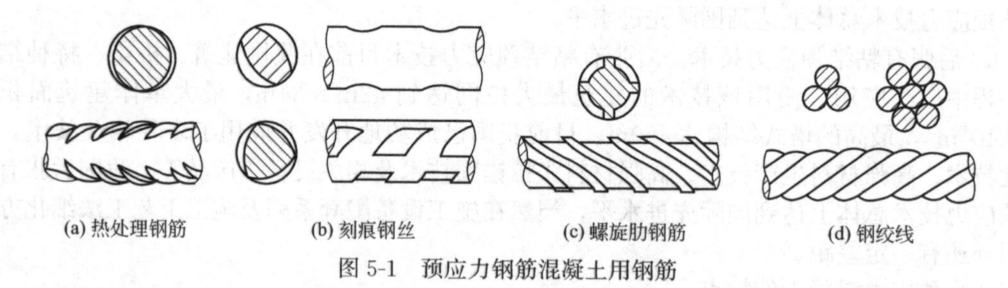

图 5-1 预应力钢筋混凝土用钢筋

② 对预应力混凝土中混凝土的要求

a. 强度要高，以与高强度钢筋相适应，保证钢筋充分发挥作用，并能有效地减小构件截面尺寸和减轻自重。

b. 收缩、徐变要小，以减小预应力损失。

c. 快硬、早强，使能尽早施加预应力，加快施工进度，提高设备利用率。

5.1 先张法预应力混凝土施工

讨论

1. 先张法对台座的基本要求及台座的形式。
2. 先张法的张拉机具设备有哪些？
3. 试述先张法常用的几种张拉程序。
4. 先张法的预应力损失有哪些？如何减少这些损失？
5. 先张法预应力钢筋张拉时，主要应注意哪些问题？

先张法预应力施工是在台座上先将钢筋用张拉设备张拉到控制应力，并将张拉的预应力筋临时锚固在台座或钢模上；然后浇筑混凝土，待混凝土达到一定强度（一般不低于设计强度的 75%）后，剪断或放松钢筋；钢筋在回缩时挤压混凝土，依靠钢筋与混凝土之间的黏结力使混凝土构件获得预压应力的施工方法（图 5-2）。由于台座承受预应力筋的张拉能力较有限，因此先张法施工适用于生产中小型预应力混凝土构件，如预应力空心板、屋面板、吊车梁、檩条等。

5.1.1 施工设备

先张法施工主要设备包括预应力钢筋的张拉用台座、固定用夹具和张拉机具。

5.1.1.1 台座

台座承受预应力筋的全部张拉力，应具有足够的强度、刚度和稳定性，以免台座变形、倾覆、滑移而引起预应力值的损失。台座按构造型式不同，可分为墩式台座和槽式台座两种。选用时应根据构件的种类、张拉吨位和施工条件而定。

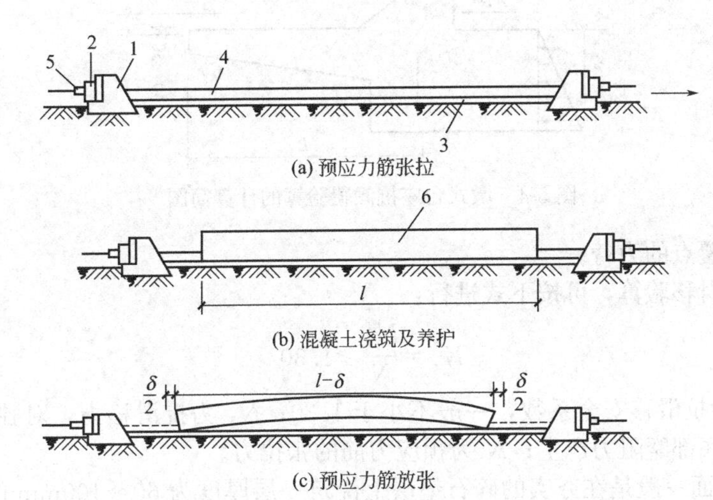

图 5-2 先张法构件施工程序示意

1—台座；2—横梁；3—台面；4—预应力钢筋；5—夹具；6—钢筋混凝土构件

（1）墩式台座 墩式台座由台墩、台面与横梁等组成（图 5-3）。其长度一般为 100～150m，这样既可利用钢丝长的特点，张拉一次可生产多根构件，减少张拉及临时固定工作，又可减少钢丝滑动或台座横梁变形引起的应力损失。

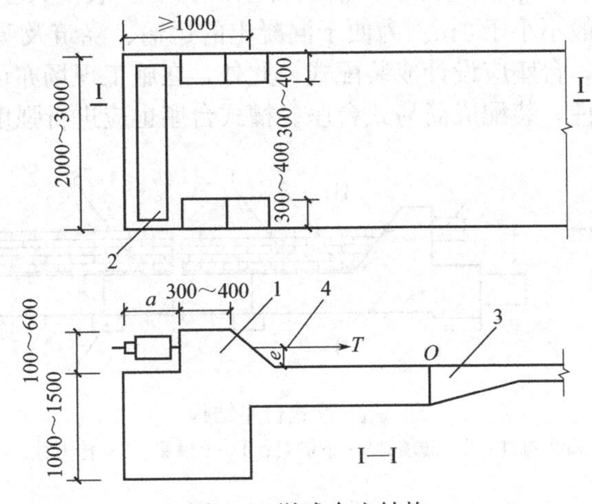

图 5-3 墩式台座结构

1—混凝土台墩；2—钢筋梁；3—台面；4—预应力钢筋

① 台墩。一般由现浇钢筋混凝土制作而成，分为重力式和构架式两种。台墩除应具有足够的强度和刚度外，还应进行抗倾覆与抗滑移稳定性验算。

墩式台座抗倾覆验算的计算简图见图 5-4，抗倾覆稳定性按下式计算：

$$K=\frac{M_1}{M}=\frac{GL+E_{\mathrm{p}}e_2}{Ne_1}\geqslant 1.50 \tag{5-1}$$

式中，K 为抗倾覆安全系数，一般不小于 1.50；M 为倾覆力矩，由预应力筋的张拉力产生；N 为预应力筋的张拉力；e_1 为张拉力合力作用点至倾覆点的力臂；M_1 为抗倾覆力矩，由台墩自重力和土压力等产生；G 为台墩的自重力；L 为台墩重心至倾覆点的力臂；E_{p} 为台墩后面的被动土压力的合力，当台墩埋置深度较浅时，可忽略不计；e_2 为被动土压

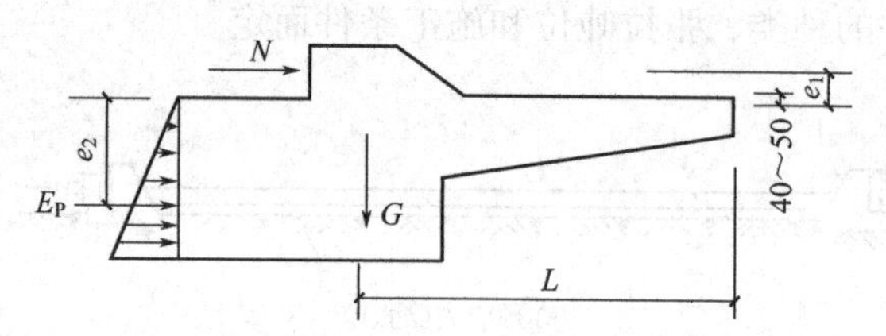

图 5-4 墩式台座抗倾覆验算的计算简图

力合力重心至倾覆点的力臂。

墩式台座抗滑移验算，可按下式进行：

$$K_c=\frac{N_1}{N}\geqslant 1.30 \tag{5-2}$$

式中，K_c 为抗滑移安全系数，一般不小于 1.30；N_1 为抗滑移力，对独立的台墩，由右侧壁土压力和底部摩阻力产生；N 为预应力筋的张拉力。

② 台面。台面一般是在夯实的碎石垫层上浇筑一层厚度为 60～100mm 的混凝土而成，台面略高于地坪，表面应当平整光滑，以保证构件底面平整。长度较大的台面，应每 10m 左右设置一条伸缩缝，以适应温度的变化。

③ 横梁。横梁以台墩为支座，直接承受预应力筋的张拉力，其挠度不应大于 2mm，并且不得产生翘曲。预应力筋的定位板必须安装准确，其挠度不应大于 1mm。

(2) 槽式台座　槽式台座一般由钢筋混凝土立柱、上下横梁及台面组成（图 5-5）。浇筑中小型吊车梁时，一般多用槽式台座。槽式台座的长度一般不大于 76m，宽度随构件外形及制作方式而定，一般不小于 1m。为便于混凝土的运输、浇筑及蒸汽养护，台座宜低于地面。为便于拆迁移动，台座应设计成装配式。此外，在施工现场亦可利用条石或已预制好的柱、桩和基础梁等构件，装配成简易式台座。槽式台座也应进行强度和稳定性验算。

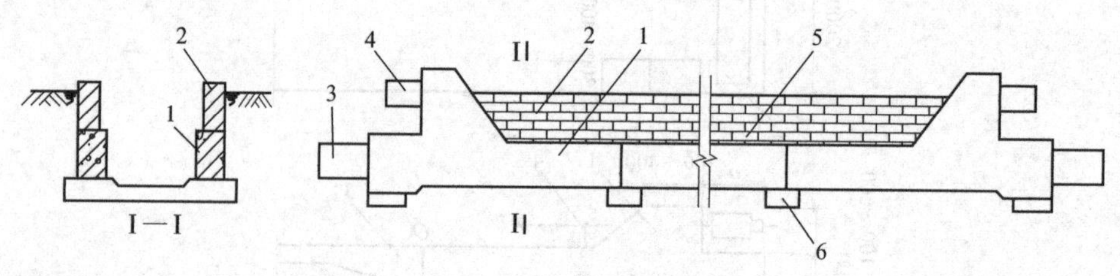

图 5-5 槽式台座结构

1—钢筋混凝土端柱；2—砖墙；3—下横梁；4—上横梁；5—传力柱；6—柱垫

5.1.1.2 夹具

夹具是先张法构件施工时保持预应力筋拉力，并将其固定在张拉台座或设备上的临时性锚固装置。按其工作用途不同分为张拉端夹具和锚固端夹具。张拉端夹具（称张拉夹具，简称夹具）和锚固端夹具（称锚固夹具，简称锚具），根据工作方式不同分为支承式夹（锚）具和楔紧式夹（锚）具。需要指出的是，先张法中的锚固夹具是作临时锚固用的，而后张法中的锚固夹具，即通常所说的锚具是张拉并永久固定在预应力混凝土结构上传递预应力的工具。

(1) 钢丝锚固夹具　锥形夹具可分为圆锥齿板式夹具（即锥销夹具）、圆锥槽式夹具和楔形夹具（图 5-6）。常用于夹持单根 ϕ4～5mm 的冷拔低碳钢丝和碳素钢丝。

(2) 钢筋锚固夹具　钢筋锚固多用螺母锚具、镦头锚具和销片夹具等。采用镦头夹具时，将预应力钢筋的端部热镦或者冷镦，通过承载力分孔板锚固（图 5-7）。镦头夹具适用

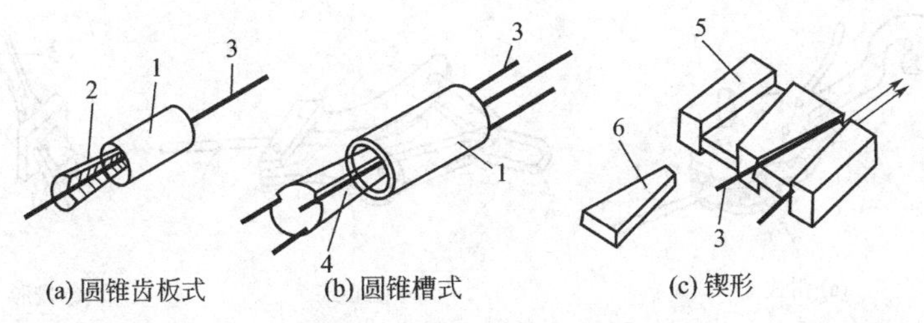

(a) 圆锥齿板式 (b) 圆锥槽式 (c) 锲形

图 5-6 钢丝的锚固夹具

1—套筒；2—齿板；3—钢丝；4—锥塞；5—锚板；6—锲块

于具有镦粗头（热镦）的Ⅱ～Ⅳ级单根带肋钢筋，也可用于冷镦的钢丝，常用于固定端用，夹持 ϕ7mm 钢丝。销片夹具由套筒和夹片组成。销片有两片式（图 5-8）和三片式（图 5-9），钢筋夹紧在销片的凹槽内。圆套筒三片式夹具（图 5-9），夹持直径为 12mm 与 14mm 的单根冷拔Ⅱ～Ⅳ级钢筋，也可用于夹持单根的钢绞线，两片的多用于夹持单根 ϕ5mm 钢丝。

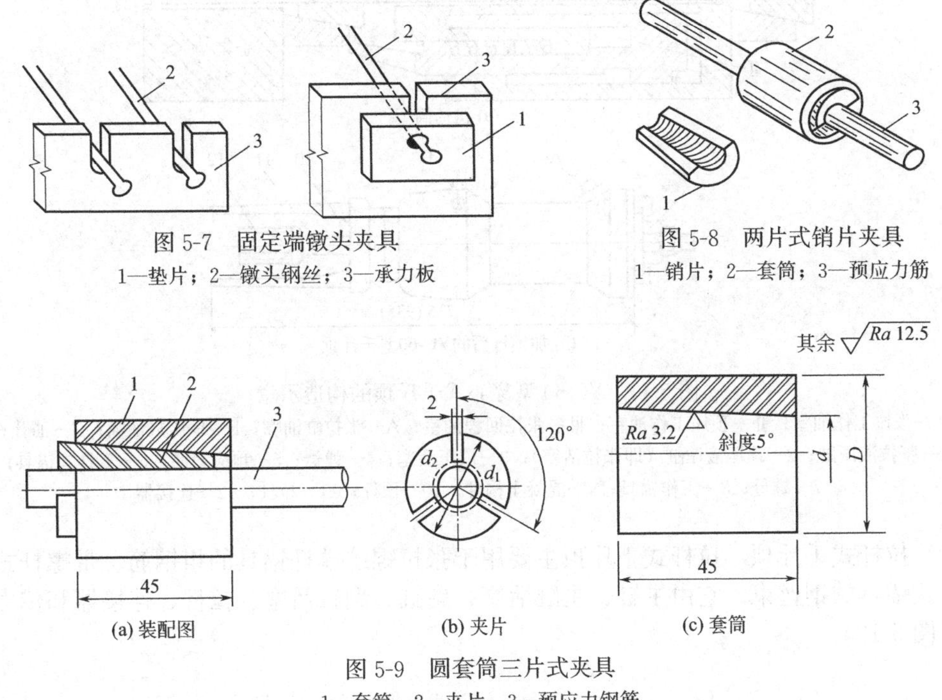

图 5-7 固定端镦头夹具

1—垫片；2—镦头钢丝；3—承力板

图 5-8 两片式销片夹具

1—销片；2—套筒；3—预应力筋

(a) 装配图 (b) 夹片 (c) 套筒

图 5-9 圆套筒三片式夹具

1—套筒；2—夹片；3—预应力钢筋

（3）张拉夹具 张拉夹具是夹持住预应力钢筋后，与张拉机械连接起来进行预应力筋张拉的机具。常用的张拉机具有钳式夹具、偏心式夹具、楔形夹具等（图 5-10）。

5.1.1.3 张拉机具

张拉机具应当操作方便、可靠，准确控制张拉应力，以稳定的速率增大拉力。在先张法中常用的是穿心式千斤顶、拉杆式千斤顶、台座式千斤顶等。

（1）穿心式千斤顶 穿心式千斤顶是一种具有穿心孔，利用双液缸张拉预应力筋和预压锚具的双作用千斤顶。这种千斤顶适应性强，既适用于需要顶压的锚具，配上撑脚与拉杆后，也适用于螺杆锚具和镦头锚具。常用的 YC-60 型穿心式千斤顶广泛地用于预应力筋的张拉。它适用于张拉各种形式的预应力筋，主要由张拉油缸、顶压油缸、顶压活塞和弹簧组

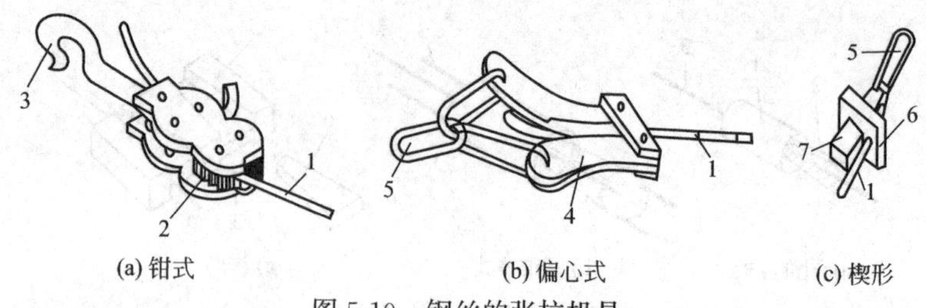

(a) 钳式　　(b) 偏心式　　(c) 楔形

图 5-10　钢丝的张拉机具

1—钢丝；2—钳式夹板；3—拉钩；4—偏心齿条；5—拉环；6—锚板；7—楔块

成（图 5-11）。

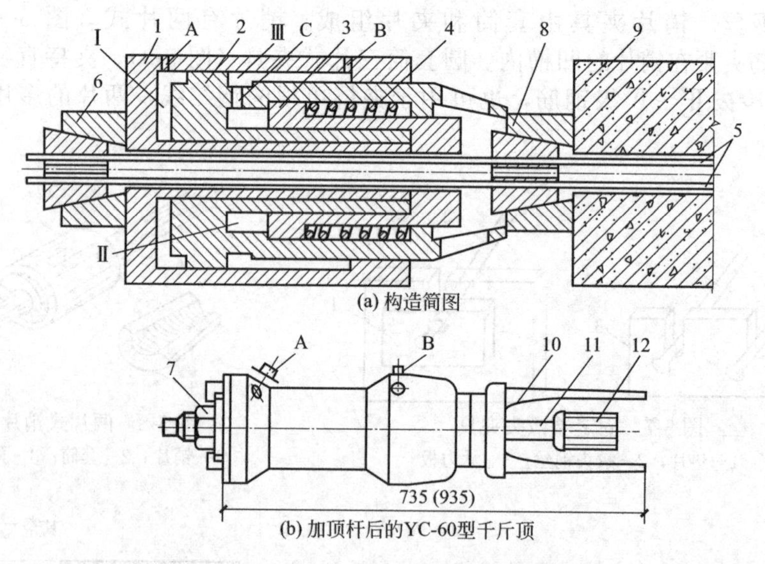

(a) 构造简图

(b) 加顶杆后的YC-60型千斤顶

图 5-11　YC-60 型穿心式千斤顶的构造示意

Ⅰ—张拉工作油室；Ⅱ—顶压工作油室；Ⅲ—张拉回程油室；A—张拉缸油嘴；B—顶压缸油嘴；C—油孔；1—张拉液压缸；2—顶压液压缸（即张拉活塞）；3—顶压活塞；4—弹簧；5—预应力筋；6—工具式锚具；7—螺母；8—工作锚具；9—混凝土构件；10—顶杆；11—拉杆；12—连接器

(2) 拉杆式千斤顶　拉杆式千斤顶主要用于张拉螺纹端杆锚具的粗钢筋、带螺杆式锚具或镦头式锚具的钢丝束。它由主缸、主缸活塞、副缸、副缸活塞、拉杆、连接器和传力架等组成（图 5-12）。

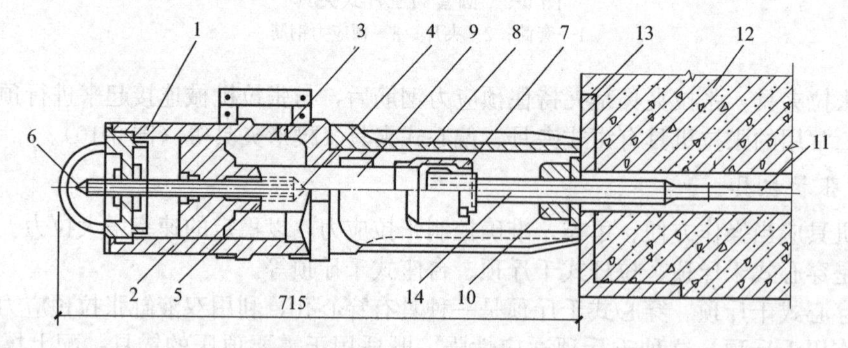

图 5-12　拉杆式千斤顶构造示意

1—主缸；2—主缸活塞；3—主缸油嘴；4—副缸；5—副缸活塞；6—副缸油嘴；7—连接器；8—顶杆；9—拉杆；10—螺母；11—预应力筋；12—混凝土构件；13—预埋钢板；14—螺纹端杆

(3) 台座式千斤顶　台座式千斤顶是在先张法四横梁式或三横梁式台座上成组整体张位或放松预应力筋的设备。当采用三横梁式装置时，台座式千斤顶与活动横梁组装在一起，张拉时台座式千斤顶与活动横梁直接带动预应力筋成组张拉［图 5-13(a)］。当采用四横梁式装置时，拉力架由两根活动横梁和两根大螺杆组成，张拉时台座千斤顶推动拉力架横梁，带动预应力筋成组张拉［图 5-13(b)］。

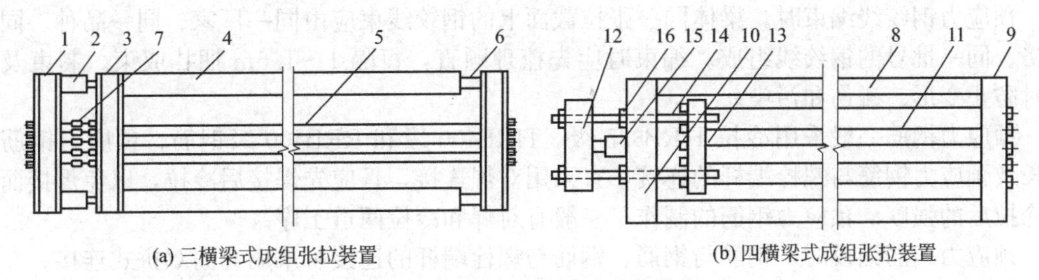

(a) 三横梁式成组张拉装置　(b) 四横梁式成组张拉装置

图 5-13　预应力钢筋成组张拉装置

1—活动横梁；2—千斤顶；3—固定横梁；4—槽式台座；5—预应力筋；6—放松装置；7—连接器；8—台座传力柱；9,10—后、前横梁；11—钢丝（筋）；12,13—拉力架横梁；14—大螺杆；15—台座式千斤顶；16—螺母

5.1.2 先张法预应力混凝土施工工艺

先张法预应力混凝土施工的一般工艺流程见图 5-14，主要包括预应力筋的下料、预应力筋的铺设、预应力筋的张拉、混凝土浇筑与养护和预应力筋的放张等施工过程。

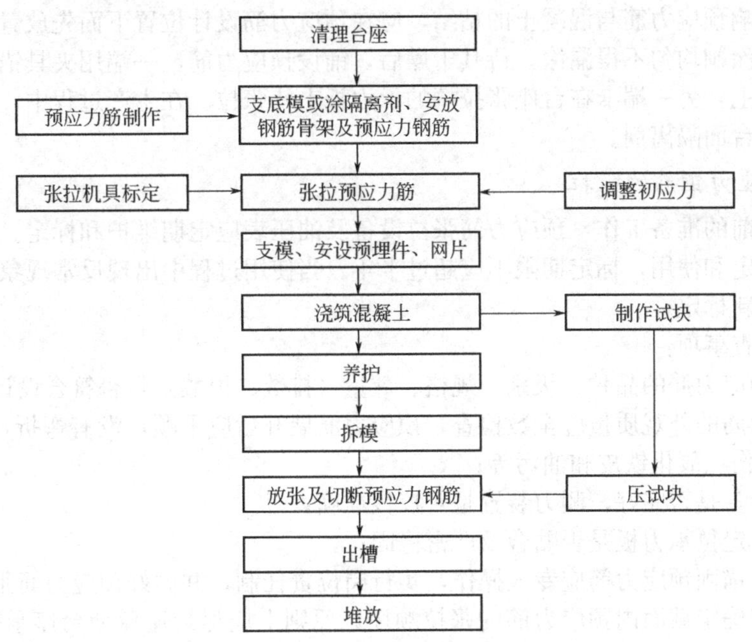

图 5-14　先张法施工工艺流程

5.1.2.1　预应力钢筋的下料

先张法预应力筋主要有钢丝（螺旋肋钢丝、刻痕钢丝）和钢绞线（1×3 钢绞线、1×7 钢绞线、标准型钢绞线、刻痕钢绞线）。

预应力筋下料长度应经计算确定。计算时应考虑结构的孔道长度或台座长度、锚夹具厚度、千斤顶长度、镦头预留量、冷拉伸长值、弹性回缩值、张拉伸长值和外露长度等因素。

首次使用应经试验，符合要求后方可成批下料。预应力筋下料切断后，端头应齐整，其同束内长度相对差值不应大于计算下料长度的 1/5000，且其极差不得大于 5mm。

预应力筋应采用砂轮锯切断，不得采用电弧或气焊切断，也不得使预应力筋经受高温、焊接火花或接地电流的影响。钢绞线下料后不得散头。下料场地应平整、洁净。

钢绞线是成盘状供应的，长度较长，不需对焊接长。其制作工序是：开盘→下料→编束。预应力钢绞线编束时，梁体同一张拉截面上的钢绞线束应由同一厂家、同一品种、同一规格、同一批号的钢绞线组成。编束时应先梳理顺直，每隔 1～1.5m 捆扎成束。制束及移运时防止变形、碰伤和污染。

预应力钢筋一般采用冷拉 HRB335 级、HRB400 级和 RRB400 级钢筋。预应力钢筋的接长及预应力钢筋与螺栓端杆的连接，宜采用对焊连接，且应先焊接后冷拉，以免焊接而降低冷拉后的强度。预应力钢筋的制作，一般有对焊和冷拉两道工序。

预应力钢筋铺设时，钢筋与钢筋、钢筋与螺栓端杆的连接可采用套筒双拼式连接。

钢筋（丝）的镦头。预应力筋（丝）固定端采用镦头夹具锚固时，钢筋（丝）端头要镦粗形成镦粗头。预应力钢丝束采用镦头锚具时，应首先确认该批预应力钢丝的可镦性。钢丝镦头的头型尺寸：直径应为 $1.4d$～$1.5d$，高度应为 $0.95d$～$1.05d$（d 为钢丝公称直径）。冷镦头的强度应不低于钢丝母材强度的 97%。高强钢丝镦头宜采用液压冷镦。

5.1.2.2 预应力筋的铺设

在铺放钢丝前，应清扫台面及模板，并涂刷隔离剂，以便于脱模。一般涂刷皂角水溶性隔离剂，易干燥，污染钢筋易清除。为避免铺设预应力筋时因其自重下垂破坏隔离剂，沾污预应力筋，影响预应力筋与混凝土的粘结，应在预应力筋设计位置下面先放置好垫块或定位钢筋后铺设。涂刷均匀不得漏涂，待其干燥后，铺设预应力筋，一端用夹具锚固在台座横梁的定位承力板上，另一端卡在台座张拉端的承力板上待张拉。在生产过程中，应防止雨水或养护水冲刷掉台面隔离剂。

5.1.2.3 预应力钢筋的张拉

（1）张拉前的准备工作　预应力筋张拉设备及油压表应定期维护和标定。张拉设备和油压表应配套标定和使用，标定期限不应超过半年。当使用过程中出现反常现象或在张拉设备检修后，应重新标定。

张拉前检查事项：

① 检查预应力筋的品种、级别、规格、数量（排数、根数）是否符合设计要求；

② 预应力筋的外观质量应全数检查，预应力筋展开后应平顺，没有弯折，表面无裂纹、小刺、机械损伤、氧化铁皮和油污等；

③ 张拉设备是否完好，测力装置是否校核准确；

④ 横梁、定位承力板是否贴合及严密稳固；

⑤ 张拉、锚固预应力筋应专人操作，实行岗位责任制，并做好预应力筋张拉记录；

⑥ 应合理确定截面内预应力筋的张拉顺序，原则上应尽量避免使台座承受过大的偏心压力，故宜先张拉靠近台座截面重心处的预应力筋，防止台座产生弯曲变形。

（2）张拉控制应力　张拉控制应力是指预应力钢筋在进行张拉时所控制达到的最大应力值。其值为张拉设备（如千斤顶油压表）所指示的总张拉力除以预应力钢筋截面面积而得的应力值，以 σ_{con} 表示。

张拉控制应力的取值，直接影响预应力混凝土的使用效果，如果张拉控制应力取值过低，则预应力钢筋经过各种损失后，对混凝土产生的预压应力过小，不能有效地提高预应力混凝土构件的抗裂度和刚度。如果张拉控制应力取值过高，则可能引起以下问题：

① 在施工阶段会使构件的某些部位受到拉力（称为预拉力）甚至开裂，对后张法构件可能造成端部混凝土局压破坏；

② 构件出现裂缝时的荷载值很接近，使构件在破坏前无明显的预兆，构件的延性较差；

③ 为了减少预应力损失，有时需进行超张拉，有可能在超张拉过程中使个别钢筋的应力超过它的实际屈服强度，使钢筋产生较大的塑性变形或脆断；

张拉控制应力值大小的确定与预应力的钢种有关。由于预应力混凝土采用的都为高强度钢筋，其塑性较差，故控制应力不能取得太高。

根据长期积累的设计和施工经验，《混凝土结构设计规范》规定，在以下情况下，张拉控制应力不宜超过限值（表 5-1）：

① 要求提高构件在施工阶段的抗裂性能，而在使用阶段受压区内设置的预应力钢筋；

② 要求部分抵消由于应力松弛、摩擦、钢筋分批张拉以及预应力钢筋与张拉台座之间的温差等因素产生的预应力损失。

表 5-1 张拉控制应力限值

钢筋种类	先张法	后张法
预应力钢丝、钢绞线	$0.75f_{ptk}$	$0.75f_{ptk}$
热处理钢筋	$0.70f_{ptk}$	$0.65f_{ptk}$

注：表中 f_{ptk} 为预应力钢筋的强度标准值；预应力钢丝、钢绞线、热处理钢筋的张拉控制应力值不应小于 $0.4f_{ptk}$；符合下列情况之一时，表中的张拉控制应力限值可提高 $0.05f_{ptk}$：①要求提高构件在施工阶段的抗裂性能，而在使用阶段受压区内设置的预应力钢筋；②要求部分抵消由于应力松弛、摩擦、钢筋分批张拉以及预应力钢筋与张拉台座之间的温差等因素产生的预应力损失。

（3）预应力筋的张拉方法　预应力筋的张拉可采用单根张拉或多根同时张拉，当预应力筋数量不多、张拉设备拉力有限时常采用单根张拉；当预应力筋数量较多且密集布筋，另外张拉设备拉力较大时，则可采用多根同时张拉（成组张拉）。在确定预应力筋张拉顺序时，应考虑尽可能减少台座的倾覆力矩和偏心力，先张拉靠近台座截面重心处的预应力筋。

（4）预应力筋的张拉程序　预应力筋的张拉力程序有超张拉法和一次张拉法两种。

超张拉法：$0 \rightarrow 1.05\sigma_{con}$ 持荷 $2min \rightarrow \sigma_{con}$；

一次张拉法：$0 \rightarrow 1.03\sigma_{con}$。

其中 σ_{con} 为张拉控制应力，一般由设计而定。采用超张拉工艺的目的是为了减少预应力筋的松弛应力损失。所谓“松弛”即钢材在常温、高应力状态下具有不断产生塑性变形的特性。松弛的数值与张拉控制应力和延续时间有关，控制应力高，松弛也大，所以钢丝、钢绞线的松弛损失比冷拉热轧钢筋大，松弛损失还随着时间的延续而增加，但在第一分钟内可完成损失总值的 50%，24h 内则可完成 80%。所以采用超张拉工艺，先超张拉 5%再持荷 2min，则可减少 50%以上的松弛应力损失。而采用一次张拉锚固工艺，因松弛损失大，故张拉力应比原设计控制应力提高 3%。

（5）预应力校核　多根预应力筋同时张拉时，应预先调整初应力，使其相互之间的应力一致。预应力筋张拉锚固后，实际预应力值与工程设计规定检验值的相对允许偏差应在 +5%以内。在张拉过程中预应力筋断裂或滑脱的数量，严禁超过结构同一截面预应力筋总根数的 5%，且严禁相邻两根断裂或滑脱。先张法构件在浇筑混凝土前发生断裂或滑脱的预应力筋必须予以更换。预应力筋张拉锚固后，预应力筋位置与设计位置的偏差不得大于 5mm，且不得大于构件截面最短边长的 4%。张拉过程中，应按混凝土结构工程施工及验收规范要求填写施加预应力记录表，以便参考。

（6）施工中应注意事项　张拉时，正对钢筋两端禁止站人。敲击锚具的锥塞或楔块时，不应用力过猛，以免损伤预应力筋而断裂伤人，但又要锚固可靠。冬季张拉预应力筋时，其温度不宜低于－15℃，且应考虑预应力筋容易脆断的危险。

5.1.2.4 混凝土的浇筑

预应力混凝土构件的混凝土浇筑，应一次连续浇筑完成，不允许留设施工缝。浇筑时应充分捣实，尤其要注意靠近端部混凝土的密实度。这些都是为了减少混凝土在预加应力作用下的收缩和徐变值，从而减小应力损失。

预应力钢丝张拉、绑扎钢筋、预埋件安装及立模工作完成后，应立即浇筑混凝土，每条生产线应一次连续浇筑完成。混凝土振捣时，要避免碰撞钢丝，振捣必须密实，特别对构件的端部，要注意加强振捣，以保证混凝土强度和黏结力。浇筑和振捣混凝土时，不可碰撞预应力筋。

采用重叠法生产构件时，应待下层构件的混凝土强度达到 5MPa 后，方可浇筑上层构件的混凝土。当平均温度高于 20℃时，每两天可叠捣一层。气温较低时，可采用早强措施，以缩短养护时间，加速台座周转，提高生产率。

预应力混凝土可采用自然养护、湿热养护等方法。自然养护不得少于 14d。干硬性混凝土浇筑完毕后，应立即覆盖进行养护。当预应力混凝土采用湿热养护时，采取二次升温制，初次升温的温差不宜超过 20℃，当构件混凝土强度达到 7.5～10N/mm^2 时，再按一般规定继续升温养护，这样可以减少预应力的损失。

5.1.2.5 预应力筋的放张

预应力筋放张过程是预应力的传递过程，是先张法构件能否获得良好质量的一个重要环节，应根据放张要求，确定合宜的放张顺序、放张方法及相应的技术措施。

(1) 放张要求　放张预应力筋时，混凝土强度必须符合设计要求，当设计无专门要求时，不得低于设计的混凝土强度标准值的 75%。放张过早由于混凝土强度不足，会产生较大的混凝土弹性回缩而引起较大的预应力损失或钢丝滑动。放张过程中，应使预应力构件自由压缩，避免过大的冲击与偏心。

(2) 放张方法　当预应力混凝土构件用钢丝配筋时，若钢丝数量不多，钢丝放张可采用剪切、锯割或氧-乙炔焰熔断的方法，并应从靠近生产线中间处剪断，这样比在靠近台座一端处剪断时回弹减小，且有利于脱模。若钢丝数量较多，所有钢丝应同时放张，不允许采用逐根放张的方法，否则，最后的几根钢丝将承受过大的应力而突然断裂，导致构件应力传递长度骤增，或使钩件端部开裂。放张方法可采用放张横梁来实现。横梁可用千斤顶或预先设置在横梁支点处的放张装置（砂箱或楔块等）来放张。

粗钢筋预应力筋应缓慢放张。当钢筋数量较少时，可采用逐根加热熔断或借预先设置在钢筋锚固端的楔块或穿心式砂箱等单根放张。当钢筋数量较多时，所有钢筋应同时放张。

采用湿热养护的预应力混凝土构件宜热态放张，不宜降温后放张。

5.2 后张法预应力混凝土施工

讨论

1. 锚具如何分类？后张法常用哪些锚具及张拉设备？
2. 试述穿心式千斤顶的工作原理。
3. 单根粗钢筋如何下料？
4. 后张法的施工工艺流程？
5. 预应力混凝土孔道留设的方法有哪几种？
6. 试述预应力无粘结后张法的施工特点。
7. 何为钢筋松弛应力损失？为什么要超张拉和重复张拉？
8. 为什么要进行孔道灌浆？对水泥浆有什么要求？应如何进行？

后张法预应力混凝土分为有粘结预应力混凝土和无粘结预应力混凝土两种。后张法有粘结预应力混凝土是浇筑好混凝土构件，并在预应力筋的位置预留出相应孔道，待混凝土强度达到设计规定的数值后，在孔道内穿入预应力筋进行张拉，并利用锚具把预应力筋固定，最后进行孔道灌浆（图 5-15）。而后张法无粘结预应力混凝土是不留孔道，直接铺设无粘结预应力筋，无须孔道灌浆。

后张法施工由于直接在钢筋混凝土构件上进行预应力筋的张拉，所以不需要固定台座设备，不受地点限制，施工灵活性较大，适用于现场预制或工厂预制块体现场拼装的大中型预应力构件、特种结构和构筑物等。但施工工序较多，且锚具不能重复使用，耗钢量较大。

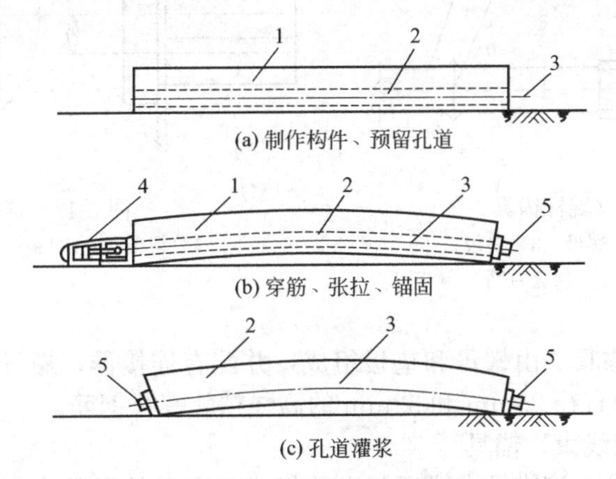

(a) 制作构件、预留孔道

(b) 穿筋、张拉、锚固

(c) 孔道灌浆

图 5-15 后张法有粘结构件施工程序示意

1—钢筋混凝土构件；2—预留孔道；3—预应力筋；4—张拉千斤顶；5—锚具

5.2.1 施工机具

5.2.1.1 锚具

锚具是后张法结构或构件中保持预应力筋的张拉力，并将其传递到混凝土上的永久性锚固装置，对保证预应力值和结构安全起重要作用，通常由若干个机械部件组成。

锚具的类型很多，按锚固方式分为夹片式（单孔或多孔）、支承式（镦头、螺母锚具）、锥塞式（钢质锥形）、握裹式（挤压、压花锚具）等；按锚固预应力筋不同分为，单根钢筋锚具、钢绞线束（或钢筋束）锚具和钢丝束锚具。常用的锚具可分为单根钢筋锚具以及预应力钢绞线束（钢筋束）锚具。

锚具应有良好的自锚和自锁功能。所谓自锚是指锚具锚固后，使预应力筋在拉力作用下回缩时能带动锚塞（或夹片）在锚环中自动楔紧而达到可靠锚固预应力筋的能力。所谓自锁是指锚具锚固时，将锚塞（或夹片）顶压塞紧在锚环内而不致自行回弹脱出的能力。

锚具的锚固性能按使用要求分为Ⅰ类锚具和Ⅱ类锚具。Ⅰ类锚具适用于承受动载、静载的预应力混凝土结构；Ⅱ类锚具仅适用于有粘结预应力混凝土结构中预应力筋应力变化不大的部位。锚具的好坏可用锚具效率系数衡量。锚具效率系数是指预应力筋与锚具组装件的实际拉断力与预应力筋的理论拉断力之比，表示锚具的静载锚固性能。Ⅰ类锚具效率应≥0.95，Ⅱ类应≥0.90。

（1）单根钢筋锚具

① 螺纹端杆锚具。螺纹端杆锚具是常用的锚具形式，它由螺纹端杆、螺母和垫板组成（图 5-16）。该锚具将螺纹端杆与预应力筋对焊成整体，对焊应在预应力筋冷拉前进行，以免冷拉强度损失。

② 帮条锚具。帮条锚具由三根帮条和衬板组成（图 5-17）。帮条筋采用与预应力筋同级钢筋，三根帮条互成 120°，衬板可用普通低碳钢钢板，焊条应选用 E5003。三根帮条与衬板接触面应在同一垂直平面上，防止受力后产生扭曲。帮条焊接宜在预应力筋冷拉前进行。帮条锚具适用于预应力钢筋固定端锚固。

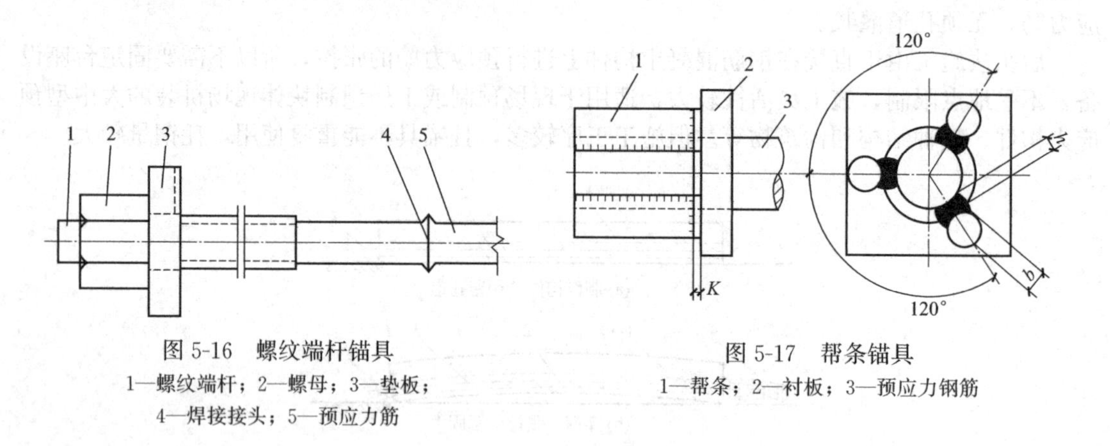

图 5-16 螺纹端杆锚具
1—螺纹端杆；2—螺母；3—垫板；
4—焊接接头；5—预应力筋

图 5-17 帮条锚具
1—帮条；2—衬板；3—预应力钢筋

③ 精轧螺纹钢筋锚具。由螺母和垫板组成，并配有连接器，螺母和垫板有锥面和平面形式，适用于直接锚固直径 25mm 和 32mm 的高强精轧螺纹钢筋。

（2）钢筋束（钢绞线束）锚具

① 单根钢绞线锚具。该锚具由锚环与夹片组成，夹片的形状为三片式，斜角度为 4°～5°。夹片的尺寸为“短牙三角螺纹”，这是一种齿顶较宽、齿高较矮的特殊螺纹，强度高、耐腐性强，适用于锚固直径 12mm 和 15mm 的钢绞线，也可用作先张法夹具。锚具尺寸按钢绞线直径而定。

② KT-Z 型锚具（可锻铸铁锥形锚具）。该锚具（图 5-18）由锚塞和锚环组成，一般适用于锚固 3～6 根直径为 12mm 的冷拉螺纹钢筋或钢绞线束。锚塞和锚环的锥度应严格保持一致，保证对钢丝的挤压力均匀，不致影响摩擦阻力。

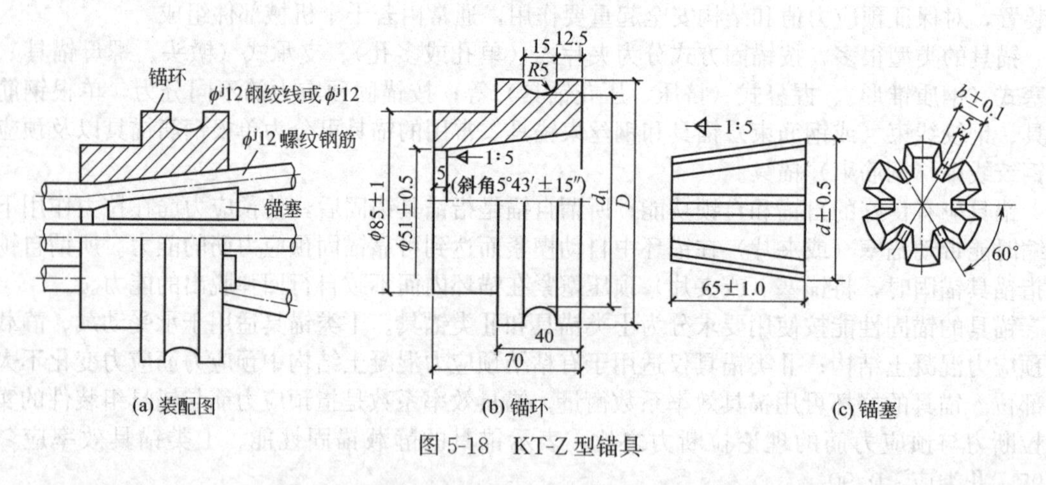

(a) 装配图
(b) 锚环
(c) 锚塞

图 5-18 KT-Z 型锚具

③ JM-12 型锚具。JM-12 锚具（图 5-19）由锚环和夹片组成。该锚具夹片组合起来形成一个整体截锥形楔块，可以锚固多根钢绞线或预应力钢筋。它主要用于锚固 3～6 根直径为 12mm 的四级冷拉钢筋束或 4～6 根直径为 12～15mm 的钢绞线束。该锚具施工方便、预应力筋滑移小，但是加工量大且成本高。

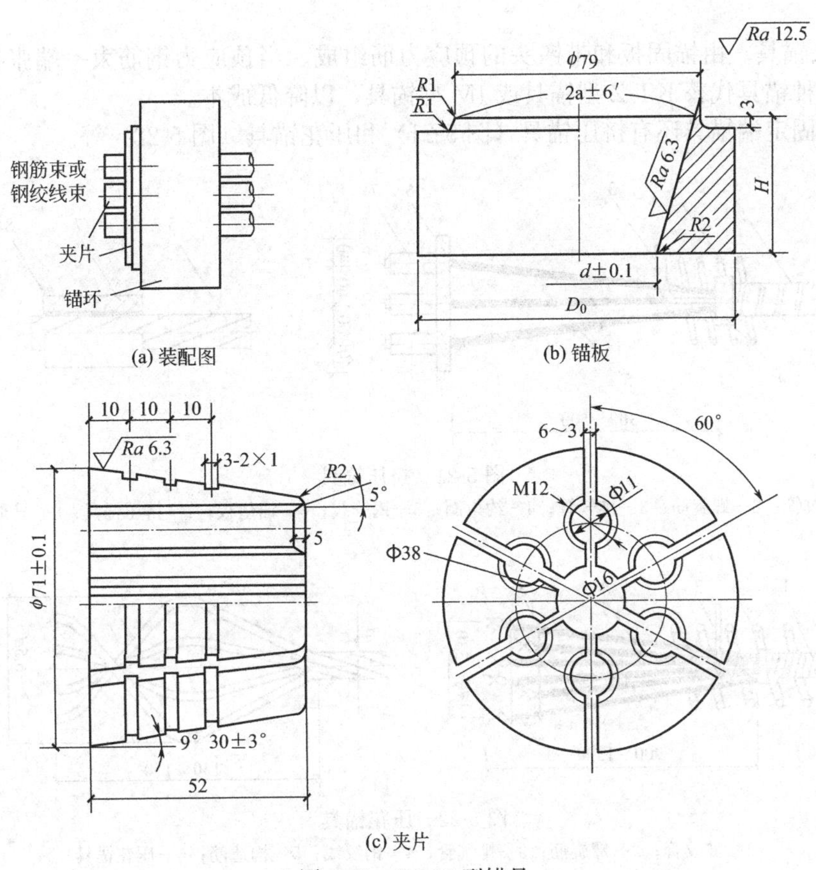

图 5-19 JM-12 型锚具

④ XM 型锚具。XM 型锚具（图 5-20）由多孔的锚板与夹片组成。在每个锥形孔内装一副夹片，夹持一根钢绞线。这种锚具的优点是每束钢绞线的根数不受限制，任何一根钢绞线锚固失效，都不会引起整束锚固失效。

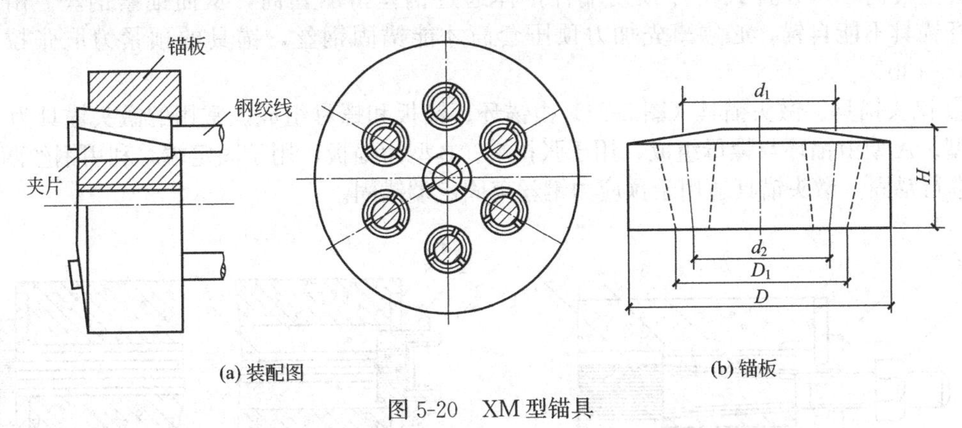

图 5-20 XM 型锚具

⑤ QM 型锚具。也是由锚板与夹片组成的，但与 XM 型锚具不同之点是锚孔是直的，锚板顶面是平的，夹片垂直开缝，备有配套喇叭形铸铁垫板与弹簧圈等。由于灌浆孔设在垫板上，锚板尺寸可稍小，适用于锚固 4～31 根直径为 12mm 和 3～19 根直径为 15mm 的钢绞线束。QM 型锚具备有配套自动工具锚，张拉和退出十分方便，但张拉时要使用配套限

位器。

⑥ 镦头锚具。由锚固板和带镦头的预应力筋组成。当预应力钢筋束一端张拉时，在固定端可用这种锚具代替 KT-Z 型锚具或 JM 型锚具，以降低成本。

另外，固定端锚具还有挤压锚具（图 5-21）和压花锚具（图 5-22）等。

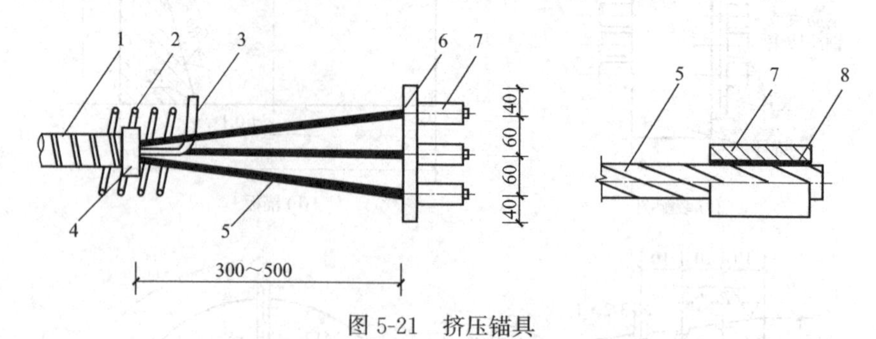

图 5-21 挤压锚具

1—金属波纹管；2—螺旋筋；3—排气管；4—约束圈；5—钢绞线；6—锚垫板；7—挤压锚具；8—异形钢丝衬圈

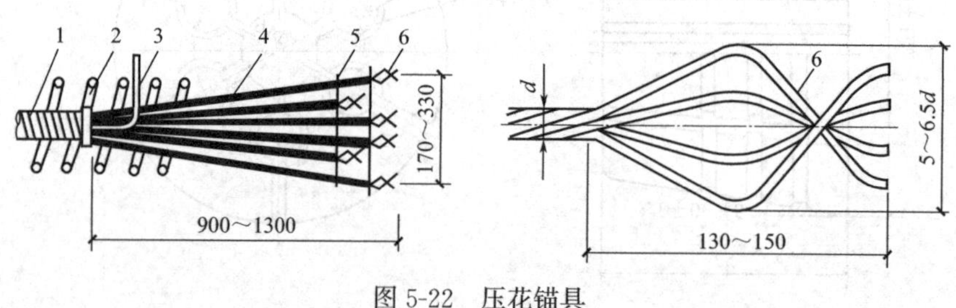

图 5-22 压花锚具

1—波纹管；2—螺旋筋；3—排气管；4—钢绞线；5—构造筋；6—压花锚具

（3）钢丝束锚具

① 锥形螺杆锚具。由锥形螺杆、套筒、螺母、垫板组成（图 5-23），适用于锚固 14～28 根直径为 5mm 的钢丝束。使用时，先将钢丝束均匀整齐地紧贴在螺杆锥体部分，然后套上套筒，用拉杆式千斤顶使端杆锥体通过钢丝挤压套筒，从而锚紧钢丝。由于锥形螺杆锚具不能自锚，必须事先加力顶压套筒才能锚固钢丝，锚具的预紧力取张拉力的 120%～130%。

② 镦头锚具。镦头锚具（图 5-24）由锚环、锚板和螺母组成。常用的镦头锚具为 A 型和 B 型。A 型由锚环与螺母组成，用于张拉端；B 型为锚板，用于固定端，利用钢丝两端的镦头进行锚固。镦头锚具适用于预应力钢丝束固定端锚固。

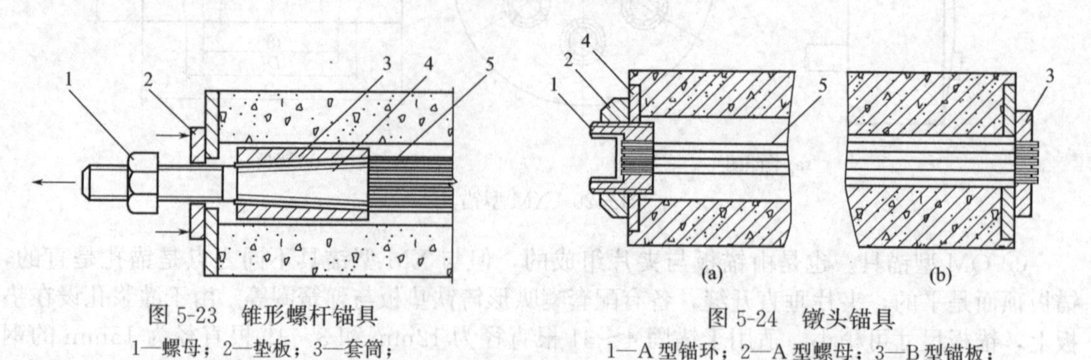

图 5-23 锥形螺杆锚具

1—螺母；2—垫板；3—套筒；4—锥形螺杆；5—碳素钢丝

图 5-24 镦头锚具

1—A 型锚环；2—A 型螺母；3—B 型锚板；4—垫板；5—镦头预应力钢丝束

③ 钢质锥形锚具（又称弗氏锚具）。该锚具由锚环和锚塞组成（图 5-25），适用锚固 6 根、12 根、18 根与 24 根直径为 5mm 或 7mm 的钢丝束。锚环与锚塞的锥度应严格保证一致。锚环与锚塞配套时，锚环锚形孔与锚塞的大小头只允许同时出现正偏差或负偏差。钢质锥形锚具尺寸按钢丝数量确定。

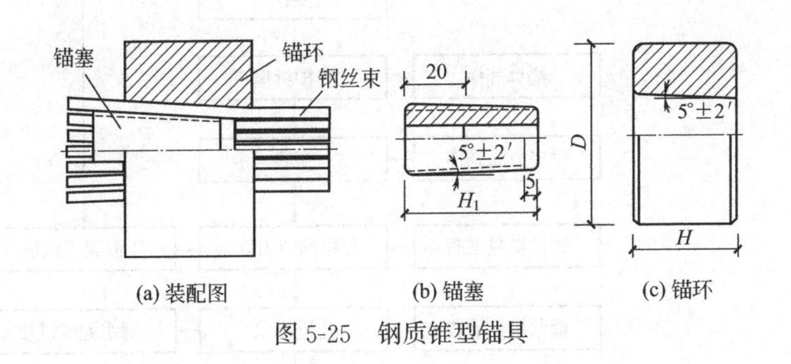

图 5-25 钢质锥型锚具

5.2.1.2 张拉机械

后张法的张拉机械常用的有拉杆式千斤顶、穿心式千斤顶及锥锚式双作用千斤顶。前两种张拉机械已经在先张法中给予介绍。锥锚式双作用千斤顶用于张拉锥形锚具锚固的预应力钢丝束，它是由主缸、主缸活塞、副缸、副缸活塞、顶压头、锥形卡环等主要部件所组成（图 5-26）。

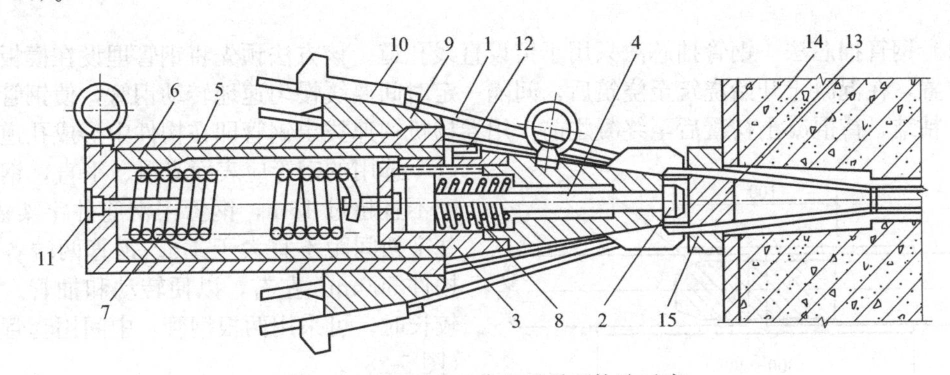

图 5-26 锥锚式双作用千斤顶构造示意

1—预应力筋；2—顶压头；3—副缸；4—副缸活塞；5—主缸；6—主缸活塞；7—主缸拉力弹簧；8—副缸压力弹簧；9—锥形卡环；10—模块；11—主缸油嘴；12—副缸油嘴；13—锚塞；14—构件；15—锚环

5.2.2 后张法有粘结预应力混凝土施工工艺

后张法有粘结预应力混凝土施工的一般工艺流程（图 5-27），主要包括预留孔道、预应力筋制作、预应力筋的张拉与锚固和孔道灌浆等部分。

5.2.2.1 孔道留设

孔道留设是后张法预应力混凝土制作的关键工作之一。构件中留设孔道主要为穿预应力钢筋（束）及张拉锚固后灌浆用。孔道留设时应保证孔道直径能使预应力筋（束）顺利穿过，一般孔道直径应比预应力筋外径或需穿过孔道的锚具外径大 10～15mm（粗钢筋）或 6～10mm（钢筋束或钢绞线束），且孔道面积应大于预应力筋面积的 2 倍。孔道应按设计要求的位置、尺寸埋设准确、牢固，浇筑混凝土时不应出现移位和变形，并按设计要求留设灌

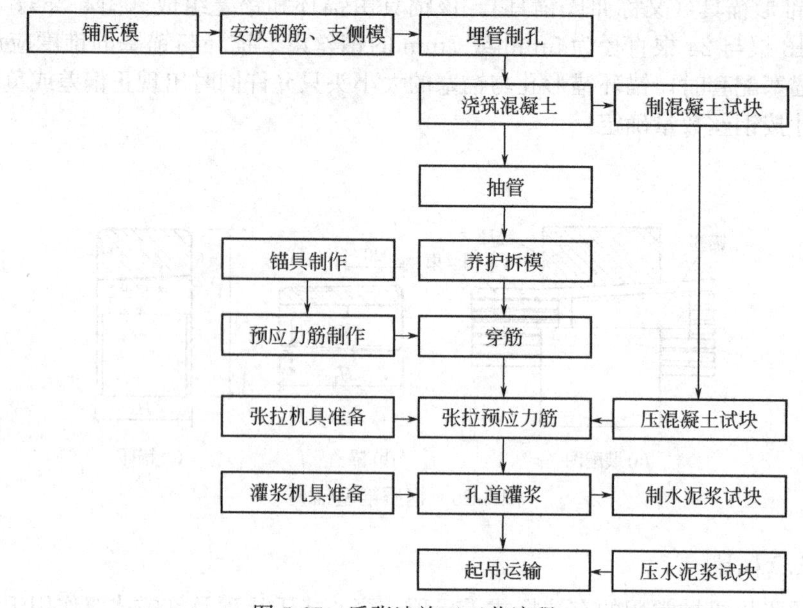

图 5-27 后张法施工工艺流程

浆孔。

预留孔道形状有直线、曲线和折线，孔道留设方法有钢管抽芯法、胶管抽芯法、预埋波纹管法。

(1) 钢管抽芯法　钢管抽芯法只用于留设直线孔道。该方法预先将钢管埋设在模板内的孔道位置，在混凝土开始浇筑至浇筑后，间隔一定时间要缓慢匀速地转动钢管，使钢管不与混凝土粘结，待混凝土初凝后至终凝之前，用卷扬机匀速拔出钢管即在构件中形成孔道。

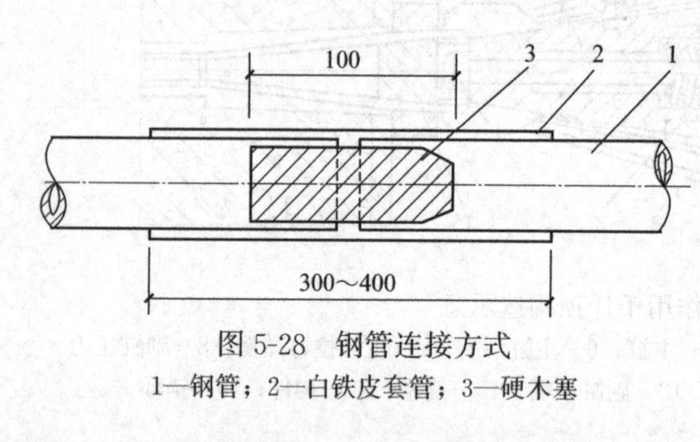

图 5-28 钢管连接方式

1—钢管；2—白铁皮套管；3—硬木塞

选用的钢管应表面光滑、平直，钢管长度不宜超过 15m，钢管用钢筋井字架固定，井字架间距不宜大于 1m。钢管两端各伸出构件 500mm 左右，以便转动和抽管。构件较长时，可采用两根钢管，中间用套管连接（图 5-28）。

掌握抽管时间很重要，抽管时间与水泥品种、浇筑气温和养护条件有关。抽管宜在混凝土初凝后、终凝前进行，用手指按压混凝土表面不显指纹时为宜。抽管顺序宜先上后下，抽管方法可用人工抽管或卷扬机抽管。

(2) 胶管抽芯法　胶管抽管用于直线、曲线或折线孔道成型。该方法预先将胶管埋设在模板内的孔道位置，在浇筑混凝土前在胶管中冲入压力为 0.6～0.8MPa 的压缩空气或压力水，此时胶管直径可增大约 3mm，混凝土浇筑后，胶管无须转动，抽管先放气或放水，管径缩小与混凝土脱离，随即抽出胶管，形成孔道。

胶管常采用 5～7 层帆布夹层，壁厚 6～7mm 的普通橡胶管，胶管用钢筋井字架固定，井字架间距不宜大于 0.5m。

(3) 预埋波纹管法　预埋波纹管法中的波纹管是镀锌波纹金属软管（图 5-29），也有塑料的，可根据要求做成曲线、折线等各种形状的孔道。所用波纹管施工后留在构件中，可省去抽管工序。

采用波纹管施工时宜事先在构件的侧模上弹线，以孔底为准按弹线布管。固定波纹管要采用钢筋托架，钢筋托架焊在箍筋上，箍筋下面用垫块垫实，托架的间距不大600mm，波纹管的连接采用大一号同型波纹管，接长长度为200mm，用密封胶带或塑料热塑管封口。

使用波纹管时应尽量避免反复弯曲，以防管壁开裂；同时应防止电焊火花烧伤管壁。安装后检查管壁有无破损，接头是否密封等，并应及时用胶带修补。

采用波纹管时，为留设灌浆孔，在波纹管上开口，用带嘴的塑料弧形压板与海绵垫片覆盖，并用铁丝扎牢，再接塑料管（外径20mm，内径16mm）；该管垂直向上延伸至顶面以上500mm，灌浆孔间距不宜大于30m。为了防止浇筑混凝土时将塑料管压扁，管内临时衬有钢筋，以后再拔掉。

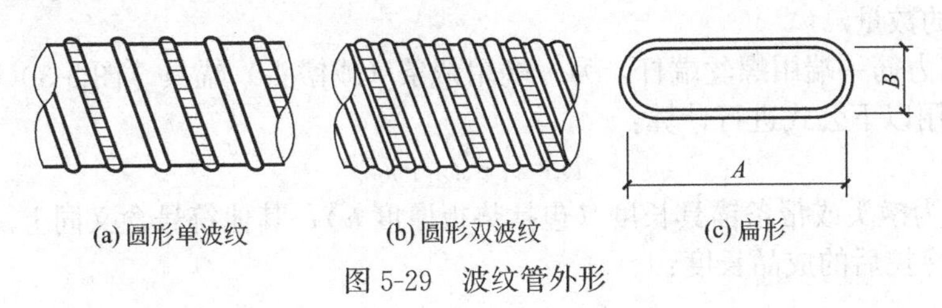

图5-29 波纹管外形

5.2.2.2 预应力钢筋制作

后张法有粘结预应力筋采用消除应力光面钢丝、1×7钢绞线、精轧螺纹钢筋和热轧HRB400级、RRB400级钢筋等。预应力钢丝有普通松弛钢丝和低松弛钢丝。预应力钢绞线有标准型钢绞线和模拔型钢绞线，可归纳为三种类型，即钢丝束、钢绞线束（钢筋束）和单根粗钢筋。钢丝束是由10余根或几十根钢丝组成一束。钢绞线束（钢筋束）由直径12mm，3～6根钢筋组成。单根粗钢筋一般是直径12～40mm，HRB335级、HRB400级、RRB400级钢筋。

预应力钢筋的制作主要与预应力钢筋的品种、锚具形式以及生产工艺等有关。

（1）粗钢筋 单根粗钢筋的制作，一般包括下料、对焊、冷拉等工序。根据预应力钢筋采用一端张拉或者两端张拉的情况，预应力钢筋与锚具的组合形式有：两端采用螺丝端杆锚具，一端螺丝端杆锚具另一端帮条锚具（图5-30）。

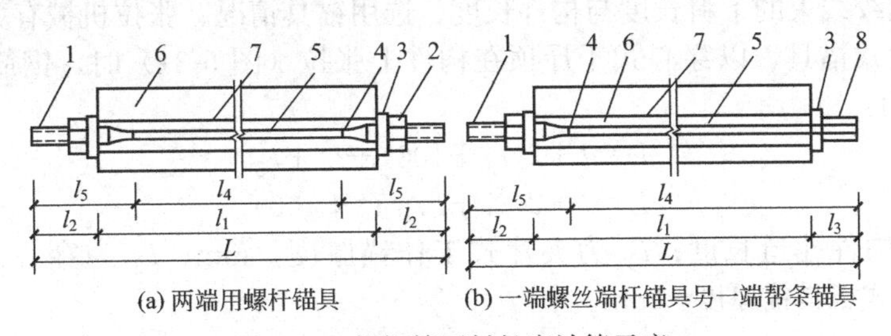

图5-30 粗钢筋下料长度计算示意

1—螺丝杆端；2—螺母；3—垫板；4—对焊接头；5—预应力钢筋；6—混凝土构件；7—孔道；8—帮条锚具

① 当预应力筋两端采用螺杆锚具［图5-30(a)］时，粗钢筋的下料长度用以下公式进行计算：

a. 预应力筋成品全长L（包括螺杆全长）为：

$$L=l_1+2l_2 \tag{5-3}$$

式中，L为成品全长（包括螺杆全长）；l_1为构件的孔道长度；l_2为螺杆伸出构件外的长度（按下式计算：张拉端，$l_2=2H+h+5mm$；锚固端，$l_2=H+h+10mm$，其中H、h分别为螺母高度和垫板厚度）。

b. 钢筋段冷拉后的成品长度为：

$$l_4 = L - 2l_5 \tag{5-4}$$

式中，l_4 为钢筋段冷拉后的长度；l_5 为螺杆长度。

c. 冷拉前预应力筋钢筋部分的下料长度为：

$$l = \frac{l_4}{1+\gamma-\delta} + n\Delta \tag{5-5}$$

式中，δ 为钢筋的冷拉弹性回缩量，由试验确定；γ 为钢筋冷拉率，由试验确定；Δ 为每个对焊接头的压缩长度，根据焊时所需要的闪光留量和顶锻留量而定，经验取钢筋直径；n 为对焊接头的数量。

② 当预应力筋一端用螺丝端杆，另一端用帮条（或镦头）锚具［图 5-30(b)］时，粗钢筋的下料长度用以下公式进行计算：

$$L = l_1 + l_2 + l_3 \tag{5-6}$$

式中，l_3 为镦头或帮条锚具长度（包括垫板厚度 h）；其他符号含义同上。

a. 钢筋段冷拉后的成品长度：

$$l_4 = L - l_5 \tag{5-7}$$

b. 冷拉前预应力筋钢筋部分的下料长度公式同式（5-5）。

（2）钢筋束或钢绞线束的制作　钢筋束所用钢筋一般是成盘状提供的，长度较长，无须对焊接长。钢筋束预应力筋的制作一般是开盘冷拉、下料、编束。热处理钢筋、冷拉Ⅳ级钢筋及钢绞线下料切断时，宜采用切断机或砂轮锯切断，不得用电弧切割。钢绞线切断前，在切口两侧 50mm 处应用钢丝绑扎，以免钢绞线松散。钢绞线（束）制作工序为张拉、下料、编束和安装锚具。下料如发现钢丝表面有电接头或机械损伤，应随时剔除。采用镦头锚具时，钢丝的等长要求较严，同束钢丝下料长度的相对差值，不应大于 $L/5000$（L 为钢丝下料长度），且不得大于 5mm。

钢绞线用 20 号铁丝绑扎编束，间距为 1～1.5m。编束时应先将钢绞线理顺，使各根钢绞线松紧一致。如果钢绞线是单根穿入孔道，则不必编束。

编束可保证钢筋束两端钢丝的排列顺序一致，穿入构件孔道中的预应力筋不发生扭结。

钢筋束或钢绞线束的下料长度与构件长度、选用锚具情况、张拉机械有关。

当采用夹片式锚具，以穿心式千斤顶在构件上张拉（图 5-31）时，钢筋束或钢绞线束的下料长度 L 为：

一端张拉
$$L = l + 2(l_1 + 100) + l_2 + l_3 \tag{5-8}$$

两端张拉
$$L = l + 2(l_1 + l_2 + l_3 + 100) \tag{5-9}$$

式中，l 为构件孔道长度；l_1 为夹片式工作锚厚度，mm；l_2 为穿心式千斤顶长度，mm；l_3 为夹片式工具锚厚度，mm。

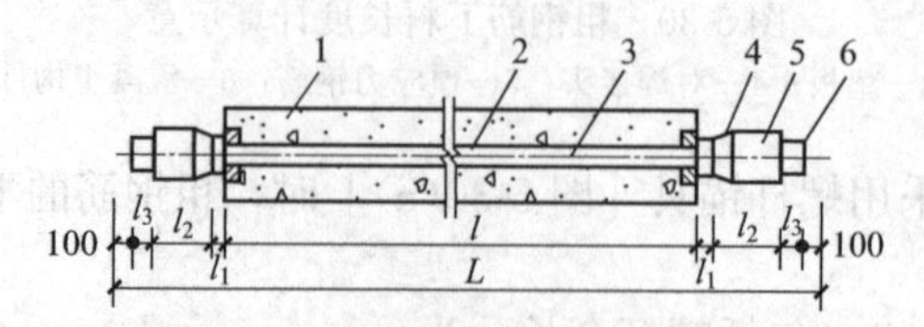

图 5-31　钢筋束或钢绞线束下料长度计算示意

1—混凝土构件；2—孔道；3—钢筋束或钢绞线束；4—夹片式工作锚；5—穿心式千斤顶；6—夹片式工作锚

（3）钢丝束下料长度

① 采用钢质锥形锚具，以锥锚式千斤顶张拉（图 5-32）时，钢丝的下料长度 L 为：

一端张拉 $L=l+2(l_1+80)+l_2$ (5-10)

两端张拉 $L=l+2(l_1+l_2+80)$ (5-11)

式中，l 为构件孔道长度；l_1 为锚环厚度；l_2 为千斤顶分丝头至卡盘外端距离，对YZ85型千斤顶为470mm。

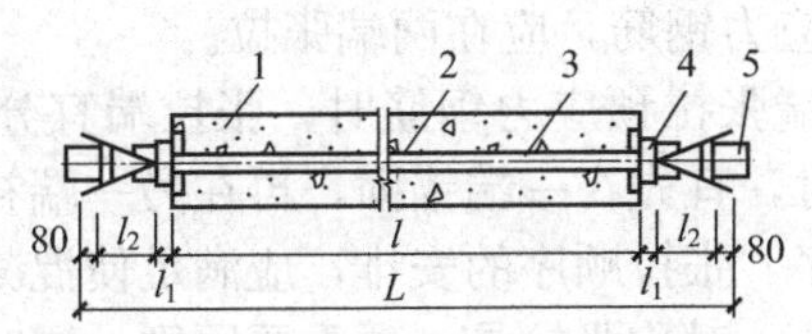

图 5-32 采用钢质锥形锚具时钢丝下料长度计算示意

1—混凝土构件；2—孔道；3—钢丝束；4—钢质锥形锚具；5—锥锚式千斤顶

② 采用镦头锚具，以拉杆式或穿心式千斤顶在构件上张拉（图 5-33）时，钢丝下料长度 L 为：

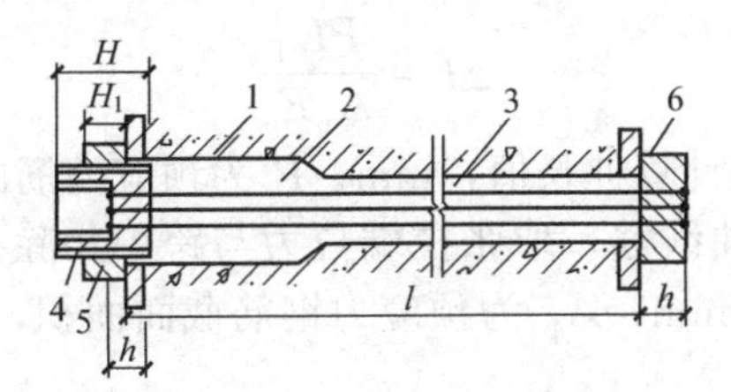

图 5-33 采用镦头锚具时钢丝下料长度计算示意

1—混凝土构件；2—孔道；3—钢筋束；4—锚环；5—螺母；6—锚板

$$L=l+2(h+\delta)-k(H-H_1)-\Delta L-C \tag{5-12}$$

式中，l 为构件孔道长度，按实际丈量；h 为锚环底部厚度或锚板厚度；δ 为钢丝镦头预留量，对Φ^P5 取 10mm；k 为系数，一端张拉取 0.5，两端张拉取 1.0；H 为锚环高度；H_1 为螺母高度；ΔL 为钢丝束张拉伸长值；C 为张拉时构件混凝土的弹性压缩值。

采用镦头锚具时，同一束中各根钢丝必须等长下料，下料长度的相对偏差值，应不大于钢丝束长度的 $L/5000$，且不得大于 5mm。为了达到这一要求，钢丝下料可用钢管限位法或牵引索在拉紧状态下进行。钢管限位法是将钢丝穿入钢管（直径比钢丝大 3～5mm）调直并固定在工作台上进行下料。矫直回火钢丝放开后是直的，可直接下料。

钢丝束下料完即可进行钢丝束制作，钢丝束制作工序也是调直、下料、编束和安装锚具，编束也是为了保证穿入构件孔道中的预应力筋束不发生扭结。

5.2.2.3 预应力筋张拉与锚固

（1）穿筋 成束的预应力筋将一头对齐，按顺序编号套在穿束器上（图 5-34）。

（2）张拉应力控制 张拉应力的控制应符合设计要求以及表 5-1 的规定。

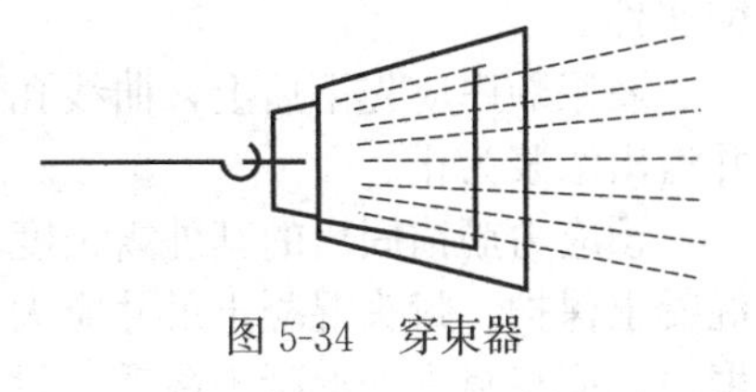

图 5-34 穿束器

先张法取值高于后张法，这是由于先张法和后张法建立预应力的方式是不同的。先张法是在浇灌混凝土之前在台座上张拉钢筋，故在预应力钢筋中建立的拉应力就是张拉控制应力 σ_{con}。后张法是在混凝土构件上张拉钢筋，在张拉的同时，混凝土被压缩，张拉设备千斤顶所指示的张拉控制应力已扣除混凝土弹性压缩后的钢筋应力。为此，后张法构件的 σ_{con} 值应适当低于先张法。

（3）预应力筋张拉程序 可参考先张后拉的程序。

（4）预应力筋的张拉方法　张拉方法有一端张拉和两端张拉两种形式。

① 抽芯成形孔道。长度不大于 24m 的直线预应力钢筋可在一端张拉，曲线预应力钢筋和长度大于 24m 的直线预应力钢筋，应在两端张拉。

② 预埋波纹管成孔。长度不大于 30m 的直线预应力钢筋可在一端张拉，曲线预应力钢筋和长度大于 30m 的直线预应力钢筋，应在两端张拉。

③ 当同一截面有多根一端张拉预应力钢筋时，张拉端宜分别设置在结构的两端，当两端同时张拉同一根预应力筋时，宜先在一端锚固，再在另一端补足张拉力后进行锚固。

（5）预应力筋的张拉顺序　张拉顺序的安排，应满足使混凝土不产生超应力、构件不扭转与侧弯、结构不变形等要求，对称张拉是一项重要原则。同时，还应考虑到尽量减少张拉设备的移动次数。

（6）张拉伸长值校核　张拉宜采用应力控制法，同时对预应力筋张拉伸长值进行校核。如实际伸长值比计算值大 10%或小 5%应暂停张拉，采取措施调整后方可继续张拉。

① 预应力筋的计算伸长值可按下式计算：

$$\Delta L=\frac{PL_{\mathrm{T}}}{A_{\mathrm{p}}E_{\mathrm{s}}} \tag{5-13}$$

式中，ΔL 为预应力钢筋计算伸长值，mm；P 为预应力筋的平均张拉力，kN，直线筋取张拉端拉力，两端张拉的曲线筋，取张拉端拉力与跨中扣除孔道摩阻损失后拉力的平均值；L_{T} 为张拉力筋的长度，mm；A_{p} 为预应力钢筋截面面积，mm^2；E_{s} 为预应力筋的弹性模量。

② 预应力筋实际伸长值可按下式计算：

$$\Delta L'=\Delta L_1+\Delta L_2-(A+B+C) \tag{5-14}$$

式中，ΔL_1 为从初应力至最大张拉力之间的实测伸长值，mm；ΔL_2 为初应力以下的推算伸长值，mm，可根据弹性范围内张拉力与伸长值成正比的关系，用计算法或图解法确定；A 为张拉过程中锚具楔紧引起的预应力筋内缩值；B 为千斤顶体内预应力筋的张拉伸长值；C 为施加应力时，后张法混凝土构件的弹性压缩值（其值微小时可略去不计）。

5.2.2.4　*孔道灌浆*

有粘结预应力筋张拉后应随即进行孔道灌浆，以防预应力筋锈蚀，同时可使预应力筋与构件混凝土有效粘结，控制裂缝的开展，减轻梁端锚具的负荷。

灌浆前，用压力水冲洗和湿润孔道，保证孔道湿润、干净。灌浆所用水泥浆应具有较大的流动性、较小的干缩性及泌水性，强度不小于 20MPa。灌浆过程中，用电动或手动灰浆泵，水泥浆应均匀缓慢地注入，中途不得中断。灌满孔道并封闭气孔后，宜再加注压力至 0.5～0.6MPa。为使孔道灌浆饱满，可在水泥浆中加入适当减水剂，如占水泥重量 0.25%的木质素磺酸钙。对不掺外加剂的水泥浆，可采用二次灌浆法来提高灌浆的密实性。

灌浆顺序应先下后上，曲线孔道灌浆应由最低点注入水泥浆，至最高点排气孔排尽空气并溢出浓浆为止。

预应力筋锚固后的其外露长度不宜小于 30mm，其余部分用砂轮锯切割。锚具应用封头混凝土保护。封头混凝土尺寸应大于预埋钢板尺寸，厚度不小于 100mm。为增大封头处黏聚力，应将封头处混凝土凿毛。封头内配有钢筋网片，细石混凝土强度等级为 C30～C40。

5.2.3　后张法无粘结预应力混凝土施工工艺

后张法预应力混凝土构件中，预应力筋分为有粘结和无粘结两种。无粘结预应力是近些年发展出来的新技术。它是将预应力筋表面刷涂料并包裹塑料布后，将无粘结预应力筋和普通钢筋一样直接放置在模板内，然后浇筑混凝土，待混凝土达到设计强度后，进行张拉锚固的一种施工工艺（图 5-35）。该种工艺无须留孔灌浆，摩擦损失小，施工简便，广泛应用于各种结构的梁与连接梁、双向连续平板和密肋板中。

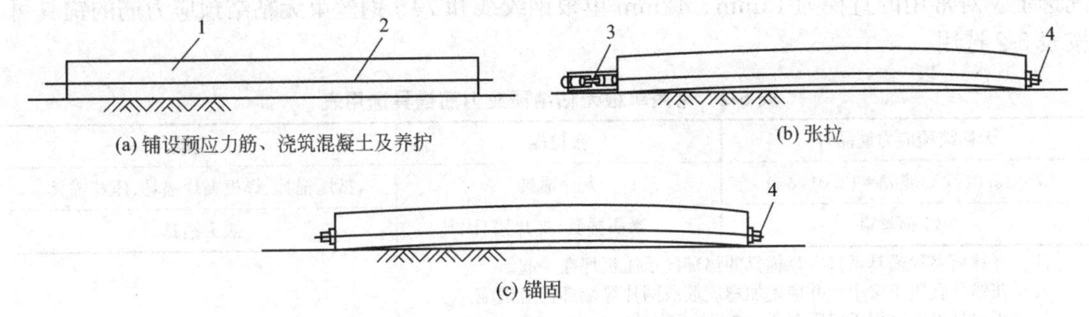

(a) 铺设预应力筋、浇筑混凝土及养护 (b) 张拉

(c) 锚固

图 5-35 后张法无粘结构件施工程序示意

1—钢筋混凝土构件；2—无粘结预应力筋；3—张拉千斤顶；4—锚具

5.2.3.1 无粘结预应力筋

无粘结预应力筋由外包层、涂料层及无粘结筋组成（图 5-36、5-37）。

无粘结筋常采用 $7\phi^{s}5$ 钢丝束或 $\phi^{j}12$ 和 $\phi^{j}15$ 钢绞线，涂料层可采用防腐油脂或防腐沥青制作，能使无粘结筋与混凝土隔离，减少张拉摩擦损失，防止无粘结筋腐蚀。外包层可用高压聚乙烯塑料带或塑料管制作，可有效避免无粘结筋在运输、储存、铺设或浇筑时发生不可修补的破坏。

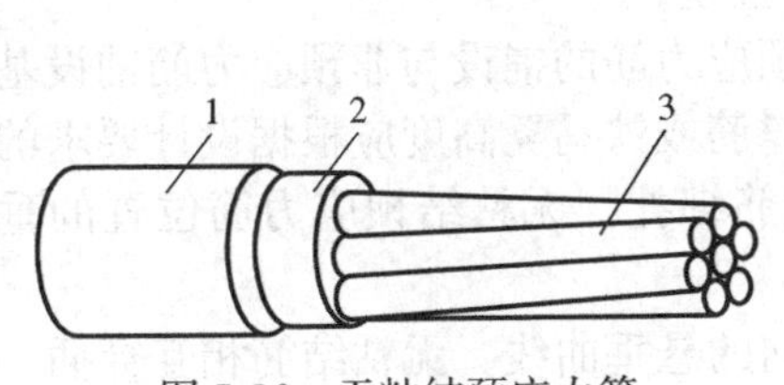

图 5-36 无粘结预应力筋

1—外包层（塑料护套）；2—油脂；3—钢绞线或钢丝束

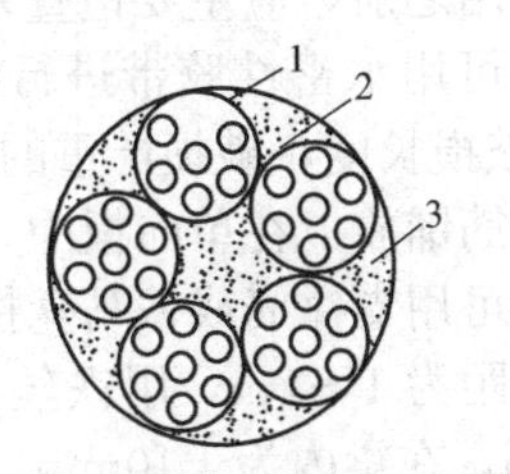

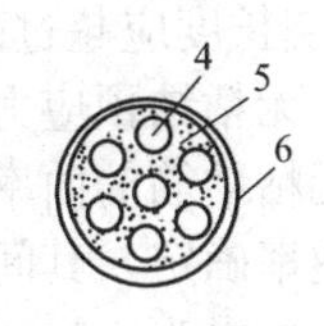

(a) 无粘结钢绞线束 (b) 无粘结钢丝束或单根钢绞线

图 5-37 无粘结预应力筋横截面示意

1—钢绞线；2—沥青涂料（油脂）；3—塑料布外包层；4—钢丝；5—优质涂料；6—塑料护套

5.2.3.2 无粘结筋的制作

无粘结预应力筋的制作，一般采用挤压涂层工艺和涂包成型工艺。

① 挤压涂层工艺。钢绞线（或钢丝束）经给油装置涂油后，通过塑料挤出机的机头出口处，塑料熔融物被挤成管状包覆在钢绞线上，经冷却水槽塑料套管硬化，即形成无粘结预应力筋，牵引机继续将钢绞线牵引至收线装置，自动排列成盘卷。

② 涂包成型工艺。无粘结筋经过涂料槽涂刷涂料后，通过归束滚轮成束并进行补充涂刷，随后通过绕布转筒自动交叉缠绕两层塑料布。当达到长度后进行切割，成为一根完整的无粘结预应力筋。

5.2.3.3 锚具系统及张拉设备

（1）锚具系统 无粘结预应力构件中，锚具是把预应力筋的张拉力传递给混凝土的工具，外荷载引起的预应力筋的变化全部由锚具承担。无粘结预应力筋的锚具不仅受力比有粘结预应力筋的锚具大，而且承受的是重复荷载。因此对无粘结预应力筋的锚具应有更高的要求。

无粘结预应力筋锚具的选用，应根据无粘结预应力筋的品种、张拉吨位以及工程使用情况选定。对常用的直径为15mm、12mm单根钢绞线和7ϕ5钢丝束无粘结预应力筋的锚具可按表5-2选用。

表5-2　常用单根无粘结预应力筋锚具选用表

无粘结预应力筋品种	张拉端	固定端
d=15.0(7ϕ5)或d=12.0(7ϕ4)	夹片锚具	挤压锚具、焊板夹片锚具、压花锚具
7ϕ5钢丝束	镦头锚具、夹片锚具	镦头锚具

注：1.焊板夹片锚具系将夹片锚具的锚环同承压板焊在一起。
2.压花锚具宜用于梁中，并应附加螺旋筋或网片等端部构造措施。
3.镦头锚具也可以用于锚固多于7Φ5的钢丝束。

（2）张拉设备　无粘结预应力筋的张拉设备可选用YC型（YC-60、YC-20）系列的油压千斤顶（配套油泵为ZB-0.8/500型），包括油泵、千斤顶、张拉杆、顶压器、工具锚等。该系列由于配备了轻型电动油泵，故重量轻、操作简便，适合在狭小场地及高空进行张拉。

无粘结预应力筋张拉机具及仪表，应由专人使用和管理，并定期维护和校验。

5.2.3.4　无粘结预应力混凝土施工工艺

在无粘结预应力结构施工中，主要问题是无粘结预应力筋的铺设、张拉和端部锚头处理。无粘结预应力筋使用之前，应主要检查外包层完好程度，对有轻微破损者可进行修补，对局部破损的外包层，可用水密性胶带进行缠绕修补；胶带搭接宽度不应小于胶带宽度的1/2，缠绕长度应超过破损长度，破损严重的，应予以报废。

（1）无粘结预应力筋铺放　在单向板中，无粘结预应力筋的铺设与非预应力筋铺设基本相同。无粘结筋的曲率可用支撑筋或铁马凳控制。支撑筋或铁马凳高度应根据设计要求的无粘结筋曲率确定，其间距为1～2m，用铁丝与无粘结筋绑扎。无粘结预应力筋位置的垂直偏差，在板内为±5mm，在梁内为±10mm。

在双向板中，无粘结预应力筋需要配置成两个方向的悬垂曲线。无粘结筋相互穿插，施工操作较为困难，必须事先编出无粘结应力筋的铺设顺序。一般的铺设原则是：对每个纵横筋各交叉点标高较低的无粘结预应力筋应先进行铺放，标高较高的次之；敷设的各种管线不应将无粘结预应力筋的垂直位置抬高或压低；当集束配置多根无粘结预应力筋时，应保持平行走向，防止相互扭绞。无粘结预应力筋采取竖向、环向或螺旋形铺放时，应有定位支架或其他构造措施控制位置。在双向连续平板中，各无粘结筋曲线高度的控制点用铁马凳垫好并扎牢。在支座部位，无粘结筋可直接绑扎在梁或墙的顶部钢筋上；在跨中部位，无粘结筋可直接绑扎在底部钢筋上。

（2）锚具及端部处理　无粘结筋常用镦头锚具和夹片锚具进行锚固，其性能应符合Ⅰ类锚具规定。

镦头锚具系统张拉端的安装，先将塑料保护套插入承压板孔内，通过计算确定锚杯的预埋位置，并用定位螺杆将其固定在端部模板上。定位螺杆拧入锚杯内必须顶紧各钢丝镦头，并应根据定位螺杆露在模板外的尺寸确定锚杯预埋位置。

镦头锚具系统固定端的安装，按设计要求的位置将固定端锚板绑扎牢固，钢丝镦头必须与锚板贴紧，严禁锚板相互重叠放置。

夹片锚具系统张拉端的安装。无粘结预应力筋的外露长度应根据张拉机具所需的长度确定，无粘结预应力曲线筋或折线筋末端的切线应与承压板相垂直，曲线段的起始点至张拉锚固点应有不小于 300mm 的直线段。在安装带有穴模或其他预埋入混凝土中的张拉端锚具时，各部件之间不应有缝隙。当张拉端采用凹入式做法时，可采用泡沫穴模或塑料穴模、木块等形成凹口（图 5-38）。

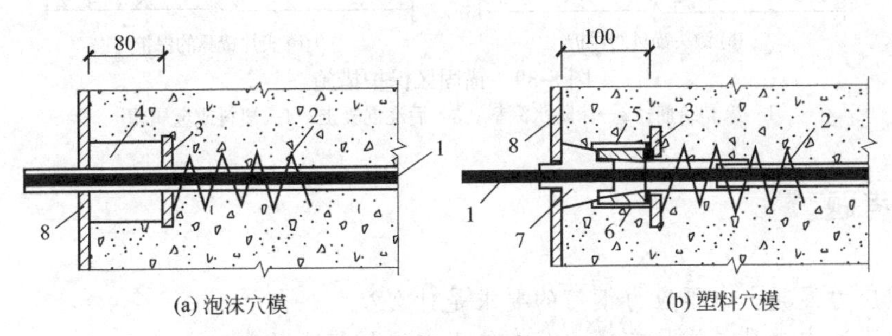

图 5-38　无粘结筋张拉端凹口穴模做法

1—无粘结筋；2—螺旋筋；3—承压钢板；4—泡沫穴模；5—锚环；

6—带杯口的塑料套管；7—塑料穴模；8—模板

夹片锚具系统固定端的安装，将组装好的固定端按设计要求的位置绑扎牢固。

张拉端和固定端均必须按设计要求配置螺旋筋，螺旋筋应紧靠承压板或锚杯，并固定可靠。

无粘结预应力筋铺设固定完毕后，应进行隐蔽工程验收，确认合格后，方可浇筑混凝土。混凝土浇筑时，严禁踏压碰撞无粘结预应力筋、支承钢筋及端部预埋件；张拉端与固定端混凝土必须振捣密实。

（3）无粘结预应力筋的张拉　张拉顺序应根据设计顺序，先铺设的先张拉，后铺设的后张拉。张拉顺序，宜先张拉楼板，后张拉楼面梁。板中的无粘结筋，可依次张拉。梁中的无粘结筋宜对称张拉。无粘结预应力筋长度不大于 40m 时，可一端张拉，大于 40m 时，宜两端张拉。

无粘结预应力筋的张拉程序与一般后张法张拉程序相同。混凝土强度达到设计强度时才能进行张拉。设计无具体要求时，不宜低于混凝土设计强度等级的 75%。无粘结预应力筋的张拉顺序应符合设计要求，如设计无具体要求时，可采用分批、分阶段对称张拉或依次张拉。当无粘结预应力筋需进行两端张拉时，可先在一端张拉并锚固，再在另一端补足张拉力后进行锚固。

无粘结预应力筋张拉锚固后实测预应力值与工程设计规定检验值的相对允许偏差为 ±5%。无粘结预应力筋张拉时，应逐根填写张拉记录表。

张拉后，在保证无粘结预应力筋锚固后的外露长度不小于 30mm 的前提下，多余部分宜用手提砂轮锯切割，不得采用电弧切割。

（4）防水及防腐蚀　无粘结预应力筋张拉完毕后，应及时对锚固区进行保护。无粘结预应力筋的锚固区，必须有严格的密封保护措施，严防水汽进入，锈蚀预应力筋。锚具等锚固部位应及时进行密封处理。一般在锚具与承压板的表面涂抹防水涂料，防止水汽进入。为使无粘结预应力筋端头全密封，在锚具端头涂抹防腐润滑油脂，罩上封端塑料盖帽，以防止预应力筋发生局部锈蚀。对于凹入式锚固区，锚具经上述处理后，再用微膨胀混凝土或低收缩防水砂浆密封（图 5-39）。

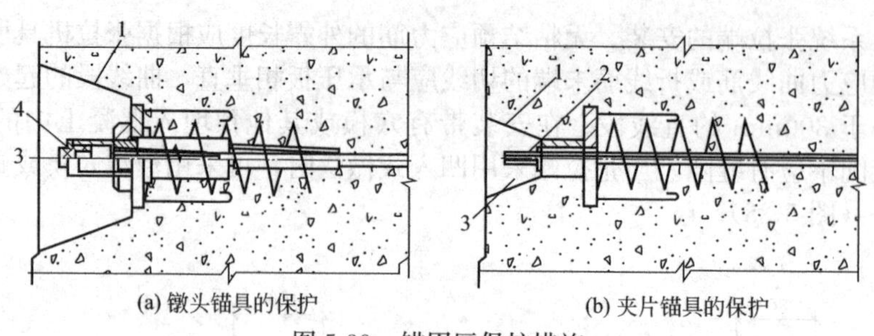

(a) 镦头锚具的保护　　(b) 夹片锚具的保护

图 5-39　锚固区保护措施

1—涂黏结剂；2—涂防水涂料；3—后浇混凝土；4—塑料或金属帽

复习思考题

5-1　预应力混凝土中预应力钢筋的要求是什么？

5-2　先张法中夹具与锚具有哪些？在使用中该如何选择？

5-3　预应力钢筋张拉时所用的千斤顶有哪些？

5-4　先张法和后张法有什么区别，适用于什么范围？

5-5　预应力钢筋的张拉程序是什么？为什么要超张拉？

5-6　无粘结预应力钢筋铺放定位应如何进行？

5-7　无粘结预应力筋的施工特点是什么？如何进行施工？

5-8　用先张法工艺制作空心板，采用直径为 5mm 的冷拔低碳钢丝作预应力筋，其标准强度 $f_{ptk}=650N/mm^2$，使用梳筋板夹具，每次张拉 6 根，张拉程序为：$0\rightarrow 103\%\sigma_{con}$，试根据规定的控制应力求每次张拉力。

6 结构安装工程

扫码获取本书学习资源
在线测试
拓展阅读
章节速览
「获取说明详见本书封二」

学习内容和要求

掌握	• 柱、屋架、吊车梁等主要构件的绑扎、吊升、就位、临时固定、校正、最后固定方法以及结构的安装方案	6.2.2节
	• 钢结构吊装的一般方法及大跨度结构安装方法	6.4.2节
了解	• 升板法施工	6.3.4.3节
	• 各种起重机械及索具设备的类型、主要构造和技术性能	6.1.1、6.1.2节
	• 钢筋混凝土单层工业厂房结构安装的工艺过程	6.2节

结构安装工程是采用起重机械将在施工现场或预制构件厂预先制作的结构用单个构件或构件组合单元，按照设计要求在施工现场进行拼装或装配，以组成一幢建筑物或构筑物的整个施工过程。这种施工方法有利于提高劳动生产率、降低劳动强度和加快施工进度。

结构安装工程的主要特点是实现建筑工业化，即建筑设计标准化、预制构件定型化、建筑产品工厂化和结构安装机械化。只有设计标准化，才能够简化建筑构配件的规格和类型，为工厂生产商品化的建筑构配件创造条件，从而实现建筑的产业化和施工的机械化。

结构安装工程是装配式结构工程施工的主导工程。因此，预制构件的类型和质量（如尺寸、重量、预埋件、强度等）直接影响整个工程的安装进度、工程质量、工程成本和施工安全；正确选用良好的起重机设备和吊装方法是完成安装工程任务的关键；对预制构件（因构件应力状态变化多，过大易变形或断裂等）应进行安装强度、刚度、稳定性的验算和采取必要的临时支撑等加固手段（受吊装、吊点、运输、支承点的影响等）；高空作业多，应加强安全技术及防范措施。

结构安装工程的施工工艺为：预制结构构件→构件吊装就位→现场拼装或装配→连接构成整体。

6.1 起重运输机械设备及索具设备

讨论

1. 选择起重机械应考虑的因素？
2. 试述锚碇的设计步骤。
3. 试述内爬式塔式起重机的爬升原理。

6.1.1 起重运输机械设备

结构安装工程常用的起重运输机械有自行杆式起重机、塔式起重机、桅杆式起重机等。

6.1.1.1 自行杆式起重机

自行杆式起重机包括履带式起重机、汽车式起重机、轮胎式起重机等。

(1) 履带式起重机

① 履带式起重机的构造及特点。履带式起重机由四部分组成：行走装置、回转机构、机身和起重臂。为减小对地面的压力，行走装置采用链条履带，回转机构装在底盘上可使机身回转 360°，机身内部有动力装置和操纵系统。

起重臂可采用箱形结构伸缩臂，也可为角钢组成的格构式桁架结构臂杆件，下端铰接在机身上，随机身回转。格构式桁架结构起重臂可分节接长，设有起重滑轮组与变幅滑轮组，钢丝绳通过起重臂顶端连到机身内的卷扬机上。

履带式起重机的特点是操纵灵活，使用方便，机身可回转 360°，可负荷行驶，在一般平整坚实的场地上行驶与工作，是结构安装中的主要起重机械。缺点是稳定性较差，不宜超负荷吊装，在需要起重臂接长或超负荷吊装时，要进行稳定性验算并采取相应的技术措施。

履带式起重机可分为机械式（QU)、液压式（QUY）和电动式（QUD）三种。履带式起重机外形见图 6-1。

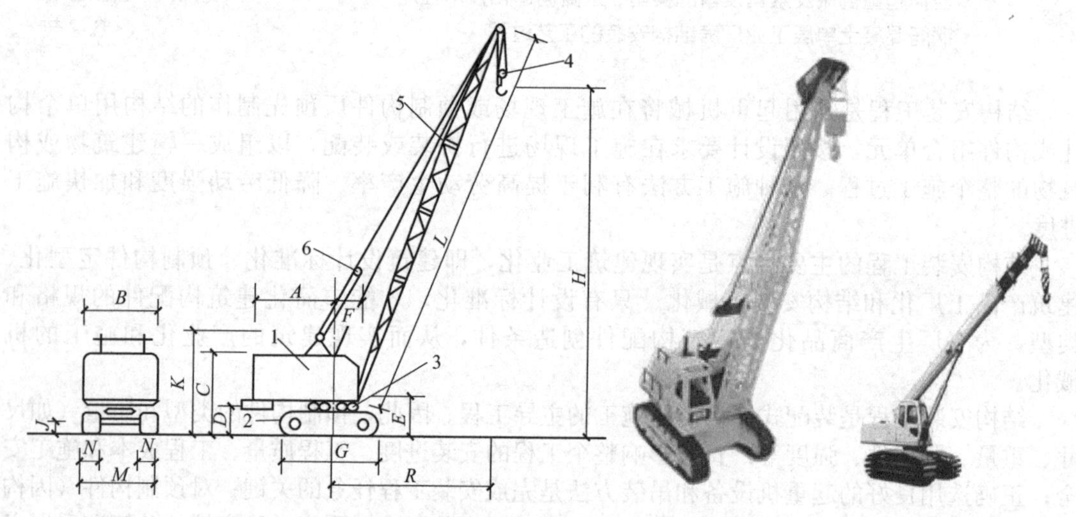

图 6-1 履带式起重机

1—机身；2—履带；3—回转机构；4—起重滑轮组；5—起重臂；6—变幅滑轮组；
A，*B*，*C*，*D*，*E*，*F*，*G*，*J*，*K*，*M*，*N*—外形尺寸符号；*L*—起重臂长度；*H*—起重高度；*R*—起重半径

② 履带式起重机的主要技术性能。履带式起重机主要技术性能取决于起重量 Q、起重半径 R 和起重高度 H。

起重量 Q 是指起重机安全工作所允许的最大起重物的质量；起重半径 R 是指起重机回转中心至吊钩的水平距离；起重高度 H 是指起重钩至停机面的距离。

起重量 Q、起重半径 R、起重高度 H 三个参数间存在着相互制约的关系。其数值的变化取决于起重臂长 L 及其仰角 α 的大小。当臂长 L 一定时，随着仰角 α 的增大，起重量 Q 和起重高度 H 随之增大，而起重半径 R 减小，当起重仰角 α 不变时，随着起重臂长 L 的增加，起重半径 R 和起重高度 H 也增加，而起重量 Q 减少。

履带式起重机主要技术性能及外形尺寸见表 6-1。

表 6-1 履带式起重机（以 W_1-100 型为例）的主要技术性能及外形尺寸

名 称	外形尺寸 /mm	工作幅度 /m	臂长 13m		臂长 23m	
			起重量 /kN	起升高度 /m	起重量 /kN	起升高度 /m
机身尾部到回转中心距离(A)	3300	4.5	150	11	—	—
机身宽度(B)	3120	5	130	11	—	—
机身顶部到地面高度(C)	3675	6	100	11	—	—
机身底部距地面高度(D)	1045	6.5	90	10.9	80	19
起重臂下铰点中心距地面高度(E)	1700	7	80	10.8	72	19
起重臂下铰点中心至回转中心距离(F)	1300	8	65	10.4	60	19
履带长度(G)	4005	9	55	9.6	49	19
履带架宽度(M)	3200	10	48	8.8	42	18.9
履带板宽度(N)	675	11	40	7.8	37	18.6
行走底架距地面高度(J)	275	12	37	6.5	32	18.2
机身上部支架距地面高度(K)	4170	13	—	—	29	17.8
		14	—	—	24	17.5
		15	—	—	22	17
		17	—	—	17	16

③ 履带式起重机的稳定性验算。起重机稳定性是指整个机身在起重作业时的稳定程度。起重机在正常条件下工作，一般可以保持机身稳定，但在超负荷吊装或接长起重臂时，需进行稳定性验算，以保证起重机在吊装作业中不发生倾覆事故。履带式起重机在机身与行驶方向垂直的情况下，稳定性最差（图 6-2），此时，以履带的轨链中心 A 为倾覆中心，当荷载仅考虑吊装荷载时，起重机的稳定条件为：

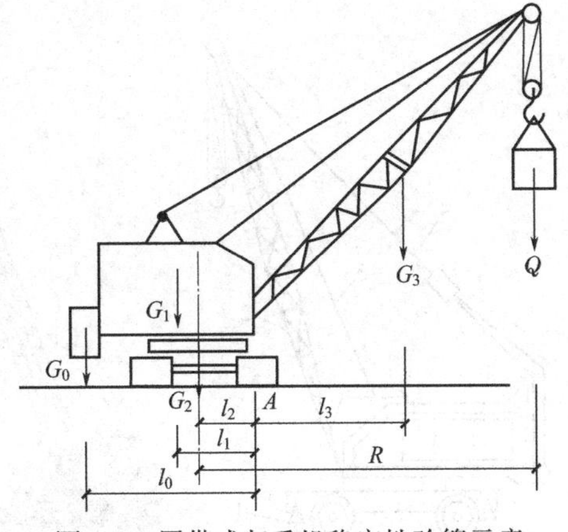

图 6-2 履带式起重机稳定性验算示意

稳定性安全系数：

$$K=\frac{稳定力矩}{倾覆力矩}=\frac{M_{稳}}{M_{倾}}\geqslant 1.4 \quad (6\text{-}1)$$

对 A 点取力矩可得：

$$K=\frac{G_1 l_1+G_2 l_2+G_0 l_0-G_3 l_3}{Q(R-l_2)}\geqslant 1.4 \quad (6\text{-}2)$$

式中，G_0 为平衡重量；G_1 为起重机机身可转动部分的重量；G_2 为起重机机身不转动部分的重量；G_3 为起重臂重量；Q 为吊装荷载（包括构件重和索具重）；l_1 为 G_1 重心至 A 点的距离；l_2 为 G_2 重心至 A 点的距离；l_0 为 G_0 重心至 A 点的距离；l_3 为 G_3 重心至 A 点的距离；R 为起重机最小回转半径。

验算后如满足不了抗倾覆要求，应考虑增加配重或在起重臂上增加缆风等措施。

如果同时考虑吊装荷载及附加荷载（风荷载、刹车惯性力和回转离心力等）时，稳定性安全系数 $K\geqslant 1.15$。

(2) 汽车式起重机　汽车式起重机是把机身和起重作业装置安装在汽车通用或专用底盘

上、汽车的驾驶室与起重的操纵室分开、具有载重汽车行驶性能的轮式起重机。根据吊臂的结构可分为定长臂、接长臂和伸缩臂三种，前两种多采用桁架结构臂，后一种采用箱形结构臂。根据传动动力，可分为机械传动（Q）、液压传动（QY）和电动传动（QD）三种。

汽车式起重机的特点是灵活性好，能够迅速地转换场地，对路面破坏小，所以广泛地应用在建筑工地，但不适合在松软或泥泞的地面上工作。汽车式起重机在作业时，不能负荷行驶。汽车式起重机在作业时，必须先支好支腿，增大机械的支承面积，增加汽车式起重机作业时的稳定性。

汽车式起重机的品种和产量近年来得到极大的发展，我国生产的汽车式起重机型号有QY5、QY8、QY12、QY16、QY40、QY65、QY100型等。QY16型汽车式起重机（图6-3），最大起重量为160kN，臂长为20m，可用于一般单层工业厂房的结构吊装和构件的运输装卸作业。

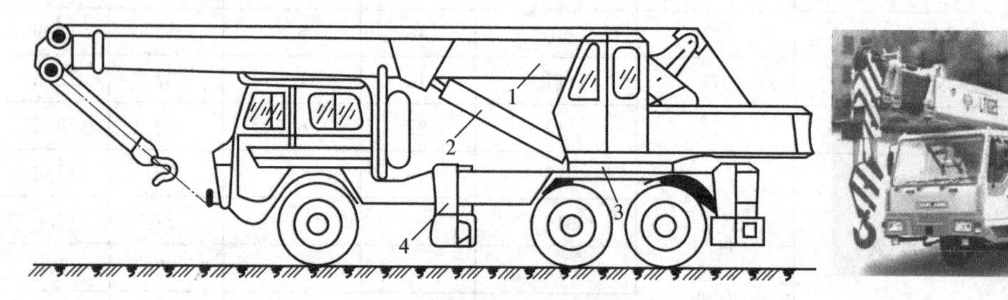

图6-3 QY16型汽车式起重机

1—可伸缩的起重臂；2—变幅液压千斤顶；3—可回转的起重平台；4—可伸缩的支腿

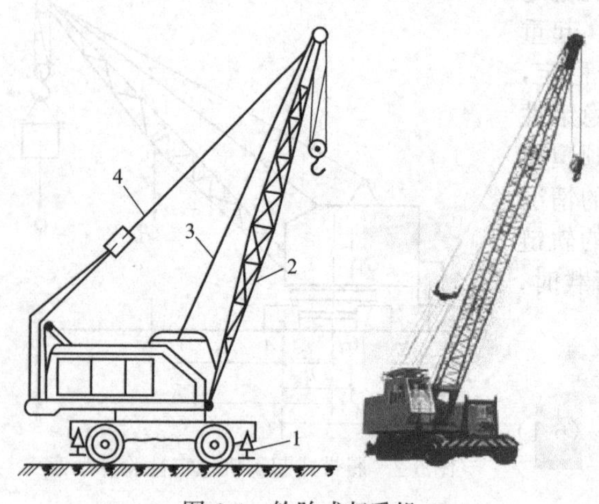

图6-4 轮胎式起重机

1—可伸缩支腿；2—起重臂；3—起重索；4—变幅索

（3）轮胎式起重机　轮胎式起重机的构造基本上与履带式起重机相同，起重臂也有箱形结构伸缩臂和格构式桁架结构臂，但其行驶装置系轮胎。轮胎式起重机不采用汽车底盘，而另行设计轴距较小的专门底盘。轮胎式起重机在底盘上装有可伸缩的支腿，起重时可使用支腿以增加机身的稳定性，并保护轮胎，必要时支腿下面可以加垫，以扩大支承面（图6-4）。

轮胎式起重机的优点是行驶速度快，能够迅速转移工作地点的场地，不破坏路面，便于城市道路上作业。轮胎式起重机的缺点是不适合在松软或泥泞的地面上作业。

轮胎式起重机主要分为机械传动（QL）、电动传动（QLD）和液压传动（QLY）。常用的轮胎式起重机的型号有QLY-16、QLY-25等，多用于工业厂房结构安装。

6.1.1.2 塔式起重机

不同塔式起重机的特点

塔式起重机具有竖直的塔身，其起重臂安装在塔身顶部与塔身组成“Γ”形，使塔式起重机具有较大的工作空间。它的安装位置能靠近施工的建筑物，有效工作幅度较其他类型起重机大。塔式起重机种类繁多，一般有固定式（QTG）、轨道式（QT）、附着式（QTF）、内爬升式（QTP）等

(图 6-5)，广泛应用于多层及高层建筑工程施工中。

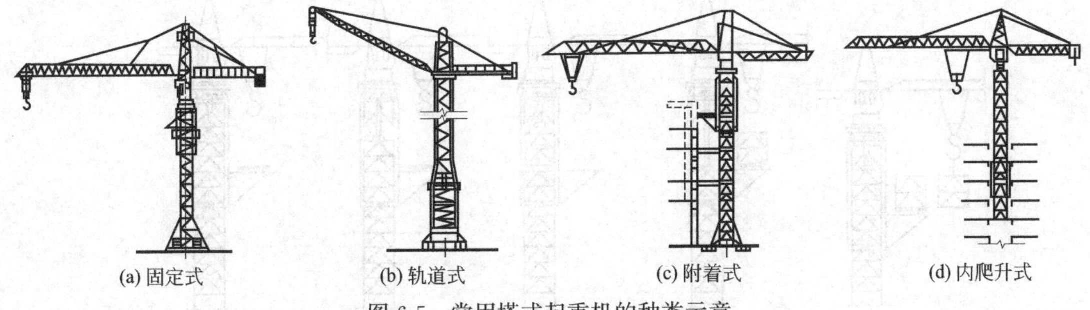

(a) 固定式 (b) 轨道式 (c) 附着式 (d) 内爬升式

图 6-5 常用塔式起重机的种类示意

行走式塔式起重机的旋转方式有塔顶回转式（上回转式）和塔身回转式（下回转式），自升式塔式起重机的旋转方式均为塔顶回转式。行走式塔式起重机起重臂变幅方式一般为动臂变幅式（即倾斜臂架式，改变起重机的俯仰角度），自升式塔式起重机起重臂变幅方式一般为小车变幅式（运行小车式）。自升式塔式起重机可以附着、固定、行走和爬升。

(1) 轨道式塔式起重机 轨道式塔式起重机是一种在轨道上行驶的自行式塔式起重机。其中，有的只能在直线轨道上行驶，有的可沿“L”形或“U”形轨道行驶。作业范围在两倍幅度的宽度和走行线长度的矩形面积内，并可负荷行驶。常用型号有 QT_1-2（图 6-6）、QT_1-6（图 6-7）、QT60/80、QT20 等。

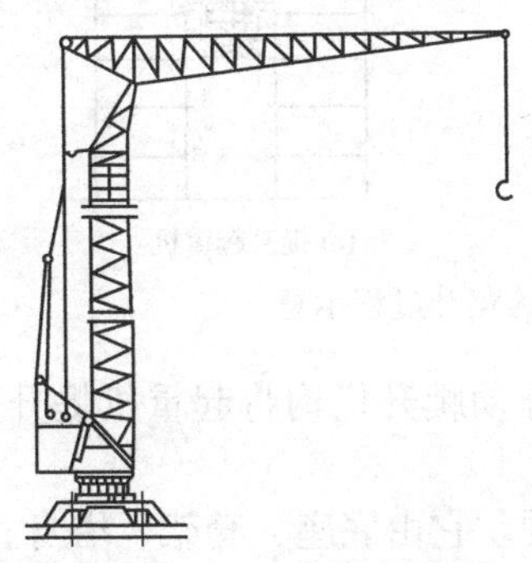

图 6-6 QT_1-2 型塔式起重机

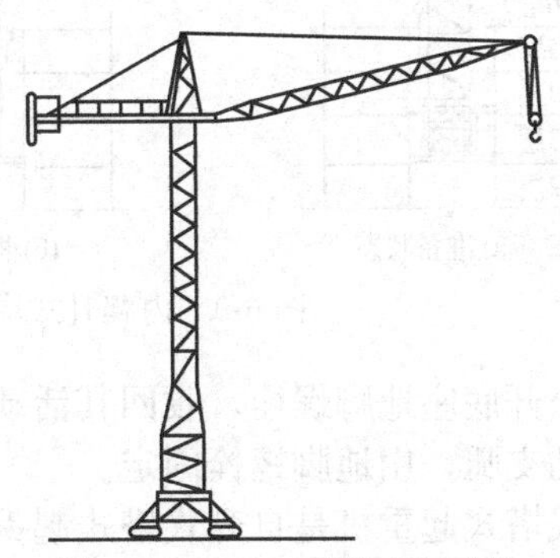

图 6-7 QT_1-6 型塔式起重机

(2) 附着式塔式起重机 附着式塔式起重机是固定在建筑物近旁钢筋混凝土基础上的自升式塔式起重机。随建筑物的升高，利用液压自升系统逐步将塔顶顶升、塔身接高。为了保证塔身的稳定，每隔一定高度将塔身与建筑物用锚固装置水平连接起来，使起重机依附在建筑物上。锚固装置由套装在塔身上的锚固环、附着杆及固定在建筑结构上的锚固支座构成。第一道锚固装置设于塔身高度的 30～50m 处，自第一道向上每隔 20m 左右设置一道，一般锚固装置设 3～4 道。这种塔身起重机适用于高层建筑施工。自升过程示意见图 6-8。

附着式塔式起重机的自升过程

附着式塔式起重机的型号有：QT_4-10 型（起重量 50～100kN）、ZT-120（起重量 40～80kN）、ZT-100 型（起重量 30～60kN）、QT_1-4 型（起重量 16～40kN）、QT(B)-(3～5)型（起重量 30～50kN）。

(3) 内爬升式塔式起重机 内爬升式塔式起重机的爬升过程示意见图 6-9。首先，起重小车回至最小幅度，下降吊钩并用吊钩吊住套架的提环；然后，放松固定套架的地脚螺栓，将其活动支腿收进套架梁内，将套架提升两层楼高度，摇出套架活动支腿，用地脚螺栓固

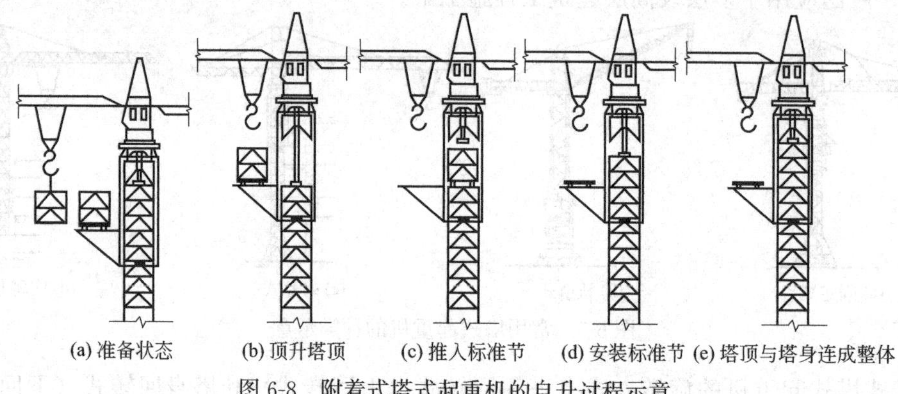

(a) 准备状态 (b) 顶升塔顶 (c) 推入标准节 (d) 安装标准节 (e) 塔顶与塔身连成整体

图 6-8 附着式塔式起重机的自升过程示意

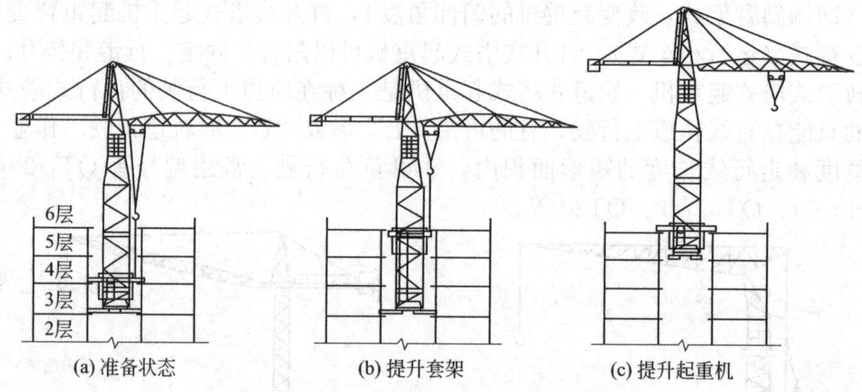

(a) 准备状态 (b) 提升套架 (c) 提升起重机

图 6-9 内爬升式塔式起重机的爬升过程示意

定；最后，松开底座地脚螺栓，收回其活动支腿，开动爬升机构将起重机提升两层楼高度，摇出底座活动支腿，用地脚螺栓固定。

内爬升式塔式起重机是自升式塔式起重机的一种，它由底座、套架、塔身、塔顶、行车式起重臂、平衡臂等部分组成。它安装在高层装配式结构的框架梁或电梯间结构上，每安装1～2层楼的构件，便靠一套爬升设备使塔身沿建筑物向上爬升一次。这类起重机主要用于高层（10层）框架结构安装及高层建筑施工。其特点是机身小、重量轻、安装简单、不占用建筑物外围空间，适用于现场狭窄的高层建筑结构安装。但是，采用这种起重机施工，将增加造价；造成司机的视野不良；需要一套辅助设备用于起重机拆卸。起重机型号有 QT_5-4/40、QT_5-4/60 和 QT_3-4 等。

6.1.1.3 桅杆式起重机

建筑工程中常用的桅杆式起重机有独脚拔杆、人字拔杆、悬臂拔杆和牵缆式桅杆起重机等。桅杆式起重机能在比较狭窄的场地使用，制作简单，装拆方便，起重量较大，受地形限制小，能用于其他起重机械不能安装的一些特殊工程和设备；但这类机械的服务半径小，灵活性较差，移动困难，需要较多的缆风绳。

（1）独脚拔杆 独脚拔杆是由拔杆、起重滑车组、卷扬机、缆风绳和锚碇等组成［图 6-10(a)］。它只能举升重物，不能够让重物做水平方向上的运动。使用时，β 角应该保持不大于10°，以便吊装的构件不碰撞拔杆，底部要设置拖子以便移动，缆风绳数量一般为 6～12 根，缆风绳与地面的夹角 α 为 30°～45°。根据独脚拔杆所用的材料，可以为木独脚拔杆、钢管独脚拔杆、金属格构式独脚拔杆。三种独脚拔杆的起重高度和起重量是不同的。木独脚拔杆起重高度一般为 8～15m，起重量 100kN 以下；钢管独脚拔杆起重高度可达 30m，起重量可达 450kN；金属格构式独脚拔杆起重高度可达 70～80m，起重量可达 1000kN。

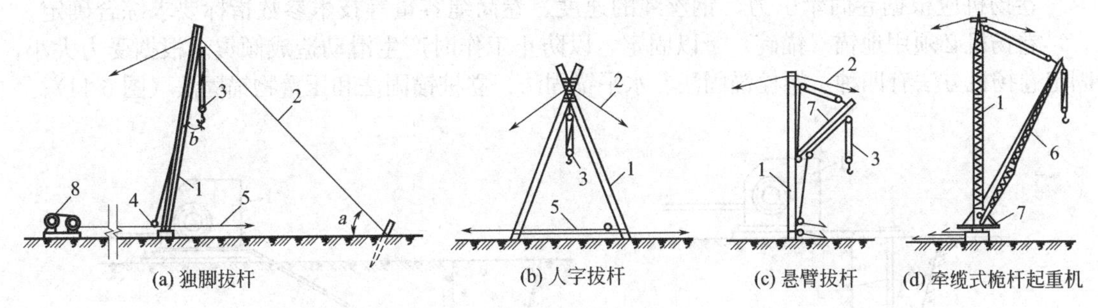

图 6-10 桅杆式起重机

1—拔杆；2—缆风绳；3—起重滑轮组；4—导向装置；5—拉索；6—起重臂；7—回转盘；8—卷扬机

(2) 人字拔杆 人字拔杆一般是由两根圆木或者两根钢管用钢丝绳绑扎或者铁件铰接而成，两杆夹角一般为 20°～30°，底部设有拉杆或拉绳，以平衡水平推力，拔杆下端两脚的距离为高度的 1/3～1/2 [图 6-10(b)]。其中一根拔杆的底部装有一导向滑轮，起重索通过它连到卷扬机，另用一根丝绳连接到锚碇，以保证在起重时底部稳定。人字拔杆是前倾的，每高 1m，前倾不超过 10cm，并在后面用两根缆风绳拉结。

人字拔杆的特点是侧向稳定性比独脚拔杆好，但是构件起吊活动范围小，缆风绳的数量较少。人字拔杆的缆风绳的数量由拔杆的起重量和起重高度决定，一般不少于 5 根。人字拔杆一般用于安装重型构件或者作为辅助设备以吊装厂房屋盖体系上的构件。

(3) 悬臂拔杆 在独脚拔杆的中部或者 2/3 高度处装上一根可以回转和起伏的起重臂，即成悬臂拔杆。由于悬臂起重杆铰接于拔杆中部，起吊重量大的构件会使拔杆产生较大的弯矩。为了使拔杆在铰接处得到加强，可用撑杆和拉条（或者钢丝绳）进行加固。悬臂拔杆的主要特点是能够获得较大的起重高度，起重杆能够左右摆动 120°～270°，但是起重量比较小，一般用于吊装轻型构件，但能够获得较大的起重高度，宜于吊装高炉等构筑物 [图 6-10(c)]。

(4) 牵缆式桅杆起重机 在独脚拔杆下端装上一根可以回转和起伏的起重臂，即成牵缆式桅杆起重机 [图 6-10(d)]。起重臂可以起伏，机身可以回转 360°，起重半径大，而且灵活，可以把构件吊到工作范围内任何位置上。

牵缆式桅杆起重机所用的材料不同，其性能和作用是不相同的。用角钢组成的格构式截面杆件的牵缆式起重机，桅杆高度可达 80m，起重量可达 600kN 左右，大多用于重型工业厂房的吊装、化工厂大型塔罐或者高炉的安装。起重量在 50kN 以下的牵缆式桅杆起重机，大多数用圆木制作，用于吊装一般小型构件。起重量在 100kN 左右的牵缆式桅杆起重机，大多数用无缝钢管制作，桅杆高度可达 25m，用于一般工业厂房的吊装。牵缆式桅杆起重机要设较多的缆风绳，比较适用于构件多且集中的工程。

6.1.2 索具设备

常用的索具设备有卷扬机（绞车或绞盘机）、钢丝绳、滑轮组、吊钩、卡环（卸甲）、吊索（千斤绳）、横吊梁（铁扁担）、千斤顶、提升机等，是起重机必备的辅助工具及设备。

6.1.2.1 卷扬机

卷扬机的起重能力大，速度快，且操作方便。因此，在建筑工程施工中被广泛应用于吊装、垂直运输、水平运输、打桩、钢筋张拉等作业的动力设备上。

卷扬机按其速度分为快速（如 JJK 型）和慢速（如 JJM 型）两种。快速卷扬机又分单向和双向，主要用于打桩、垂直与水平运输作业；慢速卷扬机多为单向，主要用于结构吊装、钢筋冷加工作业和预应力筋张拉等。

卷扬机应根据卷筒牵引力、钢丝绳的速度、卷筒绳容量等技术参数指标要求综合确定。

卷扬机必须用地锚（锚碇）予以固定，以防止工作时产生滑动造成倾覆。根据受力大小，固定卷扬机方法有四种：螺栓锚固法、水平锚固法、立桩锚固法和压重物锚固法（图 6-11）。

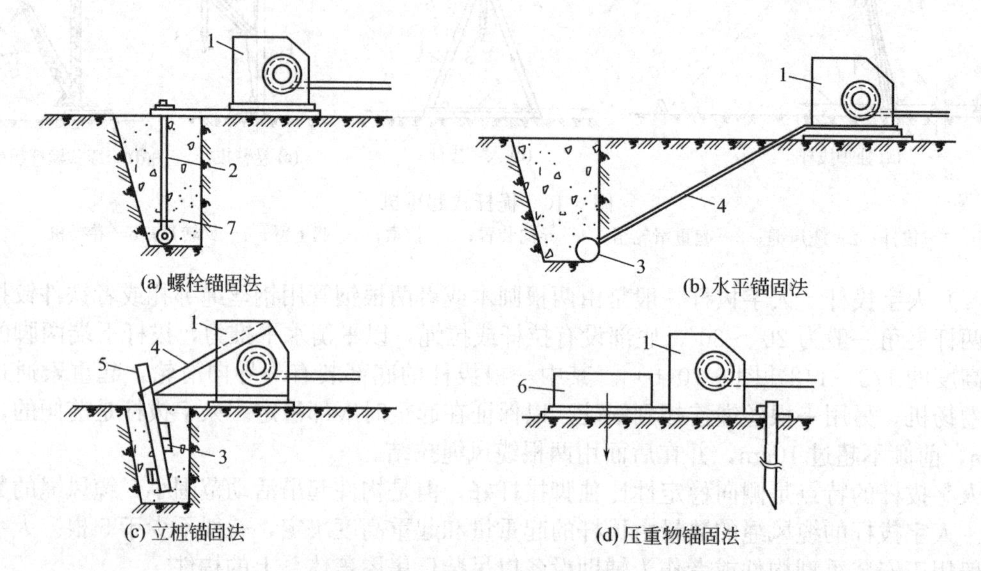

图 6-11　卷扬机的固定方法

1—卷扬机；2—地脚螺栓；3—横木；4—拉索；5—木桩；6—压重；7—压板

6.1.2.2　滑轮组

滑轮组由一定数量的定滑轮和动滑轮组成，既能省力又可以改变力的方向。

滑轮组中共同负担构件重量的绳索根数称为工作线数，也就是在动滑轮上穿绕的绳索根数。滑轮组起重省力的多少，主要取决于工作线数和滑动轴承的摩阻力大小。滑轮组的绳索跑头可分为从定滑轮引出［图 6-12(a)］和从动滑轮上引出［图 6-12(b)］两种。滑轮组引出绳头（又称跑头）的拉力，可用下式计算：

$$N=KQ \tag{6-3}$$

式中，N 为跑头拉力；Q 为计算荷载，等于吊装荷载与动力系数的乘积；K 为滑轮组省力系数。

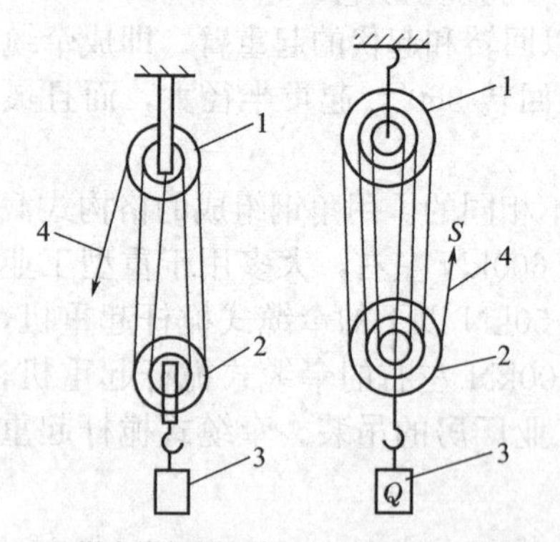

图 6-12　滑轮组

1—定滑轮；2—动滑轮；3—重物；4—钢丝绳

当绳头从定滑轮引出时：

$$K=\frac{f^{n}\times(f-1)}{f^{n}-1} \tag{6-4}$$

当绳头从动滑轮引出时：

$$K=\frac{f^{n-1}\times(f-1)}{f^{n}-1} \tag{6-5}$$

式中，f 为单个滑轮组的阻力系数，滚动轴承 $f=1.02$；青铜轴套轴承 $f=1.04$；无轴套轴承 $f=1.06$；n 为工作线数。

6.1.2.3 钢丝绳

钢丝绳是吊装中的主要绳索，具有强度高、韧性好、弹性大、耐磨等优点，且磨损后外部产生毛刺，容易检查，便于预防事故。

(1) 钢丝绳构造和种类 结构吊装中常用的钢丝绳是由6股钢丝绳围绕一根绳芯（一般为麻芯）捻成。每股钢丝绳由许多高强钢丝捻成（图6-13）。常用的结构种类有6×19+1、6×37+1和6×61+1。如6×19+1为6股19丝1根绳芯所构成，此钢丝绳硬而耐磨，不易弯曲，常用于缆风绳；6×37+1较柔软，一般用于穿滑轮组或吊索；6×61+1质地软，多用于起重机械。

钢丝绳的捻向按其捻制方法分四种（图6-14）：右交互捻，左交互捻，右同向捻，左同向捻。

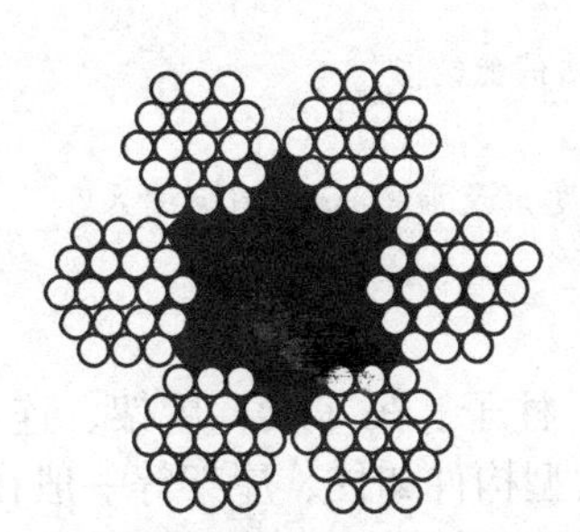

图6-13 普通钢丝绳（6×19+1）截面示意

图6-14 钢丝绳的捻向

(2) 钢丝绳的允许拉力 钢丝绳的允许拉力按下式计算：

$$[F_g]=\frac{\alpha F_g}{K} \tag{6-6}$$

式中，$[F_g]$为钢丝绳的允许拉力，kN；F_g为钢丝绳的钢丝破坏拉力总和，kN；α为换算系数（表6-2）；K为钢丝绳的安全系数（表6-3）。

表6-2 钢丝绳破坏拉力换算系数

钢丝绳结构	α
6×19	0.85
6×37	0.82
6×61	0.80

表6-3 钢丝绳安全系数

用途	安全系数(K)	用途	安全系数(K)
缆风绳	3.5	吊索(无弯曲时)	6~7
手动起重设备	4.5	捆绑吊索	8~10
电动起重设备	5~6	载人升降机	14

6.1.2.4 横吊梁

横吊梁又称铁扁担（图6-15），用在起吊水平长度较大的构件，如屋架、柱等，可以减少起吊高度，满足吊索水平夹角要求，使构件保持垂直、平稳，便于安装。

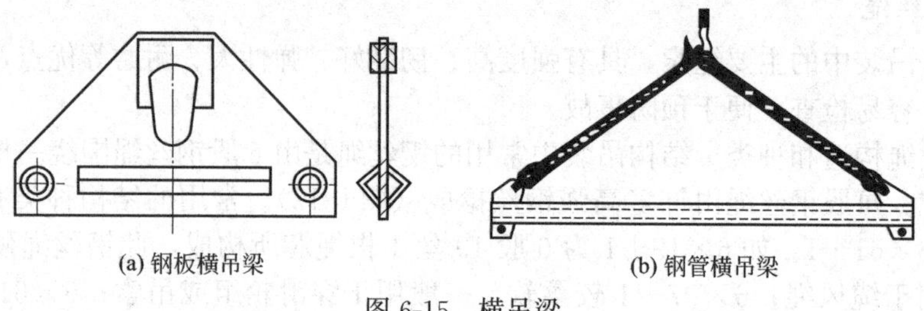

图 6-15 横吊梁

6.2 钢筋混凝土单层工业厂房结构安装工程

讨论

1. 柱子斜吊法和直吊法各有什么特点？
2. 试比较柱的旋转法与滑升法吊升过程的区别及上述两种方法的优缺点。
3. 说明单厂结构安装综合吊装法与分件吊装法的优缺点。
4. 柱子校正中，由温度引起的柱的位移 D 与柱长 L，截面宽度 h 及温差 Δt 各有何关系？
5. 细长柱在阳光下校正垂直度可采用哪些方法？

单层工业厂房结构的主要承重构件，一般由杯形基础、柱子、吊车梁、屋架、连系梁、天窗架、屋面板等组成。其中除杯形基础为现场浇筑外，大型构件如柱、屋架等一般在施工现场预制，而中小型构件可在预制加工厂制作，然后运到施工现场进行安装。

6.2.1 构件安装前的准备工作

准备工作的内容包括场地清理，道路修筑，基础准备，构件的检查、清理、运输、堆放及拼装与加固、弹线、编号、放样以及吊装机具的准备等。

6.2.1.1 场地清理和道路修筑

① 施工场地清理，使得有一个平整的舒适的作业场所。

② 道路修筑是指运输车辆和起重机械能够很方便地进出施工现场。

③ 符合施工现场要求的“三通一平”。

6.2.1.2 构件的检查

为保证工程质量，对所有构件安装前均需进行全面质量检查，主要内容包括：

① 构件强度检查，混凝土强度是否达到设计要求（如无要求，是否已达到设计强度的75%），预应力混凝土构件孔道灌浆的强度不低于15MPa；

② 构件的外形尺寸、钢筋的搭接、预埋件的位置等是否满足设计要求；

③ 构件的外观有无缺陷、损伤、变形、裂缝等，不合格构件，不允许使用。

6.2.1.3 构件的弹线与编号

构件经过检查，质量合格后，可在构件表面弹出安装中心线，作为构件安装、对位、校正的依据。对形状复杂的构件，要标出其重心的绑扎点位置。

① 柱子弹线。在柱身的三面弹出安装几何中心线（两个小面，一个大面），位置应与基础杯口面上所弹中心线相吻合（对应）。矩形截面柱，按几何中心弹线；工字形截面柱，除在矩形截面部位弹出中心线外，还应在工字形柱的两翼缘部位各弹出一条与中心线平行的线，以便于观测及避免误差。在柱顶与牛腿面上还要弹出屋架及吊车梁的安装中心线

（图 6-16）。

② 屋架弹线。屋架上弦顶面应弹出几何中心线，并从跨中向两端分别弹出天窗架、屋面板的安装中心线，在屋架的两端弹出安装准线。

③ 梁弹线。梁的两端及顶面应弹出安装中心线。

在对所有构件弹线的同时，还应按图纸要求将构件逐个进行编号，并标明便于安装的记号，以免搞错。

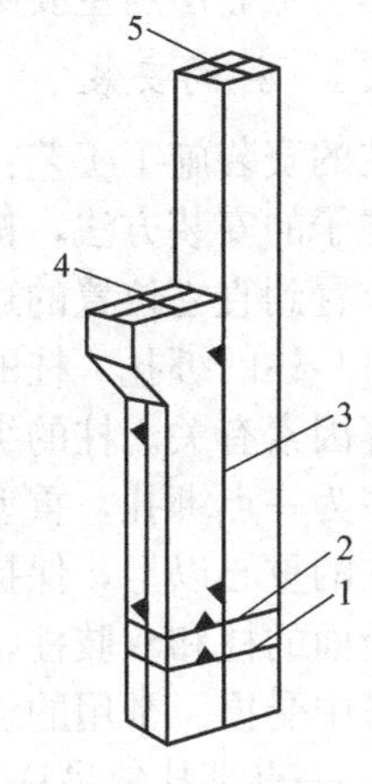

图 6-16 柱子弹线示意

1—基础顶面线；2—地坪标高线；3—柱子中心线；4—吊车梁定位线；5—柱顶中心线

6.2.1.4 基础准备

为便于柱的安装与校正，在杯形基础顶面应弹出建筑物的纵横轴线和柱子的吊装准线（定位轴线），作为柱在平面位置安装时对位及校正的依据。钢筋混凝土柱基础在现场浇筑时应保证定位轴线及杯口尺寸准确，柱子安装之前，对杯底标高要抄平，以保证柱子牛腿面及柱顶面标高符合要求（图 6-17）。

测量杯底标高时，先在杯口内弹出比杯口顶面设计标高低 100mm 的水平线，然后用钢尺对杯底标高进行测量（小柱测中间一点，大柱测四个角点），得出杯底实际标高，再量出柱底面至牛腿的实际长度，根据制作长度的误差，计算出杯底标高调整值，在杯口内作出标志，用水泥砂浆或细石混凝土将杯底垫平至标志处，标高的允许误差为±5mm。

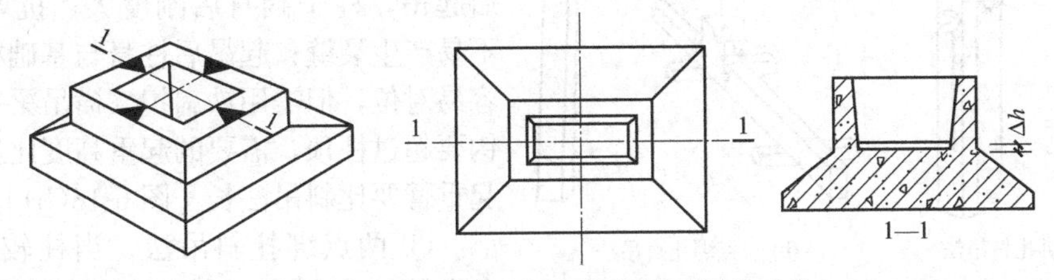

图 6-17 基础准线及杯底标高抄平调整示意

6.2.1.5 构件的运输、堆放及拼装与加固

（1）构件的运输 一些重量不大而数量很多的构件，可在预制厂制作，用汽车运到工地。构件在运输过程中要保证构件不变形、不损坏。构件的混凝土强度达到设计强度的 75％时方可运输。构件的支垫位置要正确，要符合受力情况，上下垫木要在同一水平线上。构件的运输顺序及下车位置应按施工组织设计的规定进行，以免对构件造成因二次运输而致的损伤。

（2）构件的堆放 构件的堆放场地应先行平整压实，并按设计的受力情况搁置好垫木或支架，构件按设计的受力情况搁置在上。如吊车梁、连系梁等构件，重叠堆放时一般可堆放 2～3 层；大型屋面板不超过 6 块；空心板不宜超过 8 块。构件吊环要向上，标志要向外。

（3）拼装与加固 因拼装、绑扎、吊装或使用时的受力状况不同，如受压杆件可能会变为受拉杆件，可能会导致构件吊装损坏。故在吊装前必须进行构件应力验算，并采取适当的临时加固措施。

对大型屋架或天窗架等构件可制成两个半榀，运到现场后拼装成整体，一般要采用立杆或横杆加固。

6.2.2 构件安装工艺

预制构件的安装过程包括绑扎、起吊、对位、临时固定、校正及最后固定等工序。下面介绍单层工业厂房主要结构构件的安装工艺。

6.2.2.1 柱的安装

柱的安装施工工艺：绑扎→起吊→对位→临时固定→校正→最后固定。

柱子的安装方法，按柱起吊后柱身是否垂直分为直吊法和斜吊法；按吊升过程中柱身从平卧位置到直立位置的运动特点分为旋转法和滑行法。

(1) 柱的绑扎　柱的绑扎方法、绑扎点数与柱的重量、形状及几何尺寸、配筋和起重机性能等因素有关。柱的绑扎工具有吊索、卡环、柱销等。一般中小型柱（自重在130kN以下）多为一点绑扎，重型柱或配筋少而细长的柱多为两点或多点绑扎。一点绑扎时，绑扎点应在柱的重心以上，保持柱起吊后在空间的稳定；有牛腿的柱，绑扎点常选在牛腿以下，工字形断面的柱和双肢柱，应选在矩形断面处，否则应在绑扎点处用方木加固翼缘，防止翼缘在起吊中受损。常用的绑扎方法如下。

① 一点绑扎斜吊法。当柱平卧起吊的抗弯强度满足要求时，可采用此法。起吊柱子不需要将柱子翻身，起吊后柱呈倾斜状态，吊索在柱的一侧，起重钩可低于柱顶，需要的起重高度较小，起重机的起重臂可短些［图 6-18(a)］。

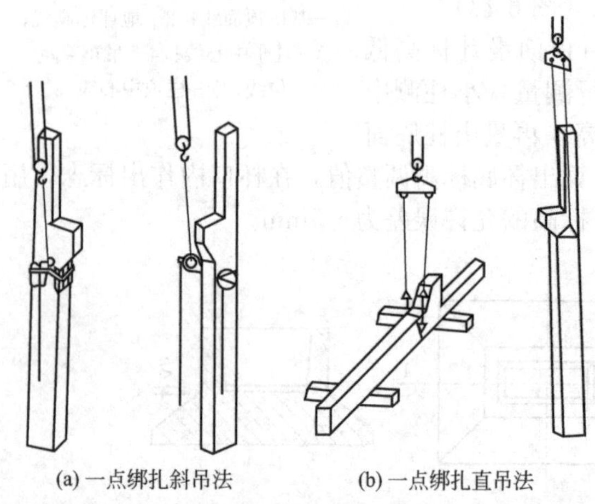

图 6-18　柱的绑扎之一

② 一点绑扎直吊法。当柱平卧起吊的抗弯强度不足时，需将柱子先翻身成侧立，然后起吊，柱子翻身后刚度大，抗弯能力强，不易产生裂缝；起吊后柱身与基础杯口垂直，容易对位，但需用铁扁担（横吊梁），起重吊钩要超过柱顶，需要的起重高度比斜吊法大，起重臂要比斜吊法长［图 6-18(b)］。

③ 两点绑扎斜吊法。当柱较长时，一点绑扎抗弯强度不够可用两点绑扎。两点绑扎斜吊法适用于两点绑扎平放起吊，在柱的抗弯强度满足要求的情况下采用。绑扎点的位置应选在使下绑扎点距重心的距离小于上绑扎点距柱重心的距离处，以保证柱子起吊后能自行回转直立［图 6-19(a)］。

④ 两点绑扎直吊法。当柱较长，用两点绑扎斜吊法抗弯强度不足时，可先将柱翻身，然后起吊［图 6-19(b)］。

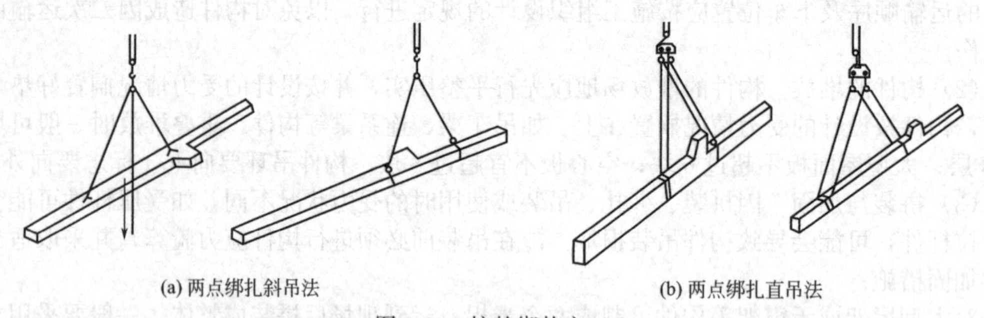

图 6-19　柱的绑扎之二

(2) 柱的起吊　柱子的吊升方法有旋转法和滑行法。根据柱子的重量、长度和现场施工机械条件，又分单机起吊或双机（多机）抬吊。

① 单机旋转法起吊（图 6-20）。柱吊升时，起重机边升钩边回转，使柱身绕柱脚（柱脚

不动）旋转直到竖直，起重机将柱子吊离地面后稍微旋转起重臂使柱子处于基础正上方，然后将其插入基础杯口。

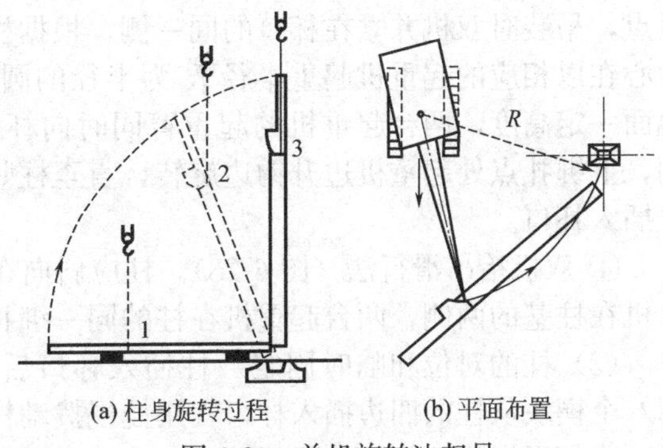

(a) 柱身旋转过程　(b) 平面布置

图 6-20　单机旋转法起吊

为了操作方便和起重臂不变幅，柱在预制或排放时，应使柱基中心、柱脚中心和柱绑扎点均位于起重机的同一起重半径的圆弧上，该圆弧的圆心为起重机的回转中心，半径为圆心到绑扎点的距离，并应使柱脚尽量靠近杯口基础。这种布置方法称为“三点共弧”。

若施工现场条件限制，不可能将柱的绑扎点、柱脚和柱基三者同时布置在起重机的同一起重半径的圆弧上时，可采用柱脚与基础中心两点共弧布置，但这种布置，柱在吊升过程中起重机要变幅，影响工效。旋转法吊升柱受振动小，生产效率较高，但对平面布置要求高，对起重机的机动性要求高。当采用自行杆式起重机时，宜采用此法。

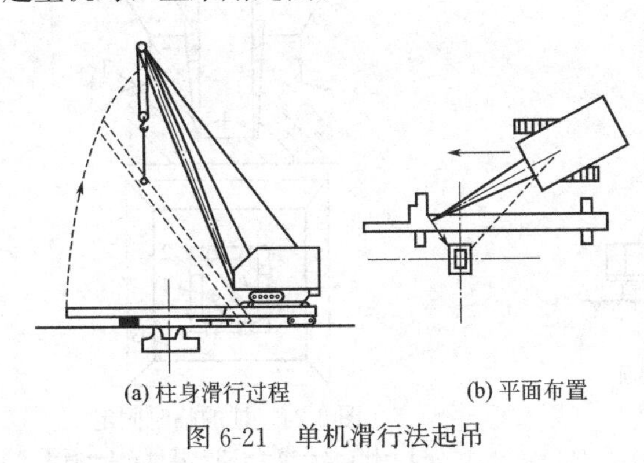
(a) 柱身滑行过程　(b) 平面布置

图 6-21　单机滑行法起吊

② 单机滑行法起吊（图 6-21）。柱吊升时，起重机只收钩不转臂，使柱脚沿地面滑行柱子逐渐直立，起重机将柱子吊离地面后稍微旋转起重臂使柱子处于基础正上方，然后将其插入基础杯口。

采用滑行法布置柱的预制或排放位置时，应使绑扎点靠近杯口基础，绑扎点与杯口中心均位于起重机的同一起重半径的圆弧上，即“二点共弧”。

滑行法吊升柱受振动影响大，但对平面布置要求低，对起重机的机动性要求低。滑行法一般用于：柱较重、较长而起重机在安全荷载下回转半径不够时，或现场狭窄无法按旋转法排放布置时，以及采用桅杆式起重机吊装柱时等情况。为了减小柱脚与地面的摩阻力，宜在柱脚处设置托木、滚筒等。

③ 双机抬吊旋转法（图 6-22）。重型柱由于柱的体型大、重量大，当一台起重机不能满足要求时，可用两台起重机抬吊。柱为两点绑扎，一台起重机抬上吊点，另一台起重机抬下

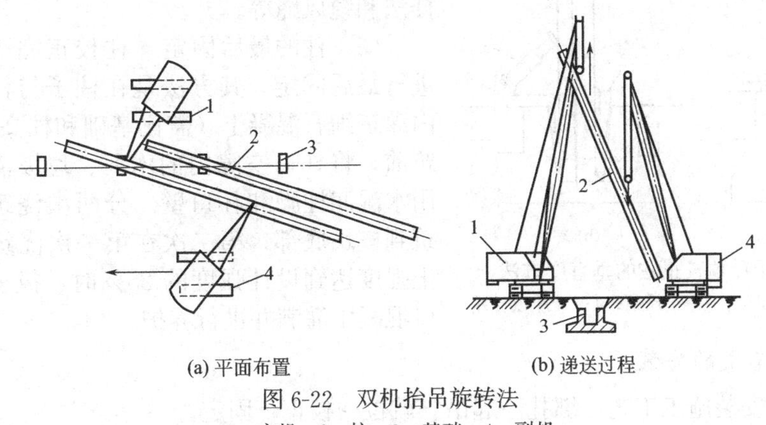

(a) 平面布置　(b) 递送过程

图 6-22　双机抬吊旋转法

1—主机；2—柱；3—基础；4—副机

吊点，吊装时双机并立在杯口的同一侧，根据柱的平面布置要求，使柱的绑扎点与基础杯口中心在以相应的起重机起重半径 R 为半径的圆弧上，起吊时，两台起重机同时升钩，柱离地面一定高度，两台起重机的起重臂同时向杯口方向旋转，下绑扎点处起重机只旋转不升钩，上绑扎点处起重机边升钩边旋转，直至柱竖直在杯口上面，最后两机同时缓慢落钩，将柱插入杯口。

④ 双机抬吊滑行法（图 6-23）。柱应斜向布置，一点绑扎，且绑扎点靠近基础杯口，起重机在柱基的两侧，两台起重机在柱的同一绑扎点抬吊。

（3）柱的对位和临时固定　柱插入杯口后，柱底离杯口底 30～50mm 时先悬空对位，用八个楔块从柱的四边插入杯口，用撬棍拨动柱脚，使柱的吊装准线对准杯口顶面的吊装准线，略打紧楔块，使柱身保持垂直，放松吊钩将柱沉至柱底，复查吊装准线，然后打紧楔块（两边对称进行，以免吊装准线偏移），将柱临时固定，起重机脱钩（图 6-24）。当柱较高或柱具有较大的牛腿仅靠柱脚处的楔块不能保证临时固定的稳定时，可增设缆风绳或斜撑来加强临时固定。

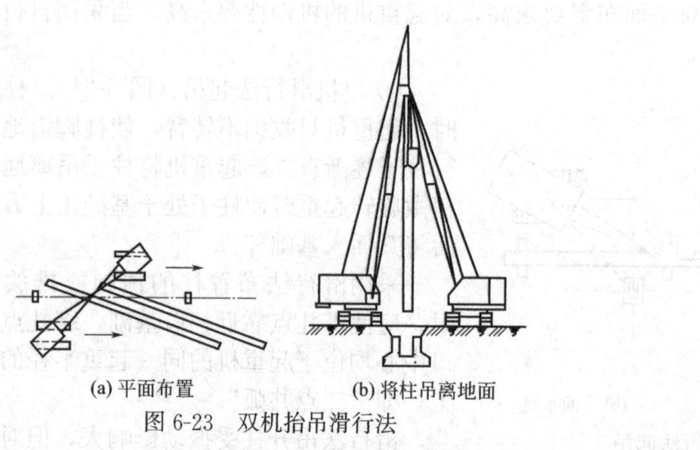

图 6-23　双机抬吊滑行法

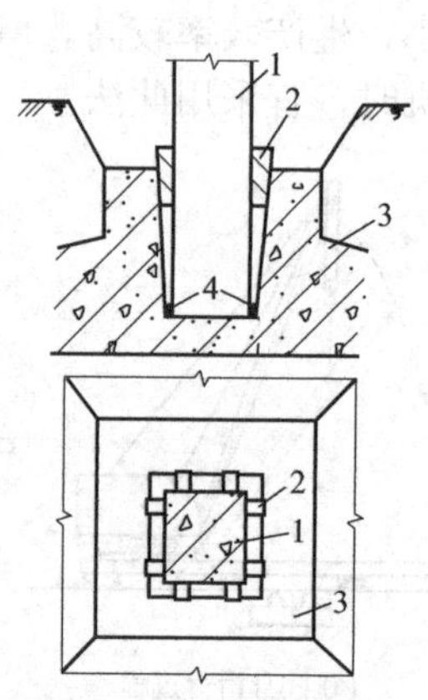

图 6-24　柱的临时固定

1—柱；2—楔子；3—基础；4—石子

（4）柱的校正　柱的校正包括平面位置、标高和垂直度。平面位置、标高分别在基础抄平和对位过程中完成。柱临时固定后用两台经纬仪从柱的相邻两面观测柱子吊装准线的垂直度，其偏差应在允许范围以内，当柱高 $H<5\text{m}$ 时，为 5mm；柱高 $H=5\sim10\text{m}$ 时，为 10mm；柱高 $H>10\text{m}$ 时，为 $H/1000$，最大不超过 20mm。

校正时可用千斤顶校正法（图 6-25）、钢管撑杆法和缆风绳等。

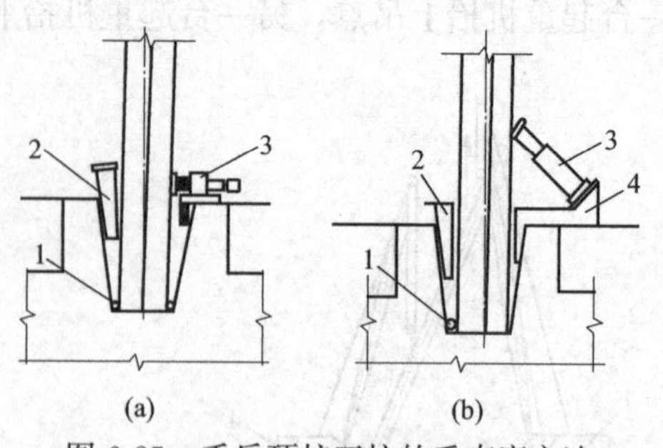

图 6-25　千斤顶校正柱的垂直度方法

1—石子；2—楔子；3—千斤顶；4—千斤顶支座

（5）柱的最后固定　柱校正完毕后，应立即进行最后固定。其方法是在柱子与杯口间的空隙内灌筑细石混凝土（需比基础和柱高一等级）。灌筑前，将杯口空隙内的木屑、垃圾清扫干净，并用水湿润柱脚和杯口壁。分两次浇筑，第一次浇筑到楔块底部；第二次在第一次浇筑的细石混凝土强度达到设计强度的 25%时，拔去楔块，将杯口混凝土灌满并进行养护。

6.2.2.2　吊车梁的安装

吊车梁的安装施工工艺：绑扎→起吊→就位→校正→固定。

吊车梁安装时应两点对称绑扎，吊钩垂线对准梁的重心，起吊后吊车梁保持水平状态。在梁的两端设溜绳控制，以防碰撞柱子。对位时应缓慢降钩，将梁端吊装准线与牛腿顶面吊装准线对准（图 6-26）。吊车梁的自身稳定性较好，用垫铁垫平后，起重机即可脱钩，一般不需采用临时固定措施。当梁高与底宽之比大于 4 时，为防止吊车梁倾倒，可用铁丝将梁临时绑在柱子上。

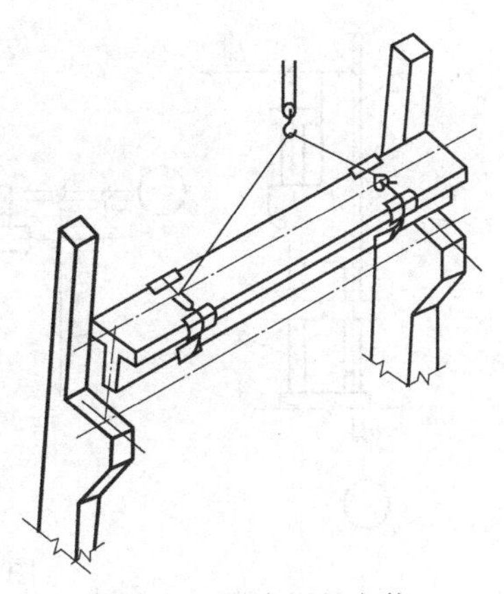

图 6-26 吊车梁的安装

吊车梁的校正工作一般应在厂房结构校正和固定后进行，以免屋架安装时，引起柱子变位，而使吊车梁产生新的误差。对较重的吊车梁，由于脱钩后校正困难，可边吊边校，但屋架固定后要复查一次。校正包括标高、垂直度和平面位置（直线度、轨距）。标高的校正已在基础杯底调整时基本完成，如仍有误差，可在铺轨时，在吊车梁顶面抹一层砂浆来找平。平面位置的校正主要检查吊车梁纵轴线和轨距是否符合要求（纵向位置校正已在对位时完成）。垂直度用锤球检查，偏差应在 5mm 以内，可在支座处加铁片垫平。

吊车梁平面位置的校正方法，通常用通线法（拉钢丝法）或仪器放线法（平移轴线法）。通线法是根据柱的定位轴线，在厂房跨端地面定出吊车梁的安装轴线位置并打入木桩。用钢尺检查两列吊车梁的轨距是否符合要求，然后用经纬仪将厂房两端的四根吊车梁位置校正正确。在校正后的柱列两端吊车梁上设支架（高约 200mm），拉钢丝通线并悬挂重物拉紧。检查并拨正各吊车梁的中心线（图 6-27）。

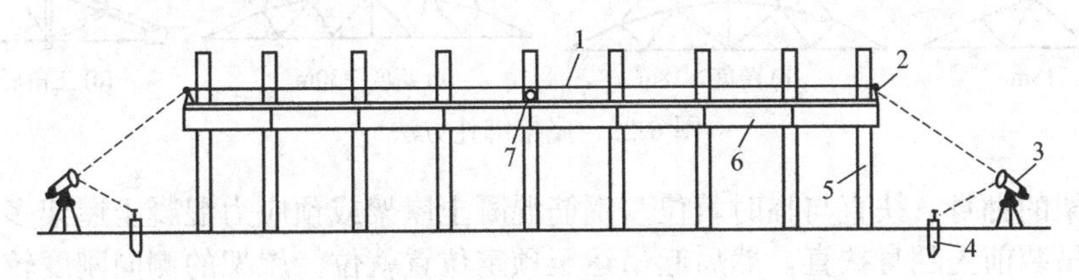

图 6-27 通线法校正吊车梁示意

1—通线；2—支架；3—经纬仪；4—木桩；5—柱子；6—吊车梁；7—圆钢

仪器放线法适用于当同一轴线上的吊车梁数量较多时，如仍采用通线法，会使钢丝过长，不宜拉紧而产生较大偏差。此法是在柱列外设置经纬仪，并将各柱杯口处的吊装准线投射到吊车梁顶面处的柱身上（或在各柱上放一条与吊车梁轴线等距离的校正基准线），并做出标志（图 6-28）。若标志线至柱定位轴线的距离为 a，则标志到吊车梁安装轴线的距离应为 $\lambda-a$，依此逐根拨正吊车梁的中心线并检查两列吊车梁间的轨距是否符合要求。吊车梁校正后，立即电焊做最后固定，并在吊车梁与柱的空隙处灌筑细石混凝土。

6.2.2.3 屋架的安装

屋架的安装施工工艺：绑扎→翻身、扶直→临时就位→吊装→对位→临时固定→校正→最后固定。

（1）屋架的绑扎 屋架的绑扎点，应选在上弦节点处或靠近节点。吊索与水平线的夹角，翻身或起立屋架时，不宜小于 60°，吊装时不宜小于 45°，绑扎中心（各支吊索内力的合力作用点）必须在屋架重心之上，防止屋架晃动和倾翻。

屋架绑扎吊点的数目及位置与屋架的形式、跨度、安装高度及起重机的吊杆长度有关，一般须经验算确定。当屋架跨度小于 18m 时，两点绑扎；屋架跨度大于 18m，而小于 30m

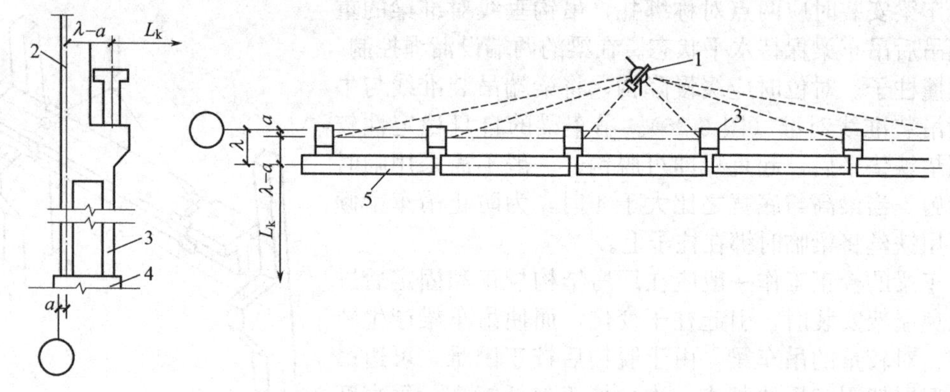

图 6-28 仪器放线法校正吊车梁示意

1—经纬仪；2—标志；3—柱子；4—柱基础；5—吊车梁

时，用两根吊索四点绑扎；屋架跨度大于或等于 30m 时，可采用 9m 跨度的横吊梁（也称铁扁担），以减少吊索高度（图 6-29）。钢屋架的纵向刚度差，在翻身扶直与安装时，应绑扎几道杉木杆，作为临时加固措施，防止侧向变形。

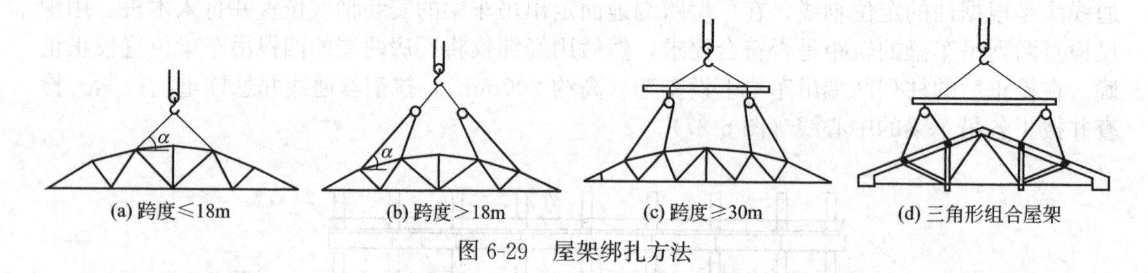

图 6-29 屋架绑扎方法

（2）屋架的翻身、扶直与临时就位 钢筋混凝土屋架或预应力混凝土屋架多在施工现场平卧叠浇，吊装前先翻身扶直，然后起吊运至预定位置就位。屋架的侧向刚度较差，扶直时需要采取加固措施，以免屋架上弦挠曲开裂。扶直屋架有图 6-30 所示的两种方法。

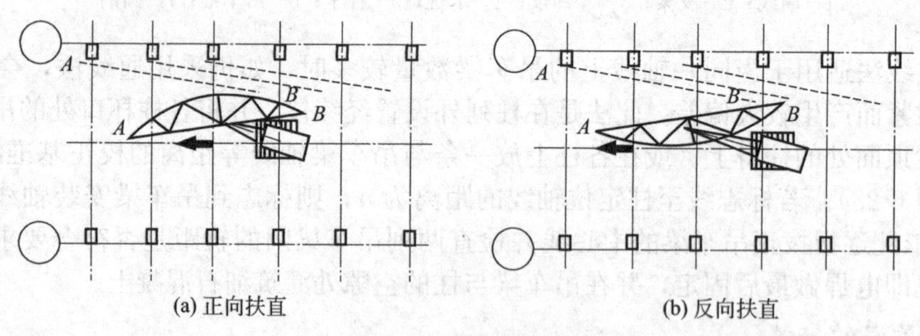

图 6-30 屋架的扶直

① 正向扶直。起重机位于屋架下弦一边，吊钩对准屋架上弦中点，收紧起重钩，起重臂稍稍抬起使屋架脱模，接着升臂并同时升钩，使屋架以下弦为轴心缓缓转为直立状态。

② 反向扶直。起重机位于屋架上弦一边，吊钩对准屋架上弦中点，然后升钩，降臂使屋架绕下弦转动而直立。

屋架的就位方式有同侧就位（预置位置和就位位置在同一侧，如图 6-30）和异侧就位（预置位置和就位位置在相反一侧）两种。

（3）屋架的吊装、对位与临时固定 单机吊装时，先将屋架吊离地面约 500mm，将屋架转至吊装位置下方，起重钩将屋架吊至柱顶以上，然后将屋架缓缓放至柱顶，使屋架两端的轴线与柱顶轴线重合，对位正确后，立即临时固定，固定稳妥后，起重机才能脱钩。

双机抬吊时，应将屋架立于跨中。起吊时，一机在前，一机在后，两机共同将屋架吊离地面约 1.5m，后机将屋架端头从起重臂一侧转向另一侧（调档），然后同时升钩将屋架吊起，送至安装位置（图 6-31）。

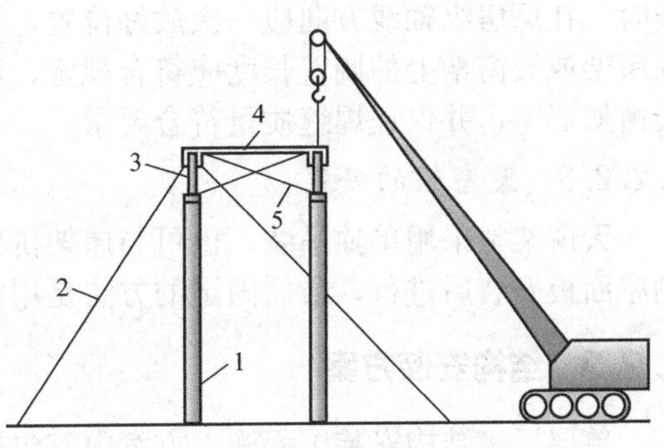

图 6-31 屋架的临时固定
1—柱；2—缆风绳；3—屋架；4—屋架校正器（工具式支撑）；5—屋架垂直支撑

双机抬吊屋架最好选用同类型起重机，若起重机类型不同，必须合理地进行负荷分配，同时注意统一指挥，两机配合协调，第一榀屋架安装就位后，用四根缆风绳在屋架两侧拉牢临时固定。若有抗风柱时，可与抗风柱连接固定。其他各榀屋架用屋架校正器（即工具式支撑）临时固定（图 6-32），每榀屋架至少用两个屋架校正器与前榀屋架连接、临时固定。

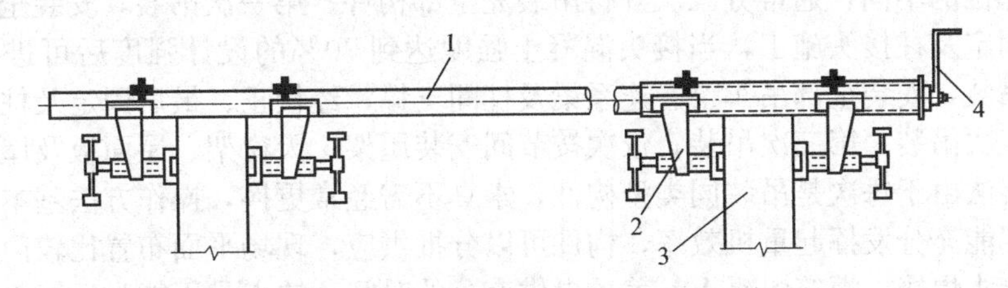

图 6-32 屋架校正器（工具式支撑）
1—钢管；2—撑脚；3—屋架上弦；4—摇把

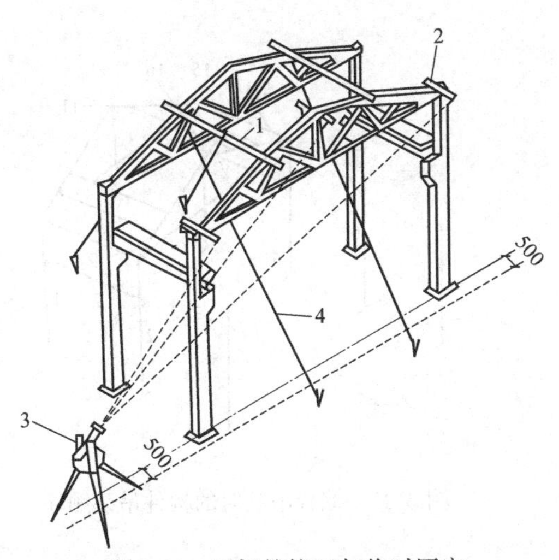

图 6-33 屋架的校正与临时固定
1—屋架校正器；2—卡尺；3—经纬仪；4—缆风绳

（4）屋架校正及最后固定 屋架经对位、临时固定后，主要检查并校正垂直度，可用经纬仪或锤球检查，用屋架校正器校正。用经纬仪检查垂直度时，在屋架上弦的中央和两端各安装一个卡尺，自上弦几何中心线量出 500mm，在卡尺上作出标志；然后距屋架中线 500mm 的跨外设一经纬仪，用经纬仪检查三个卡尺上的标志是否在一垂面上（图 6-33）。用锤球检查屋架垂直度时，在两端卡尺标志间连一通线，从中央卡尺的标志处向下挂锤球，检查三个卡尺的标志是否在同一垂面上。屋架垂直度的偏差，不得大于屋架高度的 1/250。屋架垂直度校正后，应立即电焊，进行最后固定。要求在屋架两端的不同侧面同时施焊，以防因焊缝收缩导致屋架倾斜。

6.2.2.4 屋面板的安装

屋面板四周一般有预埋吊环，用四根等长的带吊钩的吊索吊起，使四根吊索拉力相等，屋面板保持水平。在屋架上安装屋面板时，应自跨边向跨中对称进行。安装天窗架上的屋面板时，在厂房纵轴线方向应一次放好位置，不可用撬杠撬动，以防天窗架发生倾斜。屋面板在屋架或天窗架上的搁置长度应符合规定，四角要坐实，每块屋面板至少有三个角与屋架或天窗架焊牢，并保证焊缝质量符合要求。

6.2.2.5 天窗架的安装

天窗架常采用单独吊装，也可与屋架拼装成整体同时吊装。天窗架单独吊装时，应待两侧屋面板安装后进行，最后固定的方法是用电焊将天窗架底脚焊牢于屋架上弦的预埋件上。

6.2.3 结构安装方案

单层厂房结构安装工程施工方案内容包括：结构吊装方法、起重机的选择、起重机的开行路线及构件的平面布置等。确定施工方案时应根据厂房的结构型式、跨度、构件的重量及安装高度、吊装工程量及工期要求，并考虑现有起重设备条件等因素综合确定。

6.2.3.1 结构吊装方法

单层厂房结构吊装方法有分件吊装法（或称分件安装法）和综合吊装法（或称综合安装法）。

① 分件吊装法。起重机每开行一次，仅吊装一种或几种同类构件（图 6-34）。根据构件所在的结构部位的不同，通常分三次开行吊装完全部构件。第一次吊装，安装全部柱子，经校正、最后固定及柱接头施工，当接头混凝土强度达到 70%的设计强度后可进行第二次吊装；第二次吊装，安装全部吊车梁、连系梁及柱间支撑，经校正、最后固定及柱接头施工之后可进行第三次吊装；第三次吊装，依次按节间安装屋架、天窗架、屋面板及屋面支撑等。

分件吊装法由于每次是吊装同类型构件，索具不需经常更换，操作方法基本相同，所以吊装速度快，能充分发挥起重机效率，构件可以分批供应，现场平面布置比较简单，也能给构件校正、接头焊接、灌筑混凝土、养护提供充分的时间。缺点是不能为后续工序及早提供工作面，起重机的开行路线较长。但该法仍是目前国内装配式单层工业厂房结构安装中广泛采用的一种方法。

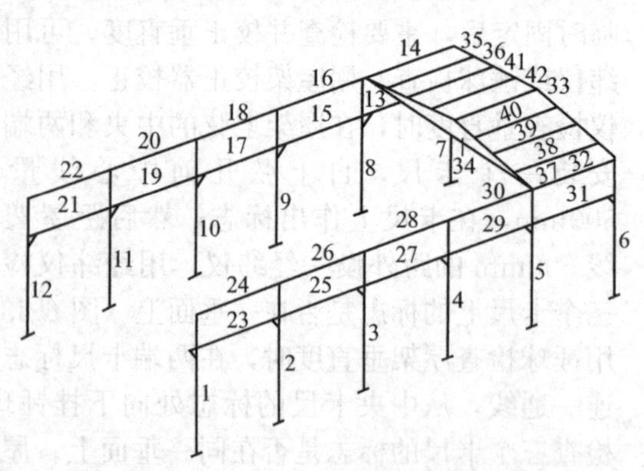

图 6-34 分件吊装时的构件吊装顺序

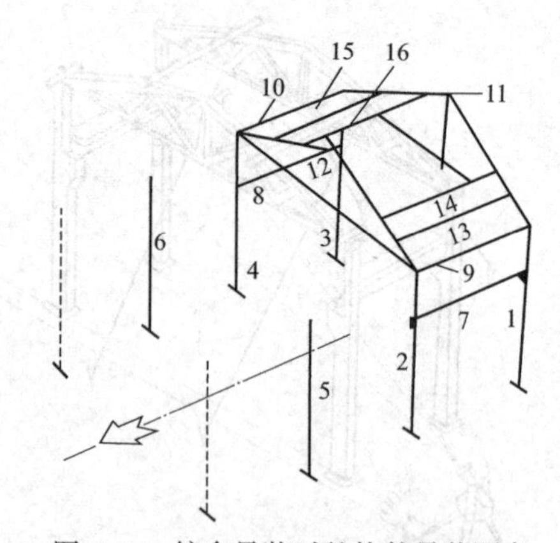

图 6-35 综合吊装时的构件吊装顺序

② 综合吊装法。起重机在厂房内一次开行中（每移动一次）就安装完一个节间内的各种类型的构件。综合吊装法是以每节为单元，一次性安装完毕（图 6-35）。即先安装 4～6 根柱子，并加以校正和最后固定；随后吊装这个节间内的吊车梁、连系梁、屋架、天窗架和屋面板等构件。一个节间的全部构件安装完后，起重机移至下一节间进行安装，直至整个厂房结构吊装完毕。优点是起重机开行路线短，停机点少，能持续作业；吊完一个节间，其后续工种就可进入节间内工作，使各工种进行交叉平行流水作业，有利于缩短工期。缺点是由于

同时安装不同类型的构件，需要更换不同的索具，安装速度较慢；使构件供应紧张和平面布置复杂；构件的校正困难，最后固定时间紧迫。综合安装法需要进行周密的安排和布置，施工现场需要很强的组织能力和管理水平，目前这种方法很少采用。

6.2.3.2 起重机的选择

(1) 起重机类型的选择 起重机的类型主要是根据厂房的结构特点、跨度、尺寸、构件重量、吊装高度、吊装方法、现场条件及现有起重设备条件等来确定，应综合考虑其合理性、可行性和经济性。

一般中小型厂房跨度不大，构件的重量及安装高度也不大，厂房内的设备多在厂房结构安装完毕后进行安装，所以多采用履带式起重机、轮胎式起重机或汽车式起重机，以履带式起重机应用最普遍。缺乏上述起重设备时，可采用桅杆式起重机（独脚拔杆、人字拔杆等）。重型厂房跨度大，构件重，安装高度大，厂房内的设备往往要同结构吊装穿插进行，所以一般采用大型履带式起重机、轮胎式起重机、重型汽车式起重机，以及重型塔式起重机与其他起重机械配合使用。

(2) 起重机型号的选择 确定起重机的类型以后，要根据构件的尺寸、重量及安装高度来确定起重机型号。所选定的起重机的三个工作参数：起重量 Q、起重高度 H、起重半径 R 要满足构件吊装的要求。

① 起重量。起重机的起重量必须大于或等于所安装构件的重量与索具重量之和，即：

$$Q \geqslant Q_1 + Q_2 \tag{6-7}$$

式中，Q 为起重机的起重量，kN；Q_1 为构件的重量，kN；Q_2 为索具的重量（包括临时加固件重量），一般取 2kN。

② 起重高度。起重机的起重高度必须满足所吊装的构件的安装高度要求（图 6-36），即：

$$H \geqslant h_1 + h_2 + h_3 + h_4 \tag{6-8}$$

式中，H 为起重机的起重高度（从停机面算起至吊钩），m；h_1 为安装支座顶面高度（从停机面算起），m；h_2 为安装间隙，视具体情况而定，但不小于 0.3m；h_3 为绑扎点至起吊后构件底面的距离，m；h_4 为索具高度（从绑扎点到吊钩中心距离），m。

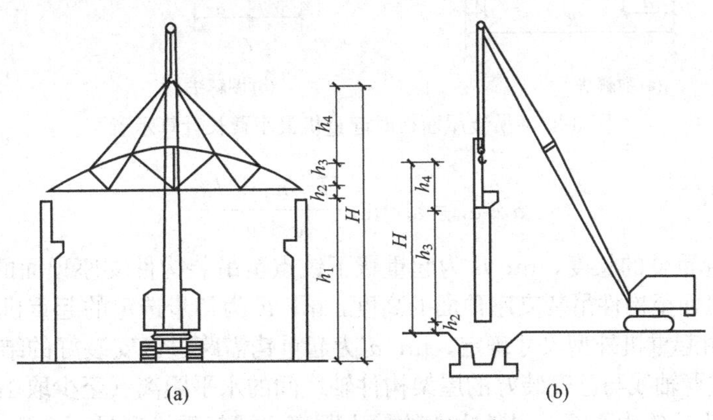

图 6-36 起重高度计算示意

③ 起重半径。

a. 当起重机可以不受限制地开到吊装位置附近时，对起重机的起重半径没有要求。

b. 对起重机的起重半径有要求的情况有：起重机不能直接开到构件吊装位置附近去吊装构件时，需要跨越地面上某些障碍物吊装构件时，如跨过地面上已预制好或就位好的屋架吊装吊车梁时；吊柱子等构件时，开行路线已定的情况下；吊装屋架等构件时，开行路线及构件就位位置已定的情况下。这时需要根据起重量、起重高度和要求的起重半径三个参数，查阅起重机的性能表或性能曲线来选择起重机的型号及起重臂的长度。

④ 最小臂长。下述情况下对起重机的臂长有最小臂长的要求：吊装平面尺寸较大的构件时，应使构件不与起重臂相碰撞（如吊屋面板）；跨越较高的障碍物吊装构件时，应使起重臂不碰到障碍物，如跨过已安装好的屋架或天窗架；吊装屋面板、支撑等构件时，应使起重臂不碰到已安装好的结构。因此，需要求给出起重机的最小臂长及相应的起重半径。实质上最小臂长要求是一定的起重高度下的起重半径要求。确定起重机的最小臂长的方法有数解法和图解法。

a. 数解法。数解法［图 6-37(a)］所示的几何关系，起重臂长 L，可分解为长度 l_1 及 l_2 的两段，可表示为其仰角 α 的函数。即：

$$L=l_1+l_2=\frac{h}{\sin\alpha}+\frac{a+g}{\cos\alpha} \tag{6-9}$$

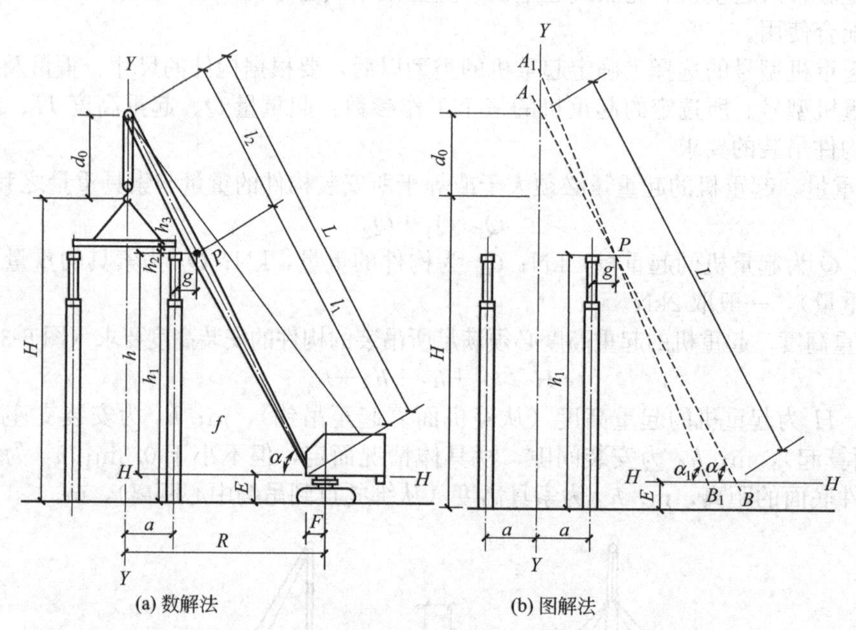

图 6-37 吊装屋面板时起重机最小臂长计算示意

$$\alpha \geqslant \alpha_0=\arctan\frac{H-h_1+d_0}{a+g} \tag{6-10}$$

式中，L 为起重臂的长度，m；h 为起重臂下铰点至吊装构件支座顶面的高度，$h=h_1-E$，m；h_1 为停机面至构件吊装支座顶面的高度，m；E 为初步选定的起重机的臂下铰点至停机面的距离，可由起重机外型尺寸确定，m；a 为起重钩需跨过已安装好的结构构件的水平距离，m；g 为起重臂轴线与已安装好的屋架构件轴线间的水平距离（至少取 1m），m；H 为起重高度，m；d_0 为吊钩中心至定滑轮中心的最小距离，视起重机型号而定，一般 2.5～3.5m；α_0 为满足起重高度等要求的起重臂最小仰角；α 为起重臂的仰角。

确定最小起重臂长度，就是求 L 的极小值，进行一次微分并令 $dL/d\alpha=0$ 得：

$$\frac{dL}{d\alpha}=\frac{-h\cos\alpha}{\sin^2\alpha}+\frac{(a+g)\sin\alpha}{\cos^2\alpha}=0 \tag{6-11}$$

解上式，可得：

$$\alpha=\arctan\sqrt[3]{\frac{h}{a+g}} \tag{6-12}$$

将 α 值代入，即得最小起重臂长 L。

为了使所求得的最小臂长顶端至停机面的距离不小于满足吊装高度要求的臂顶至停机面的最小距离，要求 $\alpha \geqslant \alpha_0$；若 $\alpha < \alpha_0$，则取 $\alpha = \alpha_0$。

b. 图解法。图解法[图 6-37(b)]，可按以下步骤求最小臂长。

第一步，按一定比例画出欲吊装厂房一个节间的纵剖面图，并画出起重机吊装屋面板时起重钩位置处的垂线 Y-Y；画平行于停机面的线 H-H，该线距停机面的距离为 E。

第二步，自屋架顶面中心线向起重机方向量出水平距离 $g=1\text{m}$ 得 P 点；按满足吊装要求的起重臂上定滑轮中心线的最小高度，在垂线 Y-Y 定出 A 点。

第三步，连接 A、P 两点，其延长线与 H-H 相交于一点 B，线段 AB 即起重臂的轴线长度。然后，以 P 点为圆心，向顺时针方向略旋转与 Y-Y、H-H 相交后得线段 A_1B_1。比较 AB 与 A_1B_1，若 $A_1B_1 < AB$ 则应继续旋转，以找到其最小值 A_iB_i，所得的最小值 A_iB_i 即为最小起重臂长度 $L_{\min}$。若 $A_1B_1 > AB$，则 AB 即为最小起重臂长度 $L_{\min}$。

(3) 起重机型号、臂长的选择

① 吊一种构件时。

a. 起重半径 R 无要求时。根据起重量 Q 及起重高度 H，查阅起重机性能曲线或性能表，来选择起重机型号和起重机臂长 L，并可查得在选择的起重量和起重高度下相应的起重半径，即为起吊该构件时的最大起重半径，同时可作为确定吊装该构件时起重机开行路线及停机点的依据。

b. 起重半径 R 有要求时。根据起重量 Q、起重高度 H 及起重半径 R 三个参数查阅起重机性能曲线或性能表，来选择起重机型号和起重机臂长 L，并确定吊装该构件时的起重半径，作为确定吊装该构件时起重机开行路线及停机点的依据。

c. 最小臂长 $L_{\min}$ 有要求时。根据起重量 Q 及起重高度 H 初步选定起重机型号，并根据由数解法或图解法所求得的最小起重臂长的理论值 $L_{\min}$，查起重机性能曲线或性能表，从规定的几种臂长中选择一种臂长 $L > L_{\min}$，即为吊装构件时所选的起重臂长度。

根据实际选用的起重臂长 L 及相应的 α 值，可求出起重半径 R：

$$R=F+L\cos\alpha \tag{6-13}$$

然后按 R 和 L 查起重机性能曲线或性能表，复核起重量 Q 及起重高度 H，如能满足要求，即可按 R 值确定起重机吊装构件时的停机位置。

吊装屋面板时，一般是按上述方法首先确定吊装跨中屋面板所需臂长及起重半径，然后复核最边缘一块屋面板是否满足要求。

② 吊多个构件时。

a. 构件全无起重半径 R 要求时。首先列出所有构件的起重量 Q 及起重高度 H 要求，找出最大值 $Q_{\max}$、$H_{\max}$，根据最大值 $Q_{\max}$、$H_{\max}$ 查阅起重机性能曲线或性能表，来选择起重机型号和起重机臂长 L，然后确定吊装各构件时的起重半径，作为确定吊装该构件时起重机开行路线及停机点的依据。

b. 有部分构件有起重半径 R（或最小臂长 $L_{\min}$）要求时。在根据最大值 $Q_{\max}$、$H_{\max}$ 选择起重机型号和起重机臂长时，尽可能地考虑有起重半径 R（或最小臂长 $L_{\min}$）要求的构件的情况，然后对有起重半径 R（或最小臂长 $L_{\min}$）要求的构件逐一进行复核。起重机型号和臂长选定后，根据各构件的吊装要求，确定其吊装时采用的起重半径，作为确定吊装该构件时起重机开行路线及停机点的依据。

6.2.3.3 起重机的开行路线及构件的平面布置

起重机的开行路线及构件的平面布置与结构吊装方法、构件吊装工艺、构件尺寸及重量、构件的供应方式等因素有关。构件的平面布置不仅要考虑吊装阶段，而且要考虑其预制阶段。一般柱的预制位置即为其吊装前的就位位置；而屋架则要考虑预制和吊装两个阶段的平面布置；吊车梁、屋面板等构件则要按供应方式确定其就位堆放位置。

构件平面布置时的基本原则。

① 各跨构件宜布置在本跨内，如确有困难时，也可布置在跨外便于吊装的地方。

② 要满足吊装工艺的要求，尽可能布置在起重机的工作幅度内，减少起重机“跑吊”（负重行走）的距离及起重臂起伏的次数。

③ 应首先考虑重型构件（如柱等）的布置，尽量靠近安装地点。

④ 应便于支模及混凝土的浇筑工作，对预应力构件尚应考虑抽管、穿筋等操作所需的场地。

⑤ 各种构件布置均应力求占地最少，应保证起重机和运输道路畅通，起重机回转时不与构件相碰。

⑥ 构件均应布置在坚实的地基上，新填土要分层夯实，防止地基下沉，以免影响构件质量。

(1) 吊装柱时起重机开行路线及构件平面布置

① 起重机开行路线。吊装柱时视厂房跨度大小、柱的尺寸和重量及起重机的性能，起重机开行路线有跨中开行、跨边开行及跨外开行三种（图 6-38）。

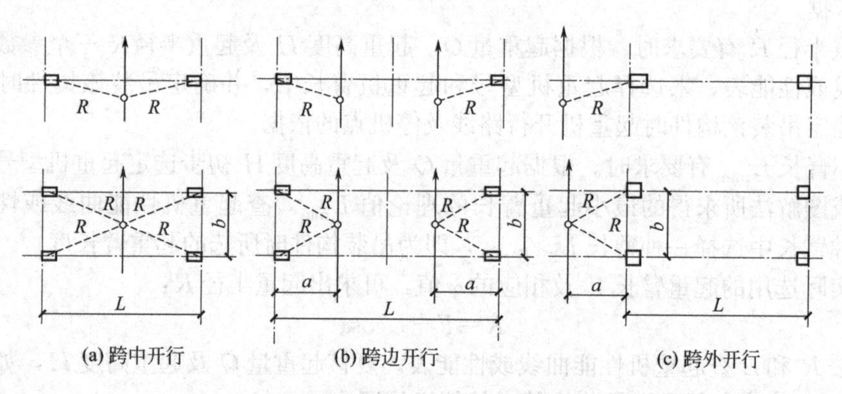

图 6-38 吊装柱时起重机的开行路线及停机位置

a. 跨中开行。要求 $R \geqslant L/2$（L 为厂房跨度），每个停机点可吊两根柱，停机点在以基础中心为圆心、R 为半径的圆弧与跨中开行路线的交点处；当 $R=\sqrt{\left(\frac{L}{2}\right)^2+\left(\frac{b}{2}\right)^2}$ 时（b 为厂房柱距），则一个停机点可吊装四根柱，停机点在该柱网对角线交点处。

b. 跨边开行。起重机在跨内沿跨边开行，开行路线至柱基中心距离为 a，$a \leqslant R$ 且 $a < L/2$，每个停机点吊一根柱；当 $R=\sqrt{a^2+\left(\frac{b}{2}\right)^2}$ 时，则一个停机点可吊两根柱。

c. 跨外开行。起重机在跨外沿跨边开行，开行路线至柱基中心距离为 $a \leqslant R$，每个停机点吊一根柱；当 $R=\sqrt{a^2+\left(\frac{b}{2}\right)^2}$ 时，则一个停机点可吊两根柱。

② 柱的平面布置。

柱子的布置方式与场地大小、安装方法有关，一般有斜向布置、纵向布置和横向布置三种（图6-39）。

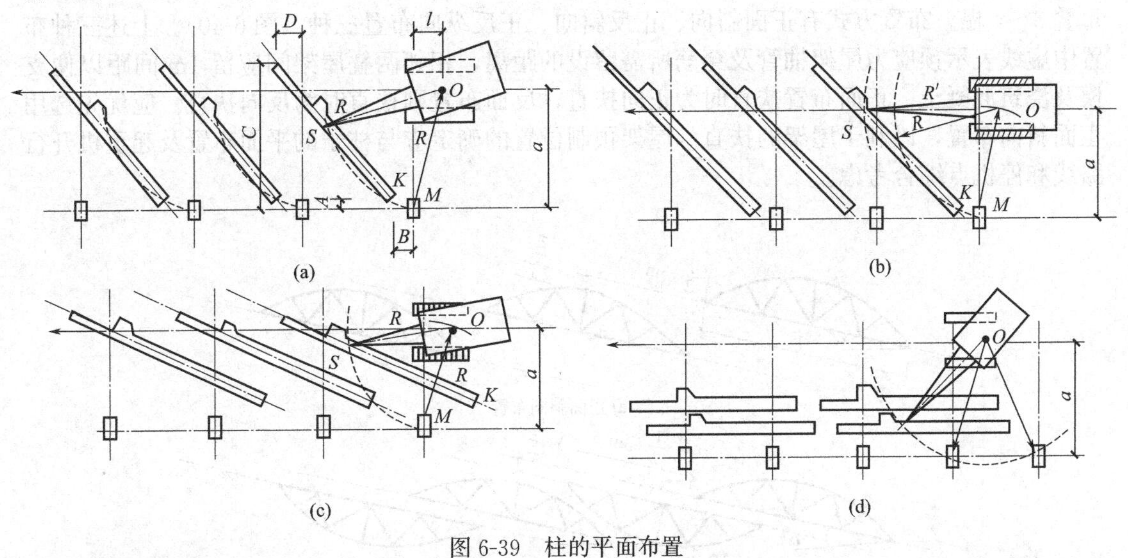

图6-39 柱的平面布置

采用旋转法吊装时，柱可按三点共弧斜向布置[图6-39(a)]，其预制位置采用作图法确定，其步骤如下。

首先确定起重机开行路线到柱基中线的距离a，这段距离和起重机吊装柱子时与起重机相应的起重半径R、起重机的最小起重半径R_{min}有关，要求：

$$R_{min}<a\leqslant R \tag{6-14}$$

同时，开行路线不要通过回填土地段，不要过分靠近构件，防止起重机回转时碰撞构件。以柱基中心点M为圆心，所选的起重半径R为半径，画弧交开行路线于O点，O点即为起重机安装该柱的停机点位置。以停机点O为圆心，OM为半径画弧，在靠近柱基的弧上选点K作为柱脚中心点，再以K点为圆心，柱脚到吊点的长度为半径画弧，与OM半径所画的弧相交于S，连接KS线，得出柱中心线，即为柱的预制位置，并可画出柱的模板图。同时量出柱顶、柱脚中心点到柱列纵横轴线的距离A、B、C、D，作为支模时的参考。

柱的布置应注意牛腿的朝向，避免安装时在空中调头，当柱布置在跨内时，牛腿应面向起重机；布置在跨外时，牛腿应背向起重机。

若场地限制或柱过长，难于做到三点共弧时，可按两点共弧布置。一种是将杯口、柱脚中心点共弧，吊点放在起重半径R之外[图6-39(b)]。安装时，先用较大的工作幅度R吊起柱子，并抬升起重臂，当工作幅度变为R后，停止升臂，随后用旋转法吊装。另一种是将吊点与柱基中心共弧，柱脚可斜向任意方向[图6-39(c)]，吊装时，可用旋转法，也可用滑行法。

对一些较轻的柱，起重机能力有富余，考虑到节约场地，方便构件制作，可顺柱列纵向布置[图6-39(d)]。柱纵向布置时，起重机的停机点应安排在两柱基的中点，每个停机点可吊两根柱子。柱可两根叠浇生产，层间应涂刷隔离剂，上层柱在吊点处需预埋吊环；下层柱则在底模预留砂孔，便于起吊时穿钢丝绳。

(2) 吊装吊车梁时起重机开行路线及构件平面布置　吊车梁吊装起重机开行路线一般是在跨内靠边开行，开行路线至吊车梁中心线距离为$a\leqslant R$。若在跨中开行，一个停机点可吊两边的吊车梁。吊车梁一般在场外预制，有时也在现场预制；吊装前就位堆放在柱列附近，或者随吊随运。

(3) 吊装屋盖系统时起重机开行路线及构件平面布置

① 屋架预制位置与屋架扶直就位时起重机开行路线。屋架一般在跨内平卧叠浇预制，每叠3～4榀。布置方式有正面斜向、正反斜向、正反纵向布置三种（图6-40）。上述三种布置中虚线表示预应力屋架抽管及穿筋所需留设的距离，相邻两叠屋架间应留1m间距以便支模及浇筑混凝土。正面布置扶直时为正向扶直，反面布置则扶直时为反向扶直。应优先选用正面斜向布置，以利于屋架的扶直。屋架预制位置的确定应与柱子的平面布置及起重机开行路线和停机点综合考虑。

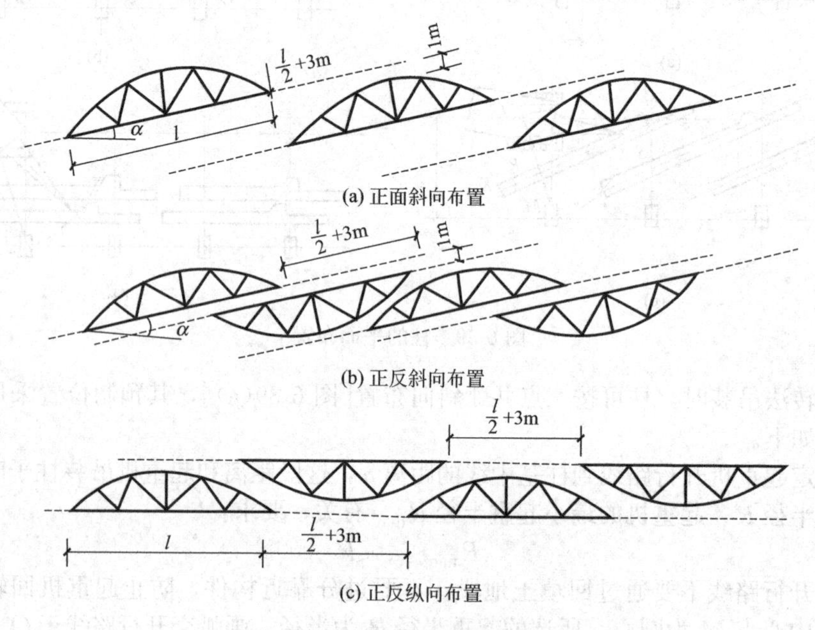

图 6-40　屋架现场预制布置方式

屋架吊装前应先扶直并排放到吊装前就位位置准备吊装。屋架扶直就位时，起重机跨内开行，必要时需负重行走。

② 屋架扶直就位位置与屋盖系统吊装时起重机开行路线。屋架吊装前先扶直就位再吊装，可以提高起重机的吊装效率并适应吊装工艺的要求。屋架的扶直就位排放位置有靠柱边斜向就位（图6-41）和靠柱边成组纵向就位两种（图6-42）。

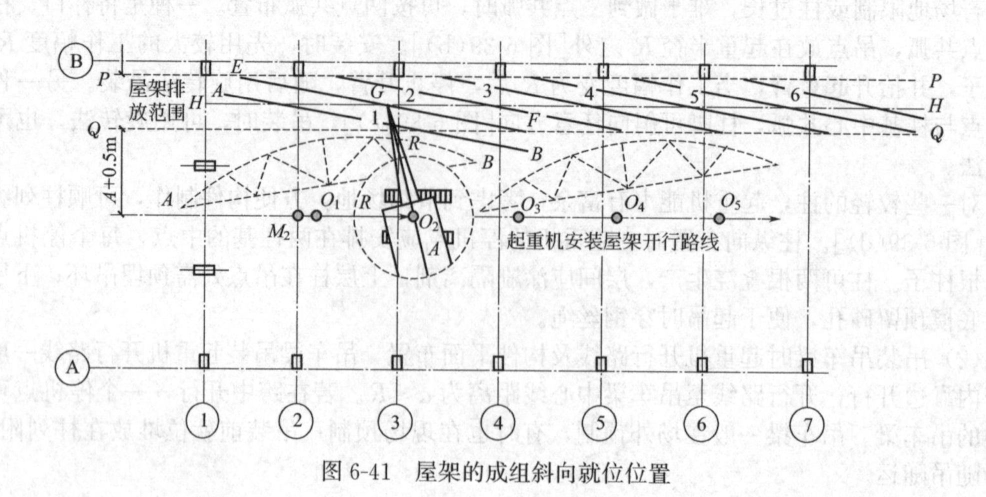

图 6-41　屋架的成组斜向就位位置

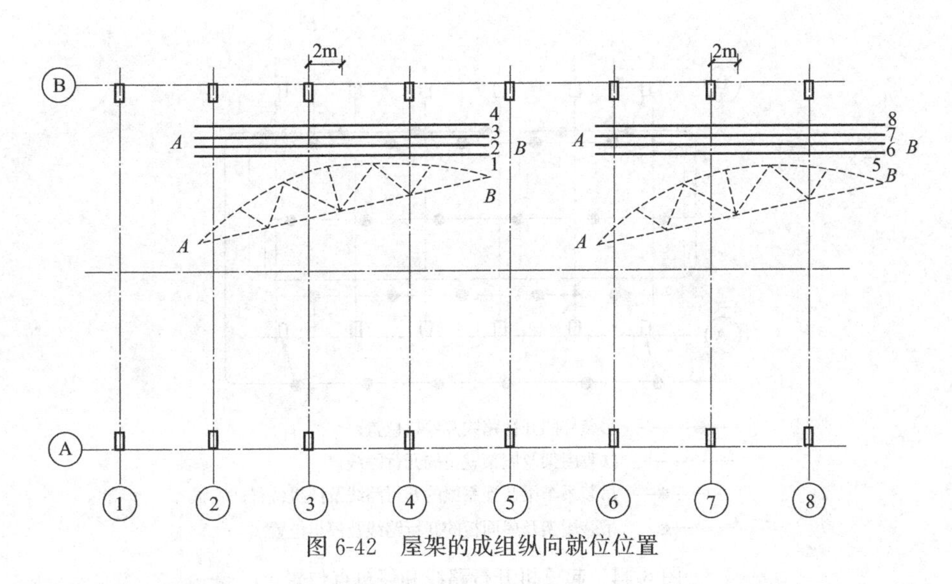

图 6-42 屋架的成组纵向就位位置

吊装屋架及屋盖结构中其他构件时，起重机均跨中开行。屋架的斜向排放方式，用于重量较大的屋架，起重机定点吊装。

屋架斜向布置具体布置方式如下。

a. 确定起重机安装屋架时的开行路线及停机点。起重机跨中开行，在开行路线上定出吊装每榀屋架的停机点，以选择吊装屋架的起重半径 R 为半径画弧交开行路线于 O 点，该点即为吊装该屋架时的停机点。如②轴线的屋架以中心点 M_2 为圆心、吊装屋架的起重半径 R 为半径画弧，交开行路线于 O_2；O_2 即为安装②轴线屋架时的停机点。

b. 确定屋架排放范围。先定出 P-P 线，该线距柱边缘不小于 200mm；再定 Q-Q 线，该线距开行路线不小于 $A+0.5$m；在 P-P 线与 Q-Q 线之间定出中线 H-H 线；屋架在 P-P、Q-Q 线之间排放，其中点均应在 H-H 线上。

c. 确定屋架排放位置。一般从第二榀开始，以停机点 O_2 为圆心，以 R 为半径画弧交 H-H 于 G，G 即为屋架就位中心点。再以 G 为圆心，以 1/2 屋架跨度为半径画弧交 P-P、Q-Q 于 E、F，连接 E、F 即为屋架吊装位置，依此类推。第一榀因有抗风柱，可灵活布置。

屋架的成组纵向排放方式用于重量较轻的屋架，允许起重机吊装时负荷行驶。纵向排放一般以 4～5 榀为一组，靠柱边顺轴线纵向排放，屋架之间的净距离不小于 200mm，相互之间用铁丝及支撑拉紧撑牢。每组屋架之间预留约 3m 间距作为横向通道。为防止在吊装过程与已安装屋架相碰，每组屋架的跨中要安排在该组屋架倒数第二榀安装轴线之后约 2m 处。

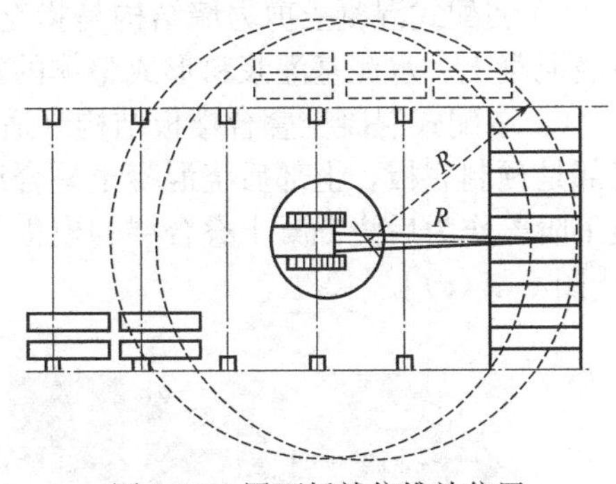

图 6-43 屋面板就位堆放位置

d. 屋面板就位堆放位置（图 6-43）。屋面板的就位位置，跨内跨外均可。大型屋面板堆放不超过 6～8 层。根据起重机吊装屋面板时的起重半径确定。一般情况下，当布置在跨内时，后退 3～4 个节间；当布置在跨外时，应后退 1～2 个节间开始堆放。

如某单跨车间采用分件吊装时的起重机开行路线和停机点的位置见图 6-44。

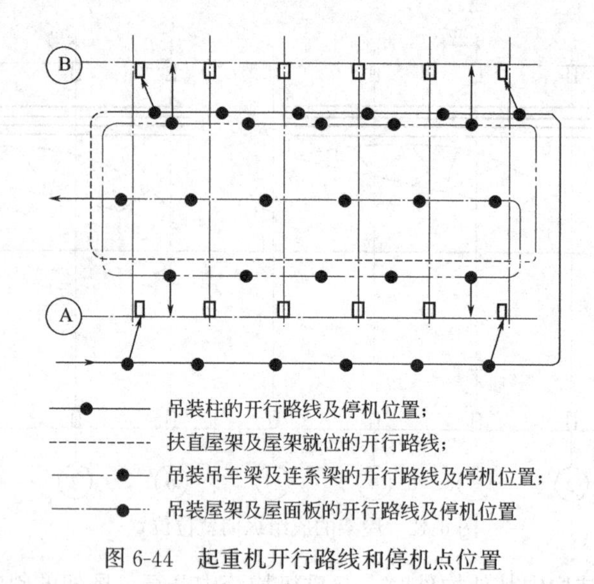

图 6-44 起重机开行路线和停机点位置

6.3 多高层装配式混凝土房屋结构安装工程

多高层（包括多层民用与工业建筑和高层民用建筑）装配式结构的全部构件为预制，在施工现场用起重机械装配成整体，具有施工速度快、节约模板等优点。其承重主要是框架承重和墙体承重两大类，其主导工程是结构安装工程。在制订安装方案时主要考虑起重机械的选择和布置、安装顺序和安装方法等问题。

典型的装配式结构形式主要有框架结构、剪力墙结构、板柱结构等（图 6-45）。

① 装配式混凝土框架结构的全部框架梁、柱采用预制构件，并通过可靠的连接方式装配而成，连接节点处采用现场后浇混凝土、水泥基灌浆料等将构件连成整体，其内外墙板均采用预制大板，全装配化施工[图 6-45(a)]。

这里装配式混凝土框架结构是指中节点全装配框架结构，把过去的“端节点”连接位置变为“中节点”连接位置（反弯点处），其受力简单（只承受剪力和轴力），抗震性能好。

② 装配式混凝土剪力墙结构是指全部或部分采用预制墙板构件，通过可靠的连接方式后浇混凝土、水泥基灌浆料形成整体的混凝土剪力墙结构[图 6-45(b)]。

③ 装配式混凝土叠合楼板结构（适用于板柱结构）是指将楼板沿厚度方向分成两部分，底部是预制底板，上部后浇混凝土叠合层。配置底部钢筋的预制底板作为楼板的一部分，在施工阶段作为后浇混凝土叠合层的模板承受荷载，与后浇混凝土层形成整体的叠合混凝土构件[图 6-45(c)]。

(a) 装配式框架结构

(b) 装配式剪力墙结构

(c) 装配式板柱结构

图 6-45 典型的装配式结构形式

6.3.1 起重机械的选择与布置

6.3.1.1 起重机械选择

起重机械选择主要是根据房屋的平面形状尺寸与高度、构件尺寸和重量、现场条件、已有机械设备等来选择。一般可选用履带式、汽车式与轮胎式起重机（多层）和塔式起重机（高层）。

6.3.1.2 起重机机械布置

起重机机械布置主要根据房屋的平面形状、构件重量、现场环境、起重机性能等来确定，有单侧、双侧或环形布置形式（图 6-46）。

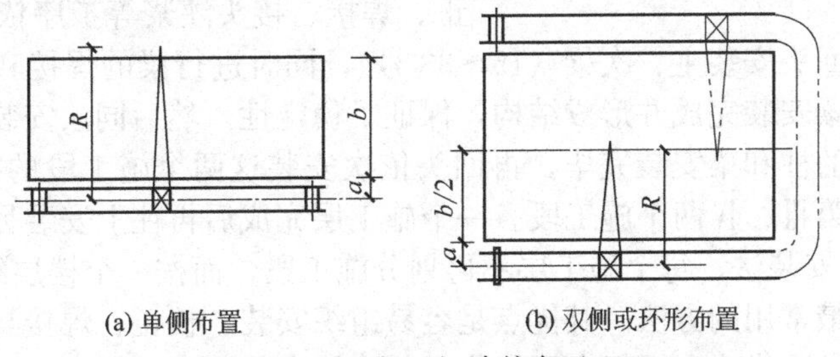

(a) 单侧布置　(b) 双侧或环形布置

图 6-46　起重机跨外布置

（1）单侧布置　当房屋平面宽度较小（15m 左右），构件也较轻（2t 左右）时，可单侧布置。此时起重半径应满足：

$$R \geqslant b+a \tag{6-15}$$

式中，R 为起重机吊装最大起重半径，m；b 为房屋宽度，m；a 为房屋外侧至起重机轨道中心线的距离，3～5m。

（2）双侧布置　当房屋平面宽度较大（>17m）或构件较重时，可双侧或环形布置，其起重半径应满足：

$$R \geqslant b/2+a \tag{6-16}$$

当场地狭窄、房屋外无法布置起重机或房屋宽度较大、构件较重，布置在跨外的起重机不能满足安装要求时，也可采用跨内单行或环形布置（图 6-47）。

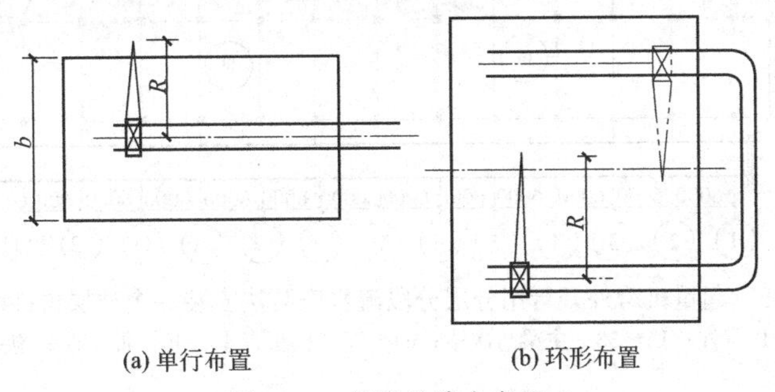

(a) 单行布置　(b) 环形布置

图 6-47　起重机跨内布置

6.3.2 结构安装方法

多高层装配式结构安装方法与单层工业厂房结构安装方法相似，也分为分件安装法和综合安装法（图 6-48）。分件安装法又分为分层分段流水安装法和分层大流水安装法（不划分施工段）。

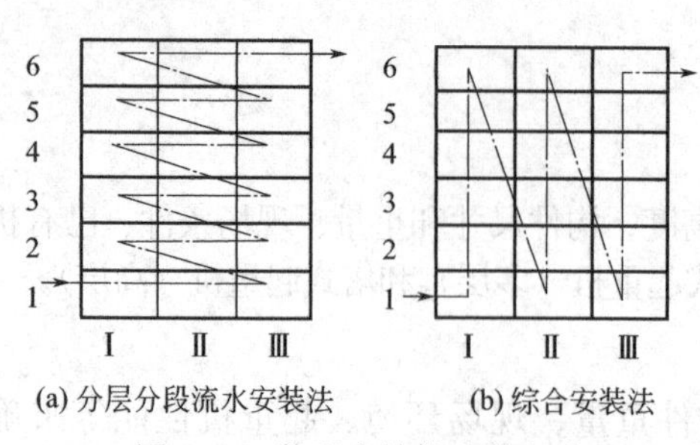

图 6-48 装配式结构安装方法

1,2,3,4,5,6—施工层；Ⅰ,Ⅱ,Ⅲ—施工段

（1）分件安装法

① 分层分段流水安装法。一般是以一个楼层为一个施工层，如柱子一节为二层高，则以两个楼层为一个施工层，然后再将每一个施工层划分为若干个施工段，以便于构件的吊装校正、焊接及接头灌浆等工序的流水作业。

图 6-49 为起重机跨外开行用分层分段流水安装法安装一个楼层构件的顺序。起重机先依次安装第Ⅰ施工段的柱（1～14 号），这时段内的柱校正、焊接、接头灌浆等工序依次进行。安装完该段最后一个柱后，回头安装主、次梁（15～33 号），同时进行梁的焊接和灌浆等工序。这样第Ⅰ施工段的柱和梁安装完成并形成结构，保证了稳定性。然后同法安装第Ⅱ施工段的柱和梁。等第Ⅰ、Ⅱ段的柱和梁安装完毕，再回头依次安装这两个施工段的楼板（64～75 号），然后再按此法安装第Ⅲ、Ⅳ两个施工段。一个施工层完成后再往上安装另一施工层。

② 分层大流水安装法。每个施工层不再划分施工段，而按一个楼层组织各工序的流水。

分件安装法是最常用的方法。其优点是容易组织安装、校正、焊接与灌浆等工序的流水施工；容易安排构件的供应和现场布置工作；每次均安装同类型构件，可减少起重机变幅和索具更换的次数，从而提高安装速度和效率，各工序的操作也比较方便和安全。因此在工程吊装实践中，特别是分层大流水安装法常被采用。

（2）综合安装法

综合安装法是以一个节间（或柱网）或若干个节间（或柱网）为一个施工段，以房屋的全高为一个施工层来组织各工序的流水。起重机把一个施工段的构件吊装至房屋的全高，然后转移到下一个施工段。采用此法吊装时，起重机宜布置在跨内，采取边吊边退的行车路线。

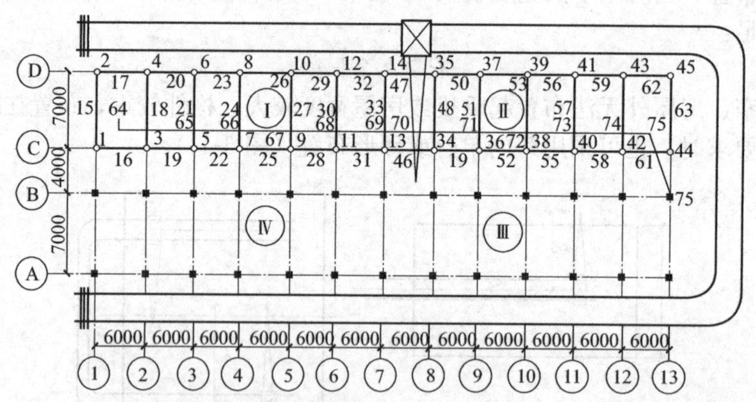

图 6-49 起重机跨外开行用分层分段流水安装法安装一个楼层构件的顺序

1～14—柱；15～33—主梁与次梁；64～75—楼板；Ⅰ，Ⅱ，Ⅲ，Ⅳ—施工段

图 6-50 为两台起重机跨内开行用综合安装法安装两个楼层构件的顺序。用两台起重机，其中［1］号起重机安装ⒸⒹ跨的构件，起重机逐节间后退进行安装。首先安装第一节间的柱（1～4 号、柱是一节到顶），随即安装该节间第一层的梁（5～8 号），结构形成后，接着安装该层楼板（9 号）；然后安装第二层的梁（10～13 号）和楼板（14 号）。这样，再用相同顺序安装第二节间，以此类推，直至安完ⒸⒹ跨全部构件后退场。［2］号起重机则在ⒶⒷ跨开行，负责安装ⒶⒷ跨的柱、梁和楼板，再加ⒷⒸ跨的梁和楼板，安装方法与［1］号起重机相同。

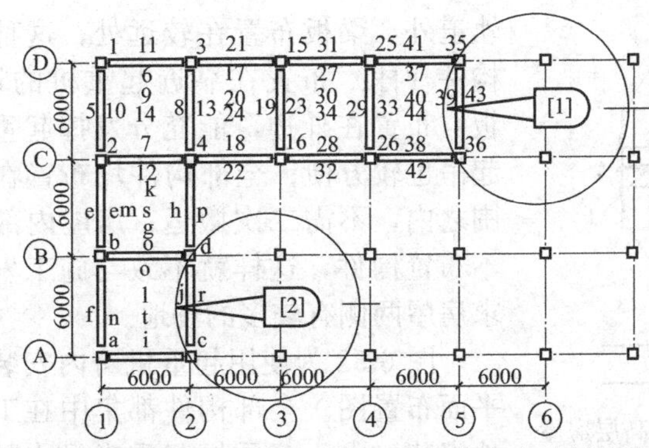

图 6-50 起重机跨内开行用综合安装法安装两个楼层构件的顺序

1～4—柱；5～8—第一层的梁；9—第一层楼板；10～13—第二层的梁；14—第二层楼板

采用综合安装法，工人操作中上下频繁，劳动强度大；基础与柱连接和接头混凝土硬化需要一定的时间，如随即安装梁等构件，结构稳定性难以保证；现场构件的供应与布置复杂、要求高，对提高安装速度和效率及施工管理均有影响。因此，综合安装法在工程安装施工中应用越来越少。

6.3.3 构件的平面布置

构件布置一般应遵循以下原则。

① 预制构件应尽量布置在起重机的回转半径之内，避免二次搬运。如场地狭小时，一部分小型构件可集中堆放在施工现场附近，吊装时再运到吊装地点。

② 重型构件应尽量布置在起重机附近，中小型构件可布置在外侧。

③ 构件布置地点及朝向应与构件安装到建筑物上的位置相配合，以便在安装时减少起重机的变幅及构件空中调头。

④ 柱的布置方式有平行、倾斜和垂直布置；梁和板多为平行布置。

图 6-51 为使用起重机跨外安装多层厂房的构件平面布置图。柱倾斜布置在靠近起重机

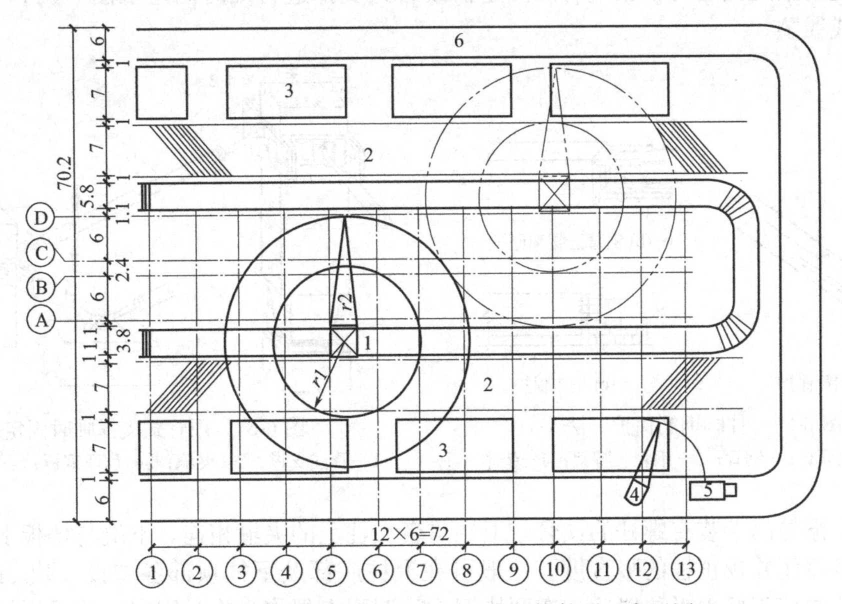

图 6-51 起重机跨外安装多层厂房的构件平面布置图

1,4—起重机；2—柱预制场地；3—梁板堆放场地；5—载重汽车；6—临时道路

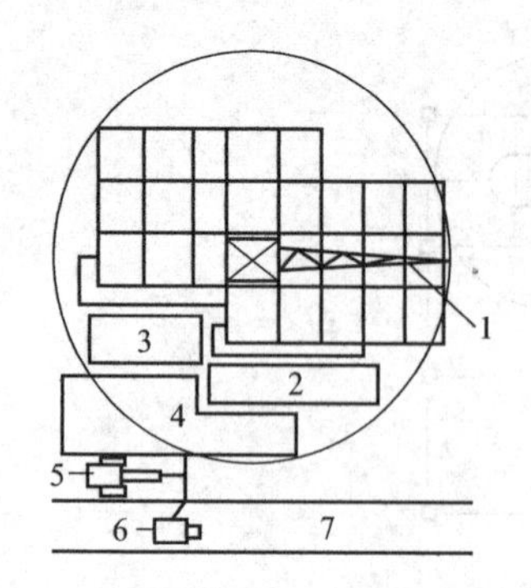

图 6-52 起重机跨内安装高层房屋结构的构件平面布置图

1，5—起重机；2—墙板堆放场地；3—楼板堆放场地；4—梁柱堆放场地；6—载重汽车；7—临时道路

轨道外，梁板布置在较远处；这种布置方案的特点是重构件（柱）布置在靠近起重机的地方，而轻构件（梁、板）布置在外边，能充分发挥起重机的起重能力，且柱起吊也较方便；全部构件均布置在起重机的有效工作范围之内，不需二次搬运；房屋内部和起重机轨道内全部不布置构件，这样就不致与施工发生干扰。但该方案要求房屋两侧有较多的场地。

图 6-52 为使用起重机跨内安装高层房屋结构的构件平面布置图。全部构件都集中在工厂预制，然后运到工地安装。由于起重机起重半径内的堆场不大，因此，除楼板和墙板一次就位外，其他构件均在现场附近另设转运站，安装时再二次搬运一次，由另一台起重机在现场卸车。

6.3.4 结构构件的安装工艺

6.3.4.1 装配式框架结构安装

多层装配式框架结构安装特点是房屋高度大，跨距小而占地面积较小，构件类型多、数量大、接头复杂、技术要求较高等。因此，在考虑结构安装方案时，应着重解决安装机械的选择和布置、预制构件的供应、现场构件的布置和结构安装方法等。

装配式混凝土框架结构施工工艺：构件制作、进场与检查→划分吊装区域→编制吊装计划→测量放线→梁柱吊装、临时固定、校正和最终固定→节点钢筋、模板和混凝土→养护→墙板安装、临时固定、校正和最终固定。

（1）柱的安装　柱安装与工业厂房相同。为防止柱脚钢筋碰弯，给安装的接头钢筋对正带来不便，常用保护方法有钢管保护柱脚外伸钢筋，钢管三脚架套在柱端钢筋处或用垫木保护（图 6-53）。

（2）柱的临时固定与校正　可用固定器或管式支撑进行临时固定（图 6-54），校正一般用经纬仪或线坠。

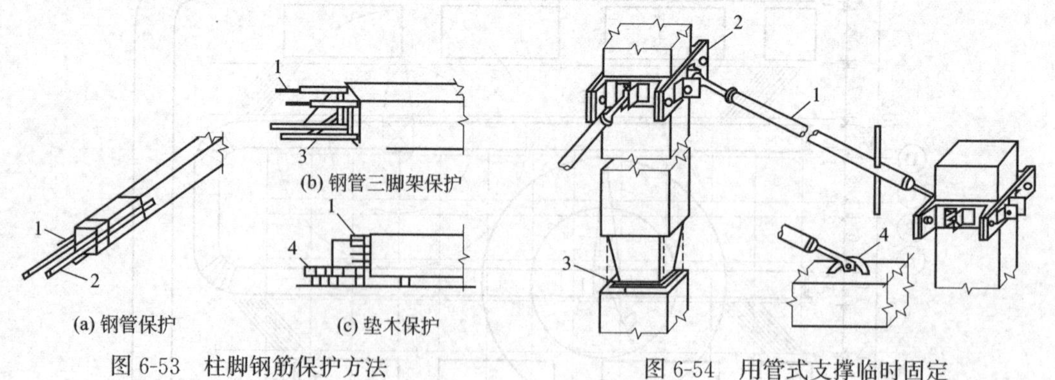

图 6-53 柱脚钢筋保护方法

1—外伸钢筋；2—钢管；3—钢管三脚架；4—垫木

图 6-54 用管式支撑临时固定

1—管式支撑；2—夹箍；3—预埋钢板；4—预埋件

管式支撑是两端装有螺杆的铁管，上端与套在柱上的夹箍相连，下端与楼板上的预埋件相连，用以撑住并校正柱的竖直度。一般可在上柱底部及下柱顶部各增设一块 6mm 钢板，当上柱吊装并校正好水平位置后，在两块钢板间四面点焊作为临时固定，然后用管式支撑做垂直度校正。

柱子校正一般分三次进行。对于焊接的柱子，第一次校正在脱吊钩后和电焊前进行；第二次是在柱接头电焊后进行，以校正因电焊钢筋收缩不均所产生的偏差；第三次在梁和楼板安装后再校正一次。多高层房屋细长的柱在强烈阳光照射下，由于温差会使柱子产生弯曲变形。这种温差变形会影响校正精度和结构质量，必须引起重视。尽量在无阳光影响下校正。

(3) 柱的接头　柱的接头形式有榫式、插入式和浆锚式三种（图 6-55）。

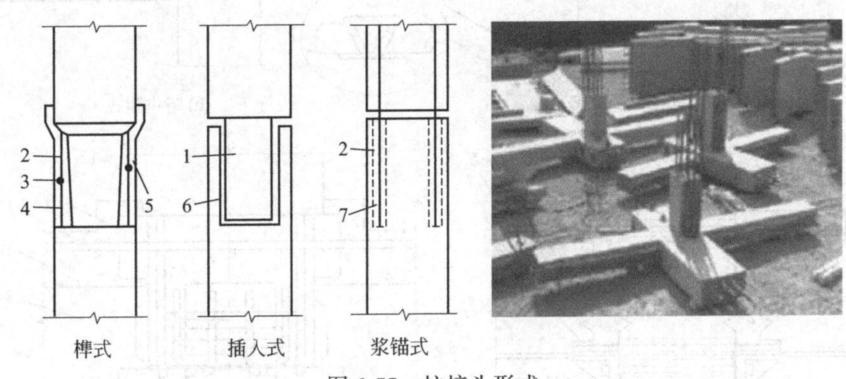

图 6-55　柱接头形式

1—榫头；2—上柱外伸钢筋；3—坡口焊；4—下柱外伸钢筋；5—后浇接头混凝土；6—下柱杯口；7—下柱预留孔洞

榫式接头是预制柱时上下柱各向外伸出一定长度（宜大于 25 倍纵向钢筋直径）的钢筋，安装时对齐并用剖口焊加以连接（也称剖口焊接头）。为承受施工荷重，上柱底部有突出的混凝土榫头，最后安装模板，用比预制柱混凝土强度等级高 10MPa 的混凝土进行接头灌浆，形成整体接头。

插入式接头不用焊接，从而避免了焊接工艺所带来的诸多不利因素，将上柱榫头插进下柱杯口即可压力灌浆填实间隙，形成一个整体。

浆锚式接头是上柱底部伸出的锚固钢筋插入下柱顶部预留的孔中，并用水泥砂浆灌封，使上下柱连成整体。接头处也可采用后压浆工艺，即把上柱钢筋插入下柱孔后，再用压浆器将高强水泥砂浆压入。

(4) 梁与柱的连接　梁与柱的连接接头形式有浇筑整体式（最为常用）、牛腿式和齿槽式（图 6-56），既可刚接也可铰接。

浇筑整体式接头是把柱与柱中的钢筋、柱与梁中的钢筋全部伸入节点内，焊接后浇筑成一个整体的刚性接头，其抗震性能最好；牛腿式接头是梁和柱通过预埋件焊接而钢筋用剖口焊连接的普通刚性接头；齿槽式接头不需牛腿（但有临时钢牛腿，用后拆除），改用梁柱接头处以齿槽来传递梁端剪力的刚性接头。总之，梁与柱连接接头是关系结构整体强度和刚度的重要环节，故应把控好质量。

6.3.4.2　装配式剪力墙结构安装

装配式混凝土剪力墙结构施工工艺：预制外墙板→构件运输与堆放→预制外墙板安装→现浇结构施工（板缝防水及保温、立缝浇筑）等。

墙板制作有台座法、机组流水线法和成组立膜法；墙板运输一般是墙板在运输汽车上立放固定后运输；墙板堆放（图 6-57）有插放法（墙板立插在插放架上）和靠放法（墙板立靠在靠放架上）。

墙板安装前准备工作包括抄平放线和铺灰饼等。

墙板安装方法有堆存安装法、原车安装法和部分原车安装法三种。

堆存安装法是指在起重机范围内堆存一定量的墙板的安装方法，其效率高，但占用场地

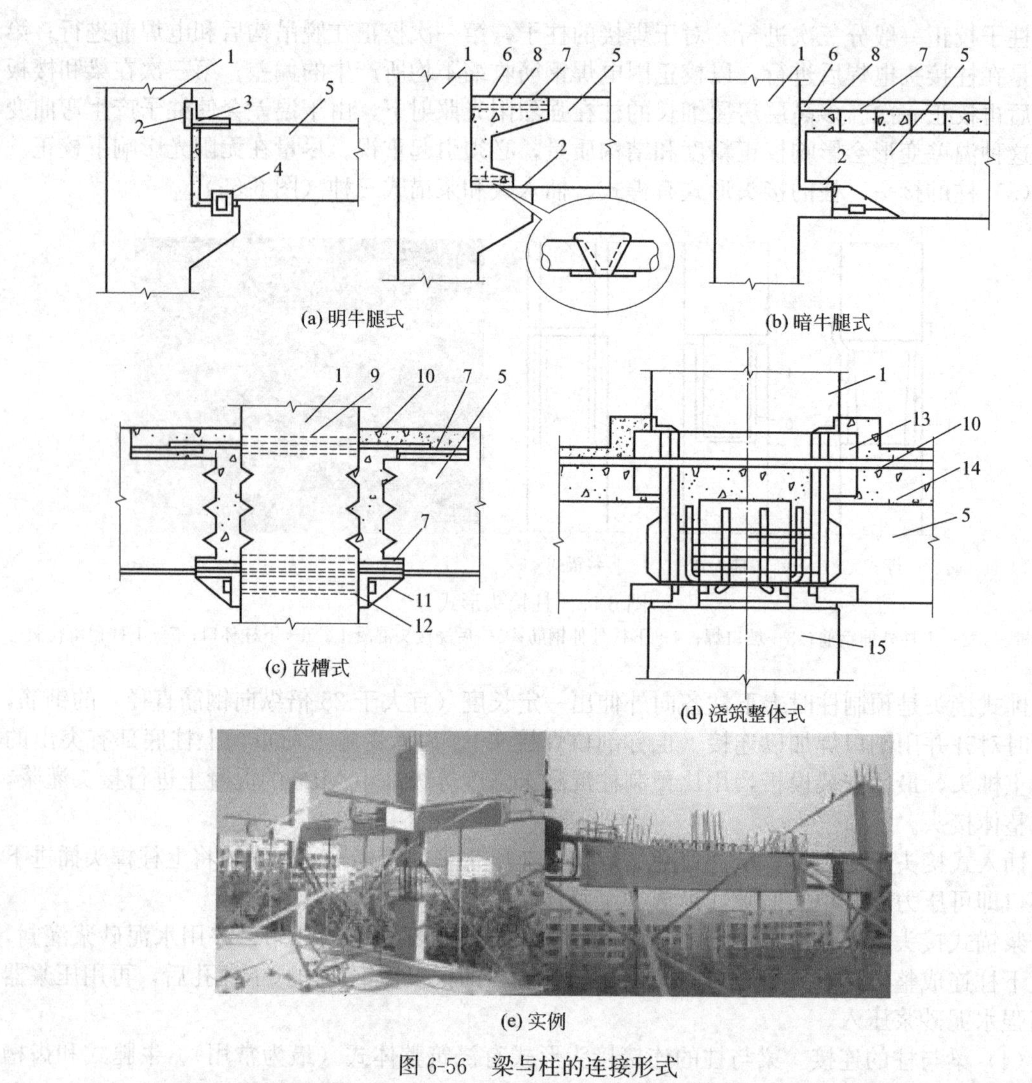

(a) 明牛腿式　(b) 暗牛腿式

(c) 齿槽式　(d) 浇筑整体式

(e) 实例

图 6-56　梁与柱的连接形式

1—柱；2—预埋铁板；3—贴焊角钢；4—贴焊钢板；5—梁；6—柱的预埋钢筋；7—梁的外伸筋钢；8—剖口焊；9—预留孔；10—负筋；11—临时钢牛腿；12—固定螺栓；13—钢支座；14—叠合层；15—下柱

多；原车安装法是指运输车将墙板运抵现场后，从车上直接进行吊起安装的安装方法，节约堆放场地，但需要较多运输车；部分原车安装法介于上述方法两者之间，应用较多，比较适合目前的管理水平。

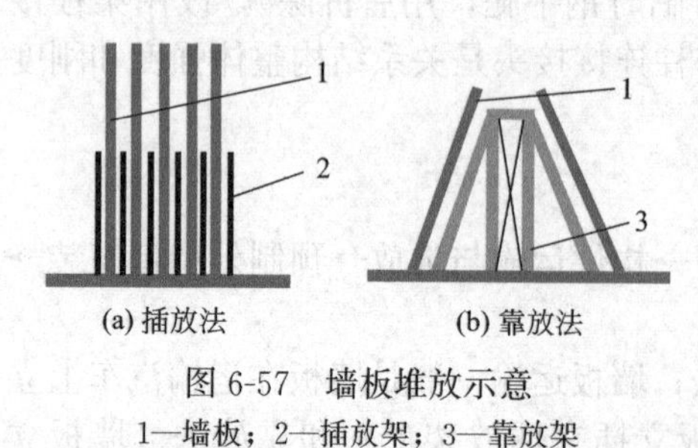

(a) 插放法　(b) 靠放法

图 6-57　墙板堆放示意

1—墙板；2—插放架；3—靠放架

墙板安装顺序应根据房屋的构造特点和现场具体情况而定，一般多采用逐间封闭安装法。一般有通长走廊的房屋采用逐间封闭法，单元住宅多采用双间封闭法。墙板安装的绑扎一般采用万能扁担（横吊梁带有八根吊索），既能吊墙板又能吊楼板。安装时，标准房间用墙板安装操作平台来固定墙板和调整墙的垂直度；对于楼梯间及不宜用操作平台的房间，则用水平拉杆和转角固定器进行临时固定。墙板的垂直度检查用靠尺（托线板），校正后进行墙板的最后固定，墙板之间安设工具式模板进行灌浆。

为减小误差积累，可从房屋中间单元或房屋一端第二个单元开始安装，按先安内墙、后安外墙的顺序逐间封闭（图 6-58），要保证房屋的整体稳定性，也便于临时固定，应随安装随焊接。封闭的第一间可作为样板间，作为其余墙板的安装依据。

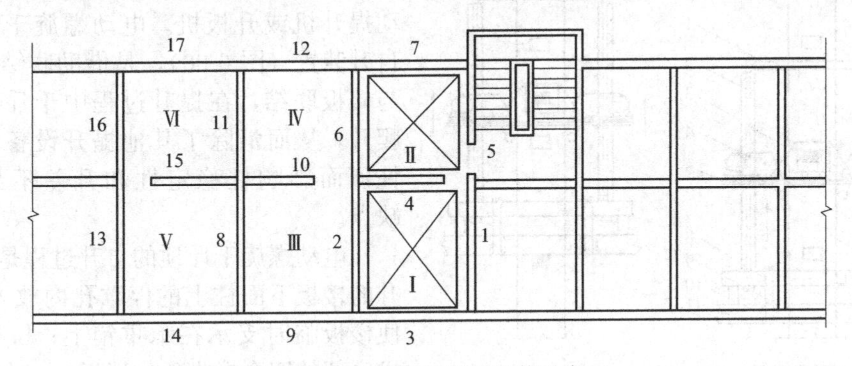

图 6-58 逐间封闭的安装示意

☒—标准间；1,2,3,4…—墙板安装顺序；Ⅰ,Ⅱ,Ⅲ,Ⅳ…—逐间封闭顺序

6.3.4.3 装配式混凝土叠合楼板结构安装

装配式混凝土叠合楼板结构安装一般采用升板法施工。升板法施工是多层钢筋混凝土无梁楼盖结构（板柱结构）的一种施工方法，主要适用于建造公共建筑、轻工业建筑以及多层结构仓库等。

（1）升板法施工基本原理和提升设备

① 基本原理。升板法施工的基本原理是先吊装柱再浇筑室内地坪，然后以地坪为胎模就地叠浇各层楼板和屋面板；待混凝土达到一定强度后，再用装在柱上的提升设备，以柱为支承通过吊杆将屋面板及各层楼板逐一交替提升到设计标高，并加以固定（图 6-59）。升板法施工的优点是：各层板叠层浇筑制作，可节约大量模板；高空作业少，施工安全；工序简便，施工速度快；不需大型起重设备；节约施工用地，特别适用于狭小场地或山区；柱网布置灵活；结构单一，装配整体式节点数量少。但存在着耗钢量大、造价偏大等问题。

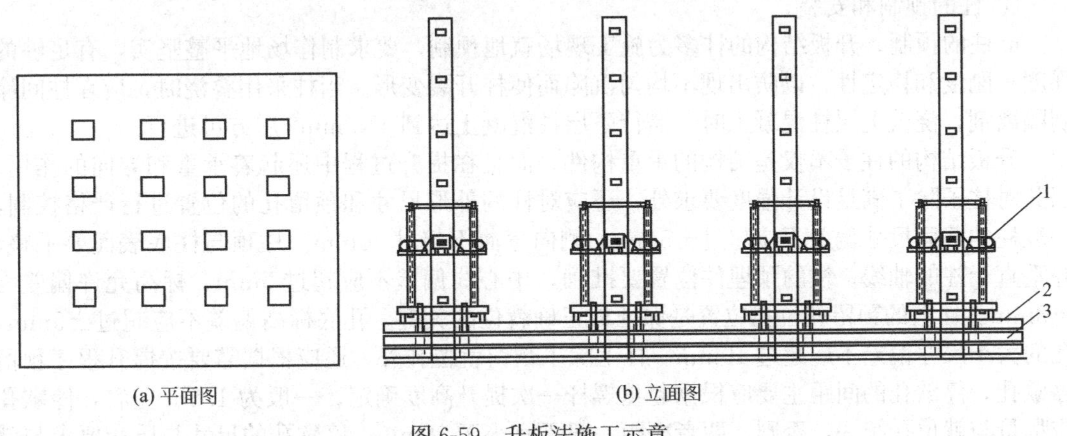

图 6-59 升板法施工示意

1—提升机；2—屋面板；3—楼板

② 提升设备。升板结构提升设备主要有提升机、吊杆和连接件等。提升机分为电动提升机和液压提升机两大类。电动提升机利用异步电机驱动，通过链条和蜗轮蜗杆旋转螺帽使螺杆升降，从而带动提升杆升降。液压提升机有电动液压千斤顶、穿心式液压提升机等，都

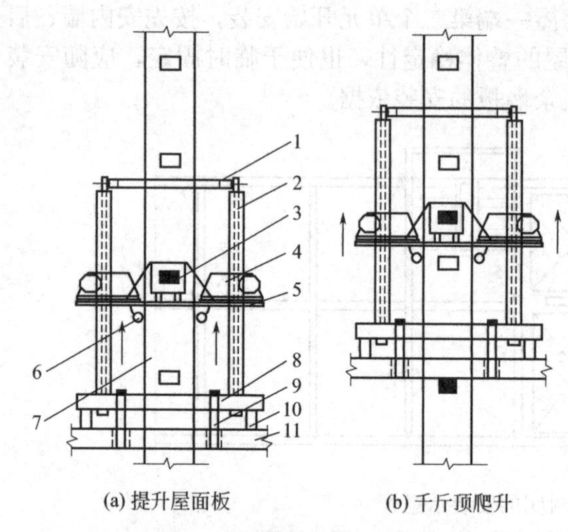

图 6-60 电动螺旋千斤顶自升装置

1—螺杆固定架；2—螺杆；3—承重销；4—电动螺旋千斤顶；5—提升机底盘；6—导向轮；7—柱；8—提升架；9—吊杆；10—提升架支腿；11—屋面板

是通过液压进油、回油的往复动作带动提升杆或沿提升杆爬升。目前在我国使用最广泛的是自升式电动螺旋千斤顶，又称电动提升机或升板机。电动螺旋千斤顶沿柱自升装置（图 6-60），是借助联结器使吊杆与楼板联结，在提升过程中千斤顶能自行爬升，从而消除了其他提升设备需设置于柱顶而影响柱稳定性和升差不易控制等缺点。

电动螺旋千斤顶的自升过程是：a. 在提升的楼板下面柱上的停歇孔内放入承重销，使楼板临时支承在承重销上；b. 放下提升机底部的四个撑脚顶住楼板；c. 去掉悬挂提升机的承重销；d. 开动提升机使螺母反转，此时螺杆被楼板顶住不能下降而迫使提升机沿螺杆上升，待升到螺杆顶端时停止开动，插入承重销挂住提升机；e. 取下螺杆下端支承，抽去板下承重销继续升板。

全部提升机采用电路控制箱集中控制，控制箱可根据需要使一台、几台或全部提升机启闭。起重螺杆和螺母应与提升机配套使用，起重螺杆用经过热处理 45 钢、冷拉 45 钢、调质 40Cr 钢等制成，螺母宜采用耐磨性能好的 QT60-2 球墨铸铁，并用二硫化钼作润滑剂，可减少螺母磨损，延长其使用寿命。电动螺旋千斤顶适用于柱网为 6m×6m、板厚 20cm 左右的升板结构。如超过上述范围，需用自动液压千斤顶。

（2）升板法施工工艺　装配式混凝土叠合楼板结构中的升板法施工工艺：基础施工→预制柱→安装柱→浇筑地坪混凝土→叠浇板→安装提升设备→提升各层板→永久固定板→后浇板带→围护结构施工→装饰工程施工。

① 柱的预制和安装。

a. 柱的预制。升板结构的柱多为施工现场就地预制，要求制作场地平整坚实，有足够的强度、刚度和稳定性，以防出现不均匀沉陷而使柱开裂变形。当柱采用叠浇时，应在柱间涂刷隔离剂，浇筑上层柱混凝土时，需待下层柱混凝土达到 $5N/mm^2$ 后方可进行。

升板结构的柱子不仅是结构的承重构件，而且在提升过程中还起着承重和导向的作用。因此对柱子除了满足设计强度要求外，还应对柱的外形尺寸和预留孔的位置进行严格控制，一般柱的截面尺寸偏差不应超过±5mm，侧向弯曲不超过 10mm。柱顶与柱底表面要平整，并垂直于柱的轴线。柱的预埋件位置要准确，中心线偏差不应超过 5mm，标高允许偏差为±3mm。柱上的预留就位孔位置是保证板正确就位的关键。孔底标高偏差不应超过±5mm，孔的大小尺寸偏差不应超过 10mm。柱上除了预留就位孔外，还应根据需要按提升程序预留停歇孔，停歇孔的间距主要应根据起重螺杆一次提升高度确定，一般为 1.8m 左右，停歇孔应尽量与就位孔统一，否则，两者净距一般不宜小于 30mm，停歇孔的尺寸与质量要求与就位孔相同。

b. 柱的安装。升板结构的柱一般较细长，吊装时要防止产生过大的弯矩。吊装前要逐一检查柱截面尺寸、预留孔位置与尺寸，以及总长度和弯曲情况并进行必要调整，以免在提升时卡住板孔。吊装后，要保证柱底中线与轴线偏差不应超过 5mm，标高偏差不超过±5mm，柱顶竖向偏差不应超过柱长的 1/1000，且不大于 20mm。

② 板的预制。

a. 地坪的处理。柱安装后，先做混凝土地坪，再以地坪为胎模依次叠浇各层楼板及屋面板，要保证板的浇筑质量，要求地坪地基必须密实，防止不均匀沉降；地坪表面要平整，特别是柱的周围部分，更应严格控制，以确保板底在同一平面上，减少搁置差异；地坪表面要光滑，减少与板的黏结。当地坪有伸缩缝时，应采取有效的隔离措施，以防止由于温度收缩而造成板开裂。

b. 板的分块。当建筑物平面尺寸较大时，可根据结构平面布置和提升设备数量，将板划分为若干块，每块板为一提升单元。每一单元宜在 20～24 根柱范围，形状应尽量方正，避免阴角以防提升时开裂。提升单元间应留有宽度 1.0～1.5m 的后浇板带，后浇板带的底模可悬挂在两边楼板上。

c. 板的类型。升板结构板的类型一般可分为：平板式、密肋式和格梁式。平板的厚度，一般不宜小于柱网长边尺寸的 1/35。这种板构造简单、施工方便，且能有效利用建筑空间，但刚度差、抗弯能力弱，耗钢量大。密肋板由于肋间放置混凝土空盒或轻质填充材料，故能节约混凝土，并且加大了板的有效高度且能显著降低用钢量。若肋间无填充物，施工时其肋间空隙用特制的箱形模板或预制混凝土盒子，前者待楼板提升后可取下重复使用，后者即作为板的组成部分之一。若肋间有填充物，施工时肋间以空心砖、煤渣砖或其他轻质混凝土材料填充。格梁式结构是先就地叠层灌筑格梁，而后将预制楼板在各层格梁提升前铺上，也可浇筑一层格梁即铺一层预制楼板，待格梁提升固定后，再在其上整浇面层。这种结构刚度大，适用于荷载、柱网大或楼层有开孔和集中荷载的房屋；但施工较复杂，需用较多的模板，且要起重能力较大的提升设备。

③ 板的提升。提升准备和试提升板在提升时，混凝土应达到设计所要求的强度，并要准备好足够数量的停歇销、钢垫片和楔子等工具。然后，在每根柱和提升环上测好水平标高，装好标尺；板的四周准备好大线锤，并复查柱的竖向偏差，以便在提升过程中对照检查。

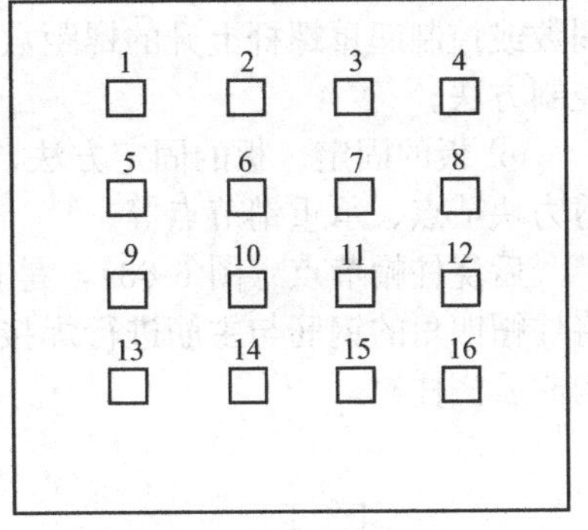

图 6-61 楼板脱模顺序

为了脱模和调整提升设备，让提升设备有一个共同的起点，在正式提升前要进行试提升。其具体方法是：在脱模前先逐一开动提升机，使各螺杆具有相等的初应力。脱模方法有两种（图 6-61），一种是先开动 1、4、16、13 四个角处的提升机，使板离地 5～8mm；再开动四周其余的 2、3、8、12、15、14、9、5 八个点的提升机，同样使板脱模，离地 5～8mm；最后，开动中间的提升机使楼板全部脱模，离地 5～8mm。另一种是从边排开始，依次逐排使楼板脱模离地 5～8mm。脱模后，启动全部提升机，提升到 30mm 左右停止，接着调整各点提升高度，使楼板保持水平或形成盆状，并观察各提升点上升高度的标尺定至零点，同时检查提升设备的工作情况，准备正式提升。

④ 提升程序的确定及吊杆长度的排列。提升程序即是各层板的提升顺序，它关系到柱在施工阶段的稳定性，升板过程中由于柱的稳定性要求及操作方便等因素，一般不能将楼板一次提升到设计位置，而是采用各层楼板依次交替提升的方法。因此，确定提升程序必须考虑下列原则：a. 提升中间停歇时，尽可能缩小板间的距离，使上层板处于较低位置时将下层板在设计位置上固定，以减少柱的自由长度；b. 螺杆和吊杆拆卸次数少，并便于安装承重销；c. 提升机安装位置应尽量压低，以提高柱的稳定性。

由于起重螺杆长度有限，各层板在交替提升过程中，吊杆所需长度不一，因此要按照提升顺序，作出吊杆排列图。排列吊杆时，其总长度应根据提升机所在标高、螺杆长度、所提升板的标高与一次提升高度等因素确定。自升式电动提升机的螺杆长度为 2.8m，有效提升高度为 1.8～2.0m，除螺杆与提升架连接处及板面上第一吊杆采用 0.3～0.6m 及 0.9m 短吊杆外，穿过楼板的连接吊杆以 3.6m 为主，个别也有采用 4.2m、3.0m、1.8m 等。板与板之间的距离不应超过两个停歇孔，插承重销较方便；吊杆规格少，除短吊杆外，均为 3.6m，吊杆接头不通过提升孔；屋面板提升到标高 12.6m，底层板就位固定；提升机自升到柱顶后，需加工具式短钢柱，才能将屋面板提升到设计标高。

⑤ 提升差异的控制。升板结构在提升过程中产生升差的原因主要有三个方面：a. 调紧丝杆所产生的初始差异；b. 由于群机共同工作不可能完全同步而产生的提升差异；c. 板就位和中间搁置由承重销支承，由于提升积累误差和孔洞水平误差等导致承重销不在一个基准线上而产生的就位差异。规范规定，升板结构做一般提升时，板在相邻柱间的提升差异不应超过 10mm，搁置差异不超过 5mm。

为了避免板在提升过程中由于提升差异过大而产生开裂现象，同时减小附加弯矩，以降低耗钢量，近来在升板施工中已广泛采用盆式提升或盆式搁置的方法。所谓盆式提升和盆式搁置，即是在板的提升和搁置时，使板的四个角点和四周的点都比中间各点高，若板在提升和搁置时，使 1、4、16、13 四个角点比板中央 6、7、11、10 四个点高 15mm，使四边的 2、3、8、12、15、14、9、5 八个点比 6、7、11、10 四个点高 10mm，这样板便自然形成盆状，而不至于产生附加弯矩而增大用钢量。

目前控制升差的方法多采用标尺法（图 6-62），在柱上画好各层楼板和屋面板的标高及每隔 200～300mm 画一条标志线（在柱未吊装前画好），并统一抄平；在柱边板面立上一个 1m 左右长的标尺；各根柱上的箭头标志若对准标尺上的同一读数，则板是水平的；若在各标尺上的读数产生差异，表明板在提升过程中产生了升差。此方法简单易行，但精确度低，不能集中控制，施工管理不便。其他控制方法有机械同步控制，主要是控制起重螺帽的旋转圈数或控制起重螺杆上升的螺距数。除此之外，还可采用液位控制、数字控制、激光控制等控制方法。

⑥ 板的固定。板的固定方法，取决于板柱节点的构造，目前常用的有后浇柱帽节点、剪力块节点、承重销节点等。

后浇柱帽节点（图 6-63），是目前升板结构中常用的一种。板搁置在承重销上就位后，将柱帽四角的钢筋与主筋进行焊接，然后通过板面灌浆孔灌混凝土（一般为 C30 混凝土），构成后浇柱帽。

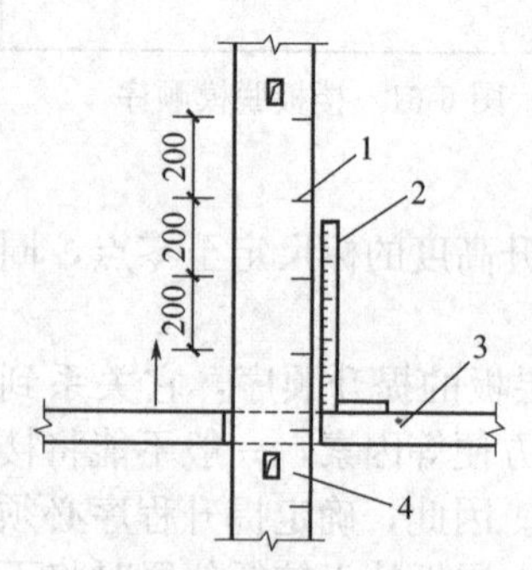

图 6-62 标尺法控制提升差异示意

1—箭头标志；2—标尺；3—板；4—柱

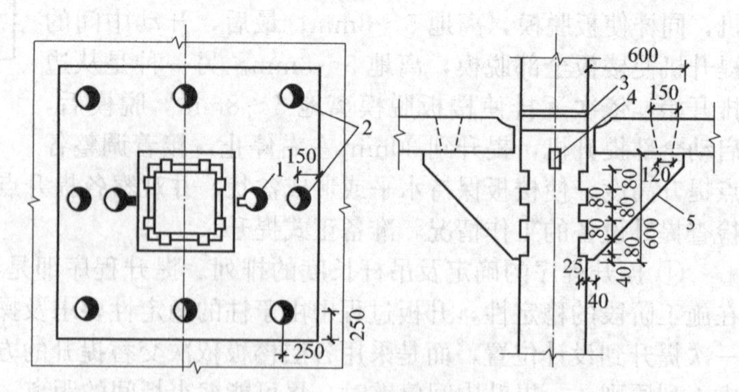

图 6-63 后浇柱帽节点

1—提升孔；2—灌浆孔；3—柱上预埋件；4—承重销；5—后浇柱帽

剪力块节点（图 6-64）是一种无柱帽节点，先在柱面上预埋加工成斜口的承力钢板，待板提升到设计位置后，在钢板与板的提升环之间用楔形钢板楔紧。该节点耗钢量大，铁杆加工要求较高，节点耗钢量大，仅在荷载较大且要求不带柱帽的升板结构中应用。

承重销节点（图 6-65），也是一种无柱帽节点。该节点用加强的型钢或焊接工字钢插入柱的就位孔内作承重销，销的悬臂部分支承板，板与柱之间用楔块楔紧焊牢，使之传递弯矩。这种节点用钢量比剪力块少，且施工方便。

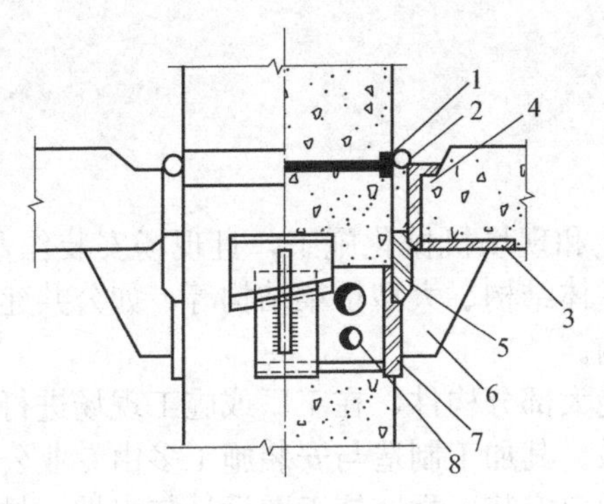

图 6-64 剪力块节点

1—预埋件；2—钢筋焊接；3—预埋钢板；4—细石混凝土；5—剪力块；6—钢牛腿；7—承剪预埋件；8—浇筑混凝土的预留孔

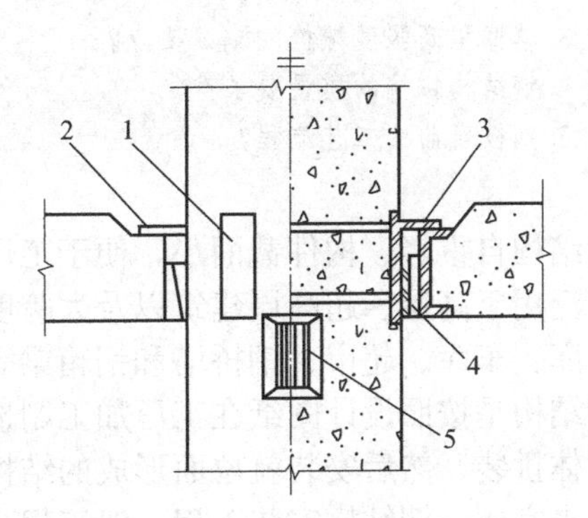

图 6-65 承重销节点

1—预埋件；2—钢板焊接；3—混凝土；4—钢楔块；5—承重销

⑦ 围护结构施工。围护结构施工除可采用一般施工方法外，还可采用提模施工。屋面板提升一步后，在外围安装浇筑墙板用的钢模板。在浇筑外墙混凝土并达到规定强度后松开模板，并随屋面板提升一步。以后，在浇筑外墙混凝土的同时，升板机仍可按规定顺序提升下层楼板。施工时，楼板与外墙之间一般留出约 400mm 宽的间隔，以便安装内钢模板。外墙在每层处应向内伸出钢筋与以后就位的楼板外伸钢筋相连，然后浇筑混凝土。该方案不需要大型吊装机械，但墙体稳定性较差，因此，应使第一层板尽快就位，与墙体连接。

⑧ 提升阶段群柱的稳定。升板结构在使用阶段类似现浇无梁楼盖结构，柱与板之间为刚接，其计算简图按等代框架确定。但在提升阶段，板通过承重销搁置在柱上，板与销之间的摩阻力只传递横向荷载，不能传递弯矩，因此，板柱节点在提升阶段只能视为铰接。柱在提升阶段成为一根独立而细长的构件，除承受全部结构自重与施工荷载外，还要承受水平风荷载。在提升阶段，各层板就位临时固定后，群柱之间即由刚度很大的平板联系在一起，可以视作铰接排架结构。所以，升板结构在使用阶段和提升阶段的计算简图有着本质的差异，柱的长细比在提升阶段要比使用阶段大得多，而柱的截面和配筋则又主要根据使用阶段和吊装验算确定，因此稳定问题在提升阶段变得非常突出，必须对提升阶段柱进行稳定验算。

在提升阶段，一般中柱受荷载较大而边角柱受荷载较小，从单根柱来分析，中柱会先于边角柱达到临界状态。但由于平板在平面内的刚度极大，承重销的摩擦力相当于与柱铰接的水平联杆，因此中柱的失稳要受到荷载较小的边角柱的约束，由于这种强大的平板联系，可以认为中柱和边角柱被迫同时失稳。由此可见，升板结构的柱在提升阶段不可能是单柱失稳，而总是群柱失稳。因此升板结构在提升阶段应分别按各个提升单元进行群柱稳定性验算，其计算简图可取一等代悬臂柱，其惯性矩为该提升单元内所有单柱惯性矩的总和，并承受单元内的全部荷载。理论证明，一个多层铰接排架用稳定齐次方程组计算的结果和按等代悬臂柱计算的结果十分近似，因此在工程实践中用等代悬臂柱进行稳定性验算是简单而可行的一种方法。

6.4 钢结构安装工程

讨论

1. 钢结构焊接工艺参数选择的依据?
2. 普通螺栓的施工要点?
3. 摩擦型高强度螺栓的施工要点?
4. 钢结构拼接的质量要求?
5. 钢板卷曲的工艺流程?

钢结构自重轻、构件截面小，便于工厂制造和现场机械化施工，且现场安装作业量少，因而广泛用于高层、超高层建筑以及大跨度的主体结构、大型桥梁结构等，如公共建筑、厂房、仓库、车库、超市、钢桥塔和钢箱梁等结构。

钢结构是按照设计图纸在工厂加工制造出绝大部分构件，在工厂或施工现场进行部分拼装或整体拼装，然后安装就位而形成的结构体系。其加工制造与安装施工多由专业公司或承包单位来完成。钢结构安装工程一般流程为：承包安装工程→施工图设计与审批→材料订货与运输→加工制造钢构件→成品运输→施工现场安装。

6.4.1 钢构件的加工制造

因钢材强度高、硬度大，钢构件必须在具有专门机构设备的钢构件制造厂进行加工制造，这样易保证钢结构构件的制作质量，尽量减小构件上的尺寸给现场安装施工带来的不利影响。钢构件的具体加工制造工艺流程一般如图 6-66 所示。

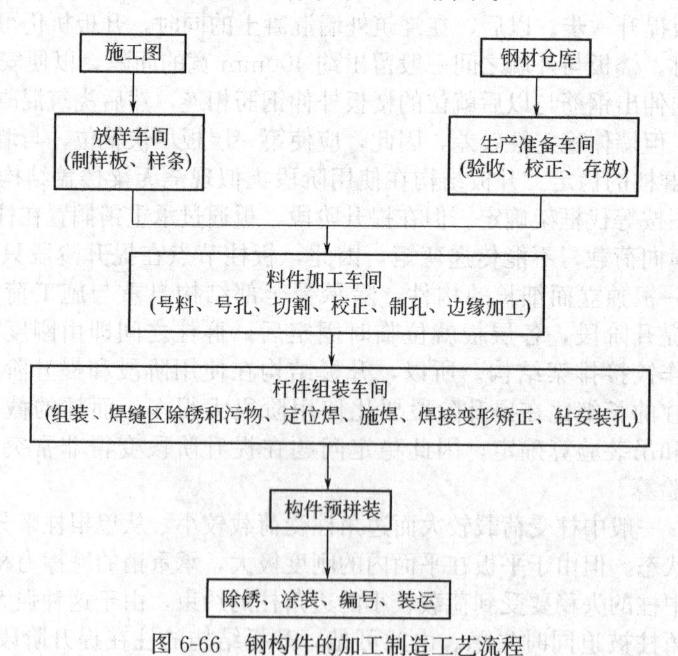

图 6-66 钢构件的加工制造工艺流程

6.4.1.1 钢材的验收与堆放

钢构件制作前应对钢材进行验收，钢结构制造厂以设计文件中对钢构件材料，如钢材、焊条、焊丝、焊剂、螺栓等提出钢种、钢号、规格、机械力学指标、化学成分极限含量等进行验收，对这些进厂材料要有钢厂出厂证明书，若无证明书，则应按有关标准进行取样、试验和分析，证明符合设计文件要求，才可使用。

钢材进厂时，常因长途运输和装卸不慎而产生变形，给加工造成困难，且影响制造的精确度，故在加工前必须进行矫正。验收的钢材，应妥善堆放和保管，保持清洁，避免雨水和污物侵蚀。制造前所有铁锈、鳞片、污泥、油渍等，应彻底清除干净。

6.4.1.2 钢构件的制作

钢构件的制作工艺为：放样、号料、画线和切割（下料）→矫正（平直等）和成型（滚圆、煨弯等）→边缘（或端部）和球节点加工→制孔和组装→连接和检验→摩擦面处理（除锈等）→涂装和编号→拼装（装配）与构件验收和发运。

钢结构制造厂首先应以钢构件设计图为依据，绘制其施工详图。绘制前，须对设计图中构件数量、各构件的相互关系、接头的细部尺寸、栓孔的排列、焊缝的布置等进行核对，对质量、设备及工艺水平是否能达到要求、运送方法是否明确等问题进行审核。

（1）放样、号料与切割

① 放样。核对构件各部分尺寸及安装尺寸和孔距，以 1∶1 的大样放出节点，制作样板和样杆作为切割、弯制、铣制、制孔等加工的依据，样板一般用 0.5～0.75mm 的铁皮或塑料板制作，样杆一般用钢皮或扁铁制作，较短时可用木尺杆。放样可在专门的钢平台上，且要求平台平整。

② 号料。检查核对材料，在材料上画出切割、铣制、弯曲、钻孔等加工位置，打冲孔，标出零件编号。号料应统筹安排，长短搭配，先大后小，对焊缝较多、加工量大的构件应先号料。

③ 切割。切割方法对碳素结构钢、低合金结构钢可采用机械切割、砂轮切割、气割或等离子切割等，切割前应清除钢材表面的铁锈、污物，气割后应清除熔渣和飞溅物。

钢材切割要求切割面或剪切面应无裂纹、夹渣、分层和大于 1mm 的缺棱。采用气割或机械剪切的允许偏差应符合规定（表 6-4）。

表 6-4 气割、机械剪切的允许偏差 单位：mm

<table>
<tr><th colspan="2">气 割</th><th colspan="2">机械剪切</th></tr>
<tr><th>项 目</th><th>允许偏差</th><th>项 目</th><th>允许偏差</th></tr>
<tr><td>零件宽度、长度</td><td>±3.0</td><td rowspan="2">零件宽度、长度</td><td rowspan="2">±3.0</td></tr>
<tr><td>切割面平面度</td><td>0.05t,且不应大于 2.0</td></tr>
<tr><td>割纹深度</td><td>0.3</td><td rowspan="2">边缘缺棱</td><td rowspan="2">1.0</td></tr>
<tr><td>局部缺口深度</td><td>1.0</td></tr>
<tr><td></td><td></td><td>型钢端部垂直度</td><td>2.0</td></tr>
</table>

注：t 为切割面厚度。

（2）原材料矫正、成型及加工

① 矫正、成型。钢材变形值超过允许规定值应进行平直、矫正。矫正后的钢材表面，不应有明显的凹面或损伤，划痕深度不得大于 0.5mm。

② 边缘加工。气割或机械剪切的零件，需要进行边缘加工时，其刨削量不应小于 2.0mm。

（3）制孔　构件上的螺栓孔，应用钻孔或冲孔方法。构件钻孔前应进行试钻，经检查认可，方可正式钻孔。碳素结构钢在环境温度低于－20℃、低合金结构钢在环境温度低于－15℃时，不得进行冲孔。螺栓孔孔距的允许偏差应符合规定（表 6-5），当超过规定时，不得采用钢块填塞，可采用与母材材质相匹配的焊条补焊后重新制孔。

表 6-5 螺栓孔孔距的允许偏差 单位：mm

螺栓孔孔距范围	≤500	501～1200	1201～3000	>3000
同一组内任意两孔间距离	±1.0	±1.5	—	—
相邻两组的端孔间距离	±1.5	±2.0	±2.5	±3.0

注：1.在节点中连接板与一根杆件相连的所有螺栓孔为一组。2.对接接头在拼接板一侧的螺栓孔为一组。3.在两相邻节点或接头间的螺栓孔为一组，但不包括上述两款所规定的螺栓孔。4.受弯构件翼缘上的连接螺栓孔，每米长度范围内的螺栓孔为一组。

（4）组装 组装是把制备完成的半成品和零件按图纸规定的运输单元，装成构件或其部件，然后连接成为整体。其组装工艺为：选件与配料→弹线与编号→组装小件与矫正→试拼与矫正→连接→大件试拼→连接→单元试拼→连接→整体（成品）。具体要求如下。

① 组装前，零件、部件应经检查合格，连接接触面和沿焊缝边缘每边 30～50mm 范围内的铁锈、毛刺、污垢、冰雪应清除干净。

② 组装顺序应根据结构型式、焊接方法和焊接顺序等因素确定，当有隐藏焊缝时，必须先预施焊，经检验合格方可覆盖。当复杂部位不易施焊时，亦须按工艺规定分别先组装后施焊。

③ 为减少变形，尽量采取小件组焊，经矫正后再大件组装。胎具及装出的首件必须经过严格检验，方可大批进行装配工作。

④ 桁架结构杆件轴线交点的允许偏差不得大于 3.0mm。

⑤ 当采用夹具组装时，拆除夹具时不得损伤母材，对残留的焊疤应修磨平整。

⑥ 顶紧接触面应有 75%以上的面积紧贴，用 0.3mm 塞尺检查，其塞入面积应小于 25%，边缘间隙不应大于 0.8mm。

⑦ 对高层钢结构组装必须按工艺流程规定的次序进行。严格检查零件、部件的加工质量。编制组装工艺，确定组装次序、收缩量的分配、定位点及偏差要求，制作必要的工装胎具。箱形管柱内隔板、柱翼缘板与焊接垫板要紧密贴合，装配缝隙大于 1mm 时，应采取措施进行修整和补救。十字形柱子上牛腿较多、伸出较长时，牛腿的孔应在总装前钻好，组装时必须做好定位点，然后进行定位装配，逐个检查牛腿位置的正确与否。

⑧ 钢构件外形尺寸应满足设计要求，其主控项目的允许偏差应符合表 6-6 的规定。

表 6-6 钢构件外形尺寸主控项目的允许偏差 单位：mm

项目	允许偏差
单层柱、梁、桁架受力支托(支承面)表面至第一个安装孔距离	±1.0
多节柱铣平面至第一个安装孔距离	±1.0
实腹梁两端最外侧安装孔距离	±3.0
构件连接处的截面几何尺寸	±3.0
柱、梁连接处的腹板中心线偏移	2.0
受压构件(杆件)弯曲矢高	1/1000，且不应大于 10.0

⑨ 焊接连接制作组装的允许偏差应符合表 6-7 的规定。

⑩ 组装好的构件应立即用油漆在明显部位编号，写明图号、构件号和件数，以便查找。

（5）连接 连接是通过一定方式将各个杆件连接成整体。杆件间要保持正确的相互位置，以满足传力和使用要求，连接部位应有足够的静力强度和疲劳强度。因此，连接是钢结构设计和施工中的重要环节，必须保证连接符合安全可靠、构造简单、节省钢材和施工方便的原则。

钢构件连接时应保持正确的相互位置，其连接方式（图 6-67）多采用焊接连接和螺栓连接，也有铆钉连接（铆接）。螺栓连接又分普通螺栓连接和高强度螺栓连接等。

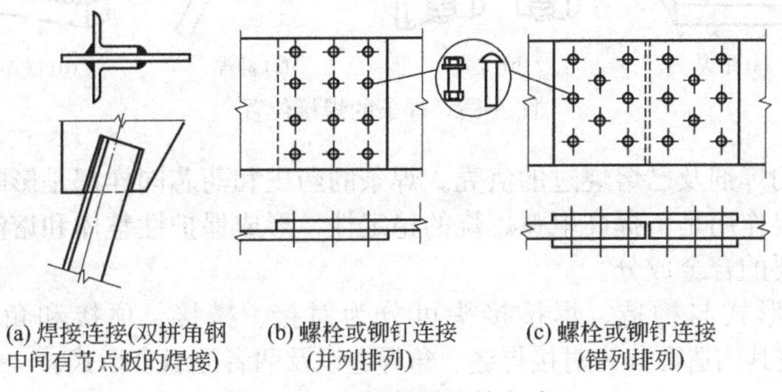

(a) 焊接连接(双拼角钢中间有节点板的焊接)　(b) 螺栓或铆钉连接(并列排列)　(c) 螺栓或铆钉连接(错列排列)

图 6-67　钢构件的连接方式

① 焊接连接。焊接连接是钢结构的主要连接方法，优点是构造简单，加工方便，构件刚度大，连接的密封性好，节约钢材，生产效率高；缺点是焊件易产生焊接应力和焊接变形，严重的甚至造成裂纹，导致脆性破坏，可通过改善焊接工艺，加强构造措施等方法予以解决。

a. 常用的几种焊接方法。建筑施工中常用的焊接方法有电弧焊、电渣焊、气压焊、接触焊与高频焊，其特点及适用范围见表 6-7。

表 6-7　各种焊接方法的特点、适用范围

焊接类别			特点	适用范围
电弧焊	手工焊	交流焊机	设备简单，操作灵活，可进行各种位置的焊接，是建筑工地应用最广泛的焊接方法	焊接普通结构
		直流焊机	焊接技术与交流焊机相同，成本比交流焊机高，但焊接时电弧稳定	焊接要求较高的钢结构
	埋弧自动焊		效率高，质量好，操作技术要求低，劳动条件好，宜于工厂中使用	焊接长度较大的对接、贴角焊缝，一般是有规律的直焊缝
	半自动焊		与埋弧自动焊基本相同，操作较灵活，但使用不够方便	焊接较短的或弯曲的对接、贴角焊缝
	CO_2 气体保护焊		用 CO_2 或惰性气体保护的光焊条焊接，可全位置焊接，质量较好，焊时应避风	薄钢板和其他金属焊接
电渣焊			利用电流通过液态熔渣所产生的电阻热焊接，能焊大厚度焊缝	大厚度钢板、粗直径圆钢和铸钢等焊接
气压焊			利用乙炔、氧气混合燃烧火焰熔融金属进行焊接。焊有色金属、不锈钢时需气焊粉保护	薄钢板、铸铁件、连接件和堆焊
接触焊			利用电流通过焊件时产生的电阻热焊接，建筑施工中多用于对焊、点焊	钢筋对焊、钢筋网点焊、预埋件焊接
高频焊			利用高频电阻产生的热量进行焊接	薄壁钢管的纵向焊缝

b. 焊条的选择与应用。焊条的选择与焊件的物理、化学和力学性能及结构的特点密切相关。其选择要点主要是能满足母材力学性能，且其合金成分应符合或接近被焊的母材；处于低温或高温下的构件，能保证低温或高温力学性能；有较好的抗裂性能。

用手工电弧焊焊接时，焊条的焊接位置即焊条与焊件间的相对位置有平焊、立焊、仰焊与横焊等形式（图 6-68）。

为保证焊接质量，在焊接以前，应将焊条烘焙。焊接时不得使用药皮脱落或焊芯生锈的

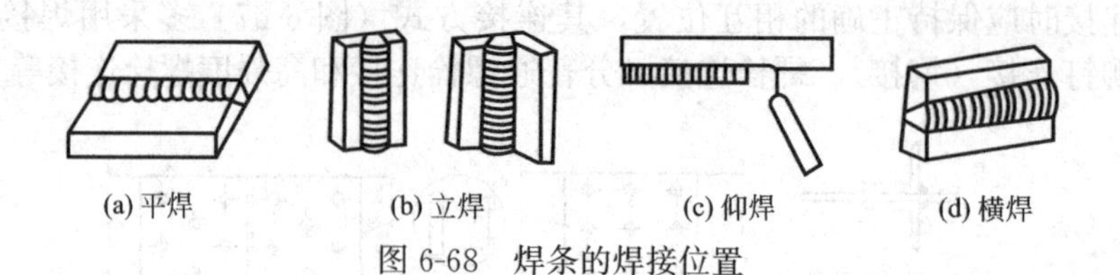

图 6-68 焊条的焊接位置

焊条和受潮结块的焊剂及已熔烧过的渣壳。焊条的药皮和药芯同样都是影响焊接质量的主要因素。药皮的主要作用是：提高电弧燃烧的稳定性，形成保护性整体和熔渣、脱氧以及向焊缝金属中掺加必要的合金成分。

c. 焊接接头形式与构造。焊接接头可分为对接、搭接、顶接和角接四种接头类型（图 6-69）。焊缝按其构造可分为对接焊缝、角焊缝以及两者的组合形式。

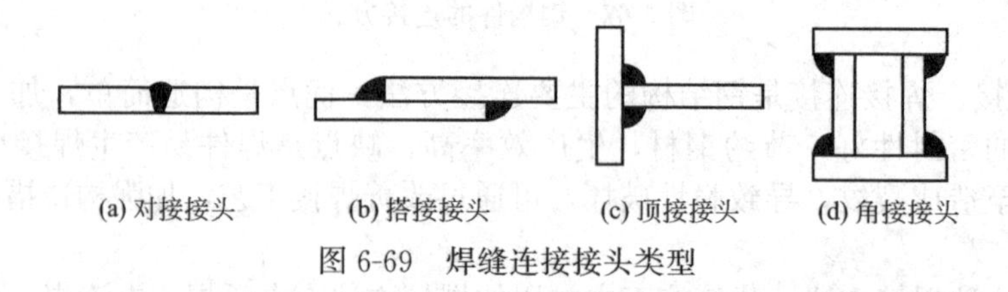

图 6-69 焊缝连接接头类型

对接焊缝可以连接同一平面内的两个构件，其对接接头截面有变厚度截面和变宽度截面（图 6-70）。用对接焊缝连接的构件常开成各种形式的坡口，焊缝金属填充在坡口内，所以对接焊缝实际上就是被连接构件截面的组成部分。其优点是传力均匀、平顺、无显著应力集中，比较经济，缺点是施焊时焊件应保持一定的间隙，板边需要加工，施工不方便。

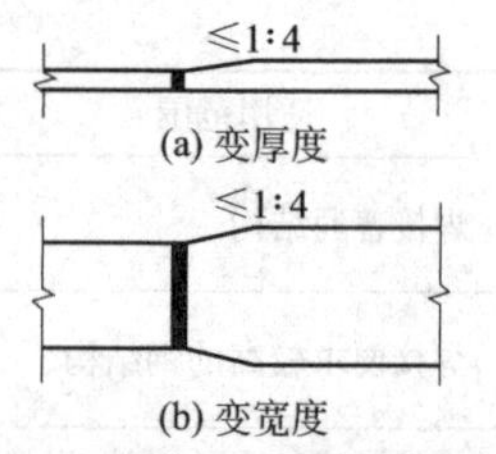

图 6-70 变截面的拼接

角焊缝是在相互搭接或丁字连接构件的边缘，所焊截面为三角形的焊缝。角焊缝分为直角角焊缝（两边夹角为直角）和斜角角焊缝（夹角为锐角或钝角）。

钢结构中，最常用的是普通直角角焊缝。其他如平坡、凹面或深熔等形式主要是为了改变受力状态，避免应力集中，一般多用于直接承受动力荷载的结构。

d. 焊缝质量检验。钢结构焊缝质量检验分三级：一级检验的要求是全部焊缝进行外观检查和超声波检查。焊缝长度的 2%进行 X 射线检查，并至少应有一张底片；二级检验的要求是全部焊缝进行外观检查，并有 50%的焊缝长度进行超声波检查；三级检验的要求是全部焊缝进行外观检查。钢结构高层建筑的焊缝质量检验，属于二级检验。焊缝除全部进行外观检查外，有些工程超声波检查的数量可按层而定。

普通碳素结构钢焊缝的外观检查，应在焊缝冷却至工作地点温度后进行；无损检验是借助检测仪器探测焊缝金属内部缺陷，不损伤焊缝的一种检查方法。一般包括射线探伤和超声波探伤。射线探伤具有直观性、一致性，但成本高，操作过程复杂，检测周期长，且对裂纹、未熔合等危害性缺陷检出率低。而超声波探伤正好相反，操作程序简单、快速，对各种接头的适应性好，对裂纹、未熔合的检测灵敏度高，因此得到广泛使用。

② 螺栓连接。螺栓连接分普通螺栓（A 级、B 级、C 级）连接和高强度螺栓连接两种。前者主要用于拆装式结构或在焊接、铆接施工时用作临时固定构件，其优点是装拆方便，不需特殊设备，施工速度快。后者是近几年发展起来的具有强度高、承受动载安全可靠、安装简便迅速、成本较低、连接紧密不易松动、塑性韧性好、装拆方便、节省钢材、便于维护等特点的一种连接方法，适用于永久性结构。

高强度螺栓连接施工时，要求有初拧和终拧，对于大型节点还应增加复拧。初拧扭矩值宜为终拧扭矩值的50%。终拧是高强度螺栓的最后拧紧步骤，可减小先拧与后拧的高强度螺栓预拉力的差别。复拧是为了减少初拧后过大的螺栓预拉力损失，复拧扭矩应等于初拧扭矩。终拧扭矩值可按（6-17）式计算：

$$T_c = K(P + \Delta p)d \tag{6-17}$$

式中，T_c为终拧扭矩值，N·m；K为扭矩系数平均值，扭剪型高强度螺栓取0.13；P为高强度螺栓设计预拉力，kN；Δp为预拉力损失值，N，取设计预拉力的10%；d为高强度螺栓螺杆直径，mm。

对扭剪型高强度螺栓连接，采用特制扳手以拧掉螺栓尾部梅花卡头为止（图6-71）。

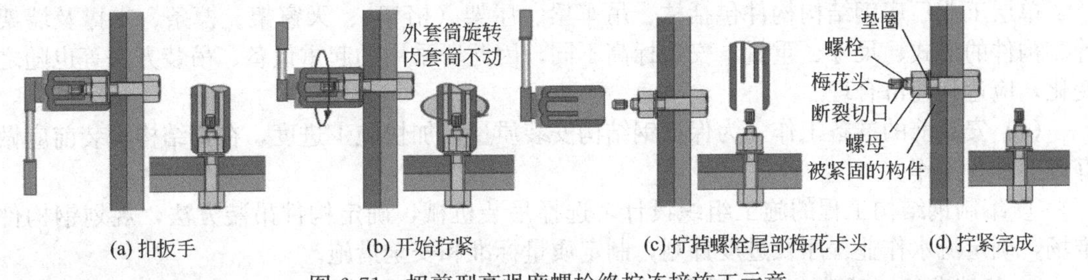

图6-71 扭剪型高强度螺栓终拧连接施工示意

（6）成品表面处理、涂装、堆放和装运

① 成品表面处理。

a. 高强度螺栓摩擦面的处理。摩擦面的加工是指使用高强度螺栓作连接节点处的钢材表面加工。高强度螺栓摩擦面处理后的抗滑移系数必须符合设计文件的要求。

摩擦面的处理一般有喷砂、喷丸、酸洗、砂轮打磨等几种方法，加工单位可根据各自的条件选择加工方法。在上述几种方法中，以喷砂、喷丸处理过的摩擦面的抗滑移系数值较高，且离散率较小。处理好的摩擦面严禁有飞边、毛刺、焊疤和污损等，并不得涂装，在运输过程中防止摩擦面损伤。

钢构件出厂前应按批做试件检验抗滑移系数，试件的处理方法应与构件相同。检验的最小数值应符合设计要求，并附三组试件供安装时复验抗滑移系数。

b. 钢构件表面除锈处理。钢构件在涂层之前应进行除锈处理，锈除得干净则可提高底漆的附着力，直接关系到涂层质量的好坏，构件表面的除锈方法分为喷射、抛射除锈和手工或动力工具除锈两大类，构件的除锈方法与除锈等级应与设计文件采用的涂料相适应。

② 涂装。当钢构件制作完毕，经质量检验合格经防锈处理后，需进行涂料涂刷，以防锈蚀。

③ 成品堆放。钢构件成品验收后，在装运之前堆放在成品仓库，成品堆放应防止失散和变形。堆放时注意下述事项。

a. 堆放场地应平整干燥，并备有足够的垫木，使构件能放平、放稳。

b. 侧向刚度较大的构件可水平堆放，多层叠放时，必须使各层垫木在同一垂线上。

c. 大型构件的小零件，应放在构件的空档内，用螺栓或铁丝固定在构件上。

d. 同一工程的构件应分类堆放在同一地区，以便发运。

④ 装运。运输钢构件时，应根据钢构件的长度、重量选用车辆及运输方式，钢构件在运输车辆上的支点、两端伸出长度及绑扎方法均应保证钢构件不产生变形，不损伤涂层。

6.4.2　钢结构的安装

钢结构的现场安装应按施工组织设计和施工方案进行。安装的原则就是保证钢结构的稳定性，避免产生永久性变形。

钢结构的安装施工工艺为：编制现场安装施工组织设计和施工方案→基础和支承面施工→钢构件运输和安装机械到场→钢构件安装和临时固定→测量校正→连接和固定→安装偏差检测和涂装。

钢结构安装分为单层工业厂房钢结构安装和高层建筑钢结构安装。

6.4.2.1　钢结构单层工业厂房的安装

单层工业厂房钢结构构件包括柱、吊车梁、屋架（桁架）、天窗架、檩条、支撑及墙架等。构件的形式、尺寸、重量、安装标高不同，因此所采用的起重设备、吊装方法等也随之变化，应达到经济合理。

(1) 安装前的准备工作　为保证钢结构安装质量，加快施工进度，在钢结构安装前应做好以下准备工作。

① 编制钢结构工程的施工组织设计，选择吊装机械，确定构件吊装方法，规划钢构件堆场，确定流水作业程序及进度计划，制定质量标准和安全措施。

② 基础准备。基础准备包括轴线误差测量，基础支承面准备、支承面和支座表面标高与水平度的检验、地脚螺栓位置和伸出支承长度的测量等。

柱子基础轴线和标高是否正确是确保钢结构安装质量的基础，应根据基础的验收资料复核各项数据，并标注在基础表面上。

施工时应保证钢柱基础顶面与锚栓位置准确，其误差在±2mm以内；基础顶面要垂直，倾斜度小于1/1000；锚栓在支座范围内的误差为±5mm，施工时，锚栓应安设在固定架上，以保证其位置准确。为保证基础顶面标高准确，施工中应采用一次浇筑法或二次浇筑法。

一次浇筑法是指基础浇筑混凝土时，先将混凝土浇到比设计标高低40～60mm处，然后用细石混凝土精确找平至设计标高（图6-72）。

二次浇筑法是指基础分两次浇筑，第一次将混凝土浇筑到比设计标高低40～60mm处，待混凝土强度达到设计要求后上面放钢垫板，精确调整钢垫板的标高，然后安装钢柱，钢柱校正完毕后，在柱底钢板下再次浇筑细石混凝土。此法容易校正柱子，常用于重型钢柱（图6-73）。

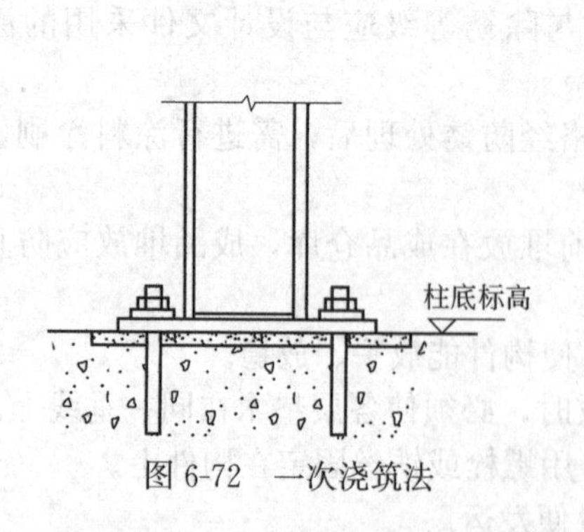

图6-72　一次浇筑法

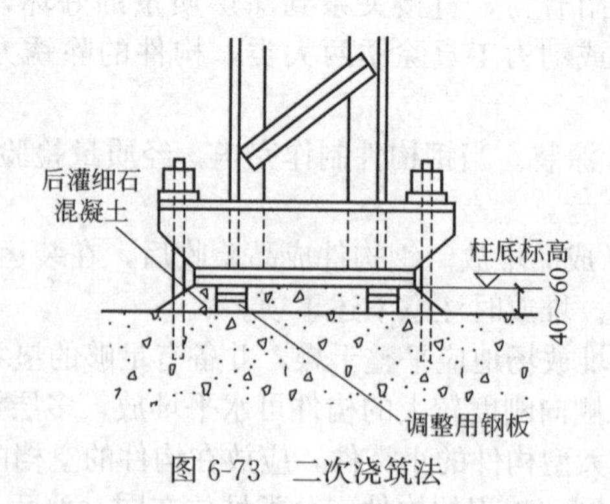

图6-73　二次浇筑法

③ 钢构件检验。钢构件外形和几何尺寸正确，是保证结构安装顺利进行的前提。为此，在安装之前应根据钢结构工程施工质量验收规范中的有关规定，仔细检验钢构件的外形和几何尺寸，如有超出规定的偏差，在安装之前应设法消除；为便于校正钢柱的平面位置和垂直

度、桁架和吊车梁的标高等，需在钢柱底部和上部标出两个方向的轴线。在钢柱底部适当高度处标出标高准线。同时，吊点也应标出，便于吊装时按规定吊点绑扎，以保证构件受力合理。

（2）钢柱的安装与校正 单层工业厂房占地面积较大，多采用自行杆式起重机或塔式起重机吊装钢柱。钢柱的吊装方法与装配式钢筋混凝土柱子相似，也为旋转法及滑行法。对重型钢柱可采用双机抬吊的方法进行吊装（图 6-74），起吊时，双机同时将钢柱平吊起来，离地一定高度后暂停，移去运输钢柱的平板车，然后双机同时打开回转刹车。由主机单独起吊，当钢柱吊装呈直立状态后，拆除辅机下吊点的绑扎钢丝绳，由主机单独将钢柱插进锚固螺栓固定。

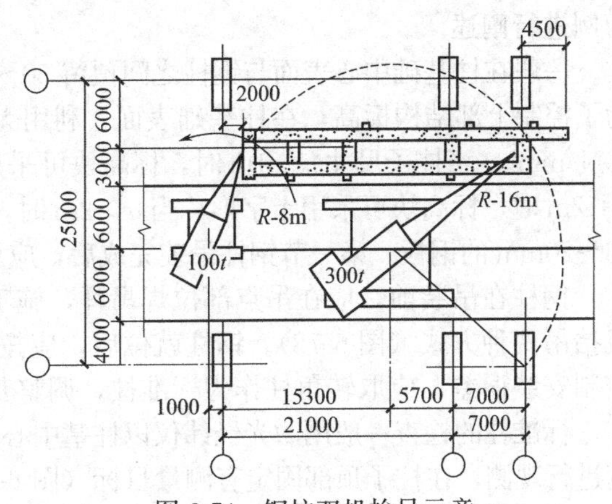

图 6-74 钢柱双机抬吊示意

钢柱经初校，垂直度偏差控制在 20mm 以内方可使起重机脱钩。常用校正工具有卡兰、槽钢加紧器、矫正夹具及拉紧器、正反螺纹推撑器和千斤顶等。钢柱的垂直度用经纬仪检验，如有偏差，用螺旋千斤顶进行校正（图 6-75）。在校正过程中，随时观察柱底部和标高控制块之间是否脱空，以防校正过程中造成水平标高的误差。

钢柱位置的校正，对于重型钢柱可用螺旋千斤顶加链条套环托座（图 6-76），沿水平方向顶校钢柱。校正后为防止钢柱位移，在柱四边用 10mm 厚的钢板定位，并用电焊固定。钢柱复校后再紧固锚固螺栓，并将承重块上下点焊固定，防止走动。钢柱安装的允许偏差应符合规定要求。

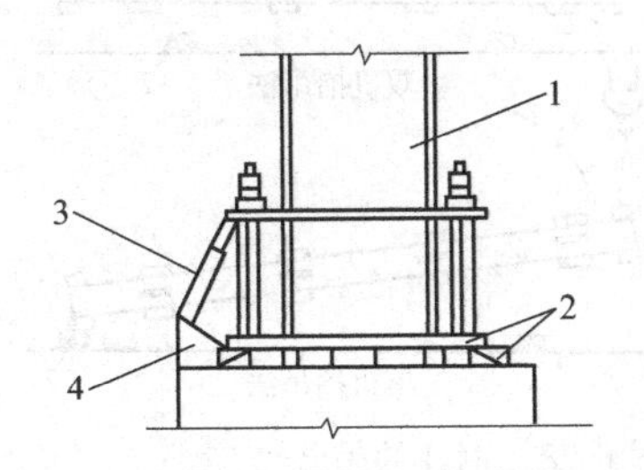

图 6-75 钢柱垂直度校正及承重块布置

1—钢柱；2—承重块；3—千斤顶；4—钢托座

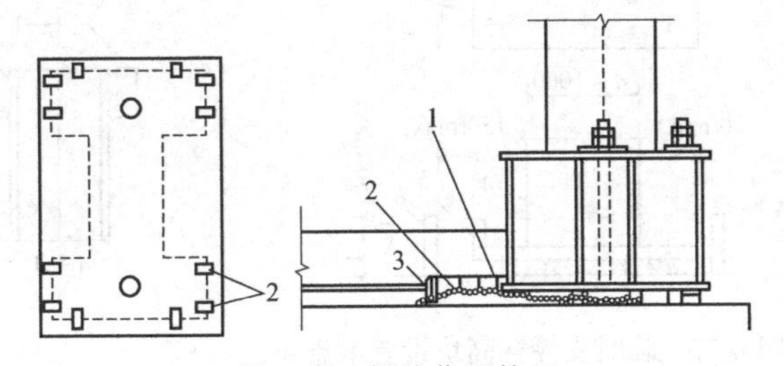

图 6-76 钢柱位置校正

1—螺旋千斤顶；2—链条；3—千斤顶托座

（3）钢屋架（钢桁架）的安装与校正 钢屋架（钢桁架）可用自行杆式起重机（履带式起重机）、塔式起重机和桅杆式起重机等进行吊装。由于钢屋架（钢桁架）的跨度、重量和安装高度不同，适合的吊装机械和吊装方法也随之而异，多用悬空吊装。为使钢屋架（钢桁架）在吊起后不至发生摇摆，和其他构件相碰撞，起吊前在离支座的节点附近用麻绳系牢，随吊随放松，以此保证其正确位置。钢屋架（钢桁架）的绑扎点要保证其稳定性，否则就需在吊装前进行临时加固。

钢屋架（钢桁架）要检验校正其垂直度和弦杆的正直度，垂直度可用挂线锤球检验，而弦杆的正直度则可用拉紧的测绳进行检验，最后固定采用电焊或高强度螺栓进行固定。其安装的允许偏差应符合规定。

6.4.2.2 钢结构高层建筑的安装

钢结构高层建筑的安装质量和柱基础的定位轴线、基础标高有直接关系。基础施工必须按设计图纸规定进行，定位轴线、柱基础标高和地脚螺栓位置应满足要求。这里主要以柱子为例进行阐述。

一般在柱基础中心表面与钢柱之间预留 50～70mm 的空隙，作为钢柱安装前的标高调整。为了控制上部结构标高，在柱基础表面，利用无收缩砂浆支模浇筑标高块，其强度不宜小于 $30N/mm^2$。当柱子尺寸 $a<1m$ 时，标高块可采用单独方块形（图 6-77）或圆块形；当 $1m<a<2m$ 时，标高块可采用十字形；当 $a>2m$ 时，标高块可采用四个方块形。标高块顶部埋设 16～20mm 的钢板。第一节钢柱吊装完成后，应用清水冲洗基础表面，然后支模灌浆。

钢柱在吊装前，应在吊点部位焊吊耳，施工完毕后再割去。钢柱的吊装有双机抬吊和单机抬吊两种方式（图 6-78）。钢柱就位后，应按照先后顺序调整标高、位移和垂直度。为了控制安装误差，应取转角柱作为标准柱，调整其垂直偏差为零即可。

标准柱的检查一般用激光经纬仪以柱基中心线作为基准点，并以此为依据对标准柱的垂直度进行观测，在柱子顶部固定有测量目标（图 6-79）。激光经纬仪设在地下室底板上的基准点处。测量时，为了纠正因钢结构振动所产生的误差和仪器安置误差或机械误差等，仪器每测一次转动 90°，在目标上共测 4 个激光点，以这 4 个点的相交点为准，量测安装误差。为了使激光束能顺利通过，在仪器上方的金属或混凝土楼板上均需要固定或埋设一个小钢管。而其他柱子的误差量测不用激光经纬仪，通常用丈量法，即以标准柱为依据，在角柱上沿柱子外侧拉设钢丝绳，组成平面封闭状方格，再用钢尺丈量距离，超过允许偏差者则进行调整（图 6-80）。

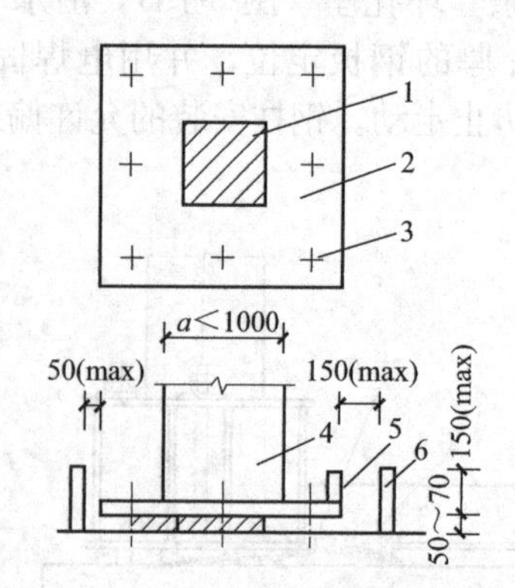

图 6-77 临时支撑标高块设置示意

1—标高块；2—基础表面；3—地脚螺栓；4—钢柱；5—灌浆孔；6—模板

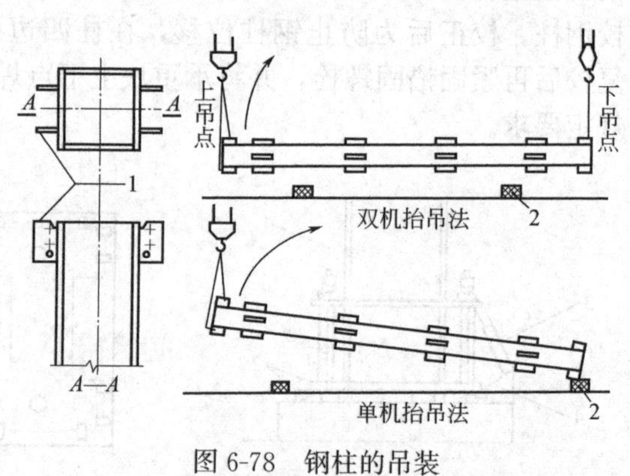

图 6-78 钢柱的吊装

1—吊耳；2—垫木

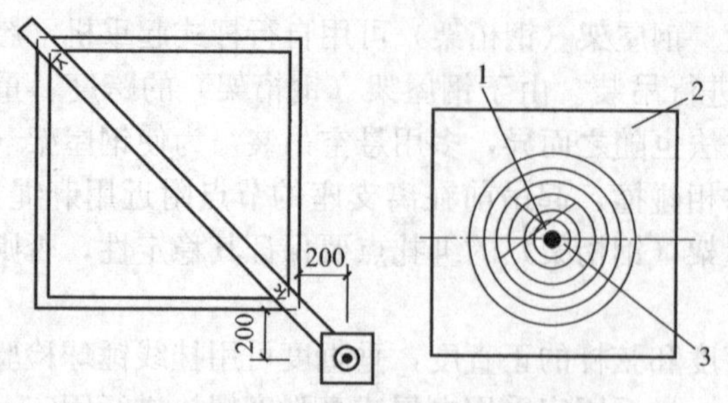

图 6-79 钢柱顶的激光测量目标示意

1—正确测点；2—目标；3—投影

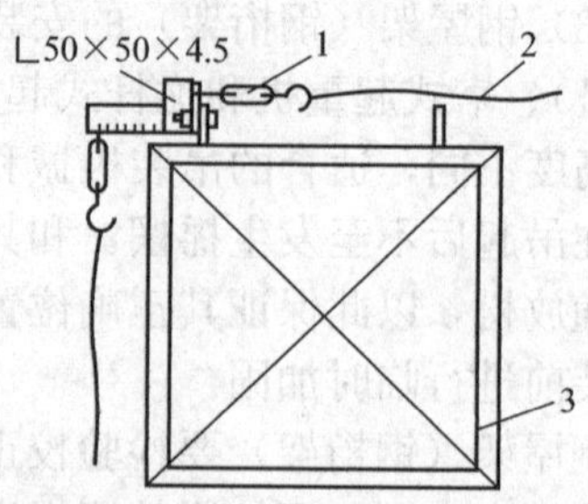

图 6-80 钢柱用钢丝绳校正示意

1—花篮螺栓；2—钢丝绳；3—角柱

目前，高层钢结构的现场连接主要采用高强度螺栓和焊接进行连接。

6.4.2.3 大跨度结构的安装

大跨度结构（空间网架结构）的安装方法，不仅直接和结构的类型、起重机有关，而且对工程造价、施工进度也是一个决定因素。结构的体系分平面结构和空间结构两大类。平面结构有桁架、刚架与拱等结构；空间结构有网架、薄壳、悬索等结构。我国已经建成的工程，不仅对安装方案提供了很多有益的经验，也创造了许多独特的安装方法。下面就目前钢网架常用的安装方法做一简要介绍。

钢网架根据其结构型式和施工条件的不同，可选用传统的安装技术，包括高空拼装法（散装法）和分条（或块）安装法，也可选用现代的安装技术，包括整体安装法（吊装法）、高空滑移法、整体提升法和整体顶升法进行安装。

（1）高空拼装法　高空拼装法是指先在设计位置处搭设拼装支架，然后用起重机把杆件和节点（或拼装单元），分件（或分块）地吊至设计位置，在支架上进行拼装的施工方法（图 6-81）。其特点是网架在设计标高处一次拼装完成，但拼装支架用量较大，且高空作业多。

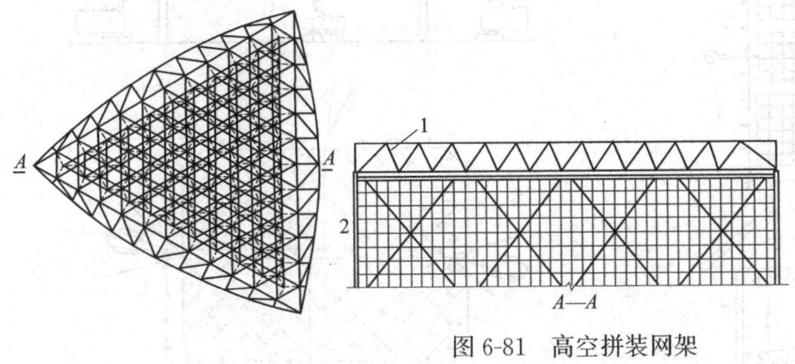

图 6-81　高空拼装网架

1—网架；2—拼装支架

此方法需做好拼装前的准备工作、拼装支架搭设和吊装机械的选择。吊装机械选择主要根据结构特点、构件重量、安装标高以及现场施工与现有设备条件而定。

（2）分条（或块）安装法　分条（或块）安装法是为适应起重机械的起重能力和减少高空拼装工作量，用起重机把网架分割成条状或块状单元，分别吊装就位拼装成整体的安装方法。

某四角锥网架采用分块安装法（图 6-82），网架平面尺为 45m×36m，从中间十字分开为四块（每块之间留出一节间），每个单元尺寸为 15.75m×20.25m，重约 12t，用一台悬臂式拔杆在跨外移动吊装就位，并利用网架中央搭设的拼装支架作临时支撑。

某双向正交方形网架采用分条安装法（图 6-83），该网架平面尺寸为 45m×45m，重约 52t，分成三条吊装单元，就地错位拼装后，用两台 40t 汽车式起重机抬吊就位。

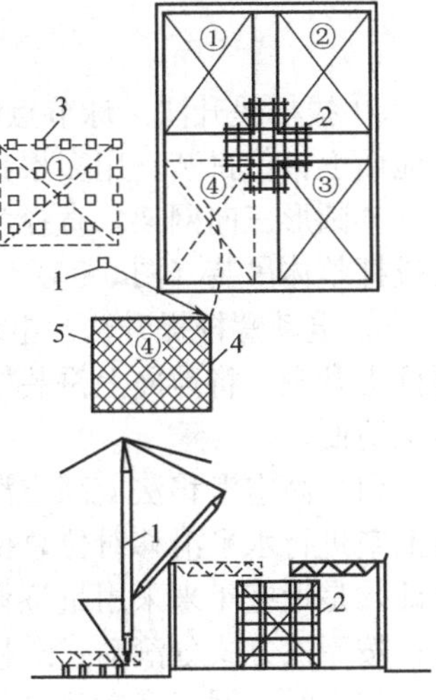

图 6-82　分块安装法

1—悬臂拔杆；2—拼装支架；3—拼装砖墩，①～④为网架分块编号；4—临时封闭杆件；5—吊点

（3）整体安装法　整体安装法是指先将网架在地面上错位拼装成整体后，然后直接用起重设备将其整体提升到设计位置上加以固定的方法。其特点是不需要搭设高的拼装支架，

高空作业少，易保证接头焊接质量，但需要起重量大的设备，吊装技术复杂。因此，对球节点的钢管网架（尤其是三向网架等杆件较多的网架）较适宜。根据所用设备的不同，整体安装法分为多机抬吊法、拔杆提升法、电动螺杆提升法、千斤顶提升法与千斤顶顶升法等。

① 多机抬吊法。适用于高度和重量不大的中、小型网架结构。安装前在地面上对网架进行错位拼装（即拼装位置与安装轴线错开一定的距离，以避开柱子的位置），再用多台起重机（多为履带式起重机或汽车式起重机）将拼装好的网架整体提升到柱顶以上，在空中移位后落下就位固定。

某 40m×40m 网架用四台履带式起重机抬吊（图 6-84）。该网架重 55t，连同索具等总重约 60t，用四台起重机抬吊，每台负荷 15t。所需起吊高度至少为 21m。施工时限于设备条件，选用两台 L-952 型、一台 W-1001 型和一台 W-1252 型履带式起重机。L-952 型起重机 24m 长的起重杆，起重高度和起重量满足要求。

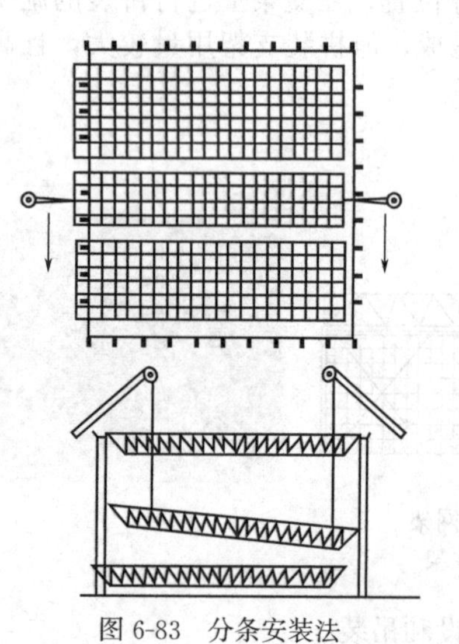

图 6-83 分条安装法

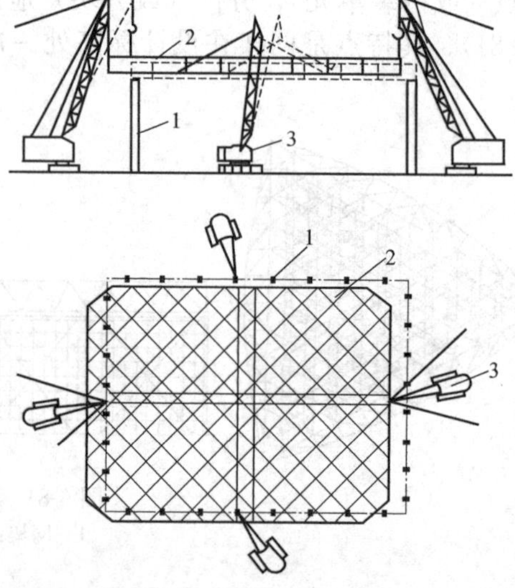

图 6-84 多机整体抬吊

1—柱；2—网架；3—履带式起重机

② 拔杆提升法。球节点的大型钢管网架的安装，目前多用拔杆提升法。施工时，网架在地面上错位拼装，用多根独脚拔杆将网架整体提升到柱顶以上，空中移位，落位安装。

某圆形三向网架，直径为 124.6m，重 600t，支承在周边 36 根钢筋混凝土柱上，采用 6 根拔杆整体吊装（图 6-85）。

③ 电动螺杆提升法。电动螺杆提升法与升板法相似，是利用升板工程施工使用的电动螺杆提升机，将地面上拼装好的钢网架整体提升至设计标高。其优点是不需大型吊装设备，施工简便。

（4）高空滑移法　高空滑移法是条状单元安装法的发展，是将网架条状单元组合体在建筑上空进行水平滑移对位总拼的一种施工方法。其拼装平台小，高空作业少，拼装质量易于保证，是近些年来采用量逐渐增多的施工方法。按滑移方式分逐条滑移法和逐条积累滑移法；按摩擦方式分滚动式滑移法和滑动式滑移法。

施工时，网架多在建筑前厅顶板上的拼装平台进行拼装（也可在观众厅看台上搭设拼装平台进行拼装），待第一个拼装单元（或第一段）拼装完毕，将其下落至滑移轨道上，用牵引设备（多用人力绞磨）通过滑轮组将拼装好的网架向前滑移一定距离；接下来拼装第二个拼装单元（或第二段），拼好后连同第一个拼装单元（或第一段）一同向前滑移，如此逐段拼装不断向前滑移，直至整个网架拼装完毕并滑移至设计处就位。

某屋盖 31.51m×23.16m 的正方形四角锥网架，采用逐条滑移法（图 6-86），用两台履带式起重机，将在地面拼装的条状单元分别吊至特制的小车上，然后用人工撬动逐条滑移至设计位置。就位时，先用千斤顶顶起条状单元，撤出小车，随即下落就位。

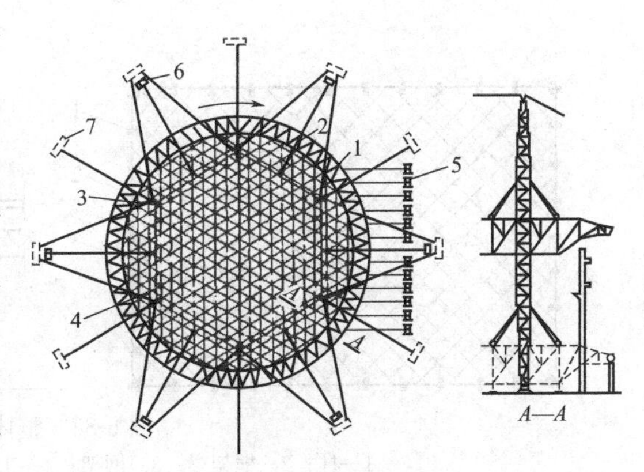

图 6-85 用 6 根拔杆整体吊装

1—柱；2—网架；3—拔杆；4—吊点；5—起重卷扬机；6—校正卷扬机；7—地锚

某斜放四角锥网架为 45m×45m，采用逐条积累滑移法施工（图 6-87）。在地面拼装成半跨的条状单元，用悬臂拔杆吊至拼装台上组成整跨的条状单元，再进行滑移。当前一单元滑出组装位置后，随即又拼装另一单元，再一起滑移，如此每拼装一个单元就滑移一次，直至滑移到设计位置为止。滑移的动力，由卷扬机牵引或用千斤顶顶起。

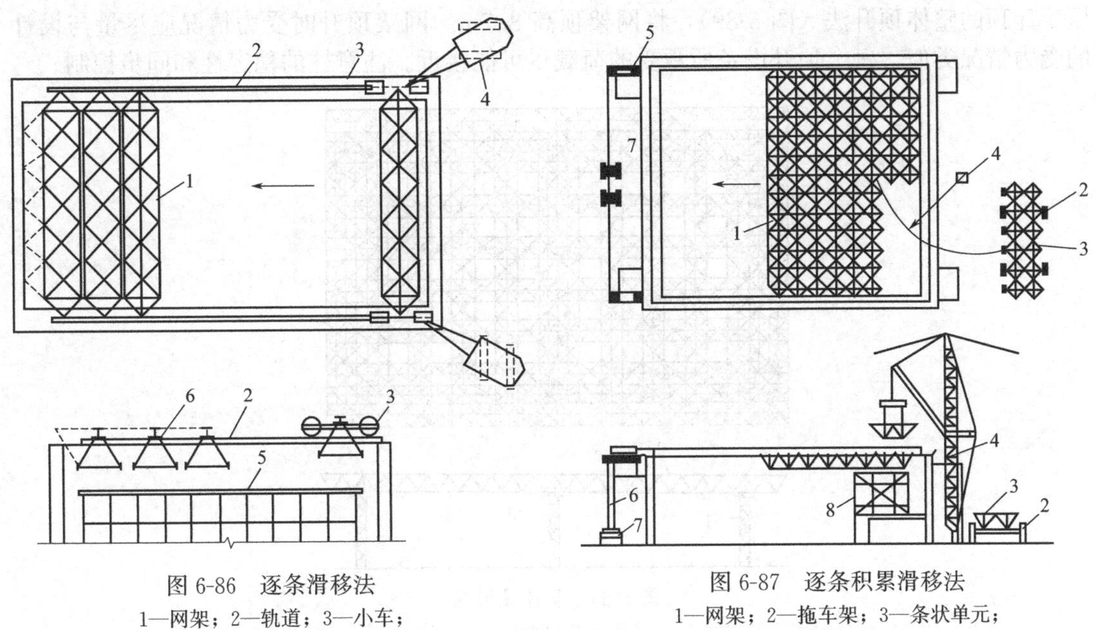

图 6-86 逐条滑移法

1—网架；2—轨道；3—小车；4—履带式起重机；5—拼装平台；6—后装的拼装单元

图 6-87 逐条积累滑移法

1—网架；2—拖车架；3—条状单元；4—扒杆；5—牵引滑轮组；6—反力架；7—卷扬机；8—支架

（5）整体提升法 整体提升法是将网架在地面上拼装后，利用提升设备将其整体提升到设计标高安装就位，属于整体安装法的一种。随着我国升板、滑模等施工技术的发展，已广泛采用升板机、液压千斤顶作为网架整体提升设备，创造了许多诸如升梁抬网、升网提模、滑模升网的新工艺，开创了利用小型设备安装大型网架的新途径。

某斜放四角锥网架为 44m×60.5m，重 116t，采用升板机整体提升法施工方案（图 6-88），网架支承在 38 根钢筋混凝土柱的框架上，先将框架按结构平面位置分间在地面架空预制，网架支承于梁的中央，每根梁的两端各设置一个提升吊点，梁与梁之间用 10 号槽钢横向拉接，升板机安装在柱顶，通过吊杆与梁端吊点连接，在升梁的同时，梁也抬着网架上升。

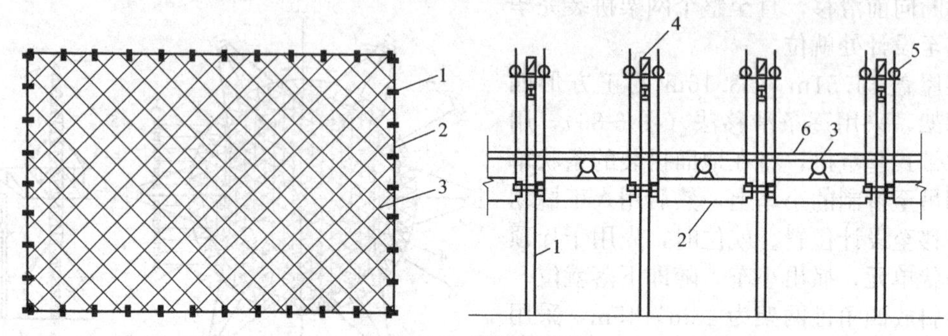

图 6-88 整体提升法

1—柱；2—框架梁；3—网架；4—工具柱；5—升板机；6—屋面板

（6）整体顶升法 整体顶升法是将网架在地面拼装后，用千斤顶整体顶升就位，也属于整体安装法的一种。网架在顶升过程中，一般用结构柱作临时支承，但也有另设专门支架或枕木垛的。

某六点支撑的四角锥网架为 59.4m×40.5m，重 45t，结构柱作临时支承，采用六台液压千斤顶的整体顶升法（图 6-89），将网架顶高 8.7m。网架顶升时受力情况应尽量与设计的受力情况类似，每个顶升设备所承受的荷载尽可能接近。注意柱的稳定性和同步控制。

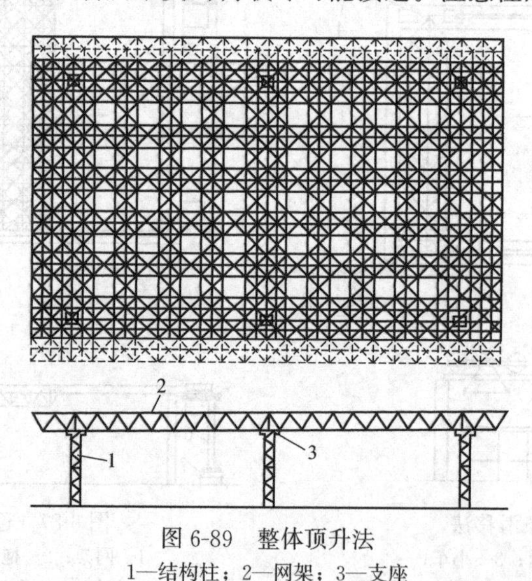

图 6-89 整体顶升法

1—结构柱；2—网架；3—支座

复习思考题

6-1 起重机械和设备包括哪些？

6-2 指出建筑施工中常用的电动卷扬机的分类，其锚固方法有几种？

6-3 结构吊装中常用的钢丝绳有几种？如何计算钢丝绳的允许拉力？

6-4 试述桅杆式起重机的分类、构造及特点。

6-5 自行杆式起重机有哪几种类型？各有什么特点？

6-6 塔式起重机有哪几种类型？

6-7 构件安装前应做好哪些准备工作？

6-8 构件运输时应注意哪些事项？
6-9 构件的质量检查内容有哪些？如何进行构件的弹线和编号？
6-10 钢筋混凝土杯形基础的准备工作包括哪些内容？如何进行？
6-11 单机吊装柱时，旋转法和滑行法各有什么特点？
6-12 钢筋混凝土柱吊装时绑扎方法有几种？其适用范围是什么？
6-13 钢筋混凝土柱如何进行对位和临时固定？最后固定方法是什么？
6-14 如何检查和校正柱的垂直度？
6-15 试述吊车梁的绑扎、吊装、对位、临时固定、校正和固定方法。
6-16 屋架如何扶直就位、绑扎、吊装、临时固定、校正和最后固定？
6-17 什么是分件吊装法及综合吊装法？简述其优缺点及适用范围。
6-18 试述多高层装配式混凝土房屋结构安装方法。
6-19 试述装配式框架结构、剪力墙结构和板柱结构的安装工艺。
6-20 什么是升板法施工？简述其施工工艺。
6-21 什么是钢结构高强螺栓连接施工的终拧和复拧？有何要求？
6-22 网架结构的吊装方法有哪些？简述其施工工艺。

7 防水工程

扫码获取本书学习资源

在线测试
拓展阅读
章节速览

「获取说明详见本书封二」

学习内容和要求

掌握	• 卷材防水屋面、涂膜防水屋面的构造和施工要点以及在施工中应注意的问题	7.1.1、7.1.2节
	• 地下卷材防水层的铺贴方法及防水混凝土结构、水泥砂浆防水层、涂膜防水层的构造和施工要点	7.2.1~7.2.4节
	• 地下防水工程渗漏的原因及防治措施	7.2.5节
了解	• 室内厨浴厕间等用水房间的防水施工要点以及沥青胶、冷底子油的配制	7.3节

防水工程在建筑工程施工中占有重要地位，工程实践表明，防水工程质量好坏，直接影响建筑物的使用寿命和人们生产、生活等方方面面。因此防水工程必须严格按照图纸或相关规范等进行施工，切实保证工程质量。

防水工程就是为了防止雨水、地下水、工业与民用给排水、腐蚀性液体以及空气中的湿气、蒸汽等对建筑物的某些部位的渗透侵入，而从建筑材料上和构造上所采取的措施。

防水工程按其构造做法分为结构自防水和防水层防水两大类。结构自防水主要是结构构件自身材料的密实性及一些构造等措施（坡度、埋设止水条等），使结构自身起到防水作用；防水层防水是在结构的迎水面或背水面以及接缝处，附加防水材料做成防水层，从而起到防水效果。

防水工程根据所用材料不同，可分为刚性防水和柔性防水两大类。刚性防水是指主要采用防水砂浆和防水混凝土等材料做成的防水层；柔性防水是指采用柔性材料做成的防水层，如各种防水卷材和沥青胶或者涂料防水材料等。

按照工程部位和使用功能，可分为屋面防水、地下防水、楼面防水及用水房间防水等。

防水工程施工的工期安排应避开暑期雨季或冬季。

7.1 屋面防水工程

根据建筑物的性质、重要程度、使用功能要求以及防水层耐用年限等，按不同等级进行设防。屋面工程技术规范将屋面防水分为两个等级，见表7-1。

表7-1 屋面防水等级

防水等级	建筑类别	设防要求	防水等级	建筑类别	设防要求
Ⅰ级	重要建筑和高层建筑	两道防水设防	Ⅱ级	一般建筑	一道防水设防

7.1.1 卷材防水屋面

卷材防水屋面是目前防水的一种主要方法，该方法在工业和民用建筑工程中使用极其广泛。以不同的施工工艺将不同种类的卷材固定在屋面上起到防水作用的屋面称为卷材防水屋面。卷材屋面一般采用传统的沥青防水卷材、高聚物改性沥青防水卷材和合成高分子防水卷材等。卷材防水屋面是用胶结材料粘接卷材进行防水的屋面，具有重量轻、防水性能好的优点，其防水层的柔韧性好，能适应一定程度的结构振动和胀缩变形；但容易起鼓、老化，产生漏水时修补困难（寻找漏水点困难）。

卷材防水屋面分保温卷材屋面和不保温卷材屋面（图 7-1）。

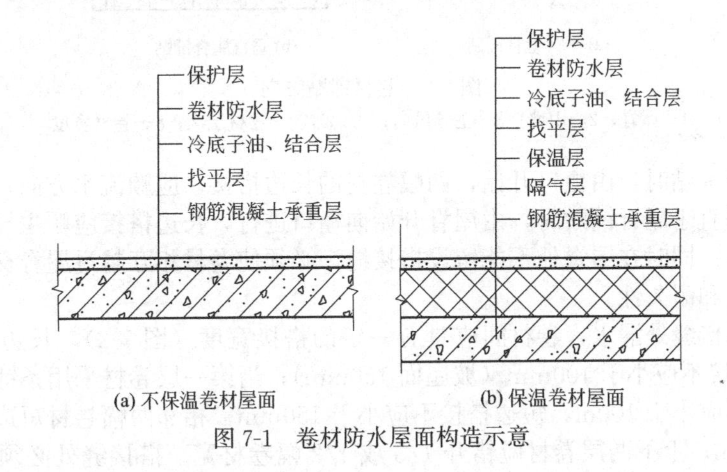

图 7-1 卷材防水屋面构造示意

7.1.1.1 卷材防水层施工

卷材防水层施工工艺：基层准备（清理、修补、找平）→喷、涂基层处理剂→节点处理（附加层、增强处理）→定位、弹线、铺贴→收头处理、节点密封→检查、清理、调整、修补→保护层施工。

卷材防水层与基层的粘贴方法可分为满粘法、点粘法（花铺法）、条粘（铺）法和空铺法。施工中应按设计要求选择适用的工艺方法。

(1) 沥青卷材防水层施工

① 基层处理。基层处理的好坏，对保证屋面防水施工质量起很大的作用。要求基层有足够的强度和刚度，承受荷载时不致产生显著的变形，一般采用水泥砂浆（体积配合比为 1∶3）找平层、细石混凝土找平层或沥青砂浆（质量配合比为 1∶8）找平层作为基层，厚为 15～20mm。找平层应留设分格缝，缝宽 20mm，其留设位置可自由选择。其纵横向最大间距，当找平层为水泥砂浆或细石混凝土时，不宜大于 6m；为沥青砂浆时，则不宜大于 4m。找平层施工前应该对基层进行洒水，在铺浆前应刷素水泥浆一道，并于缝口上加铺 200～300mm 宽的油毡条，用沥青胶单边点贴，以防结构变形将防水层拉裂。在与突出屋面结构的连接处以及基层转角处，均应做成边长为 100mm 的钝角或半径为 100～150mm 的圆弧。找平层应平整坚实，无松动、翻砂和起壳现象，只有当找平层强度达到 5MPa 以上，才允许在其上铺贴卷材。

② 施工要点。卷材铺贴前应先准备好胶黏剂、熬制好沥青胶和清除卷材表面的撒料。沥青胶中的沥青成分应与卷材中的沥青成分相同。卷材铺贴层数一般为 2～3 层，沥青胶铺贴厚度一般在 1～1.5mm，最厚不得超过 2mm。卷材铺贴方向（图 7-2）应根据屋面坡度或

是否受振动荷载而定，当屋面坡度小于3%时，宜平行于屋脊铺贴；当屋面坡度大于15%或屋面受振动荷载时，应垂直于屋脊铺贴；当屋面坡度在3%～15%时，可平行或垂直于屋脊铺贴。在铺贴卷材时，上下层卷材不得相互垂直铺贴。

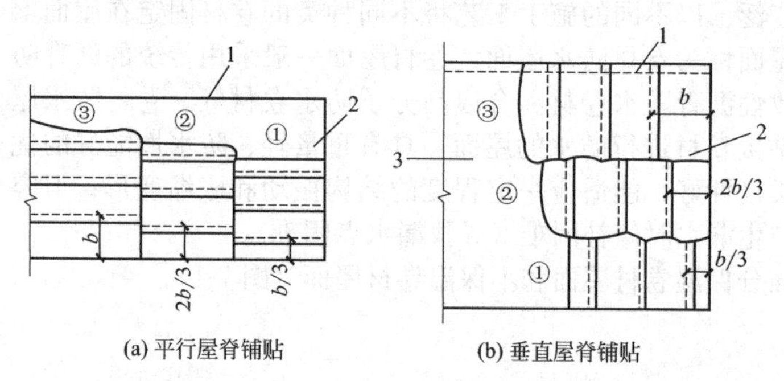

图 7-2 卷材铺贴方向

1—屋脊；2—山墙；3—主导风向；①,②,③—卷材层次；b—卷材宽度

平行于屋脊铺贴时，由檐口开始，两幅卷材的长边搭接，应顺流水方向；短边搭接，应顺主导方向。垂直于屋脊铺贴时，由屋脊开始向檐口进行，长边搭接应顺主导方向，短边搭接应顺流水方向。同时在屋脊处不能留设搭接缝，必须使卷材相互越过屋脊交错搭接，以增强屋脊的防水性和耐久性。

为防止卷材接缝处漏水，卷材间应具有一定的搭接宽度（图 7-2）。长边搭接不应小于70mm，短边搭接不应小于100mm（坡屋面150mm）；当第一层卷材采用条铺、花铺或空铺时，长边搭接不应小于100m，短边搭接不应小于150mm；相邻两幅卷材短边搭接缝应错开且不小于500mm；上下两层卷材应错开1/3或1/2幅卷材宽。搭接缝处必须用沥青胶仔细封严。

屋面防水层施工时，应先做好节点、附加层和屋面排水比较集中部分的处理，一般采用增强处理或干铺（附加层1～2层），然后由屋面最低标高处向上施工。

当铺贴连续多跨或高低跨屋面卷材时，应按先高跨后低跨，先远后近的顺序进行。对同一坡面，则应先铺好落水口、天沟、女儿墙、泛水和沉降缝等地方，然后按顺序铺贴大屋面防水层。卷材铺贴前，应先在干燥后的找平层上涂刷一遍冷底子油，待冷底子油挥发干燥后进行铺贴，其铺贴方法有浇油法、刷油法、刮油法和撒油法等四种。浇油法（又称赶油法）是将沥青胶浇到基层上，然后推着卷材向前滚动来铺平压实卷材；刷油法是用毛刷将沥青胶在基层上刷开，刷油长度以300～500mm为宜，超出卷材边不应大于50mm，然后快速铺压卷材；刮油法是将沥青胶浇到基层上后，用厚5～10mm的胶皮刮板刮开沥青胶铺贴；撒油法是在铺第一层卷材时，先在卷材周边满涂沥青，中间用蛇形花撒的方法撒油铺贴，其余各层则仍按浇油、刮油或刷油方法进行铺贴，此法多用于基层不太干燥需做排气屋面的情况。待各层卷材铺贴完后，再在上层表面浇一层2～4mm厚的沥青胶，趁热撒上一层粒径为3～5mm的绿豆砂（小豆石），并加以压实，使大多数石子能嵌入沥青胶中形成保护层。因为沥青在热能、阳光、空气等长期作用下，内部成分逐渐老化，为了延长防水层的使用寿命，通常采取的最有效措施就是设置绿豆砂保护层。

（2）高聚物改性沥青卷材防水层施工

① 基层处理。施工前将验收合格的基层表面尘土、杂物清理干净，表面必须干燥。高聚物改性沥青卷材防水层可用水泥砂浆、沥青砂浆或细石混凝土找平层作为基层。找平层必须抹平压光，坡度符合要求，不允许有起砂、空鼓、观感差、积水等缺陷的存在。找平层与突出屋面部分（如女儿墙、烟囱、通气孔、变形缝等）相连接阴角的部位，均应做成光滑的

小圆角；找平层与天沟、沟脊、檐口等相连接的转角，均应抹成光滑的圆弧形。

② 施工要点。高聚物改性沥青卷材施工方法有冷粘法、自粘贴法、热熔法三种。

a. 冷粘法施工。冷粘法施工的卷材主要有 SBS 改性沥青卷材、APP 改性沥青卷材等。进行施工时胶黏剂涂刷应均匀，不露底、不堆积，并且根据胶黏剂的性能，应控制胶黏剂涂刷与卷材铺贴间隔的时间。铺贴的卷材下面的空气应排尽，并辊压黏结牢固。铺贴卷材应平整顺直，搭接尺寸准确，不得扭曲、皱折。接缝口应采用胶黏剂黏合，也可以采用热熔方法进行施工，该效果较为理想。卷材搭接缝的边缘以及末端收头部位，应采用胶黏剂进行黏合封闭处理，宽度不应小于 10mm。为了延长卷材使用寿命，在防水层施工完成后，可以在其上表面涂刷银色或浅绿色的涂料做保护。

b. 自粘贴法施工。待基层处理剂干燥后，将卷材背面的隔离纸剥开撕掉直接粘贴于基层表面，排出卷材下面的空气，并辊压黏结牢固。搭接处可用热风枪加热，加热后随即粘贴牢固，溢出的自粘膏随即刮平封口。接缝口应采用胶黏剂进行黏合封闭处理，搭接缝的宽度不应小于 10mm。保护层做法与冷粘法施工相同。

c. 热熔法施工。热熔法施工的卷材主要以 APP 改性沥青卷材为主。采用该方法施工可以节省冷黏剂，节约施工成本，当空气温度偏低或者屋面略带潮气时该施工方法尤其适合。基层处理完成后，必须涂刷处理剂 8h 以上方可进行施工。用丙烷气（汽油）喷灯烘烤卷材底面，使涂盖层熔化（温度控制在 100～180℃）后，立即将卷材滚动与基层粘贴，并用压辊滚压，排出卷材下面的空气，使之平展，不得皱折，并应辊压黏结牢固。搭接缝处要精心操作，喷烤后趁油毡沿未冷却，随即用抹子将边封好，最后再用喷灯在接缝处均匀细致地喷烤压实。采用条粘法时，每幅卷材的每边粘贴宽度不应小于 150mm。

热熔法铺贴卷材应符合下列规定：a. 火焰加热器加热卷材应均匀，不得过分加热或烧穿卷材，厚度小于 3mm 的高聚物改性沥青防水卷材严禁采用热熔法施工；b. 卷材表面热熔后应立即滚铺卷材，卷材下面的空气应排尽，并辊压黏结牢固，不得空鼓；c. 卷材接缝部位必须溢出热熔的改性沥青胶；d. 铺贴的卷材应平整顺直，搭接尺寸准确，不得扭曲、皱折。

（3）合成高分子卷材防水层施工

① 基层处理。合成高分子卷材防水屋面施工前将基层表面清扫干净，不得有浮尘、杂物等影响防水层质量的缺陷，并测定基层干燥度是否符合施工要求。在涂刷基层处理剂时，处理剂采用聚氨酯底胶，配比为甲料：乙料：二甲苯＝1：1.5：1.5～3，将底胶按配比拌和均匀后，用长把滚刷在大面积部位涂刷，底胶用量为 0.7kg/m^2。涂刷时厚薄应一致，不得有漏刷、花白等现象。在大面积涂刷前，应先用油漆刷蘸底胶在阴阳角均匀涂刷一遍基层处理剂，注意管根、水落口、管道支架周边约 250mm 处不用涂刷。

② 施工要点。合成高分子卷材采用冷粘法、自粘法、热风焊接法施工。

待基层处理剂施工完成 4h 后，即可进行铺贴卷材施工。施工时按设计要求及卷材铺贴方向、搭接宽度放线定位，并在基层弹线。当屋面坡度小于 3%时，卷材宜平行于屋脊铺贴；当屋面坡度≥3%时，卷材可平行或垂直于屋脊铺贴；当有 2 层或以上卷材组成复合防水层时，上下层卷材不得相互垂直铺贴；垂直流水方向铺贴的卷材搭接缝必须顺流水方向搭接，平行流水方向铺贴的卷材，如无刚性保护层则其搭接缝应与年最大频率风向一致。卷材长、短边搭接宽度，如空铺、点粘、条粘时，均为 100mm；满粘法均为 80mm。相邻两幅卷材短边搭接缝应相互错开 300mm 以上。卷材搭接缝应距阴阳角不小于 300mm，宜避开天沟位置，尽量减少阴阳角处的接头。将卷材铺展在干净的基层上，将卷材沿 1/2 幅宽对折，用长把滚刷蘸基层胶黏剂滚涂卷材黏结面与基层表面。应留出搭接部位不涂胶，长短边部位空出 80mm，作搭接用。采用条粘法时，将试铺好的卷材在 1/3 幅宽沿长边对折，用油刷扫沿长向分别往卷材、基层表面均匀涂刷胶黏剂。卷材呈长条形，宽度为 150mm。涂刷胶黏剂时，不得涂刷得太薄而露底，也不得涂刷过多而产生聚胶，还要注意预留出卷材短边50mm宽的搭接位。由于胶黏剂一般都较稠，因此，涂刷卷材表面时要稍用力，但涂刷基层时则应较轻，以免“咬起”底胶，切忌在同一地方来回涂刷。卷材涂胶后静置干燥10～20min，当指触不粘手时，将卷材长边对准线铺贴，注意不要将卷材拉得过紧。将卷材展开摊铺在旁边平整干净的基层上，用长柄滚刷蘸胶黏剂，按设计要求（满粘、条粘或点粘）均匀涂刷在卷材的背面。应注意在搭接缝部位不得涂刷胶黏剂，搭接缝宽度为满粘法80mm，点粘、条粘法100mm。每铺完一幅卷材，应立即用干净而松软的长柄压辊从卷材一端顺卷材横向顺序滚压一遍，彻底排出卷材与基层间的空气。排出空气后，平面部位卷材可用外包橡胶的大压辊滚压，使其粘贴牢固。滚压应从中间向两侧边移动，做到排气彻底。平面立面交接处，则先粘贴好平面，经过转角，由下往上粘贴卷材，粘贴时切忌拉紧，要轻轻沿转角压紧压实，再往上粘贴。女儿墙为砖墙时，卷材收头可直接铺压在女儿墙压顶下；也可在砖墙上留凹槽，卷材收头应压入凹槽内固定密封；凹槽距屋面找平层最低高度不应小于250mm。女儿墙为混凝土时，卷材的收头可采用金属压条钉压，并用密封材料封固，用带垫圈的水泥钢钉每隔300mm对卷材收口予以固定，钉位及卷材收口用密封材料封闭。阴阳角位附加增强层施工按设计要求裁剪好卷材，如无设计要求则可按卷材幅宽均分且略大于或等于300mm裁剪。将卷材对中铺贴于阴阳角位，作为附加增强层卷材。

7.1.1.2 卷材施工中应注意的质量问题及处理方法

卷材防水屋面产生的质量问题主要有防水层起鼓、开裂、沥青流淌、老化、屋面漏水等。

① 卷材搭接不良。接头搭接形式不佳以及长边、短边的搭接宽度偏小，接头处的黏结不密实，接槎损坏、空鼓；施工操作中应按程序弹标准线，使与卷材规格相符，操作中齐线铺贴。

② 空鼓。铺贴卷材的基层潮湿，不平整、不洁净，产生基层与卷材间的窝气、空鼓；铺设时排气不彻底，窝住空气，使卷材间空鼓；施工时基层应充分干燥，卷材铺设应均匀压实。

为了防止起鼓，要求基层必须干燥，其含水率在6%以内，避免在雨、雾、霜天气施工；隔气层良好，防止卷材受潮；保证基层平整，卷材铺贴均匀；封闭严密，各层卷材粘贴密实，以免水分蒸发、空气残留形成气囊而使防水层产生起鼓现象。为此，在铺贴过程中应专人检查，如发生气泡或空鼓时，应将其割开修补。在潮湿基层上铺贴卷材，宜做成排气屋面。所谓排气屋面，就是在铺第一层卷材时，采用条铺、花铺等方法使卷材与基层间留有纵横相互贯通的排气道，并在屋面或屋脊上设置一定量的排气孔，使潮湿基层中的水分及时排走，从而避免防水层起鼓。

③ 防水层破裂。结构变形、找平层开裂；屋面刚度不够；建筑物不均匀沉降；沥青胶流淌或受冻开裂，卷材接头错动；防水层温度收缩，沥青胶变硬、变脆而拉裂；防水层起鼓后内部气体受热膨胀等。

为了防止沥青胶流淌，要求沥青胶有足够的耐热度，较高的软化点，涂刷均匀，其厚度不得超过2mm，屋面坡度不宜过大。

④ 渗漏。转角、管根、变形缝处不易操作而渗漏。施工时附加层应仔细操作；保护好接槎卷材，搭接应满足宽度要求，保证特殊部位的施工质量。

7.1.2 涂膜防水屋面

涂膜防水是在自身具有一定防水能力的结构（如现浇钢筋混凝土结构）层表面多遍涂刷以达到一定厚度的防水涂料，经常温交联固化后，形成一层具有一定坚韧性的防水涂膜层的防水方法（图 7-3）。根据防水基层的情况和使用部位，可将胎体增强材料、加固材料和缓冲材料等加铺在防水涂层内，从而达到提高涂膜防水效果、增强防水层的强度和耐久性的目的。涂膜防水由于防水效果好，施工简单、方便、节约劳动力，达到了绿色环保的施工效果，特别适合于结构表面形状复杂的结构防水施工，因此得到了广泛的应用。此方法不仅应用于建筑物的屋面防水、墙面防水，并且还广泛应用于受侵蚀性介质或受振动作用的地下主体工程和施工缝、后浇带、变形缝等结构表面的涂膜防水层。

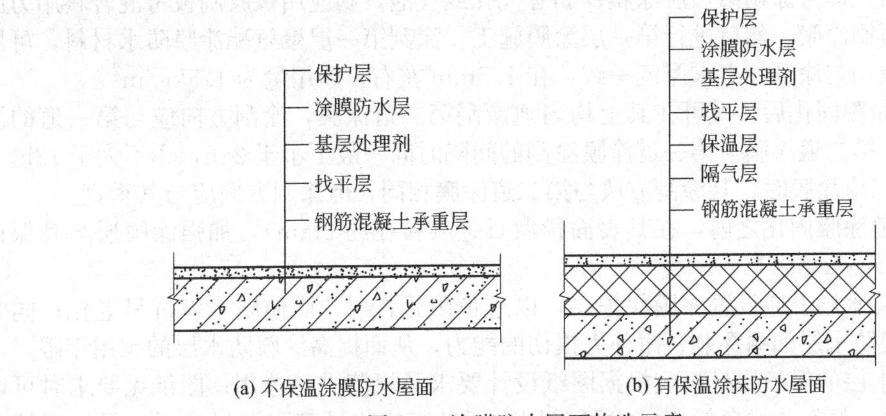

图 7-3 涂膜防水屋面构造示意

为满足屋面防水工程的需要，防水涂料及其形成的涂膜防水层应具有一定的固体含量、优良的防水能力、好的耐久性、低的温度敏感性、一定的力学性能、好的施工性、对环境污染少等优良特点。

涂膜防水材料

涂膜防水层施工工艺为：基层表面清理、修补→喷、涂基层处理剂（底涂料）→特殊部位附加层增强处理→涂布防水涂料及胎体增强材料施工→检查修补→蓄水（淋水）试验→保护层施工。

涂膜防水层施工要求如下。

① 配制材料时，聚氨酯按甲料：乙料以 1：2 的比例（重量比）配合，用电动搅拌器强制搅拌 3～5min，至充分拌和均匀即可使用。配好的混合料应 2h 内用完，不可时间过长。

② 涂膜防水层的施工应该按照“先高后低、先远后近”的施工原则进行。先对屋面的特殊部位（水落口、天沟、檐沟、泛水等构件）进行处理，再进行大面积施工。对平屋面施工时，要合理安排施工区域。

③ 当屋面结构层为装配式钢筋混凝土板时，两板之间的上口留有 20～30mm 深的凹槽板缝，通常是嵌填密封材料后，用油膏或胶泥进行灌缝，为了加强防水效果，表面增设 250～350mm 宽的带胎体增强材料的加固保护层。在油膏嵌缝后，板缝下应浇灌细石混凝土，并掺微膨胀剂。

④ 涂料涂刷前应先在基面上涂一层与涂料相容的基层处理剂。涂膜应多遍完成，涂刷应待前遍涂层干燥成膜后进行。每遍涂刷时应交替改变涂层的涂刷方向，同层涂膜的先后搭槎宽度宜为 30～50mm。涂料防水层的施工缝（甩槎）应注意保护，搭接缝宽度应大于 100mm，接涂前应将其甩槎表面处理干净。涂料防水层中铺贴的胎体增强材料，同层相邻的搭接宽度应大于 100mm，上下层接缝应错开 1/3 幅宽。

⑤ 沥青基防水涂膜防水层厚度不得小于 8mm，复合使用时不宜小于 4mm；高聚物改性沥青防水涂膜不得小于 3mm，复合使用时不宜小于 1.5mm；合成高分子防水涂膜不得小于 1.5mm，复合使用时不宜小于 1mm。在涂膜防水层施工完成后 12h 内，不得在其上进行其

他作业。涂膜防水层上不得堆放任何材料，避免破坏防水层。

⑥ 穿过墙、顶、地的管根部，地漏，排水口，阴阳角，变形缝薄弱部位等，应在涂膜层大面积施工前，先做好上述部位的增强涂层（即附加层）。附加涂膜层做法是在涂膜附加层中铺设玻璃纤维布，涂膜操作时用板刷刮涂料驱除气泡，将玻璃纤维布紧密地粘贴在基层上，阴阳角部位一般为条形，而管根为块形，应裁成三面角块形布铺设，可多次涂刷膜。

⑦ 在前一道涂膜加固层的材料固化并干燥后，应先检查其附加层部位有无残留的气孔或气泡，如没有，即可涂刷第一层涂膜；如有气孔或气泡，则应用橡胶刮板将混合料用力压入气孔，局部再刷涂膜，然后进行第一层涂膜施工。涂刮第一层聚氨酯涂膜防水材料，可用塑料或橡皮刮板均匀涂刮，力求厚度一致，在1.5mm左右，即用量为1.5kg/m^2。

⑧ 第一道涂膜固化后，即可在其上均匀地涂刮第二道涂膜，涂刮方向应与第一道的涂刮方向相垂直；第二道涂膜与第一道涂膜涂刮的间隔时间一般不小于24h，亦不大于72h。

⑨ 涂刮第三道涂膜时，其涂刮方法与第二道涂膜相同，但涂刮方向应与其垂直。

⑩ 在第三道涂膜固化之前，在其表面稀撒石碴（粒径约2mm），加强涂膜层与其保护层的黏结作用。

⑪ 在涂膜防水层上应设置涂膜保护层，以避免阳光直射，而使防水膜过早老化；同时还可以提高涂膜防水层的耐穿刺、耐外力损伤的能力，从而提高涂膜防水层的耐用年限。

⑫ 涂膜防水层的保护层材料应根据图纸设计要求及规范进行选用；图纸无要求时可以采用细砂、云母、蛭石、浅色涂料，也可采用水泥砂浆或块材等刚性保护层。保护层施工前，应该清理防水层上的杂物，并且对防水层进行检查，平屋面应做蓄水试验，水深为250mm，时间为24h；坡屋面应做淋水试验，连续淋水时间不得小于3h。检验合格后方可铺设保护层。如果采用刚性保护层，保护层与女儿墙之间预留不得小于30mm的空隙并嵌填密封材料，防水层和刚性保护层之间还应该做隔离层。

7.2 地下防水工程

当建造的地下结构超过地下常水位时，必须选择合理的防水方案，采取有效措施以确保地下结构的正常使用。地下防水工程分为四级。目前，常用的有以下几种方案。

① 采用防水混凝土结构。防水混凝土结构以地下结构本身的密实性和抗渗性来实现防水功能，使结构承重和防水合为一体，目前应用广泛。

② 在地下结构表面设附加防水层进行防水，常用的有水泥砂浆防水层、卷材防水层、涂膜防水层和金属防水层等。

③“防、排、截、堵”结合防水。即采用防水、排水、截流和堵漏等措施，排水方案可采用盲沟排水、渗排水、内排水等。此方法多用于重要的、面积较大的地下防水工程。为增强防水效果，必要时采取“防、排、截、堵”相结合，刚柔相济，因地制宜，综合治理的多道防水方案。

7.2.1 防水混凝土结构施工

防水混凝土结构工程质量的优劣，除取决于优良的设计、材料的性质及配合成分以外，还取决于施工质量的好坏。因此，对施工中的各主要环节，如混凝土搅拌、运输、浇筑、振捣、养护等，均应严格遵循验收规范和操作规程进行施工。项目施工管理人员应树立工程质量责任心，对施工质量要高标准、严要求，做到思想重视、组织严密、措施落实、施工精细。

7.2.1.1 防水混凝土结构特点

防水混凝土结构是指因本身的密实性而具有一定防水能力的整体式混凝土或钢筋混凝土

结构。它兼有承载、维护和抗渗的功能，还可满足一定的耐冻融及侵蚀要求。与卷材防水层相比，防水混凝土结构具有材料来源广泛、工艺操作简便、改善劳动条件、缩短施工工期、节约工程造价、检查维修方便、节约维修费用等优点，是我国目前地下结构防水的主要形式之一。单从经济角度讲，防水混凝土结构相比一般混凝土结构所需要增加的费用，仅相当于一般混凝土结构采用卷材防水层所耗用资金的10%左右。因此，防水混凝土在地下工程中得到了广泛的应用。

常用的防水混凝土有普通防水混凝土、外加剂防水混凝土（如掺三乙醇胺、氯化铁、引气剂或减水剂的防水混凝土）和膨胀水泥防水混凝土。

普通防水混凝土采用通过试验调整配合比的方法，来提高混凝土的密实性和抗渗能力，适用于一般工民建结构及公共建筑的地下防水工程。选定配合比时，应按设计要求的抗渗等级提高0.2MPa，而水泥用量不少于320kg/m^3，含砂率宜为35%～45%，灰砂比宜为1∶2～1∶2.5，水灰比不大于0.55，坍落度不大于50mm，如掺用外加剂或用泵送混凝土时，不受此限，一般为100～140mm。

外加剂防水混凝土是在混凝土中加入一定量的减水剂、引气剂、防水剂及膨胀剂等外加剂，以改善混凝土性能和结构的组成，提高其密实性和抗渗性，达到防水要求。膨胀水泥防水混凝土因密实性和抗裂性均较好而适用于地下工程防水和地上防水构筑物的后浇缝。

7.2.1.2 防水混凝土结构施工要点

（1）混凝土搅拌 防水混凝土应用机械搅拌先将砂、石子、水泥一次倒入搅拌筒内搅拌0.5～1.0min，再加水搅拌1.5～2.5min，外加剂最后加入。搅拌前外加剂应用拌合水稀释均匀，搅拌时间可适当延长1～1.5min。但搅拌掺引气剂的防水混凝土时，因其含气率与搅拌时间有关，搅拌时间不可以过长，以免气泡消失，搅拌时间应控制在1.5～2.0min。

（2）模板支设 模板要求表面平整，拼缝严密不得漏浆，吸湿性小、支撑牢固，有足够的刚度和承载力；墙模板采用对拉螺栓固定时，应加焊止水环（ϕ70～80mm），并须满焊。条件允许时，可以预埋木条，拆模后可以使用膨胀水泥砂浆，效果较为显著。

（3）混凝土运输 混凝土从搅拌机卸出后，应及时用机动翻斗车、自卸翻斗汽车、手推车或塔吊运送到使用地点。道路应平整，并尽量减少运输中的转运环节，以防混凝土产生离析，水泥浆流失。如发现有离析现象，在浇筑前采用二次搅拌。

（4）混凝土浇筑 拌好混凝土要及时浇筑，常温下30min内运至现场，在初凝前浇筑完毕；如运距较远或气温较高，宜掺缓凝减水剂。混凝土浇筑时坍落度：对厚度大于或等于25cm的结构宜为1～3cm；厚度小于25cm及钢筋稠密的结构宜为3～5cm。混凝土入模时的自由倾落高度不应超过2.0m，超过时应用串筒、溜槽、溜管或开门子下料，进行分段分层均匀连续浇筑，分层厚度为25～30cm，相邻浇筑面必须均衡，不留垂直高低槎，必须留槎时，应做成斜面，其坡度不大于1/7。

（5）混凝土振捣 防水混凝土应采用机械振捣，插入式振动器插点间距不应大于50cm；振捣时间宜为10～30s，振捣到表面泛浆无气泡为止，避免漏振、欠振和超振。表面再用铁锹拍实拍平，待混凝土初凝后用铁抹子抹压，以增加表面致密性。

（6）施工缝的位置及接缝形式 包括后浇带接缝、变形缝和穿墙管、穿墙螺栓、预埋件、预留洞口等处的施工缝。防水混凝土尽量不留或少留施工缝。底板和顶板混凝土须连续浇筑，不得留施工缝；必须留设时，只允许留垂直施工缝，宜留在结构的变形缝或后浇带缝处；墙体一般只允许留水平施工缝，其位置留在底板面上部300～400mm处，不得留在剪力或弯矩最大处或底板与墙交接处；墙体有孔洞时，施工缝距离孔洞边缘不宜小于300mm；顶板与墙体间的施工缝留在顶板面以下150～300mm处。如墙体需留垂直施工缝，应留在结构的变形缝或后浇带缝处。墙体水平施工缝的形式有企口缝（凹缝或凸缝）、阶梯缝（高低缝)、水平缝加止水钢板或橡胶或塑料止水带等(图 7-4)。

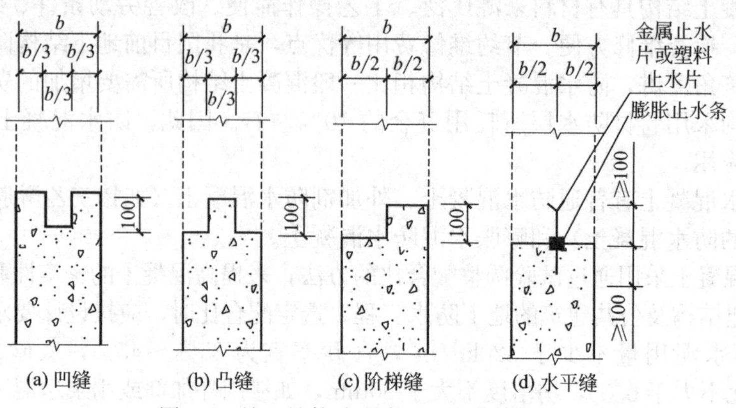

图 7-4 施工缝构造示意(b 为墙体厚度)

当墙厚在 30cm 以上时,应用企口缝;厚度小于 30cm 时,可采用高低缝或水平缝加止水片。止水片采用钢板时,接缝处电弧焊连接封闭;用橡胶或塑料止水带应用热压胶结。如墙体留垂直施工缝,一般留凹形企口缝或垂直平缝埋设橡胶止水带或钢板止水片,以延长渗漏路线。施工缝的新旧混凝土接槎处,继续浇筑混凝土前,施工缝处应凿毛,清理浮浆及松散石子,用水冲洗保持湿润,用相同等级水泥砂浆先铺 20～25mm 厚一层,然后继续浇筑混凝土(提高一个等级)。

后浇带接缝是为了防止大面积混凝土结构施工时产生有害裂缝而留设的刚性接缝,适用于不允许设置柔性变形缝且后期变形趋于稳定的结构,后浇带宽一般为 700～1000mm,两条后浇带的间距为 30～60m。补缝时应与原浇混凝土间隔不少于 42d,施工期的温度宜低于缝两侧混凝土施工时的温度,在缝处应加遇水膨胀止水条。

(7) 拆模、养护 防水混凝土结构须在混凝土强度达到 40%以上时,方可在其上继续进行下道工序,达到 70%时方可拆模。防水混凝土浇筑后 4～6h 应覆盖并浇水养护,3d 内每天浇水 4～6 次,以后每天浇水 2～3 次,养护时间不小于 14d。

(8) 冬季施工 混凝土冬季施工,但气温在 5℃以下宜采用综合蓄热法,搅拌用水适当加热,并适当掺加早强型外加剂,使混凝土浇筑入模温度不低于 5℃;模板及混凝土表面用塑料薄膜和草垫进行严密覆盖保温。拆模时,混凝土结构表面与周围的气温差不得超过 15℃。拆模后的地下结构应及时分层回填土并夯实,不得长期暴露,以避免因干缩和温差产生裂缝,这样有利于混凝土后期强度的增长和抗渗性的提高。冬期施工不宜采用蒸汽养护法或电热养护法。

7.2.2 水泥砂浆防水层施工

水泥砂浆防水层是采用普通水泥砂浆、聚合物水泥防水砂浆、掺外加剂或掺合料防水砂浆等材料,采用多层抹压施工或机械喷涂形成的刚性防水层。它是依靠特定的施工工艺要求或在水泥砂浆内掺入外加剂、聚合物来提高水泥砂浆的密实性或改善水泥砂浆的抗裂性,从而达到防水抗渗的目的。

(1) 水泥砂浆防水层特点 水泥砂浆防水层与卷材、金属、混凝土等防水材料相比,具有施工操作简便、造价适宜、容易修补等优点,但是普通水泥砂浆韧性差、较脆、极限拉伸强度较低。近年来,利用高分子聚合物材料制成聚合物改性砂浆提高了水泥砂浆的抗拉强度和韧性,并得到了广泛的应用。水泥砂浆防水层按掺入外加剂的不同分为四种。

① 普通水泥砂浆防水层。利用不同配合比的水泥浆和水泥砂浆分层次施工,相互交替

抹压密实，充分切断各层次毛细孔道网，构成一个多层防线的整体防水层。

② 防水砂浆防水层。在水泥砂浆中掺入各种防水剂配制而成。其防水剂为有机或无机化学原料组成的外加剂，如氯化物金属盐类、无机铝盐、金属皂类、硅类防水剂。掺入砂浆中可提高砂浆的不透水性，适用于水压较小的工程和其他防水层的辅助措施。

③ 聚合物水泥砂浆防水层。由水泥、砂和一定量的橡胶胶乳或树脂乳液以及稳定剂、消泡剂等助剂经搅拌混合均匀配制而成。各种乳胶有效地封闭水泥砂浆中的连续孔隙，提高了材料的固液接触角，改善了材料的抗渗性，使其具有良好的抗渗性、韧性和耐磨性。

④ 纤维聚合物水泥砂浆防水层。在水泥砂浆内掺入纤维作增强材料提高水泥砂浆的机械力学性能，使水泥砂浆具有良好的抗裂性以及良好的防水、抗渗能力。

水泥砂浆防水层适用于埋置深度不大、使用时不会因结构沉降、温度和湿度变化以及因受振动等产生有害裂缝的地上及地下防水工程。对于主体结构刚度较大、建筑物变形小及面积较小的工程，水泥砂浆防水层比较合适。面积或长度较大的工程必要时应设置变形缝分段设防。装配式混凝土结构因为刚度较差，不宜使用水泥砂浆防水层。由于水泥砂浆防水层与混凝土具有良好的黏结能力，因此既可用于结构主体的迎水面，也可以在背水面作为大面积轻微渗漏时修补使用。

(2) 水泥砂浆防水层施工要点

① 刷水泥素浆。配合比为水泥：水：防水油＝1：0.8：0.025（重量比），先将水泥与水拌和，然后再加入防水油搅拌均匀，再用软毛刷在基层表面涂刷均匀（厚1～2mm），随即抹底层防水砂浆。

② 抹底层砂浆。采用1：2.5水泥砂浆，加水泥质量3%～5%的防水粉，水灰比为0.6：0.65，稠度为70～80mm。先将防水粉和水泥、砂子拌匀后，再加水拌和。搅拌均匀后进行抹灰操作，底灰抹灰厚度为4～6mm，在灰末凝固之前用扫帚扫毛。砂浆要随拌随用，拌和及使用砂浆时间不宜超过60min，严禁使用过夜砂浆。

③ 刷水泥素浆。在底灰抹完后，常温时隔1d，再刷水泥素浆，配合比及做法与第一层相同。

④ 抹面层砂浆。刷过素浆后，紧接着抹面层，配合比同底层砂浆，抹灰厚度在4～6mm，凝固前要用木抹子搓平，用铁抹子压光。

⑤ 刷水泥素浆。面层抹完后1d刷水泥素浆一道，配合比为水泥：水：防水油＝1：1：0.03（重量比），做法和第一层相同，厚1mm，随面层砂浆压光。

以上五层交替抹面做法总厚度控制在15～20mm（图7-5）。各层做法宜连续施工，紧密结合，不留或少留施工缝，如必须留时应留成阶梯槎（留在地面或墙面上），接槎要依照层次顺序操作，层层搭接紧密，接槎位置均需离开阴阳角处100～200mm（图7-6）。

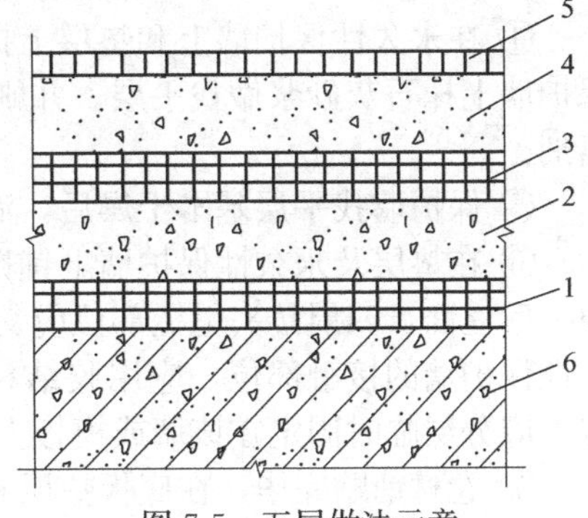

图7-5 五层做法示意
1,3—素灰层；2,4—水泥砂浆层；5—水泥浆；6—结构层

接槎及阴阳角抹灰程序，一般是先抹立墙后抹地面。槎子不应甩在阴阳角处，各层抹灰槎子不得留在一条线上，底层与面层搭槎在15～20cm，接槎时要先刷水泥防水素浆。所有墙的阴角都要做成半径为50mm的圆角，阳角做成半径为10mm的圆角。地面上的阴角都要做成50mm以上的圆角，用阴角抹子压光、压实。

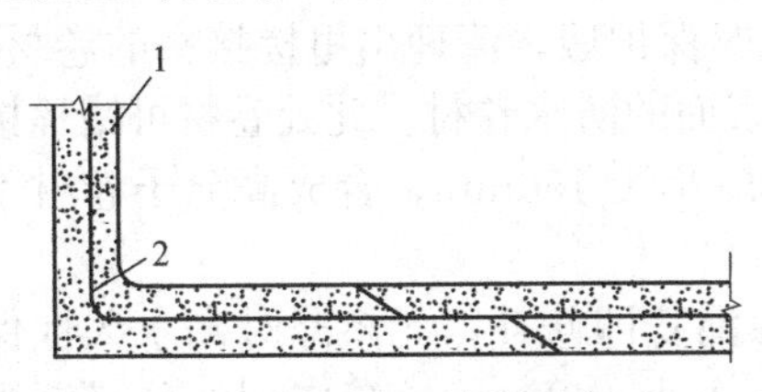

图7-6 施工缝接头示意
1—水泥砂浆层；2—素灰层

为防止防水层开裂并提高不透水性，在终凝后8～12h盖湿草包浇水养护，养护14d。

7.2.3 卷材防水层施工

卷材防水层属于一种柔性防水层，具有良好的韧性和防水效果，可以使用在结构振动的地方等特点。其施工要点与屋面防水层相同。

将卷材防水层铺贴在地下结构的外侧（迎水面）称为外防水。外防水卷材防水层的铺贴方法，按照地下结构施工先后顺序，可分为外防外贴法（简称外贴法）和外防内贴法（简称内贴法）两种。

（1）外防外贴法　外防外贴法是先在垫层上铺贴底层卷材，四周留出接头，待底板混凝土和立面混凝土浇筑完毕，将立面卷材防水层直接铺设在防水结构的外墙外表面上，最后在防水层外侧砌筑保护墙的一种卷材施工方法（图7-7）。其具体施工顺序如下。

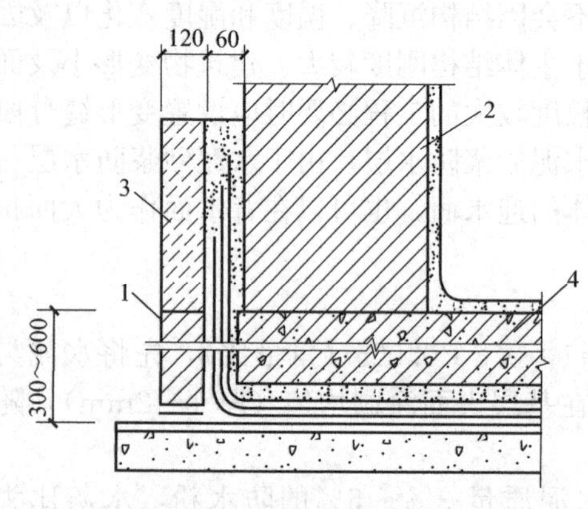

图7-7　外防外贴法示意
1—永久性保护墙；2—基础外墙；
3—临时性保护墙；4—混凝土底板

① 浇筑底板混凝土垫层，在垫层上抹1∶3水泥砂浆找平层，并抹平压光。

② 在底板垫层上砌永久性保护墙，保护墙的高度为$B+(200\sim500)$mm（B为底板厚度），一般墙高为300～600mm，墙下平铺油毡条一层。

③ 在永久性保护墙上用石灰砂浆砌筑临时性保护墙，其墙高为$150\times(n+1)$mm（n为卷材层数），一般为450～600mm，并在保护墙下部干铺油毡条一层。

④ 在永久性保护墙上和垫层上抹1∶3水泥砂浆找平层，转角要抹成圆弧形。在临时性保护墙上抹石灰砂浆做找平层，并刷石灰浆。如用模板代替临时性保护墙，应在其上涂刷隔离剂。

⑤ 保护墙找平层基本干燥后，满涂冷底子油一道，而临时性保护墙不涂冷底子油。

⑥ 在垫层及永久性保护墙上铺贴卷材防水层，转角处加贴卷材附加层。铺贴时应先底面，后立面，四周接头甩槎部位应交叉搭接，并贴于保护墙上，从垫层折向立面的卷材与永久性保护墙的接触部位，应用胶结材料紧密贴严，与临时性保护墙或围护结构模板接触部位，应分层临时固定在该墙或模板上。

⑦ 卷材铺贴完毕，在底板垫层和永久性保护墙卷材面上抹热沥青或玛碲脂，并趁热撒上干净的热砂，冷却后在垫层、永久性保护墙和临时性保护墙上抹1∶3水泥砂浆，作为卷材防水层的保护层。

⑧ 浇筑混凝土底板和墙身混凝土时，保护墙作为墙体外侧的模板。

⑨ 防水结构混凝土浇筑完工并检查验收后，拆除临时保护墙，清理出甩槎接头的卷材，如有破损应在进行修补后，再依次分层铺贴防水结构外表面的防水卷材。此处卷材可错槎接缝，上层卷材应盖过下层卷材，高聚物改性沥青卷材不应小于150mm，合成高分子卷材不应小于100mm，接缝处加盖条。

⑩ 卷材防水层铺贴完毕，立即进行渗漏检验，有渗漏立即修补，无渗漏时砌永久性保护墙，永久性保护墙每隔5～6m及转角处应留缝，缝宽不小于20mm，缝内用油毡或沥青麻丝填塞。卷材防水层外侧可粘贴厚5～6mm的聚乙烯泡沫塑料板。保护墙与卷材防水层

之间的缝隙，随砌砖随用1∶3水泥砂浆填满。

⑪ 保护墙施工完毕，随即回填土。

外防外贴法的优点是建筑与保护墙有不均匀沉陷时，对防水层影响较小；防水层做好后即可进行漏水试验，修补也方便。缺点是工期较长，占地面积大；底板与墙身接头处卷材易受损。在施工现场条件允许时，多采用此法施工。

(2) 外防内贴法　外防内贴法是先浇筑混凝土垫层，在垫层上将永久性保护墙全部砌好，抹水泥砂浆找平层，将卷材防水层直接铺贴在垫层和永久性保护墙上（保护墙可代替模板），然后再进行底板和墙体结构施工的一种卷材施工方法（图7-8）。其具体施工顺序如下。

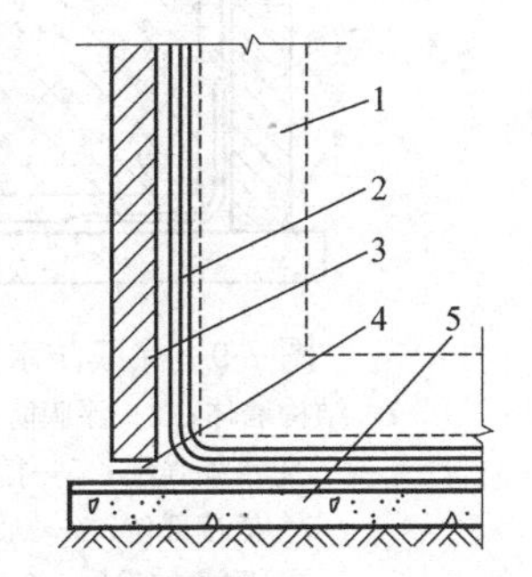

图7-8　外防内贴法示意

1—未施工的墙体；2—卷材防水层；3—永久性保护墙；4—干铺卷材一层；5—混凝土垫层

① 做混凝土垫层，如保护墙较高，可采取加大永久性保护墙下垫层厚度的做法，必要时可配置加强钢筋。

② 在混凝土垫层上砌永久性保护墙，保护墙厚度采用一砖墙，其下干铺卷材一层。

③ 保护墙砌好后，在垫层和保护墙表面抹1∶3水泥砂浆找平层，阴阳角处应抹成钝角或圆角。

④ 找平层干燥后，刷冷底子油1～2遍，再干燥后，可将卷材防水层直接铺贴在保护墙和垫层上，铺贴卷材防水层时应先铺立面，后铺平面。铺贴立面时，应先转角，后大面。

⑤ 卷材防水层铺贴完毕，及时做好保护层，平面上可浇一层30～50mm的细石混凝土或抹一层1∶3水泥砂浆，立面保护层可在卷材表面刷一道沥青胶结料或粘贴塑料板，趁热撒一层热砂，冷却后再在其表面抹一层1∶3水泥砂浆保护层，并搓成麻面，以利于与混凝土墙体的粘接。

⑥ 浇筑底板和混凝土墙体。

⑦ 回填土，施工完成。

外防内贴法的优点是防水层的施工比较方便，不必留接头，且施工占地面积小。缺点是建筑与保护墙发生不均匀沉降时，对防水层影响很大；保护墙稳定性差；竣工后如发现漏水较难修补。这种方法只有当施工场地受限制，无法采用外贴法时才采用。

7.2.4 涂膜防水层施工

地下工程涂膜防水可分为外防外涂法和外防内涂法两种施工方法（图7-9、图7-10）。

外防外涂法是先进行防水结构施工，然后将防水涂料刷在防水结构的外表面，再砌筑永久性保护墙或抹水泥砂浆保护层或粘贴软质泡沫塑料保护层。

外防内涂法是在地下垫层施工完成后，先砌筑永久性保护墙，然后涂刷防水涂料防水层，然后在涂膜防水层上粘贴防水卷材做隔离层，该隔离层可以作为主体结构的外模板，最后进行结构主体施工。

涂膜防水层施工工艺：清理、修补基层→喷、涂基层处理剂→节点部位附加层增强处理→涂布防水涂料及铺贴胎体增强材料→清理、检查修补→平面部位铺贴卷材保护隔离层→平面部位浇筑细石混凝土保护层→立面部位粘贴聚乙烯泡沫塑料保护层→基坑回填。

涂膜防水层具体施工顺序同卷材的外贴法和内贴法，施工方法同屋面防水的涂膜工程。

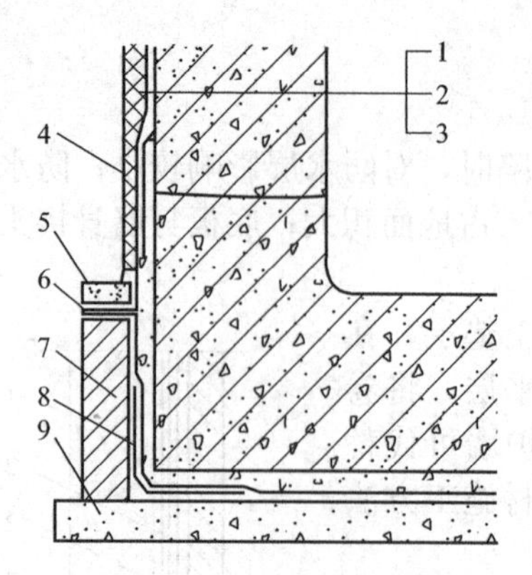

图 7-9 涂膜防水外防外涂法
1—结构墙体；2—涂膜防水层；3—保护层；
4—防水加强层；5—搭接部位保护层；
6—搭接部位；7—永久性保护墙；
8—防水加强层；9—混凝土垫层

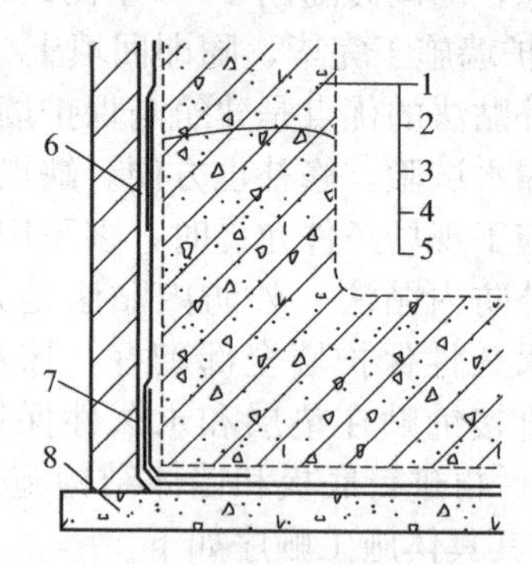

图 7-10 涂膜防水外防内涂法
1—结构墙体；2—砂浆保护层；3—涂膜防水层；
4—砂浆找平层；5—保护墙；6,7—防水
加强层；8—混凝土垫层

如水乳型再生橡胶沥青防水涂料（冷胶料），由水乳型A液和B液组成。A液为再生胶乳液，呈漆黑色，细腻均匀，稠度大，黏性强，密度约1.1g/cm^3。B液为液化沥青，呈浅黑黄色，水分较多，黏性较差，密度约1.04g/cm^3。当两种溶液按不同配合比（质量比）混合时，其混合料的性能各不相同。当混合料中沥青成分居多时，则可减小橡胶与沥青之间的内聚力，其粘结性、涂刷性和浸透性能良好，此时施工配合比可按A液∶B液=1∶2；当混合料中橡胶成分居多时，则具有较高的抗裂性和抗老化能力，此时施工配合比可按A液∶B液=1∶1。所以在配料时，应根据防水层的不同要求，采用不同的施工配合比。

水乳型再生橡胶沥青防水涂料即可单独涂布形成防水层，也可衬贴玻璃丝纤维网格布作为防水层。当地下水压不大时做防水层，或地下水压较大时做加强层，可采用二布三油一砂做法；当在地下水位以上做防水层或防潮层时，可采用一布二油一砂做法，铺贴顺序为先铺附加层和立面，再铺平面；先铺贴细部，再铺贴大面，其施工方法与卷材防水层相类似。该涂料与一般卷材防水层相比可节约造价30%，还可在较潮湿的基层上施工，特别适用于屋面、墙体、地面、地下室等部位及设备管道防水防潮、嵌缝补漏和防渗防腐工程。

在施工时应注意以下技术问题和要点。

① 涂膜防水层施工前，在基层上应涂刷基层处理剂，所涂刷的基层处理剂可用防水涂料稀释后使用。

② 对于多组分防水涂料，施工时应按规定的配合比准确计量，充分搅拌均匀。

③ 确保涂膜防水层的厚度是涂膜防水最主要的技术要求。过薄会降低结构整体防水效果，缩短防水层耐用年限；过厚将在一定意义上造成浪费。

④ 防水涂层涂刷细密是保证质量的关键。要求各遍涂膜的涂刷方向应相互垂直，使上下遍涂层互相覆盖严密，避免产生直通的针眼气孔，以提高防水层的整体性和均匀性。涂层间的接槎，在每遍涂布时应退槎50～100mm，接槎时也应超过50～100mm，避免在接槎处涂层薄弱，发生渗漏。

7.2.5 地下防水工程渗漏及防治方法

（1）混凝土不防水

① 渗漏原因。混凝土骨料级配不合理，外加剂量较大，导致混凝土坍落度不稳定，抗压强度降低导致渗漏。

② 防治措施。所用材料符合设计和相关规范要求，严格控制混凝土骨料级配及配合比，掺加外加剂的量严格按照要求进行添加，同时也能减少混凝土的裂缝。

（2）蜂窝、露筋、麻面、孔洞未处理或处理不彻底导致渗漏

① 渗漏原因。钢筋过密，混凝土振捣不密实，导致出现蜂窝、露筋、麻面、孔洞现象，处理时，表面未凿除即抹砂浆。

② 防治措施。振捣混凝土时，应做到“快插慢拔”，防止发生离析现象和振动棒拔出后产生的孔洞。确保混凝土结构密实、无露筋、蜂窝麻面等现象。

（3）钢筋保护层厚度不足导致渗漏

① 渗漏原因。地下水通过底板外侧薄弱的钢筋保护层处进入到底板钢筋周围，沿着钢筋向地下室内渗水。此现象在底板发生渗漏时较为多见。

② 防治措施。在设计或者施工过程中，剪力墙外侧钢筋保护层应加大。

（4）穿墙螺栓、穿墙管道处理方法不当造成漏水

① 渗漏原因。外墙、外边梁使用穿墙螺栓止水板焊接不严密；螺栓杆外露过长，在防水过程中破坏了防水层，经过地下水长时间的腐蚀造成渗漏。穿墙管道安装和处理不符合要求。

② 防治措施。使用穿墙螺栓时，将螺栓切割平整，抹防水砂浆。穿墙管道止水环与主管或翼环与套管应连续埋焊，并做好防腐处理。穿墙管处防水层施工前，应将套管内清理干净。套管内的管道安装完毕后，应在两管间嵌入内衬填料，端部采用密封材料填缝。穿墙管外侧防水层应增设附加层，不留接槎。

（5）混凝土中带有杂质造成渗漏

① 渗漏原因。模板内杂物清理不及时，新老混凝土之间形成夹层。混凝土中带有木楔、木条、砖头、木板等杂物时极其容易发生渗漏。

② 防治措施。模板施工时应认真检查，将存留在模板内的杂物清理干净。最好在剪力墙根部、梁外侧面预留清扫口。

（6）沉降缝、施工缝处止水带偏移造成渗漏

① 渗漏原因。橡胶止水带不容易固定，振捣混凝土时经常移位，导致混凝土振捣不实；钢板止水带厚度不足，高度不够，焊缝有沙眼、夹渣等，都是导致渗漏的原因。

② 防治措施。施工时应该将橡胶止水带的下方或一侧的混凝土振捣密实后，按照要求固定止水带；使用钢板止水带时，应注意钢板的厚度、上边高度、焊缝均应符合图纸及相关规定。

（7）预埋件部位渗漏

① 渗漏原因。预埋件未设止水环、振捣不密实形成蜂窝造成渗水。

② 防治措施。安装预埋件前，首先将止水环焊接或者粘接在预埋件外侧中间位置处，焊接或粘接必须符合相关要求，并做好防腐处理；混凝土振捣时可以采用同标号的细石混凝土进行浇筑，防止发生渗漏。

（8）回填土施工不规范导致渗漏

① 渗漏原因。回填土施工时土内夹杂砖头瓦块，导致建筑物周边回填土下沉，对墙壁的柔性防水进行局部破坏，发生渗漏现象。

② 防治措施。回填土必须采用黏土或原土，严格按照分层回填、夯实进行施工。

7.3 室内用水房间防水工程

室内用水房间防水工程主要指住宅和公共建筑等的厨房、卫生间、公共浴室、开水间以

及各种用水房间的防水。这些地方用水频繁、环境潮湿，管道错综复杂、贴角穿墙，防水施工复杂困难，经常出现积水、渗漏。

室内用水房间防水施工工艺：基层处理→配置底胶→涂刷底胶→涂刷局部加强层→防水层大面积施工→涂面层涂料→蓄水（闭水）试验→检查验收→砂浆保护层施工→铺贴面层。

（1）施工要点

① 配制底胶应严格按照相关要求进行配置，并搅拌均匀，不宜过多，在 2h 内用完即可；涂刷底胶，常温下 4h 后方可进行下道工序。

② 防水层施工前应先对地漏、管根、出水口、卫生洁具根部（边沿）、阴阳角等部位"进行附加层处理。对各类管道（如给排水管、暖气管、热水管等）穿过楼板进行防水处理（图 7-11）。

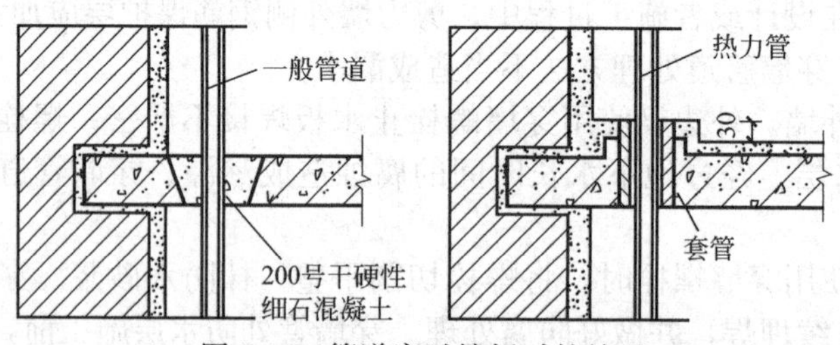

图 7-11 管道穿过楼板时的处理

③ 防水层施工应注意防水层的厚度和均匀程度，如聚氨酯涂膜防水层的平均厚度应符合设计要求，最小厚度不得小于设计厚度的 80%。

④ 对于有防潮、防水要求的厨浴厕间，应在垫层或结构层与面层之间设防水层。常见的防水材料有卷材、防水砂浆、防水涂料等，有水房间地面常采用水泥地面、水磨石地面、马赛克地面或缸砖地面等，并从四周向地漏处找坡 0.5%（最薄处不少于 30mm 厚），引导水流入地漏。排水坡度一般为 1%～1.5%。

⑤ 为防止水沿房间四周侵入墙身，应将防水层沿房间四周墙边向上深入踢脚线内 100～150mm，当遇到开门处，其防水层应铺出门外至少 250mm。

⑥ 为防止室内积水外溢，有水房间的楼面或地面标高应比其他房间与走廊低 20～30mm；若有水房间楼地面标高与走廊或其他房间楼地面标高相平时，也可在门口做 20～30mm 的门槛。

（2）防水层的验收　采用涂膜防水层施工时，应根据防水涂膜施工工艺流程，按检验批、分项工程对每道工序进行检查验收，并做好记录，合格后方可进行下道工序施工。验收的要求是防水层无起鼓、开裂、翘边等缺陷，且表面光滑。蓄水试验（蓄水深度高出标准地面 20mm）24h 无渗漏，验收合格，可进行保护层施工。

（3）保护层施工　采用涂膜防水层施工时，最后一道涂膜固化干燥后，即可根据图纸设计要求进行施工，一般抹水泥砂浆进行保护。

（4）施工中应注意的质量问题

① 空鼓。防水层空鼓一般发生在找平层与防水层之间和接缝处，原因是基层含水过大，使防水层空鼓，形成气泡。施工中应控制含水率，并认真操作。

② 渗漏。防水层渗漏水，多发生在穿过楼板的管根、地漏、卫生洁具及阴阳角等部位，原因是管根、地漏等部件松动、粘接不牢、涂刷不严密或防水层局部损坏；管道本身的裂缝或破损（安装、使用），接头不严，穿越楼板处未封堵密实；部件接槎封口处搭接长度不够所造成的。在防水层施工前，应严格按规程和设计要求施工（如设置地漏、安设止水环等），认真检查并加以修补。

复习思考题

7-1　屋面防水做法有哪些？阐述各自的适用范围。
7-2　卷材防水屋面使用的卷材有哪几种？
7-3　卷材防水屋面对基层处理有哪些要求？
7-4　试述防水涂料的种类以及使用范围。
7-5　地下卷材防水层铺贴方式及各自的特点是什么？
7-6　防水混凝土结构施工中应特别注意哪些问题？
7-7　地下防水工程中有哪几种原因会导致渗漏？
7-8　水泥砂浆防水层的施工特点是什么？
7-9　屋面卷材防水层最容易产生的质量问题有哪些？如何防治？
7-10　屋面防水等级有几级？设防要求是什么？

8 装饰工程

扫码获取本书学习资源
在线测试
拓展阅读
章节速览
「获取说明详见本书封二」

学习内容和要求

掌握	• 一般抹灰、板块面层、玻璃幕墙、门窗、涂料等工程的组成、要求、作用、施工做法和质量的监控方法	8.1.1、8.3、8.4、8.7.4节
了解	• 一般装饰工程的施工程序 • 装饰工程的新材料、新技术、新工艺和发展方向	8.1.2节

装饰工程是指采用各种饰材或饰物，对建筑内外表面及空间进行的各种处理，一般分室外装饰和室内装饰，主要包括抹灰、饰面、油漆、涂料、刷浆、裱糊、楼地面、吊顶、隔墙、隔断、门窗、玻璃、幕墙、罩面板和花饰安装等工程内容，是建筑工程的最后一个施工过程。装饰工程能保护主体结构，延长其使用寿命，还能改善清洁卫生条件、美化建筑物及周围生活环境，增强和改善建筑物的保温、隔热、防潮、防腐、隔音等使用功能，从而保护建筑免受侵蚀和污染，提高结构的耐久性。

装饰工程项目繁多、涉及面广、工序复杂、工程量多、劳动量大、造价高、工期长，一般占整个工程的30%～50%，质量要求高，但手工作业量大、机械化施工程度和生产效率低。因此，为加快施工进度、降低成本、满足装饰功能、增强装饰效果，应大力发展新型装饰功能材料，协调结构、设备与装饰的关系，实现结构与装饰合一，多采用干法作业，优化施工工艺、技术和方法，不断提高装饰工程工业化、机械化和专业化施工水平。

8.1 抹灰工程

讨论　一般抹灰层的组成、作用与要求是什么？

抹灰工程是指用各种灰浆涂抹在建筑表面，起找平、装饰和保护墙面的作用，主要分室内抹灰和室外抹灰。按工种部位可分为内外墙面抹灰、地面抹灰和顶棚抹灰；按使用材料和装饰效果可分为一般抹灰和装饰抹灰。

8.1.1 一般抹灰工程

一般抹灰是指采用石灰砂浆、水泥砂浆、水泥混合砂浆、聚合物水泥砂浆、膨胀珍珠岩水泥砂浆、麻刀灰浆、纸筋石灰浆和石膏灰等抹灰材料进行的涂抹施工。

8.1.1.1 材料要求

抹灰常用材料有水泥、石灰、石膏、砂、石、麻刀、纸筋、稻草、麦秸等。

一般抹灰材料

8.1.1.2 一般抹灰的分级、组成及质量要求

按建筑物的装饰标准和质量要求，一般抹灰有普通抹灰和高级抹灰两级。

普通抹灰：一底层、一中层、一面层，三遍成活，主要工序为分层赶平、修理和表面压光。要求表面光滑、洁净、接槎平整、分格缝清晰。

高级抹灰：一底层、数中层、一面层，多遍成活，主要工序为阴阳角找方，设置标筋，分层赶平、修整和表面压光。要求抹灰表面光滑、洁净，颜色均匀，无抹纹，线角和灰线平直方正，分格缝清晰美观。

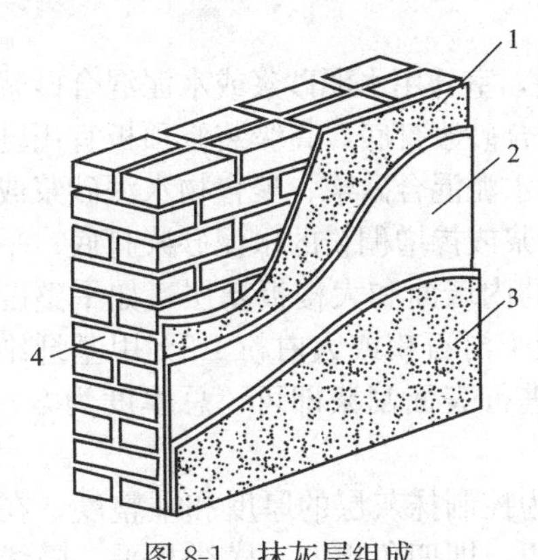

图 8-1 抹灰层组成
1—底层；2—中层；3—面层；4—基层

为保证抹灰质量，一般抹灰工程分层进行施工，应做到粘接牢固、表面平整，避免裂缝。如一次涂抹太厚，内外收水快慢不同会产生裂缝、起鼓或脱落。

抹灰层一般由底层、中层和面层组成（图 8-1）。

底层主要起与基层粘接和初步找平作用，5～7mm 厚，用材与基层有关。基层吸水性强，砂浆稠度应较小，一般为 10～20cm。若有防潮、防水要求，应采用水泥砂浆抹底层。

中层主要起保护墙体和找平作用，5～12mm 厚，根据质量要求，可一次或分次涂抹。采用材料基本与底层相同，稠度可大一些，一般为 7～8cm。

面层亦称罩面，2～5mm 厚，主要起装饰作用，须仔细操作，保证表面平整、光滑细致、无裂痕。砂浆稠度一般为 10cm 左右。

各抹灰层厚度应根据具体部位、基层材料、砂浆类型、平整度、抹灰质量以及气候、温度条件而定。抹水泥砂浆每遍厚度宜为 5～7mm。抹石灰砂浆和水泥混合砂浆每遍厚度宜为 7～9mm。麻刀灰、纸筋灰和石膏灰等罩面，赶平压实后，其厚度一般不大于 3mm。水泥砂浆面层和装饰面层不大于 10mm。

抹灰层平均总厚度，一般为 15～20mm，最厚不超过 25mm，特殊情况不超过 35mm，均应符合规范要求。顶棚是现浇混凝土、板条的为 15mm，预制混凝土板为 18mm，金属网为 20mm；内墙普通抹灰为 18～20mm，高级的为 25mm；外墙抹灰砖墙面为 20mm，勒脚及突出墙面部分为 25mm，石材墙面为 35mm。

8.1.1.3 一般抹灰施工

为保护成品，应按先室外后室内、先上面后下面、先顶棚后墙地面的施工顺序抹灰。

先室外后室内是指完成室外抹灰后，拆除外脚手架，堵上脚手眼再进行室内抹灰。室内抹灰应在屋面防水完工后进行，以防漏水造成抹灰层损坏和污染，可按房间、走廊、楼梯和门厅等顺序施工。先上面后下面是指在屋面防水完工后室内外抹灰最好从上层往下进行。如高层建筑采用立体交叉流水作业施工时，也可从下往上施工，但必须注意成品保护。先顶棚后墙地面是指室内可采取先顶棚和墙面抹灰，再开始地面抹灰。外墙由屋檐开始自上而下，先抹阳角线、台口线，后抹窗和墙面，再抹勒脚、散水坡和明沟等。

一般抹灰的施工工艺：基层处理→润湿基层→阴阳角找方→设置标筋→做护角→抹底层

灰→抹中层灰→检查修整→抹面层灰并修整→表面压光。

(1) 基层处理　为使抹灰砂浆与基体表面粘接牢固，防止灰层产生空鼓，抹灰前应对基层进行处理。

表面的灰尘、污垢和油渍等应清除干净（油污严重时可用10%浓度的碱水洗刷），并提前1～2d洒水湿润（渗入8～10mm）。砖石、混凝土、加气混凝土等凹凸的基层表面，应剔平或用1∶3水泥砂浆补平，封闭基体毛细孔，使底灰不过早脱水，以增强基体与底层灰的粘接力。表面太光滑要凿毛或用掺10% 108胶的1∶1水泥砂浆薄抹一层。对水暖、通风穿墙管道及墙面脚手孔洞和楼板洞、门窗口与立墙交接缝处均应用1∶3水泥砂浆或水泥混合砂浆（加少量麻刀）嵌缝密实。在不同基层材料（如砖石与木、砌块、混凝土结构）交接处应先铺钉一层金属网或纤维布，搭接宽度从缝边起每边不得小于100mm，以防抹灰层因基层温度变化而胀缩产生裂缝。在门洞口、墙、柱易受碰撞的阳角处，宜用1∶2的水泥砂浆抹出护角，其高度应不低于2m，每侧宽度不小于50mm。对砖砌体基层，应待砌体充分沉降后，方可抹底层灰，以防砌体沉降拉裂抹灰层。

室内砖墙墙面基层一般用石灰砂浆或水泥混合砂浆打底，室外用水泥砂浆或水泥混合砂浆打底；混凝土基层，宜先刷素水泥浆一道，用水泥砂浆和混合砂浆打底，高级装修顶板宜用乳胶水泥浆打底；加气混凝土基层宜先刷一遍胶水溶液，再用水泥混合砂浆、聚合物水泥砂浆或掺增稠粉的水泥砂浆打底；硅酸盐砌块基层宜用水泥混合砂浆或掺增稠粉的水泥砂浆打底；平整光滑的混凝土基层，如装配式混凝土大板和大模板建筑的内墙面和大楼板基层，如平整度好，垂直偏差小，可不抹灰，采用粉刷石膏或用腻子（乳胶∶滑石粉或大白粉∶2%甲基纤维素溶液=1∶5∶3.5）分遍刮平，待各遍腻子粘接牢固再进行表面刮浆即可，总厚度为2～3mm。板条基层宜用麻刀灰和纸筋灰。

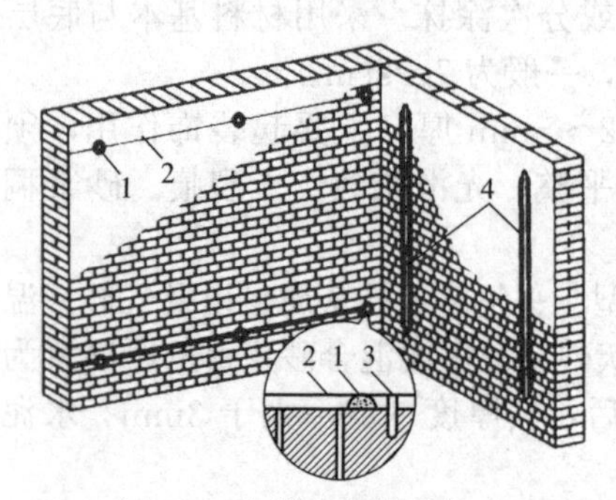

图8-2　灰饼、标筋的作法
1—灰饼（标志块）；2—引线；3—钉子；4—标筋

(2) 抹灰施工　为控制抹灰层的厚度和平整度，在抹灰前还须先找好规矩，即四角规方、横线找平、竖线吊直、弹出准线和墙裙、踢脚板线，并在墙面用1∶3水泥砂浆抹成50mm见方的标志（灰饼）和标筋（冲筋、灰筋）（图8-2），以便找平。

抹灰层施工采用分层涂抹，多遍成活。分层涂抹时，应使底层水分蒸发、充分干燥后再涂抹下一层。刮尺操作不致损坏标筋时，即可抹底层灰。底层砂浆的厚度为冲筋厚度2/3，用铁抹子将砂浆抹上墙面并进行压实，并用木抹子修补、压实、搓平、搓粗。抹完底层后，应间隔一定时间，让其干燥，再抹中层灰。如用水泥砂浆或混合砂浆，应待前一抹灰层凝结后再抹后一层；如用石灰砂浆，则应待前一层达到七八成干后，用手指按压不软，但有指印和潮湿感，方可抹后一层。中层砂浆抹灰凝固前，应在层面上每隔一定距离交叉划斜痕，以增强与面层的粘接。室外墙面的面层常用水泥砂浆。

采用水泥砂浆面层，应注意接槎，表面压光应不少于两遍，罩面后次日洒水养护。纸筋或麻刀灰罩面应在1∶(2.5～3) 石灰砂浆或1∶2∶9混合砂浆底灰五六成干后进行，若底灰过干应浇水湿润，罩面灰一般分两遍抹平压光。石灰膏罩面宜在石灰砂浆或混合砂浆底灰尚潮湿下刮抹石灰膏（6∶4或5∶5），灰浆稠度80mm为宜，刮抹后约2h待石灰膏尚未干时压实抹平，使表面光滑不裂。各种砂浆抹灰层，在凝结前应防止快干、水冲、撞击和振动，在凝结后应采取措施防止玷污和损坏。水泥砂浆的抹灰层应在湿润的条件下养护。

顶棚抹灰时应先在墙顶四周弹水平线，以控制抹灰层厚度，然后沿顶棚四周抹灰并找平。顶棚面要求表面平顺，无抹灰接槎，与墙面交角应成一直线。如有线脚，宜先用准线拉出线脚，再抹顶棚大面，罩面应两遍压光。

冬期抹灰施工时，应采取保温防冻措施。室外抹灰砂浆内应掺入能降低冰点的防冻剂，其掺量应由试验确定。室内抹灰的温度不应低于5℃。抹灰层可采取加温措施加速干燥，如采用热空气回温时，应注意通风，排除湿气。

(3) 机械喷涂抹灰　机械喷涂抹灰能提高功效，减轻劳动强度和保证工程质量。其工作原理是利用灰浆泵与空气压缩机把灰浆和压缩空气送入喷枪，在喷嘴前造成灰浆射流，将灰浆喷涂在基层上，再经过抹平搓实。因此，机械喷涂抹灰也称喷毛灰，是抹灰施工的发展方向。

施工时，根据所喷涂部位、材料拟定喷涂顺序和路线，一般可按先顶棚后墙面，先室内后过道、楼梯间的顺序进行喷涂。机械喷涂亦需设置灰饼和标筋。喷涂顶棚宜先在周边喷涂一个边框，再按“S”形路线由内向外巡回喷涂，最后从门口退出。当顶棚宽度过大时，应分段进行，每段喷涂宽度不宜大于2.5mm。喷涂室内墙面宜从门口一侧开始，另侧退出。喷涂室外墙面，应由上向下按“S”线形巡回喷涂。喷涂厚度一次不宜超过8mm，当超过时应分遍进行。喷射时喷嘴的正常压力宜控制在0.15～0.2MPa。持喷枪姿势应正确。喷嘴与基层的距离、角度和气量应视墙体材料性能和喷涂部位按规范规定选用。喷涂墙面时喷嘴应距墙面100～450mm，喷涂干燥、吸水性强、标筋较厚墙面宜为100～350mm，并与墙面呈90°，喷枪移动速度应稍慢，压缩空气量宜小些。喷涂较潮湿、吸水性差、标筋较薄墙面宜为150～450mm，与墙面呈65°，喷枪移动稍快，空气量宜大些，这样喷射面较大，灰层较薄，灰浆不易流淌。喷涂砂浆时，应注意成品保护。

目前机械喷涂抹灰可用于底层和中层，但喷涂后的搓平修补、罩面、压光等工艺性较强的工序仍需用手工操作。

一般抹灰的质量要求是：抹灰的品种、厚度及配合比等应符合设计要求。各抹灰层之间及抹灰层与基层之间应粘接牢固，不得有空鼓、脱层，面层不得有爆灰和裂缝，表面接槎平整、光滑、洁净、颜色均匀、无抹纹，分格缝与灰线应清晰、顺直美观。

8.1.2 装饰抹灰工程

装饰抹灰是指用普通材料模仿某种天然石花纹抹成的具有艺术装饰效果和色彩的抹灰。其种类很多，但底层做法与一般抹灰基本相同（均为1∶3水泥砂浆打底），仅面层材料和做法不同。面层一般有水刷石、水磨石、斩假石、干粘石、假面砖、拉条灰、拉毛灰、洒毛灰、扒拉石、喷毛灰、喷砂、喷涂、滚涂、弹涂、仿石和彩色抹灰等。

(1) 水刷石　水刷石是一种人造饰面石材，多用于外墙面。

施工工艺：基体处理→湿润墙面→设置标筋→抹底层砂浆→抹中层砂浆→弹线和粘贴分格条→抹水泥石子浆→洗刷→养护。

施工时，在已硬化12mm（一般为10～13mm）厚1∶3水泥砂浆底层上按设计弹线分格，用水泥浆粘接固定分格条（8mm×10mm的梯形木条），然后浇水湿润刮一道1mm厚水泥浆（水灰比0.37～0.4），以增强与底层的黏结。随即抹8～12mm厚、稠度为50～70mm、配合比为1∶（1.25～1.5）水泥石子浆抹平压实，使石子密实且分布均匀，待其达到一定强度（用手指按无指痕）时，再用棕刷蘸水自上而下刷掉面层水泥浆，使表面石子完全外露。然后用喷雾器喷水冲洗干净。水刷石可以现场操作，也可以工厂预制。

水刷石的质量要求是：石粒清晰、分布均匀、色泽一致、平整密实，不得有掉粒和接槎痕迹。

(2) 干粘石　在水泥砂浆上面直接干粘石子的做法，也称干撒石或干喷石，多用于外墙面。

施工工艺：清理基层→湿润墙面→设置标筋→抹底层砂浆→抹中层砂浆→弹线和粘贴分格条→抹面层砂浆→撒石子→修整拍平→养护。

施工时，将底层浇水润湿后，再抹上一层6mm厚1∶(2～2.5)水泥砂浆层，随即将配有不同颜色或同色的粒径4～6mm石子甩在水泥砂浆层上，并拍平压实。拍时不得把砂浆拍出来，以免影响美观，要使石子嵌入深度不小于石子粒径的一半，待达到一定强度后洒水养护。有时也可用喷枪将石子均匀有力地喷射于粘接层上，用铁抹子轻轻压一遍，使表面平整。

干粘石的质量要求是：石粒粘接牢固、分布均匀、颜色一致、不掉石粒、不露浆、不漏粘、线条清晰、棱角方正、阳角处无明显黑边。

(3) 斩假石　斩假石，又称剁假石、剁斧石，是一种由硬化后的水泥石屑浆经斩剁加工或划出有规律的槽纹而成的人造假石饰面，能显示出较强的琢石质感，就像石砌成的墙，多用于外墙面。

施工工艺：清理基层→湿润墙面→设置标筋→抹底层砂浆→抹中层砂浆→弹线和粘贴分格条→抹水泥石子浆面层→养护→斩剁→清理。

施工时，将底层浇水润湿后，薄刮一道素水泥浆（水灰比0.3～0.4），随即抹10mm厚1∶1.25水泥石子浆罩面两遍，与分格条齐平，并用刮尺赶平。收水后用木抹子从上往下顺势溜直并打磨压实。抹完面层须采取防晒或防冰冻措施，洒水养护3～5d后试剁，剁后石子不脱落即可用剁斧将面层剁毛。在柱、墙角等边棱处，宜横向剁出边条或留15～20mm的窄条不剁。斩剁完后，拆除分格条、去边屑。此外还可用仿斩假石的做法，即待8mm厚面层收水后，用钢篦子（木柄夹以锯条制成）沿导向的长木引条方向轻轻划纹，随划随移动引条。面层终凝后再按原纹路自上而下拉刮几次，即形成与斩假石相似效果的表面。

斩假石的质量要求是：剁纹或划纹间距均匀、顺直，深浅一致、线条清晰，不得有漏剁处，阳角处横剁和留出不剁的边条，应宽窄一致、棱角分明无损，最后洗刷掉面层上的石屑，不得蘸水刷浇。

(4) 假面砖　假面砖又称仿釉面砖，是用水泥、石灰膏配合一定量的矿物颜料制成彩色砂浆涂抹面层而成，多用于外墙面。

面层砂浆涂抹前，要浇水湿润底层，并弹出水平线，然后抹3mm厚1∶1水泥砂浆垫层，随即抹3～4mm厚砂浆面层。面层稍收水后，用铁梳子沿靠尺板由上向下竖向划纹，不超过1mm深；再按假面砖宽度，用铁钩子沿靠尺板横向划沟，深度以露出垫层砂浆为准，最后清扫墙面。

假面砖的质量要求是：表面平整、沟纹清晰、留缝整齐、色泽一致，应无掉角、脱皮、起砂等缺陷。

(5) 拉毛灰和洒毛灰　拉毛灰是将底层用水湿透，抹上1∶0.5∶1水泥石灰砂浆，然后用硬棕刷或铁抹子拉毛。洒毛灰又称甩毛灰或撒云片，是往墙面上洒罩面灰。拉毛灰和洒毛灰多用于外墙面。

拉毛灰用棕刷蘸砂浆往墙上连续垂直拍拉，拉出毛头，或用铁抹子不蘸砂浆，粘接在墙面上随即抽回，拉得快慢要一致、均匀整齐、色彩一样、不露底，在一个平面上要一次成活，避免中断留槎。洒毛灰用竹丝刷蘸1∶2水泥砂浆或1∶1水泥砂浆或石灰砂浆，由上往下洒在湿润的墙面底层上，洒出的云朵须错乱多变、大小相称、纵横相间、空隙均匀，或在未干底层上刷颜色，再不均匀地洒上罩面灰，并用抹子轻轻压平，部分露出带色的底子灰，使洒出的云朵具有浮动感。

拉毛灰和洒毛灰的质量要求是：表面花纹、斑点大小分布均匀，颜色深浅一致，不显接槎。

(6) 喷涂、滚涂与弹涂

① 喷涂饰面。喷涂饰面是用挤压式灰浆泵或喷斗将聚合物水泥砂浆经喷枪均匀喷涂在墙面底层上而成的面层装饰。根据砂浆稠度和喷射压力大小，可喷成砂浆饱满、波纹起伏的波面喷涂，或表面不出浆而布满细碎颗粒的粒状喷涂，也可在表面涂层上再喷以不同色调砂浆点，形成花点套色喷涂等。

喷涂前先喷或刷一道胶水溶液 1∶3（108 胶即聚乙烯醇缩甲醛∶水），以保证涂层黏结牢固；然后喷涂 3～4mm 厚饰面层，喷涂必须连续操作，粒状喷涂应三遍成活，喷至全部泛出水泥浆但又不致流淌为好。饰面层收水后，按分格位置用铁皮刮子沿靠尺刮出分格缝，缝内可涂刷聚合物水泥浆。面层干燥后，喷罩一层有机硅憎水剂，以提高涂层的耐久性和减少对饰面的污染。

采用水性或油性丙烯树脂、聚氨酯等塑料涂料做喷涂饰材的外墙喷塑是今后建筑装饰的发展方向，其具有防水、防潮、耐酸和耐碱等性能，面层色彩可任意选定，对气候适应性强，施工方便，工期短。

② 滚涂饰面。滚涂饰面是将带颜色的聚合物砂浆均匀涂抹在底层上，随即用带不同花纹的橡胶或塑料滚子滚出所需的各种图案和花纹，最后喷涂有机硅水溶液憎水剂。滚涂分干滚和湿滚两种。

施工时，在底层上先抹一层厚 3mm 的聚合物砂浆，配合比为水泥∶骨料（砂子、石屑或珍珠岩）=1∶（0.5～1），再掺入占水泥 20%量的 108 胶和 0.25%的木钙减水剂。干滚时不蘸水，滚出花纹较大，工效较高。湿滚要反复蘸水，滚出花纹较小。滚涂应一次成活，否则易产生翻砂现象。滚涂比喷涂工效低，但便于小面积或局部应用。

③ 弹涂饰面。弹涂饰面是在底层喷或涂刷一遍掺有 108 胶的聚合物水泥色浆涂层，再用弹涂器分几遍将聚合物水泥色浆弹到涂层上，形成 1～3mm 大小的扁圆花点。不同的色点（一般由 2～3 种颜色组合）在墙面上所形成的质感，相互交错、互相衬托，类似于水刷石、干粘石的效果，也可做成单色光面、细麻面等多种花色。该法既可在墙面上抹底灰后直接做弹涂饰面，也可直接弹涂在基层较平整的混凝土板、加气板、石膏板、水泥石棉板等板材上。弹涂器有手动和电动两种，后者工效高，适合大面积施工。

施工时，洒水润湿底层，待六七成干时弹涂。先喷刷掺 108 胶底色浆一道，弹分格线，贴分格条，弹头道色点，稍干后弹第二道色点，进行个别或局部修整补弹找均匀，最后喷射或涂刷树脂罩面防护层。

喷涂、滚涂、弹涂的质量要求是：表面平整，颜色一致，花纹、色点大小均匀，无接槎痕迹，无漏涂、透底和流坠。

8.2 饰面工程

讨论

1. 镶贴大理石的主要施工工序及相关要求？
2. 饰面砖的工艺程序及相关要求？
3. 马赛克饰面的施工工艺？

饰面工程是将天然或人造的饰面板（砖）安装或粘贴在基层上的一种装饰方法。常用的饰面板有天然石饰面板、人造石饰面板、金属饰面板、塑料饰面板以及饰面混凝土墙板等装饰墙板。饰面砖有釉面瓷砖、面砖、陶瓷锦砖等。

饰面工程常用材料

饰面板采用传统法（粘贴法、安装法）和胶粘法施工，饰面砖采用传统的粘贴法和胶粘法施工，其中胶粘法施工是今后的发展方向。

8.2.1 饰面板传统法施工

（1）粘贴法　边长小于400mm×400mm、厚度小于12mm的小规格石材饰面板一般采用粘贴法施工。

施工工艺：基层处理→抹底灰→弹线定位→粘贴饰面板→嵌缝。

施工时用1∶3水泥砂浆打底划毛，待底子灰凝固后找规矩，厚约12mm，弹出分格线，按粘贴顺序，将已湿润的板材背面抹上厚度为2～3mm的素水泥浆进行粘贴，用木锤轻敲，并注意随时用靠尺找平找直，最后嵌缝并擦干净，使缝隙密实、均匀、干净、颜色一致。

（2）安装法　边长大于400mm或安装高度超过1m的大规格板石材饰面板，常用安装法施工。安装法有挂贴法（湿法工艺）、干挂法（干法工艺）和G·P·C法。

① 挂贴法。施工工艺：基层处理→绑扎骨架→钻孔→剔槽→挂丝或钻孔→剔槽→挂钉→安装饰面板→灌浆→嵌缝。

板材安装前，应检查基层平整情况，如凹凸过大可进行平整处理。墙面、柱面抄平后，分块弹出水平线和垂直线进行预排，确保接缝均匀。在基层表面绑扎钢筋网骨架，并在饰面板材周边侧面钻孔、剔槽，以便与钢筋网连接（图8-3）。安装时由下往上，每层从中间或一端开始依次将饰面板用钢丝或铜丝与钢筋网绑扎固定。板材与基层间留20～50mm缝隙（即灌浆厚度）。灌浆前，应先在缝内填塞石膏或泡沫塑料条以防漏浆，然后用1∶2.5水泥砂浆（稠度80～120mm）分层灌缝，每层高度为200～300mm，待下层初凝后再灌上层，直到距上口50～100mm处为止。安装完的饰面板，其接缝处用与饰面相同颜色的水泥浆或油腻子填抹，嵌缝要密实，色泽要一致，并将表面清理干净，如饰面层光泽受影响，可重新打蜡出光。

此外，也可在板材上钻直孔，用冲击钻在对应于板材上下直孔的基体位置上钻45°的斜孔，孔径6mm，深40～50mm。用ϕ5mm不锈钢钉一端钩进板材直孔中，随即用硬小木楔楔紧，另一端钩进基体斜孔中，校正板面准确无误后用小木楔将钉楔紧，再用大木楔把基体和饰面板间楔紧，最后进行分层灌浆（图8-4）。

湿法安装的缺点是易产生回潮、返碱、返花等现象，影响美观。

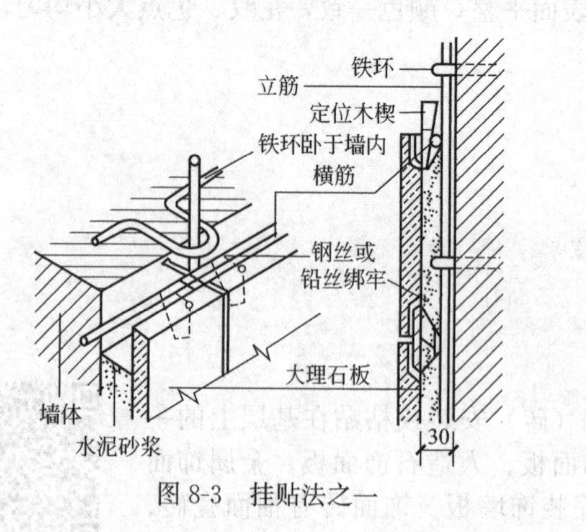

图8-3　挂贴法之一

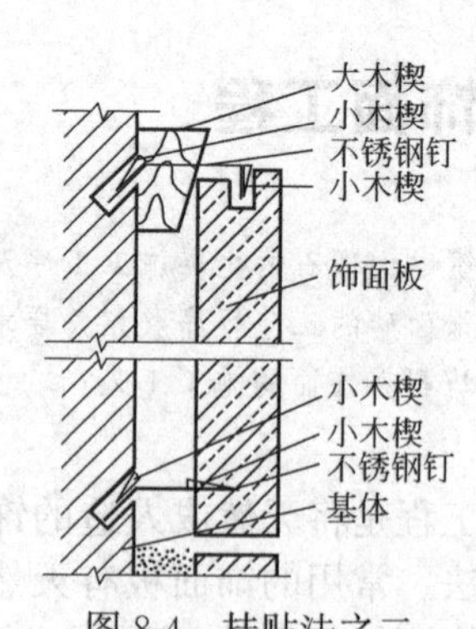

图8-4　挂贴法之二

② 干挂法。施工工艺：基层处理→弹线→板材打孔→固定连接件→安装饰面板→嵌缝。

干挂法是直接在板上打孔、剔槽，然后用不锈钢连接件与埋在混凝土墙体内的膨胀螺栓相连，或与金属骨架连接，板与连接件用环氧树脂结构胶密封，板与墙体间形成 80～90mm 空气层（图 8-5）。安装完进行表面清理，用中性硅酮耐候密封胶嵌缝，缝宽一般为 8mm 左右。此工艺多用于 30m 以下的钢筋混凝土结构，不适用砖墙或加气混凝土基层，可有效地防止板面回潮、返碱、返花等现象，是目前应用较多的方法。

此外，G·P·C 法是干挂法工艺的发展（图 8-6），是用不锈钢连接环将钢筋混凝土衬板与饰面板连接起来并浇筑成一体的复合板，再通过连接器悬挂到钢筋混凝土结构或钢结构上的做法，衬板与结构的连接部位厚度大，其柔性节点可用于超高层建筑，以满足抗震要求。

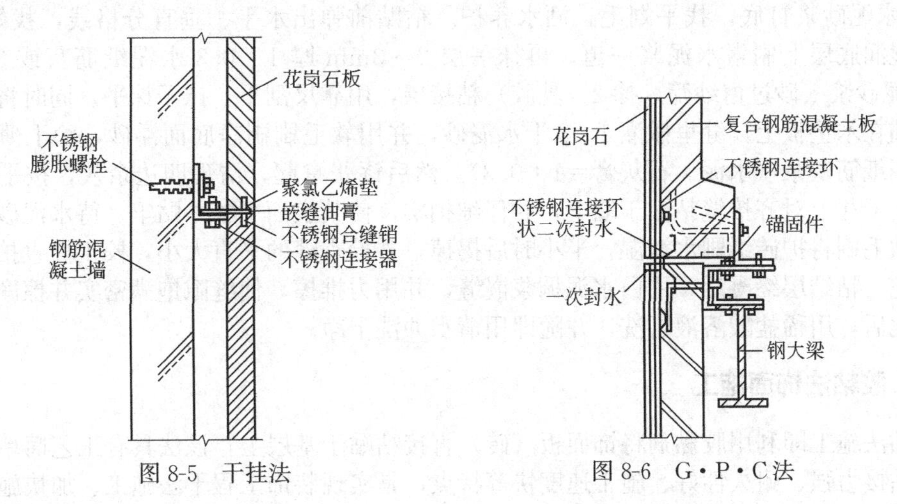

图 8-5 干挂法　　图 8-6 G·P·C 法

8.2.2 饰面砖粘贴法施工

施工工艺：基层处理、湿润基体表面→抹底灰→选砖、浸砖→弹线→预排→粘贴→勾缝→清洁面层。

釉面砖或面砖粘贴时，基层应平整且粗糙，粘贴前清理干净并洒水湿润，用 7～15mm 厚的 1∶(2～3) 水泥砂浆打底，抹后找平划毛，养护 1～2d 方可粘贴。挑选规格一致、形状方正平整、无缺陷的面砖，应至少浸泡 2h 以上，阴干备用。粘贴前按要求弹线定位，校核方正，进行预排，接缝宽度一般为 1～1.5mm。砖常用密缝或离缝粘贴，内墙面砖的常见排缝方式见图 8-7，外墙面砖常见排缝方式见图 8-8。预排后用废面砖按粘接层厚度用混合砂浆贴灰饼，找出标准，其间距一般为 1.5m 左右。

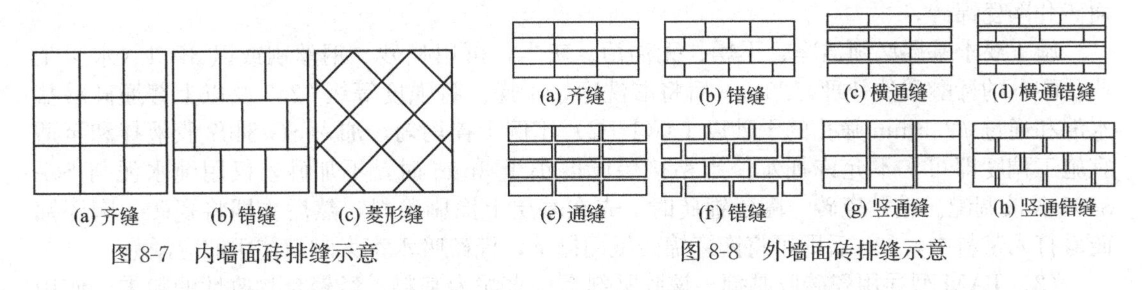

图 8-7 内墙面砖排缝示意　　图 8-8 外墙面砖排缝示意

铺贴前先洒水湿润墙面，根据弹好的水平线，在最下面一皮面砖的下口放好垫尺板，作为贴第一皮砖的依据，由下往上逐层粘贴。粘贴釉面砖用 5～7mm 厚 1∶2 的水泥砂浆，面砖用12～15mm厚1∶0.2∶2（水∶石灰膏∶砂）的混合砂浆或10∶0.5∶2.6（水泥∶108胶∶水）的聚合物水泥浆。施工时一般从阳角开始，使非整砖留在阴角。先贴阳角大面，后贴阴角、凹槽等部位。将砂浆满涂于砖背面粘贴于底层上，逐块进行粘贴，用小铲把、橡皮锤轻敲或用手轻压，使之贴实粘牢，要注意随时将缝中挤出的浆液擦净。凡遇粘接不密实、缺灰时，应取下重新粘贴，不得在砖缝处塞灰，以防空鼓。砖面应平整，砖缝应横平竖直，横竖缝宽必须控制在1～1.5mm范围内，做到随时检查修整，贴后用1∶1同色水泥擦缝。最后根据不同污染情况，用棉纱清理或稀盐酸刷洗，并用清水冲洗干净。

锦砖粘贴前应按图案和图纸尺寸要求，核实墙面实际尺寸，根据排砖模数和分格要求，绘出施工大样图，加工好分格条，并对锦砖统一编号，以便对号入座。基层上用12～15mm厚1∶3水泥砂浆打底，找平划毛，洒水养护。粘贴前弹出水平、垂直分格线，找好规矩；然后在湿润底层上刷素水泥浆一道，再抹一层2～3mm厚1∶0.3水泥纸筋灰或3mm厚1∶1水泥砂浆（砂过窗纱筛，掺2%乳胶）粘接层，用靠尺刮平，抹子抹平。同时将锦砖底面朝上铺在木垫板上，缝里撒灌1∶2干水泥砂，并用软毛刷刷净底面浮砂，涂上薄薄一层粘接水泥纸筋灰浆（水泥∶石灰膏=1∶0.3）。然后逐张拿起，清理四边余灰，按平尺板上口沿线由下往上对齐接缝粘贴于墙上，并仔细拍实，使其表面平整并贴牢。待水泥砂浆初凝后，用软毛刷将护砖纸刷水润湿，半小时后揭掉，并检查缝的平直大小，校正拨直拍实。全部铺贴完、粘结层终凝后，用白水泥稠浆嵌缝，并用力推擦，使缝隙饱满密实并擦净。待嵌缝料硬化后，用稀盐酸溶液刷洗，并随即用清水冲洗干净。

8.2.3 胶粘法饰面施工

胶粘法施工即利用胶黏剂将饰面板（砖）直接粘贴于基层上，该法具有工艺简单、操作方便、粘接力强、耐久性好、施工速度快等特点，是实现装饰工程干法施工、加快施工进度的有效措施。

（1）AH-03大理石胶黏剂　此种胶黏剂系由环氧树脂等多种高分子合成材料组成基材，增加适量的增稠剂、乳化剂、增黏剂、防腐剂、交联剂及填料配制而成的单组分膏状的胶黏剂，具有粘接强度高、耐水、耐气候等特点，适用于大理石、花岗石、陶瓷锦砖、面砖、瓷砖等与水泥基层的粘接。

施工要求基层坚实、平整、无浮灰及污物，大理石等饰面材料应干净、无灰尘、污垢。粘贴时先用锯齿形的刮板或腻子刀将胶黏剂均匀涂刷于基层或饰面板上，厚度不宜大于3mm，然后轻轻将饰面板的下沿与水平基线对齐黏合，用手轻轻推拉饰面板，定位后使气泡排出，并用橡皮锤敲实。粘贴时应由下往上逐层粘贴，并随即清除板面上的余胶。粘贴完毕3～4d后便可用白水泥浆擦缝，并用湿布将饰面表面擦干净。

（2）SG-8407内墙瓷砖粘接剂　此粘接剂适用于在水泥砂浆、混凝土基层上粘贴瓷砖、面砖和陶瓷锦砖。

施工要求基层必须洁净、干燥、无油污、灰尘，可用喷砂、钢丝刷或以3∶1（水∶工业盐酸）的稀酸酸洗处理，20min后将酸洗净，干燥。将强度等级32.5及以上普通硅酸盐水泥和通过ϕ2.5mm筛孔的干砂以1∶(1～2)比例干拌均匀，加入SG-8407胶液拌和至适宜施工稠度即可，不允许加水；当粘接层厚度小于3mm时，不加砂，仅用纯水泥与SG-8407胶液调配。粘贴瓷砖、陶瓷锦砖时，先在基层上涂刷浆料，然后立即将瓷砖、陶瓷锦砖敲打入浆料中，24h后即可将陶瓷锦砖纸面撕下，瓷砖吸水率大时，使用前应浸泡。

（3）TAM型通用瓷砖胶黏剂　该胶黏剂系以水泥为基料，经聚合物改性的粉末，使用时只需加水搅拌，便可获得黏稠的胶浆，具有耐水、耐久性良好的特点，适用于在混凝土、砂浆墙面、地面和石膏板等基层表面粘贴瓷砖、陶瓷锦砖、天然大理石、人造大理石等饰面。施工时，基层表面应洁净、平整、坚实，无灰尘。胶浆按水：胶粉＝1：3.5（质量比）配制，经搅拌均匀静置10min后，再一次充分拌和即可使用。使用时先用抹子将胶浆涂抹在基层上，随即铺贴饰面板，应在30min内粘贴完毕，24h后便可勾缝。

（4）TAS型高强耐水瓷砖胶黏剂　此种胶黏剂为双组分的高强度耐水瓷砖胶，具有耐水、耐候、耐各种化学物质侵蚀等特点，适用于在混凝土、钢铁、玻璃、木材等表面粘贴瓷砖、墙面砖、地面砖，尤其适用于长期受水浸泡或其他化学物浸蚀的部位。胶料配制与粘贴方法同TAM型胶黏剂。

（5）YJ-Ⅱ型建筑胶黏剂　此种胶黏剂系双组分水乳型高分子胶黏剂，具有粘接力强、耐水、耐湿热、耐腐蚀、低毒、低污染等特点，适用于混凝土、大理石、瓷砖、玻璃锦砖、木材、钙塑板等的粘接，配胶按甲组分为100、乙组分为130～160、填料为650～800（质量比）的比例配制。配制时先将甲、乙组分胶料称量混合均匀，再加入填料拌匀即可。墙面粘贴玻璃砖时，将胶黏剂均匀涂于砖板或基层上（厚1～2mm）进行粘贴。注意施工及养护温度在5℃以上，以15～20℃为佳。施工完毕，自然养护7d，便可交付使用。

（6）YJ-Ⅲ型建筑胶黏剂　它与YJ-Ⅱ型建筑胶黏剂属于同一系列。配胶按甲组分100、乙组分240～300、填料为800～1200（质量比）的比例配制。配制时先将甲、乙组分胶料称量混合均匀，然后加入填料拌匀即可。填料可用细度为60～120目的石英粉加速硬化，也可采用石英、石膏混合粉料，一般石膏粉用量为填料总量的1/5～1/2，如需用砂浆，则以石英粉、石英砂（0.5～2mm）各一半为填料，填料比例也应适当增加。

施工时要求基层应平整、洁净、干燥、无浮灰、油污。在墙面粘贴大理石、花岗石块材时，先在基层上涂刷胶黏剂，然后铺贴块材，揉挤定位，静置待干即可，勿需钻孔、挂钩。在石膏板上粘贴瓷砖时，先用抹子将胶料涂于石膏板上（厚1～2mm），再用梳形泥刀梳刮胶料，然后铺贴瓷砖。墙面粘贴玻璃锦砖时，先在基层涂一层薄薄的胶黏剂，再进行粘贴，并用素水泥浆擦缝。

8.2.4 金属饰面板安装施工

金属饰面板常用的安装方法：一种是用胶黏剂把薄金属板粘贴在以大芯板为衬板的木板上，多用于室内墙面装饰。粘贴时应注意衬板表面质量，衬板安装要牢固、平整和垂直，胶黏剂涂刷应均匀，掌握好金属板粘贴时间。

另一种是用型钢、铝合金或木龙骨固定金属饰面板，即将条板或方板用螺钉或铆钉固定到支承骨架上的固结法，钉的间距一般为100～150mm，多用于外墙安装。或是将饰面板做成可卡件形式，与冲压成型的镀锌钢板龙骨嵌插卡接，再用连接件将龙骨与墙体锚固，多用于室内安装。

施工工艺：定位放线→安装连接件→安装骨架→安装金属饰面板→收口构造处理→板缝处理。

按照设计要求进行放线，将骨架位置一次弹在基层上，有偏差及时调整。骨架横竖杆件应做防腐处理并通过预埋件焊接或打膨胀螺栓等连接件与基层固定，下端与骨架横竖杆相连，位置要准确、牢固、不锈蚀，横杆标高一致，骨架表面平整。金属饰面板之间的间隙一般为10～20mm，用密封胶或橡胶条等弹性材料封缝。饰面板安装完应采用配套专用的成型板对水平部位的压顶、端部的收口、变形缝以及不同材料交接处进行处理。安装后验收前，要注意成品保护，对易被碰撞或易受污染的部位，应设置临时安全栏杆或用塑料薄膜覆盖。

饰面的质量要求是：所用材料的品种、规格、颜色、图案应符合设计要求。安装或粘贴必须牢固，湿作业法施工的石材应进行防碱背涂处理，表面应无泛碱等污染。与基体之间的灌浆应饱满、密实。表面应平整、洁净、色泽一致，无裂痕、缺损、空鼓、翘曲与卷边，不得有变色、起碱、污点、砂浆流痕和显著光泽受损处。嵌缝应密实、连续、平直、光滑，宽度与深度应符合设计要求，嵌缝料色泽应一致。

8.3 幕墙工程

建筑幕墙是由支撑结构体系与玻璃、金属、石材等面板组成大片连续的建筑外围护装饰结构，也是一种饰面工程，且不承受主体结构的荷载，相对主体结构有一定的位移变形能力，自重小、安装速度快、装饰效果好，是建筑外墙轻形化、装配化的较好形式，在现代建筑业中得到广泛的应用。

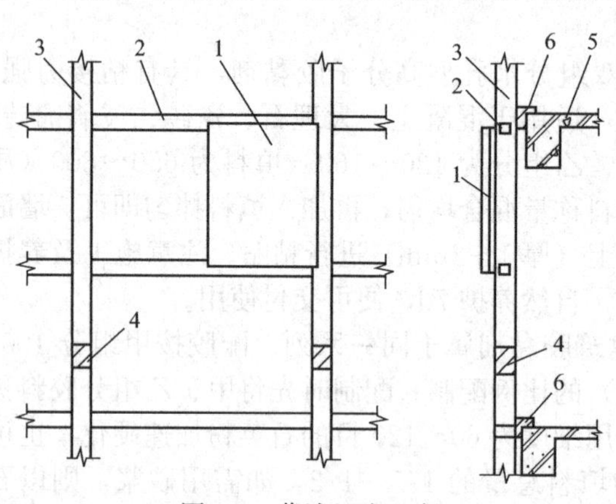

图 8-9 幕墙组成示意
1—幕墙构件；2—横梁；3—立柱；
4—立柱活动接头；5—主体结构；
6—立柱悬挂点

幕墙的主要结构见图 8-9，由面板构成的幕墙构件连接在横梁上，横梁连接在立柱上，立柱悬挂在主体结构上。为了使立柱在温度变化和主体结构侧移时有变形的余地，立柱上下由活动接头连接，使立柱各段可以上下相对移动。

建筑幕墙按面板种类可分为玻璃、铝合金板、石材、钢板、预制彩色混凝土板、塑料板、建筑陶瓷、铜板及组合幕墙等。建筑中用得较多的幕墙是玻璃幕墙、铝合金板幕墙和石材幕墙。

8.3.1 玻璃幕墙

8.3.1.1 玻璃幕墙分类

按结构型式和骨架的显露情况不同，分为明框、全隐框、半隐框（横隐竖不隐和竖隐横不隐）、点支承（挂架式）和全玻璃幕墙（无金属骨架）等；按施工方法不同，分为现场组合的分件式玻璃幕墙和工厂预制后再在现场安装的单元式玻璃幕墙。

明框玻璃幕墙用型钢作骨架，玻璃镶嵌在铝合金框内，再与骨架固定，或用特殊断面铝合金型材作骨架，玻璃直接镶嵌在骨架的凹槽内。玻璃幕墙的立柱与主体结构用连接板固定，幕墙构件连接在横梁上，形成横梁、立柱均外露，铝框分隔明显的立面。安装玻璃时，先在立柱的内侧安铝合金压条，然后将玻璃放入凹槽内，再用密封材料密封。支承玻璃的横梁略有倾斜，目的是排出因密封不严而流入凹槽内的雨水，外侧用一条盖板封住。明框玻璃幕墙是最传统的形式，工作性能可靠，相对于隐框玻璃幕墙更容易满足施工技术水平的要求，应用广泛。

全隐框玻璃幕墙是将玻璃用硅酮结构密封胶（也称结构胶）预先粘接在铝合金玻璃框上，铝合金框固定在骨架上，铝框及骨架体系全部隐蔽在玻璃面板后面，形成大面积全玻璃镜面。这种幕墙的全部荷载均由玻璃通过胶传给铝合金框架，因此，结构胶是保证隐框玻璃幕墙安全的最关键因素。

半隐框玻璃幕墙是将玻璃两对边用胶粘接在铝框上，另外两对边镶嵌在铝框凹槽内，铝框固定在骨架上。其中，立柱外露、横梁隐蔽的称横隐竖不隐玻璃幕墙；横梁外露、立柱隐蔽的称竖隐横不隐玻璃幕墙。

点支承式玻璃幕墙，一般采用四爪式不锈钢挂件与立柱相焊接，每块玻璃四角钻 4 个

ϕ20mm 孔，每个爪与一块玻璃的 1 个孔相连接，即 1 个挂件同时与 4 块玻璃相连接，或 1 块玻璃固定于 4 个挂件上。

全玻璃幕墙是由玻璃肋和玻璃面板构成的，骨架除主框架用金属外，次骨架是用玻璃肋采用胶固定，玻璃板既是饰面材料，又是承受荷载的结构构件。高度不超过 4.5m 的全玻璃幕墙，可采用下部支承式，超过 4.5m 的宜采用上部悬挂式，以防失稳。常用于建筑物首层、顶层及旋转餐厅的外墙。

8.3.1.2 玻璃幕墙材料

玻璃幕墙常用的材料有骨架材料、面板材料、密封填缝材料、粘接材料和其他配件材料等。幕墙作为建筑物的外围护结构，经常受自然环境不利因素的影响。因此，要求幕墙材料要有足够的耐候性和耐久性。

幕墙所使用的用于构件或结构之间粘接的硅酮结构密封胶，应有较高的强度、延性和粘接性能，用于各种嵌缝的硅酮耐候密封胶，应有较强的耐大气变化、耐紫外线、耐老化性能。

幕墙所采用的玻璃通常有中空玻璃、钢化玻璃、防火玻璃、热反射玻璃、吸热玻璃、夹层玻璃、夹丝（网）玻璃、透明浮法玻璃、彩色玻璃、防阳光玻璃、镜面反射玻璃等。玻璃厚度为 3～10mm，有无色、茶色、蓝色、灰色、灰绿色等数种。玻璃幕墙的厚度有 6mm、9mm 和 12mm 等几种规格。玻璃应具备防风雨、防日晒、防盗、防撞击和保温隔热等功能。

8.3.1.3 玻璃幕墙安装施工

玻璃幕墙现场安装施工有单元式和分件式两种方式：单元式是将立柱、横梁和玻璃板材在工厂拼装成一个安装单元（一般为一层楼高度），然后在现场整体吊装就位；分件式是将立柱、横梁、玻璃板材等材料分别运到工地，在现场逐件进行安装。

分件式施工工艺：放线→框架立柱安装→框架横梁安装→幕墙玻璃安装→嵌缝及节点处理。

（1）测量放线定位　即将骨架的位置弹到主体结构上。放线工作应根据施工现场的结构轴线和标高控制点进行。对于由横梁、立柱组成的幕墙骨架，一般先弹出立柱的位置，然后再确定立柱的锚固点，待立柱通长布置完毕，再将横梁弹到立柱上。全玻璃幕墙安装，则应首先将玻璃的位置弹到地面上，再根据外缘尺寸确定锚固点。

（2）检查预埋件　幕墙与主体结构连接的预埋件应按设计要求的数量、位置和防腐处理事先进行埋设。安装骨架前，应检查各连接位置预埋件是否齐全，位置是否准确。预埋件遗漏、倾斜、位置偏差过大，应采取补救措施。

（3）安装骨架　骨架依据放线位置安装。常采用连接件将骨架与主体结构相连。骨架安装一般先安装立柱，再安装横梁。立柱与主体之间应采用柔性连接，先用螺栓与连接件连接，然后连接件再与主体结构通过预埋件或打膨胀螺栓固定。横梁与立柱的连接可采用焊接、螺栓、穿插件连接或用角钢连接等方法。

（4）安装玻璃　玻璃安装一般采用人工在吊篮中进行，用手动或电动吸盘器配合安装。玻璃幕墙类型不同，固定玻璃方法也不同。型钢骨架没有镶嵌玻璃的凹槽，多用窗框过渡，将玻璃安装在铝合金窗框上，再将窗框与骨架相连。铝合金型材框架，在成型时已经有固定玻璃的凹槽，可直接安装玻璃。玻璃与硬性金属之间，应避免直接接触，要用填缝材料过渡。对隐框玻璃幕墙，在安装前应对玻璃及四周的铝框进行必要的清洁，保证可靠粘接。安装前玻璃的镀膜面应粘贴保护膜，交工前再全部揭去。

（5）密缝处理及清洗维护　玻璃面板或玻璃组件安装完毕后，必须及时用耐候密缝胶嵌缝密封，以保证玻璃幕墙的气密性、水密性等性能。玻璃幕墙安装完前后，应从上到下用中性清洁剂对幕墙表面及外露构件进行清洁维护，清洁剂用前应进行腐蚀性检验，证明对铝合金和玻璃无腐蚀作用后方可使用。

8.3.2 金属幕墙

金属幕墙主要由金属饰面板和骨架组成，骨架的立柱、横梁通过连接件与主体结构固定。铝合金板幕墙是金属幕墙中应用较多的一种。其强度高、质量轻、易加工成型、精度高、生产周期短、防火防腐性能好、装饰效果典雅庄重、质感丰富，是一种高档次的外墙装饰。铝合金板有各种定型产品，也可根据设计要求与厂家定做，常见断面见图 8-10。承重骨架由立柱和横梁拼成，多为铝合金型材或型钢制作。铝合金板与骨架采用螺钉或卡具等连接件连接，其施工工艺同金属饰面板安装施工。

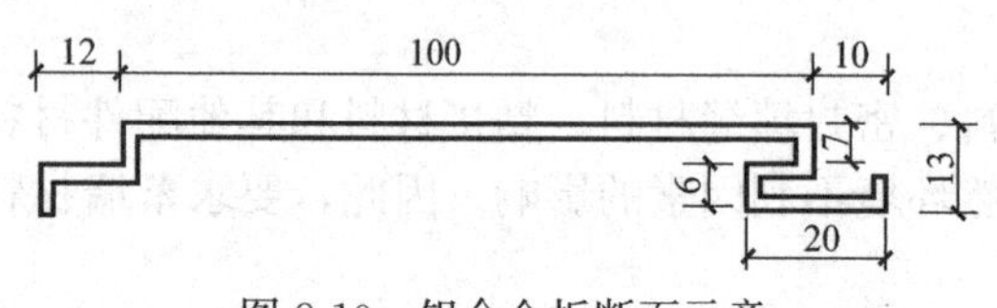

图 8-10 铝合金板断面示意

铝合金板幕墙安装要控制好安装高度、铝合金板与墙面的距离、铝合金板表面垂直度。施工后的幕墙表面应做到表面平整，连接可靠、牢固，无翘起、卷边等现象。

8.3.3 石材幕墙

石材幕墙采用干挂法施工工艺，即用不锈钢挂件直接固定或通过金属骨架固定石材，石材之间用密封胶嵌缝，每块石材单独受力，各自工作，能更好地适应温度和主体结构位移变化的影响。直接固定法是指石材通过金属挂件直接与钢筋混凝土结构墙体连接。骨架固定法是指石材通过挂件与骨架的横梁和立柱连接后再与框架结构的梁、柱连接。干挂石材的尺寸一般在 $1m^2$ 以内，厚度为 20～30mm，常用 25mm。骨架也是型钢或铝合金型材，其施工工艺同金属幕墙。

幕墙的质量要求是：所用各种材料、构件和组件均应符合设计要求及产品标准和工程技术规范的规定。结构胶和密封胶打注应饱满、密实、连续、均匀、无气泡，宽度和厚度满足要求。幕墙表面应平整、洁净，无明显划痕、碰伤，整幅玻璃的色泽应均匀一致，不得有污染和镀膜损坏。幕墙与主体结构的连接必须安装牢固，各种预埋件、连接件、紧固件其数量、规格、位置、连接方法和防腐处理（不锈钢除外）应符合设计要求。幕墙的密封胶缝应横平竖直、深浅一致、宽窄均匀、光滑顺直。

8.4 涂饰工程

涂饰工程包括油漆涂饰和涂料涂饰。它是将涂料通过刷、喷、弹、滚、涂敷在物体表面与基层粘接，形成一层完整而坚韧的保护膜，以保护被涂物免受外界侵蚀，达到建筑装饰、美化的效果。

8.4.1 油漆涂饰

油漆主要由胶黏剂、稀释溶剂、颜料和其他填充料或辅助料（催干剂、增塑剂、固化剂等）组成的胶体溶液。胶黏剂漆膜主要成分有桐油、梓油和亚麻仁油及树脂等，溶剂有松香水或溶剂油、酒精、汽油等。颜料可以赋予涂层色彩，也能减小收缩，起充填、密实、耐水、稳定作用。加入少量催干剂可加速油漆干燥。选择涂料应注意配套使用，即底漆、腻子、面漆、罩光漆彼此之间的附着力不至有影响和胶起等。

建筑常用油漆及涂饰方法

油漆施工工艺：基层处理→打底子→抹腻子→涂刷油漆。

(1) 基层处理　为使油漆和基层表面粘接牢固，节省材料，必须对涂刷的基层表面进行处理。木材基层表面应平整光滑，颜色协调一致，无污染、裂缝、残缺等缺陷，灰尘、污垢应清除干净，缝隙、毛刺、节疤和脂囊修整后腻子填平刮光，砂纸打磨光滑，不能磨穿油底和磨损棱角。金属基层应防锈处理，清除锈斑、尘土、油渍、焊渣等杂物。纸面石膏板基层应对板缝、钉眼处理后，满刮腻子，砂纸打光。水泥砂浆抹灰层和混凝土基层也应满刮腻子，砂纸打光，表面干燥、平整光滑、洁净、线角顺直，不得有起皮和松散等，粗糙的表面应磨光，缝隙和小孔应用腻子刮平。基层如为混凝土和抹灰层，涂刷溶剂型涂料时，含水率不得大于8%；涂刷水性涂料时，含水率不得大于10%。基层为木质时，含水率不得大于12%。

(2) 打底子　在处理好的基层表面上刷底子油一遍（可适当加色），厚薄应均匀，使其能均匀吸收色料，以保证整个油漆面色泽均匀一致。

(3) 抹腻子　腻子是由油料、填料（石膏粉、大白粉）、水或松香水拌制成的膏状物。高级油漆施工需要基层上全部抹一层腻子，待其干后用砂纸打磨，再抹腻子，再打磨，直到表面平整光滑为止，有时还要和涂刷油漆交替进行。腻子磨光后，清理干净表面，再涂刷一道清漆，以便节约油漆。所用腻子应按基层、底漆和面漆性质配套选用。

(4) 涂刷油漆　油漆施工按操作工序和质量要求不同分为普通、中级和高级三级。表面常涂刷混色油漆，木材面、金属面涂刷分三级，一般金属面多采用普通或中级；混凝土和抹灰面只分为中级、高级两级油漆。涂饰方法有喷涂、滚涂、刷涂、擦涂及揩涂等多种。

在涂刷油漆整个过程中，应待前一遍油漆干燥后方可涂刷后一遍油漆。每遍油漆应涂刷均匀，各层结合牢固，干燥得当，达到均匀密实。油漆不得任意稀释，最后一遍油漆不宜加催干剂。如干燥不好，将造成起皱、发黏、麻点、针孔、失光和泛白等。一般油漆施工环境的适宜温度为10～35℃，相对湿度不宜大于60%，应注意通风换气和防尘，遇大风、雨、雾天气不可施工。

8.4.2 涂料涂饰

涂料品种繁多，主要分类如下：按成膜物质分为油性（也称油漆）、有机高分子、无机高分子和复合涂料；按分散介质分为溶剂型（传统的油漆）、水溶型（聚乙烯醇水玻璃涂料，即106涂料）和乳液型涂料；按功能分为装饰、防火、防水、防腐、防霉和防结露涂料等；按成膜质感分为薄质（用刷涂法施工）、厚质（用滚、喷、刷涂法施工）和复层建筑涂料（用分层喷塑法施工，包括封底、主层和罩面涂料）；按装饰部位分为内墙、外墙、顶棚、地面和屋面防水涂料等。

内、外墙涂料

涂料涂饰施工与油漆涂饰施工基本一样，其施工工艺：基层处理→刮腻子→涂刷涂料。

涂饰的质量要求是：油漆、涂料的品种、型号、性能和涂饰的颜色、光泽、图案应符合设计要求。涂饰应均匀一致、粘结牢固，无漏涂、透底、斑迹、起皮、脱皮、反锈、裂缝、掉粉、流坠、皱皮、皱纹、刷纹、刷痕等现象。

8.5 裱糊工程

裱糊工程是将壁纸或墙布用胶黏剂裱糊在室内墙面、柱面及顶棚的一种装饰。该法施工进度快、湿作业少，多用于高级室内装饰。从表面效果看，有仿锦缎、静电植绒、印花、压花、仿木和仿石等。

裱糊常用材料

裱糊工程施工工艺：基层处理→墙面分幅和弹线→裁纸→湿润和刷胶→裱糊（搭接、拼接和推贴法）→整理拼缝→擦净挤出的胶液→清理修整。

（1）基层处理　对基层总要求是表面坚实，平滑，基本干燥，不松散、起粉脱落，无毛刺、砂粒、凸起物、剥落、起鼓和大裂缝，否则应进行基层处理。为防止基层吸水过快，引起胶黏剂脱水而影响壁纸粘贴，可在基层表面刷一道用水稀释的108胶作底胶进行封闭处理。刷底胶时，应做到均匀、稀薄、不留刷痕。

（2）弹垂直线　为使壁纸粘贴的花纹、图案、线条纵横连贯，应根据房间的大小、门窗位置、壁纸宽度和花纹图案进行弹线，从墙的阴角开始，以壁纸宽度弹垂直线，作为裱糊时的操作准线。

（3）裁纸　裁纸应根据实际弹线尺寸统筹规划，纸幅编号并按顺序粘贴。分幅拼花裁切时，要照顾主要墙面花纹对称完整。裁切时只能搭接，不能对缝。裁切应平直整齐，不得有纸毛、飞刺等。

（4）湿润　壁纸应浸水湿润，充分膨胀后粘贴上墙，可以使壁纸贴得平整。

（5）刷胶　胶黏剂要求涂刷均匀、不漏刷。在基层表面涂刷应比裱糊材料宽20～30mm，涂刷一段，裱糊一张。裱糊顶棚时，基层和壁纸背面均应涂刷胶黏剂。除纯棉墙布外，玻璃纤维墙布、无纺墙布和化纤墙布只需在基层表面涂刷胶黏剂。

（6）裱糊　裱糊施工时，应先贴长墙面，后贴短墙面，每个墙面从显眼的墙角以整幅纸开始，将窄条纸的现场裁切边留在不显眼的阴角处。裱糊第一幅壁纸前，应弹垂直线，作为裱糊时的准线。第二幅开始，先上后下对称裱糊，花纹图案对缝必须吻合，用刮板由上向下赶平压实。挤出的多余胶用湿棉丝及时揩擦干净，不得有气泡和斑污，上下边多出的料用刀切齐。每次裱糊2～3幅后，要吊线检查垂直度，以防误差累积。阳角转角处不得留拼缝，基层阴角若不垂直，一般不做对接缝，改为搭缝。裱糊过程中和干燥前，应防止穿堂风劲吹和温度的突然变化。

（7）清理修整　整个房间贴好后，应进行全面细致的检查，对未贴好的局部进行清理修整，要求修整后不留痕迹。

裱糊的质量要求是：材料品种、颜色、图案要符合设计要求。裱糊后应表面平整、横平竖直、图案清晰、色泽一致、粘贴牢固，不得有漏贴、补贴、脱层、波纹起伏、气泡、裂缝、空鼓、翘边、皱折和斑污，斜视无胶痕。边缘应平直整齐，不得有纸毛、飞刺。拼接不离缝，不搭接，不显接缝，拼接处图案和花纹应吻合。阴角处搭接应顺光，阳角处应无接缝。

8.6　楼地面工程

楼地面（或称楼地层）是房屋建筑地坪层和楼板层（或楼板）的总称。地面包括底层地面（地面）和楼层地面（楼面），主要由面层、垫层和基层等部分构成。

整体地面做法

按面层结构和施工的不同分整体地面（如水泥砂浆、细石混凝土、现浇水磨石等）、块材地面（如陶瓷锦砖即马赛克、陶瓷地砖、缸砖、砖石等）、卷材地面（如地毯、软质塑料、橡胶、涂料、涂布无缝地面等）和木地面（条木地板、拼花木地板、复合地板、强化地板）。

8.7　吊顶、隔墙、隔断与门窗工程

吊顶、隔墙、隔断与门窗工程应在室内抹灰、饰面、涂料及裱糊之前完成，主要是以安

装为主。

8.7.1 吊顶工程

吊顶是室内顶棚装饰的重要组成部分，直接影响建筑室内空间的装饰风格和效果，起着保温、隔热、吸声、照明、通风、防火和报警等作用。吊顶主要由吊杆、龙骨和饰面板三部分组成。

施工工艺：固定吊杆→安装龙骨→安装饰面板。

(1) 固定吊杆　吊杆又称吊筋，一般采用ϕ8～10mm钢筋或螺杆或型钢制成，通过膨胀螺栓、预埋件、射钉固定。吊筋间距一般为1.2～1.5m。各种金属件应做防腐处理。

(2) 安装龙骨　吊顶龙骨由木质、轻钢和铝合金等材料制作，采用较多的是轻钢和铝合金。龙骨由主龙骨、次龙骨与横撑龙骨等组成。轻钢龙骨和铝合金龙骨的断面形式有U形、T形、L形等数种，每根长2～3m，可在现场用拼接件拼接加长，接头应相互错开。U形轻钢龙骨吊顶主要用于暗装（图8-11），L形、T形铝合金龙骨吊顶多用于明装（图8-12）。

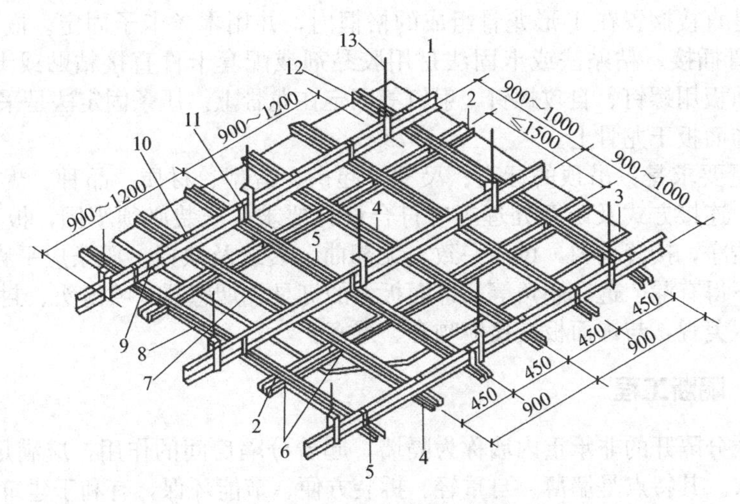

图8-11　U形龙骨吊顶示意

1—BD大龙骨；2—UZ横撑龙骨；3—吊顶板；4—UZ龙骨；5—UX龙骨；6—UZ_3支托连接；7—UZ_2连接件；8—UX_2连接件；9—BD_2连接件；10—UZ_1吊挂；11—UX_1吊挂；12—BD_1吊件；13—吊杆ϕ8～10

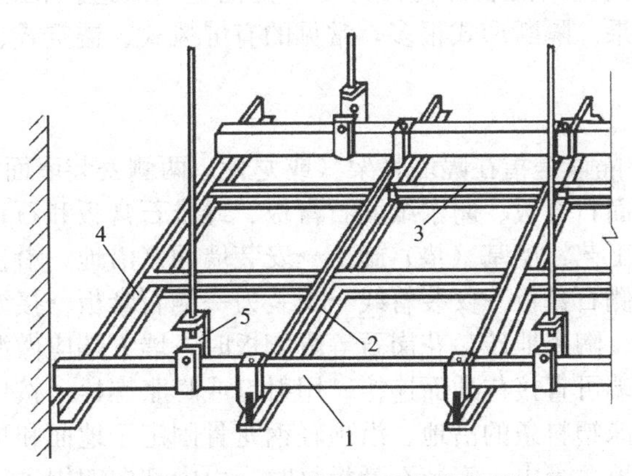

图8-12　L形、T形铝合金龙骨吊顶示意

1—主龙骨；2—次龙骨；3—横撑龙骨；4—角条；5—大吊挂件

轻钢与铝合金龙骨安装工艺：弹线定位→固定吊杆→安装主龙骨→安装次龙骨→安装横撑龙骨。

首先沿墙柱四周弹出顶棚标高水平线，并在墙上画好龙骨的中心线。将吊杆固定在顶板预埋件上，主龙骨通过吊挂件与吊杆连接。以房间为单元，拉线调整高度成平直，较大房间的中间起拱高度不小于房间短跨的1/300～1/200。将次龙骨通过吊挂件垂直吊挂在主龙骨上，间距应按饰面板的接缝要求准确确定。横撑龙骨连入次龙骨上，间距应由饰面板尺寸而定。组装好的次龙骨和横撑龙骨底面应平齐，四周墙边的龙骨用射钉固定在墙上，间距为1m。轻型灯具应吊在主龙骨或次龙骨上，重型灯具或电扇，应另设吊钩。

(3) 安装饰面板　饰面板主要有石膏板、矿棉板、木板、塑料（钢）板、玻璃板、金属板（如条形、方形、格栅形铝扣板）等，应按规格、颜色等预先进行选配。安装前，吊顶内所有通风、水电管道、通道、消防管道等设备应安装验收合格。安装时应对称于顶棚的中心线，由中心向四面推进，不可由一边推向另一边安装。当吊顶上设有灯具孔和通风排气孔时，应组成对称排列图案。

饰面板的安装方法很多，主要有搁置法、嵌入法、粘贴法、卡固法、钉固法、压条固定法等。搁置法是直接搁置在T形龙骨组成的格框内，并用木条卡子固定。嵌入法是用企口暗缝与T形龙骨插接。粘贴法或卡固法是用胶黏剂或配套卡件直接粘贴或卡在在龙骨上。钉固法是将饰面板用螺钉、自攻螺钉、射钉等固定在龙骨上。压条固定法是采用木、铝、塑料等压条固定饰面板于龙骨上。

吊顶的质量要求是：吊顶的标高、尺寸、起拱、造型、材质、品种、规格、图案、颜色、安装间距、连接方式及防腐处理等应符合设计要求。安装必须牢固，板与龙骨连接紧密，表面平整洁净，接缝均匀，色泽一致，无翘曲、裂缝及缺损。压条应平直、宽窄一致。搁置的饰面板不得有漏、透、翘角等。饰面板上的灯具、烟感器、喷淋头、封口篦子等设备的位置应合理、美观，与饰面板交接应吻合、严密。

8.7.2 隔墙、隔断工程

将室内完全分隔开的非承重内墙称为隔墙，起着分隔房间的作用，应满足隔声、防火、防潮与防水要求。其特点是墙薄、自重轻、拆装方便、节能环保，有利于建筑工业化。隔墙按材料分为石膏板、砖、骨架轻质、玻璃、混凝土预制板和木板等隔墙。常见隔墙有砌筑、骨架和板材等。

局部分隔且上部或侧面仍连通的称为隔断，隔断通常不隔到顶，顶棚与隔断保持一段距离。隔断是用来分隔室内空间的装饰构件，在于变化空间或遮挡视线，增加空间层次和深度，产生丰富的意境效果。隔断形式很多，常见的有屏风式、镂空式、玻璃墙式、移动式和家具式等。

(1) 隔墙

① 骨架隔墙。骨架隔墙是指在隔墙骨架（或龙骨）两侧安装墙面板所形成的轻质隔墙，用于墙面的石膏板有纸面石膏板、防水纸面石膏板、纤维石膏板和石膏空心条板等。

石膏板隔墙的安装工艺：墙基（垫）施工→安装墙面（沿地、沿顶、竖向）龙骨→固定好洞口、门窗→安装一侧石膏板→安装管线→安装另一侧石膏板→接缝处理。

采用水泥、水磨石、陶瓷地砖、花岗石等踢脚板时，墙下端应做混凝土墙垫。采用木质或塑料踢脚板时，则下端可直接与地面连接。用射钉或膨胀螺栓，按中距0.6～1.0m布置，将铺有橡胶条或沥青泡沫塑料条的沿地、沿顶轻钢龙骨固定于地面和顶面上，然后将竖向龙骨，推入横向沿顶、沿地龙骨内。安装石膏板材时，由中部向四周进行，缝应错开，贴在龙骨上，用自攻螺钉固定（图8-13）。板间接缝有明缝和暗缝，公共建筑的大房间可采用明缝，一般建筑的房间可采用暗缝，其构造做法见图 8-14。

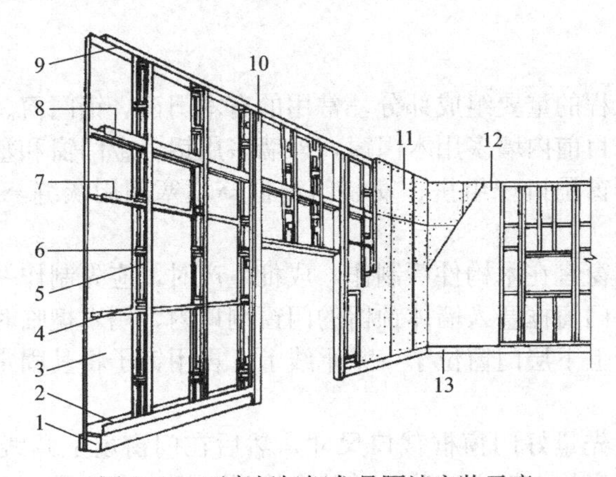

图 8-13 石膏板轻钢龙骨隔墙安装示意

1—混凝土墙垫；2—沿地龙骨；3—石膏板；4,7,8—横撑龙骨；5—贯通孔；6—支撑卡；9—沿顶龙骨；10—加强龙骨；11—石膏板；12—塑料壁纸；13—踢脚板

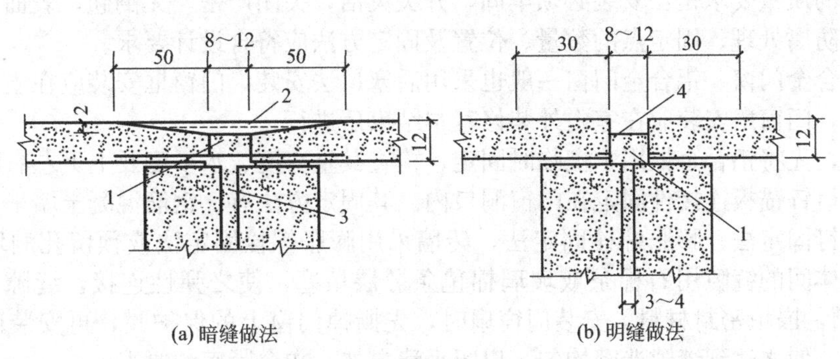

图 8-14 石膏板接缝做法示意

1—石膏腻子；2—接缝纸带；3—108 胶水泥砂浆；4—明缝

② 板材隔墙。板材隔墙是指采用各种轻质材料制成的薄型板材，不依靠骨架，直接装配形成的隔墙。目前，大多采用自重轻、安装方便的条板，故又称为条板隔墙。常用的有加气混凝土板、增强石膏条板、增强水泥条板、轻质陶粒混凝土条板、泰柏板（GJ 板）、玻璃纤维增强水泥（GRC）复合墙板等。

板材隔墙的安装工艺：清理→放线→配板→安装钢卡→接口粘接→立板→板缝处理→取木楔、封楔口→贴玻璃纤维布带。

安装方法主要有刚性连接和柔性连接。刚性连接是用砂浆将板材顶端与主体结构粘接，下端与地面间先用木楔楔紧，空隙中嵌填 1∶2 水泥砂浆或细石混凝土进行固定，适合于非抗震地区。柔性连接是在板材顶端与主体结构缝隙间垫以弹性材料，并在两块板材顶端拼缝处设 U 形或 L 形钢板卡与主体结构连接，适合于抗震地区。当有门洞口时，应从门洞处向两侧依次安装；没有时，可从一端向另一端顺序安装。板间的拼缝以粘接砂浆连接，缝宽不大于 5mm，挤出的砂浆应及时清除干净。板缝表面应粘贴 50～60mm 宽的纤维布带，阴阳角处每边各粘贴 100mm 宽的纤维布，并用石膏腻子刮平，总厚度控制在 3mm 以内。

（2）隔断 隔断主要有屏风式隔断、镂空花格式隔断、玻璃隔断等。

隔墙、隔断的质量要求是：安装连接牢固、位置正确、垂直、平整，表面平整光滑、色泽一致、洁净，无裂缝、脱层、翘曲、折裂及缺损，接缝均匀、顺直。

8.7.3 门窗工程

门窗工程是装饰工程的重要组成部分，常用的有木门窗、钢门窗、铝合金门窗、塑料门窗或塑钢门窗等形式。目前内墙多用木门窗，外墙多用铝合金门窗和塑钢门窗。

施工工艺：检查门窗洞口→组拼、安装门窗框→填塞四周灰缝→安装门窗扇→安装玻璃→校正检查。

(1) 木门窗　木门窗宜在木构件厂制作，成批生产时，应先制作一樘实样。木门窗框安装采用后塞口法，即将门窗框塞入墙体预留的门窗洞口内，用木楔临时固定。同一层门窗应拉通线控制调整水平，上下层门窗位于一条垂线上，再用钉子将其固定在预埋木砖上，上下横框用木楔楔紧。

木门窗扇的安装应先量好门窗框裁口尺寸，然后在门窗扇上画线，刨去多余部分，刨光、刨平直，再将门窗扇放入框内试装。试装合格后，剔出合页槽，用螺钉将合页与门窗扇和边框相连接。门窗扇开启应灵活，留缝应符合规定，门窗小五金应安装齐全，位置适宜，固定可靠。

木门窗的质量要求是：安装必须牢固，开关灵活，关闭严密，无倒翘，表面洁净，无刨痕、锤印，防腐处理、固定点的数量、位置及固定方法应符合设计要求。

(2) 铝合金门窗　铝合金门窗一般也采用后塞口法安装，门窗框安装应在主体结构基本结束后进行，门窗扇安装应在室内外装修基本结束后进行。

安装时，先将铝合金框用木楔临时固定，检查其垂直度、水平度及上下左右间隙符合要求后，再将镀锌锚板连接件固定在门窗洞口内。其固定方法有：钢筋混凝土墙采用预埋铁件连接法、射钉固定法、膨胀螺栓固定法，砖墙采用膨胀螺栓固定法或预留孔洞埋设燕尾铁脚。框与墙体间的缝隙用石棉条或玻璃棉毡条分层填塞，使之弹性连接，缝隙表面留 5～8mm 深的槽，嵌填密封材料。安装门窗扇时，先撕掉门窗上的保护膜，再安装门窗扇。然后进行检查，使之达到缝隙严密均匀、启闭平稳自如、扣合紧密的要求。

铝合金门窗的质量要求是：安装必须牢固，预埋件的数量、位置、埋设、与框的连接方式必须符合设计要求，开启灵活、关闭严密、无倒翘，表面洁净、平整、光滑，大面无划痕、碰伤。

(3) 塑料或塑钢门窗　塑料或塑钢门窗运到现场后，存放在有靠架的室内，并避免受热变形。安装前进行检查，不得有开焊、断裂等损坏。

安装时，先在门窗框连接固定点的位置安装镀锌连接件。门窗框放入洞口后，用木楔将门窗框四角塞牢临时固定，并调整平直，然后将镀锌连接件与洞口四周固定。连接件的固定方法有：钢筋混凝土墙采用塑料膨胀螺栓固定或焊在预埋铁件上，砖墙采用塑料膨胀螺钉或水泥钉固定，并固定在胶粘圆木楔上，设有防腐木砖的墙面，可用木螺钉固定。门窗框与墙体的缝隙内采用软质闭孔弹性保温材料如泡沫塑料条填嵌饱满或注入发泡剂，表面应采用密封胶密封。塑钢门窗安装节点示意见图 8-15。

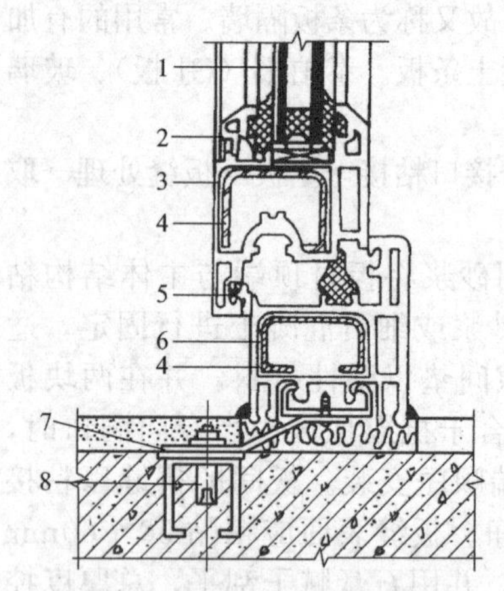

图 8-15　塑钢门窗安装节点示意

1—玻璃；2—玻璃压条；3—内扇；4—内钢衬；5—密封条；6—外框；7—地脚；8—膨胀螺栓

塑料或塑钢门窗的质量要求是：安装必须牢固，固定片或膨胀螺栓的数量与位置应正确，连接方式应符合设计要求，开关灵活、关闭严密、无倒翘，表面洁净、平整、光滑，大面无划痕、碰伤。

(4) 玻璃工程安装　门窗玻璃应集中裁割，边缘不得有缺口和斜曲等缺陷。安装前应将门窗裁口内的污垢清除干净，畅通排水孔，接缝处的玻璃、金属或塑料表面必须清洁、干燥。木门窗的玻璃可用钉子或钢丝卡固定，安装长边大于1.5m或短边大于1.0m的玻璃时，应采用橡胶垫并用压条和螺钉镶嵌固定，玻璃镶嵌入框、扇内后再用腻子填实抹光。安装铝合金、塑料或塑钢门窗的玻璃时，其边缘不得和框、扇及其连接件直接接触，所留间隙应符合规定，并用嵌条或橡胶垫片固定，中空玻璃或面积大于0.65m^{2}的玻璃安装时，应将玻璃搁置在定位垫块上用嵌条固定，玻璃镶嵌入框、扇内后用密封条或密封胶封填饱满。

门窗玻璃的质量要求是：玻璃裁割尺寸应正确；安装后的玻璃应平整、牢固，不得有裂纹、损伤和松动；木门窗玻璃的腻子应填抹饱满、粘接牢固；腻子边缘与裁口应平齐；固定玻璃的卡子不应在腻子表面显露；铝合金、塑料或塑钢门窗玻璃的密封条与玻璃、玻璃槽口的接触应紧密、平整，密封胶与玻璃、玻璃槽口的边缘应粘接牢固、接缝平齐；玻璃表面应洁净，不得有腻子、密封胶、涂料等污渍；中空玻璃内外表面均应洁净，玻璃中的空层内不得有灰尘和水蒸气。

复习思考题

8-1　装饰工程主要包括哪些内容？其作用和特点各是什么？
8-2　一般抹灰的分类、组成以及各层的作用是什么？
8-3　抹灰工程在施工前应做哪些准备工作？
8-4　试述一般抹灰施工的分层做法及施工要点。
8-5　常见的装饰抹灰有哪几类？如何施工？
8-6　常用的饰面板（砖）有哪些？简述饰面板（砖）常用施工方法。
8-7　建筑幕墙有哪些？其特点如何？如何施工？
8-8　涂饰的常用材料有哪些？涂饰施工包括哪些工序，施工应注意什么问题？
8-9　简述常用建筑涂料及施工作法。
8-10　裱糊工程常用的材料有哪些？裱糊施工需注意哪些问题？
8-11　楼地面的做法有哪些？其施工要点是什么？
8-12　试述实木、实木复合、强化地板的施工做法。
8-13　试述铝合金、轻钢龙骨吊顶的构造及安装过程。
8-14　隔断与隔墙有何不同？隔断的类型有哪些？
8-15　石膏板隔墙的安装方法有哪些？
8-16　木门窗、铝合金门窗、塑料或塑钢门窗安装方法及应注意事项有哪些？
8-17　玻璃安装的技术要求是什么？

9 道路工程

扫码获取本书学习资源

在线测试

拓展阅读

章节速览

「获取说明详见本书封二」

学习内容和要求

掌握	• 路堤填筑、路堑开挖的各种方法 • 沥青路面和水泥混凝土路面的施工方法	9.1.1.1、9.1.1.2节
熟悉	• 土基压实的影响因素、压实标准和基层的施工方法	9.2.2、9.2.3节
了解	• 特殊路基的施工特点	9.1.2节

9.1 路基施工

讨论

1. 试述土质路堤填筑的方法。
2. 路堑开挖的方案有哪几种？如何选用？
3. 影响土质路基压实效果的主要因素有哪些？

路基是使用土石填筑或在原地面开挖而成的道路主体结构。路基是路面的基础，路基工程涉及范围广、土石方工程数量大、分布不匀、耗费劳力多、工期长、投资高、影响因素多，尤其是岩土内部结构复杂多变。路基施工不仅与路基排水、防护与加固等因素相关，而且同公路的其他工程项目，如桥涵、隧道、路面及附属设施相互交错，同时，路基施工中还存在场地布置难、临时排水难、用土处置难、土基压实难等不利的因素。路基的隐蔽工程较多，质量不合标准会给路面及自身留下隐患，一旦产生病害，不仅损坏道路使用品质，妨碍交通及导致经济损失，而且往往后患无穷，难以根治。因此，要求路基除断面尺寸应符合设计标准外，还应具有足够的强度、水稳性、冻稳性、温稳性和整体稳定性。

路基施工主要有土质路基施工、石质路基爆破施工和软土地基路基施工，包括路堑挖掘成型、土的转移、路堤填筑压实，以及与路基直接有关的各项附属工程。施工方法主要有人工及简易机械化、综合机械化、水力机械化和爆破方法等。路基施工基本内容概括起来主要包括进行现场调查，研究和核对设计文件；编制施工组织计划，确定施工方案，选择施工方法，安排施工进度；完成施工前的组织、物资和技术准备工作；开挖路堑，填筑路堤，修建排水及防护加固结构物，进行路基主体工程及其他工程的施工；按照设计要求，对各项工程进行检查验收，绘制路基施工竣工图。

组织准备工作主要是建立和健全施工队伍和管理机构，明确施工任务，制定必要的规章制度，确立施工所应达到的目标等。物质准备工作包括各种材料与机具设备的购置、采集、加工、调用与储存以及生活后勤供应等。技术准备工作是路基开工前，施工单位应在全面熟悉设计文件和设计交底的基础上进行施工现场的勘察、核对并在必要时修改设计文件，发现问题应及时根据有关程序提出修改意见并报请变更设计，编制施工组织计划，恢复路线、施工放样与清除施工场地，搞好临时工程的各项工作等。

9.1.1 一般路基施工

路基用土有巨粒土（漂石土、卵石土）、粗粒土（砾类土、砂类土）、细粒土（粉质土、黏质土、有机质土）、特殊土（黄土、膨胀土、红黏土、盐渍土）等。由于土石的性质和状态不同，因此应尽量选用强度高、稳定性好的土石作为路基施工的填料。一般路基用土石的选择原则依次是不易风化的岩石土、碎（砾）石土、砂土、砂性土、粉性土、黏性土、重黏土、有机质土、膨胀土、湿陷性黄土、泥岩和盐质土等。应注意所用土石不应含有害杂质（草木、有机物等）及未经处治的细粒土、膨胀土、盐渍土及腐殖土等劣质土。

一般路基施工包括土质路基和石质路基，石质路基一般采用爆破施工（详见第1章有关内容）。土质路基施工方法如下。

9.1.1.1 路堤填筑

路堤填筑应处理好路堤基底、选择填料和填土的压实。土质路堤（包括石质土），按填土顺序可分为水平分层填筑、竖向填筑和混合填筑方案。

（1）水平分层填筑　水平分层平铺，有利于压实，可以保证不同用土按规定层次填筑（图9-1）。其中正确方案要点是：不同用土水平分层，以保证强度均匀；透水性差的用土，如黏性土等，一般宜填于下层表面呈双向横坡，有利于排出积水，防止水害；同一层次有不同用土时，接搭处为斜面，透水性差的土应放在透水性好的土下面，以保证在该层厚度范围内便于压实和衔接，强度比较均匀，防止产生明显变形。不正确的填筑方案主要是：未水平分层，有反坡积水，夹有动土块和粗大石块，以及有陡坡斜面等，其主要在于强度不均匀和对排水不利。桥涵、挡土墙等构筑物的回填土，以砂性土为宜，防止产生不均匀沉降，并按有关操作规程堆积回填和夯实。

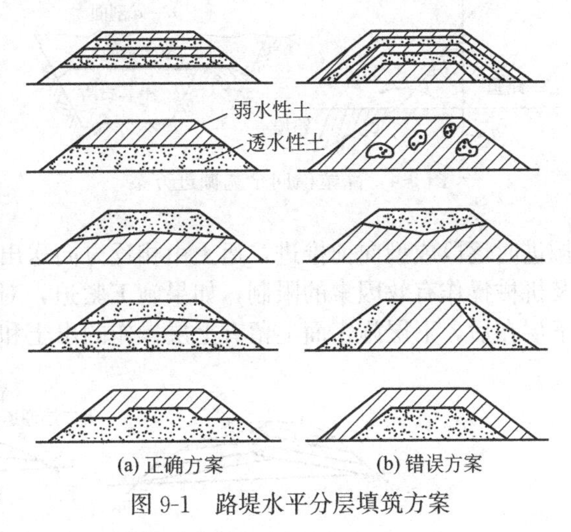

图9-1　路堤水平分层填筑方案

（2）竖向填筑　竖向填筑是指沿路中心线方向逐步向前深填（图9-2）。路线跨越深谷或池塘时，地面高差大，填土面积小，难以水平分层卸土，以及陡坡地段上半挖半填路基，局部路段横坡较陡或难以分层填筑等，均可采用竖向填筑方案。竖向填筑的质量在于密实程度，可选用沉陷量较小及粒径均匀的砂石填料，也可用振动式或锤式夯击机击实。路堤全宽一次成型，容许短期内的自然沉落。

（3）混合填筑　混合填筑方案，即下层竖向填筑，上层水平分层（图9-3）。填筑时，下层压实、检验合格后再填上一层；不同性质的材料要分层填筑，不得混填，防止出现水囊和薄弱层；水稳性、冻稳性好的材料填在路堤上部（或水浸处），必要时可考虑参照地基加固的注入、扩孔或强夯等措施，以保证填土具有足够的密实度。

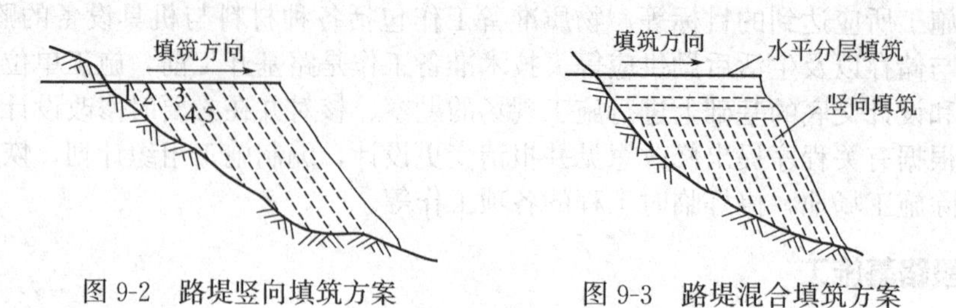

图 9-2　路堤竖向填筑方案　　　图 9-3　路堤混合填筑方案

9.1.1.2　路堑开挖

路堑开挖必须充分重视路堑地段的排水，设置必要而有效的排水设施。土质路堑开挖，根据挖方数量大小及施工方法不同，按掘进方向可分为横向全宽掘进（横挖法）、纵向掘进（纵挖法）和纵横混合掘进等，同时又在高度上分单层或双层。

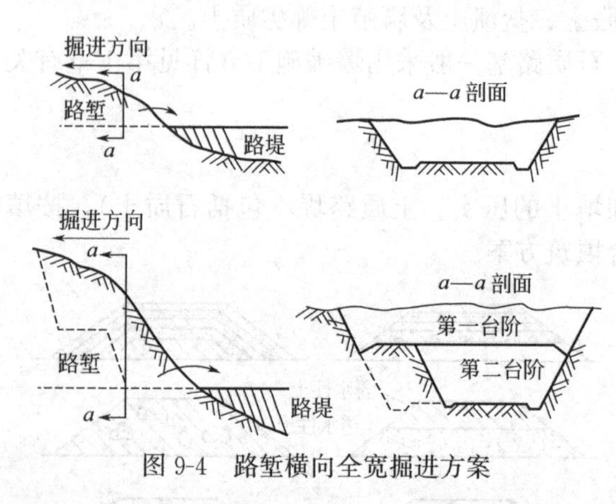

图 9-4　路堑横向全宽掘进方案

（1）横向全宽掘进　横向全宽掘进是先在路堑纵向挖出通道，然后分段同时横向掘出（图 9-4）。此法可扩大施工面，加速施工进度，在开挖长而深的路堑时用。施工时可以分层和分段，层高和段长视施工方法而定。该法工作面多，但运土通道有限制，施工的干扰性增大，必须周密安排以防出现质量或安全事故。

（2）纵向掘进　纵向掘进是在路线一端或两端，沿路线纵向向前开挖（图 9-5）。其中又包括分层纵挖法、通道纵挖法和分段纵挖法。单层掘进的高度等于路堑设计深度。掘进时逐段成型向前推进，运土由相反方向送出。单层纵向掘进的高度，受到人工操作安全及机械操作有效因素的限制，如果施工紧迫，对于较深路堑，可采用双层掘进，上层在前，下层在后，下层施工面上留有上层操作的出土和排水通道。

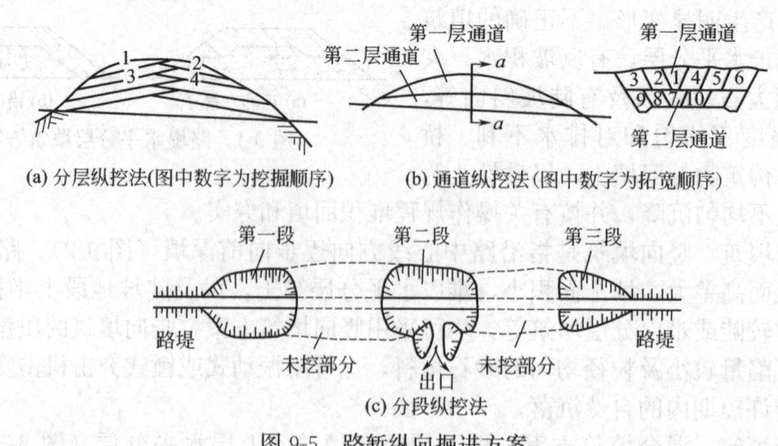

(a) 分层纵挖法(图中数字为挖掘顺序)　(b) 通道纵挖法(图中数字为拓宽顺序)

(c) 分段纵挖法

图 9-5　路堑纵向掘进方案

（3）纵横混合掘进　为了扩大施工面，加快施工进度，对土路堑的开挖，还可以考虑采用双层式纵横通道的混合掘进方案，同时沿纵横的正反方向，多施工面同时掘进（图 9-6）。

混合掘进方案的干扰性更大，一般仅限于人工施工，对于深路堑，如果挖方工程数量大及工期受到限制时可考虑采用。

9.1.1.3 路基压实

路基的压实工作，是路基施工过程中的一个重要工序，主要用机械压实来改变土的结构，以达到提高路基强度和稳定性的目的。路基土受压时，土中的空气大部分被排出土外，土粒则不断靠拢，重新排列成密实的新结构。路基压实能提高土体的密实度，降低土体的透水性，减少毛细水的上升高度，以防止水分积聚和侵蚀而导致土体软化，或因冻胀而引起不均匀变形。保证路基在全年各个季节内都具有足够的力学强度，从而为路面的正常工作和减薄路面厚度创造有利的条件。

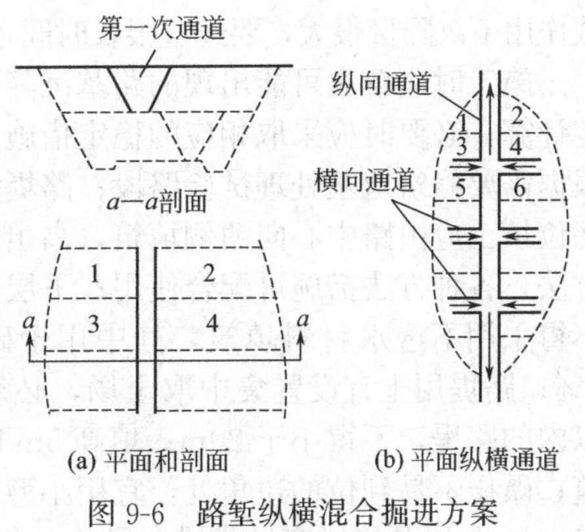

图 9-6 路堑纵横混合掘进方案
(图中数字为挖掘顺序)

影响路基压实效果的主要因素有内因和外因。内因包括含水量和土质，外因是指压实功能（如机械性能、压实遍数与速度、土层厚度）、压实机具和方法。具体影响因素内容详见第1章有关内容。路基压实的质量标准是以压实度来衡量的。压实度是指路基经压实后实际达到的干密度与标准击实试验方法测定的土的最大干密度的比值。压实度的确定，要考虑土基的受力状态，路基路面设计要求，施工条件及公路所在地区的气候等因素。土质路基的压实度试验方法可采用灌砂法、环刀法、灌水法（水袋法）或核子密度湿度仪法。

9.1.2 特殊路基施工

（1）潮湿地段路基施工　潮湿地段路基是指经常受到大气降水、地面水、地下水、毛细水、水蒸气及其凝结水和薄膜移动水影响的路基。路基的水温状况对路基稳定性影响非常大。路基稳定性是指路基在各种外界因素作用下保持其强度的性质。路基在水作用下保持其强度的性质称为水稳定性，在温度作用下保持其强度的性质称为温度稳定性。路基稳定性包括两层含义：一是指路基整体在车辆荷载及自然因素作用下，不至产生过大的变形和破坏，称为路基整体稳定性；二是指路基在水温等自然因素的长期作用下保持其强度，称为路基的强度稳定性。

保证潮湿地段路基的强度和稳定性，施工时要注意排水和换填好的土石方。选择合理的路基断面形式，正确确定边坡坡度。选择强度和水稳定性良好的土填筑路堤，并采取正确的施工方法。充分压实土基，提高土基的强度和水稳定性。搞好地面排水，保证水流畅通，防止路基过湿。保证路基有足够高度，使路基工作区保持干燥状态。设置隔离层或隔温层，切断毛细水上升，阻止水分迁移，减少负温差的不利影响。采取边坡加固与防护措施，修筑支挡结构物。

（2）软土路基施工　软土是指在水下沉积饱水的软弱黏性土或以淤泥为主的地层，有时也夹有少量的腐泥或泥炭层。软土地层与泥沼沉积物相比，其形成年代一般比较老，沉积厚度比较大，表面常有可塑的硬壳层。软土地区地表已不再为水所浸漫，但地下水位仍接近地表。

软土可划分为软黏性土、淤泥、淤泥质土、泥炭、泥炭质土。把经生物化学作用形成的含较多有机物（大于5%）的软黏性土称为淤泥类土，其中孔隙比大于1.5的称为淤泥，孔隙比小于1.5的称为淤泥质土。把有机物含量大于50%的泥炭类土称为高有机质土，其中植物遗体未经很好分解的称为泥炭，经过充分分解的称为腐泥或黑泥，有机物含量为10%～50%的泥炭类土称为泥炭质土。习惯上常把软黏性土、淤泥、淤泥质土总称为软土，而把有机物含量很高的泥炭、泥炭质土总称为泥沼。软土强度低、压缩性大、透水性差、变形持续时间长，在外荷载作用下沉降量很大，要经过很长时间才能完成沉降固结。

施工时应解决可能出现的路基沉降、失稳和路桥沉降差等问题，对地基滑动破坏进行稳定计算，必要时应采取相应的稳定措施；施工前应做好设计，并报送有关部门批准后开工；根据需要修筑地基处理试验路段；路堤填筑前，应有效地排出地表水，保持基底干燥；淹水部位填土应由路中心向两侧填筑，高出水面后，按规定要求分层填筑并压实；正确选择处置方法，各种方法措施可配合使用；下层路堤，应采用透水性土；路堤沉陷到软土泥沼部分，不得采用不透水材料填筑，其中用于砂砾垫层的最大粒径不应大于5cm，含泥量不大于5%；路堤用土宜设置集中取土场，必须在两侧取土时，取土坑内缘距坡脚距离，填高2m以内的路堤，不得小于20m；填高5m以上的路堤，宜大于40m。路基与锥坡填土应同步填筑；碾压不易到位的边角处，宜用小型夯实机械按规定要求夯压密实，分层碾压厚度控制为15cm；分层及接槎宜做成错台形状，台宽不宜小于2m；软土地段路基应安排提前施工，路堤完工后应留有沉降期，如设计未规定，不应少于6个月，沉降期内不应进行任何后续工程；应计算软土地基的总沉降量和沉降速度，必要时应考虑变更工期或采取减小沉降、加速固结等措施。修筑路面结构之前，路基沉降应基本趋于稳定，地基固结度应达到设计规定要求；应做好必要的沉降和稳定监测，并严格控制施工填料和加载速度。

软土路基施工处理方法

施工处理方法很多，如开挖换填法、抛石挤淤法、爆破排淤法、反压护道法、砂垫层法、砂井排水法、袋装砂井排水法、塑料板排水法、路堤荷载压重法、石灰桩法、搅拌桩法、电渗法、侧向约束法、土工织物加固地基法和塑料板排水预压固结法、格栅加固法等，可根据需要选择。

（3）盐渍土路基施工　盐渍土是指地表1m内易溶盐含量超过0.5%的土层。盐渍土路基容易形成溶蚀、盐胀、冻胀、翻浆等病害，可针对性地采取有效的处置方法，以确保施工质量。在路基施工中可设置隔离层法、提高路基法、降低地下水位法和化学处理盐渍土法等修筑。选择好填料，注意季节的影响，控制含水量，进行路基压实和排水等。

路基填料的含盐量不得超出规定的允许值，不得夹有盐块和其他杂物。在盆地干旱地区，如当地无其他填料，用易溶盐含量超过规定的土、砾等作填料时，应通过试验确定填筑措施。对填料的含盐量及其均匀性应加强施工控制检测，路床以下每1000m^3填料、路床部分每500m^3填料应至少做一组测试，每组取3个土样。取土不足上列数量时，也应做一组试件。用石膏土作路堤时，应先破坏其蜂窝状结构，石膏含量一般不予限制，但应控制其压实度。

路基应分层铺填分层压实，每层松铺厚度不大于20cm，砂类土松铺厚度不大于30cm。碾压时应严格控制含水量，不应大于最佳含水量1个百分点。雨天不得施工。路堤施工前应测定其基底（包括护坡道）表土的含盐量和含水量及地下水位，根据测得的结果，按设计规定处理。在地表为过盐渍土的细粒土地区或有盐结皮或松散土层时，应将其铲除。铲除的深度，应通过试验确定。如地表盐渍土过厚，也可铲除一部分，并设置封闭隔水层。高速公路、一级公路的盐渍土路基的路肩及坡面，应采用防护措施或加宽路基措施。其他等级公路，也宜采用防护措施。

盐渍土路基的施工，应从基底清除开始，连续施工。在设置隔水层的地段，至少一次做到隔水层的顶部。在地下水位高的黏性土盐渍土地区，以夏季施工为宜；砂性土、盐渍土地区，以春季和夏初施工为宜；强盐渍土地区，在表层含盐量较低的春季施工为宜。

（4）多年冻土路基施工　多年冻土路基施工应注意冰害、融沉和冻胀，加强排水疏导，对基底进行压实处理，路基高度应选择合理，取土和填料应满足要求，加强侧向保护。

9.1.3 涵洞施工

涵洞类型主要有钢筋混凝土圆管涵、石拱涵、石盖板涵、钢筋混凝土盖板涵和钢筋混凝土箱涵等。施工方法一般有现场浇筑和工地预制、现场安装，应注意涵管节的预制、运输与装卸、基础修筑和安装等环节。对涵洞附属工程的施工，如防水层、沉降缝、涵洞的进出水口（端墙、翼墙）和回填等，必须选择合理的施工措施和方法。

9.1.4 路基排水设施施工

路基排水有地面排水和地下排水。地面排水常采用边沟、截水沟、排水沟、跌水和急流槽以及拦水带等，地下排水常采用明沟与排水槽、盲沟、渗沟、渗井等。以上排水设施可用砖、石砌筑或混凝土浇筑，并采用相应的加固措施，确保地面排水和地下排水的顺利和畅通。

9.1.5 路基边坡防护与加固施工

为了防止路基边坡或风化的岩石在雨水冲刷和大风作用下，发生滑坡、剥落、掉土石块、冲沟或冲蚀等现象，对路基边坡应进行防护和加固。

坡面防护可采用植物防护、工程（封面、抹面、砌石）防护等。植物防护一般可采用种草、铺草皮和植树等。工程防护可采用矿料进行，如砂、石、水泥、混凝土等进行抹面、喷浆、勾缝、灌浆、砌筑等。冲刷防护有直接防护（抛石、石笼等）和间接防护（丁坝、潜坝、顺坝及格坝等）。加固方法很多，如换填法、排水固结、碾压与夯实、化学加固法和挤密法等。另外，也可采用挡土墙进行支挡防护。

9.2 路面施工

讨论

1. 传力杆与拉杆的区别？
2. 路拌法、厂拌法和层铺法的不同点？
3. 胀缝和横向缩缝有何不同？
4. 试述热拌沥青混合料路面的施工过程。
5. 试述水泥混凝土路面施工工序。

路面施工是指在路基上面用各种筑路材料铺筑而成的一种层状结构物。路面结构层次一般可划分为面层和基层，有时也有垫层。根据面层材料类型、设计年限、承载能力和单车道流量，可将路面分为高级路面、次高级路面、中级路面和低级路面。路面分为柔性路面、刚性路面和半刚性路面。路面类型有沥青路面、水泥混凝土路面和其他类型路面。

9.2.1 路面基层施工

在路面结构中，将直接位于路面面层之下用高质量材料铺筑的主要承重层称为基层。用质量较次材料铺筑在基层下的次承重层（即辅助层）称为底基层。基层、底基层可以是一层或两层以上，也可以是一种或两种材料。基层和底基层一般统称为基层。根据材料组成及使用性能的不同，可将基层分为有结合料稳定类（包括有机结合料类和无机结合料类）和无结合料的粒料类。

无机结合料类属于半刚性基层，是用由无机结合料与骨料或土组成的混合料铺筑的、具有一定厚度的路面结构层，又称为稳定土基层，如水泥、石灰、沥青等稳定土基层和石灰工业废渣基层等。无结合料的粒料类属于柔性基层，如碎（砾）石基层、级配碎（砾）石基层、填隙碎石等。有机结合料类，如沥青碎石、沥青混凝土等属于柔性类。

9.2.1.1 材料质量要求

① 骨料和土。对骨料和土的一般要求是能被粉碎，满足一定级配要求，便于碾压成型。

② 无机结合料。常用的无机结合料为石灰、水泥、粉煤灰及煤渣等。普通硅酸盐水泥、矿渣硅酸盐水泥和火山灰质硅酸盐水泥均可用于稳定骨料和土，不应使用快硬水泥、早强水泥或受潮变质的水泥，应选用终凝时间较长（6h以上）的水泥。石灰质量应符合三级以上消石灰或生石灰的质量要求。使用石灰应尽量缩短存放时间，以免有效成分损失过多，若存放时间过长则应采取措施妥善保管。粉煤灰的主要成分是 SiO_2、Al_2O_3、Fe_2O_3，三者总含量应超过70%，烧失量不应超过20%；若烧失量过大，则混合料强度将明显降低，甚至难以成型。煤渣是煤燃烧后的残留物，主要成分是 SiO_2 和 Al_2O_3，其总含量一般要求超过70%，最大粒径不应大于30mm，颗粒组成以有一定级配为佳。人、畜用水均可使用。

③ 混合料组成设计。通过试验检验拟采用的结合料、骨料和土的各项技术指标，初步确定适宜的稳定土基层原材料，然后确定混合料中各种原材料所占比例，制成混合料后通过击实试验测定最大干密度和最佳含水量，并在此基础上进行承载比试验和抗压强度试验。

9.2.1.2 稳定土基层施工

水泥稳定土是在粉碎的或松散的土中掺入适量的水泥和水，经拌和后得到的混合料在压实和养护后所得到的结构层。石灰稳定土基层是在粉碎的或松散的骨料或土中掺入适量的石灰和水，经拌和、压实及养护所得到的路面结构层。沥青稳定土是以沥青为结合料，与粉碎的土拌和均匀，经摊铺平整、碾压密实成型所得到的结构层。石灰工业废渣稳定土是用一定数量的石灰与粉煤灰或石灰与煤渣等混合料与其他骨料或土配合，加入适量的水，经拌和、压实及养护后得到的混合料结构层。

稳定土基层施工方法有厂拌法和路拌法。厂拌法施工是在固定的中心拌和厂（场）或移动式拌和站用拌和设备将原材料拌和成混合料，然后运至施工现场进行摊铺、碾压、养护等工序作业的施工方法。路拌法施工是在路上或沿线就地将骨料或土、结合料按一定顺序均匀平铺在施工作业面上，用路拌机械拌和均匀并使混合料含水量接近最佳含水量，随后进行碾压等工序的施工方法。

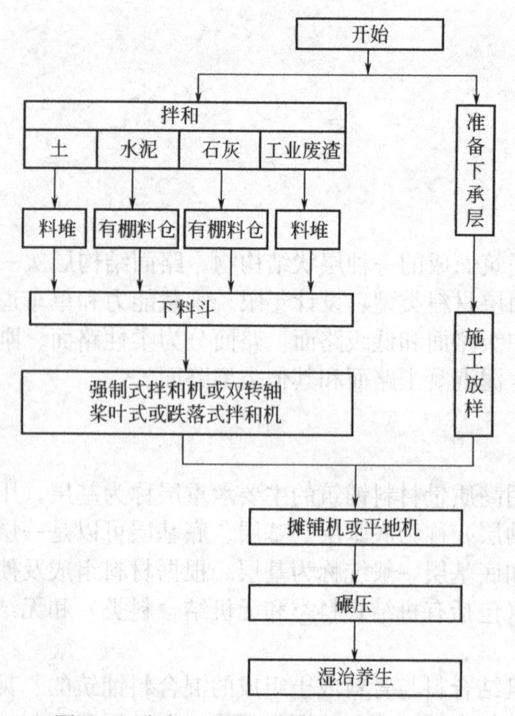

图9-7 稳定土基层厂拌法施工工艺流程

(1) 厂拌法施工 稳定土基层厂拌法施工工艺见图9-7。其中与施工质量有关的重要工序是混合料拌和、摊铺和碾压。石灰稳定土基层应注意干缩和温缩等缩裂缝，沥青稳定土关键在拌和和碾压。

① 准备下承层。稳定土基层施工前应对下承层（底基层或土基）按施工质量验收标准进行检查验收，验收合格后方可进行基层施工。下承层应平整、密实、无松散、无“弹簧”等不良现象，并符合设计标高、横断面宽度等几何尺寸要求。注意采取措施搞好基层施工的临时排水工作。

② 施工放样。施工放样主要是恢复路的中线，在直线段每隔 20m、曲线段每隔 10～15m 设一中桩，并在两侧路肩边缘设置指示桩，在指示桩上明显标记出基层的边缘设计标高及松铺厚度的位置。

③ 备料。稳定土基层的原材料应符合质量要求。料场中的各种原材料应分别堆放，不得混杂。

④ 拌和。拌和时应按混合料配合比要求准确配料，使骨料级配、结合料剂量等符合设计要求，并根据原材料实际含水量及时调整向拌和机内的加水量。沥青稳定土拌和时不洒水。

⑤ 摊铺与整型。高速公路及一级公路的稳定土基层应用沥青混合料摊铺机、水泥混凝土摊铺机或专用稳定土摊铺机摊铺，保证基层的强度及平整度、路拱横坡、标高等几何外形的质量指标符合设计和施工规范要求。摊铺过程中严格控制基层的厚度和高程，禁止用薄层贴补的办法找平，确保基层的整体承载能力。

⑥ 碾压。摊铺整平的混合料应立即用 12t 以上的振动压路机、三轮压路机或轮胎压路机碾压。每层的最小压实厚度为 10cm；当采用 12～15t 三轮压路机时，每层的压实厚度不应超过 15cm；采用 18～20t 三轮压路机时，每层的压实厚度不应超过 20cm；用质量更大的振动压路机、三轮压路机时，每层的压实厚度应根据试验确定。碾压时应遵循先轻后重、先慢后快的方法逐步碾压密实。在直线段由两侧向路中心碾压，在平曲线范围内由弯道内侧逐步向外侧碾压。碾压过程中当局部出现"弹簧"、松散、起皮等不良现象时，应将这些部位的混合料翻松，重新拌和均匀再碾压密实。基层压实质量应符合规定的压实度要求。

水泥稳定类混合料从加水拌和开始到碾压完毕的时间称为延迟时间。混合料从开始拌和到碾压完毕的所有作业必须在延迟时间内完成，以免混合料的强度达不到设计要求。厂拌法施工的延迟时间为 2～3h。

施工中如有接缝，当天施工的接缝可采用搭接处重新拌和后进行碾压的方式；工作缝的处理是沿已压实的接缝处长度方向垂直挖一条宽约 30cm 的槽，一直挖到下承层顶面。在槽内放两根方木（长度为稳定土层宽度的一半、厚度与其压实厚度相同），并紧靠已完成的稳定土一面，再用挖出的素土回填满。第二天施工摊铺时除去方木，用混合料回填，靠近方木不能拌和的部分，应人工补充拌和，整平压实并刮平接缝处即可。

⑦ 养护与交通管制。稳定土基层碾压完毕，应进行保湿养护，养护期不少于 7d。水泥稳定土混合料在碾压完成后立即养护，石灰或工业废渣稳定土混合料可在碾压完成后 3d 内开始养护；养护期内应使基层表面保持湿润或潮湿，一般可洒水或用湿砂、湿麻布、湿草帘、低黏质土覆盖，基层表面还可采用沥青乳液做下封层进行养护。水泥稳定土混合料需分层铺筑时，下层碾压完毕，待养护 1d 后即可铺筑上层；石灰或工业废渣稳定土混合料需分层铺筑时，下层碾压完即可进行铺筑，下层无须经过 7d 养护。养护期间应尽量封闭交通，若必须开放交通时，应限制重型车辆通行并控制行车速度，以减少行车对基层的扰动。

(2) 路拌法施工　稳定土基层路拌法施工工艺：准备下承层→施工放样→备料→摊铺→拌和及洒水→整型→碾压→接缝处理→养护。其中，准备下承层、施工放样、碾压、接缝处理及养护的施工方法和要求与厂拌法施工相同。备料时，应计算各路段的材料用量、车辆数、堆放距离和摊铺面积；摊铺时，应根据松铺厚度确定每日的用量；拌和用稳定土拌和机；整型用平地机整平，并整出路拱。

9.2.1.3 碎（砾）石基层的施工

(1) 级配碎（砾）石基层施工　级配碎（砾）石基层是由一定级配的矿质骨料经拌和、摊铺、碾压后，强度符合规定要求的基层。级配碎石基层由粗、细碎石和石屑按一定比例配制的级配符合要求的碎石混合料铺筑而成，适用于各级公路的基层和底基层，还可用作较薄沥青面层与半刚性基层之间的中间层。级配砾石基层是用粗、细砾石和砂按一定比例配制的级配符合要求的混合料铺筑的具有规定强度的路面结构层，适用于二级及二级以下公路的基层及各级公路的底基层。其施工方法也有路拌法和厂拌法。

级配碎（砾）石基层路拌法施工工艺：准备下承层→施工放样→运输和摊铺主要骨料→洒水湿润→运输和摊铺石屑→拌和并补充洒水→整型→碾压→干燥。

① 准备下承层。下承层的平整度和压实度弯沉值应符合规范的规定，不论是路堑或路堤，必须用12～15t三轮压路机或等效的碾压机械进行碾压检验（压3～4遍），若发现问题，应及时采取相应措施进行处理。

② 施工放样。在下承层上恢复中线，直线段上每10～20m设一桩，曲线上每10～15m设一桩，并在两侧路肩边缘外0.3～0.5m设指示桩。进行水平测量，并在两侧指示桩上用明显标记标出基层或底基层边缘的设计高程。

③ 计算材料用量。根据各路段基层或底基层的宽度、厚度及预定的干压实密度，按确定的配合比分别计算。

④ 运输和摊铺骨料。骨料装车时，应控制每车料的数量基本相等，卸料距离应严格掌握，避免料不足或过多。人工摊铺时，松铺系数为1.40～1.50；平地机摊铺时，松铺系数为1.25～1.35。

⑤ 拌和及整型。当采用稳定土拌和机进行拌和时，应拌和两遍以上，拌和深度应直到级配碎（砾）石层底，在进行最后一遍拌和前，必要时先用多铧犁紧贴底面翻拌一遍；当采用平地机拌和时，用平地机将铺好的骨料翻拌均匀，平地机拌和的作业长度，每段宜为300～500m，并拌和5～6遍。

⑥ 碾压。混合料整型完毕，含水量等于或略大于最佳含水量时，用12t以上三轮压路机或振动压路机碾压。碾压时应按先轻后重、先慢后快、先边后中进行。在直线段，由路肩开始向路中心碾压；在平曲线段，由弯道内侧向外侧碾压，碾压轮应重叠1/2轮宽，后轮必须超过施工段接缝处。后轮压完路面全宽即为一遍，一般应碾压6～8遍，直到符合规定的密实度，表面无轮迹为止。压路机碾压头两遍的速度为1.5～1.7km/h，然后为2.0～2.5km/h。路面外侧应多压2～3遍。

级配碎（砾）石基层厂拌法施工是用强制式拌和机、卧式双转轴桨叶式拌和机、普通水泥混凝土拌和机等进行集中拌和，然后运输、摊铺、整型和碾压。

（2）填隙碎石基层（底基层）施工　填隙碎石基层是用单一粒径的粗碎石作主骨料，用石屑作填隙料铺筑而成的结构层。填隙碎石适用于各级公路的底基层和二级以下公路的基层，颗粒组成等技术指标应符合要求。填隙碎石基层以粗碎石作嵌锁骨架，石屑填充粗碎石间的空隙，使密实度增加，从而提高强度和稳定性。填隙碎石基层施工有干压碎石法（干法施工）和水结碎石法（湿法施工）。

填隙碎石基层施工的工序为：准备下承层→施工放样→运输和摊铺粗骨料→初压→撒布石屑→振动压实→第二次撒布石屑→振动压实→局部补撒石屑并扫匀→振动压实，填满空隙→洒水饱和（湿法）或洒少量水（干法）→碾压→干燥。

初压时，用8t两轮压路机碾压3～4遍；终压时，用12～15t三轮压路机碾压1～2遍。

9.2.1.4 基层施工质量要求

（1）施工质量控制　施工过程中各工序完成后应进行相应指标的检查验收，上一道工序完成且质量符合要求方可进入下一道工序的施工。

① 原材料与混合料质量技术指标试验。基层施工前及施工过程中原材料出现变化时，应对所采用的原材料进行规定项目的质量技术指标试验，以试验结果作为判定材料是否适用于基层的主要依据。

② 试验路铺筑。在正式施工前应铺筑一定长度的试验路作为施工方法的标准，以便考查混合料的配合比是否适宜，确定混合料的松铺系数、施工方法及作业段的长度等，并根据试验铺筑路的实际过程优化基层的施工组织设计。

③ 施工过程中的质量控制与外形管理。基层施工质量控制是在施工过程中对混合料的含水量、骨料级配、结合料剂量、混合料抗压强度、拌和均匀性、压实度、表面回弹弯沉值等项目进行检查。外形管理包括基层的宽度、厚度、路拱横坡、平整度等，施工时应按规定的要求和质量标准严格进行检查。

(2) 检查验收 基层施工完毕应进行竣工检查验收，内容包括基层的外形、施工质量和材料质量。判定路面结构层质量是否合格，是以 1km 长的路段为评定单位，当采用大流水作业时，也可以以每天完成的段落为评定单位。检查验收过程中的试验、检验应做到原始记录齐全、数据真实可靠，为质量评定提供客观、准确的依据。

9.2.2 沥青路面施工

沥青路面是用沥青材料作结合料黏结矿料修筑面层与各类基层或垫层所组成的路面结构。沥青路面以其表面平整、无接缝、行车舒适、耐磨、振动小、噪声低、施工期短、养护维修简便、适宜于分期修建等优点，在国内外得到广泛应用。

9.2.2.1 沥青混合料路面的分类

沥青混合料是由适当比例的粗骨料、细骨料及填料组成的矿质混合料与黏结材料沥青经拌和而成的混合材料。

沥青混合料按表层材料分为沥青混凝土、热拌沥青碎石、乳化沥青碎石混合料、沥青贯入式和沥青表面处治。

按强度形成机理分为密实型和嵌挤型。密实型是指沥青混合料的矿料具有连续级配且沥青用量较大，形成了密实骨架结构，强度主要由沥青与矿料的黏附力及沥青自身的黏聚力组成，矿料间的摩阻力次之。这种沥青混合料的剩余空隙率较小，防渗性能较好，但强度受温度影响也随之增大，沥青混凝土即属于此类混合料。嵌挤型是指沥青混合料的矿料颗粒较粗、尺寸较均匀，沥青混合料形成骨架空隙结构，强度主要由矿料间的嵌挤力和内摩阻力组成，沥青与矿料的黏附力及沥青自身的黏聚力次之。这种沥青混合料的剩余空隙率较大，但高温稳定性较好，矿料为半开级配或开级配的沥青碎石即属于此类沥青混合料。

按施工工艺不同分为层铺法（洒铺法）、路拌法和厂拌法，目前多用厂拌法。层铺法是指骨料与结合料分层摊铺、洒布、压实的路面施工方法，适用于沥青表面处治路面、沥青贯入式路面。厂拌法适用于沥青混凝土、热拌沥青碎石和乳化沥青碎石混合料。

9.2.2.2 材料质量要求

① 沥青。路用沥青材料包括道路石油沥青、煤沥青、乳化石油沥青、液体石油沥青等。

高速公路、一级公路的沥青路面，应选用符合《重交通道路石油沥青》技术要求的沥青以及改性沥青；二级及二级以下公路的沥青路面可采用符合中、轻交通道路石油沥青的相关技术要求的沥青或改性沥青；乳化石油沥青应符合道路乳化石油沥青的相关技术要求的规定；煤沥青不宜用于沥青面层，一般仅作为透层沥青使用。

② 矿料。矿料主要包括粗骨料、细骨料及填料。粗、细骨料形成沥青混合料的矿质骨架，填料与沥青组成的沥青胶浆填充于骨料间的空隙中并将矿料颗粒黏结在一起，使沥青混合料具有抵抗行车荷载和环境因素作用的能力。

粗骨料形成沥青混合料的主骨架，对沥青混合料的强度和高温稳定性影响很大。沥青混合料的粗骨料有碎石、筛选砾石、破碎砾石、矿渣，粗骨料不仅应洁净、干燥、无风化、无杂质，还应具有足够的强度和耐磨耗能力以及良好的颗粒形状。

细骨料是指粒径小于5mm的天然砂、机制砂、石屑。热拌沥青混合料的细骨料宜采用天然砂或机制砂，在缺少天然砂的地区，也可使用石屑。高速公路和一级公路的沥青混凝土面层及抗滑表层的石屑用量不宜超过天然砂及机制砂的用量，以确保沥青混凝土混合料的施工和易性和压实性。细骨料应洁净、干燥、无风化、无杂质并有一定级配，与沥青有良好的黏附能力。

填料是指采用石灰岩或岩浆岩中的强基性岩石（憎水性石料）经磨细而得到的矿粉。矿粉应干燥、洁净，无团粒和泥土。与沥青黏结良好的碱性粉煤灰可作为填料的一部分，但应具有与矿粉同样的质量。由于填料的粒径很小，比表面积很大，使混合料中的结构沥青增加，从而提高沥青混合料的黏结力，因此填料是构成沥青混合料强度的重要组成部分。

9.2.2.3 热拌沥青混合料路面施工

热拌沥青混合料包括沥青混凝土和热拌沥青碎石。热拌沥青混合料适用于各种等级道路的沥青面层。高速公路、一级公路和城市快速路、主干路的沥青面层的上面层、中面层及下面层应采用沥青混凝土铺筑。热拌沥青碎石混合料适用于基层、过渡层及整平层。其他等级道路的沥青面层的上面层宜采用沥青混凝土铺筑。

选择沥青混合料类型应综合考虑公路所在地区的自然条件、公路等级、沥青层位、路面性能要求、施工条件及工程投资等因素。对于双层式或三层式沥青混凝土路面，其中至少应有一层是Ⅰ型密级配沥青混凝土。多雨潮湿地区的高速公路和一级公路，上面层宜选用抗滑表层混合料；干燥地区的高速公路和一级公路，宜采用Ⅰ型密级配沥青混合料作上面层；高速公路的硬路肩也宜采用Ⅰ型密级配沥青混合料作表层。

热拌沥青混合料路面采用厂拌法施工，骨料和沥青均在拌和机内进行加热与拌和，并在热的状态下摊铺碾压成型。

热拌沥青混合料路面施工工艺：砌筑路缘石或培路肩→清扫基层→浇洒黏层或透层沥青→摊铺→碾压→接缝处理→开放交通。

(1) 施工准备

① 原材料质量检查及热拌沥青混合料施工温度的确定。沥青、矿料的质量，骨料与沥青混合料的取样应符合现行试验规程要求。生产添加纤维的沥青混合料时，纤维必须在混合料中充分分散，拌和均匀，施工温度应视纤维品种和数量、矿粉用量的不同，在改性沥青混合料的基础上作适当提高。石油沥青加工及沥青混合料施工温度应根据沥青标号及黏度、气候条件、铺装层的厚度确定。

② 施工机械的选型和配套。施工机械主要有沥青洒布机、沥青混合料拌和设备（连续式、间歇式、滚筒式）和沥青混合料摊铺机。应根据工程量大小、工期、施工现场条件和工程质量的要求，确定合理的机械类型、数量及组合匹配方式，使沥青路面的施工连续，均衡施工。

施工前应检修各种施工机械，以便在施工时能正常运行。沥青混合料可采用间歇式拌和机或连续式拌和机拌制。高速公路和一级公路宜采用间歇式拌和机拌和。连续式拌和机使用的骨料必须稳定不变，一个工程从多处进料，料源或质量不稳定时，不得采用连续式拌和机。沥青混合料拌和设备的各种传感器必须定期检定，周期不少于每年一次。冷料供料装置需经标定得出骨料供料曲线。间歇式拌和机总拌和能力必须满足施工进度要求。拌和机除尘设备完好，能达到环保要求。冷料仓的数量满足配合比需要，通常不宜少于5～6个，具有添加纤维、消石灰等外掺剂的设备。拌和机的矿粉仓应配备振动装置以防止矿粉起拱。添加消石灰、水泥等外掺剂时，宜增加粉料仓，也可由专用管线和螺旋升送器直接加入拌和锅，若与矿粉混合使用时应注意二者会因密度不同发生离析。拌和机必须有二级除尘装置，经一级除尘部分可直接回收使用，二级除尘部分可进入回收粉仓使用（或废弃）。对因除尘造成的粉料损失应补充等量的新矿粉。间歇式拌和机的振动筛规格应与矿料规格相匹配，最大筛孔宜略大于混合料的最大粒径，其余筛的设置应考虑混合料的级配稳定，并尽量使热料仓大体均衡，不同级配混合料必须配置不同的筛孔组合。

③ 拌和厂选址与备料。由于拌和机工作时产生大量粉尘和噪声大等，且拌和厂内的各种油料及沥青为可燃物，因此拌和厂的设置必须符合国家有关环境保护、消防、安全等规定，一般应设置在空旷、干燥和运输条件良好的地方。拌和厂与工地现场距离应充分考虑交通堵塞的可能，确保混合料的温度下降不超过要求，且不因颠簸造成混合料离析。拌和厂应配备实验室及足够的试验仪器和设备，并有可靠的电力供应和完备的排水设施。拌和厂内的沥青应分品种、分标号密闭储存。各种骨料必须分隔储存，不得混杂，细骨料应设防雨顶棚以防矿粉等填料受潮。料场及场内道路应做硬化处理，严禁泥土污染骨料。

④ 铺筑沥青层前，应检查基层或下卧沥青层的质量，不符合要求的不得铺筑沥青面层。旧沥青路面或下卧层已被污染时，必须清洗或经铣刨处理后方可铺筑沥青混合料。

⑤ 试验路铺筑。高速公路和一级公路沥青路面在大面积施工前应铺筑试验路段，其他等级公路在缺乏施工经验或初次使用重要设备时，也应铺筑试验路段。通过铺筑试验路段，主要研究合适的上料速度、拌和数量与时间及拌和温度，透层沥青的标号与用量、喷洒方式、喷洒温度，摊铺温度与速度、摊铺宽度与自动找平方式，压实方法、压实机械的合理组合、压路机的压实顺序、压实温度、碾压速度及遍数、接缝方法，松铺系数、松铺厚度，验证混合料配合比、提出生产用的矿料配比和沥青用量，建立用钻孔法及核子密度仪法测定密度的对比关系，确定粗粒式沥青混凝土或沥青碎石面层的压实标准密度，确定施工产量以及合适的作业段长度，制订施工进度计划，全面检查材料及施工质量，确定施工组织及管理体系、人员、通信联络及指挥方式等，为大面积路面施工提供标准方法和质量检查标准。试验路段的长度根据试验目的确定，通常在100～200m，宜设在直线段上。

(2) 沥青混合料拌和　热拌沥青混合料必须在沥青拌和厂（场、站）采用拌和机拌和。拌和机拌和沥青混合料时，先将矿料粗配、烘干、加热、筛分、精确计量，然后加入矿粉和热沥青，最后强制拌和成沥青混合料。骨料进场宜在料堆顶部平台卸料，经推土机推平后，铲运机从底部按顺序竖直装料，减小骨料离析。高速公路和一级公路施工用的间歇式拌和机必须配备计算机设备，拌和过程中逐盘采集并打印各个传感器测定的材料用量和沥青混合料拌和量、拌和温度等各种参数，每个台班结束时打印出一个台班的统计量，并进行沥青混合料生产质量及铺筑厚度的总量检验，如数据有异常波动，应立即停止生产，查明原因。沥青混合料的生产温度应符合要求，烘干骨料的残余含水量不得大于1%，每天开始几盘骨料应提高加热温度，并干拌几锅骨料废弃，再正式加沥青拌和混合料。

沥青混合料拌和时间根据具体情况经试拌确定，以沥青均匀裹覆骨料为度。间歇式拌和机每盘的生产周期不宜少于45s（其中干拌时间不少于5～10s）。间歇式拌和机宜备有保温性能好的成品储料仓，储存过程中混合料温降不得大于10℃，且不能有沥青滴漏，普通沥青混合料的储存时间不得超过72h，改性沥青混合料的储存时间不宜超过24h。生产添加纤维的沥青混合料时，纤维必须在混合料中充分分散，拌和均匀。拌和机应配备同步添加投料装置，松散的絮状纤维可在喷入沥青的同时或稍后采用风送设备喷入拌和锅，拌和时间宜延长5s以上。颗粒纤维可在粗骨料投入的同时自动加入，经5～10s的干拌后，再投入矿粉。工程量很小时也可分装成塑料小包或由人工量取直接投入拌和锅。使用改性沥青时应随时检查沥青泵、管道、计量器是否受堵，堵塞时应及时清洗。沥青混合料出厂时应逐车检测沥青混合料的重量和温度，记录出厂时间，签发运料单。

拌和时应严格控制各种材料的用量和拌和温度，确保沥青混合料的拌和质量。拌和的沥青混合料应色泽均匀一致、无花白料、无结团块或严重粗细料离析现象，不符合要求的混合料应废弃并对拌和工艺进行调整。

(3) 沥青混合料运输　热拌沥青混合料宜采用自卸汽车运输，运料车每次使用前后必须清扫干净，在车厢板上涂一薄层防止沥青黏结的隔离剂或防黏剂，但不得有余液积聚在车厢底部。从拌和机向运料车上装料时，应多次挪动汽车位置，平衡装料，以减少混合料离析。运料车运输混合料宜用篷布覆盖，保温、防雨、防污染，夏季运输时间短于0.5h时可不覆盖。运输中不得超载或急刹车、急弯掉头，以免对透层、封层造成损伤。

运料车进入摊铺现场时，轮胎上不得有泥土等可能污染路面的脏物，否则宜设水池洗净轮胎后进入工程现场。沥青混合料在摊铺地点凭运料单接收，若混合料不符合施工温度要求，或已经结成团块、已遭雨淋，不得铺筑。运料车的运力应稍有富余，施工过程中摊铺机前方应有运料车等候。对高速公路、一级公路，宜待等候的运料车多于5辆后开始摊铺。从拌和机向运料车上放料时应每放一料斗混合料挪动一下车位，以减小骨料离析现象。摊铺过程中运料车应在摊铺机前100～300mm处停车等候，由摊铺机推动前进开始缓缓卸料，避免撞击摊铺机。在有条件时，运料车可将混合料卸入转运车，经二次拌和后向摊铺机连续均匀地供料。运料车每次卸料必须倒净，如有剩余，应及时清除，防止硬结。

(4) 沥青混合料摊铺　摊铺沥青混合料前应按要求在下承层上浇洒透层、黏层或铺筑下封层。

透层是指为了使沥青面层与非沥青材料基层结合良好，直接在基层上浇洒低黏度的液体沥青（煤沥青、乳化沥青或液体石油沥青）而形成的透入基层表面的薄层。其作用是增进基层与沥青面层的黏结力、封闭基层表面的空隙和减少水分下渗。沥青路面下的级配砂砾、级配碎石基层以及水泥、石灰、粉煤灰等无机结合料稳定土或粒料的基层上必须浇洒透层沥青。高速、一级公路的透层沥青应采用沥青洒布车喷洒，二级及二级以下公路也可采用手工沥青洒布机喷洒。

黏层是为了加强沥青层与沥青层之间、沥青层与水泥混凝土面板之间的黏结而洒布的薄沥青材料层。当双层式或三层式热拌热铺沥青混合料路面在铺筑上层前，其下面的沥青混合料已被污染、旧沥青路面上加铺沥青层及水泥混凝土路面上铺筑沥青面层或当与新铺沥青混合料接触的路缘石、雨水井井口、检查井的侧面等应浇洒黏层沥青。黏层沥青宜用沥青洒布车喷洒。

封层是修筑在面层或基层上的沥青混合料薄层。铺筑在面层表面的称为上封层，铺筑在面层下面的称为下封层。其主要作用是封闭表面空隙、防止水分侵入面层或基层、延缓面层老化和改善路面外观。当沥青面层的空隙较大、透水严重，有裂缝或已修补的旧沥青路面，需加铺磨耗层或者改善抗滑性能的旧沥青路面，需铺筑磨耗层或保护层的新建沥青路面，均应在沥青层上铺筑上封层；当位于多雨地区且沥青的面层空隙较大、渗水严重，在铺筑基层后不能及时铺筑沥青面层，且需开放交通，均应在沥青面层下铺筑下封层。采用乳化沥青稀浆封层作为上、下封层时，其厚度宜为3～6mm，其混合料的类型及矿料级配，应根据处治的目的、道路等级选择，铺筑厚度、骨料尺寸及摊铺用量选用。

基层表面应平整、密实，高程及路拱横坡应符合要求。下承层表面的泥土应清理干净。热拌沥青混合料应采用沥青摊铺机摊铺，摊铺机的受料斗应涂刷薄层隔离剂或防黏结剂。铺筑高速公路、一级公路沥青混合料时，一台摊铺机的铺筑宽度不宜超过6m（双车道）至7.5m（3车道以上），通常宜采用两台或更多台数的摊铺机前后错开10～20m成梯队方式同步摊铺，两幅之间应有30～60mm宽度的搭接，并躲开车道轮迹带，上下层的搭接位置宜错开200mm以上。摊铺机开工前应提前0.5～1h预热熨平板不低于100℃。铺筑过程中应使熨平板的振捣或夯锤压实装置具有适宜的振动频率和振幅，以提高路面的初始压实度。熨平板加宽连接应仔细调节至摊铺的混合料没有明显的离析痕迹。

摊铺机必须缓慢、均匀、连续不间断地摊铺，不得随意变换速度或中途停顿，以提高平整度，减少混合料的离析（图 9-8）。摊铺速度宜控制在 2～6m/min 的范围内。当发现混合料出现明显的离析、波浪、裂缝、拖痕时，应分析原因，予以消除。沥青路面施工的最低气温应符合现行规范的要求，寒冷季节遇大风降温，不能保证迅速压实时不得铺筑沥青混合料。热拌沥青混合料的最低摊铺温度根据铺筑层厚度、气温、风速及下卧层表面温度按规范执行。每天施工开始阶段宜采用较高温度的混合料。摊铺过程中应随时检查摊铺层厚度及路拱、横坡，由使用的混合料总量与面积校验平均厚度。摊铺机的螺旋布料器应相应于摊铺速度调整到保持一个稳定的速度均衡地转动，两侧应保持有不少于送料器 2/3 高度的混合料，以减少在摊铺过程中混合料的离析。

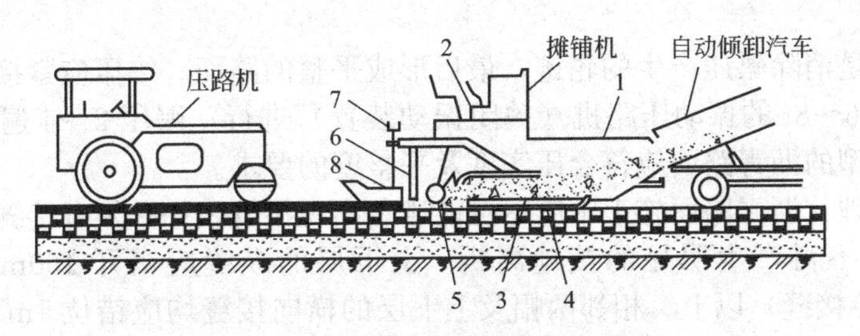

图 9-8 沥青混合料摊铺机操作示意

1—料斗；2—驾驶台；3—送料器；4—履带；5—螺旋摊铺器；6—振捣器；7—厚度调节螺杆；8—摊平板

用机械摊铺的混合料，不宜用人工反复修整。当不得不由人工做局部找补或更换混合料时，需仔细进行，特别严重的缺陷应整层铲除。在路面狭窄部分、平曲线半径过小的匝道或加宽部分，以及小规模工程不能采用摊铺机铺筑时，可用人工摊铺混合料。已摊铺的沥青层因遇雨未经压实的应予铲除。

（5）碾压　碾压是热拌沥青混合料路面施工的最后一道工序，沥青混合料的分层压实厚度不得大于 10cm。碾压时，压路机不得在未碾压成型路段上转向、调头、加水或停留。在当天成型的路面上，不得停放各种机械设备或车辆，不得散落矿料、油料等杂物。碾压轮在碾压过程中应保持清洁，有混合料沾轮应立即清除。对钢轮可涂刷隔离剂或防黏结剂，但严禁刷柴油。当采用向碾压轮喷水（可添加少量表面活性剂）方式时，必须严格控制喷水量且成雾状，不得漫流，以防混合料降温过快。轮胎压路机开始碾压阶段，可适当烘烤、涂刷少量隔离剂或防黏结剂，也可少量喷水，并先到高温区碾压使轮胎尽快升温，之后停止洒水。当压路机来回交错碾压时，前后两次停留地点应相距 10m 以上，并应驶出压实起始线 3m 以外。在压路机压不到的其他地方，应采用振动夯板把混合料充分压实。已经完成碾压的路面，不得修补表皮。

碾压程序包括初压、复压和终压三个工序。初压的目的是整平和稳定混合料。常用轻型钢筒压路机或关闭振动装置的振动压路机碾压 2 遍，碾压时必须将驱动轮朝向摊铺机，以免使温度较高处摊铺层产生推移和裂缝。初压应紧跟在摊铺机后碾压，并保持较短的初压区长度，以尽快使表面压实，减少热量散失。对摊铺后初始压实度较大，经实践证明采用振动压路机或轮胎压路机直接碾压无严重推移而有良好效果时，可免去初压直接进入复压工序。通常宜采用钢轮压路机静压 1～2 遍。碾压时应将压路机的驱动轮面向摊铺机，从外侧向中心碾压，在超高路段则由低向高碾压，在坡道上应将驱动轮从低处向高处碾压。初压后应检查平整度、路拱，有严重缺陷时进行修整乃至返工。

复压是使混合料密实、稳定、成型，使混合料的密实度达到要求。复压应紧跟在初压后开始，且不得随意停顿。压路机碾压段的总长度应尽量缩短，通常不超过 60～80m。采用不同型号的压路机组合碾压时宜安排每一台压路机做全幅碾压，防止不同部位的压实度不均匀，一般碾压4～6遍。密级配沥青混凝土的复压宜优先采用重型的轮胎压路机进行搓揉碾压，以增加密水性，其总质量不宜小于25t，吨位不足时宜附加重物，使每一个轮胎的压力不小于15kN，冷态时的轮胎充气压力不小于0.55MPa，轮胎发热后不小于0.6MPa，且各个轮胎的气压应相同，相邻碾压带应重叠1/3～1/2的碾压轮宽度，碾压至要求的压实度为止。对粗骨料为主的较大粒径的混合料，尤其是大粒径沥青稳定碎石基层，宜优先采用振动压路机复压。厚度小于30mm的薄沥青层不宜采用振动压路机碾压。相邻碾压带重叠宽度为100～200mm。振动压路机折返时应先停止振动。当采用三轮钢筒式压路机时，总质量不宜小于12t，相邻碾压带宜重叠后轮的1/2宽度，并不应少于200mm。对路面边缘、加宽及港湾式停车带等大型压路机难于碾压的部位，宜采用小型振动压路机或振动夯板做补充碾压。

终压的目的是消除碾压产生的轮迹，最后形成平整的路面。终压应紧接在复压后用双轮钢筒式压路机或6～8t的振动压路机（关闭振动装置）进行，碾压2～4遍，直至无明显轮迹为止。压实成型的沥青路面应符合压实度及平整度的要求。

（6）接缝处理　沥青路面施工中应尽可能避免出现接缝，如必须有接缝时，要求接缝紧密、连接平顺，不得产生明显的接缝离析。上下层的纵缝应错开150mm（热接缝）或300～400mm（冷接缝）以上。相邻两幅及上下层的横向接缝均应错位1m以上。接缝施工应用3m直尺检查，确保平整度符合要求。高速公路和一级公路的表面层横向接缝（即工作缝）应采用垂直的平接缝，以下各层可采用自然碾压的斜接缝，沥青层较厚时也可做阶梯形接缝。其他等级公路的各层均可采用斜接缝。斜接缝的搭接长度与层厚有关，宜为0.4～0.8m。搭接处应洒少量沥青，混合料中的粗骨料颗粒应予剔除，并补上细料，搭接平整，充分压实。阶梯形接缝的台阶经铣刨而成，并洒黏层沥青，搭接长度不宜小于3m。

摊铺时采用梯队作业的纵缝应采用热接缝，将已铺部分留下100～200mm宽暂不碾压，作为后续部分的基准面，然后做跨缝碾压以消除缝迹。当半幅施工或因特殊原因而产生纵向冷接缝时，宜加设挡板或加设切刀切齐，也可在混合料尚未完全冷却前用镐刨除边缘留下毛槎的方式，但不宜在冷却后采用切割机做纵向切缝。加铺另半幅前应涂洒少量沥青，重叠在已铺层上50～100mm，再铲走铺在前半幅上面的混合料，碾压时由边向中碾压留下100～150mm，再跨缝挤紧压实。或者先在已压实路面上行走碾压新铺层150mm左右，然后压实新铺部分。

（7）开放交通　压实的沥青路面在冷却前，任何机械不准在其上停放或行驶，并防止矿料、油料等杂物的污染。热拌沥青混合料路面应待摊铺层完全自然冷却，混合料表面温度不高于50℃（石油沥青）或不高于45℃（煤沥青）后开放交通。需提早开放交通时可洒水冷却，降低混合料温度。

9.2.2.4　乳化沥青碎石混合料路面施工

乳化沥青碎石混合料指的是采用乳化沥青与矿料在常温状态下拌和而成，压实后剩余空隙率在10%以上的常温冷却混合料。用这类沥青混合料铺筑而成的路面称为乳化沥青碎石混合料路面，具有填充、防水、耐磨、抗滑、恢复路面使用品质和延长路面使用寿命等作用。

乳化沥青碎石混合料适用于三级及以下公路面层、二级公路罩面以及各级公路沥青路面的整平层或联结层，厚度一般为3～6mm。乳化沥青碎石混合料路面宜采用双层式，下层采用粗粒式沥青碎石混合料，上层采用中粒式或细粒式沥青碎石混合料。单层式只宜在少雨干燥地区或稳定土基层上使用。在多雨潮湿地区必须做上封或下封层。乳化沥青的品种、规格、标号应根据混合料用途、气候条件、矿料类别等按规定选用，混合料配合比可按经验确定。

乳化沥青碎石混合料路面施工工艺：砌筑路缘石或培路肩→清扫基层→浇洒黏层或透层沥青→摊铺→碾压→接缝处理→开放交通。

(1) 施工准备 基层符合规定要求。对各种材料进行调查试验。经选择确定的材料在施工过程中应保持稳定，不得随意变更。对施工机具进行全面检查，并经调试证明其处于性能良好、数量足够、施工能力配套合理状态，重要机械宜有备用设备。可采用现行沥青路面施工规范推荐的矿料级配，并根据已有道路的成功经验试拌确定配合比。乳液用量应根据当地实践经验以及交通量、气候、石料情况、沥青标号、施工机械条件等确定，也可以按热拌沥青碎石混合料的沥青用量折算。实际的沥青用量宜较同规格热拌沥青混合料的沥青用量减少10%～20%。

(2) 施工要点 乳化沥青碎石混合料宜采用拌和厂机械拌和。缺乏厂拌条件时也可采用现场路拌及人工摊铺方式。乳化沥青碎石混合料施工应注意防止混合料离析。当采用阳离子乳化沥青时，矿料在拌和前需先用水湿润，使骨料含水量达5%左右，气温较高时可多加水，低温潮湿时少加水。矿料与乳液应充分拌和均匀，若湿润后仍难以与乳液拌和均匀时，应改用破乳速度更慢的乳液，或用1%～3%浓度的氯化钙水溶液代替水润湿骨料表面。拌和时间应根据骨料级配情况、乳液裂解速度、拌和机性能、气候条件等通过试拌确定。机械拌和时间不宜超过30s，人工拌和时间不宜超过60s。

拌和的混合料应具有良好的和易性，以免在摊铺时出现离析。已拌好的混合料应立即运至现场进行摊铺，并在乳液破乳前结束。在拌和与摊铺过程中已破乳的混合料，应予废弃。混合料宜用沥青摊铺机摊铺，也可人工摊铺。机械摊铺的松铺系数为1.15～1.20，人工摊铺的松铺系数为1.20～1.45。

混合料摊铺完毕，厚度、平整度、路拱横坡等符合设计和规范要求，即可进行碾压。乳化沥青冷拌混合料摊铺后宜采用6t左右的轻型压路机初压1～2遍，使混合料初步稳定，再用轮胎压路机或钢筒式压路机碾压1～2遍。当乳化沥青开始破乳、混合料由褐色转变成黑色时，改用12～15t轮胎压路机碾压，将水分挤出，复压2～3遍后停止；待晾晒一段时间，水分基本蒸发后继续复压至密实为止。当压实过程中有推移现象时应停止碾压，待稳定后再碾压。当天不能完全压实时，可在较高气温状态下补充碾压。当缺乏轮胎压路机时，也可采用钢筒式压路机或较轻的振动压路机碾压。

乳化沥青混合料路面应在压实成型、路面水分完全蒸发后加铺上封层。施工结束后宜封闭交通2～6h，并注意做好早期养护。开放交通初期，应设专人指挥，车速不得超过20km/h，不得刹车或掉头。

9.2.2.5 *沥青贯入式路面施工*

沥青贯入式路面是在初步压实的碎石（砾石）层上，分层浇洒沥青、撒布嵌缝料后经压实而成的路面，厚度一般为4～8cm。根据沥青的贯入深度不同，分为深贯入式（6～8cm）和浅贯入式（4～5cm）。它属于次高级路面，适用于二级及二级以下公路。

(1) 材料准备 沥青贯入式路面的骨料应选择有棱角、嵌挤性好的坚硬石料作骨料，其规格和用量应符合要求。沥青贯入层的主层骨料最大粒径宜与贯入层厚度相当。当采用乳化沥青时，主层骨料最大粒径可采用厚度的0.8～0.85倍，数量宜按压实系数1.25～1.30计算。沥青贯入式路面的结合料可采用道路石油沥青、煤沥青或乳化沥青。贯入式路面各层次沥青用量应根据施工气温及沥青标号等在规定范围内选用，在寒冷地带或当施工季节气温较低、沥青针入度较小时，沥青用量宜用高限。在低温潮湿气候下用乳化沥青贯入时，应按乳液总用量不变的原则进行调整，上层较正常情况适当增加，下层较正常情况适当减少。

(2) 施工要点 沥青贯入式路面施工工艺：放样和砌筑路缘石→清理基层→浇洒透层或黏层沥青→撒布主层骨料→碾压主层骨料→浇洒第一层沥青→撒布第一层嵌缝料→碾压→浇

洒第二层沥青→撒布第二层嵌缝料→碾压→浇洒第三层沥青→撒布封层料→终压。

① 主层骨料应避免颗粒大小不均匀，用碎石摊铺机、平地机或人工摊铺完成后检查松铺厚度并严禁车辆通行。

② 撒布主层骨料后应采用6～8t的轻型钢筒式压路机自路两侧向路中心碾压主层骨料，碾压速度宜为2km/h，每次轮迹重叠约30cm，碾压一遍后检验路拱和纵向坡度，当不符合要求时，应调整找平后再压。然后用10～12t重型的钢轮压路机碾压，每次轮迹重叠1/2左右，宜碾压4～6遍，直至主层骨料嵌挤稳定，无显著轮迹为止。

③ 主层骨料碾压完毕后，应浇洒第一层沥青。采用乳化沥青贯入时，为防止乳液下漏过多，可在主层骨料碾压稳定后，先撒布一部分上一层嵌缝料，再浇洒主层沥青。

④ 主层沥青浇洒后，用撒布机或人工均匀撒布第一层嵌缝料。撒布后尽量扫匀，不足处应找补。当使用乳化沥青时，石料撒布必须在乳液破乳前完成。

⑤ 嵌缝料扫匀后，立即用8～12t钢筒式压路机碾压，轮迹重叠轮宽的1/2左右，宜碾压4～6遍，直至稳定为止。碾压时随压随扫，使嵌缝料均匀嵌入。如因气温较高使碾压过程中产生较大推移现象时，应立即停止碾压，待气温稍低时再继续碾压。按上述方法浇洒第二层沥青、撒布第二层嵌缝料，然后碾压，再浇洒第三层沥青。

⑥ 撒布封层料。施工同撒布嵌缝料。如不撒布封层料而加铺沥青混合料拌和层时，拌和层应紧跟贯入层施工，使上下成为一整体。贯入部分采用乳化沥青时应待其破乳、水分蒸发且成型稳定后方可铺筑拌和层，当拌和层与贯入部分不能连续施工，且要在短期内通行施工车辆时，贯入层部分的第二遍嵌缝料应增加用量2～3m^3/1000m^2，在摊铺拌和层沥青混合料前，应做补充碾压，并浇洒黏层沥青。

⑦ 采用6～8t压路机做最后碾压，宜碾压2～4遍，然后开放交通。

9.2.2.6 沥青表面处治路面施工

沥青表面处治（也称沥青表处）是早期沥青路面的主要类型，广泛使用于砂石路面提高等级、解决晴雨通车而做的简易式沥青路面。沥青表面处治路面是指用沥青和骨料用拌和法或层铺法施工，厚度不大于3cm的一种薄层路面面层，主要用于抵抗车轮磨耗，增强抗滑和防水能力，提高平整度，改善路面的行车条件，属于中低级路面，适用于三级及以下的地方性公路，也适用于二级以下公路、高速公路和一级公路的施工便道的面层，也可作为旧沥青路面的罩面和防滑磨耗层。

沥青表面处治面层可采用道路石油沥青、煤沥青或乳化沥青作结合料，其用量根据气温、沥青标号、基层等情况确定。沥青表面处治路面所用骨料的最大粒径应与处治层厚度相等。

(1) 层铺法施工　层铺法施工时一般采用先油后料法，单层式沥青表面处治层的施工工艺：清理基层→浇洒第一层沥青→撒布第一层骨料→碾压。

双层式或三层式沥青表面处治层的施工方法即重复上述施工工序一遍或两遍。

(2) 拌和法　拌和法是将沥青材料与骨料按一定比例拌和摊铺、碾压的方法。

路拌法施工工艺：清扫放样→沿路分堆备料→人工干拌（骨料）→掺加沥青拌匀→摊铺成型→碾压→初期养护。

厂拌法施工工艺：熬油→定量配料→机械拌和→运料→清扫放样→卸料→摊铺成型→碾压→初期养护。

9.2.2.7 沥青路面施工质量要求

沥青路面施工质量要求的内容包括材料的质量检验、铺筑试验路段、施工过程的质量控制及工序间的检查验收。

① 沥青路面施工过程中应进行全面质量管理，建立健全行之有效的质量保证体系。实行严格的目标管理、工序管理及岗位质量责任制度，对各施工阶段的工程质量进行检查、控制、评定，从制度上确保沥青路面的施工质量。

② 沥青路面施工前应按规定对原材料的质量进行检验。在施工过程中逐班抽样检查时，沥青材料根据实际情况可做针入度、软化点、延度的试验。检测粗骨料的抗压强度、磨耗率、磨光值、压碎值、级配等指标和细骨料的级配组成、含水量、含土量等指标。矿粉应检验其相对密度和含水量并进行筛析。材料的质量以同一料源、同一次购入并运至生产现场为一“批”进行检查。

③ 实行监理制度的工程项目，材料试验结果及据此进行的配合比设计结果、施工机械及设备检查结果，在使用前规定的期限内均向监理工程师或工程质量监管部门提出正式报告，待取得正式认可后，方可使用。

④ 施工单位应做好铺筑试验路段的记录和分析，监理工程师或质量监督部门应监督、检查试验段的施工质量，及时与施工单位商定有关试验结果的采用。

⑤ 铺筑结束后，施工单位应就各项试验内容提出试验总结报告，并取得主管部门的批复。

⑥ 施工过程中沥青面层外形尺寸和交工检查与验收质量标准应满足要求。

9.2.3 水泥混凝土路面施工

水泥混凝土路面是指以素混凝土或钢筋混凝土板与基（垫）层所组成的路面。水泥混凝土板作为主要承受荷载的结构层，而板下的基（垫）层和路基起支承作用。水泥混凝土路面包括素混凝土、钢筋混凝土、连续配筋混凝土、预应力混凝土、装配式混凝土、钢纤维混凝土和混凝土小块铺砌等面层板和基（垫）层所组成的路面。

水泥混凝土路面与其他类型的路面相比具有强度高、刚度大、抗滑性能好、耐久性和稳定性好、有利于夜间行车、使用寿命长、养护费用少、经济效益高等优点，但也存在有接缝、开放交通迟、水泥和水用量大、对超载敏感、噪声大及损坏后修复困难等缺点。

9.2.3.1 材料质量要求

水泥混凝土路面的材料主要有水泥、粗骨料（碎石）、细骨料（砂）、水、外加剂、接缝材料及局部使用的钢筋。

① 水泥。为了保证水泥混凝土具有足够的强度、良好的抗磨耗性、抗滑性及耐久性能，通常选用强度高、干缩性小、抗磨性能及耐久性能好的水泥。

② 粗骨料。选用质地坚硬、洁净、具有良好级配的粗骨料（粒径＞5mm），最大粒径不应超过 40mm，粗骨料的颗粒组成可采用连续级配，也可采用间断级配。

③ 细骨料。细骨料（粒径为 0.15～5mm）应尽量采用天然砂，无天然砂时也可用人工砂。要求颗粒坚硬耐磨，具有良好的级配，表面粗糙有棱角，清洁和有害杂质含量少，细度模数在 2.5 以上。

④ 水。用于清洗骨料、拌和混凝土及养护用的水，不应含有影响混凝土质量的油、酸、碱、盐类及有机物等。

⑤ 外加剂。在混凝土拌和过程中可加入适宜的外加剂，常用的有流变剂（改善流变性能）、调凝剂（调节凝结时间）和引气剂（提高抗冻、抗渗、抗蚀性能）。

⑥ 接缝材料。用于填塞混凝土路面板的各类接缝，主要有接缝板和填缝料。接缝板应适应路面板的膨胀与收缩，施工时不变形，耐久性好，如木材类、塑料泡沫类和纤维类等。填缝料应黏附力强，回弹性好，能适应路面的胀缩，不溶于水，高温不挤出，低温不脆裂，耐久性好。常用的填缝料有聚氯乙烯类、沥青玛蹄脂、聚氨酯和氯丁橡胶条等。

⑦ 钢筋。接缝需要设置钢筋拉杆和传力杆，在板边、板端及角隅需要设置边缘和角隅补强钢筋，钢筋混凝土路面和连续配筋混凝土路面则要使用大量的钢筋。钢筋应符合设计规定的品种和规格要求，应顺直，无裂缝、断伤、刻痕及表面锈蚀和油污等。

拉杆是防止因混凝土面板的相对位移产生接缝变宽、拉住接缝两边的板块而设置的，而不是分布车轮荷载；拉杆设置在纵缝处。传力杆是为保证接缝的传荷能力和路面的平整度，防止产生错台等设置的，应采用光面钢筋，主要用于横向接缝。

9.2.3.2 施工准备工作

① 选择施工机械。水泥混凝土路面施工机械主要有搅拌设备和摊铺设备。搅拌设备包括搅拌机（自落式、强制式）和搅拌楼（站）；摊铺机具和摊铺方式包括滑模摊铺、轨道摊铺、碾压摊铺、三辊轴摊铺、手工摊铺等。高速公路、一级公路应安排滑模摊铺机和混凝土搅拌楼进入主体工程施工，其他等级公路也尽可能提高机械化施工水平。

② 选择混凝土拌和场地。根据施工路线的长短和所采用的运输工具，混凝土可集中在一个场地拌制，也可以在沿线选择几个场地，随工程进展情况迁移或采用商品混凝土。选择拌和场地应有足够的面积，以供堆放砂石材料和搭建水泥库房，使运送混合料的运距最短，还要接近水源和电源。

③ 配合比设计。根据技术设计要求与当地材料供应情况，做好混凝土各组成材料的试验，进行混凝土各组成材料的配合比设计。

④ 基层的检查与整修。混凝土路面施工前，应对混凝土路面板下的基层进行强度、密实度及几何尺寸等方面的质量检验。基层质量检查项目及其标准应符合基层施工规范要求。基层宽度应比混凝土路面板宽 30～35cm 或与路基同宽。

基层的宽度、路拱与高程、表面平整度和压实度，均应检查其是否符合要求。否则，将使面层厚度变化过大，增加造价或减少使用寿命。稳定土基层整修时机很重要，过迟难以修整且费工。在旧砂石路面上铺筑混凝土路面时，所有旧路面的坑洞、松散等破坏以及路拱横坡或宽度不符合要求之处，均应事先翻修，调整压实。在高速公路和一级公路的稳定土基层表面应铺筑热沥青封层或乳化沥青稀浆封层。贫混凝土基层应锯切与面板接缝位置和尺寸完全对应的纵横向接缝，切缝深度约为 1/4 板厚。

⑤ 施工放样工作。首先根据设计图纸恢复路中心线和路面边线，在中心线上每隔 20m 设一中心桩，同时布设曲线主点桩及纵坡变坡点、路面板胀缝等施工控制点，并在路边设置相应的边桩，重要的中心桩要进行拴桩。每隔 100m 左右设置一临时水准点，以便复核路面标高。测量放样必须经常复核，在浇捣过程中也要随时进行复核，做到勤测、勤核、勤纠偏，确保路面的平面位置和高程符合设计要求。

9.2.3.3 混凝土路面板的施工

混凝土路面板施工工艺因摊铺机具而异，不同机具和不同方式各有要求和特点，其施工工艺：施工准备→安装模板→设置传力杆→混凝土的拌制与运输→混凝土摊铺和振捣→接缝施工→表面修整与防滑处理→混凝土养护和填缝。

（1）安装模板　模板安装前，先进行定位测量放样，核对路面标高、面板分块、接缝和构造物位置。公路混凝土路面、桥面铺装层的施工模板应采用刚度足够的槽钢、轨模或钢制边侧模板。钢模板的高度与面板的设计厚度相等，长度一般为 3～5m。轨道摊铺机采用专用钢轨模，轨道顶部高于模板 20～40mm。模板纵向每隔 1m 设置支撑固定装置。

曲线路段应设置短模板，每块模板的中点应设在曲线的切点上。模板应安装稳固、顺直、平整、无扭曲，相邻模板连接应紧密平顺，底部不得漏浆，不得有前后错位、高低错台现象。

（2）设置传力杆　模板安装完成后，可设置各种接缝的传力装置，包括传力杆及其套筒、胀缝板、滑移端等。通常采用传力杆钢筋架安装固定。当摊铺机装备有传力杆插入装置时，缩缝传力杆可不提前装置，但应在基层表面标明传力杆的位置，以便于驾驶员准确定位压入传力杆。

（3）混凝土的拌制与运输　混凝土混合料可采用搅拌机拌制，也可在搅拌楼（站）制备，然后运至施工现场。应随时检验用量与质量是否合格，检验搅拌楼（站）的总供应量是否满足需求，应计算每小时混凝土混合料的需要量。混合料拌和物应均匀一致，有生料、干料、离析或外加剂、粉煤灰成团现象的非均质拌和料应废弃，不得用于摊铺路面。

机械摊铺混凝土路面应系统配套运输车，通常配置载重量50～100kN的自卸卡车。运输时不得漏浆、撒料，车厢底板应平滑。远距离运送或摊铺钢筋混凝土路面和桥面铺装时应选配混凝土罐车。为保证混合料在运送过程中不凝固、不离析，必须严格控制混合料出料至路面铺筑完毕的最长时间，若不能满足要求，应加大缓凝剂或保塑剂的剂量。

（4）摊铺及振捣

① 滑模摊铺机施工。滑模摊铺机是机械化、自动化程度较高的摊铺机具，其侧向模板随着施工进程不断地向前移动，无须另设模板。摊铺机按一次摊铺的宽度分为三车道滑模摊铺机（摊铺最大宽度为16m）、双车道滑模摊铺机（摊铺最大宽度为9.7m）、单车道滑模摊铺机（摊铺最大宽度为6.0m）以及路缘石滑模摊铺机（制作路缘石专用）。铺筑混凝土路面最大厚度可达到500mm，对于公路和城市道路混凝土路面板均可一次摊铺成型。滑模摊铺机可一次完成布料、摊铺、平整、振捣和抹平等。

若滑模摊铺机未设置传力杆自动压入装置，可采用前置钢筋支架法设置缩缝传力杆，此时混合料运输车辆不能直接在基层上行驶，必须加设侧面通道，加设侧向上料的布料机，并配备挖掘机加料由侧向供料。对于钢筋混凝土路面、桥面铺装等也应设置侧向进料装置。用滑模摊铺机施工时，另行配置拉毛养护机制作抗滑沟槽，配置锯缝机完成纵横向接缝的锯割。滑模摊铺机摊铺路面的准确位置（平、纵、横）以及路面板的厚度是通过事先架设的基准线实施自动控制的，基准线长度不大于450m，拉力不小于1000N。

滑模式摊铺机摊铺过程示意见图9-9。铺筑混凝土时，首先由螺旋式摊铺器1将堆积在基层上的混凝土拌和物横向铺开，刮平器2进行初步刮平，然后振捣器3进行捣实，刮平板4进行振捣后整平，形成密实而平整的表面，再用搓动式振捣板5对混凝土层进行振实和整平，最后用光面带6进行光面。

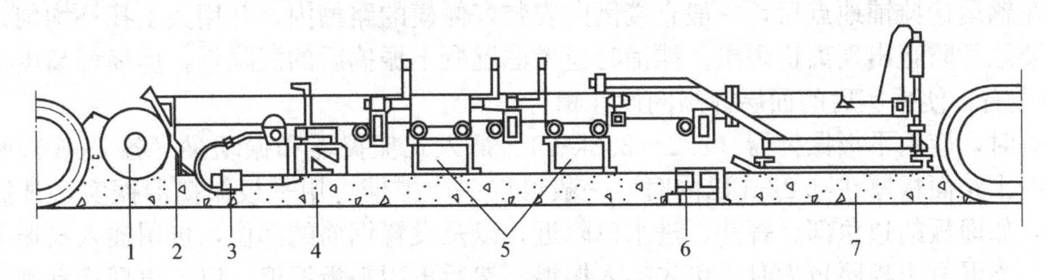

图9-9　滑模式摊铺机摊铺过程示意

1—螺旋摊铺器；2—刮平器；3—振捣器；4—刮平板；5—搓动式振捣板；6—光面带；7—混凝土面层

② 三辊轴机组施工。三辊轴机组包括三辊轴整平机和振捣机两部分，三辊轴整平机装备三根直径相同的辊轴，轴距为500～600mm。三辊轴整平机通过辊压和振动，将混合料整平、振捣成型，振捣机装配有成排的振捣器、刮板与横向螺旋布料器，也专门配备单个插入式振捣器、传力杆压入器和振捣梁等。

三辊轴整平机的辊轴直径应与混凝土路面板的厚度相匹配。路面板厚度小于20cm时，可采用直径为219mm的辊轴；路面板厚度大于20cm时，可采用直径为168mm的辊轴。排式振捣器的振捣棒直径为50～100mm，棒间距离不应大于有效作用半径的1.5倍，并不大于500mm。振动频率取50～100Hz，对于路面板厚度大，坍落度低的混合料，宜使用100Hz以上的高频率振捣棒。三辊轴机组铺筑水泥混凝土路面的工艺为：布料→密集排振→安装拉杆→人工补料→三辊轴整平→（真空脱水）→（精平饰面）→拉毛→切缝→养护→（硬刻槽）→填缝。

③ 轨道摊铺机施工。轨道摊铺机铺筑混凝土路面时集布料、刮平、振捣密实于一机，工效高。摊铺方式有刮板式、箱式和螺旋式三种。

由于轨道摊铺机使用轨式模板，在施工过程中应注意模板的位置和标高。轨道摊铺机根据摊铺路面宽度不同分为三车道轨道摊铺机（摊铺最大宽度为18.3m）、双车道轨道摊铺机（摊铺最大宽度为9.0m）和单车道轨道摊铺机（摊铺最大宽度为4.5m）。摊铺路面板最大厚度为600mm。振捣机的构造见图9-10，在振捣梁前方设置一道长度与铺筑宽度相同的复平梁，用于纠正摊铺机初平的缺陷并使松铺的拌和物在全宽范围内达到正确的高度，复平梁的工作质量对振捣密实度和路面平整度影响很大。复平梁后面是一道弧面振捣梁，以表面平板式振动将振动力传到全宽范围内。振捣机械的工作行走速度一般控制在0.8m/min，但随拌和物坍落度的增减可适当变化，混凝土拌和物坍落度较小时可适当放慢速度。

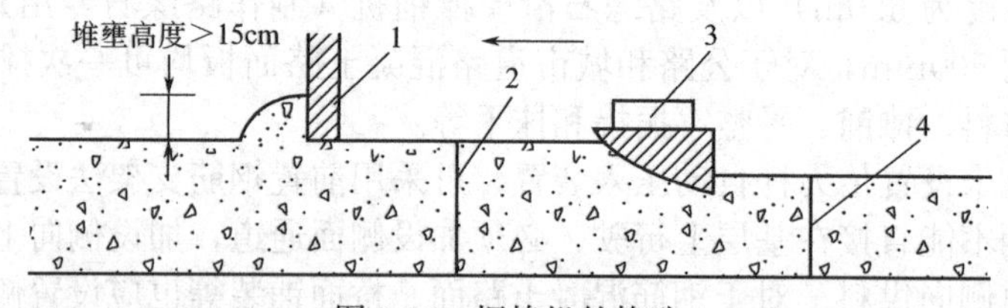

图9-10 振捣机的构造
1—复平梁；2—松铺高度；3—弧面振捣梁；4—面层厚度

为完成辅助工序，摊铺机需配备挖掘机和装载机等，用于局部人工布料与补料；配备传力杆压入装置和表面抹平设备配合作业。摊铺机可以实现分层铺筑，若采用双层钢筋网混凝土路面，则三层混凝土、两层钢筋均可以逐层铺设。由于摊铺机在轨道上行走，不会扰动和影响钢筋和混凝土的正常作业。

④ 小型机具施工。小型机具主要适用于三、四级公路铺筑水泥混凝土路面。当运送混合料的车辆运达摊铺地点后，一般直接倒向安装好侧模的路槽内，并用人工找补均匀，摊铺过程中要注意防止出现离析现象。摊铺时应考虑混凝土振捣后的沉降量，虚高可高出设计厚度10%左右，使振实后的面层标高同设计相符。

振捣时，应由平板振捣器（2.2～2.8kW）、插入式振捣器和振动梁（各1kW）配套作业。混凝土路面板厚在0.22m以内时，一般可以一次摊铺，用平板振捣器振实，凡振捣不到之处，如面板的边角部、窨井、进水口附近，以及设置钢筋的部位，可用插入式振捣器进行振实。当混凝土板厚较大时，可先插入振捣，然后再用平板振捣，以免出现蜂窝现象。平板振捣器在同一位置停留的时间，一般为10～15s，以表面振出浆水、混合料不再沉落为宜。平板振捣后，再用带有振捣器、底面有符合路拱横坡的振捣梁，两端搁在侧模上，沿摊铺方向振捣拖平。拖振过程中，多余的混合料将随着振捣梁的拖动而刮去，低陷处则应随时补足。随后再用直径75～100mm的无缝钢管，两端放在侧模上，沿纵向滚压一遍。当摊铺或振捣混合料时，不再碰撞模板和传力杆，以避免其移动变位。

(5) 接缝施工　混凝土面层由一定厚度的混凝土板组成，具有热胀冷缩的特性，温度变化时，会产生不同程度的膨胀和收缩，这些变形会受到板与基础之间的摩阻力和黏结力以及板的自重和车轮荷载的约束，致使板内产生过大的应力，造成板的断裂或拱胀等破坏。为了避免这些缺陷，混凝土路面必须设置横向接缝和纵向接缝。

① 横向接缝。横向接缝垂直于行车方向，有胀缝、缩缝和施工缝。胀缝是防止夏天高温混凝土膨胀造成路面破坏而预留的缝隙；缩缝是防止冬天气温降低，混凝土收缩造成路面被破坏而预留的缝隙，一般在板的上部4～6cm范围内有缝，因此又称假缝。

胀缝应与混凝土路面中心线垂直，缝壁必须垂直于板面，缝隙宽度均匀一致，缝中心不得有黏浆、坚硬杂物，相邻板的胀缝应设在同一横断面上。缝隙上部应灌填缝料，下部设置胀缝板。传力杆固定端可设在缝的一侧或交错布置。施工过程中固定传力杆位置的钢筋支架应准确、可靠地固定在基层上，使固定后的传力杆平行于板面和路中线，误差不大于5mm。

设置胀缝、安装与固定传力杆和接缝板的方法见图9-11。先浇筑传力杆以下的混凝土，用插入式振捣器振捣密实，并校正传力杆的位置，然后再摊铺传力杆以上的混凝土。胀缝一侧混凝土浇筑后，取去胀缝模板，再浇筑另一侧混凝土，钢筋支架浇在混凝土内。摊铺机摊铺胀缝另一侧的混凝土时，先拆除端头钢挡板及钢钎，然后按要求铺筑混凝土。填缝时必须将接缝板以上的临时插入物清除。

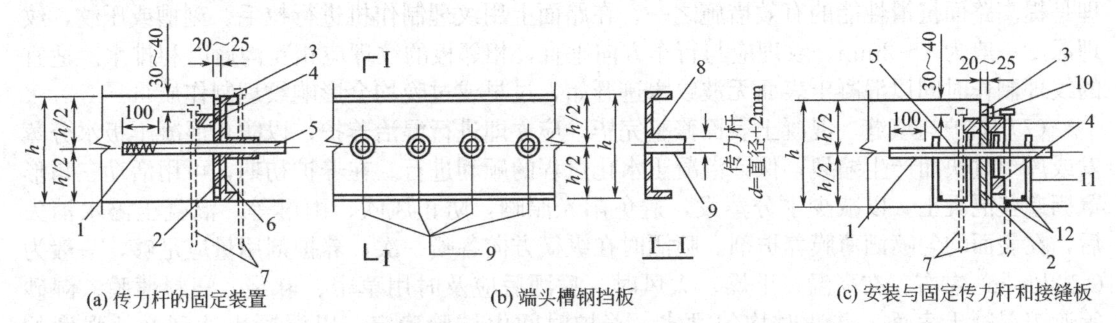

图9-11 设置胀缝、安装与固定传力杆和接缝板的方法

1—套管；2—接缝板；3—临时插入物；4—方木；5—传力杆；6—端头槽钢挡板；7—钢钎；8—焊缝；9—钢管；10—端头钢挡板；11—箍筋；12—架立筋

胀缝两侧相邻板的高差应符合如下要求：高速公路和一级公路应不大于3mm，其他等级公路不大于5mm。

缩缝一般采用锯缝（切缝）的办法形成，也可采用压缝法。当混凝土强度达到设计强度的25%～30%时，用锯缝机切割，缝的深度一般为板厚的1/4～1/3。合适的锯缝时间应控制在混凝土已达到足够的强度，而收缩变形受到约束时产生的拉应力仍未将混凝土面板拉断的时间范围内。经验表明，锯缝时间以施工温度与施工后时间的乘积为200～300个温度小时（如混凝土浇筑完后的养护温度为20℃时，则锯缝的控制时间为200/20～300/20=10～15h）或混凝土抗压强度为8～10MPa较为合适。也可通过试锯确定适宜的锯缝时间。应注意锯缝时间不仅与施工温度有关，还与混凝土的组成和性质等因素有关。各地可根据实践经验确定。锯缝时应做到宁早不晚，宁深不浅。

施工缝是施工中不能连续浇筑混凝土形成的横向接缝。施工缝尽可能设置在胀缝处，也可在缩缝处，多车道路面的施工缝应避免设在同一横断面上。施工缝设在缩缝处应增设一半锚固、另一半涂刷沥青的传力杆，传力杆必须垂直于缝壁、平行于板面。

② 纵向接缝。纵向接缝平行于行车方向，一般做成平缝，也有企口缝，一般按路宽3～4.5m设置。施工时在已浇筑混凝土板的缝壁上涂刷沥青，并注意避免涂在拉杆上，然后浇筑相邻的混凝土板。在板缝上部应压成或锯成规定深度（3～4cm）的缝槽（即假缝），并用填缝料灌缝。

假缝型纵缝的施工应预先用门型支架将拉杆固定在基层上或用拉杆插入机在施工时置

入。假缝顶面缝槽采用锯缝机切割，深6～7cm，使混凝土在收缩时能从切缝处规则开裂。

(6) 表面整修与防滑措施

① 表面整平。振捣密实的混凝土表面用能纵向移动或斜向移动的表面修整机整平。纵向表面修整机工作时，整平梁在混凝土表面纵向往返移动，通过机身的移动将混凝土表面整平。斜向表面修整机通过一对与机械行走轴线呈10°左右的整平梁做相对运动来完成整平作业，其中一根整平梁为振动梁。机械整平的速度取决于混凝土的易修整性和机械特性。机械行走的轨模顶面应保持平顺，以便修整机械能顺畅通行。整平时应使整平机械前保持高度为10～15cm的壅料，并使壅料向较高的一侧移动，以保证路面板的平整，防止出现麻面及空洞等缺陷。

② 精光及纹理制作。精光是对混凝土路面进行最后的精平，使表面更加致密、平整、美观，此工序是提高路面外观质量的关键工序之一。路面修整机配有完善的精光机械，在施工过程中加强质量检查和校核，可保证精光质量。

在不影响平整度的前提下提高路面的构造深度，可提高表面的抗滑性能。路面的表面纹理是提高路面抗滑性能的有效措施之一。在路面上用纹理制作机进行拉毛、刻槽或压纹，纹理深度一般为1～2mm。纹理应与行车方向垂直，相邻板的纹理应相互沟通以利排水。适宜的纹理制作时间以混凝土表面无波纹水迹开始，过早或过晚均会影响纹理制作质量。

(7) 养护与填缝　混凝土表面修整完毕，应立即进行湿治养护，以防止混凝土板水分蒸发或风干过快而产生缩裂，保证混凝土水化过程的顺利进行。在养护初期，可用活动三角形罩棚遮盖混凝土，以减少水分蒸发，避免阳光照晒，防止风吹、雨淋等。混凝土泌水消失后，在表面均匀喷洒薄膜养护剂。喷洒时在纵横方向各喷一次，养护剂用量应足够，一般为0.33kg/m^3左右。在高温、干燥、大风时，喷洒后应及时用草帘、麻袋、塑料薄膜、湿砂等遮盖混凝土表面，并适时均匀洒水。养护时间由试验确定，以混凝土达到28d强度的80%以上为准。

填缝工作宜在混凝土初步结硬后进行。首先将缝隙内泥砂杂物清除干净，然后浇灌填缝料。填缝料应能长期保持弹性和韧性，热天缝隙缩窄时不软化挤出，冷天缝隙增宽时能胀大并不脆裂，同时还要与混凝土粘牢，防止土砂、雨水进入缝内，此外还要耐磨、耐疲劳、不易老化。实践表明，填料不宜填满缝隙全深，最好在浇灌料前先用多孔柔性材料填塞缝底，然后再加填料，这样夏天胀缝变窄时填料不至受挤而溢至路面。

(8) 季节性施工　混凝土强度增长主要是依靠水泥的水化作用。水结冰时水泥的水化作用停止，混凝土强度不再增长，而且当水结冰时体积膨胀，使混凝土结构松散破坏。因此，混凝土路面应在气温高于+5℃时施工。由于特殊情况必须在低温情况下（昼夜平均气温低于+5℃和最低气温低于−3℃时）施工时，应采取相应措施。

① 采用高等级（42.5级以上）快凝水泥、掺入早强剂或增加水泥用量。

② 加热水或骨料。常用的方法是仅将水加热，因加热水的设备简单，水温容易控制，水的热容量比粒料热容量大，1kg水升高1℃所吸收的热量比同样重的粒料升高1℃所吸收的热量多4倍左右。

③ 拌制混凝土时，先用温度超过70～80℃的水同冷骨料相拌和，使混合料在拌和时的温度不超过50℃，摊铺后的温度不低于10℃（气温为0℃时）至20℃（气温为−3℃时）。

④ 混凝土修整完后，表面应覆盖蓄热保温材料，必要时还应加盖养护暖棚。在持续5昼夜寒冷和昼夜平均气温低于5℃，夜间最低温度低于−3℃时，应停止施工。

⑤ 在气温超过30℃时施工，应防止混凝土的温度超过30℃，以免混凝土中水分蒸发过快，致使混凝土干缩而出现裂缝。混合料在运输中要加以遮盖，各道工序应衔接紧凑，尽量缩短施工时间。搭设临时性的遮光挡风设备，避免混凝土遭到烈日暴晒，并降低吹到混凝土

表面的风速，减少水分蒸发。

9.2.3.4 施工质量要求

应随时对施工质量进行检查，高速公路和一级公路应实行动态质量管理，检查结果应及时整理归档。

① 施工质量控制。施工前应对各种原材料进行质量检验，按要求验收水泥、砂和碎石；测定砂、石的含水量，以调整用水量；测定坍落度，必要时调整配合比；搅拌楼（站）生产的混合料，除应满足机械的摊铺性之外，还应重点检查混合料的均匀性和各项质量参数的稳定性。施工过程中应及时测定7d龄期的试件强度，检查是否达到28d强度的70%，否则应查明原因，并采取相应措施，使混凝土强度达到设计要求。施工现场对混凝土路面铺筑的主要机具设备的运行稳定性和各项工作质量参数应及时记录在案。

② 竣工验收。主要项目包括路面外观应无露石、蜂窝、麻面、裂缝、啃边、掉角、翘起和轮迹等现象；路缘石应直顺，曲线应圆滑；各种水泥混凝土路面的工程质量指标必须满足要求。

复习思考题

9-1 简述路基施工的重要性。

9-2 路基施工前应做好哪些准备工作?

9-3 路堤填筑方法有哪些? 各自的适用条件是什么?

9-4 路堑开挖有哪些方式? 各自的适用条件是什么?

9-5 影响路基压实的因素有哪些? 路基压实标准应根据哪些要求确定?

9-6 基层分哪几类? 各类基层常采用哪些施工方法?

9-7 沥青路面分哪几种类型? 各类沥青路面的施工工序是什么?

9-8 水泥混凝土路面常采用哪些施工方法?

10 桥梁工程

扫码获取本书学习资源
在线测试
拓展阅读
章节速览
「获取说明详见本书封二」

学习内容和要求

掌握	• 预应力混凝土梁桥悬臂浇筑施工法 • 顶推法施工工艺及梁段施工方法 • 拱桥施工的基本方法	10.3.1.3节 10.3.1.4节 10.3.2节
熟悉	• 桥梁基础和桥梁墩台的施工方法 • 装配式梁桥施工的特点	10.1节 10.3.1.2节
了解	• 斜拉桥索塔、主梁的构造及施工工艺 • 斜拉索的制作、安装方法和防护措施 • 悬索桥索塔、主梁构造及施工工艺 • 钢桥的施工方法	10.3.3节 10.3.3节 10.3.4节 10.3.5节

桥梁是跨越障碍的通道，是铁路、公路和城市道路等庞大交通网络的重要组成部分。桥梁类型很多，可分为梁式桥、刚架桥、拱桥、斜拉桥、悬索桥和组合体系桥等，也可分为木桥、圬工桥、钢桥、钢筋混凝土桥、预应力混凝土桥等。

桥梁施工主要包括下部结构（基础、墩台）、上部结构和附属结构的施工。

施工工艺：施工组织设计→施工准备→施工测量（放样）→基坑开挖→基础施工→墩台施工→上部结构施工→附属结构施工。其施工方法种类繁多，总结如下，见图10-1。

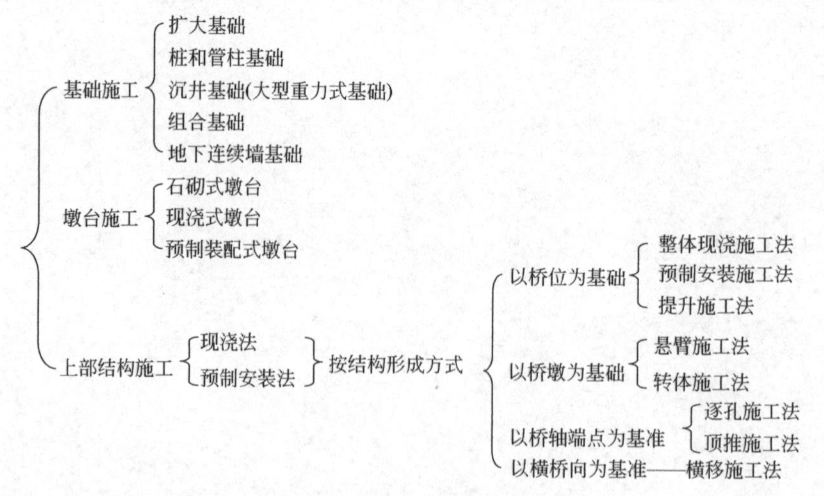

图10-1 桥梁主要施工方法

选择确定桥梁的施工方法，应充分考虑桥位的地形、地质、环境、安装方法以及安全性、经济性和施工速度等因素。因此，在桥梁设计时应对桥位条件进行详细的调查，掌握现场的地理环境、地质条件及气象条件。施工场地可能处在市区、平原、山区、跨河道、跨海湾等位置，不同位置各方面条件差别很大，运输条件和环境约束也不尽相同，这些条件除可作为选择施工方法的参考外，同时也可作为考虑设计方案、桥跨及结构型式的选定依据。

在选择施工方法时，桥梁的类型、跨径、施工的技术水平、机具设备条件也是相当重要的因素。虽然桥梁的施工方法很多，但对于不同桥梁类型，有的适合，有的不适合，有的则在特定的条件下可以使用。典型桥梁上部结构的主要施工方法以及各施工方法对应的桥梁跨径范围，可供选择施工方法时参考（表 10-1）。

表 10-1 各种类型桥梁可选择的主要施工方法 单位：m

桥型 施工方法	适用跨径	梁桥			刚架桥	拱桥			斜拉桥	悬索桥
		简支梁	悬臂梁	连续梁		圬工拱	标准及组合体系拱	桁架拱		
整体支架现浇、砌筑施工法	20～60	√	√	√	√	√	√		√	
大型构件预制安装施工法	20～50	√	√	√	√		√	√	√	√
逐孔施工法	20～60	√	√	√	√					
悬臂施工法	50～320		√	√	√		√	√	√	
转体施工法	20～140		√	√	√		√	√	√	
顶推施工法	20～70			√	√				√	
横移施工法	30～100	√	√	√					√	
提升施工法	10～80	√	√	√			√			

10.1 基础施工

讨论 基础如何施工？

桥梁基础作为桥梁整体结构的组成部分，其结构的可靠性影响着整体结构的力学性能。基础型式和施工方法的选用应针对桥跨结构的特点和要求，并结合现场地形、地质条件、施工条件、技术设备、工期、季节、水利水文等因素统筹考虑。

桥梁基础工程可以归纳为明挖扩大基础、桩基础、管柱基础、沉井基础、组合基础和地下连续墙基础等几大类，其施工方法分类见图 10-2。

10.1.1 明挖扩大基础施工

明挖扩大基础属直接基础，是将基础底板设在直接承载地基上，来自上部结构的荷载通过基础底板直接传递给承载地基。其施工工艺：基础的定位放样→基坑开挖→坑壁支撑→基底处理→砌筑（浇筑）基础结构物。

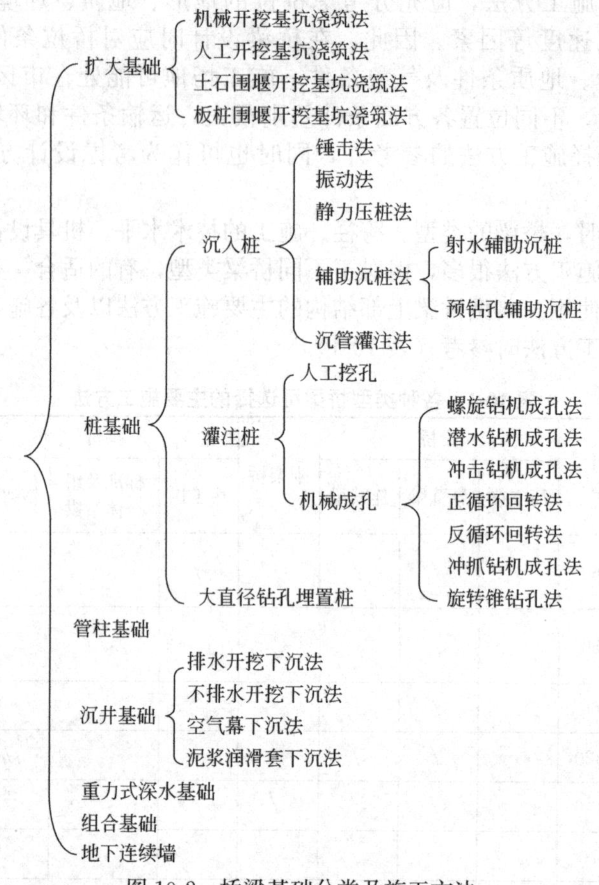

图 10-2　桥梁基础分类及施工方法

明挖扩大基础用于基础不深、土层稳定、有排水条件、对机具要求不高的情况。根据水文资料和现场实际情况，选择排水挖基或水中挖基，同时根据土质情况和基坑深度选择相应的支撑方式，基底挖至设计高程时，及时进行检验。

(1) 陆地基坑开挖　对有渗水土质的基坑坑底开挖尺寸，需按基坑排水设计（包括排水沟、集水井、排水管网等）和基础模板设计而定，一般基底尺寸应比设计平面尺寸各边增宽0.5～1.0m。基坑可采用垂直开挖、放坡开挖、支撑加固或其他加固的开挖方法，具体应根据地质条件、基坑深度、施工期限与经验，以及有无地表水或地下水等现场因素来确定。

① 坑壁不加支撑的基坑。在干涸无水河滩、河沟中，或有水经改河或筑堤能排出地表水的河沟中；地下水位低于基底，或渗透量少，不影响坑壁稳定的；以及基础埋置不深，施工期较短，挖基坑时不影响邻近建筑物安全的施工场所，可考虑选用坑壁不加支撑的基坑。

② 坑壁有支撑的基坑。如基坑壁坡不易稳定并有地下水渗入，或放坡开挖场地受到限制，或基坑较深、放坡开挖工程数量较大，不符合技术经济要求时，可采取挡板支撑、钢木结合支撑、混凝土护壁及锚杆支护等加固坑壁措施。常用的坑壁支撑形式有直衬板式坑壁支撑、横衬板式坑壁支撑、框架式支撑、锚桩式支撑、锚杆式支撑、锚锭板式支撑、斜撑式支撑等。根据土质情况不同，可一次挖成或分段开挖，每次开挖深度不宜超过2m。

(2) 水中基础的基坑开挖　桥梁墩台基础位于地表水位以下时，有时流速还比较大，施工时总希望在干地条件下进行。水中基础常用围堰法施工。围堰作用主要是防水和围水，有时还起着支撑施工平台和基坑坑壁的作用。把难度相对较大的水上施工转变为一般的陆地作业，消除了风浪、水位变化等因素的影响，能够简化钻探设备与工艺，降低工程费用。围堰的结构型式和材料应根据水深、流速、地质情况、基础型式以及通航要求等条件进行选择。围堰根据材料和构造的不同分为土石围堰、木笼围堰或竹笼围堰、钢板桩围堰、套箱围堰及双壁钢围堰等几种。

① 土石围堰。土石围堰用在水浅、流速不大、河床土层为不透水的情况。土围堰可用任意土料筑成，黏土或砂类黏土等较好，其断面一般为梯形（图 10-3）。当水流速大于 0.7m/s 时，为保证堰堤不被冲刷和减少围堰工程量，可用草（麻）袋盛装黏性土码砌堰堤边坡，称为草（麻）袋围堰（图 10-4）。土袋上下层和内外层应相互错缝，尽量堆码密实整齐，应自上游开始填筑，至下游合拢。

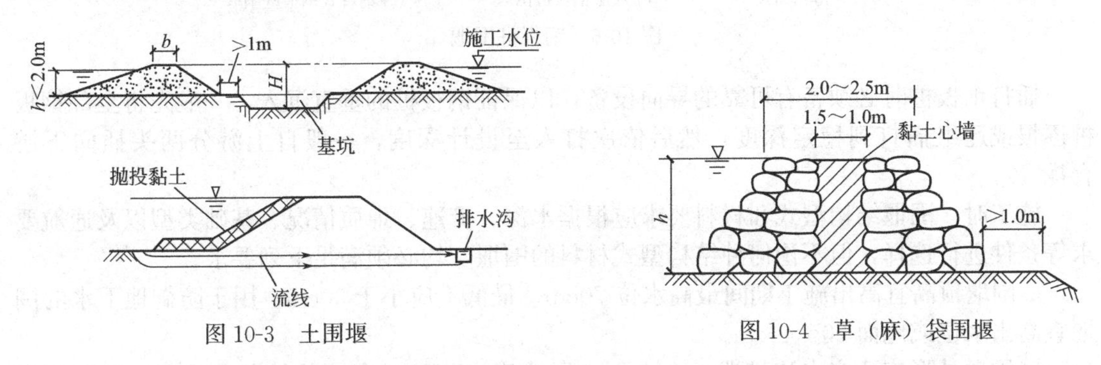

图 10-3 土围堰　　图 10-4 草（麻）袋围堰

② 木（竹）笼围堰。在岩层裸露河底不能打桩，或流速较大而水深在 1.5～4.0m 的情况下，可采用木（竹）笼围堰。木（竹）笼围堰是用方木、圆木或竹材叠成框架，内填土石构成的（图 10-5）。经过改进的木笼围堰称为木笼架围堰，减少了木料用量。在木笼架就位后，再抛填片石，然后在外侧设置板桩墙。

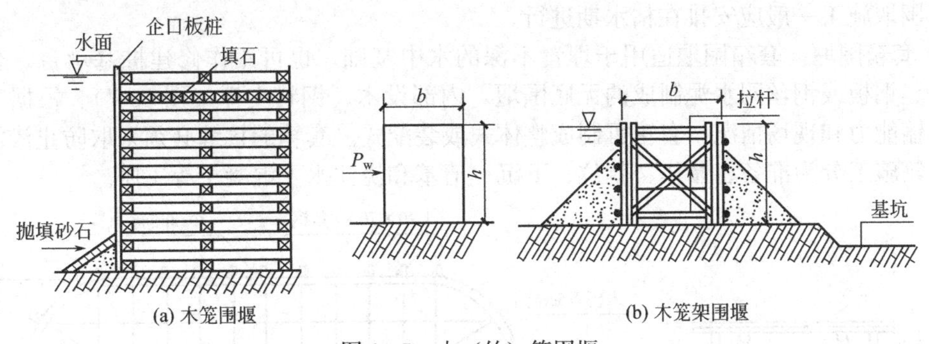

(a) 木笼围堰　(b) 木笼架围堰

图 10-5 木（竹）笼围堰

③ 钢板桩围堰。钢板桩是碾压成型的，断面形式多种多样，本身强度大，防水性能好，打入土层时穿透能力强，不仅能穿过砾石、卵石层，也能切入软岩层内，适用范围很广，特别适用于深水或深基坑（10～30m 深的围堰），较坚硬的土石河床。常用的是德国拉森（Larssen）式槽型钢板桩。钢板桩的成品长度有几种规格，最大为 20m，还可接长，板桩之间用锁口形式连接。

当水深较大时，常用围囹（以钢或钢木构成框架）作为钢板桩定位和支撑[图 10-6(a)]。一般在岸上或驳船上拼装围囹，运至墩位定位后，在围囹内插打定位桩，把围囹固定在定位桩上，然后在围囹四周的导框内插打钢板桩。在深水处，为了保证围堰不渗水或尽可能少渗水，也可采用双层钢板桩围堰[图 10-6(b)]，或采用钢管式钢板桩围堰[图 10-6(c)]。其他常用的还有钢木套箱围堰、混凝土围堰、钢筋混凝土板桩围堰等。

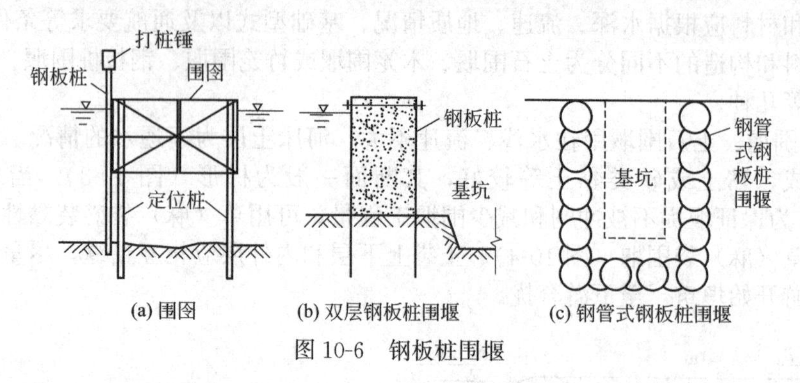

图 10-6 钢板桩围堰

插打钢板桩时必须备有可靠的导向设备，以保证钢板桩的垂直沉入，一般先将全部钢板桩逐根或逐组插打到稳定深度，然后依次打入至设计深度，一般自上游分两头插向下游合拢。

施工时，围堰结构型式和材料要求应根据水深、流速、地质情况、基础类型以及通航要求等条件进行选择，但不论何种结构型式材料的围堰，均必须满足下列要求。

a. 围堰顶高宜高出施工期间最高水位 70cm，最低不应小于 50cm，用于防御地下水的围堰宜高出水位或地面 20～40cm。

b. 围堰外形应适应水流排泄，大小不应压缩流水断面过多，以免壅水过高危害围堰安全，以及影响通航、导流等。围堰的结构型式应适应基础施工的要求。堰身断面尺寸应保证有足够的强度和稳定性，基坑开挖后，围堰不至发生破裂、滑动或倾覆。

c. 应尽量采用措施防止或减少渗漏，以减轻排水工作。对围堰外围边坡的冲刷和筑围堰后引起河床的冲刷均应有防护措施。

d. 围堰施工一般应安排在枯水期进行。

④ 套箱围堰。套箱围堰适用于埋置不深的水中基础，也可用作修建桩基承台。套箱系用木板、钢板或钢丝网水泥制成的无底围堰，内部设木、钢料支撑（图 10-7）。根据工地起吊、运输能力和现场情况，套箱可制成整体式或装配式。套箱的接缝必须采取防止渗漏的措施。套箱施工分为准备、制作、就位、下沉、清基和浇注水下混凝土等工序。

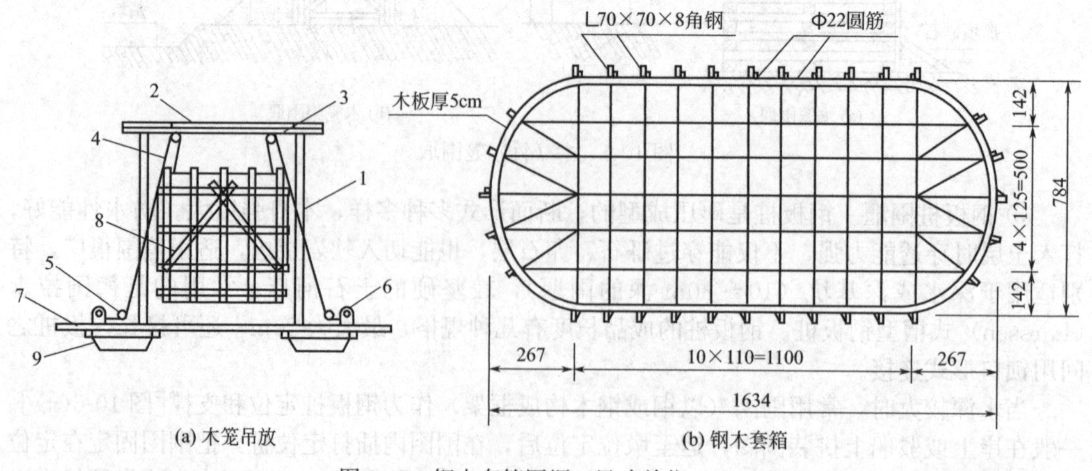

图 10-7 钢木套箱围堰（尺寸单位：cm）

1—木笼门架；2—组合梁；3—滑车；4—吊索；5—转向滑车；6—手摇绞车；7—工作平台；8—木笼围堰；9—木船

⑤ 双壁钢围堰。双壁钢围堰适用于大型河流中的深水基础，能承受较大水压，保证基础全年施工，安全渡洪（图 10-8）。特别是河床覆盖层较薄（0～2m），下卧层为密实的大漂石或岩层，不能采用钢板桩围堰，且因工程要求在坑内爆破作业等不宜设立支撑，而单壁钢套箱又难以保证结构刚度时，就更显出双壁钢围堰的优越。双壁钢围堰的施工工序同套箱围堰。

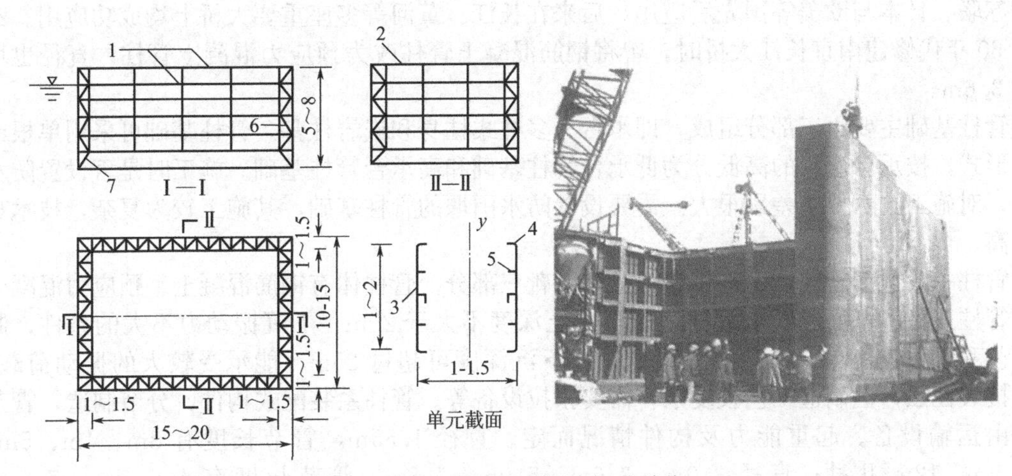

图 10-8　双壁钢围堰简图（尺寸单位：m）

1—基本板块 1；2—基本板块 2；3—钢板；4—角钢；5—扁钢；6—骨架；7—刃脚

10.1.2 桩基础与管柱基础施工

（1）桩基础　桩基础是桥梁常用的基础类型之一，当地基浅层土质较差，持力土层埋藏较深，需要采用深基础才能满足结构物对地基强度、变形和稳定性要求时，可用桩基础。基桩按材料分为木桩、钢筋混凝土桩、预应力混凝土桩与钢桩。桥梁基础应用较多的是中间两种。按制作方法分为预制桩和钻（挖）孔灌注桩；按施工方法分为锤击沉桩、振动沉桩、射水沉桩、静力压桩、就地灌注桩与钻孔埋置桩等，前四种称为沉入桩。应根据地质条件、设计荷载、施工设备、工期限制及对附近建筑物产生的影响等来选择桩基的施工方法。

① 沉入桩基础。沉入桩是指通过各种锤或振动打桩机等方法将各种预制好的桩（主要是钢筋混凝土实心桩或空心管桩、预应力混凝土管桩，也有木桩或钢桩）沉入或打入地基中所需深度，适用于桩径较小（一般直径在 0.6～1.5m），地基土质为砂性土、塑性土、粉土、细砂以及松散的不含大卵石或漂石的碎卵石类土的情况。

沉入桩基桩断面形式有实心方桩和空心管桩两种，方桩断面为 30cm×30cm、30cm×35cm、35cm×35cm、35cm×40cm、40cm×40cm，桩长为 10～24m。管桩（包括普通和预应力）一般以离心成型法制成，管桩有外径 40cm、55cm 两种，分为上、中、下三节，管壁厚度为 8～10cm。近年来，PHC 高强预应力混凝土离心管桩在工程上广泛应用，如上海市延安东路高架道路与外环快速干道等工程。PHC 离心管桩具有混凝土强度高（C80）、施工可贯入性好、穿透力强、耐久性好及吨位承载造价低等特点，桩型、桩长可根据用户要求及施工情况灵活选配和拼接。同时 PHC 管桩的桩尖可按场地土质类型选用开口式或闭口式，其中开口式可减少打桩过程中外排土量，从而减轻对周围建筑物和地下管道、管线等的挤压效应。

② 现浇式混凝土桩基础（钻孔灌注桩）。现浇式混凝土桩基础是指采用不同的钻（挖）孔方法，在土中形成一定直径的孔，达到设计标高后，将钢筋骨架（笼）吊入井孔中，浇筑

混凝土形成的桩基础。

(2) 管柱基础　当水文地质条件较复杂，特别是深水岩面不平、无覆盖层或覆盖层很厚时，可采用管柱基础穿过覆盖层或溶洞、孤石，支承于较密实的土壤或新鲜岩面上。管柱基础施工使用专用机械在水面上进行，不受季节性影响，能改善劳动条件，提高工作效率，加快工程进度。管柱基础是我国于1953年修建武汉长江大桥时首创的一种新型基础型式，随之在苏联、日本与欧美等国先后应用，后来在长江、黄河等多座重要大桥上均成功应用。20世纪60年代修建南京长江大桥时，曾将钢筋混凝土管柱改为预应力混凝土管柱，直径也增大到3.6m。

管柱基础主要由三部分组成，即承台、多柱式柱身和嵌岩柱基。管柱基础可采用单根或多根形式，按承台座板的高低分为低承台管柱基础和高承台管柱基础。施工时是否设置防水围堰，对施工技术要求差别很大。需要设置防水围堰的管柱基础，其施工较为复杂，技术难度较高。

管柱一般包括管柱体、连接法兰盘和管靴三部分。管柱体有钢筋混凝土、预应力混凝土和钢管柱三种。钢筋混凝土管柱适用于入土深度不大于25m、下沉振动力不大的条件，制造工艺和设备较简单。预应力混凝土管柱下沉深度可超过25m，能承受较大的振动荷载，管壁抗裂性强，但制造工艺较复杂，需要张拉设备等。管柱系装配式构件，分节制造，管节长度由运输设备、起重能力及构件情况而定。直径1.55m，管节长度有3m、4m、5m、6m、9m、12m几种；直径3.0m、3.6m、5.0m、5.8m，管节长度有4m、5m、7.5m、10m几种；钢管柱管节长度为12～16m。预制的管柱管节属于薄壁构件，应提高混凝土的强度和密实度。预制管柱宜采用离心、强振或辊压以及高压釜蒸养等工艺。管节下沉前，应遵循施工规范要求，严格检验管柱成品的质量，根据成品管节检验资料及设计所需的每根管柱长度，组合配套，做好标志，使整根管柱的曲折度满足设计要求。

管柱基础施工工艺：拼装围囹及下沉→管柱下沉、插打钢板桩、管柱钻孔→管柱填充→围堰内吸泥、填充水下混凝土→抽水浇筑墩身。

管柱下沉应根据覆盖层土质和管柱下沉深度等采用不同的施工方法，主要有振动沉桩机振动下沉、振动与管内除土下沉、振动配合吸泥机吸泥下沉、振动配合高压射水下沉、振动配合射水与射风和吸泥下沉等。按照土质、管柱下沉深度、结构特点、振动力大小及其对周围建筑设施的影响等具体情况，规定振动下沉速度的最低限值，每次连续振动时间不宜超过5min。管柱下沉到设计标高后，钻岩与清孔等工序按钻孔桩有关规定进行。管柱内安装钢筋骨架、填充水下混凝土及质量检查应符合相关规定。

10.1.3 沉井基础或沉箱基础和重力式深水基础施工

10.1.3.1 沉井基础

沉井基础采用沉井法施工。沉井法是地下深基础施工的一种方法。其特点是：将位于地下一定深度的建筑物，先在地面制作，形成一个井状结构，然后在井内不断挖土，借井体自重而逐步下沉，形成一个地下建筑物，多用于重型设备基础、桥墩、水泵站、取水结构，超高层建筑物基础、地下油库、地下电厂等。

当表层地基土的承载力不足，地下深处有较好的持力层时；或山区河流中冲刷大时；或河中有较大卵石不宜于桩基施工时；或岩层表面较平坦，覆盖层不厚，但河水较深时，即当水文地质条件不宜修筑天然地基和桩基时，根据经济比较分析，可考虑采用沉井基础。沉井基础的特点是埋置深度很大、整体性强、稳定性好、刚度大、能承受较大的荷载作用。沉井本身既是基础，又是施工时的挡土、防水围堰结构物，且施工设备简单，工艺不复杂，可以几个沉井同时施工，场地紧凑，所需净空高度较低，故在桥梁工程中得到较广泛的应用。但沉井施工工期较长，对粉砂类土在井内抽水易发生流砂现象，造成沉井倾斜；下沉时如遇有大孤石、沉船、落梁、大树根或井底岩层表面倾斜过大，均会给施工带来很大困难。因此要求在施工前，应先详细钻探，探明地层情况及获取有关资料，以利于制定沉井下沉方案。

南京长江大桥1号墩基础是用筑岛沉井修成，平面尺寸为20.2m×24.9m，沉井下沉深度为54.87m，是世界上著名的深置沉井之一。世界上最深的沉井已达70m以上，最大平面尺寸为64m×75m。已建成的江阴长江大桥北锚锭的沉井尺寸为51m×69m，下沉深度达58m。

在岸滩或浅水中修筑沉井时，可在墩位筑岛制造，井内取土靠自重下沉，并可采取辅助下沉措施，如采用射水吸泥、泥浆润滑套、空气幕等方法，以减小下沉的井壁阻力，减小井壁厚度；在水深流急、设置围堰困难的情况下，可采用自浮式沉井，我国南京长江大桥、枝城长江大桥等均采用带钢气筒的自浮式沉井。

沉井一般用钢筋混凝土制造，也有用钢制的，平面形状有方形、圆形、矩形、椭圆形、端圆形、多边形、多孔形等，剖面形状有圆柱形、阶梯形、锥形等。

① 沉井结构。沉井是由刃脚、井筒、内隔墙等组成的呈圆形或矩形的筒状钢筋混凝土结构。刃脚在井筒最下端，形如刀刃，在沉井下沉时起切入土中的作用。井筒是沉井的外壁，在下沉过程中起挡土作用，同时还需有足够的重量克服筒壁与土之间的摩阻力和刃脚底部的土阻力，使沉井能在自重作用下逐步下沉。内隔墙的作用是把沉井分成许多小间，减小井壁的净跨距以减小弯距，施工时亦便于挖土和控制沉降。

② 沉井施工。一般沉井（旱地）施工工艺：平整场地→测量放线→制作第一节沉井→拆模及抽垫→挖土下沉→接高沉井→筑井顶围堰→地基检验和处理→封底、充填井孔及浇筑顶盖。

沉井施工（图10-9）时，先在地面上铺设砂垫层，设置承垫木，制作钢板或角钢刃脚后浇筑第一节沉井，待其达到一定重量和强度后，抽去承垫木，在井筒内边挖土边下沉，然后加高沉井，分节浇筑，多次下沉，下沉到设计标高后，用混凝土封底，浇钢筋混凝土底板则构成地下结构。如在井筒内填筑素混凝土或砂砾石则构成深基础。

水中沉井施工有筑岛沉井、浮式（浮运）沉井、泥浆润滑套沉井、空气幕沉井。

a. 筑岛沉井。根据土质、水流和风浪情况，筑岛分为无围堰的土岛和有围堰的筑岛（图10-10）。土岛适用于浅水（水深3～4m以内）、流速不大的场所，其外侧边坡不应陡于1∶2。筑岛所用材料一般为砂或砾石，周围用草袋围护，如水深较大可作围堰防护，岛面应比沉井周围宽出2m以上，作为护道，应该高出施工最高水位0.5m以上。

b. 浮式沉井。在水深（10m以上）流急、筑岛困难的情况下，可采用浮式沉井。此法是把沉井底节做成空体结构，或使其在水中漂浮，用船只将其拖运到设计位置，再逐步用混凝土或水灌注，增大自重，使其在水中徐徐下沉，直达河底。浮式沉井有木沉井、带有临时性井底的浮运沉井、带钢气筒的浮运沉井、钢筋混凝土薄壁浮运沉井、钢丝网水泥薄壁沉井、装配式钢筋混凝土薄壁沉井、钢壳底节浮式沉井等。一般在特大河流上多采用钢质的浮式沉井，在中小河流上则采用钢丝网水泥薄壁沉井等。浮式沉井在施工技术上比一般就地下沉沉井难度要大，只有在特殊条件下才被采用。

浮式沉井浮运或下水前，应掌握河床、水文、气象及航运等情况，并检查锚锭工作及有关施工设备（如定位船、导向船等）。沉井底节入水后的初步定位位置，应根据水深、流速、河床面高低及土质情况，沉井高度、大小及形状等因素，并考虑沉井在悬浮状态下接高和下沉中墩位处的河床面受冲淤的影响，综合分析确定，一般宜设在墩位上游适当位置。在施工中，尤其是在汛期，必须对锚锭设备特别是导向船和沉井的边锚绳的受力状态进行检查，防止导向船左右摆动。沉井下落河床后，应采取措施尽快下沉，使沉井保持稳定，并随时观测

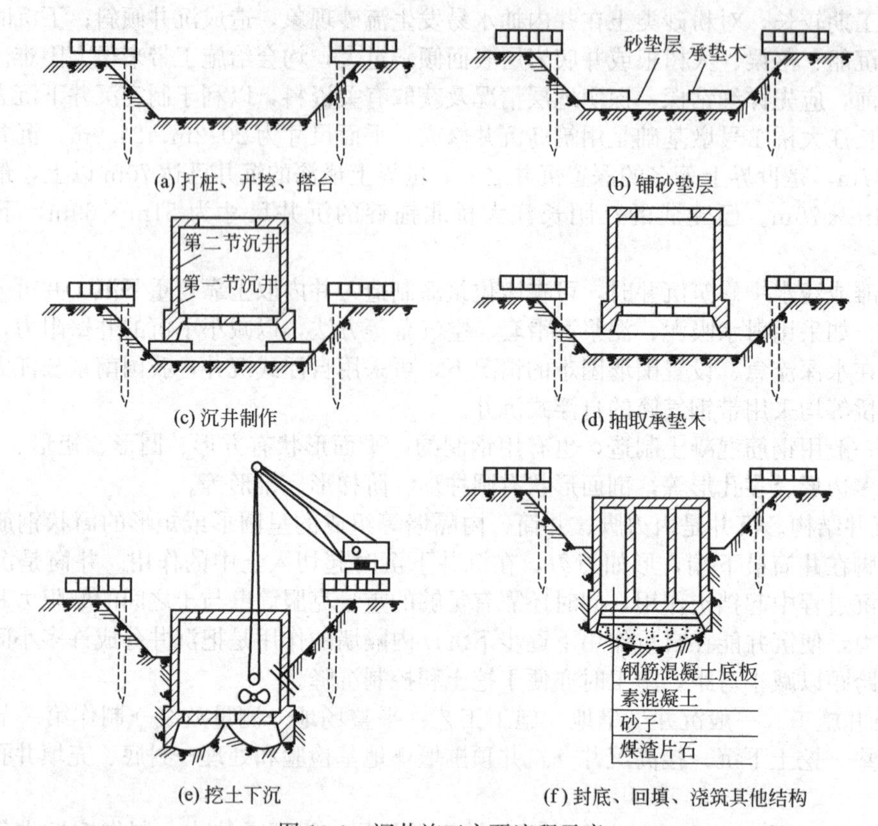

(a) 打桩、开挖、搭台　(b) 铺砂垫层　(c) 沉井制作　(d) 抽取承垫木　(e) 挖土下沉　(f) 封底、回填、浇筑其他结构

图 10-9　沉井施工主要流程示意

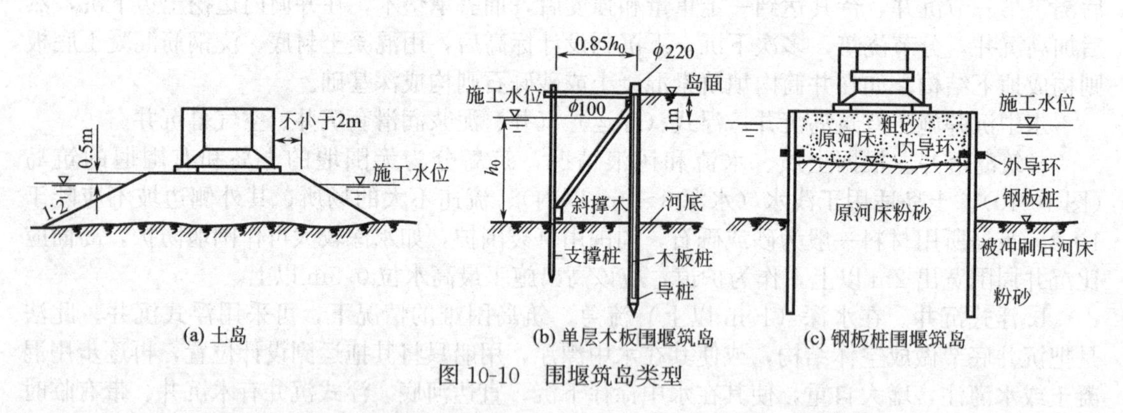

(a) 土岛　(b) 单层木板围堰筑岛　(c) 钢板桩围堰筑岛

图 10-10　围堰筑岛类型

沉井的倾斜、位移及河床冲刷情况，必要时采取调整措施。

c. 泥浆润滑套沉井。泥浆润滑套是在沉井外壁周围与土层间设置泥浆隔离层，以减小土壤与井壁的摩擦力（泥浆对井壁的摩擦力为 3～5kPa），从而可以减轻沉井自重，加大下沉深度，提高下沉效率。九江长江大桥用此法配合井内射水吸泥下沉，平均下沉速度为 0.27m/h，取得了良好效果。

施工实践证明，泥浆润滑套沉井施工进度快，可以减轻自重，同时下沉倾斜小，容易纠偏，在旱地或浅滩上应用效果较好。存在问题是当基底为一般土质时，因井壁摩阻力小，致使刃脚对地基压力过大，容易造成边清基边下沉的情况。在卵石、砾石层中应用效果较差。

d. 空气幕沉井。空气幕沉井亦称壁后压气沉井，是在沉井井壁周围预埋若干层管路，每层管钻有许多小孔，接通压缩空气向井壁外面喷射，气流沿沉井外壁上升，带动砂粒翻滚，形成液化，黏土则形成泥浆，从而使土对井壁的摩擦力减小，沉井顺利下沉。适用于地下水位较高的细、粉砂类土及黏性土层，特点是施工设备简单，经济效果较好，下沉中要停要沉容易控制，可以在水下施工，不受水深限制，井壁摩阻力较泥浆套法容易恢复，是一种先进的施工方法。

③ 沉井纠偏。沉井偏差包括倾斜和位移两种。产生偏差的原因很多，客观上的主要原因是土质不均匀或出现个别障碍物，主观上的则是在施工时要求不严。沉井下沉后的偏差应符合《地基和基础工程验收规范》的要求。沉井施工时，要加强观测工作，随时发现，立即纠正。

沉井纠偏的方法主要有下列几种。

a. 当沉井向某侧倾斜时，可在高的一侧多挖土，使沉井恢复水平，然后再均匀挖土。

b. 当矩形沉井长边产生偏差时，可采用偏心压重进行纠偏。

c. 小沉井或矩形沉井短边方向产生偏差时，应在下沉少的一侧外部用压力水冲井壁附近的土，并加偏心压重；在下沉多的一侧加一水平推力，以纠正倾斜。

d. 当直径相对其高度来说较小且为圆形沉井出现倾斜时，应在下沉多的方向挖土，下沉少的一侧加压重，并用钢绳从横向给沉井一定拉力，以纠正沉井倾斜。

e. 当采用触泥浆润滑套时，可采用导向木法纠偏。

f. 沉井位移的纠正方法。当沉井中心线与设计中心线不重合，可先一侧挖土，使沉井倾斜，然后均匀挖土，当沉井沿倾斜方向下沉到沉井底面中心线接近设计中心线位置时，再纠正倾斜。

10.1.3.2 沉箱基础

沉箱基础采用沉箱法施工。沉箱法是一种在地下水位以下，施工时将压缩空气送入形似有顶盖的沉井的沉箱内部排开地下水，在沉箱内干土上进行挖土施工，并通过特殊的装置井运土的方法。在沉箱自重加荷重作用下，沉箱逐步下沉，至设计标高后，用混凝土填实工作室，即为沉箱基础，由茅以升发明（在中国率先使用），最早用于钱塘江大桥桥墩建设。

（1）沉箱法施工工艺

① 沉箱的施工除应按其本身的专门规定以外，还应按照沉井的相关规定去执行。

② 沉箱施工过程所需要的气闸、升降筒等设备，必须按照相关规定检验合格后方可使用。

③ 沉箱上部箱壁的组合模板和支撑系统，严禁支撑在升降筒和气闸上面。

④ 沉放到水下基床的沉箱平面位置和中心线经测量核定，符合施工方案和设计要求后，方可排出作业室内的积水。

⑤ 施工时应有备用电源和供气设备。

⑥ 沉箱在施沉供气作业，从开始施沉到填筑完成，应该用两根或两根以上的输气管不断地向沉箱作业室内输送压缩空气，确保施工时的安全和质量。

（2）沉箱法施工要求

① 施沉作业时，室内应设置枕木垛或其他安全措施，在施工过程中，作业室内土面距顶板的高度不得小于1800mm。

② 沉箱自重小于下沉阻力时，应采取强制加压下沉，此时箱内的施工人员不得在气阀内，每次强制下沉不得超过500mm。

③ 在沉箱内爆破时，炮孔的位置、数量、深度和用药量均应按照设计和相关规定执行。

④ 爆破后，及时打开排气阀，迅速排出有害气体。进入室内作业前，必须测定室内的有害气体含量，符合要求后方可施工。

⑤ 沉箱下沉到设计标高后，严格按照施工方案进行室内的填筑工作。

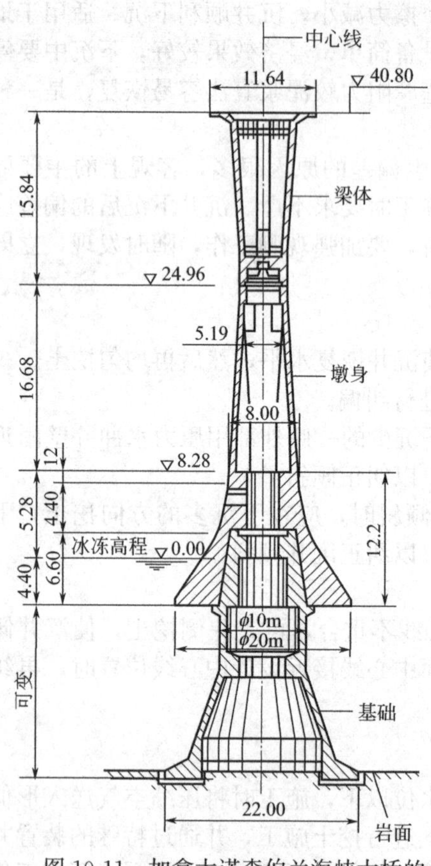

图 10-11 加拿大诺森伯兰海峡大桥的预制桥梁基础（尺寸单位：m）

10.1.3.3 重力式深水基础

重力式深水基础是指在陆地上先将基础结构预制好，然后在深水中设置的一种基础型式，适用于水深、潮急、航运频繁等修建基础困难的场合。施工时，必须将海底爆破取平，用挖泥船或抓斗式吊船把残渣清除，形成基底台面，然后用浮式沉井下沉或用大型浮吊吊装等方法，在深水中安置预制的桥梁基础和墩身。这种基础施工安全、质量有保障、速度快，对航运影响小。目前，重力式深水基础按型式分为两种，一是沉井基础；二是钟形基础。

钟形基础是一种类似套箱而形状像古代钟铃的基础。一般是先在岸边按基础和部分墩身的形状用钢板焊制或用钢筋混凝土、预应力钢筋混凝土预制一个钟形的薄壳套箱，然后将此套箱吊装安置在已整理好的地基上，再将基础承台与墩身混凝土同时浇筑，使其连成整体。这一薄壳套箱，既是施工用的防水围堰，又是基础混凝土浇筑的模板。由于钟形基础将防水围堰、施工模板和部分主体结构巧妙地合二为一，从而具有施工用料少、施工方法简单、施工速度快等特点，但对施工技术要求非常高。如 1997 年完工的加拿大诺森伯兰海峡大桥的预制桥梁基础（图 10-11），将基础和墩身分两大构件预制，预制构件分别重达 4500t、5400t，利用大型浮吊进行整体吊运施工，减少了海上施工作业时间。

10.1.4 地下连续墙基础施工

地下连续墙是一种新型的桥梁基础型式。地下连续墙施工最早见于欧洲的意大利、法国等用于土坝中建造防渗墙，或作为施工措施以代替板桩，后来在墨西哥、美国、日本等国相继用于地铁建造中，并因采用地下连续墙技术，创造了高速施工的新纪录。20 世纪 70 年代日本把地下连续墙应用于桥梁基础，在结构形式、施工技术等方面得到了迅速发展。国内最早是在密云水库白河主坝中，采用壁板式素混凝土地下连续墙做防渗芯墙获得成功，其后相继推广到城建、工业与民用建筑与桥梁工程等项目，具体施工方法详见第 11 章。

10.1.5 组合式基础施工

处于特大水流上的桥梁基础工程，墩位处往往水深流急，地质条件极其复杂，河床土质覆盖层较厚，施工时水流冲刷较深，施工工期较长，采用普遍使用的单一型式的基础已难以适应。为了确保基础工程安全可靠，同时又能维持航道交通，宜采用由两种以上型式组成的组合式基础。其功能既是施工围堰、挡水结构物，又是施工作业平台，能承担所有施工机具与用料等，同时还应成为整体基础结构物的一部分，在桥梁营运阶段也有所作为。

组合基础的型式很多，常用的有双壁钢围堰钻孔桩基础、钢沉井加管柱（钻孔桩）基础、钟形基础加桩基础、浮运承台与管柱、井柱、钻孔桩基础以及地下连续墙加箱形基础等。

10.1.6 承台和系梁施工

如设有承台和系梁，还需进行施工。承台施工包括桩头破除、测量放样、钢筋安装和清理承台底面浇筑混凝土等。系梁施工包括测量放样、铺设底模、模板和钢筋安装、混凝土浇筑与养护和拆模等。

10.2 墩台施工

讨论

墩台如何施工？

墩台施工是桥梁施工中的一个重要部分，其质量的优劣，不仅关系到桥梁上部结构的制作与安装质量，而且对桥梁的使用功能也至关重要。因此，墩台的位置、尺寸和材料强度等都必须符合设计规范要求。在施工中，首先应准确地测定墩台位置，正确地进行模板制作与安装，采用经过检验的合格建筑材料，严格执行施工规范的规定，确保施工质量。

桥梁墩台施工方法通常分为两大类：一类是现浇或砌筑；另一类是拼装预制混凝土砌块、钢筋混凝土或预应力混凝土构件。施工中多数采用前者，其特点是工序简便、机具少、技术操作难度较小，但施工期限较长，需耗费较多的人力和物力。

10.2.1 钢筋混凝土与混凝土墩台、石砌墩台施工

10.2.1.1 钢筋混凝土与混凝土墩台施工

钢筋混凝土与混凝土墩台施工工艺：制作与安装墩台模板→绑扎钢筋→浇筑混凝土。

模板一般用木材、钢材或其他符合设计要求的材料制成。木模重量轻，便于加工成结构物所需要的尺寸和形状，但装拆时易损坏，重复使用少。对于大量或定型的混凝土结构物，则多采用钢模板。钢模板造价较高，但可重复多次使用，且拼装拆卸方便。常用的模板类型有拼装式模板、整体吊装模板、组合型钢模板、滑动模板和爬升模板。

墩台混凝土施工前，应将基础顶面冲洗干净，凿除表面浮浆，整修连接钢筋。浇筑混凝土时，应经常检查模板、钢筋及预埋件位置和保护层尺寸，确保位置正确，不发生变形。混凝土施工中，应切实保证混凝土的配合比、水灰比和坍落度等技术性能满足规范要求。

(1) 滑动模板施工　公路或铁路通过深沟宽谷或大型水库时，桥梁采用高桥墩，比较经济合理，既可以缩短线路、节省造价，又可以提高营运效益和减少日常维护工作。高桥墩可分为实体墩、空心墩与刚架墩。自20世纪70年代以来，较高的桥墩一般均采用空心墩。

高桥墩施工设备与一般桥墩所用设备大体相同，但其模板不同，一般有滑动模板、爬升模板、翻升模板和提升模板等，模板均依附于已浇筑的混凝土墩壁，随着墩身的加高而升高。目前滑动模板的高度已达百米，其特点是施工进度快，在一般气温下，每昼夜平均进度可达5～6m；混凝土质量好，采用干硬性混凝土，机械振捣，连续作业，可提高墩台质量，节约木材和劳力，可节省劳动力30%，节约木材70%。滑动模板可用于直坡墩身，也可用于斜坡墩身，模板本身附带有内外吊篮、平台与拉杆等，以墩身为支架，墩身混凝土的浇筑随模板缓慢滑升，连续不断地进行，故而安全可靠。

① 滑动模板构造。滑动模板将模板悬挂在工作平台的围圈上，沿着施工的混凝土结构截面的周界组拼装配，并随着混凝土的浇筑由千斤顶带动向上滑升。滑动模板的构造，由于桥墩类型、提升工具的类型不同，模板构造也略有差异，但其主要部件与功能则大致相同，

主要由工作平台、内外模板、混凝土平台、工作吊篮和提升设备等组成。

② 滑动模板提升工艺。滑动模板提升设备主要有提升千斤顶、支承顶杆及液压控制装置等几部分。螺旋千斤顶提升时，为转动手轮和向相反方向转动手轮两个步骤；液压千斤顶提升时，进油提升，排油归位。提升时，滑模与平台上的临时荷载全由支承顶杆承受。顶杆多用圆钢制作，直径25mm，承载能力为10～12.5kN。顶杆一端埋入墩台结构的混凝土中，一端穿过千斤顶芯孔，每节长2.0～4.0m，用工具或焊接连接。为了节省钢材，使支承顶杆能重复使用，可在顶杆外安装套管，套管随同滑模整个结构一起上升，待施工完毕后，可拔出支承顶杆。

(2) 液压爬升模板施工　20世纪70年代出现的爬升模板，特别适于空心高桥墩的施工，具有设备投资较省、节约劳动力、降低劳动强度、使用范围较广和易于保证质量等优点。

液压爬升模板的工艺：以空心墩的已凝固的混凝土墩壁为承力主体，以内爬支腿机构的上下爬架及液压顶升油缸为爬升设备的主体。先将上爬架的四个支腿（爬靴）收紧以缩小外轮廓尺寸，然后操作液压控制台开关，两顶升油缸活塞支撑在下爬架上，两缸体同时向上顶升，并通过上爬架、外套架带动整个爬模向上爬升。待行程达到要求高度时，停止爬升，调节专门杆件，伸出四个支腿，并使就位爬靴支在爬升支架上，然后操纵液压操作台，使活塞杆收回，带动下爬架、内套架上升就位，并把下爬架支腿支撑好。

爬升模板可在地面拼装成几组大件，利用辅助起重设备在基础上进行爬模组拼，也可将单构件在基础上拼装。施工时，配置两层大模板或组合钢模，按一循环一节模板施工。当上一节模板浇筑完毕，经过10h左右养护，便可开始爬升，爬升就位后拆除下部一节模板，同时进行钢筋绑扎，并把拆下的模板立在上节模板之上，再进行混凝土浇筑、养护、爬模爬升等工序。按此循环，两节模板连续倒用，直到浇筑完整个墩身。

当网架工作平台的上平面高于墩顶30cm时停止爬升。在墩壁的适当位置预埋连接螺栓，将墩壁内模拆除，并把L形外挂支架顶部杆件连接在预埋螺栓上，以此搭设墩帽外模板。将内爬井架的外套架的一节杆件嵌入桥墩帽里，并利用空心墩顶部内爬井架结构以及墩壁预埋螺栓支设实墩的底模，仍用爬模本身的塔吊完成墩顶实心段和墩帽的施工。爬模的拆卸是伴随着墩顶段施工完工而同时进行的。

10.2.1.2　V形墩施工

V形、Y形及X形桥墩具有结构新颖轻巧、外形美观匀称的特点。其桥墩的施工方法与桥梁结构体密切相关。桂林漓江雉山大桥的V形墩（图10-12）桥梁属刚架桥，其施工方法除了具有连续梁桥的施工特点外，还有着自身结构的施工特点。一般有V形墩结构、锚跨结构和挂孔部分三个施工阶段，其中V形墩结构是全桥的施工重点。V形墩结构的施工方法与斜腿刚构相类似，由2个斜腿和其顶部主梁组成倒三角形结构。V形墩可做成劲性预应力混凝土结构。根据该类型桥梁的结构特点，可将墩座和斜腿合为一部分，斜腿间的主梁为另一部分，先后分别施工。

① 将斜腿内的高强钢丝束、锚具与高频焊管连成一体，并和第一节劲性骨架一起安装在墩座及斜腿位置处，灌注墩座混凝土[图10-12(a)]；

② 安装平衡架、角钢拉杆及第二节劲性骨架[图10-12(b)]；

③ 分两段对称灌注斜腿混凝土[图10-12(c)]；

④ 张拉临时斜腿预应力拉杆，并拆除角钢拉杆及部分平衡架构件[图10-12(d)]；

⑤ 拼装V形腿间墩旁膺架，灌筑主梁0号节段混凝土，张拉斜腿及主梁钢丝束或粗钢筋，最后拆除临时预应力拉杆与墩旁膺架，使其形成V型墩结构[图10-12(e)]。

为保证施工中结构自身的稳定和刚度，将两侧劲性骨架用角钢拉杆联结在平衡架上。施

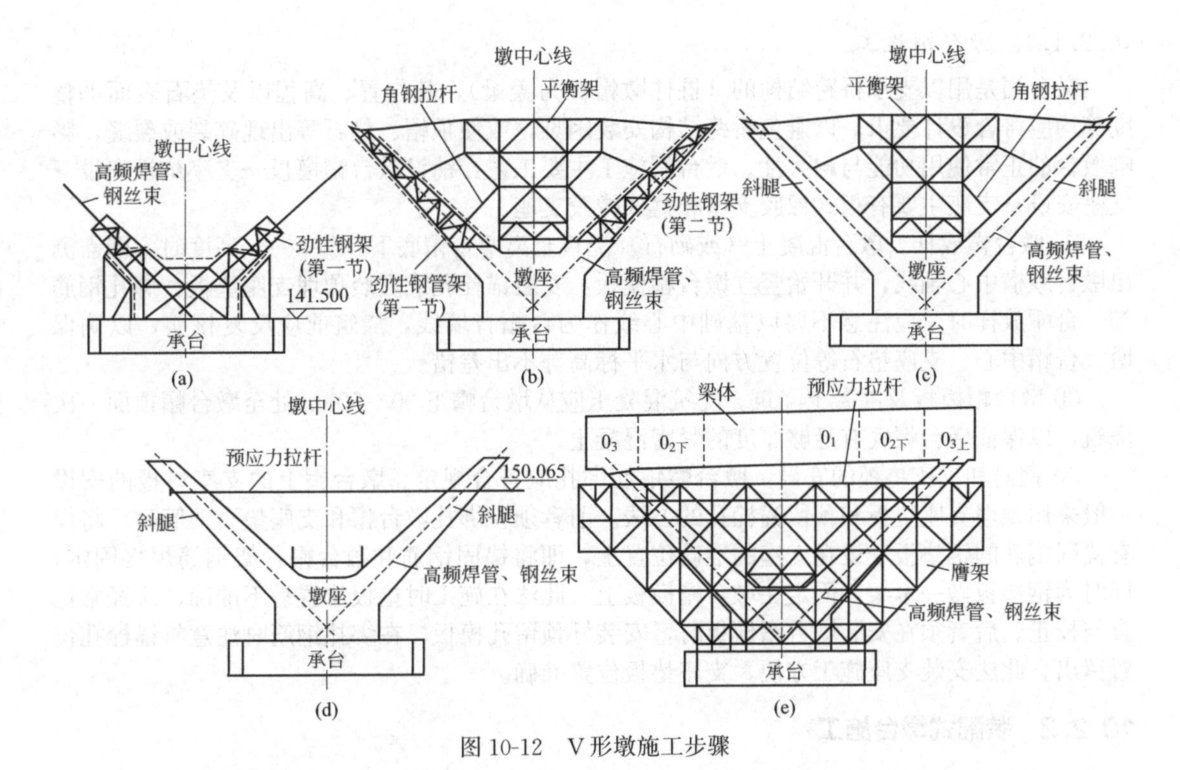

图 10-12 V 形墩施工步骤

工中应十分重视斜腿混凝土的灌注与振捣，以确保其质量要求。两斜腿间主梁的施工，是在墩旁膺架上分三段浇筑，其大部分重力由膺架承受并传至承台上，只有在 V 形墩顶主梁合拢时，合拢段有 1/3 的重力由斜腿承受。

V 形墩类结构的施工工艺，还取决于工地现场条件、现有架设设备以及预制、架设构件的时间等等。施工时选择架设拼装图式与程序，应尽可能地符合桥梁结构体的最终受力要求，以减小施工过程中的安装应力等。

10.2.1.3 *石砌墩台施工*

石砌墩台具有就地取材和经久耐用等优点，在石料丰富地区建造时，应优先考虑石砌墩台方案。石砌墩台用片石、块石及粗料石以水泥砂浆砌筑，石料与砂浆的规格应符合要求。砌筑方法是：同一层石料及水平灰缝的厚度要均匀一致，每层按水平砌筑，丁顺相间，砌石灰缝互相垂直。砌石顺序为先角石，再镶面，后填腹；填腹石的分层高度应与镶面相同。圆端、尖端及转角形的砌石顺序，应自顶点开始，按丁顺排列接砌镶面石（图 10-13），圆端形桥墩的圆端顶点不得有垂直灰缝，砌石应从顶端开始先砌石块，然后依丁顺相间排列，再砌四周镶面石；尖端桥墩的尖端及转角处不得有垂直灰缝，砌石应从两端开始，先砌石块，再砌侧面转角，然后丁顺相间排列，接砌四周的镶面石。

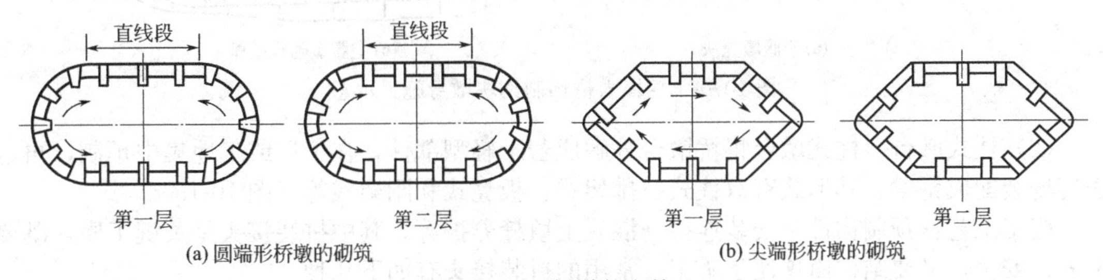

(a) 圆端形桥墩的砌筑　(b) 尖端形桥墩的砌筑

图 10-13 桥墩的砌筑

10.2.1.4 墩台帽施工

墩台帽是用以支承桥跨结构的（桩柱墩帽称为盖梁），其位置、高程以及垫石表面平整度等均应符合设计要求，以避免桥跨结构安装困难，或使顶帽、垫石等出现碎裂或裂缝，影响墩台的正常使用功能与耐久性。墩台帽施工主要工艺：铺设墩台帽模板→支座垫板安设→支座安设。支座主要有板式橡胶支座和盆式橡胶支座。

① 墩台帽放样。墩台混凝土（或砌石）浇筑至离墩台帽底下30～50cm高度时，即需测出墩台纵横中心轴线，并开始竖立墩台帽模板，安装锚栓孔或安装预埋支座垫板、绑扎钢筋等。台帽放样时，应注意不要以基础中心线作为台帽背墙线，浇筑前应反复核实，以确保墩、台帽中心、支座垫石等位置方向与水平标高等不出差错。

② 墩台帽模板及混凝土浇筑。浇筑混凝土应从墩台帽下30～50cm处至墩台帽顶面一次浇筑，以保证墩台帽底有足够厚度的紧密混凝土。

③ 钢筋和支座垫板的安设。墩台帽钢筋绑扎应符合规定。墩台帽上的支座垫板的安设一般采用预埋支座垫板和预留锚栓孔的方法。前者须在绑扎墩台帽和支座垫石钢筋时，将焊有锚固钢筋的钢垫板安设在支座的准确位置上，即将锚固钢筋和墩台帽骨架钢筋焊接固定，同时为钢垫板做一木架，固定在墩台帽模板上。此法在施工时垫板位置易不准确，应经常检查与校正。后者须在安装墩台帽模板时，安装好预留孔模板，在绑扎钢筋时注意将锚栓孔位置留出。此法安装支座施工方便，支座垫板位置准确。

10.2.2 装配式墩台施工

装配式墩台结构型式轻便，建桥速度快，圬工省，预制构件质量有保证，适用于山谷架桥、跨越平缓无漂流物的河沟或河滩等的桥梁，特别是在工地干扰多、施工场地狭窄、缺水与砂石供应困难的地区，效果更为显著。常用的有砌块式、柱式和管节式或环圈式墩台等。

（1）砌块式墩台　砌块式墩台施工与石砌墩台相同，只是预制砌块的形式因墩台形状不同而有不同。如1975年建成的兰溪大桥，主桥墩身采用预制的素混凝土壳块分层砌筑而成。壳块按平面形状分为Ⅱ型和工型两大类，再按其砌筑位置和具体尺寸又分为五种型号，每种块件等高，均为35cm，块件单元重力为900～1200N，每砌三层为一段落。该桥采用预制砌块建造桥墩，不仅节约混凝土数量约26%，节省木材50m^{3}和大量铁件，而且砌缝整齐，外貌美观，加快了施工速度，避免了洪水对施工的威胁。兰溪大桥预制砌块墩身施工示意见图10-14。

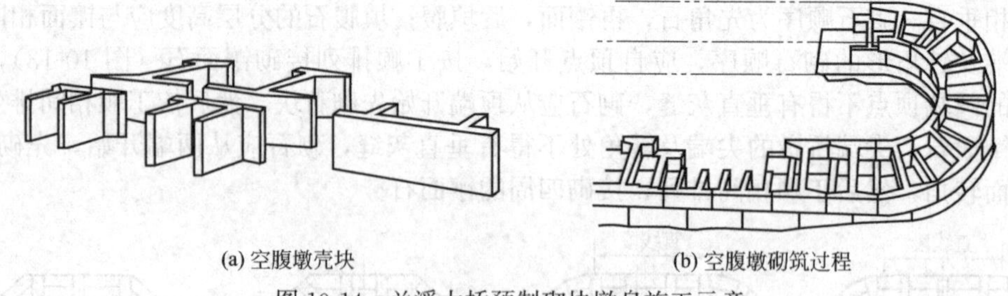

(a) 空腹墩壳块　　(b) 空腹墩砌筑过程

图10-14　兰溪大桥预制砌块墩身施工示意

（2）柱式墩台　柱式墩台将桥墩台分解成若干轻型部件，在工厂或工地集中预制，再运送现场装配成桥梁。其形式有双柱式、排架式、板凳式和刚架式等（图10-15）。

施工工艺：预制构件→安装连接→混凝土填缝养护等。其中拼装接头是关键工序，既要牢固、安全，又要结构简单便于施工。常用的拼装接头有如下几种。

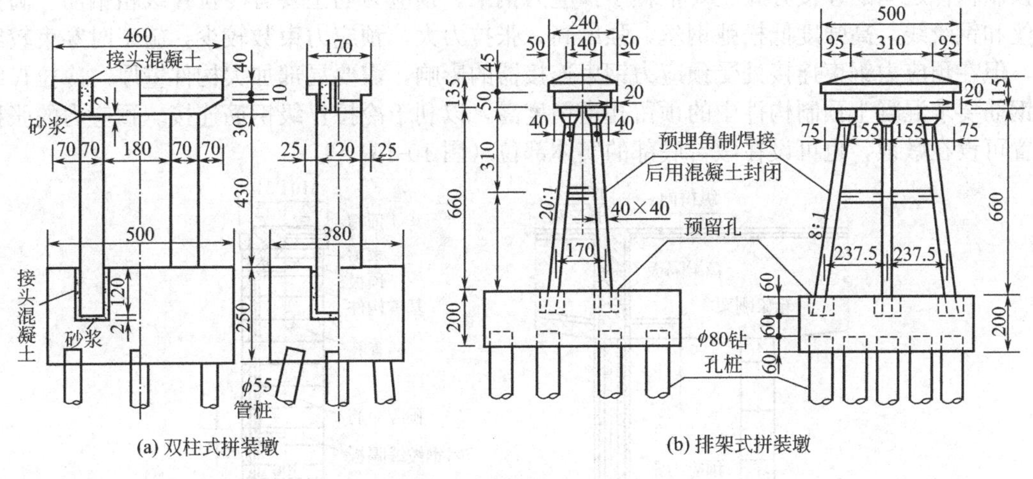

(a) 双柱式拼装墩　　(b) 排架式拼装墩

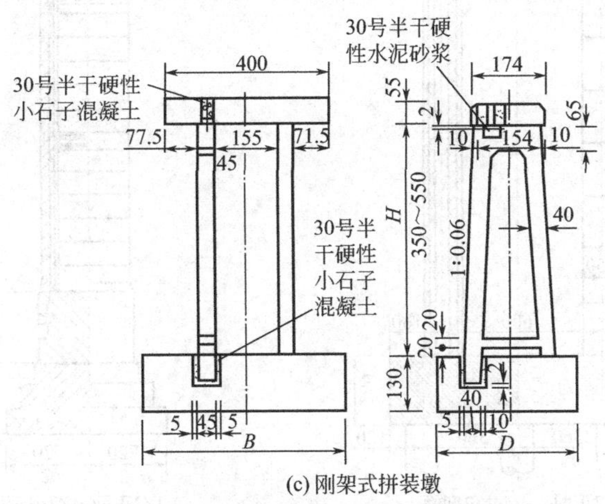

(c) 刚架式拼装墩

图 10-15　装配柱式墩示意（尺寸单位：cm）

① 承插式接头。将预制构件插入相应的预留孔内，插入长度一般为 1.2～1.5 倍的构件宽度，底部铺设 2cm 砂浆，四周以半干硬性混凝土填充，常用于立柱与基础的接头连接。

② 钢筋锚固接头。构件上预留钢筋或型钢，插入另一构件的预留槽内，或将钢筋互相焊接，再灌注半干硬性混凝土，多用于立柱与顶帽处的连接。

③ 焊接接头。将预埋在构件中的铁件与另一构件的预埋铁件用电焊连接，外部再用混凝土封闭。这种接头易于调整误差，多用于水平连接杆与主柱的连接。

④ 扣环式接头。相互连接的构件按预定位置预埋环式钢筋，安装时柱脚先座落在承台的柱芯上，上下环式钢筋互相错接，扣环间插入 U 形短钢筋焊牢，四周再绑扎钢筋一圈，立模浇注外围接头混凝土。要求上下扣环预埋位置正确，施工较为复杂。

⑤ 法兰盘接头。在相连接构件两端安装法兰盘，连接时用法兰盘连接，要求法兰盘预埋位置必须与构件垂直，接头处可不用混凝土封闭。

（3）后张法预应力混凝土装配式桥墩台　后张法预应力混凝土装配式墩台为基础、实体墩身和装配墩身。实体墩身是装配墩身和基础的连接段，其作用是锚固预应力筋，调节装配墩身的高度和抵御洪水时漂流物的冲击等。装配墩身由基本构件、隔板、顶板和顶帽等组成，并用高强预应力钢丝穿入预留的上下贯通的孔道内，张拉锚固。施工工艺：施工准备→构件预制→墩身装配。

墩台施工方法与装配式柱式墩台施工方法相似，除安装时的拼装接头处理技术之外，节段预制构件之间的连接方式主要依赖于预应力钢束。预应力筋主要有冷拉Ⅳ级粗钢筋、高强钢丝和钢绞线。高强度低松弛钢丝，强度高，张拉力大，预应力束数较少，施工时穿束较容易，但在预应力钢束连接处受预应力钢束连接器的影响，需要局部加大构件壁厚。冷拉Ⅳ级粗钢筋要求混凝土预制构件中的预留孔道精度高，以利于冷拉Ⅳ级钢筋连接。预应力的张拉位置可设在墩顶，也可设在墩台底部的实体部位（图 10-16）。

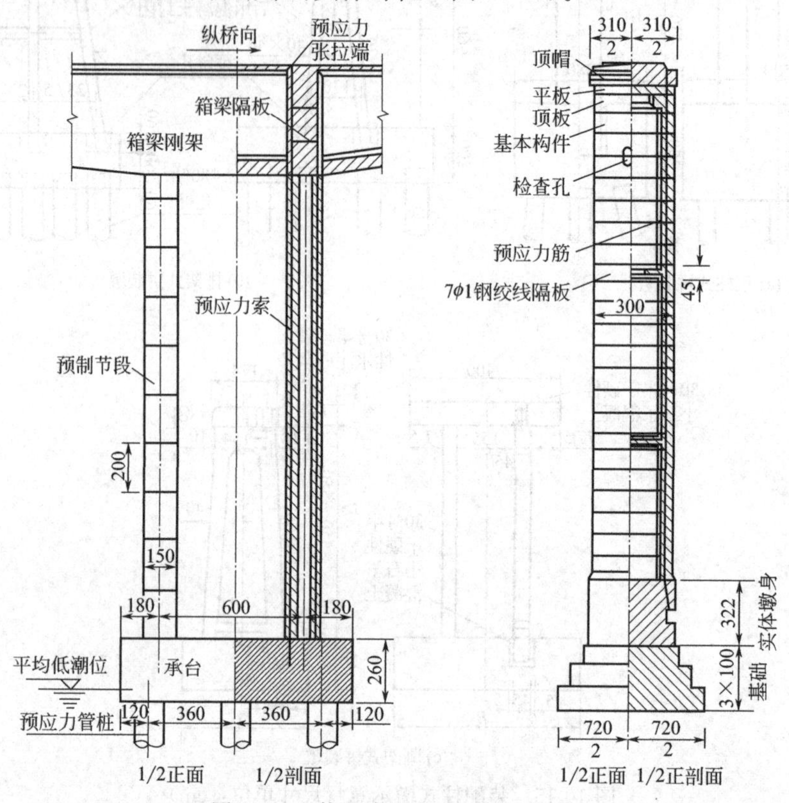

图 10-16　装配式预应力混凝土桥墩

10.2.3 墩台附属工程

墩台附属工程施工包括桥台翼墙、锥坡、台后填土、搭板和排水盲沟等。其施工方法一般有现浇、预制拼装和砌筑等，填土和排水应符合道路工程要求。

桥台锥体护坡施工时，石砌锥坡、护坡和河床铺砌层等工程，必须在坡面或基面夯实、整平后，方可开始铺砌，以保证护坡稳定。锥坡填土应与台背填土同时进行，填土应按高程及坡度填足。桥涵台背、锥坡、护坡及拱上等各项填土，宜采用透水性土分层填筑和夯实，每层厚度不得超过 0.30m，密实度应达到路基规范的要求。

护坡基础与坡脚的连接面应与护坡坡度垂直，以防坡脚滑走。片石护坡的外露面和坡顶、边口，应选用较大、较平整并略加修凿的石块。砌石时拉线要张紧，表面要平顺，护坡片石背后应按规定做碎石倒滤层，防止锥体土方被水侵蚀变形。护坡与路肩或地面的连接必须平顺，以利排水，并避免砌体背后冲刷或渗透坍塌。砌体勾缝除涉及规定外，一般可采用凸缝或平缝，且宜待坡体土方稳定后进行。浆砌砌体，应在砂浆初凝后，覆盖养护 7～14d。养护期间应避免碰撞、振动或承重。

台后泄水盲沟应以片石、碎石或卵石等透水材料砌筑，并按坡度设置，沟底用黏土夯实。盲沟应建在下游方向，出口处应高出一般水位 0.20m，平时无水的干河应高出地面

0.30m。如桥台在挖方内横向无法排水时，泄水盲沟在平面上可在下游方向的锥体填土内折向桥台前端排出，在平面上呈L形。

导流建筑物应和路基、桥涵工程综合考虑施工，以避免在导流建筑物范围内取土、弃土，破坏排水系统。砌筑用石料的抗压强度不得低于20MPa；砌筑用砂浆强度等级，在温和及寒冷地区不低于M5，在严寒地区不低于M7.5。填土应达到最佳密度90%以上。坡面砌石按照锥体护坡要求办理。若使用漂石时，应采用裁砌法铺砌；若采用混凝土板护面，板间砌缝10～20mm，并用沥青麻筋填塞。

抛石防护宜在枯水季节施工。石块应按大小不同的规格掺杂抛投，但底部及迎水面宜用较大石块。水下边坡不宜陡于1∶1.5，顶面可预留10%～20%的沉落量。石笼防护基底应铺设垫层，使其大致平整。石笼外层应用较大石块填充，内层则可用较小石块码砌密实，装满石块后，用铁丝封口。石笼间应用铁丝连成整体。在水中安置石笼，可用脚手架或船只顺序投放，铺放整齐，笼与笼间的空隙应用石块填满。石笼的构造、形状及尺寸应根据水流及河床的实际情况确定。

10.3 上部结构施工

讨论

1. 顶推法施工过程？
2. 悬臂施工法施工过程？
3. 预应力混凝土简支梁桥的架设方法？
4. 装配式钢筋混凝土拱桥的施工方法有哪些？
5. 斜拉桥梁体的施工？
6. 混凝土结构桥梁主要的施工方法有哪些？
7. 预应力混凝土连续梁桥的施工方法？
8. 钢管混凝土拱桥施工方法？

10.3.1 梁桥或刚架桥施工

传统的梁桥或刚架桥施工方法是以搭设满堂支架现浇施工，随着预应力技术的发展，逐渐产生了悬臂法、预制安装法、顶推法、逐孔施工法和转体施工法等施工工艺。可以说，所有桥梁的施工方法都可以运用到梁式桥或刚架桥的施工中。梁桥施工包括简支梁桥施工和连续梁桥或刚架桥的施工，根据施工机具设备和结构的形成方式不同，现将施工方法归纳如下，见图10-17。

预应力混凝土简支梁桥可采用现浇法和预制安装法，预制安装架设包括梁的起吊、运输（纵移、横移、落梁）和安装等过程。其特点是能保证工程质量，有利于提高劳动生产率；缩短工程进度及现场施工工期；节约支架、模板；减少混凝土收缩、徐变的影响；但需要大型的吊装设备。

预应力混凝土连续梁桥的施工方法有简支转连续施工（即梁段装配-整体施工法）、整体浇筑法施工、悬臂法施工、顶推法施工和移动式模架逐孔法施工。简支转连续施工即先简支施工（搭设临时支座支承），然后再连续施工（撤除临时支座支承变永久支座支承）。这种简支变化为连续，使梁桥结构的受力体系也发生变化的称为结构体系转换。

10.3.1.1 固定支架整体浇筑施工法

固定支架整体浇筑施工是指在支架上依据钢筋混凝土的施工原理完成梁体制作的方法，是一种古老的施工方法。由于施工需用大量的支架和模板，一般仅在小跨径桥或交通不便的

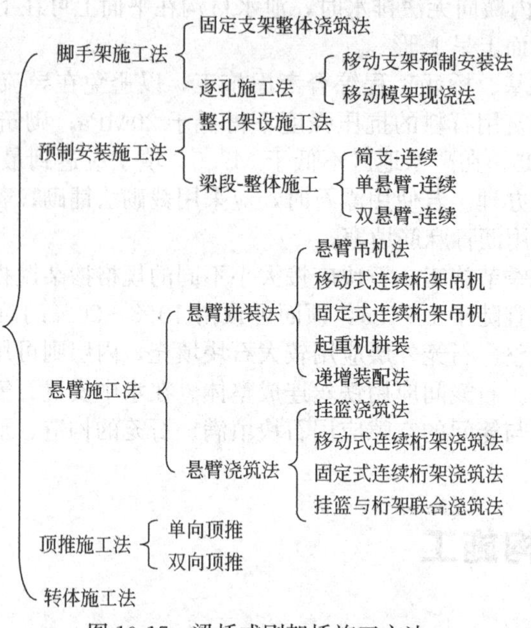

图 10-17 梁桥或刚架桥施工方法

地区采用。随着桥梁结构形式的发展，出现了一些变宽桥、弯桥等复杂的预应力混凝土结构，而且近年来临时钢构件、万能杆件和贝雷梁等大量应用，在其他施工方法都比较困难或经过比较后，其具有施工方便、费用较低的优点。现浇法施工在大、中桥梁也采用。

支架按其构造分为立柱式、梁式和梁-柱式支架，按材料分为木、钢和钢木混合支架。

10.3.1.2 预制安装施工法

预制安装施工法一般是将梁段横向分片或纵向分片在预制场预制，合格后运到桥头，安装就位。预制安装法施工工艺：分片或分段构件的预制→运输→安装。桥梁的预制构件一般在预制场或预制工厂内进行，再由运输工具运至桥位，横向分片预制件可采用吊机或架桥机架设；纵向分段在桥头串联张拉后，用吊机或架桥机架设。

当钢筋混凝土构件在混凝土强度达到设计强度 70%以上，预应力混凝土构件在预应力筋张拉以后才可出坑。构件出坑一般采用龙门吊将预制梁起吊后移到存梁处或转运至现场，如简易预制场无龙门吊机时，可采用吊机起吊出坑，也可用横向滚移出坑。

预制梁从预制场至施工现场的运输称为场外运输，常用大型平板车、驳船或火车运至桥位现场。预制梁在施工现场内运输称为场内运输，常用龙门轨道运输、平车轨道运输、平板汽车运输，也可采用纵向滚移法运输。

预制梁安装时，在岸上或浅水区预制梁的安装可采用龙门吊、汽车吊及履带吊安装。水中梁跨常采用穿巷吊机、浮吊及架桥机等安装方法。

① 跨墩龙门吊安装。跨墩龙门吊安装适用于岸上和浅水滩以及不通航浅水区域安装预制梁。两台跨墩龙门吊分别设于待安装孔的前、后墩位置。预制梁由平车顺桥向运至安装孔的一侧，移动跨墩龙门吊上的吊梁平车，对准梁的吊点放下吊架，将梁吊起。当梁底超过桥墩顶面后，停止提升，用卷扬机牵引吊梁平车慢慢横移，使梁对准桥墩上的支座，然后落梁就位，接着准备架设下一根梁。在水深不超过 5m、水流平缓、不通航的中小河流上的小桥孔，也可采用跨墩龙门吊机架梁。这时必须在水上桥墩的两侧架设龙门吊机轨道便桥，便桥基础可用木桩或钢筋混凝土桩。在水浅流缓而无冲刷的河上，也可用木笼或草袋筑岛来作便桥的基础。便桥的梁可用贝雷组拼。

② 穿巷吊安装（双导梁穿行式安装法）。它是利用两组钢桁架导梁构成的穿巷吊安装桥跨上部构件。穿巷吊是以角钢制成的钢桁架片作为基本构件，其横向连接杆用钢制成，由承重、平衡和引导三部分组成。穿巷吊可支承在桥墩和已架设的桥面上，不需要在岸滩或水中另搭脚手架与铺设轨道，适用于在水深流急的大河上架设水上桥孔、各种跨径和型式的预制梁。其设备简单，不受河水影响。根据穿巷吊的导梁主桁架间净距的大小，可分为宽、窄两种。宽穿巷吊机可以进行边梁的吊起并横移就位；窄穿巷吊机的导梁主桁净距小于两边 T 梁梁肋之间的距离，因此，边梁要先吊放在墩顶托板上，然后再横移就位。

③ 自行式吊车安装。中小跨径的陆地桥梁、城市高架桥预制梁安装常采用自行吊车安装。一般先将梁运到桥位处，采用一台或两台自行式汽车吊或履带吊直接将梁片吊起就位，方法便捷、安装迅速、工期短，不需其他动力或设备。履带吊机的最大起吊能力达 3MN。

④ 浮吊安装。预制梁由码头或预制厂直接由运梁驳船运到桥位，浮吊船宜逆流而上，先远后近安装。浮吊船吊装前应下锚定位，航道要临时封锁。采用浮吊安装预制梁，施工速度快，高空作业较少，施工比较安全，吊装能力也大，工效也高，是航运河道、海上或水深河道上架梁常用的方法。广东省在使用浮吊安装时，其最大起重能力达 5MN。

⑤ 架桥机安装。架桥机架设桥梁一般在长或大的河道上，公路上采用贝雷梁构件拼装架桥机；铁路上采用 800kN、1300kN、1600kN 架桥机。20 世纪 50 年代采用悬臂式架桥机，需设桥头岔线，桥头路基压道要求较高，危险性较大；60 年代开始试制单梁式架桥机及双梁式架桥机，可使架梁作业比较安全，而且不设桥头岔线，解决了山区桥头地形狭窄，架梁困难的问题。公路斜拉式双导梁架桥机，50/150 型可架设跨径 50mT 梁，40/100 型可架设 40mT 梁，XMQ 型架桥机可架设 30mT 梁，BX-25 型号为贝雷轻型架桥机。目前国内架桥机最大起吊能力达 3MN。

在桥很高、水很深的情况下，可选择由龙门架（即门式吊车）、托架（又称蝴蝶架）和钢导梁为主体构成的成套架梁设备联合架桥机进行预制梁的安装。在架梁前，首先要安装钢导梁，导梁顶面铺设供平车和托架行走的轨道。预制梁由平车运至跨径上，用龙门架吊起将其横移降落就位。当一孔内所有梁架好以后，将龙门架骑在蝴蝶架上，松开蝴蝶架，蝴蝶架挑着龙门架，沿导梁轨道，移至下一墩台上去。如此循环下去，直至全部架完（图 10-18）。

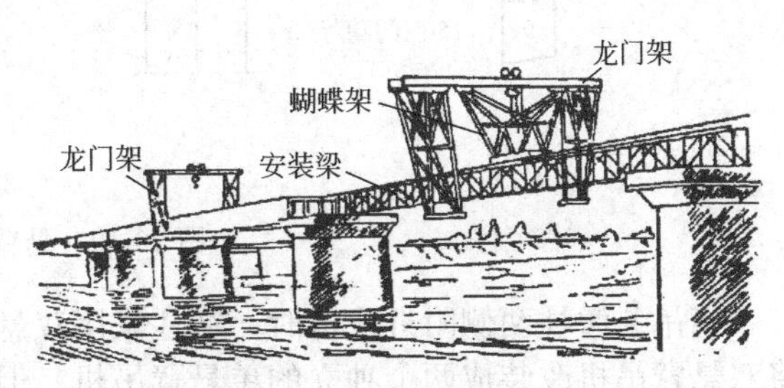

图 10-18 用钢导梁、龙门架及蝴蝶架联合架梁

⑥ 扒杆（桅杆）悬吊安装（吊鱼架设法）。利用人字桅杆来架设梁桥上部结构构件，而不需要特殊的脚手架或木排架。安装方法有人字桅杆架设、人字桅杆两梁连接悬吊法和人字桅杆托架架设三种。

⑦ 支架便桥安装。一般可采用摆动排架和移动支架安装。

10.3.1.3 悬臂施工法

悬臂施工法也称为分段施工法。悬臂施工法是以桥墩为中心向两岸对称地、逐节悬臂拼装或现浇接长的施工方法，主要有悬臂拼装法及悬臂浇筑法两种。悬臂拼装法利用移动式悬拼吊机将预制梁段起吊至桥位，然后采用环氧树脂胶及钢丝束预施应力连接成整体。悬臂浇筑采用移动式挂篮为主要施工设备，从桥墩开始，对称向两岸逐段浇筑梁段混凝土，待混凝土达到要求强度后，张拉预应力束，再移动挂篮，进行下一节段的施工。悬臂施工的体系有连续体系和铰接体系。

（1）悬臂拼装法施工　悬臂拼装施工工艺：块件预制→块件运输→悬臂拼装→穿束与张

拉→合拢。

① 块件预制。混凝土块件的预制方法有长线预制、短线预制和卧式预制等三种。而箱梁块件通常采用长线预制或短线预制，桁架梁段可采用卧式预制。长线预制是在预制厂或施工现场按桥梁底缘曲线制作固定的底座，在底座上安装底模进行块件预制工作。短线预制箱梁块件的施工，是由可调整外部及内部模板的台车与端模架来完成。卧式预制要有一个较大的地坪。地坪的高低要经过测量，并有足够的强度，不至产生不均匀沉陷。

② 块件运输。箱梁块件自预制底座上出坑后，一般先存放于存梁场，拼装时块件由存梁场至桥位处的运输方式，一般可分为场内运输、块件装船和浮运三个阶段。

③ 悬臂拼装。预制块件的悬臂拼装可根据现场布置和设备条件采用不同的方法来实现。当靠岸边的桥跨不高且可在陆地或便桥上施工时，可采用自行式吊车、门式吊车来拼装。对于河中桥孔，也可采用水上浮吊进行安装。如果桥墩很高，或水流湍急而不便在陆上、水上施工时，就可利用各种吊机进行高空悬拼施工。

a. 悬臂吊机拼装法。悬臂吊机由纵向主桁架、横向起重桁架、锚固装置、平衡重、起重系、行走系和工作吊篮等部分组成（图 10-19），结构较简单，使用最普遍。

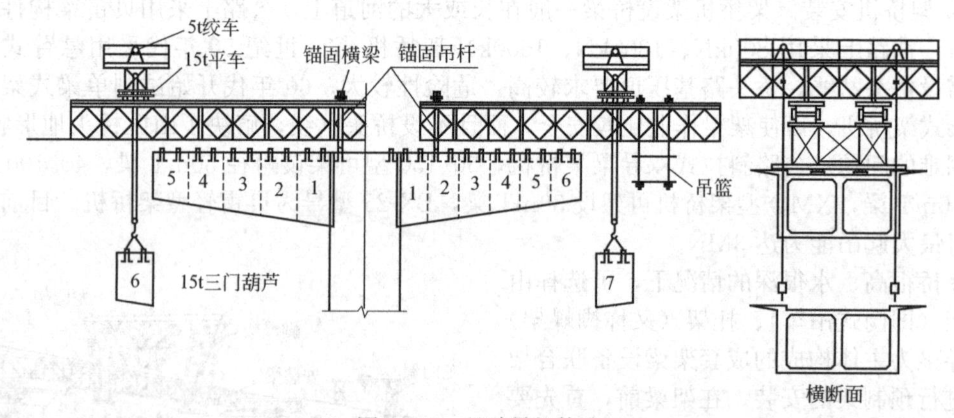

图 10-19 悬臂吊机构造

当吊装墩柱两侧附近块件时，往往采用双悬臂吊机的形式，当块件拼装至一定长度后，将双悬臂吊机改装成两个独立的单悬臂吊机。但在桥的跨径不太大，孔数也不多的情况下，可不拆开墩顶桁架而在吊机两端不断接长进行悬拼，以免每拼装一对块件就将对称的两个单悬臂吊机移动和锚固一次。

b. 连续桁架（闸门式吊机）拼装法。连续桁架悬拼施工可分为移动式和固定式。移动式连续桁架的长度大于桥的最大跨径，桁架支承在已拼装完成的梁段和待拼墩顶上，由吊车在桁架上移运块件进行悬臂拼装（图 10-20）。固定式连续桁架的支点均设在桥墩上，而不增加梁段的施工荷载，表示移动式连续桁架，其长度大于两个跨度，有三个支点。这种吊机每移动一次可以同时拼装两孔桥跨结构。

c. 起重机拼装法。可采用伸臂吊机、缆索吊机、龙门吊机、人字扒杆、汽车吊、履带吊、浮吊等起重机进行悬臂拼装。根据吊机的类型和桥孔处具体条件的不同，吊机可以支承在墩柱上、已拼好的梁段上或处在栈桥上、桥孔下。

④ 接缝处理及拼装程序。梁段拼装过程中的接缝有湿接缝、干接缝和胶接缝等几种。不同的施工阶段和不同的部位，将采用不同的接缝形式。1 号块件即墩柱两侧的第一块，一般与墩柱上的 0 号块以湿接缝相接。其他块件用胶接缝或干接缝拼装。块件接缝采用环氧树脂胶，厚度 1.0mm 左右。环氧树脂胶接缝可使块件连接密贴，可提高结构抗剪能力、整体刚度和不透水性。一般不宜采用干接缝。干接缝块件密贴性差，接缝中水汽浸入导致钢筋锈蚀。

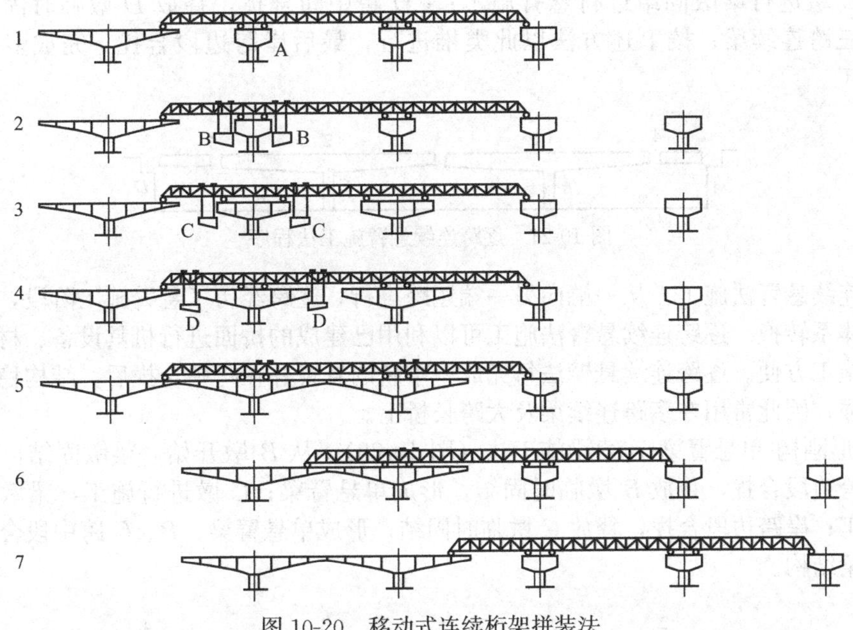

图 10-20 移动式连续桁架拼装法

拼装中应进行穿束与张拉。穿束有明槽穿束和暗管穿束两种。明槽穿束难度相对较小，预应力钢丝束锚固在顶板加厚部分，在此部分预留有管道。明槽钢丝束一般为等间距布置，穿束前先将钢丝束在明槽内摆平，之后再分别将钢丝束穿入两端管道内。管道两头伸出的钢丝束应等长。暗管穿束一般采用人工推送，实际操作应根据钢丝束的长短进行。顶、腹板纵向钢丝束应按设计要求的张拉顺序张拉，如设计未作规定，可采取分批、分阶段对称张拉。张拉时注意梁体和锚具的变化。

合拢顺序一般为先边跨，后中跨。多跨一次合拢时，必须同时均衡对称地合拢。合拢前应在两端悬臂预加压重，并于浇筑混凝土过程中逐步撤除，使悬臂挠度保持稳定。合拢段的混凝土强度等级可提高一级，以尽早张拉。合拢段混凝土浇筑完后，应加强养护，悬臂端应覆盖，防止日晒。

(2) 悬臂浇筑法施工　悬臂浇筑法中的挂篮是一个能沿轨道行走的活动脚手架，悬挂在已浇筑、张拉的梁节段上，用以浇筑下一节段施工，直至梁段全部浇完。开始浇筑初始几对梁段时，挂篮是连接一起的，并保持平衡；当梁浇筑到一定长度后再将挂篮分离，并分别用压重平衡。在浇筑时，应注意保护好预应力孔道。挂篮的主要组成部分有承重系统、悬吊系统、锚固系统、行走系统、模板与支架系统。

悬臂浇筑法施工工艺：挂篮前移就位→安装箱梁底模→安装底板及肋板钢筋→浇底板混凝土及养生→安装肋模、顶模及肋内预应力孔道→安装顶板钢筋及顶板预应力孔道→浇筑肋板及顶板混凝土→检查并清洁预应力孔道→混凝土养护→拆除模板→穿钢丝束→张拉预应力钢束→孔道灌浆。

连续梁桥采用悬臂浇筑施工时，因施工程序不同，主要有逐跨连续悬臂施工、T 形钢构-单悬臂梁-连续梁施工和 T 形钢构-双悬臂梁-连续梁施工三种基本方法。施工时，可选择合适的一种，也可综合考虑选用合适的施工方法。

① 逐跨连续悬臂施工法（图 10-21）。从 B 墩开始将梁墩临时固结，进行悬臂施工；岸跨边段合拢，B 墩临时固结释放后形成单悬臂梁；从 C 墩开始，梁墩临时固结，进行悬臂浇筑施工；BC 跨中间合拢，释放 C 墩临时固结，形成带悬臂的两跨连续梁；从 D

墩开始，D 墩进行梁墩固结进行悬臂施工；CD 跨中间合拢，释放 D 墩临时固结，形成带悬臂的三跨连续梁；按上述方法以此类推进行，最后岸跨边段合拢，完成多跨一联的连续梁施工。

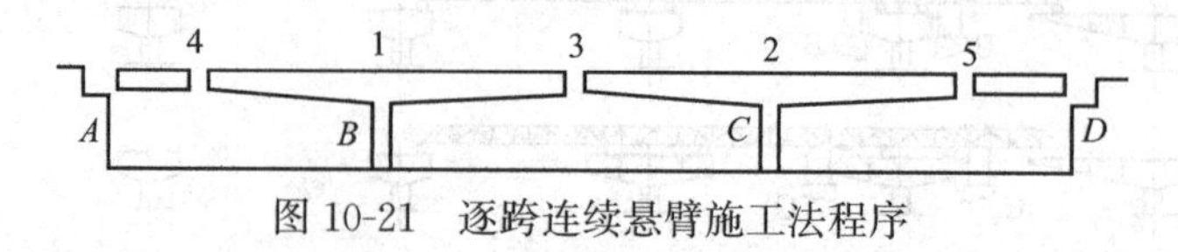

图 10-21　逐跨连续悬臂施工法程序

逐跨连续悬臂法施工，从一端向另一端逐跨进行，逐跨经历了悬臂施工阶段，施工过程中进行了体系转换。逐跨连续悬臂法施工可以利用已建成的桥面进行机具设备、材料和混凝土运输，施工方便。逐跨连续悬臂法每完成一个新的悬臂并在跨中合拢后，结构稳定性、刚度不断加强，因此常用在多跨连续梁及大跨长桥上。

② T 形刚构-单悬臂梁-连续梁施工法（图 10-22）。从 B 墩开始，梁墩固结，进行悬臂施工；岸跨边段合拢，释放 B 墩临时固结，形成单悬臂梁；C 墩进行施工，梁墩固结，进行悬臂施工；岸跨边段合拢，释放 C 墩临时固结，形成单悬臂梁；B、C 跨中段合拢，形成三跨连续梁结构。

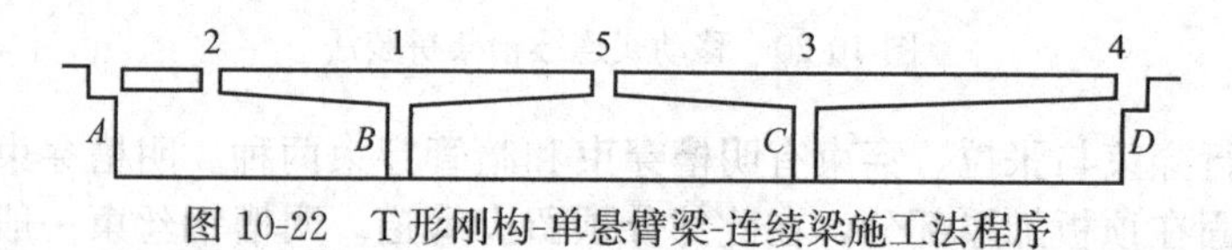

图 10-22　T 形刚构-单悬臂梁-连续梁施工法程序

T 形刚构-单悬臂梁-连续梁施工也可以采用多增设两套挂篮设备，BC 墩同时悬臂浇筑施工，在两岸跨边段合拢，释放 B、C 墩临时固结，最后中间合拢，成三跨连续梁，以加速施工进度、缩短工期。多跨连续梁施工时可以采取几个合拢段同时施工，也可以逐个进行。T 形钢构-单悬臂梁-连续梁施工是 3～5 跨连续梁施工中常用的施工方法。

③ T 形钢构-双悬臂梁-连续梁施工法（图 10-23）。从 B 墩开始，梁墩固结后，进行悬臂施工；从 C 墩开始，梁墩固结后，进行悬臂施工；B、C 跨中间合拢，释放 B、C 墩的临时固结，形成双悬臂梁；A 端岸跨边段合拢；D 端岸跨边段合拢，完成三跨连续梁施工。当结构呈双悬臂梁状态时，稳定性较差，所以一般遇大跨径或多跨连续梁时不宜采用。

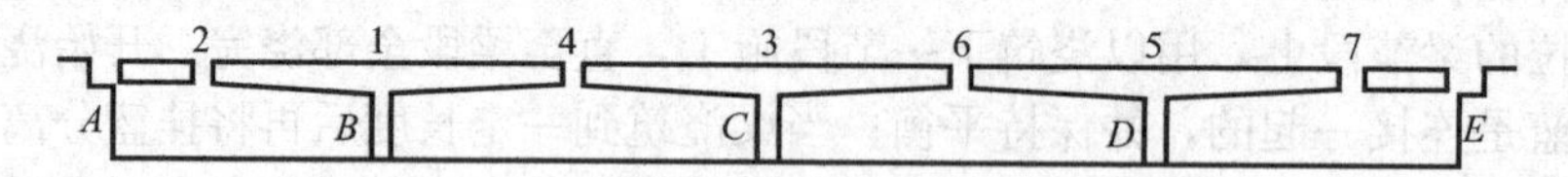

图 10-23　T 形刚构-双悬臂梁-连续梁施工法程序

10.3.1.4　顶推施工法

顶推施工法（图 10-24）是沿桥纵轴方向，在桥台后方台座上（引道或引桥上）开辟预制场地，分节段预制梁身并用纵向预应力筋将各节段连成整体，然后通过水平液压千斤顶施力，借助不锈钢板与聚四氟乙烯模压板组成的滑动装置，将梁段向对岸推进。这样分段预制，逐段顶推，预制一段，纵向向前顶进一段，跨越各中间桥墩，直达对岸，待全部顶推就位后，落梁、更换成永久支座，完成桥梁施工，经过体系转换而形成连续梁桥，适用于中等跨径的连续梁桥。

顶推施工法中的主要装置有千斤顶、滑板和滑道。常用的滑道装置包括墩顶处的混凝土滑台、铬钢板和滑板三部分。临时设施有导梁（又称鼻梁）、临时支柱和斜拉索等。

在顶进过程中，梁的每个截面都有在墩顶处承受负弯矩、跨中处承受正弯矩的时刻，也就是说，梁的每个截面的弯矩值处在不断变化之中，甚至几次正负交替。为了减小梁体前段的悬出长度、梁体前段的负弯矩和顶进过程中的梁体阻力，在梁段的前端安装导梁，长度为顶推跨径的0.6～0.8倍，它是由等截面或变截面的钢桁架或钢板梁组成，一般采用贝雷桁片或万能杆件组拼桁架。为增大跨径，可以设置临时支柱或临时墩，也可以用斜拉索加固。

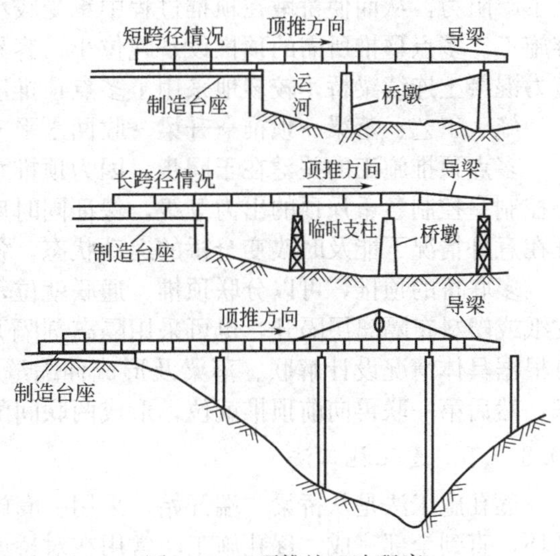

图 10-24 顶推施工法程序

顶推的施工方法很多，主要按顶推施工方式分类，也可按支承系统和顶推的方向来分类，主要包括单向顶推、双向顶推以及单点顶推和多点顶推等多种。单向单点顶推适用于建造跨度为40～60m的多跨连续梁桥，单向多点顶推适用于建造特别长的多联多跨桥梁。

① 水平-竖向千斤顶顶推法（推头式顶推）。其施工工艺：落梁→梁前进→升梁→退回滑块；如此循环往复，完成顶推工作。可分为单点顶推和多点顶推。

② 拉杆千斤顶顶推法。水平顶推力是由固定在墩台上的水平千斤顶通过锚固于主梁上的拉杆使主梁前进的，也分为单点顶推和多点顶推。采用拉杆式顶推系统，免去在每一循环顶推过程中用竖向千斤顶将梁顶起使水平千斤顶复位，简化了工艺流程，加快顶推速度。

③ 设置滑动支座顶推法。有设置临时滑动支承与永久性支座合一的滑动支承两种。

④ 单向顶推法。从一端逐渐预制，逐段顶推，直至对岸。一般桥跨在50m以内时，常在一端设置预制场地，从一端顶推。当桥头直线引道长度受限制时，可在引桥、路基或正桥靠岸一孔设置台座。

⑤ 双向顶推法。预制场在桥梁两端，并在两端分别预制，分段顶推，在跨中合拢。常采用临时支柱、梁后压重、加临时支点等措施解决。双向顶推适用于不设临时墩而修建中孔跨径很大的三跨连续梁桥等。在跨径大于600m时，为缩短工期，也可采用双向顶推施工。

⑥ 单点顶推法。顶推装置集中在主梁预制场附近的桥台或桥墩上，前方墩各支点上设置滑动支承。顶推装置分为两种：一种是由水平千斤顶通过沿箱梁两侧牵动钢杆给预制梁一个顶推力；另一种是由水平千斤顶与竖直千斤顶联合使用，顶推预制梁前进。

施工工艺：顶梁→推移→落下竖直千斤顶和收回水平千斤顶的活塞杆。滑道支承设置在墩上的混凝土临时垫块上，由光滑的不锈钢板与组合的聚四氟乙烯滑块组成，其中的滑块由四氟板与具有加劲钢板的橡胶块构成，外形尺寸有420mm×420mm、200mm×400mm、500mm×200mm等数种，厚度也有40mm、31mm、21mm之分。顶推时，组合的聚四氟乙烯滑块在不锈钢板上滑动，并在前方滑出，通过在滑道后方不断喂入滑块，带动梁身前进。

⑦ 多点顶推法。在每个墩台上设置一对小吨位（400～800kN）的水平千斤顶，将集中的顶推力分散到各墩上。由于利用水平千斤顶传给墩台的反力来平衡梁体滑移时在桥墩上产

生了摩阻力，从而使桥墩在顶推过程中承受较小的水平力，因此可以在柔性墩上采用多点顶推施工。多点顶推所需的顶推设备吨位小，容易获得，所以我国在近年来用顶推法施工的预应力混凝土连续梁桥，较多地采用了多点顶推法。

施工工艺：落梁→顶推→升梁→收回水平千斤顶的活塞→拉回支承块；如此反复作业。

多点顶推施工的关键在于同步。因为顶推水平力是分散在各桥墩上的，一般均需通过中心控制室控制各千斤顶的出力等级，保证同时启动、同步前进、同时停止和同时换向。为保证在意外情况下能及时改变全桥的运动状态，各机组和观测点上需装置急停按钮。

多联桥的顶推，可以分联顶推、通联就位，也可联在一起顶推。两联间的结合面可用牛皮纸或塑料布隔离层隔开，也可采用隔离剂隔开。对于多联一并顶推时，多联顶推就位后，可根据具体情况设计解联、落梁及形成伸缩缝的施工方案，如两联顶推，第二联就位后解联，然后第一联再向前顶推就位，形成两联间的伸缩缝。

10.3.1.5 逐孔施工法

逐孔施工法是从桥梁一端开始，采用一套施工设备或一、二孔施工支架逐孔施工，周期循环，直到全部完成。逐孔施工法常用在对桥梁跨径无特殊要求的中小跨桥的长桥，如高架道路、跨越海湾和跨越湖泊的桥梁等，有的桥梁总长达数十公里。逐孔施工法体现了造桥施工的省和快，可使施工单一标准化、工作周期化，最大程度地减少工费比例，降低造价。

逐孔施工法从 20 世纪 50 年代末期以来得到了广泛应用和发展，首先在欧洲国家大量采用，尤其是德国、奥地利、瑞士和法国使用最多。先进的施工方法促进了桥梁结构的发展，使用新技术、改进桥梁结构，带来了节省材料用量的好处。

逐孔施工法从施工技术方面可分为三种类型：

① 用临时支承组拼预制节段逐孔施工。它是将每一桥跨分成若干节段（包括桥墩顶节段、标准节段），预制完成后在临时支承上（钢桁架导梁、下挂式高架钢桁架等）逐孔组拼施工。节段可在预制厂生产，提高了机械设备的利用率和生产效率。

② 使用移动支架逐孔现浇施工。此法也称移动模架法，是在可移动的支架、模板上（移动悬吊模架、支承式活动模架）完成一孔桥梁的模板、钢筋、浇筑混凝土和张拉预应力筋等全部工序，然后移动支架、模板，进行下一孔桥梁的施工。由于是在桥位上现浇施工，可免去大型运输和吊装设备，桥梁整体性好，主要用于建造孔数多、桥跨较长、桥墩较高及桥下净空受到约束的桥梁。支架分为落地式和梁式。

③ 采用整孔吊装或分段吊装逐孔施工。它是早期连续梁桥采用逐孔施工的唯一方法。近年来，由于起重能力增强，使桥梁的预制构件向大型化方向发展，从而更能体现逐孔施工速度快的特点，可用于混凝土连续梁和钢连续梁桥的施工中。

采用逐孔施工时，随着施工的进程，桥梁结构的受力体系在不断变化，由此导致结构内力也随之变化。逐孔施工的体系转换有三种：由简支梁状态转换为连续状态、由悬臂梁转换为连续梁以及由少跨连续梁逐孔延伸转换为所要求的体系等。在体系转换中，不同的转换途径将得到不同的结构内力叠加过程，而最终的恒载内力（包括混凝土的收缩、徐变内力重分布）将向着连续梁桥（按照全联一次完成）的恒载内力接近。

10.3.2 拱桥施工

拱桥传统施工方法为满堂支架砌筑和现浇，即在支架上砌筑和现浇混凝土主拱圈后，进行拱上建筑施工，随后落架完成全桥。由于支架施工不利于拱向大跨度发展，缆索吊装法、悬臂法、转体法以及劲性骨架法等无支架施工法应运而生。拱桥常用施工方法见图 10-25。

拱桥施工主要有现浇钢筋混凝土拱桥施工、装配式钢筋混凝土拱桥施工和钢管混凝土拱桥施工。应根据拱桥的形式、地质地形以及施工设备类型等情况进行综合考虑，选择可行的或多种方法组合的施工方法。

10.3.2.1 现浇法

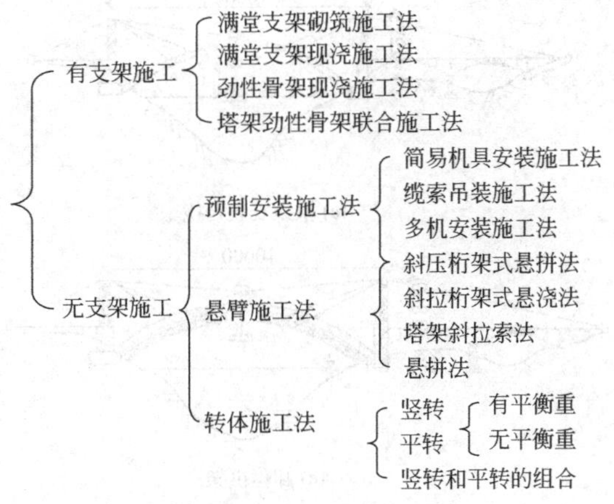

图 10-25 拱桥常用施工方法

现浇法是指搭设各种支架（即拱架）进行的施工。拱架按所用材料分为木拱架、钢拱架、钢桁架拱架、万能杆件拼装拱架、扣件式钢管拱架、竹拱架、竹木拱架及“土牛拱胎”等。按构造形式分为满堂式拱架、拱式拱架及混合式拱架等。满堂式拱架有立柱式和撑架式。立柱式构造和制作简单，但立柱较多，一般用于高度和跨度不大的拱桥。撑架式是用支架加斜撑代替较多的立柱，在一定程度上满足通航的需要，实际工程中采用较多。

拱架预拱度是指为抵消拱架在施工荷载作用下产生的位移（挠度），而在拱架施工或制作时预留的与位移方向相反的校正量。拱顶预留的总预拱度，可以根据各种下沉量求得。施工时根据计算值，并结合实践经验进行适当调整。一般情况下，拱顶预留拱度按 $L/400 \sim L/800$ 估算（L 为拱圈跨径）。当算出拱顶预拱度后，其余各点的预加高度可近似地按二次抛物线分配。对于无支架或早期脱架施工的悬链线拱，应采用降低拱轴系数（拱轴系数为拱脚恒荷载与拱顶恒荷载之比）的方法来设置预拱度。

模板有拱圈模板和拱肋模板。现浇钢筋混凝土拱圈、钢管混凝土拱圈以及劲性骨架拱圈常用的施工方法有连续浇筑、分段浇筑和分环分段浇筑。跨径小于 16m 的拱圈或拱肋，应按拱圈全宽，由两端拱脚向拱顶对称连续浇筑，并在拱脚混凝土初凝前全部完成。跨度大于 16m 的拱圈或拱肋，采用沿拱跨方向分段对称浇筑。浇筑大跨径拱圈或拱肋混凝土时，宜采用分环施工，下环合拢后再浇筑上环混凝土，有时也采用分环又分段的浇筑方法。

在拱圈合拢以及混凝土或砂浆达到设计强度的 30%后即可进行拱上建筑的施工。对于石拱桥，一般不少于合拢后三昼夜。空腹式拱上建筑一般是砌完腹孔墩后即卸落拱架，然后再对称均衡地砌筑腹拱圈、侧墙。实腹式拱上建筑应由拱脚向拱顶对称地砌筑，砌完侧墙后，再填筑拱腹填料及修建桥面结构等。采用柔性吊杆的中承式拱桥的浇筑程序见图 10-26。

10.3.2.2 缆索吊装施工法

缆索吊装施工方法是大跨度拱无支架施工的主要方法，利用支承在索塔上的缆索运输和安装拱桥构件。缆索吊装施工工艺：拱肋（箱）的预制→移运和吊装→主拱圈的砌筑→拱上建筑的砌筑→桥面结构施工等。除拱圈吊装和移运之外，其他工序与有支架拱桥施工方法类似。

缆索吊装设备按其用途和作用分为主索、工作索、塔架和锚固装置等四个基本组成部分，其中主要机具设备包括主索、起重索、牵引索、结索、扣索、浪风索、塔架（包括索鞍）、地锚（地垅）、滑轮、电动卷扬机或手摇绞车等。

中、小跨径拱桥，拱肋的截面尺寸在一定范围内，可不做施工加载程序设计，按有支架施工方法对拱上结构做对称、均衡的施工。大、中跨径的箱形拱桥或双曲拱桥，一般按分环分段、均衡对称加载的原则进行设计。先在拱的两个半跨上，分成若干段，然后在相应部位同时进行相等数量的施工加载。对于坡拱桥，应使低拱脚半跨的加载量稍大于高拱脚半跨的

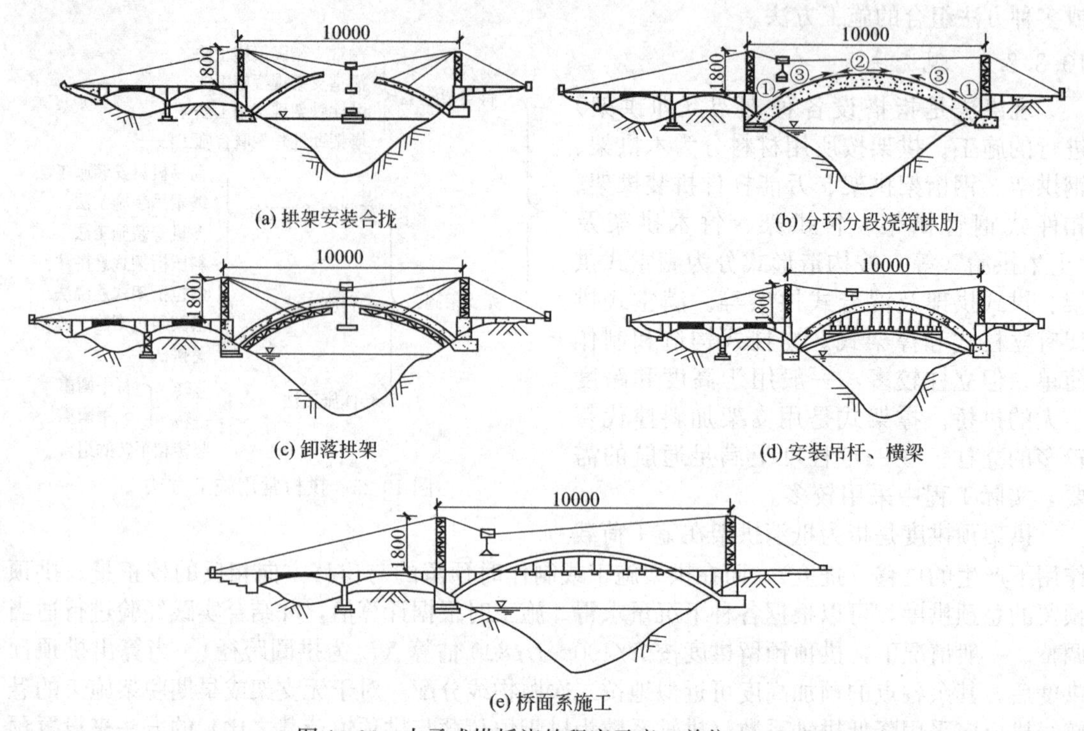

图 10-26 中承式拱桥浇筑程序示意（单位：cm）

加载量。多孔拱桥的两个邻孔之间，要求均衡加载。两孔的施工进度不能相差太远，否则桥墩会承受过大的单向推力而产生很大位移，导致施工进度快的一孔的拱顶向下沉，而邻孔的拱顶向上升，严重时会使拱圈开裂。

10.3.2.3 转体施工法

桥梁转体施工是20世纪40年代以后发展起来的一种架桥工艺，是在河流的两岸或适当的位置，利用地形使用简便的支架先将半桥预制完成，之后以桥梁结构本身为转动体，使用机具设备分别将两个半桥转体到桥位轴线位置合拢成桥。转体施工一般适用于单孔或三孔的桥梁。

转体方法可以采用平面转体（有平衡重法和无平衡重法）、竖向转体或平竖结合转体。目前已应用在拱桥、梁桥、斜拉桥、斜腿刚架桥等不同桥型上部结构的施工中。用转体施工法建造大跨径桥，可不搭设支架，减少了安装架设工序，把复杂的、技术性强的高空作业和水上作业变为岸边的陆上作业，不干扰交通，不间断通航，施工安全，质量可靠，对环境损害小，减少了施工费用和机具设备，适合在通航河道或车辆频繁的跨线立交桥上施工。

(1) 拱桥平面转体施工 平面转体施工法是我国首创的施工方法（图 10-27）。1977 年在四川省遂宁市首次采用四氟板平面转体施工方法建成 1 孔 70m 肋拱桥，随后该法得到迅速推广。在实际工程中，经常将转动体系的重心与下盘磨心设计为有较大的偏心，即偏心转体施工方法。

① 有平衡重平面转体施工。它是从跨中将拱圈分为两半，分别在两岸利用地形搭设简单支架预制或拼装主拱肋，利用结构本身及扣锚体系，张拉扣索使主拱肋脱架，由拱肋、平衡重、转盘上板及扣索组成转动体系，借助于预先设置的摩阻系数很小的环形滑道，通过卷扬机或千斤顶牵引，将拱肋转至河心桥轴线就位合拢。

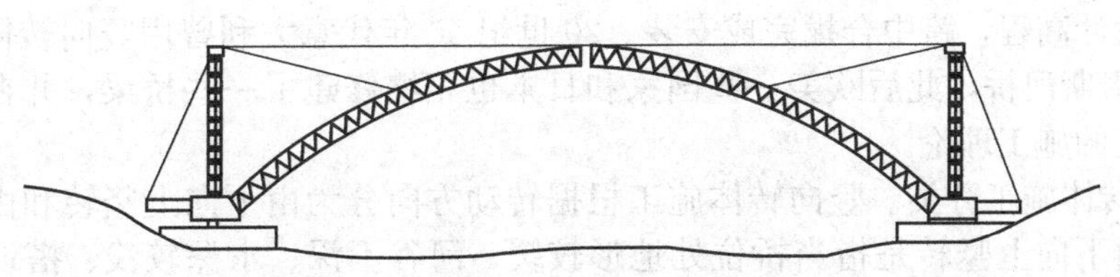

图 10-27 拱桥平面转体法施工示意

有平衡重平面转体施工使用的转体装置主要有四氟板环道平面承重转体（由轴心和环形滑道组成）和轴心承重转体（由球面铰、轨道板和钢滚轮组成）。转动体系主要包括底盘、上转盘、背墙、桥体上部构造、拉杆（或拉索）等几部分。

其施工工艺：制作底盘→制作上转盘→布置牵引系统的锚锭及滑轮，试转上转盘到预制轴线位置→浇筑背墙→浇筑主拱圈上部结构→张拉拉杆（或扣索），使上部结构脱离支架，并且和上转盘、背墙形成一个转动体系，通过配重把结构重心调到轴心→牵引转动体系，使半拱平面转动合拢→封上下盘，夯填桥台背土，封拱顶，松拉杆或索扣，实现体系转换。

有平衡重平面转体施工又分为专门配置平衡重的转体施工和在对称轴上设置磨心的转体施工。专门配置平衡重的转体施工适用于山区深山峡谷的单孔拱桥。一般是将增加的平衡重设计成桥梁永久作用的一部分，如加大桥台厚度、背墙体积等。调整转动体系的重心，使体系的重心基本落在转盘的磨心球铰上，设计施工相对简易，受力明确。在对称轴上设置磨心的转体施工是利用桥梁结构的对称性，在对称轴上设置转动磨心实现转体。不需额外增加平衡重，结构显得更轻便，材料使用也更合理，近年来这种方法用得比较多，一般适用于两岸地形比较开阔，而且两岸地形有可能按照转体要求来布置桥梁岸边引孔的三孔桥位。

② 无平衡重平面转体施工。它是把有平衡重转体施工中的拱圈扣索拉力锚固在两岸岩体中，用锚固体系代替平衡重，从而省去了庞大的平衡重，锚锭拉力由尾索预加应力传给引桥面板，以压力形式贮备。主要由锚固体系、转动体系和位控体系构成平衡的转体系统。

锚固体系由锚锭、尾索（锚索）、支撑（平撑）、锚梁（或锚块）及立柱组成。锚锭设置在引道及边坡岩层中，锚梁支撑于立柱上，两个方向的平撑及锚索形成三角形稳定结构，使锚锭块和上转轴为一确定的固定点。拱箱（拱肋）转至任意角度，由锚固体系平衡拱箱（拱肋）和扣索力，从而节省了大量的圬工数量。

转动体系由拱体、上转轴、下转轴、下转盘、下环道、拱箱（拱肋）和扣索组成。上转盘由埋于锚梁（锚块）中的锚套、转轴和环套组成。扣索一端与环套相连，另一端与拱箱（拱肋）顶端连接。转轴在轴套与环套间均可转动。下转盘为一个马蹄形钢环，马蹄形两端各有一个走板，两个走板在固定的环道上滑动。马蹄形转盘卡于下转轴外。下转盘与滑道、下转轴间，均有摩阻系数很小的滑道材料，从而可以滑动。拱箱（拱肋）为钢筋混凝土薄壁组合箱。为减轻重量，顶板采用钢筋网架板。扣索采用精轧螺纹钢筋，扣索将拱箱（拱肋）顶部与上转轴环套连接，从而构成转动体系。

位控体系由拱箱（拱肋）顶端扣点的缆风索、转盘牵引系统（无级调速自控卷扬机）、光电测角装置和控制台组成，用以控制在转动过程中转动体的转动速度和位置。

施工时，主要包括转动体系施工、锚锭系统施工、转体施工、合拢卸扣施工。其中转动体系施工工艺：安装下转轴→浇筑下环道→安装转盘→浇筑转盘混凝土→安装拱脚铰→浇筑铰脚混凝土→拼装拱体→穿扣索→安装上转轴等。

(2) 拱桥竖向转体施工　竖向转体施工法一般是将拱圈从跨中分为两半，在桥轴线上利用地形搭设简单支架，在支架上组拼或现浇拱肋。在拱脚安装转动铰，利用扣索的牵引将结构竖向转至设计高程，跨中合拢完成安装。20世纪50年代意大利曾用竖向转体法修建了跨径70m的多姆斯河桥，此后欧美一些国家和日本也相继修建了一些桥梁，并在此基础上形成了一套系统的施工理论。

① 竖向转体施工分类。竖向转体施工根据转动方向分为由下向上竖转和由上向下竖转两种类型。由下向上竖转是指当桥位处地形较缓、河谷不深、水深较浅、搭设支架不困难时，可以将拱肋在桥位拼装成半跨，然后用扒杆起吊安装；当桥位处水较深或在通航河流施工时，可以在桥位拼装成半跨，浮运至桥轴线位置，再用扒杆起吊安装。浙江新安江大桥是采用船舶浮运至拱轴线位置起吊安装的。

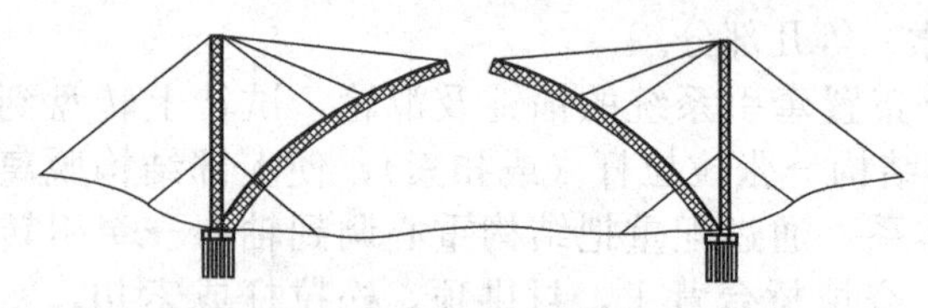

图10-28 拱桥竖向转体法施工示意

由上向下竖转是指当桥位处地形陡峭、搭设支架困难时，常利用桥台结构竖向搭设组拼拱肋的脚手架，拱肋由上向下竖转至设计高程。目前拱桥的竖向转体法施工大部分是采用由下向上竖转（图10-28）。

② 竖向转体法施工体系。主要由拱肋、拱脚旋转装置、索塔、扣索、锚锭和缆风索组成。

③ 竖转施工的主要施工流程。主拱基础→承台→拱座施工，同时预埋活动铰和索塔预埋件；索塔施工一般采用分段接长安装，立柱钢管两节之间用法兰连接。同时，在大桥设计桥位投影下方搭建支架及拼装工作平台，并修建安全防护设施，然后利用吊运或浮运设备，进行两个半跨的就位拼装和活动铰安装定位；完成主拱肋拼装后，安装扣索和主拱肋锚固点，张拉扣索，竖转主拱肋到设计高程。竖转施工时应启动观测系统，竖转速度控制在6～8m/h，半拱到位后进行临时锁定；另一半拱转体完成后，调整高程，并安装合拢段的吊装或现浇设备；调整拱肋线形并完成瞬时合拢；焊接合拢段，完成全桥合拢。

（3）竖转和平转相组合的施工　竖转和平转相组合的施工方法是在竖转和平转施工方法基础上产生的，有效地利用了地形，即通过竖转将组拼拱肋的高空作业变位为在低矮支架上拼装拱肋的低空作业，再通过平转完成障碍物的跨越。

10.3.2.4　钢管混凝土拱桥施工

钢管混凝土可作为大跨径中、下承式拱桥的拱圈（肋）。其施工工艺：首先制作与加工钢管、腹杆、横撑等，并在样台上拼装钢管拱圈（肋），按照先端段后顶段的顺序逐段进行；然后吊装钢管拱圈（肋）就位，调整拱段标高及焊接接缝，合拢、封拱脚混凝土，使钢管拱圈（肋）转化为无铰拱；再按设计要求浇灌管内混凝土；最后安装吊杆、纵横梁、桥面板，浇筑桥面混凝土。

钢管混凝土拱桥施工方法有支架法、缆索吊机斜拉扣挂悬臂拼装法、转体施工法、整体大节段吊装法和拱上爬行吊机法等。拱圈（肋）的管内混凝土可采用泵送顶升、高位抛落和人工浇捣等浇筑方法。

10.3.3 斜拉桥施工

斜拉桥的施工一般分为基础、墩塔（索塔或桥塔）、主梁、斜拉索等四部分，因桥塔高度较大，如Y形和宝石形等外形构造形式的变化、塔顶索区构造复杂，如何保证各构件准确定位是施工中的关键问题。主梁可采用梁桥的施工方法，索的制造、架设和张拉具有特殊性。施工时，塔、梁和索必须互相配合。

10.3.3.1　索塔的施工

斜拉桥索塔构造比一般桥墩复杂，塔柱可以是倾斜的，塔柱之间可有横梁，塔内须设置前后交叉的管道以备斜拉索穿过锚固，塔顶有塔冠并设置航空标志灯和避雷器，沿塔壁设置检修步梯，塔内还可建观光电梯。斜拉桥索塔的材料有钢、钢筋混凝土或预应力混凝土，钢筋混凝土索塔应用较为普遍，其主要形式有单塔柱和双塔柱，单塔柱主要采用A形、倒Y形和倒V形布置；双塔柱主要采用门形（含H形）、A形布置，另外还有∧形等。

钢塔目前国内应用较少。南京长江三桥是国内首次使用的人字形钢塔结构型式（图10-29），为中国第一钢塔，其人字形结构为世界首次采用。塔高为215m，塔柱外侧圆曲线半径为720m，设4道横梁，其中下塔柱及下横梁为钢筋混凝土结构，其余部分为钢结构。

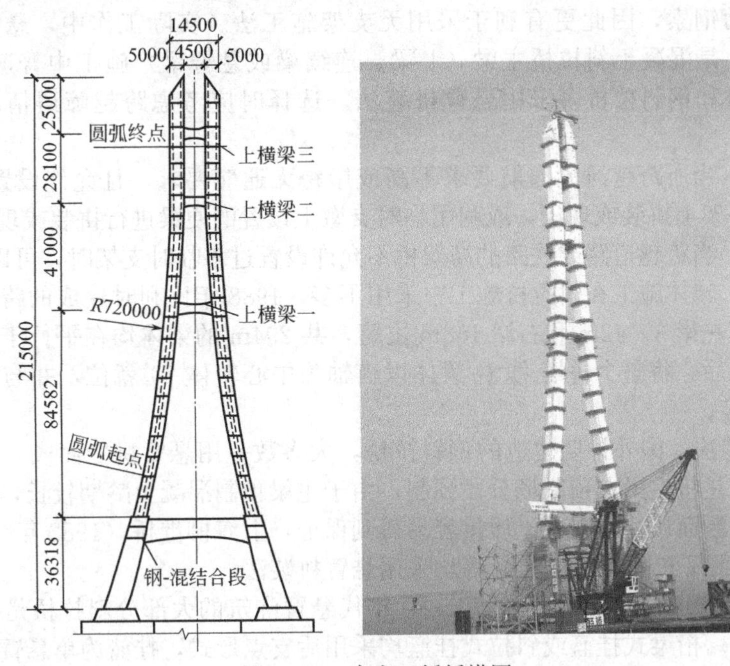

图10-29 南京三桥桥塔图

钢索塔施工一般为预制吊装，采用焊接、螺栓连接和铆接等；混凝土索塔施工采用搭架现浇、预制吊装、滑升模板或爬升模板浇筑等几种方法。

① 搭架现浇。搭架现浇时不需要专用施工设备，能适应较复杂的断面形式，对锚固区的预留孔道和预埋件的处理也较方便，但费工、费料、速度慢。跨度在200m左右的斜拉桥，一般塔高（指桥面以上部分）在40m左右，搭架现浇比较适合，如广西红水河桥、上海柳港桥、济南黄河桥的桥塔；跨度更大的斜拉桥，塔柱可以分为几段施工，但因各段尺寸、倾角不同，采用的方法也可能不同。下段塔柱适合于搭架现浇，如跨度超过400m、塔高在150m以上的上海南浦大桥、杨浦大桥、徐浦大桥和武汉长江二桥，均采用了传统的脚手架翻模工艺，但施工周期较长。

② 预制吊装。要求设备有较强的起重能力或采用专用起重设备，当桥塔不太高时，可以加快施工进度，减轻高空作业的难度和劳动强度。如东营黄河桥塔高69.7m（桥面以上56.4m），采用钢箱与混凝土组合结构进行预制吊装。国外的钢斜拉桥桥塔基本上是采用预制吊装方法，而我国混凝土斜拉桥采用的不多，仅有1981年建成的四川金川县曾达桥，塔高24.5m，是卧地预制而成，在地面上用绞车和滑轮组翻起，由锚固于对岸山壁上的钢丝绳和滑轮组提供吊装力。

③ 滑模施工。滑模施工最大的优点是施工进度快，适用于竖直或倾斜的高塔柱施工，但对斜拉索锚固区预留孔道和预埋件的处理比较困难。滑模（或称爬模、提模），其构造大

同小异。滑模施工时，模板沿着所浇筑的混凝土（强度必须达到模板滑升时的强度）由千斤顶（螺旋式或液压式）带动向上滑升。提模施工时，把所拆的模板挂在支架上，模板随着支架的提升而上升。支架提升是由设在塔四周的若干组滑车组完成的，其上端与塔柱内的预埋件连接，下端与支架的底框连接，支架随拉动手拉葫芦而徐徐上升。

10.3.3.2 主梁施工

主梁施工一般可采用缆索法、支架法、顶推法、转体法（平转法）、悬臂浇筑和悬臂拼装（自架设）以及混合法等方法。由于斜拉桥梁体尺寸较小，各节间有拉索，可以利用索塔架设辅助钢索，因此更有利于采用无支架施工法。实际工作中，悬臂施工法（特别是悬臂浇筑）是混凝土斜拉桥主梁（T梁、连续梁或悬臂梁）施工中普遍采用的方法，而结合梁斜拉桥和钢斜拉桥多采用悬臂拼装法。选择时应考虑跨越障碍情况、斜拉桥的结构和构造等。

① 支架法。当所跨越河流通航要求不高或岸跨无通航要求，且允许设置临时支墩时，可以直接在脚手架上拼装或现浇，或利用临时支墩上设置的便梁进行拼装或现浇。

② 顶推法。当跨越道路或铁路的高架桥不允许设置过多临时支架时，可以采用顶推法。

③ 转体法。转体施工在斜拉桥施工中采用不多，1988年比利时建成的跨越默兹河的独塔邦纳安桥，其左岸3×42m和右岸168m主跨，共294m的梁体均在平行于河流的岸边制造，安装和调整后，将整个桥塔-缆索-梁体以塔轴为中心转体70°就位，并与右岸现浇的一孔42m桥跨相接。

④ 悬臂拼装法。国外早期建造的钢斜拉桥，大多数是用悬臂拼装而成。混凝土斜拉桥的悬臂拼装施工是将主梁在预制场分段预制，由于主梁预制混凝土龄期较长，收缩、徐变变形小，且梁段的断面尺寸和混凝土质量容易得到保证，上海柳港桥（1982年）、安康汉水桥（1979年）和郧阳汉江桥（1994年）等均采用悬臂拼装法。

⑤ 悬臂浇筑法。我国在20世纪70～80年代悬臂浇筑的大部分斜拉桥是沿用一般连续梁桥常用的挂篮。桁梁式挂篮或斜拉式挂篮均采用后支点形式，挂篮为单悬臂受力，承受负弯矩较大，浇筑节段长度受到了限制，挂篮自重与所浇筑梁段重力之比一般在0.7以上，有的达到1～2。如1981年建成的广西红水河铁路斜拉桥，跨度为48m＋96m＋48m，中跨悬臂浇筑，采用的桁梁式挂篮自重与梁段重力之比为0.77。20世纪80年代后期，开始研制前支点的斜拉式挂篮。利用施工节段前端最外侧两根斜拉索牵引，将挂篮前端大部分施工荷载传至桥塔，变悬臂负弯矩受力为简支正弯矩受力，使节段悬臂长度和承受能力大为提高（图10-30）。如1995年建成的吉林临江门斜拉桥、浙江上虞人民桥、铜陵长江公路大桥以及武汉长江二桥等。

10.3.3.3 斜拉索的制作与安装

（1）斜拉索的组成与防护　斜拉索由两端的锚具、中间的拉索传力件及防护材料三部分组成，称为拉索组装件。材料有钢丝绳、粗钢筋、高强钢丝、钢绞线等。拉索的防护有两个方案：一是在单根绞线上逐根外包PE护套，然后挂线、张拉，成索后再外包或不再外包环氧织物。绞线应涂防锈脂或其他防锈涂层，挤包PE可用小型挤塑机在现场进行，工艺简单。二是PE管内压注水泥浆，绞线不需要涂层。

（2）斜拉索的安装　斜拉索安装方法有单吊点法、多吊点法、导索法和起重机安装法。一般包括引架和张拉两个过程。

① 斜拉索的引架。斜拉索的引架作业是将斜拉索引架到桥塔锚固点和主梁锚固点之间的位置上。在工作索道上引架是先在斜拉索位置上安装一条工作索道，斜拉索沿着工作索道引架就位。国外早期的斜拉桥多采用此法，现已很少采用。

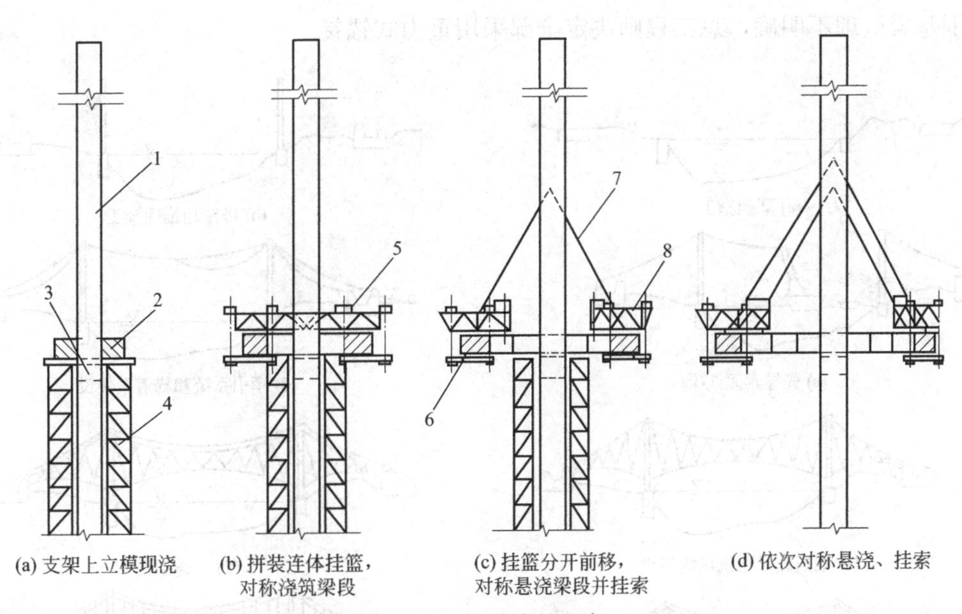

图 10-30 悬臂浇筑程序

1—索塔；2—立支架现浇梁段；3—下横梁；4—现浇梁支架；5—连体挂篮；6—悬浇梁段；7—斜拉索；8—悬浇挂篮

② 斜拉索的张拉。一是用千斤顶将塔顶鞍座顶起。如莱茵河上的克尼桥和麦克萨来图河桥。每一对斜拉索都支承在各自的鞍座上，鞍座就位时低于其最终的位置，当斜拉索引架就位后，将鞍座顶到预定的设计高程，使斜拉索张拉达到其承载力。二是在支架上将主梁前端向上顶起。斜拉索引架时处于不受力状态，比受力状态时要短。因此，在主梁与斜拉索的连接点上将梁顶起，达到张拉目的。如塞弗林桥的一对索的连接点要顶起 40cm，斜拉索引架完成后放下千斤顶使斜拉索受力。三是用千斤顶直接张拉。

10.3.4 悬索桥施工

悬索桥施工主要为索塔、主缆索、锚锭、加劲梁、吊索和索鞍等的制作和安装。细部构造有主索鞍、散索鞍和索夹等。索鞍分为塔顶的主索鞍和锚固用的散索鞍。索鞍通常采用铸焊组合件组成，大型组件采用分块制作，安装后通过螺栓或焊接连成整体。

悬索桥施工一般分为下部工程和上部工程（图 10-31）。下部工程包括锚锭基础、锚体、塔柱基础。下部工程施工的同时也可进行上部工程的准备工作，包括施工工艺设计、施工设备购置或制造、悬索桥构件加工等。上部工程结构施工一般为主塔工程、主缆工程、加劲梁工程的施工。

10.3.4.1 锚锭与索塔的施工

① 锚锭。锚锭是主缆锚固装置的总称，主要由锚锭基础、混凝土锚块（含钢筋）及支架（锚锭架）、固定装置（锚杆）、鞍座（散索鞍）等组成。主缆由空中成束的形式进入锚锭，是要经过一系列转向、展开、锚固的构件。

锚锭（块）的形式有重力式和隧道式。重力式锚锭依靠其巨大的自重来承担主缆索的垂直分力，而水平分力则由锚锭与地基之间的摩阻力或嵌固阻力承担。隧道式锚锭（或称岩洞式锚）则是将主缆中的拉力直接传递给周围的基岩，适用于锚锭处有坚实岩层的地质条件。美国华盛顿桥新泽西岸锚锭是隧道式锚锭（混凝土用量 22200m^3），仅为纽约岸重力式（混凝土和花岗岩镶面工程量 107000m^3）锚锭的 21%，但隧道式锚锭有传力机理不明确的缺点。美国金门大桥原设计两端部都用隧道式锚锭，但考虑到隧道式锚锭（块）混凝土将力传给周围基岩机理不明确，总工程师决定全部采用重力式锚锭。

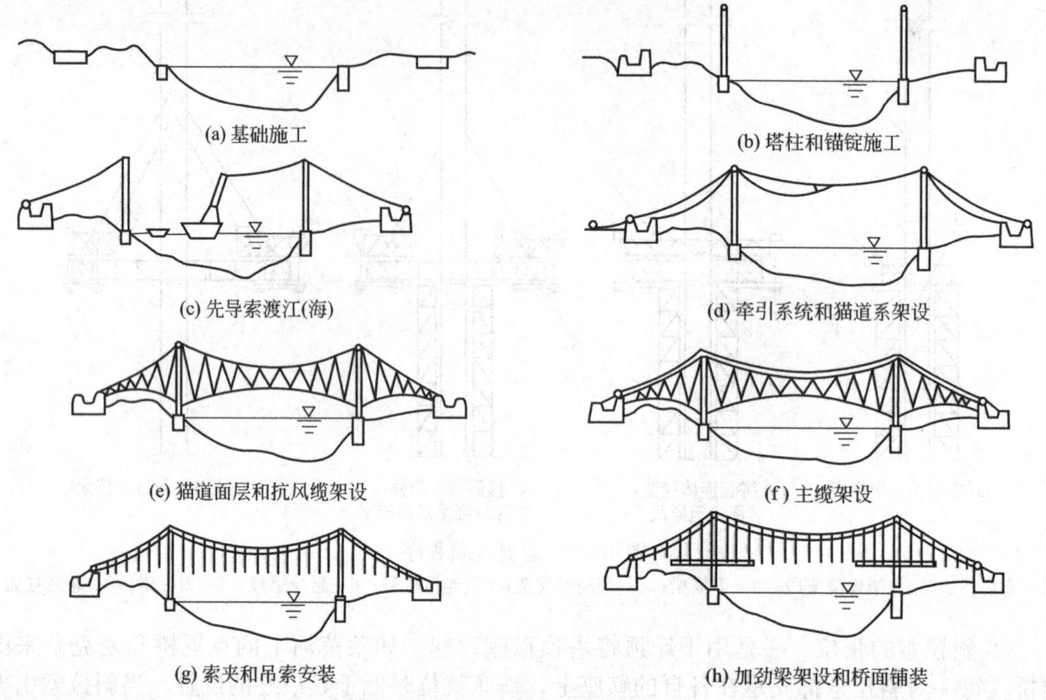

图 10-31 悬索桥架设示意

有坚实基岩层靠近地表也可以采用重力式锚锭，让锚块嵌入基岩，使位于锚块前的基岩凭借承压来抵抗主缆的水平力，如我国 1995 年建成的汕头海湾大桥，是利用两岸山体岩层，设计为重力式前锚式锚块（锚块兜住石质山头，抵抗主缆拉力）。

② 索塔。索塔主要采用钢结构和钢筋混凝土结构。大跨度悬索桥索塔在 20 世纪 50 年代以前基本是采用钢塔，施工速度快、质量易保证、抗震性能好。直到 1959 年，法国建成主跨 608m 的坦卡维尔悬索桥，开始采用混凝土塔。我国新近建造的几座大跨度悬索桥，如汕头海湾大桥、虎门大桥、西陵大桥和江阴大桥，都采用了混凝土塔。塔的施工与斜拉桥塔基本相同。

10.3.4.2 主缆架设

悬索桥的主缆是主要承重构件，有钢丝绳钢缆和平行线钢缆。前者一般用于中、小跨度的悬索桥，后者主要用于主跨为 500m 以上的大跨悬索桥。主缆索多采用直径 5mm 的高强度镀锌钢丝组成。先由数十到数百根的高强度镀锌钢丝制成正六边形的索束（股），再将数十至上百股索束挤压形成主缆索，并做防锈蚀处理。

平行线钢缆根据架设方法分为空中纺丝成缆法（AS 法）及预制索股成缆法（PPWS 法）。

① 空中纺丝成缆法。空中纺丝成缆法架设主缆 19 世纪中叶发明于美国，自 1855 年用于尼亚瓜拉瀑布桥以来，多数悬索桥采用这种方法架设主缆。一般是在现场空中编缆，每根主缆所含索束（股）数较少，但每根索束（股）所含钢丝根数较多（为 300～600 根），将索束（股）配置成六边形或矩形并挤紧成为圆形。空中纺丝法工期长，所需锚锭面积较小，施工必须设置脚手架（猫道）、配备送丝设备，还需有稳定送丝的配套措施，是最早采用的成缆法。

② 预制索股成缆法。预制索股成缆法架设主缆是 1965 年在美国发展起来的，其目的是使空中架线工作简化。自 1969 年用于美国纽波特桥以来逐渐被广泛应用，我国的汕头海湾

大桥、虎门大桥、西陵大桥、江阴长江大桥均是采用预制索股法。

预制索股一般每束有61根、91根和127根丝组成。两端嵌固热铸锚头，在工厂预制，先配置成六角形，然后挤紧成圆形，在现场使用索束编缆，每根主缆索所含索束（股）数较多，但每根索束（股）所含钢丝根数较少，施工周期较短，所需锚固面积较大，是现代悬索桥较多采用的成缆法。架设的过程同空中纺丝法一样，但在猫道之上要设置导向滚轮以支持绳股。

10.3.4.3 加劲梁架设

加劲梁架设的主要工具是缆载起重机（或称跨缆起重机），主要由主梁、端梁及各种运行、提升机构组成。加劲梁的架设顺序可以从主跨跨中开始，向桥塔方向逐段吊，也可以从桥塔开始，向主跨跨中和边跨、岸边前进。

加劲梁均为钢结构，通常采用桁架梁和箱形梁。预应力混凝土加劲梁仅适用于跨径500m以下的悬索桥，大多采用箱形梁。加劲梁架设方式也同钢架桥，从桥塔开始，向主跨跨中和岸边逐段吊装。在每一梁段拼好以后，立即将其与对应的吊索相连，使其自重由吊索传给主缆。三跨悬索桥一般需要四台缆载起重机，分别从两塔向两个方向前进，为了使塔顶纵向位移尽可能小，主跨拼成几段时，边跨也应拼几段，应进行推算决定吊装次序。

当加劲梁的重力逐渐作用到主缆上，主缆将产生较大的位移，改变原来悬链线的形状，所以在吊装过程中上缘一般顶紧（铰接）而下缘张开，直至全部吊装完毕下缘才闭合（铰接或刚接等），但必须通过施工控制确认此时闭合是结构和其连接件都能够承受的。

起重机主梁的跨度是两主缆的中心距。主缆中心线与水平面的最大夹角为吊装索塔附近梁段时在索塔处与水平面的夹角，起重机在此倾角状态下应能正常工作和行走。起重机是在全部索夹安装就位后在主缆上运行和工作，其运行机构必须能跨越索夹障碍。在倾斜状态下起吊时产生的下滑力由索夹承受，应设置起重机与索夹相对固定的夹紧机构。

10.3.4.4 吊索和索夹

吊索（吊杆）分为竖直吊索和斜吊索，后者应用很少。吊索一般采用有绳芯的钢丝绳制作，二根或四根一组，其上端通过索夹与主缆索相连，下端与加劲梁连接。吊索与主缆索连接有鞍挂式和销接式两种，两端均为销接式的吊索可采用平行钢丝索束作为吊索。吊索与加劲梁连接有锚固式和销接固定式两种。锚固式连接是将吊索的锚头锚固在加劲梁的锚固构造处。销接固定式连接是将带有耳板的吊索锚头与固定在加劲梁上的吊耳通过销钉连接。

吊索制作的工艺：材料准备→预张拉→弹性模量测定→长度标记→切割下料→灌铸锥形锚块→灌铸热铸锚头→恒载复核→吊索上盘。

索夹是分成上下或左右两个半圆形的铸钢件，有两种构造形式，一是用竖缝分成两半，吊索骑在索夹上，用高强螺栓将两半拉紧，使索夹内壁压紧主缆；二是在索夹下方铸成竖向节点板，在板上钻有孔眼，通过销钉与吊索相连。

10.3.4.5 猫道

猫道是指位于主缆之下（大约1m），沿着主缆设置，供主缆架设、紧缆、索夹安装、吊索安装以及空中作业的脚手架。猫道宽度不大，在架设过程中应注意左右边跨、中跨的作业平衡，尽量减少对塔的变位影响，确保主缆的架设质量。在猫道上面有横梁、钢丝网面层、横向通道、扶手绳、栏杆立柱、安全网等。

10.3.5 钢桥施工

钢桥是各种桥梁体系特别是大跨度桥梁中的一种常见的结构型式。近年来，钢桥已越来越多地进入更大的跨度领域，并且在结构型式、材料及加工制造、施工架设方面不断有所开拓和创新，主要有板梁桥、桁梁桥、桁拱桥、箱拱桥、悬索桥、斜拉桥等。

10.3.5.1 钢构件的制作

钢构件的制作主要包括下列工艺过程：放样、号料、切割、零件矫正和弯曲、制孔、组装、焊接、构件校正、结构试拼装、除锈和涂漆等。

① 放样。根据施工图放样和号料。利用放样的样板或样条在钢料上标出切割线及栓孔位置。一般构件的普通样板是用薄铁皮或 0.3～0.5mm 的薄钢板制作。桥梁的栓孔可采用机器样板钻制。机器样板是在厚 12～20mm 的钢板上布置，精确地嵌入经过渗碳淬火处理的钢质钻孔套。钻孔套是旋制的。钻孔套直径公差为±0.05mm，孔心距公差为±0.25mm。钻孔时将机器样板覆盖在要加工的部件上，用卡具夹紧，锚头即通过钻孔套钻制加工部件上的安装孔。用样板钻出的孔，精度高而统一，可省去号孔工作。对较长的角钢、槽钢及钢板的号料可采用 2～3cm 宽的钢条做成样条。

② 号料。利用样板或样条在钢材上画出零件切割线。号料使用样板或样条而不使用钢尺，以免出现不同的尺寸误差，而使钉孔错位。号料的精度应和放样的精度相同。

③ 切割。切割使用剪切机、火焰切割、联合剪冲和锯割等。对于 16Mn 钢板，目前剪切机可切厚度在 16～20mm。剪切机不能剪切的厚钢板，或因形状复杂不能剪切的板材都可采用火焰切割，有手工切割、半自动切割和自动切割机切割。联合剪冲用于角钢的剪切，目前联合剪冲机可剪切的最大角钢为∟125×125×12。锯割是用圆锯机，主要用于槽钢、工字钢、管材及大型角钢。

④ 矫正。钢材在轧制、运输和切割等过程中会产生变形，因此需要进行矫正。对于钢板常采用辊压机来赶平，对于角钢也可用辊压机进行调直。对于切割后呈马刀形弯曲的料件，当宽度不大时，可以在顶弯机上矫正。对于宽厚钢板的马刀形弯曲，则要用火焰加热进行矫正，火焰温度应控制在 600～800℃。

⑤ 制孔。号孔是借助样板或样条，用样冲在钢料上打上冲点，以表示钉孔的位置。如采用机器样板则不必进行号孔。钻孔的一般过程为：画线钻孔、扩孔套钻、机器样板钻孔、数控程序钻床钻孔。使用机器样板钻孔可以使杆件达到互换使用。

⑥ 组装。组装是按图纸把制备完成的半成品或零件拼装成部件、构件的工序。构件组装前应对连接表面及焊缝边缘 30～50mm 范围内进行清理，应将铁锈、氧化铁皮、油污、水分等清除干净。钢梁的主杆件截面形式大多为 H 形，H 形杆件的组装是在转动式工艺装备（即工装）上进行的，为了保证组装质量，对组成杆件的各零件的相对位置、形状和尺寸，均应进行检查。在零件顶紧就位检查无误后，即可进行定位焊。定位焊的焊缝长度每段为 50～100mm，各段之间的距离为 400～600mm。

⑦ 焊接。钢桥的焊接方法有自动焊、半自动焊和电弧焊等。焊接质量在很大程度上取决于施焊状况。焊接时所采用的电流强度、电弧电压、焊丝的输送速度以及焊接速度都直接影响焊接质量。在焊接前，如无焊接工艺评定试验的，应做好焊接工艺评定试验，并据此确定焊接工艺。焊接完毕后应检查所有焊缝质量，内部检查以超声波探伤为主。焊缝中主要缺陷有裂缝、内部气孔、夹渣、未熔透、咬边、烧穿及焊缝尺寸不符合规定等。

⑧ 试拼装。栓焊钢梁某些部件，由于运输和架设能力的限制，必须在工地进行拼装。运送工地的各部件，在出厂之前应进行试拼装，以验证工艺装备是否精确可靠。如钢桁梁桥试拼装按主桁、桥面系、桥门架及平纵联四个平面进行。试拼装时，钢梁主要尺寸如桁高、跨度、上拱度、主拱间距等的精度应满足要求。新设计的以及改变工装后制造的钢梁，均应进行试拼装。对于成批连续生产的钢梁，一般每 10～20 孔应试拼装一次。

10.3.5.2 钢桥的安装

钢桥安装有很多方法，如支架法、导梁法、缆索法、悬臂法、顶推法、逐孔架设法、拖拉法等。

悬臂安装是在桥位上拼装钢梁时，不用临时膺架支承，而是将杆件逐根依次拼装在平衡梁上或已拼好的部分钢梁上，形成向桥孔中逐渐增长的悬臂，直至拼至次一墩（台）上，称为全悬臂拼装。若在桥孔中设置一个或一个以上临时支承进行悬臂拼装的称为半悬臂拼装。用悬臂法安装多孔钢梁时，第一孔钢梁多用半悬臂法进行安装。

钢梁在悬臂安装过程中，应注意的关键问题有降低钢梁的安装应力、伸臂端挠度的控制、减少悬臂孔的施工荷载和保证钢梁拼装时的稳定性。

（1）悬臂拼装法安装钢梁

① 杆件预拼。为了减少拼装钢梁时的高空作业，减少吊装次数，通常将各个杆件预先拼装成吊装单元，把能在桥下进行的工作尽量在桥下预拼场内进行，以期加快施工进度。

② 钢梁杆件拼装。拼装好的钢梁杆件经检查合格后，即可按拼装顺序先后进行提升，由吊机把杆件提运至在钢梁下弦平面运行的平板车上，由牵引车运至拼梁吊机下拼装就位。拼梁吊机通常安放在上弦，遇到上弦为曲弦时，也可安放在下弦平面。

伸臂拼装第一孔钢梁时，根据悬臂长度大小，需要一定长度的平衡梁，并应保证倾覆稳定系数不小于1.3。平衡梁通常是在路堤上（无引桥的情况）或引桥上（通常是顶应力钢筋混凝土梁或钢板梁）或在满布膺架上进行拼装。在拼装工作中，应随时测量钢梁的立面和平面位置是否正确。

③ 高强度螺栓施工。在高强度螺栓施工中，常用的控制螺栓预拉力方法是扭角法和扭矩系数法。安装高强螺栓时应设法保证各螺栓中的预拉力达到其规定值，避免超拉或欠拉。

④ 安装时临时支承的布置。临时支承主要有临时活动支座、临时固定支座、永久活动支座、永久固定支座、保险支座、接引支座等，这些支座随拼梁阶段变化与作业程序的变化将互相更换交替使用。

⑤ 钢梁纵移。钢梁在悬臂拼装过程中，由于梁自重引起的变形、温度变化的影响、制造误差、临时支座的摩阻力对钢梁变形的影响等因素所引起的钢梁纵向长度几何尺寸的偏差，致使钢梁各支点不能让设计位置落在各桥墩上，使桥墩偏载。为了调整这一误差至允许范围内，钢梁需要纵移。常用的纵移方法有温差法，它是利用一天的气温差倒换支座（活动支座与固定支座相互转换），可以达到纵移目的的顶落梁法；在连续梁中，利用该联钢梁中间某一个支点的顶落及两旁支点的支座变“固”或变“活”的相互转换，使钢梁像蛇一样地爬行，向着预定的方向蠕动。

⑥ 钢梁的横移。钢梁在伸臂安装过程中，由于受日光偏照和偏载的影响，加之杆件本身的制造误差，钢梁中线位置会随时改变，有时偏向上游侧，有时偏向下游侧，以致到达墩顶后，钢梁不能准确地落在设计位置上，造成对桥墩偏载。为此必须进行钢梁横移，使偏心在允许范围之内。横移可用专用的横移设备，也可以根据情况采取临时措施。横移必须在拼装过程中逐孔进行。

（2）拖拉法安装钢梁

① 半悬臂的纵向拖拉。根据被拖拉桥跨结构杆件的受力情况与结构本身的稳定性要求，安装中在永久性的墩（台）之间设临时性的中间墩架，以承托被拖拉的桥跨结构（图10-32）。

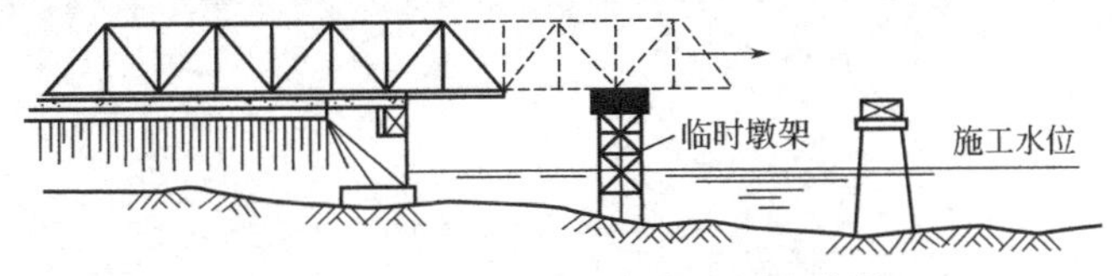

图10-32 中间设临时墩架的纵向拖拉

在水流较深且水位稳定，有浮运设备而搭设中间膺架不便时，可采用中间浮运支承的纵向拖拉（图 10-33）。因船上支点的标高不易控制，所以，要十分注意。

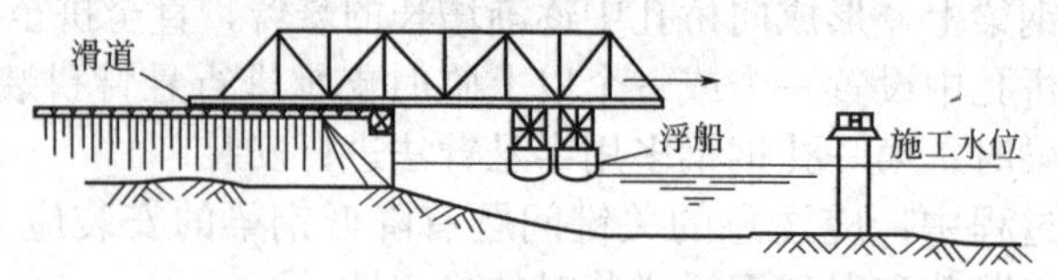

图 10-33 中间浮运支承的纵向拖拉

② 全悬臂的纵向拖拉。全悬臂的纵向拖拉指在两个永久性墩（台）之间不设置任何临时中间支承的情况下的纵向拖拉架梁方法。拖拉钢桁梁的滑道可以布置在纵梁下，也可以布置在主桁下。纵梁中心距通常为 2m，主桁中心对单线梁通常为 5.75m。

复习思考题

10-1 试述桥梁基础的分类及主要施工方法。
10-2 高墩混凝土施工与普通墩混凝土施工有何差异？应注意什么问题？
10-3 简述装配式桥梁的架设方法及特点。
10-4 预应力混凝土梁桥的施工方法及特点是什么？
10-5 简述顶推法的施工程序。
10-6 试述拱桥的施工方法及特点。拱桥转体施工的种类有哪些？
10-7 简述斜拉桥的施工程序、特点以及斜拉索的防护方法。
10-8 简述悬索桥的施工程序、特点。

11 地下工程

扫码获取本书学习资源

在线测试
拓展阅读
章节速览

「获取说明详见本书封二」

学习内容和要求

掌握	• 土层锚杆及土钉墙的施工工艺	11.1节
	• 地下连续墙主要的施工工艺流程，导墙和泥浆作用的概念	11.2.2节
	• 逆作法的施工原理，熟悉其施工工艺	11.3节
	• 盾构法施工的原理和工艺流程	11.4.1节
	• 沉管法施工工艺流程及注意事项	11.4.2节
	• 顶管法施工的工艺原理及施工过程	11.5.1.4节
	• 管道穿跨越的非开挖施工方法	11.5节
熟悉	• 非开挖管道施工方法及其施工过程	11.5.1.2节
了解	• 土层锚杆、土钉墙的工作原理及其运用领域	11.1节
	• 钢筋笼的制作与吊装	11.2节
	• 盾构法的基本构造，盾构机的衬砌类型	11.4节
	• 顶管法的分类及适用范围	11.5节

11.1 土层锚杆与土钉墙

11.1.1 土层锚杆

土层锚杆在我国深基坑支挡、边坡加固、滑坡整治、水池抗浮、挡墙锚固和结构抗倾覆等工程中的应用日益广泛。土层锚杆是一种受拉杆件，由锚头、拉杆、锚固体等组成。它的一端与挡土桩、挡土墙或工程构筑物连结，另一端锚固在土层中，用以维持构筑物及所支护的土层稳定（图 11-1）。土层锚杆能简化基础结构，使结构轻巧、受力合理，并有少占场地、缩短工期、降低造价等优点，可以用作深挖基坑坑壁的临时支护，也可以作为工程构筑物的永久性基础。在房屋基坑的挡土结构上使用，可以有效地阻止周围土层坍塌、位移和沉降。在基坑坑壁无法采用横向支护的情况下，土层锚杆技术更为有效。20 世纪 60 年代以来，土层锚杆技术发展迅速，应用广泛。

11.1.1.1 分类

土层锚杆根据滑动面分为锚固段和非锚固段。其承载能力受拉杆强度、拉杆与锚固体之间的握裹力、锚固体和孔壁之间的摩阻力等因素影响。

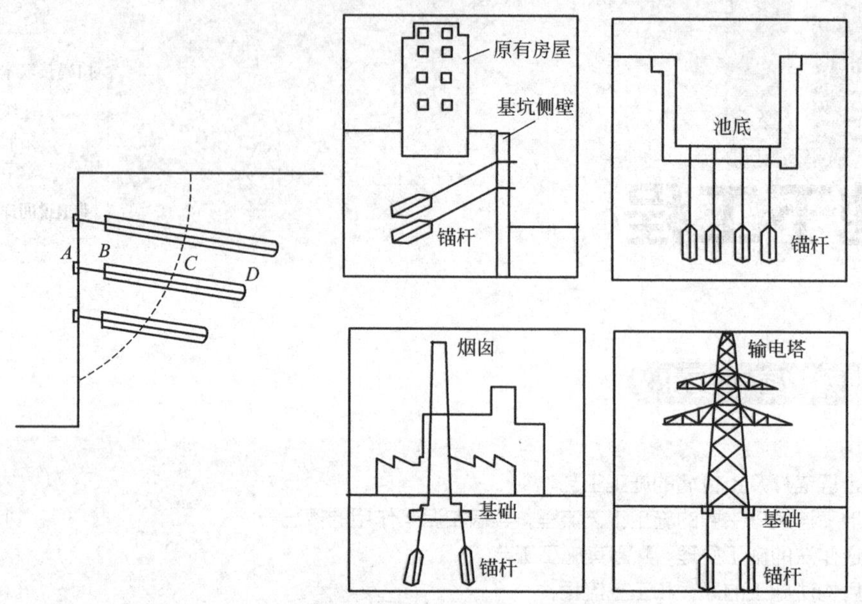

图 11-1 土层锚杆支护示意

锚杆按不同的使用要求，可分为临时性锚杆和永久性锚杆。按施工方式不同，可分为钻孔灌浆锚杆和钻入式锚杆；按锚杆受力情况的不同，分为摩擦型锚杆、承压型锚杆和复合型锚杆；按灌浆浆液划分，又可分为水泥浆、凝胶浆等化学浆锚杆和树脂锚杆。

11.1.1.2 土层锚杆施工

土层锚杆施工工艺：成孔→安装拉杆→灌浆→张拉锚固。

(1) 成孔 为了确保从开钻起到灌浆完成全过程保持成孔形状，不发生塌孔事故，应根据地质条件、设计要求、现场情况等，选择合适的成孔方法和相应的钻孔机具。成孔机械有三大类：

① 冲击式钻机。靠气动冲凿成孔，适用于砂卵石、砾石地层。

② 旋转式钻机。靠钻具旋转切削钻进成孔。有地下水时，可用泥浆护壁或加套管成孔；无地下水时则可用螺旋钻杆直接排土成孔。旋转式钻机可用于各种地层，是用得较多的钻机，但钻进速度较慢。

③ 旋转冲击式钻机。兼有旋转切削和冲击粉碎的优点，效率高，速度快，配上各种钻具套管等装置，适用于各种硬软土层。针对不同的土层，可选用翼形、十字形、管形、螺旋形或牙轮钻头。为加强锚杆的承载力，在成孔的锚固段应进行局部扩孔，办法有机械扩孔、射水扩孔和爆炸扩孔。目前应用较多的是循环钻进法成孔工艺。它可把成孔过程中的钻进、出渣、清孔等工序一次完成。

(2) 安放拉杆 锚杆是土层锚杆受拉力的关键部件。采用强度高、延伸率大、疲劳强度高、稳定性好的材料，如高强钢丝、钢绞线、螺纹钢筋或厚壁无缝钢管。为防止土壤对锚杆的腐蚀，锚杆应进行防腐处理，或用抗腐蚀的特殊钢制作锚杆。拉杆在使用前要除锈，钢绞线要清除油脂。土层锚杆的全长一般在 10m 以上，长的达到 30m。

(3) 灌浆 它是土层锚杆施工中的一个关键工序。锚杆灌浆一般用水泥浆，水泥常用普通硅酸盐水泥，地下水如有腐蚀性，宜用防酸水泥。水灰比多用 0.4 左右，其流动度要适合泵送，为防止干缩和降低水灰比，可掺加 0.3%的木质素磺酸钙。常用的灌浆方法为一次灌浆法，即利用压浆泵将水泥浆经胶管压入拉杆内，再由拉杆管端注入锚孔，灌浆压力为0.4MPa。待浆液流出孔口时，用水泥袋纸塞入孔内，用湿黏土堵塞孔口，严密捣实，再以0.4～0.6MPa的压力进行补灌，稳压数分钟即可完成。

（4）张拉锚固　待土层内锚固段的浆液达到要求强度后，锚杆即可张拉锚固。事前，每个现场选两根或总根数的2%进行抗拉拔试验，确定对锚杆施加张拉力的数值。锚杆的张拉锚固和后张法预应力钢筋混凝土的张拉类似，其设备主要是千斤顶。锚具采用抗拉拔试验合格的螺帽或楔形锚具。锚固后对土层内锚杆的非锚固段进行二次灌浆。张拉锁定作业在锚固体及台座的混凝土强度达15MPa以上时进行。

11.1.2 土钉墙

土钉墙是一种原位土体加筋技术，是由设置在坡体中的加筋杆与周围土体牢固粘接形成的复合体以及面层构成的支护结构。土钉墙通过钻孔、插筋、注浆来设置，也可以直接打入角钢、粗钢筋形成土钉。某工程的土钉支护示意见图11-2。

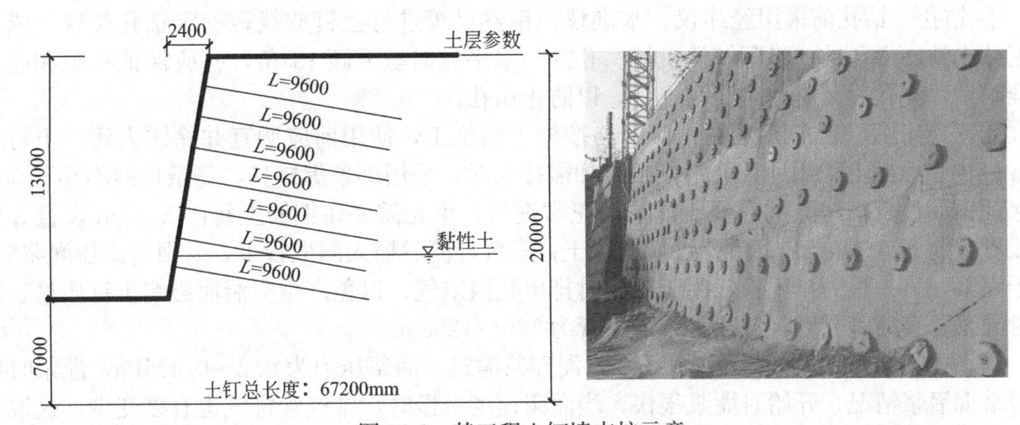

图11-2　某工程土钉墙支护示意

11.1.2.1　土钉的作用机理

土钉在复合土体内的作用有以下几点：

① 土钉对复合土体起骨架作用，制约土体变形并使复合土体构成一个整体。

② 土钉与土体共同承担外荷载和土体自重应力，由于土钉有很高的抗拉抗剪强度，所以土体进入塑性状态后，应力逐渐向土钉转移，土钉分担作用更为突出。

③ 土钉起着应力传递与扩散的作用。

④ 坡面变形的约束作用。在坡面上设置的与土钉在一起的钢筋网喷射混凝土面板限制坡面因开挖卸荷而膨胀变形，加强了边界约束。

11.1.2.2　土钉墙的特点与应用范围

土钉墙应用于基坑开挖支护和挖方边坡稳定有以下特点：

① 形成土钉复合体，显著提高边坡整体稳定性和承受边坡超载的能力。

② 施工设备简单，由于钉长一般比锚杆的长度小得多，不加预应力，所以设备简单。

③ 随基坑开挖逐层分段开挖作业，不占或少占单独作业时间，施工效率高，占用周期短。

④ 施工不需单独占用场地，对现场狭小，放坡困难，有相邻建筑物时显示其优越性。

⑤ 土钉墙的成本较其他支护结构显著降低。

⑥ 施工噪声、振动小，不影响环境。

⑦ 土钉墙本身变形很小，对相邻建筑物影响不大。

11.1.2.3　土钉墙的施工

土钉墙施工工艺：土方开挖→修整坡面→喷射第一层混凝土→钻孔→安设土钉→注浆→挂网→喷混凝土→养护。

土钉墙施工随开挖从上而下施工，一般按 2～4m 高一层施工土钉墙，10～12m 为一个台阶，待上一个台阶支护完成后，再进行下一个台阶施工。

（1）开挖工作面　开挖工作面，清理坡面，使其平整。

（2）喷射第一层混凝土　为了保持边坡稳定，及时封闭岩壁，在开挖后即刻喷射一层 5cm 的厚混凝土。喷射作业应按分段分片依次进行。同一坡段喷射顺序应自下而上。喷射混凝土终凝水后及时喷水养护 3d 左右。喷射时以混凝土表面平整、出现光泽、骨料分布均匀、回弹量小为度。

（3）安设土钉　初喷射混凝土达到 70%强度后，可以进行土钉钻孔作业。土钉孔径为 ϕ100mm，设计深度为 6m、10m、12m，孔深较土钉长 0.15m，包括钻孔、安装钢筋、注浆等几道工序。

① 钻孔。钻孔前采用经纬仪、水准仪、钢卷尺等进行土钉放线，确定钻孔位置。成孔采用冲击钻、潜孔钻、洛阳铲等机械。孔深与水平方向呈下倾 15°角，并应保证孔距和倾角的准确性。终孔后，应及时安设土钉，以防止塌孔。

② 安装钢筋。土钉钢筋制作应严格按施工图施工，使用前应调直并除锈去污。土钉长 12m 以内，原则上采用通长筋不接长，如需接长时，采用绑条焊接长，每条焊缝不小于 $5d$。为保证钢筋位置居中，同时便于灌浆的正常进行，事先需要在钢筋上每隔 3～5m 设置 3 根圆弧形导向筋（即托架）。清孔过后进行土钉安置，同时插入两根管子，一根为高压灌浆管，用于灌浆，另一根为排气管，用于灌浆时排出孔内空气，以免产生空洞而影响土钉质量。灌浆时灌浆管直插管孔底，排气管距灌浆管为 100～120cm。

③ 注浆。土钉安设完毕后用 M30 水泥砂浆灌筑，灌浆压力为 0.2～0.4MPa，灌浆时要随时掌握灌浆情况，开始时灌浆很快，当灌浆速度缓慢时，排气管排气也有多变少，这说明孔内砂浆灌注已达 50cm 以上深度，两根管即同时往外抽，管子抽动要缓慢并继续灌浆，以保证灌浆管埋入砂浆深度保持在 50cm 左右。应随时掌握排气管的排气量，严禁快速抽管和出现排气管排气量突然增大，造成砂浆灌注不连续，出现断钉而报废的情况。

（4）挂网　水泥砂浆强度达到施工图标示强度的 50%后，挂 20cm×20cm 的 ϕ8mm 的钢筋网，紧贴坡面，钢筋网用焊接连接。在锚杆端头、钢筋网上安装 20mm×20mm×1.5cm 的 16Mn 钢垫板，中部预留 ϕ33mm 杆件，其作用是固定杆体在岩面和支架螺母受力。用扳手拧紧螺母，增加 5～10kN 的预应力，使钢板钢筋网与混凝土面紧贴，产生一定的抗拔力并与钢筋网片成一整体。

（5）喷射第二层混凝土　继前面工序喷射第二层混凝土。第二层混凝土控制混凝土总厚 100mm，同时，又应将所在钢筋网盖住，并保证面层 25mm 厚钢筋保护层。喷混凝土严格按实验室测定的配合比，控制好水胶比，喷混凝土时要保持厚度尺寸，搭接处应有一定斜坡，避免出现搭接缝。

（6）养护　第二层喷射完毕终凝后，应及时喷水养护，日喷水不少于 3 次，养护时间不少于 3d。

11.2 地下连续墙施工

地下连续墙就是用专用的挖槽孔设备，顺序沿着拟修建深基础或地下结构物的周边位置，采用泥浆护壁的方法，在土中开挖一条一定宽度、长度和深度的深槽，然后安放钢筋笼，浇注混凝土（或水下混凝土），形成一个单元的墙段，各单元墙段之间以各种特制的接头互相连结，逐步形成一道就地灌注的连续的地下钢筋混凝土墙。它用作基坑开挖时防渗、挡土，对邻近建筑物基础的支护或直接成为承受垂直荷载的基础的一部分。

地下连续墙施工工艺由于对周围环境影响小，墙体刚度大，止水性能好，已成为深基坑工程常用的围护方法之一。地下连续墙应用广泛，占有重要的地位。经过几十年的发展，地下连续墙技术已经相当成熟，其中以日本在此技术上最为发达，已经累计建成了1500万平方米以上，目前地下连续墙的最大开挖深度为140m，最薄的地下连续墙厚度为20cm。

地下连续墙自开创以来，在施工机械和施工技术方面不断得到改进和推广。目前地下连续墙已广泛应用于各种工业建筑地下工程的挡土防渗结构和作为主体结构，如水库大坝地基防渗、竖井开挖、工业厂房设备基础、城市地下铁道、城市轨道交通、高层及超高层建筑深基础、船坞、船闸、码头、地下油罐、地下沉渣池等各类永久性工程以及水利防洪减灾的防渗墙等工程。

11.2.1 地下连续墙分类与特点

（1）分类

① 按施工方法分为现浇、预制和组合成墙。

② 按构造形式分为分离壁式、整体壁式、单独壁式和重壁式。

③ 按成墙（槽孔）方式分为壁板式、桩排式、槽板式、组合式。

④ 按用途分为防渗、临时挡土、永久挡土（承重）、用作多边形基础。

⑤ 按材料分为钢筋混凝土、素混凝土、塑性混凝土（由黏土、水泥和级配砂石所合成的一种低强度混凝土）、固化灰浆、自硬泥浆、黏土、预制混凝土、泥浆槽（回填砾石、黏土和水泥三合土）、后张预应力混凝土、钢制地下连续墙。

⑥ 按开挖情况分为地下防渗墙（不开挖）、地下连续墙（开挖）。

地下连续墙墙体刚度大，防渗性能好，对周围地基无扰动，可以组成具有很大承载力的任意多边形连续墙代替桩基础、沉井基础或沉箱基础。对土壤的适应范围很广，在软弱的冲积层、中硬地层、密实的砂砾层以及岩石的地基中都可施工。初期用于坝体防渗，水库地下截流，后发展为挡土墙、地下结构的一部分或全部。房屋的深层地下室、地下停车场、地下街、地下铁道、地下仓库、矿井等均可应用。

（2）地下连续墙的特点

① 作为深基坑支护结构，刚度大，用于基坑开挖时，可承受很大的土压力，极少发生地基沉降或塌方事故，已经成为深基坑支护工程中必不可少的挡土结构。对邻近建筑物和地面交通影响小，施工时振动小，噪声低，可以紧贴原有建筑物建造地下连续墙。尤其在城市密集建筑群中修建深基础时，为防止对邻近建筑物安全稳定的影响，地下连续墙更显示出它的优越性。由于地下连续墙刚度大，易于设置预埋件，很适合于逆作法施工。

② 适用范围广。由于其整体性、防水性和耐久性好，又有较大的强度和刚度，故可用作地下主体结构的一部分，或单独作为地下结构的外墙。既可作为防渗结构、挡土墙及隔震墙等，亦可作为承重的深基础。由于墙体接头形式和施工方法的改进，使地下连续墙几乎不透水，防渗性能好，可用作刚性基础。目前地下连续墙不再单纯作为防渗防水、深基坑围护墙，而是越来越多地用地下连续墙代替桩基础、沉井或沉箱基础，承受更大荷载。用地下连续墙作为土坝、尾矿坝和水闸等水工建筑物的垂直防渗结构，是非常安全和经济的。

③ 能适应各种地质条件。地下连续墙对地基的适用范围很广，从软弱的冲积地层到中硬的地层、密实的砂砾层，各种软岩和硬岩等所有的地基都可以建造地下连续墙。可穿过软土层、砂卵石层和进入风化岩层。施工深度国内已超过80m，国外已超过100m。不受高地

下水位的影响，无须采取降水措施，可避免降水对邻近建筑的影响。

④ 地下连续墙施工方法是一种机械化的快速施工方法，工效高、工期短、成本低、质量安全可靠、经济效益高，且在地面工作，劳动条件得到改善。开挖基坑无须放坡，土方量小；无须设置井点降低地下水位；浇筑混凝土时无须支模和养护，因而可使成本降低。占地少，可以充分利用建筑红线以内有限的地面和空间，充分发挥投资效益。

⑤ 地下连续墙的缺点是施工工序多，技术要求高，施工技术比较复杂，施工质量要求高，若施工管理不善，则效率低下，质量达不到要求。如果施工掌握不当，容易因竖直度达不到要求无法形成封闭的围墙，或产生槽壁坍塌、墙体厚薄不均等施工事故，造成浪费。如果施工方法不当或施工地质条件特殊，可能出现相邻墙段不能对齐和产生漏水的问题。在一些特殊的地质条件下（如很软的淤泥质土，含漂石的冲积层和超硬岩石等），施工难度很大。地下连续墙如果用作临时的挡土结构，比其他方法所用的费用要高些。在城市施工时，废泥浆的处理比较麻烦等。

11.2.2 地下连续墙施工

在挖基槽前先做保护基槽上口的导墙，用泥浆护壁，按设计的墙宽与墙深分段挖槽，放置钢筋骨架，用导管灌注混凝土置换出护壁泥浆，形成一段钢筋混凝土墙。逐段连续施工成为连续墙。

其施工工艺：挖导沟筑导墙→泥浆护壁→分段挖土成槽→吸泥清底换浆→吊放接头管→吊放钢筋笼→插入混凝土导管→水下灌注混凝土→墙段接头处理等（图 11-3）。

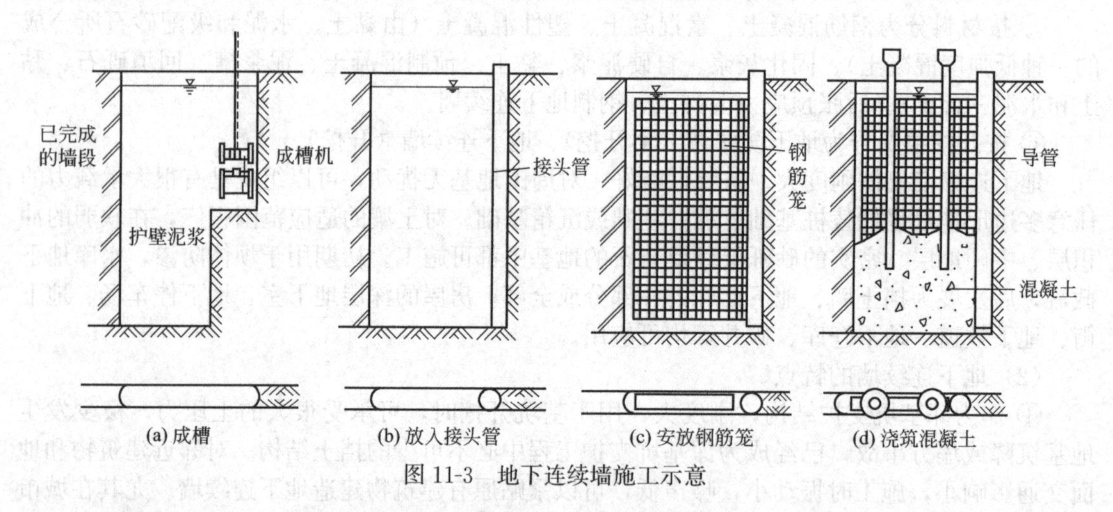

图 11-3　地下连续墙施工示意

（1）修筑导墙　地下连续墙施工的第一道工序是修筑导墙，以此保证开挖槽段竖直，并防止挖土机械上下运行时碰坏槽壁。导墙通常为就地灌注的钢筋混凝土结构。

导墙的主要作用：

① 导向作用。作为地下连续墙按设计要求成槽的导向标准，必须具有准确的宽度、平直度和垂直度。

② 容蓄部分泥浆。便于在成槽施工中稳住泥浆液位，保证成槽施工时液面稳定，以保持槽壁也稳定。

③ 维持表层土层稳定，防止槽口塌方。

④ 支承成槽机械等施工机械设备的负荷，承受挖槽机械的荷载，保护槽口土壁不破坏，并作为安装钢筋骨架的基准。

⑤ 测量和复核基准。保证地下连续墙设计的几何尺寸和形状。

导墙位于地下连续墙的两侧，导墙深度一般为1～2m，顶面略高于施工地面10～15cm，以防止地表水或雨水流入槽内稀释及污染泥浆，从而影响泥浆质量。地下连续墙两侧导墙的内表面应竖直，内表面之净距为地下连续墙的设计厚度加施工余量，一般为40～60cm。导墙一般采用现浇钢筋混凝土结构。配筋通常为Φ12@200～Φ14@200，混凝土采用C20。拆模后，应立即在导墙之间加设支撑。导墙底不能设在松散的土层或地下水位波动的部位。

（2）成槽施工　开挖槽段是地下连续墙施工中的关键工序。槽段的宽度依地下连续墙的厚度而定，一般为450～1000mm。槽段长度根据地质情况、工地起重机能力、混凝土供应能力、能够连续作业的时间及周围场地环境而定。

图11-4　地下连续墙挖槽机

成槽机械可用冲击式钻机、液压抓斗、液压铣槽机等。采用多头钻机开槽时，每段槽孔长度为6～8m；采用抓斗或冲击钻时（图11-4），每段槽孔长度还可更大。施工时，沿地下连续墙长度分段开挖槽孔。一般选取单元槽段开挖长度为6m时，可用三段式开挖，即可开出平整的槽形孔，这种方法可以提高质量，加快进度。

我国使用成槽的专用机械有：旋转切削多头钻、导板抓斗、导杆抓斗（图11-5）、多头钻成槽机（图11-6）、冲击钻等。施工时应视地质条件和筑墙深度选用。一般土质较软，深度在15m左右时，可选用普通导板抓斗；对密实的砂层或含砾土层可选用多头钻或加重型液压导板抓斗；在含有大颗粒卵砾石或岩基中成槽，以选用冲击钻为宜。槽段的单元长度一般为6～8m，通常由土质情况、钢筋骨架重量及结构尺寸、划分段落等决定。成槽后需静置4h，并使槽内泥浆相对密度小于1.3。

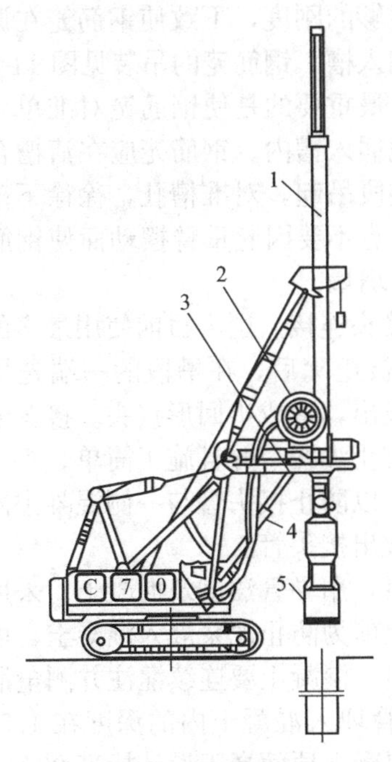

图11-5　导杆液压抓斗构造示意

1—导杆；2—液压管线回收轮盘；3—平台；4—调整倾斜度用的千斤顶；5—抓斗

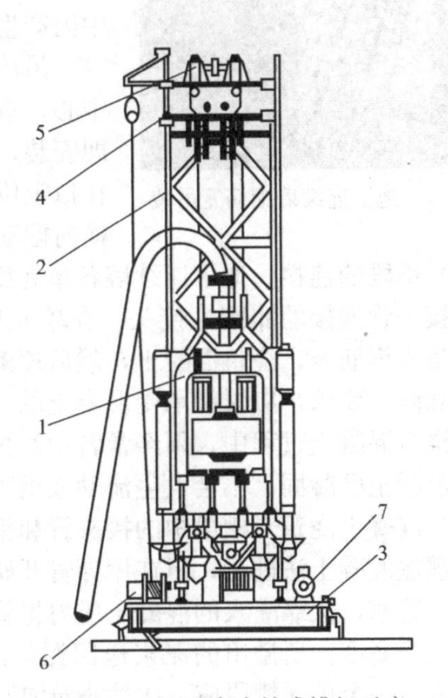

图11-6　SF型多头钻成槽机示意

1—多头钻；2—机架；3—底盘；4—机梁；5—顶梁；6—电缆收线盘；7—空气压缩机

(3) 泥浆护壁　在地下连续墙成槽过程中，槽壁保持稳定不塌的主要原因是由于槽内充满由膨润土或细黏土做成的不易沉淀的泥浆，起到护壁作用。泥浆的作用是在槽壁上形成不透水的泥皮，从而使泥浆的静水压力有效地作用在槽壁上，防止地下水的渗水和槽壁的剥落，保持壁面的稳定，同时泥浆还有悬浮土渣和将土渣携带出地面的功能。通过泥浆对槽壁施加压力以保护挖成的深槽形状不变，灌注混凝土把泥浆置换出来。泥浆材料通常由膨润土、水、化学处理剂和一些惰性物质组成。泥浆的密度大于地下水的密度，通常泥浆的液面保持高出地下水位1m，因此泥浆的液柱压力足以平衡地下水、土压力，成为槽壁土体的一种液态支撑。此外，泥浆压力使泥浆渗入土体孔隙，填充其间，在槽壁表面形成一层组织致密、透水性很小的泥皮，维护了槽壁的稳定。

在施工期间，槽内泥浆面必须高于地下水位0.5m以上，且不应低于导墙顶面0.3m；泥浆的主要原料是膨润土，泥浆相对密度控制在1.05～1.25之间，黏粒含量大于50%，含砂量小于4%，pH值7～9，泥皮厚度1～3mm。由泥浆搅拌机搅拌，可循环使用。在砂砾层中成槽，必要时可采用木屑、蛭石等挤塞剂防止漏浆。泥浆使用方法分静止式和循环式两种。泥浆在循环式使用时，应用振动筛、旋流器等净化装置。在指标恶化后要考虑采用化学方法处理或废弃旧浆，换用新浆。

(4) 钢筋笼制作与吊装　地下连续墙的受力钢筋一般采用HRB335，直径不宜小于16mm，构造钢筋可采用HPB300，直径不宜小于12mm。主筋净保护层厚度通常为7～8mm。地下连续墙的钢筋笼尺寸应根据单元槽段的规格与接头形式等确定，并应在平面制作台上成型和预留插放混凝土导管的位置。为保证钢筋保护层的厚度，可采用水泥砂浆滚轮，固定在钢筋笼两面的外侧。同时可采用纵向钢筋桁架及在主筋平面内加斜向钢筋等，使钢筋笼在吊运过程中因具有足够的刚度，不致使钢筋笼在调放过程中因产生变形而影响入槽。钢筋笼的吊装见图11-7。

图11-7　地下连续墙钢筋笼吊装

吊放钢筋笼时，最重要的是使钢筋笼对准单元槽段的中心，垂直又准确地插入槽内。钢筋笼应在清槽合格后立即安装，用起重机整段吊起，对准槽孔，徐徐下落，安置在拟定位置。此时注意不要因起重臂摆动而使钢筋笼产生横向摆动，造成槽壁坍塌。

(5) 槽段的连接　地下连续墙各单元槽段之间靠接头连接。国内目前使用最多的接头型式是用接头管连接的非刚性接头。在单元槽段内土体被挖除后，在槽段的一端先吊放接头管，再吊入钢筋笼，浇筑混凝土，然后逐渐将接头管拔出，形成半回形接头。接头通常要满足受力和防渗要求，应既能承受混凝土的压力，又要防止渗漏，并且施工简单。

在浇筑混凝土过程中，须经常转动及提动接头管，以防止接头管与一侧混凝土固结在一起。当混凝土已凝固，不会发生流动或坍落时，即可拔出接头管。

(6) 混凝土浇筑　槽段中的接头管和钢筋笼就位后，用导管法浇筑混凝土。采用导管法按水下灌注混凝土法进行，但在用导管开始灌注混凝土前为防止泥浆混入混凝土，可在导管内吊放一管塞，依靠灌入的混凝土压力将管内泥浆挤出。混凝土要连续灌注并测量混凝土灌注量及上升高度。所溢出的泥浆送回泥浆沉淀池。导管埋入混凝土内的深度在1.5～6.0m范围之内。一个单元槽段应一次性浇筑混凝土，直至混凝土顶面高于设计标高300～500mm为止。混凝土配合比要求水灰比不大于0.6，水泥用量不少于370kg/m^3，坍落度控制在18～20cm，扩散度控制在34～38cm。混凝土的细骨料为中、粗砂，粗料为粒径不大于

40mm 的卵石或碎石。

(7) 墙段接头处理　地下连续墙是由许多墙段拼组而成，为保持墙段之间连续施工，接头采用锁口管工艺，即在灌注槽段混凝土前，在槽段的端部预插一根直径和槽宽相等的钢管，即锁口管或接头管，待混凝土初凝后将钢管徐徐拔出，使端部形成半凹状。也有根据墙体结构受力需要而设置刚性接头的，以使先后两个墙段连成整体。

(8) 地下连续墙的检测　超声波地下连续墙检测仪利用超声探测方法，将超声波传感器侵入钻孔中的泥浆里，可以很方便地对钻孔四个方向同时进行孔壁状态监测，可以实时监测连续墙槽宽、钻孔直径、孔壁或墙壁的垂直度、孔壁或墙壁的坍塌状况等。

目前国产超声波钻孔检测仪无论是从成图清晰度、检测数据的准确方面还是从机械性能等方面已经完全可以取代进口设备，而且检测图像更直观、清晰，对泥浆的适应能力更高。其可改善钻孔质量、减少工作时间、降低施工成本、输出清晰的槽壁图像，是目前几种常见同类进口设备所无法比拟的。

总之，地下连续墙的施工顺序为修筑导墙、开挖单元槽段、放置接头管、吊放钢筋笼、浇筑混凝土、拔出接头管，重复上述步骤，完成整体地下连续墙施工。

11.3 逆作法施工

11.3.1 逆作法原理及其运用

所谓逆作法，就是在地下结构施工时不架设临时支撑，而以结构本身既作为挡墙又作为支撑，从上向下依次开挖土方和修筑主体结构。其基坑围护结构多采用地下连续墙、钻孔灌注桩或人工挖孔桩。

11.3.1.1 *逆作法施工工艺原理*

逆作法施工技术的原理首先是设置基坑的围护结构或者地下室的边墙，将多层或高层建筑地下结构自上往下逐层施工，即可通过沿着建筑物地下室四周施工浇筑地下连续墙或密排桩的混凝土，作为地下室外墙或基坑的维护结构，然后在建筑物地下室内部的适当部位浇筑（或打入）中间混凝土支撑柱。其次，以第一层地下室底面标高为标准开挖土方，开挖土方至最上层地下室的底板高程并完成地面上第一层地板的浇板工程，且将地面层底面的梁板结构在此阶段完成。这时已完成的地面底层的地板系统就是地下室最上层的天花板，这样一来周围地下连续墙刚度就有了强大的支撑结构。在此基础上，继续向下开挖土方，逐层对地下室结构的下部各层进行施工，并将其作为地下连续墙的各层支撑。地下室由上向下施工的同时，在已完成的地面层的基础上，接高墙、柱，向上逐层进行地面以上各层结构的施工。如此以地面层为始点，上、下同时施工，直至最后工程结束。但最下一层地下室封底时，地面上允许施工的层数要经过计算确定。设计时应预留孔洞或利用楼梯间或其他单元楼板处的运输通道。从上述过程可知，逆作法施工技术即以底面作为基点的向下、向上同时施工且直到施工完成的施工技术方法（图 11-8）。

可见，逆作法主要采用钢筋混凝土地下连续墙和钢管柱作为垂直支承体系，以地下室楼板作为水平支承，建立一个完整的支护体系，然后用逆作法施工地下室负一层、负二层、负三层、基坑底板，同时施工主楼，这样缩短了施工工期，同时减少了支护体系的费用，对周围的建筑影响小，所以在许多城市中心地带的建筑地下室部分采用逆作法进行施工。逆作法施工技术是高层建筑物目前最先进的施工技术方法。

在工程实践中，依据地面层底面的梁板结构敞开或者封闭情况的不同，又可将其划分为“开敞式逆作法”和“封闭式逆作法”两种类型。

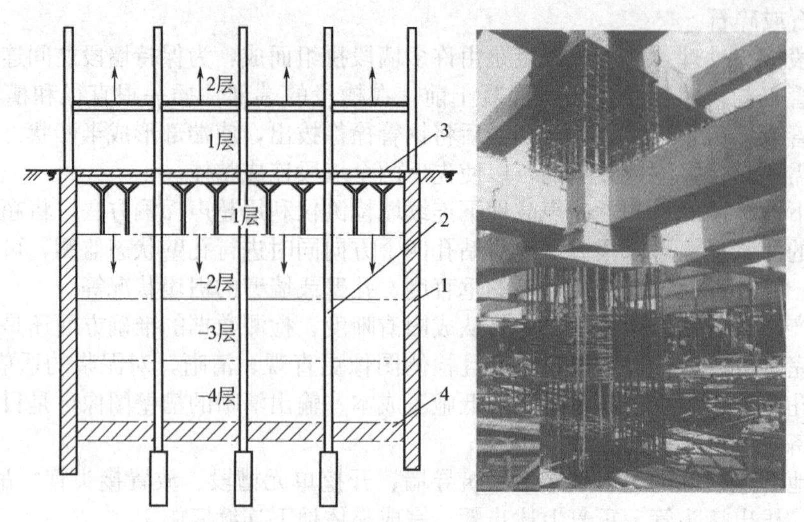

图 11-8 逆作法的施工工艺示意

1—地下连续墙；2—中间支承柱；3—地下室顶板；4—底板

11.3.1.2 逆作法的优缺点

(1) 逆作法的优点

① 由于结构本身用来支撑，所以它具有相当高的刚度，这样使挡墙的变形减小，减少了临时支撑的工程量，提高了工程施工的安全性。由于能在最短时间内恢复交通，也减少了对周边环境的影响。

② 由于最先修筑好顶板，这样地下、地上结构施工可以并行，缩短了整个工程的工期。

③ 由于开挖和施工的交错进行，逆作结构的自身荷载由立柱直接承担并传递至地基，减少了大开挖时卸载对持力层的影响，降低了地基回弹量。

(2) 逆作法的缺点

① 需要设临时立柱和立柱桩，增加了施工费用，且由于支撑为建筑结构本身，自重大，为防止不均匀沉降，要求立柱具有足够的承载力。

② 为便于出土，需要在顶板处设置临时出土孔，因此需对顶板采取加强措施。

③ 地下结构的土方开挖和结构施工在顶板覆盖下进行，因此大型施工机械难以展开，降低了施工效率。

④ 混凝土的浇注在逆作施工的各个阶段都有先后之分，这不仅给施工带来不便，而且给结构的稳定性及结构防水带来一些问题。

11.3.1.3 逆作法的适用条件

(1) 大平面地下工程 一般来说，对开挖跨度较大的大平面工程，如果按顺作法施工，支撑长度可能超过其适用界限，给临时支撑的设置造成困难。

(2) 大深度的地下工程 大深度开挖时，由于土方的开挖，基底会产生严重的上浮回弹现象。如果采用顺作法施工，必须对基底采用抗浮措施，目前国内多采用深层搅拌桩作为抗拔桩。如果采用逆作法施工，逆作结构的重量置换了卸除的土重，可以有效地控制基底回弹现象。

此外，随着开挖深度的增大，侧压也随之增大，如采用顺作法施工，对支撑的强度和刚度要求较高，而逆作法是以结构本体作为支撑，刚度较大，可以有效地控制围护结构的变形。

（3）复杂结构的地下工程　当平面是一种复杂的不规则形状时，如果用顺作法施工，那么挡墙对支撑的侧压力传递情况就比较复杂，这样就会导致在某些局部地方出现应力集中现象。

在这种情况下，当采用逆作法施工时，结构本体就是与平面形状相吻合的钢筋混凝土或型钢钢筋混凝土支撑体系，大大提高了安全性。

（4）周边状况苛刻，对环境要求较高　当在地铁或管道等位置施工时，往往要求挡墙变形量的精度达到毫米级。逆作法施工，不仅多采用刚度较大的挡墙（如地下连续墙），而且逆作结构作为结构本体，本身具有很大的刚度，有效地控制了整体变形，从而也就减少了对周围环境和地基的影响。

（5）作业空间狭小　由于逆作法施工是先浇筑顶板，因而它能很快用作作业场地，又能确保材料进场，另外还能发挥地上钢结构安装和混凝土浇注等的交错作业的优越性。

逆作法应用于高层地下室施工

（6）工期要求紧迫　有些工程，由于业主的需要及其他一些原因，工期较短，这时采用逆作法施工，能做到地上地下同时施工，可以合理、安全、有效地缩短工期，如要求尽快恢复地面交通的工程。

11.3.2 逆作法施工工艺

其施工工艺：准备工作→围护结构→中间支承柱→降低地下水→地下室土方开挖→浇注地下室顶梁板→浇筑地下室柱和底板→逐层向下开挖土方→下部主体结构逐层施工等。

先在地表面向下做基坑的围护结构和中间桩柱，基坑围护结构一般采用地下连续墙，中间桩柱则利用主体结构本身的中间立柱以降低工程造价。随后开挖地表土至主体结构顶板底面标高，利用未开挖的土体作为土模浇注顶板。它还可以作为一道刚性很大的支撑，以防止围护结构向基坑内变形，待回填土后将道路复原，恢复交通。以后的工作都是在顶板覆盖下进行，即自上而下逐层开挖并建造主体结构直至底板。地铁车站的盖挖逆作法施工步骤见图 11-9。

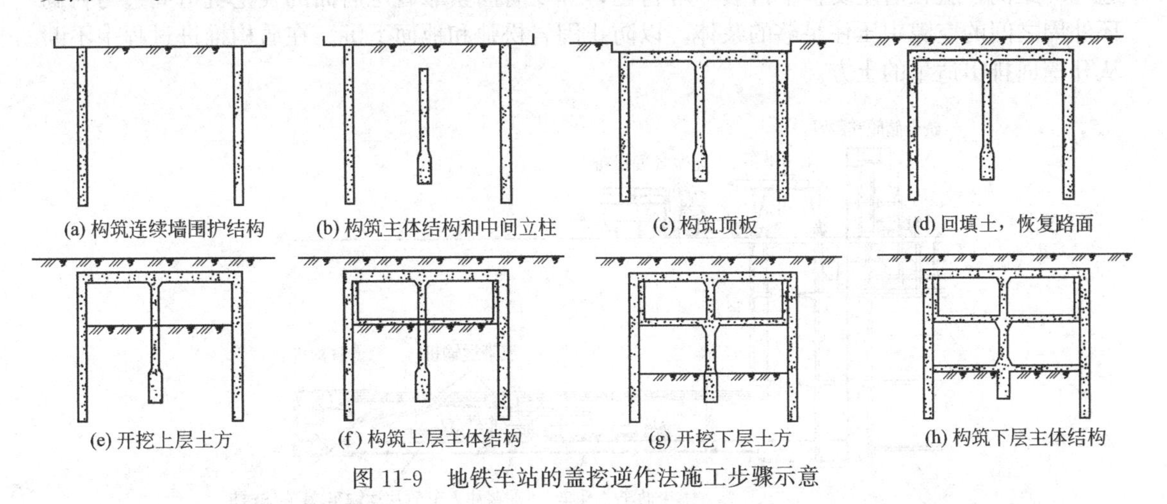

图 11-9　地铁车站的盖挖逆作法施工步骤示意

采用盖挖逆作法施工时，若采用单层墙或复合墙，结构的防水层难做，只有采用双层墙，即围护结构与主体结构墙体完全分离，无任何连接钢筋，才能在两者之间敷设完整的防水层。

但需要特别注意中层楼板在施工过程中因悬空而引起的稳定和强度问题，由于上部边墙吊着中板而承受拉力，因此，上部边墙的钢筋接头按受拉接头考虑。

盖挖逆作法施工时，顶板一般都搭接在围护结构上，以增加顶板与围护结构之间的抗剪强度和便于敷设防水层，所以需将围护结构上端凿除。

逆作法效益及前景

由于在逆作法施工中，立柱是先施作，而且立柱一般都采用钢管柱，则滞后施作的中层板和中纵梁如何与钢管柱连接，就成了逆作法中的施工难题。常用方法是采取双纵梁或在法兰盘上焊钢筋。

11.4 隧道施工

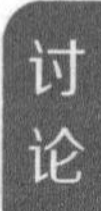

讨论

隧道施工种类有哪些？

11.4.1 盾构法施工

11.4.1.1 概述

盾构法是使用盾构机械在围岩中推进，一边防止土、砂的崩坍，一边在其内部进行开挖、衬砌作业来修建隧道的方法。用盾构法修建的隧道称为盾构隧道。

盾构法施工外貌见图 11-10。首先，在隧道某段的一端建造竖井或基坑，以供盾构安装就位。盾构从竖井或基坑的墙壁开孔出发，在地层中沿着设计轴线，向另一竖井或基坑的孔洞推进。盾构推进中所受到的地层阻力通过盾构千斤顶传至盾构尾部已拼装的隧道衬砌结构上，再传到竖井或基坑的后靠壁上。盾构是这种施工方法中主要的独特施工机具。它是一种能支承地层荷载又能在地层中推进的圆形、矩形、马蹄形等特殊形状的钢筒结构。在钢筒的前面设置各种类型的支撑和开挖土体的装置，在钢筒中段周圈内面安装顶进所需的千斤顶，钢筒尾部是具有一定空间的壳体，在盾尾内可以拼装一至二环预制的隧道衬砌环。盾构每推进一环距离，就在盾尾支护下拼装一环衬砌，并及时向紧靠盾尾后面的开挖坑道周边与衬砌环外周之间的空隙中压住足够的浆体，以防止围岩松弛和地面下沉。在盾构推进过程中不断从开挖面排出适量的土方。

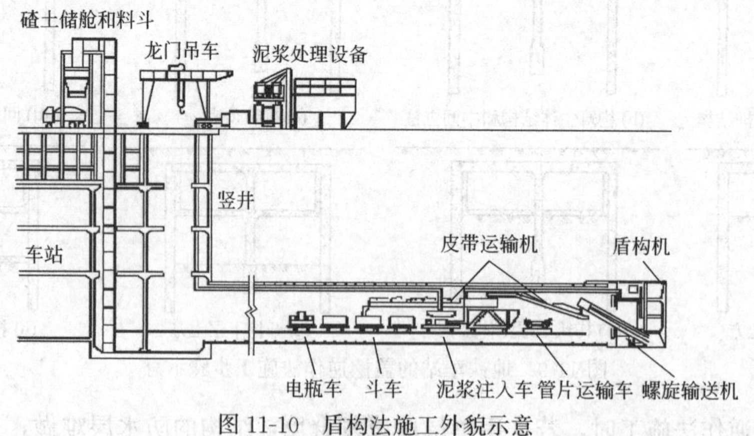

图 11-10 盾构法施工外貌示意

盾构法施工是在闹市区的软弱地层中修建地下工程的最好的施工方法之一。加之近年来盾构机械设备和施工工艺的不断发展，适应大范围的工程地质和水文地质条件的能力大为提高，各种断面形式的盾构机械、特殊功能的盾构机械（急转变盾构、扩大盾构法、地下对接盾构等）的相继出现，其应用正在不断扩大，这将为城市地下空间利用的发展起到有力的技术支撑作用。

（1）特点

① 除竖井施工外，施工作业均在地下进行，既不影响地面交通，又可减少对附近居民的噪声和振动影响；

② 隧道的施工费用受埋深的影响不大；

③ 盾构推进、出土、拼装衬砌等主要工序循环进行，易于管理，施工人员较少；

④ 穿越江、河、海道时不影响航运，且施工不受风雨等气候条件影响；

⑤ 在土质差、水位高的地方建设埋深较大的隧道，盾构法有较高的技术经济优越性；

⑥ 土方量较少。

（2）主要问题

① 当隧道曲线半径过小时，施工较为困难，目前已开发出 $R=10\text{m}$ 的急转弯盾构，有效地克服了这一难题；

② 在陆地建造隧道时，如隧道埋深太浅，则盾构法施工困难很大，而在水下时，如覆土太浅，则盾构法不够安全；

③ 盾构施工中采用全气压方法以疏干和稳定地层时，对劳动保护要求较高，施工条件差；

④ 盾构施工过程中引起的隧道上方一定范围内的地表下沉尚难完全防止，特别是在饱和含水、松软的土层中，要采取严密的技术措施才能把下沉控制在很小的限度内；

⑤ 在饱和含水地层中，盾构法施工所用的拼装衬砌，对达到整体结构防水性的技术要求较高。

图 11-11 盾构机的展开示意

11.4.1.2 盾构

盾构法隧道的施工机具是盾构，盾构必须能够承受围岩压力，且能安全经济地进行隧道的掘进（图 11-11）。

盾构在其施工区间内所遇到的各种条件是复杂多变的，必须根据地质条件选择盾构形式，使其强度、耐久性、施工可行性、安全性、经济性与实际条件相适应。多数情况下，围岩条件对盾构施工难易起决定作用。当开挖距离长时，尤应考虑耐久性问题；在小曲线地段施工，必须考虑施工的可行性。

盾构是由承受外部荷载的钢壳和在其保护下进行开挖、组装衬砌及具有掘进功能的设备所阻成。移动盾构所需的动力、控制设备，根据盾构断面的大小和构造决定其中的一部分或全部设置在后续台车上。钢壳部分由外壳板和加劲材料所组成，分为切口环、支承环及盾尾三部分（图 11-12）。

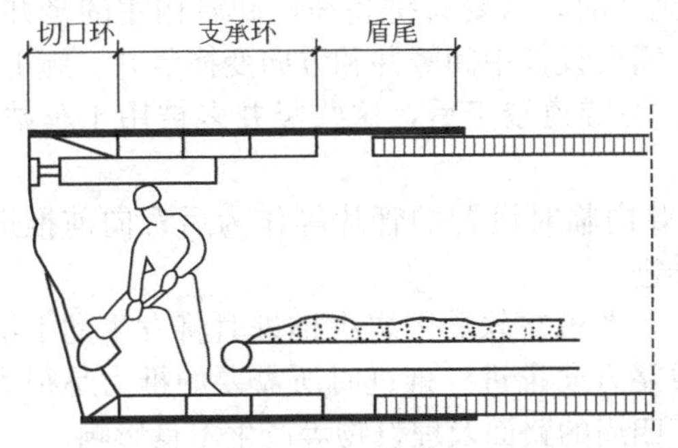

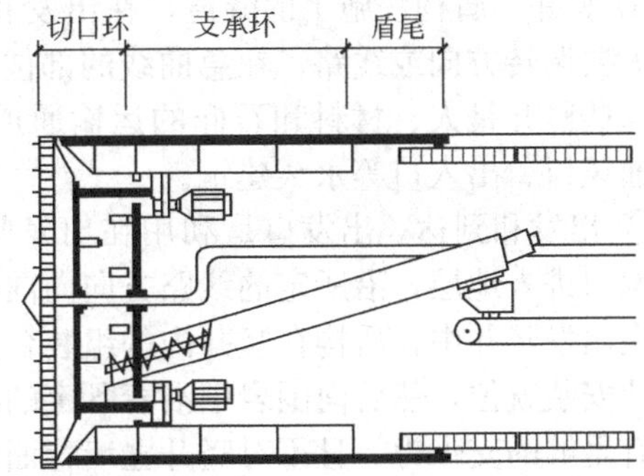

图 11-12 盾构纵、剖面示意

（1）切口环　切口环位于盾构的前方，作为挖土和挡土部分。要求切口环的形状、尺寸必须与围岩条件相适合；刃脚必须是坚固、易贯入地层的结构。

切口环的形状多为直角或倾斜形，也有阶梯状的，长度多取300～1000m。采用人力开挖盾构时，如切口环过长，必须注意由于围岩的抗力而失去平衡的情况，它是造成蛇行的主要原因。

切口环保持着工作面的稳定，并把开挖下来的土砂向后方运送。因此，采用机械化开挖的土压式、泥水加压式盾构时，应根据开挖下来土砂的状态，确定切口环的形状、尺寸。尤其是当工作面用隔墙隔开构成承受水压、土压的压力室状态时，对其强度必须进行充分研究。采用人力开挖盾构时，为保持工作面稳定，有时用以千斤顶带动的伸缩平台代替盾构本体顶部突出部分或根据土质而定的较长的切口环。

（2）支承环　支承环是切口环与盾尾的连接部分。内部为安装切削刀盘的驱动装置、排土装置、盾构千斤顶等的空间和进行推进操作的场所。

支承环是盾构的主体结构，承受作用于盾构上的全部荷载。切口环和盾尾的设计都是根据支承环具有足够刚度的假定进行的，故在支承环设计时，必须充分注意。支承环的长度应根据安装盾构千斤顶、切削刀盘的轴承装置、驱动装置和排土装置的空间决定，其结构必须具有足够的刚度。

（3）盾尾　盾构法隧道衬砌的拼装是在盾尾的保护下进行的，因此要求盾尾的长度必须根据管片宽度和形状确定，最小长度必须保证衬砌组装工作的进行。同时应考虑在衬砌组装后因破损而需更换管片、修理盾构千斤顶和在曲线段进行施工等条件，使其具有一些余裕量。盾尾板厚度应在认真研究变形问题的基础上确定。

11.4.1.3　盾构隧道衬砌的基本类型

盾构隧道的衬砌，通常分为一次衬砌和二次衬砌。在一般情况下，一次衬砌是由管片组装成的环形结构；二次衬砌是在一次衬砌内侧灌注的混凝土结构。由于在开挖后要立即进行衬砌，故将数个钢筋混凝土或钢等制造的块体构件组装成圆形等衬砌，称此块体构件为管片。由于在盾尾内拼成圆环的衬砌，在盾构向前推进时，要承受千斤顶推进的反力，同时由于盾构的前进而使部分衬砌暴露在盾尾外，承受了地层给予的压力。故一次衬砌应能立即承受施工荷载和永久荷载，并且有足够的刚度和强度；不透水、耐腐蚀、具有足够的耐久性能，装配安全、简便，构件能互换。

11.4.1.4　盾构法施工

盾构法施工工艺：建造出发竖井→盾构设备组装→盾构开挖掘进→衬砌、压浆和防水→到达接收竖井等。

（1）盾构的出发和到达

① 竖井。盾构法施工的隧道，在出发和到达时，需要有拼装和拆卸盾构用的竖井，当盾构需要调转方向或线路，在急曲线的部位，需要设置中间竖井和方向变换竖井。施工过程中，这些竖井是人、材料和石砟的运输通道。在隧道竣工后，这些竖井多被用于车站、入孔、通风口、出入口等永久建筑。

② 出发和到达。出发口是利用在出发竖井内临时设置的管片等作为后背向前推进的，从出发口进入地层，沿所定的线路方向向前推进。

在出发竖井中，盾构在竖井内的组装台上，考虑在软弱围岩中推进时将发生的下沉量，准确地安装就位，然后向围岩中沿着既定的线路方向推进。推进时所需要的推力是很大的，必须有足够的支承力，且不对竖井立墙背面、四周的路面及埋设物等产生不良影响。

开始推进的方法，一般根据土质、地下水、盾构的形式、埋深、作业环境等条件决定。

到达口就是在保持围岩稳定的同时，把盾构沿着所定的路线推进到竖井的到达面，然后从预先准备的开口面将盾构推出，或者是直到到达面的所定位置为止所进行的一连串作业。

(2) 盾构的推进　盾构推进时必须根据围岩条件，保证工作面的稳定，适当地调整千斤顶的行程和推力，沿所定路线方向准确地进行推进。为使盾构能在计划路线上正确推进，预防偏移、偏转及俯仰现象的发生，盾构隧道施工前，应在地表进行中线及纵断面测量，以便建立施工所必需的基准点。施工时必须精密地把中心线和高程引入竖井中，以便进行施工中的管理测量，使组装的衬砌和盾构在隧道的计划位置上。

盾构推进时，必须随时掌握盾构的位置和方向，在适当的位置施加推力。通过曲线、变坡点或修正蛇行行为，可使用部分千斤顶，为尽力使千斤顶中心线与管片表面垂直，在推进时可采用楔形衬砌环或楔形环。

在需进行超前开挖的土壤中，而且方向急骤变化时，有时是进行超前开挖后再推进。当盾构的直径与长度之比小时，盾构转向较难，故有时采用阻力板。在推进过程中土质发生急骤变化时会产生很大的蛇行，故在土质变化点必须特别注意。

在偏转的情况下，调节平衡板的角度，或在偏转方向的对侧加设压铁，或在盾构千斤顶和衬砌间插入垫块。如可以进行超前开挖时，在切口环外面加设与横向推进轴具有某一角度的支承后再行推进，使盾构承受回转力矩，从而达到修正偏移的目的。

(3) 气压施工　在含水砂土和软弱黏土地层中用盾构法施工时，会发生开挖面涌水和土层坍塌等情况，从而影响盾构的推进。在这类地层中施工，须同时使用稳定地基的辅助工法。迄今为止，气压或局部气压施工，是一种常用的稳定地基施工法。局部气压盾构形式见图 11-13。

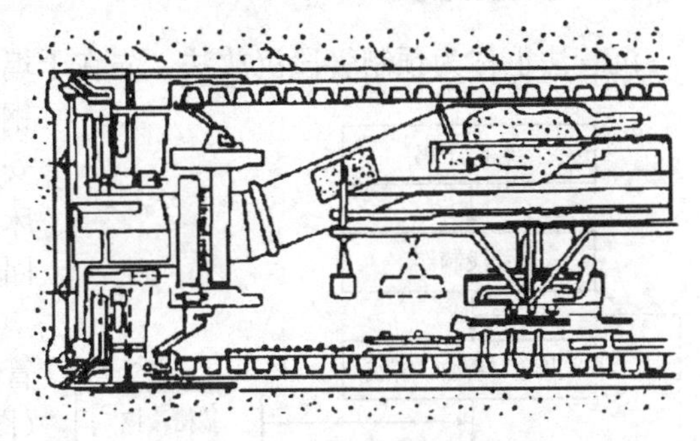
图 11-13　局部气压盾构形式

气压施工对开挖面的作用有：阻止开挖面涌水，防止坍塌，稳定开挖面以及压缩空气可使地层发生脱水作用而增大土的抗剪强度等。这些效果中以止水效果为最显著。

(4) 衬砌、压注及防水

① 一次衬砌。在推进完成后，必须迅速地按设计要求完成一次衬砌的施工。一般是在推进完了后将几块管片组成环状，使盾构处于可随时进行下一次推进的状态。

一次装配式衬砌的施工是依照组装管片的顺序从下部开始逐次收回千斤顶。管片的环向接头一般均错缝拼装，组装前彻底清扫，防止产生错台和存有杂物，管片间应互相密贴。注意对管片的保管、运输及在盾尾内进行的安装工作；管片的临时放置问题，应防止变形及开裂的出现，防止翻转时损伤防水材料及管片端部。

保持衬砌环的真圆度，对确保隧道断面尺寸、提高施工速度及防水效果、减少地表下沉等甚为重要。除了在组装时要保证真圆度外，在从离开盾尾至注浆材料凝固时止的期间内，采用真圆度保持设备，确保衬砌环的组装精度有效。

② 回填注浆。采用与围岩条件完全适合的注浆材料及注浆方法，在盾构推进的同时或其后能否立即进行注浆，将衬砌背后的空隙全部填实，防止围岩松弛和下沉，是工程成败的关键因素之一。

回填注浆除可以防止围岩松弛和下沉外还有防止衬砌漏水、漏气以及保持衬砌环早期稳定的作用，故必须尽快进行注浆，而且应将空隙全部填实。为填充衬砌背后的空隙，还有与注浆材料相类似的扩大衬砌直径、在衬砌背后安装浆袋、向浆袋中注浆的方法。

注浆可在推进盾构的同时进行，也可在盾构推进终了后迅速进行。一般是通过设在管片上的注浆孔进行。作为特殊方法，也有通过在盾构上的注浆孔同时注浆的方法。

③ 衬砌防水。由于盾构隧道多修建在地下水位以下，故须进行衬砌接头的防水施工，以承受地下水压。隧道内的漏水，使隧道竣工后的功能及维修管理方面出现许多问题，所以必须注意。根据隧道的使用目的，选择适合作业环境的方法进行防水施工。

衬砌防水分为密封、嵌缝、螺栓孔防水三种。根据使用目的不同，有时只采用密封，有时三种措施同时使用。

④ 二次衬砌。二次衬砌须在一次衬砌防水、清扫等作业完全结束后进行。依设计条件的不同，二次衬砌可用无筋或有筋混凝土浇注，有时也用砂浆、喷射混凝土浇注。浇注二次衬砌时，特别是在拱顶附近填充混凝土极为困难，对此必须注意。必要时应预先备有砂浆管、出气管等，用注入的砂浆等将空隙填实。

如果对一次衬砌的漏水处理不彻底或者虽然彻底但又出现了新的漏水，将在二次衬砌中出现漏水现象。此时，漏水多发生在二次衬砌施工缝和裂纹处。为了防止二次衬砌漏水，需防止裂纹的产生和对施工缝进行防水处理。为了防止产生裂纹，可在混凝土的配合比和施工方面采取措施。

11.4.2 沉管法施工

沉管法也称为预制管段沉放法。先在干坞或船台上预制大型混凝土箱形构件或混凝土和钢组合的组合箱形构件，两端用临时隔墙封闭，安装好拖运、定位，然后将这些构件沉放在河床上预先浚挖好的沟槽中，并连接起来，最后回填砂石并拆除隔墙形成隧道。

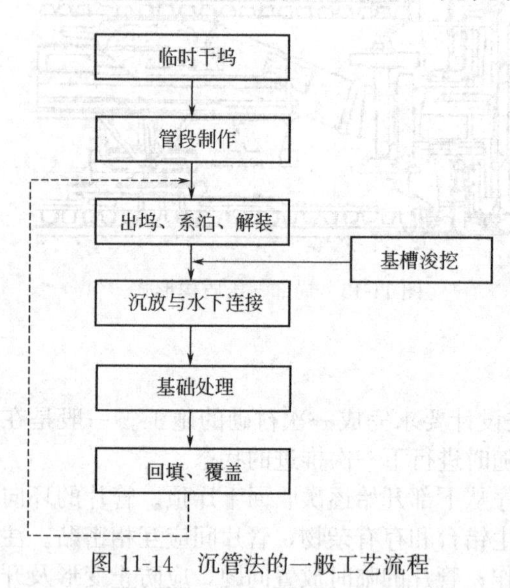

图 11-14 沉管法的一般工艺流程

沉管法施工工艺：管段制作→基槽浚挖→管段沉放与水下连接→基础处理→回填覆盖（图 11-14）。

11.4.2.1 管段结构及制作

沉管隧道有钢壳结构和钢筋混凝土结构两大类，前者一般为圆形断面，后者一般为矩形断面。钢结构（钢壳）管段，先在陆地上制作钢壳，其两端用临时挡水板密封，沿船台滑道滑行下水。钢壳漂浮水上时，向专为此目的而设置的舱室内浇注内部结构混凝土和外部增重混凝土，直至管体处于一个接近于中性浮力的状态。然后将钢壳拖引至现场，加注更多的增重混凝土，使之沉放入槽。混凝土管段一般是在干坞中预制，在隧道现场附近开挖一大船坞，抽干其中的水。在干坞内按照常规的钢筋混凝土制作方法制作管段，管段制成后，两端用临时挡水板密封。向坞内灌水使管段浮起，在船坞与航道之间形成通道。然后管段浮出船坞，拖运到现场，用类似于钢壳管段的方法使其沉放就位。

管节预制是大型沉管隧道的主要工序，它的工期和质量不仅直接影响沉管的浮运和沉放，而且关系到隧道运营的成败。预制工艺的关键技术是控制混凝土的容重和管节体形（结构）尺寸精度，以及控制钢筋混凝土结构的裂缝来实现结构的自身防水。

11.4.2.2 基槽浚挖

浚挖工作一般包括：沉管基槽浚挖、航道临时改线浚挖、出坞航道浚挖、浮运管段线路浚挖、船装泊位浚挖。其中，沉管基槽的浚挖最重要，应通过全面了解现场地质资料、水力水文资料及生态资料后，确定合理的基槽断面和浚挖方式。

沉管基槽的断面。主要由三个基本尺度决定：底宽、深度和边坡坡度。底宽一般比管段顶宽大 4～10m，基槽的深度为管顶覆盖层厚度、管段高度和基础处理所需超挖深度三者之和。基槽边坡的稳定坡度与土层的物理力学性质相关，同时，基槽稳定时间、水流情况等也是重要影响因素。

（1）浚挖设备　目前国内外各类挖泥船大致有以下几种。

① 链斗式挖泥船。这种挖泥船用装在斗桥滚筒上、能够连续运转的一串泥斗挖取水底土壤，通过卸泥槽排入泥驳。施工时要泥驳和拖轮配合。

② 吸扬式挖泥船。有绞吸式和耙吸式两种。前者利用绞刀绞松水底土壤，通过泥泵作用，从吸泥口、吸泥管吸进泥浆，经过排泥管卸泥于水下或输送到陆地上。后者利用泥耙挖取水底土壤，通过泥泵作用，将泥浆装进船上泥舱内，自航到深水抛泥区卸泥。

③ 抓扬式挖泥船。也称抓斗挖泥船，挖泥时利用吊在旋转式起重把杆上的抓斗，抓取水底土壤，然后将泥土卸到泥驳上运走。

④ 铲扬式挖泥船。也称为铲斗挖泥船，是用悬挂在把杆钢缆上和连接斗柄上的铲斗，在回旋装置的操纵下，推压斗柄，使铲斗切入水底土壤内进行挖掘，然后提升铲斗，将泥土卸入泥驳。

（2）浚挖方式及程序确定　选择浚挖方案时，尽量使用技术成熟、生产效率高、费用低的浚挖方式；同时，为了降低造价，应充分使用已有的设备，选用对航道及环境影响最小的浚挖方式。

浚挖作业一般分层、分段进行。在基槽断面上，分层逐层开挖；在隧道轴线方向上，分段分批进行浚挖。

11.4.2.3　管段防水

根据施工工艺特点，沉管隧道的防水可分为管段自防水、管段外防水和管段接头防水。

管段自防水就是采用防水抗渗混凝土，合理选用原材料和施工工艺，提高混凝土的密实性和耐久性，达到防水抗渗的目的。

管段外防水就是采用防水材料，在防水结构表面形成薄层，能适应微小变形以及抵抗酸碱介质的侵蚀，从而达到防水防腐的要求。经历了防水钢壳、刚性防水层、柔性防水层三个发展阶段，已逐渐形成防水钢底板和外防水层相结合的外防水技术。

在沉管隧道兴建初期，管段接头连接方式主要有以下几种：①法兰盘式结构装置；②橡胶垫间注浆；③钢垫板间注浆；④导管法混凝土；⑤围堰法施工。上述管段的接头均为刚性接头，其缺点是水下作业量大，构筑的接头在受力和防水方面的质量不甚理想，应用局限性较大。自20世纪60年代以来，尼德兰（原名：荷兰）等国家采用GINA型橡胶止水带，用水力压接法构筑接头，继而采用GINA、OMEGA型两道橡胶止水带构筑防水质量更加可靠的柔性接头。

11.4.2.4　管段拖运

管段在干坞内完成制作后下水，在系泊处进行必要的施工附件安装后，将被拖轮拖运到隧道基槽位置进行沉放定位。但由于沉管隧道管段具有很大的几何尺度，加之施工环境有时会是狭窄和航运繁忙的水域，因此在这个过程中必须充分考虑外部因素，并做出最终拖运计划。一般来说，管段拖运的作业过程有以下步骤：选择拖运线路→制定拖运方案→安排拖运时间→进行拖运作业。

11.4.2.5 沉放与水下连接技术

隧道管段的沉放在整个沉管隧道施工中，占有相当重要的地位，沉放的成功与否直接关系到整个沉管隧道的质量。

(1) 管段沉放方法　沉放方法有多种，它们适用于不同的自然条件、航道条件、沉管本身的规模，主要分为吊沉法和管段拉沉沉放方法。其中吊沉法又分为分吊法、扛吊法和骑吊法。

管段运至施工现场后，必须调整位置并将锚索固定在管段上。管段下沉的全过程一般需要2～4h，宜在流速减到0m/s之前1～2h开始下沉，开始下沉时的流速宜小于0.15m/s。压载水舱灌至设计值后，以40～50cm/min的速度沉放管段，直到管底离设计标高4～5m，下沉时随时校正管段位置。随后将管段向前节已沉放管段靠近2m左右距离处，继续下沉管段至离设计标高0.5～1m处。接着将管段前移至距前节既设管段约50cm处，校正管段位置后即开始着地下沉。着地下沉速度很慢，并不断校正位置。着地时先将前端搁上“鼻式”托座或套上卡式定位托座，再将后端轻轻搁置到临时支座上。搁好后，各吊点同时卸荷，在卸去1/3和1/2吊力时，各校正一次位置，最后卸去全部吊力。管段下沉后，用水灌满压载水舱以防止管段由于水密度的变化或船只的来往而升降。

(2) 管段连接　管段连接方法目前采用水力压接法，主要工序是：对位→拉合→压接→拆除封墙。最后一节管段要在两头端面都采用水力压接法是不可能的，最后一个端面连接需采用其他方法，如水中模板混凝土式和钢制镶板式。

11.4.2.6 基础处理方法

基础处理是为了解决基槽开挖时出现的不规整，以避免产生不均匀沉降。

基础处理方法种类很多，总体上分为先铺法和后铺法。

先铺法（刮铺法），即在管段沉设之前，先铺好砂、石垫层；后铺法，包括喷砂法、砂流法、灌囊法、压浆法和压混凝土法，它是指先将管段沉设在预置沟槽底上的临时支座上，随后再补填垫实。遇到特别软弱的地层，在管段沉放之前，做好永久性支撑的基础（加桩基）。

刮铺法按所用垫层材料的不同分为刮砂法和刮石法。主要工序为：浚挖基槽时，先超挖60～90cm，然后在槽底两侧打数排短桩，为安设导轨用，以控制高程和坡度。通过抓斗或刮板船的输料管将铺垫材料投到槽底，再用简单的钢刮板或刮板船刮平。

后铺法的基本工序为：①在基槽浚挖时，先超挖100cm左右；②在基槽底安设临时支座；③管段沉设完毕后，往管底和基槽间回填垫料。后铺回填垫料主要采用灌砂法、喷砂法、灌囊法和压浆法。

11.4.2.7 回填覆盖

在管段沉放完毕后，在管段的两侧和顶部进行回填、覆盖，以确保隧道的永久稳定。回填的材料应选择良好级配的砂、石。为了使回填材料紧密地包裹在沉管管段上面且侧面不致散落，需要在回填材料上再覆盖石块、混凝土块。回填覆盖采用“沉放一段，覆盖一段”的施工方法，在低平潮和流速较小时进行。

11.5 管道施工

讨论

管道施工穿越和跨越包括哪些方法？

管道施工时可地上、地下敷设，也可架空跨越敷设，既可开挖施工，也可非开挖施工，应根据当地条件和经济合理性而确定。非开挖管道的施工是指管道穿越或跨越工程的施工。管道穿越公路、铁路、电车轨道、地裂带、城墙及河流时，应使用钢管。地上管道跨越时，必须有安全防护措施，保证管道安全运行。

11.5.1 管道穿越施工法

11.5.1.1 开挖管道施工法

开挖管道施工法即明挖沟槽埋管法，其基本原理同第1章土方工程的基槽开挖。

基本施工工序：地面的准备工作→使用挖沟机、反铲等设备或人工进行沟槽开挖，做好排水和支撑工作→敷设管线→回填和夯（压）实→支撑的拆除→路面的复原。

其特点是施工简单、直接施工成本低，适用于在宽阔的地表、不存在任何障碍物（河流、街道、建筑物等）、施工不会影响交通的条件下铺设地下管线，但妨碍交通（堵塞、中断或改道）、破坏环境（绿化带、公园和花园）、影响市民生活和单位的正常工作、安全性差和综合施工成本高。在城市市区，开挖施工法受到政治、经济和环境方面的压力和限制。

11.5.1.2 开挖管道施工法

非开挖管道施工法是采用非开挖施工技术，即利用各种岩土钻掘设备和技术手段，在地表不开挖沟槽的条件下，铺设、更换和修复各种地下管线的施工技术，国外称为TT技术（Trenchless Technology），主要包括非开挖管道敷设技术、非开挖管道更换技术和非开挖管道修复技术。与传统的挖槽铺管施工方法相比，具有不影响交通、环保、施工时间短、成本低等特点。目前发达国家应用此项技术铺设管线的已占到7%～10%。

(1) 主要特点

① 非开挖施工不会阻断交通，不影响商店、医院、学校和居民等的正常生活和工作秩序；

② 在开挖施工无法进行或不允许开挖施工的场合，可用非开挖技术从其下方穿越铺设，并可将管线设计在工程量最小的地点穿越；

③ 现代非开挖技术可以高精度地控制地下管线的铺设方向、埋深，并可使管线绕过地下的巨石和地下构筑物等障碍；

④ 在可比性相同的情况下，非开挖管线铺设、更换、修复的综合技术经济效益和社会效益均高于开挖施工，管径越大、埋深越大时越明显。

非开挖施工技术可广泛应用于穿越河流、湖泊、公路、铁路、建筑物以及在闹市区、古迹保护区、农作物和环境保护区等不允许或不能开挖条件下进行油气管道、燃气管道、供排水管道和电力、电讯、有线电视线路等的铺设、更修和修复。

实践证明，在大多数情况下，尤其是在繁华市区或管线的埋深较大时，非开挖施工是明挖施工很好的替代方法。在穿越公路、铁路交通干线等特殊情况下，非开挖施工更是一种经济可行的施工方法。

(2) 非开挖技术分类

① 水平定（导）向钻法。

② 顶管法。包括手掘式顶管、土压平衡式掘进顶管、泥水平衡式掘进顶管、气压平衡式掘进顶管、气动冲击矛顶管和气动夯锤顶管等，目前应用最多的是泥水平衡式掘进顶管。

③ 隧道法。包括基岩隧道、沉管隧道、顶管隧道和盾构隧道。

11.5.1.3 水平定（导）向钻施工

在穿越水流急、宽度大、航运繁忙的江河时，除采用隧道施工法，还可采用水平定

(导)向钻施工法。定向钻进和导向钻进是从石油钻井技术中引进和开发的。由于小型定向钻进采用的钻头轨迹测量控制技术与大中型的不一样，国际上将小型定向钻进称为“导向钻进”，大中型定向钻进称为“定向钻进”。水平定（导）向钻是穿越河流、人口密集区、工业区、建筑群、铁路、公路等的首选施工方案（图 11-15）。

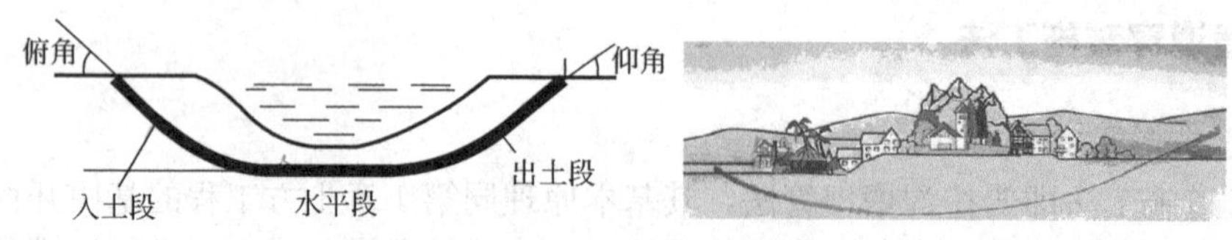

图 11-15　水平定（导）向钻穿越示意

（1）水平定（导）向钻钻机　水平定（导）向钻钻机主要设备包括顶驱（定向钻机驱动部分）、钻杆（定向、导向）、钻头（定向、导向）（图 11-16）、回拉扩孔器（板式、桶式）、活接头等。

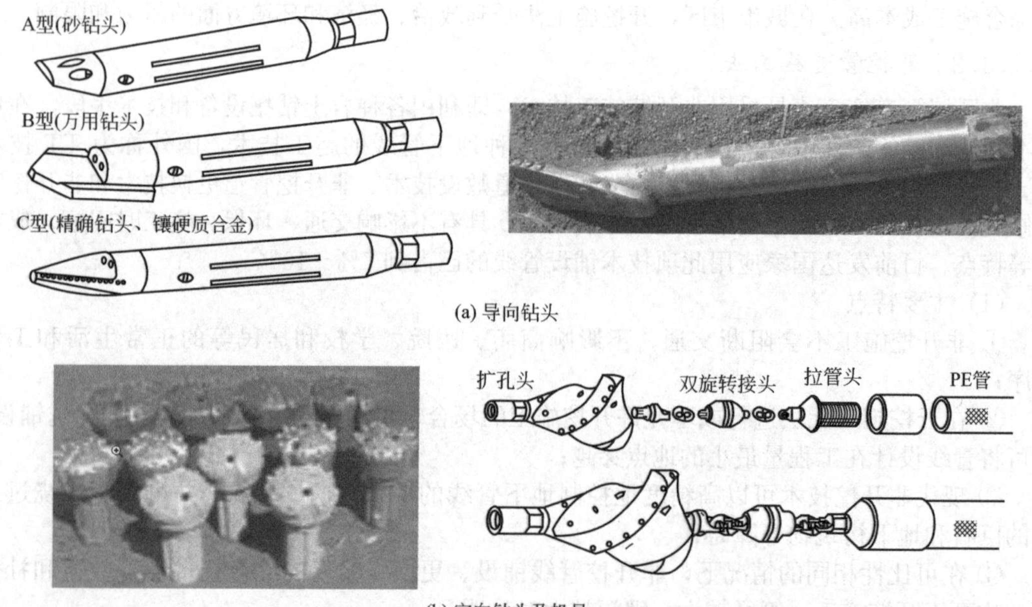

图 11-16　水平定（导）向钻头及机具

（2）水平定（导）向钻施工工艺　施工工艺：施工准备→征地→测量放线→修便道→三通一平→设备进场→组装调试→控向系统调试→钻孔导向→回拉扩孔（多次）或管道组焊→回拖管道→设备退场→恢复地貌。

钻孔和管道组焊工序并列就位一次完成，在河流一岸设置钻机钻孔，另一岸进行管段组焊、检验、试压和防腐，钻机按设计管位钻完导向孔、扩孔后再回拖穿越管段。

可根据预先设计好的铺管线路驱动装有楔形钻头的钻杆从地面钻入，地面仪器（探地雷达）接收由地下钻头内传送器发出的信息，控制钻头按照预定的方向绕过地下障碍物直达目的地；然后卸下钻头换装适当尺寸和类型的回程扩孔器，使之能够在拉回钻杆的同时将钻孔扩大至所需直径，并将需要铺装的管线同时返程牵回钻孔入口处。在整个工作中，钻井泥浆不断地从钻头的喷嘴喷出，用以润滑钻头、钻杆和钻道，提高了整个工程的工作效率。

穿越管道的防腐常用三层 PE 防腐涂层，管道金属表面处理后，采用配套的冷涂环氧漆，再采用 PE 热收缩带进行现场补口包覆。

水平定（导）向钻施工适用于河床为黏土、粉砂和中砂层的地层，不适用于粒径大于100mm的砾石、卵石、流砂和基岩层。其特点是穿越管道埋深大，比大开挖管沟埋深大，安全性高、施工期短，一般只需1～2个月，施工不受季节限制，工程造价比常规大开挖沟敷设穿越低，有利于河床、河道、河堤的自然环境保护等。但工艺较为复杂，与顶管穿越相比投资较高，施工距离比盾构隧道短，发生事故时管道不易检修等。

（3）水平定（导）向钻轨迹控制　钻进时对钻头的跟踪、导航和轨迹的控制主要是由地面步行测量系统和孔内随钻测量系统完成的（图11-17）。

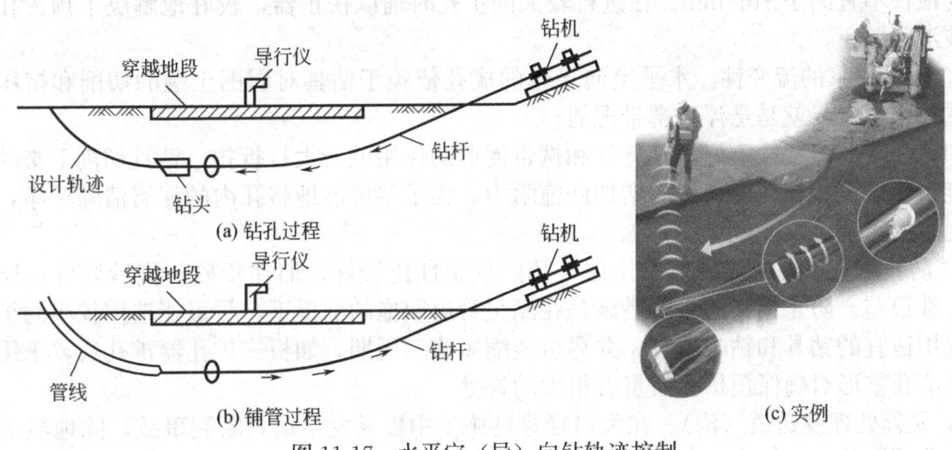

图11-17　水平定（导）向钻轨迹控制

地面步行测量系统又称步行式跟踪测量仪，在钻孔距离地面深度小于15m时选用，主要由发射器、接收器和远程显示器组成。装在钻头上方保护壳内的发射器发送无线电信号，地面接收器接收这些信号。除了得到地下钻头位置和深度信号外，传送来的信号还包括钻头倾角、面向角、探头温度、电池状态等。这些信号可以同时转送到钻机控制台的远程显示器上，以便操作人员做出沿原方向钻进还是纠正偏斜的决定。

孔内随钻测量系统又称孔内磁力惯性测量仪或磁性导向仪，在钻孔距离地面深度大于15m、跟踪测量路线上有地面障碍物、周围环境有明显磁性干扰的情况下选用。整个系统由孔内探头、地面信号接收器、信息处理器和显示装置组成。孔内探头安置在3m长的无磁钻铤内，探头内有2组方向测量传感器，一组是三轴加速度计，另一组是三轴磁力计。加速度计测量地球重力矢量，磁力计测量地球磁力矢量。测出这些数据后，经过数学计算，就可以确定钻孔任一点的方位角、顶角和工具面向角；加上钻孔位置增量数据，便可计算出钻孔中各测点的X、Y、Z坐标。数据输入计算机后，软件程序能够把实时的钻头顶角、方位角和工具面向角显示在屏幕上，并且绘制出钻孔轨迹曲线。

（4）水平定（导）向钻施工注意事项　施工中工程失败主要表现为回拖失败、扩孔报废，主要原因是钻机能力不够、导向孔不符合要求、预扩孔偏移量过大、孔内泥屑堆积过多、塌孔、管道进孔不顺畅和设备故障等。

① 选择适宜的钻机。通常选择钻机要考虑的主要参数是最大推力、拉力和最大输出扭矩。一般情况下，钻机的最大回拖力应不少于管段自重的1/2。同时，应尽快采取措施，最大限度地减少回拖力。回拖时采用水浮法发送穿越管段就是方法之一。

② 确保导向孔质量。导向孔是预扩孔的基础，导向孔的基本控制指标是出土角、入土角、曲线偏移和造斜段曲率半径（水平定向钻一般曲率半径以1500D为宜）。对大口径管道的水平定向穿越来说，造斜段的曲率半径应作为导向孔的重要指标加以控制。

③ 控制预扩孔的偏移和波浪。水平定向穿越的最终扩孔直径一般为管道直径的1.3～

1.5倍，对于大口径管道的水平定向穿越，当穿越沿程的土质不均匀时，由于钻杆、钻具自身重力的作用，土质松软的地方下切比较多，土质坚硬的地方下切比较少，从而造成预扩孔偏移，使预扩后的穿越曲线变成波浪形。

这种偏移和波浪对管道的顺利回拖是极有害的，减小偏移和波浪的主要措施是选择合理的扩孔钻具和钻具组合。在西气东输工程中，针对当地地质条件，采用的扩孔钻具以板式扩孔器和桶式扩孔器为主，板式扩孔器主要适用于黏土层和含砾石较多的砾土层，桶式扩孔器主要适用于含砂量较多的松软不宜成型的土层。不同土层要尽量控制不同的回扩速度，但回扩速度最快不宜高于1m/min。在进行较大的扩孔时辅以扶正器，较好地解决了预扩孔的偏移和波浪问题。

④ 确保泥浆的流变性。水平定向穿越的成孔依赖于钻具对周围土壤的切削和挤压，泥浆的重要作用之一就是悬浮和携带泥屑。

如果泥浆的流变性不好，其悬浮和携带泥屑的作用就会大打折扣，钻具切削下来的泥屑就可能大量地沉积在孔内，从而增加回拖阻力。为了尽可能地将孔内的泥屑清除干净，必须确保泥浆的流变性。

⑤ 防止塌孔。在黏土、亚黏土层，孔的稳定性比较好，而在粉砂、流砂和砾石层，孔的稳定性很差。防止塌孔的主要措施是在满足管道回拖的前提下，尽可能选用较小的扩孔直径；选用适宜的钻具和钻具组合，并尽可能缩短施工周期，如板式扩孔器扩孔后，采用桶式扩孔器清孔整形对确保预扩孔质量有很大的好处。

⑥ 妥善处理发送道（沟）。在大口径穿越施工中极易发生钻具断裂事故，除地质不均和钻具疲劳原因外，有相当一部分是因进孔不顺畅，管道强制入洞后钻具与管段不在一条轴线上，其局部薄弱环节在交变应力的作用下发生脆裂而造成的。因此，在开挖发送道（沟）时，应尽可能使发送道（沟）与管孔自然衔接。方法是在出土点处向前端和向后开挖一定距离管沟，并保证其斜度与穿越的出土角一致。

11.5.1.4 穿越公路与铁路施工

穿越公路与铁路施工可采用开挖沟槽法、顶管法、定（导）向钻法和涵洞内施工等。

（1）顶管法　顶管法是运用液压传动产生的巨大的顶进力向土壤内顶进套管（工具管）或顶管掘进机，再将待敷设的管道安装在套管内。也即是借助于主顶油缸及管节中继间千斤顶油缸等的推力，把工具管或掘进机从工作井内穿过土层一直推到接收井。与此同时，紧随工具管和掘进机后的管道埋设在两井之间，是一种非开挖的铺设地下管道的施工方法。顶管施工是继盾构施工之后发展起来的一种土层地下工程施工方法，主要用于地下进水管、排水管、煤气管、电信电缆管的施工。它不需要开挖面层，并且能够穿越公路、铁道、河川、地面建筑物、地下构筑物以及各种地下管线等，是一种非开挖的敷设地下管道的施工方法。

① 顶管施工的基本原理。顶管施工一般是先在工作坑内设置支座和安装液压千斤顶，借助主顶油缸及管道间中继间等的推力，把工具管或掘进机从工作坑内穿过土层一直推到接收坑内吊起，与此同时，紧随工具管或掘进机后面，将预制的管段顶入地层。可见，这是一种边顶进、边开挖地层、边将管段接长的管道埋设方法（图11-18）。

采用顶管机施工时，机头的掘进方式与盾构相同，其推进的动力由放在始发井内的后顶装置提供，故其推力要大于同直径的盾构隧道。顶管管道是由整体浇注预制的管节拼装成的，一节管节长2～4m，对同直径的管道工程，采用顶管法施工的成本比盾构法施工的要低。

顶管法的优点是：与盾构法相比，接缝大为减少，容易达到防水要求；管道纵向受力性能好，能适应地层的变形；对地表交通的干扰少；工期短，造价低，人员少；施工时噪声和振动小；在小型、短距离顶管，使用人工挖掘时，设备少，施工准备工作量小；不需二次衬砌，工序简单。

其不足是：需要详细地进行现场调查，需开挖工作坑，多曲线顶进、大直径顶进和超长距离顶进困难，纠偏困难，处理障碍物困难。

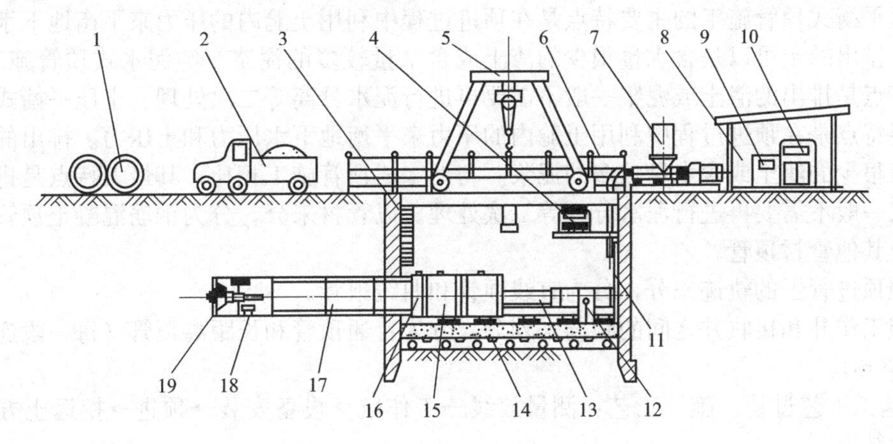

图 11-18 顶管施工示意

1—预制的混凝土管；2—运输车；3—扶梯；4—主顶油缸；5—行车；6—安全护栏；7—润滑注浆系统；8—操纵房；9—配电系统；10—操纵系统；11—后座；12—测量系统；13—主顶油缸；14—导轨；15—弧形顶铁；16—环形顶铁；17—已顶入的混凝土管；18—运土车；19—机头

② 顶管法的分类。顶管施工分类方法很多，下面介绍常见的分类方法。

根据所顶管子的口径来分，分为大口径、中口径、小口径和微型顶管四种。大口径指 ϕ2000mm 以上的顶管，中口径是在 ϕ1200～1800mm 范围内的顶管，小口径是在 ϕ500～1000mm 范围内，微型顶管一般小于 ϕ400mm。

以推进管前的工具管或掘进机的作业形式来分。推进管前带有一个钢制的带刃口的管子，具有挖土保护和纠偏功能，称其为工具管。人在工具管内挖土，这种顶管被称为手掘式。如果工具管内的土是被挤进来再作处理，则是挤压式。如果在推进管前的钢制壳体内有开挖及运输机械的则成为半机械或机械顶管。在机械顶管中，推进管前有一台掘进机，按照掘进机的种类又可把机械顶管分为泥水式、泥浆式、气压式、土压式和岩石掘进机式顶管。其中，以泥水式和土压式使用最为普遍。

手掘式顶管为正面敞胸，采用人工挖土，适用于有一定自立性的硬质黏土。

挤压式顶管工具管正面有网格切土装置或将切口刃脚放大，由此减小开挖面，采用挤土顶进。它只适用于软黏土，而且覆土深度也要求较深。

气压平衡式顶管用压缩空气平衡开挖面土体。全气压平衡在所顶进的管道中及挖掘面上充满一定压力的空气，以空气的压力平衡地下水的压力，一般采用液压顶进、人工挖掘。首先要考虑其安全性，其次对空压机要求较高。局部气压平衡则指压缩空气仅作用于挖掘面上，在顶管掘进机中设有一个隔板，分前后两舱，前舱为气压舱，后舱为工作舱，以管路送气，挖掘出来的土通过螺旋输送机在气压舱内送出，再用人工将土运出。

泥水平衡式工具管正面设置刮土刀盘，其后设置密封舱，在密封舱中注入稳定正面土体的护壁泥浆，刮土刀盘刮下的泥土沉入密封舱下部的泥水中，并通过水力运输管道排放至地面的泥水处理装置。在泥水平衡式顶管施工中，挖掘面上可以形成一层不透水的泥膜，阻止泥水向挖掘面渗透，同时该泥水本身又有一定的压力，因而可以用来平衡地下水压力和土压力，控制地表的隆起和沉降。一套完整的泥水平衡顶管设备主要包括掘进机主体（带刀盘，具有破碎功能），后方千斤顶系统（推力 2000～40000kN），泥水输送系统，激光导向及定位系统，润滑、灌浆装置和泥水处理装置六大部分。只需 4～5 人即可操纵整套设备。泥水平衡式顶管适用的土质范围比较广，如在地下水压力很高、变化范围很大条件下，都可适用。

土压平衡式顶管施工的主要特点是在顶进过程中利用土舱内的压力来平衡地下水压力和土压力。排出的土可以是含水量很少的渣土或含水量较多的泥浆。与泥水式顶管施工相比，其最大特点是排出的渣土或泥浆一般不需要再进行泥水分离等二次处理。土压平衡式顶管施工的主要特点是在顶进过程中利用土舱内的压力来平衡地下水压力和土压力。排出的土可以是含水量很少的渣土或含水量较多的泥浆。与泥水式顶管施工相比，其最大特点是排出的渣土或泥浆一般不需要再进行泥水分离等二次处理。以管材来分，分为钢筋混凝土顶管、钢管顶管以及其他管材顶管。

按照顶进管子的轨迹来分，分为直线顶管和曲线顶管。

按照工作井和接收井之间的距离来划分，分为普通顶管和长距离顶管（每一段连续顶进距离＞300m）。

③ 施工工艺过程。施工工艺：测量放线→工作坑→设备安装→顶进→挖运土方→接收坑→工程结束。

顶管法施工过程如下：先在管道设计线路上施做一定数量的小基坑作为顶管工作井，为一段顶管的起点与终点，工作井的一面或两面侧壁设有圆孔作为预制管节的出口与入口；顶管出口孔壁的对面为承压壁，其上安有液压千斤顶和承压垫板。千斤顶将带有切口和支护开挖装置的工具管顶出工作井出口孔壁，然后以工具管为先导，将预制管节按设计轴线逐节顶入土层中，直至工具管后第一段管节的前端进入下一工作井的进口孔壁。

顶管法施工包括顶管工作坑的开挖，穿墙管及穿墙技术，顶进与纠偏技术，局部气压与冲泥技术和触变泥浆减阻技术。顶管法施工目前已形成一套完整独立的系统。

顶管工作坑是安装所有顶进设备的场所，其位置一般选择在顶管地段的下游，最好是穿越管道的闸门井处。接收坑是接收掘进机的场所。工作坑内应有足够的工作面，其尺寸和深度取决于套管（工具管）直径、每根管长、接口方式和顶进长度、顶进设备等因素。

顶管施工必须保证有足够的顶力，才能克服管子在顶进过程中土壤对管子产生的阻力。因此，应进行顶力计算。阻力主要表现为管周围水平与垂直方向的土压力所产生的阻力，管子前端挤压土壤所产生的阻力，以及管子自重所产生的阻力。

设备主要包括千斤顶、顶管掘进机或工具管、主顶装置、导轨、顶铁和卷扬机。千斤顶应采用起重量大、顶杆长度长的电动油压式千斤顶。按顶力计算的总顶力选用一台或数台千斤顶。顶管掘进机或工具管是取土和保证顶进方向正确性的，主顶装置有主顶油缸、油泵、操作台、油管及动力设备。导轨能保证推进管有稳定的导向。顶铁是传递千斤顶顶力的工具，应配备成套，可用工字钢或钢管。下管及水平、垂直运土各用一台卷扬机。

顶管施工的开挖部分仅仅只有工作坑和接收坑，且安全，对交通影响小。在管道顶进过程中，只挖去管道断面部分的土，挖土量少；作业人员少，工期短；建设公害少、文明施工程度高；在覆土深度大的情况下，施工成本低。当曲率半径小且多种曲线组合在一起时，施工非常困难。在软土层中容易发生偏差，且纠正偏差比较困难，管道容易产生不均匀下沉。推进过程中如遇到障碍物时处理这些障碍物非常困难，在覆土浅的条件下很不经济。

a. 顶管工作坑的开挖。工作坑的顶进设备承受最大的顶进力，要有足够的坚固性。一般选用圆形结构，采用沉井法或地下连续墙法施工。沉井法施工时，在沉井壁管道顶进处要预设穿墙管，沉井下沉前，应在穿墙管内填满黏土，以避免地下水和土大量涌入工作坑中。

采用地下连续墙法施工时，在管道穿墙位置要设置钢制锥形管，用楔形木块填塞。开挖工作井时，木块起挡土作用。井内要现浇各层圈梁，以保持地下墙各槽段的整体性。在顶管工作面的圈梁要有足够的高度和刚度，管轴线两侧要设置两道与圈梁嵌固的侧墙，顶管时承受拉力，保证圈梁整体受力。

b. 穿墙管及穿墙技术。穿墙管是在工作坑的管道顶进位置预设的一顶段钢管，其目的是保证管道顺利顶进，且起防水挡土作用。

从打开穿墙管闷板，将工具管顶出井外，到安装好穿墙止水，这一过程通称穿墙。穿墙是顶管施工中的一道重要工序，因为穿墙后工具管方向的准确程度将会给以后管道的方向控制和管道拼接工作带来影响。

c. 顶进与纠偏技术。工程管下放到工作坑中，在导轨上与顶进管道焊接好后，便可启动千斤顶，各千斤顶的顶进速度和顶力要确保均匀一致。

在顶进过程中，要加强方向检测，及时纠偏。纠偏通过改变工具管管端方向实现。必须随偏随纠，否则，偏离过多，造成工程管弯曲面摩擦力增大，加大顶进困难。一般讲，管道偏高轴线主要是工具管受外力不平衡造成的，事先能消除不平衡外力，就能防止管道的偏位。因此，目前正在研究采用测力纠偏法，其核心是利用测定不平衡外力的大小来指导纠偏和控制管道顶进方向。

d. 局部气压与冲泥技术。在长距离顶管中，工具管采用局部气压施工往往是必要的。特别是在流砂或易坍方的软土层中顶管，采用局部气压法，对于减少出泥量，防止塌方和地面沉裂，减少纠偏次数都具有明显效果。

局部气压的大小以不坍方为原则，可等于或略小于地下水压力，但不宜过大，气压过大会造成正面土体排水固结，使正面阻力增加。局部气压施工中，若工具管正面遇到障碍物或正面格栅被堵，影响出泥，必要时人员需进入冲泥舱进行排除或修理，此时由操作室加气压，人员则在气压下进入冲泥舱，称气压应急处理。管道顶进中由水枪冲泥，冲泥水压力一般为 15～20kgf/cm^2，冲下的碎泥由一台水力吸泥机通过管道排放到井外。

e. 触变泥浆减阻技术。管外四周注触变泥浆，在工具管尾部进行，先压后顶，随顶随压，出口压力应大于地下水压力，压浆量控制在理论压浆量的 1.2～1.5 倍，以确保管壁外形成一定厚度的泥浆套。长距离顶管施工需注意及时给后继管道补充泥浆。

顶管法毕竟有它的局限性，对于城市地下管线工程，一定要根据地质地层特征和经济性多种因素综合分析，切忌盲目上马。

④ 顶管施工的方法。主要有普通顶管法（人工掘进顶管法）、机械掘进顶管、水力掘进顶管、挤密土层顶管和切刀掘削流体输送顶管等。

普通顶管法是向土体内顶进套管，顶进时由人工在套管前方掘土，然后在套管内安装管道。顶进管道管内出土应严格按照“先挖后顶”的顺序操作。先挖工作坑，将管子放到工作坑内千斤顶的前面，人在管道的最前端挖土，为管子开路，挖出的土从管内运至管外，再吊到地面运走，挖一段后，摇动千斤顶顶管。

机械掘进顶管是在被顶进的管道前端安装上机械钻进的掘土设备，配置挖土和皮带运土机械以代替人工挖运土，当管前方土体被掘削成一定深度的孔洞时，利用顶管设施，将连接在钻机后部的管子顶入孔洞。其特点是可降低劳动强度，加速施工进度，对黏土、砂土及淤泥等土层均可顺利进行顶管。但运土与掘进速度不易同步，出土较慢。遇到含水土层或岩石地层时因无法更换机头，所以不能使用。

水力掘进顶管是用高压水泵将水加压，经过管道与高压水枪连接，通过高压水枪将管道前端土壤冲成泥浆，然后由吸泥泵通过管道将泥浆排出管外。一般局限于穿越河流或野外顶管施工，在土质疏松、水源充足的条件下使用。

挤密土层顶管是利用千斤卷扬机等设备将管道直接挤压进土层内，顶进时，第一节管前端安装管尖，以减少顶进阻力，利于挤密土层，适宜在较潮湿的黏土或砂质黏土中顶进。顶进的最大管径不宜超过150mm，顶进过程中应采取措施保护防腐绝缘层。

切刀掘削流体输送顶管是用水或机械加压使掘削面上层保持稳定，同时旋转切削刀掘进，掘出的土物则采用流体输送装置排出，掘削、排泥和顶管同时进行，适用于各种不同的地质条件，只需较小的工作坑。

(2) 涵洞内施工　当燃气管道穿越铁路干线处，路基下已经作好涵洞，施工时将涵洞两侧挖开，在涵洞内安装。涵洞两侧设检查井，均安装阀门，安装完毕后，按设计要求将挖开的涵洞口封住。

11.5.1.5　*穿越河流施工*

管道穿越河流，既可明开挖施工，也可非开挖施工。管道穿越河流的方法很多，主要有围堰法（大开挖法）、浮运法、隧道法（沉管隧道、基岩隧道、顶管隧道、盾构隧道）和定（导）向钻法等。

一般来说，管道穿越河流，水下铺设管道需采用非开挖技术，而地下管线的非开挖技术是目前发展较快的管道施工方法。在我国以及许多发展中国家，随着城市化建设的加快，需要新铺设大量的管线，而通过水下（包括过江、过河和过地下水区域）等的管线铺设也越来越多，对铺设方法要求也越来越高。根据地下管线铺设技术的工作原理和设备，可将现有的可用于水下开挖的非开挖技术分为：

① 水平钻进技术。柔性及刚性的连续质料管材，完整地层。

② 夯管锤技术。刚性的连续质料管材，软的完整地层或硬的松散地层。

③ 顶管技术。刚性的连续或非连续质料管材，完整地层。

穿越方法的选择取决于管径、地方条件、河流宽度与深度、河底形状、水流速度、河床两岸的斜度及高度、岸边地上及地下的构筑物等具体现场条件。水位较低、流速较慢、土质较好、允许封航的中小型河流，宜用围堰法施工；水位较高、流速较快、没有条件封航的中小型河流，可采用浮运法和沉管隧道法施工；大型河流，没有条件封航的中型河流，可采用隧道法（基岩隧道、顶管隧道、盾构隧道）和定向钻法施工。

(1) 围堰法　在待穿越水下管道的两侧，堆筑临时堤坝，阻挡水流并排出堤坝间的积水，然后开挖沟槽，敷设管道，回填土施工完毕后将围堰拆除。其特点是施工简单，需要设备少，但必须在断航的条件下施工。

一般先将河流的一半用围堰围住，用水泵排出围堰内的河水，然后挖沟，敷设管道，再将河中的管口用堵板焊住，以防泥水进入管内，如有水渗入应用水泵排出。安装完后，拆除围堰。用同样的方法将剩下的一半作围堰，挖管沟，将已施工管道堵板割去与后安装的管道连接起来，再回填管沟，拆除围堰。为减少河水冲刷，围堰迎着流水方向的堰体应平缓，围堰高度应保证在施工期间河水的最高水位不至淹没堰顶。

围堰的种类较多，常用的有土、草土混合、水排（钢管或槽钢）桩和草麻袋等围堰。

(2) 浮运法　首先在岸边把管子焊接成一定的长度，并进行压力试验和涂敷包扎防腐绝缘层，然后拖拉下水浮运至设计确定的河面管道中心线位置，最后向管内灌水；随着灌水，管子平稳地沉入到预先挖掘的沟槽内。

① 水下管沟的机械开挖。开挖方法主要有挖土机开挖、索铲开挖、架式铲土机、水力冲击器、水力吸泥器或空气吸泥器、挖泥船和水下爆破（钻爆法）。

拉铲式和抓斗式挖土机主要是挖掘岸边的水下管沟。同一台挖土机可以用正铲、反铲、拉铲或抓斗挖土。在挖河床水下沟槽时，挖土机可以装在沿沟槽线路上用钢丝绳及绞车移动的平底船或其他船上。

索铲（图11-19）的铲子用钢制成，有多种规格，下部有齿状铲刀，但没有底。用此法开挖沟槽，其底部呈弧形，无法保持平整。

当挖出的土需要在旁边堆成土堤时，或者挖出的土根据工作条件的要求要用铲土机的铲子升到一定高度时，使用架式铲土机（图 11-20）最为方便。

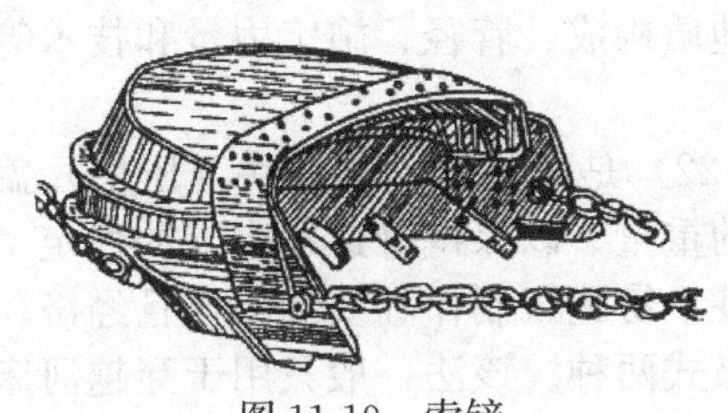

图 11-19 索铲

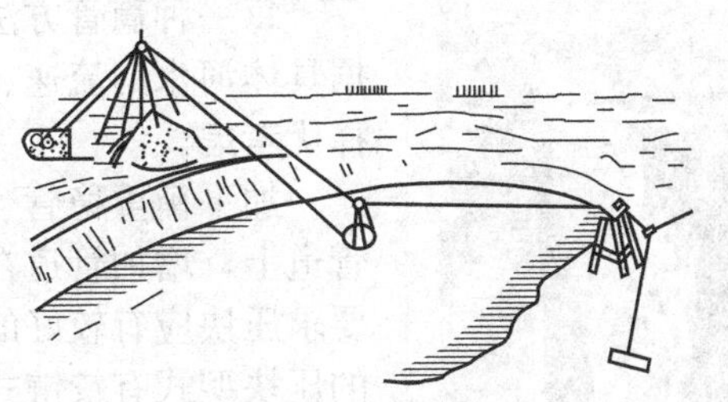

图 11-20 架式铲土机

水力冲击器用长软管接在泵上，橡胶管末端装有带锥形喷水嘴的普通水枪。水力冲击器由高压离心泵供水，水下的土被喷水嘴以高速喷出的水柱冲开，由潜水员控制向需要的方向冲土。

水力吸泥器或空气吸泥器是利用高压水或压缩空气通过喷嘴，在混合室内造成负压产生吸力，当泥浆吸口向土表面靠近时，进入吸泥器内的水便带入泥砂，使管沟的泥砂同水一起排走，特别适用砂性土壤。对于黏土或较坚硬的土壤，要先用水力冲击器把土冲松，先碎土，再吸泥，也能达到较好的效果。

根据土质选择不同类型的挖泥船。常用的挖泥船为装有泥浆泵的吸扬式挖泥船、抓斗式挖泥船和轮斗式挖泥船。

水下爆破（钻爆法）适用于河底遇礁石、基岩河床或其他坚硬地层。水下爆破有裸露药包爆破法和钻眼爆破法。

② 水下管道敷设。当密封的管道自重大于水的浮力时，将下沉至河底。先将管道在岸边组对焊接、防腐并检验合格后，用对岸钢丝绳的一头拴在管道的首端，另一头由对岸拖拉机或卷扬机拉拽，将管道沿管沟底从一个岸边拖到另一个岸边。为了减少牵引力，在管端焊上堵板，以防河水进入管内。

河底拖运敷设施工，在拖拉时以及用其他方法在水下管沟铺设管道时，为防止损坏防腐层，在管子四周防腐层上包以木条包扎层，木条用铁丝扎紧，在拖拉过程中，必须防止燃气管道过分弯曲，以保护管道与防腐层。

为减少水下焊接，应在岸上将管子组对焊接成整体，并做好防腐层，如需要分段浮运时，应尽量加长浮运管段的长度。管段的浮运可用拖拉加浮船的方法，即把管段放在浮船上，然后用设在对岸的卷扬机或拖拉机将管段拖至水下沟槽的上方，称为浮运下管法（图 11-21）。

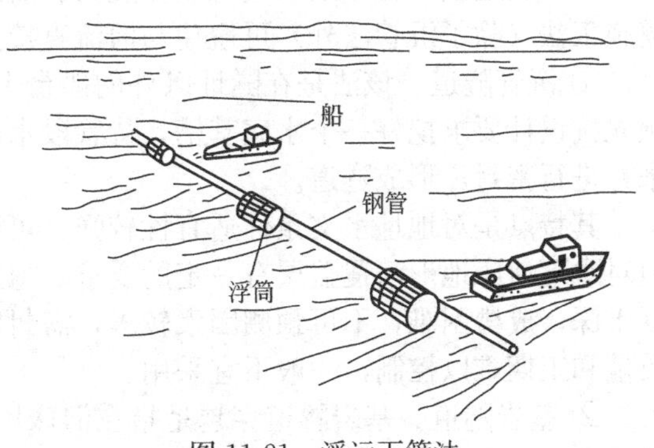

图 11-21 浮运下管法

③ 水下穿越管段的稳定。水下管道与陆上管道不同，二者铺设环境不一样，水下管道多了一个水流影响因素。水流不仅对管道产主各种作用力（如浮力、动水上抬力、水平推力以及对称绕流对悬空管道引起的振动等），而且对于敷设管道的河床边会引起冲刷，冲刷剧烈的会危及管道安全。因此，人们为了确保管道的安全，围绕着如何避免或克服水流

作用的问题，产生并发展了各种技术，其中就包括了各种稳管方法。

常用的稳管形式有混凝土（或铸铁）平衡重、重混凝土连续覆盖层、复壁管注水泥浆、石笼、管段下游打挡桩、粗化河床和打防浮桩等。

图 11-22 加平衡重稳管

每一种稳管方法都有一定的使用条件和优缺点。选用时，应根据具体河水的流速、河床地质构成、管径、施工力量和技术等因素择优考虑。

加平衡重稳管（图 11-22）是用特别的加重块（压块）盖压在管道上，增加管道在水下的重量，以保持管道在水下的稳定。一般要求压块应有较好的稳定性，易施工制作和安装方便且经济。常见的压块型式有铰链式和马鞍式两种。该法一般只用于穿越河床坚硬的小型水域和不受冲刷的河区以及沼泽地带。

重混凝土连续覆盖层稳管是在穿越管段外表面包上钢丝网做成加强筋，配以混凝土防护加重层，以保持管道在水下的稳定性。

为克服平衡稳管的缺点，近年来在穿越河流工程中广泛采用了复壁管注水泥浆稳管的结构。这种结构是在工作管外套一较大口径的钢管，在两管之间的环形空间灌注水泥浆，以增加管体重量。

石笼稳管是由直径 6～8mm 的钢筋骨架和镀锌铁丝织成的笼子，内装石块、卵石等。

当管线的单位长度重量只能保证管子不浮动，不能保证管线水平不移动时，可采用管线下游打桩稳管法，防止管线水平位移或产生过大的弯曲应力。

采用气举法沉石置换砂粒，粗化河床稳管，使河床不易被冲刷，从而保证管线的稳定。

当管顶填土不能满足最小厚度时，需采取防浮措施。防浮措施可采取每隔一定距离打一组混凝土方桩或槽钢。防浮桩的间距和桩长应根据不同管径钢管的浮力和桩的材料以及土壤对桩的摩擦系数通过计算来确定。

围堰法和浮运法适于土壤松软（机械或人工开挖）、水流速度小、回淤量小以及卵石层和土壤硬实的河床。特点是在可停航河段，适用河床范围较广，可以进行电缆、光缆等设施的同沟敷设，施工工艺简单。但工期长，施工受气候等条件限制，对河道航运和渔业等其他部门影响大，对河道和生态环境有破坏，对开挖河堤造成安全隐患，不能确定保护结构（外防腐层）的安全可靠性和长期使用寿命（即敷设后的管道受河流流动及船只航行抛锚等影响），水下作业牵涉部门多，干扰大，各项赔偿费用高，穿越河流主槽不易达到设计深度。

（3）隧道法 在穿越水流急、宽度大、航运繁忙的江河时，可采用隧道施工法，因为隧道施工法（除了沉管法外）可避免与河流直接接触，施工不受航运干扰。

① 沉管隧道。该法是在隧址以外的船台上或临时干坞内制造隧道管段，同时在隧址处预先按设计要求挖好一个水底基槽，待管段水面定位后，充水沉管就位，再将各管节连接起来并进行密封，形成隧道。

其特点是对地址水文条件适宜性较强，可浅埋，防水性较好，大型隧道每米造价较低，但对水下河床地形河覆盖层有一定的要求。施工作业与外界联系密切，协调工作复杂，沉管复土深，成槽困难，不可预测因素较多，需封航或半封航，对航运有影响，工艺技术复杂，质量和工期难以控制，一般不宜采用。

② 基岩隧道。基岩隧道穿越是指在河床以下的基岩地层开凿一条隧道，让管道从中通过的穿越方式。一般在隧道的两端采用一眼竖井一眼斜井或两端都采用斜井的方式。为了便于工人下隧道施工和维护，斜井的倾角一般不大于 35°。

基岩隧道适用于基岩河床或覆盖层较薄的基岩河床，基岩完整，裂隙不发育，且相对平整的穿越断面。施工技术和方法采用探孔超前钻进、凿岩机浅眼掘进、预裂和光面爆破、超前支护和预制件混凝土衬砌、高压壁后注浆固井等。基岩隧道的经济性好，安全性高，质量有保障，无须断航，维护方便，管理费用极低，可以资源共享，但设计、施工难度大，施工工艺复杂，工期长，工程造价高，施工过程中存在安全隐患。

③ 顶管隧道。采用专门的设备进行地下掘进，通常借大吨位液压油缸（或顶管掘进机）的推力，把工具管（钢筋混凝土预制管节）以及紧随其后的若干管节，从工作井内穿越土层，一直顶进到接收井。其特点是适于黏土、砂砾等土质地层。顶管施工采用超长距离顶管，运用中继装置接力顶进，施工工艺技术成熟，截面小，造价相对较低，顶进速度较快，工期较短，较为适宜大口径油气管道穿越河流以微型隧道方式通过。但其施工工艺较为复杂，对河床有一定要求。施工距离相对较短，施工安全性相对较差，要有一定的经济施工长度。

④ 盾构隧道。盾构法主要是用专门制造的盾构机及配套装置，进行地下掘进，并把地面送来的钢筋混凝土预制环片拼装成管段，并连起来形成隧道，适用于多种地质条件，包括松软沙性土、淤泥、小粒径少含量的沙卵石层和软岩。其特点是掘进速度快，噪声和振动较小，对地层变化适应能力较强，施工安全，可同沟敷设油气管道和电缆，管道具有可维护性。若做复线，投资较省，但施工工艺复杂，进尺缓慢，工期较长，圆形隧道一般不小于3m，要有一定的经济掘进长度，造价相对较高。

隧道穿越对河床的适应能力较强，安全性高，具有可维护性。隧道具有多用性，除沉管法外，均在河堤外施工，不受季节限制，不影响航运、渔业等其他行业。

(4) 水平钻进法　水平钻进法又称水平湿钻法，它分为单管施工法和双管施工法两种。

① 单管施工法。单管施工法要求钻机的通孔直径较大，能使大口径套管（或钻杆）通过，并直接带动套管回转，套管前端装有切削头。钻进结束后，套管可以留在孔内作为永久性管道的护管，也可以在顶入永久管道时将套管拉出。

单管施工法的最大施工长度取决于管的内径和土层条件。管径为100～200mm时，最大施工长度为100m；管径为500～600mm时，最大施工长度可达50m。

这种施工法的最大缺点是不能控制钻进的方向，因而施工精度不高。因此，单管施工法主要用于小口径（150～600mm）管道和短距离（一般为50m左右）跨越孔的施工。

② 双管施工法。双管施工法采用双重管正循环钻进工艺（图11-23）。钻进时，内管和钻头由钻杆带动超前回转钻进，外管（即套管）不回转随后压入。

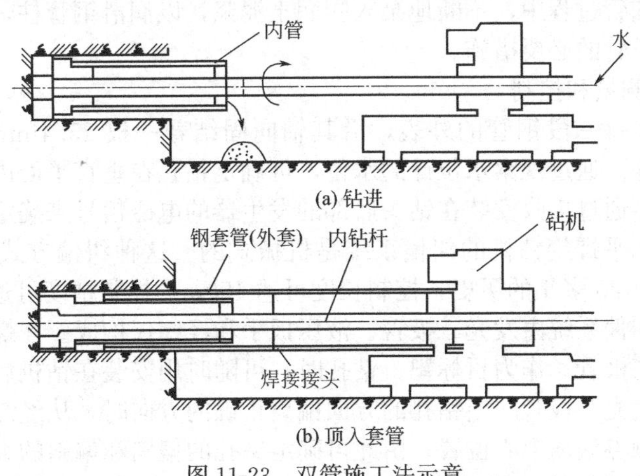

图11-23　双管施工法示意

与单管施工法一样，由于不能控制钻进的方向，双管施工法的施工精度也较差。为了提高施工精度，可将内钻杆和外套管设计成反向转动，即内管向右转，外管左转，使钻头回转产生的偏心力矩得到部分抵消。另外可采用双重管设计，内管超前，起导向作用，外管的钢性起支撑作用，内外管的作用相辅相成，在一定程度上提高钻进的精度。

（5）水平螺旋钻进法　水平螺旋钻进法在美国使用得最广，它是依靠螺旋钻杆向切削钻头传递钻压和扭矩，并排出土屑，待铺设的钢管在螺旋钻杆之外，由电机的顶进油缸向前顶进。

用该方法铺管施工时，先准备一个工作坑，然后螺旋钻机水平地安放在预先掘好的工作坑内，钻进时，依靠螺旋钻杆向钻头传递钻压、扭矩并排出土屑，并将钻头切削下来的土屑排到工作坑。钢管间采用焊接方法进行连接。在稳定的地层，且待铺设的管道较短时，也可采用无套管的方法进行施工，即在成孔后再将待铺设的管道拉入或顶进孔内。水平螺旋钻进法一般用于在穿越公路、铁路、堤坝等时铺设钢管。该法在使用过程中，不断得到改进和发展，尤其在方向控制、适用地层、铺管的长度和尺寸等方面有了长足进展。

① 水平螺旋钻进系统的组成。水平螺旋钻进铺设管线系统主要由以下几部分组成：

a. 水平螺旋钻机。它是水平螺旋钻进铺管系统的主体部分，主要由回转系统、顶进系统以及为其提供支承的导轨组成。现代水平螺旋钻机的回转和顶进都通过液压系统实现，便于控制、调节。

b. 螺旋钻杆。螺旋钻杆起传递钻压、扭矩以及排出土渣的作用，其直径略小于铺设钢管的内径，长度与钢管相同。

c. 螺旋钻头。螺旋钻进铺管法主要用于土层施工，所以一般用刮刀钻头。根据土层软硬的不同，钻头切削具的种类也不一样。总的来说，较软地层用片状的、较锐利的切削具；较硬地层采用柱状的、较耐磨的切削具；而钻进硬黏土、页岩和卵砾石层则采用镶有子弹形圆柱硬质合金的钻头。钻头的直径稍大于钢管外径，形成一定量的超挖，以减轻管壁摩擦阻力。钻头最外部的切削具是铰接的，可通过反转使其向内折叠，从而使钻头直径小于钢管内径，以便必要时更换钻头。

d. 方向控制系统。由沿轴向固结在每一根钢管外表面的小直径公母螺杆和最前部两段间的铰链系统组成。转动控制螺杆，可使最前端铰接的钢管上下或左右摆动，从而实现铺管方向的控制。

e. 泥浆润滑系统。由一台小泵和沿轴向固结在每一根钢管外表面的小直径（25.4mm 左右）钢管组成。在铺管过程中，不断地泵入膨润土泥浆，以润滑钢管柱，减轻管柱与地层之间的摩擦，这是铺长管的必要措施。

② 铺管方向的测量和控制

a. 方向测量。在每一段钢管的外表，沿其轴向固结着一根 25.4mm 左右的钢制水管。水管与一水位计相连。通过观察水位计的水位，可确定钻孔在垂直平面内的偏斜。

水平面内的偏斜通过接收安装在钻头后部的发生器的电磁信号来确定。

b. 方向控制。水平螺旋钻机的纠偏系统是机械式的。这种纠偏方式以往主要用于垂直平面内的控制，已有 20 多年的历史，控制长度可达 150m，控制精度可达 25.4mm。

另一种倾斜和纠偏系统由发光二极管、液压扳手和经纬仪构成。在螺旋钻杆和钻头连接的接头内装有发光二极管，作为目标靶。钻孔时，可随时用安装在钻机后端的经纬仪通过空心的螺旋钻杆观察发光二极管。当钻孔的方向偏离正确的方向时，从经纬仪图像上可以看到发光二极管的中心测点偏离中心位置，由此可确定钻孔的偏斜和偏斜的大小。纠斜装置的结构原理是：外套管前端的管鞋部分做成斜口状，斜口的长度约等于套管外经的一半。钻进时，套管不回转，只顶进。当需要对钻孔方向进行修正时，通过液压油缸转动套管，使管鞋的斜口朝向钻孔偏的方向；然后停止转动套管，随着钻孔的继续钻进，钻孔的方向就会逐渐地被修正过来。由于可通过转动套管使斜口朝向圆周的任意方向，故可以在任意方向上纠斜。

（6）夯管（也称沉管）施工法　夯管施工法是指用夯管锤将待铺设的钢管沿设计路线直接夯入地层，实现非开挖铺管的技术。夯管锤实质上是一个低频、大冲击功的气动冲击器，它由压缩空气驱动。在夯管施工过程中，夯管锤产生较大的冲击力，这个冲击力直接作用在钢管的后端，通过钢管传递到前端的管鞋上切削土体，并克服土层与管体之间的摩擦力使钢管不断进入土层。随着钢管的前进，被切削的土芯进入钢管内，待钢管抵达目标坑后，取下管鞋，钢管留在孔内。可用压气、高压水射流或螺旋钻杆等方法将土芯排出。

有时为了减少管内壁与土的摩擦阻力，在施工过程中夯入一节钢管后，间断地将管内的土排出。

由于夯管过程中钢管要承受较大的冲击力，因此夯管锤铺管只能用于铺设钢管，一般使用无缝钢管，而且壁厚要满足一定的要求，如果夯管距离超过 40m，壁厚应增加 25%。夯管要求的钢管壁厚见表 11-1。钢管直径较大时，为减少钢管与土层之间的摩擦阻力，可在管顶部表面焊接一根小钢管，随着钢管的夯入，注入水或泥浆，以润滑钢管的内外表面。钢管间的连接由现场焊接来完成，一般夯入一段，焊接一段。根据铺管现场具体条件，来确定管段长度，如果条件许可，应尽可能用长的管段，以便减少焊接造成的铺设偏差，节约焊接钢管所需的时间。

表 11-1　夯管要求的钢管壁厚　　单位：mm

管径	≤250	350～800	800～1200	1200～1500	1500～2000
壁厚	>6	>9	>12	>16	>20

夯管铺管管径范围较宽，ϕ200～2000mm 均可，视地层和夯管锤的不同，一次性铺管长度达 10～80m。

夯管锤铺管对地层适应性较强，可在任何土层中使用，无论是含砾石土层，还是含水土层均能顺利地夯入管道，而且铺管速度较快，一般夯速为 6～8m/h，快时可达 15m/h。夯管锤铺管具有对地表的干扰小，铺管精度高，施工成本低，设备简单，投资少，操作、维护方便，铺管直径范围大，对地层的适应能力强等优点。

夯管施工前，首先将夯管锤固定在工作坑上，并精确定位；然后通过锥形接头和张紧带将夯管锤连接在钢管的后面。为了保证施工精度，夯管锤和钢管中心线必须在同一直线上。在夯第一节钢管时，应不断地进行检查和校正。如果开始就发生偏斜，以后就很难修正方向。

每根管子的焊接要求平整，全部管子须保持在一条直线上，接头内外表面无凸出部分，并且要保证接头处能传递较大的轴向压力。

当所有的管子均夯入土层后，留在钢管内的土可用压气或高压水排出。排土时，须将管的一端密封。当土质较疏松时，管内进土的速度会大于夯管的前进速度，土就会集中在夯管锤的前部。此时，可用一个两侧带开口的排土式锥形接头在夯管的过程中随时排土。对于直径大于 800mm 的钢管，也可以采用螺旋钻杆、高压射流或人工的方式排土。当土的阻力极大时，可以先用冲击矛形成一个导向孔，然后再进行夯管施工。

11.5.2 管道跨越施工法

（1）跨越结构型式选择　选择跨越的结构型式应充分利用管道自身的材料强度。大型跨越工程，宜选择悬垂管、悬索管、悬链管、悬缆管、斜拉索管桥等形式；中型跨越工程，宜选择拱管、轻型托架与桁架管桥等形式；小型跨越工程，宜选择梁式、拱管、下悬管、悬杆支架、吊式支架、八字钢架与复壁管等形式。

在同一管道工程内，中、小型跨越工程的结构型式不宜多样化。跨越管段的补偿，应通过工艺钢管的强度、刚度和稳定性核算。当自然补偿不能满足要求时，必须设置补偿器，补偿器必须满足清管工作的正常要求。布置跨越工程的支墩时，应注意河床变形。支墩沿水流方向轴线，宜平行于设计洪水的水流方向轴线，确需斜交时，在通航河流上，支墩沿水流方向轴线与通航水位的水流方向轴线交角不宜大于5°，支墩为圆形单桩时不受交角的限制。采用单孔跨越时，允许斜交。跨越工程的支墩不应布置在断层、河槽深处和通航河流的主航道上。

（2）悬垂管桥　用强大的地锚和一定高度的钢架，利用管线本身的高强度将输油气管线像过江高压电线一样绷起来，这种跨越形式与悬索结构相比，结构简单，施工方便，并可节约大量昂贵而易腐蚀的钢绳（图11-24）。

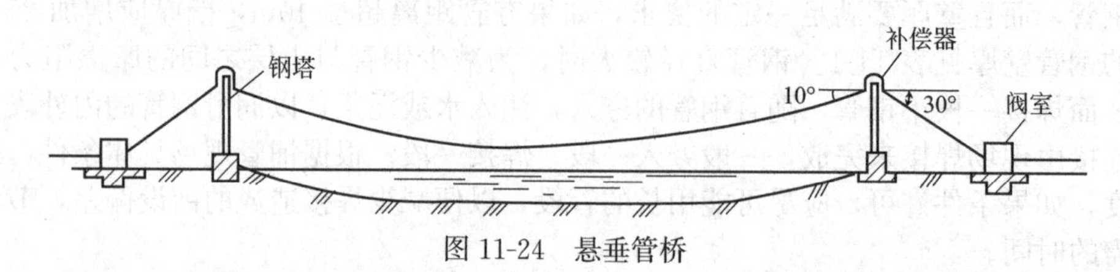

图11-24　悬垂管桥

（3）悬索管桥　悬索式跨越，管道由很多吊索悬吊在两端支承在塔顶的主索上，管道本身兼作桥面体系。这种结构类型侧向刚度很小，一般在管道两侧设置抗风索（图11-25）。

（4）悬链管桥　管道上无主索、吊索和抗风索，其拉力全部由管道本身承受。其特点是发挥了管道纵向强度的作用，具有良好的抗风性能，温度补偿由悬链线本身的变化进行补偿（图11-26）。

图11-25　悬索管桥

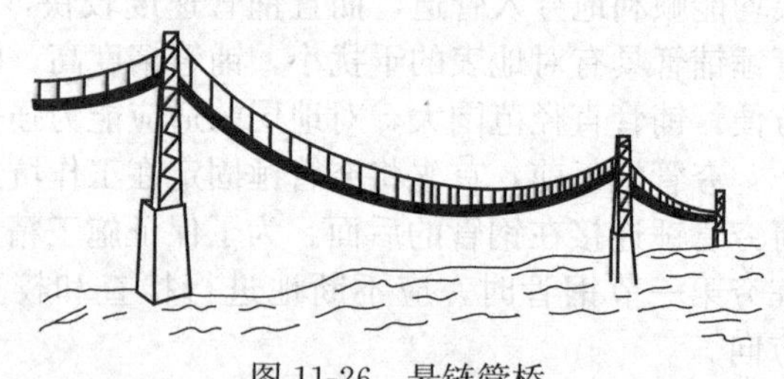

图11-26　悬链管桥

该桥适用于江河、山谷或平原地区。特别是在山谷，不要塔架或减少塔架高度，悬链段引起的拉力可通过传到地下管道来平衡。

（5）悬缆管桥　悬缆管桥是由悬索结构演变而来的一种跨越形式。外形特点是管道与主索都呈悬链形式，所有的吊索长度均相等。优点是抗风，稳定性较好，两侧无须抗风索，能充分利用主索的抗拉力来提高桥面体系的固有频率，消除低频率的“S”形共振，而不受风力的破坏。温度变化靠自身垂度变化调整，可不设温度补偿器。

（6）斜拉索管桥　斜拉索形式是一种比较新型的大跨度结构型式，是最近几年用得较多而又比较成功的一种跨越形式（图11-27）。其特点是以斜拉索代替主索，在相同条件下与悬索结构相比，钢丝绳用量减少30%～50%。利用管道自身的平衡，减少了基础混凝土的用量，具有良好的抗风能力，抗振阻尼大，性能好，能跨越较宽的江河。

斜拉索管桥结构有伞形、扇形、琴形、星形和综合形等形式，我国以伞形最多。

(7) 拱管　拱管是把管道架设成类似拱桥的形状，并用钢丝绳等柔索材料进行加强(图 11-28)。

图 11-27　伞形斜拉索管桥

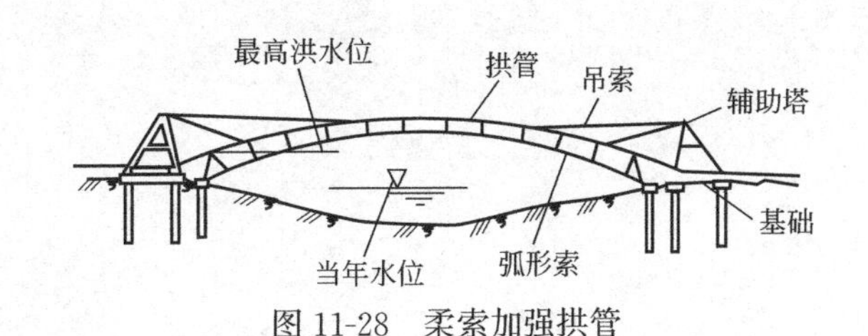

图 11-28　柔索加强拱管

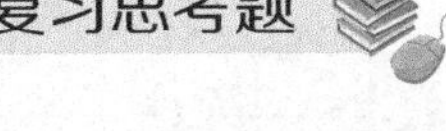

复习思考题

11-1　简述土层锚杆的受力机制。
11-2　简述土钉墙的施工工艺。
11-3　地下连续墙有哪些特点？
11-4　简述地下连续墙的主要工艺流程。
11-5　地下连续墙修筑导墙的主要作用是什么？
11-6　地下连续墙的钢筋笼制作与吊装要注意哪些问题？
11-7　简述逆作法的施工原理及施工过程。
11-8　试论述盾构法施工的含义，它有何特点？
11-9　简述盾构法施工的主要工艺。
11-10　简述沉管法施工的主要工艺。
11-11　何谓沉管法施工？其关键施工工序是哪些？
11-12　简述水下铺设管道的施工方法有哪些，各有什么特点。
11-13　什么是非开挖管道工程施工，方法有哪些？
11-14　水平定（导）向钻如何施工？
11-15　顶管法施工的基本原理和主要工艺是什么？
11-16　管道穿越公路与铁路、河流的施工方法有哪些？如何施工？
11-17　跨越工程的施工方法有哪些？

第2篇
土木工程施工组织

12

▶▶施工组织概论

扫码获取本书学习资源
在线测试
拓展阅读
章节速览
「获取说明详见本书封二」

学习内容和要求

掌握	• 工程项目施工程序、施工准备工作的内容、施工组织设计的概念、内容、分类和作用	12.1节
了解	• 施工组织的一般规律、施工组织设计编制原则和依据以及工程项目资料的内容与存档	12.4节

12.1 概述

施工组织：以一定的生产关系为前提，以施工技术为基础，着重研究一个或几个建设产品生产过程中各种生产要素之间的合理组织问题。

研究对象：建造建（构）筑物的组织方法、理论和一般规律。

研究目的：选择在空间布置和时间排列上的最优方案，使工程优质、高速、低耗、安全，取得较好的经济效益和社会效益。

任务：根据建筑产品生产的技术经济特点，以及国家基本建设方针和各项具体的技术规范、规程、标准，实现工程建设计划和设计的要求，提供各阶段的施工准备工作内容，对人、资金、材料、机械和施工方法等进行合理安排，协调施工中各专业施工单位、各工种、资源与时间之间的合理关系，使工程中各项生产要素各得其所，即人尽其才、物尽其用、机尽其力。

12.1.1 基本建设

（1）基本建设内容

① 基本建设：指国民经济各部门、各单位利用资金进行以扩大生产能力或新增工程效益为主要目的的新建、改建、扩建工程及有关工作。

② 固定资产：固定资产包括了各种性质和用途的建筑物、构筑物，以及各种管道、矿山、通信、道路、隧道、机场、水利、畜牧场等工程建设，还包括了机械、设备、车辆、飞机、牲畜等生产资料的购置和安装工作。

③ 与基本建设相关的工作：包括基本建设的管理、科学试验、勘察设计、土地征购、拆迁补偿、生产准备、职工培训、道路绿化等工作，同时还包括相应的生产、流通和分配过程在内的各种经济活动。

基本建设为促进国民经济的发展、提高人民的物质文化生活建立了物质基础，是扩大再生产的重要手段。

(2) 基本建设程序 基本建设程序是指一个建设项目在整个建设过程中各项活动必须遵循的先后顺序（次序），主要由计划任务书（或项目建议书）、可行性研究、编制设计文件、建设准备、施工安装、竣工验收等几个阶段组成（图 12-1）。它总结了我国多年来基本建设工作的实践经验，正确反映了生产规律和经济规律。基本建设程序一般分为前期策划、设计和实施三个阶段。

① 前期策划。根据国民经济的中长期规划目标，确定基本建设项目。其中包括提出项目建议书、大型项目的预可行性研究、可行性研究、设计方案的比选、确定建设地点和规模、可行性研究的报批、编制设计任务书、筹集建设资金等，并且进行大量的调查、研究、分析，论证建设项目的经济效益和社会效益。

② 设计。根据批准的计划任务书，进行建设项目勘察设计，编制设计概算；经批准后做好建设准备，落实年度计划安排；选定生产工艺，做好设备订货等工作。

③ 实施。建设项目的实施包括土木工程施工、设备安装、生产准备、联动试车、竣工验收及投产使用等。

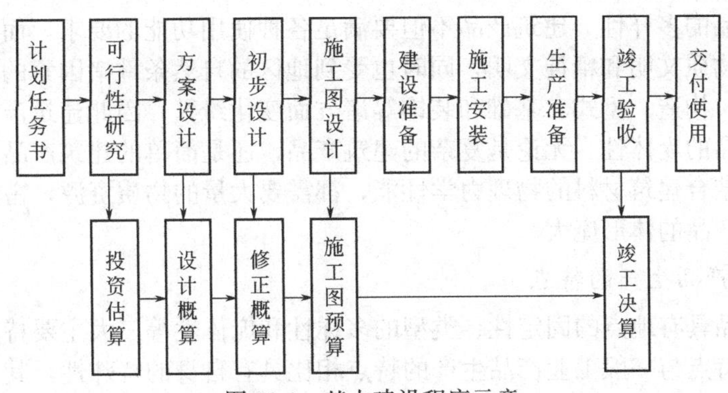

图 12-1 基本建设程序示意

(3) 建设项目的组成

① 建设项目（基本建设项目）：在一个总体设计范围内，由一个或多个单项工程组成，经济上统一核算、具有独立组织形式的建设单位。一座完整的工厂、矿山或一所学校、医院都可以是一个建设项目。

② 单项工程（工程项目）：建设项目的组成部分，在一个建设项目中，具有独立的设计文件、建成后能独立发挥生产能力或效益的工程。如工业建筑的一条生产线，市政工程的一座桥梁，民用建筑中的医院门诊楼、学校教学楼等。

③ 单位工程：单项工程的组成部分，指具备单独设计条件、可独立组织施工、能形成独立使用功能但完工后不能单独发挥生产能力或投资效益的建（构）筑物。如一栋建筑物的建筑与安装工程为一个单位工程，室外给排水、供热、煤气等又为一个单位工程，道路、围墙为另一个单位工程。

④ 分部工程：单位工程的组成部分，按专业性质、建筑部位划分确定。一般建筑工程可以划分为九大分部工程，即：地基与基础、主体结构、装饰装修、屋面、给排水及采暖、电气、智能建筑、通风与空调、电梯。分部工程较大或较复杂时，可按专业及类别划分为若干子分部工程。如主体结构可划分为：混凝土结构、砌体结构、钢结构、木结构、网架或索膜结构等。

⑤ 分项工程（施工过程）：分部工程的组成部分，按主要工种、材料、施工工艺、设备类别进行划分。如混凝土结构可划分为：模板、钢筋、混凝土、预应力、现浇结构、装配式

结构；砌体结构可划分为：砖砌体、混凝土小型空心砌块砌体、石砌体、填充墙砌体、配筋砖砌体等。

⑥ 检验批：分项工程由一个或若干个检验批组成，检验批可根据施工及质量控制和专业验收需要按楼层、施工段、变形缝等进行划分。

12.1.2 建设产品及生产特点

12.1.2.1 建筑产品的特点

由于建筑产品的使用功能、平面与空间组合、结构与构造形式等的特殊性，以及建筑产品所用材料的物理力学性能的特殊性，决定了建筑产品的特殊性，其具体特点如下。

（1）建筑产品在空间上的固定性　一般的建筑产品均由自然地面以下的基础和自然地面以上的主体两部分组成（地下建筑全部在自然地面以下）。基础承受主体的全部荷载（包括基础的自重），并传给地基，同时将主体固定在地面上。任何建筑产品都是在选定的地点上建造和使用，与选定地点的土地不可分割，从建造开始直至拆除均不能移动。所以，建筑产品的建造和使用地点在空间上是固定的。

（2）建筑产品的多样性　建筑产品不但要满足各种使用功能的要求，而且还要体现出地区的民族风格、物质文明和精神文明，同时也受到地区的自然条件诸因素的限制，使建筑产品在规模、结构、构造、型式、基础和装饰等诸方面变化纷繁，因此建筑产品的类型多样。

（3）建筑产品的庞体性　无论是复杂的建筑产品，还是简单的建筑产品，为了满足其使用功能的需要，结合建筑材料的物理力学性能，都需要大量的物质资源，占据广阔的平面与空间，因而建筑产品的体形庞大。

12.1.2.2 建筑产品生产的特点

由于建筑产品具有地点的固定性、类型的多样性和庞体性等三大主要特点，所以决定了建筑产品生产的特点与一般工业产品生产的特点相比具有自身的特殊性，其具体特点如下。

（1）建筑产品生产的流动性　建筑产品地点的固定性决定了产品生产的流动性。一般的工业产品都是在固定的工厂、车间内进行生产，而建筑产品的生产是在不同的地区，或同一地区的不同现场，或同一现场的不同单位工程，或同一单位工程的不同部位组织工人、机械围绕着同一建筑产品进行生产。因此，使建筑产品的生产在地区之间、现场之间和单位工程不同部位之间流动。

（2）建筑产品生产的单件性　建筑产品地点的固定性和类型的多样性决定了产品生产的单件性。一般的工业产品是在一定的时期里、统一的工艺流程中进行批量生产，而具体的一个建筑产品应在国家或地区的统一规划内，根据其使用功能，在选定的地点上单独设计和单独施工。即使是选用标准设计、通用构件或配件，由于建筑产品所在地区的自然、技术、经济条件的不同，使建筑产品的结构或构造、建筑材料、施工组织和施工方法等也要因地制宜地加以修改，从而使各建筑产品生产具有单件性。

（3）建筑产品生产的地区性　建筑产品的固定性决定了同一使用功能的建筑产品因其建造地点的不同必然受到建设地区的自然、技术、经济和社会条件的约束，使其结构、构造、艺术形式、室内设施、材料、施工方案等方面均各异，因此建筑产品的生产具有地区性。

（4）建筑产品生产周期长　建筑产品的固定性和体形庞大的特点决定了建筑产品生产周期长。因为建筑产品体形庞大，使得最终建筑产品的建成必然耗费大量的人力、物力和财力。同时，建筑产品的生产全过程还要受到工艺流程和生产程序的制约，使各专业、工种间必须按照合理的施工顺序进行配合和衔接。又由于建筑产品地点的固定性，使施工活动的空间具有局限性，从而导致建筑产品生产具有生产周期长、占用流动资金大的特点。

(5) 建筑产品生产的露天作业多 建筑产品地点的固定性和体形庞大的特点决定了建筑产品生产露天作业多。因为形体庞大的建筑产品不可能在工厂、车间内直接进行生产，即使建筑产品生产达到了高度的工业化水平，也只能在工厂内生产其各部分的构件或配件，仍然需要在施工现场内进行总装配后才能形成最终建筑产品。因此建筑产品的生产具有露天作业多的特点。

(6) 建筑产品生产的高空作业多 建筑产品体形庞大决定了建筑产品生产具有高空作业多的特点。特别是随着城市现代化的发展，高层建筑物的施工任务日益增多，使得建筑产品生产高空作业的特点日益明显。

(7) 建筑产品生产手工作业多、工人劳动强度大 尽管目前推广应用先进科学技术，出现了大模、滑模、大板等施工工艺，机械设备代替了人工劳动，但是从整体建设活动来看，手工操作的比重仍然很高，工人的体力消耗很大，劳动强度相当高，建筑业还是一个重体力行业。

(8) 建筑产品生产组织协作的综合复杂性 由上述建筑产品生产的诸特点可以看出，建筑产品生产的涉及面广。在建筑企业的内部，它涉及工程力学、建筑结构、建筑构造、地基基础、水暖电、机械设备、建筑材料和施工技术等学科的专业知识，要在不同时期、不同地点和不同产品上组织多专业、多工种的综合作业。在建筑企业的外部，它涉及不同种类的专业施工企业及城市规划、征用土地、勘察设计、消防、“七通一平”、公用事业、环境保护、质量监督、科研试验、交通运输、银行财政、机具设备、物质材料、电水热气的供应、劳务等社会各部门和各领域的复杂协作配合，从而使建筑产品生产的组织协作关系综合复杂。

12.1.3 工程项目施工程序

施工程序是指拟建工程项目在整个施工阶段必须遵循的先后顺序（工作程序），主要包括承接施工任务及签订施工合同、施工准备、组织施工、竣工验收、保修服务等几个环节或阶段，它是工程项目施工最基本的客观规律。坚持按施工程序组织施工是加快施工进度、保证工程质量和降低施工成本的重要手段。建设工程项目施工按以下程序进行。

12.1.3.1 接受任务

施工企业承接任务的方式，应由具有相应施工资质的企业参加建设工程项目的投标，中标后承接施工任务。这种方法有利于施工企业之间开展竞争，鼓励先进和鞭策落后。采用招投标方式，可以使建设单位择优选择施工承包单位。

施工企业承接任务后必须同建设单位签订工程承包合同，明确各自在施工及保修期内应承担的责任和义务。

施工合同的内容主要应包括：承包工程的内容、施工期限、合同价款、结算方法和付款条件、质量标准和奖惩条款等。合同的详细内容可参照《中华人民共和国合同法》和《建设工程施工合同示范文本》。

施工合同中双方的权利和义务应是平等互利的，文字表达应准确、具体，措辞不能含糊。

施工合同一经签订、鉴证后即具有法律效力，双方都必须遵守。

12.1.3.2 施工准备

工程项目施工是一个综合性很强的生产过程，需要多单位、多部门和多工程的配合。施工中一个生产环节受到影响，往往会影响到其他许多生产环节，容易造成生产混乱。另外，工程项目施工材料需要量大，材料和机械的品种、规程繁多，结构型式和施工条件多种多样。施工准备工作是保证建设项目在生产全过程中能顺利进行的必要条件，是施工组织工作中的一项重要内容。

施工准备工作包括原始资料调查、劳动组织准备、技术准备、施工现场准备和物资准备等内容。

12.1.3.3 组织施工

组织施工是指在建设工程项目施工过程中把施工现场的众多参与者统一组织起来进行有计划、有节奏、均衡的生产，以达到预期的最佳效果，组织施工主要解决好以下两个问题。

(1) 科学合理组织施工 根据施工组织设计所确定的施工方案、施工方法和施工进度要求，使不同专业工种、不同机械设备，在不同的工作面上按规定的施工顺序和时间协调从事生产。为此应做好以下几项工作：提高计划（进度和物资供应计划等）的正确性，合理组织的指挥，建立和健全岗位责任制等。

项目经理是现场施工的直接组织者，要把施工现场所有资源协调和组织好，这与其具备理论知识、组织协调能力和控制能力关系极大，所以选拔有才能、有魄力的建造师担任项目经理是组织施工的关键。

(2) 施工过程全面控制 建设工程项目施工活动是一个复杂的动态过程，无论施工进度计划事先考虑得多么周到、细致，都不可能与实际施工情况完全一致，仍然需要随时进行检查和调整，随时发现差距和问题，提出改进措施以保证计划实施。施工过程的全面控制应具体落实到施工过程的各个方面，如质量、进度、成本和 HSE（健康、安全、环境）控制等。

12.1.3.4 竣工验收

工程竣工验收是工程项目施工组织和施工管理的最后阶段。施工企业在完成工程项目建设后，应与工程项目施工活动的参与单位、企业共同对检验批（施工过程中验收）、分部分项工程、单位工程的质量进行抽样复查。验收应严格按照国家相关专业的质量验收规范评定工程质量，以书面形式对工程质量合格与否作出确认。

(1) 检验批及分项工程验收 检验批的验收是工程验收的基本单元。检验批是由所用材料基本一致、施工时间基本相近、生产工艺基本相同，并具有一定验收数量（样本）组成的检验体。检验批及分项工程应由监理工程师和建设单位项目技术负责人、组织施工企业项目质量（技术）负责人等进行验收。

检验批质量合格的标准：主控项目和一般项目的质量经抽样检查合格，并具有完整的施工操作依据、质量检查记录。分项工程质量合格的标准：所含的检验批均应合格，所含的检验批的质量验收记录应完整。

(2) 分部工程验收 单位工程的基础工程、主体工程或其他重要的、特殊的分项工程完成后，应由现场总监理工程师和建设单位项目负责人、组织施工企业项目负责人以及技术、质量负责人等共同进行验收；地基与基础、主体结构验收时，勘察、设计单位项目负责人和施工企业技术、质量部门负责人也应参加相关分部工程验收。

分部工程质量合格的标准：分部（子分部）工程所含分项工程的质量均应验收合格；质量控制资料应完整；地基与基础、主体结构和设备安装等分部工程有关安全及功能的检验和抽样检测结果应符合有关规定；观感质量验收应符合要求。

(3) 单位工程验收 施工企业完成设计图纸和合同规定的所有内容后，应自行组织有关人员进行检查评定，并向建设单位提交工程验收报告。建设单位收到工程验收报告后，应由建设单位项目负责人和组织施工（包括分包单位）、设计、监理等企业负责人进行单位工程验收。对在施工期间已验收合格的工作内容不再验收。

单位（子单位）工程质量合格的标准：单位（子单位）工程所含分部（子分部）工程的质量应验收合格；质量控制资料应完整；单位（子单位）工程所含分部工程有关安全和功能

的检验资料应完整；主要功能项目的抽检结果应符合相关专业质量验收规范的规定；观感质量验收应符合要求。

(4) 隐蔽工程验收　隐蔽工程是指那些在施工过程中某些工作成果会被后续施工在施工过程中所掩盖而无法再进行复查的分项工程或工作内容。例如钢筋混凝土结构中的钢筋工程、基础工程和打桩工程等，这些分项工程应在下一分项工程施工前由施工单位通知有关参与单位一起进行隐蔽工程验收。验收合格后办理隐蔽工程验收的各项手续，形成验收文件作为竣工验收的一部分。

单位工程验收后，建设单位应在规定时间内整理好全套验收资料和有关文件并装订成册，报建设行政管理部门备案。技术资料包括竣工图纸、试验记录、材料的合格证、隐蔽工程验收单、建筑业沉降观测记录等。

工程建设项目竣工验收后，建设单位与施工企业应按合同规定办理工程结算手续，至此，除注明保修服务的工作外，双方合同关系即可解除。

12.1.4 工程项目施工组织原则

根据我国工程项目施工长期的经验和工程施工的特点，在编制施工组织设计以及组织工程项目施工过程中，一般应遵循以下基本原则。

(1) 认真执行《建筑法》和基本建设程序　《建筑法》是规范建筑活动的根本大法，是指导建设活动的准绳，要严格遵守施工许可证制度、从业资格管理制度、招标投标制度、总承包制度、发承包合同制度、工程监理制度、建筑安全生产管理制度、工程质量责任制度。

经过多年的基本建设实践，明确了基本建设的程序主要是计划、设计和施工等几个主要阶段，它是由基本建设工作的客观规律所决定的。当遵循上述程序时，基本建设就能顺利进行；当违背这个程序时，不但会造成施工的混乱，影响工程质量，而且很可能造成严重的浪费或工程事故。

(2) 做好施工项目排队，保证重点，统筹安排　建筑施工企业和建设单位的根本目的是尽快完成拟建工程的建设任务，使其早日投产、交付使用，尽快发挥基本建设投资的效益。这样就要求施工企业计划决策人员，必须根据拟建工程项目的重要程度和工期要求等等，进行统筹安排，分期排队，把有限的资源优先用于工期紧急的重点工程项目，使其早日建成、投产使用。同时，也应该安排好一般工程项目，注意处理好主体工程项目和配套工程项目、准备工程项目、施工项目和收尾项目之间施工力量的分配问题，从而获得整体最佳效果。

(3) 遵循建筑施工工艺和技术规律，坚持合理的施工程序和施工顺序　建筑施工工艺及其技术规律是建筑工程施工固有的客观规律。分部（或分项）工程施工中任何一道工序都不能省略或颠倒。因此，在组织建筑工程施工中必须严格遵守建筑施工工艺及其规律。

施工程序和施工顺序是建筑产品生产过程中阶段性的固有规律和分部（或分项）工程的先后次序。建筑产品生产活动是在同一场地的不同空间同时交叉搭接地进行，前面的工作不完成，后面的工作就不能开始，这种前后顺序必须符合建筑施工程序和施工顺序。

施工程序和施工顺序的安排符合施工工艺、满足技术要求，有利于组织平行流水、立体交叉施工，有利于对后续施工创造良好条件，有利于利用空间、争取时间。例如，“先准备，后施工”“先地下，后地上”“先结构，后围护”“先主体，后装饰”“先土建，后设备”等。一般合理的施工程序和施工顺序应注意以下几个方面：

① 先进行施工准备，后正式施工。准备工作是为后续生产活动的正常进行创造必要条件。准备工作不充分就贸然施工，不仅会引起施工混乱，而且会造成资源浪费甚至中途停工。

② 先进行全场性工程施工，后进行分项工程施工。平整场地、敷设管网、修筑道路和

架设线路等全场性工程施工先进行，为施工中供电、供水和场内运输创造条件，并有利于文明施工，节省临时设施费用。

③ 先地下后地上，按地下工程先深后浅的顺序。主体结构工程在前、装饰工程在后的顺序；管线工程先场外后场内的顺序，在安排工程顺序时要考虑空间顺序等。

(4) 采用流水施工的方法和网络计划技术组织施工　大量实践经验证明，采用流水施工的方法组织施工，不仅能使拟建工程的施工有节奏、均衡和连续地进行，而且还能合理使用资源、充分利用空间、争取时间，可带来显著的技术、经济效益。

网络计划技术逻辑严密、层次清晰、关键路径明确，可进行计划方案的优化、控制和调整，是施工计划管理的有效方法。

(5) 加强季节性施工措施，确保连续施工　建筑施工一般都是露天作业，易受气候影响，然而严寒和下雨天气都不得干扰施工的正常进行。如不采取相应的技术措施，冬期和雨期就不能连续施工。因此，施工前充分了解当地的气候、水文、地质条件，合理安排进度计划，将适合在冬、雨期施工的、不会过多增加施工费用的工程安排在冬、雨期施工，这样就减少了季节性施工的技术措施费用，也可增加全年的施工天数，尽量做到全面、均衡、连续施工。如：土方工程、地下工程、水下工程尽量避免在雨季和洪水期施工，混凝土现浇结构避免在冬期施工，高空作业、结构吊装避免在风季施工等。

(6) 工厂预制与现场预制相结合，提高建筑工业化程度　建筑技术进步的重要标志之一是建筑产品工业化，建筑产品工业化的前提条件是在施工中广泛采用预制装配式构件。扩大预制装配程度是走向建筑产品工业化的必由之路。

在选择预制构件加工方法时，应根据构件的种类、运输和安装条件以及加工生产水平等因素，进行技术经济比较，合理地决定工厂预制和现场预制构件的种类，贯彻工厂预制和现场预制相结合的方针，以取得最佳效果。如把受运输和起重机械限制的大型、重型构件放在现场预制，中小型构件则在工厂预制，既可发挥工厂批量生产的优势，又解决了大件运输的矛盾。

(7) 充分利用现有机械和发挥机械效能，提高机械化施工程度　机械化施工能加快施工进度，减轻劳动强度，提高劳动生产率。选择施工机械时，考虑主导施工机械的一机多能、连续作业，大型机械与中小型相结合，机械化与半机械化相结合，能扩大机械化施工范围，实现施工综合机械化，提高机械使用效率和机械化施工程度。

(8) 采用国内外先进的施工技术和管理方法　先进的施工技术和科学的施工管理手段相结合，是改善建筑施工企业和建筑施工项目经理部的生产经营管理素质、提高劳动生产率、保证工程质量、缩短工期、降低工程成本的重要途径。因此，在编制施工组织设计和组织施工时，要积极推广新材料、新工艺、新技术在施工中的应用，采用现代化管理方法进行施工管理，确保工程质量，加速工程进度，降低施工成本，促进技术进步。

(9) 尽量减少暂设工程，合理储备物资，减少物资运输量，科学地布置施工现场　暂设工程在施工结束之后就要拆除，其投资有效时间是短暂的。因此，在组织工程项目施工时，对暂设工程和大型临时设施的用途、数量和建造方式等方面，要进行技术经济的可行性研究，在满足施工需要的前提下，使其数量最少和造价最低。这对于降低工程成本和减少施工用地都是十分重要的。

建筑产品所需要的各种建筑材料、构（配）件、半成品等种类繁多，数量庞大，各种物资的储存数量、储存方式都必须科学合理，对物资库存采用ABC分类法和经济订购批量法，在保证正常供应的前提下，其储存数量尽可能地减少。这样可以大量减少仓库、堆场的占地面积，对于降低工程成本、提高工程项目经济效益，起到事半功倍的效果。

建筑材料的运输费用在工程成本中所占的比例也是相当可观的。因此，在组织工程项目施工时，要尽量采用当地资源，减少运输量。同时，应该选择最优的运输方式、工具和线路，使运输费用最低。

精心进行施工总平面图的规划，合理部署施工现场，是节约施工用地、实现文明施工、确保安全生产的重要一环。尽量利用正式工程、原有建筑物、已有设施为施工服务，是减少暂设工程费用、降低工程成本的重要途径。

综合上述原则，建筑施工组织既是建筑产品生产的客观需要，又是加快速度、缩短工期、保证工程质量、降低工程成本、提高建筑施工企业和工程项目建设单位经济效益的需要。所以，必须在组织工程项目施工过程中认真贯彻执行。

12.2 施工准备工作

现代企业管理的理论认为，企业管理的重点是生产经营，而生产经营的核心是决策。工程项目施工准备工作是生产经营管理的重要组成部分，是对拟建工程目标、资源供应和施工方案的选择及对其空间布置和时间排列等诸方面进行的施工决策。

12.2.1 施工准备工作的重要性

基本建设是人们创造物质财富的重要途径，是我国国民经济的主要支柱之一。工程项目建设一般可以分为项目决策、项目设计、建设准备、施工和动用前准备及竣工，施工阶段又分为施工准备阶段、土建施工阶段、设备安装阶段、交工验收阶段。

由此可见，施工准备工作的基本任务是为拟建工程的施工建立必要的技术和物质条件，统筹安排施工力量和施工现场。施工准备工作也是施工企业搞好目标管理，推行技术经济承包的重要依据，同时施工准备工作还是土建施工、设备安装和装饰装修顺利进行的根本保证。因此认真地做好施工准备工作，对于发挥企业优势、合理供应资源、加快施工速度、提高工程质量、降低工程成本、增加企业经济效益、赢得企业社会信誉、实现企业管理现代化等具有重要的意义。

实践证明，凡是重视施工准备工作，积极为拟建工程创造一切施工条件，其工程的施工就会顺利地进行；凡是不重视施工准备工作，就会给工程的施工带来麻烦和损失，甚至给工程施工带来灾难，其后果不堪设想。

12.2.2 施工准备工作的分类

(1) 按工程项目施工准备工作的范围不同分类　按工程项目施工准备工作的范围不同，一般可分为全场性施工准备，单位工程施工条件准备和分部（项）工程作业条件准备等三种。

全场性施工准备：它是以一个建筑工地为对象而进行的各项施工准备。其特点是它的施工准备工作的目的、内容都是为全场性施工服务的，它不仅要为全场性的施工活动创造有利条件，而且要兼顾单位工程施工条件的准备。

单位工程施工条件准备：它是以一个建筑物或构筑物为对象而进行的施工条件准备工作。其特点是它的准备工作的目的、内容都是为单位工程施工服务的，它不仅为该单位工程在开工前做好一切准备，而且要为分部分项工程做好施工准备工作。

分部（项）工程作业条件准备：它是以一个分部分项工程或冬、雨期施工为对象而进行的作业条件准备。

(2) 按拟建工程所处的施工阶段的不同分类　按拟建工程所处的施工阶段不同，一般可分为开工前的施工准备和各施工阶段前的施工准备等两种。

开工前的施工准备：它是在拟建工程正式开工之前所进行的一切施工准备工作。其目的是为拟建工程正式开工创造必要的施工条件。它既可能是全场性的施工准备，又可能是单位工程施工条件的准备。

各施工阶段前的施工准备：它是在拟建工程开工之后，每个施工阶段正式开工之前所进行的一切施工准备工作。其目的是为施工阶段正式开工创造必要的施工条件。如混合结构的民用住宅的施工，一般可分为地下工程、主体工程、装饰工程和屋面工程等施工阶段，每个施工阶段的施工内容不同，所需要的技术条件、物资条件、组织要求和现场布置等方面也不同，因此在每个施工阶段开工之前，都必须做好相应的施工准备工作。

综上所述，可以看出：不仅在拟建工程开工之前需做好施工准备工作，而且随着工程施工的进展，在各施工阶段开工之前也要做好施工准备工作。施工准备工作既要有阶段性，又要有连贯性，因此施工准备工作必须有计划、有步骤、分期地和分阶段地进行，要贯穿拟建工程整个生产过程的始终。

12.2.3 施工准备工作的内容

工程项目施工准备工作按其性质及内容通常包括技术准备、物资准备、劳动组织准备、施工现场准备和施工场外准备。

12.2.3.1 技术准备

技术准备是施工准备的核心。由于任何技术的差错或隐患都可能引起人身安全和质量事故，造成生命、财产和经济的巨大损失，因此必须认真地做好技术准备工作。具体有如下内容。

(1) 熟悉、审查施工图纸和有关的设计资料

① 熟悉、审查施工图纸的依据

a. 建设单位和设计单位提供的初步设计或扩大初步设计（技术设计）、施工图设计、建筑总平面、土方竖向设计和城市规划等资料文件；

b. 调查、搜集的原始资料；

c. 设计、施工验收规范和有关技术规定。

② 熟悉、审查设计图纸的目的

a. 为了能够按照设计图纸的要求顺利地进行施工，生产出符合设计要求的最终建筑产品（建筑物或构筑物）；

b. 为了能够在拟建工程开工之前，使从事建筑施工技术和经营管理的工程技术人员充分了解和掌握设计图纸的设计意图、结构与构造特点和技术要求；

c. 通过审查发现设计图纸中存在的问题和错误，使其在施工开始之前改正，为拟建工程的施工提供一份准确、齐全的设计图纸。

③ 熟悉、审查设计图纸的内容

a. 审查拟建工程的地点、建筑总平面图同国家、城市或地区规划是否一致，以及建筑物或构筑物的设计功能和使用要求是否符合卫生、防火及美化城市方面的要求；

b. 审查设计图纸是否完整、齐全，以及设计图纸和资料是否符合国家有关工程建设的设计、施工方面的方针和政策；

c. 审查设计图纸与说明书在内容上是否一致，以及设计图纸与其各组成部分之间有无矛盾和错误；

d. 审查建筑总平面图与其他结构图在几何尺寸、坐标、标高、说明等方面是否一致，技术要求是否正确；

e. 审查工业项目的生产工艺流程和技术要求，掌握配套投产的先后次序和相互关系，以

及设备安装图纸与其相配合的土建施工图纸在坐标、标高上是否一致，掌握土建施工质量是否满足设备安装的要求；

f. 审查地基处理与基础设计同拟建工程地点的工程水文、地质等条件是否一致，以及建筑物或构筑物与地下建筑物或构筑物、管线之间的关系；

g. 明确拟建工程的结构型式和特点，复核主要承重结构的强度、刚度和稳定性是否满足要求，审查设计图纸中工程复杂、施工难度大和技术要求高的分部分项工程或新结构、新材料、新工艺，检查现有施工技术水平和管理水平能否满足工期和质量要求，并采取可行的技术措施加以保证；

h. 明确建设期限、分期分批投产或交付使用的顺序和时间，以及工程所用的主要材料、设备的数量、规格、来源和供货日期，明确建设、设计和施工等单位之间的协作、配合关系，以及建设单位可以提供的施工条件。

④ 熟悉、审查设计图纸的程序。熟悉、审查设计图纸的程序通常分为自审阶段、会审阶段和现场签证等三个阶段。

a. 设计图纸的自审阶段。施工单位收到拟建工程的设计图纸和有关技术文件后，应尽快地组织有关的工程技术人员熟悉和自审图纸，写出自审图纸的记录。自审图纸的记录应包括对设计图纸的疑问和对设计图纸的有关建议。

b. 设计图纸的会审阶段。一般由建设单位主持，由设计单位和施工单位参加，三方进行设计图纸的会审。图纸会审时，首先由设计单位的工程主设人向与会者说明拟建工程的设计依据、意图和功能要求，并对特殊结构、新材料、新工艺和新技术提出设计要求；然后施工单位根据自审记录以及对设计意图的了解，提出对设计图纸的疑问和建议；最后在统一认识的基础上，对所探讨的问题逐一地做好记录，形成“图纸会审纪要”，由建设单位正式行文，参加单位共同会签、盖章，作为与设计文件同时使用的技术文件和指导施工的依据，以及建设单位与施工单位进行工程结算的依据。

c. 设计图纸的现场签证阶段。在拟建工程施工的过程中，如果发现施工的条件与设计图纸的条件不符，或者发现图纸中仍然有错误，或者因为材料的规格、质量不能满足设计要求，或者因为施工单位提出了合理化建议，需要对设计图纸进行及时修订时，应遵循技术核定和设计变更的签证制度，进行图纸的施工现场签证。如果设计变更的内容对拟建工程的规模、投资影响较大时，要报请项目的原批准单位批准。施工现场的图纸修改、技术核定和设计变更资料，都要有正式的文字记录，归入拟建工程施工档案，作为指导施工、竣工验收和工程结算的依据。

（2）原始资料的调查分析　为了做好施工准备工作，除了要掌握有关拟建工程的书面资料外，还应该进行拟建工程的实地勘测和调查，获得有关数据的第一手资料，这对于拟定一个先进合理、切合实际的施工组织设计是非常必要的，因此应该做好以下几个方面的调查分析：

① 自然条件的调查分析。建设地区自然条件调查分析的主要内容有地区水准点和绝对标高等情况；地质构造、土的性质和类别、地基土的承载力、地震级别和裂度等情况；河流流量和水质、最高洪水和枯水期的水位等情况；地下水位的高低变化情况，含水层的厚度、流向、流量和水质等情况；气温、雨、雪、风和雷电等情况；土的冻结深度和冬、雨季的期限等情况。

② 技术经济条件的调查分析。建设地区技术经济条件调查分析的主要内容有：地方建筑施工企业的状况，施工现场的动迁状况；当地可利用的地方材料状况；地方能源和交通运输状况；地方劳动力和技术水平状况；当地生活供应、教育和医疗卫生状况；当地消防、治安状况和参加施工单位的力量状况。

(3) 编制施工图预算和施工预算

① 编制施工图预算。施工图预算是技术准备工作的主要组成部分之一，这是按照施工图确定的工程量、施工组织设计所拟定的施工方法、建筑工程预算定额及其取费标准，由施工单位编制的确定建筑安装工程造价的经济文件，它是施工企业签订工程承包合同、工程结算、银行拨付工程价款、进行成本核算、加强经营管理等方面工作的重要依据。

② 编制施工预算。施工预算是根据施工图预算、施工图纸、施工组织设计或施工方案、施工定额等文件进行编制的，它直接受施工图预算的控制。它是施工企业内部控制各项成本支出、考核用工、"两算"对比、签发施工任务单、限额领料、基层进行经济核算的依据。

(4) 编制施工组织设计

施工组织设计是施工准备工作的重要组成部分，也是指导施工现场全部生产活动的技术经济文件。建筑施工生产活动的全过程是非常复杂的物质财富再创造的过程，为了正确处理人与物、主体与辅助、工艺与设备、专业与协作、供应与消耗、生产与储存、使用与维修以及它们在空间布置、时间排列之间的关系，必须根据拟建工程的规模、结构特点和建设单位的要求，在原始资料调查分析的基础上，编制一份能切实指导该工程全部施工活动的科学方案（施工组织设计）。

12.2.3.2 物资准备

材料、构（配）件、制品、机具和设备是保证施工顺利进行的物资基础，这些物资的准备工作必须在工程开工之前完成。根据各种物资的需要量计划，分别落实货源，安排运输和储备，使其满足连续施工的要求。

(1) 物资准备工作的内容 物资准备工作主要包括建筑材料的准备、构（配）件和制品的加工准备、建筑安装机具的准备和生产工艺设备的准备。

① 建筑材料的准备。建筑材料的准备主要是根据施工预算进行分析，按照施工进度计划要求，按材料名称、规格、使用情况、材料储备定额和消耗定额进行汇总，编制材料需要量计划，为组织备料、确定仓库、场地堆放所需的面积和组织运输等提供依据。

② 构（配）件、制品的加工准备。根据施工预算提供的构（配）件、制品的名称、规格、质量和消耗量，确定加工方案和供应渠道以及进场后的储存地点和方式，编制出其需要量计划，为组织运输、确定堆场面积等提供依据。

③ 建筑安装机具的准备。根据采用的施工方案，安排施工进度，确定施工机械的类型、数量和进场时间，确定施工机具的供应办法和进场后的存放地点和方式，编制建筑安装机具的需要量计划，为组织运输、确定堆场面积等提供依据。

④ 生产工艺设备的准备。按照拟建工程生产工艺流程及工艺设备的布置图提出工艺设备的名称、型号、生产能力和需要量，确定分期分批进场时间和保管方式，编制工艺设备需要量计划，为组织运输、确定堆场面积提供依据。

(2) 物资准备工作的程序 物资准备工作的程序是搞好物资准备的重要手段。通常按如下程序进行：

① 根据施工预算、分部（项）工程施工方法和施工进度的安排，拟定各种统配材料、地方材料、构（配）件及制品、施工机具和工艺设备等物资的需要量计划；

② 根据各种物资需要量计划，组织货源，确定加工、供应地点和供应方式，签订物资供应合同；

③ 根据各种物资的需要量计划和合同，拟订运输计划和运输方案；

④ 按照施工总平面图的要求，组织物资按计划时间进场，在指定地点，按规定方式进行储存或堆放。

12.2.3.3 劳动组织准备

劳动组织准备既有整个建筑施工企业的劳动组织准备，又有大型综合的拟建建设项目的劳动组织准备，也有小型简单的拟建单位工程的劳动组织准备。这里仅以一个拟建工程项目为例，说明其劳动组织准备工作的内容。

(1) 建立拟建工程项目的领导机构　施工组织机构的建立应遵循以下的原则：根据拟建工程项目的规模、结构特点和复杂程度，确定拟建工程项目施工的领导机构人选和名额；坚持合理分工与密切协作相结合；把有施工经验、有创新精神、有工作效率的人选入领导机构；认真执行因事设职、因职选人的原则。

(2) 建立精干的施工队组　施工队组的建立要认真考虑专业、工种的合理配合，技工、普工的比例要满足合理的劳动组织，要符合流水施工组织方式的要求，确定建立施工队组(专业施工队组，或是混合施工队组)，要坚持合理、精干的原则，同时制订出该工程的劳动力需要量计划。

(3) 集结施工力量、组织劳动力进场　工地的领导机构确定之后，按照开工日期和劳动力需要量计划，组织劳动力进场。同时要进行安全、防火和文明施工等方面的教育，并安排好职工的生活。

(4) 向施工专业队（组）、工人进行施工组织设计、计划和技术交底　施工组织设计、计划和技术交底的目的是把拟建工程的设计内容、施工计划和施工技术等要求，详尽地向施工队组和工人讲解交待。这是落实计划和技术责任制的好办法。

施工组织设计、计划和技术交底在单位工程或分部分项工程开工前及时进行，以保证工程严格地按照设计图纸、施工组织设计、安全操作规程和施工验收规范等要求进行施工。

施工组织设计、计划和技术交底的内容有工程的施工进度计划、月（旬）作业计划；施工组织设计，尤其是施工工艺；质量标准、安全技术措施、降低成本措施和施工验收规范的要求；新结构、新材料、新技术和新工艺的实施方案和保证措施；图纸会审中所确定的有关部位的设计变更和技术核定等事项。交底工作应该按照管理系统逐级进行，由上而下直到工人队组。交底的方式有书面形式、口头形式和现场示范形式等。

专业队（组）、工人接受施工组织设计、计划和技术交底后，要组织其成员进行认真地分析研究，弄清关键部位、质量标准、安全措施和操作要领，必要时应该进行示范，并明确任务及做好分工协作，同时建立健全岗位责任制和保证措施。

(5) 建立健全各项管理制度　工地的各项管理制度是否建立、健全，直接影响其各项施工活动的顺利进行。有章不循其后果是严重的，而无章可循更是危险的，为此必须建立、健全工地的各项管理制度。通常内容如下：工程质量检查与验收制度，工程技术档案管理制度，建筑材料（构件、配件、制品）的检查验收制度，技术责任制度，施工图纸学习与会审制度，技术交底制度，职工考勤、考核制度，工地及班组经济核算制度，材料出入库制度，安全操作制度，机具使用保养制度。

12.2.3.4 施工现场准备

施工现场是施工的全体参加者为实现优质、高速、低消耗的目标，而有节奏、均衡连续地进行战术决战的活动空间。施工现场的准备工作，主要是为了给拟建工程的施工创造有利的施工条件和物资保证。其具体内容如下。

(1) 做好施工场地的控制网测量　按照设计单位提供的建筑总平面图及给定的永久性经纬坐标控制网和水准控制基桩，进行厂区施工测量，设置厂区的永久性经纬坐标桩、水准基桩和建立厂区工程测量控制网。

（2）搞好“三通一平”“三通一平”是指路通、水通、电通和平整场地。

路通：施工现场的道路是组织物资运输的动脉。拟建工程开工前，必须按照施工总平面图的要求，修好施工现场的永久性道路（包括厂区铁路、厂区公路）以及必要的临时性道路，形成完整畅通的运输网络，为建筑材料进场、堆放创造有利条件。

水通：水是施工现场的生产和生活中不可缺少的物资。拟建工程开工之前，必须按照施工总平面图的要求，接通施工用水和生活用水的管线，使其尽可能与永久性的给水系统结合起来，做好地面排水系统，为施工创造良好的环境。

电通：电是施工现场的主要动力来源。拟建工程开工前，要按照施工组织设计的要求，接通电力和电讯设施，做好其他能源（如蒸汽、压缩空气）的供应，确保施工现场动力设备和通信设备的正常运行。

平整场地：按照建筑施工总平面图的要求，首先拆除场地上妨碍施工的建筑物或构筑物，然后根据建筑总平面图规定的标高和土方竖向设计图纸，进行挖（填）土方的工程量计算，确定平整场地的施工方案，进行平整场地的工作。

（3）做好施工现场的补充勘探　对施工现场做补充勘探是为了进一步寻找枯井、防空洞、古墓、地下管道、暗沟和枯树根等隐蔽物，以便及时拟定处理隐蔽物的方案，并进行实施，为基础工程施工创造有利条件。

（4）建造临时设施　按照施工总平面图的布置，建造临时设施，为正式开工准备好生产、办公、生活、居住和储存等临时用房。

（5）安装、调试施工机具　按照施工机具需要量计划，组织施工机具进场，根据施工总平面图将施工机具安置在规定的地点或仓库。对于固定的机具要进行就位、搭棚、接电源、保养和调试等工作，对所有施工机具都必须在开工之前进行检查和试运转。

（6）做好建筑构（配）件、制品和材料的储存和堆放　按照建筑材料、构（配）件和制品的需要量计划组织进场，根据施工总平面图规定的地点和指定的方式进行储存和堆放。

（7）及时提供建筑材料的试验申请计划　按照建筑材料的需要量计划，及时提供建筑材料的试验申请计划。如钢材的机械性能和化学成分等试验，混凝土或砂浆的配合比和强度等试验。

（8）做好冬、雨季施工安排　按照施工组织设计的要求，落实冬、雨季施工的临时设施和技术措施。

（9）进行新技术项目的试制和试验　按照设计图纸和施工组织设计的要求，认真进行新技术项目的试制和试验。

（10）设置消防、安保设施　按照施工组织设计的要求，根据施工总平面图的布置，建立消防、安保等组织机构和有关的规章制度，布置安排好消防、安保等措施。

12.2.3.5　*施工场外准备*

施工准备除了施工现场内部的准备工作外，还有施工现场外部的准备工作。其具体内容如下。

（1）材料的加工和订货　建筑材料、构（配）件和建筑制品大部分均必须外购，工艺设备更是如此。机械设备可以订货或租赁。这样一来，如何与加工部、生产单位联系，签订供货合同，搞好及时供应，对于施工企业的正常生产是非常重要的；对于协作项目也是这样，除了要签订议定书之外，还必须做大量的有关方面的工作。

（2）做好分包工作和签订分包合同　由于施工单位本身的力量所限，有些专业工程的施工、安装和运输等均需要向外单位委托。根据工程量、完成日期、工程质量和工程造价等内容，与其他单位签订分包合同，保证按时实施。

（3）向上级提交开工申请报告　当材料的加工和订货及做好分包工作和签订分包合同等

施工场外的准备工作完成后，应该及时填写开工申请报告，并上报上级批准。

12.2.4 施工准备工作计划

为了落实各项施工准备工作，加强对其检查和监督，必须根据各项施工准备工作的内容、时间和人员，编制出施工准备工作计划。

综上所述，各项施工准备工作不是分离、孤立的，而是互为补充，相互配合的。为了提高施工准备工作的质量，加快施工准备工作的速度，必须加强建设单位、设计单位和施工单位之间的协调工作，建立健全施工准备工作的责任制度和检查制度，使施工准备工作有领导、有组织、有计划和分期分批地进行，贯穿施工全过程的始终。

12.3 施工组织设计

施工组织的基本任务是根据业主对建设项目的各项要求，选择经济、合理、有效的施工方案，确定合理、可行的施工进度，拟定有效的技术组织措施，采用最佳的劳动组织，确定施工中劳动力、材料、机械设备等需要量，合理布置施工现场的空间，以确保全面高效地完成建设项目的施工。

施工组织设计是指导拟建工程项目进行施工准备和正常施工组织的基本技术经济文件，是对拟建工程在人力和物力、时间和空间、技术和组织等方面所做的全面、合理安排和部署。

施工组织设计作为指导拟建工程项目的全局性文件，应尽量适应建设施工过程的复杂性和具体施工项目的特殊性，并尽可能保持施工生产的连续性、均衡性和协调性。

12.3.1 编制施工组织设计的重要性

施工组织设计是项目建设和指导工程施工的重要文件，是建筑施工企业单位能以高质量、高速度、低成本、少消耗完成工程项目建筑的有力保证措施，是加强管理、提高经济效益的重要手段，也是能正确处理施工中人员、机器、原料、方法、环境及工艺与设备，土建与安装制作，消耗与供应，管理与生产等各种各样的矛盾，科学合理、计划有序、均衡地组织项目施工生产的重要保障。

施工企业的现代化管理主要体现在经营管理素质和经营管理水平两个方面。无论是企业经营管理的素质，还是企业经营管理水平的职能，都必须通过施工组织设计的编制、贯彻、检查和调整来实现。无论从建筑工程产品及生产特点、施工地位，还是从施工经营管理来看，施工组织设计与生产计划，施工企业生产的投入、产出以及现代化管理有着密切的关系。这都充分体现了施工组织设计对施工企业的现代化管理的重要性。

12.3.2 施工组织设计的分类和作用

12.3.2.1 施工组织设计的分类

施工组织设计是一个总的概念，根据项目的类别、工程规模、编制阶段、编制对象和范围的不同，在编制深度和广度上也有所区别。

(1) 按编制阶段的不同分类　设计阶段：按三阶段时，方案设计阶段编制施工组织规划设计（大纲），初步设计阶段编制施工组织总设计，施工图设计阶段编制单位工程施工组织设计；按两阶段时，方案设计阶段编制施工组织总设计（扩大初步施工组织设计），施工图设计阶段编制单位工程施工组织设计。

施工阶段：投标阶段编制综合指导性施工组织设计（简称“标前设计”），中标后施工阶段编制实施性施工组织设计（简称“标后设计”）。

(2) 按编制内容繁简程度的不同分类　施工组织设计按编制内容繁简程度不同，分为完整的施工组织设计和简明的施工组织设计两种。

完整的施工组织设计是指对于重点工程，规模大、结构复杂、技术要求高，采用新结构、新技术、新工艺的拟建工程项目，必须编制内容详尽的完整的施工组织设计。

简明的施工组织设计（或施工简要）是指对于非重点的工程，规模小、结构又简单，技术不复杂而且以常规施工为主的拟建工程项目，通常可以编制仅包括施工方案、施工进度表和施工平面图（简称“一案、一表、一图”）等内容的简明施工组织设计。

(3) 按编制对象范围不同分类　施工组织设计按编制对象范围不同可分为施工组织总设计、单位工程施工组织设计、分部分项工程施工组织设计三种。

① 施工组织总设计。施工组织总设计是以一个建筑群或一个建设项目为编制对象，对整个施工过程起统筹规划、重点控制作用的施工组织设计，是指导全局性施工的技术和经济纲要。施工组织总设计一般在初步设计或扩大初步设计被批准之后，在总承包企业的总工程师主持下编制。

② 单位工程施工组织设计。《建筑施工组织设计规范》(GB/T 50502—2009) 中对单位工程施工组织设计的概念进行了明确的定义：以单位工程为主要对象编制的施工组织设计，对单位工程的施工过程起指导和制约作用。

单位工程施工组织设计是一个工程的战略部署，是宏观定性的，体现指导性和原则性的，是一个将建筑物的蓝图转化为实物的总文件，内容包含了施工全过程的部署、选定技术方案、进度计划及相关资源计划安排、各种组织保障措施，是对项目施工全过程的管理性文件。

单位工程施工组织设计一般在施工图设计完成之后，在拟建工程开工之前，由项目部技术负责人主持编制。

③ 分部分项工程施工组织设计。分部分项工程施工组织设计又叫分部分项工程作业设计，是以分部分项工程为编制对象，具体实施其分部（或分项）工程施工全过程的各项施工活动的综合性文件。一般是同单位工程施工组织设计的编制同时进行的，并由单位工程的技术人员负责编制。对工程规模大、技术复杂或施工难度大的建筑物或构筑物，在编制单位工程施工组织设计之后，常需对某些重要的，但又缺乏经验的分部（或分项）工程再深入编制施工组织设计。例如，深基础工程、大型结构安装工程、高架支模工程、地下防水工程等。

施工组织总设计、单位工程施工组织设计、分部分项工程施工组织设计，是同一建设项目的不同广度、深度和作用的三个层次，其三者之间是相互联系的。

12.3.2.2 施工组织设计的作用

施工组织设计在每项建设工程中都有重要的规划作用、组织作用和指导作用，具体表现在如下几个方面。

① 施工组织设计是施工准备工作的一项重要内容，同时又是指导各项施工准备工作的依据。

② 施工组织设计可体现实现基本建设计划和设计的要求，可进一步验证设计方案的合理性与可行性，统一规划和协调复杂的施工活动。

③ 施工组织设计为拟建工程所确定的施工方案、施工进度和施工顺序等，是指导开展紧凑、有序施工活动的技术依据，可以科学地管理工程施工的全过程。

④ 施工组织设计所提出的各项资源需要是有计划的，直接为物资供应提供了依据。

⑤ 通过编制施工组织设计，可以合理利用和安排为施工服务的各项临时设施，可以合理地部署施工现场，确保文明施工、安全施工，并为现场平面管理提供了依据。

⑥ 施工组织设计对施工企业的施工计划起决定和控制性作用。施工计划是根据施工企业对建筑市场所进行科学预测和中标结果，结合本企业的具体情况，制定出的企业不同时期应完成的生产计划和各项技术经济指标。而施工组织设计是按具体的拟建工程的开竣工时间编制的指导施工的文件。因此，施工组织设计与施工企业的施工计划两者之间有着极为密切、不可分割的关系。施工组织设计是编制施工企业施工计划的基础；反过来，编制施工组织设计又应服从企业的施工计划，两者是相辅相成、互为依据的。

⑦ 施工组织设计是统筹安排施工企业生产的投入与产出过程的关键和依据。建筑产品的生产和其他工业产品的生产一样，都是按要求投入生产要素，通过一定的生产过程产出成品，而中间转换的过程离不开生产管理。建筑施工企业也是如此，从承担工程任务开始到竣工验收交付使用为止的全部施工过程的计划、组织和控制的基础是科学的施工组织设计。

⑧ 通过编制施工组织设计，或充分考虑施工中可能遇到的困难与障碍，主动弥补施工中的薄弱环节，事先予以解决或排除，从而提高施工的预见性，减少盲目性，使管理者和生产者做到心中有数，工作处于主动地位，为实现项目管理目标提供了技术保证。

12.3.3 施工组织设计的编制原则和依据

（1）施工组织设计的编制原则　施工组织设计要能正确指导施工，体现施工过程的规律性、组织管理的科学性、技术的先进性。在编制施工组织设计时，应充分考虑和遵循充分利用时间和空间、工艺与设备配套优选、最佳技术经济决策、专业化分工与密切协作相结合、供应与消耗协调的原则。

① 符合施工合同或招标文件中有关工程进度、质量、安全、环境保护、造价等方面的要求，确定合理的工程管理目标；

② 积极开发、使用新技术和新工艺，推广使用新材料和新设备；

③ 坚持科学的施工程序和合理的施工顺序，采用流水施工和网络计划等方法，科学配置资源，合理布置现场，采用季节性施工措施，实现均衡施工，达到合理的经济技术指标；

④ 采取技术和管理措施，积极推广建筑节能和绿色施工；

⑤ 与质量、环境和职业健康安全三个管理体系有效结合，提高管理水平，确保各项管理目标的实现。

（2）施工组织设计的编制依据　包括设计资料，自然条件资料，技术经济条件资料，施工合同规定的有关指标，施工企业及相关协作单位可配备的人力、机械、设备和技术状况以及施工经验，国家和地方的有关现行规范、规程和定额标准等资料。

① 与工程建设有关的法律、法规和文件；

② 国家现行有关标准和技术经济指标；

③ 工程所在地区行政主管部门的批准文件，建设单位对施工的要求；

④ 工程施工合同或招标投标文件；

⑤ 工程设计文件；

⑥ 工程施工范围内的现场条件，工程地质及水文地质、气象等自然条件；

⑦ 与工程有关的资源供应情况；

⑧ 施工企业的生产能力、机具设备状况、技术水平等。

12.3.4 施工组织设计的内容

施工组织设计的内容，决定了它的任务和作用。因此，它必须能够根据不同建筑产品的特点和要求，根据现有的和可能争取到的施工条件，从实际出发，决定各种生产要素的基本结合方式，这种结合方式的时间和空间关系，以及根据这种结合方式和该建筑产品本身的特点，决定所需的人工、机具、材料等的种类和数量及其取得的方式与时间。否则，就不可能进行任何生产。由此可见，任何施工组织设计都必须有以下相应的基本内容：

① 施工方法与相应的技术组织措施，即施工方案；

② 施工进度计划；

③ 施工现场平面布置；

④ 各种资源需要量及其供应。

在这四项基本内容中，第①、②两项内容主要指导施工过程的进行，规定整个施工活动；第③、④两项内容主要用于指导准备工作的进行，为施工创造物质技术条件。人力、物力的需要量是决定施工平面布置的重要因素之一，而施工平面布置又反过来指导各项物质的因素在现场的安排。施工的最终目的是要照国家和合同规定的工期，优质、低成本地完成建设任务，保证按期投产和交付使用。因此，进度计划在组织设计中具有决定性的意义，是决定其他内容的主导因素，其他内容的确定首先要满足其要求、为需要服务，这样它也就成为施工组织设计的中心内容。从设计的顺序上看，施工方案又是根本，是决定其他所有内容的基础。它虽以满足进度的要求作为选择的首要目标，但进度最终也仍然要受到其制约，并建立在这个基础之上。另一方面也应该看到，人力、物力的需要与现场的平面布置也是施工方案与进度得以实现的前提和保证，并对它们产生影响。可见进度安排与方案的确定必须从合理利用客观条件出发，进行必要的选择。所以，施工组织设计的这几项内容是有机地联系在一起的，互相促进、互相制约、密不可分。

至于每个施工组织设计的具体内容，将因工程的情况和使用的目的而有差异，有多寡繁简与深浅之分。比如：当工程建设地点的市政基础设施较完善时，施工的水、电、路等临时设施将大为减少，现场准备工作的内容就少；当工程建设地点远离城市或新开拓地区时，施工现场所需要的各种设施必须考虑到，准备工作的内容就多。对于一般性的建筑，施工组织设计的内容较简单；对于复杂的建筑或工程规模较大的工程，施工组织设计的内容较为复杂。为群体工程做战略部署时，重点解决重大的原则性问题，涉及面也较广，施工组织设计的深度就较浅；为单体建筑施工战略部署时，需要能具体指导建筑安装活动，涉及面也较窄，其施工组织设计的深度就要求深一些。

除此之外，施工单位的经验和组织管理水平也可能对内容产生某些影响。比如对某些工程，如施工单位已有较多的施工经验，其施工组织设计的内容就可简略一些，对于缺乏施工经验的工程，其内容就应详尽一些、具体一些。所以，在确定每个施工组织设计文件的具体内容与章节时，都必须从实际出发，以适用为主，做到各具特点，且应少而精。

12.3.4.1 *施工方案*

施工方案是指工、料、机等生产要素的有效结合方式。确定一个合理的结合方式，也就是要从若干个方案中选择一个切实可行的施工方案。这个问题不解决，施工就不可能进行。它是编制施工组织设计首先要解决的问题，是决定其他内容的基础。施工方案的优劣，在很大程度上决定了施工组织设计的质量和任务完成的好坏。

（1）制订和选择施工方案的基本要求

① 切实可行。制订施工方案必须从实际出发，一定要切合当前的实际情况，有实现的可能性。选定方案在人力、物力和技术上所提出的要求，应该是目前已有的条件或在一定的时期内有可能争取到的条件，否则任何方案都是不足取的。这就要求制订施工方案之前，要深入细致地做好调查研究工作，掌握主客观情况，进行反复的分析比较。方案的优劣，并不首先取决于它在技术上是否最先进或工期是否最短，而是首先要解决它是否切实可行，只能在切实可行的范围内力求其先进和快速。两者统一起来，但“切实”应是主要的、决定的方面。

② 施工期限满足国家要求。保证工程特别是重点工程按期和提前投入生产，迅速发挥投资效益。因此，施工方案必须保证在竣工时间上符合工期要求，并争取提前完成。这就要求在制订方案时，从施工组织上统筹安排，在照顾到均衡施工的同时，在技术上尽可能采用先进的施工经验和技术，力求提高机械化和装配化程度。

③ 确保工程质量和生产安全。工程质量是施工企业永恒的主题，安全生产是施工顺利进行的有效保证。因此，在制订施工方案时就要充分考虑工程的质量和生产的安全。在提出施工方案的同时要提出保证工程质量和生产安全的技术组织措施，使方案完全符合技术规范与安全规程的要求。如果方案不能确保工程质量和生产安全，则其他方面再好也是不可取的。

④ 施工费用最低。施工方案在满足其他条件的同时，也必须使方案经济合理，以提高效益。这就要求在制订方案时，尽力采用降低施工费用的一切正常的、合理的措施，从人工、材料、机械和间接费等方面找出节约的因素，发掘节约的潜力，最大限度地降低工程工料消耗和施工费用。

以上几点是一个统一的整体，是不可分割的，在制订施工方案时应进行全面考虑。现代施工技术的进步，组织经验的积累，每项工程的施工都可以用多种不同的施工方法来完成，存在着许多可能的方案供我们选择。这就要求在确定方案时，要以上述几点作为衡量的标准，经过多方面的分析比较，全面权衡，选择出最优的方案。

(2) 施工方案的基本内容　施工方案包括的内容很多，但概括起来主要有以下四项：①施工方法的确定；②施工机具的选择；③施工顺序的安排；④流水施工的组织。

前两项属于施工方案的技术内容，后两项则属于施工方案的组织内容。不过，机械选择中也包含有组织问题，如机械配套；在施工方法中也有顺序问题，它是技术要求不可变换的顺序，而施工顺序则专指可以灵活安排的施工过程的施工顺序。技术方面是施工方案的基础，但它同时又必须满足组织方面的要求，同时也把整个施工方案同进度计划联系起来，从而反映进度计划对于施工方案的指导作用，两方面是互相关系而又互相制约的。为把各项内容的关系更好地协调起来，使之更趋完善，为施工方案的实施创造更好的条件，施工技术组织措施也就成为施工方案各项内容必不可少的延续和补充，成了施工方案的有机组成部分。

12.3.4.2　*施工进度计划*

施工进度计划是施工组织设计在时间上的体现。进度计划是组织与控制整个工程进度的依据，是施工组织设计中关键的问题。因此，施工进度计划的编制要采用先进的组织方式和计划理论以及计算方法，综合平衡进度计划。规定施工的步骤和时间，以期达到各项资源在时间、空间上的合理利用，并满足既定目标。

施工进度计划包括划分施工过程、计算工程量、计算劳动量、确定工作天数和工人人数或机械台班数、编排进度计划表及检查与调整等多项工作。为了确保进度计划的实现，还必须编制与其适应的各项资源需要量计划。

12.3.4.3　*施工现场平面布置*

施工现场平面布置是根据拟建项目各类工程的分布情况，对项目施工全过程所投入的各项资源（材料、构件、机械、运输和劳力等）和工人的生产、生活活动场地做出统筹安排，通过施工现场平面布置图或总布置图的形式表达出来。它是施工组织设计在空间上的体现，施工场地是施工生产的必要条件，应合理安排施工现场的仓库、施工机械、运输道路、临时建筑、临时水电管网、围墙、门卫等，并要考虑消防安全设施。绘制施工现场平面布置图应遵循方便、经济、高效、安全、环保的原则，以确保施工顺利进行。

12.3.4.4 各种资源需要量及供应

各种资源需要量是指项目施工过程中所必须消耗的各类资源的计划用量，它包括劳动力、建筑材料、机械设备以及施工用水、电、动力、运输、仓储设施的需要量。各类资源是施工生产的物质基础，必须根据施工进度计划，按质、按量、按品种规格、按工种、按型号有条不紊地进行准备和按时供应。

归纳起来，施工组织总设计、单位工程施工组织设计、分部分项工程施工组织设计三种施工组织设计都相应地包括工程概况和特点分析、施工部署或施工方案的选择、施工准备工作计划、施工进度计划、各项资源需要量计划、施工（总）平面图、技术措施与主要技术经济指标等主要内容。只是编制的目的和立脚点、对象及范围、依据、条件、深度、时间、粗细程度、参与的人员及范围、审核人员、所起的作用与特点有所不同，而编制的目标、原则是一致的，主要内容也是相通的。

总之，施工组织设计编制完后，应认真贯彻执行，及时做好施工调度，对材料、机械、劳动力消耗、质量、施工过程、计划执行情况认真检查和调整，并做好施工统计工作。

12.4 工程项目资料的内容与存档

工程资料是在工程建设过程中形成的各种形式的信息记录，包括工程准备阶段文件、监理资料、施工资料和竣工图。

工程项目资料是记录建设工程文件的归档整理以及建设工程档案的验收。

12.4.1 工程项目资料的内容

工程项目资料的内容主要包括基建文件、监理、施工和竣工图等资料。

12.4.1.1 工程准备阶段文件

工程开工以前，在立项、审批、征地、勘察、设计、招投标等工程准备阶段形成的基建文件。

(1) 立项文件　立项文件项包括如下内容：项目建议书，项目建议书审批意见及前期工作通知书，可行性研究报告及附件，可行性研究报告审批意见，关于立项有关的会议纪要、领导讲话，专家建议文件，调查资料及项目评估研究材料等。

(2) 建设用地、征地、拆迁文件　建设用地、征地、拆迁文件包括如下内容：选址申请及选址规划意见通知书，用地申请报告及县级以上人民政府城乡建设用地批准书，拆迁安置意见、协议、方案等，建设用地规划许可证及其附件，划拨建设用地文件，国有土地使用证等。

(3) 勘察、测绘、设计文件　勘察、测绘、设计文件包括如下内容：工程地质勘察报告，水文地质勘察报告，自然条件、地震调查，建设用地钉桩通知单（书），地形测量和拨地测量成果报告，申报的规划设计条件和规划设计条件通知书，初步设计图纸和说明，技术设计图纸和说明，审定设计方案通知书及审查意见，有关行政主管部门（人防、环保、消防、交通、园林、市政、文物、通信、保密、河湖、教育、白蚁防治、卫生等）批准文件或取得的有关协议，施工图及其说明，设计计算书，政府有关部门对施工图设计文件的审批意见。

(4) 招投标文件　招投标文件包括如下内容：勘察设计招投标文件，勘察设计承包合同，施工招投标文件，施工承包合同，工程监理招投标文件，监理委托合同等。

(5) 开工审批文件　开工审批文件包括如下内容：建设项目列入年度计划的申报文件，

建设项目列入年度的批复文件或年度计划项目表，规划审批申报表及报送的文件和图纸，建设工程规划许可证及其附件，建设工程开工审查表，建设工程施工许可证，投资许可证、审计、缴纳绿化建设费等证明，工程质量监督手续等。

(6) 财务文件　财务文件包括如下内容：工程投资估算材料，工程设计概算材料，施工图预算材料，施工预算等。

(7) 建设、施工、监理机构及负责人　建设、施工、监理机构及负责人包括如下内容：工程项目管理机构（项目经理部）及负责人名单，工程项目监理机构（项目监理部）及负责人名单，工程项目施工管理机构（施工项目经理部）及负责人名单等。

12.4.1.2　监理文件

监理单位在工程设计、施工等监理过程中形成的文件。

① 监理规划，由监理单位的项目监理部在建设工程施工前期形成收集汇编，包括监理规划、监理实施细则、监理部总控制计划等。

② 监理中的有关质量问题，在监理全过程中形成、监理月报中的相关内容。

③ 监理会议纪要中的有关质量问题，在监理全过程中形成、有关例会和专题会议记录中的内容。

④ 进度控制，在建设全过程监理中形成，包括工程开工/复工报审表、工程延期报审与批复、工程暂停令。

⑤ 质量控制，在建设全过程监理中形成，包括施工组织设计（方案）报审表、工程质量报验申请表、工程材料/构配件/设备报审表、工程竣工报验单、不合格项目处置记录、质量事故报告及处理结果。

⑥ 造价控制，在建设全过程监理中形成，包括工程款支付申请表、工程款支付证书、工程变更费用报审与签认。

⑦ 分包资质，在工程施工期中形成，包括分包单位资质报审表、供货单位资质材料、试验等单位资质材料。

⑧ 监理通知及回复，在建设全过程监理中形成，包括有关进度控制的、有关质量控制的、有关造价控制的监理通知及回复等。

⑨ 合同及其他事项管理，在建设全过程中形成，包括费用索赔报告及审批，工程及合同变更，合同争议、违约报告及处理意见。

⑩ 监理工作总结，在建设全过程监理中形成，包括专题总结、月报总结、工程竣工总结、质量评估报告。

12.4.1.3　施工文件

施工文件包括建筑安装工程和市政基础设施工程两类，建筑安装工程中又有土建工程（建筑与结构）、机电工程（电气、给排水、消防、采暖、通风、空调、燃气、建筑智能化、电梯）和室外工程（室外安装、室外建筑环境）。市政基础设施工程中又有施工技术准备，施工现场准备，工程变更，洽商记录，原材料、成品、半成品、构配件设备出厂质量合格证及试验报告，施工试验记录，施工记录，预检记录，隐蔽工程检查（验收）记录，工程质量检查验收记录，功能性试验记录，质量事故及处理记录，竣工测量资料等12类文件。

(1) 建筑安装工程

① 土建（建筑与结构）工程。施工技术准备文件包括施工组织设计，技术交底，图纸会审记录，施工预算的编制和审查，施工日志；施工现场准备包括控制网设置资料，工程定位测量资料，基槽开挖线测量资料，施工安全措施，施工环保措施；地基处理记录包括地基钎探记录的钎探平面布点图，验槽记录和地基处理记录，桩基施工记录，试桩记录；工程图

纸变更记录包括设计会议会审记录，设计变更记录，工程洽商记录；施工材料预制构件质量证明文件及复试试验包括砂、石、砖、水泥、钢筋、防水材料、隔热保温、防腐材料、轻集料试验汇总表，砂、石、砖、水泥、钢筋、防水材料、隔热保温、防腐材料、轻集料出厂证明文件，砂、石、砖、水泥、钢筋、防水材料、轻集料、焊条、沥青复试试验报告，预制构件（钢、混凝土）出厂合格证、试验记录，工程物资选样送审表，进场物资批次总表，工程物资进场报验表；施工试验记录包括土壤（素土、灰土）干密度、击实试验报告，砂浆配合比通知单，砂浆（试块）抗压强度试验报告，混凝土抗渗试验报告，商品混凝土出厂合格证、复试报告，钢筋接头（焊接）试验报告，防水工程试水检查记录，楼地面、屋面坡度检查记录，土壤、砂浆、混凝土、钢筋连接、混凝土抗渗试验报告汇总表；隐蔽工程检查记录包括基础和主体结构钢筋工程，钢结构工程，防水工程，高程控制。施工记录包括工程定位测量检查记录，预检工程检查记录，各施工混凝土搅拌测温记录，冬施混凝土搅拌测温记录，烟道、垃圾道检查记录，沉降观测记录，结构吊装记录，现场施工预应力、工程竣工测量、新型建筑材料、施工新技术记录，工程质量事故处理记录；工程质量检验记录包括检验批质量验收记录，分项工程质量验收记录，基础、主体工程验收记录，幕墙工程验收记录、分部（子分部）工程质量验收记录。

② 机电工程。包括电气、给排水、消防、采暖、通风、空调、燃气、建筑智能化、电梯工程。一般施工记录包括施工组织设计、技术交底、施工日志；图纸变更记录包括图纸会审、设计变更、工程洽商；设备、产品质量检查、安装记录包括设备、产品质量合格证、质量保证书、设备装箱单、商检证明和说明书、开箱报告，设备安装记录，设备试运等记录，设备明细表，预检记录；隐蔽工程检查记录；施工试验记录包括电气接地电阻、绝缘电阻、综合布线、有线电视末端等测试记录，楼宇自控、监视、安装、视听、电话等系统调试记录，变配电设备安装、检查、通电、满负荷测试记录，给排水、消防、采暖、通风、空调、燃气等管道强度、严密性、灌水、通水、吹洗、漏风、试压、通球、阀门等试验记录，电气照明、动力、给排水、消防、采暖、通风、空调、燃气等系统的调试、试运行记录，电梯接地电阻、绝缘电阻测试记录，空载、半载、满载、超载试运行记录，平衡、运速、噪声调整试验报告；质量事故处理记录；工程质量检验记录包括检验批质量验收记录，分项工程质量验收记录，分部（子分部）工程质量验收记录。

③ 室外工程。室外安装（给水、雨水、污水、热力、燃气、电信、电力、照明、电视、消防等）施工文件，室外建筑环境（建筑小品、水景、道路、园林绿化等）施工文件。

（2）市政基础设施工程

① 施工技术准备。施工组织设计，技术交底，图纸会审记录，施工预算的编制和审查。

② 施工现场准备。工程定位测量资料，工程定位测量复核记录，导线点、水准点测量复核记录，工程轴线、定位桩、高程测量复核记录，施工安全措施，施工环保措施。

③ 设计变更、洽商记录。设计变更通知单，洽商记录。

④ 原材料、成品、半成品、构配件设备出厂质量合格证及试验报告，砂、石、砌块、水泥、钢筋（材）、石灰、沥青、涂料、混凝土外加剂、防水材料、黏结材料、防腐保温材料、焊接材料等试验汇总表、质量合格证书和出厂检（试）验报告及现场复试报告，水泥、石灰、粉煤灰混合料、沥青混合料、商品混凝土等试验报告、出厂合格证、现场复试报告和试验汇总表，混凝土预制构件、管材、管件、钢结构构件等出厂合格证、相应的施工技术资料、试验汇总表，厂站工程的成套设备、预应力张拉设备、各类地下管线井室设施、产品等出厂合格证书和安装使用说明、汇总表，设备开箱记录。

⑤ 施工试验记录。砂浆、混凝土试块强度、钢筋（材）焊接、填土、路基强度试验等汇总表；道路压实度、强度试验记录，包括回填土、路床压实度试验及土质的最大干密度和

最佳含水量试验报告，石灰类、水泥类、二灰类无机混合料基层的标准击实试验报告，道路基层混合料强度试验记录，道路面层压实度试验记录；混凝土试块强度试验记录，包括混凝土配合比通知单，混凝土试块强度试验报告，混凝土试块抗渗、抗冻试验报告，混凝土试块强度统计、评定记录；砂浆试块强度试验记录，包括砂浆配合比通知单，砂浆试块强度试验报告，砂浆试块强度统计、评定记录；钢筋（材）连接试验报告；钢管、钢结构安装及焊缝处理外观质量检查记录；桩基础试（检）验报告；工程物资选样送审记录、进场报验记录；进场物资批次汇总记录。

⑥ 施工记录。地基与基槽验收记录包括地基钎探位置图，地基与基槽验收记录，地基处理记录及示意图；桩基施工记录包括桩基位置平面示意图，打桩记录，钻孔桩钻进记录及成孔质量检查记录，钻孔（挖孔）桩混凝土浇灌记录；构件设备安装和调试记录包括钢筋混凝土预制构件、钢结构等吊装记录，厂（场）、站工程大型设备安装调试记录；预应力张拉记录包括预应力张拉记录表，预应力张拉孔道压浆记录，孔位示意图；沉井工程下沉观测记录；混凝土浇灌记录；管道、箱涵等工程项目推进记录；构筑物沉降观测记录；施工测温记录；预制安装水池壁板缠绕钢丝应力测定记录；预检记录包括模板预检记录，大型构件和设备安装前预检记录，设备安装位置检查记录，管道安装检查记录，补偿器冷拉及安装情况记录，支（吊）架位置、各部位连接方式等检查记录，供水、供热、供气管道吹（洗）记录，保温、防腐、油漆等施工检查记录；隐蔽工程检查（验收）记录；工程质量检查评定记录包括工序工程质量评定记录，部位工程质量评定记录，分部工程质量评定记录；功能性试验记录包括道路工程的弯沉试验记录，桥梁工程的动、静载试验记录，无压力管道的严密性试验记录，压力管道的强度试验、严密试验、通球试验等记录，水池满水试验、消化池气密性试验记录，电气绝缘电阻、接地电阻试验记录，电器照明、动力试运行记录，供热管网、燃气管网等试运行记录，燃气储罐总体试验记录，电讯、宽带网等试运行记录；质量事故及处理记录包括工程质量事故报告，工程质量事故处理记录；竣工测量资料包括建筑物、构筑物竣工测量记录及测量示意图，地下管线竣工测量记录。

12.4.1.4 竣工图

竣工图包括建筑安装工程竣工图和市政基础设施工程竣工图两类。建筑安装工程竣工图包括综合竣工图和专业竣工图两大类。市政基础设施工程竣工图包括道路，桥梁，广场，隧道，铁路、公路、航空、水运等交通，地下铁道等轨道交通，地下人防，水利防灾，排水、供水、供热、供气、电力、电讯等地下管线，高压架空输电线，污水处理、垃圾处理处置，场、厂、站工程等 13 大类文件。

12.4.1.5 竣工验收文件

包括工程竣工总结，竣工验收记录，财务文件，声像、微缩、电子档案。

① 工程竣工总结。工程概况表，工程竣工总结。

② 竣工验收记录。由建设单位委托长期进行的工程沉降观测记录。

a. 建筑安装工程。单位（子单位）工程质量竣工验收，竣工验收证明书，竣工验收报告，竣工验收备案表（包括各专项验收认可文件），工程质量保修书。

b. 市政基础设施工程。单位工程质量评定表及报验单，竣工验收证明书，竣工验收报告，竣工验收备案表（包括各专项验收认可文件），工程质量保修书。

③ 财务文件。决算文件，交付使用财产总表和财产明细表。

④ 声像、微缩、电子档案：工程照片，录音、录像材料，微缩品，光盘，磁盘。

12.4.2 工程项目资料的存档

对一个建设工程而言，存档有两方面含义：一是建设、勘察、设计、施工、监理等单位将本单位在工程建设过程中形成的文件向本单位档案管理机构移交；二是勘察、设计、施工、监理等单位将本单位在工程建设过程中形成的文件向建设单位档案管理机构移交。

12.4.2.1　建设工程文件和档案资料管理

(1) 建设工程文件概念　建设工程文件指在工程建设过程中形成的各种形式的信息记录，包括工程准备阶段文件、监理文件、施工文件、竣工图和竣工验收文件，也可简称为工程文件。

(2) 建设工程档案概念　建设工程档案指在工程建设活动中直接形成的具有归档保存价值的文字、图表、声像等各种形式的历史记录，也可简称工程档案。

(3) 建设工程文件档案资料　建设工程文件和档案组成建设工程文件档案资料。

(4) 建设工程文件档案资料载体

① 纸质载体。以纸张为基础的载体形式。

② 缩微品载体。以胶片为基础，利用缩微技术对工程资料进行保存的载体形式。

③ 光盘载体。以光盘为基础，利用计算机技术对工程资料进行存储的形式。

④ 磁性载体。以磁性记录材料（磁带、磁盘等）为基础，对工程资料的电子文件、声音、图像进行存储的方式。

(5) 工程文件归档范围

① 对与工程建设有关的重要活动，记载工程建设主要过程和现状、具有保存价值的各种载体的文件，均应收集齐全、整理立卷后归档。

② 工程文件的具体归档范围按照现行《建设工程文件归档规范》(GB/T 50328—2014) 中“建设工程文件归档范围和保管期限表”共 5 大类执行。

12.4.2.2　基本规定

① 建设、勘察、设计、施工、监理等单位应将工程文件的形成和积累纳入工程建设管理的各个环节和有关人员的职责范围。

② 在工程文件与档案的整理立卷、验收移交工作中，建设单位应履行下列职责：

a. 在工程招标及勘察、设计、施工、监理等单位签订协议、合同时，应对工程文件的套数、费用、质量、移交时间等提出明确要求；

b. 收集和整理工程准备阶段、竣工验收阶段形成的文件，并应进行立卷归档；

c. 负责组织、监督和检查勘察、设计、施工、监理等单位的工程文件的形成、积累和立卷归档工作；

d. 收集和汇总勘察、设计、施工、监理等单位立卷归档的工程档案；

e. 在组织工程竣工验收前，应提请当地的城建档案管理机构对工程档案进行预验收，未取得工程档案验收认可文件，不得组织工程竣工验收；

f. 对列入城建档案馆（室）接收范围的工程，工程竣工验收后 3 个月内，向当地城建档案馆（室）移交一套符合规定的工程档案。

③ 勘察、设计、施工、监理等单位应将本单位形成的工程文件立卷后向建设单位移交。

④ 建设工程项目实行总承包的，总包单位负责收集、汇总各分包单位形成的工程档案，并应及时向建设单位移交；各分包单位应将本单位形成的工程文件整理、立卷后及时移交总包单位。建设工程项目由几个单位承包的，各承包单位负责收集、整理、立卷其承包项目的工程文件，并应及时向建设单位移交。

⑤ 城建档案管理机构应对工程文件的立卷归档工作进行监督、检查、指导。在工程竣工验收前，应对工程档案进行预验收，验收合格后，须出具工程档案认可文件。

12.4.2.3 工程文件的归档范围及质量要求

(1) 工程文件的归档范围

① 对与工程建设有关的重要活动、记载工程建设主要过程和现状、具有保存价值的各种载体的文件，均应收集齐全，整理立卷后归档，这是确定归档范围的基本原则。

② 工程文件的具体归档范围应符合工程项目资料的内容要求。各城市可根据本地情况适当拓宽和缩减。

(2) 建设工程档案编制质量要求与组卷方法　对建设工程档案编制质量要求与组卷方法，应该按照原建设部和国家质量检验检疫总局于 2002 年 1 月 10 日联合发布，2002 年 5 月 1 日实施的《建设工程文件归档规范》(GB/T 50328—2014) 国家标准。此外，尚应执行《科学技术档案案卷构成的一般要求》(GB/T 11822—2008)、《技术制图　复制图的折叠方法》(GB 10609.3—2009)、《城市建设档案案卷质量规定》(建办〔1995〕697 号) 等规范或文件的规定及各省、市地方相应的地方规范执行。

① 归档文件的质量要求。归档的工程文件一般应为原件；工程文件的内容及其深度必须符合国家有关工程勘察、设计、施工、监理等方面的技术规范、标准和规程；工程文件的内容必须真实、准确，与工程实际相符合；工程文件应采用耐久性强的书写材料，如碳素墨水、蓝黑墨水，不得使用易褪色的书写材料，如红色墨水、纯蓝墨水、圆珠笔、复写纸、铅笔等；工程文件应字迹清楚，图样清晰，图表整洁，签字盖章手续完备；工程文件中文字材料幅面尺寸规格宜为 A4 幅面 (297mm×210mm)，图纸宜采用国家标准图幅；工程文件的纸张应采用能够长期保存的韧力大、耐久性强的纸张；图纸一般采用蓝晒图，竣工图应是新蓝图。计算机出图必须清晰，不得使用计算机所出图纸的复印件；所有竣工图均应加盖竣工图章；利用施工图改绘竣工图，必须标明变更修改依据，凡施工图结构、工艺、平面布置等有重大改变，或变更部分超过图面 1/3 的，应当重新绘制竣工图；不同幅面的工程图纸应按《技术制图　复制图的折叠方法》(GB 10609.3—2009) 统一折叠成 A4 幅图，图标栏露在外面；工程档案资料的微缩制品，必须按国家微缩标准进行制作，主要技术指标 (解像力、密度、海波残留量等) 要符合国家标准，保证质量，以适应长期安全保管；工程档案资料的照片 (含底片) 及声像档案，要求图像清晰，声音清楚，文字说明或内容准确；工程文件应采用打印的形式并使用档案规定用笔，手工签字；在不能够使用原件时，应在复印件或抄件上加盖公章并注明原件保存处。

② 归档工程文件的组卷要求。

a. 立卷的原则。立卷应遵循工程文件的自然形成规律，保持卷内文件的有机联系，便于档案的保管和利用；一个建设工程由多个单位工程组成时，工程文件应按单位工程组卷。

b. 立卷的方法。工程文件可按建设程序划分为工程准备阶段的文件、监理文件、施工文件、竣工图、竣工验收文件五部分。

工程准备阶段文件可按单位工程、分部工程、专业、形成单位等组卷；监理文件可按单位工程、分部工程、专业、阶段等组卷；施工文件可按单位工程、分部工程、专业、阶段等组卷；竣工图可按单位工程、专业等组卷；竣工验收文件可按单位工程、专业等组卷。

c. 立卷的要求。案卷不宜过厚，一般不超过 40mm；案卷内不应有重份文件，不同载体的文件一般应分别组卷。

③ 卷内文件的排列。文件材料按事项、专业顺序排列。同一事项的请示与批复、同一文件的印本与定稿、主件与附件不能分开，并按批复在前、请示在后，印本在前、定稿在后，主件在前、附件在后的顺序排列；图纸按专业排列，同专业图纸按图号顺序排列；既有文字材料又有图纸的案卷，文字材料排前，图纸排后。

④ 案卷的编目。

a. 编制卷内文件页号应符合下列规定。卷内文件均按有书写内容的页面编号。每卷单独编号，页号从“1”开始；页号编写位置包括单页书写的文字在右下角；双面书写的文件，正面在右下角，背面在左下角。折叠后的图纸一律在右下角；成套图纸或印刷成册的科技文件材料，自成一卷的，原目录可代替卷内目录，不必重新编写页码；案卷封面、卷内目录、卷内备考表不编写页号。

b. 卷内目录的编制应符合下列规定。卷内目录式样宜符合现行《建设工程文件归档规范》中附录B的要求；序号包括以一份文件为单位，用阿拉伯数字从1依次标注；责任者包括填写文件的直接形成单位和个人，有多个责任者时，选择两个主要责任者，其余用“等”代替；文件编号包括填写工程文件原有的文号或图号；文件题名包括填写文件标题的全称；日期包括填写文件形成的日期；页次包括填写文件在卷内所排列的起始页号。最后一份文件填写起止页号，卷内目录排列在卷内文件之前。

c. 卷内备考表的编制应符合下列规定。卷内备考表的式样宜符合现行《建设工程文件归档规范》中附录C的要求；卷内备考表主要标明卷内文件的总页数、各类文件数（照片张数），以及立卷单位对案卷情况的说明；卷内备考表排列在卷内文件的尾页之后。

d. 案卷封面的编制应符合下列规定。案卷封面印刷在卷盒、卷夹的正表面，也可以采用内封面形式。案卷封面的式样宜符合现行《建设工程文件归档规范》中附录D的要求；案卷封面的内容应包括档号、档案馆代号、案卷题名、编制单位、起止日期、密级、保管期限、共几卷、第几卷；档号应由分类号、项目号和案卷号组成。档号由档案保管单位填写；档案馆代号应填写国家给定的本档案馆的编号，档案馆代号由档案馆填写；案卷题名应简明、准确地提示卷内文件的内容，案卷题名应包括工程名称、专业名称、卷内文件的内容；编制单位应填写案卷文件的形成单位或主要责任者；起止日期应填写案卷内全部文件形成的起止日期；保管期限分为永久、长期、短期三种期限。各类文件的保管期限见现行《建设工程文件归档规范》中附录A的要求。永久是指工程档案需永久保存，长期是指工程档案的保存期等于该工程的使用寿命，短期是指工程档案保存在20年以下。同一案卷内有不同保管期限的文件，该案卷保管期限应从长；工程档案套数一般不少于两套，一套由建设单位保管，另一套原件要求移交当地城建档案管理部门保存，接受范围规范规定可以各城市根据本地情况适当拓宽和缩减，具体可向建设工程所在地城建档案管理部门询问；密级分为绝密、机密、秘密三种。同一案卷内有不同密级的文件，应以高密级为本卷密级。

e. 卷内目录、卷内备考表、卷内封面应采用70g以上白色书写纸制作，幅面统一采用A4幅面。

12.4.2.4 建设工程档案验收与移交

(1) 建设工程档案验收

① 列入城建档案管理部门档案接收范围的工程，建设单位在组织工程竣工验收前，应提请城建档案管理部门对工程档案进行预验收。建设单位未取得城建档案管理部门出具的认可文件，不得组织工程竣工验收。

② 城建档案管理部门在进行工程档案预验收时，应重点验收以下内容：工程档案是否分类齐全、系统完整；工程档案的内容是否真实、准确地反映工程建设活动和工程实际状况；工程档案是否已整理立卷，立卷是否符合现行《建设工程文件归档规范》的规定；竣工图绘制方法、图式及规格等是否符合专业技术要求，图面整洁，盖有竣工图章；文件的形成、来源是否符合实际，要求单位或个人签章的文件，其签章手续是否完备；文件材质、幅面、书写、绘图、用墨、装裱等是否符合要求。

工程档案由建设单位进行验收，属于向地方城建档案管理部门报送工程档案的工程项目，还应会同地方城建档案管理部门共同验收。

③ 国家、省、市重点工程项目或一些特大型、大型的工程项目的预验收和验收，必须有地方城建档案管理部门参加。

④ 为确保工程档案的质量，各编制单位、地方城建档案管理部门、建设行政管理部门等要对工程档案进行严格检查、验收。编制单位、制图人、审核人、技术负责人必须进行签字或盖章。对不符合技术要求的，一律退回编制单位进行改正、补齐，问题严重者可令其重做。不符合要求者，不能交工验收。

⑤ 凡报送的工程档案，如验收不合格，应将其退回建设单位，由建设单位责成责任者重新进行编制，待达到要求后重新报送。检查验收人员应对接收的档案负责。

⑥ 地方城建档案管理部门负责工程档案的最后验收，并对编制报送工程档案进行业务指导、监督和检查。

(2) 建设工程档案移交

① 列入城建档案管理部门接收范围的工程，建设单位在工程竣工验收后 3 个月内向城建档案管理部门移交一套符合规定的工程档案。

② 停建、缓建工程的工程档案，暂由建设单位保管。

③ 对改建、扩建和维修工程，建设单位应当组织设计单位、监理单位、施工单位据实修改、补充和完善工程档案。对改变的部位，应当重新编写工程档案，并在工程竣工验收后 3 个月内向城建档案管理部门移交。

④ 建设单位向城建档案管理部门移交工程档案时，应办理移交手续，填写移交目录，双方签字、盖章后交接。

⑤ 施工单位、监理单位等有关单位应在工程竣工验收前将工程档案按合同或协议规定的时间、套数移交给建设单位，办理移交手续。

复习思考题

12-1 基本建设的程序和组成有哪些?

12-2 建设产品及生产特点有哪些?

12-3 工程项目施工包括哪些程序?

12-4 工程验收有哪些形式和内容?

12-5 施工准备工作的分类和内容有哪些?

12-6 施工组织设计的概念、分类和作用是什么?

12-7 施工组织设计和施工方案各包括哪些基本内容?

12-8 制订和选择施工方案的基本要求是什么?

12-9 施工组织设计的编制原则是什么?

12-10 工程项目资料的内容包括哪些?

12-11 建设工程文件档案资料载体有哪些?

13

流水施工原理

扫码获取本书学习资源

在线测试

拓展阅读

章节速览

「获取说明详见本书封二」

学习内容和要求

掌握	• 流水施工的工艺参数、空间参数、时间参数 • 固定节拍流水、成倍节拍流水和分别流水施工的组织方法及工期计算	13.2节 13.3节
熟悉	• 合理的施工工程组织应考虑哪些因素 • 流水施工的基本概念及其特点 • 水平图表、垂直图表的绘制方法	13.1节 13.1节 13.1节
了解	• 流水施工组织的条件	13.1节

13.1 概述

讨论　组织流水施工必须考虑哪些基本要素？

流水施工是一种比较科学的组织方式，其特点在于能够保证工程施工连续、均衡、有节奏、合理地进行，在工程施工组织中应用广泛。对于道路、管道、沟渠等一些线性工程，通常采用流水线法施工。那么在实际工程中如何组织工程施工呢？

13.1.1 施工组织方式

13.1.1.1　施工过程的合理组织

一项工程的施工过程组织是指对工程系统内所有的生产要素进行合理安排，以最佳的方式将各种生产要素组合起来，使其形成一个协调的系统，从而达到作业时间省、资源耗费低、产品和服务质量优的目标。

合理组织施工过程，应考虑以下基本要求。

（1）施工过程的连续性　施工过程中的各阶段、各施工区的人流、物流始终处于不停的运动状态之中，避免不必要的停顿和等待现象，且使流程尽可能短。

（2）施工过程的均衡性　在工程施工的各个阶段，力求保持相同的工作节奏，避免忙闲不均、前松后紧、突击加班等不正常现象。

（3）施工过程的平行性　各项施工活动在时间上实行平行交叉作业，尽可能加快速度，缩短工期。

（4）施工过程的协调性　在施工中要求基本施工过程和辅助施工过程之间、各道工序之间以及各种机械设备之间在生产能力上要保持适当数量和质量要求的协调（比例）关系。

（5）施工过程的适应性　在工程施工过程中对由于各项内部和外部因素影响引起的变动情况具有较强的应变能力。这种适应性要求建立信息迅速反馈机制，注意施工全过程的控制和监督，及时进行调整。

工业化生产的实践证明，流水施工作业法是组织生产的有效方法，流水作业法的基本原理也同样适用于建筑工程的施工。

13.1.1.2　施工组织方式的比较

为了说明建筑工程中采用流水施工的特点，可以比较建造三幢相同房屋时，施工中分别采用依次施工（又称顺序施工）、平行施工和流水施工三种不同的施工组织方式下工期和资源变化情况。

【例 13-1】 拟建三幢相同的建筑工程，其基础工程量均相等，分为挖基槽、做混凝土垫层、砌筑基础和回填土四个施工过程。施工天数均为 6 天，各施工过程工作队人数分别由 10 人、8 人、16 人和 6 人组成。现以该工程为例说明三种不同的施工组织方式。

【解】（1）依次施工　采用依次施工时（图 13-1），是当第一幢房屋竣工后才开始第二幢房屋的施工，即按着次序一幢接一幢地进行施工。这种方法同时投入的劳动力和物资资源较少，但各专业工作队在该工程中的工作是有间隙的，工期也拖得较长。若有 $m=3$ 幢房屋（工程编号为①、②和③），每幢房屋施工工期为 $t=24$ 天，则总工期为 $T=mt=3\times24=72$（天）。

（2）平行施工　采用平行施工时（图 13-1），$m=3$ 幢房屋同时开工、同时竣工。这样施工显然可以大大缩短工期，总工期 $T=t=24$ 天，总工期与幢数无关。但是，组织平行施工，各专业工作队同时投入工程的施工队数却大大增加，相应的劳动力以及物资资源的消耗量集中，现场临时设施增加，这都会给施工带来不良的经济效果。

（3）流水施工　采用流水施工时（图 13-1），在各施工过程连续施工的条件下，把各幢房屋作为劳动量大致相同的施工段，组织施工专业队伍在施工过程中最大限度地相互搭接起来，陆续开工，陆续完工。流水施工是以接近恒定的生产率进行生产的，保证了各工作队（组）的工作和物资资源的消耗具有连续性和均衡性。可以看出，流水施工方法能克服依次和平行施工方法的缺点，同时保留了它们的优点，其总工期 $T=36$ 天，介于 $t<T<mt$ 之间，即 24 天 $<T<$ 72 天。

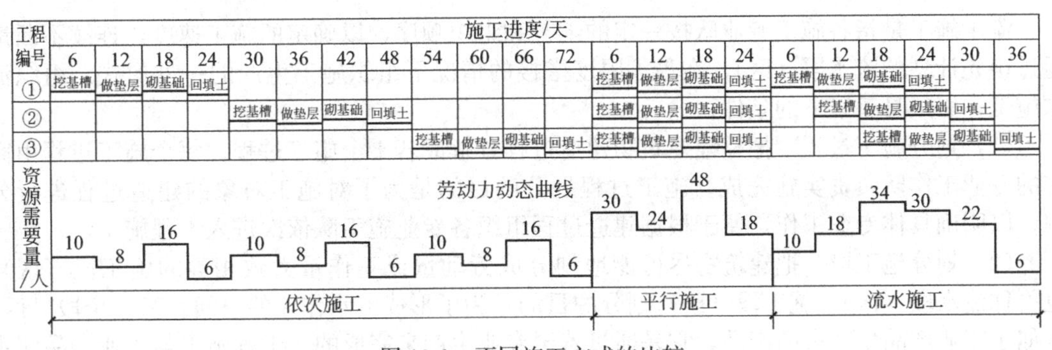

图 13-1　不同施工方式的比较

流水施工的实质是充分利用时间和空间，从而缩短工期，增加劳动力和物资需要量供应的均衡性，提高劳动生产率，降低工程成本。三种不同施工组织方式的比较结果见表13-1。

表13-1 三种不同施工组织方式的比较结果

施工方式	工期	资源投入	评价结果	适用范围
依次施工	长	强度低	劳动力投入少，资源投入不集中，有利于组织和管理，但易产生窝工现象	规模小，工作面有限的工程
平行施工	短	强度大	投入的资源集中，现场组织和管理复杂	工期紧迫，资源充分，工作面允许的工程
流水施工	中	强度适中	工作队(组)连续，充分利用工作面，比较理想	一般工程均可以

13.1.2 流水施工的技术经济效果

(1) 流水施工的特点　建筑工程的流水施工与一般工业生产流水线作业十分相似。不同的是，在工业生产中的流水作业中，专业生产者是固定的，而各种产品或中间产品在流水线上流动，由前道工序流向后一道工序；而在建筑施工中的产品或中间产品是固定不动的，专业施工队则是流动的，专业施工队不断地由前一个施工段流向后一个施工段。

(2) 技术经济效果　流水施工最主要的特点是施工过程（工序或工种）作业的连续性和资源使用的均衡性。施工过程连续性又分为时间上的连续性和空间上的连续性。时间上的连续性是指专业施工队在施工过程的各个环节的运动，自始至终处于连续状态，不产生明显的停顿与等待现象；空间上的连续性要求施工过程各个环节在空间上布置合理紧凑，充分利用工作面，消除不必要的空闲时间。组织均衡施工是建立正常施工秩序和管理秩序、保证工程质量、降低消耗的前提条件，有利于最充分地利用现有资源及其各个环节的生产能力。

流水施工是一种合理的、科学的施工组织方法，它可以在建筑工程施工中带来良好的经济效果。

① 流水施工按专业工种建立劳动组织，工作队及其工人实行生产专业化，可使工人的操作技术熟练，有利于提高生产率和保证工程质量。

② 科学地安排施工进度和利用工作面，最大限度地合理搭接，从而减少停工、窝工损失，合理地利用了施工的时间和空间，有效地缩短了施工工期。

③ 施工的连续性、资源使用的均衡性，使劳动消耗、资源供应等都处于相对平稳、均衡的状态，有利于文明施工，便于工程组织和现场科学管理，降低施工成本。

13.1.3 组织流水施工的条件

流水施工是指各施工专业队按一定的工艺和组织顺序，以确定的施工速度，连续不断地通过预先计划的流水段（区），在最大限度搭接的情况下组织施工生产的一种形式。组织流水施工，必须具备以下的条件。

(1) 划分施工过程　把整幢建筑物建造过程分解成若干个施工过程。每个施工过程由固定的专业工作队负责实施完成。施工过程划分的目的是为了对施工对象的建造过程进行分解，以明确具体专业工作，便于根据建造过程组织各专业施工队依次进入工程施工。

(2) 划分施工段　把建筑物尽可能地划分成劳动量或工作量大致相等的施工段（区），也可称流水段（区）。施工段（区）划分的目的是为了形成流水作业的空间。每一个段（区）类似于工业产品生产中的产品，它是通过若干专业生产来完成的。工程施工与工业产品流水作业的区别在于，工程施工的产品（施工段）是固定的，专业队是流动的；而工业生产的产品是流动的，专业队是固定的。

(3) 组织合理的施工专业队（班组） 确定各施工专业队在各施工段（区）内的工作持续时间。这个持续时间又称“流水节拍”，代表施工的节奏性。

(4) 主要施工过程必须连续、均衡地施工 各工作队按一定的施工工艺，配备必要的机具，依次、连续、均衡地由一个施工段（区）转移到另一个施工段（区），反复地完成同类工作。

(5) 不同的施工过程尽可能组织平行搭接施工 使不同的专业工作队完成各施工过程的时间适当地搭接起来。其搭接的目的是缩短工期，也是连续作业或工艺上的要求。不同的专业工作队之间的关系，表现在工作空间上的交接和工作时间上的搭接。

13.1.4 流水施工的分级及表达方式

13.1.4.1 流水施工的分级（类）

根据流水施工组织的范围不同，流水施工通常分为以下几种。

(1) 分项工程流水施工 分项工程流水施工也称为细部流水施工，它是在一个专业工种内部组织起来的流水施工。在施工进度计划表上，它是一条标有施工段或工作编号的水平进度指示线段或斜向进度指示线段。

(2) 分部工程流水施工 分部工程流水施工也称为专业流水施工，它是在一个分部工程内部各分项工程之间组织起来的流水施工。在施工进度计划表上，它用一组标有施工段或工作队编号的水平进度指示线段或斜向进度指示线段来表示。

(3) 单位工程流水施工 单位工程流水施工也称为综合流水施工，它是在一个单位工程内部各分部工程之间组织起来的流水施工。在施工进度计划表上，它是若干分部工程的进度指示线段，并由此构成一张单位工程施工进度计划。

(4) 群体工程流水施工 群体工程流水施工也称为大流水施工，它是在单位工程之间组织起来的流水施工，反映在施工进度计划表上是一张施工总进度计划。

13.1.4.2 流水施工的表达方式

工程施工进度计划图表是反映工程施工时各施工过程按其工艺上的先后顺序、相互配合的关系和它们在时间、空间上的开展情况。目前应用最广泛的施工进度计划图表有横道图和网络图。

流水施工的工程进度计划图表采用横道图表示时，按其绘制方法的不同分为水平图表[图 13-2(a)] 及垂直图表 [又称斜线图，图 13-2(b)]。图中水平坐标表示时间（施工进度）；垂直坐标表示施工过程、施工段、工作队、编号和数目等；n 条水平线段或斜线表示 n 个施工过程或施工段等在时间和空间上的流水开展情况。在水平图表中，也可用垂直坐标

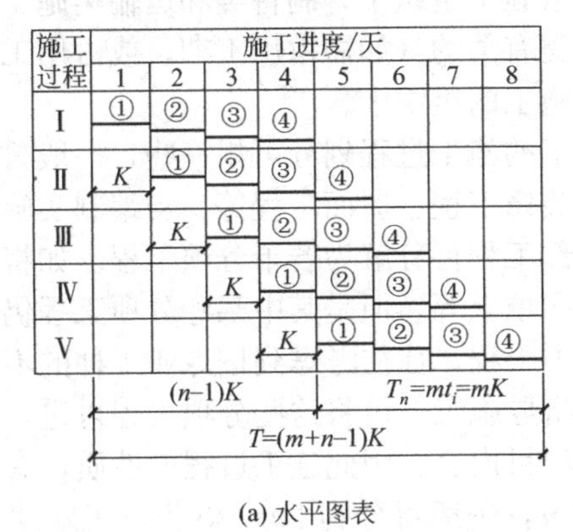

(a) 水平图表

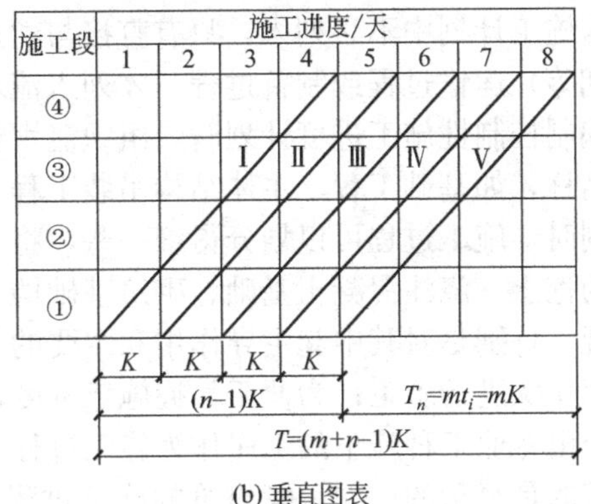

(b) 垂直图表

图 13-2 流水施工图表

表示施工段，此时 n 条水平线段则表示施工过程。应该注意，垂直图表中垂直坐标的施工对象编号是由下而上编写的。

水平图表具有绘制简单、流水施工形象直观的优点。垂直图表能直观地反映出在一个施工段中各施工过程的先后顺序和相互配合关系，而且可由其斜线的斜率形象地反映出各施工过程的流水强度。在垂直图表中还可方便地进行各施工过程工作进度的允许偏差计算。

有关流水施工网络图的表达方式，详见网络计划技术。

13.2 流水施工参数

讨论

1. 流水施工有哪些主要参数？它们的含义是什么？
2. 划分施工段的基本原则是什么？
3. 确定流水节拍的方法和要点是什么？
4. 成倍节拍流水步距如何确定？

为了说明组织流水施工时，各施工过程在时间上和空间上的开展情况及相互依存关系，必须引入一些描述流水施工进度计划图表特征和各种数量关系的参数，这些参数成为流水参数，它包括工艺参数、时间参数和空间参数。

13.2.1 工艺参数

工艺参数是用以表达流水施工在施工工艺上开展顺序及其特征的参数，包括施工过程和流水强度两项。

13.2.1.1 施工过程

一个工程的施工，通常由许多施工过程（如挖土、支模、扎筋、浇筑混凝土等）组成。施工过程的划分应按照工程对象、施工方法及计划性质等来确定，施工过程的数目一般以 n 表示。

施工过程可分为制备类、运输类和建造类三类。制备类就是为制造建筑制品和半制品而进行的施工过程，如制作砂浆、混凝土、钢筋成型等。运输类就是把材料、制品运送到工地仓库或在工地进行转运的施工过程。建造类是施工中起主导地位的施工过程，它包括砌筑、安装等施工，按其在工程项目施工过程中的作用、工艺性质和复杂程度不同，可分为主导施工过程与穿插施工过程、连续施工过程与间断施工过程、复杂施工过程与简单施工过程。

在组织流水施工计划时，建造类必须列入流水施工组织中，制备类和运输类施工过程一般在流水施工计划中不必列入，只有直接与建造类有关的（如需占用工期，或占用工作面而影响工期等）运输过程或制备过程，才列入流水施工的组织中。

当编制控制性施工进度计划时，组织流水施工的施工过程划分可粗一些，一般只列出分部工程名称，如基础工程、主体结构吊装工程、装修工程、屋面工程等。当编制实施性施工进度计划时，施工过程可以划分得细一些，将分部工程再分解为若干分项工程。如将基础工程分解为挖土、浇注混凝土基础、砌筑基础墙、回填土等。但是其中某些分项工程仍由多工种来实现，特别是对其中起主导作用和主要的分项工程，往往考虑到按专业工种的不同，组织专业工作队进行施工；为便于掌握施工进度，指导施工，可将这些分项工程再进一步分解成若干个由专业工种施工的工序作为施工过程的项目内容。因此施工过程的性质，有的是简单的，有的是复杂的。如一幢建筑的施工过程数 n，一般可分为 20～30 个，工业建筑往往划分更多一些；而一个道路工程的施工过程数 n，则统统只分为 4～5 个。

总之，确定施工过程的数目，应抓住影响工期的主导施工过程，数目要适当，划分施工过程既不能太粗，也不能太细。

13.2.1.2 流水强度

每一施工过程在单位时间内所完成的工程量（如浇捣混凝土施工过程，每工作班能浇筑多少立方米混凝土）叫流水强度，又称流水能力或生产能力，以 V 表示。

（1）机械作业过程的流水强度

$$V_i = \sum_{i=1}^{x} R_i S_i \tag{13-1}$$

式中，V_i 为施工过程 i 的机械作业的流水强度；R_i 为投入施工过程 i 的某种施工机械台数；S_i 为投入施工过程 i 的某种施工机械产量定额；x 为用于同一施工过程的主导施工机械种类数。

（2）人工作业过程的流水强度

$$V_i = R_i S_i \tag{13-2}$$

式中，V_i 为施工过程 i 的人工作业的流水强度；R_i 为投入施工过程 i 的专业工作队工人人数（R_i 应小于工作面上允许容纳的最多人数）；S_i 为投入施工过程 i 的专业工作队平均产量定额。

13.2.2 空间参数

空间参数是指用以表达流水施工在空间布置上所处状态的参数，包括工作面、施工段和施工层三项。

（1）工作面　工作面是表明施工对象上可能安置一定工人操作或布置施工机械的空间大小，所以工作面是用来反映施工过程（工人操作、机械布置）在空间上布置的可能性。

工作面的大小可以采用不同的单位来计量，如对于道路工程，可以采用沿着道路的长度以 m 为单位；对于浇筑混凝土楼板则可以采用楼板的面积以 m^2 为单位等。

在工作面上，前一施工过程的结束就为后一个（或几个）施工过程提供了工作面。在确定一个施工过程必要的工作面时，不仅要考虑施工过程所必需的工作面，还要考虑生产效率、相应工种单位时间内的产量定额，同时应遵守建筑安装工程安全技术操作规程和施工技术操作规范的规定。

（2）施工段　在组织流水施工时，通常把施工对象划分为劳动量相等或大致相等的若干个段，这些段称为施工段。施工段的数目通常以 m 表示。每一个施工段在某一段时间内只供给一个施工过程使用。

划分施工段的目的是在保证工程质量的前提下，为各专业工作队确定合理的空间活动范围，使其按流水施工的原理，集中人力、物力，迅速地将其完成，尽快地、依次地、连续地转入下一个施工段，为其相邻的专业工作队尽早地提供工作面。

施工段可以是固定的，也可以是不固定的。在固定施工段的情况下，所有施工过程都采用同样的施工段，施工段的分界对所有施工过程来说都是固定不变的。在不固定施工段的情况下，对不同的施工过程分别地规定出一种施工段划分方法，施工段的分界对于不同的施工过程是不同的。固定的施工段便于组织流水施工，采用较广，而不固定的施工段则较少采用。

在划分施工段时，应考虑以下几点：

① 施工段的分界同施工对象的结构界限（伸缩缝、沉降缝或单元等）尽可能一致；

② 各施工段上所消耗的劳动量尽可能相近，其相差幅度不宜超过10%～15%；

③ 划分的段数不宜过多，以免使工期延长；

④ 对各施工过程在每个施工段上均应有足够的工作面，使其所容纳的劳动力人数或机械台数，能满足合理劳动组织的要求；

⑤ 当施工有层间关系，分段又分层时，为使各队能够连续施工，即各施工过程的工作队做完第一段，能立即转入第二段，做完一层的最后一段，能立即转入上面一层的第一段，每层最少施工段数目 m 应满足 $m \geqslant n$，这样才能满足合理流水施工组织的要求。

施工过程		施工进度/天						
		1	2	3	4	5	6	7
一层	支模	①	②					
	绑筋		①	②				
	浇筑			①	②			
二层	支模				①	②		
	绑筋					①	②	
	浇筑						①	②

图 13-3 $m < n$ 时流水施工开展状况

其中，施工段数（m）与施工过程数（n）的关系为：

当 $m < n$ 时，工作队在一个工程中不能连续施工而窝工（图 13-3）。

当 $m > n$ 时，工作队仍是连续施工，但施工段有空闲停歇（图 13-4）。

当 $m = n$ 时，工作队连续施工，而且施工段上始终有工作队在工作，即施工段上无空闲停歇，是比较理想的组织方式（图 13-5）。

施工过程		施工进度/天									
		1	2	3	4	5	6	7	8	9	10
一层	支模	①	②	③	④						
	绑筋		①	②	③	④					
	浇筑			①	②	③	④				
二层	支模					①	②	③	④		
	绑筋						①	②	③	④	
	浇筑							①	②	③	④

图 13-4 $m > n$ 时流水施工开展状况

施工过程		施工进度/天							
		1	2	3	4	5	6	7	8
一层	支模	①	②	③					
	绑筋		①	②	③				
	浇筑			①	②	③			
二层	支模				①	②	③		
	绑筋					①	②	③	
	浇筑						①	②	③

图 13-5 $m = n$ 时流水施工开展状况

施工段有空闲停歇，一般会影响工期，但在空闲的工作面上如能安排一些准备或辅助工作（如运输类施工过程），则会使后继工作顺利，也不一定有害。而工作队工作不连续则是不可取的，除非能将窝工的工作队转移到其他工地进行工地间大流水。

流水施工中施工段的划分一般有两种形式：一种是在一个单位工程中自身分段；另一种是在建设项目中各单位工程之间进行流水段划分。后一种流水施工最好是各单位工程为同类型的工程，如同类建筑组成的住宅群，以一幢建筑作为一个施工段来组织流水施工。

（3）施工层　施工层是表示将工程在垂直方向上划分为若干个施工操作层，通常以 r 表示。

对于多层或高层的拟建工程项目，一般是一个结构层为一个施工层。因此，既要划分施工段又要划分施工层，以保证相应的专业工作队在施工段与施工层之间，组织有节奏、连续、均衡地流水施工。

13.2.3 时间参数

时间参数是指用以表达流水施工在时间排列上所处状态的参数，包括流水节拍、流水步距、间歇时间（技术、组织）、平行搭接时间和流水施工工期五项。

13.2.3.1 流水节拍

在组织流水施工时，每个专业工作队在各个施工段上完成相应的施工任务所需要的工作延续时间，称为流水节拍，通常以 t_i 表示，它是流水施工的基本参数之一。

流水节拍的大小，可以反映出流水施工速度的快慢、节奏感的强弱和资源消耗量的多少。根据其数值特征，一般流水施工又分为有节奏流水包括等节奏流水（固定节拍）、异节奏流水（成倍节拍）和无节奏流水（分别流水）等组织方式。

影响流水节拍数值大小的因素主要有项目施工时所采取的施工方案，各施工段投入的劳动力人数或施工机械台数、工作班次、均衡性要求以及该施工段工程量的多少。为避免工作队转移时浪费工时，流水节拍在数值上最好是半个班的整倍数。其数值的确定，可按以下三种方法。

（1）定额计算法 定额计算法也称为单一时间计算法，根据各施工段的工程量、能够投入的资源量（工人数、机械台数和材料量等），可按式(13-3)或式(13-4)计算：

$$t_i=\frac{Q_i}{S_iR_iN_i}=\frac{P_i}{R_iN_i} \tag{13-3}$$

或

$$t_i=\frac{Q_iH_i}{R_iN_i}=\frac{P_i}{R_iN_i} \tag{13-4}$$

式中，t_i 为某专业工作队在第 i 施工段的流水节拍；Q_i 为某专业工作队在第 i 施工段要完成的工程量；S_i 为某专业工作队的计划产量定额；H_i 为某专业工作队的计划时间定额；P_i 为某专业工作队在第 i 施工段需要的劳动工日数量或机械台班数量，$P_i=\frac{Q_i}{S_i}=Q_iH_i$；$R_i$ 为某专业工作队投入的工作人数或机械台数；N_i 为某专业工作队的工作班次。

在计算时，S_i 和 H_i 最好是本项目经理部的实际水平。

（2）工期计算法 对某些施工任务在规定日期内必须完成的工程项目，往往采用倒排进度法。步骤如下：

① 根据工期倒排进度，确定某施工过程的工作延续时间；

② 确定某施工过程在某施工段上的流水节拍。若同一施工过程的流水节拍不等，则用估算法，若流水节拍相等，则按式(13-5)计算：

$$t=\frac{D}{m} \tag{13-5}$$

式中，t 为流水节拍；D 为某施工过程的工作持续时间；m 为某施工过程划分的施工段数。

当施工段数确定后，流水节拍大，则工期相应的就长。因此，从理论上讲，希望流水节拍越小越好。但实际上由于受工作面的限制，每一施工过程在各施工段上都有最小的流水节拍，其数值可按式(13-6)计算：

$$t_{\min}=\frac{A_{\min}\mu}{S} \tag{13-6}$$

式中，$t_{\min}$ 为某施工过程在某施工段的最小流水节拍；$A_{\min}$ 为每个工人所需最小工作面；μ 为单位工作面工程量含量；S 为产量定额。

式(13-6)算出的数值，应取整数或半个工日的整倍数，根据工期计算的流水节拍，应大于最小流水节拍。

（3）经验估算法 经验估算法也称为三种时间估算法，是根据以往的施工经验进行估算的。为了提高其准确程度，往往先估算出该流水节拍的最长、最短和正常（即最可能）三种时间，然后据此求出期望时间作为某专业工作队在某施工段上的流水节拍。一般按式(13-7)计算：

$$t=\frac{a+4c+b}{6} \tag{13-7}$$

式中，t 为某施工过程在某施工段上的流水节拍；a 为某施工过程在某施工段上的最短估算时间；b 为某施工过程在某施工段上的最长估算时间；c 为某施工过程在某施工段上的正常估算时间。

这种方法多适用于采用新工艺、新方法和新材料等没有定额可循的工程。

13.2.3.2　流水步距

两个相邻的施工过程先后进入流水施工的时间间隔，称为流水步距，以 $K_{i,i+1}$ 表示。如木工工作队第一天进入第一施工段工作，工作 2 天做完（流水节拍 $t=2$ 天），第 3 天开始钢筋工作队进入第一施工段工作。木工工作队与钢筋工作队先后进入第一施工段的时间间隔为 2 天，那么流水步距 $K=2$ 天。

流水步距的数目取决于参加流水的施工过程数，如施工过程数为 n 个，则流水步距的总数为（$n-1$）个。其计算和确定方法有图上分析法、分析计算法和潘特考夫斯基法。

确定流水步距的基本原则如下：

① 始终保持先后两个施工过程和相邻两个专业工作队的合理的工艺顺序及制约关系；

② 尽可能保持各施工过程和各专业工作队的连续施工，不发生停工、窝工现象；

③ 做到前后两个施工过程和相邻两个专业工作队在施工时间上的最大限度地合理搭接，即前一施工过程完成后，后一施工过程尽可能早地进入施工；

④ 应满足某些技术（工艺）间歇与组织间歇等间歇时间；

⑤ 应满足均衡生产，保证工程质量，满足安全生产的要求。

13.2.3.3　间歇时间

流水施工往往由于技术（工艺）要求或组织因素要求，两个相邻的施工过程需增加一定的流水间歇时间，这种间歇时间是必要的，分别称为技术（工艺）间歇时间和组织间歇时间，以 Z_i 表示。

（1）技术（工艺）间歇时间　根据施工过程的工艺性质，在流水施工中除了考虑两个相邻施工过程之间的流水步距外，还需考虑增加一定的技术或工艺间隙时间。如楼板混凝土浇筑后，需要一定的养护时间才能进行后一道工序施工；又如屋面找平层完成后，需等待一定的时间，使其彻底干燥，才能进行屋面防水层施工等。这些由于技术、工艺等原因引起的等待时间称为技术（工艺）间隙时间。

（2）组织间歇时间　由于组织原因要求两个相邻的施工过程在规定的流水步距以外增加必要的间隙时间，如质量验收、安全检查等。这种间歇时间称为组织间歇时间。

上述两种间歇时间在组织流水施工时，可根据间歇时间的发生阶段或一并考虑、或分别考虑，以灵活应用技术间歇和组织间歇的时间参数特点，简化流水施工组织。

13.2.3.4　平行搭接时间

在组织流水施工时，为了缩短工期，在工作面允许的条件下，如果前一个专业工作队完成部分施工任务后，能够提前为后一个专业施工队提供工作面，使后者提前进入前一个施工段，两者在同一个施工段上平行搭接施工，这个搭接的时间称为平行搭施时间，以 C_i 表示。

13.2.3.5　流水施工工期

从第一个专业工作队投入流水施工开始，到最后一个专业工作队完成流水施工为止的整个持续时间，以 T 表示。

因一项建设工程项目往往包含许多流水组，故该流水施工工期一般不是整个工程的总工期，只是该流水施工项目的工期。计算总工期时，需要将这些流水组按照工艺要求和施工先后顺序依次合理地搭接起来，成为一个建设工程项目的流水施工或一个建筑群的流水施工后，所持续的时间才是整个工程的总工期。

13.3 流水施工的组织

专业流水是指在项目施工中，为生产某一建筑产品或其组成部分的主要专业工种，按照流水施工基本原理组织项目施工的一种组织方式。根据各施工过程时间参数的不同特点，专业流水分为有节奏流水（固定节拍流水、成倍节拍流水）和无节奏流水（分别流水）等几种组织形式。

13.3.1 固定节拍流水

在组织流水施工时，如果所有的施工过程在各个施工段上的流水节拍彼此相等，这种流水施工组织方式称为固定节拍流水，也称为等节拍或全等节拍或等节奏或同步距流水。

13.3.1.1 基本特点

① 流水节拍彼此相等。

如有 n 个施工过程，流水节拍为 t_i，则：

$$t_i=t_1=t_2=\cdots=t_{n-1}=t_n=t(\text{常数})$$

② 流水步距彼此相等，而且等于流水节拍，即：

$$K_{i,i+1}=K_{1,2}=K_{2,3}=\cdots=K_{n-1,n}=K=t(\text{常数})$$

③ 每个专业工作队都能够连续施工，施工段没有空闲。

④ 专业工作队数 n_1 等于施工过程数 n，即：$n_1=n$。

13.3.1.2 组织步骤

① 确定项目施工起点流向，分解施工过程。

② 确定施工顺序，划分施工段。划分施工段时，其数目 m 的确定如下：

当无层间关系或无施工层时 $m=n$。

当有层间关系或有施工层时，施工段数目 m 分下面两种情况确定：无技术和组织间歇时，取 $m=n$；有技术和组织间歇时，为了保证各专业工作队能连续施工，应取 $m\geqslant n$。

此时，每层施工段空闲数为 $m-n$，一个空闲施工段的时间为 t，则每层的空闲时间为：

$$(m-n)t=(m-n)K$$

同一个施工层内的技术和组织间歇时间之和为 $\sum Z_1$，层间的技术和组织间歇时间之和为 Z_2（若 Z_2 不相等，取大者）时，则：

$$m\geqslant n+\frac{\sum Z_1}{K}+\frac{Z_2}{K} \tag{13-8}$$

③ 根据固定节拍流水要求，计算流水节拍数值。

④ 确定流水步距，$K=t$。

⑤ 按式(13-9) 计算流水施工的工期：

$$T=(mr+n-1)K+\sum Z_1-\sum C_1 \tag{13-9}$$

式中，T 为流水施工总工期；m 为施工段数；n 为施工过程数；K 为流水步距；r 为施工层数；$\sum Z_1$ 为同一个施工层中各施工过程之间的技术与组织间歇时间之和；$\sum C_1$ 为同一个施工层内各施工过程间的平行搭接时间。

⑥ 绘制流水施工指示图表。

13.3.1.3 应用举例

【例 13-2】 某分部工程由 4 个施工过程组成，划分成 5 个施工段，流水节拍均为 2 天，无技术、组织间歇。试确定流水步距，计算工期并绘制流水施工进度表。

【解】 根据已知条件：$n=4$ 个，$m=5$ 段，$r=1$ 层，$t_i=t=2$ 天，应组织固定节拍流水。

(1) 确定流水步距

由固定节拍流水的特点得： $K=t=2$ 天

(2) 计算工期

由公式得：$T=(mr+n-1)K+\sum Z_1-\sum C_1=(5\times1+4-1)\times2+0-0=16$(天)

(3) 绘制流水施工进度表（图 13-6）。

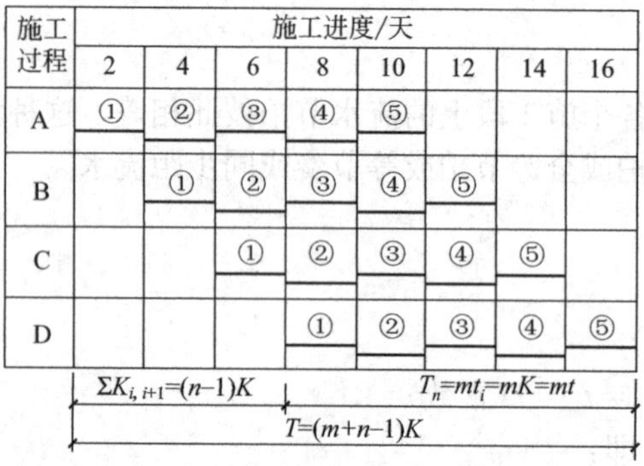

施工过程	施工进度/天 2	4	6	8	10	12	14	16
A	①	②	③	④	⑤			
B		①	②	③	④	⑤		
C			①	②	③	④	⑤	
D				①	②	③	④	⑤

$\Sigma K_{i,i+1}=(n-1)K$　　$T_n=mt_i=mK=mt$

$T=(m+n-1)K$

图 13-6 某工程固定节拍流水施工进度表

【例 13-3】 某项目由 A、B、C、D 4 个施工过程组成，划分 2 个施工层组织流水施工，施工过程 B 完成后需养护 1 天下一个施工过程才能施工，且层间技术间歇为 1 天，流水节拍均为 1 天。为了保证工作队连续作业，试确定施工段数，计算工期并绘制流水施工进度表。

【解】 根据已知条件 $n=4$ 个，$r=2$ 层，$\sum Z_1=1$ 天，$Z_2=1$ 天，$t_i=t=1$ 天，应组织固定节拍流水。

(1) 确定流水步距　由固定节拍流水的特点：$K=t=1$ 天

(2) 确定施工段数　因项目施工时分两个施工层，施工段数可按公式确定：

$$m=n+\frac{\sum Z_1}{K}+\frac{Z_2}{K}=4+\frac{1}{1}+\frac{1}{1}=6(\text{段})$$

(3) 计算工期　由公式得：$T=(mr+n-1)K+\sum Z_1-\sum C_1=(6\times2+4-1)\times1+1-0=16$(天)

(4) 绘制流水施工进度表（图 13-7）

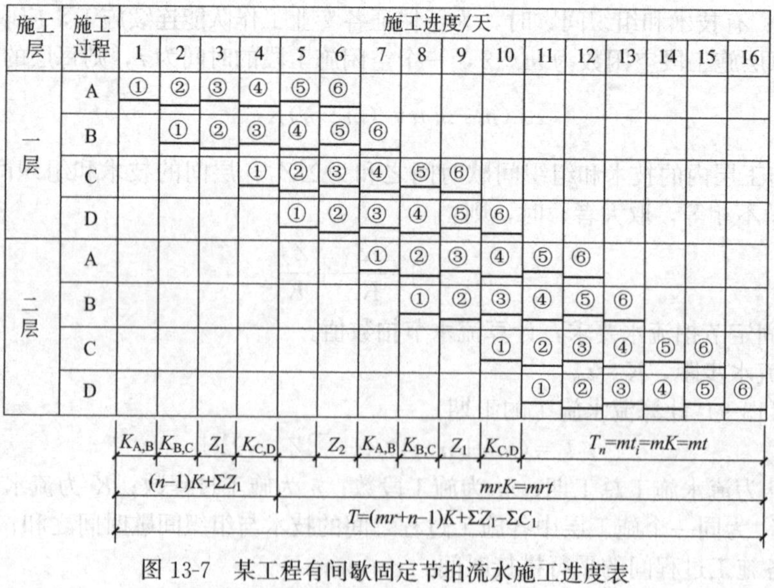

施工层	施工过程	施工进度/天 1	2	3	4	5	6	7	8	9	10	11	12	13	14	15	16
一层	A	①	②	③	④	⑤	⑥										
	B		①	②	③	④	⑤	⑥									
	C				①	②	③	④	⑤	⑥							
	D					①	②	③	④	⑤	⑥						
二层	A							①	②	③	④	⑤	⑥				
	B								①	②	③	④	⑤	⑥			
	C										①	②	③	④	⑤	⑥	
	D											①	②	③	④	⑤	⑥

$K_{A,B}$　$K_{B,C}$　Z_1　$K_{C,D}$　Z_2　$K_{A,B}$　$K_{B,C}$　Z_1　$K_{C,D}$　$T_n=mt_i=mK=mt$

$(n-1)K+\Sigma Z_1$　　$mrK=mrt$

$T=(mr+n-1)K+\Sigma Z_1-\Sigma C_1$

图 13-7 某工程有间歇固定节拍流水施工进度表

13.3.2 成倍节拍流水

在进行固定节拍流水施工时，有时由于各施工过程的性质、复杂程度不同，可能会出现某些施工过程所需要的人数或机械台数，超出施工段上工作面所能容纳数量的情况。这时，只能按施工段所能容纳的人数或机械台数确定这些流水节拍，这可能使某些施工过程的流水节拍为其他施工过程流水节拍的倍数，从而形成成倍节拍流水。

成倍节拍流水是指在组织流水施工时，如果同一个施工过程在各施工段上的流水节拍彼此相等，不同施工过程在同一施工段上的流水节拍彼此不等而互为倍数的流水施工方式，也称为异节拍或异节奏流水。有时，为了加快流水施工速度，在资源供应满足的前提下，对流水节拍长的施工过程，组织几个同工种的专业工作队来完成同一施工过程在不同施工段上的任务，从而就形成了一个工期最短的、类似于固定节拍流水的等步距的成倍节拍流水施工方案，即加快成倍节拍流水。这里主要讨论等步距的加快成倍节拍流水，而异步距异节拍流水一般采用分别流水（见后面分别流水的相关知识）。

13.3.2.1 基本特点

① 同一施工过程在各施工段上的流水节拍彼此相等，不同的施工过程在同一施工段上的流水节拍彼此不同，但互为倍数关系；

② 流水步距彼此相等，且等于流水节拍的最大公约数；

③ 各专业工作队都能够保证连续施工，施工段没有空闲；

④ 专业工作队数大于施工过程数，即 $n_1>n$。

13.3.2.2 组织步骤

① 确定施工起点流向，分解施工过程。

② 确定施工顺序，划分施工段。

当不分施工层时，可按划分施工段的原则确定施工段数。

当分施工层时，每层的段数可按式(13-10) 确定：

$$m \geqslant n_1+\frac{\sum Z_1}{K_0}+\frac{Z_2}{K_0} \tag{13-10}$$

式中，n_1 为专业工作队总数；K_0 为等步距的成倍节拍流水的流水步距。

③ 按成倍节拍流水确定流水节拍。

④ 按式(13-11) 确定流水步距：

$$K_0=\text{最大公约数}\{t_1,t_2,\cdots,t_n\} \tag{13-11}$$

⑤ 按式(13-12) 和式(13-13) 确定专业工作队数和总数：

$$b_i=\frac{t_i}{K_0} \tag{13-12}$$

$$n_1=\sum_{i=1}^{n} b_i \tag{13-13}$$

式中，t_i 为施工过程 i 在各施工段上的流水节拍；b_i 为施工过程 i 所要组织的专业工作队数。

⑥ 确定计划总工期，可按式(13-14) 进行计算：

$$T=(mr+n_1-1)K_0+\sum Z_1-\sum C_1 \tag{13-14}$$

⑦ 绘制流水施工进度表。

13.3.2.3 应用举例

【例 13-4】 某工程施工过程数为 3 个，施工段数为 6 段，各施工过程的流水节拍分别为 6 天、2 天、4 天。试组织等步距成倍节拍专业流水并绘制施工进度表。

【解】根据题意知：$n=3$ 个，$m=6$ 段，$r=1$ 层，$t_1=6$ 天，$t_2=2$ 天，$t_3=4$ 天。

(1) 流水步距 K_0 $K_0=$流水节拍的最大公约数 $\{t_1, t_2, t_3\}=\{6, 2, 4\}=2$ 天

(2) 专业施工队数 由公式得：$b_1=t_1/K_0=6/2=3$(个)

$b_2=t_2/K_0=2/2=1$(个)

$b_3=t_3/K_0=4/2=2$(个)

专业施工队总数：$n_1=\sum_{i=1}^{n} b_i=b_1+b_2+b_3=3+1+2=6$(个)

(3) 计算工期 由公式得：

$$T=(mr+n_1-1)K_0+\sum Z_1-\sum C_1=(6\times1+6-1)\times2+0-0=22(\text{天})$$

(4) 绘制施工进度表（图 13-8）

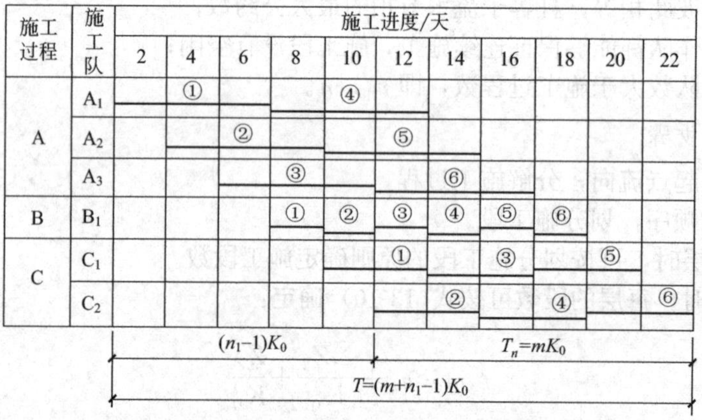

施工过程	施工队	2	4	6	8	10	12	14	16	18	20	22
		施工进度/天										
A	A_1		①			④						
	A_2			②			⑤					
	A_3				③			⑥				
B	B_1				①	②	③	④	⑤	⑥		
C	C_1						①		③		⑤	
	C_2							②		④		⑥

$(n_1-1)K_0$　　$T_n=mK_0$

$T=(m+n_1-1)K_0$

图 13-8 某工程成倍节拍流水施工进度表

【例 13-5】 一幢 2 层房屋的抹灰施工，分为底层和面层两个施工过程进行，底层抹完需干燥 2 天后，才能抹面层，底层和面层的流水节拍分别为 4 天和 2 天。试组织等步距成倍节拍专业流水并绘制施工进度表。

【解】根据题意知：$r=2$ 层，$n=2$ 个，$\sum Z_1=2$ 天，$t_1=4$ 天，$t_2=2$ 天。

(1) 流水步距 K_0 $K_0=$流水节拍的最大公约数 $\{t_1, t_2\}=\{4, 2\}=2$ 天

(2) 专业施工队数 由公式得：$b_1=t_1/K_0=4/2=2$(个)；$b_2=t_2/K_0=2/2=1$(个)

专业施工队总数：$n_1=\sum_{i=1}^{n} b_i=b_1+b_2=2+1=3$(个)

(3) 施工段数 由公式得：$m=n_1+\frac{\sum Z_1}{K_0}+\frac{Z_2}{K_0}=3+\frac{2}{2}+0=4$(段)

(4) 计算工期 由公式得：

$$T=(mr+n_1-1)K_0+\sum Z_1-\sum C_1=(4\times2+3-1)\times2+2-0=22(\text{天})$$

(5) 绘制施工进度表（图 13-9）

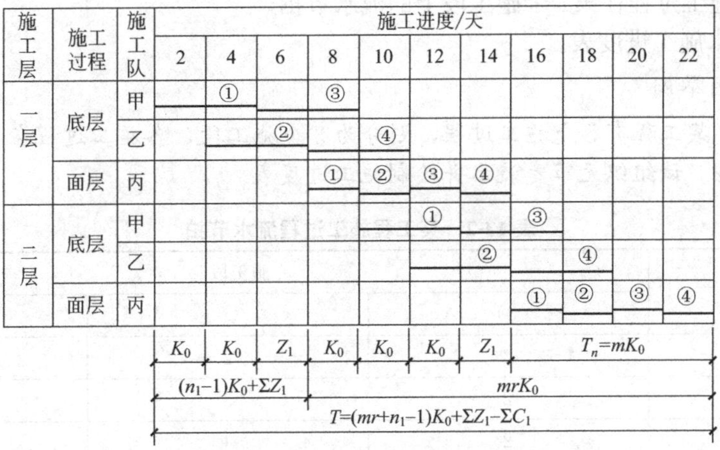

施工层	施工过程	施工队	施工进度/天										
			2	4	6	8	10	12	14	16	18	20	22
一层	底层	甲		①		③							
		乙			②		④						
	面层	丙				①	②	③	④				
二层	底层	甲						①		③			
		乙							②		④		
	面层	丙								①	②	③	④

K_0 K_0 Z_1 K_0 K_0 K_0 Z_1 $T_n=mK_0$

$(n_1-1)K_0+\Sigma Z_1$ mrK_0

$T=(mr+n_1-1)K_0+\Sigma Z_1-\Sigma C_1$

图 13-9 某工程有间歇成倍节拍流水施工进度表

13.3.3 分别流水

在项目实际施工中，通常每个施工过程在各个施工段上的工程量彼此不等，各专业工作队的生产效率相差较大，导致大多数的流水节拍也彼此不相等，不可能组织成固定节拍专业流水或异节拍专业流水。在这种情况下，往往利用流水施工的基本概念，在保证施工工艺、满足施工顺序要求的前提下，按照一定的计算方法，确定相邻专业工作队之间的流水步距，使其在开工时间上最大限度地、合理地搭接起来，形成每个专业工作队都能连续作业的流水施工方式，称为分别流水施工，也叫作无节奏流水施工，是流水施工的普遍形式。

13.3.3.1 基本特点

分别流水施工的基本特点如下：

① 每个施工过程在各个施工段上的流水节拍，不尽相等；

② 在多数情况下，各个施工过程之间的流水步距彼此不完全相等，差异很大，而且流水步距与流水节拍二者之间存在着某种函数关系；

③ 各专业工作队都能连续施工，个别施工段可能有空闲；

④ 专业工作队数等于施工过程数，即 $n_1=n$。

13.3.3.2 组织步骤

① 确定施工起点流向，分解施工过程。

② 确定施工顺序，划分施工段。

③ 计算各施工过程在各个施工段上的流水节拍。

④ 采用“累加数列法”（潘特考夫斯基法）确定相邻两个专业工作队之间的流水步距：

第一步：对各施工过程的流水节拍进行累加；

第二步：对相邻两个累加数列进行错位相减；

第三步：分别取以上几个差数列的最大正值作为相邻施工过程间的流水步距。即计算流水步距的方法简称为“累加斜减取大差法”。

⑤ 按式(13-15) 计算流水施工的计划工期：

$$T=\sum_{i=1}^{n-1}K_{i,i+1}+\sum_{i=1}^{m}t_n^i+\Sigma Z_1-\Sigma C_1 \tag{13-15}$$

式中，T 为流水施工的计划工期；$K_{i,i+1}$ 为 i 与 $i+1$ 两专业工作队之间的流水步距；t_n^i 为最后一个施工过程在第 i 个施工段上的流水节拍。

⑥ 绘制流水施工进度表。

13.3.3.3　应用举例

【例 13-6】 某工程有 5 个施工过程，划分为 3 个施工段，各施工过程在各施工段上的流水节拍见表 13-2。试组织无节奏流水并绘制施工进度表。

表 13-2　某工程施工过程流水节拍

施工过程	施工段		
	①	②	③
A	3	2	3
B	2	3	4
C	2	4	2
D	1	2	1
E	2	3	1

【解】 根据题意知：$n=5$ 个，$m=3$ 段，该工程应组织分别流水施工。

(1) 对各施工过程的流水节拍进行累加

A:3，5，8
B:2，5，9
C:2，6，8
D:1，3，4
E:2，5，6

(2) 对相邻两个累加数列进行错位相减

$$\begin{array}{rrrrr} \text{A-B:} & 3, & 5, & 8 & \\ - & & 2, & 5, & 9 \\ \hline & 3, & 3, & 3, & -9; \end{array}$$

同理得：

B-C:2，3，3，−8
C-D:2，5，5，−4
D-E:1，1，−1，−6

(3) 分别取以上四个差数列的最大正值作为相邻施工过程间的流水步距

$$K_{A,B}=\max\{3,3,3,-9\}=3\text{ 天}$$
$$K_{B,C}=\max\{2,3,3,-8\}=3\text{ 天}$$
$$K_{C,D}=\max\{2,5,5,-4\}=5\text{ 天}$$
$$K_{D,E}=\max\{1,1,-1,-6\}=1\text{ 天}$$

(4) 计算施工工期

由公式得：$\sum_{i=1}^{n-1}K_{i,\,i+1}=\sum_{i}^{4}K_{i,\,i+1}=K_{A,\,B}+K_{B,\,C}+K_{C,\,D}+K_{D,\,E}=3+3+5+1=$ 12(天)

$$\sum_{i=1}^{m}t_n^i=\sum_{i=1}^{3}t_5^i=\sum_{i=1}^{3}t_E^i=2+3+1=6(\text{天})$$

则：$T=\sum_{i=1}^{n-1}K_{i,\ i+1}+\sum_{i=1}^{m}t_n^i+\sum Z_1-\sum C_1=12+6+0-0=18(\text{天})$

(5) 绘制施工进度表（图 13-10）

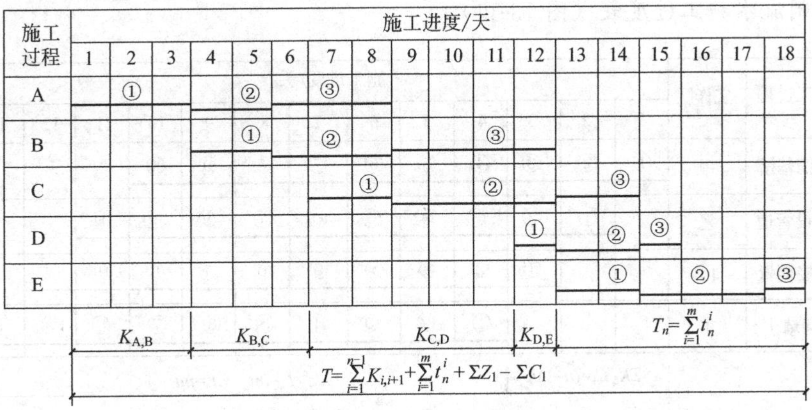

施工过程	施工进度/天																	
	1	2	3	4	5	6	7	8	9	10	11	12	13	14	15	16	17	18
A		①			②		③											
B					①		②				③							
C								①			②			③				
D												①		②	③			
E														①		②		③

$K_{A,B}$　$K_{B,C}$　$K_{C,D}$　$K_{D,E}$　$T_n=\sum_{i=1}^{m}t_n^i$

$T=\sum_{i=1}^{n-1}K_{i,i+1}+\sum_{i=1}^{m}t_n^i+\Sigma Z_1-\Sigma C_1$

图 13-10　某工程无节奏流水施工进度表

13.3.4 流水线法

13.3.4.1　基本特点

线性工程，其连续延伸很长，如道路、管道、沟渠等。

13.3.4.2　组织步骤

① 将线性工程划分成若干个流水施工过程。

② 分析确定主导施工过程。

③ 根据完成主导施工过程的专业工作队或机械生产率确定工作队移动速度。

④ 根据移动速度安排其他施工过程的流水施工，使其与主导施工过程配合，确保专业工作队按照工艺顺序连续工作。

⑤ 按式(13-16) 计算流水施工计划工期：

$$T=(n-1)K+T_n+\Sigma Z_1-\Sigma C_1 \tag{13-16}$$

式中，T_n 为最后一个施工过程工作持续时间，即 $T_n=m\,t_n=\frac{L}{V}t_n=\frac{L}{V}K$；$L$ 为线性工程总长；V 为工作队每天移动速度。

则：

$$T=(m+n-1)K+\Sigma Z_1-\Sigma C_1 \tag{13-17}$$

⑥ 绘制流水施工进度表。

13.3.4.3　应用举例

【例 13-7】 某管道工程全长 500m，包括开挖基槽、敷设管道、焊接钢管和回填土四个施工过程。其中，采用机械开挖基槽是主导施工过程，每天挖基槽 50m。其他施工过程也按每天 50m 的速度推进，每间隔 1 天投入一个专业工作队。试组织流水线法施工。

【解】 根据题意知：$n=4$ 个。

(1) 确定施工段数　　$m=\frac{L}{V}=\frac{500}{50}=10(\text{段})$

(2) 确定流水步距 $K=t=1$ 天

(3) 计算工期 由公式得：

$$T=(m+n-1)K+\sum Z_1-\sum C_1=(10+4-1)\times 1+0-0=13(天)$$

(4) 绘制流水施工进度表（图 13-11）

施工过程	工作队	施工进度/天												
		1	2	3	4	5	6	7	8	9	10	11	12	13
开挖基槽	甲	①	②	③	④	⑤	⑥	⑦	⑧	⑨	⑩			
敷设管道	乙		①	②	③	④	⑤	⑥	⑦	⑧	⑨	⑩		
焊接钢管	丙			①	②	③	④	⑤	⑥	⑦	⑧	⑨	⑩	
回填土	丁				①	②	③	④	⑤	⑥	⑦	⑧	⑨	⑩

$\sum K_{i,i+1}=(n-1)K$　　$T_n=mt_n=mK=mt$

$T=(m+n-1)K+\sum Z_1-\sum C_1$

图 13-11 某线性工程流水施工进度表

在实际工程应用中，往往采用多种流水形式，也可采取设置平行施工的缓冲工程等多种措施，以缩短工期和避免窝工。而固定节拍流水、成倍节拍流水和分别流水等方式，在一定条件下是可以相互转化的，应用时应注意这一点。

13.3.5 流水施工组织实例简介

13.3.5.1 多层砖混结构建筑的流水施工组织

(1) 建筑物特征 五层砖混结构住宅，一梯三户。

① 基础。钢筋混凝土条形基础，上砌砖基础，设地圈梁。

② 主体。砖墙，隔层设置圈梁，未设置圈梁层设有混凝土过梁。

③ 楼板。预制空心板。

④ 屋面。细石混凝土屋面，一毡两油分仓缝。

⑤ 装修。室内石灰粉砂喷浆，纸筋石灰底层，石灰粉面。

⑥ 外墙。水泥石灰黄砂粉面。

⑦ 楼地面。水泥石屑楼面。

⑧ 门窗。钢窗、木门、阳台钢门。

(2) 施工特点 除预制板、木门、钢窗、钢门外，其余均在现场制作，工期为 5 个月。

(3) 施工流水安排

① 地下工程。

a. 施工过程。开挖墙基土方、铺设基础垫层、绑扎基础钢筋、浇捣基础混凝土、砌筑墙基、回填土。

b. 施工组织。将前两个过程不排入流水，完工后将其余 2 个施工过程组织流水施工。分 3 个施工段，$m=3$ 段，$n=4$ 个，$K=2$ 天。组织固定（全等）节拍流水。

② 地上工程。

a. 施工过程。砌墙、安装过梁或浇筑圈梁、安装楼板和楼梯、楼板灌缝等。

b. 施工组织。将安装过梁或浇筑圈梁合并为一个施工过程，安装楼板和楼梯、楼板灌缝合并为一个施工过程，加上砌墙，共 3 个施工过程。主导施工过程为砌墙，分 3 个施工段，每段分 5 个施工层。$m=5\times3=15$ 段，$n=3$ 个，$K=2$ 天。组织固定（全等）节拍流水。

③ 屋面工程。

a. 施工过程。屋面板二次灌缝、细石混凝土屋面防水层、留设分仓缝。

b. 施工组织。接在地上工程之后，与其后的装修工程穿插进行。

④ 装饰装修工程。

a. 施工过程。包括门窗安装、室内外抹灰、门窗油漆、楼地面抹灰等 11 个施工过程。除去 3 个施工过程可与其他过程平行施工外，施工过程数以 7 计。

b. 施工组织。$m=5$ 段，$n=7$ 个，$K=3$ 天。组织固定（全等）节拍流水。

以上是初步估算，具体的施工进度计划还需考虑工艺顺序、安全技术规定，并考虑使主要工种的工人能连续施工。除组织固定（全等）节拍流水外，也可根据工程实际组织成倍节拍流水或分别流水等。

(4) 工艺组合　关键问题是由繁化简，将许多施工过程的搭接问题变为少数几个工艺组合的搭接问题。

① 主要工艺组合。对工期起决定性作用，基本上不能相互搭接。

② 搭接工艺组合。对工期有一定影响，能组织平行施工或很大程度上的搭接施工。

③ 施工流水设计。确定工艺组合，找出每个组合中的主导施工过程；确定主导施工过程的施工段数及持续时间；尽可能使其他施工过程的安排与主导施工过程相同。

13.3.5.2 钢筋混凝土单层工业厂房结构建筑的流水施工组织

(1) 钢筋混凝土单层工业厂房结构及施工特点　单跨或多跨排架结构，柱下杯形独立基础，预制屋架、牛腿柱、吊车梁、天窗架、抗风柱等。现场预制件多，结构安装多为吊装，吊装时主要根据起重机的行走路线组织施工。

(2) 施工方案　关键是正确拟定施工方法和选择施工机械，包括基坑土石方开挖、现场预制工程和结构安装工程。

(3) 施工顺序　准备工程、土方工程、基础工程、现场预制工程、结构安装工程、砌墙工程、屋面工程、装饰工程和地面工程。

总体安排时，应考虑的因素是保证及时、提前投产、生产工艺顺序、土建设备安装工程量、施工难易程度及所需工期长短、厂房结构特征和施工方法。

(4) 施工进度计划　编制施工进度计划时按两步走，一是控制性（轮廓性）计划，二是分部分项工程进度计划（现场实施性规划）。

(5) 施工组织　可根据工程实际，组织固定（全等）节拍流水、成倍节拍流水或分别流水等。

复习思考题

13-1　组织施工有哪几种方式？各有哪些特点？

13-2　简述流水施工的概念和特点。

13-3　说明流水参数的概念和种类。

13-4　试述划分施工过程和施工段的目的和原则。

13-5　施工段数与施工过程数的关系是怎样的，为什么要求 $m\geqslant n$？

13-6　简述工艺参数和空间参数的概念和种类。

13-7　简述时间参数的概念和种类。如何确定流水节拍和流水步距？

13-8 流水施工组织有哪几种类型？各有什么特征？

13-9 流水施工按节奏特征不同可分为哪几种方式，各有什么特点？

13-10 试述固定节拍流水、成倍节拍流水、分别流水的组织方法。

13-11 试说明成倍节拍流水的概念和建立步骤。

13-12 分别流水施工的组织步骤有哪些？

13-13 某工程由A、B、C三个分项工程组成，它在平面上划分为6个施工段，每个分项工程在各个施工段上的流水节拍均为4天。试编制流水施工方案。

13-14 某基础工程由挖基槽、做垫层、砌基础和回填土4个分项工程组成，在平面上划分为6个施工段。各分项工程在各个施工段上的流水节拍依次为：挖基槽6天、做垫层2天、砌基础4天和回填土2天。做垫层完成后，相应施工段有技术间歇时间2天。试编制流水施工方案。

13-15 某工程包括Ⅰ、Ⅱ、Ⅲ、Ⅳ、Ⅴ5个施工过程，划分为4个施工段组织流水施工，分别由5个专业施工队负责施工，每个施工过程在各个施工段上的工程量、定额与专业施工队人数见表13-3。按照要求，施工过程Ⅱ完成后至少要养护2天才能进行下一个施工过程，施工过程Ⅳ完成后，其相应施工段要留1天的时间做准备工作。为了早日完工，允许施工过程Ⅰ、Ⅱ之间搭接施工1天。试编制流水施工方案。

表13-3 某工程有关资料表

施工过程	劳动定额	各施工段的工程量					施工队人数
		单位	第一段	第二段	第三段	第四段	
Ⅰ	$8m^2$/工日	m^2	238	160	164	315	10
Ⅱ	$1.5m^3$/工日	m^3	23	68	118	66	15
Ⅲ	0.4t/工日	t	6.5	3.3	9.5	16.1	8
Ⅳ	$1.3m^3$/工日	m^3	51	27	40	38	10
Ⅴ	$5m^3$/工日	m^3	148	203	97	53	10

13-16 某工程共有5个施工过程，分5段组织流水施工，流水节拍均为3天，在第二个施工过程结束后有2天的技术与组织间歇时间，试组织该工程的流水施工。

13-17 某分部工程有A、B、C共3个施工过程，平面上划分为4个施工段，设t_A=1.9天，t_B=3.7天，t_C=3天。试分别计算依次施工、平行施工及流水施工的工期，并绘制流水施工进度计划表。

13-18 某二层施工项目，由Ⅰ、Ⅱ、Ⅲ、Ⅳ4个施工过程组成，平面上划分为6个施工段。各施工过程的流水节拍依次为：6天、4天、6天、2天，施工过程Ⅱ之后需要2天技术间歇，层间至少应有组织间歇时间1天，试编制工期最短的流水施工方案。

13-19 某现浇钢筋混凝土工程由支模、绑扎钢筋、浇筑混凝土、拆模和回填土5个分项工程组成，平面上分成6个施工段，各分项工程的作业持续时间见表13-4，混凝土浇筑后需养护时间2天。试编制该工程流水施工方案。

表13-4 工作持续时间表

施工过程名称	持续时间/天					
	①	②	③	④	⑤	⑥
支模	2	3	2	3	2	3
绑扎钢筋	3	3	4	4	3	3

续表

施工过程名称	持续时间/天					
	①	②	③	④	⑤	⑥
浇筑混凝土	2	1	2	2	1	2
拆模	1	2	1	1	2	1
回填土	2	3	2	2	3	2

13-20 某天然气管道工程，全长1500m，由开挖沟槽、敷设管道、管道焊接、回填土4个施工过程组成。其中，开挖沟槽为主导施工过程，每天作业量50m，试组织该工程的流水施工。

13-21 某施工项目由Ⅰ、Ⅱ、Ⅲ、Ⅳ4个施工过程组成，它在平面上划分为6个施工段。各施工过程的作业持续时间见表13-5。分项工程完成后，其相应施工段至少应有技术间歇时间2天；组织间歇时间1天。试编制该工程流水施工方案。

表13-5 工作持续时间表

施工过程名称	持续时间/天					
	①	②	③	④	⑤	⑥
Ⅰ	3	2	3	3	2	3
Ⅱ	2	3	4	4	3	2
Ⅲ	4	2	3	3	4	2
Ⅳ	3	3	2	2	2	4

13-22 已知某二层全现浇钢筋混凝土框架结构工程，平面尺寸17.4m×144m，沿长度方向间隔48m设伸缩缝一道，各施工过程的流水节拍依次为：支模板4天，扎钢筋2天，浇混凝土2天，层间技术间歇2天（即第二层混凝土浇筑后要养护2天）。试编制该工程流水施工方案。

14

网络计划技术

扫码获取本书学习资源

在线测试
拓展阅读
章节速览

「获取说明详见本书封二」

学习内容和要求

掌握	• 网络计划技术的基本原理和方法	14.1.2节
	• 双代号、单代号网络图的绘制方法	14.2.2、14.3.2节
	• 双代号网络计划时间参数的计算方法	14.2.3节
	• 时标网络计划参数的确定方法	14.4.3节
了解	• 网络计划优化和控制的原理及方法	14.5节

14.1 概述

14.1.1 网络计划技术的含义

网络计划技术20世纪50年代出现于美国。1956～1957年美国杜邦化学公司创立了关键线路法CPM（critical path method），使化工工厂的维护项目提前两个月完成。随后又出现了计划评审技术、图示评审技术、风险评审技术、决策网络计划、决策关键线路网络计划、随机网络计划、搭接网络计划和仿真网络计划等。我国从20世纪60年代初在华罗庚教授的倡导下应用网络计划技术，即为统筹法。

所谓网络计划技术，是网络计划原理与方法的总称，指用网络图表示工程项目计划中各项工作之间的相互制约和依赖关系，并通过各种时间参数的计算，分析其内在规律，寻求最优计划方案的实用计划管理技术。

其中关键线路法是用于工程建设施工管理的网络计划技术，主要包括三个组成部分：一是根据计划管理的需要，进行各种形式网络计划的编制；二是进行包括工作的最早可能开始时间、完成时间，工作的最迟必须开始时间、完成时间，工作总时差、自由时差及网络计划计算工期在内的各种时间参数的计算分析；三是在网络计划时间参数计算分析的基础上，根据某种既定限制条件或实际情况的变化要求，进行网络计划的总体或局部优化、调整。

将网络计划技术运用于工程建设活动的组织管理，不仅要解决计划的编制问题，而且更重要的是解决计划执行过程中的各种动态管理问题，其宗旨是力图用统筹的方法对总体工程建设任务进行统一规划，以求得工程项目建设的合理工期与较低建造费用。因此，网络计划技术是对工程项目实施过程进行系统管理的极为有用的方法论。

14.1.2 网络计划技术的原理

网络计划技术的原理实质上是运用统筹学，即通盘考虑、统筹规划、合理安排。基本原理是：利用网络图的形式表达一项工程中各项工作的先后顺序及逻辑关系；通过对网络图时间参数的计算，找出关键工作、关键线路；利用优化原理，改善网络计划的初始方案，以选择最优方案；在网络计划的执行过程中进行有效的控制和监督，保证合理地利用资源，力求以最少的消耗获取最佳的经济效益和社会效益。因此，广泛用于各行各业的计划与管理中。

14.1.3 网络计划方法的特点

在工程中，进度计划可以用横道图计划和网络计划表达。横道图计划在流水施工原理一章已经讲述，网络计划与其有相同的功能，但表达方式不同，因此各具特色。网络计划能全面而明确地反映出各项工作之间开展的先后顺序和相互制约、相互依赖的关系；可以进行各种时间参数的计算；能在工作繁多、错综复杂的计划中找出影响工程进度的关键工作和关键线路，便于管理者抓住主要矛盾，集中精力确保工期，避免盲目施工；能够从许多可行方案中，选出最优方案；利用网络计划中反映出的各项工作的时间储备（机动时间），可以更好地调配人力、物力，以达到降低成本的目的；保证自始至终对计划进行有效的控制与监督；可以利用计算机进行计算、优化、调整和管理。但网络计划方法在计算劳动力、资源消耗量时，与横道图相比，较为困难。

14.1.4 网络计划的分类

按工作表达方式不同分为双代号网络计划、单代号网络计划、双代号时标网络计划和单代号搭接网络计划。

14.2 双代号网络计划

讨论

1. 在双代号网络图中，事件的含义是什么？事件的编码应遵循什么原则？
2. 双代号网络计划计算通常包括哪些内容？
3. 总时差及自由时差的含义，网络图优化的依据是什么？（见 14.2、14.5 节）

14.2.1 双代号网络图的组成

双代号网络图是指用箭线（带箭头的线段，也称箭杆）、节点（圆圈或方框）组成，表示工作（或过程、工序、活动）流程的有向、有序网状图形。用一条箭线和两个圆圈表示一项工作的方式称为双代号网络图（图 14-1）。其中工作名称在箭线上方表示，工作完成时间在箭线下方表示，箭尾圆圈表示工作的开始节点，箭头圆圈表示工作的结束节点，圆圈内标有不同的编号。

i —工作名称 / 持续时间→ j $(i<j)$

图 14-1 双代号网络图工作的表示方法

这里有向是指规定箭头一般以从左往右（也可垂直）指向为正确指示方向，以箭头指向表示不同工作依次开展的先后顺序；有序是指基于工作先后顺序关系形成的工作之间的逻辑关系，可区分为由工程建造工艺方案和工程实施组织方案所决定的工艺关系及组织关系，并表现为组成一项总体工程任务各项工作之间的顺序作业、平行作业及流水作业等各种联系；网状图形描述了网络图的外观形状并强调了图形封闭性要求，其含义是指网络图只能具有一个开始和一个结束节点，因而成封闭图形（图 14-2）。可见双代号网络图由箭线、节点和线路三个基本要素组成。

（1）箭线　箭线表示网络图中的一项工作。工作是指根据需要的粗细程度划分而成的某个子项目或子任务，是可以独立存在、能够定义名称的活动。可能同时消耗时间和资源，如浇筑混凝土梁或柱；也可能只消耗时间、不消耗资源，如混凝土养护；或只表示某些活动之间的相互依赖、相互制约的关系，而不需要消耗时间、空间和资源的活动。

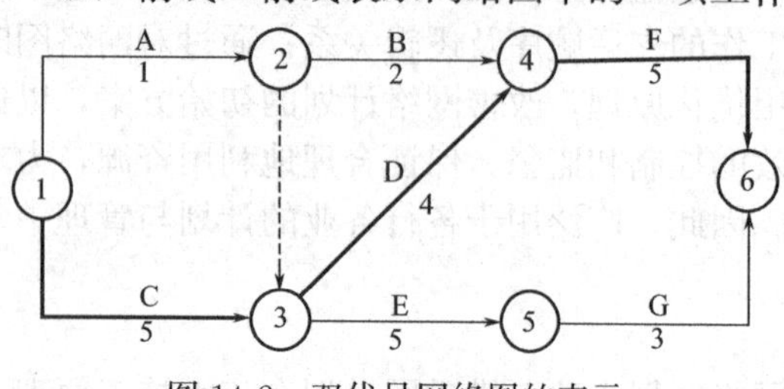

图 14-2　双代号网络图的表示

实工作由两个带有编号的圆圈和一个实箭线组成；虚工作由两个带有编号的圆圈和一个虚箭线或实箭线（箭线下完成工作时间标注为 0）组成。

虚箭线由虚线段和箭头构成，表示既不占用时间，又不耗用资源，是一个无实际工作内容的虚拟工作，简称虚工作。虚箭线只起联系、断路和区分的作用。联系作用是传递工作之间应有的逻辑关系；断路作用是断开不存在的逻辑关系，使相关工作之间的施工工艺与组织关系得到正确表达；区分作用是用以区分两项或两项以上的同名工作，使各项工作互不重名。如 A、B、C、D 四项工作，A 完成后进行 C、D，D 又在 B 后进行（图 14-3），图中的虚工作联系 A、D 两项工作，断开了 B、C 的通路，起到了联系和断路的作用。

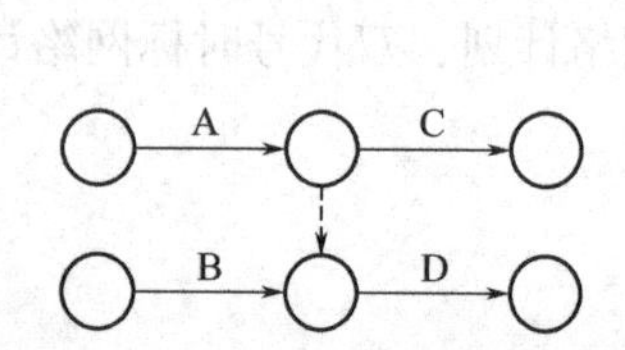

图 14-3　虚箭线的联系和断路作用

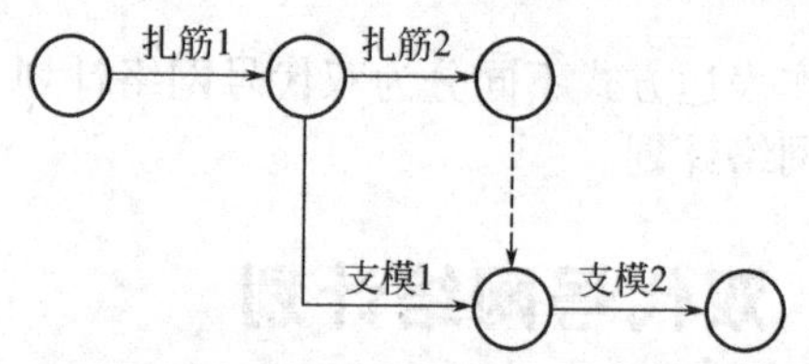

图 14-4　虚箭线的区分作用

在网络图中，一项工作与其他工作有关的是紧前工作（前项工作、前导工作、先行工作）、紧后工作（后续工作）和平行工作等。如扎筋 1 是扎筋 2、支模 1 两项工作的紧前工作；相反，扎筋 2、支模 1 是扎筋 1 的紧后工作；扎筋 2 和支模 1 属于平行工作，为了区分扎筋 2 和支模 1 两项工作，引入了虚工作（图 14-4），虚箭线起到了区分的作用。

（2）节点　节点是指网络图的箭线进入或引出处带有编号的圆圈，表示“事件”，即表示其前面若干项工作的结束或表示其后面若干项工作开始的瞬间时刻，不占用时间，又不耗用资源，是用于衔接不同工作的构图要素。节点编号便于检查或识别各项工作和网络图时间参数计算。

两个节点编号只能表示一项工作（图 14-5），图中有三种节点，第一个节点为起点节点，是指一项工作的开始，也称为开始节点；最后一个节点为终点节点，是指一项工作的完成，也称为结束节点；其他的为中间节点，是指前面工作的结束和后面工作的开始。节点编号不能重复，可以不连续，箭尾节点编号必须小于箭头节点编号。

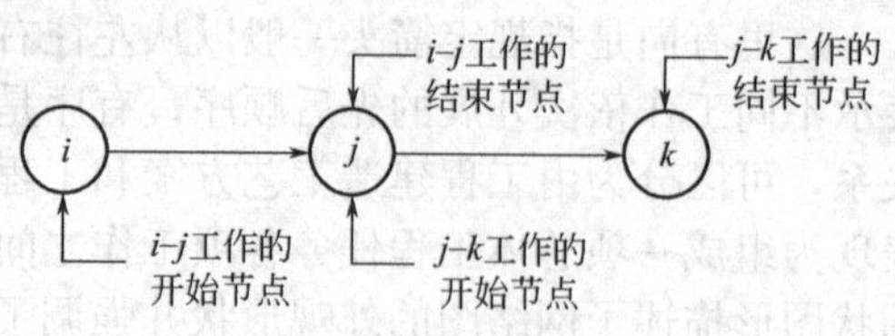

图 14-5　双代号网络图的节点表示

（3）线路　线路是指网络图从起点节点开始，沿箭线方向连续通过一系列箭线与节点，最后到达终点节点的通路。线路上的时间是指线路所包含的各项工作持续时间的总和，也称为该条线路的计划工期。在网络图中各工作持续时间总和最长的线路称为关键线路（除搭接网络计划外），代表整个网络计划的计划总工期，一般用双线箭线、粗箭线或其他颜色的箭线表示（图 14-2）。关键线路上的工作称为关键工作，关键线路上的节点称为关键节点，关键线路和关键工作没有时间储备。在一个网络图中至少有一条关键线路。

各项工作持续时间总和仅次于关键线路的称为次关键线路，相应的工作称为次关键工作。其余的线路为非关键线路，其工作称为非关键工作，非关键线路的线路总持续时间少于关键线路的总持续时间，非关键线路的线路时间只代表该条线路的计划工期。次关键线路（次关键工作）和非关键线路（非关键工作）有若干机动时差（时间储备），意味着次关键工作和非关键工作可以适当推迟而不影响整个计划工期。当管理人员采取某些技术组织措施，缩短关键工作的持续时间就可能使关键线路变为非关键线路；由于工作疏忽，拖长某些非关键工作的持续时间，就可能使非关键线路转变为关键线路。

在网络图（图 14-2）中共有 5 条线路，即①→②→④→⑥，8d；①→②→③→④→⑥，10d；①→②→③→⑤→⑥，9d；①→③→④→⑥，14d，为关键线路；①→③→⑤→⑥，13d，为次关键线路。

14.2.2 双代号网络图的绘制

（1）网络图绘制的基本原则

① 正确表达各工作之间的逻辑关系。常见的工作之间逻辑关系的表示方法见表 14-1。

表 14-1 常见的工作之间逻辑关系表示方法

序号	工作之间的逻辑关系	网络图中的表示方法	说明
1	A 工作完成后进行 B 工作	 A B	A 工作制约着 B 工作的开始，B 工作依赖着 A 工作
2	A、B、C 三项工作同时开始	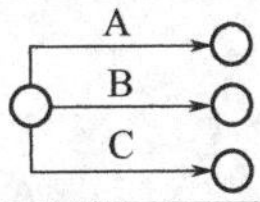 A B C	A、B、C 三项工作称为平行工作
3	A、B、C 三项工作同时结束	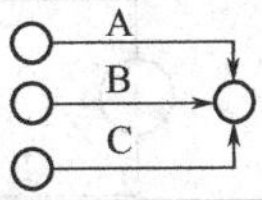 A B C	A、B、C 三项工作称为平行工作
4	有 A、B、C 三项工作。只有 A 完成后，B、C 才能开始	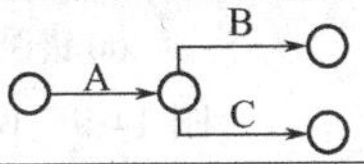 B A C	A 工作制约着 B、C 工作的开始，B、C 为平行工作
5	有 A、B、C 三项工作。C 工作只有在 A、B 完成后才能开始	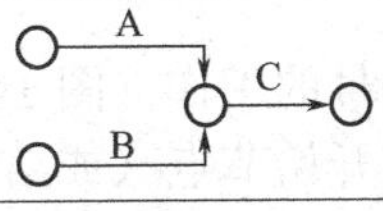 A C B	C 工作依赖着 A、B 工作，A、B 为平行工作
6	有 A、B、C、D 四项工作。只有当 A、B 完成后，C、D 才能开始	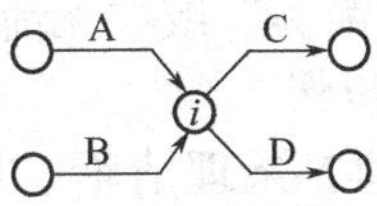 A C i B D	通过中间节点 i 正确地表达了 A、B、C、D 工作之间的关系
7	有 A、B、C、D 四项工作。A 完成后 C 才能开始，A、B 完成后 D 才能开始	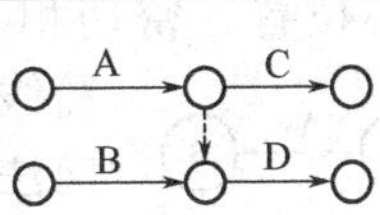 A C B D	D 与 A 之间引入了逻辑连接（虚工作），从而正确地表达了它们之间的制约关系
8	有 A、B、C、D、E 五项工作。A、B 完成后 C 才能开始，B、D 完成后 E 才能开始	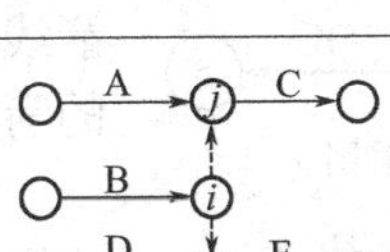 A j C B i D k E	虚工作 i-j 反映出 C 工作受到 B 工作的制约；虚工作 i-k 反映出 E 工作受到 B 工作的制约

续表

序号	工作之间的逻辑关系	网络图中的表示方法	说明
9	有A、B、C、D、E五项工作。A、B、C完成后D才能开始，B、C完成后E才能开始	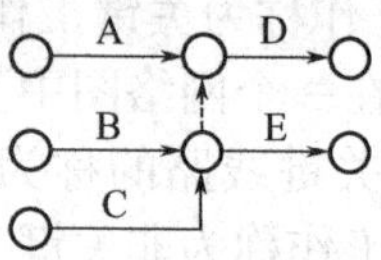	虚工作反映出D工作受到B、C工作的制约
10	A、B两项工作分三个施工段，平行施工	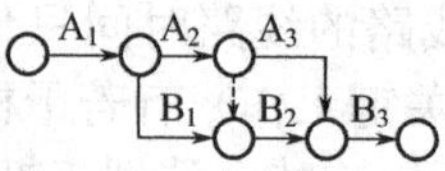	每个工种工程建立专业工作队，在每个施工段上进行流水作业，虚工作表达了工种间的工作面关系

② 网络图中，只允许有一个起点节点，不允许出现没有紧前工作的“尾部节点”，即没有箭线进入的尾部节点（图14-6），①和③是两个没有紧前工作的节点，应保留一个才是正确的；也只允许有一个终点节点，不允许出现没有紧后工作的“尽头节点”，即没有箭线引出的节点（图14-7），⑤和⑦是两个没有紧后工作的节点，应去掉一个才是正确的；其他节点均应是中间节点。

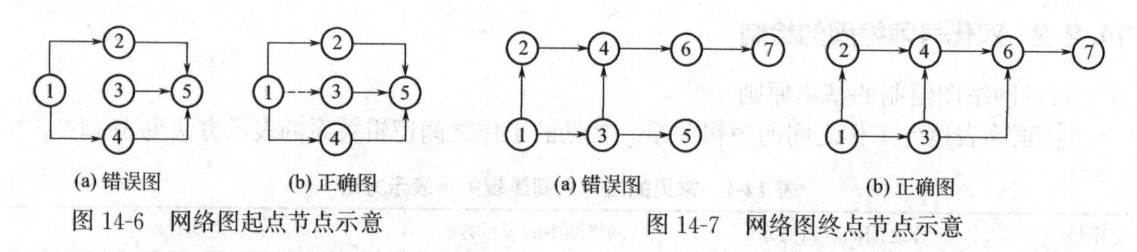

(a) 错误图　(b) 正确图

图14-6　网络图起点节点示意

(a) 错误图　(b) 正确图

图14-7　网络图终点节点示意

③ 网络图中严禁出现循环回路（图14-8）。①→②→③→①为一条循环回路，在逻辑上是错误的，在工艺顺序上是矛盾的。

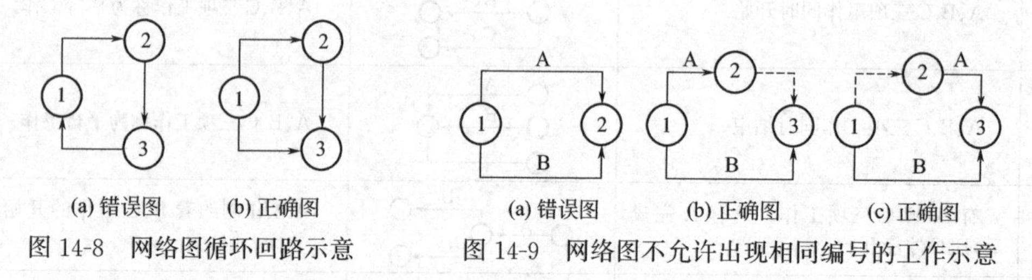

(a) 错误图　(b) 正确图

图14-8　网络图循环回路示意

(a) 错误图　(b) 正确图　(c) 正确图

图14-9　网络图不允许出现相同编号的工作示意

④ 网络图中不允许出现相同编号的工作（图14-9）。

⑤ 网络图中，不允许出现没有开始节点（或结束节点）的工作（图14-10）。

⑥ 网络图中，严禁出现“双向箭头”或“无箭头”的连线，避免使用反向箭线。

(2) 网络图绘制的基本方法和步骤

① 绘制网络图时，应布局合理、条理清晰、层次分明、形象直观、重点突出，关键工作、关键线路尽可能布置在中心位置。密切相关的工作，尽可能相邻布置，尽量避免箭线交叉；无法避免时，可采用暗桥法、指向法或断线法等（图14-11）。尽量采用水平箭线或垂直箭线状态，减少倾斜箭线和多余的箭线和节点，做到箭线与图形工整。

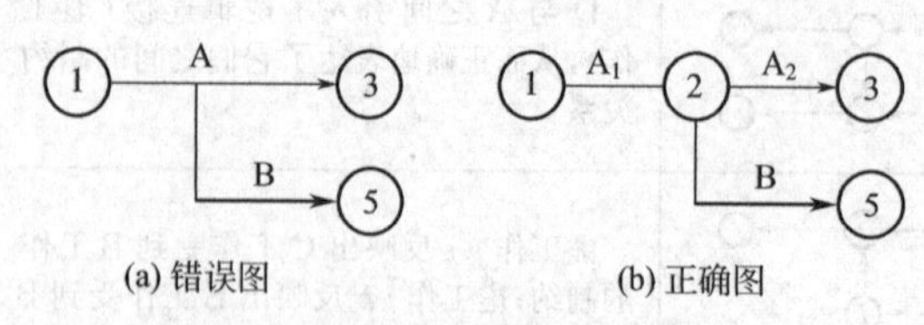

(a) 错误图　(b) 正确图

图14-10　网络图不允许出现没有开始节点的工作示意

② 绘制网络图应符合施工顺序的关系、流水施工的要求和各种逻辑关系。可用增加

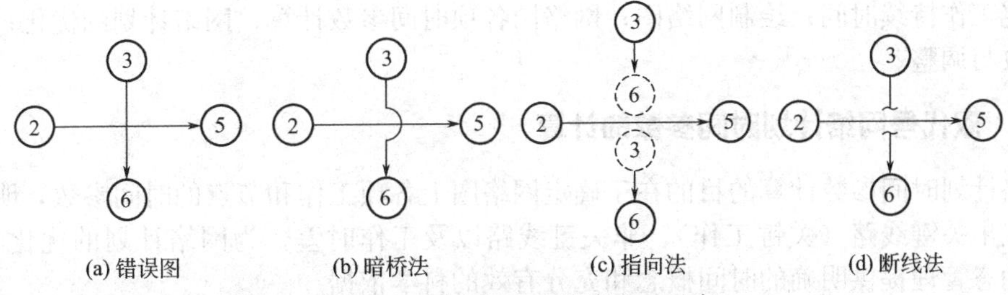

图 14-11 网络图交叉箭线表示示意

节点和虚箭线横向或纵向断路方法，但也不能增加不必要的节点和虚箭线。

③ 网络图排列时，可采用工种排列、施工段排列或施工层排列等方法。

【例 14-1】 某工程各项工作之间的逻辑关系见表 14-2，试绘制双代号网络图。

表 14-2 某工程各项工作之间的逻辑关系表

工作名称	紧前工作	紧后工作	持续时间/d
A	—	C、D	2
B	—	E、G	3
C	A	J	5
D	A	F	3
E	B	F	2
F	D、E	H、I	4
G	B	—	2
H	F	J	1
I	F	—	3
J	C、H	—	4

【解】 其网络图绘制步骤如下：

① 按照绘图基本原则要求正确绘制草图。从 A 点出发绘出其紧后工作 C、D，从 B 点出发绘出其紧后工作 E、G，从 C 点出发绘出 J，从 D、E 点出发绘出 F，从 F 点出发绘出 H、I，从 H 点出发绘出 J，并查找各自的紧前工作（图 14-12）。

② 检查上述步骤绘制的网络图草图是否正确，并对其做出必要的修改、调整与编号，最后经过整理绘出排列整齐的正式网络图（图 14-13）。

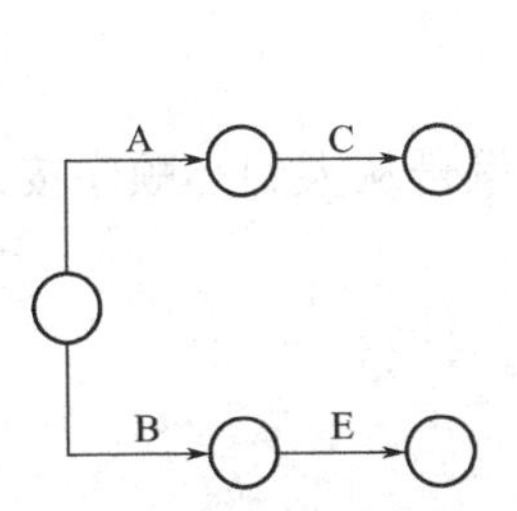

图 14-12 网络图绘制过程

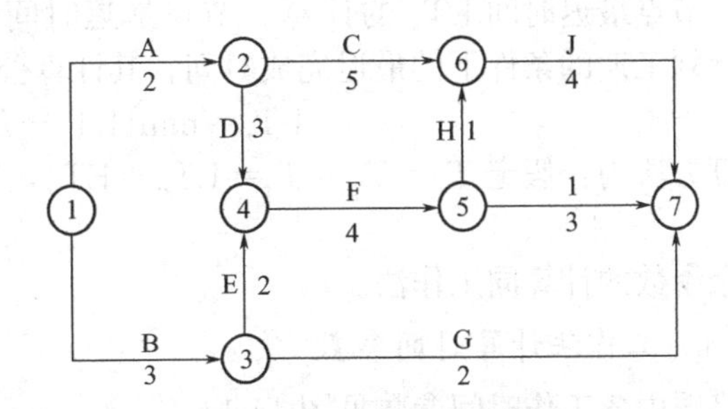

图 14-13 绘制成的网络图

总之，绘图时，无紧前工作的应首先画，然后画紧后工作，需要虚工作时应正确使用，检查各工作的先后顺序关系，整理后再编号。

一个单位（土建）工程网络计划的编制步骤为：熟悉施工图纸，研究原始资料，分析施工条件；分解施工过程，明确施工顺序，确定工作名称和内容；拟定施工方案，划分施工段；确定工作持续时间；绘制网络图；网络图各项时间参数计算；网络计划的优化；网络计划的修改与调整。

14.2.3 双代号网络计划时间参数的计算

网络计划时间参数计算的目的在于确定网络图上各项工作和节点的时间参数，明确计划工期，找出关键线路（关键工作）、非关键线路以及工作时差，为网络计划的优化、调整、执行、动态管理提供明确的时间概念和充分有效的科学依据。

网络计划时间参数计算内容有工作持续时间、节点时间参数和工作时间参数。主要包括各节点的最早时间 ET_i 和最迟时间 LT_i；各项工作的最早开始时间 ES_{i-j}、最早完成时间 EF_{i-j}、最迟开始时间 LS_{i-j}、最迟完成时间 LF_{i-j}、总时差 TF_{i-j}、自由时差 FF_{i-j} 和计算工期 T_c 等。

网络计划时间参数的计算方法有图上计算法、分析计算法、表上计算法、矩阵计算法和电算法等。其中应用广泛的是图上计算法，既可用节点法计算，也可用工作法计算。

14.2.3.1 工作持续时间计算

工作持续时间是指一项工作从开始到完成的时间，工作 $i-j$ 的持续时间用 D_{i-j} 表示，单位为 d。计算公式和方法详见流水施工原理中时间参数的流水节拍内容。

14.2.3.2 工期的确定

工期是指完成任务所需的时间，一般有计算工期 T_c、要求工期 T_r 和计划工期 T_p 三种。

① 计算工期是由网络计划时间参数计算出的工期，即关键线路的各项工作总持续时间。

② 要求工期是由主管部门或合同条款所要求的工期。

③ 计划工期是根据计算工期和要求工期而综合确定的工期。

三种工期的关系一般是 $T_c \leqslant T_p \leqslant T_r$，当无要求工期时，计算工期等于计划工期，即 $T_c = T_p$。

14.2.3.3 节点法计算时间参数

(1) 节点最早时间 ET_i 的计算　节点最早时间是表示以该节点为开始节点的各工作的最早开始时间，其计算公式为：

$$ET_j = \max\{ET_i + D_{i-j}\} \tag{14-1}$$

计算方法为：假定 $ET_1 = 0$，则由节点编号从小到大顺序按式(14-1) 计算。

(2) 节点最迟时间 LT_i 的计算　节点最迟时间是表示以该节点为完成节点的各工作，在保证计划工期的条件下的最迟完成时间，其计算公式为：

$$LT_i = \min\{LT_j - D_{i-j}\} \tag{14-2}$$

计算方法为：假定 $T_c = T_p = T_r = LT_n = ET_n$，则由节点编号从大到小顺序按式(14-2) 计算。

其余参数的计算同工作法。

14.2.3.4 工作法计算时间参数

网络图中各工作时间参数见图 14-14。

(1) 工作最早开始时间 ES_{i-j} 和最早完成时间 EF_{i-j} 的计算　工作最早开始时间（即工作最早可能开始时间）是指工作在紧前工作约束下有可能开始的最早时间；工作最早完成时间（即工作最早可能完成时间）是指工作在最早开始条件下有可能完成的最早时间。其计算公式为：

$$ES_{i-j} = ET_i \tag{14-3}$$

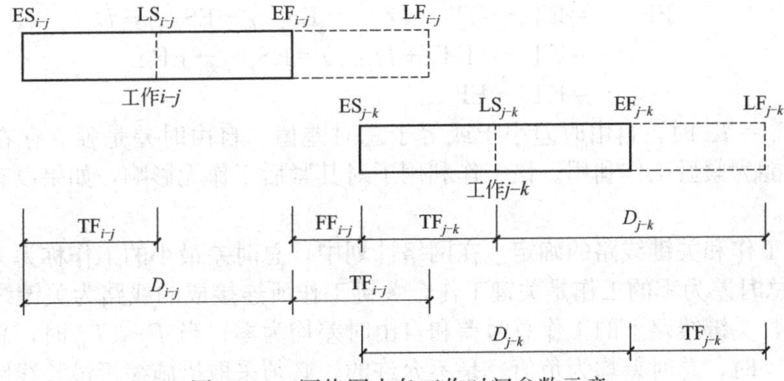

图 14-14　网络图中各工作时间参数示意

$$ES_{i-j}=\max\{ES_{h-i}+D_{h-i}\}\quad (h-i \text{ 为 } i-j \text{ 的紧前工作}) \tag{14-4}$$

$$EF_{i-j}=ES_{i-j}+D_{i-j} \tag{14-5}$$

计算方法为：由节点编号从小到大顺序按式(14-3)～式(14-5) 计算。

(2) 工作最迟开始时间 LS_{i-j} 和最迟完成时间 LF_{i-j} 的计算　工作最迟完成时间（即工作最迟必须完成时间）是指工作在不影响任务按期完成的条件下必须完成的最迟时刻；工作最迟开始时间（即工作最迟必须开始时间）是指工作按最迟完成的条件下必须开始的时刻。其计算公式为：

$$LF_{i-j}=LT_j \tag{14-6}$$

$$LF_{i-j}=\min\{LF_{j-k}-D_{j-k}\}(j-k \text{ 为 } i-j \text{ 的紧后工作}) \tag{14-7}$$

$$LS_{i-j}=LF_{i-j}-D_{i-j} \tag{14-8}$$

计算方法为：由节点编号从大到小顺序按式(14-6)～式(14-8) 计算。

(3) 工作总时差 TF_{i-j} 和自由时差 FF_{i-j} 的计算　工作总时差是指在不影响工期（或不影响紧后工作最迟必须开始）的前提下，该工作所具有的机动时间，即该工作最迟开始时间与最早开始时间（最迟完成时间与最早完成时间）的差值。其计算原理见图 14-15，计算公式为：

$$\begin{aligned} TF_{i-j} &= LT_j-ET_i-D_{i-j} \\ &= LT_j-EF_{i-j}=LF_{i-j}-EF_{i-j} \\ &= (LF_{i-j}-D_{i-j})-(EF_{i-j}-D_{i-j}) \\ &= LS_{i-j}-ES_{i-j} \end{aligned} \tag{14-9}$$

总时差为一条线路所共有，如果有一项工作利用了，则该条线路的总时差都将减少其相应的数值。因此，总时差对其紧前、紧后工作均有影响。

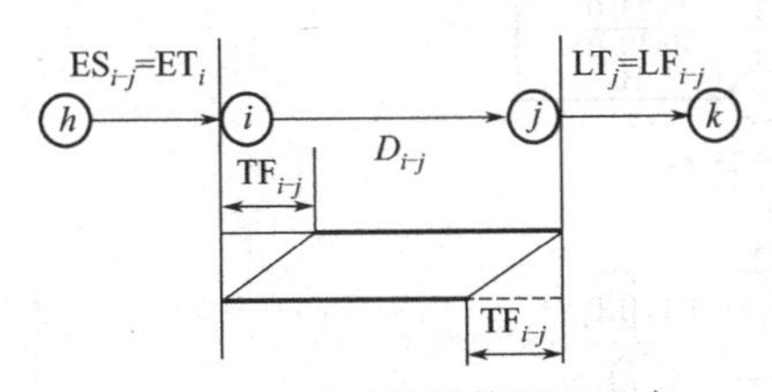

图 14-15　总时差计算原理示意

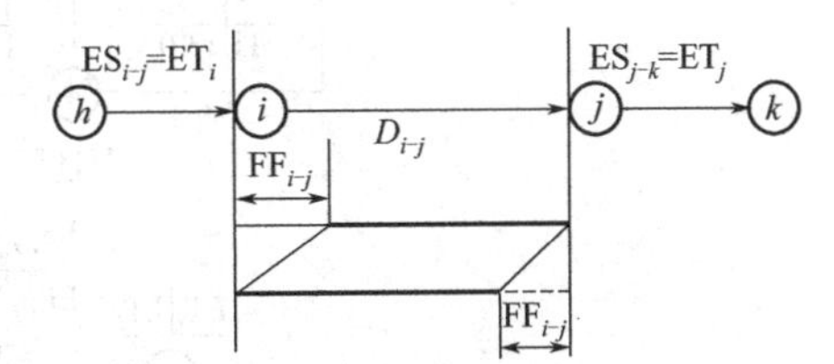

图 14-16　自由时差计算原理示意

工作自由时差是指在不影响紧后工作最早可能开始时间开工的前提下，该工作所具有的机动时间，即紧后工作最早开始时间与该工作最早完成时间的差值。其计算原理见图 14-16，计算公式为：

$$\begin{aligned}FF_{i-j}&=ET_j-ET_i-D_{i-j}=ES_{j-k}-ES_{i-j}-D_{i-j}\\&=ET_j-(ET_i+D_{i-j})=ES_{j-k}-EF_{i-j}\\&=ET_j-EF_{i-j}\end{aligned}\tag{14-10}$$

当 $T_c=T_p=T_r$ 时，自由时差小于或等于总时差值。自由时差是独立存在的，仅限该工作利用，不能为紧后工作利用。该工作利用了对其紧后工作无影响，如果没有利用，后面工作不再考虑。

(4) 关键工作和关键线路的确定　在网络计划中，总时差最小的工作称为关键工作。当 $T_c=T_p$ 时，总时差为零的工作是关键工作，关键工作所连接成的线路为关键线路，总持续时间即为工期，关键线路上的工作总时差和自由时差均为零；当 $T_c<T_p$ 时，总时差均为正值；当 $T_c>T_p$ 时，总时差均为负值，是不允许的，必须采取措施缩短最长线路的时差，使关键工作的总时差为零。

【例 14-2】 试计算双代号网络图各节点和工作时间参数（图 14-17）。

【解】(1) 计算各节点最早时间 ET_i

假定 $$ET_1=0$$

则 $$ET_2=ET_1+D_{1-2}=0+5=5(d)$$
$$ET_3=ET_2+D_{2-3}=5+8=13(d)$$
$$ET_4=ET_2+D_{2-4}=5+6=11(d)$$
$$ET_5=\max\{ET_3+D_{3-5},ET_4+D_{4-5}\}=\max\{13+0,11+0\}=13(d)$$

同理，可求得其他各节点的 ET_i。

(2) 计算各节点最迟时间 LT_i

假定 $$T_c=T_p=T_r=34(d)$$

则 $$LT_{10}=ET_{10}=34(d)$$
$$LT_9=LT_{10}-D_{9-10}=34-4=30(d)$$
$$LT_8=LT_9-D_{8-9}=30-7=23(d)$$
$$LT_7=LT_9-D_{7-9}=30-5=25(d)$$
$$LT_6=\min\{LT_7-D_{6-7},LT_8-D_{6-8}\}=\min\{25-0,23-0\}=23(d)$$

同理，可求得其他各节点的 LT_i。

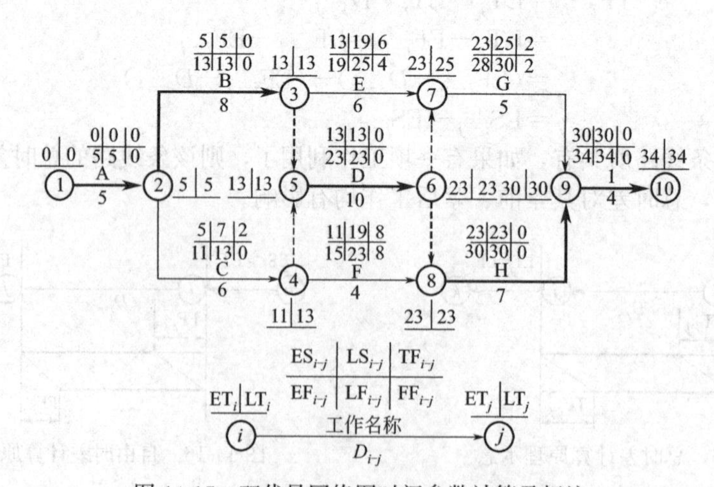

图 14-17　双代号网络图时间参数计算及标注

(3) 计算各工作最早开始时间 ES_{i-j} 和最早完成时间 EF_{i-j}

由 $$ES_{1-2}=ET_1=0$$

则 $$ES_{2-3}=ES_{2-4}=ES_{1-2}+D_{1-2}=0+5=5(d)$$

$$ES_{5-6}=\max\{ES_{2-3}+D_{2-3}, ES_{2-4}+D_{2-4}\}=\max\{5+8, 5+6\}=13(d)$$

$$EF_{1-2}=ES_{1-2}+D_{1-2}=0+5=5(d)$$

同理，可求得其他各工作的 ES_{i-j} 和 EF_{i-j}。

(4) 计算各工作最迟开始时间 LS_{i-j} 和最迟完成时间 LF_{i-j}

由 $$LF_{9-10}=LT_{10}=34(d)$$

则 $$LF_{7-9}=LF_{8-9}=LF_{9-10}-D_{9-10}=34-4=30(d)$$

$$LF_{5-6}=\min\{LF_{7-9}-D_{7-9}, LF_{8-9}-D_{8-9}\}=\min\{30-5, 30-7\}=23(d)$$

$$LS_{9-10}=LF_{9-10}-D_{9-10}=34-4=30(d)$$

同理，可求得其他各工作的 LS_{i-j} 和 LF_{i-j}。

(5) 计算各工作总时差 TF_{i-j} 和自由时差 FF_{i-j}

$$TF_{1-2}=LF_{1-2}-EF_{1-2}=LS_{1-2}-ES_{1-2}=5-5=0-0=0(d)$$

$$FF_{1-2}=ES_{2-3}-EF_{1-2}=5-5=0(d)$$

同理，可求得其他各工作的 TF_{i-j} 和 FF_{i-j}。

最后，计算的结果标注在网络图中（图 14-17），由关键线路上的工作总时差和自由时差均为零，得出关键线路为①→②→③→⑤→⑥→⑧→⑨→⑩，总工期为 34d。

14.2.3.5 标号法确定计算工期和关键线路

标号法是一种快速寻求网络计划计算工期和关键线路的方法，即利用节点计算法的基本原理，对网络计划中的每一节点进行标号，标号值即为节点最早时间，然后利用标号值确定网络计划的计算工期和关键线路。其确定步骤如下：

① 网络计划起点节点标号值为零。

② 其他节点的标号值按节点编号由从小到大顺序进行计算，其计算公式为：

$$b_j=\max\{b_i+D_{i-j}\} \tag{14-11}$$

式中，b_j 为工作 $i-j$ 完成节点的标号值；b_i 为工作 $i-j$ 开始节点的标号值。

③ 计算出节点标号值后，用其标号值及其源节点对该节点进行双标号。所谓源节点是指用来确定本节点标号值的节点，如果有多个均应标出。

④ 网络计划的计算工期就是网络计划终点节点的标号值。

⑤ 关键线路应从终点节点开始，逆着箭线方向按源节点确定。

【例 14-3】 用标号法确定网络计划的计算工期和关键线路（图 14-18）。

【解】 由①节点标号值为 0，即标注 $b_1=0$，$b_2=b_1+D_{1-2}=0+6=6$，$b_3=b_1+D_{1-3}=0+4=4$，$b_4=\max\{b_1+D_{1-4}, b_3+D_{3-4}\}=\max\{0+2, 4+0\}=4$，其余以此类推。节点④的标号值为 4 是由节点③所确定，故节点④的源节点就是节点③；计算工期为节点⑦的标号值 15；由终点节点⑦开始，可找出关键线路为①→③→④→⑥→⑦，确定的结果标注在网络图中（图 14-18）。

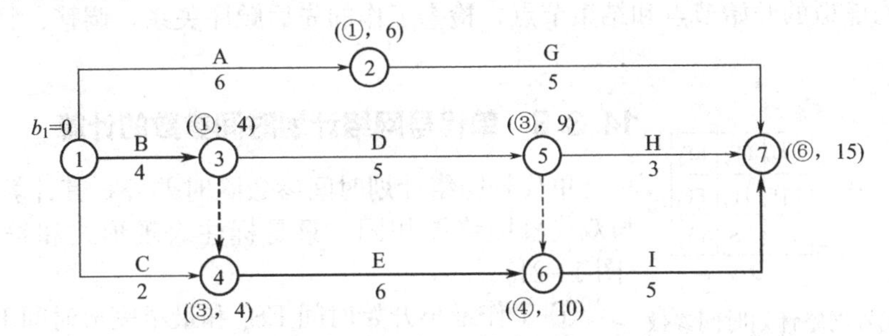

图 14-18 标号法标注双代号网络图计算工期和关键线路

14.3 单代号网络计划

讨论

1. 单代号网络图中时差如何计算？
2. 单代号网络图如何绘制？
3. 单代号网络图的绘图基本原则是什么？

14.3.1 单代号网络图的组成

单代号网络图（也称节点网络图）是以节点表示工作、以箭线表示工作之间逻辑关系的网络图（图 14-19）。

① 节点是单代号网络图的主要符号，也用圆圈或方框表示。一个节点代表一项工作，因此消耗时间和资源。

② 箭线仅表示工作之间的逻辑关系，不占用时间，也不消耗资源。单代号网络图中无虚箭线。箭线的箭头指向表示工作进展方向，箭尾节点表示的工作为箭头节点工作的紧前工作。

③ 一项工作只能有一个节点和一个代号，不能出现重号。编号同双代号网络图。

单代号网络图逻辑关系易表达，不用虚箭线，便于检查和修改，但不易绘成时标网络计划，使用不直观。

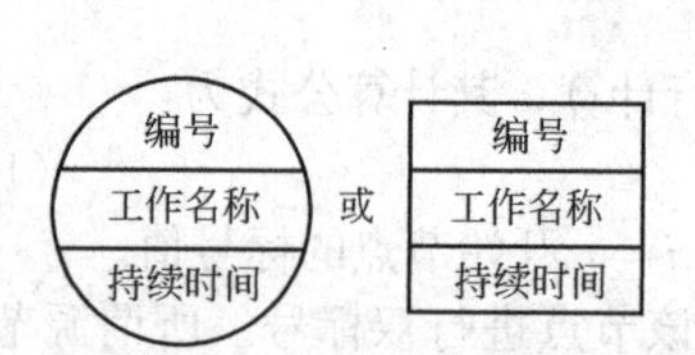

图 14-19 单代号网络图工作的表示方法

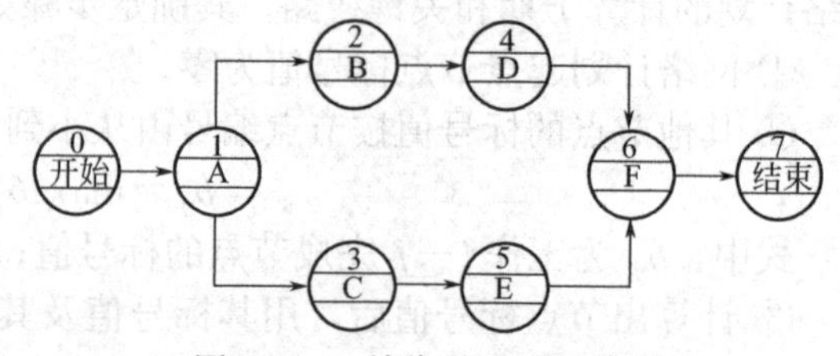

图 14-20 单代号网络图绘制

14.3.2 单代号网络图的绘制

单代号网络图的绘制原则、绘制方法与双代号网络图基本相同，只是增加了虚拟的开始节点与结束节点。增加的方法是：当有多项开始工作或多项结束工作时，应在网络图的两端设置一项虚拟节点（虚工作），并在其内标注“开始”“结束”，作为网络图的开始节点和结束节点，目的是为了保证网络图能够在构图上符合“封闭的网状图形”要求。当开始或结束工作只有一项时，可以不增加虚拟节点。其绘制步骤为：无紧前工作的先画，随后画紧后工作，正确使用虚拟的开始节点和结束节点，检查工作的先后顺序关系，调整、整理后再编号（图 14-20）。

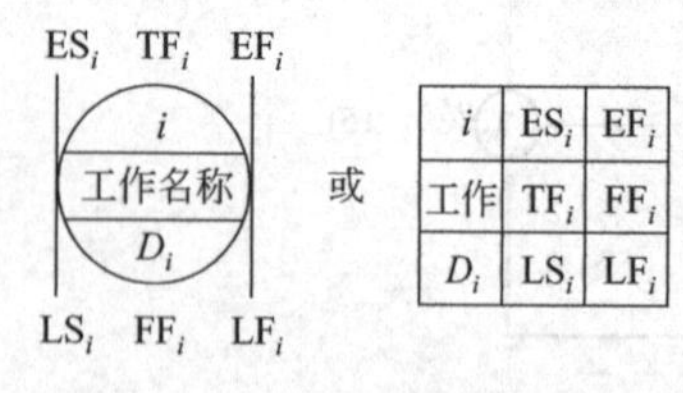

图 14-21 单代号网络计划时间参数的标注形式

14.3.3 单代号网络计划时间参数的计算

单代号网络计划时间参数除时差外，其计算方法和原理与双代号网络图相同，只是标注表现形式和符号不同而已（图 14-21）。

① 工作最早开始时间 ES_i 和最早完成时间 EF_i 的计算

假定： $ES_0=ES_1=0$

其他工作：
$$ES_j = \max\{ES_i + D_i\} = \max\{EF_i\} \tag{14-12}$$
$$EF_i = ES_i + D_i \tag{14-13}$$

式中，D_i 为工作 i 的持续时间。

② 计算工期 T_c 的计算
$$T_c = EF_n \text{ 或 } T_c = ES_n + D_n \tag{14-14}$$

式中，ES_n、EF_n、D_n 分别为终点工作 n 的最早开始时间、最早完成时间和持续时间。

③ 工作最迟开始时间 LS_i 和最迟完成时间 LF_i 的计算

假定：
$$LF_n = T_c = T_p = T_r$$

其他工作：
$$LF_i = \min\{LF_j - D_j\} = \min\{LS_j\} \tag{14-15}$$
$$LS_i = LF_i - D_i \tag{14-16}$$

④ 工作之间的时间间隔 $LAG_{i,j}$、工作总时差 TF_i 和自由时差 FF_i 的计算
$$LAG_{i,j} = ES_j - EF_i \tag{14-17}$$
$$TF_i = LS_i - ES_i = LF_i - EF_i \text{ 或 } TF_i = \min\{LAG_{i,j} + TF_j\} \tag{14-18}$$
$$TF_n = T_p - T_c \tag{14-19}$$
$$FF_i = \min\{ES_j - EF_i\} = \min\{LAG_{i,j}\} \tag{14-20}$$
$$FF_n = T_p - T_c \tag{14-21}$$

式中，TF_n、FF_n 分别为终点节点所代表的工作 n 的总时差和自由时差。

【例 14-4】 某工程分为 3 个施工段，施工过程及其延续时间为：砌围护墙及隔墙 12d，内外抹灰 15d，安铝合金门窗 9d，喷刷涂料 12d。拟组织瓦工、抹灰工、木工和油工 4 个专业队组进行施工（图 14-22）。试绘制单代号网络图，计算各项时间参数，并找出关键线路。

【解】 ① 最早开始时间 ES_i：由 $ES_0 = ES_1 = 0$ 则 $ES_2 = ES_1 + D_1 = 0 + 4 = 4(d)$

② 最早完成时间 EF_i：$EF_1 = ES_1 + D_1 = 0 + 4 = 4(d)$

③ 计算工期 T_c：$T_c = EF_{12} = 26d$

④ 最迟完成时间 LF_i：$LF_{12} = T_c = 26d$

⑤ 最迟开始时间 LS_i：$LS_{12} = LF_{12} - D_{12} = 26 - 4 = 22(d)$

⑥ 工作之间的时间间隔 $LAG_{i,j}$：$LAG_{1,2} = ES_2 - EF_1 = 4 - 4 = 0(d)$

⑦ 工作总时差 TF_i：$TF_1 = LS_1 - ES_1 = 0 - 0 = 0(d)$

⑧ 自由时差 FF_i：$FF_1 = \min\{ES_2 - EF_1, ES_3 - EF_1\} = \min\{4-4, 4-4\} = 0(d)$

其余以此类推，计算结果标注在网络图中（图 14-22），由于关键线路上工作总时差和自由时差均为零，得出关键线路为 1→2→5→9→11→12。

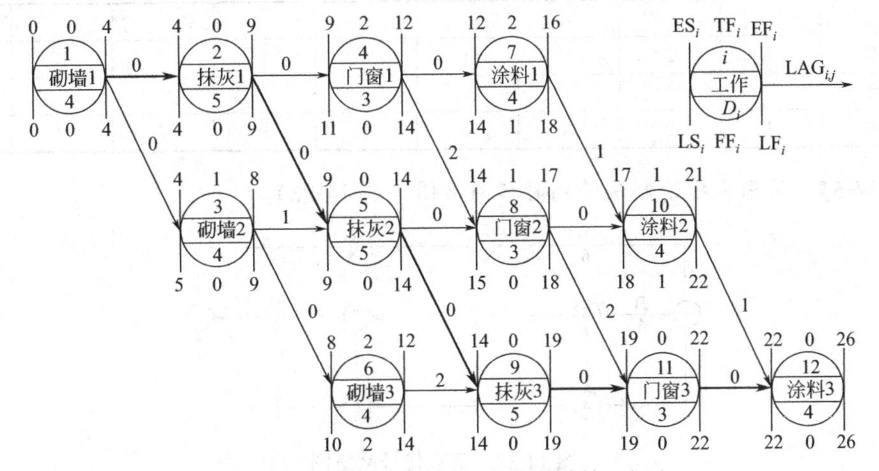

图 14-22 单代号网络图时间参数计算及标注

14.4 双代号时标网络计划

14.4.1 时标网络计划的概念

时标网络计划是指以时间坐标为尺度表示工作时间的网络计划。通过箭线的长度和节点的位置，可明确表达工作的持续时间及工作之间恰当的时间关系，是目前工程项目施工组织与管理过程中常用的一种网络计划形式。

其特点是兼有网络计划与横道图（即甘特图）的优点，时间进程明显；直接显示各项工作的开始与完成时间、自由时差和关键线路；可直接统计各个时段的材料、机具、设备及人力等资源的需要量；由于箭线的长度受到时间坐标的制约，故绘图比较麻烦。

14.4.2 时标网络计划的绘制

时标网络计划的绘制方法有间接绘制法和直接绘制法。

间接绘制法是指先进行网络计划时间参数的计算，再根据计算结果绘图；直接绘制法是指不通过时间参数计算，直接绘制时标网络图。

绘制要求如下：①时标网络计划需绘制在带有时间坐标的表格上；②工作持续时间以箭线在表格内的水平长度或水平投影长度表示，与其所代表的时间值相对应；③节点中心必须对准时间坐标的刻度线，中间的刻度线部分可以去掉，只画上、下部分；④以实箭线表示实工作，虚箭线表示虚工作，以水平波形线表示自由时差或与紧后工作之间的时间间隔；⑤箭线宜采用水平箭线或水平段与垂直段组成的箭线形式，不宜用斜箭线，虚工作必须用垂直虚箭线表示；⑥时标网络计划宜按最早时间编制。

(1) 直接绘制法　直接绘制方法和步骤如下：①绘制时标网络计划表（即时标表，表 14-3)；②将起点节点定位在时标表的起始刻度线上；③按工作持续时间在时标表上绘制起点节点的外向工作箭线；④工作的箭头节点，必须在其所有的内向箭线绘完以后，定位在这些内向箭线中最晚完成的实箭线箭头处；⑤某些内向实箭线长度不足以到箭头节点时，用波形线补足；如果虚箭线的开始节点和结束节点之间有水平距离，也以波形线补足，如没有水平距离，则虚箭线应垂直绘制；⑥用上述方法自左至右依次确定其他节点的位置，直到终点为止，绘图完成；⑦从终点开始，逆箭线方向，凡不出现波形线的线路连接起来即为关键线路。

表 14-3　时标网络计划表

日历									
时间单位	1	2	3	4	5	6	7	8	…
网络计划									…
时间单位	1	2	3	4	5	6	7	8	…

【例 14-5】 试用直接绘制法绘制时标网络图（图 14-23)。

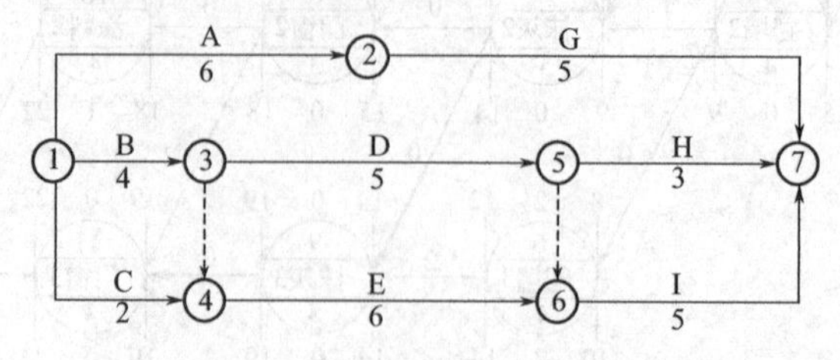

图 14-23　某双代号网络图

【解】按直接绘制法绘制的时标网络图以及关键线路为①→③→④→⑥→⑦（图 14-24），总工期（即计算工期）为 15d。

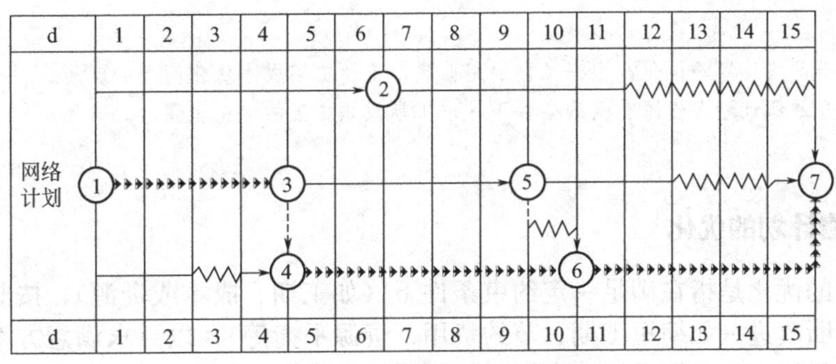

图 14-24 绘制的时标网络图

(2) 间接绘制法 间接绘制法的方法和步骤如下：①计算出各节点的时间参数，如最早时间等；②绘制时标表；③将各节点按最早开始时间定位在时标表上，其布局应与无时标网络计划基本相同，然后编号；④用实箭线绘制出工作持续时间，用垂直虚箭线绘出虚工作，用波形线补足实箭线和虚箭线未到达箭头节点的部分。

14.4.3 时标网络计划时间参数的确定

(1) 计算工期 T_c 的确定 时标网络计划的计算工期应等于终点节点与起点节点所对应的时标值之差。当起点节点处于时标表的零点时，终点节点所处的时标值即是计算工期。

(2) 工作最早开始时间 ES_{i-j} 和最早完成时间 EF_{i-j} 的确定 工作箭线箭尾节点中心对应的时标值为该工作的最早开始时间。当工作箭线中无波形线时，箭头节点中心对应的时标值（或有波形线时，与波形线相连接的实箭线右端点所对应的时标值）为该工作的最早完成时间。

(3) 工作总时差 TF_{i-j} 和自由时差 FF_{i-j} 的确定 除终点节点为完成节点的工作外，工作箭线中波形线的水平投影长度表示该工作与其紧后工作之间的时间间隔；结束工作箭线上的波形线表示该工作的最早完成时间与计划工期之间的时间间隔；虚箭线上的波形线表示虚箭线的紧前工作与紧后工作之间的时间间隔。

① 以终点节点为完成节点的工作，其总时差和自由时差均为计划工期与该工作最早完成时间之差，即：

$$TF_{i-n}=FF_{i-n}=T_P-EF_{i-n} \tag{14-22}$$

② 其他工作的总时差等于其紧后工作总时差加上本工作的自由时差之和的最小值，即：

$$TF_{i-j}=\min\{TF_{j-k}+FF_{i-j}\} \tag{14-23}$$

③其他工作的自由时差等于该工作箭线中波形线的水平投影长度。

(4) 工作最迟开始时间 LS_{i-j} 和最迟完成时间 LF_{i-j} 的确定

① 工作的最迟开始时间等于该工作的最早开始时间与其总时差之和，即：

$$LS_{i-j}=ES_{i-j}+TF_{i-j} \tag{14-24}$$

② 工作的最迟完成时间等于该工作的最早完成时间与其总时差之和，即：

$$LF_{i-j}=EF_{i-j}+TF_{i-j} \tag{14-25}$$

公式中所有符号意义同前。

14.5 网络计划的优化和控制

讨论
1. 什么是网络计划的优化？根据工期费用曲线，论述工期成本优化问题的实质。
2. 双代号网络计划在资源有限的条件下寻求工期最短方案的优化步骤。

14.5.1 网络计划的优化

网络计划的优化是指在满足一定约束条件下（如工期、成本或资源），按既定目标对网络计划进行不断改进（如缩短工期、节约费用、资源平衡等），以寻求满意方案的过程，最终达到优化的目标（如工期目标、资源目标、费用目标等）。

根据工程条件和需要分为工期优化、费用优化和资源优化等。

工期优化是指网络计划的计算工期不能满足要求工期时，通过不断压缩关键线路上的关键工作的持续时间，以达到缩短工期、满足要求工期目标的过程。

费用优化（又称为工期-成本优化）是指在一定范围内，工程的施工费用随着工期的变化而变化，在工期与费用之间存在着最优解的平衡点，即成本低、工期短。也就是寻求最低（或较低）成本时的最优（或较优）工期及其相应进度计划，或按要求工期寻求最低（或较低）成本及其相应进度计划的过程。

资源优化是指通过改变工作的开始时间，使各项资源（资源是人力、材料、机械设备和资金等的统称）按时间的分布符合优化目标，如在资源有限时如何使工期最短，当工期一定时如何使资源均衡。由于完成一项工程任务所需的资源基本上是不变的，不可能通过资源优化将其减少，只能是进行合理的利用。

总之，网络计划的优化原理：一是利用时差，即通过改变原定计划中的工作开始时间，调整资源分布，满足资源限定条件；二是利用关键线路，即通过增加资源投入，压缩关键工作的持续时间，以达到缩短计划工期的目的。

（1）工期优化　工期优化基本方法是在不改变网络计划中各项工作之间逻辑关系的前提下，通过压缩关键工作（即增加劳动力或机械设备，缩短工作持续时间）持续时间来达到优化目标，但具体要看压缩哪些关键工作的持续时间才能达到工期满足要求，并且对工程的质量和安全影响最小、费用增加最小、资源供应有保证。常用的方法有顺序法、加权平均法和选择法等。选择法是常用的一种方法。

顺序法是指按关键工作开工时间先后顺序确定，先进行的工作先压缩；加权平均法是指按关键工作持续时间长度的百分比压缩。以上这两种方法没有考虑关键工作上所需资源能否有保证以及相应费用增加幅度问题。选择法是指选择压缩某些对工程的质量和安全影响最小的关键工作，同时所需资源有保证且费用增加不多，此方法比较接近实际情况。不论选择哪种方法，按照经济合理原则，不能将关键工作压缩成非关键工作；当有多条关键线路时，必须将各关键线路的总持续时间压缩相同数值。

工期优化的方法和步骤如下：

① 确定初始网络计划的计算工期 T_c 和关键线路（可用标号法快速求出）。

② 按要求工期计算应缩短的工期 ΔT（$\Delta T = T_c - T_r$）。

③ 根据实际投入的资源确定应缩短持续时间的关键工作。确定缩短各工作持续时间的顺序，通常满足以下因素的工作应优先缩短：一是缩短持续时间对质量、安全影响不大的工作；二是有充足的备用资源（劳动力、材料或机械）和工作面的工作；三是缩短持续时间所

需增加费用最少的工作。一般是按中间的、最前面的和最后面的关键工作缩短顺序进行压缩。

④ 将优先选定的关键工作持续时间压缩至最短，重新确定计算工期和关键线路。但不能将原来的关键工作压缩成非关键工作。否则，应将其持续时间再延长使其仍成为关键工作。

⑤ 调整后工期仍不满足时，重复上述步骤，直到计算工期满足要求工期为止。

⑥ 当所有关键工作持续时间都已达到最短持续时间仍不能满足工期要求时，应调整施工方案或对要求工期重新审定。

【例 14-6】 某网络计划图（图 14-25），括号内的数字为最短持续时间，括号外的数字为正常持续时间。若要求工期为 120d，应怎样调整该网络计划？

【解】 ① 用标号法快速求出正常持续时间时的计算工期和关键线路为①→③→④→⑥，计算工期为 160d（图 14-26）。

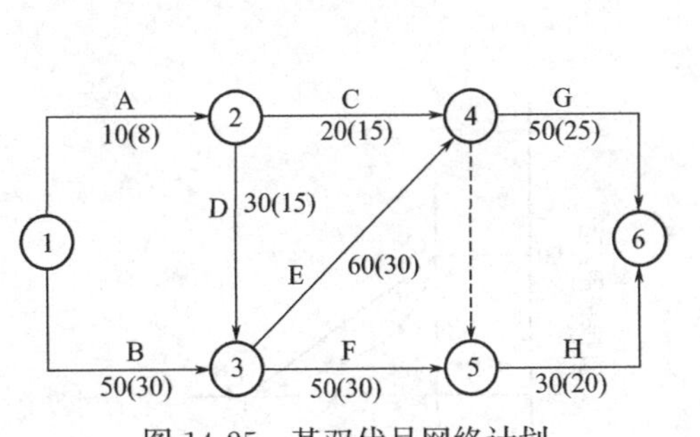

图 14-25 某双代号网络计划

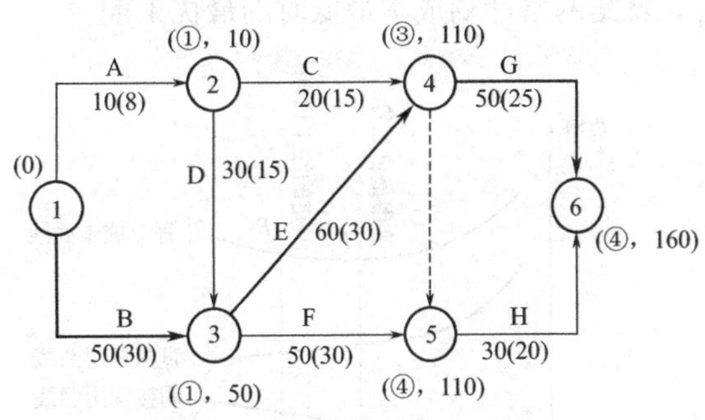

图 14-26 初始双代号网络计划

② 确定调整目标：$\Delta T=T_c-T_r=160-120=40(\mathrm{d})$。

③ 确定应缩短的工作：可缩短的关键工作有 1-3、3-4 和 4-6，根据要求应先缩短中间的 3-4 工作。

④ 确定缩短工作的持续时间，由已知 3-4 工作的最短持续时间为 30d，正常持续时间为 60d，故有 30d 的压缩时间。

⑤ 绘制缩短 3-4 工作后的网络图，并重新计算时间参数（图 14-27）。

⑥ 计算工期还未达到要求工期的目标，因此，需进行第二次调整。此时的关键线路有两条，即①→③→④→⑥和①→③→⑤→⑥。

可缩短的关键工作有 1-3 或 3-4 与 3-5 同时，或 4-6 与 5-6 同时，共三组。而 3-4 工作已缩短到最短持续时间，根据第一次调整的分析一样，选定缩短 1-3 工作。

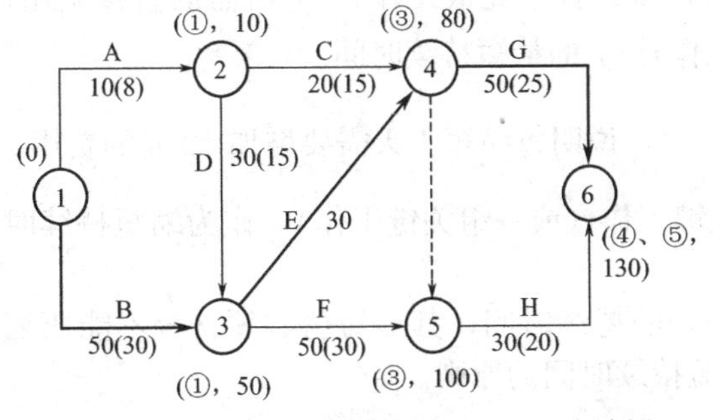

图 14-27 第一次调整后的双代号网络计划

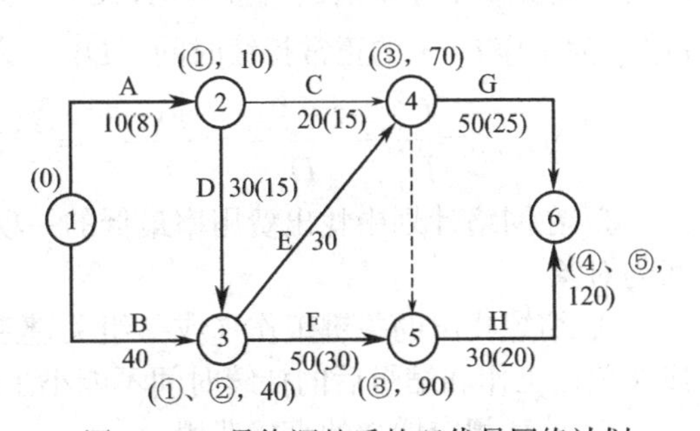

图 14-28 最终调整后的双代号网络计划

⑦ 由已知1-3工作的最短持续时间为30d，正常持续时间为50d，故最多有20d的压缩时间，根据调整的目标已缩短了30d，还剩10d的缩短时间，并考虑缩短工作持续时间增加资源为最少的原则，故仅缩短10d。

⑧ 绘制缩短1-3工作后的网络图，并计算时间参数（图14-28）。

经过上述调整后，计算工期已达要求工期120d，此时双代号网络计划即为优化后的网络计划，关键线路有四条，即①→②→③→④→⑥、①→②→③→⑤→⑥、①→③→④→⑥和①→③→⑤→⑥。

（2）费用优化　费用优化又称成本优化，其目的是寻求成本最低时的最优工期计划安排，或按要求工期去寻求成本最低时的计划安排过程。工程成本包括直接费用和间接费用两部分。在一定时间范围内，直接费用随着工期的增加而减少，而间接费用则随着工期的增加而增大（图14-29）。工程总成本曲线是将不同工期的直接费用和间接费用叠加而成的，其最低点 P_1 即为工程最优方案之一，即为费用优化所寻求的目标。该工程成本所对应的工期 t_1，就是网络计划成本最低时的最优工期。

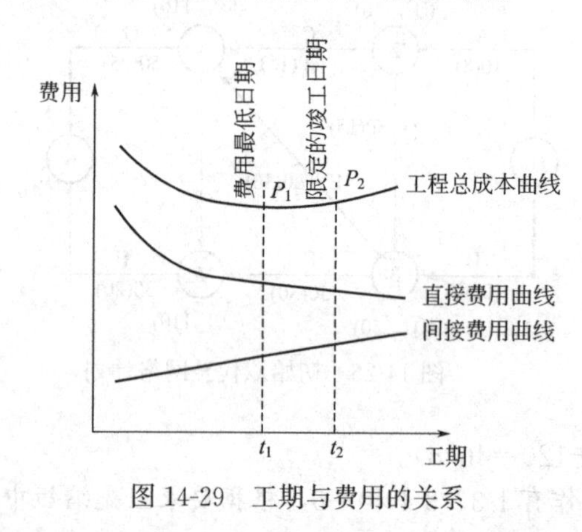

图14-29　工期与费用的关系

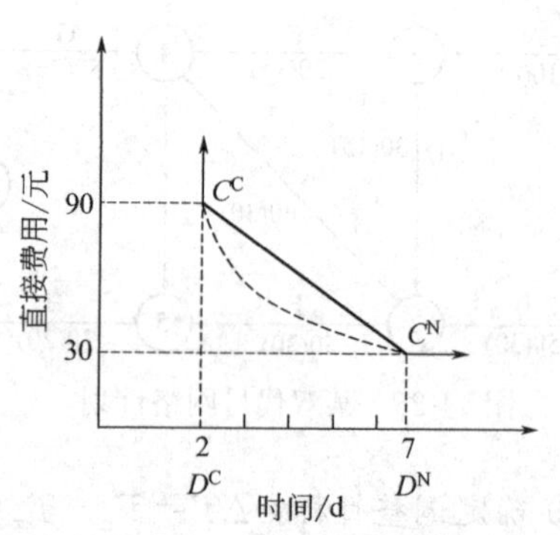

图14-30　工作时间和直接费用的关系

费用优化的步骤：

① 按工作正常持续时间找出关键工作和关键线路。

② 工作时间和直接费用的关系（图14-30），计算各项工作的费用率：

$$\Delta C_{i-j}=\frac{C_{i-j}^{C}-C_{i-j}^{N}}{D_{i-j}^{N}-D_{i-j}^{C}} \tag{14-26}$$

式中，ΔC_{i-j} 为工作 $i-j$ 的费用率；C_{i-j}^{C} 为将工作 $i-j$ 持续时间缩短为最短持续时间后，完成该工作所需的直接费用；C_{i-j}^{N} 为在正常条件下完成工作 $i-j$ 所需的直接费用；D_{i-j}^{N} 为工作 $i-j$ 的正常持续时间；D_{i-j}^{C} 为工作 $i-j$ 的最短持续时间。

如 $\Delta C_{i-j}=\frac{C_{i-j}^{C}-C_{i-j}^{N}}{D_{i-j}^{N}-D_{i-j}^{C}}=\frac{90-30}{7-2}=12$(元/d)，说明每缩短1天需要增加12元的费用。

③ 在网络计划中找出费用率最低的一项关键工作（或一组关键工作），作为缩短持续时间的对象。

④ 缩短找出的关键工作（或一组关键工作）的持续时间，其缩短值必须符合不能压缩成非关键工作和缩短后的持续时间不能小于最短持续时间的原则。

⑤ 计算相应增加的直接费用。

⑥ 考虑工期变化带来的间接费用及其他损益，在此基础上计算总费用。

重复步骤③～⑥，一直计算到总费用最低为止。

(3) 资源优化 资源优化一般是从通常的网络图参数计算结果出发，逐步调整工作的开工和结束时间，在众多的决策中选择一个决策，使目标函数值达到最佳。

资源优化主要有两种情况：资源有限-工期最短的优化和工期固定-资源均衡的优化。

资源有限-工期最短优化是通过时差调整计划安排，以满足资源限制条件，并使工期增加最少的过程。

其优化步骤：将初始网络计划绘成时标网络图，计算每日资源需要量并绘出资源动态曲线；从左至右检查，如遇某时段所需资源超过限制数量，就对该工作排队编号，并按编号顺序依次给各工作分配所需的资源数量。对于编号靠后、分不到资源的工作，就按顺序推到此刻时段的后面进行。

工期固定-资源均衡优化也是通过时差调整计划安排，在保持工期不变的情况下，使资源的需要量尽可能保持均衡的过程，不至于出现短时期的高峰和低谷。

其优化步骤：从网络计划终点节点开始，按工作的结束节点的编号值从大到小的顺序进行调整。同一个结束节点的工作则由开始时间较迟的工作先进行调整，在所有工作都按上述原理方法自右向左进行了一次调整之后，为使资源需求的动态均方差值进一步减少，需要自右向左再次进行调整，循环往复，经过多次调整，直到所有工作的位置都不能再右移为止。

14.5.2 网络计划的控制

网络计划在执行过程中，应经常检查实际执行情况，对检查的结果应进行详细的分析，从而确定出后续计划的调整方案，只有这样，网络计划才能真正发挥其控制的作用。

网络计划的检查主要是对进度偏差进行详细的分析，出现的偏差是否为关键工作，是否大于总时差，是否大于自由时差等，如果是则应采取相应措施进行调整。

网络计划的调整是指根据计划执行反馈的信息，对那些未能完全按原计划执行而产生的偏差所采取的应变措施。网络计划的调整内容包括关键工序作业时间的调整、非关键工序时差的调整、工序的增减、逻辑关系的调整以及某些工序作业时间的调整等。调整的具体方法就是改变某些工作的逻辑关系和缩短某些工作的持续时间。

网络计划在执行过程中，其时间参数的计算、优化、修改、调整和跟踪控制等，都需要进行大量的重复计算工作。在网络图比较复杂的情况下，常借助于计算机对网络计划进行管理。目前国内外有许多通用和专用网络计划商品软件，运用网络计划软件可以使复杂的工作变得简便。

复习思考题

14-1 网络计划的基本原理是什么？

14-2 双代号网络计划与单代号网络计划的区别是什么？

14-3 关键工作和关键线路的判断方法有哪些？

14-4 双代号网络图中，工作时间参数有哪些？在网络图中的表示方法是什么？

14-5 时差有几种？有什么作用？

14-6 双代号时标网络计划的特点是什么？其参数如何确定？

14-7 网络计划的优化包括哪些？各有何作用？

14-8 某工程有 9 项工作组成，网络逻辑关系如表 14-4 所示，试绘制双代号网络图。

表 14-4 某工程网络逻辑关系

工作名称	紧前工作	紧后工作	持续时间/天
A	—	B、C	3
B	A	D、E	4
C	A	F、D	6
D	B、C	G、H	8
E	B	G	5
F	C	H	4
G	D、E	I	6
H	D、F	I	4
I	G、H	—	5

14-9 某工程由10项工作组成，各项工作之间的相互制约、相互依赖的关系如下所述：A、B均为第一个开始的工作，G开始前，D、P必须结束，E、F结束后，C、D才能开始；F、Q开始前，A应该结束；C、D、P、Q结束后，H才能开始；E、P开始前，A、B必须结束；G、H均为最后一个结束的工作。试绘制该网络图。

14-10 某三跨车间地面工程分为A、B、C三个施工段，其施工过程及持续时间如表14-5所示。要求：绘制双代号网络图，并指出关键线路和工期。

表 14-5 某三跨车间地面施工过程及持续时间

施工过程	持续时间/天		
	A	B	C
回填土	4	3	4
垫层	3	2	3
浇筑混凝土	2	1	2

14-11 试计算图14-31双代号网络图的各项时间参数。

14-12 某工程双代号网络计划如图14-32所示，试将其转化成时标网络计划，并说明波形的意义。

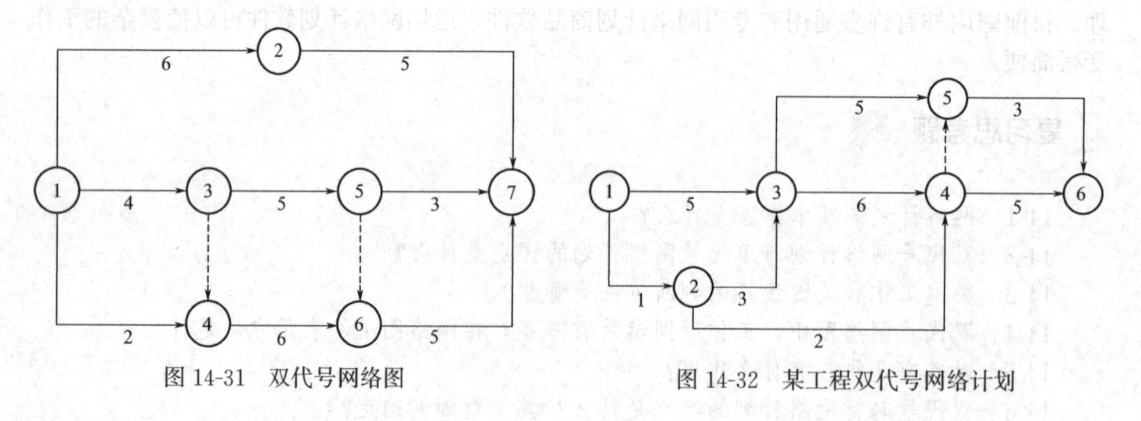

图 14-31 双代号网络图　　　　图 14-32 某工程双代号网络计划

15

单位工程施工组织设计

扫码获取本书学习资源

在线测试

拓展阅读

章节速览

「获取说明详见本书封二」

学习内容和要求

掌握	• 施工方案内容的选择与要求,施工进度计划的编制程序与步骤,施工平面图的编制内容、原则和步骤,工程概况的编制内容	15.1节
	• 施工程序选定的基本原则 • 不同结构类型房屋工程的施工顺序	15.2节
	• 各种资源需要量计划的编制内容 • 施工进度计划和施工平面图的编制依据	15.3节
了解	• 单位工程施工组织设计编制的原则、依据和程序	15.1.2节
	• 单位工程施工组织设计和施工平面图的动态控制与管理	15.5节
	• 单位工程施工组织设计的作用，技术经济分析的基础要求、指标体系和分析评价的方法	15.6节

15.1 概述

讨论

1. 何谓单位工程施工?
2. 单位工程施工组织设计内容有哪些? 其中最主要的是哪些?
3. 施工组织设计包括哪些主要内容?

15.1.1 单位工程施工组织设计的作用与内容

《建筑施工组织设计规范》(GB/T 50502—2009) 中对单位工程施工组织设计的概念进行了明确的定义：单位工程施工组织设计就是以单位（子单位）工程为主要对象编制的施工组织设计，对单位（子单位）工程的施工过程起指导和制约作用。

单位工程施工组织设计是一个工程的战略部署，是宏观性的，体现指导性和原则性；是一个将建筑物的蓝图转化为实物的指导组织各种活动的总文件，内容包含了施工全过程的部署、选定技术方案、进度计划及相关资源计划安排、各种组织保障措施；是关于项目施工全过程的管理性文件。各类建筑工程项目的施工，均应编制施工组织设计，并按照批准的施工组织设计进行施工。

单位工程施工组织设计编制与审批：单位工程施工组织设计由项目负责人主持编制，项目经理部全体管理人员参加，企业主管部门审核，企业技术负责人或其授权的技术人员审批。

施工组织设计要实行动态管理。建筑工程具有产品的单一性，同时作为一种产品，又具有漫长的生产周期。施工组织设计是工程技术人员运用以往的知识和经验，对建筑工程的施工预先设计的一套运作程序和实施方法，但由于人们知识经验的差异以及客观条件的变化，施工组织设计在实际执行中，难免会遇到不适用的部分，这就需要针对新情况进行修改或补充。同时，作为施工指导书，又必须将其意贯彻到具体操作人员，使操作人员按指导书进行作业，这是一个动态的管理过程。

项目施工过程中，当发生以下情况之一时，施工组织设计应及时进行修改或补充：

① 工程设计有重大修改；

② 有关法律、法规、规范和标准进行了修订或废止；

③ 主要施工方法有重大调整；

④ 主要施工资源配置有重大调整；

⑤ 施工环境有重大改变。

经修改或补充的施工组织设计应重新审批后才能实施。

单位工程施工组织设计是用以指导和组织单位工程从施工准备到工程竣工施工活动的技术经济文件。编制单位工程施工组织设计应根据工程的建筑结构特点、建设要求与施工条件，合理选择施工方案，编制施工进度计划，规划施工现场的平面布置，编制各种资源需求量计划，制定降低成本的技术组织措施和保证工程质量与安全文明施工的措施。施工组织设计是项目管理规划的主要内容，从其作用来看总体分为两大类：一类是施工企业由组织的管理层或组织委托的项目管理单位编制的，用以投标的施工组织设计，简称标前设计；另一类是由项目经理组织编制的，中标后用于指导整个施工用的施工组织设计，简称标后设计。本章中的施工组织设计主要指标后施工组织设计。

15.1.1.1 作用

(1) 单位工程施工组织设计是具体指导和组织单位工程施工的重要文件　在单位工程施工组织设计中，由于制定了单位工程的施工顺序、施工流向、施工方法、施工方案，编制了施工进度计划、规划施工现场平面布置、施工中的技术经济指标，所以在施工全过程中有了可靠的依据和具体的标准，只要按照施工组织设计文件中的规定去做，就一定能保证工程质量，促进安全生产，降低工程成本，提高经济效益，加快施工进度。

(2) 单位工程施工组织设计是合理组织单位工程施工和加强施工管理的重要措施　单位工程施工组织设计是工程开工前最先完成的技术经济文件，它不但是施工准备工作的重要依据，而且是做好施工各环节管理工作不可缺少的重要措施。新中国成立70年的施工经验证明：编制高质量的单位工程施工组织设计，才能使工程施工顺利进行，才能使施工管理井然有序，才会产生较大的经济效益和社会效益。

(3) 单位工程施工组织设计是建筑企业参与工程投标竞争的主要内容　自20世纪80年代初期，我国的经济体制改革日新月异，建筑业实行工程承包、招投标制度以来，单位工程施工组织设计已成为企业进行投标的必备主要文件之一，不仅是计算投标报价的根据之一，还是体现建筑企业施工水平、技术水平和管理水平高低的重要标志。住房和城乡建设部规定：凡是实行招标的工程，施工企业必须有施工组织设计才能参与投标。实践证明，进行工程投标时，在某些时候关键在于施工组织设计的质量。

(4) 单位工程施工组织设计是编制年、季、月各种计划的重要依据　在建筑工程施工过程中，需要大量的劳动力、施工机械和建筑材料、构配件，如何科学合理地调配，应分期编制各阶段所需要的资源量，以便进行合理劳动组合，科学地安排施工现场，正确地处理空间与时间、人力与物力、技术与组织、供应与消耗、生产与存储之间的关系，而编制各种计划的重要依据，就是单位工程施工组织设计。

15.1.1.2 内容

单位工程施工组织设计的编制内容，是根据工程性质、规模大小、结构特点、技术复杂程度、采用新技术的内容、建设工期要求、建设地点的自然经济条件、施工单位的技术力量及其对该类工程的熟悉程度、施工机械化程度等因素确定的。因此，不同的单位工程，不同的施工方法，单位工程施工组织设计的编制内容与深度也有所不同。每个单位工程的施工组织设计的内容和重点，也不能强求一致，应根据工程施工的具体条件和实际情况进行编制，内容要简明扼要、合理先进，使其真正起到指导现场施工的作用。

单位工程施工组织设计一般应包括以下内容。

① 工程概况和施工条件分析。工程概况和施工条件分析是对拟建工程特点、地点特征、抗震设防的要求、工程的建筑面积和施工条件等所作的一个简要的、突出重点的介绍。

② 施工方案。施工方案是单位工程施工组织设计的核心和重点内容，应着重于多种施工方案的技术经济比较，力求采用先进技术，选择最优施工方案，包括施工程序及施工流程、施工顺序、施工流向确定，主要分部分项工程的划分及其施工方法的选择、施工段的划分、施工机械的选择、技术组织措施的拟定等内容。

确定施工方案时应从以下几个方面进行：主要施工机械的选用，机械的布置位置及开行路线，现浇钢筋混凝土施工中各种模板的选用，混凝土水平与垂直运输方案的选择，降低地下水位的方案比较，各种材料运输方案的选择，主要经济指标的分析等。

③ 施工进度计划。施工进度计划是单位工程施工组织设计中的重要组成内容之一，主要包括划分施工过程和计算工程量、劳动量、机械台班使用量、施工班组人数、每天工作班次、工作持续时间，以及确定分部分项工程（施工过程）施工顺序及搭接关系，绘制进度计划表等。

不同的施工方案，会出现不同的施工进度。工程实践中最优的施工进度的施工进度计划有两种情况：一是资源需用量均衡，工期合理或在规定的工期内完成；二是在合理使用资源的条件下，或不提高施工费用的基础上，力求使工期最短。

④ 施工准备工作。施工准备是单位工程施工组织设计的一项重要工作，包括施工前的技术准备、现场准备和资源准备等。

⑤ 施工计划。施工计划包括施工准备工作计划和劳动力、材料、构件和机械设备等资源的需要量计划，是保证工程按时开工和顺利施工的基础。

⑥ 施工平面图。科学合理的施工平面布置，是单位工程实现文明施工的基础。所谓文明施工，其主要标志是指施工现场布置紧凑合理，施工秩序井井有条，现场内外运输路线畅通，为施工创造一个良好的环境；施工现场能及时清除工程垃圾，排水系统能迅速排出降水和施工弃水，材料和构件的堆放便于施工，力求二次搬运最少等。施工平面图主要包括起重运输机械位置的确定，搅拌站、仓库及材料堆场的布置，临时供水管线、供电管线、临时道路、临时设施用房的布置等内容。

⑦ 施工技术、组织和保证措施。为了保证工程的质量，要针对不同的工作、工种和施工方法，制定出相应的技术措施和不同的质量保证措施，同时要保证文明施工、安全生产。其内容应包括：保证工期措施、保证施工安全措施、冬雨期施工措施、降低成本措施、文明施工措施、环境保护措施等。

⑧ 技术经济指标分析。技术经济指标分析主要包括工期指标、质量指标、安全指标、实物量消耗指标、降低成本指标等的分析内容。

对于一般常见的建筑结构类型或规模不大的单位工程，其施工组织设计可以编制得简单一些，其内容一般以施工方案、施工进度计划、施工平面图为主，辅以简要的文字说明即可，也就是说，其主要内容可通过“一案一表一图”来表示。

15.1.2 单位工程施工组织设计的编制依据和程序

15.1.2.1 编制依据

单位工程施工组织设计编制前，应做认真调查了解，掌握有关自然条件和技术经济资料，其主要编制依据如下。

(1) 上级主管部门对工程项目批准建设的文件及有关建设要求 如工程的开、竣工日期，质量要求，对某些特殊施工技术的要求，采用何种先进的施工技术，对材料及设备的要求，对施工图纸的供应要求，对建设单位提供施工条件的要求等。

(2) 施工合同 包括工程范围，工程开竣工日期，工程质量保修期及保修范围，工程检查验收程序，工程价款的支付、结算办法，技术资料的提供日期，材料和设备的供应和进场期限，双方相互协作事项，违约责任等。建设单位在施工招标文件中对工程进度、质量、造价等具体要求。

(3) 设计文件对施工的要求 其中包括：单位工程全部施工图纸、会审纪要、工程预算定额、劳动定额及标准图等有关设计资料。对于较复杂的工业建筑、公共建筑及高层建筑等，还有设备、电器和管道等设计图纸和安装对土建施工的要求及设计单位对新材料、新技术和新工艺的要求。

(4) 现场施工自然条件 其中包括：施工现场的地形、地貌，地上与地下障碍物，工程地质和水文地质情况，施工地区气象资料；永久性或临时水准点、控制线等；场地可利用的面积和范围；交通运输道路的情况，以及供水、供电、供气等情况。

(5) 资源配备情况 如施工中需要的劳动力、施工机具和设备、主要材料及半成品、预制构件和加工品等的供应能力和来源情况，运输条件、运输方式、运输距离和价格，供应时间、数量和方式。

(6) 施工组织总设计 如果该工程是整个工程项目中的一个组成部分时，该工程的施工组织设计则应遵守施工组织总设计的有关施工部署和具体要求进行编制，这样才能保证建设项目的完整性。

(7) 建筑企业年度生产计划 建筑企业有年度生产计划，对本工程的安排和规定的有关指标，如进度、其他项目穿插施工的要求等。

(8) 国家有关规范、规程、标准和工程预算文件 工程预算文件为编制施工组织设计提供了工程量和预算成本；国家有关的施工及验收规范、质量评定标准、安全操作规程和定额手册等，这些都是确定施工方案、编制施工进度计划的主要依据。

(9) 建设单位可能提供的现场条件及施工条件 建设单位可能提供的现场条件包括建设单位可能提供的施工场地占用、临时施工用房数量及职工食堂、浴室、宿舍、医疗条件，水、电供应量，水压、电压能否满足施工要求等情况。

建设单位可能提供的施工条件包括劳动力、技术人员和管理人员情况，现有的施工机械设备；对本单位工程可提供的专业工人人数、施工机械的台班数等。

(10) 其他有关参考资料及类似工程施工组织设计实例等 另外建设地区的政治、经济、生活、文化、商业及市场供应情况，当地的风俗习惯和地方特色等资料，在编制单位工程施工组织设计时也要予以重视。

15.1.2.2 编制程序

我国工程建设程序可归纳为以下四个阶段：投资决策阶段、勘察设计阶段、项目施工阶段、竣工验收和交付使用阶段。

单位工程施工组织设计的编制必须遵循工程建设程序，并应符合下列原则。

(1) 合理安排施工顺序　按照施工的客观规律和建筑产品的工艺要求，坚持科学的施工程序和合理的施工顺序，是编制单位工程施工组织设计的重要原则，不论何种类型的工程施工，都有其客观的施工顺序，这是必须要严格遵守的。

在施工组织中，一般应将工程施工对象按工艺特征进行科学分解，然后在它们之间组织施工的流水作业，使之搭接最大、衔接紧凑、工期较短。合理的施工顺序，不但要达到紧凑均衡的要求，而且还要注意施工的安全，尤其是立体交叉作业更要采取必要而可靠的安全措施。

(2) 采用先进的施工技术和施工组织措施　当今，先进施工技术层出不穷。采用先进的施工技术是提高劳动生产率、保证工程质量、加快施工进度、降低施工成本、减轻劳动强度的重要途径，这是已被工程实践所证明的。但是，在具体编制单位工程施工组织设计时，选用新技术应从企业的实际出发，以实事求是的态度，在调查研究的基础上，经过科学分析和技术经济验证，慎重对待。既要考虑其先进性，更要考虑其适用性和经济性。

先进的组织管理是提高社会效益和经济效益的重要措施。通过采用科学先进的施工组织措施（如组织施工流水作业、网络计划技术、计算机应用技术、项目经理制、岗位责任制等），实现项目施工组织的科学化、规范化、高效管理；达到科学配置资源，合理布置施工现场；采取可行的季节性施工措施，实现连续、均衡施工，使经济技术指标合理。

(3) 专业工种的合理搭接和密切配合　随着科学技术的发展，社会进步和物质文化的提高，建筑施工对象也日趋复杂化、高技术化。因此，要完成一个工程的施工，涉及的工种将越来越多，相互之间的配合，对工程施工进度的影响也越来越大。单位工程的施工组织设计要有预见性和计划性，既要使各施工过程、专业工种顺利进行施工，又要使它们尽可能地实现搭接和交叉，以缩短施工工期，提高经济效益。在许多工程施工中，一些专业工种是相互联系、相互依存、相互制约的，这就需要在施工组织设计中做出科学合理安排。

(4) 对多种施工方案要进行技术经济分析　任何一个工程的施工，必然会有多种施工方案可供选择，在单位工程施工组织设计中，应对主要工种工程的施工方案和主要施工机械的作业方案进行选择，根据各方面的实际情况进行充分的论证，通过技术经济的分析，以选择技术上先进、经济上合理、符合施工现场实际情况、适合施工企业的施工方案。

(5) 确保各项项目管理目标的实现　任何一个工程项目的管理都有具体的管理目标，是企业进行项目管理的根本，只有加强对项目的管理，企业才能取得良好的社会效益和经济效益。在单位工程施工组织设计中，确定的各项管理目标要符合施工合同或招标文件中有关工程进度、质量、安全、环境保护、造价等方面的要求，同时还要制定切实可行、具有较强的针对性和可操作性的保证措施。

(6) 积极开发、使用新技术和新工艺，推广应用新材料和新设备　在目前市场经济条件下，企业应当积极利用工程特点，组织开发、创新施工技术和施工工艺，其有利于保证工程管理目标的实现。

(7) 采取技术和管理措施，推广建筑节能和绿色施工　我国对建筑环境卫生、职业健康、安全文明施工进行了立法，并拟定了规范行业行为的强制性条文，以做到有法可依、执法有据。国家还制定了相关标准法规作为指导绿色施工的依据。国家定额设置了安全文明施工费、环境保护费、建筑垃圾处理费等列入预算进行计取费用，可见国家对绿色环保施工的重视。

在基坑施工时，尽可能减小基坑土开挖尺寸，采用可行性较强的小支护和加快基础施工速度的办法，保持原土地质结构少受扰动，减少土方外运量，节省运输费用等。

为了保护环境，减少扬尘、噪声，在砌筑工程上建议业主使用环保型产品——蒸压灰砂砖，拌制水泥砂浆的搅拌机设置临时防护棚，现场临时道路定时洒水防止水泥灰尘土飞扬等。

建筑污水进入沉淀池沉淀后用水泵加压后用于喷洒场地、洗车、冲洗厕所，还可用来浇灌工地的绿化区等。

碎砖块可以作为大临工程地面碎拼，砌筑临时台阶、花台等，可以作为地模的填充物或直接砌筑临时房舍、厕所等。碎砖渣还可以做成临时降水滤井等。

废旧密目安全网可以捆叠后压实定型成既定形状（用水泥袋或其他编织袋包装定型）作为梁、板、墙等后浇带预留孔洞（槽）内的临时填充物等。

外墙面在完成砌筑后抹 20mm 厚微玻无机保温砂浆。

（8）与质量、环境和职业健康安全三个管理体系有效结合　为保证持续满足过程能力和质量保证的要求，国家鼓励企业进行质量、环境和职业健康安全管理体系的认证制度，且目前该三个管理体系的认证在我国建筑行业中已较普及，并且建立了企业内部管理体系文件。编制施工组织设计时，不应违背上述管理体系文件的要求。

单位工程施工组织设计的编制程序，是指对其各组成部分形成的先后次序及相互之间的制约关系的处理（图 15-1），主要包括以下内容：

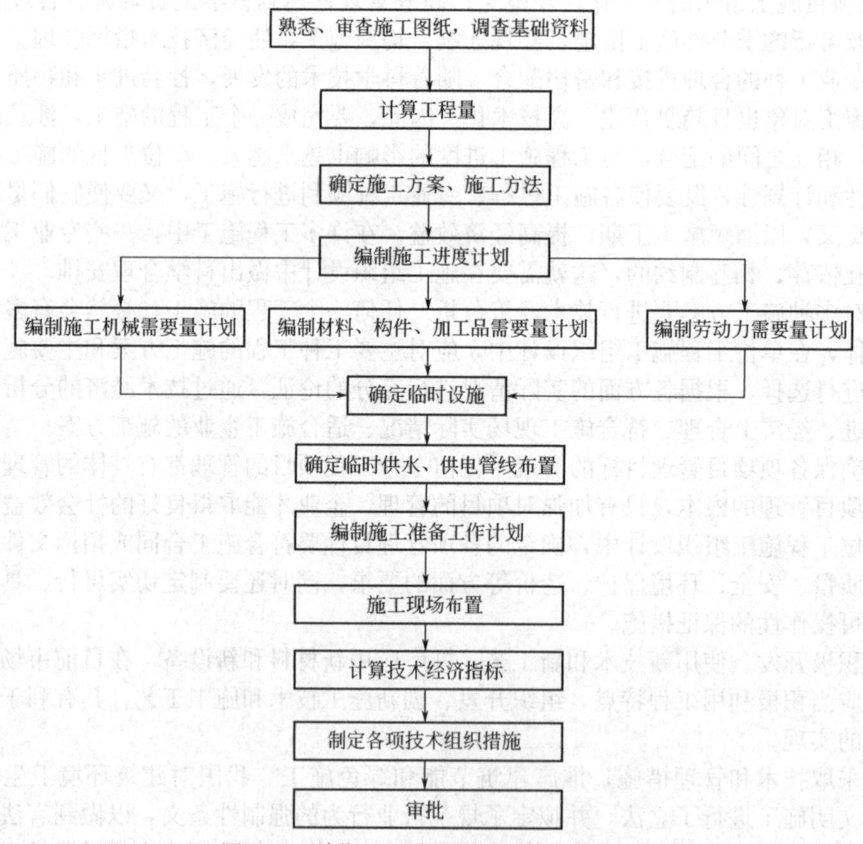

图 15-1　单位工程施工组织设计编制程序

① 熟悉、审查施工图纸，调查基础资料。通过对施工图纸的熟悉和审查来了解设计意图和工程的基本情况，通过对基础资料的调查掌握施工现场的自然经济技术条件、施工条件。

② 计算工程量。通常可以利用工程预算中的工程量。工程量计算准确，才能保证劳动力和资源需要量计算的正确和分层分段流水作业的合理组织，故工程必须根据图纸和较为准

确的定额资料进行计算。如工程的分层段按流水作业方法施工时，工程量也应相应地分层分段计算。

③ 确定施工方案、施工方法。如果施工组织总设计已有原则规定，则该项工作的任务就是进一步具体化，否则应全面加以考虑。需要特别加以研究的是主要分部、分项工程的施工方法和施工机械的选择，因为它对整个单位工程的施工具有决定性的作用。具体施工顺序的安排和流水段的划分，也是需要考虑的重点。

④ 组织流水施工，编制施工进度计划。根据流水施工的基本原理，按照工期要求、工作面的情况、工程结构对分层分段的影响以及其他因素，组织流水施工，决定劳动力和机械的具体需要量以及各工序的作业时间，编制网络计划，并按工作日排出施工进度。

⑤ 计算各种资源的需要量和确定供应计划。依据采用的劳动定额和工程量及进度可以决定劳动量（以工日为单位）和每日的工人需要量。依据有关定额和工程量及进度，就可以计算确定主要材料和加工预制品的主要种类和数量及其供应计划。

⑥ 平衡劳动力、材料物资和施工机械的需要量并修正进度计划。根据对劳动力和材料物资的计算就可绘制出相应的曲线以检查其平衡状况。如果发现有过大的高峰或低谷，即应将进度计划做适当的调整与修改，使其尽可能趋于平衡，以便使劳动力的利用和物资的供应更为合理。

⑦ 设计施工平面图。确定现场垂直运输机械、临时设施、道路、水电管线的布置，施工平面图应使生产要素在空间上的位置合理、互不干扰，能加快施工进度。

⑧ 拟定各项技术组织措施，计算技术经济指标。为保证各项管理目标的实现，就要针对不同的管理目标制定针对性强、可操作性强的技术组织措施，同时，还要对单位工程施工组织设计的技术经济指标进行计算和分析，评价其在技术上是否先进可行，在经济上是否合理。

15.1.3 工程概况及施工条件分析

单位工程施工组织设计中的工程概况，是对拟建工程的工程特点、地点特征和施工条件所作的一个简洁、明了、突出重点的文字介绍。

15.1.3.1 编制目的

单位工程施工组织设计中工程概况编制的目的主要有以下两点：一是编写者对工程的基本情况、施工条件和相关要求心中有数，以便合理选择施工方案，有针对性地制定实现工程管理目标的各项技术组织措施；二是审批人通过对工程概况的审阅，对工程的基本情况有一个比较清晰的了解，以判断方案是否可行、合理、先进与经济，各项技术组织措施是否到位和有针对性，投入的施工机械是否满足施工的需要，施工进度计划与其支持性计划是否可行与合理，现场平面布置是否合理、有序等。

15.1.3.2 编制内容

（1）工程建设概况　工程建设概况包括拟建工程的建设单位，工程名称，工程规模、性质、用途和建设目的，资金来源及工程投资额，开、竣工的日期，设计单位，施工单位（包括施工总承包和分包单位），施工图纸情况，施工合同，主管部门的有关文件或要求，以及组织施工的指导思想等。

（2）工程设计概况　工程设计概况是指对工程全貌进行综合说明，主要介绍以下几方面情况：

① 建筑设计特点。一般需说明拟建工程的建筑面积、平面形状和平面组合情况，层数、层高、总高度、总长度、总宽度等尺寸及室内外的装修情况，并附平面、立面、剖面简图。

② 结构设计特点。一般需说明基础的形式及埋置的深度，桩基础的根数及深度，主体结构的类型，墙、梁、板的材料及截面尺寸，预制构件的类型、重量及安装位置，楼梯构造及型式，抗震设防的烈度等。

(3) 工程施工特点　概括单位工程的施工特点，特别是施工中的重点、难点和关键问题所在，以便在选择施工方案、组织资源供应、技术力量配备以及在施工组织上采取有效的措施，能够突出重点、抓住关键，保证施工顺利进行，提高施工单位的经济效益和管理水平。

不同类型的建筑、不同条件下的工程施工，均有其不同的施工特点。如砖混结构住宅建筑的施工特点是：砖砌体和抹灰工程量大，水平与垂直运输量大等。又如现浇钢筋混凝土高层建筑的施工特点主要有：主体结构和施工机具的稳定性要求高；基坑土方开挖量大、开挖深度大，需要对其进行支护和地下水的控制；钢材加工量大，混凝土浇筑难度大，脚手架搭设要进行设计计算，安全问题突出，要有高效的垂直运输设备等。

(4) 建设地点的特征　包括拟建工程的位置、地形、工程地质条件，不同深度土层的分析、冻结时间与冻结厚度、地下水位、水质，气温、冬雨季期限、主导风向、风力和地震烈度等特征。

(5) 施工条件　包括“三通一平”情况（建设单位提供水、电源及管径、容量及电压等），现场周边的环境，施工场地的大小，地上、地下各种管线的位置，当地交通运输的条件，预制构件的生产及供应情况，预拌混凝土的供应情况，施工企业机械、设备和劳动力的落实情况，劳动力的组织形式和内部承包方式等。

对于规模不大的工程可以采用表格的形式对工程概况进行说明。

15.2 施工方案

施工方案是整个单位工程施工组织设计的核心，是编制单位工程施工组织设计的重点。施工方案合理与否，不但影响工程进度计划的安排和施工平面图的布置，而且直接关系到工程施工的效率、质量、工期和经济效益，因此，必须引起足够的重视。

施工方案的选择主要包括确定施工程序、施工流程、施工顺序，选择主要分部工程的施工方法和施工机械，进行施工方案的技术经济比较等内容。

15.2.1 确定施工程序

15.2.1.1 熟悉施工图纸，研究施工条件

熟悉施工图纸是施工方案设计的基础工作，其目的是熟悉工程概况，领会设计意图，明确工作内容，分析工程特点，提出存在问题，为确定施工方案打下良好的基础。在熟悉图纸中，一般应注意以下几个方面：

① 核对设计文件，检查施工图纸目录清单，检查施工图纸是否齐全、完备，缺者何时出图。

② 核对设计计算的假定和采用的计算方法是否符合实际情况，施工时是否有足够的稳定性，是否有利于安全施工。

③ 核对设计是否符合施工条件，若需要特殊施工方法和特定技术措施，技术和设备中有无困难。

④ 核对生产工艺和使用上对建筑安装有哪些技术要求，施工是否能满足设计规定的质量标准。

⑤ 核对施工图纸与设计说明有无矛盾，设计意图与实际设计是否一致，规定是否明确。

⑥ 核对施工图纸中标注的主要尺寸、位置、标高等有无错误。

⑦ 核对施工图纸中材料有无特殊要求，其品种、规格、数量等能否满足。

⑧ 核对土建施工图与设备安装图有无矛盾，施工时应如何衔接和交叉。

在有关施工技术人员充分熟悉施工图纸的基础上，会同设计单位、建设单位、监理单位等有关人员进行“图纸会审”。首先，由设计人员向施工单位进行技术交底，讲清设计意图和施工中的主要需要；然后，施工技术人员对施工图纸和工程中的有关问题提出询问或建议，并详细记录解答，作为今后施工的依据；最后，对于会审中提出的问题和建议进行研讨，并取得一致意见，如需要变更设计或做补充设计，应办理设计变更签证手续。但未经设计单位同意，施工单位无权随意修改设计。

在熟悉施工图纸后，还必须充分研究施工条件和有关工程资料。比如：施工现场的“三通一平”条件，劳动力、主要材料、构件、加工品的供应情况；施工机具和模板的供应条件；施工现场的工程地质与水文地质勘察资料；现行的施工规范、定额等资料；施工组织总设计；上级主管部门对该单位工程的指示等。

15.2.1.2 施工程序的确定

施工程序是指单位工程中各分部工程或施工阶段的先后次序及其制约关系。工程施工受到自然条件和物质条件的制约，它在不同施工阶段的不同工作内容按其固有的、不可违背的先后次序循序渐进地向前开展，它们之间有着不可分割的联系，既不能相互代替，也不允许颠倒或跨越。

单位工程的施工程序一般为：接受施工任务阶段→开工前准备阶段→全面施工阶段→交工验收阶段。每一个阶段都必须完成规定的内容，并为下一阶段的工作创造良好条件。

(1) 接受施工任务阶段　接受施工任务阶段是各个阶段的前提条件。施工单位在这个阶段的主要任务是承接施工任务，签订工程承包合同，明确拟建的单位工程。根据我国的国情，施工企业接受施工任务的形式主要有以下三种：一是上级主管部门直接下达任务；二是接受建设单位的邀请接受任务；三是通过工程招标投标，在中标后承接任务。

(2) 开工前准备阶段　开工前准备阶段是继接受任务阶段之后为单位工程顺利开工创造必要条件的阶段。工程实践证明，一般单位工程开工必须具备以下条件：

① 施工许可已办理；

② 施工图纸已经会审，施工预算已编制；

③ 施工组织设计已被批准；

④ 场地平整、障碍物清除、场内外交通道路已基本完成；

⑤ 供水、供电、排水系统均满足施工需要；

⑥ 永久性或半永久性坐标或水准点已设置；

⑦ 材料、成品、半成品能陆续进场，并保证连续施工；

⑧ 施工机械已进入施工现场；

⑨ 临时设施和附属加工企业已基本满足生产和生活需要；

⑩ 劳动计划已落实，已经进行了必要的安全防火教育。

(3) 全面施工阶段　全面施工阶段是建设过程中历时最长、资源消耗最多、工作难度最大的阶段。此阶段主要是全面控制工程质量、安全生产、进度和投资，以最好的工程质量、最快的施工速度和最低的施工成本，科学合理地进行施工组织。

(4) 交工验收阶段　交工验收工作一般按单位工程进行，即按照设计文件所规定的内容，按照交工验收的依据和标准，对工程进行全面评价，并评定出质量等级。建筑安装企业在单位工程交工前，应首先进行自检，并收集、整理好各项交工验收资料，做好交工验收的各项准备工作，待达到竣工验收标准时，可由建设单位负责，施工企业、设计单位参加，对整个项目进行验收。

15.2.1.3 确定施工程序时应遵循的基本原则

(1) 先准备后施工 在工程施工前，应就施工条件做好劳动组织、技术、物资和现场的准备，为工程的顺利开工和工序的有序组织创造有利的条件。

(2) 先地下后地上 在地上工程开工之前，尽量把管线等地下设施和土方及基础工程做好或基本完成，以免对地上部分施工有干扰，带来不便，造成浪费，影响质量。

(3) 先土建后安装 摆正土建与水、暖、电、卫设备的关系，在土建工程施工时设备管线预埋要穿插进行，尤其在装修阶段，要从保证质量、讲成本的角度处理好两者的关系。

(4) 先主体后围护 主体是指框架结构，应注意在总的程序上有合理的搭接，以便有效地节约时间。

(5) 先结构后装修 它是指对一般情况而言，有时为了压缩工期，也可以部分搭接施工。对于一些采用新的施工方法的新型结构，其施工程序可视具体情况确定，如升层建筑与大板建筑的装修先于结构，装修在预制或整体安装前已经完成，即为先装修后结构。

15.2.2 确定施工起点流程与流向

施工流程是指施工活动在平面上或空间上的施工进展方向和施工顺序，对单层建筑要合理划分施工流水段及施工的起点及流向；对多层或高层建筑，还要考虑分层施工的流向。施工流向就是确定施工段施工的先后顺序，即在平面上或竖向上施工开始的部位和进展的方向。

确定单位工程施工流程时，一般应考虑以下因素。

(1) 满足用户使用要求 满足用户使用上的要求，按照用户要求，合理安排施工的先后顺序及穿插搭接情况。

(2) 生产性建筑要考虑生产工艺流程及投产的先后顺序 先投产、先使用的施工区段先施工、先交工。工业厂房两跨并列时，应从并列处开始。

(3) 工程场地条件 应当根据施工场地大小、道路布置确定施工流程。

(4) 单位工程各部分的繁简程度 一般对技术复杂、工程量大、施工进度较慢、工期长的区段或部位应先施工。例如，高层现浇钢筋混凝土结构房屋，主楼部分应先施工，裙房部分后施工。

(5) 施工方法 选择不同的施工方法，施工流程也可能发生变化。如一幢带有地下室的建筑物要用正常的施工方法，其施工流程为：向下挖土方→底板施工→向上地下室墙柱施工→地下室顶板施工→上部结构施工。

而采用逆作法施工，其施工流程为：±0.000 标高结构层施工→向下地下室结构施工，同时向上一层结构施工→底板施工并做各层柱，完成地下室施工→完成上部结构。

(6) 分部工程或施工阶段的特点及其相互关系 如基础工程由施工机械和方法决定其平面的施工流程；主体结构工程从平面上看，从哪一边先开始都可以，但竖向一般应自下而上施工；密切相关的分部工程或施工阶段，一旦前面施工过程的流程确定之后，则后续施工过程便随之而定。如单层工业厂房的土方工程和流程决定了柱基础施工过程和某些构件预制、吊装施工过程流程。

(7) 施工技术和施工组织上的要求 施工组织的分层分段，划分施工层、施工段的部位，如伸缩缝、沉降缝、施工缝等，也是决定其施工流程应考虑的因素。

① 多层建筑物层高不等时采取的施工流向见图 15-2，可使各施工过程的施工队在各施工段上连续施工，使施工更加流畅。其中图 15-2(a) 从层数较高的第Ⅱ段开始施工，再进入施工段Ⅲ和施工段Ⅰ进行施工，然后依次逐层按顺序施工；而图 15-2(b) 从有地下室的第Ⅱ段开始施工，再进入第一层的施工段Ⅲ、施工段Ⅰ施工，继而又从第一层的第Ⅱ段开始由下向上逐层逐段进行施工。

② 屋面防水施工应按先低后高顺序施工。

③ 土方工程施工时，如需外运土方，施工流向应从离道路远的部位开始，由远而近地流向进行。

④ 基础埋深不同时应先深后浅。

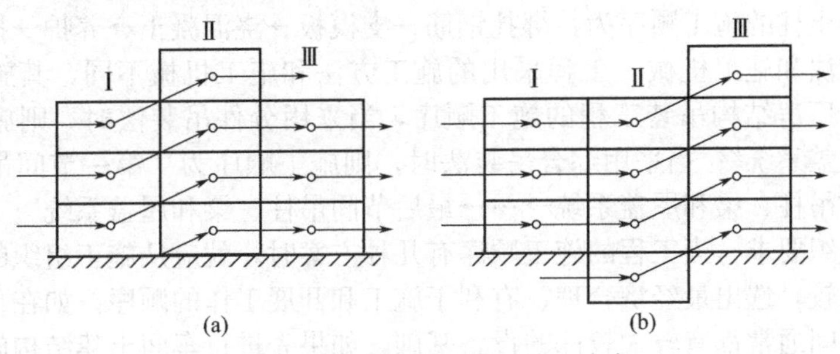

图 15-2 不等高多层房屋施工流向

（8）装饰工程 一般分室内装饰和室外装饰。

装饰工程竖向流程比较复杂。室外装饰通常是自上而下进行，但有特殊情况时可以不按自上而下进行的顺序进行，如商业性建筑为满足业主营业的要求，可采取自中而下的顺序进行，保证营业部分的外装饰先完成。这种顺序的不足之处是在上部进行外装饰时，易损坏污染下部的装饰。室内装饰可以采取主体封顶后自上而下进行［图 15-3(a)］，也可以采取自下而上进行［图 15-3(b)］，另外还可以采取自中而下再自上而中进行等三种流向。其施工流向既可按楼层进行，也可按单元进行。

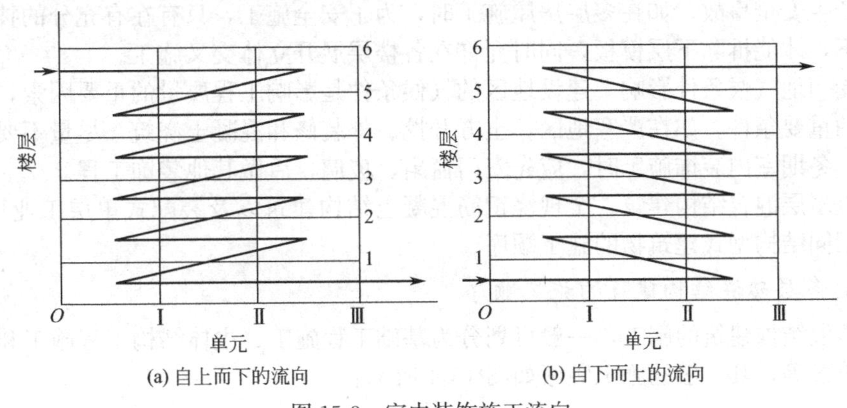

图 15-3 室内装饰施工流向

15.2.3 确定施工顺序

施工顺序是指各分部分项工程或施工过程之间的先后次序。确定各施工过程的施工顺序，必须符合由建筑结构构造确定的工艺顺序，同时还要考虑施工组织、施工质量、采用的施工方法、安全技术的要求，以及当地气候条件等因素。施工顺序的确定应符合施工组织的客观规律，使各施工过程的工作队紧密配合，平行、搭接、穿插施工，既能保证施工的质量与安全，又能充分利用空间，争取时间，缩短工期。合理地确定施工顺序是编制施工进度计划的需要。

15.2.3.1 确定施工顺序时应考虑的因素

（1）施工程序 施工程序确定了施工阶段或分部工程之间的先后次序，确定施工顺序必须遵循施工程序。

（2）施工工艺要求　建筑物在各个施工过程之间，都存在一定的工艺顺序关系，这种顺序随着建筑功能和结构特点而不同；在确定施工顺序时，应注意分析建筑物各施工过程的工艺要求和工艺关系，反映出施工工艺上存在的客观规律和相互间的制约关系，一般是不可违背的。如现浇钢筋混凝土梁板的施工顺序为：支模板→绑扎钢筋→浇混凝土→养护→拆模。而现浇钢筋混凝土柱的施工顺序为：绑扎钢筋→支模板→浇混凝土→养护→拆模。

（3）施工方法和施工机械　工程采用的施工方法和施工机械不同，其施工顺序也不一样。如单层工业厂房结构吊装工程的施工顺序，当采用分件吊装法时，则施工顺序为“吊柱→吊梁→吊屋盖系统”；当采用综合吊装法时，则施工顺序为“第一节间吊柱、梁和屋盖系统→第二节间吊柱、梁和屋盖系统→…→最后节间吊柱、梁和屋盖系统”。

（4）施工组织要求　当工程的施工顺序有几种方案时，就应从施工组织的角度，进行综合分析和反复比较，选出最经济合理、有利于施工和开展工作的顺序。如在重型工业厂房施工时，由于该车间通常都有较大较深的设备基础，如果先进行车间土建结构施工，后进行设备基础施工，在设备基础挖土方时可能会损坏厂房结构基础，在这种情况下，应当先进行设备基础施工，后进行厂房基础施工。

（5）施工质量要求　工程质量是施工企业的生命，是工程施工永恒的主题。所以，在安排施工顺序时，必须以确保工程质量为前提，当施工顺序影响工程质量时，必须调整或重新安排原来的施工顺序。如为了保证质量，楼梯抹面在全部墙面、地面和天棚抹灰完成之后，自上而下一次完成。

（6）施工安全需要　安全施工是保证工程质量、施工进度的基础，任何施工顺序都必须符合安全技术要求，这也是对施工组织的基本要求。合理的施工顺序必须使各施工过程的搭接不至于产生安全事故。如在多层房屋施工时，为了安全施工，只有在有充分的技术保证措施的条件下，才能拆除下层模板，同时允许在各楼层展开立体交叉施工。

（7）受当地气候条件影响　建设地区的气候条件是影响工程质量的重要因素，也是决定施工顺序的重要条件。如在严寒地区，土方开挖、外装修和混凝土浇筑，尽量不要安排在负温情况下；冬期室内装饰施工时，应先安门窗扇、玻璃，后做其他装饰工程。

现在以多层混合结构建筑、全现浇钢筋混凝土结构建筑以及装配式单层工业厂房为例，分别介绍不同结构型式建筑物的施工顺序。

15.2.3.2　*多层砖混结构建筑的施工顺序*

多层砖混结构建筑的施工，一般可划分为基础工程施工、主体结构工程施工和装饰工程施工三个阶段等，其一般的施工顺序如图 15-4 所示。

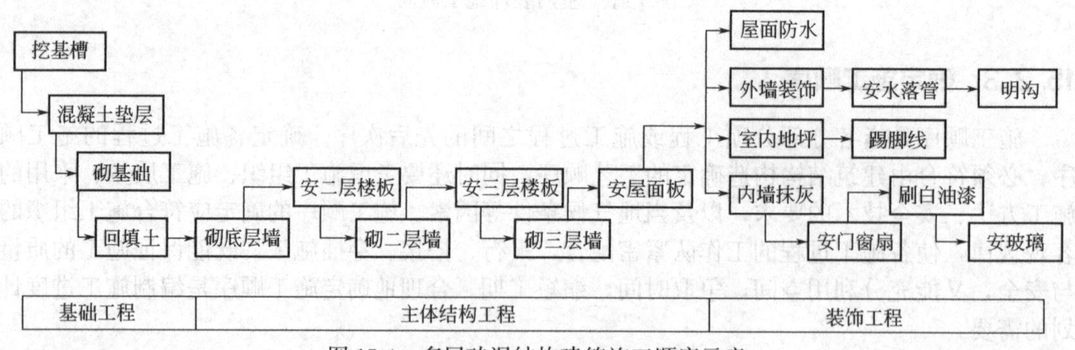

图 15-4　多层砖混结构建筑施工顺序示意

（1）基础工程施工　基础工程施工阶段是指室内地坪（±0.000）以下的工序项目，除有地下洞穴、地下障碍物和软弱地基需要处理的情况外，其施工顺序一般是：挖基槽（坑）→做混凝土垫层→砌基础→地圈梁→回填土。其中，基础常用砖基础和混凝土基础（条基或片筏基础）。砖基础的砌筑中有时要穿插进行地梁的浇筑，砖基础的顶面还要浇筑防潮层。钢筋混凝土基础则包括支模板→浇筑混凝土→养护→拆模。如果基础开挖深度大、地下水位较高，则在挖土前应进行土壁支护及降水工作。

若有桩基，则其施工顺序为：打桩（或灌注桩）→挖土→垫层→承台→回填土。

若有地下室，则基础工程中应包括地下室的施工。

基槽（坑）开挖完成后，立即验槽做垫层，其时间间隔不能太长，以防止地基土长期暴露，被雨水浸泡而影响其承载力，即所谓的“抢基础”。在实际施工中，若由于技术或组织上的原因不能立即验槽做垫层时，应在开挖时预留 20～30cm 的土层，以保护地基土，待有条件进行下一步施工时，再挖去预留的土层。

回填土一般在基础工程完工之后立即进行，分层夯实填完。这样既可避免基础工程受雨水浸泡，又可以为主体结构工程阶段施工创造良好的工作条件，如它为搭外脚手架及底层砌墙创造了比较平整的工作面。房心回填土最好与基槽回填土同时进行施工，也可留在装饰工程之前完成。对于有局部现浇钢筋混凝土框架或现浇大梁的结构，房心回填土应尽早安排，以便为框架梁、板的模板支撑提供坚实牢靠的地面。特别是在基础比较深、回填土层较大的情况下，回填土最好在砌墙以前填完，在工期紧张的情况下，也可以与砌墙平行施工。

(2) 主体结构工程施工　多层砖混结构房屋主体结构工程的施工顺序一般为：搭脚手架→砌墙（包括安装门窗框、吊装预制门窗过梁）→现浇筑钢筋混凝土构造柱、圈梁、局部大梁和板、楼梯→浇筑雨棚等。其中砌墙和安装楼板的工程量大、用工多、工期长，是主体结构工程阶段的主导工序，故在组织砖混结构单个建筑物的主体结构工程施工时，应把主体结构工程归并成砌墙和吊装楼板两个主导施工过程来组织流水施工，使主导工序能连续进行。

在安排主体结构工程施工时，应同时安排楼梯的施工。当楼梯为预制时，其楼梯段的安装应与砌墙紧密配合；当为现浇楼梯时，则应与楼层施工紧密配合，以免由于混凝土的养护时间使后续工序无法如期进行而延误了工期。

(3) 装饰工程施工　装饰工程施工阶段分项工程多、消耗的劳动量大、手工操作多、所占工期较长（占总工期的 30%～40%多），其施工顺序的方案也较多。本阶段对砖混结构施工的质量有较大的影响，因而必须确定合理的施工顺序与方法来组织施工。装饰工程按其部位可划分为室内装饰工程、室外装饰工程和楼地面工程。

室内装饰工程在同一楼层上各工序的施工顺序一般为：顶棚、内墙抹灰→楼地面→踢脚线→安装门窗扇→油漆门窗→安装玻璃→喷白或刷涂料等工序。其中顶棚、内墙抹灰和楼地面装饰是主导工序，应尽量使其连续施工。

室内抹灰的施工顺序从整体上通常采用自上而下、自下而上、自中而下再自上而中三种施工方案。

① 自上而下的施工顺序。该顺序通常在主体工程封顶做好屋面防水层后，由顶层开始逐层向下施工。其优点是主体结构完成后，建筑物已有一定的沉降时间，且屋面防水已做好，可防止雨水渗漏，保证室内抹灰的施工质量。此外，采用自上而下的施工顺序，交叉工序少，工序之间相互影响小，便于组织施工和管理，保证施工安全。其缺点是不能与主体工程搭接施工，因而工期较长。该施工顺序常用于多层建筑的施工。

② 自下而上的施工顺序。该顺序通常与主体结构间隔二到三层平行施工。其优点是可以与主体结构搭接施工，所占工期较短。其缺点是交叉工序多，不利于组织施工和管理，也不利于安全控制。另外，上面主体结构施工用水容易渗漏到下面的抹灰层上，不利于室内抹灰的质量。该施工顺序常用于高层、超高层建筑和工期紧张的工程。

③ 自中而下再自上而中的施工顺序。该顺序结合了上述两种施工顺序的优缺点。一般

在主体结构进行到一半时，主体结构继续向上施工，而室内抹灰则向下施工，这样，使得抹灰工程距离主体结构施工的工作面越来越远，相互之间的影响也减小。该施工顺序常用于层数较多的工程施工。

室内同一层的天棚、墙面、地面的抹灰施工顺序通常有两种：一种是“地面→天棚→墙面”，这种顺序室内清理简便，有利于保证地面施工质量，且有利于收集天棚、墙面的落地灰，节省材料，但地面施工完成以后，需要一定的养护时间才能施工天棚、墙面，因而工期较长，另外，还需注意地面的保护；另一种是“天棚→墙面→地面”，这种施工顺序的好处是工期短，但施工时，如不注意清理落地灰，会影响地面抹灰与基层的粘接，造成地面起拱。

楼梯和过道是施工时运输材料的主要通道，它们通常在室内抹灰完成以后，再自上而下施工。楼梯、过道室内抹灰全部完成以后，进行门窗扇的安装，然后进行油漆工程，最后安装门窗玻璃和五金。

室外装饰工程各工序的施工顺序一般为：外墙面抹灰→安装落水管、明沟→散水、台阶。室外装饰的施工顺序一般为自上而下施工，同时拆除脚手架。

室内外装饰工程的施工顺序通常有先外后内、先内后外、内外同时进行三种顺序，具体确定为哪种顺序应视施工条件和气候条件而定。通常室外装饰应避开冬季和雨季；当室内为水磨石楼面，为防止楼面施工时水的渗漏对外墙面的影响，应先完成水磨石的施工；如果为了加速脚手架的周转或赶在冬、雨期到来之前完成室外装修，则应采取先外后内的顺序。

(4) 屋面工程施工　屋面工程的施工顺序总是按照屋面建筑构造的层次，由下向上逐层施工，屋面工程与室外装饰工程可同时施工，相互影响不大。

卷材屋面防水层的施工顺序是：铺保温层（如需要）→铺找平层→刷冷底子油→铺卷材→撒绿豆砂。

一般情况下，屋面工程可以和装饰工程搭接或平行施工。

(5) 水、暖、电、卫工程施工　水、暖、电、卫工程不同于土建工程，可以分成几个明显的施工阶段，它一般应与土建工程中有关的分部分项工程进行交叉施工、密切配合。

① 在基础施工时，最好将上下管沟的垫层、地沟墙做好，最后回填土，不具备条件时应预留位置；

② 在主体结构施工时，应预留有关孔洞、沟槽和预埋件等；

③ 在装饰工程施工前，则应安设好各种管道和电气照明的墙内暗管、接线盒等，明线及设备安装可在抹灰后进行，水、暖、电、卫安装一般在楼地面和墙面抹灰前或后穿插施工。

15.2.3.3　多层全现浇钢筋混凝土结构建筑的施工顺序

现浇钢筋混凝土结构建筑是目前应用最广泛的建筑形式，多用于民用房屋和工业厂房，也常用于高层建筑。这类房屋施工，一般可划分为基础工程施工、主体结构工程施工、围护工程施工、装饰工程施工和设备安装工程施工等几个施工阶段。图 15-5 为带地下室的九层现浇钢筋混凝土框架结构建筑施工顺序示意。

(1) 基础工程施工　对于多层全现浇钢筋混凝土结构房屋，基础一般分为有地下室基础工程和无地下室基础工程。

若有地下室，其基础工程的施工顺序一般为：桩基→土方开挖→垫层→地下室底板→地下室墙、柱（防水处理）→地下室顶板→回填土。

若无地下室，且房屋建造在土质较好的地区时，基础工程的施工顺序一般为：挖土→垫层→基础（绑扎钢筋、支模、浇筑混凝土、养护、拆模）→回填土。

多层全现浇钢筋混凝土结构建筑的基础形式有：桩基础、独立基础、筏形基础、箱形基础以及复合基础等，不同的基础其施工顺序（工艺）不同。

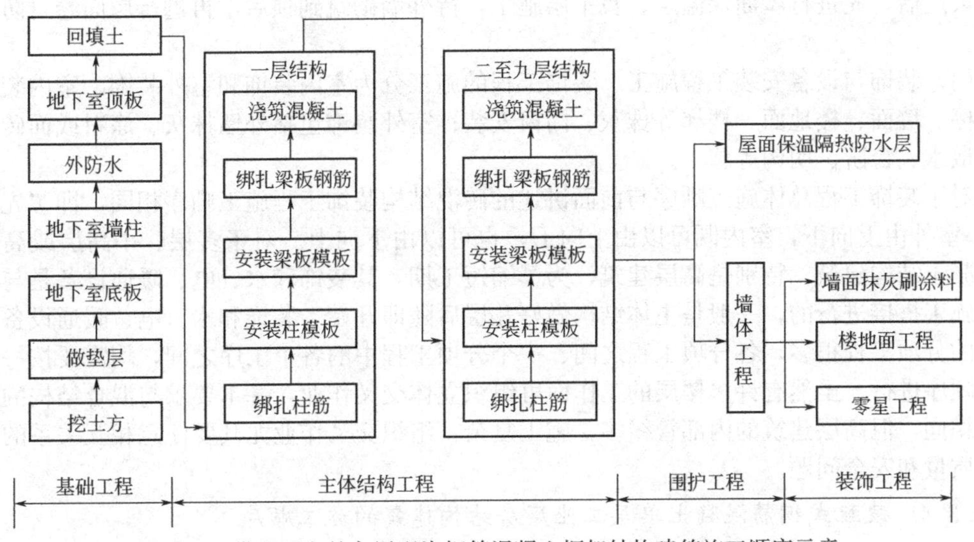

图 15-5 带地下室的九层现浇钢筋混凝土框架结构建筑施工顺序示意

① 桩基础施工。对人工挖孔灌注桩，其施工顺序一般为：人工成孔→验孔→落放钢筋骨架→浇筑混凝土。对于钻孔灌注桩，其施工顺序一般为：泥浆护壁成孔→清孔→落放钢筋骨架→水下浇筑混凝土。对于预制桩，其施工顺序一般为：放线定桩位→打桩设备及桩就位→打设沉桩→检测。

② 钢筋混凝土独立基础施工。一般施工顺序为：开挖基坑→验槽→做混凝土垫层→绑扎钢筋、支模板→浇筑混凝土→养护→回填土。

③ 箱形基础施工。施工顺序一般为：开挖基坑→做垫层→箱底板钢筋、模板及混凝土施工→箱墙钢筋、模板、混凝土施工→箱顶钢筋、模板、混凝土施工→回填土。

在箱形、筏形基础施工中，土方开挖时应做好支护、降水等工作，防止塌方，对于大体积混凝土应采取措施防止裂缝产生。

（2）主体结构工程施工　对于全现浇钢筋混凝土结构的主体工程，总体上可以分为两大类构件。一类是竖向构件，如墙、柱等；另一类是水平构件，如梁、板等，因而其施工总的顺序为“先竖向再水平”。

① 竖向构件施工。对于柱与墙的施工顺序基本相同，即“放线→绑扎钢筋→预留预埋→支模板及脚手架→浇筑混凝土→养护”，对于剪力墙也可先支设一侧模板，绑扎钢筋后再支设另一侧模板并进行固定。

② 水平构件施工。对于梁、板一般同时施工，其顺序为：放线→搭脚手架→支梁底模、侧模→扎梁钢筋→支板底模→扎板钢筋→预留预埋→浇筑混凝土→养护。

使用商品混凝土时，同一楼层的竖向构件与水平构件混凝土一般同时浇筑。

（3）围护结构施工　围护结构包括墙体工程和屋面工程。墙体工程主要是内外围护墙的砌筑，另外还有砌筑用的脚手架的搭拆等辅助工程。脚手架应配合砌筑工程搭设，在室外装饰之后、做散水之前拆除。外墙一般由砖或砌块砌筑而成，内墙有砖砌内墙、砌块内墙以及轻质内墙等。不同材质的墙体施工方法也不尽相同。为了保证围护结构的稳定性，在浇筑框架柱时一般先预留拉结钢筋。

墙体工程一般在框架结构完成后进行，如果施工工期较紧，可在数层框架完成、下层框架梁板达到脱模强度、拆除模板后穿插进行墙体施工。

柔性防水屋面，其施工方法参见混合结构建筑施工顺序。应密切配合，如在主体结构工程结束之后，先进行屋面保温层、找平层施工，待外墙砌筑到顶后，再进行屋面卷材防水层施工。

(4) 装饰与设备安装工程施工　装饰工程的施工分为室内装饰和室外装饰。室内装饰包括天棚、墙面、楼地面、楼梯等抹灰、门窗安装；室外装饰包括外墙抹灰、涂料或面砖、勒脚、散水、台阶、明沟等施工。

对于装饰工程总体施工顺序与前面讲述的砖混结构装饰工程施工顺序相同，即“先外后内”，室外由上向下，室内既可以由上向下，也可以由下向上。对于多层、小高层或高层钢筋混凝土结构建筑，特别是高层建筑，为了缩短工期，其装饰和水、电、暖通设备是与主体结构施工搭接进行的，一般是主体结构做好几层后随即开始。装饰和水、电、暖通设备安装阶段的分项工程很多，各分项工程之间、一个分项工程中的各个工序之间，均需要按一定的施工顺序进行。虽然有许多楼层的工作面可组织立体交叉作业，基本要求与混合结构的装修工程相同，但高层建筑的内部管线多，施工复杂，组织交叉作业尤其要注意相互关系的协调以及质量和安全问题。

15.2.3.4　装配式钢筋混凝土单层工业厂房结构建筑的施工顺序

装配式钢筋混凝土单层工业厂房结构建筑的施工可分为基础工程施工、预制工程施工、结构安装工程施工、围护工程施工和装饰工程施工等五个主要阶段。由于基础工程与预制工程之间没有相互制约的关系，所以相互之间就没有既定的顺序，只要保证在结构安装之间完成并满足吊装的强度要求即可。装配式钢筋混凝土单层工业厂房结构建筑施工顺序如图 15-6 所示。

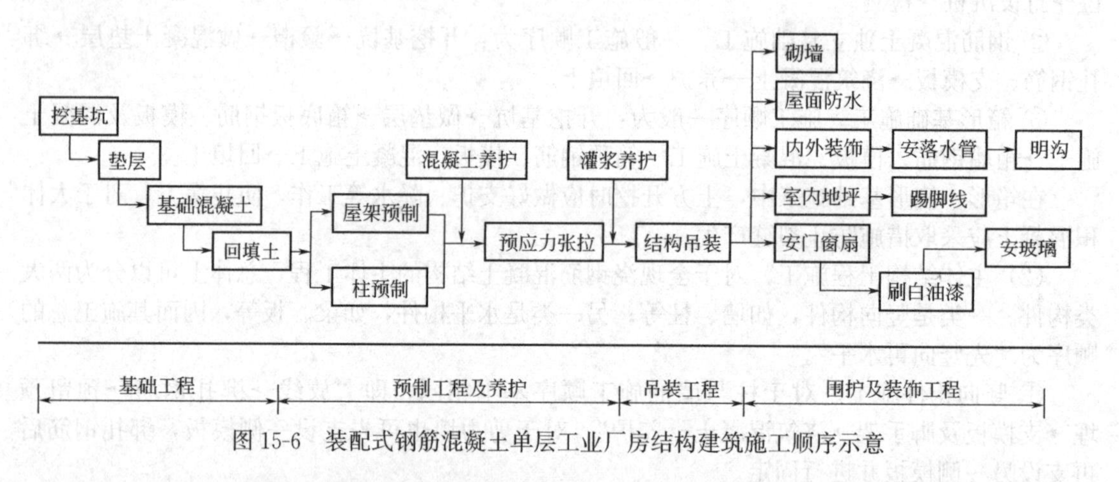

图 15-6　装配式钢筋混凝土单层工业厂房结构建筑施工顺序示意

(1) 基础工程施工　装配式钢筋混凝土单层工业厂房的基础一般为现浇杯形基础。其施工顺序与现浇钢筋混凝土框架结构的独立基础施工顺序基本相同，主要差异在杯芯模的制作和安装。

基本施工顺序是基坑开挖、做垫层、浇筑杯形基础混凝土、回填土。若是重型工业厂房基础，对土质较差的工程则需打桩或其他人工地基；如遇深基础或地下水位较高的工程，则需采取人工降低地下水位。

对于厂房的设备基础，由于与其厂房的基础施工程序不同，故常常会影响到主体结构的安装方法和设备安装投入的时间。因此，需根据具体情况决定其施工顺序，要考虑设备基础与厂房主体结构施工的先后顺序问题，根据情况选择采取“开敞式”施工或“封闭式”施工方案。

①“封闭式”施工。厂房基础先施工，设备基础后施工。

"封闭式"施工方案指在主体结构施工完成后再开始设备基础的施工。这种方案的优点在于厂房基础施工和构件预制的工作面较宽敞，便于布置机械开行路线，可加快主体结构的施工进度；设备基础在室内施工，不受气候的影响；可提前安装厂房内的桥式吊车为设备基础施工服务。其缺点在于设备基础的土方工程施工条件较差，不利于采用机械化施工；不能提前为设备安装提供条件，总工期较长；出现某些重复性工作，如厂房内部分基础回填土的重复挖填和临时道路的重复铺设等。因此，只有当设备基础的工作量不大，且埋置深度不大于厂房基础的埋置深度时，才能采用封闭式施工。

②"开敞式"施工。设备基础与厂房基础同时施工。

"开敞式"施工是先施工设备基础，后施工厂房主体结构。该方法的优缺点与"封闭式"施工方案正好相反。当设备基础较复杂，埋置深度大于厂房基础的埋置深度并且工程量大时，开敞式施工方法较适用。

确定工业厂房的施工方案时，应根据具体情况进行分析。一般而言，当设备基础较浅或其底部标高不低于厂房基础且不靠近基础时，宜采用封闭式施工方案；当设备基础体积较大、埋置较深时，采取封闭式施工对主体结构的稳定性有影响时，则应采取开敞式施工方案。对于大而深的设备基础，如采取特殊的施工方法，如沉箱工艺，仍可采用封闭式施工方案。如果土建工程为设备安装创造了条件，同时又采取了防止设备被砂浆、垃圾等污染的措施时，可采取主体结构与设备安装工程同步施工的平行施工方案，如水泥厂的建造。

单层工业厂房基础工程施工应当根据现场施工条件、工程量大小，分段进行平面流水施工。施工时应根据当时的气候条件，加强对钢筋混凝土垫层和基础的养护，在基础混凝土达到脱模强度时及时拆模，并提早回填土，从而为现场预制工程创造条件。

(2) 预制工程施工　单层工业厂房的结构构件的预制方式有现场预制和工厂预制两大类。

在具体确定预制方式时，应结合构件技术特征、当地加工厂的生产能力、工程的工期要求、现场施工及运输条件等因素，经过技术经济分析之后确定。首先确定哪些构件在现场预制，哪些构件在构件厂预制。一般来说，对于尺寸大、自重大的大型构件，因运输困难而带来较多问题，所以多采用在拟建厂房内部就地预制，像单层工业厂房的牛腿柱、托架梁、屋架、鱼腹式预应力吊车梁等；对于种类及规格繁多的异形构件，可在拟建厂房外部集中预制，如门窗过梁等；对于数量较多的中小型标准构件，可在加工厂预制，如屋面板、天窗架、吊车梁、支撑、腹杆及连系梁等。加工厂生产的预制构件应事先制订供应计划，随着厂房结构安装工程的进展分批运到现场，以便安装。

单层工业厂房钢筋混凝土预制构件可分为普通预制构件（如柱、连系梁等）和预应力预制构件（如屋架）。

预应力预制构件现场预制的施工顺序为：场地平整夯实→支模（侧模等）→扎非预应力筋（预埋件或有时先扎筋后支模）→预留孔道→浇筑混凝土→养护→拆模→穿预应力钢筋（预应力钢筋的制作）→张拉预应力钢筋→锚固→灌浆。

对普通预制构件，其施工顺序为：场地平整夯实→支模（侧模等）→扎筋（预埋件或有时先扎筋后支模）→浇筑混凝土→养护→拆模。

由于现场预制构件时间较长，为了缩短工期，原则上先安装的构件如柱等应先预制。但总体上，现场预制构件如屋架、柱等应提前预制，以满足一旦杯形基础施工完成，达到规定的强度后就可以吊装柱子，柱子吊装完成，灌浆固定养护达到规定的强度后就可以吊装屋架，从而达到缩短工期的目的。

构件在平面上的布置、制作的流向和先后次序，主要取决于构件的安装方法、所选择的起重机性能及构件的制作方法；制作的流向应与基础工程的施工流向一致，这样既能使构件早日开始制作，又能及早让出工作面，为结构安装工程提早开工创造条件。

① 当预制构件采用分件安装方法时，预制构件的施工有三种方案：一是若场地狭窄而工期允许时，不同类型的构件可分别进行制作，首先制作柱和吊车梁，待柱和吊车梁安装完毕再进行屋架制作；二是若场地宽敞时，可以依次安排柱、梁及屋架的连续制作；三是若场地狭窄而工期又要求紧迫时，可首先将柱和梁等构件在拟建厂房内就地制作，接着或同时将屋架在拟建厂房外部进行制作。

② 当预制构件采用综合安装法时，由于是分节间安装完各种类型的所有构件，因此，构件需要一次制作。这样在构件的平面布置问题上，要比分件安装法困难得多，需视场地的具体情况确定出构件是全部在拟建厂房内就地预制，还是一部分在拟建厂房外预制。

(3) 结构安装工程施工　结构安装工程的施工顺序取决于安装方法。

装配式单层工业厂房的结构安装是整个厂房施工的主导施工过程，一般的安装顺序为：柱子安装校正固定→连系梁的安装→吊车梁安装→屋盖结构安装（包括屋架、屋面板、天窗等）。在编制施工组织计划时，应绘制构件现场吊装就位图，起重机的开行路线图，包括每次开行吊装的构件及构件编号图。

安装前应做好其他准备工作，包括构件强度核算、基础杯底抄平、杯口弹线、构件的吊装验算和加固、起重机稳定性及起重能力核算、起吊各种构件的索具准备等。

单层厂房安装顺序有两种。一种是分件吊装法，即先依次安装和校正全部柱子，然后安装屋盖系统等。这种安装方式，优点是起重机在同一时间安装同一类型构件，包括就位、绑扎、临时固定、校正等工序并且使用同一种索具，劳动组织不变，可提高安装效率；缺点是增加起重机开行路线。另一种是综合吊装法，即逐个节间安装，连续向前推进。该方法是先安装四根柱子，立即校正后安装吊车梁与屋盖系统，一次性安装好纵向一个柱距的节间。这种安装方式，优点是可缩短起重机的开行路线，并且可为后续工序提前创造工作面，实现最大搭接施工；缺点是安装索具和劳动力组织时有周期性变化而影响生产率。上述两种方法在单层工业厂房安装工程中均有采用，一般实践中，综合吊装法应用相对较少。

对于厂房两端山墙的抗风柱，其安装通常也有两种方法。一种是随一般柱一起安装，即起重机从厂房一端开始，首先安装抗风柱，安装就位后立即校正固定。另一种是待单层厂房的其他构件全部安装完毕后，安装抗风柱，校正后立即与屋盖连接。

结构安装工程是装配式单层工业厂房的主导施工阶段，应单独编制结构安装工程的施工作业设计。其中，结构吊装的流向应与预制构件制作的流向一致。当厂房为多跨且有高低跨时，构件安装应从高低跨柱列开始，先安装高跨，后安装低跨，以适应安装工艺的要求。

(4) 围护、屋面及其他工程施工　主要包括砌墙、屋面防水、地坪工程等，对这类工程可以组织平行作业，尽量利用工作面安排施工。一般当屋盖安装后先进行屋面灌缝，随即进行地坪施工，并同时进行砌墙，砌墙结束后跟着进行内外粉刷。

屋面防水工程一般应在屋面板安装后马上进行。屋面板吊装固定之后随即可进行灌缝及抹水泥砂浆，做找平层。若做柔性防水层面，则应等找平层干燥后再开始做防水层，在做防水层之前应将天窗扇和玻璃安装好并油漆完毕，还要避免在刚做好防水层的屋面上行走和堆放材料、工具等物，以防损坏防水层。

(5) 装饰工程施工　装饰工程的施工分为室内装饰和室外装饰。室内装饰包括地面的平整、垫层、面层、内墙抹灰、刷涂料、门窗安装、天棚涂料等分项工程；室外装饰包括抹灰、涂料、勒脚、散水等分项工程。

一般单层工业厂房的装饰工程施工是不占总工期的，常与其他施工过程穿插进行。如门窗油漆可以在内墙刷白以后马上进行，也可以与设备安装同时进行。地坪应在地下管道、电缆完成后进行，以免凿开嵌补。

（6）水、暖、电、卫等工程施工　生产设备的安装，由于其专业性强、技术要求高，一般由专业安装公司或设备供应厂商根据规范标准以及设计要求进行安装。

水、暖、电、卫等工程与砖混结构建筑的水、暖、电、卫等工程的施工顺序基本相同。

以上针对砖混结构、钢筋混凝土结构及装配式单层工业厂房施工的施工顺序安排作了一般说明，是施工顺序的一般规律。建筑施工是一个复杂的过程，建筑结构、现场条件、施工环境不同，均会对施工过程及其顺序的安排产生不同的影响。在实践中，由于影响施工的因素很多，各具体的施工项目其施工条件各不相同，因而，在组织施工时应结合具体情况和本公司、企业的施工经验，因地制宜地确定施工顺序，组织立体交叉、流水施工，以高效、经济和快速地完成施工任务。

15.2.4 选择施工方法和施工机械

选择施工方法和施工机械是施工方案中的关键问题，它直接影响施工进度、质量、安全及工程成本。因此在编制施工组织设计时，必须根据建筑结构特点、抗震要求、工程量大小、工期长短、资源供应情况、施工现场情况和周围环境等因素，制定出可行方案，并进行技术经济比较，确定出最优方案。

选择施工方法时，应重点考虑影响整个单位工程施工的分部分项工程的施工方法。主要是选择工程量大且在单位工程中占主导地位的分部分项工程，施工技术复杂或采用新技术、新工艺及对工程质量起关键作用的分部分项工程，不熟悉的特殊结构工程或由专业施工单位施工的特殊专业工程的施工方法，要求详细而具体，必要时应编制单独的分部分项工程的施工作业设计，提出质量要求及达到这些质量要求的技术措施，指出可能发生的问题并提出预防措施和必要的安全措施。

15.2.4.1 施工方法选择的原则

① 具有针对性。在确定某个分部分项工程的施工方法时，应结合本分项工程的情况来制定，不能泛泛而谈。如模板工程应结合本分项工程的特点来确定其模板的组合、支撑及加固方案，画出相应的模板安装图，不能仅仅按施工规范谈安装要求。

② 体现先进性、经济性和适用性。选择某个具体的施工方法（工艺）时首先应考虑其先进性，保证施工的质量，同时还应考虑到在保证质量的前提下，该方法是否经济和适用，并对不同的方法进行经济评价。

③ 保障性措施应落实。在拟定施工方法时，不但要拟定操作过程和方法，而且要提出质量要求，并要拟定相应的质量保证措施和施工安全措施及其他可能出现情况的预防措施。

15.2.4.2 施工方法选择

在选择主要的分部或分项工程施工方法时，应包括以下内容。

（1）土石方工程

① 计算土石方工程量，确定开挖或爆破方法，选择相应的施工机械。当采用人工开挖时，应按工期要求确定劳动力数量，并确定如何分区分段施工。当采用机械开挖时，应选择机械挖土的方式，确定挖掘机型号、数量和行走线路，以充分利用机械能力，达到最高的挖土效率。

② 地形复杂的地区进行场地平整时，确定土石方调配方案、土方运输方法、所需设备的型号及数量。

③ 基坑深度低于地下水位时，应选择降低地下水位的方法，确定降低地下水位所需设备。

④ 当基坑较深时，应根据土壤类别确定边坡坡度、土壁支护方法，确保安全施工。

(2) 基础工程

① 基础需设施工缝时，应明确留设位置和技术要求。

② 确定浅基础的垫层、混凝土和钢筋混凝土基础施工的技术要求或有地下室时的防水施工技术要求。

③ 确定桩基础的施工方法和施工机械。

(3) 砌筑工程

① 应明确砖墙的砌筑方法和质量要求。

② 明确砌筑施工中的流水分段和劳动力组合形式等。

③ 确定脚手架搭设方法和技术要求。

(4) 混凝土及钢筋混凝土工程

① 确定混凝土工程施工方案，如滑模法、爬升法或其他方法等。

② 确定模板类型和支模方法。重点应考虑提高模板周转利用次数，节约人力和降低成本，对于复杂工程还需进行模板设计和绘制模板放样图或排列图。

③ 钢筋工程应选择恰当的加工、绑扎和连接方法。如钢筋做现场预应力张拉时，应详细制定预应力钢筋的加工、运输、安装和检测方法。

④ 选择混凝土的制备方案，如采用商品混凝土，还是现场制备混凝土，确定搅拌、运输及浇筑顺序和方法，选择泵送混凝土和普通垂直运输混凝土机械。

⑤ 选择混凝土搅拌、振捣设备的类型和规格，确定施工缝的留设位置。

⑥ 如采用预应力混凝土应确定预应力混凝土的施工方法、控制应力和张拉设备。

(5) 结构吊装工程

① 构件尺寸、自重、安装高度。

② 根据选用的机械设备确定结构吊装方法，安排吊装顺序、机械位置、开行路线及构件的制作、拼装场地。

③ 确定构件的运输、装卸、堆放方法，所需的机具、设备的型号、数量和对运输道路的要求。

(6) 装饰工程

① 围绕室内外装修，确定采用工厂化、机械化施工方法。

② 确定工艺流程和劳动组织，流水施工组织。

③ 确定所需机械设备，确定材料堆放、平面布置和储存要求。

(7) 现场垂直、水平运输

① 确定垂直运输量（有标准层的要确定标准层的运输量），选择垂直运输方式，脚手架的选择及搭设方式。

② 水平运输方式及设备的型号、数量，配套使用的专用工具、设备（如混凝土车、灰浆车、料斗、砖车、砖笼等），确定地面和楼层上水平运输的行驶路线。

③ 合理地布置垂直运输设施的位置，综合安排各种垂直运输设施的任务和服务范围、混凝土后台上料方式。

(8) 特殊项目

① 对四新（新结构、新工艺、新材料、新技术）项目，高耸、大跨、重型构件，水下、深基础、软弱地基，冬季施工等项目均应单独编制，单独编制的内容包括工程平剖示意图、工程量、施工方法、工艺流程、劳动组织、施工进度、技术要求与质量、安全措施、材料、构件及机具设备需要量。

② 对大型土方、打桩、构件吊装等项目，无论内、外分包均应由分包单位提出单项施工方法与技术组织措施。

15.2.4.3 施工机械的选择

施工机械的选择是施工方法选择的中心环节。选择施工机械时应着重考虑以下几个方面。

(1) 根据主导施工过程选择主导施工机械　选择施工机械时，应首先根据工程特点，选择适宜主导工程的施工机械。如地下工程的土方机械，主体结构工程的垂直、水平运输机械，结构吊装工程的起重机械等。在选择装配式单层工业厂房结构安装用的起重机类型时，当工程量较小或工程量虽大却相当分散时，则采用无轨自行式起重机较为经济；当工程量较大且集中时，可以用生产效率较高的塔式起重机。在选择起重机型号时，应协调好起重机起重量、起重半径及安装高度的关系，使之能够满足工程施工要求。

(2) 辅助施工机械与主导施工机械相匹配　在选择辅助施工机械时，必须充分发挥主导施工机械的生产效率，要使两者的台班生产能力协调一致，并确定出辅助施工机械的类型、型号和台数。如土方工程中自卸汽车的载重量应为挖掘机斗容量的整数倍，汽车的数量应保证挖掘机连续工作，使挖掘机的效率充分发挥。

(3) 同一工地所用机械型号尽可能少　为便于施工机械化管理，同一施工现场的机械型号应尽可能少，以利于加强机械管理。应当根据工程实际情况决定是选择一机多用还是专机专用。当工程量大而且集中时，应选用专业化施工机械，以提高效率；当工程量小而分散时，可选择多用途施工机械。如挖土机既可用于挖土，又能用于装卸、起重和打桩，以节约施工成本。

(4) 施工机械数量与施工组织相协调　选择施工机械的数量时，还需要考虑与劳动力和材料供应能力之间的协调，以满足施工进度的要求。

(5) 充分发挥施工单位现有的机械能力　施工机械的选择还应考虑充分发挥施工单位现有的机械能力，以减少施工的投资额，提高现有机械的利用率，降低成本。当现有施工机械不能满足工程需要时，则应购置或租赁所需新型机械。

15.2.4.4 施工方案的评价

工程项目施工方案选择的目的是要求寻求适合本工程特点的最佳方案，在技术上要可行、先进，在经济上要合理，做到技术与经济相统一。对施工方案评价是选择最优施工方案的重要环节之一。因为任何一分部（分项）工程，都有几个可能的施工方案，而对施工方案进行技术经济评价的目的，就是为了避免施工方案的盲目性、片面性，对每一分部（分项）工程的施工方案，在方案付诸实施之前就能分析出其经济效益，保证所选方案的科学性、有效性和经济性，达到提高质量、缩短工期、降低成本，使材料消耗省、劳动组织和劳动力安排合理的作用，进而提高工程施工的经济效益。

施工方案的技术经济评价涉及的因素多而复杂，一般只需对一些主要分部工程的方案进行技术经济比较。当然，有时也需要对一些重大工程项目的总体方案进行全面技术经济评价。

一般来说，施工方案技术经济分析方法可分为定性分析评价和定量分析评价两种。

(1) 定性分析评价　施工方案的定性技术经济分析评价是结合施工实际经验，只能泛泛地分析若干个方案的优缺点。如技术上是否可行、施工操作上的复杂与难易程度、安全可靠与否；可否为后续工序提供有利条件；冬季或雨季对施工影响大小；是否可利用某些现有的机械和设备，能否一机多用；能否给现场文明施工创造有利条件；保证项目管理目标实现的各项技术组织措施是否完善、可靠、有针对性，对冬期施工带来多大困难等。评价时受评价人的主观因素影响大，故只用于方案初步评价。

(2) 定量分析评价　施工方案的定量技术经济分析评价是通过计算各方案的投入与产出等几个主要技术经济指标，并进行综合比较分析，从中选择技术经济指标较佳的方案。如对劳动力、材料及机械台班消耗、工期、成本等直接进行计算、比较。定量技术经济分析评价是用数据说话，比较客观，让人信服，所以定量技术经济分析评价是施工方案评价的主要方法。

① 多指标分析方法。它是用技术指标、工期指标、价值指标、实物指标等一系列单个技术经济指标，对各个方案进行分析对比，从中选优的方法。

a. 技术指标。技术指标一般用各种参数表示，加深基坑支护中，若选用板桩支护，则指标有板桩的最小挖土深度、桩间距、桩的截面尺寸等。大体积混凝土施工时为了防止裂缝的出现，体现浇筑方案的指标有浇筑速度、浇筑厚度、水泥用量等；模板方案中的模板面积、型号、支撑间距等。这些技术指标，应结合具体的施工对象来确定。

b. 工期指标。当要求工程尽快完成以便尽早投入生产或使用时，选择施工方案就要在保证工程质量、确保安全生产和成本较低的条件下，优先考虑缩短工期。

c. 劳动量指标。它能反映施工机械化程度和劳动生产率水平。通常在方案中劳动量消耗越小，机械化程度和劳动生产率越高。劳动消耗指标以工日数计算。

d. 主要材料消耗指标。主要反映若干施工方案为完成任务必须消耗的主要材料和节约情况。如工程施工的钢材、木材、水泥（混凝土）等材料消耗量等，这些指标能评价方案是否经济合理。

e. 成本指标。反映施工方案成本高低，一般需要计算方案所用的直接费和间接费。

f. 投资额指标。当选定的施工方案需要增加新的投资（如需要新购施工机械）时，则需对此进行比较分析。

在实际应用中，指标划分不一，也可以归类。可以采用经济指标（主要反映为完成任务必须消耗的资源量，由一系列价值指标、实物指标及劳动指标组成），如工程施工成本消耗的机械台班台数，用工量及其钢材、木材、水泥、混凝土等材料消耗量等，这些指标能评价方案是否经济合理。也可采用效果指标（主要反映采用该施工方案后达到的预期效果），主要有两大类：一类是工程效果指标，如工程工期、工程效率等；另一类是经济效果指标，如成本降低额或降低率，材料的节约量或节约率等。

② 综合指标分析法。即以多指标为基础，根据多指标中各个指标在评价中重要性的相对程度，列出其权重；同时根据各施工方案在同一指标的优劣程度确定相应分值，进行综合后得到一个综合指标进行评价，综合指标值最大者为最优方案。

通常的方法是：首先根据多指标中各项指标在技术经济分析中的重要性的相对程度，分别确定权值 W_i；再用同一指标依据其在各方案中的优劣程度定出其相应的分值 C_{ij}。假设 m 个方案和 n 个指标，则第 j 方案的综合指标值 A_j 为：

$$A_j = \sum_{i=1}^{n} C_{ij} W_i \tag{15-1}$$

15.3 单位工程施工进度计划

讨论

1. 单位工程施工进度计划编制步骤。
2. 试述单位工程施工图预算的作用与一般编制方法。
3. 对某砌体做施工预算时，只知道砌体工程量，能否立即从预算定额中算出其造价？为什么？
4. 对于施工单位，工程的成本控制是至关重要的。在一个项目开始时，它通过什么预算，确定自己的生产工具成本？为什么能这样做？然后通过怎样的比较，初步确定自己的成本控制目标（盈利额）？
5. 简述单位工程的施工进度计划及施工平面图大设计步骤。（参考 15.3、15.4 节）

单位工程施工进度计划是单位工程施工计划的重要组成部分，而单位工程施工计划是用于控制施工进度，为工程开工创造有利条件，保证施工进度计划顺利实施的基础。因此，在编制单位工程施工组织设计时，应按工期目标的要求，认真编制施工进度计划，按照《建设工程项目管理规范》(GB/T 50326—2017) 第 7.2.7 条规定，"劳动力、主要材料、预制件、半成品及机械设备需要量计划、资金收支预测计划编制。"这些计划可以统称为施工进度计划的支持性计划，即以资源支持施工。换句话说，资源需要量计划是保证施工进度计划实现的支持性计划。施工进度计划的确定在先，资源需要量计划的编制在后。

这些施工计划按性质分为施工进度计划、控制性进度计划和实施性进度计划，施工准备工作计划（包括开工前准备工作计划、分部分项工程作业条件准备工作计划等），资源需要量计划（包括劳动力需要量计划、主要材料需要量计划、预制件和成品需要量计划、机械设备需要量计划等）。

15.3.1 施工进度计划的作用

单位工程施工进度计划是在确定了总体安排和施工方案的基础上，根据规定工期和各种资源供应条件，按照施工过程的合理施工顺序及组织管理的原则，用图表形式（横道图或网络图），对一个工程从开始施工到工程全部竣工的各施工工序，确定其在时间上的安排和相互间的搭接关系。

单位工程施工进度计划是施工方案在时间上的具体反映，是指导单位工程施工的基本文件之一。它的主要任务是以施工方案为依据，安排单位工程中各施工过程的施工顺序和施工时间，使单位工程在规定的时间内，有条不紊地完成施工任务。

施工进度计划的主要作用：一是控制单位工程施工进度，保证在规定工期内完成符合质量要求的工程任务；二是确定单位工程的各个施工过程的施工顺序、施工持续时间及相互衔接和合理配合关系；三是为编制企业季度、月度生产计划提供依据，也为平衡劳动力、调配和供应各种施工机械和各种物资资源提供依据，同时也为确定施工现场的临时设施数量和动力配备等提供依据。至于施工进度计划与其他各方面，如施工方法是否合理，工期是否满足要求等，更是有着直接的关系，而这些因素往往是相互影响和相互制约的。因此，编制施工进度计划应细致地、周密地考虑这些因素。

15.3.2 施工进度计划的分类

(1) 根据施工进度计划的形式分类　根据施工进度计划的表达形式，可以分为横道图计划、网络计划和时标网络计划。

横道图计划形象直观，能直观知道工作的开始和结束日期，能按天统计资源消耗，但不能抓住工作间的主次关系，且逻辑关系不明确。

网络计划能反映各工作间的逻辑关系，利于重点控制，但工作的开始与结束时间不直观，也不能按天统计资源。

时标网络计划结合了横道图计划和普通网络计划的优点，是实践中应用较普遍的一种进度计划表达形式。

(2) 根据施工进度计划的作用分类　根据其对施工的指导作用的不同，分为控制性施工进度计划和实施性施工进度计划两类。

控制性施工进度计划一般在工程的施工工期较长、结构比较复杂、资源供应暂无法全部落实的情况下采用，或者工程的工作内容可能发生变化和某些构件（结构）的施工方法暂还不能全部确定的情况下采用。这时不可能也没有必要编制较详细的施工进度计划，往往就编制以分部工程项目为划分对象的施工进度计划，以便控制各分部工程的施工进度。但在进行分部工程施工前应按分项工程编制详细的施工进度计划，以便具体指导分部工程的现场施工。

实施性施工进度计划是控制性施工进度计划的补充，是各分部工程施工时施工顺序和施工时间的具体依据。该类施工进度计划的项目划分必须详细，各分项工程彼此间的衔接关系必须明确。它的编制可与编制控制性进度计划同时进行，有的可缓些时候，待条件成熟时再编制。对于比较简单的单位工程，一般可以直接编制出单位工程施工进度计划。

这两种计划形式是相互联系、互为依据的，在实践中可以结合具体情况来编制。若工程规模大且复杂，可以先编制控制性的计划，接着针对每个分部工程来编制详细的实施性的计划。单位工程施工进度计划可采用横道图（表 15-1），也可采用网络图（详见本章案例）。

表 15-1　单位工程施工进度计划

序号	工程名称		工程量		定额	劳动量		机械量		工作班次	人(机)数	工作天数	施工进度					
	分部	分项	单位	数量		工种	工日数	名称	台班量				×年×月					
													2	4	6	8	10	…
1																		
2																		

15.3.3 施工进度计划的编制依据

《建设工程项目管理规范》（GB/T 50326—2017）第 7.2.4 条规定，单位工程施工进度计划宜依据下列资料编制：项目管理目标责任书，施工总进度计划，施工方案，主要材料和设备供应能力，施工人员的技术素质及劳动效率，施工现场条件、气候条件、环境条件，已建成的同类工程的实际进度及经济指标。现就单位工程进度计划编制依据分述如下。

（1）项目管理目标责任书　《建设工程项目管理规范》（GB/T 50326—2017）第 5.3.2 条中规定的“项目管理目标责任书”中的 6 项内容，均与单位工程施工进度计划有关，但最主要的还是其中“应达到的项目进度目标”。这个目标既不是合同目标，又不是定额工期，而是项目管理的责任目标，不仅有工期、开工时间和竣工时间，还有主要搭接关系、里程碑事件等。总之，凡是项目管理目标责任书中对进度的要求，均是编制单位工程施工进度计划的依据。

（2）施工总进度计划　当单位工程是建设项目中的子项目或是群体工程中的一个单体，已经编制了施工总进度计划时，它便是单位工程施工进度计划的编制依据。单位工程施工进度计划应执行施工总进度计划中的开、竣工时间，工期安排，搭接关系以及其说明书。如果需要调整，应征得施工总进度计划审批者（一般是企业经理或技术主管）的同意，且不能打乱原计划的部署。

（3）施工方案　主要分部分项工程的施工方案，包括施工程序、施工段划分、施工流程、施工顺序、施工方法、施工技术及经济措施等。施工方案中所包含的内容都对进度计划有约束作用。其中的施工顺序，亦是施工进度计划的施工顺序，施工方法直接影响施工进度。施工机械的选择，既影响所涉及项目的持续时间，又影响总工期，对施工顺序亦有制约。至于施工段划分则涉及流水施工和施工进度计划的结构。

（4）主要材料和设备的供应能力　施工进度计划编制过程中，必须考虑主要材料和机械设备的供应能力，主要看其是否满足质量要求。因此就产生了进度需要与供应能力的反复平衡问题，一旦进度确定，则供应能力必须满足进度需要，而不是相反。

（5）施工人员的技术素质及劳动效率　编制施工进度计划的目的是确定施工速度。施工项目的活动是以人工为主、机械为辅，施工人员的技术素质高低，影响着进度和质量，不能以“壮工”代“技工”，应按劳务分包企业的标准对劳动力进行衡量和检查。作业人员的劳动效率以历史情况为依据，不能过于乐观或过于保守，应考虑平均先进水平，同时还要考虑劳动定额、机械台班定额及本企业施工水平。

(6) 施工现场条件、气候条件、环境条件　这三种条件靠在施工准备过程中进行调查、考察和研究。如果施工组织总设计已经编制，可继续使用它的依据，否则要重新进行调查。这个调查是为了满足实施的需要，故要细致。施工现场气候条件既要看历史资料，又要掌握预报情况。环境条件也要靠踏勘，如果是供应环境和其他支持性环境，则要通过市场调查掌握资料。

(7) 已建成的同类工程的实际进度及经济指标　这项依据既可参照、模仿，又可用来分析在编的施工进度计划的水平。一个企业应大量积累资料，其用途很广泛。

另外，经过审批的建筑总平面图、地形图、单位工程施工图、设备及基础图、适用的标准图及技术资料，施工组织总设计对本单位工程的有关规定，承包合同及业主的合理要求等也是单位工程施工进度计划的编制依据。

15.3.4 施工进度计划的编制程序与步骤

15.3.4.1 编制程序

单位工程施工进度计划编制的一般程序如图15-7所示。

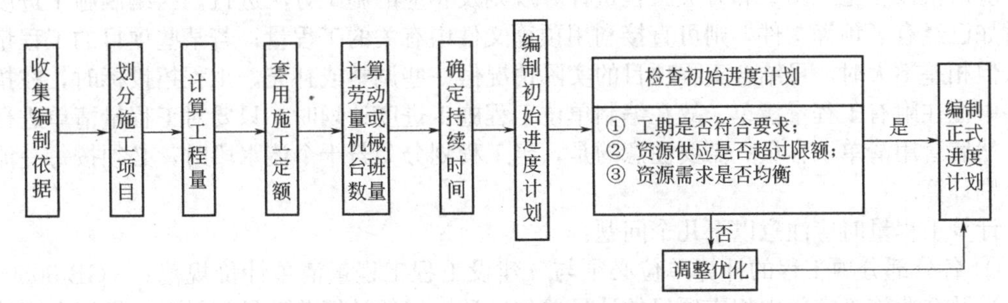

图15-7　单位工程施工进度计划编制程序

15.3.4.2 编制步骤

单位工程施工进度计划的编制内容和方法如下。

(1) 划分施工项目　施工项目是施工进度计划的基本组成单元，其划分的粗与细、适当与否关系到进度计划的安排。因而，在编制施工进度计划时，首先根据设计文件和工程结构型式列出拟建工程的各个施工过程，并结合具体的施工方法、施工条件、劳动组织等因素，加以适当调整，使之成为编制施工进度计划所需的施工项目。

单位工程施工进度计划的施工项目主要指主导性施工过程，主要包括直接在建筑物（或构筑物）上进行施工的所有建造类施工过程，不包括加工厂的预制加工及运输的制备类、运输类和搭设类这些辅助性施工过程，一般这些施工过程不占用工期，可以提前完成，不影响进度，不进入到进度计划中。但如占用工期，则需将这些施工过程列入到施工进度计划中。

在确定施工项目时，应注意以下几个问题：

① 施工项目划分的粗细程度，主要取决于进度计划的客观需要。编制控制性进度计划时，施工项目应划分得粗一些，通常只列出分部工程名称，确定开工、±0.00完成、主体结构结束、竣工里程碑事件的时间，作为控制依据；而编制实施性施工进度计划时，项目划分要细一些，特别是其中的主导工程和主要分部工程，应尽量详细而且不漏项，以便于指导

施工作业的要求，如屋面工程应划分为找平层、隔气层、保温层、防水层等分项工程。

② 施工过程的划分要结合所选择的施工方案。施工方案不同，施工过程的名称、数量和内容也会有所不同。如结构安装工程，若采用分件吊装的方法，则施工过程的名称、数量和内容及其吊装顺序应按构件来确定；若采用综合吊装的方法，则施工过程应按施工单元（节间区区段）来确定。

③ 适当简化施工进度计划内容，避免工程项目划分过细、重点不突出。一个单位工程包括众多工序，编制时可考虑将某些穿插性分项工程合并到主要分项工程中去，如安装门窗框可以并入砌墙工程。对于在同一时间内，由同一工程队施工的过程可以合并为一个施工过程，如外墙装修中饰面砖的粘贴、勒脚等可合并为外墙装饰一个施工过程。而对于次要的零星分项工程，可合并为“其他工程”一项，如基础防潮层可并入砖基础砌筑工程。

④ 水、暖、电、卫工程和设备安装工程通常由专业施工队负责施工。因此，在施工进度计划中只要反映出这些工程与土建工程如何配合即可，不必细分，一般采用此项目穿插进行。

⑤ 所有施工过程应大致按施工顺序先后排列，所采用的施工项目名称可参考现行定额手册上的项目名称。

总之，划分施工过程要粗细得当，最后根据划分的施工过程列出施工过程一览表以供使用。

(2) 计算工程量　工程量是计算劳动量、施工过程持续时间和安排资源投入量的基础。计算应严格按照施工图纸和有关工程量计算规则及相应的施工方法进行。当编制施工进度计划时如已经有了预算文件，则可直接利用预算文件中有关的工程量；若某些项目的工程量有出入但相差不大时，可结合工程项目的实际情况做一些调整或补充。工程招投标时，在招标文件中往往附有工程量清单，故在编制单位工程施工进度计划时，只要对工程量清单进行复核，然后套用清单工程量。需要注意的是，当工程划分为若干个流水段时，必须按每一流水段分别计算。

计算工程量时应注意以下几个问题：

① 各分部分项工程的计算单位必须与《建设工程工程量清单计价规范》（GB 50500—2013）及企业施工定额中相应项目的计量单位一致，以便计算劳动量和材料、机械台班消耗量时直接套用，不再进行换算。

② 工程量计算应结合分部分项工程的施工方法和技术安全的要求计算，使得计算所得工程量与施工实际情况相符合。例如，土方开挖应考虑土的类别、挖土的方法、工作面尺寸、边坡坡度大小、边坡护坡处理和地下水的情况，开挖方式是单独开挖、条形开挖还是整片开挖，这些都直接影响到基础土方工程量的计算。

③ 结合施工组织的要求，分层、分段分别计算工程量，以便组织流水作业。若每层、每段上工程量相等或相关不大时，可根据工程量总数分别除以层数、段数，得到每层、每段上的工程量。

④ 在套用清单工程量时，应当注意清单项目所包含的内容以免发生遗漏。如在挖土方项目中，清单工程量中可能并不包括放坡和额外增加工作面所增加的工程量，这就需要进行调整。施工进度计划中的施工项目与工程量清单中的项目完全不相同或局部有出入时（如计量单位、计算规则、采用定额不同），则应根据施工中的实际情况加以修改、调整或重新进行计算。

⑤ 计算工程量时，尽量考虑编制其他计划时使用工程量数据的方便，做到一次计算，多次使用。

(3) 确定劳动量和机械台班数量　根据所划分的施工项目的工程量和施工方法，即可套用施工定额（当地实际采用的劳动定额及机械台班定额），以确定劳动量和机械台班数量。

根据《建设工程工程量清单计价规范》（GB 50500—2013），施工定额应由施工企业根据自身实际技术与管理水平编制企业定额，结合本单位工人的技术等级、实际施工操作水平、施工机械情况和施工现场条件等因素，确定完成定额的实际水平，以使施工定额更能够反映各施工单位的实际施工情况，使计算出来的劳动量、机械台班量符合实际需要，为准确编制施工进度计划打下基础。

施工定额除了决定于该工程活动的性质、复杂程度外，还受以下因素的制约：

①劳动者的培训和工作熟练程度；②季节、气候条件；③实施方案；④装备水平，工器具的完备性和适用性；⑤现场平面布置和条件；⑥人的因素，如工作积极性等。

对于有些采用新技术、新材料、新工艺或特殊施工方法的项目，可参考类似项目、经验资料，或按实际情况确定。

施工定额有两种形式，即时间定额和产量定额。时间定额是指某专业、某种技术等级的工人小组或个人在合理的技术组织条件下，完成单位合格的建筑产品所必需的工作时间，一般用符号 H_i 表示，它的单位有：工日/m^3、工日/m^2、工日/m、工日/t 等。因为时间定额是以劳动工日数为单位，便于综合计算，故在劳动量统计中用得比较普遍。产量定额是指在合理的技术组织条件下，某专业、某种技术等级的工人小组或个人在单位时间内所应完成合格的建筑产品数量，一般用符号 S_i 表示，它的单位有：m^3/工日、m^2/工日、m/工日、t/工日等。因为产量定额是以建筑产品的数量来表示的，具有形象化的特点，故在分配施工任务时用得比较普遍。时间定额和产量定额是互为倒数的关系。

计算完每个施工段各施工过程的工程量后，可以根据劳动定额，计算相应的劳动量和机械台班数。

劳动量或机械台班数量按式(15-2) 计算：

$$P=QH=\frac{Q}{S} \tag{15-2}$$

式中，P 为完成某施工过程所需的劳动量（工日）或机械台班量（台班）；Q 为完成某施工过程的工程量；H 为某施工过程采用的劳动时间定额或机械台班时间定额；S 为某施工过程采用的劳动产量定额或机械台班产量定额。

若某施工过程由两种以上工种组成（如钢筋混凝土工程包括支模、绑扎钢筋和浇筑混凝土三个工种）时，可根据各工种工程量用各自定额，分别计算各工种的劳动量或机械台班量，然后再将其汇总。

当某一分项工程是由若干个具有同一性质而不同类型的分项工程合并而成时，应根据各个不同分项工程的劳动定额和工程量，按合并前后总劳动量不变的原则计算合并后的综合时间定额（或综合产量定额）。计算公式如下：

$$\overline{H}=\frac{Q_1H_1+Q_2H_2+\cdots+Q_nH_n}{Q_1+Q_2+\cdots+Q_n}=\frac{Q_1H_1+Q_2H_2+\cdots+Q_nH_n}{\sum_{i=1}^{n}Q_i}\text{或}\overline{S}=\frac{\sum_{i=1}^{n}Q_i}{\frac{Q_1}{S_1}+\frac{Q_2}{S_2}+\cdots+\frac{Q_n}{S_n}} \tag{15-3}$$

式中，$\overline{H}$ 为综合时间定额；$\overline{S}$ 为综合产量定额；Q_1，Q_2，…，Q_n 为组成某分部工程的各分项工程工程量；S_1，S_2，…，S_n 为组成某分部工程的各分项工程的产量定额；H_1，H_2，…，H_n 为组成某分部工程的各分项工程时间定额。

实际应用时应特别注意合并前各分项工程工作内容和工程量的单位。当合并前各分项工程的工作内容和工程量单位完全一致时，公式(15-3) 中的 $\sum_{i=1}^{n} Q_i$ 应等于各分项工程工程量之和；反之，应取与综合劳动定额单位一致，且工作内容也基本一致的各分项工程的工程量之和。综合劳动定额单位总是与合并前各分项工程中之一的劳动定额单位一致，最终取哪一单位为好，应视使用方便而定。

对于有些新技术或特殊的施工方法无定额可遵循时，可将类似项目的定额进行换算或根据经验资料确定，或采用三点估算法确定综合定额。三点估算法计算公式如下：

$$\overline{S}=\frac{1}{6}(a+4m+b) \tag{15-4}$$

式中，$\overline{S}$ 为综合产量定额；a 为最乐观估计的产量定额；b 为最保守估计的产量定额；m 为最可能估计的产量定额。

对于零星工程的劳动量或机械台班量，可根据其内容和数量，并结合施工现场和施工单位具体情况，采用占劳动量的百分比（一般为 10%～20%）进行计算。

（4）确定各施工过程的持续时间　计算出各施工过程的劳动量（或机械台班）后，可以根据现行的人力或机械来确定各施工过程的作业时间。工期班次一般宜采用一班制，特殊时采用二班或三班制。所配备的人数或机械数应符合现场条件，并综合考虑最小劳动组合、最小工作面、可能安排的人数及机械效率等方面的要求，否则应进行调整或采取必要措施。

① 能定量化的工程活动。对于有确定的工作范围和工程量，又可以确定劳动效率的工程活动，可以比较精确地计算持续时间。其步骤为：

一是工程范围的确定及工作量的计算。这可由合同、规范、图纸、工作量表得到。

二是劳动组合和资源投入量的确定。在工程中，完成上述工程活动，需要什么工种的劳动力，什么样的班组（人数、工种级配和技术级配）。

这里要注意项目可用的总资源限制，如劳动力限制、运输设备限制，这常常要放到企业的总计划的资源平衡中考虑。

合理的专业技术级配。如混合班组中各专业的搭配，技工、操作工、普通工人数比例合理，可以按工作性质安排人员，达到经济、高效率的组合。

各工序（或操作活动）人数安排比例合理。例如混凝土班组中上料、拌制、运输、浇捣、表面处理等工序人数比例合理，使各环节都达到高效率，不浪费人工和机械。

保证一定的工作面。工作面小会造成互相影响，降低工作效率。

三是确定劳动定额。在确定劳动定额时，通常会考虑一个工程小组在单位时间内的生产能力，或完成该工程活动所需的时间（包括各种准备、合理休息、必要的间歇等因素）。

四是计算持续时间。单个工序的持续时间是易于确定的，它可由式(15-5) 计算确定：

$$T=\frac{Q}{RNS}=\frac{QH}{RN} \tag{15-5}$$

式中，T 为完成某工序的持续时间；Q 为完成某施工过程的工程量；H 为某施工过程采用的时间定额；R 为投入施工班组人数；N 为投入施工的工作班次；S 为某施工过程采用的产量定额。

例如，某基础混凝土 300m^3，投入 3 个混凝土小组，每组 8 个人，预计人均产量效率为 3m^3/工日，采用三班制连续作业。则混凝土浇筑的持续时间为：

$$T=\frac{300}{8\times3\times3}=4.2(\text{d})\approx4\text{d}$$

而对一个含有数项工序的施工过程，情况就会复杂一点，它需要考虑该施工过程各工序的安排方式。工作的安排方式可以分为：

一是将这个工作队直接落实给一个混合班组，可以根据各工种工程量及各自定额，分别计算各工种的劳动量或机械台班量，然后再将其汇总；再根据班组人数及工作班次计算出该项活动的持续时间，而详细活动由班组自己安排。

二是上述安排并不太恰当和符合实际，由于这些工作需要不同的工种，而各工种工作时间集中，如基础工程，经过计算，支模板共需 513 工日，绑扎钢筋需要 564 工日，浇筑混凝土需要 254 工日，回填土需要 513 工日。开始阶段主要用木工支模板，再混凝土工，最后用普通工回填土。所以可以按次序做更详细的计划，可以考虑安排 26 个木工、40 个钢筋工、85 个普通工按次序施工。则模板需要 20d，钢筋需要 6d（钢筋工程 60%工作量为场外制作，则现场仅需要 6d，其余 8d 另外先行安排），浇筑混凝土需要 10d，回填土需要 6d，则总工期为 42d。

三是如果场地允许，在上述安排基础上，可划分若干流水段进行流水施工，可缩短工期。

由上可见，不同的安排产生不同的持续时间，其工作效率没有变化，但在持续时间上劳动力投入量发生变化。

在确定持续时间时应考虑工程活动交接处需要的质量检查等管理工作所需时间。

② 倒排工期。对于工期要求比较严格的工程，不可能根据企业现有人数来确定各施工过程的持续时间，否则，总持续时间就不能满足工期要求。对此，一般根据总工期和施工经验，确定各分部工程的持续时间，再进一步确定各分项工程的持续时间。在得到各施工过程的持续时间后，再确定每一分部分项工程所需投入的班组人数或机械数量。班组投入人数可按照式(15-6) 计算确定，即：

$$R=\frac{Q}{STN} \tag{15-6}$$

式中，符号意义同上。

③ 非定量化的工作。有些工程活动例如项目的隐蔽工程验收、测量等，其持续时间无法通过定量计算得到，因为其工作量和生产效率无法定量化。对此可以考虑：一是按过去工程的经验或资料确定；二是充分地与任务承担者协商确定，在给他们下达任务时应认真协商，确定持续时间，并以书面（合同）的形式确定下来。在这里要分析研究他们的能力，在对他们的进度进行管理时经常要考虑到行为科学的作用。

④ 持续时间不确定情况分析。有些活动持续时间不能确定，这通常由于：一是工作量不确定；二是工作性质不确定，如基坑挖土，土的类别会有变化，劳动效率也会有很大的变化；三是受其他方面的制约，例如监理工程师的审查批准期；四是环境变化，如气候对持续时间的影响。

这在实际工作中很普遍，也很重要，但没有很实用的计算方法。通常可用：

a. 蒙特卡罗（Monto. Carlo）模拟的方法，即采用仿真技术对工期的状况进行模拟。但由于工程影响因素太多，实际使用效果不佳。

b. 德尔菲（Delphi）专家评议法，即请有实践经验的工程专家对持续时间进行评议。在评议时，应尽可能多地向他们提供工程的技术和环境资料。

c. 用三种时间的估计办法，即对一个活动的持续时间分析各种影响因素，持续时间可按式(15-7) 计算：

$$t=\frac{a+4c+b}{6} \tag{15-7}$$

式中，t 为施工过程的持续时间；a 为施工过程最乐观的（一切顺利）或最短的持续时间；b 为施工过程最悲观的（各种不利影响都发生）或最长的持续时间；c 为施工过程最可能或正常的持续时间。

例如，某工程基础混凝土施工，施工工期在6月份，若一切顺利（如天气晴朗，没有周围环境干扰），则需要的施工工期为42d（即a）；若出现最不利的天气条件，同时发生一些周边环境干扰，施工工期为52d（即b）；按照过去的气象资料以及现场可能的情况分析，最可能的工期为50d（即c）。则该混凝土工程的持续时间为：

$$t=\frac{42+4\times50+52}{6}=49(\mathrm{d})$$

这种方法在实际工作中用得较多。这里的变动幅度（b-a）对后面的工程压缩有很大的作用。人们常将它与德尔菲（Delphi）专家评议法结合，即用专家评议法确定a、c和b。

（5）编制施工进度计划的初始方案　根据选择的施工方案、各施工过程的持续时间、划分的施工段和施工层，找出主导施工过程，必须充分考虑各分部分项工程的合理施工顺序，力求主要工种的施工班组连续施工，按照流水施工的原则来组织流水施工，绘制初始的横道图或网络计划，形成初始方案。其编制方法为：

① 对各分部工程组织分部工程流水。先安排其中主导过程的施工进度，使其尽可能连续施工，其他穿插施工过程尽可能与主导施工过程配合、穿插、搭接。如砖混结构房屋中的主体结构工程，其主导施工过程为砖墙砌筑和现浇钢筋混凝土梁板；现浇钢筋混凝土框架结构房屋中的主体结构工程，其主导施工过程为钢筋混凝土框架的支模、绑筋和浇混凝土。

② 配合主要施工阶段，安排其他施工阶段（分部工程）的施工进度。

③ 按照工艺的合理性和施工过程间尽量配合、穿插、搭接的原则，将各施工阶段（分部工程）的流水作业图表搭接起来，即得到了单位工程施工进度计划的初始方案。

（6）施工进度计划的检查与调整　无论采用流水作业法还是网络计划技术，施工进度计划的初始方案均应进行检查、调整和优化，其目标在于使施工进度计划的初始方案满足规定的目标。一般从以下几个方面进行检查与调整：

① 施工组织方面，各施工过程的施工顺序是否正确，流水施工的组织方法应用是否正确，平行搭接和技术间歇是否合理。

② 工期方面，初始方案的计划工期能否满足合同规定的工期要求。

③ 物资方面，主要机械（通常指混凝土搅拌机、灰浆搅拌机、自升式起重机和挖土机等）、设备、材料等的利用是否均衡，材料消耗是否超过单位时间材料供应限额，施工机械是否充分利用（机械利用情况是通过机械的利用程度来反映的）。

④ 劳动力方面，主要工种工人是否连续施工，劳动力消耗是否均衡。劳动力消耗的均衡性是针对整个单位工程或各个工种而言，应力求每天出勤的工人人数不发生过大变动。

为反映劳动力消耗指标的均衡情况，通常采用劳动力消耗动态图来表示。对于单位工程的劳动力消耗动态图，一般绘制在施工进度计划表右边表格部分的下方。

劳动力消耗的均衡性指标可以采用劳动力不均衡系数（K）来评估：

$$K=\frac{\text{高峰期工人人数}}{\text{平均施工人数}} \tag{15-8}$$

式中的平均施工人数为工程总劳动量除以总工期。

最为理想的情况是劳动力不均衡系数（K）接近1。劳动力不均衡系数（K）在2以内为好，超过2则不正常。

根据对初始方案的检查结果，对不符合要求的部分进行调整。调整方法一般有：增加或缩短某施工过程的施工持续时间；在满足工艺关系的条件下，将某些施工过程的施工时间向前或向后移动；必要时，可以改变施工方法或施工技术组织措施等。总之通过调整，在满足工期的条件下，达到使劳动力、材料、设备需要趋于均衡，主要施工机械利用合理的目的。

施工进度计划的实现离不开管理上和技术上的具体措施。另外，在工程施工进度计划执行过程中，往往会因人力、物力及现场客观条件的变化经常使实际进度脱离原计划，因此，在施工过程中，就需要施工管理者随时掌握工程施工进度的动态，经常检查和分析进度计划的实施情况，及时进行必要的调整，保证施工进度总目标的完成。

15.4 单位工程资源需要量计划与准备工作计划

15.4.1 资源需要量计划

单位工程施工进度计划确定之后，根据施工图纸、工程量计算资料、施工方案、施工进度计划等有关技术资料，着手编制劳动力需要量计划，各种主要材料、构件和半成品需要量计划及各种施工机械的需要量计划。它们不仅是为了明确各种技术工人和各种技术物资的需要量，而且还是做好劳动力与物资的供应、平衡、调度、落实的依据，也是施工单位编制月、季生产作业计划的主要依据之一。它们是保证施工进度计划顺利执行的关键，可根据各工序及持续期间所需要的资源编制出材料、劳动力、构件、半成品、施工机具等资源需要量计划，作为有关职能部门按计划调配的依据，以利于及时组织劳动力和物资的供应，确定工地临时设施，以保证施工顺利地进行。

(1) 劳动力需要量计划　劳动力需要量计划，主要是作为安排劳动力的平衡、调配和衡量劳动力耗用指标，安排生活福利设施的依据。其编制方法是根据施工进度计划，将各施工过程每天所需要的主要工种劳动力的人数按工种进行汇总而得，根据施工进度的安排进行统计，就可编制出主要工种劳动力需要计划（表 15-2）。

表 15-2　劳动力需要量计划

序号	工种名称	劳动量	人数	月			月			备注
				上旬	中旬	下旬	上旬	中旬	下旬	

(2) 主要材料需要量计划　主要材料需要量计划，主要是为组织备料、供料和确定仓库、堆场面积及组织运输的依据。其编制方法是根据施工进度计划表中各施工过程的工程量，将施工预算中工料分析表中各项过程所需用材料或材料消耗水平，按材料名称、规格、使用时间并考虑到各种材料消耗进行计算汇总而得（表 15-3）。

表 15-3　主要材料需要量计划

序号	材料名称	规格	总需要量		单位时间供应量						备注
			单位	数量	月			月			
					上旬	中旬	下旬	上旬	中旬	下旬	

(3) 构件和半成品需要量计划　建筑结构构件、配件和其他加工半成品的需要量计划主要用于落实加工订货单位，并按照所需规格、数量、时间，组织加工、运输和确定仓库或堆场，可根据施工图和施工进度计划编制（表 15-4）。

表 15-4 建筑结构构件、配件和其他加工半成品需要量计划

序号	构件、配件及半成品名称	规格	图号	需要量		使用部位	加工单位	供应日期	备注
				单位	数量				

（4）施工机械需要量计划 根据施工方案和施工进度计划确定施工机械的类型、数量、进场时间，可据此落实施工机械来源，组织进场。其编制方法是将单位工程施工进度计划表中的每个施工过程，每天所需的机械类型、数量和施工日期进行汇总，即得出施工机械的需要量计划（表 15-5）。

表 15-5 施工机械需要量计划

序号	机械名称	型号、规格	需要量		提供源	使用起止时间	备注
			规格	数量			

15.4.2 准备工作计划

施工准备工作既是单位工程的开工条件，也是施工中的一项重要内容，开工之前必须为开工创造条件，开工以后必须为作业创造条件，包括开工前的准备、分部分项工程作业条件的准备。因此，它贯穿于整个施工活动过程的始终。根据施工顺序的先后，有计划、有步骤、分阶段进行。按准备工作的性质，大致归纳为五个方面。

（1）技术准备

① 审查设计图纸，熟悉有关资料。检查图纸是否齐全，图纸本身有无错误和矛盾，设计内容与施工条件能否一致，各工种之间搭接配合有无问题等。同时应熟悉有关设计数据，结构特点及土层、地质、水文、工期要求等资料。

② 搜集资料，摸清情况。搜集当地的自然条件资料和技术经验资料，深入实地摸清施工现场情况。

③ 编制施工组织设计和施工图预算。

（2）施工现场准备

① 建立测量控制网点。按照施工现场平面图的要求布置测量点，设置永久性的经纬坐标桩及水平桩、组成测量控制网。

② 搞好“三通一平”（路通、电通、水通、平整场地）。修通场区主要运输干道，接通工地用电线路，布置生产、生活供水管网和现场排水系统。按施工现场平面确定的标高，组织土方工程的挖填、找平工作等。

③ 修建大型临时设施。包括各种附属加工场、仓库、食堂、宿舍、厕所、办公室以及公用设施等。

（3）物资准备

① 做好建筑材料需要量计划和货源安排。对地方材料要落实货源办理订购手续，对特殊材料要组织人员提早采购。

② 构件、半成品定货。对钢筋混凝土预制构件、钢构件、铁件、门窗等做好加工委托或生产安排。

③ 做好施工机械的进场。做好施工机械和机具的准备，对已有的机械机具做好维修试

车工作；对尚缺的机械机具要立即订购、租赁或制作。

(4) 施工队伍准备

① 健全、充实、调整施工组织机构。

② 调配、安排劳动班子组合。

③ 对职工进行计划、技术、安全交底。

(5) 下达作业计划或施工任务书

① 明确工程项目、工程数量、劳动定额、计划工日数、开工和完工日期、质量和安全要求。

② 印发小组记工单、班组考勤表。

③ 分配限额领料卡。

施工准备工作应有计划地进行，方便检查、监督施工准备工作进展情况，使各项施工准备工作的内容有明确的分工，有专人负责，并规定期限，可编制施工准备工作计划，并拟在施工进度计划编制完成之后进行（表 15-6）。

表 15-6 施工准备工作计划

序号	准备工作项目	工程量		简要内容	负责单位或负责人	起止时间		备注
		单位	数量			日、月	日、月	

15.5 单位工程施工平面图设计

讨论

1. 确定仓库面积时，应考虑的因素有哪些？
2. 施工平面图布置中应该考虑哪些内容？

单位工程施工现场平面图就是施工时施工现场的平面规划与布置图，它涉及与单位工程有关的空间问题，既是布置施工现场的依据，也是施工准备工作的一项重要依据。它是实现文明施工、节约并合理利用土地、减少临时设施费用的先决条件，因此，它是单位工程施工组织设计的重要组成部分。一张好的施工平面布置图，将会提高施工效率，保证施工进度计划有条不紊地顺利实施。反之，如果施工平面图设计不周或施工现场管理不当，都将会导致施工现场的混乱，直接影响施工进度、劳动生产率和工程成本。因此，在施工组织设计中，对施工平面图设计应予以重视。

15.5.1 单位工程施工平面图设计依据

单位工程施工平面图设计的主要依据是单位工程的施工方案和施工进度计划，一般按(1∶200)～(1∶500) 的比例绘制。当单位工程是拟建建筑群的组成部分时，它的施工平面图就属于全工地施工平面图的一部分。在这种情况下，它要受到全场性施工总平面图的约束。单位工程施工平面图设计的主要依据包括建设地区的原始资料、建筑设计资料和施工组织设计资料三个方面的资料。

编制施工现场平面图时可参考的依据有：

① 各种设计资料，包括建筑总平面图、地形地貌图、区域规划图、建筑项目范围内有

关的一切已有和拟建的各种设施位置。

建筑总平面图，用于决定临时房屋和其他设施的位置，以及修建工地运输道路和给排水等问题；一切已有和拟建的地上、地下的管道位置和技术参数，用以决定原有管道的利用或拆除，以及新管线的敷设与其他工程的关系；建筑区域的竖向设计资料和土方平衡图，用以布置水、电管线，安排土方的挖填和确定取土、弃土地点；拟建房屋或构筑物的平面图、剖面图等施工图设计资料。

② 建设地区的自然条件和技术经济条件。

自然条件调查资料，如地形、水文、工程地质和气象资料等，主要用于布置地面水和地下水的排水沟，确定易燃、易爆、淋灰池等有碍身体健康的设施的布置位置，安排冬、雨季施工期间所需设施的位置；技术经济条件调查资料，如交通运输、水源、电源、物资资源、生产和生活基地状况等，主要用于布置水、电管线和道路等。

③ 建设项目的建筑概况、施工方案、施工进度计划，以便了解施工阶段情况，合理规划施工场地。

④ 各种建筑材料构件、加工品、施工机械和运输工具需要量一览表，以便规划工地内部的储放场地和运输线路。

⑤ 各构件加工厂规模、仓库及其他临时设施的数量和轮廓尺寸。

⑥ 施工组织总设计资料，本工程的主要施工方案，用以决定各种施工机械的位置和施工进度计划、各种资源需要量计划和运输方式。

15.5.2 单位工程施工平面图设计内容

单位工程施工现场平面图应标明的内容一般有：

① 建筑平面图上已建和拟建的地上及地下一切建筑物、构筑物及其他设施（道路和管线）的位置尺寸。

② 测量放线标桩位置，地形等高线，土方取弃场地。

③ 垂直运输设施的布置（自行式起重机的开行路线、轨道式起重机的轨道布置、固定式垂直运输设备的位置）。

④ 各种搅拌站、加工厂以及材料、加工半成品、构件和机具仓库或堆场。

⑤ 生产、生活用临时设施的布置，如搅拌站、高压泵站、钢筋棚、木工棚、仓库、办公室、供水管、供电线路、消防设施、安全设施、道路以及其他需搭建或建造的设施，并附一览表。一览表中应分别列出临时设施的名称、规格和数量。

⑥ 场内施工道路与场外交通的连接。

⑦ 施工用临时供水管网、供电线路、供气供暖管道及通信线路的布置。

⑧ 一切安全、防火和文明施工设施。

⑨ 图例、比例尺、指标针或风玫瑰图。

上述内容可根据建筑总平面图、施工图、现场地形图、现有水源、场地大小、可利用的已有房屋和设施、施工组织总设计、施工方案、进度计划等，经科学的计算、优化，并遵照国家有关规定进行设计。

某项目施工现场平面布置如图15-8所示。

15.5.3 单位工程施工平面图设计原则

施工现场平面图在布置时应当遵循以下原则：

① 在保证施工顺利进行的前提下，施工平面布置应紧凑合理，尽量减少施工用地，不占或少占农田。

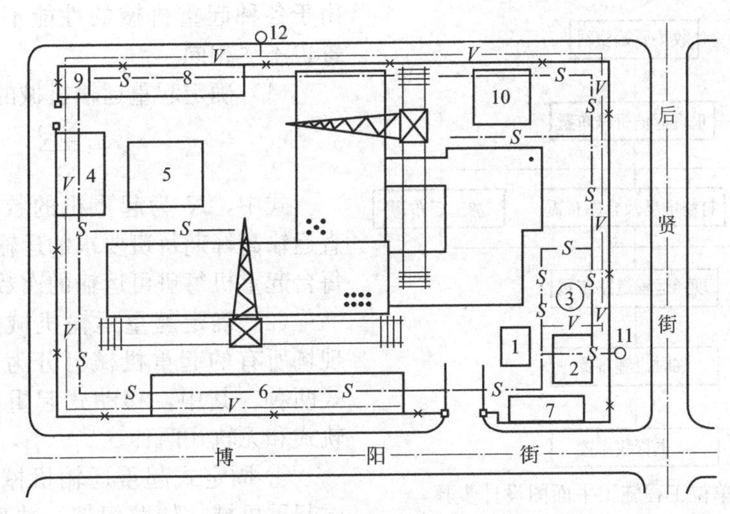

图 15-8　某项目施工现场平面布置示意

1—混凝土砂浆搅拌站；2—砂石料堆场；3—水泥罐；4—钢筋加工车间；5—钢筋堆场；6—木工车间；7—工具房；8—办公室；9—警卫室；10—砌块、砖堆场；11—水源；12—电源

② 临时设施要在满足需要的前提下，尽可能减少数量，减少施工用的各类管线，尽可能利用已有建筑物和构筑物作为施工临时用，并利用永久性道路供施工使用。认真计算精心设计，降低临时建筑和设施的建造费用。

③ 尽量采用装配式施工设施，减少搬迁费用和损失，提高施工设施安拆速度。

④ 合理布置现场的运输道路及加工厂，搅拌站和各种材料、机具的堆场或仓库位置，尽量做到运距短、少搬运，最大限度地减少场内运输，从而减少或避免场内材料、构件的二次搬运。各种材料按计划分期分批进场，充分利用场地；各种材料堆放的位置，根据使用时间的要求，尽量靠近使用地点，节约搬运劳动力和减少材料多次转运中的消耗。

⑤ 临时设施的布置，应便于施工管理及工人生产和生活。办公用房应靠近施工现场，福利设施应在生活区范围之内。生产、生活设施应尽量分区，以减少生产与生活的相互干扰，保证现场施工安全进行。

⑥ 施工平面布置有利于生产和生活，并应符合劳动、安全、消防、环境保护等的要求。

施工现场一切设施要利于生产，保证安全施工。要求场内道路畅通，机械设备的钢丝绳、电缆、缆绳等不能妨碍交通，如必须横过道路时，应采取措施。有碍工人健康的设施（如熬沥青、化石灰）及易燃的设施（如木工棚、易燃物品仓库）应布置在下风向，离生活区远一些。工地内应布置消防设备，出入口设门卫。山区建设还要考虑防洪、防山体滑坡等特殊要求。

根据以上基本原则并结合现场实际情况，施工平面图可布置几个方案，选取其技术上最合理、费用上最经济的方案。可以从如下几个方面进行定量比较：施工用地面积、施工用临时道路、管线长度、场内材料搬运量和临时用房面积等。

15.5.4　单位工程施工平面图设计步骤与要求

单位工程施工平面图的设计步骤如图 15-9 所示。

15.5.4.1　起重运输机械的布置

起重运输机械的位置直接影响搅拌站，加工厂和各种材料、构件的堆场或仓库等位置和道路、临时设施及水、电管线的布置等。因此它是施工现场全局的中心环节，应首先确定，

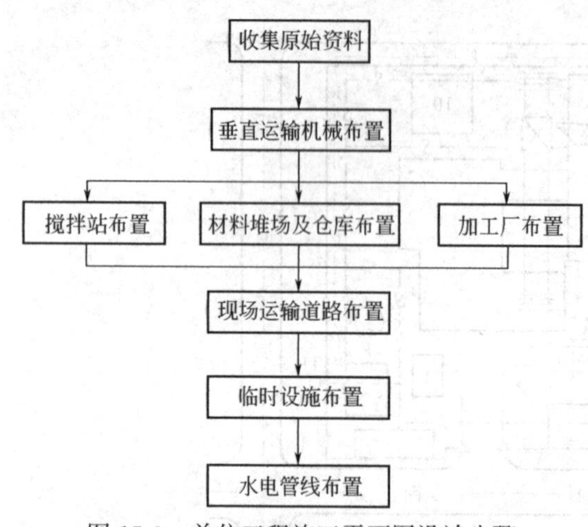

图 15-9　单位工程施工平面图设计步骤

由于各种起重机械的性能不同，其布置位置也不尽相同。

（1）确定起重运输机械的数量

$$N=\frac{\sum Q}{S} \tag{15-9}$$

式中，N 为起重机的数量；$\sum Q$ 为垂直运输高峰期每班要求的运输总次数；S 为每台起重机每班可运输的次数。

（2）确定起重运输机械的位置　施工现场所有的起重机械可分为固定式和移动式两种。其中，移动式起重机又可分为有轨式和无轨式两种。

① 固定式起重运输机械的位置。固定式起重机械，如龙门架、井架、施工电梯、塔式起重机等，随着技术的不断发展，现在一般选用塔式起重机作为固定式起重运输机械，龙门架、井架和施工电梯仅为补充。这类设备的布置主要依据机械性能（如运输能力、最大起重量等）、建筑物平面形状、立面造型和尺寸、施工段的划分情况、已有运输道路情况和材料运输要求具体确定。其布置原则是充分发挥起重机械的工作能力，并使地面和楼面水平运距最小且施工方便。其布置时应考虑以下几个方面。

a. 当建筑物各部位高度相同时，应布置在施工段的分界线附近；当建筑物各部位的高度不同时，应布置在高低分界线较高部位一侧，以使楼面上各施工段水平运输互不干扰。

b. 龙门架、井架的位置以布置在窗口处为宜，以免砌墙留槎和减少井架拆除后的修补工作。井架应立在外脚手架之外，并应有一定距离为宜。

c. 龙门架、井架的数量要根据施工进度、垂直提升构件和材料的数量、台班工作效率等因素计算确定，其服务范围一般为 50～60m。

d. 卷扬机的位置不应距离起重机过近，以便司机的视线能够看到整个升降过程，一般要求此距离大于建筑物的高度，水平距外脚手架 3m 以上。

e. 施工电梯也应布置在窗口处，且主体工程达到一定的高度，使之能够与建筑物进行附着，交通要便利。

f. 当建筑物为点式高层时，固定式塔式起重机可以布置在建筑物中间或布置在建筑物的转角处。

② 移动有轨式起重机械的位置。移动有轨式起重机械，如轨道式塔式起重机，轨道一般沿建筑物的长向布置，其位置和尺寸应根据建筑物平面形状和尺寸、构件自重、起重机性能及四周施工场地条件等具体确定。通常轨道布置方式有三种：单侧布置、双侧布置和环状布置。当建筑物宽度较小、构件自重不大时，可采用单侧布置方式；当建筑物宽度较大、构件自重较大时，可采用双侧布置或环状布置方式。

轨道布置完成后，应绘制出塔式起重机的服务范围。它是以轨道两端有效端点的轨道中心为圆心，以最大回转半径为半径画出两个半圆，连接两个半圆，即为塔式起重机的服务范围。

在确定塔式起重机的服务范围时，一方面要考虑建筑平面最好包括在塔式起重机的服务范围之内，以确保各种材料构件直接吊运到建筑物设计部位上去，尽可能避免死角；如果确实难以避免，则要求死角范围越小越好，同时在死角上不出现吊装最重、最高的构件，并且在确定安装方案时，提出具体的安全技术措施，以保证死角范围内的构件顺利安装。为解决这一问题，有时还将塔吊与龙门架或井架同时使用，但要确保塔吊回转时无碰撞的可能。另一方面，在确定塔式起重机服务范围时，还要考虑有较宽敞的施工用地，以便安排构件的堆放及搅拌出料进入料斗后能直接挂钩起吊。主要临时道路也宜安排在塔式起重机的服务范围之内。

③ 移动无轨式起重机械的位置。移动式无轨式起重机械，有履带式起重机、轮胎式起重机、汽车式起重机三种形式。它一般不用水平运输和垂直运输，专用作构件的装卸和起吊。吊装时的开行路线及停机位置主要取决于建筑物的平面尺小、构件重量、安装高度和吊装方法等。

15.5.4.2 确定搅拌站，加工厂及各种材料、构件的堆场或仓库的布置

搅拌站，各种材料、构件堆场或仓库的位置与起重机械的类型和位置有关，应尽量靠近使用地点或在塔式起重机服务范围之内，并应考虑到运输和装卸的方便。

① 在起重机的位置确定之后，再布置材料、构件的堆场及搅拌站。材料堆放应尽量靠近使用地点，减少或避免二次搬运，并考虑运输和装卸方便。基础施工时使用的各种材料可堆放在基础四周，但不宜距基坑（槽）边缘太近，以免压塌土壁。

② 施工时若采用固定式垂直运输机械，则材料、构件堆场应尽量靠近垂直运输设备，以缩短地面水平运距；当采用移功式有轨起重机时，材料、构件堆场以及搅拌站出料口等均应布置在塔式起重机有效起吊服务范围之内；当采用移动式无轨自行式起重机时，材料、构件堆场以及搅拌站的位置应沿着起重机械的开行路线布置，且应在起重臂的最大起重半径范围之内。

③ 预制构件的堆放位置要考虑到吊装顺序。先吊的放在上面，后吊的放在下面。预制构件的进场时间应与吊装就位密切配合，力求直接卸到其就位位置，避免二次搬运。

④ 搅拌站的位置应尽量靠近使用地点或靠近垂直运输设备。有时在浇筑大型混凝土基础时，为了减少混凝土运输，可将混凝土搅拌站直接设在基础边缘，待基础混凝土浇完后再后移。砂、石堆场及水泥罐应靠近搅拌站布置。同时搅拌站的位置还应考虑到使这些大宗材料的运输和装卸较为方便。如施工项目使用商品混凝土，则可不考虑混凝土搅拌站的布置。

⑤ 加工厂（如木工棚、钢筋加工棚）的位置，宜布置在建筑物四周稍远位置，且应有一定的材料、成品的堆放场地；石灰仓库、淋灰池的位置应靠近搅拌站，并设在下风向沥青堆放场，熬制锅的位置应远离易燃品，也应设在下风向。

15.5.4.3 现场主要运输道路布置

施工现场的运输道路应按材料和构件的运输需要，沿着仓库和堆场进行布置，要进行合理规划和设置。尽可能利用设计中的永久性道路，或先做好永久性道路的路基，在交工之前再铺路面。如采用临时施工道路，主要道路和大门口要硬化处理，包含基层夯实，路面铺垫焦渣、细石，并随时洒水，减少道路扬尘。施工现场要有道路指示标志，人行道、车行道应坚实平坦，保持畅通。应尽量采用单行线和减少不必要的交叉点，主干道路和一般道路的最小宽度要符合规定（表 15-7）。

表 15-7 施工现场道路最小宽度

序号	车辆类型及要求	道路最小宽度/m
1	汽车单行道	3.0
2	汽车双行道	6.0
3	平板车单行道	6.0
4	平板车双行道	8.0

现场运输道路布置时应保证车辆行驶通畅，若有回转可能，最好围绕建筑物布置成一条环形道路，载重汽车的弯道半径，一般应该不小于15m，特殊情况不小于10m，以便车辆回转、调头方便。道路两侧一般应结合地形设置排水沟，沟深不小于0.4m，底宽不小于0.3m，保持路面排水畅通。现场的道路不得任意挖掘和截断，如因工程需要，必须开挖时，也要与有关部门协调一致，并将通过道路的沟渠搭设能确保安全的桥板，以确保道路的畅通。

15.5.4.4 行政管理、文化生活、福利用临时设施布置

办公室、工人休息室、门卫室、开水房、食堂、浴室、厕所等非生产性临时设施的布置，应考虑使用方便，不妨碍施工，符合安全、防火的要求。要尽量利用已有设施或已建工程，必须修建时要经过计算，合理确定面积，努力节约临时设施费用。通常，办公室的布置应靠近施工场地，宜设在入口处，以方便现场施工管理；工人休息室应设在工人作业区；宿舍应与生产区分开布置，宜设置在安全的上风向；门卫、收发室宜布置在工地出入口处。

15.5.4.5 现场水、电管网的布置

(1) 施工供水管网的布置　施工临时供水管网首先要经过计算、设计，然后进行布置，其中包括水源的选择、用水量计算（包括生产用水、施工机械用水、生活用水和消防用水等)、取水设施、储水设施、配水管网布置、管径计算等过程。

① 水源的选择。施工现场临时供水水源，最好利用附近现有的供水管道，当施工现场附近没有现成供水管道或现有管道无法利用时，可选择井水、河水、地表水等天然水源。选择水源时应考虑的因素有：水量应充沛可靠，能满足施工现场最大用水量；生产和生活用水的水质应分别符合相应的水质标准要求；取水设备、输水设备、净水设备要安全经济。

② 用水量计算。可参考施工组织总设计部分相应的计算方法。

单位工程施工组织设计的供水计算和设计可简化或根据经验进行安排，一般5000～10000m^2的建筑物，施工用水的总管径为100mm，支管径为40mm或25mm。

供水管网应按防火要求布置室外消防栓，其消防用水一般利用城市或建设单位的永久消防设施。如自行安排，应按有关规定设置。消防水管线的直径不小于100mm，消火栓间距不大于120m，布置应靠近十字路口或道边，距道边应不大于2m，距建筑物外墙不应小于5m，也不应大于25m，且应设有明显的标志，周围3m以内不准堆放建筑材料。

③ 配水管网布置。配水管网布置的原则是在保证连续供水的情况下，管道铺设越短越好，消防水管和生产、生活用水管可以合并设置。分区域施工时，应按施工区域布置，同时还应考虑到，在工程进展中各段管网应便于移置。临时给水管网的布置有环式管网、枝式管网、混合式管网三种方案。枝式管网布置的管网总长度最小，是临时给水管网布置常采用的一种方式；环式管网所铺设的管网总长度较大，但最为可靠，可保证连续供水；混合式管网总管采用环式，支管采用枝式，可以兼有以上两种方案的优点。

高层建筑的施工用水应设置储水池和加压泵，以满足高空用水的需要。

施工用的临时给水管，一般由建设单位的干管或自行布置的干管接到用水地点。布置时应力求管网总长度短，管径的大小和水龙头数量需视工程规模大小通过计算确定。

临时水管的铺设，可用明管或暗管。以暗管最为合适，它既不妨碍施工，又不影响运输工作。在严寒地区，暗管应埋设在冰冻线以下，明管应加强保温，通过道口的部分，应考虑地面上重型机械的荷载对管道的影响。

为了排出地面水和地下水，应及时修通永久性下水道，并最好与永久性系统相结合，同时根据现场地形，在建筑物周围设置排泄地面水和地下水的排水沟渠或集水坑等设施。

(2) 施工用电的布置　建筑施工现场大量的机械设备和设施需要用电，保证供电及其安

全是施工顺利进行的重要措施。施工现场临时供电包括动力用电和照明用电两种，动力用电通常包括土建用电及设备安装工程和部分设备试运转用电，照明用电是指施工现场和生活区的室内外照明用电。临时用电设计包括用电量计算、电源和变压器选择、配电线路的布置与导线截面。

① 用电量计算。计算用电量时，应考虑的因素有：整个施工现场使用的机械动力设备、电气工具及照明用电的数量；施工进度计划中施工用电高峰期同时用电的机械设备数量；各种用电机械设备在施工中的使用情况。

② 选择电源及确定变压器。建筑施工的电力，可以利用施工现场附近已有的电网；如附近无电网，或供电不足时则需自备发电设备。临时变压器的设置地点，取决于负荷中心的位置和工地的大小与形状。当分区设置时应按区计算用电量。

③ 布置配电线路与导线截面。配电线路的布置与给水管网相似，也可分为枝式、环式及混合式。其优缺点与供水管网相似。工地电力网，一般3～10kV的高压线路采用环式；380/220V的低压线采用枝式。配电线路的计算及导线截面的选择，应满足机械强度及安全电流强度的要求。安全电流是指导线本身温度不超过规定值的最大负荷电流。

④ 为了维修方便，施工现场一般采用架空配电线路，要求现场架空线与施工建筑物水平距离不小于10m，与地面距离不小于6m；跨越建筑物或临时设施时，垂直距离不小于2.5m。

⑤ 现场线路应尽量架设在道路的一侧，且尽量保持线路水平，在低压线路中，电杆间距应为25～40m，分支线及引入线均应由电杆处接出，不得由两杆之间接线。

⑥ 单位工程施工用电应在全工地性的施工总平面图中统筹考虑，包括用电量计算、电源选择、电力系统选择和配置。若为独立的单位工程，应根据计算的有用电量和建设单位可提供电量决定是否选用变压器。变压器的设置应将施工工期与以后长期使用相结合考虑，其位置应远离交通道口处，布置在现场边缘高压线接入处，在2m以外四周用高度大于1.7m铁丝网住，以保安全。

建筑施工是一个复杂多变的生产过程，各种施工材料、构件、机械等随着工程的进展而逐渐进场，又随着工程的进展而不断消耗、变动。因此，对于大型工程、施工期限较长的工程或现场较为狭窄的工程，就需要按不同的施工阶段来分别布置施工平面图，以便能把在不同施工阶段内现场合理布置的情况全面地反映出来。

15.6 主要技术组织措施与技术经济指标

技术组织措施是指为保证质量、安全、进度、成本、环保、建筑节能、季节性施工、文明施工等，在技术和组织方面所采用的方法，应在严格执行施工验收规范、检验标准、操作规程等前提下，针对工程施工特点，制定行之有效、切实可行的施工措施。

15.6.1 质量保证措施

15.6.1.1 质量目标

建设工程质量控制的目标，就是通过有效的质量控制工作和具体的质量控制措施，在满足投资和进度要求的前提下，实现工种预定的质量目标。在单位工程施工组织设计中应根据工程项目的施工质量要求和特点，确定单项（单位）工程的施工质量控制目标。质量目标分为“优良”和“合格”，确定的目标应逐层分解，作为确定施工质量控制点的依据。

15.6.1.2 质量控制的组织结构

科学有效的质量控制组织机构是施工顺利、成功进行的组织保证。质量控制组织机构是一个质量管理网络系统，应由项目经理领导，由总工程师策划并组织实施，现场各专业项目经理协调控制，专业责任工程师监督管理。组织结构的建立包括机构的设计与职能划分、人员配备及岗位职责的确定。

15.6.1.3 质量控制措施

编制质量控制措施时首先应根据工程施工质量目标的要求，对影响施工质量的关键环节、部位和工序设置质量控制点，然后针对各控制点制定质量控制措施。质量控制措施一般包括：材料、半成品、预制构件和机具设备质量检查验收措施；主要分部、分项工程质量控制措施；各施工质量控制点的跟踪监控办法；相应的技术保障措施等。

① 确定定位放线、标高测量等准确无误的措施。

② 确定地基承载力和各种基础、地下结构施工质量的措施。

③ 严格执行施工和验收规范，按技术标准、规范、规程组织施工方进行质量检查，保证质量。如强调隐蔽工程的质量验收标准和对隐患的防止；对混凝土工程中混凝土的搅拌、运输、浇注、振捣、养护、拆模和试块试验等工作的具体要求；对新材料、新工艺或复杂操作的具体要求、方法和验收标准等。

④ 将质量要求层层分解，落实到班组和个人，实行定岗操作责任制、三检制等。

⑤ 强调执行质量监督、检查责任制和具体措施。

⑥ 推行全面质量管理在建筑施工中的应用，强调预防为主的方针，及时消除事故隐患；强调人在质量管理中的作用，要求人人为提高质量努力；制定加强工艺管理、提高工艺水平的具体措施，不断提高施工质量。

15.6.1.4 技术保障措施

技术保障措施主要有施工方法的特殊要求和工艺流程，水下和冬、雨季施工措施，技术要求和质量安全注意事项，材料、构件和机具的特点、使用方法和需用量等。

15.6.1.5 特殊气候条件下施工措施

(1) 高温季节施工　温度高于30℃时施工，应防止混凝土温度超过30℃，以免水分蒸发过快。

混凝土拌合物运输中要加以遮盖，及时运至工地；各道工序应衔接紧凑，尽量缩短施工时间。

在已铺好的路面上，搭设遮光挡风设备，以避免混凝土遭到烈日暴晒并降低吹到混凝土表面的风速，减少水分蒸发。

(2) 低温季节施工　混凝土尽可能在气温高于5℃时施工，低温施工注意问题：

① 采用高标号快凝水泥，或掺入早强剂，或增加水泥用量。

② 加热水或集料，较常用的方法是仅将水加热；拌制混凝土时，先用温度超过70℃的水同冷集料相拌和，使混合料在拌和时的温度不超过40℃，摊铺后的温度不低于10（气温为0℃）～20℃（气温为－3℃时）。

③ 混凝土修整完毕后，表面应覆盖蓄热保温材料，必要时还应加盖养生暖棚。在持续寒冷和昼夜平均气温低于－5℃，或混凝土温度在5℃以下时，应停止施工。

(3) 雨季施工　掌握天气信息，制订施工方案和措施，修建排水设施，控制骨料含水率。

15.6.2 安全保证措施

(1) 安全管理目标　安全管理目标是实现安全施工的行动指南。安全管理目标在设定时应坚持“安全第一，预防为主”的安全方针，突出重大事故、负伤频率、施工环境标准合格率等方面的指标，在施工期间杜绝一切重大安全事故。制定的目标一般略高于施工项目管理者的能力和水平，使之经过努力可以完成。如可设定安全目标为“五无目标”，即无死亡事故、无重大伤人事故、无重大机械事故、无火灾事故、无中毒事故。

(2) 安全生产管理体系　安全生产管理体系主要包括安全工作中的安全管理小组的组建及其职能划分，安全生产责任制，安全检查制度，安全教育制度等。如安全生产责任制包括：安全生产领导小组领导全面的安全工作，主要职责是领导建筑工程公司开展安全教育，贯彻宣传各类法规、通知和上级部门的文件精神，制定各类管理条例，每周对各项目工程进行安全工作检查、评比，处理较大的安全问题；项目部成立的安全管理小组，设专职安全员，主要职责是负责进行对工人的安全技术交底，贯彻上级精神，检查工程施工安全工作，召开工程安全会议一次，制定具体的安全规程和违章处理措施，并向公司安全领导小组汇报；各作业班组应设立兼职安全员，主要是带领各班组认真操作，对工人耐心指导，发现问题及时处理并及时向安全管理小组汇报工作。

(3) 施工现场安全管理　施工现场安全管理包括现场施工人员安全行为的管理、劳务用工的管理。施工现场实行封闭管理，施工安全防护措施应当符合建设工程安全标准。施工单位应当根据不同施工阶段和周围环境及天气条件的变化，采取相应的安全防护措施。施工单位应当在施工现场的显著或危险部位设置符合国家标准的安全警示标牌。施工现场安全措施一般应包括：一般性施工安全措施，高处作业劳动保护措施，脚手架安全措施，垂直运输机械设备安全运转措施，洞口临边防护措施，施工机械安全防护措施，现场临时用电安全措施，重点施工阶段安全防护措施等。具体措施有以下几个方面：

① 建立安全保证体系，落实安全责任；制定完善的安全保证保护措施；建立安全的奖罚制度；制定安全事故应急救援措施；提出安全施工宣传、教育的具体措施；新工人进场上岗前必须作安全教育及安全操作的培训。

② 针对拟建工程地形、环境、自然气候，提出可能突然发生自然灾害时有关施工安全方面的若干措施及具体的办法，以便减少损失，避免伤亡。

③ 提出易燃、易爆品严格管理及使用的安全技术措施。

④ 防火、防爆、消防措施，包括高温、有毒、有尘、有害气体环境下操作人员的安全要求和措施；大风天气严禁施工现场明火作业，明火作业要有安全保护；氧气瓶防振、防晒和乙炔罐严禁回火等措施。

⑤ 土方、深坑施工，高空、高架操作，结构吊装、上下垂直平行施工时的安全要求和措施。

⑥ 各种机械、机具安全操作要求；交通、车辆的安全管理；各种电器设备的安全管理及安全使用措施。

⑦ 预防自然灾害措施，包括台风、龙卷风、狂风、暴雨、雷电、洪水、地震等各种特殊天气发生前后安全检查措施及安全维护制度。

⑧ 劳动保护措施，包括安全用电、高空作业、交叉施工、防暑降温、防冻防寒和防滑、防坠落，以及防有害气体等措施。

⑨ 特殊工程安全措施。如采用新结构、新材料或新工艺的单项工程，要编制详细的安全施工措施。

(4) 消防管理措施　施工单位应当根据《中华人民共和国消防法》的规定，建立健全消防管理制度，在施工现场设置有效的消防措施。在火灾易发部位作业或者储存、使用易燃易爆物品时，应当采取特殊消防措施。

(5) 职业健康安全管理保证措施　职业健康安全生产管理体制是根据国家职业健康安全生产方针、政策和法规，保障职工在生产过程中的职业健康安全的一种制度。职业健康安全管理保证措施是指明确项目经理部及各级人员和各职能部门职业健康安全生产工作的责任，制定现场职业健康控制项目和制度，保障现场施工人员和职工在生产中的职业健康安全。

15.6.3 文明施工和环境保护措施

（1）文明施工措施　现场文明施工是施工现场管理的重要内容，文明施工是现代化施工的一个重要标志，是施工企业一项基础性的管理工作。坚持文明施工具有重要的意义。安全生产与文明施工是相辅相成的，建筑施工安全生产不但要保证职工的生命财产安全，同时要加强现场管理、文明施工，保证施工井然有序，改变过去现场脏、乱、差的面貌，对提高效益、保证工程质量都有重要的意义，因而在单位工程施工组织设计中应制定具体的文明施工措施。

现场文明施工由项目经理部统一领导和管理，制定文明施工措施，争创文明工地。文明施工措施包括：现场文明施工组织管理机构的组建，文明施工现场场容布置，环境卫生管理，制定防止扰民的措施等。主要包括以下几个方面：

① 施工现场的围挡与标牌，出入口与交通安全，道路畅通，场地平整，无障碍物，有良好的排水系统，保证现场整洁。施工场地统一规划布置，严格按施工平面布置图设置各项临时设施，大宗材料、成品、半成品和机具设备的堆放，严格禁止侵占道路及安全防护设施。施工材料堆放整齐，各种不同类型物资材料按照 ISO 9002 标准正确标识，场区内管线布置整齐、清洁。

② 现场应进行封闭管理，防止“扰民”和“民扰”问题，同时保护环境，美化市容，因而对工地围挡（墙）、大门等的设置应符合当地市政环卫部门的要求。宣传措施，如围墙上的宣传标语应体现企业的质量安全理念，“五牌二图”与“两栏一报”应齐全。

③ 各种材料、半成品、构件的堆放与管理。要求现场各种材料或周转材料用具等应分类整齐堆放。施工现场平面布置合理，各类材料、设备、预制构件等（包括土方）做到有序堆放，不侵占车行道、人行道。施工中要加强对各种地下管线的保护。加强施工现场管理工作，做到“工完料净场地清”。

④ 散碎材料、施工建筑垃圾运输以及其他各种环境污染，如搅拌机冲洗废水、油漆废液、灰浆水等施工废水污染，土方运输与垃圾、白灰堆放、散装材料运输等粉尘污染，熬制沥青、熟化石灰等废气污染，打桩、搅拌混凝土、振捣混凝土等噪声污染。施工区域及生活区域的环境卫生，建立完善有关规章制度，落实责任制。做到“五小”设施齐全，符合规范要求。创建良好环境，在工地现场和生活区设置足够的临时卫生设施，每天清扫处理；施工生产和生活废水，采取有效措施加以处理，不超标排放。污水、废水、废气等的处理符合环境管理体系 ISO 14000 的标准。

⑤ 注重办公室、更衣室、食堂、厕所等暂设工程的规划、安排与搭设以及环境卫生。

⑥ 施工机械保养与安全使用。施工机械按照规定的位置和线路设置，施工机械进场前经过安全检查合格后再使用。施工机械操作人员必须建立机组责任制，并依照有关规定持证上岗，禁止无证人员操作。

⑦ 对工人应进行文明施工的教育，要求他们不能乱扔、乱吐、乱说、乱骂等，言行文明，衣冠整齐；同时制定相应的处罚措施。尊重当地民风民俗，遵守地方法规，充分发挥优良传统，积极帮助地方群众，搞好与当地政府、邻近居民的关系，做好征地工作。

⑧ 创建标准化文明工地，开展文明竞赛活动。定期组织检查，对存在问题及时进行整改。

⑨ 防止施工环境污染，提出防治废水，废气，生产、生活垃圾及防止施工噪声、施工照明污染的措施。

⑩ 成品保护、安全与消防。

(2) 环境保护措施　保护和改善施工现场环境是消除对外部干扰，保证施工顺利进行的需要，也是节约能源、保护人类生存环境和可持续发展的需要。建筑施工的污染主要包括大气污染，建筑材料引起的空气污染、水污染、土壤污染、噪声污染和光污染。在施工时应当从材料、施工机械、施工方法等方面减少污染，减轻污染损害。环境保护措施包括有害气体排放、现场生产污水和生活污水排放，以及现场树木和绿地保护等措施。

① 粉尘污染管理措施。建筑工地应设置隔离设施、材料仓库，禁止水泥等易扬尘物料露天堆放，减少二次扬尘，减轻对附近环境的影响；运输车辆要采取密封或覆盖措施，轮胎、车体要定期清洗，运输路线及时清扫；建筑垃圾、残土及时清运，或按有关规定送往指定地点堆放，临时堆放时要采取覆盖或洒水等降尘措施。

② 尾气排放管理措施。参与施工的各种车辆和作业机械，应该具有尾气年检合格证；在使用期间要保证其正常运行，经常检修保养，防止非正常运行造成尾气超标排放。

③ 废水排放管理措施。施工废水主要含有泥砂，必要时应建立一个临时沉砂池，沉淀后达标排放入污水管网或回用；施工期生活污水要经地埋式化粪池沉淀后排入污水管网，不得随意排放。

④ 噪声防治措施。采用低噪声机械设备和运输车辆，使用过程中要经常检修和养护，保证其正常运行；搅拌机、电锯等噪声大的机械设备的使用地点应该尽量远离附近噪声敏感点（如办公室、操作室等）。操作工人应采取必要的防护措施，合理安排施工作业时间，禁止夜间施工。

⑤ 固体废物排放管理措施。施工人员产生的生活垃圾应送往指定地点；建筑垃圾和残土应及时清运，或及时送到指定场地存放。

15.6.4 降低成本措施

降低成本措施的制定应以施工预算为基础，以企业（或基层施工单位）年度、季度降低成本计划和技术组织措施计划为依据进行编制。要针对工程施工中降低成本潜力大的（工程量大、有采取措施的可能性及有条件的）项目，充分开动脑筋，把措施提出来，并计算出经济效益和指标，加以评价、决策。

如合理进行土石方平衡，以减少土方运输和人工费；提高模板精度，采用整装整拆，加速模板周转，以节约木材和钢材；在混凝土、砂浆中掺加外加剂或掺合剂，以节约水泥；采用先进的钢筋连接技术，节约钢筋，加强革新、改造，推广应用新技术、新工艺等。

措施必须是不影响质量且能保证安全的，它应考虑以下几个方面：

① 生产力水平是先进的。

② 有精心施工的领导班子来合理组织施工生产活动。

③ 有合理的劳动组织，以保证劳动生产率的提高，减少总的用工数。

④ 物资管理的计划性，从采购、运输、现场管理及竣工材料回收等方面，最大限度地降低原材料、成品和半成品的成本。

⑤ 采用新技术、新工艺，以提高工效，降低材料消耗量，节约施工总费用。

⑥ 保证工程质量，减少返工损失。

⑦ 保证安全生产，减少事故频率，避免意外工伤事故带来的损失。

⑧ 提高机械利用率，减少机械费用开支；综合利用吊装机械，减少吊次，节约台班费。

⑨ 增收节支，减少施工管理费的开支。

⑩ 加快施工进度，提前完工交付，以节省各项费用开支。

总之，应正确贯彻执行劳动定额，加强定额管理；施工任务书要做到任务明确，责任到人，要及时核算、总结；严格执行定额领料制度和回收、退料制度，实行材料承包制度和奖罚制度。

降低成本应包括节约劳动力、材料费、机械设备费、工具费、间接费及临时设施费等措施和方法。如劳动力管理方面，应建立合理用工制度，实施记工考勤，进行劳务承包，定期进行技术技能培训，提高工人的生产效率；机械设备管理方面，应对施工现场的机械设备进行统一管理，统筹安排，提高机械设备的利用率。在降低成本时一定要正确处理降低成本、提高质量和缩短工期三者的关系，对措施要计算经济效果。

15.6.5 技术经济指标

15.6.5.1 技术经济分析的目的

技术经济分析的目的是论证施工组织设计在技术上是否可行，在经济上是否合理，通过科学地计算和分析比较，选择技术经济效果最佳的方案，为不断改进和提高施工组织设计水平提供依据，为寻求增产节约途径和提高经济效益提供信息。技术经济分析既是单位工程施工组织设计的内容之一，也是必要的设计手段。

15.6.5.2 技术经济分析的基础要求

① 全面分析。要对施工的技术方法、组织方法及经济效果进行分析，对需要与可能进行分析，对施工的具体环节及全过程进行分析。

② 抓住重点。作技术经济分析时应抓住施工方案、施工进度计划和施工平面图三大重点，并据此建立技术经济指标分析体系。

③ 方法得当。作技术经济分析时，要灵活运用定性方法和有针对性地运用定量方法。在作定量分析时，应对主要指标、辅助指标和综合指标区别对待。

④ 指标规范。技术经济指标的名称、内容、统计口径应符合国家、行业和企业要求。

⑤ 体现目标。技术经济指标体系的建立应与施工项目管理目标一致。

15.6.5.3 技术经济指标体系

技术经济指标至少应包括：

① 进度方面的指标。总工期、分部分项工期。

② 质量方面的指标。工程整体质量标准、分部分项工程的质量标准。

③ 成本方面的指标。工程总造价或总成本、单位工程量成本、成本降低率。

④ 消耗方面的指标。总用工量、单位工程用工量、平均劳动力投入量、高峰人数、劳动力不均衡系数、主要材料消耗量及节约量、主要大型机械使用量及台班量。

⑤ 其他方面的指标。施工机械化水平等。

技术经济指标应在编制相应的技术组织措施计划时进行计算，主要有以下各项指标。

(1) 工期指标　工期指标是指从破土动工到竣工的全部天数，通常与相应工期定额比较。

$$工期提前(或拖延)=工程的定额工期-计划的施工工期 \tag{15-10}$$

(2) 单位建筑面积成本指标　单位建筑面积成本是指人工、材料、机械和管理的综合货币指标。

$$单位建筑面积成本=\frac{施工实耗的总费用}{建筑总面积} \tag{15-11}$$

(3) 劳动生产率指标　劳动生产率指标通常用单位建筑面积用工指标来反映劳动力的使用和消耗水平。

$$单位建筑面积用工=\frac{总用工数(工日)}{建筑面积(m^2)} \tag{15-12}$$

（4）质量优良品率指标　质量优良品率指标通常按照分部工程确定优良品率的控制目标。

（5）降低成本率指标

$$降低成本率=\frac{降低成本额(元)}{预算成本(元)}\times 100\% \tag{15-13}$$

$$降低成本额=预算成本-计划成本$$

（6）主要材料节约指标　主要材料（钢材、水泥、木材）节约指标有主要材料节约量和主要材料节约率两个指标。

$$\begin{aligned}&主要材料节约量=预算量-计划用量\\&主要材料节约率=\frac{主要材料节约量}{主要材料预算用量}\times 100\%\end{aligned} \tag{15-14}$$

（7）机械化程度指标　机械化程度指标有施工机械化程度和费用两个指标。

$$施工机械化程度=\frac{机械完成的实物量}{全部实物量}\times 100\% \tag{15-15}$$

$$单位建筑面积大型机械费=\frac{计划大型机械台班费(元)}{建筑面积(m^2)} \tag{15-16}$$

15.6.5.4　技术经济分析的重点

技术经济分析应围绕质量、工期、成本三个主要方面。选择某一方案的原则是，在保证安全、质量达到优良的前提下，工期合理，成本节约。

对于单位工程施工组织设计，不同的设计内容，应有不同的技术经济分析重点。

① 基础工程。应以土方工程、现浇混凝土、打桩、排水和防水、运输进度与工期为重点。

② 结构工程。应以垂直运输机械的选择、流水段划分、劳动组织、现浇钢筋混凝土支模绑筋、混凝土浇筑与运输、脚手架选择、特殊分项工程施工方案和各项技术组织措施为重点。

③ 装饰工程。应以施工顺序、质量保证措施、劳动组织、分工协作配合、节约材料及技术组织措施为重点。

单位工程施工组织设计的技术经济分析重点是工期，质量，成本，劳动力使用，场地占用和利用，临时设施，协作配合，材料节约，新技术、新设备、新材料、新工艺的采用。

15.6.5.5　技术经济分析的方法

① 定性分析方法。定性分析方法是根据经验对单位工程施工组织设计的优劣进行分析。例如：工期是否合理，可按一般规律或定额进行分析；选择施工机械是否适当，主要看它是否能满足作用要求、机械提供的可能性等；流水段划分是否正确，主要看它是否给流水施工带来方便；施工平面图设计是否合理，主要看场地是否合理利用，临时设施费用是否适当。定性分析法比较方便，但不精确，不能优化，决策易受主观因素影响和制约。

② 定量分析方法。一般采用多指标比较法，该方法简便实用，也用得较多。比较时要选用适当的指标，注意可比性。有两种情况要区别对待：一是一个方案的各项指标明显优于另一方案，可直接进行分析比较；二是几个方案的各项指标优劣有穿插，互有优势，则应以各项指标为基础，将各项指标的值按照一定的计算方法进行综合后得到一个综合指标进行分析比较，综合指标最大者为最优。

复习思考题

15-1　什么是单位工程施工组织设计？在什么情况下需要对其进行修改和补充？

15-2　单位工程施工组织设计的主要编制依据有哪些？

15-3　单位工程施工组织设计的编制内容有哪些？

15-4　施工方案的选择主要包括哪些内容？

15-5　确定施工程序时，应遵循哪些基本原则？

15-6　确定施工顺序时应考虑的因素有哪些？

15-7　多层混合结构建筑、全现浇钢筋混凝土结构建筑以及装配式单层工业厂房各有哪些施工阶段？

15-8　选择施工机械时应着重考虑哪些因素？

15-9　施工进度计划编制依据有哪些？

15-10　施工进度计划的编制步骤有哪些？

15-11　对施工进度计划的初始方案进行检查的内容包括哪些方面？

15-12　资源需要量计划包括哪些方面？

15-13　施工准备工作计划的内容有哪些？

15-14　编制施工现场平面图时可参考的依据有哪些？

15-15　单位工程施工现场平面图的设计内容有哪些？

15-16　施工现场平面图在布置时应当遵循的原则有哪些？

15-17　单位工程施工平面图的设计步骤有哪些？

15-18　技术经济分析的基础要求有哪些？

15-19　技术经济指标至少应包括哪些方面？

16

施工组织总设计

学习内容和要求

掌握	• 如何编制和设计主要项目施工方案、施工总进度计划和暂设工程内容	16.2.2节
了解	• 施工组织总设计的编制依据、程序、作用和其他内容	16.1.2节

16.1 概述

16.1.1 施工组织总设计的作用与内容

（1）作用　施工组织总设计以一个建设项目或建筑群为对象，根据初步设计或扩大初步设计图纸以及其他有关资料和现场施工条件编制，是用以指导整个施工现场各项施工准备和组织全局性施工活动的综合性技术经济文件。一般由建设总承包单位总工程师主持编制。

其主要作用是：为建设项目或建筑群的施工作出全局性的战略部署；为建设单位编制基本建设计划提供依据；为确定设计方案施工的可能性和经济合理性提供依据；为施工单位编制年、季施工计划和单位工程施工组织设计提供依据；为施工活动提供合理的方案和实施步骤，保证及时有效地为全场性的物资、技术供应等施工准备工作提供依据；规划建筑生产和生活基地的建设。

（2）内容　施工组织总设计编制内容根据工程性质、规模、结构特点、工期以及施工条件的不同略有变化，一般包括以下内容：建设工程概况及特点分析；施工总目标和施工管理组织；施工部署和主要工程项目的施工方案；施工总进度计划；施工准备工作计划；总资源需要量计划；施工总质量、成本、安全计划；施工总平面图设计和主要技术经济指标等。

16.1.2 施工组织总设计的编制依据和程序

16.1.2.1　编制依据

为提高编制质量，保证编制工作顺利进行，使施工组织总设计文件更能结合工程实际，应具备下列编制依据。

（1）建设项目的基础性文件　包括计划、设计和合同文件等。计划文件和合同文件包括国家批准的基本建设计划、工程项目一览表、分期分批施工项目和投资计划、重要单位工程的施工方案、施工工期要求及开竣工日期、主管部门批件、上级主管部门下达的施工任务计划、招投标文件及签订的工程承包合同、材料和设备的订货合同等。设计文件包括建设项目的方案设计、初步设计（扩初设计）或技术设计的有关图纸、设计说明书、建筑总平面图、地质地形图、工艺设计图、设备与基础图、采用的各种标准图、建设地区区域平面图、总概算或修正概算等。

(2) 建设地区的工程勘察和原始调查资料　地形、地貌、工程地质及水文地质、气象等自然条件；交通运输、能源、施工条件、劳动力、预制构件、建材、水电供应及机械设备等技术经济条件；政治、经济、文化、生活和卫生等社会生活条件。

(3) 工程建设政策、法规、规范、定额等资料　包括国家现行政策，设计、施工及验收规范，操作规程，有关定额，技术规定和技术经济指标。

(4) 类似工程项目经验资料　包括类似的施工组织总设计和有关的参考资料。

16.1.2.2　编制程序

施工组织总设计编制程序见图 16-1。

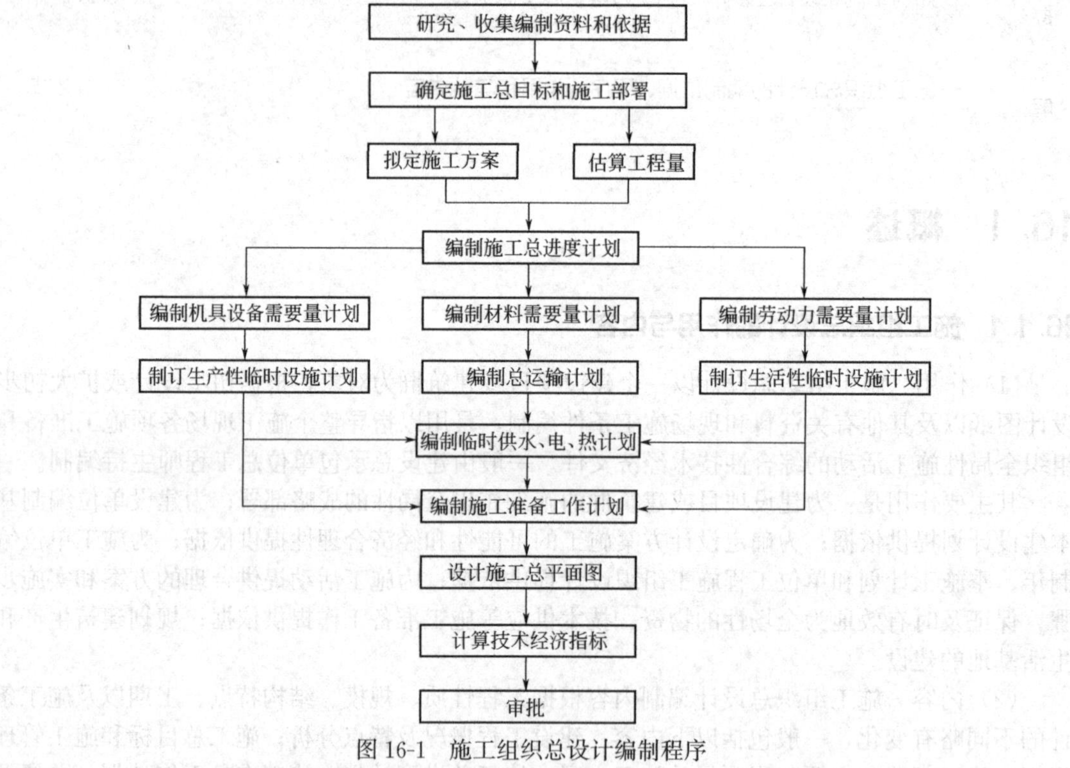

图 16-1　施工组织总设计编制程序

16.1.3　建设工程概况及特点分析

建设工程概况及特点分析是对整个建设项目或建筑群的总说明和总分析，是作一个简明扼要、突出重点的文字介绍。有时为补充文字介绍的不足，还可附有建设项目总平面图，主要建筑物的平、立、剖面示意图及辅助表格等。

建设项目特征主要是指工程性质、建设地点、建设总规模、总工期、总占地面积；总建筑面积、分期分批投入使用的项目和工期；总投资、主要工种工程量、管线和道路长度、设备安装及其吨数、建筑安装工程量、厂区和生活区的工作量、生产流程和工艺特点；建筑结构类型，新技术、新材料、新工艺的复杂程度和具体应用，总平面图和各单项、单位工程设计交图日期以及已定的设计方案等。

建设地区特征主要包括地形、地貌、水文、地质、气象、场地周围环境、建筑生产企业、资源、交通、运输、水、电、劳动力和生活设施等情况。

工程承包合同内容以完成建设工程为主，确定工程所要达到的目标和要求，主要包括工程开始、结束以及工程中一些主要活动日期，具体和详细的工作范围，建筑材料、设计、施工等的质量标准、技术规范、建筑面积、项目要达到的生产能力等技术与功能方面的要求，工程总造价、各分项工程造价，支付形式、支付条件和支付时间等内容。

施工条件主要是指施工企业的文明生产、施工能力、技术装备、安全和管理水平，主要设备、材料和特殊物资供应以及土地征用范围、数量和居民搬迁时间，需拆迁与平整场地等其他要求。

16.2　施工部署

施工部署是对整个项目施工作出战略决策，进行统筹规划和全面安排，解决影响建设项目全局的组织和技术问题，主要包括项目经理部的组织结构和人员配备、确定工程开展程序、拟定主要工程项目施工方案、明确施工任务划分与组织安排等。

16.2.1　确定工程施工程序

确定各项工程施工的合理程序关系到整个建设项目的顺利完成和投入使用。在满足工期要求的前提下，应分期分批施工，注意季节对施工的影响。

统筹安排各类施工项目，保证重点，兼顾其他，确保按期交付使用。一般应按照先地下、后地上、先深后浅、先干线后支线、先管线后筑路的原则进行安排。避免已完项目的生产和使用与在建项目施工的相互妨碍和干扰。注意工程交工的配套和完善，使建成的工程迅速投入生产或交付使用，尽早发挥其投资效益。各类物资和技术条件供应之间应相互平衡，以便合理地利用资源，促进均衡施工。

大中型建设项目，一般要根据建设项目总目标的要求，分期分批建设，既可使各具体项目尽快建成，尽早投入使用，又可在全局上实现施工的连续性和均衡性，减少暂设工程数量，降低工程成本。至于分几期施工，各期工程包含哪些项目，则要根据生产工艺的要求、建设部门的要求、工程规模的大小和施工的难易程度、资金、技术、原料供应等情况，由建设单位和施工单位共同研究确定。如居民小区等大中型建设项目，一般应分期分批建设。除考虑住宅以外，还应考虑幼儿园、学校、商店和其他公共配套设施的建设和完善，以便交付使用后能尽早发挥经济、社会和环保效益。

对于小型工业与民用建筑或大型建设项目中的某一系统，由于工期较短或生产工艺的要求，不必分期分批建设，采取一次性建成投产即可。

16.2.2　拟定主要项目施工方案

主要工程项目是指整个建设项目中工程量大、施工难度大、工期长，对整个建设项目完成起关键作用的单位工程，以及全场范围内工程量大、影响全局的特殊分部或分项工程。拟定其施工方案的目的是为技术、资源的准备工作和施工顺利进行以及现场的合理布局提供依据，其内容包括施工程序、施工起点流向、施工顺序、施工方法、施工机械设备等。

确定施工方法主要是针对土石方、基础、砌体、脚手架、垂直运输、模板、钢筋、混凝土、结构安装、防水、装饰以及管道设备安装等主要工程施工工艺流程与施工方法提出原则性的意见，兼顾技术的先进性和经济的合理性，尽量采用预制化和机械化施工方法，重点解决工程量大、施工技术复杂、工期长、特殊结构或由专业施工单位施工的特殊专业工程的施工方法。具体施工方法在编制单位工程施工组织设计中确定。

施工机械设备的选择是施工方法选择的中心环节，应根据工程特点选择适宜的主导施工机械，使其性能满足工程的需要，发挥其效能，在各个工程上能够实现综合流水作业，减少其拆、装、运的次数。对于辅助配套机械，其性能应与主导施工机械相适应，以充分发挥主导施工机械的工作效率。

16.2.3 明确施工任务划分与组织安排

根据项目组织结构的规模、形式和特点，建立施工现场项目部领导机构和职能部门后，确定专业化施工人员队伍，划分各参与施工单位的工程任务，明确总包与分包单位的分工范围和交叉内容、土建和设备安装及其他工程等各单位之间的协作关系，划分施工阶段，确定各施工单位分期分批的主导施工项目和穿插施工项目。

16.3 施工总进度计划

施工总进度计划是各项施工活动在时间和空间上的具体体现。编制施工总进度计划是根据施工部署的要求，合理地确定各工程的控制工期、施工顺序和搭接关系。其作用在于确定各个建筑物及其主要工种工程、准备工作和全工地性工程施工的先后顺序、施工期限、开工和竣工日期，从而确定劳动力、材料、成品、半成品、施工机械、临时设施、水电供应、能源、交通的需量和配备情况，进行现场总体规划和布置。

编制时应合理地安排施工顺序，保证人力、物力和财力消耗最少，按规定工期完成任务。采用合理的施工组织方法，使施工保持连续、均衡、有节奏地进行。安排时应以工程量大、工期长的单项或单位工程为主导，组织若干条流水线。在安排全年度任务时，尽可能按季度均匀分配基建投资。

施工总进度计划的编制内容一般包括计算各主要项目的实物工程量，确定各单位工程的施工期限，确定各单位工程开竣工时间和相互搭接关系以及施工总进度计划表的编制。

16.3.1 列出工程项目并计算工程量

施工总进度计划主要起控制总工期的作用，项目划分不宜过细，通常按确定的主要工程项目开展顺序排列，一些附属项目、辅助工程及临时设施可以合并列出。在列出工程项目一览表的基础上，计算各主要项目的实物工程量。工程量的计算可按初步或扩大初步设计图纸并采用各种定额及资料进行粗略计算。

常用的定额及资料有：①万元、十万元投资的工程量、劳动力及材料消耗扩大指标，规定了某种结构类型建筑，每万元或十万元投资中劳动力、主要材料等的消耗数量。②概算指标或扩大结构定额。首先查找与本建筑物结构类型、跨度、高度相似的部分，然后查出这种建筑物按定额单位所需要的劳动力和各项主要材料消耗量，从而推算出拟计算建筑物所需要的劳动力和材料的消耗数量。③类似已建工程或标准设计的资料。采用与标准设计或已建成的类似工程实际所消耗的劳动力及材料进行类比，按比例估算，一般要进行折算和调整。

除建设项目本身外，还必须根据建筑总平面图计算主要的全场性工程的工程量，如场地平整、铁路及道路和地下管线的长度等。

16.3.2 确定各单位工程的施工期限

单位工程的施工期限应根据施工单位的施工技术、施工方法、施工管理水平、机械化程度、劳动力和材料供应等条件以及工程的建筑结构类型、结构特征、体积大小、现场地形、地质、气候、施工条件、现场环境等因素，并参考有关工期定额来确定。

16.3.3 确定各单位工程的开竣工时间和相互搭接关系

根据总的工期、施工程序和各单位工程的施工期限，就可以安排每个单位工程的开竣工时间和相互之间的搭接关系。通常应考虑以下因素：

① 保证重点，兼顾一般。安排进度时应分清主次，抓住重点，同期进行的项目不宜过多，以免分散有限的人力和物力资源。

② 满足连续、均衡的施工要求。应尽量使劳动力、材料和施工机械在全工地上达到均衡，避免出现高峰或低谷，以利于劳动力的调配和材料供应。

③ 满足生产工艺要求。合理安排各建筑物的建设和施工顺序，以缩短建设周期，尽快发挥投资效益。

④ 认真考虑施工总平面图的空间关系。各单位工程布置应紧凑，避免相互干扰，满足场内材料堆放和机械设备的布置。

⑤ 全面考虑各种条件的限制。在确定各建筑工程施工顺序时，应考虑各种客观条件的限制，如施工单位的施工力量，现场的施工条件，各种原材料、机械设备的供应情况，设计单位提供图纸的时间，各年度建设投资数量等，同时还应考虑季节、环境的影响，从而对各建筑的开工时间和先后顺序进行调整。

16.3.4 施工总进度计划的编制、调整和修正

施工总进度计划可以用横道图和网络图表达。由于施工总进度计划主要起控制总工期的作用，且施工条件复杂，故项目划分不宜过细。当用横道图表达时，项目的排列可按确定的工程展开进行排列（表 16-1）。

表 16-1 施工总进度计划

序号	单项工程名称	建安指标		设备安装指标/t	造价/万元			进度计划					
		单位	数量		合计	建筑工程	设备安装	第一年				第二年	第三年
								Ⅰ	Ⅱ	Ⅲ	Ⅳ	…	…
1													
2													

施工总进度计划表绘制完后，将同一时期各项工程的工作量加在一起，用一定的比例画在施工总进度计划的底部，即可得出建设项目工作量的动态曲线。若曲线上存在较大的高峰或低谷，则表明在该时间内各项资源需求量变化较大，需要调整一些单位工程的开竣工时间、施工速度和搭接时间，以便消除高峰和低谷，使各个时期的工作量尽可能达到均衡。在实施中，还要根据工程的进展情况不断地调整和修正。

16.4 资源需要量计划与准备工作计划

根据施工部署和施工总进度计划，主要确定劳动力、材料、构配件、外协件、加工品和施工机具等资源的需要量、供应、平衡、调度和落实问题，为场地布置和临时设施的规划做准备，以保证施工总进度计划的实现。

16.4.1 劳动力需要量计划

劳动力需要量计划是规划场内施工设施和组织劳动力进场的依据，是根据施工总进度计划、概（预）算定额和有关经验资料，分别确定出每个单项工程专业工种的劳动量工日数、工人数和进场时间，然后逐项汇总，确定出整个建设项目劳动力需要量计划。

首先列出主要实物工程量，查阅资料得出主要工种的劳动量，再根据施工总进度计划表确定各单位工程主要工种的持续时间，即可得到某段时间里的平均劳动力数量和各个时期的平均工人数。将施工总进度计划表纵坐标上各单位工程同工种的人数叠加并连成一条曲线，即为某工种的劳动力动态曲线图，从而根据劳动力需要量编制劳动力需要量计划（表 16-2）。

表 16-2 劳动力需要量计划

施工阶段（期）	工程类别	单项工程		劳动量/工日	专业工种		需要量计划							
		编码	名称		编码	名称	××年(月)				××年(季)			
							1	2	3	…	Ⅰ	Ⅱ	Ⅲ	Ⅳ

16.4.2 主要材料及预制品需要量计划

主要材料和预制品需要量计划是组织材料和预制品加工、订货、运输、确定堆场、确定仓库面积和及时供应的依据，主要是根据施工图纸、施工部署和施工总进度计划而编制的。

根据各项工程量，查有关定额或资料，得出各建筑所需的主要材料、预制品的需要量。然后根据施工总进度计划表，算出主要材料在某一时间内的需要量，从而编制出主要材料及预制品需要量计划（表 16-3）。

表 16-3 主要材料及预制品需要量计划

施工阶段(期)	工程类别	单项工程		工程材料、预制品				需要量计划							
		编码	名称	编码	名称	种类	规格	××年(月)				××年(季)			
								1	2	3	…	Ⅰ	Ⅱ	Ⅲ	Ⅳ

16.4.3 施工机械和设备需要量计划

施工机械和设备需要量计划是确定机械和设备供应时间、施工用量、计算配电设备及选择变压器的依据，主要是根据施工总进度计划、主要项目的施工方案和工程量及机械台班产量定额确定的（表 16-4）。

表 16-4 施工机械和设备需要量计划

施工阶段(期)	工程类别	单项工程		施工机具和设备				需要量计划							
		编码	名称	编码	名称	型号	功率	××年(月)				××年(季)			
								1	2	3	…	Ⅰ	Ⅱ	Ⅲ	Ⅳ

16.4.4 大型临时设施需要量计划

该计划应本着尽量利用已有或拟建工程的原则，按照施工部署、施工方案、施工方法、各种资源需要量计划，并参照业务工作量和临时设施（即暂设工程）计算结果进行编制（表 16-5）。

表 16-5 大型临时设施需要量计划

序号	项目	名称	需要量		利用现有建筑	利用拟建永久工程	新建	单价/(元/m^2)	造价/万元	占地/m^2	修建时间
			单位	数量							
1											
2											

16.4.5 全场性施工准备工作计划

为落实全场性施工准备工作，根据施工部署、施工总进度计划、资源需要量计划、总平面图的要求以及分期施工的规模、期限和任务，提出“三通一平”或“四通一平”的完成时间，研究有关施工技术措施和暂设工程，编制施工准备工作计划（表 16-6）。

其内容包括土地征用，障碍拆迁、拆除和现场控制网测量工作，为定位放线做好准备；确定场地平整方案、全场性排水和防洪方案、场内外运输、施工用干道、水和电来源及其引入方案；安排好生产和生活基地建设，包括混凝土搅拌站、预制构件厂、钢筋加工厂、仓库、机修厂以及办公和生活福利设施等；落实工程材料、外协件、构配件、机械设备的货源、加工订货、运输或储存方式；组织新结构、新材料、新技术、新工艺的试验和职工的技术培训。

表 16-6 施工准备工作计划

序号	准备工作名称	准备工作内容	主办单位	协办单位	完成日期	负责人
1						
2						

16.5 全场性暂设工程设计

为确保工程项目的顺利实施，开工前应按照全场性施工准备工作计划的要求，本着尽量利用已有或拟建工程的原则，进行相应的暂设工程设计。

暂设工程类型及规模因工程而异，通常包括工地加工厂或加工站（类型、结构、面积）、仓库与堆场（类型、结构、储量、面积）、工地运输（运量、方式、工具数量、道路）、办公及福利设施（类型、面积）、水电动力管网（用量、水源、变压器）等。

16.5.1 工地加工厂（站）设计

主要有混凝土和砂浆搅拌站、钢筋混凝土构件预制厂、木材和金属结构加工厂、钢筋加工棚、施工机械维修厂等，结构型式有竹、木、钢管、砖、砌块或装拆活动板房屋等。可查阅相关手册确定其面积，也可按式(16-1) 计算：

$$F=\frac{KQ}{TS\alpha} \tag{16-1}$$

式中，F 为所需建筑面积，m^2；K 为不均衡系数，可取 1.3～1.5；Q 为加工总量；T 为加工总时间，月；S 为每平方米场地月平均加工量定额；α 为场地或建筑面积利用系数，可取 0.6～0.7。

16.5.2 工地临时仓库与堆场设计

仓库种类和结构比较多，可分为中心仓库、转运仓库、现场仓库和加工厂仓库。也可分为露天仓库即堆场、库棚和封闭库房等。

(1) 确定仓库材料储备量

① 建设项目的材料储备量按式(16-2) 计算：

$$q_1=K_1Q_1 \tag{16-2}$$

式中，q_1 为总储备量；K_1 为储备系数，型钢、木材、用量小或不常使用的材料取 0.3～0.4，用量多的材料取 0.2～0.3；Q_1 为该项材料的最高年、季需要量。

② 单位工程材料储备量按式(16-3) 计算：

$$q_2=\frac{nQ_2}{T} \tag{16-3}$$

式中，q_2 为单位工程材料储备量；n 为储备天数，可参考相关手册确定；Q_2 为计划期内材料、半成品和制品的总需要量；T 为需要该项材料的施工天数，并大于 n。

(2) 仓库面积的确定

① 按材料储备期计算：

$$F=\frac{q}{P} \tag{16-4}$$

② 按系数计算时，适用于估算：

$$F=\phi m \tag{16-5}$$

式中，F 为仓库面积，包括通道面积，m^2；q 为材料储备量，用于建设项目为 q_1，用于单位工程为 q_2；P 为每平方米能存放的材料、半成品和制品的数量，可参考相关手册确定；ϕ 为系数，可参考相关手册确定；m 为计算基数，可参考相关手册确定。

16.5.3 工地运输设计

工地运输分为场外运输和场内运输。主要道路应布置成环形、“U”形，次要道路布置成单行线，但应有回车场。应尽量避免与铁路交叉。

(1) 货运量确定　货运量按工程实际需要确定，也可按式(16-6) 计算：

$$q_i=\frac{\sum Q_iL_i}{T}K \tag{16-6}$$

式中，q_i 为日货运量，t·km/日；Q_i 为整个单位工程的各类货物需要总量，t；L_i 为各类货物由发货地点到用货地点的距离，km；T 为货物所需的运输天数，日；K 为运输工作不均衡系数，铁路取 1.5，汽车 1.2，水路 1.3。

（2）运输方式的选择　运输方式通常有水路运输、铁路运输和公路运输。

（3）运输工具数量的确定

① 汽车台班产量的计算：

$$q=\frac{T_1}{t+\frac{2L}{v}}PK_1K_2 \tag{16-7}$$

式中，q 为汽车台班产量，t/台班；T_1 为台班工作时间，h；t 为货物装运时间，h；L 为运输距离，km；v 为汽车计算运行速度，km/h；P 为汽车载重量，t；K_1 为时间利用系数，取 0.9；K_2 为汽车吨位利用系数。

② 汽车台数的计算：

$$m=\frac{QK_3}{qTnK_4} \tag{16-8}$$

式中，m 为汽车台数；Q 为全年（或全季）度最大运输量，t；K_3 为货物运输不均衡系数，场外运输取 1.2，场内取 1.1；q 为汽车台班产量，t/台班；T 为全年（或全季）工作天数，d；n 为日工作班次，班；K_4 为汽车供应系数，取 0.9。

16.5.4 办公及福利设施设计

办公及福利设施修建时，应遵循经济、适用、装拆方便的原则，尽量利用已有的建筑，按照当地气候条件、工期长短、本单位的现有条件以及现场暂设的有关规定确定结构型式（如目前多用可拆的板房结构等）。

（1）办公及福利设施类型　主要有行政管理和各种生活福利用房。

（2）办公及福利设施规划

① 确定人员数量。主要有生产、非生产和家属人员，包括直接参加施工生产的工人、机械维修工人、运输及仓库管理人员、动力设施管理工人、冬季施工的附加工人等；行政及技术管理人员、为工地上居民生活服务的人员、以上各项人员的家属。上述人员的比例，可按国家有关规定或工程实际情况计算。

② 确定办公及福利设施建筑面积。建筑装饰施工工地人数确定后，就可按实际经验确定建筑面积，也可按式(16-9) 计算：

$$S=NP \tag{16-9}$$

式中，S 为建筑面积，m^2；N 为人数；P 为建筑面积指标，可参考相关手册确定。

16.5.5 工地供水设施设计

工地临时供水的类型主要包括生产用水（工程施工用水、施工机械用水）、生活用水（施工现场生活用水和生活区生活用水）和消防用水等。

（1）确定供水数量

① 现场施工用水量，可按式(16-10) 计算：

$$q_1=K_1\sum\frac{Q_1N_1}{T_1t}\times\frac{K_2}{8\times3600} \tag{16-10}$$

式中，q_1 为施工用水量，L/s；K_1 为未预计的施工用水系数，取 1.05～1.15；Q_1 为年（季）度工程量，以实物计量单位表示；N_1 为施工用水定额，可查相应的定额指标；T_1 为年（季）度有效作业日，d；t 为每天工作班次，班；K_2 为用水不均衡系数，取 1.5。

② 施工机械用水量，可按式(16-11) 计算：

$$q_2=K_1\sum Q_2\times N_2\times\frac{K_3}{8\times3600} \tag{16-11}$$

式中，q_2 为施工机械用水量，L/s；K_1 为未预计的施工用水系数，取 1.05～1.15；Q_2 为同一种机械台数，台；N_2 为施工机械台班用水定额，可查相应的定额指标；K_3 为施工机械用水不均衡系数，取 2.0。

③ 施工现场生活用水量，可按式(16-12) 计算：

$$q_3=\frac{P_1N_3K_4}{t\times8\times3600} \tag{16-12}$$

式中，q_3 为施工现场生活用水量，L/s；P_1 为施工现场高峰昼夜人数，人；N_3 为施工现场生活用水定额，视当地气候、工程而定，一般为 20～60L/（人・班）；K_4 为施工现场生活用水不均衡系数，取 1.30～1.50；t 为每天工作班次，班。

④ 生活区生活用水量，可按式(16-13) 计算：

$$q_4=\frac{P_2N_4K_5}{24\times3600} \tag{16-13}$$

式中，q_4 为生活区生活用水量，L/s；P_2 为生活区居民人数，人；N_4 为生活区昼夜全部生活用水定额，100～120L/（人・昼夜），其他可查相应的定额指标；K_5 为生活区用水不均衡系数，取 2.0～2.5。

⑤ 消防用水量 q_5，可查表求消防用水量，一般在 10～15L/s 之间选取。

⑥ 总用水量 Q，可按下述方式计算：

当 $q_1+q_2+q_3+q_4\leqslant q_5$ 时，则 $Q=q_5+(q_1+q_2+q_3+q_4)/2$；

当 $q_1+q_2+q_3+q_4>q_5$ 时，则 $Q=q_1+q_2+q_3+q_4$；

当 $q_1+q_2+q_3+q_4<q_5$，且工地面积小于 5ha（$1ha=10000m^2$）时，则 $Q=q_5$。

最后计算的总用水量，还应增加 10%，以补偿水管的渗漏损失。

(2) 选择水源　水源主要有自来水和天然水源。

水量应充足可靠，生活饮用水、生产用水的水质应符合要求，尽量与农业、水利综合利用，取水、输水、净水设施要安全、可靠、经济，施工、运转、管理和维护方便。

(3) 确定供水系统　主要包括取水设施（取水口、进水管、水泵等)、净水设施、储水构筑物（水池、水塔、水箱等)、输水管和配水管等。

取水口距河底或井底不得小于 0.25～0.9m，储水构筑物容量由消防用水量确定，不得小于 10～20m^3。管材可选择塑料管、钢管等，供水管径可按式(16-14) 计算：

$$D=\sqrt{\frac{4Q}{\pi v\times1000}} \tag{16-14}$$

式中，D 为配水管管径，m；Q 为总用水量，L/s；v 为管网中水的流速，m/s，一般小于 3。

16.5.6 工地供电系统设计

(1) 确定供电数量　包括动力用电和照明用电，应注意全工地使用的电力机械设备、工具和照明的用电功率以及施工高峰期同时用电量。施工现场供电设备总需要量可按式(16-15) 计算：

$$P=(1.05\sim1.10)\left(K_1\frac{\sum P_1}{\cos\phi}+K_2\sum P_2+K_3\sum P_3+K_4\sum P_4\right) \tag{16-15}$$

式中，P 为供电设备总需要容量，kV・A；P_1 为电动机额定功率，kW；P_2 为电焊机额定容量，kV·A；P_3 为室内照明容量，kW；P_4 为室外照明容量，kW；$\cos\phi$ 为电动机的平均功率因数，在施工现场最高为0.75～0.78，一般为0.65～0.75；K_1、K_2、K_3、K_4 分别为用电需要系数，可查相应的手册确定，一般为0.50～1.0。

各种机械设备和照明用电，可从用电定额中查取。照明用电远小于动力用电量，估算用电量时，照明用电只需在动力用电量之外再加上10%即可。

(2) 选择电源和变压器

① 选择电源。完全由工地附近的电力系统供电，包括在全面开工之前先将永久性供电外线工程（变配电室）完成，设置变电站。工地附近的电力系统能供应一部分，工地需增设临时电站以补充不足。利用附近的高压电网，申请临时配电变压器。工地处于新开发地区、没有电力系统时，完全由自备临时电站供给。

② 确定变压器功率，可按式(16-16) 计算：

$$P=K\frac{\sum P_{\max}}{\cos\phi} \tag{16-16}$$

式中，P 为变压器输出功率，kV·A；K 为功率损失系数，取1.05；$P_{\max}$ 为各施工区最大计算负荷，kW；$\cos\phi$ 为平均功率因数，取0.75。

最后选取的变压器功率应略大于计算的变压器功率。

(3) 选择配电线路和导线截面

① 按机械强度选择。导线必须具有足够的机械强度以防止受拉或机械损伤而折断，可查相应的手册确定。一般可选择外护套橡皮线BX=10mm^2，橡皮铝线BLX=16mm^2。

② 按允许电压降选择，导线上引起的电压降必须在一定的限度之内，可按式(16-17) 计算：

$$S=\frac{\sum PL}{C\varepsilon}=\frac{\sum M}{C\varepsilon} \tag{16-17}$$

式中，S 为导线截面积，mm^2；P 为负荷电功率或线路输送的电功率，kW；L 为送电线路的距离，m；C 为系数，视导线材料、线路电压及配电方式而定，三相四线制为77，单相制为12.8；ε 为允许的相对电压降，即线路电压损失百分比，照明允许电压降为2.5%～5%，电动机电压降不超过±5%；M 为负荷矩，kW·m。

③ 按允许电流选择。导线必须能承受负荷电流长时间通过所引起的温升。

三相四线制线路上的电流按式(16-18) 计算：

$$I_{线}=\frac{KP}{\sqrt{3}U_{线}\cos\phi} \tag{16-18}$$

二线制线路按式(16-19) 计算：

$$I_{线}=\frac{P}{U_{线}\cos\phi} \tag{16-19}$$

式中，$I_{线}$为电流值，A；K 为用电需要系数，可查相应的手册确定；P 为供电设备总需要容量，kV·A；$U_{线}$为电压，V；$\cos\phi$ 为功率因数，临时电网取0.7～0.75。

选择导线截面应同时满足上述三项要求，即以求得的三个截面积中最大者为准，从导线的产品目录中选用线芯类型和截面。道路和给排水施工作业线路长，导线截面由电压降选定；建筑施工配电线路较短，导线截面由允许电流选定；在小负荷架空线路中导线截面以机械强度选定。通常先根据负荷电流大小选择导线截面，然后以机械强度和允许电压降进行复核。

16.6 施工总平面图设计

施工总平面图是拟建工程项目在施工场地的总体布置图。按照施工部署、施工方案、施工总进度计划和资源需用量计划的要求，对施工现场的道路交通、材料仓库或堆场、附属企业、现场加工厂、临时房屋和水电管线等做出合理的规划与布置，从而正确处理全工地施工期间所需各项设施和永久性建筑以及拟建项目之间的空间关系，以指导现场实现有组织、有秩序地文明施工。

16.6.1 施工总平面图设计的内容

① 用地范围和规划红线内的地形和等高线。

② 永久性测量放线标桩位置。

③ 一切地上、地下已有、拟建的建筑物、构筑物及其他设施的位置、尺寸。

④ 一切为全工地施工服务的临时设施的布置位置，主要包括：施工用地范围，施工用的各种道路；加工厂、搅拌站及有关机械的位置；各种建筑材料、构件、半成品的仓库和堆场，取土弃土位置；办公、生活和其他福利设施等；水源、电源、变压器位置，临时给排水管线和供电、动力设施；机械站、车库位置；安全、消防和环境保护设施等。

16.6.2 施工总平面图设计的原则

① 尽量减少施工用地，少占农田，使平面布置紧凑合理；

② 合理组织运输，减少运输费用，保证运输方便畅通；

③ 施工区域划分和场地确定，应符合施工工艺要求，尽量避免各专业工种之间的干扰；

④ 充分利用各种永久性建筑物、构筑物和原有设施为施工服务，降低临时设施的费用；

⑤ 各种设施应便于工人生产和生活的需要；

⑥ 满足环境保护、安全防火、劳动保护和文明施工的要求。

16.6.3 施工总平面图设计的依据

① 各种设计资料，包括建筑总平面图、地形地貌图、区域规划图、建设项目范围内有关的各种设施位置；

② 建设地区的自然条件、技术经济条件、资源供应和运输状况等资料；

③ 建设项目的工程概况、施工部署、施工方案、施工总进度计划，以便了解各施工阶段情况，合理规划施工场地；

④ 总资源需要量计划，以便规划工地内的加工厂、仓库、堆场和运输线路等；

⑤ 施工用地范围，电源、水源位置等。

16.6.4 施工总平面图设计的步骤和方法

施工总平面图的设计步骤和方法一般为：引入场外交通道路→布置仓库、堆场→布置搅拌站和加工厂→布置内部运输道路→布置临时房屋设施→布置临时水电管网及其他动力设施→绘制正式施工总平面图。

(1) 场外交通的引入　施工总平面图设计应从大宗材料、成品、半成品和施工设备等进入工地的运输方式入手。大批材料由铁路运来时，要提前解决铁路的引入问题，有永久性铁路专线的大型工业企业一般先引入现场一侧或两侧，最后再引进现场的中心；大批材料由水路运来时，应考虑使用原有的码头或增设专用码头；大批材料由公路运入时，布置较灵活，可先布置仓库和加工厂，再引入场外交通。

(2) 仓库与材料堆场的布置　通常考虑设置在运输方便、位置适中、运距较短及安全防火的地方。

铁路运输时，仓库应沿铁路专用线布置，靠近工地一侧，避免运输跨越铁路，并且有足够的装卸前线，否则应在附近设置转运仓库。

水路运输时，一般应在码头附近设置转运仓库，以缩短船在码头的停留时间。

公路运输时，中心仓库一般布置在工地中心区或靠近使用的地方，也可布置在靠近与外部交通连接处。水泥、砂、石、木材、钢筋等仓库或堆场宜布置在搅拌站、预制场和加工厂附近，砖、预制构件等直接布置在施工对象附近，避免二次搬运。工业项目的工地还应考虑主要设备的仓库或堆场，一般较重设备应尽量放在车间附近，其他设备可布置在外围空地上。

(3) 搅拌站和加工厂的布置　对于混凝土搅拌站布置，当运输条件好时，可集中设置搅拌站，否则应分散设置。在有条件的地区，应尽可能采用商品混凝土。而砂浆搅拌站，宜采用分散就近布置。

各种加工厂布置均以方便使用、安全防火、环境保护和运费少为原则。常将加工厂与相应的仓库或材料堆场布置在同一区域，且多处于工地边缘。预制件加工应尽量利用已有的，只有在运输困难时，才考虑在现场设置，常设置在场地的空闲地带。加工厂一般采用分散或集中布置。如冷加工、对焊、点焊的钢筋或大片钢筋网，应集中布置；小型加工件，可利用简单机具进行，可分散布置；而金属结构、锻工、电焊和机修等车间，应布置在一起。

(4) 场内运输道路的布置　应充分利用原有或拟建的永久性道路，合理规划施工道路与各种临时设施的关系。可提前修永久性道路或先修路基和简易路面，作为施工的临时道路，以达到节约资金的目的。

主要道路宜采用双车道环形布置，宽度不小于 6m，次要道路可采用单车道，宽度不小于 3.5m，但应保证运输畅通。一般与场外公路相连的干线，宜建成混凝土路面，场区内的干线可采用碎石级配路面，而支线一般为土路或砂石路。

(5) 临时性建筑布置　临时建筑包括办公室、汽车库、休息室、开水房、食堂、宿舍、俱乐部、厕所、浴室等，应尽量利用已有的建筑物或生活基地，不足时再另行建造。

临时设施的设置，应本着经济、适用、拆装方便的原则进行。一般全场性管理用房宜设在工地入口处，以便对外联系，也可设在工地中间，便于现场管理。生活区常设在场外或工地边缘处，食堂可布置在工地内部或工地与生活区之间，其他生活福利设施应设置在工人较集中的地方或生活区。

(6) 临时水电管网及其他动力设施的布置　尽量利用已有的水源、电源，可将水电直接接入工地。施工现场的水电管网有环状、枝状和混合式布置三种形式，一般宜沿道路布置。

为获取水源，可利用地下水或地上水设置临时水塔、水池等供水设备，临时水池应放在地势较高处。管线穿过道路时应用套管加以保护，并埋入地下不小于 0.6m，寒冷地区还应注意防冻。道路两边应布置排水沟，并设置 0.2%的坡度。消防栓应设置在易燃物附近，并有畅通的出口和车道，其宽度不小于 6m，与拟建建筑的距离宜在 5～25m，距道路不应大于 2m，消防栓的间距不应大于 100m。

临时总变电站应设置在高压电引入处，避免穿越工地现场。也可在工地中心或附近设置临时发电设备。工地电网，3～10kV 的高压线采用环状，沿主干道布置；380/220V 的低压线采用枝状布置，架空布置时，距路面或建筑物应不小于 6m。

16.6.5 施工总平面图的科学管理

许多大工程项目，建设工期较长，施工现场经常发生改变。因此，应及时做好现场的清理与维护工作，建立统一的管理制度，对施工总平面图实行动态的科学化管理。结合工地的实际情况，多方案比较，综合考虑，反复论证，实时对施工总平面图进行调整、修正和加以完善，以便使施工总平面图更好地为施工现场服务。

复习思考题

16-1 什么是施工组织总设计？包括哪些内容？

16-2 施工组织总设计有什么作用？

16-3 施工组织总设计编制的依据是什么？

16-4 施工部署的内容有哪些？

16-5 简述施工总进度计划的编制步骤。

16-6 资源需要量计划与准备工作计划包括哪些内容？

16-7 施工总平面图的基本内容和设计原则是什么？

16-8 简述施工总平面图的设计步骤和方法。

参考文献

[1] 重庆大学等.土木工程施工［M].3版.北京：中国建筑工业出版社，2016.
[2] 毛鹤琴.土木工程施工［M].4版.武汉：武汉理工大学出版社，2012.
[3] 李文渊.土木工程施工［M].3版.武汉：华中科技大学出版社，2013.
[4] 郭正兴.土木工程施工［M].2版.南京：东南大学出版社，2012.
[5] 应惠清.土木工程施工（上册、下册）［M].3版.上海：同济大学出版社，2018.
[6] 应惠清.土木工程施工［M].3版.北京：高等教育出版社，2016.
[7] 应惠清.现代土木工程施工［M].北京：清华大学出版社，2015.
[8] 应惠清.土木工程施工新技术［M].北京：中国建筑工业出版社，2012.
[9] 应惠清.建筑施工技术［M].2版.上海：同济大学出版社，2011.
[10] 李建峰.现代土木工程施工技术［M].2版.北京：中国电力出版社，2015.
[11] 李建峰.建筑工程施工［M].北京：中国建筑工业出版社，2016.
[12] 李忠富，周智.土木工程施工［M].北京：中国建筑工业出版社，2018.
[13] 李忠富.现代土木工程施工新技术［M].北京：中国建筑工业出版社，2014.
[14] 李忠富.建筑施工组织与管理［M].3版.北京：机械工业出版社，2013.
[15] 李惠玲.土木工程施工技术［M].3版.大连：大连理工大学出版社，2017.
[16] 陈旭.土木工程施工［M].北京：科学出版社，2016.
[17] 申琪玉.土木工程施工［M].2版.北京：科学出版社，2015.
[18] 穆静波，孙震.土木工程施工［M].2版.北京：中国建筑工业出版社，2014.
[19] 穆静波.建筑施工技术［M].北京：清华大学出版社，2012.
[20] 李珠，苏有文.土木工程施工（精编本）［M].2版.武汉：武汉理工大学出版社，2013.
[21] 韩俊强，袁自峰.土木工程施工技术［M].武汉：武汉大学出版社，2013.
[22] 陈金洪，杜春海.现代土木工程施工［M].2版.武汉：武汉理工大学出版社，2017.
[23] 廖代广，孟新田.土木工程施工［M].4版.武汉：武汉理工大学出版社，2012.
[24] 李慧民.土木工程施工技术［M].2版.北京：中国建筑工业出版社，2011.
[25] 徐伟，吴水根.土木工程施工基本原理［M].2版.上海：同济大学出版社，2014.
[26] 杨和礼.土木工程施工［M].3版.武汉：武汉大学出版社，2013.
[27] 袁翱.土木工程施工技术［M].西安：西安交通大学出版社，2014.
[28] 王丽荣.土木工程施工［M].北京：人民交通出版社，2014.
[29] 王作文.建筑工程施工与组织［M].西安：西安交通大学出版社，2014.
[30] 刘俊玲.建筑施工技术［M].北京：机械工业出版社，2011.
[31] 吕春，李伟，修昱.土木工程施工［M].北京：兵器工业出版社，2014.
[32] 邓寿昌.土木工程施工技术［M].北京：科学出版社，2011.
[33] 田洪臣，白有良.土木工程施工［M].北京：中国建材工业出版社，2013.
[34] 蔡雪峰.土木工程施工技术［M].北京：高等教育出版社，2011.
[35] 蔡雪峰.土木工程施工组织［M].北京：高等教育出版社，2011.
[36] 韩国平，彭彦华.土木工程施工组织［M].北京：北京理工大学出版社，2013.
[37] 董颇、李兵.土木工程施工组织［M].武汉：武汉理工大学出版社，2016.
[38] 高跃春.建筑施工组织与管理［M].北京：机械工业出版社，2013.
[39] 戴运良，张志国.土木工程施工组织［M].武汉：武汉大学出版社，2014.
[40] 何夕平，刘吉敏.土木工程施工组织［M].武汉：武汉大学出版社，2016.
[41] 张志国，刘亚飞.土木工程施工组织［M].武汉：武汉大学出版社，2018.
[42] 韩玉文，李旺，李峻峰.土木工程施工组织［M].北京：中国建材工业出版社，2017.
[43] 姚刚，华建民.土木工程施工技术与组织［M].重庆：重庆大学出版社，2013.